ECKART EHLERS · IRAN

WISSENSCHAFTLICHE LÄNDERKUNDEN

HERAUSGEGEBEN
VON
WERNER STORKEBAUM

BAND 18

1980
WISSENSCHAFTLICHE BUCHGESELLSCHAFT
DARMSTADT

IRAN

GRUNDZÜGE
EINER GEOGRAPHISCHEN LANDESKUNDE

VON

ECKART EHLERS

Mit 11, teils farb. Karten, 95 Abb., 68 Tab. und 6 Übers. im Text
sowie 8 Bildtaf. im Anhang

1980

WISSENSCHAFTLICHE BUCHGESELLSCHAFT
DARMSTADT

CIP-Kurztitelaufnahme der Deutschen Bibliothek

Ehlers, Eckart:
Iran: Grundzüge e. geograph. Landeskunde / von
Eckart Ehlers. — Darmstadt: Wissenschaftliche
Buchgesellschaft, 1980.
  (Wissenschaftliche Länderkunden; Bd. 18)
  ISBN 3-534-06211-6

1 2 3 4 5

Bestellnummer 6211-6

© 1980 by Wissenschaftliche Buchgesellschaft, Darmstadt
Satz: Maschinensetzerei Janß, Pfungstadt
Druck und Einband: Wissenschaftliche Buchgesellschaft, Darmstadt
Printed in Germany
Schrift: Linotype Garamond, 9/11

ISBN 3-534-06211-6

INHALTSVERZEICHNIS

Verzeichnis der Karten X
Verzeichnis der Abbildungen im Text XI
Verzeichnis der Tabellen im Text XV
Verzeichnis der Übersichten im Text XVIII
Verzeichnis der Bilder im Anhang XIX
Vorwort des Herausgebers XXI
Vorwort des Verfassers XXV

I. EINLEITUNG 1
  1. Iran — ein Hochland im Trockengürtel der Alten Welt 2
  2. Persien als politisch-historisches Gebilde 7
  3. Der moderne Staat: seine Grenzen und seine administrative Gliederung 12
  4. Iran in der bisherigen geographisch-landeskundlichen Literatur . 17

II. DER NATURRAUM UND SEIN POTENTIAL 23
  1. Geologischer Bau und orohydrographische Großgliederung . . 23
    1.1. Grundzüge geologisch-tektonischer Entwicklung 24
    1.2. Geologisch-tektonisch geprägte Reliefeinheiten 27
      1.2.1. Die Becken und Schwellen des Hochlandes von Iran 27
      1.2.2. Die randlichen Hochgebirge: Zagros und Alborz . . 31
      1.2.3. Die Küstentiefländer 36
    1.3. Oberflächenformen: Relieftypen und Reliefsequenzen . . 37
      1.3.1. Relieftypen und Reliefsequenzen des Hochlandes . . 38
      1.3.2. Relieftypen und Reliefsequenzen der Hochgebirge und Küstentiefländer 45
      1.3.3. Spezielle Probleme der Geomorphologie Irans . . . 48
    1.4. Geologie und Lagerstätten 53
    1.5. Erdbeben und verwandte Erscheinungen 61
  2. Klima und Wasserhaushalt 63
    2.1. Witterung und Klima 64
      2.1.1. Großwetterlagen und Luftdruckverteilung als Steuerungsgrößen von Witterung und Klima 64
      2.1.2. Temperatur- und Niederschlagsverhältnisse . . . 68
      2.1.3. Humidität und Aridität 73
      2.1.4. Klimaprovinzen Irans — ein Versuch 74

2.2. Wasserhaushalt und Gewässernetz 81
  2.2.1. Gewässernetz und Abflußregime 82
  2.2.2. Grundwasserregime 88
  2.2.3. Menschliche Eingriffe in den Wasserhaushalt: Qanate, Brunnen, Staudämme 90
3. Der biotische Komplex: Pflanzen- und Tierwelt, Böden 95
  3.1. Pflanzen- und Tierwelt 95
    3.1.1. Die Vegetation und ihre Differenzierung 96
    3.1.2. Die Tierwelt 108
  3.2. Böden 111
  3.3. Vegetationszerstörung, Bodenerosion und Wiederaufforstung 116
4. Zur Frage pleistozän-holozäner Klimaschwankungen in Iran . . 125

III. DIE INWERTSETZUNG DES NATURPOTENTIALS IN RAUM UND ZEIT 128

1. Iran in vor- und frühgeschichtlicher Zeit 128
2. Raum-, Wirtschafts- und Sozialstrukturen der Antike: Achämeniden und Sassaniden 134
  2.1. Kulturlandschaftliche Entwicklungen 135
  2.2. Geistige Strömungen und ihre Konsequenz für die Gegenwart: religiöse Minderheiten 140
3. Die Islamisierung des Landes und ihre Folgen 143
4. Die turktatarische Fremdherrschaft: Kulturlandverfall und Nomadisierung 154
5. Die nationalstaatliche Erneuerung: Safaviden und die Zanddynastie 161
  5.1. Shia als Staatsreligion 162
  5.2. Ausbau der religiösen und politischen Zentren 163
  5.3. Politisch-administrative Neuordnung und Wirtschaftsförderung 165
  5.4. Zusammenfassung 170
6. Das qadjarische Persien 172
  6.1. Die Entwicklung des ländlichen Raumes 172
  6.2. Städtewesen und Wirtschaftsstruktur 175
  6.3. Außenhandel und politische Abhängigkeit 178
7. Zusammenfassung: Stadt-Land-Nomade im frühen 20. Jahrhundert 182

IV. DAS HEUTIGE IRAN — TRADITIONELLE UND MODERNE ASPEKTE 185

1. Die Erdölwirtschaft — ihre Entwicklung und Bedeutung für den sozioökonomischen Strukturwandel Irans 186

2. Die traditionellen Lebens- und Wirtschaftsbereiche und ihre
modernen Wandlungen 195
   2.1. Die Bevölkerung Irans 195
      2.1.1. Bevölkerungsaufbau und Bevölkerungsverteilung . . 195
      2.1.2. Ethnische, sprachliche und religiöse Differenzierung 201
      2.1.3. Gesellschaftsstruktur im Überblick 204
   2.2. Der ländliche Raum 207
      2.2.1. Siedlung und Flur 207
         2.2.1.1. Die dörfliche Siedlung 207
         2.2.1.2. Das ländliche Haus 209
         2.2.1.3. Die Flur 212
      2.2.2. Die Anbauverhältnisse (Bodennutzungssysteme) . . 218
         2.2.2.1. Gebiete des Regenfeldbaus 218
         2.2.2.2. Bewässerungslandwirtschaft 219
         2.2.2.3. Gebiete natürlicher Feuchtlandwirtschaft . 223
         2.2.2.4. Höhenstufen des Anbaus 224
         2.2.2.5. Landwirtschaftliche Produkte und Produktivität 225
      2.2.3. Die traditionelle Agrarsozialstruktur 226
         2.2.3.1. Besitz- und Eigentumsverhältnisse . . . 226
         2.2.3.2. Teilbau 233
         2.2.3.3. Rentenkapitalistische Konsequenzen . . . 235
      2.2.4. Ländliches Heimgewerbe und Manufakturwesen . . . 240
      2.2.5. Landreform und moderner Wandel 242
      2.2.6. Zusammenfassung 250
   2.3. Der Nomadismus 251
      2.3.1. Verbreitung und Erscheinungsformen des Nomadismus 252
      2.3.2. Die modernen Strukturwandlungen 261
      2.3.3. Nomadismus — eine zeitgemäße Lebens- und Wirtschaftsform? 269
   2.4. Die Städte Irans 272
      2.4.1. Geographische Lage und Größenverteilung . . . 272
      2.4.2. Grund- und Aufrißgestaltung 274
      2.4.3. Ausstattung und funktionale Differenzierung der Städte 281
         2.4.3.1. Handel, Handwerk und Gewerbe 281
         2.4.3.2. Verwaltungsfunktionen 288
         2.4.3.3. Wohnfunktionen 289
      2.4.4. Industrialisierung und Stadtentwicklung . . . 291
         2.4.4.1. Der Industrialisierungsprozeß 291
         2.4.4.2. Die Städte als Industriestandorte 293

2.4.5. Zur Hierarchie der Städte in Vergangenheit und Gegenwart 295
2.5. Verhältnis Stadt–Land–Nomade einst und heute 300
3. Verkehr, Bergbau und Energiewirtschaft 302
3.1. Verkehrsausbau und Verkehrsentwicklung 302
3.2. Bergbau und Energiewirtschaft 305
4. Moderne Außenhandelsstruktur und -verflechtungen und die Frage der Penetration der iranischen Wirtschaft heute 308
5. Zusammenfassung: Sozioökonomischer Wandel und junge politische Entwicklung 315

V. GRUNDZÜGE EINER REGIONALISIERUNG IRANS . . . 319
1. Allgemeine Vorbemerkungen 319
2. Das südkaspische Küstentiefland 321
   2.1. Das südkaspische Tiefland im engeren Sinne 322
   2.2. Die Gebirgsumrandung 330
   2.3. Die randlichen Steppengebiete 332
   2.4. Literatur 334
3. Das armenische Hochland: Azerbaijan 335
   3.1. Tabriz und sein Hinterland 336
   3.2. Das westliche Azerbaijan 342
   3.3. Literatur 345
4. Das Hochland von Iran und seine Randlandschaften 346
   4.1. Der Alborz und sein Vorland 347
      4.1.1. Natur- und kulturgeographische Grundzüge des Alborz 347
      4.1.2. Das westliche Alborzvorland 350
      4.1.3. Das östliche Alborzvorland 353
      4.1.4. Literatur 357
   4.2. Khorassan: Mashhad und sein Einzugsbereich 358
      4.2.1. Der Khorassangraben 358
      4.2.2. Das südliche und östliche Khorassan 362
      4.2.3. Mashhad und seine Funktionen 365
      4.2.4. Literatur 367
   4.3. Der gebirgige Westen: der Zagros und seine Teilräume . . 369
      4.3.1. Das kurdische Bergland 371
      4.3.2. Luristan 374
      4.3.3. Der Raum Hamadan 379
      4.3.4. Isfahan und sein Hinterland 384
      4.3.5. Die Provinz Fars und ihre Randgebiete: Shiraz und Hinterland 395
      4.3.6. Literatur 410

4.4. Das Zentrale Hochland 414
    4.4.1. Die großen Wüstenbecken: Kavir und Lut 415
    4.4.2. Die westliche Beckenumrandung: Qum — Kashan — Yezd — Kerman 424
    4.4.3. Die östliche Beckenumrandung: Die Räume Birjand und Zahidan 439
    4.4.4. Das Sistanbecken 441
    4.4.5. Baluchistan 445
    4.4.6. Literatur 451
5. Die südlichen Küstenregionen 454
    5.1. Khuzestan, die Ölprovinz 458
    5.2. Küstenlandschaften und Inseln des Persischen Golfs . . . 472
    5.3. Die Makranküste 478
    5.4. Literatur 481
6. Tehran — die nationale Metropole 484
7. Zusammenfassung: Traditionelle Raumstrukturen und Aspekte zukünftiger Entwicklungsmöglichkeiten 500

VI. IRAN — SEINE LÄNDERKUNDLICHE STRUKTUR UND INDIVIDUALITÄT 506

Literaturauswahl 513
    Vorbemerkung 513
    Verzeichnis der verwendeten Abkürzungen 514
    Literaturverzeichnis 515

Register 569
    Namenregister 569
    Ortsregister 577
    Sachregister 587

Bildtafeln

VERZEICHNIS DER KARTEN

Karte 1: Geologisch-tektonische Übersichtskarte 24/25
Karte 2: Iran: Orohydrographische Gliederung 38/39
Karte 3: Jährliche Temperatur- und Niederschlagsmittel Irans sowie Klimadiagramme für zehn Stationen des Landes 72/73
Karte 4: Vegetationszonierung und bioklimatische Gliederung Irans 100/101
Karte 5: Karawanenverkehr und politische Einflußbereiche in Persien um 1900 180/181
Karte 6: Die Erdöl- und Erdgasfelder SW-Irans und ihre infrastrukturelle Erschließung 192/193
Karte 7: Iran: Ethnisch-sprachliche Gliederung 200/201
Karte 8: Iran heute: Landnutzung—Siedlung—Verkehr 224/225
Karte 9: Die Industrialisierung Irans, 1925—1973 . . . . 296/297
Karte 10: Mashad: Wachstum, Baubestand und Grundrißgestaltung der Stadt um 1978 . . . . 366/367
Karte 11: Tehran um die Mitte des 19. Jh. 488/489

VERZEICHNIS DER ABBILDUNGEN IM TEXT

Abb. 1: Iran: Die Landfläche, ihre Nutzung bzw. Nutzbarkeit 6
Abb. 2: Iran: Verwaltungsgliederung und Bevölkerungsdichte, 1976 16
Abb. 3: Schematisches Profil Südwestiran und zentraliranische Vulkanitzone . . 29
Abb. 4: Schematischer Querschnitt durch ein endorhëisches Becken 39
Abb. 5: Schema des Fußflächenreliefs in Trockengebieten Irans 40
Abb. 6: Entstehung und Wachstum von Salzpolygonen in den Kaviren Irans . . . 43
Abb. 7: Längsprofil durch das Kaspische Tiefland bei Astara/Taleshgebirge . . . 47
Abb. 8: Idealprofil des Schichtstufenreliefs in Trockengebieten 48
Abb. 9: Der Salzdom von Kuh-i-Shur 51
Abb. 10: Höhenlage der gegenwärtigen Schneegrenze in Iran 52
Abb. 11: Verbreitung abbauwürdiger Lagerstätten auf dem Hochland von Iran und seinen Randgebieten 54/55
Abb. 12: Geologische Profile durch Erdöllagerstätten von Khuzestan/SW-Iran . . 59
Abb. 13: Hauptsächliche Zugstraßen von Depressionen in Vorderasien 66
Abb. 14: Durchschnittlicher jährlicher Mangel bzw. Überschuß an Niederschlagswasser 74/75
Abb. 15: Klimadiagramme Hamadan-Shahr Kurd-Khurramabad, 1956—1971 . . 77
Abb. 16: Klimadiagramme Yezd-Sabzavar-Bam, 1956—1971, und Abweichungen des jährlichen Niederschlags vom Niederschlagsmittel 79
Abb. 17: Wasserhaushaltsbilanz für Iran 82
Abb. 18: Schematisches Profil: Grund- und Aufriß eines Qanat 91
Abb. 19: Temperatur, Niederschlag und monatliche Abflußspende von Qanaten bei Mashhad 93
Abb. 20: Die Böden Irans 112
Abb. 21: Bodensequenz durch den Khorassangraben 114
Abb. 22: Das Naturpotential und seine menschliche Nutzung in Iran 117
Abb. 23: Verbreitung vor- und frühgeschichtlicher Siedlungsplätze auf dem Hochland von Iran 132
Abb. 24: Dehluran: Siedlungsentwicklung in der Antike 137
Abb. 25: Bisitun als Beispiel einer alten Durchgangslandschaft 141
Abb. 26: Nomadismus in Iran 159
Abb. 27: Das Safavidenreich um 1660 166
Abb. 28: Isfahan zur Zeit der Safavidenherrscher (zeitgenöss. Stich) 167

Verzeichnis der Abbildungen im Text

Abb. 29: Umsiedlungen nomadischer Stämme in Iran im 17. und 18. Jh. 170
Abb. 30: Erdölförderung und Deviseneinnahmen aus dem Rohölexport 1960 bis 1976 192
Abb. 31: Die nationalen und internationalen Verflechtungen der NIOC, Stand 1975 194
Abb. 32: Bevölkerungsaufbau Irans nach Altersgruppen, 1976 197
Abb. 33: Gesellschaftsaufbau und soziale Hierarchie Irans 206
Abb. 34: Ländliche Haus- und Gehöftformen in Iran 211
Abb. 35: Hauptsysteme der Flureinteilung in Iran 213
Abb. 36: Gewannflur und Besitzparzellierung in Kutyan/Khuzestan als Beispiel einer Umteilungsflur 216
Abb. 37: Gebirgsfuß- und Qanatoasen im Hochland von Iran, schematisch ... 221
Abb. 38: Die Flußoase des Zayandeh Rud bei Isfahan, Bewässerungsbezirke und Landnutzung (Ausschnitt) 222
Abb. 39: Schema der Wasserverteilung eines von sechs Dörfern genutzten Qanatsystems in Khuzestan 232
Abb. 40: Modelle des Stammesaufbaus bei den Afshar 252
Abb. 41: Traditioneller Wanderungsrhythmus turkmenischer Nomaden in Nordiran 253
Abb. 42: Raum-Zeit-Sequenz der Wanderung und der Nutzung von Weideland durch verschiedene nomadische Gruppen im Jahresgang 255
Abb. 43: Milchverarbeitung und Milchprodukte nomadischer Herdenhaltung .. 258
Abb. 44: Die wirtschaftliche Einbindung nomadischer Produktion in die Gesamtwirtschaft eines Raumes: Afshar in Kerman 259
Abb. 45: Push- und Pullfaktoren für die Seßhaftwerdung von Nomaden 262
Abb. 46: Phasenmodell der Seßhaftwerdung von Nomaden 266
Abb. 47: Entwicklungs- und Integrationstendenzen von Bauerntum und Nomadismus in Iran 268
Abb. 48: Idealschema der orientalischen Stadt 275
Abb. 49: Tabas als Beispiel einer idealtypischen iranischen Kleinstadt 276
Abb. 50: Hamadan: Traditioneller Stadtgrundriß und Phasen moderner Umgestaltung 279
Abb. 51: Schema der räumlichen Ordnung in einem ›verwestlichten‹ Bazar 283
Abb. 52: Der Kreuzbazar von Lar, Baubestand und Nutzung 1977 284
Abb. 53: Schema zwischenstädtischen Produkten- und Warenaustauschs ... 296
Abb. 54: Schema der siedlungsgeographischen Hierarchisierung in Iran 299
Abb. 55: Importe Irans 1341 (1962/63) bis 1354 (1975/76) nach Warengruppen (in Mill. US-$) 312
Abb. 56: Das Hochland von Iran: Versuch einer natur- und kulturräumlichen Gliederung 320/321

Verzeichnis der Abbildungen im Text   XIII

Abb. 57: Das südkaspische Tiefland Nordpersiens und seine Agrarlandschaften . . 324
Abb. 58: Siedlung und Flur im Reisanbaugebiet von Gilan 327
Abb. 59: Agrargeographische Profile durch verschiedene Teile des südkaspischen
Tieflandes 328
Abb. 60: Tabriz: Innenstadt um 1880 340
Abb. 61: Ländliche Neusiedlung sowie Sprach- und Religionszugehörigkeit im
Raum bei Rizaiyeh und Shahpur, Nordwestiran 343
Abb. 62: Luftfeuchtigkeit, Niederschlag und Vegetation in einem N–S-Profil durch
den Alborz 348
Abb. 63: Schwemmfächer und Entwässerungsbezirke im südlichen Alborz bei
Veramin 354
Abb. 64: Das nordostiranische Randgebirge und seine Massive, Übersichtsskizze . 359
Abb. 65: Dastgerdan: Landwirtschaft und Siedlungsbild am Rande der Kavir bei
Tabas/Khorassan 364
Abb. 66: Schema der Stadt-Stadt- und der Stadt-Umland-Beziehungen von Mashhad/Khorassan 368
Abb. 67: Der zentrale Zagros: Antiklinalstrukturen und Gewässernetz 370
Abb. 68: Der Alvand Kuh und sein Vorland 380
Abb. 69: Isfahan um 1920 389
Abb. 70: Sommer- und Winterweidegebiete südwestiranischer Nomaden, insb.
der Qashqai 399
Abb. 71: Profil durch das Becken von Jahrum/Fars 402
Abb. 72: Qalehdorf und Gehöft in der Marvdashtebene/Fars 404
Abb. 73: Shiraz zur Zeit der Zanddynastie 407
Abb. 74: Oberflächenformen und Relieftypen der Großen Kavir 417
Abb. 75: Querschnitt durch die südliche Lut 419
Abb. 76: Ahmadieh: Oase und Siedlung — Baubestand und Landnutzung, 1970 . 423
Abb. 77: Kupfervorkommen im Raum Yezd-Kerman-Zahidan 426
Abb. 78: Qum als religiöses Zentrum 429
Abb. 79: Yezd: Baubestand und funktionale Gliederung 433
Abb. 80: Kerman im 19. Jh. — zoroastrisches Wohnquartier 436
Abb. 81: Nomadisch-bäuerlich-städtische Wirtschaftsbeziehungen im Raume
Kerman 438
Abb. 82: Landwirtschaftliche Nutzflächen und Formen der Bewässerung in SE-
Iran 450
Abb. 83: Submarine Terrassenplattformen im Persischen Golf 455
Abb. 84: Isohyeten eines 10tägigen Unwetters in SW-Iran, März 1972 460
Abb. 85: Das Ölfördergebiet von Masjid-i-Sulaiman, Stand 1966 465
Abb. 86: Abadan: Stadtanlage und Ausschnitte aus den Wohngebieten leitender
Angestellter und Arbeiter 467

Abb. 87:	Ahwaz: Standorte der Erdöleinrichtungen	469
Abb. 88:	Nomadismus und Landwirtschaft im Bewässerungsgebiet bei Dizful	471
Abb. 89:	Makran: Übersichtsskizze	480
Abb. 90:	Tehran und Umgebung, um 1900	487
Abb. 91:	Tehran als Modell einer orientalischen Stadt unter westlich-modernem Einfluß	494
Abb. 92:	Gesellschaftsaufbau Tehrans	496
Abb. 93:	Modell peripherer und autozentrierter Raumstruktur in Iran	501
Abb. 94:	Iran im Jahre 2013/4: Projektion der geplanten Entwicklung	504/505
Abb. 95:	Separatistische Tendenzen und regionale Unabhängigkeitsbewegungen in Iran	505

VERZEICHNIS DER TABELLEN IM TEXT

Tab. 1: Die Grenzen Irans	13
Tab. 2: Die Verwaltungsgliederung Irans (Stand 1974) und die Bevölkerungsdichte der Provinzen (Stand 1976)	15
Tab. 3: Abflußlose Becken des Hochlandes von Iran (ohne Rizaiyehbecken)	28
Tab. 4: Kavirtypen im Hochland von Iran und ihre Oberflächengestaltung	44
Tab. 5: Entwicklung der Förderung ausgewählter mineralischer Rohstoffe in Iran, 1960—1975	60
Tab. 6: Temperatur- und Niederschlagsdaten für die in Karte 3 erfaßten Klimastationen, 1956—1971	69
Tab. 7: Niederschlagssummen und jahreszeitliche Verteilung der Niederschläge für ausgewählte meteorologische Stationen, 1956—1971	72
Tab. 8: Abflußverhalten des Zayandeh Rud, 1955—1965	85
Tab. 9: Nutzung der Grundwasserressourcen in Iran, 1973	94
Tab. 10: Fertiggestellte und im Bau befindliche Staudämme in Iran (Stand 1975)	94
Tab. 11: Vegetationsgliederung Irans nach BOBEK und ZOHARY	107
Tab. 12: Fangerträge von Fisch und Kaviar in Nordiran, 1963/64—1972/73	111
Tab. 13: Die Böden Irans	113
Tab. 14: Sedimenttransport iranischer Flüsse, 1969	120
Tab. 15: Veränderungen der LNF und der Tierhaltung in Iran, 1946/49—1972	123
Tab. 16: Sanddünenfelder in Iran und ihr Anteil an der Gesamtfläche der Provinzen, um 1970	124
Tab. 17: Die nichtmuslimische Bevölkerung Irans, 1966	142
Tab. 18: Verbreitung von *waqf*-Stiftungen in Iran	147
Tab. 19: Eigentumsanteile an einer Dorfflur und einem Gartengrundstück in Khuzestan	150
Tab. 20: Zahl ländlicher Siedlungen in Iran, 13.—15. Jh.	158
Tab. 21: Städtisches Wachstum in Persien im 19. Jh.	176
Tab. 22: Steuerkraft der Provinzen Persiens 1867	177
Tab. 23: Persiens Auslandsverschuldung zu Beginn des 20. Jh.	178
Tab. 24: Persischer Außenhandel 1850—1911/13	182
Tab. 25: Städtische, ländliche und nomadische Bevölkerung in Persien, 1884 bis 1910	183
Tab. 26: Beschäftigte in der iranischen Ölindustrie, 1939—1974	190
Tab. 27: Erdölförderung und Devisenzahlungen der APOC/AIOC 1912—1950	191

Tab. 28:	Wertanteil von Erdöl und Erdölderivaten am Gesamtexport, 1900 bis 1968	193
Tab. 29:	Relative Bedeutung des Ölsektors für die iranische Volkswirtschaft, 1972—1977	193
Tab. 30:	Bevölkerungsentwicklung Irans, 1900—1976	196
Tab. 31:	Anteile der Stadt- und Landbevölkerung an der Gesamtbevölkerung Irans, 1901—1976	198
Tab. 32:	Entwicklung der Stadtbevölkerung Irans nach Stadtgrößenklassen	199
Tab. 33:	Beschäftigungsstruktur Irans, 1956	205
Tab. 34:	Beschäftigungsstruktur Irans, 1976	205
Tab. 35:	Zahl und Größe ländlicher Siedlungen in Iran, 1900—1966	209
Tab. 36:	Landwirtschaft und Viehhaltung in Iran nach Provinzen (Stand 1972)	217
Tab. 37:	Verteilung des Irrigationswassers in verschiedenen Bewässerungsbezirken der Zayandeh-Rud-Oase	223
Tab. 38:	Landwirtschaftliche Nutzflächen und Agrarprodukte in Gilan und Mazandaran im Vergleich zu Gesamtiran	224
Tab. 39:	Produktion ausgewählter landwirtschaftlicher Produkte 1960/61—1976/77	226
Tab. 40:	Dorfeigentum in Iran, 1960	228
Tab. 41:	Zahl und Größe landwirtschaftlicher Betriebe sowie Besitz- und Eigentumsverhältnisse, 1960	229
Tab. 42:	Eigentumsverhältnisse und Sozialstruktur ländlicher Familien in Iran vor der Landreform	231
Tab. 43:	Landeigentum in 170 Dörfern des nördlichen Khuzestan und seine regionale Zuordnung zu den Wohnsitzen der Grundherren	236
Tab. 44:	Vorausverkauf landwirtschaftlicher Produkte in Iran und Preisdifferenzen	238
Tab. 45:	Der Ablauf der iranischen Bodenbesitzreform	244
Tab. 46:	Entwicklung von Genossenschaften, Farmkorporationen und Erzeugergemeinschaften, 1972/73—1977/78	247
Tab. 47:	Marktwerte von Schaf und Ziege, 1970	257
Tab. 48:	Einnahme- und Ausgabenstruktur nomadischer Herdenhaltung bei den Boir Ahmadi, 1970—1976	271
Tab. 49:	Städtisches Wachstum in Iran 1956—1976 für Großstädte (Stand 1976)	273
Tab. 50:	Größenklassenverteilung der Städte Irans, 1976	274
Tab. 51:	Handel, Gewerbe und Beschäftigungsstruktur in Städten der Zentralprovinz (außer Tehran), der Provinzen Kermanshah/Hamadan und der Provinz Baluchistan/Sistan, 1963	287
Tab. 52:	Zahl und Größe von Industriebetrieben in Iran, 1967	293
Tab. 53:	Elektrische Energieerzeugung in Iran, 1969 und 1974	308
Tab. 54:	Geographische Verteilung des Exports von Rohöl und Petroleumerzeugnissen, 1971 und 1975	309

Verzeichnis der Tabellen im Text XVII

Tab. 55: Anteil der 12 führenden Importländer an den Importen Irans, 1971 und 1975 311

Tab. 56: Investitionen ausländischer Kapitalgeber in Iran, 1972/73 und 1976/77 . . 313

Tab. 57: Zahl, Größe und Fläche landwirtschaftlicher Betriebe in Gilan und Mazandaran, 1960 326

Tab. 58: Größe, Zahl und Fläche landwirtschaftlicher Betriebe in Ost- und Westazerbaijan, 1956 337

Tab. 59: Traditionelle Formen der Teilpacht im Raum Veramin 356

Tab. 60: Taifeh der Qashqai, 1972, mit Zahl der nomadisierenden und seßhaften Familien 398

Tab. 61: Stadtviertel und Bevölkerung von Shiraz, 1883 408

Tab. 62: Teilbecken der Kavir von Qum und der Großen Kavir 416

Tab. 63: Bevölkerungsentwicklung ausgewählter städtischer Siedlungen in Khuzestan, 1956—1976 466

Tab. 64: Dattelpalmenbestände und Dattelproduktion im Bereich des Persischen Golfes 474

Tab. 65: Industrielle Betriebe (> 10 Besch.) in Iran und ihre regionale Verbreitung, 1974 490

Tab. 66: Die Bevölkerung Tehrans 1956 und 1966, nach Geburtsorten 497

Tab. 67: Wanderungsmotive der Zuwanderer nach Tehran, 1956—1966 497

Tab. 68: Die Bevölkerung der Zentralprovinz, 1966—1976 498

VERZEICHNIS DER ÜBERSICHTEN IM TEXT

Übers. 1: Zersplitterung eines Betriebes durch Erbteilung 149
Übers. 2: Die traditionellen Flur- und Agrarsysteme Irans 214
Übers. 3: Städtischer und ländlicher Warenhandel im Vergleich 240
Übers. 4: Wandlungen der Agrarsozialstruktur im Gefolge der Landreform . . . 249
Übers. 5: Siedlungsformen nomadischer Winter- und Sommerweidegebiete . . . 265
Übers. 6: Sozioökonomische Merkmale der Bevölkerung in verschiedenen Stadtvierteln Tehrans 495

VERZEICHNIS DER BILDER IM ANHANG

Bild 1: Das kaspische Küstentiefland
Bild 2: Der zentrale Alborz
Bild 3: Mashhad
Bild 4: Malayer als Typ der traditionellen iranischen Kleinstadt
Bild 5: Isfahan: Nordteil des Maidan-e-Shah und Bazarviertel
Bild 6: Die Oasenstadt Tabas
Bild 7: Oasen in der südlichen Wüste Lut
Bild 8: Windausräumungsrelief in der südlichen Wüste Lut

VORWORT DES HERAUSGEBERS

Wohl kaum ein Ereignis in den letzten Jahren hat den westlichen Industrieländern in einem solchen Maße bewußt werden lassen, wie sehr ihre Interessen und ihre künftige Wirtschaftsentwicklung mit Vorgängen verbunden sind, die sich in anderen Erdräumen abspielen und sich ihrer Beeinflussung daher weitgehend entziehen, wie die revolutionäre Wandlung im Iran der Jahre 1978 und 1979, die den Sturz des Schahregimes brachte. Wenn auch diese Geschehnisse allein schon deshalb von vitalem Interesse für die Industrieländer waren, weil der Iran einer der bedeutendsten Erdölexporteure ist und zudem in einer strategischen Konfliktzone liegt, so erschöpft sich damit die Bedeutung einer solchem Umwälzung für uns keineswegs. Eine vielleicht vordergründige, aber dennoch fundamentale Tatsache gilt heute ganz allgemein für alle Länder der Erde: Infolge der Entfaltung moderner Verkehrs- und Kommunikationssysteme wie auch infolge der schnell wachsenden weltweiten Handelsverflechtungen ist die Welt näher zusammengerückt, was eine Zunahme möglicher Interessenkollisionen durchaus nicht ausschließt, sie sogar wahrscheinlicher macht. Diese größere Nähe ist aus dem Blickwinkel Europas wegen der Nachbarschaftslage ganz besonders für den Orient festzustellen, in dem der Iran aufgrund seiner Größe, seiner potentiellen Wirtschaftskraft und seiner schiitischen Prägung innerhalb der islamischen Welt einen besonderen Stellenwert hat. Die Beschäftigung mit einem solchen Lande verdient daher nicht nur akademisches Interesse und gewinnt ihr Hauptmotiv nicht aus dem Verstehen eines uns fremdartig erscheinenden faszinierenden Kulturkreises, sondern rückt einen Raum in den Mittelpunkt, dessen Wandlung wirtschaftliche und politische Rückwirkungen bei uns auszulösen in der Lage sind. Die Kenntnis eines solchen Raumes, die nicht nur aus statistischem Material zu gewinnen ist und die sich auch nicht nur in der Verwertung aktueller Tatsachen erschöpfen darf, kann ganz besonders durch die regionalgeographische Untersuchung gefördert werden.

Eine mit dem Forschungsstand von 1979 abschließende Länderkunde des Iran ist in einem bestimmten Bereich auch die Darstellung eines im Umbruch befindlichen Landes. Manches könnte sich anders entwickeln, als die Konstanz des Faktischen im Augenblick erwarten läßt. Besondere Schwierigkeiten ergeben sich daraus im Hinblick auf die Kennzeichnung künftiger Entwicklungslinien, die auch im räumlichen Aspekt nur mit der größten Vorsicht vorgenommen werden kann. Prognosen sind nur bis zu einem gewissen Grade statthaft, weil die politischen Rahmenbedingungen für den Kulturlandschaftswandel noch nicht mit Sicherheit feststehen, weil möglicherweise sich neue politische und gesellschaftliche Konturen herausbilden. Freilich muß auch die Islamische Republik aufbauen auf manchen Gegebenheiten, die unter dem Schahregime geschaffen worden sind oder die z. B. durch die Naturfaktoren bereits determiniert sind. Die Aktualität, welche die Länderkunde des Iran gerade durch die jüngsten Ereignisse gewinnt, lenkt auch zu den Problemen dieses Raumes hin, die ja nicht aus dem Nichts auftauchen, sondern Ausdruck des geschichtlich-räumlichen Kräftespiels sind, ihre Wurzeln also in der Vergangenheit haben. Manches deutet heute darauf hin, so die Rolle der schiitischen Geistlichkeit in dem revolutionären Vorgang, der traditionalistische Charakter der Revolution ganz allgemein oder das Minoritätenproblem. Es ist nicht zuletzt die Aufgabe einer Länderkunde, Bausteine zum Verständnis solcher aktuellen Probleme zu liefern, soweit sie sich in räumlichen Veränderungen ausdrücken.

Brüche zeigen sich allerdings in einer anderen Beziehung: Wenn der Iran weithin als ein Entwicklungsland mit modellhaftem Charakter galt, das unter der Führung eines autoritären Regimes, gewissermaßen einer ›Erziehungsdiktatur‹, den Sprung in ein neues technisches Zeitalter unter Ausnutzung der Öleinkünfte in kürzester Zeit und mit ambitiösen Leitvorstellungen zu vollziehen trachtete, so haben sich – vielleicht nicht auf Dauer, doch sicher für die nähere Zukunft – Entwicklungsziele und -tempo entscheidend geändert. Die vorliegende Länderkunde berücksichtigt diese Neuorientierung an anderen Wertvorstellungen, die primär nicht dem ökonomischen Bereich entstammen, so weit, wie es nach dem Gang der Ereignisse und aus der räumlichen Perspektive möglich ist. Grundlegende politische Veränderungen, die heute noch niemand voraussagen kann, würden sich freilich auch in der räumlichen Dimension nachhaltig niederschlagen.

Die zuweilen beschworene ›Halbwertzeit‹ der Länderkunde, die auf den schnellen Wandel regionalgeographischer Ergebnisse abhebt, ihren Aussagewert also relativiert, entspricht sicher einer schnell sich verändernden Realität, trifft die Substanz der Länderkunde aber kaum. Auch die Aussagen anderer Wissenschaften können veralten. Regionalgeographische Analysen zielen ab auf Strukturzusammenhänge, die als Augenblicksbilder von Prozessen aufzufassen sind. Wie solche Prozesse in Zukunft ablaufen werden, ist selbst in stabilen politischen Gebilden nicht sicher, da auch hier nicht nur innere Gründe und überschaubare Konzeptionen für die weitere Entwicklung maßgebend sind, sondern auch exogene Ursachen.

Länderkunde steht somit im Schnittpunkt zweier Perspektivlinien: Beharrung und Wandel prägen das Bild jedes Raumes und somit auch jeder geographischen Darstellung, und gesellschaftliche, politische und wirtschaftliche Komplexe übergreifenden Charakters sind vom Geographen bei jeder Raumbetrachtung zu berücksichtigen. Der somit gegebene Rahmen gewährleistet, daß geographische Regionaluntersuchungen von komplexer Art nicht in einem verengenden Sinne verstanden werden dürfen, daß sie auch als eine kontinuierliche Aufgabe aufgefaßt werden müssen und in bestimmten zeitlichen Abständen der Revision, d. h. der Aktualisierung bedürfen. Die Länderkunde eines im politischen Umbruch befindlichen Landes erscheint in diesem Zusammenhang besonders wichtig, da sie eine Phase in der Entwicklung markiert, gleichzeitig aber auch die Ansätze aufzeigt, deren Wirkungskraft sich in der Zukunft voll wird erweisen müssen.

Herrn Prof. Dr. E. Ehlers, der sich durch seine Forschungen im Iran als besonderer Kenner dieses Landes ausgewiesen hat, sei dafür gedankt, daß er sich der schwierigen Aufgabe unterzogen hat, eine zusammenfassende Darstellung des Iran vorzulegen, in der auch die aktuelle Entwicklung weitgehend berücksichtigt wird. Damit ist sicher eine Möglichkeit geschaffen, dies Land und seine Bewohner in einem tieferen und wissenschaftlicheren Sinne zu verstehen und uns die räumlichen Probleme und Entwicklungslinien näherzubringen.

Oldenburg, im September 1979   WERNER STORKEBAUM

VORWORT DES VERFASSERS

Wie kaum ein anderes Land des islamischen Orients hat Iran in den letzten Jahren für Schlagzeilen in der Weltpresse gesorgt. Ob im Zusammenhang mit prunkvollen Krönungen, pompösen 2500-Jahr-Feiern der Monarchie, Ölpreiserhöhungen, großzügigen Industrialisierungs- und spektakulären Militarisierungsbemühungen oder blutigen Revolutionen: Vordergründiges hat häufig genug den Blick für die brennenden wirtschaftlichen, sozialen und politischen Probleme des Landes verstellt und zugleich die Konturen der ökonomischen wie ökologischen Grenzen des Machbaren verwischt. Erst der Sturz der Monarchie im Frühjahr des Jahres 1979 und die von vielen Kennern des Landes kaum für möglich gehaltene Mobilisierung breitester Bevölkerungsgruppen im Kampf gegen den Schah haben auch einer größeren Öffentlichkeit Einblick in die gravierenden Entwicklungsprobleme des Landes gegeben.

Als der Verfasser 1970 die Aufgabe übernahm, das nunmehr vorliegende Buch zu verfassen, konnte er weder ahnen, daß der vorgesehene Erscheinungstermin 1975 utopisch sei, noch wissen, daß der tatsächliche zugleich das Ende einer Ära, wenn nicht sogar einer Epoche iranischer Geschichte markieren würde. Im nachhinein will es scheinen, als sei die unfreiwillige Verzögerung der Fertigstellung sowohl dem Inhalt als auch der Aktualität des Buches gut bekommen.

Schon ein nur flüchtiger Blick auf Inhaltsverzeichnis, Gliederung und Anlage des Buches wird dem mit der Diskussion um Wert oder Unwert der Länderkunde, um ihre grundsätzliche Berechtigung bzw. ihre wissenschaftstheoretische Problematik vertrauten Leser verdeutlichen, daß hier eine Länderkunde ›traditioneller‹ Prägung vorliegt. Der Verfasser bekennt sich zu ihr ausdrücklich. Daß Länderkunde wie auch andere Richtungen synthetischer Betrachtungsweise in der Geographie gegenwärtig weltweit eine Renaissance erleben, ist allgemein bekannt. Dies allein kann aber kaum als Legitimation für das Erscheinen des vorliegenden Bandes gelten – um so weniger, als der Verfasser sich im Jahre 1970 zur Abfassung dieses Buches entschloß und damit zu einer Zeit, als ›Geographie, soweit sie sich als Landschafts- und Länderkunde begreift, nicht einmal wissenschaftlichen Ansprüchen gerecht‹ zu sein empfunden wurde.

Abgesehen von einer Vielzahl mehr oder weniger überzeugender Beiträge über Wert oder Unwert der Länderkunde (vgl. dazu Einführung, Literaturzusammenstellung und Aufsatzsammlung bei STEWIG 1979) sowie von in der letzten Zeit sich mehrenden Versuchen auch einer wissenschaftstheoretischen Begründung und Absicherung der Länderkunde (vgl. WIRTH 1978, 1979) verdient m. E. vor allem SCHÖLLERS Forderung (1978, S. 296), derzufolge ›Ziel der Länderkunde, Länder und Völker, Kulturen und Gesellschaften in ihrer spezifischen Lebenswirklichkeit zu begreifen und sie aus den Bedingungen ihrer eigenen raumbezogenen Entwicklung verstehen und achten zu lernen‹ sei, besondere und in der Vergangenheit nicht immer genügend gewürdigte Beachtung. Es kann heute weniger denn je darum gehen, ›eurozentrische‹ oder gar ›germanozentrische‹ Länderkunden irgendeines Raumes zu verfassen, die zudem sich noch mehr oder weniger aktualistisch auf die Auswertung modernster Statistiken konzentrieren und dies dann als moderne Länderkunde ausgeben. Es kommt vielmehr stärker als bisher darauf an, Länderkunde als Versuch der Erfassung und Darstellung der ›spezifischen Lebenswirklichkeit‹ eines bestimmten Raumes, seiner endogen gewachsenen und begründeten Wirtschafts-, Sozial- und Raumstrukturen sowie seiner exogen verursachten Deformationen und der daraus resultierenden Probleme zu verstehen. Ein solches Verständnis setzt allerdings die von manchen Kritikern der Länderkunde belächelte Landeskenntnis und die Bereitschaft der langjährigen und ernsthaften Auseinandersetzung mit einem fremden Raum, seinen Menschen und deren Problemen voraus. In diesem Sinne wird ›Landeskenntnis‹ dann auch nicht mehr nur als vordergründiges Kennen der – wie immer definierten – geographischen Sachverhalte verstanden, sondern es setzt die Auseinandersetzung mit der materiellen wie geistigen Kultur des Landes und seiner Bewohner und ihrer Auswirkungen auf die schon genannten Wirtschafts-, Sozial- und Raumstrukturen voraus.

Landeskunde im besten Sinne des Wortes wird somit zu einer Form der Selbstdarstellung eines Landes und der Mehrzahl seiner Bewohner, ihrer Probleme und deren Ursachen. Der von manchem hinter einem solchen Anspruch vermutete oder zu vermutende Verdacht, daß hier – in sublimierter Form – wiederum Eurozentrismus und Überlegenheit zum Ausdruck komme und man einen solchen Versuch der Selbstdarstellung doch besser einheimischen Kollegen überlassen solle, mag zutreffend sein. Abgesehen davon, daß der Verfasser dieses Buches den obigen Anspruch bestenfalls im Ansatz glaubt verwirklicht zu haben, gilt andererseits zu bedenken, daß viele ausländische Kollegen durch eben diese ›eurozentrische‹ Schule gegangen und durch sie geprägt sind, ihnen damit zugleich aber auch der Bezug zur eigenen Wirklichkeit oftmals verstellt worden ist. Nicht zuletzt die Tatsache, daß im vorliegenden Falle gerade von iranischer Seite immer wieder Interesse und der Wunsch nach dem baldigen Erscheinen des Buches geäußert wurde, mag als Legitimation für den folgenden Versuch einer geographischen Grundlegung der Landeskunde Irans dienen. Sie kann zugleich als Stützung der von WIRTH (1979, S. 158) in einer Replik auf BAHRENBERG (1979) formulierten These gelten, wonach ›pragmatische Zusammenhänge von »Brauchbarkeit«, »Bedarf« und »Überzeugungskraft«‹ letzten Endes über Gewicht und Bedeutung länderkundlicher Darstellungen entscheiden.

Die politischen Veränderungen des Landes seit dem Frühjahr 1979 haben, soweit dem Verfasser möglich, bereits Berücksichtigung gefunden. Nicht möglich war es indes, den seit der Exilierung des Schah verfügten (und noch nicht abgeschlossenen) Veränderungen der Namengebung von Städten und Straßen in Karten und Text Rechnung zu tragen. Während solche Umbenennungen von Straßen und Plätzen für die folgende Darstellung unbedeutend, da kaum relevant sind, mögen die offiziellen Neubezeichnungen einzelner Städte Anlaß zu Verwirrung geben. Die wichtigsten Veränderungen seien deshalb hier kurz genannt:

Bandar-e-Pahlavi : Bandar Enzeli
Bandar Shah : Bandar Turkoman
Bandar Shahpur : Bandar Khomeini
Homayunshahr : Khomeini Shahr
Shahabad : Islamabad
Shahi : Qaimshahr
Shahrud : Imamshahr

Noch umstritten zum Zeitpunkt der Abfassung des Vorwortes waren die Umbenennungen von Städten wie Kermanshah, Shahsawar, Shahpasand und andere. Die in den wenigen Beispielen bereits deutlich werdende systematische Eliminierung aller monarchistischen Reminiszenzen (Shah = König), die in Zukunft eventuell sogar Zeugnisse und Namen des präislamischen Persien einbeziehen wird, und die gleichzeitige Forcierung islamisch-religiöser Begriffe sowie die ungebrochene Persistenz ›personenkultischer‹ Ortsbezeichnungen (Khomeini) mag vielen Ausländern als untrüglicher Beweis dafür gelten, daß sich doch letzten Endes nichts geändert habe, muß andererseits aber auch als Ausdruck einer langen und gerade im Zusammenhang mit politischen Veränderungen immer wieder offenkundig werdenden Tradition (vgl. BUSSE 1977) gesehen werden.

Das leidige Problem der Transkription persischer Eigennamen und Ortsbezeichnungen wurde dadurch zu lösen gesucht, daß – wo immer möglich – für topographische Bezeichnungen die Schreibweise der Internationalen Weltkarte (IWK 1:1 Mill.) übernommen wurde. Dies ermöglicht nicht nur die Auffindung der weitaus meisten der genannten Lokalitäten in einem internationalen Kartenwerk, sondern enthob Verfasser wie Verlag der aufwendigen, mühsamen und dennoch oft unbefriedigenden Verwendung diakritischer Zeichen.

Das Erscheinen des Buches fast genau zehn Jahre nach Abschluß des Vertrages mit Verlag und Herausgeber bedarf der Erläuterung, umfaßt dieser Zeitraum doch fast ein Viertel der Lebenszeit des Autors. Wenn es auch übertrieben, ja sogar falsch ist, so zu tun, als habe die Beschäftigung mit diesem Buch die gesamte Zeit beansprucht, so ist doch andererseits unbestritten, daß die seit 1967 erfolgende eingehende Beschäftigung mit Iran und die vielen, insgesamt fast zwei Jahre beanspruchenden Aufenthalte des Verfassers im Lande Grundlagen dieses Buches sind. Auf allen diesen Reisen hat der Verfasser in überreichem Maße die Gastfreundschaft und Hilfe der stets freundlichen und aufgeschlossenen iranischen Bevölkerung in Anspruch nehmen können. Er gedenkt dabei in besonderer Weise der zuvorkommenden Herzlichkeit und der angesichts eigenen Mangels oftmals beschämenden Großzügigkeit der persischen Bauern und Nomaden, die ihm in allen

Teilen des Landes entgegengebracht wurde. Ebenso haben viele persische Dienststellen im Lande, aber auch in Deutschland immer wieder mit der Bereitstellung von Karten, Luftbildern, Statistiken und sonstigen Informationen geholfen. Namentlich zu danken ist vor allem meinen mir seit ihrem Studium in Tübingen bekannten Freunden Sindokht und Iranpour Djazani (Tehran), die von Anfang an ihr Haus zu dem meinigen machten, mir mit Rat und Tat stets zur Seite standen und auch zu den engen Beziehungen zwischen vielen iranischen Geographen und besonders den Tübinger, Würzburger und Marburger Geographischen Instituten Entscheidendes beitrugen. Auch meinen Doktoranden Dr. M. Momeni (Tehran) und Dr. T. Rahnemaee (Marburg/Tehran) gebührt Dank für vielfältige Hilfe und Unterstützung bei meinen vielen Geländeaufenthalten.

In Deutschland konnte ich mich seit Beginn meiner Arbeiten in Persien immer wieder des Rats und der Ermunterung vieler Kollegen und Mitarbeiter erfreuen. In besonderem Maße verbunden fühle ich mich hierbei meinem Lehrer Professor Dr. H. Blume (Tübingen) sowie meinem ebenfalls in und über Iran arbeitenden Freund Professor Dr. G. Schweizer (Köln). Sie, wie auch viele andere Kollegen im In- und Ausland, haben in vielfältiger Weise zum Abschluß des Buches beigetragen; dafür gebührt ihnen mein Dank. In Marburg selbst konnte ich mich stets auf die Hilfe und tatkräftige Unterstützung der Mitarbeiter des Geographischen Instituts verlassen. Besonderer Dank gilt zunächst dem Kartographen H. Füllenbach, der die gesamte Kartographie mit den vielfältigen und z. T. komplizierten Farbkarten, Abbildungen und Diagrammen zuverlässig und selbständig besorgte. Frau Junk, Frau Rößler und Frau Zwick halfen immer wieder bereitwillig bei der Reinschrift der verschiedenen Phasen des ursprünglich längeren Manuskriptes. Die Herren Dr. Stöber sowie die studentischen Hilfskräfte H. Behrens, U. Birkelbach, C. Lauer und H. Pitzer halfen bei der mühseligen Literaturzusammenstellung, beim Korrekturlesen sowie bei der Anfertigung des Registers. Ihnen allen gebührt mein aufrichtiger Dank.

Ohne die vielfältigen Formen finanzieller und materieller Unterstützung der Deutschen Forschungsgemeinschaft wäre die Landeskunde von Iran nicht zustande gekommen. Ihr in ganz besonderer Weise für immer wieder großzügig gewährte Forschungs- und Archivaufenthalte, auch in Rom und London, zu danken, ist mir ein besonderes Anliegen. In diesen Dank einschließen möchte ich an dieser Stelle auch die Wissenschaftliche Buchgesellschaft sowie Herrn Dr. W. Storkebaum als den Herausgeber der ›Wissenschaftlichen Länderkunden‹. Mit geduldigem Verständnis haben sie nicht nur immer wieder neuerliche Verzögerungen bei der Abgabe des Manuskriptes akzeptiert, sondern auch – nachdem der Text endlich vorlag – konstruktive Kürzungs- und Verbesserungsvorschläge, die dem Buch sicherlich zugute gekommen sind, gemacht. Dafür bin ich ihnen dankbar.

Zehn Jahre intensiver Arbeit und Vorarbeiten zu einem größeren Manuskript bedeuten mancherlei Veränderungen im beruflichen wie persönlichen Bereich, die retardierend, stimulierend oder akzelerierend auf die Abfassung des Manuskriptes wirkten. In aufrichtiger Dankbarkeit verbunden fühle ich mich hier besonders denen, die mir immer wieder Ansporn und Ermunterung zur Arbeit und damit zur Fertigstellung des Manuskriptes gaben. Um Nachsicht bitte ich die, die oftmals mehr den persönlichen Verzicht als Ergebnis eines solchen Unterfangens spüren mußten.

Ich übergebe das Manuskript der Öffentlichkeit in dem Wissen, daß manche Formulierung unscharf, manche Aussagen vage und manches Detail vielleicht auch falsch sein mag. Hier bitte ich den kritischen Leser und den wohlwollenden Kritiker um Korrektur und Belehrung. Dennoch hoffe ich, daß das Buch zu einem besseren Verständnis Irans, seiner Bewohner und seiner vielfältigen Probleme beitragen sowie zumindest Ansätze zu ihrer Lösung aufzeigen möge.

Marburg, den 25. Juni 1979   ECKART EHLERS

Ergänzung zum Vorwort am 25. März 1980. — Seit der Fertigstellung des Manuskripts und seiner Abgabe im Verlag sind nunmehr fast ein Jahr vergangen. Es haben sich manche der noch vor Jahresfrist undurchsichtigen Verhältnisse so weit geklärt, daß nach dem Sturz der Monarchie und der offiziellen Ausrufung der ›Islamischen Republik Iran‹ neue politische und wirtschaftliche Konturen ansatzweise erkennbar werden. Inzwischen hatte der Verfasser Gelegenheit, Iran im März 1980 — wenn auch nur für wenige Tage — erneut zu besuchen. Wenn versucht wurde, bereits bei der Fahnenkorrektur im Sommer 1979 noch die jüngsten Vorgänge in der Entwicklung der jungen Islamischen Republik zu berücksichtigen, so greift der Verfasser dankbar die vom Verlag gebotene Möglichkeit auf, zusammenfassend und kurz auf die jüngsten Entwicklungen einzugehen. Dieser Nachtrag sollte zugleich als Ergänzung zu Kap. V Abschn. 7 verstanden werden.

Jedem langjährigen Kenner des Landes, der auch Iran nach der Revolution besuchen konnte, wird zunächst die beträchtliche *individuelle Freiheit* des Durchschnittsbürgers auffallen, die dieser in einer zumindest in Tehran und anderen Städten bemerkenswerten freien Meinungsäußerung und — im Vorfeld zu den Parlamentswahlen im März 1980 — in einer intensiven, fast durchweg aber disziplinierten politischen Diskussionsbereitschaft dokumentiert. Diesem uneingeschränkt positiven Eindruck steht das nach wie vor *nebulöse politische Klima* entgegen. Tatsache ist, daß Ayatollah Khomeini als Führer des Widerstands gegen die Monarchie und der schließlich erfolgreichen Revolution die fraglose und unwidersprochene Autorität des Landes ist. Momentan muß er, auch wenn viele Kritiker der Entwicklung Irans dies nicht wahrhaben wollen, als der einzige Garant von Stabilität und Kontinuität gelten, dessen politisches Gespür uns in Europa nicht immer sicher, aus der Sicht vieler Iraner dennoch aber instinktiv richtig erscheint.

Vor diesem Hintergrund ist es denn auch nicht abwegig, zusammen mit vielen, dem neuen Regime teilweise reserviert gegenüberstehenden Iranern zu wünschen, daß der Imam Khomeini — wie er heute weithin genannt wird — dem Lande im Interesse eines möglichst konfliktarmen Übergangs zu einer neuen und stabilen politischen Ordnung in den nächsten Jahren als moralische wie geistige Autorität vorstehen möge. Nur in seinem Schatten, so muß es gegenwärtig erscheinen, kann sich der Übergang zu der wünschenswerten und dringend notwendigen politischen Stabilität vollziehen, um deren Entwicklung der erste Staatspräsident der Islamischen Republik Iran, Dr. Abol-Hassan Banisadr, sich gegenwärtig bemüht. Sollte man diesem spezifisch iranischen Weg, der sich jeglicher ausländischer Einflußnahme zu entziehen versucht und sich gegen westliche wie östliche Intervention in gleicher Weise wehrt, nicht zumindest eine Chance geben? Diese Chance und sympathische Anteilnahme verdienen das Land und seine Bewohner um so mehr, als wohlorganisierte, zahlenmäßig aber unbedeutende Minderheiten bereits bereitstehen, das Scheitern einer Islamischen Republik Iran zu eigenen und von außen gesteuerten Aktivitäten zu nutzen.

Die für den Erfolg einer Islamischen Republik Iran dringend notwendige *politische Stabilität*, die auf einer aktiven und produzierenden Wirtschaft ebenso wie auf einer funktionierenden Verwaltung und einer anerkannten Autorität der Regierung basiert, erscheint derzeit noch nicht erreicht. Rivalisierende Machtzentren nicht nur innerhalb des Zentrums Tehran — Regierung, Revolutionsrat, revolutionäre Garden sowie politische Gruppierungen verschiedener Couleur —, sondern die nach wie vor ungelösten Probleme der rassischen, religiösen und/oder sprachlichen Minderheiten in der Turkmenensteppe, in Khuzestan, in Baluchistan, Kurdistan oder im Nordwesten des Landes stellen bislang nicht gelöste Probleme dar (vgl. dazu S. 503 ff. sowie die Ausführungen in den regionalen Teilen). Nicht nur für die Entwicklung einer Islamischen Republik Iran, sondern auch für die Stellung des Landes innerhalb des Mittleren Ostens und der weltpolitischen Ordnung allgemein wird viel davon abhängen, ob der Regierung die zufriedenstellende Lösung dieser offenen Probleme sowie die neuerliche Ankurbelung der Wirtschaft und die Beseitigung der derzeit extrem hohen Arbeitslosigkeit gelingt. Gerade die auch von der neuen Regierung immer wieder betonte Tatsache, daß der Entwicklungsfaktor Erdöl als begrenzte und nicht zu erneuernde Ressource das wichtigste Wirtschaftspotential des Landes sei, drängt nach der verstärkten Entwicklung erdölunabhängiger Industrien. Da die in der Vergangenheit immer wieder geforderte Abkoppelung der iranischen Ölindustrie von den internationalen ›Multis‹ inzwischen vollzogen ist, werden die von den Petrodollars ausgehenden Entwicklungseffekte nunmehr zu einem Prüfstein der Effizienz der neuen Wirtschafts- und Sozialpolitik der Islamischen Republik Iran werden.

Die seit Beginn des Jahres 1980 erkennbar werdenden Leitlinien der neuen *Außenpolitik* des Landes lassen sich in den Worten des Staatspräsidenten Dr. Banisadr (Tehran Times vom 16. 2. 1980) wie folgt umreißen:

— the center of decision for Iran should not be Washington, Moscow or London and the destiny of the Iranian people, should be in the hands of the Iranian nation;
— the Iranian administrative machinery and the army should no more be dependent on foreign powers;
— cancellation of all concessions given to persons and groups having close ties with foreign powers.

Es spricht für Realitätssinn, wenn zumindest der Staatspräsident auch für die Zukunft eine Abhängigkeit Irans von ausländischem Know-how voraussieht. Daß aber diese Abhängigkeit des Landes von Iran geschäftsmäßig erkauft und bezahlt werden soll und somit die Bedingungen der Partnerschaft von Iran bestimmt werden, muß aus der Sicht Irans als ein legitimes Interesse gelten.

Wie die drängenden wirtschaftlichen und sozialen Probleme des Landes im Rahmen einer islamischen Wirtschaftsordnung gelöst werden sollen, muß auch dem intimeren Kenner des Landes vorerst unklar bleiben. Tatsache ist, daß eine *neue Landreform* bevorsteht, in deren Rahmen ›all big holdings to landless peasants and those farmers who have been working in these lands for a long time‹ verteilt werden sollen (Tehran Times vom 20. 2. 1980 und 2. 3. 1980). Daß dieses neue Reformprogramm abermals als ein Ende des ›Feudalismus‹ deklariert wird, mag nicht überraschen. Um so mehr stellt sich die Frage, wie das im Buch ausführlich angesprochene islamische Erbrecht (vgl. Kap. III Abschn. 3 und Kap. IV Abschn. 2.2.3) mit der Forderung nach lebensfähigen bäuerlichen Familienbetrieben in Einklang zu bringen ist. Wenn auch der Verfasser in der nachhaltigen Förderung der Landwirtschaft ohne Einschränkung die Basis für die wirtschaftliche und soziale Entwicklung des Landes sieht, so scheint ihm dies erreichbar nur auf der Grundlage jener tradierten und höchst effektiven Formen kollektiver Bewirtschaftung der meist kleinen Familienbetriebe. Dies aber würde bedeuten, daß islamisches Erbrecht hintangestellt und agrarisch nicht integrierte Bevölkerung vom Lande abgezogen werden muß. Auch die verstärkte Förderung ländlich fundierter Heimindustrien, wie sie in der 12,8 Mrd. Rial umfassenden Subvention von über 200000 ländlichen Teppichmanufakturen zum Ausdruck kommt (Tehran Times vom 16. 2. 1980), kann als Maßnahme gegen Landflucht und Stadtwanderung nur als Tropfen auf dem heißen Stein wirken. *Nachhaltige Förderung bäuerlicher Familienbetriebe plus dezentrale Entwicklung arbeitsintensiver Industrien* müßten derzeit Vorrang haben, um die drängendsten sozialen wie wirtschaftlichen Probleme zu lösen. Aus westlicher Sicht sollte betriebs- und volkswirtschaftlichem Kalkül dabei der Primat gegenüber islamischen Verhaltenscodices gegeben werden; die Rolle der Religion als entscheidendem Korrektiv bei der Verteilung der Gewinne und ihrer Weiterverwertung bleibt davon unberührt.

Diese nachträglichen Bemerkungen können und sollen nicht als eine Aktualisierung des folgenden Textes verstanden werden; dies kann und muß die tägliche Berichterstattung in Presse, Rundfunk und Fernsehen leisten. Sie sollen indes als Information darüber dienen, wie die als Ergebnis eines langen historischen Prozesses gewachsenen Wirtschafts-, Sozial- und Raumstrukturen in Zukunft geändert und neugestaltet werden sollen. Und hier schließt sich der Kreis zu den auf S. XXIII f. getroffenen Feststellungen: geographische Länderkunde soll zwar Aktualität nicht hintanstellen, doch kann dies in unserer extrem schnellebigen und auf stets neueste Information erpichten Zeit nicht ihr erstes und vorderstes Ziel sein. Vielmehr soll im Rahmen dieses Buches versucht werden, über die ›Halbwertzeit‹ länderkundlicher Information hinweggreifende Kenntnisse und Erkenntnisse über den Naturraum des Landes, die geographischen Grundlagen seiner Geschichte und die historischen Ursachen seiner Gegenwartsprobleme zu geben. Es geht — und dies sei nochmals betont — darum, Iran ›in seiner spezifischen Lebenswirklichkeit zu begreifen und ... aus den Bedingungen [seiner] eigenen raumbezogenen Entwicklung verstehen und achten zu lernen‹ (SCHÖLLER). Dies soll zentrales Anliegen dieses Buches sein. Da es aber zu einem Zeitpunkt revolutionärer Veränderungen in Iran erscheint, beansprucht es auch als Hintergrundinformation über die bislang ungelösten und in den letzten Jahren verschärften wirtschaftlichen, politischen wie sozialen Spannungen, die schließlich zur Revolution führten, verstanden zu werden. Es versucht zugleich Verständnis für die unserer Vorstellungswelt fremden Abläufe und Kennzeichen einer *islamischen* Revolution zu wecken sowie deutlich werden zu lassen, warum gerade die Religion und die Geistlichkeit zur Speerspitze der veränderten politischen Ordnung werden konnten. Ob dies gelungen ist, mag, zu einem Zeitpunkt, da Iran sich an einem Wendepunkt seiner Geschichte befindet und die Geschehnisse in diesem Land die Welt in Atem halten, der Leser entscheiden.

I. EINLEITUNG

Etwa in der Mitte des großen altweltlichen Trockengürtels, halbwegs zwischen den winterkalten Wüsten- und Steppenregionen Zentralasiens und den ganzjährig heißen Trockengebieten des nördlichen Afrika, erhebt sich das Hochland von Iran. Diese in durchschnittlich etwa 800 bis 1000 m Höhe gelegene Landmasse, der im orohydrographischen Sinne auch weite Teile des östlichen Nachbarstaates Afghanistan zuzurechnen sind, wird allseits durch markante Hochgebirgszüge begrenzt.

Schon diese Einordnung und Kennzeichnung des Hochlandes von Iran impliziert *zwei natürliche Lageprinzipien,* die sowohl die physisch-geographische Ausstattung und Differenzierung des Landes als auch seine Geschichte und kulturlandschaftliche Differenzierung immer wieder beeinflußten. Zum einen ist es die *Zugehörigkeit zum großen eurasiatischen Faltengebirgssystem:* eingespannt in die gewaltigen Gebirgsknoten des Hochlandes von Armenien/Azerbaijan im W und des Hindukush im E, türmt sich im N der Gebirgswall des Alborz und der Khorassanketten bis 5670 m Höhe auf. Im SW und S stellen das Zagrosgebirge (im Zardeh Kuh etwa 4550 m hoch) und ihre weniger markanten Fortsetzungen in den südostpersischen Küstenketten (Makrangebirge) bis heute nur schwer zu passierende Hindernisse auf dem Wege zum Zentralen Hochland, dem Kerngebiet des heutigen Staates, dar. Die in jeder Beziehung geringe Durchlässigkeit dieser Hochgebirge wirkte und wirkt auch heute noch für das Hochland von Iran wie ein Sperriegel für zahlreiche natürliche, politische, wirtschaftliche und kulturelle Einflüsse von außen. Sie ist ganz zweifellos für manche Sonderentwicklungen und individuelle Züge des Landes im Vergleich zu den Nachbarräumen verantwortlich (vgl. dazu Kap. VI).

Das andere dominierende Lageprinzip ist die *Zugehörigkeit zum altweltlichen Trockengürtel.* Die Lage im Bereich des subtropischen Passatgürtels bedingt, in Verbindung mit anderen Faktoren, weithin den Wüsten- und Steppencharakter des Landes. Vor allem dort, wo es zu reliefbedingten Störungen der vorherrschenden Luftdruck- und Strömungsverhältnisse kommt, bewirken veränderte Temperatur- und Niederschlagsregime charakteristische, z. T. regelhafte Wandlungen der ökologischen Landesnatur. Niederschlagsexposition, Sonneneinstrahlung oder höhenbedingte Temperaturabnahmen werden somit zu wesentlichen Voraussetzungen klein- wie großräumigen geographischen Formenwandels im Sinne der von LAUTENSACH (1952) aufgestellten Kategorien.

1. Iran — ein Hochland im Trockengürtel der Alten Welt

Relief und Klima als entscheidende Ursachen der spezifischen natürlichen Ausstattung Irans bedingen eine zwar vielgestaltige, insgesamt aber doch überwiegend ungünstige Landesnatur. Die wohl prägnanteste Kennzeichnung dieser weitgehenden natürlichen Ungunst fand SCHARLAU (1969), indem er das Klima als eine ›reliefbedingte Eigenform des afrikanisch-asiatischen Trockengürtels‹ beschrieb. Diese Sonderstellung resultiert aus der schon genannten Grenzlage des Hochlandes von Iran zwischen dem Trockengürtel der subtropischen Passatzone einerseits sowie den extrem kontinentalen Teilen der gemäßigten Breiten Zentralasiens andererseits. Die sich daraus ergebenden und das Klimageschehen Irans bestimmenden Großwetterlagen werden ergänzt und modifiziert durch kräftige Einflüsse mediterraner Winterregen im gebirgigen W des Landes sowie durch abgeschwächte monsunale Wirkungen im Golfküstenbereich und im SE des Landes.

Bereits ein nur grober Blick auf die orohydrographische Gliederung des Landes macht einige wesentliche Aspekte der Reliefgestaltung und der naturräumlichen Großeinheiten des Landes deutlich. Aufgrund der später noch eingehender zu diskutierenden geologischen Entwicklungsgeschichte des Raumes und der daraus resultierenden geomorphologischen Differenzierung lassen sich zunächst einmal drei große natürliche Landschaftstypen ausgliedern:
a) die flächenmäßig dominierenden Plateau- und Beckenlandschaften Zentralpersiens, die an verschiedenen Stellen von Hochgebirgsmassiven, einzelnen Gebirgsstöcken und isolierten Vulkankegeln voneinander getrennt und gegliedert werden;
b) die beiden gewaltigen Gebirgszüge des Alborz im N und des Zagros im W und SW, die das Plateau- und Beckenland nach Zentralasien bzw. nach Mesopotamien hin abgrenzen; und
c) die den Gebirgen im N bzw. im W und S vorgelagerten schmalen Küstensäume des kaspischen Tieflandes bzw. der Tiefländer und Schwemmlandebenen der Golfregion.

Der nahezu symmetrische Aufbau des Hochlandes von Iran gestattet es, die genannten drei natürlichen Landschaftstypen in fünf naturräumliche Großeinheiten zu untergliedern:

1. *Das südkaspische Tiefland,* das hufeisenförmig die Südküste des Kaspischen Meeres begleitet, stellt einen über 500 km langen und meist nur wenige Kilometer breiten Schwemmlandstreifen dar. Zum größten Teil unter dem Niveau des Weltmeeres gelegen (Kaspisches Meer: —28 m NN), wird es von einer Vielzahl von Bächen und Flüssen verschiedener Breite und Größe durchströmt, die mit ihren Sedimenten nicht nur die natürliche Fruchtbarkeit des kaspischen Küstensaumes bedingen, sondern in der Vergangenheit auch entscheidend dessen weithin amphibischen Charakter mitprägten. Lediglich in den Deltalandschaften des Sefid Rud in Gilan bzw. den Mündungsbereichen von Haraz, Babol, Talar und Tejan Rud in

1. Iran — ein Hochland im Trockengürtel der Alten Welt

Zentralmazandaran erreicht der ursprünglich dicht bewaldete Tieflandstreifen Breiten zwischen 30 und 50 km. Im Bereich der Turkmenensteppe wird der Übergang zu den Tieflandsteppen und -wüsten Zentralasiens erreicht.

2. Der im Gebirgsknoten Armeniens wurzelnde und vom östlichen Azerbaijan ausgehende mächtige *Gebirgswall des Alborz und seine östliche Fortsetzung, die Gebirgszüge Khorassans,* bilden die zweite naturräumliche Großeinheit. Als tertiäres Faltengebirge erreicht der Alborz in seinen zentralen Teilen mehrfach Höhen von über 4000 m, wobei das aus Graniten aufgebaute Massiv des Alam Kuh mit etwa 4800 m und der Vulkankegel des Demavend mit 5670 m Höhe die höchsten Erhebungen sind. Verkehrsfeindlichkeit und Undurchlässigkeit, Kennzeichen des Zentralen Alborz, gelten auch für dessen westliche und östliche Fortsetzungen: obgleich sowohl in Talesh als auch in den Khorassangebirgen (Ala Dagh, Kuh-i-Binalud, Pusht-i-Kuh) 3000-m-Höhen kaum erreicht oder überschritten werden, ist die natürliche wie kulturelle Trennwirkung der Gebirgsbarriere zwischen Kaspitiefland und dem Hochland von Iran noch heute voll wirksam.

3. An der Südabdachung des Alborzsystems schließt sich in einer N-S-Erstreckung von über 700 km (bei 55° E) das *Hochland von Iran* als flächenmäßig größte und zentralgelegene dritte naturräumliche Großeinheit an. Geologisch-tektonisch in eine Vielzahl von Becken und Schwellen mit eigenen Entwässerungssystemen zerlegt, bildet das Hochland ein vielfältiges Mosaik verschieden großer geschlossener Hohlformen, die als Sedimentationsbecken für den Verwitterungsschutt der umgebenden Bergländer oder als Endseen und Verdunstungspfannen der von ihnen ausgehenden, periodisch wasserführenden Rinnsale dienen: die große Salzwüste der Kavir mit ihren vielen Teilbecken, die Lut, das Jaz Murian, aber auch die großen Längsfurchen zwischen Isfahan und Sirjan, der Nirizsee, das Sistanbecken und — unter anderen ökologischen Voraussetzungen — letztlich auch das Becken des Rizaiyehsees gehören zu dieser Zone geschlossener Binnenbecken. Hochgebirgsmassive kammern das Hochland. Wichtige Trennfunktionen haben u. a. die Bergländer von Kuhistan und Zabolistan ebenso wie die zagrosparallelen innerpersischen Gebirgszüge.

4. Das Hochland von Iran wird gegen W, SW und S hin abgeschlossen durch den gewaltigen Faltenbau der *Zagrosketten.* Als südlicher Zweig der großen Gebirgsklammer, die das Hochland umfaßt, nimmt der Zagros als vierte naturräumliche Großeinheit seinen Ausgangspunkt ebenfalls im armenischen Gebirgsknoten bzw. im Bergland von Azerbaijan. Der eigentliche Zagros, der südlich des Rizaiyehsees beginnt, ist gekennzeichnet durch eine ausgesprochene Basin-Range-Struktur, d. h. durch eine Abfolge zahlreicher parallelstreichender Ketten, die durch Synklinorien und z. T. tief eingeschnittene Täler voneinander getrennt sind. Wenngleich insgesamt nicht so hoch aufragend wie der Alborz, so werden in den höchsten Erhebungen dennoch auch hier Höhen von über 4000 m erreicht (Zardeh Kuh 4547 m; Kuh-i-Dinar 4404 m; Kuh-i-Karbush 4294 m; Kuh-i-Kalar 4298 m; Kuh-i-Ushtaran 4328 m).

5. Angesichts der trennenden Wirkung des Zagros verwundert nicht, daß der fünfte natürliche Großraum, der die *Tiefländer der Golfküstenregion* umfaßt, immer eine Art Schattendasein innerhalb des heutigen Staatswesens geführt hat. Mit Ausnahme des bereits zu Mesopotamien gehörenden und diesem zugewandten Tiefland von Khuzestan sind die übrigen Teile dieser naturräumlichen Großeinheit häufig nur schmale, auch klimatisch ungünstige Küstensäume ohne größeres Hinterland und ohne wirtschaftlich bedeutsame Gegenküsten. Lediglich an der Straße von Hormuz entwickelten sich in Vergangenheit und Gegenwart aufgrund der strategischen Lage gewisse Aktivitäten.

Die vielfältigen Einflüsse der Reliefgestaltung auf das Klimageschehen sowie die engen Wechselbeziehungen zwischen Klima und Relief schlagen sich in geradezu regelhaft zu nennenden Abfolgen des Natur- und Kulturlandschaftswandels Irans nieder. Dieser Formenwandel physisch-geographischer Faktoren, der für Relief und Klima in gleicher Weise wie für Vegetation, Böden oder Wasserhaushalt gilt und der sich in entsprechenden Wandlungen der Siedlungs- und Wirtschaftslandschaft wiederholt, unterliegt einer allgemeinen NW-SE-Richtung; er gilt aber in gleicher Weise auch für die LAUTENSACHschen Idealtypen des Formenwandels: für das N-S-Profil des planetarischen Formenwandels ebenso wie für die Kategorie des westöstlichen Formenwandels.

Der Gegensatz zwischen dem Hochland von Iran und seinen Rändern offenbart sich am stärksten im N-S-Profil: es gibt auf engstem Raum kaum stärkere Unterschiede der Naturausstattung und ihrer menschlichen Nutzung und Umgestaltung als zwischen dem kaspischen Tiefland und der Nordabdachung des Alborz einerseits und der Südflanke des Gebirges und seines Vorlandes andererseits. Die feuchtigkeitsbeladenen kaspischen Seewinde, die an der Nordflanke des Gebirges zum Abregnen gezwungen werden, bewirken im südkaspischen Tiefland und seinem gebirgigen Hinterland eine solche Vegetationsdichte, daß die persische Bezeichnung dieses Waldes als *djangal* = Dschungel seine Wuchsfülle, seinen Artenreichtum und seine Undurchdringlichkeit am ehesten charakterisiert. Die Südabdachung des Alborz und sein Vorland werden demgegenüber von nahezu vegetationslosen, staub- und schuttüberzogenen Bergflanken und Talgehängen der Flüsse charakterisiert. Ausgedehnte Schotterfluren und Bergfußflächen bilden den Übergang zum eigentlichen Hochland von Iran. Stellenweise — vor allem dort, wo niederschlagsbedingt noch Anbau auf Regenfall möglich ist — kommt es hier zu flächenhaftem Getreideanbau und dichterer Besiedlung, die östlich von Tehran dagegen nur noch in Bewässerungsoasen des Gebirgsrandes zu finden sind. Auch im S schließen die zahlreichen, parallel verlaufenden und von tiefen Tälern zerfurchten Ketten des Zagros das Hochland von der Küste ab. Ähnlich wie der Alborz im N bildet der ursprünglich von lichten Eichen- und Pistazienwäldern überzogene Zagros im S nicht nur physisch-geographisch, sondern auch wirtschaftlich und kulturell eine Grenze zu den wiederum bevorzugten Siedlungs- und Wirtschaftslandschaften des südlichen Gebirgsvorlandes und der Golfküste.

Ähnlich regelhaft, wenngleich vielleicht weniger scharf ausgeprägt, vollzieht sich der geographische Formenwandel in westöstlicher Richtung. Auch hier erweisen sich der vor allem in den Wintermonaten den niederschlagbringenden mediterranen Westwinden ausgesetzte Zagros sowie die ihm eingelagerten Beckenräume und seine Vor- und Rückländer als vergleichsweise dichtbesiedelte und intensiv genutzte ökologische Gunsträume, die scharf gegen die östlich sich anschließenden Trockenräume abgesetzt sind. Ähnlich wie die Außenflanken und Beckenräume der großen Randgebirge weisen auch die isolierten Gebirgszüge und Einzelmassive des Hochlandes expositionsbedingte ökologische Gunstlagen auf. So werden die westlich exponierten Fußflächen vieler Gebirgsstöcke durch abfließendes Niederschlagswasser bzw. durch im Untergrund faßbares Grundwasser zu isolierten und räumlich meist eng umgrenzten landwirtschaftlichen Produktionsgebieten mit ländlichen Siedlungen und manchmal auch städtischen Zentren. Anders aber als die *flächenhafte* Nutzung und Besiedlung der Peripherie bleiben Landwirtschaft, Dörfer und Städte im Hochland von Iran *punktuell* an das Vorkommen von Wasser gebunden und bilden somit ausgesprochene Oasen inmitten der Wüsten und Wüstensteppen des Hochlandes (Abb. 1).

Die schematisierende Darstellung der natürlichen Ausstattung und Differenzierung des Landes wie auch der menschlichen Nutzung seiner Ressourcen macht somit das hervorragende Charakteristikum der Raumgliederung und Raumgestaltung Irans deutlich: das Hochland von Iran als geographischer Kernraum des Landes nimmt von der Fläche her zwar den Löwenanteil des Staates ein, vermag aber weder landwirtschaftlich noch bergbaulich oder industriell ein Gegengewicht zu der ökologisch und auch ökonomisch bevorzugten Peripherie des Hochlandes zu bilden.

So muß man gleich einleitend als ein wesentliches Kennzeichen dieses Staatswesens den *Dualismus zwischen ökologisch und ökonomisch bevorzugter Peripherie und dem in fast jeder Beziehung benachteiligten Zentrum* ansprechen. Die nähere Analyse der Naturausstattung des Landes und ihre Inwertsetzung bzw. Umgestaltung durch den Menschen wird zeigen, daß vor allem der Norden, Westen und insbesondere der Nordwesten, d. h. der armenisch-azerbaijanische Gebirgsknoten und die von ihm ausstrahlenden Gebirge bis hin zu einer Verbindungslinie zwischen den Städten Kermanshah — Isfahan — Tehran stets als politischer oder wirtschaftlicher Kernraum in der älteren wie neueren Geschichte des Landes in Erscheinung treten, während das Hochland von Iran als geographisches Zentrum des Landes politisch und wirtschaftlich vergleichsweise unbedeutend blieb.

Diese Vergangenheit wie Gegenwart kennzeichnende ökologische Ungleichheit zwischen Peripherie und Zentrum hat immer wieder dazu geführt, daß fast alle politischen und wirtschaftlichen Aktivitäten des Landes von den Städten oder Residenzen der Peripherie ausgingen: Ray (Rhages) und Persepolis, Ekbatana und Susa, Firuzabad und Shahpur als Hauptstädte oder Verwaltungszentren der Antike liegen ebenso im Gebirgsraum bzw. seinem unmittelbaren Vorland wie die

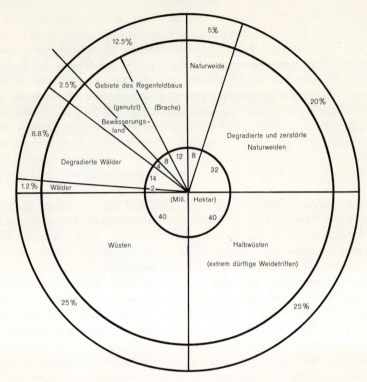

Abb. 1: Iran: Die Landfläche, ihre Nutzung bzw. Nutzbarkeit (nach PABOT 1967).

neuzeitlichen Hauptstädte des Perserreiches Isfahan, Shiraz, Mashhad oder Tehran. Ähnliches gilt für die großen urbanen Zentren des Landes heute: von den im Jahre 1976 erfaßten Großstädten mit mehr als 100 000 Einwohnern (vgl. Karte 8) liegen fast alle in der gebirgigen Peripherie des Hochlandes von Iran oder aber in den vorgelagerten kaspischen bzw. mesopotamischen Tiefländern.

Die geographische Analyse der physisch-geographischen Ausstattung des Landes wird somit Ausmaß und Ursachen der ökologischen Differenzierungen zu verdeutlichen haben. Als zweiter Schritt werden sodann die Auswirkungen der unterschiedlichen Naturausstattung *(challenge)* auf die Kulturlandschaftsentwicklung, d. h. auf den *response* des Menschen zu verschiedenen Zeiten, zu prüfen sein. Drittens schließlich wird die heutige Struktur und räumliche Differenzierung der Kulturlandschaft in Abhängigkeit von geoökologischen und historischen Faktoren zu erfassen sein.

2. Persien als politisch-historisches Gebilde

Das Hochland von Iran und seine Randbereiche, insbesondere die Landschaft und heutige Provinz Fars, gelten nicht nur als geographischer, sondern auch als historischer Kernraum Persiens. Der Rückblick zeigt, daß im Laufe seiner wechselvollen Geschichte seit der Antike das Hochland von Iran immer wieder zum Ausgangspunkt von persischen Einigungsbewegungen und Staatenbildungen, zum Mittelpunkt großer Weltreiche wurde. Umgekehrt vermochte das Hochland von Iran in Zeiten politischer oder militärischer Schwäche persischer Dynastien und unter dem Joch von Fremdherrschaft stets eine bemerkenswerte politische und kulturelle Einheit zu bewahren. Anders ausgedrückt: sowohl in Zeiten staatlicher Expansion als auch in Phasen politischen Verfalls bildete das Hochland von Iran Kristallisationspunkt und ›Identifikationszentrum‹ iranischer Völker und ihrer Territorien.

Das erste persische Großreich, das der Achämeniden, nahm seinen Ausgangspunkt in Fars als dem Stammland der Perser. Von Fars aus, dem Persis der alten Griechen, unterwarf Teispes, Sohn des Achämenes und König des bis heute nicht eindeutig lokalisierten, aber wohl in der Marvdashtebene in der Nähe von Persepolis gelegenen Anshan (HANSMAN 1972, SUMNER 1976), die Meder, eroberte deren Hauptstadt Ekbatana (das heutige Hamadan) und schuf somit die Voraussetzungen für die volle Entfaltung des ersten persischen Imperiums. Wenig später, in der Mitte des 6. vorchristlichen Jahrhunderts, begann von Fars aus Kyros II., der Große, die Eroberung eines der größten Weltreiche der Antike, das unter Darius I. (522—485 v. Chr.) vom Industiefland im E bis Griechenland im W reichte. Sein Mittelpunkt war das westliche Hochland von Iran; die Ruinen von Pasargadae und Persepolis sowie die Nekropolen von Naqsh-e-Rustam belegen bis heute die Bedeutung und zentrale Stellung dieses Raumes für das Achämenidenreich.

Auch unter Alexander dem Großen und im Rahmen der Seleukidenherrschaft, als das Hochland von Iran zwar unter Alexander (336—323 v. Chr.) und Seleukos (312—281 v. Chr.) geographisch der Mittelpunkt großer Weltreiche blieb, politisch aber in mehrere Satrapien (Susiana, Medien, Persis, Karmanien, Parthien und — im Grenzgebiet zum heutigen Afghanistan — Araia, Drangiana, Gedrosien) aufgeteilt und weitgehend bedeutungslos war, vermochte die Persis eine Sonderstellung zu wahren. Schon wenige Jahre nach der Vernichtung des Achämenidenreiches durch Alexander den Großen und nach dessen Tod etablierte sich in Fars, in Istakhr, das Geschlecht der Fratadara oder ›Feuerhüter‹ als nationale Gegenbewegung gegen die hellenistische Fremdherrschaft. Sie konnten ihre weitgehende politische Eigenständigkeit mindestens bis zur Ausdehnung der Partherherrschaft über das gesamte Hochland von Iran in der Mitte des 2. vorchristlichen Jahrhunderts bewahren. Die Parther, ein zentralasiatisches Reitervolk, das um 250 v. Chr. zunächst die seleukidische Satrapie Hyrkanien besetzte und von dort über die Kaspischen Tore bei Damghan und von Khorassan nach W und SW vordrang, hinterließen auf dem Hochland von Iran kaum nennenswerte Spuren. Ihre von Ktesiphon in der Nähe des heutigen Baghdad ausgehende Herrschaft über das in zahlreiche Fürstentümer zergliederte Hochland von Iran währte bis 224 n. Chr.

Wenn auch unter den Sassaniden, deren Dynastiebegründer Ardashir I. im Jahre 224/225 n. Chr. den letzten parthischen Arsakiden Artaban V. besiegte, Ktesiphon die Hauptstadt des sich neu entwickelnden Großreiches blieb, so trat das südwestliche Hochland von Iran, die Persis, abermals stärker in den Vordergrund. Eine Ursache dafür mag in der Tatsache liegen, daß Ardeshir selbst als Enkel eines Kleinfürsten Sasan (manche Historiker sehen in ihm auch einen Priester des Feuerheiligtums von Istakhr bzw. des dortigen Anahitatempels) der Persis entstammte, eine andere darin, daß die Sassaniden sich über die Fratadara als direkte Nachfolger der ebenfalls der Persis entstammenden Achämeniden verstehen konnten. Die verstärkte Rückbesinnung der Sassaniden auf das Hochland von Iran als dem Stammland der Perser lebt bis heute noch vor allem in einer Vielzahl archäologischer Denkmäler und Monumente: die Felsenreliefs von Naqsh-e-Rustam schließen unmittelbar an achämenidische Vorbilder an, ebenso diejenigen von Taq-e-Bustan (bei Kermanshah). Die großen Palast- und Städtegründungen bei Sarvistan, Firuzabad oder Bishapur belegen die Vorliebe der Sassaniden für ihre Heimatprovinz.

Die in der Erinnerung und Geschichte der Perser als Heldenzeitalter nachwirkende Sassanidenzeit (vgl. FIRDAUSIS ›Shah-nameh‹!), wirtschaftlich und sozial von vielen Historikern als Feudalismus reinster Prägung bezeichnet (vgl. ALTHEIM-STIEHL 1954), erfuhr in der Mitte des 7. Jh. ein jähes Ende. Seit dem ersten Aufeinandertreffen von Sassaniden und Arabern bei Qadisija (636) in Mesopotamien, der Einnahme der Hauptstadt Ktesiphon ein Jahr später, der Entscheidungsschlacht von Nehavend 643 und dem Tode des letzten Sassaniden Yazdgerd III. (651 oder 652 in Merv) erfolgte innerhalb von nur 15 Jahren die *Arabisierung* und *Islamisierung* Persiens, d.h. der Beginn einer Jahrhunderte währenden Fremdherrschaft wie auch eines tiefgreifenden Wandels in der sozialen und geistig-religiösen Entwicklung von Staat und Volk (SPULER 1952).

Wie schon Alexander der Große und die Seleukiden, so kamen auch dieses Mal die Eroberer aus eben der Richtung, in der umgekehrt die vorausgehenden großpersischen Reiche der Achämeniden und Sassaniden ihre größten territorialen Ausdehnungen erzielt hatten: aus Westen bzw. Südwesten. Die Araber stießen vor allem aus Mesopotamien über das heutige Khuzestan nach Fars und über Kermanshah und Hamadan in die historische Landschaft Medien (arab. Djibal) vor. Mit der Eroberung von Hamadan (643), Isfahan (644), Kashan und Qum waren nicht nur der gebirgige Westen des Landes fest in arabischer Hand, sondern zugleich die Voraussetzungen für die völlige Unterwerfung des Hochlandes von Iran geschaffen: um 645 fiel Rhages, das heutige Ray, und eröffnete damit den Zugang sowohl nach Gorgan als auch nach Khorassan. Im S drangen arabische Heere, ver-

2. Persien als politisch-historisches Gebilde

stärkt durch Truppenanlandungen an der persischen Golfküste, über die Marvdashtebene nach Sirjan und von Hormuz und Jiruft gegen Kerman (Karmanien) und von hier ebenfalls nach Khorassan vor. Bereits um 650 war mit Khorassan, neben Fars ›der zweiten Kernprovinz des Reiches‹ (SPULER 1952, S. 18), das gesamte Hochland von Iran in den Händen der arabischen Eroberer.

Die mit der Arabisierung bzw. Islamisierung des Landes ausgelösten Veränderungen des politischen und geistigen Lebens in Persien leiteten nicht nur Jahrhunderte währende Streitigkeiten, Machtkämpfe und ebenso blutige wie zermürbende Kriege lokaler Dynastien im Hochland von Iran und seiner Peripherie ein, sondern führten schließlich auch zur Eroberung und Fremdbestimmung des Landes durch zentralasiatische Völker und Herrscher. Die ersten drei bis vier Jahrhunderte der Islamisierung Persiens, begleitet von einem Exodus zoroastrischer Glaubensanhänger nach Indien (Parsen!), sind gekennzeichnet durch das Ringen vor allem durch Fürsten in Khorassan, Sistan und Fars um die Vorherrschaft und Einigung des Hochlandes von Iran. Die von SPULER (1952, 1955) in zwei umfassenden Werken zusammengestellte Geschichte Irans in frühislamischer Zeit und unter den Mongolen macht die hervorragende Bedeutung der Randlandschaften des zentralen Hochlandes deutlich: Khorassan einschließlich der Mervoasen und anderen, heute zu Afghanistan und Sowjetisch-Mittelasien gehörenden Gebieten wurde unter den Tahiriden (Hauptstadt Nishabur), Sistan unter den Saffariden zum Ausgangspunkt von Einigungsbestrebungen, die vorübergehend weite Teile Zentralpersiens erfaßten. Khorassan wurde zudem bedeutungsvoll für den Zerfall des Omayadenchalifats in Baghdad und zum Ausgangspunkt der Abbasidenherrschaft im Zweistromland: die abbasidischen Chalifen (750—1258), die selbst aus dem NE des Hochlandes von Iran stammten, hingen im Gegensatz zu der von vielen Arabern vertretenen Auffassung von der Wählbarkeit des Chalifenamtes dem Grundsatz der Vererbung des Chalifats an. Dies aber bedeutete nichts anderes als das für die heutige Stellung Irans in der islamischen Welt bedeutsame Beharren auf dem shiitischen Grundsatz der Chalifennachfolge durch Angehörige der Prophetenfamilie. Vor allem die Abbasiden Harun-ar-Raschid (786—807) und Mamum (811—833) verliehen der von Khorassan ausgehenden Shiabewegung Vehemenz; das persische Element hielt auch in der Verwaltung des Abbasidenchalifats Einzug. Mit den iranischen Samaniden, deren Stammland das westliche Turkestan und die historische Landschaft Khorassan waren, entwickelten zwischen 864—999 von ihrer Hauptstadt Buchara aus Iraner den NE des Hochlandes von Iran zu einem Zentrum persischer Kunst und Wissenschaft (Avicenna = Ibn Sina; Rudaki und Firdausis wirkten hier), schufen zugleich aber ein mächtiges Reich. Ihnen entsprach im W und SW des Hochlandes das Reich der Bujiden. Das Geschlecht der Bujiden, ursprünglich im zentralen Nordiran, in der historischen Landschaft Dailam, zu Hause, eroberte Ray und Isfahan und besetzte am 17. Januar 946 den Chalifensitz Baghdad. Mit dem Ausbau der Hauptstädte Ray, Shiraz und schließlich Baghdad hatte nach dreihundertjähriger Fremdherrschaft erstmals ein persisches Herrscherhaus wieder in Mesopotamien Fuß gefaßt. Analog zu den Samaniden im NE dehnten die Bujiden im SW ihren Einflußbereich in ehemaliges Achämeniden- und Sassanidenterritorium aus; anders aber als zuvor war das Hochland von Iran politisch zweigeteilt.

Die in der Antike und seit der Islamisierung Persiens sich abzeichnenden Bahnen territorialer Expansion und Einengung werden auch für die türkisch-seljuqische, mongolische und timuridische Fremdherrschaft Persiens zu Leitlinien der Eroberung des Hochlandes: die oghuzischen Seljuqen drangen von N und NE über Gorgan und die Kaspischen Tore sowie über Khorassan auf das Hochland vor. Widerstand leisteten lediglich von Kazvin und seinen Bergfestungen (Alamut) aus die ismailitischen Assassinen. Auch die Mongolen (Ilchaniden, Timuriden) und Turkmenen folgten bei ihrer Invasion und Besetzung des Hochlandes von Iran den eben genannten und geradezu ›klassischen‹ Einfallstraßen nach Zentraliran. Mit dem Ausbau der Stadt Tabriz bzw. der Gründung von Sultaniyeh als Hauptstadt der zentralasiatischen Völkerschaften in Iran wurde erstmalig ein bis dahin vernachlässigter und militärisch-politisch besonders unruhiger Randbereich des Hochlandes von Iran zum Mittelpunkt des Landes: der NW und damit der Übergangsbereich zum azerbaijanisch-armenischen Gebirgsland. Es spricht für die Persistenz und Sonderstellung der ältesten historischen Kernlandschaft des Hochlandes von Iran, daß sich in dieser Zeit weitgehenden Kulturlandschaftsverfalls vor allem Fars zu eigenständiger politischer und kultureller Blüte entwickeln konnte: während des Interregnums zwischen den Ilchanen und den Timuriden entfalteten vor allem die Mozaffariden in Shiraz einen höfischen Glanz, der durch die Dichtungen des Hafez bis heute nachwirkt.

Die für die nationalstaatliche Entwicklung und für die politisch-historische Eigenständigkeit Persiens zentrale Bedeutung des Hochlandes von Iran wird abermals deutlich im dritten persischen Großreich, dem der Safaviden. Den Safaviden, die sich auf Sheikh Safi aus Ardabil als den Stammvater ihres Geschlechts berufen, gelang es 1501, den Herrschern der Aq-Qojunlu-Turkmenen die Hauptstadt Tabriz zu entreißen. Selbst turkmenischen Ursprungs, besetzten die Safaviden, die shiitische Glaubensvorstellungen mit national-eigenständigem Iranertum verbanden (vgl. ROEMER 1977), schon 1508 weite Teile Mesopotamiens und eroberten 1624 Baghdad endgültig. Die vorausgehenden Kämpfe zur Konsolidierung des Reiches konzentrierten sich, wie aufgrund des historischen Rückblicks und der Raumlage des Hochlandes nicht anders zu erwarten, vor allem auf die Westgrenzen (Osmanen!) sowie die östlichen und nordöstlichen Randsäume des Reiches (Uzbeken in Khorassan!). Unter Shah Abbas dem Großen (1587—1629) war das neue Reich konsolidiert. Mit der Verlegung der Hauptstadt von Tabriz über Kazvin (unter Shah Tahmasp, 1524—1576) nach Isfahan am Ende des 16. Jh. hatte das Hochland von Iran seine Rolle als geographischer Mittelpunkt Persiens auch in politischer Hinsicht zurückgewonnen.

Bedingt durch die Tatsache, daß unter den Safaviden die Westgrenze Persiens

2. Persien als politisch-historisches Gebilde

im wesentlichen bereits den noch heute gültigen Verlauf erhielt (vgl. RÖHRBORN 1966), muß sich der politisch-historische Rückblick auf die Raumgestaltung Persiens während der letzten 300 Jahre auf den E und NE des Hochlandes konzentrieren. Unter dem Afsharenherrscher Nadir Shah (1732—1747), der nach der Besetzung Isfahans durch afghanische Stämme im Jahre 1722 die Hauptstadt des Landes nach Mashhad verlegte, kam es abermals zu militärischen Aktionen persischer Truppen gegen Osten: 1738 wurde Kandahar — bereits vorher oftmals in wechselndem Besitz — erobert. 1739 wurden indische Truppen bei Delhi vernichtend besiegt und der Pfauenthron der Moghulkaiser nach Persien gebracht, 1740 erkannte der Khan von Buchara den Verlauf des Oxus als Grenze zwischen Persien und den zentralasiatischen Khanaten an. Nach der Ermordung Nadir Shahs und der Machtergreifung durch die kurdischen Zand machten die Zandfürsten wiederum Shiraz zur Hauptstadt des Landes, wobei Khorassan ihrem Einflußbereich entzogen war und Afghanistan 1747 als unabhängiges Königreich entstand. Nach der Niederlage der Zandfürsten gegen aufständische Qadjarnomaden erfolgte eine abermalige Neuordnung des Landes, dessen Grenzen und politische Gliederung dabei die noch heute gültige Gestalt anzunehmen begannen. Ende des 18. Jh. wurde Tehran, ein bis dahin unbedeutendes Städtchen, zur Hauptstadt erhoben. Die Grenzen des Staates, die immer noch erheblich über das heutige Hoheitsgebiet Irans hinausreichten, erhielten unter den Qadjaren ihre heutige Gestalt: vermochte Fath Ali Shah (1797—1834) einerseits zwar Khorassan endgültig dem Reiche wieder einzuverleiben, so mußte er andererseits in den Frieden von Golistan (1813) und Turkmanchai (1826/1827) Armenien und das nördliche Azerbaijan an den Zaren abtreten. Mit der endgültigen Markierung der Grenze zu Afghanistan bzw. zu Britisch-Indien, die seit der Mitte des 19. Jh. unter entscheidender Mitwirkung der Engländer zustande kam, hatte Persien seine heutigen Grenzen erreicht.

Der notgedrungen kurze, angesichts der unübersehbaren historischen Fachliteratur vielleicht sogar unbefriedigende Rückblick auf die Entwicklung des Staatswesens zeigt, daß sich vorgegebene Raumstrukturen offensichtlich zu allen Zeiten immer wieder durchgesetzt haben. *Als wesentlichstes Ergebnis ergibt sich eine eindeutige W-E-Richtung fast aller entscheidenden Veränderungen der Territorialstruktur.* Dies gilt sowohl für die großen Phasen räumlicher Expansion persischer Königreiche als auch für die vielfältigen Übergriffe fremder Staaten und Völker auf persisches Staatsgebiet.

Damit wird deutlich, daß das Hochland von Iran als historischer Kernraum des alten und auch heutigen Staatswesens eingebettet ist in ein ausgeprägtes räumliches Spannungsverhältnis zwischen Mesopotamien und den Mittelmeerländern im W sowie Zentralasien und dem Industiefland im E und NE. Einige wenige Überlandstraßen und Gebirgspässe wurden zu den Leitlinien dieser historischen Wechselbeziehungen zwischen Iran und seinen Nachbarn: im NE bilden vor allem die sog. ›Kaspischen Tore‹ und das Tedjen- bzw. Murgabtiefland (›Iranische Tore‹) den

Zugang zu Zentralasien bzw. zu den fruchtbaren Oasen und Binnendeltas von Merv, Buchara und Samarkand (des alten Sogdiana) sowie nach Balkh; im E erwiesen sich immer wieder das heutige Sistan und der Verlauf des Hilmend als Völkerstraße. Im W bildet vor allem die Trasse der heutigen Straße von Baghdad über Kermanshah nach Hamadan (Ekbatana) als sog. ›Königsstraße‹ eine historisch immer wieder dominierende Landverbindung; sie findet in zahlreichen Reliefs, Inschriften, Denkmälern und Monumenten verschiedener Epochen bei Kermanshah, Bisitun (vgl. KLEISS 1970), Kangavar oder Hamadan ihren noch heute nachweisbaren Ausdruck (vgl. dazu auch Abb. 25). Ähnliches gilt für die weiter im S existierende alte Handels- und Heerstraße von Mesopotamien (Susa) nach Fars (Pasargadae, Persepolis). Sieht man von einigen weniger bedeutenden historischen Überlandverbindungen, vor allem entlang der Westküste des Kaspischen Meeres sowie im Gebirgsknoten von Armenien nach N und W ab, so wirkt die orohydrogeographische Gesamtsituation eigentlich bis heute ebenso determinierend und raumbestimmend wie in der Vergangenheit. Dies gilt nicht nur für die politische Gliederung des heutigen Staatswesens, sondern mehr noch für die wirtschaftliche Differenzierung und die Bevölkerungsverteilung Irans.

3. Der moderne Staat:
seine Grenzen und seine administrative Gliederung

Iran, wie Persien seit Reza Shah (1926—1941) in bewußter Anlehnung an klassisch-iranische Zeiten und Vorbilder heute genannt wird (vgl. BUSSE 1977), hat seit dem 19. Jh. keine wesentlichen Veränderungen seines Staatsgebietes und seiner Grenzen erfahren. Das Territorium des Staates, das eine Fläche von etwa 1 648 000 km² umfaßt und damit etwa der Größe der 10 Länder der Europäischen Gemeinschaft (EG) entspricht, wird vor allem in S und N von ebenso natürlichen wie historischen Grenzen festgelegt. Vom nördlichen Ende des Persischen Golfes bis an die Staatsgrenze Pakistans bildet über eine Erstreckung von mehr als 1500 km die wenig gegliederte, unwirtliche und hafenfeindliche Küste des Persischen Golfes bzw. des Golfes von Oman eine natürliche Grenze, die weder von Persien, etwa im Rahmen einer langlebigen Gegenküstenkolonisation, überschritten und nur selten von fremden Eindringlingen als Ausgangsbasis für die Eroberung des Hochlandes von Iran gewählt wurde. Da küstenparallele Gebirgszüge die Entwicklung großer Seehäfen mit Ausnahme des sassanidischen Siraf (vgl. WHITEHOUSE-WILLIAMSON 1973) verhinderten, entwickelten sich die wenigen vorgelagerten Inseln häufig zu bedeutenderen Orten des maritimen Seehandels als die Siedlungen der Festlandküste: Kharg, Lawan, Kish, Qishm und Hormuz sind Beweise dafür.

Die nach jahrelangen Streitigkeiten zwischen Iran und Irak erst 1974 endgültig festgelegte westliche Festlandsgrenze beginnt im S in der Strommitte des Shat-al-

3. Der moderne Staat: seine Grenzen und seine administrative Gliederung

Tab. 1: Die Grenzen Irans (in km)

Grenzen mit Nachbarländern		Meeresgrenzen	
Iran — Iraq	1280	Persischer Golf	1880
Iran — Türkei	470	Kaspisches Meer	630
Iran — UdSSR	1740		
Iran — Afghanistan	850		
Iran — Pakistan	830		
insgesamt	5170		2510

Quelle: Statistical Yearbook of Iran 1973.

Arab, dem Mündungsarm von Euphrat und Tigris. Wenig westlich von Khurramshahr folgt sie dem 48. Längengrad nordwärts, um vom 31. Breitengrad einen nicht ganz geradlinigen, aber allgemein nordwärts, von Dasht-i-Mishan dann überwiegend NNW gerichteten Verlauf entlang des Gebirgsrandes des Zagros zu nehmen. Erst bei Qasr-i-Shirin tritt die Westgrenze in das Gebirge selbst ein, folgt mehr oder weniger konsequent markanten Höhenzügen und Wasserscheiden, bildet im Kuh-i-Darvanagh in etwa 3300 m Höhe das Dreiländereck Iran–Irak–Türkei, zeichnet sodann in weiten Abschnitten den Verlauf der Wasserscheide zwischen Rizaiyeh- und Vansee (Türkei) nach, um nördlich von Maku und in der Nähe des Ararat auf den Aras und damit die Grenze zur Sowjetunion zu stoßen. Gerade der nicht immer sichere und schon gar nicht zu kontrollierende Grenzverlauf im kurdischen Bergland hat die Westgrenze Irans zwischen 35° und 37° N bis in die jüngste Vergangenheit hinein zu einer der unruhigsten Grenzen des Landes gemacht.

Orohydrographisch und politisch-militärisch eindeutig fixiert ist die gesamte Nordgrenze. Vom Dreiländereck unweit des Ararat folgt sie zunächst dem vor allem auf sowjetischer Seite zusätzlich durch Stacheldraht und Wehrtürme gesicherten Tal des Aras, um im Bereich der Mughansteppe nach SE umzuschwenken und bei dem Ort Astara die Küste des Kaspischen Meeres zu erreichen. Einziger Grenzübergang in die sowjetische Nachbarrepublik Armenien bildet die weniger für den Straßenverkehr als vielmehr für den Eisenbahntransport wichtige Stadt Julfa. Von Astara schließt sich über 600 km Länge die Südküste des Kaspischen Meeres (—28 m NN) als ungefährdete und in der Vergangenheit nur gelegentlich in Frage gestellte Staatsgrenze an. An der Ostküste des Kaspischen Meeres setzt sich die Nordgrenze Irans, dem Unterlauf des Atrek folgend, ostwärts fort, um sodann z. T. der Wasserscheide des Kopet Dagh, zum Teil seiner Nordabdachung zu folgen. Die Nordgrenze endet bei Sarakhs und damit am Eintritt des afghanisch-iranischen Grenzflusses Hari Rud in das Tiefland Turkmenistans. Wenn auch reliefbedingt Grenzziehung und Grenzverlauf relativ eindeutig sind, so haben doch im 20. Jh. mehrfach Versuche stattgefunden, die Randlage sowohl Azerbaijans als auch der südkaspischen Küstenprovinz Gilan innerhalb Irans zu politischen Autonomiebestrebungen oder zu Grenzveränderungen zu nutzen. So kam es im Gefolge der Oktoberrevolution 1917 in Rußland zum Versuch, von 1919 an eine Sowjetrepublik Gilan zu etablieren (vgl. Ravasani 1971). Daß die Nordgrenze Irans in ihrem heutigen Verlauf z. T. antike Vorbilder hat, beweist der sog. ›Alexanderwall‹ in der Turkmenensteppe Nordpersiens, der, als sassanidisches Grenzbollwerk gegen Überfälle zentralasiatischer Völkerschaften errichtet, von Gomishan an der Küste des Kaspischen Meeres über mehr als 150 km parallel zum Gorganfluß verläuft.

Die Ostgrenze Irans schließlich, die in weiten Teilen erst im 19. Jh. unter englischem Einfluß fixiert wurde, folgt von der Grenzstadt Sarakhs im NE bis zum Kerngebiet Sistans in etwa dem 61. Längengrad, schließt den größten Teil des Hamun-e-Hilmend ein und zieht von Zahidan in zunächst südöstlicher, dann südlicher und schließlich südwestlicher Richtung an den Golf von Oman. Ähnlich wie der gemeinsame Grenzverlauf mit Afghanistan geht auch die heutige iranisch-pakistanische Grenze auf britische Intervention zurück: 1876 gelangte ein großer Teil Baluchistans aufgrund eines Vertrages mit der lokalen Dynastie der Ahmedsai in Kalat als Grenzprovinz Britisch-Indiens unter englische Oberhoheit und wurde 1947 als Teil Pakistans in die Unabhängigkeit entlassen. Ähnlich wie das gebirgige Grenzland Westpersiens, so ist auch das Bergland von Baluchistan im SE des Landes in jüngster Vergangenheit immer wieder ein Unruheherd autonomistischer Unabhängigkeitsbewegungen zur Schaffung eines selbständigen Staates Baluchistan gewesen (vgl. auch Kap. V, Abschn. 7).

Die Rekonstruktion des heutigen Grenzverlaufs zeigt, daß, von natürlichen Grenzen abgesehen, vor allem Engländer und Russen die heutige Konfiguration der Staatsgrenze entscheidend mitgeprägt haben. Wenn Persien, politisch gesehen, auch niemals ein Kolonialland und von europäischen Großmächten besetzt war, so stand es doch seit der Safavidenzeit unter zunächst noch beschränkten Einflüssen verschiedener europäischer Großmächte, seit der Mitte des 19. Jh. dann aber unter dem dominierenden Einfluß Rußlands und Englands (vgl. dazu Kap. III, Abschn. 6.3).

Die heutige (1978) administrative Gliederung des Landes geht im wesentlichen auf die Zeit nach dem Zweiten Weltkrieg zurück. Iran zerfällt demnach in 20 Provinzen und drei Gouvernate, die direkt der Zentralregierung in Tehran unterstehen.

Während es sich bei den Provinzen z. T. um Verwaltungseinheiten handelt, deren Grenzziehung weder naturräumlich noch wirtschaftlich noch sonstwie verständlich erscheint, handelt es sich bei den nachgeordneten Verwaltungsbezirken um Administrationen von zumeist nur lokaler Bedeutung. Dennoch spielen, wie in Kap. IV, Abschn. 2.4 zu belegen sein wird, die Verwaltungsfunktionen für die Städte eine besondere wirtschaftliche Rolle. Dies gilt ganz besonders für die Pro-

3. Der moderne Staat: seine Grenzen und seine administrative Gliederung 15

Tab. 2: Die Verwaltungsgliederung Irans (Stand 1974) und die Bevölkerungsdichte der Provinzen (Stand 1976)

Provinzen/Gouvernate	Fläche (tsd. km²)	Bev. (tsd.)	Bev.-dichte (Ew/km²)	Verwaltungsgliederung				
				Shahrestan	Bakhsh	Shahrdari	Dehestan	Hauptstadt
Zentralprovinz	92	6 921	75	14	44	39	105	Tehran/Arak
Westazerbaijan	44	1 405	32	9	18	20	64	Rizaiyeh
Ostazerbaijan	67	3 195	48	10	33	39	86	Tabriz
Gilan	15	1 578	105	10	21	30	55	Rasht
Mazandaran	47	2 384	51	10	34	44	123	Sari
Khorassan	312	3 267	10	15	52	44	210	Mashhad
Zenjan	22	579	26	3	7	5	22	Zenjan
Kurdistan	25	782	31	6	16	8	49	Sanandaj
Lorestan	31	925	30	3	17	10	63	Khurramabad
Kermanshah	25	1 016	41	5	17	13	60	Kermanshah
Hamadan	20	1 087	54	4	11	11	34	Hamadan
Isfahan	95	1 975	21	10	21	43	69	Isfahan
Yezd	57	356	6	4	10	8	13	Yezd
Kerman	192	1 088	6	6	17	19	123	Kerman
Chaharmahal/Bakhtiari	15	394	26	2	8	6	23	Shahr Kurd
Küstenprovinz	67	463	7	3	15	9	49	Bandar Abbas
Bushire	28	345	12	2	9	9	32	Bushire
Sistan/Baluchistan	182	659	4	5	21	11	69	Zahidan
Fars	133	2 021	15	11	31	28	112	Shiraz
Khuzestan	65	2 177	33	11	30	24	109	Ahwaz
Gouvernate:								
Semnan	82	486	6	3	8	7	23	Semnan
Ilam	18	244	14	4	13	13	41	Ilam
Boir Ahmadi/Kuhgiluyeh	14	245	18	2	7	3	13	Yasuj
Gesamt	1 648	33 592	20	152	460	443	1 547	—

Quelle: ISC, Statistical Yearbook 1976/7, Tehran.

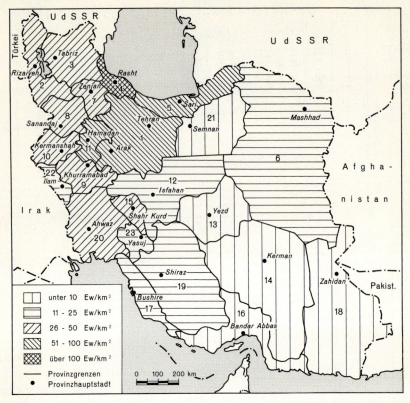

Abb. 2: *Iran: Verwaltungsgliederung und Bevölkerungsdichte, 1976* (Entw.: EHLERS 1978). 1 Zentralprovinz; 2 Westazerbaijan; 3 Ostazerbaijan; 4 Gilan; 5 Mazandaran; 6 Khorassan; 7 Zenjan; 8 Kurdistan; 9 Lorestan; 10 Kermanshah; 11 Hamadan; 12 Isfahan; 13 Yezd; 14 Kerman; 15 Chaharmahal-Bakhtiari; 16 Küstenprovinz; 17 Bushire; 18 Sistan-Baluchistan; 19 Fars; 20 Khuzestan; 21 Semnan; 22 Ilam; 23 Boir Ahmadi-Kuhgiluyeh.

vinzhauptstädte sowie für die Zentren der den deutschen Regierungsbezirken ähnlichen *Shahrestan*: in ihnen sammelt sich stets ein großer Teil der Grundeigentümer, die die ihnen zustehenden Ernteanteile und Einkünfte aus der Landwirtschaft in der Stadt verkonsumieren und die damit, zusammen mit agrarraumorientierten Industrien, Handwerken und Handelsbetrieben, zu einem wichtigen Wirtschaftsfaktor werden.

In welchem Maße die heutige Verwaltungsgliederung das schon eingangs genannte Entwicklungsgefälle des Landes von NW nach SE widerspiegelt, machen Tab. 2 und Abb. 2 anhand der Bevölkerungsdichte deutlich. Weist das gesamte Land 1976 bei einer Einwohnerzahl von etwa 33,6 Mill. Menschen eine durchschnittliche Bevölkerungsdichte von etwa 20 Ew/km² auf, so sind die Schwankungen mit einer Bandbreite von über 100 Ew/km² in der Provinz Gilan und ca. 4 Ew/km² in Baluchistan beträchtlich. Aber auch innerhalb der einzelnen Provinzen bestehen erhebliche Unterschiede: im Ballungsraum Tehran drängen sich oft viele hundert oder gar tausend und mehr Menschen pro km², wenige Kilometer von der Stadt aber sinkt der entsprechende Wert auf weniger als 20 Ew/km². Entsprechendes gilt, wenngleich weniger ausgeprägt in den Extremen, für Baluchistan und alle übrigen Provinzen.

Es wird eine der wesentlichen Aufgaben der nachfolgenden landeskundlichen Darstellung Irans sein, die schon angedeuteten natürlichen Grundlagen dieser räumlichen Ungleichgewichte, ihrer historischen Entwicklung und ihrer heutigen Ausprägung und Problematik zu erfassen.

4. Iran in der bisherigen geographisch-landeskundlichen Literatur

Die wissenschaftliche Literatur über Persien ist Legion. Jeder Versuch, auch nur annähernd vollständig das Schrifttum mit geographisch-landeskundlicher Relevanz zu erfassen, ist zum Scheitern verurteilt. Dies liegt begründet nicht nur in der Fülle der Disziplinen, die mit mehr oder minder starkem Raumbezug in Persien arbeiten, sondern auch in der zeitlichen Dimension der aufzuarbeitenden Literatur. Da Raumstrukturen und -differenzierungen nur verständlich sind als Ergebnis natürlicher, historischer und aktueller sozioökonomischer Prozesse, ergibt sich zwangsläufig die Notwendigkeit einer möglichst vollständigen Einbeziehung und Verwertung der entsprechenden Literatur. Unter Hinweis auf die nach wie vor beste und umfassendste Darstellung der Erforschungsgeschichte Persiens durch GABRIEL (1952), eine gleichzeitig mit diesem Buch erscheinende umfassende Bibliographie zur Geographie und Landeskunde Irans (siehe dazu Vorbemerkung zum Literaturverzeichnis, S. 513) sowie die Angaben zum Schrifttum im Kontext des regionalen Teils dieser Landeskunde soll die folgende Übersichtsdarstellung knapp gehalten werden.

Arabisch-persische Literatur: Für die Rekonstruktion des Zustandes und der Entwicklung der Kulturlandschaft in der frühislamischen Zeit stehen uns eine Reihe klassischer und weniger bekannter Reisebeschreibungen, Chroniken und Berichte arabischer und persischer Geographen und Historiographen zur Verfügung. Ihr oftmals bestrittener, weil klischeehafter und stereotyper Gehalt an wissenschaftlich verwertbarer Information gewinnt indes an Bedeutung, wenn man die teilweise üppigen, formelhaften Beschreibungen auf sachlich Verwertbares reduziert. Zu den frühen Informanten, denen wir wertvolle Angaben über Land und Leute Persiens im 9. und 10. Jh. christlicher Zeitrechnung verdanken, gehören z.B. YAKUBI (gest. 897), IBN RUSTA (gest. 937 oder 940), MASSOUDI (gest. 956/7) sowie die vielleicht berühmtesten arabischen Reisenden IBN HAUKAL (gest. um 970), AL-ISTAKHRI (gest. um 950) und MUKADASI (um 980 gest.). Vor allem den Provinz- und Distriktbeschreibungen der drei Letztgenannten sind auch heute noch so viele gültige Details zu entnehmen, daß GABRIEL (1952, S. 22) sicherlich zu Recht konstatiert: ›Schon um 1000 n. Chr. hatte man im Osten ein abgerundetes Bild von Persien, wie es Europa noch sieben Jahrhunderte später nicht besaß‹. Auch in der Folgezeit reißen die Berichte und Kompilationen orientalischer Reisender nicht ab und erreichen im 13. und 14. Jh. einen neuerlichen Höhepunkt. Gerade der Vergleich der früheren Darstellungen mit den Mitteilungen etwa von YAKUT (1221—1298/9), HAMD' ALLAH MUSTAWFI (um 1300), mit denen von ABULFEDA (1271—1331) oder von IBN BATTUTA (1304—1377) machen das Ausmaß der kulturlandschaftlichen Veränderungen im Hochland von Iran im Gefolge der Invasionen und Zerstörungen durch zentralasiatische Stämme, insbesondere durch die Mongolen, deutlich.

Auch für die folgenden Jahrhunderte bis in die Gegenwart hinein verfügen wir über eine Zahl äußerst interessanter und detaillierter Landes-, Provinz- und Städtebeschreibungen persischer Autoren der verschiedensten wissenschaftlichen Provenienz. Als Musterbeispiel einer räumlich zwar begrenzten, aber dafür um so exakteren Bestandsaufnahme eines kleinen Teilraumes Persiens im 19. Jh. kann die kürzlich von H. BUSSE (1973) ausgewertete Geographie des WAZIRI über den Raum Kerman gelten, die eine Fülle geographisch bedeutsamer Angaben über Wirtschaft, Bevölkerung, Verkehrsverhältnisse und Siedlungswesen enthält. Da wahrscheinlich nur ein kleiner Teil solcher seit der Safavidenzeit entstandener und regional begrenzter Studien ediert ist, sind gerade auf diesem Feld noch für die Rekonstruktion der kulturlandschaftlichen, wirtschaftlichen und sozialen Entwicklung des Landes und seiner Bewohner bedeutsame Veröffentlichungen zu erwarten.

Ein Teil des historischen Schrifttums in persischer und arabischer Sprache liegt in Übersetzungen in europäischen Sprachen vor: wichtig ist vor allem die von M. J. DE GOEJE (1870—1894) herausgegebene, achtbändige ›Bibliotheca Geographorum Arabicorum‹. Hervorragend ausgewertet sind die umfangreichen Schriften arabischer und persischer Geographen, Historiographen und Reisender in den entsprechenden Stichworten der ›Encyclopaedie des Islam‹ (EI), die sowohl in ihrer alten Ausgabe (1913—1938) als auch in der seit 1961 neu erscheinenden Edition eine unerschöpfliche Fundgrube historisch-geographischer Sachverhalte ist. Ohne die Aufarbeitung der Originalquellen undenkbar sind darüber hinaus solche historischen oder kulturgeschichtlichen Arbeiten wie ›Iran in frühislamischer Zeit‹ (SPULER 1952) oder ›Die Mongolen in Iran‹ (SPULER 1955) bzw. die bisher erschienenen Bände der ›Cambridge History of Iran‹. Sie alle enthalten eine Fülle wesentlicher Angaben über die Entwicklung der Wirtschafts- und Sozialstruktur Irans im Mittelalter.

Die nach wie vor umfassendste Aufarbeitung der mittelalterlichen Reiseliteratur arabischer Geographen in deutscher Sprache ist das von P. SCHWARZ

4. Iran in der bisherigen geographisch-landeskundlichen Literatur 19

(1896—1926) in neun Bänden herausgegebene Werk ›Iran im Mittelalter nach den arabischen Geographen‹. Wenn in ihm auch, analog zu W. TOMASCHEKS ›Zur historischen Topographie von Persien‹ (1883—1885), vorwiegend topographische Angaben erfaßt und lokalisiert werden, so stellt doch die konzentrierte Zusammenstellung des arabischsprachigen Schrifttums über die Geographie Irans eine unentbehrliche Quelle landeskundlicher Arbeit dar. Dies kommt auch darin zum Ausdruck, daß das gesamte Werk in einer Faksimileausgabe 1969 neu veröffentlicht wurde.

Europäische Reiseliteratur bis 1900: Sieht man von einigen frühen Vorgängern ab, so beginnt die Darstellung Persiens in der europäischen Reiseliteratur eigentlich mit MARCO POLO, der auf seinem Zuge nach China um 1270 das Hochland von Iran von Tabriz kommend bis zur Insel Hormuz überquerte. Flächenhaft das gesamte Land bzw. größere Ausschnitte davon erfassende Reisebeschreibungen beginnen unter den Safaviden, deren prachtvolle Hauptstadt Isfahan von zahlreichen europäischen Delegationen und Handelsmissionen aufgesucht wurde. Die aus dem 16./17. Jh. stammenden Berichte europäischer Diplomaten und höfischer Beamter sind so zahlreich und z. T. so inhaltsvoll, daß sie jüngst von SCHUSTER-WALSER (1970) im Hinblick auf ihre Aussagen für die Wirtschafts- und Sozialpolitik des safavidischen Persien ausgewertet wurden. Zu den klassischen und zum Teil auch in modernen Editionen vorliegenden Werken gehören die mehrbändigen Berichte von Jean Baptiste TAVERNIER (1679), der seit 1665 sechsmal Persien bereiste, und von Jean CHARDIN, dessen zehnbändiges Reisewerk (Paris 1811) das safavidische Persien zwischen 1665 und 1677 beschreibt und zu den wertvollsten Arbeiten der historischen Reiseliteratur überhaupt gehört. Unter den deutschen Persienreisenden sind vor allem Adam OLEARIUS (1637/8 in Persien) sowie Engelbert KÄMPFER (1712) zu erwähnen. Von den englischen Persienberichten ragt vor allem der von Sir Th. HERBERT (1665; gekürzte Neuausgabe London 1928) heraus.

Im 18. und 19. Jh. treten, in Vorwegnahme der späteren politischen Interessengegensätze Englands und Rußlands, vor allem englische Reisende und deutsche in Diensten des Zaren stehende Händler und Kaufleute, später sogar ausgesprochene Forschergruppen in den Vordergrund. Unter der großen Zahl der Engländer sind vor allem HANWAY (1754), MALCOLM (1815), MORIER (1818), KINNEIR (1813) mit seiner ersten statistisch-deskriptiven und routenbeschreibenden Geographie speziell Persiens, POTTINGER (1816), PORTER (1821), LAYARD (1846f.), FRASER (1825f.), OUSELY (1819—23), RAWLINSON (1839f.) zu nennen, ohne daß die Liste der großen englischen Reisenden damit auch nur annähernd vollständig wäre. Gerade die vielfach auch an entlegenen Stellen publizierten Berichte der Engländer finden sich hervorragend aufgearbeitet in C. RITTERS monumentaler ›Erdkunde von Asien‹, Bd. VI (1838/1840) sowie in dem als Nachschlagewerk für das Persien des 19. Jh. unübertroffenen zweibändigen ›Persia and the Persian Question‹ von Lord CURZON (London 1892). — Unter den russischen

Expeditionen, die vor allem nach Nordpersien gerichtet waren, sind besonders die Berichte von EICHWALD (1834), DE BODE (1845), MELGUNOF (1868) und DORN (1895) zu erwähnen; wertvolle Informationen und vor allem zahllose Skizzen und Pläne heute verfallener Gebäude, Städteansichten oder archäologischer Stätten verdanken wir z. B. den Franzosen FLANDIN (1851) und FLANDIN-COSTE (1845—1854).

Spezielle Forschungen zur Geographie Irans seit dem 19. Jh.: Mit der fortschreitenden Zunahme der topographischen Landeskenntnisse und der ständigen Verbesserung der Verkehrserschließung gingen die zunächst als reine Routenaufnahmen konzipierten Reiseberichte nahezu zwangsläufig in immer detailliertere, räumlich und inhaltlich spezialisierte Abhandlungen über. Ausdruck dieser thematischen Einengung und Vertiefung ist die Ablösung der bis in das frühe 19. Jh. vorwaltenden, breit angelegten Reisebeschreibungen durch zumeist kürzere Abhandlungen in den sich zwischen 1820 und 1850 etablierenden Zeitschriften verschiedenster wissenschaftlicher Provenienz.

Angesichts der Wirtschafts- und Militärinteressen der Engländer im Mittleren Osten und in Südasien ist es nicht überraschend, daß vor allem britische Militär- und Handelsmissionen, oft aber auch Archäologen und Diplomaten sich an den Erkundungen beteiligten und über ihre Expeditionen berichteten. Ein führendes Organ solcher Berichterstattung war von 1833 an das ›Journal of the Royal Geographical Society‹, in dem der schon genannte MORIER z. B. 1837 über die persischen Nomaden, wenig später (1846) LAYARD landeskundlich-archäologisch über die Provinz Khuzistan oder RAWLINSON, der Entzifferer der persischen Keilschrift (1857 in den ›Proceedings of the Royal Geographical Society‹) über die Stadt ›Mohamrah‹ (heute Khurramshahr) und die Chaabaraber berichteten. Neben diesen vergleichsweise speziellen Mitteilungen sind die meisten Abhandlungen dieses Genres überschrieben mit ›Notes on...‹, ›Route/Journey from... to...‹, ›Itinerary...‹, die ebenfalls von CURZON (1892) zusammenfassend ausgewertet wurden. Ihnen entsprechen im deutschen Sprachgebiet mehrere Reisebeschreibungen, Spezialstatistiken oder landeskundliche Skizzen, wie sie seit der Mitte des 19. Jh. in ›Petermanns Geographische Mitteilungen‹ (seit 1856), in Vorläufern der Berliner ›Zeitschrift der Gesellschaft für Erdkunde‹ oder in den vielfältigen Jahresberichten der allenthalben gegründeten Vereine für Erdkunde (Dresden, Leipzig, Jena, Wien usw.) veröffentlicht wurden.

Seit 1900 erfolgte endgültig eine fachwissenschaftliche Spezialisierung der immer umfangreicher werdenden Persienliteratur, deren auch nur annähernd vollständige Nennung weder möglich noch sinnvoll ist. Geologen und Biologen, Archäologen, Anthropologen und Ethnologen, vor allem aber Historiker und Iranisten verschiedenster wissenschaftlicher Provenienz füllten unsere Kenntnisse über Land und Leute so sehr, daß schon bald Spezialzeitschriften mit Iran als zentralem Forschungsgegenstand gegründet wurden. Bereits 1929 erschienen erstmals die von HERZFELD herausgegebenen ›Archäologische Mitteilungen aus Iran‹, die seit

1968 in neuer Folge fortgeführt werden und die als eine der ersten, speziell auf Iran ausgerichteten Fachzeitschriften betrachtet werden können. Ebenfalls ausschließlich auf Iran spezialisiert sind das seit 1963 vom British Institute of Persian Studies herausgegebene interdisziplinäre Jahrbuch ›Iran‹ sowie das vergleichbare, von der Genootschaap Nederland — Iran edierte ›Persica‹. Während die von L. VANDEN BERGHE herausgegebene Zeitschrift ›Iranica Antiqua‹ (1961 f.) ihrem Titel gemäß vorwiegend archäologisch und althistorisch orientiert ist, verfolgen die seit 1967 in den USA erscheinenden ›Iranian Studies‹ ebenfalls eindeutig interdisziplinäre Fragestellungen. Sie werden ergänzt, neben einer Vielzahl regions- und fachspezifischer Zeitschriften über den islamischen Orient (z. B. ›Indo-Iranica‹), durch eine Reihe persischer Schriftenreihen und Zeitschriften, die sich ausschließlich mit geographisch-landeskundlichen Problemen (wie z. B. die Schriftenreihen der Geographischen Institute der Universitäten Tehran, Mashhad oder Tabriz) oder wirtschafts- und sozialwissenschaftlichen Problemen befassen (Tahqiqat-e-Eqtesadi, Honar-o-Mardom etc.).

Das nicht mehr zu überblickende historische Schrifttum über Iran wird derzeit in der auf acht Bände konzipierten ›Cambridge History of Iran‹, von der bisher drei Bände erschienen sind, zusammengefaßt. Für den Geographen von besonderem Interesse ist dabei der von W. B. FISHER (1968) herausgegebene Band I dieses Geschichtswerkes: ›The Land of Iran‹. Sieht man von den frühen geographisch-landeskundlichen Bearbeitungen Irans durch R. BLANCHARD und durch v. NIEDERMAYER im ›Handbuch der Geographischen Wissenschaft‹ (Potsdam 1937) ebenso ab wie von dem entsprechenden Kapitel in W. B. FISHERS ›The Middle East‹ (^{1}1950, ^{7}1978), dann bleibt als geographischer Beitrag zur regionalen Geographie des gesamten Landes eigentlich nur die inzwischen schon ›klassisch‹ gewordene sozialgeographische Studie von BOBEK (1962, ^{3}1967) über ›Iran. Probleme eines unterentwickelten Landes alter Kultur‹. Das jüngst erschienene Werk von GEHRKE-MEHNER über ›Iran. Natur — Bevölkerung — Geschichte — Kultur — Staat — Wirtschaft‹ (Tübingen–Basel 1975) verfolgt demgegenüber andere Fragestellungen und bemüht sich vor allem um die Darstellung der ›aktuellen politischen, gesellschaftlichen und kulturellen Fragen‹. Es übertrifft in seinem Informationsgehalt jedoch weit die in den letzten Jahren in großer Zahl erschienenen populärwissenschaftlichen Reise- und Landesbeschreibungen (z. B. BAU o. J., KASTER 1974 u. v. a.), deren Aussagekraft z. T. gering oder banal ist.

Das in Büchern und Zeitschriften weltweit verstreute Schrifttum über das Land Iran, seine Bewohner und deren Geschichte und Kultur wird komplettiert durch eine nicht registrierbare Fülle sog. ›grauer Literatur‹, die nur hin und wieder faßbar wird, die dennoch aber immer wieder wichtigste Forschungsergebnisse und Untersuchungen enthält. Zu den bedeutendsten Publikationen dieser Art gehören die zahlreichen Unterlagen internationaler Organisationen, wie z. B. FAO-Berichte über verschiedene Aspekte iranischer Land- und Weidewirtschaft, UNESCO-Reports über Stadtsanierungen und Bauerhaltungsmaßnahmen historischer

Gebäude, ILO-Unterlagen über Arbeitslosigkeit und Unterbeschäftigung ebenso wie die oftmals wissenschaftlich wertvollen Planungsberichte sog. ›Consulting Engineers‹. Sie werden ergänzt durch Statistiken und Jahresberichte der verschiedensten Regierungsbehörden und staatlichen Einrichtungen der Wirtschaft und Wissenschaft. Das bisher nicht ausgewertete Material, das in englischen Archiven (Public Records Office, India Office) der Durchsicht harrt, ist unüberschaubar. Eine erste für die Rekonstruktion wirtschafts- und sozialgeschichtlicher Sachverhalte im 19. und frühen 20. Jh. äußerst wertvolle Zusammenstellung bisher unveröffentlichten oder nur schwer zugänglichen Archivmaterials stellt die Veröffentlichung von Issawi (1971) dar.

Für den Geographen ist die Verfügbarkeit von Karten und Luftbildern eine unabdingbare Voraussetzung jeglicher wissenschaftlichen Arbeit. So gut das Land kartographisch wie aerophotogrammetrisch erfaßt ist, so schwer ist leider immer noch der Erwerb entsprechender Arbeitsmittel. Abgesehen von den z. T. hervorragenden Stadtplänen nahezu aller Städte des Landes im Maßstab 1:2000 bzw. 1:2500 sind das Land flächendeckende Luftbilder sowie die sehr genauen, inhaltsreichen und ansprechenden Kartenmaßstäbe 1:50000 bzw. 1:100000 (bisher nicht das ganze Land deckend) sowie 1:250000 kaum zu bekommen. Ähnliches gilt für die Spezialkarten verschiedener Maßstäbe, die meist im Zusammenhang mit Bewässerungsprojekten aufgenommen und publiziert werden. Ihre Verfügbarkeit würde die Effizienz geographischer Gelände- und Forschungsarbeit in jeder Beziehung erhöhen.

Als Fazit des Rückblicks auf die bisherige geographisch-landeskundliche Literatur im weitesten Sinne bleibt die Erkenntnis, daß die vollständige Erfassung alles bisher erschienenen Schrifttums und die Auswertung verfügbarer Quellen zwar wünschenswert, wohl aber nicht zu leisten ist. Daher muß auch der bereits genannte Versuch des Verfassers, parallel zu diesem Buch eine umfassende Bibliographie zur Geographie und Landeskunde Irans vorzulegen (vgl. dazu S. 513), lediglich als ein ausbaufähiger Ansatz zur Erfassung des geographisch relevanten Schrifttums verstanden werden.

II. DER NATURRAUM UND SEIN POTENTIAL

Mit der Darstellung und Analyse der *Naturausstattung des Landes und seines Potentials*, d. h. der natürlichen Ressourcen und ihrer Eignung für bzw. Nutzung durch den Menschen, wird der physisch-geographische Rahmen der Entwicklung und heutigen Differenzierung der Kulturlandschaft Irans abgesteckt. Ausgehend von der These, daß die Naturausstattung einerseits, der wirtschaftliche und soziale Entwicklungsstand einer Bevölkerung und ihrer politischen Organisationsform andererseits die Bewertung, die Aneignung und die Umgestaltung eines Raumes und damit die Kulturlandschaftsgenese bestimmen, folgt nahezu zwangsläufig, daß die physisch-geographischen Phänomene und Probleme hier nicht vollständig angesprochen werden können. Die Beschränkung auf die Grundzüge der physisch-geographischen Raumgestaltung und auf einige wenige Spezialprobleme der Geomorphologie und Quartärgeologie ist gewollt. Umgekehrt ist die besondere Betonung einzelner physisch-geographischer Aspekte — Erdbeben, Überschwemmungen, Vegetationszerstörung — infolge ihrer überragenden Bedeutung für die Nutzung des Naturraumes durch den Menschen gerechtfertigt.

1. Geologischer Bau und orohydrographische Grossgliederung

Wie schon einleitend angedeutet, ist eines der beiden Lageprinzipien Irans gekennzeichnet durch die Zugehörigkeit des Landes zum großen tertiären Faltengebirgsgürtel, der die Alte Welt durchzieht. Das Nebeneinander von mehr oder weniger stabilen Kratonen in Zentralpersien und randlich angeschweißten Hochgebirgen tertiärer Orogenese kommt, idealtypisch vereinfacht, der Vorstellung von einem zweiseitigen, um ein sog. ›Zwischengebirge‹ angelegten Orogen im Sinne von Kober (1921) entgegen. Ihm entspricht geomorphologisch die Virgation des tertiären Faltengebirgsgürtels, der vom armenisch-azerbaijanischen Gebirgsknoten aus mit dem Alborz-Kopet Dagh im N und dem Zagros-Makran-System im SW und S das ältere und weitgehend eingerumpfte Binnenhochland von Iran umfaßt und sich im Hindukusch erneut schart (vgl. Machatschek ²1955, S. 25 ff.). In der Tat hat diese Vorstellung von einer zeitlich und räumlich klar differenzierten geologischen Entwicklungsgeschichte des Hochlandes von Iran und einer entsprechenden Reliefgestaltung die Überlegungen der meisten Geologen und Geomorphologen bis etwa 1960 bestimmt. Heute wissen wir, daß geologischer Bau und Reliefentwicklung sehr viel komplizierter und komplexer sind als bisher vermutet.

1.1 Grundzüge geologisch-tektonischer Entwicklung

Seit den Rekognoszierungen, Kartierungen und petrographisch-lagerstättenkundlichen Analysen des finnischen Geologen STAHL (1897 ff., besonders 1911), dem wir in seiner Eigenschaft als ›Generalpostdirektor in Persien‹ die auf Routenaufnahmen basierenden ersten Zusammenfassungen über die Geologie Persiens verdanken, war es üblich, den geologischen Bau Irans in dem genannten Sinne zu interpretieren. Die von STAHL als ›Medische Masse‹ charakterisierten präkambrischen Massive des zentralen Hochlandes, aus kristallinen Massengesteinen und metamorphisierten Sedimenten aufgebaut und weithin von flachlagernden marinen oder terrestrischen Sedimenten überlagert, wurden dabei als eigenständiges stabiles Kraton verstanden. An ihn seien die randlichen Hochgebirge und die ihnen vorgelagerten Tiefländer im Laufe der jüngeren geologischen Geschichte angeschweißt worden. Diese Auffassung wurde von BOECKH et al. (1929) und zuletzt noch von KHAIN (1964) nachdrücklich unterstützt. Die Argumente für diese heute als traditionelle Interpretation der Geologie und Tektonik zu kennzeichnende Auffassung waren vor allem in folgenden Befunden zu sehen:

a) in der weiten Verbreitung präkambrisch (STAHL: ›archaisch‹) datierter Massengesteine und Metamorphite;
b) in der nur geringmächtigen Überdeckung des stabilen Sockels durch flachgründige Deckschichten, deren marine Komponenten auf vertikale en-bloc-Bewegungen der ›Medischen Masse‹ hindeuten;
c) in dem Nachweis petrographisch vergleichbarer oder identischer Komplexe in Zagros und Alborz, die als in die Gebirgsbildung einbezogene Eckpfeiler der ›Medischen Masse‹ gedeutet wurden; und schließlich
c) in der isolierten und klar begrenzten Lage des als präkambrisch aufgefaßten Massivs, das keine Beziehungen zu den großen Schilden im N oder S aufzuweisen schien.

Die Fortschritte in der geologischen Erforschung Irans, insbesondere im Gefolge einer in den letzten Jahren verstärkt betriebenen Lagerstättenprospektion, haben seit dem Zweiten Weltkrieg zu einer erheblichen Ausweitung unserer Kenntnisse geführt (ROSEN 1969; Geological Map of Iran 1:2,5 Mill., 1977). Sie bedingen, daß die traditionelle These eines präkambrischen Kerns mit tertiären orogenetischen Erweiterungen im N und W bzw. SW heute nicht mehr haltbar ist. Die schon in den 30er Jahren beginnenden und sich später verstärkenden Zweifel an dem tektonisch vermeintlich so einfachen Bauplan des Landes (vgl. BAIER 1938, FURON 1941, GANSSER 1955) wurden von STÖCKLIN (1968) zusammengestellt und in fünf Punkten zusammengefaßt. Danach gilt heute als gesichert, daß

a) stratigraphisch wie strukturell Alborz und Zentrales Hochland von Iran enger verwandt sind als bisher angenommen;
b) paläozoische Orogenesen (vom obersten Präkambrium bis zur mittleren Trias) im gesamten Bereich fehlen, womit während dieser Zeit auf Kratoncharakter im Hochland und seiner Peripherie zu schließen ist;

1. Geologischer Bau und orohydrographische Großgliederung 25

c) im Mesozoikum und Tertiär alpinotype Orogenesen das gesamte Hochland von Iran wie auch seine Randbereiche erfaßten: während die Peripherien des Kratons dabei echte Synklinalentwicklungen durchliefen, waren die zentralen Teile als mehr oder weniger stabile Plattformen lediglich unvollständigen Geosynklinalzyklen unterworfen;
d) auch die eindeutig in der tertiären Faltengebirgsbildung aufgewölbten Hochreliefs alpinen Typs Strukturen präkambrischer Orogenese konservieren; und daß
e) das, was man als ›Medische Masse‹ bezeichnen könnte, auf das stabile, N-S orientierte Massiv des sog. ›Lutblock‹ beschränkt bleibt, der allerdings flächenmäßig nur einen kleinen Teil des Hochlandes von Iran und der ›Medischen Masse‹ im Sinne von STAHL (1911) ausmacht.

Die Neudeutung der geologisch-tektonischen Entwicklung und Struktur des Landes ist zwischenzeitlich durch eine Reihe eindrucksvoller Belege untermauert worden. So gibt es bisher an keiner Stelle innerhalb des epikontinental entwickelten Paläozoikums Irans irgendwelche Hinweise auf kaledonische oder variszische Orogenesen. Die insgesamt meist nur 3000 bis 4000 m mächtigen Sedimente besitzen statt dessen durchweg ›eine recht gleichförmige kontinentale bis epikontinentale Ausbildung über konsolidiertem Untergrund‹ (PILGER 1971, S. 11), die auf weitgehende tektonische Stabilität hindeuten. Erst von der obersten Trias ab kommt es zu stratigraphisch nachweisbarer Zunahme epirogener Aktivitäten, die von Geologen als Beginn der alpidischen Orogenese gedeutet werden.

Gemäß neuerer Befunde und Kenntnisse muß diese alpidische Orogenese zweigeteilt werden. Diese Zweiteilung ist zugleich Ursache der geologisch-tektonischen Differenzierung des Landes in ein konsolidiertes Zentraliran und ein labileres Randiran. Sowohl an der Wende Jura/Kreide als auch zwischen Unter- und Oberkreide sind — insbesondere im Raum Kerman, Bafq und Yezd — eindeutige Hinweise auf starke, mit der Intrusion von Graniten und Dioriten verbundene Faltungen nachweisbar. Diese jungkimmerischen Faltungen bewirkten die Konsolidierung des ›Zentraliranischen Kerns‹, der allseits von Brüchen, Senken und Störungen begrenzt und damit deutlich gegen das Randiran abgehoben wird. Das geomorphologisch als Aufwölbung und damit Abtragungsgebiet gekennzeichnete Zentraliran wird erst durch die Laramische Faltung, d. h. durch die eigentliche alpidische Orogenese des Alborz- und Zagrossystems, in seine relative Tief- und Binnenlage gebracht. Die alttertiäre Auffaltung der Randsäume, die zugleich die unbestritten stärkste Phase der Gebirgsbildung darstellt, die aber weder den Zentraliranischen Kern noch die Außenzonen von Zagros und den nord- bzw. ostiranischen Ketten erfaßt, bewirkt die schon angesprochene geologisch-tektonische Gliederung des Landes, die sich nach PILGER (1971, S. 19) wie folgt charakterisieren läßt:

Innenzone: konsolidierter aufsteigender Zentraliranischer Kern;
Außenzone: ungefaltete, durch Absenkung und Sedimentation gekennzeichnete Tröge;
Zwischenzone: durch starke Faltung beanspruchte Gebiete.

Vor allem im Zusammenhang mit der Laramischen Faltung kam es, sowohl vor als auch nach der Orogenese, zu starkem Magmatismus und Vulkanismus. Beide Erscheinungen sind in besonders starkem Maße an den Nahtstellen zwischen ›Zentraliranischem Kern‹ und der Zwischenzone ausgeprägt. Die sog. ›Coloured Melange‹-Serien (GANSSER 1955), vulkanisch-sedimentäre Synklinalfüllungen unterschiedlichster Art und Zusammensetzung, weisen kräftige Spuren magmatischer Beeinflussung auf, wie auch fast alle Chromerzvorkommen Irans an diese Zone gebunden sind. Postlaramischer Vulkanismus kennzeichnet insbesondere die sog. ›Urmiah-Dokhtar-Zone‹, eine Zerrungszone, die sich NW-SE zwischen Zagros und ›Zentraliranischem Kern‹ quer durch Iran hindurchzieht. Das für den postlaramischen Magmatismus kennzeichnende Gestein (Volcanic Eocene; Green Series) kommt auch in der Lut, in den ostiranischen Randketten sowie im südlichen Alborz vor. Im bereits altalpidisch konsolidierten ›Zentraliranischen Kern‹ machte sich die laramische Orogenese demgegenüber durch umfangreiche Eruptiva bemerkbar. Intrusions- und Effusionsgestein kennzeichnen sowohl die Umrandung als auch tektonische Störungen innerhalb des Kernraumes.

Unabhängig von dieser neuen Interpretation der geologischen Entwicklung Irans haben seit den frühen 70er Jahren die Stimmen derer, die die Geologie Irans als Ergebnis plattentektonischer Bewegungen sehen wollen, zugenommen. So haben BECKER–FÖRSTER–SOFFEL (1973), KRUMSIEK (1976) und vor allem FÖRSTER (1974) eine Reihe von plattentektonischen Belegen zusammengestellt, die das Hochland von Iran als Teil des alten Gondwanalandes erscheinen lassen. Paläogeographische und paläomagnetische Befunde sprechen demnach von einer Lage Gondwanairans im Infrakambrium zwischen Somaliland und dem heutigen Iran, eine Lage, die sich auch bis zur Kreidezeit noch nicht entscheidend geändert habe. Noch im Kretazium habe Iran nicht zu Eurasien gehört. Erst seitdem sei die iranische Platte allmählich in ihre heutige Position gedriftet. Die ›Kollision‹ der arabischen und iranischen Platten im Oberen Miozän habe nicht nur zur Auffaltung des Zagros geführt, sondern sei auch für die zahlreichen Vulkanitmassive des ›zentraliranischen Kontinents‹ (im geologischen Sinne) verantwortlich. Die bis heute anhaltende Unterschiebung der arabischen Plattform unter die iranische Platte sei schließlich auch für den rezenten Vulkanismus verantwortlich (vgl. dazu vor allem FÖRSTER 1974). Die plattentektonische Deutung der geologischen Entwicklung Irans erlaubt vor allem aber offensichtlich neue lagerstättenkundliche Aussagen. So bringt insbesondere FÖRSTER (1974) eine Reihe wirtschaftlich bedeutender Erzlagerstätten Irans mit verschiedenen Magmentypen in Verbindung: der Eisenerzgürtel von Bafq wird dem Vulkanismus kontinentaler Bruchzonen zugerechnet, verschiedene Chromit-, Kupfer- und Manganvererzungen ozeanischem Magmatismus zugeordnet und Blei-Zink-Lagerstätten als Ergebnis orogenen Magmatismus gesehen.

1. Geologischer Bau und orohydrographische Großgliederung

1.2. Geologisch-tektonisch geprägte Reliefeinheiten

Wie immer geologische Entwicklung und geologischer Bau Irans auch zu deuten sein mögen: Zusammenhänge zwischen Geologie und Relief sind so offensichtlich, daß die im vorangegangenen Kapitel genannte Gliederung Irans auch auf die Reliefgestaltung angewendet werden kann. Dem ›Zentraliranischen Kern‹ entspricht das in zahlreiche Becken und Schwellen gegliederte Hochland von Iran. Die das Hochland umfassenden Hochgebirgsstränge von Zagros und Alborz sind mit dem tertiär aufgefalteten Geosynklinorium Randirans identisch, während das südkaspische Tiefland im N, Khuzestan sowie Persischer Golf und Omansee mit ihren Küsten im S den durch Absenkung und Sedimentation gekennzeichneten Außenzonen im Sinne von PILGER (1971) entsprechen.

1.2.1. Die Becken und Schwellen des Hochlandes von Iran

Unter dem Begriff ›Hochland von Iran‹ sollen im folgenden alle jene Teile des Landes verstanden werden, die nicht zum Weltmeer hin entwässern. Es sind, im geomorphologischen Sinne, geschlossene Hohlformen unterschiedlichster Größe, Bolsone oder Endpfannen, die keinen Abfluß nach außen besitzen und durch Schwellen bzw. Hochgebirge voneinander getrennt werden.

Karte 2 macht deutlich, daß das so definierte Hochland von Iran (vgl. dazu auch DRESCH 1975) in eine Reihe verschiedener Becken unterschiedlicher Größe und Konfigurationen zerfällt. Flächenmäßig dominieren das auf über 200 000 km^2 veranschlagte Becken der Großen Kavir *(Dasht-e-Kavir)* und das Becken der Lut, dessen Größe allein für das Hauptbecken von BOBEK (1969) mit etwa 130 000 km^2 angegeben wird. Umfassen somit allein die beiden größten Becken eine Fläche, die die der Bundesrepublik Deutschland erheblich überschreitet, so nehmen die abflußlosen Becken des Hochlandes von Iran insgesamt etwa 63 % der 1,6 Mill. km^2 Fläche des Landes ein (Tab. 3). Rechnet man das ebenfalls abflußlose, jedoch durch die zum Kaspi hin entwässernden Quellgebiete des Sefid Rud vom restlichen Hochland getrennte Becken des Rizaiyehsees mit 54 747 km^2 hinzu, so sind insgesamt fast zwei Drittel Irans dem Hochland im Sinne der obigen Definition zuzurechnen.

Nahezu alle der in Tab. 3 genannten Becken zerfallen in kleinere Teilbecken. So scheidet KRINSLEY (1970), dem wir die bislang beste und detaillierteste Übersicht über die Becken- und Schwellenstruktur des Hochlandes von Iran verdanken, allein für das Bidjestanbecken, einem der mittelgroßen abflußlosen Becken des Hochlandes, neun Teilbecken (interior watersheds) aus. Die südlich anschließende Lut zerfällt sogar in dreizehn Bassins sehr unterschiedlicher Größe: ihre Ausdehnung schwankt zwischen der schon oben genannten Fläche des Hauptbeckens und den oft nur wenige Quadratkilometer großen Kesseln einzelner Bolsone.

Tab. 3: *Abflußlose Becken des Hochlandes von Iran (ohne Rizaiyehbecken)*

Name	Größe (km²)	%-Anteil am Hochland	%-Anteil an der Gesamtfläche Irans
Kavir von Qum	92 332	9,0	5,6
Kavir von Damghan	19 863	1,9	1,2
Große Kavir	200 747	19,6	12,2
Becken von Mashhad[1]	43 496	4,3	2,6
Bidjestanbecken[1]	91 349	8,9	5,5
Lut	166 160	16,2	10,0
Sistanbecken[1]	90 813	8,9	5,5
Jaz Murian	75 193	7,4	4,6
Längsfurche von Yezd	105 291	10,3	6,4
Isfahan-Sirjan-Senke	97 802	9,6	5,9
Zagrosbecken	39 702	3,9	2,4
Zusammen	1 022 748	100,0	61,9

[1] Becken, die sich in Afghanistan bzw. Pakistan fortsetzen.
Quelle: KRINSLEY 1970.

Bemerkenswert ist, daß die Becken eine sehr unterschiedliche Formgestalt aufweisen. Während die nördlichen Beckenräume und das Lutbecken mit ihren flächigen bis kreisrunden Umgrenzungen zunächst kaum einen Zusammenhang mit dem geologischen Bau aufzuweisen scheinen, zeigen das Jaz Murian ebenso wie die Längsfurchen von Yezd und Isfahan-Niriz-Sirjan deutliche strukturelle Abhängigkeiten vom Verlauf der Zagrosbegrenzung. Ähnliches gilt — neben dem Zagrosbecken — im N auch für das Becken von Mashhad, das in engem Kontext mit dem geologischen Bauplan der Alborzauffaltung steht.

Außer durch Größe und Konfiguration unterscheiden sich die Becken und ihre Teilräume hinsichtlich ihrer Höhenlage. Bedingt sowohl durch tektonische Einflüsse als auch durch erosive Prozesse schwanken die Höhenlagen nicht nur zwischen den einzelnen Großbecken, sondern auch innerhalb der Teilbecken beträchtlich. So liegen z. B. die Kavir von Damghan, aber auch die intramontanen Becken des Zagrosvorlandes durchweg in 1000 m bis 1500 m Höhe. Das Jaz Murian liegt im Bereich seines episodisch wassergefüllten Endsees demgegenüber unter 400 m hoch. Wie sehr die Höhenlage einzelner Teilbecken innerhalb eines abflußlosen Großbeckens schwanken kann, verdeutlichen jüngste Messungen in der Lut: während BOBEK (1969) die durchschnittlichen Höhen einzelner Teilbecken im Bereich der südlichen Lut mit 250 bis 270 m NN angibt, liegt nach KARDAVANI (1977) aufgrund neuester Messungen der absolut tiefste Punkt des Lutbeckens sogar bei nur 187 m NN.

1. Geologischer Bau und orohydrographische Großgliederung

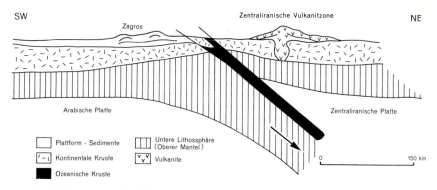

Abb. 3: *Schematisches Profil Südwestiran und zentraliranische Vulkanitzone* (nach FÖRSTER 1974).

Kernstück des Hochlandes von Iran im geologischen Sinne ist der sog. ›Tabas Wedge‹ (HARRISON) bzw. ›Central Iran‹ (STÖCKLIN) oder der schon mehrfach genannte ›Zentraliranische Kern‹, d. h. ein Dreieck, das vom Lutblock (East Iranian Triangle) im E, vom Alborz im N und von den Sanandaj-Sirjan-Ranges (Volcanic Belt bzw. Urmiah-Dokhtar-Zone) im SW begrenzt wird. Der Zerfall in die heute landschaftlich so markante und auch kulturgeographisch äußerst bedeutsame Becken- und Schwellenstruktur erfolgte erst vom Oligozän an. Während die westlichen, dem Zagrostrog benachbarten Teile des heutigen Hochlandes bis in das Miozän hinein als marine Sedimentationströge erhalten blieben, waren die östlich anschließenden Becken — wie z. B. die Saumtiefe des Alborz oder das Sistanbecken — bereits im Oligozän kontinentale Binnenbecken. Mehrere tausend Meter mächtige terrestrische Sedimente miozän-pliozänen Alters in der großen Kavir und ihren Nachbarbecken, unterlagert bzw. unterbrochen von eozänem bzw. pliozän-quartärem Vulkanismus, sind ebenso wie entsprechende Ablagerungen in der Lut Ausdruck einer überwiegend terrestrisch-kontinentalen Reliefentwicklung seit dem Tertiär. Das Jaz Murian als südlichstes der geschlossenen Becken scheint demgegenüber noch im Pliozän vom Weltmeer aus erreicht worden zu sein und wurde erst seitdem durch starke Hebungen der Makranketten endgültig abgeriegelt.

Anders wird demgegenüber die tektonische und geomorphologische Entwicklung der Randtröge bzw. der Vor- und Saumtiefe des Zagros interpretiert. Bis in das Miozän hinein als echte Randmeere des Ozeans ausgebildet, sind die westlichen Teile des Hochlandes von Iran durch echte Geosynklinalentwicklungen gekennzeichnet. Zusammenhänge zwischen Tektonik und Reliefentwicklung werden hier besonders deutlich. Die von STÖCKLIN (1968) als ›Zagros Thrust Zone‹ bzw. ›Sanandaj-Sirjan Ranges‹ (HARRISON 1968: Complex Belt bzw. Volcanic Belt) bezeichneten Strukturzonen entsprechen weitgehend den von SCHARLAU

(1969) als Innerpersische Gebirgszüge (speziell ›Kuh-Rud-Gebirge und Vorhöhen‹) bezeichneten Teilen des Hochlandes von Iran.

Die Verwerfungs- und Überschiebungszone des Zagros (Zagros-Thrust-Zone) stellt die markante Grenze zum südwestlich anschließenden Hochgebirgsgürtel dar. Die bereits von GANSSER (1966), FALCON (1967), STÖCKLIN (1968) und anderen geäußerte Vermutung, daß es sich bei dieser Überschiebung letzten Endes um eine plattentektonische Störung handele, ist in jüngster Zeit durch die schon erwähnten paläomagnetischen Messungen, durch metallogenetische Analysen zahlreicher Erzlagerstätten sowie petrologische Untersuchungen nachdrücklich erhärtet worden. Die Überschiebungsfront und der damit zusammenhängende Vulkanismus wird auf die Kollision von Arabischem Schild und der infrakambrisch-paläozoischen Plattform Zentralirans (vgl. Abb. 3) zurückgeführt. An sie ist nicht nur die eindrucksvolle Reihe der großen zentraliranischen Stratovulkane, die sich zwischen Azerbaijan und Baluchistan erstrecken (FÖRSTER 1974) gebunden, sondern auch weite Teile der wirtschaftlich bedeutsamen Metallagerstätten. Daß diese ›Unterwanderung‹ bis heute nicht abgeschlossen ist, verraten nicht nur die fortdauernden vulkanischen Aktivitäten (vgl. GANSSER 1971), sondern mehr noch die starken seismischen Vorgänge, insbesondere die kräftige Erdbebentätigkeit im SW und S Irans (vgl. auch Karte 1).

Im Gegensatz zu der klaren Abgrenzbarkeit Zentralirans gegen SW hin gehen die östlichen, jenseits des Lutblockes gelegenen Strukturelemente des Hochlandes von Iran nicht nur in die Nachbarstaaten Afghanistan und Pakistan über, sondern sind auch infolge ihrer großen tektonischen Beanspruchung wiederum stark gegliedert und petrographisch differenziert. Gleichsam im Schatten des stabilen Lutblocks gelegen, sind das gesamte ostiranische Berg- und Gebirgsland sowie die Makranketten durch tiefe geologische Gräben, angefüllt mit meist marinen Sedimenten, geprägt. Der Nachweis mariner kretazischer und über 5000 m mächtiger eozäner Flysche beweist den Subsidenzcharakter dieser Strukturen, die weite Verbreitung der sog. ›Coloured Mélange‹ (GANSSER 1960), eines Konglomerats von ozeanischen Vulkaniten, Radiolariten und Resten kontinentaler Krusten in chaotischer Mischung, deren starke tektonische Beanspruchung. Wenn die Makranketten orographisch auch als direkte Fortsetzung des Zagros erscheinen mögen, so ist ihr geologischer Zusammenhang doch durch die trennende Wirkung eines zwischengeschalteten stabilen Horstes, des sog. ›Oman High‹, nicht eindeutig. Einige Geologen neigen dazu, die orohydrographisch nach E hin orientierten Becken und Schwellen Ostirans auch geologisch bereits dem Bauplan der Baluchistan-Indus-Ketten Pakistans zuzuordnen.

Insgesamt erweist sich das zentrale Hochland von Iran geologisch wie geomorphologisch als ein vielgestaltiges und strukturell höchst differenziertes Gebilde. Es besteht kein Zweifel, daß das Hochland von Iran im geomorphologischen Sinne als *Bruchschollenland* (LOUIS ³1968) mit Graben- und Senkungszonen einerseits, mit Schwellen und Horsten andererseits als Leitformen zu bezeichnen ist.

1. Geologischer Bau und orohydrographische Großgliederung 31

Lediglich dort, wo jüngere Sedimente den infrakambrischen Grundgebirgen oder paläozoischen Plattformen mehr oder weniger ungestört auflagern, kommt es zu kleinräumigen Abbildern des Relieftypus der *Schichttafelländer*, der Leitform stabiler geologischer Schelfe mit Sedimentauflage. Sie gehören aber letztlich bereits zu den später zu diskutierenden speziellen Relieftypen des Hochlandes von Iran.

1.2.2. Die randlichen Hochgebirge: Zagros und Alborz

Die seit dem Mesozoikum sich abzeichnende Sonderentwicklung der Randbereiche Zentralirans wurde im Hinblick auf dessen südwestliche Begrenzung, des Zagrostroges, bereits angedeutet. Aber auch im N des Hochlandes von Iran bilden Alborz und Kopet Dagh markante Hochgebirge, die in deutlichem Gegensatz zum Hochland von Iran stehen. Die gemeinsame Kennzeichnung der randlichen Hochgebirge als tertiäre Faltengebirge im geologischen Sinne und als Kettengebirgsgürtel im Sinne eines geomorphologischen Relieftypus ist dennoch nicht haltbar. Im Gegensatz zu den traditionellen Auffassungen (vgl. z. B. STAHL 1911, BOECKH et al. 1929 u. a.) ist heute von einer sehr viel komplizierteren Baugeschichte und Reliefentwicklung auch der Randgebirge auszugehen.

Geologisch und orohydrographisch stellen die randlichen Hochgebirge selbständige Einheiten dar. Sie entwässern zum Kaspischen Meer bzw. zum Persischen Golf und sind damit nur teilweise auf das Hochland von Iran als Vorfluter ausgerichtet. Lediglich an drei Stellen treten Abweichungen auf:

a) Der Qezel Uzan bzw. Sefid Rud, der bei Manjil das Alborzgebirge durchbricht, entwässert weite Teile des östlichen Azerbaijan zum Kaspischen Meer hin.

b) Die Isfahan-Sirjan-Senke, die geologisch-tektonisch im Grenzgebiet des Zagrossystems liegt, ist hydrologisch bereits als eines der abflußlosen Becken des Hochlandes von Iran zu bewerten und wird durch den Zayandeh Rud und seine Tributäre aus dem Zagros heraus gespeist.

c) Sodann sind der Rizaiyehsee und sein Einzugsbereich zu nennen, die durch ihre Lage im Bereich des Gebirgsknotens von Armenien/Azerbaijan sowohl den geologisch-tektonischen Reliefeinheiten des Hochlandes von Iran als auch denen der randlichen Hochgebirge zugerechnet werden können.

Der *Zagros* verkörpert zweifellos am ehesten den Typ des ›klassischen‹ tertiären Faltengebirges, wenngleich das Geosynklinalstadium sehr viel weiter zurückreicht als bei den meisten europäischen alpidischen Gebirgen. So finden sich im Zagrostrog fast ausschließlich marine Sedimente, die seit dem Perm über das gesamte Mesozoikum hin bis in das jüngste Tertiär reichen. Geringfügige Schwankungen in der Sedimentmächtigkeit deuten auf höchstens epikontinentale Vertikalbewegungen in einzelnen Teilen des Troges und zu verschiedenen Zeitabschnitten hin. Die Tatsache, daß die Sedimente der paläozoischen Plattform konkordant das Mesozoikum unterlagern und in ihrem infrakambrischen Bereich Salzlager des gleichen Typs wie in Nord- und Zentraliran sowie in Zentralarabien umfassen, deutet nach Meinung der Plattentektoniker auf die ursprüngliche strukturelle Zugehörigkeit dieses Raumes zum Arabischen Schild hin. Die Zusammenpressung, Faltung und Aufwölbung des gesamten Schichtpaketes erfolgte erst im Pliozän/Pleistozän, wobei Intensität und Form der Auffaltungen sich von W nach E ändern: die im W mit Bruchstufen und z. T. saiger stehenden Schichtrippen und Schichtkämmen gegen das mesopotamische Schwemmland abgesetzten Randketten gehen gegen E hin in immer ausgeprägtere Überschiebungsdecken über, die an der oben erwähnten ›Zagros Thrust Zone‹ schließlich auf das Hochland aufgeschoben und hier unter Ausbildung kräftiger vulkanischer Ergüsse zerrissen sind.

Der Ketten- bzw. Faltengebirgscharakter ist das hervorstechende Merkmal des Zagros. Die auf jeder detaillierten geologischen wie topographischen Karte deutlich werdende Kongruenz von geologischem Bau und Reliefgestaltung äußert sich in einer Vielzahl parallel angeordneter und NW–SE streichender Gebirgsketten, deren höchste Gipfel im Zardeh Kuh (4571 m) und im Kuh-i-Dinar (4432 m) liegen. Der extrem ausgebildete Kettengebirgscharakter des Zagros wird auch dort nur unwesentlich gestört, wo im Zusammenhang mit der Orogenese alte kristalline Kerne oder infrakambrische Salzdiapire nach oben geschleppt bzw. freigelegt wurden. Mit seiner gewaltigen Ausdehnung von etwa 1400 km Länge zwischen Sanandaj und Bandar Abbas bzw. — unter Einschluß der Makranketten — über 1800 km sowie einer maximalen Breite von über 250 km stellt das Zagrossystem eines der großartigsten geschlossenen Faltengebirgsmassive auf der Erde dar.

Daß die Faltungsvorgänge und damit die Akzentuierung der ausgeprägten Antiklinal- und Synklinalstrukturen im Zagros bis heute nicht abgeschlossen sind, ist angesichts der ungebrochenen Mobilität des Arabischen Schildes und der Iranischen Plattform nicht überraschend und wird durch starke seismische Aktivitäten im Zagros (vgl. Karte 1) bewiesen. Gerade die Tatsache, daß im Bereich der zu vermutenden Unterwanderungsfront des Arabischen Schildes unter das Zagrossystem, d. h. im südlichen Zagros, die Erdbebenhäufigkeit besonders groß ist, scheint dies zu belegen. Die starke seismische Aktivität hat aber auch unmittelbare geomorphologische Konsequenzen: so werden der berühmte und mehrfach beschriebene Erdrutsch von Saimarreh (HARRISON-FALCON 1938, OBERLANDER 1965) ebenso wie zahlreiche mit Feinsediment und alten Seebeckenfüllungen angehäufte Talabschnitte als Folgen großer Erdbeben gedeutet, indem Bergstürze und Horizontal- wie Vertikalbewegungen der Erdkruste das Abflußverhalten der Zagrosflüsse in jüngerer geologischer Zeit mehrfach gestört haben.

Die Abhängigkeiten zwischen geologischem Bau und Reliefgestaltung, im Zagros wie kaum an einer anderen Stelle Irans offenkundig, äußern sich geomorphologisch in einer ausgeprägten ›Basin-and-Range‹-Struktur des Gebirges. Unter besonderer Bezugnahme auf den locus typicus dieses Relieftyps, die Appalachen in den östlichen Vereinigten Staaten von Amerika, wurde sie von Th. OBERLANDER

(1965, 1968) hinsichtlich der Genese seines auffällig diskordanten Gewässernetzes untersucht (vgl. Abb. 67). OBERLANDER gelangt in einer detaillierten Analyse der Diskrepanz von Gewässernetz und Faltenbau (transverse drainage) zu der Auffassung, daß keine der gängigen Theorien zur Erklärung der Anomalien des Drainagenetzes in Zagros ausreiche: weder Epigenese noch Antezedenz reichen zur Erklärung der engen Durchbruchstäler, die in engen Klusen (pers. *tang*) die einzelnen Gebirgsketten durchschneiden, aus. Wenn auch in vielen Fällen die sog. ›Regressionstheorie‹ (OBERLANDER: headward stream extension), wonach ›ein einfacher Abdachungsfluß sein Quellgebiet so weit nach rückwärts verlegt, bis er entweder einen entgegengesetzt fließenden Abdachungsfluß oder den im nächsten Längstal fließenden Fluß erreichte und zu sich herüberzog‹ (MACHATSCHEK 1954, S. 66/7), den besten Erklärungsansatz bieten, so gilt doch letzten Endes, daß auch andere Faktoren, wie rezente Erosion und Denudation des jungen Faltenbaus, zur Ausbildung des auffälligen Flußnetzes des Zagros beigetragen haben. Die grundsätzlich neue Erkenntnis, die auch auf andere Erdräume mit Basin-Range-Strukturen übertragbar erscheint, liegt darin, daß rückschreitende Erosion der Flußoberläufe *plus* gleichzeitig denudative Rückverlegungen der Antiklinalen auch unter tektonischen und klimamorphologischen Gegenwartsbedingungen zur Entstehung und Weiterentwicklung von Durchbruchstälern führt.

Im Gegensatz zum Zagros mit der weitgehenden Konvergenz von geologischem Bau und Reliefgestaltung stellt der *Alborz* ›the only part of Iran in which land form do not appear to be closely related to the structure‹ (HARRISON 1968, S. 139) dar. Bedingt durch die weniger stark ausgeprägte Synklinalentwicklung des Alborztroges am Nordsaum des Hochlandes von Iran und seine durch präkambrisch-paläozoische Kerne (vgl. Alam-Kuh-Massiv, ›Gorgan High‹, ›Rasht High‹) eindeutig nachgewiesene Zugehörigkeit zur alten ›zentraliranischen‹ Landmasse, hat der Alborz eine sehr viel kompliziertere Baugeschichte als der Zagros (vgl. Karte 1). Dies kommt in einer ungleich differenzierteren tektonischen Struktur des Gebirgsbaus zum Ausdruck und wurde in den letzten Jahren in einer Reihe detaillierter Studien eingehend untersucht (vgl. vor allem die den zentralen Alborz betreffenden Züricher Dissertationen von ALLENBACH 1966, DEDUAL 1967, GLAUS 1965, LORENZ 1964, SIEBER 1970 und STEIGER 1966 sowie die früheren Arbeiten von BAILEY u. a. 1948, RIVIERE 1934, STÖCKLIN 1960 und GANSSER–HUBER 1962).

Hervorragendes Kennzeichen des Alborzgebirges im Vergleich zum Zagros ist die Tatsache, daß das Gesamtmassiv in weiten Teilen überraschende Ähnlichkeiten mit Bau und Tektonik des südlich anschließenden Zentraliran hat. Dies gilt nicht nur für den eozänen Vulkanismus, der sich hier wie dort in den grünen Tuffen (›Green Series‹ bzw. Karajformation) dokumentiert, sondern auch für das weitgehende Fehlen tertiärer Granitintrusionen und Metamorphosen. Schließlich wurde auch von geomorphologischer Seite (BOBEK 1934, 1937) unter Hinweis auf alte Landoberflächen und Verebnungen die geologische Schlußfolgerung bestätigt, daß der Alborz letztlich stabiler auf tertiäre Orogenbildung reagierte als manche Teile des Hochlandes. Nicht zuletzt aufgrund dieser Indizien gehen die Auffassungen über den Orogencharakter des Alborz z. T. beträchtlich auseinander. Während PILGER (1971) z. B. ›das tief eingefaltete zentrale Synklinorium‹ betont und das Gebirge als ›eigene tektonische Einheit..., als Elburz-Orogen‹ betrachtet (vgl. auch BREDDIN 1970: Schuppengebirge!), möchte STÖCKLIN (1968, S. 1251/2) den Alborz zwar geomorphologisch als eigenständiges Gebirge ›at least in the central and eastern parts‹ gelten lassen, es geologisch jedoch eher als ein ›marginal anticlinorium of Central Iran‹ sehen. Ähnlich interpretiert auch FÖRSTER (1974, S. 286) den Alborz primär als einen durch ›mächtige tertiäre Vulkanite‹ gekennzeichneten orogenen Gürtel entlang eines aktiven Kontinentalrandes.

Für die wohl nicht zu leugnende Sonderstellung des Alborz im Zusammenhang mit der tertiären Aufwölbung des altweltlichen Faltengebirgsgürtels bedeutsam sind grundlegende fazielle Unterschiede in der postkretazischen Sedimentation: auf der Südabdachung der aus paläozoischen Sandsteinen, Kalken, Quarziten und Dolomiten aufgebauten Zentralkette ist marines Eozän, ähnlich wie es im Zagros vorkommt, weit verbreitet, fehlt aber völlig auf der Nordflanke des Gebirges. Da hier eozäne ebenso wie oligozäne Ablagerungen fehlen und auch kaum erodiert sein können, zumal das Miozän in einer von entsprechenden Hochlandsedimenten unterschiedlichen Fazies wieder vertreten ist, liegt der Schluß nahe, den zentralen Alborz bereits im Miozän als Festland und zugleich als Wasserscheide zwischen Zentraliran und dem aralo-kaspischen Tiefland Zentralasiens aufzufassen.

Das Alborz–Kopet-Dagh-System, das sich vom Taleshgebirge im W über insgesamt 1200 km bis zur iranisch-sowjetischen Grenze bei Sarakhs erstreckt, aber nur eine maximale Breite von etwa 100 km besitzt, unterscheidet sich vom Zagros nicht nur durch einen weniger stark ausgeprägten Faltenbau, sondern auch durch eine divergierende Auffaltung der in die Faltungstektonik einbezogenen Schichten. Während der Ostalborz durchgehend nach N gerichtete Faltungen und Überschiebungen (allerdings keine Deckenschübe im alpiden Sinne) mit von S nach N abnehmender Intensität zeigt, sind der zentrale und westliche Alborz von divergierendem Faltenbau geprägt: Teile der Zentralkette und vor allem die Füllungen des miozänen Sedimentationstroges zeichnen sich durch südwärts gerichtete Staufalten aus. Partielle Divergenz des Faltenbaus, das Nebeneinander germanotyper Bruchtektonik und alpinotypen Falten- und Deckenbaus sowie petrographische Unterschiede in verschiedenen Teilen des Alborz scheinen zu beweisen, ›daß dieses Gebirge nur im morphologischen Sinne einen selbständigen Charakter hat. Die faziellen Verwandtschaften des Alborz mit dem zentraliranischen Raum und sein tektonisches Profil kennzeichnen ihn als ein System von Randketten eines weit gewaltigeren, das gesamte iranische Hochland umfassenden Orogens‹ (STÖCKLIN 1960, S. 693). Zentraliranisch im geologischen Sinne sind ganz zweifellos die gewaltigen präkambrisch-paläozoischen Granitmassive der Zentralkette,

1. Geologischer Bau und orohydrographische Großgliederung

zu denen u. a. auch das mächtige Alam-Kuh-Massiv (vgl. DRESCH–PEGUY 1961) zählt, das mit 4840 m die zweithöchste Erhebung des Alborz darstellt. Der aus Basalten, Andesiten, Trachyten, vulkanischen Aschen und Schlacken aufgebaute Vulkankegel des Demavend (vgl. BOUT–DERRUAU 1961), mit 5670 m nicht nur der höchste Berg Irans, sondern des gesamten Nahen und Mittleren Ostens, gehört demgegenüber eindeutig der jüngsten tektonischen Entwicklungsphase des Alborzbogens zu: Fumarolentätigkeit im Gipfelbereich sowie zahlreiche Mineral- und Thermalquellen an seinem Sockel beweisen den bis heute nicht abgeschlossenen Prozeß der Gebirgsbildung auch im Alborz.

Während die östliche Fortsetzung des Alborz im geologischen und geomorphologischen Sinne im Khorassangebirge (Ala Dagh, Kuh-e-Binalud) bzw. im Pusht-i-Kuh unbestritten ist (vgl. SCHARLAU 1963), bildet der *Kopet Dagh* eine von den Geologen zwar im Zusammenhang mit dem Alborzsystem genannte, dennoch aber eigenständige Struktureinheit. Durch den tief abgesenkten Grabenbruch des Khorassangrabens von der Alborzantiklinale getrennt, stellt der Kopet Dagh ein echtes Faltengebirge dar: aus einem mesozoisch-tertiären Sedimentationstrog, in dem zwischen Jura und Oligozän mehr als 6000 m meist marinen Materials zur Ablagerung gelangte — und damit mehr als in der Zagrosgeosynklinale! —, erfolgte vom Miozän an die Heraushebung und Auffaltung des Kopet Dagh, der heute das Grenzgebirge zu Sowjetisch-Turkmenistan darstellt. Mit seinen langgestreckten, parallel nach N gegen Turan vergierenden Falten und dem Fehlen des für Alborz und Zentraliran charakteristischen tertiären Vulkanismus weist der Kopet Dagh weitgehende geologisch-geomorphologische Parallelen zum Zagros auf und muß als das nördlichste alpidische Orogen in Iran gelten.

Eine Zwitterstellung zwischen dem Hochland von Iran und den randlichen Hochgebirgen nimmt geologisch wie auch geomorphologisch der *armenisch-azerbaijanische Gebirgsknoten* ein. Wenn auf ihn auch an anderer Stelle ausführlicher eingegangen werden soll (vgl. Kap. IV, Abschn. 3), so verdient doch hier bereits zweierlei festgehalten zu werden:
a) Der Bereich, der sich NW einer Linie Sanandaj–Zenjan–Rasht erstreckt, wird im S von den Wurzeln der alpidischen Zagrosfaltung, im E von dem zum Alborzsystem zählenden Taleshbergland begrenzt;
b) Diese Strukturen, wie auch das dazwischen eingeschaltete abflußlose Becken des Rizaiyehsees, sind gekennzeichnet durch das Nebeneinander von präkambrischem Grundgebirge, Resten der paläozoischen Plattform, weitverbreiteten tertiären Magmenergüssen und Tuffbildungen, quartärrezentem Vulkanismus (Kuh-i-Sakhend 3707 m, Kuh-i-Savelan 4740 m); sie sind damit geologisch äußerst komplex.

Gerade das Nebeneinander verschiedenster geologischer Struktureinheiten und geomorphologischer Relieftypen macht die eindeutige Zuordnung des nordwestlichen Persien zum Hochland oder dessen Umrandung schwierig.

1.2.3. Die Küstentiefländer

Wenn die dem Alborz im N und dem Zagros-Makran im SW und S vorgelagerten Tiefländer im geologischen Sinne als ›Außenzone‹ zweifellos auch noch den Gebirgen selbst zugeordnet werden müssen, so stellen sie geomorphologisch doch einen deutlich andersartigen Relieftyp dar. Aber nicht nur deshalb, sondern auch wegen ihrer später ausgiebig zu erörternden wirtschaftlichen Bedeutung und Sonderstellung erscheint eine besondere Darstellung bereits an dieser Stelle geboten.

Der Anteil der Küstentiefländer an der Gesamtfläche Irans ist gering. Das *südkaspische Tiefland* bildet einen zwar über 600 km, aber oft nur wenige Kilometer breiten Küstensaum. Zumeist aus terrestrischen, z. T. aber auch aus kaspisch-limnischen Sedimenten überwiegend quartären Alters aufgebaut, erreicht es nur im Mündungsbereich des Sefid Rud in Gilan sowie in Zentralmazandaran bis zu 40 km Breite (vgl. EHLERS 1971). Nach E, durch eine markante Verwerfungslinie vom Präkambrium des ›Gorgan High‹ getrennt, geht das südkaspische Tiefland in die *Turkmenensteppe* über, die als vorgeschobener Teil der aralo-kaspischen Niederung wiederum einen echten marinen Sedimentationstrog darstellt: Seit dem Spättertiär sind hier mehr als 2000 m mächtige, meist feinklastische Beckenfüllungen zur Ablagerung gelangt. Der Turkmenensteppe im E entspricht im W die kleinere *Mughansteppe,* die ebenfalls von neogenen und quartären Schichten aufgebaut wird. Während die Turkmenensteppe nach N zu zunächst noch von Kopet-Dagh-Strukturen beeinflußt wird und dann in den stabilen Kratonbereich des Turanplateaus überleitet, ist die Mughansteppe nichts weiter als eine im N wie im S von Hochgebirgen begrenzte Depressionszone mit Synklinalcharakter.

Die *Küstentiefländer des Persischen Golfs* sind in ihrer geologisch-tektonischen Reliefgestaltung vielgestaltiger als die kleinen Küstensäume und Steppenregionen Nordpersiens. Dies gilt nicht nur für ihre strukturelle Differenzierung, sondern ergibt sich auch aus ihrer ungleich größeren Erstreckung von Mesopotamien im NW bis zur Makranküste im E.

Flächenmäßig, wirtschaftlich und auch historisch am bedeutendsten ist ohne Frage der iranische Anteil an der historischen Landschaft *Mesopotamien,* heute weitgehend mit der Provinz Khuzestan identisch. Während Mesopotamien von HARRISON (1968) z. B. der Zone des ›Normal Folding‹ und damit dem Zagros zugeordnet wird, scheidet STÖCKLIN (1968) das von ihm als ›Plain of Shatt-al-Arab‹ bezeichnete Tiefland als eigenständige Strukturzone im Rückland des Zagrosorogens aus. In jedem Falle ist unbestritten, daß Mesopotamien im weitesten Sinne plattentektonisch zum Arabischen Schild, in seiner geologischen Entwicklung zum großen Sedimentationstrog der Zagrosgeosynklinale gehört: die durch zahllose Ölbohrungen nachgewiesenen nahezu ungestörten paläozoischen, mesozoischen und tertiär-quartären Ablagerungen und das Fehlen jeglicher Formen von synorogenem Vulkanismus machen die strukturelle Eigenart des mesopotamischen Tieflandes aus. Daß die Absenkung dieses Troges bis in die Gegenwart hinein fortschreitet, haben FALCON-LEES (1952) anhand der Untersuchung junger Sedimente im persischen Teil Mesopotamiens sowie an der Nordspitze des Persischen Golfs nachgewiesen. Überzeugende Nachweise für rezente Subsidenzerscheinungen haben auch ozeanographische Untersuchungen im Bereich des Persischen Golfs (vgl. B. H. PURSER, Hrsg., 1973), der im geologischen Sinne die marine Verlängerung des terrestrischen Sedimentationstroges von Mesopotamien darstellt, erbracht. Auf spezielle Aspekte der gerade in den letzten Jahren wiederbelebten Diskussion um Subsidenz bzw. Eustasie im Bereich des südlichen Mesopotamien soll im regionalen Teil ausführlicher eingegangen werden (vgl. Kap. V, Abschn. 5.1).

Der Grenzbereich von Mesopotamien und Zagros, der weder morphologisch noch faziell, sondern ausschließlich geophysikalisch eindeutig zu fixieren ist, ist durch den ausklingenden Faltenbau des Zagros und seine welt- und nationalwirtschaftlich so wichtigen Erdöllager charakterisiert (vgl. Kap. IV, Abschn. 1). Die geomorphologisch faßbare Trennlinie zwischen beiden Strukturzonen verläuft etwas westlich von Ahwaz und von dort etwa entlang der iranisch-irakischen Grenze, die sie bei etwa 34°N schneidet.

Der *Küstenstreifen zwischen dem Nordende des Golfes und Bandar Abbas* ist ein oft nur wenige Kilometer breiter, unfruchtbarer Saum, der sich lediglich bei Bandar Abbas etwas verbreitert. Der tektonisch durch eine küstenparallele Bruchlinie akzentuierte Küstensaum, dem auch die der Küste vorgelagerten Inseln zuzurechnen sind, wird allerdings stark durch die gerade für Südiran so kennzeichnende Salztektonik lokal beeinflußt (vgl. Karte 1). Die z. T. gewaltigen Salzstöcke, die im Zusammenhang mit der tertiären Orogenese insbesondere die Deckschichten des südlichen Zagros und der Makranketten durchbrachen, sind für manche Anomalien der Reliefgestaltung Südirans verantwortlich, können zugleich aber als weiterer Beweis für die strukturelle Zusammengehörigkeit Südirans mit der Arabischen Platte gelten (STÖCKLIN 1968 u. a.). Wohl berühmtestes Beispiel dieses Salzdiapirismus ist die Insel Hormuz am Ausgang des Persischen Golfes, wo der die Insel aufbauende Salzdom an die Oberfläche durchgedrungen ist und in Form echter Salzgletscher ausläuft. Daß auch an der gesamten Südküste bis heute tektonische Ruhe nicht eingekehrt ist, beweisen die vor allem an der *Makranküste* näher untersuchten Küstenterrassen (vgl. HARRISON 1941, SNEAD 1970, FALCON 1947, 1974, VITA FINZI 1975), aber auch die nach wie vor starken seismischen Aktivitäten in Südiran (Karte 1).

1.3. Oberflächenformen: Relieftypen und Reliefsequenzen

Geologischer Bau, Gesteinsbeschaffenheit, Reliefgestaltung, klimatische und biotische Faktoren gelten als wesentliche Steuerungsmechanismen der Oberflächenformung in Vergangenheit und Gegenwart. Im folgenden soll versucht werden, die charakteristischen Relieftypen und ihre Vergesellschaftung darzustellen. Gerade die regelhafte, z. T. sogar gesetzmäßige Abfolge und Verknüpfung bestimmter Relieftypen, im folgenden als Reliefsequenzen bezeichnet, ist für viele Landschaftsräume Irans kennzeichnend und typisch.

Die Erfahrung zeigt, daß letztlich zwei Reliefsequenzen einen Großteil der Oberflächenformen Irans zu erfassen vermögen. Es handelt sich zum einen um die Reliefelemente, die das abflußlose Hochland von Iran charakterisieren und ihm mit der immer wiederkehrenden Abfolge von vegetationslosem Steilrelief und wüstenhaften Bergfußflächen bis hin zu den Endpfannen seine Monotonie verleihen. Zum anderen sind es die Sequenzen Hochgebirge–Küstentiefland, die bei zumeist andersartiger Klimaausstattung und dem Spiegel des Weltmeeres als Erosionsbasis sowie daraus resultierender stärkerer Reliefenergie eine grundsätzlich andersartige Reliefgestaltung aufweisen. Eine dritte Gruppe schließlich stellen jene Relieftypen dar, die — wie Vulkane z. B. — ›singulären‹ Charakter haben. Sie sollen jedoch nicht an dieser Stelle, sondern ihrem Charakter als Singularität gemäß im regionalen Teil ausführlicher dargestellt werden.

1.3.1. Relieftypen und Reliefsequenzen des Hochlandes

Die Tatsache, daß das Hochland von Iran in eine Reihe abflußloser Becken zerfällt, die sich in Größe und Konfiguration zwar unterscheiden (vgl. dazu Tab. 3 u. 4 u. Abb. 74), in der Reliefgestaltung aber doch weitgehend ähneln, ermöglicht es, anhand eines beliebigen Beispiels einen Großteil der Relieftypen und Reliefsequenzen des Hochlandes von Iran zu erfassen. Das Relief nahezu aller geschlossenen Hohlformen, gleich welcher Größe, stellt eine Art geschlossenes System dar, deren einzelne Komponenten zwar modifiziert werden können (z. B. durch Klima, Petrographie, Wasserhaushalt usw.), die dennoch aber regelhafte Züge in bezug auf Physiognomie, Genese und Struktur aufweisen.

Grob vereinfacht, stellt das in Abb. 4 erfaßte Schema eines endorhëischen Beckens bereits die verschiedenen Relieftypen und ihre Abfolge (Sequenz) umfassend dar: es macht deutlich, daß Antiklinale und Synklinale, Schwelle und Becken, Erosions- und Akkumulationsraum zusammengehören. Es verdeutlicht zudem, daß im Sedimentationsbereich die Ablagerungen vom Gebirgsrand zum Beckeninneren hin immer feinklastischer werden und — bei genügend großer Ausdehnung des Endbeckens — schließlich in periodisch oder episodisch wasserführende Endseen bzw. Salz-/Tonpfannen einmünden. Die Größe bzw. Ausdehnung eines Endbeckens wird damit zum entscheidenden Parameter für die Ausbildung unterschiedlicher Sedimentationsformen.

Das in idealisierender Schematisierung für alle abflußlosen Hohlformen des Hochlandes von Iran gültige Modell erfährt in der Realität nicht nur eine weitere Ausdifferenzierung, sondern auch lokalspezifische Variationen und Modifikatio-

Karte 2: Iran: Orohydrographische Gliederung (nach KRINSLEY 1970).

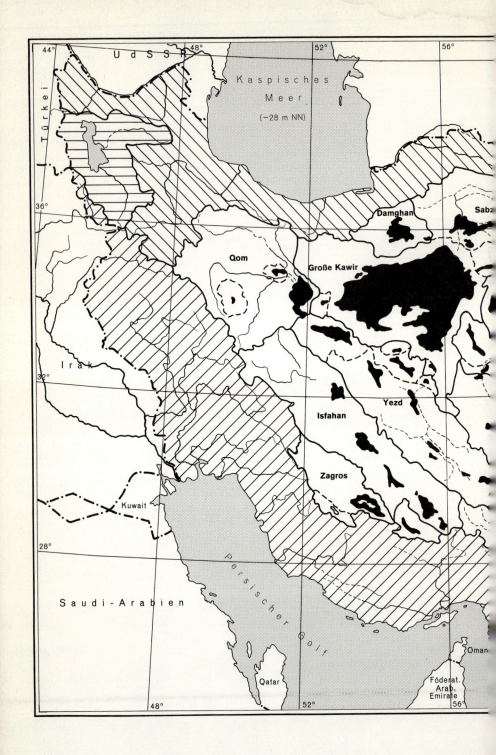

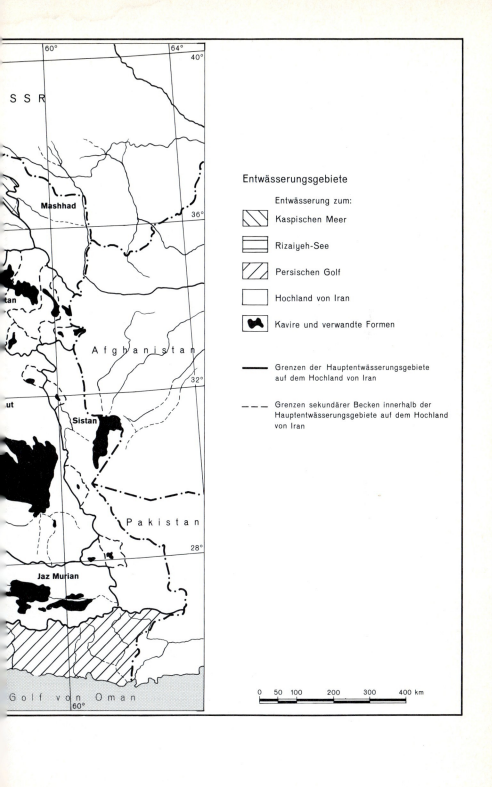

1. Geologischer Bau und orohydrographische Großgliederung

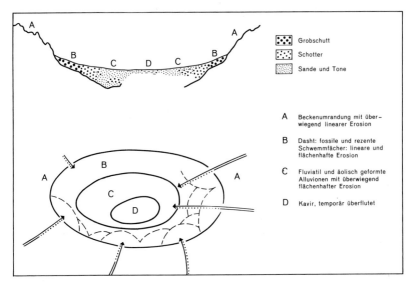

Abb. 4: Schematischer Querschnitt durch ein endorhëisches Becken (nach BOWEN-JONES in FISHER 1968).

nen. Zunächst einmal erfährt der Erosionsbereich eine flächenhafte Ausweitung insofern, als nicht nur das Hochrelief allein, sondern auch dessen unmittelbares Vorland mit zum Denudations- bzw. Erosionsbereich gehören. Zum zweiten stellt sich der Akkumulationsbereich als eine unmittelbare, physiognomisch oft nicht erkennbare Fortsetzung des Denudationsbereiches dar. Mit anderen Worten: Denudation und Akkumulation gehen nahtlos ineinander über. Dieses aus fast allen tropisch-subtropischen Trockengebieten der Erde bekannte Phänomen hat u. a. WEISE (1970 ff.) in einer Reihe geomorphologischer Studien auch für Iran nachgewiesen und kommt dabei zu folgender Sequenz der Morphodynamik im Hochland von Iran (WEISE 1970, S. 80, vgl. auch 1974 und 1978):

a) das Gebirge oder Hinterland einer Stufe;
b) der Gebirgsrand oder die Stufe;
c) die gebirgshang- bzw. stufennahen Abschnitte des Pediments oder Glacis: Zone einer bevorzugt zweiphasigen Denudation mit Wechsel von Tiefen- und Seitenerosion;
d) die Zone der bevorzugt einphasigen Denudation;
e) die Zone eines Gleichgewichts von Akkumulation und Denudation, d. h. Zone extensiven Materialtransports;
f) die Zone der Akkumulation, die unter gewissen Voraussetzungen sich nach oben hin (e) erweitert;
g) das Endbecken, das bei ständiger Auffüllung und klimatischer sowie tektonischer Stabilität ebenfalls auf höheres Gelände (f) übergreift.

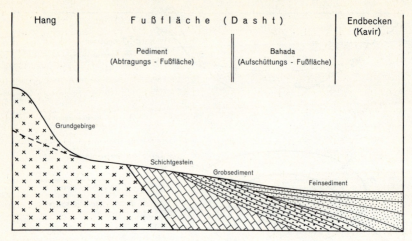

Abb. 5: *Schema des Fußflächenreliefs in Trockengebieten Irans* (nach WEISE 1974).

Diese von WEISE (1970) ausdrücklich als ›zusammengehöriges morphodynamisches System‹ bezeichnete Reliefsequenz gilt sowohl für den Bereich der petrographisch nicht differenzierten Massengesteine als auch für Schichtstufenlandschaften (vgl. WEISE 1974 a, b) und kann damit als Prototyp der Hangentwicklung und Flächenbildung (Pediplanation) im abflußlosen Hochland von Iran gelten (Abb. 5).

Die wesentlichen Mechanismen des Flächenbildungsprozesses im Hochland von Iran sind, nach dem gegenwärtigen Stand unserer Kenntnis, Auflösung des Steilreliefs von innen heraus und seine parallele Rückverlegung an der Front. Der erstgenannte Vorgang, eine Kombination mechanischer Verwitterung und fluviatiler Abtragung bzw. Ausräumung, dokumentiert sich in einer meist starken erosiven Zerschneidung und Ausräumung des Gebirges oder des Hinterlandes einer Stufe sowie in der Entwicklung großer Schwemmfächer bzw. ganzer Schwemmfächerfolgen, die girlandenförmig den Fuß des Steilreliefs begleiten (als Beispiel: vgl. Abb. 63). Der an zweiter Stelle genannte Prozeß, die eigentliche Pediplanation, basiert auf der Abfolge Hangversteilung — Rückverlegung des Hanges — Einebnung und Tieferlegung des sich vergrößernden Vorlandes — Durchtransport und Akkumulation des Schutts im Becken.

Die in Abb. 5 erfaßten Relieftypen bzw. Reliefsequenzen können als geradezu ›klassische‹ Oberflächenformen im Trockengebiet des Hochlandes von Iran gelten. Es gibt kaum einen Gebirgszug, gleich welcher Höhe und Ausdehnung, der nicht von unterschiedlich großen und mehr oder weniger steilen Schwemmfächern begleitet würde. Die weite Verbreitung alluvialer Ablagerungen im Hochland von Iran ist nichts anderes als ein Beleg für die Aussage, daß der Flächenbildungsprozeß seit der Abschnürung des Hochlandes vom Weltmeer als Erosionsbasis eigent-

1. Geologischer Bau und orohydrographische Großgliederung

lich die morphodynamische Leitform der Oberflächengestaltung ist und bis heute fortdauert (vgl. Dresch 1975, Nadji 1974, Rieben 1955, 1966, Vita Finzi 1969, Weise 1970f. u. a.).

Als besonderes Kennzeichen der Abtragung auf dem Hochland von Iran muß das Fehlen einer echten fluviatilen Zerschneidung und Erosion gelten. Dies hängt zum einen damit zusammen, daß es nur wenige perennierende Flüsse, die sich auf das Hochland ergießen, gibt. Zu ihnen zählen einige Flüsse der Alborzsüdabdachung, wie z. B. der Karaj, Jaj und Hableh Rud, sowie im Zagros der Zayandeh Rud. Sie alle aber verfügen, ebenso wie die periodisch wasserführenden, nicht nur über ein meist begrenztes Abflußvolumen, das für den Durchtransport großer Abtragungsmassen kaum ausreichend ist, sondern ergießen sich zudem bald nach Austritt aus dem Gebirge in eines der abflußlosen Endbecken, zu deren allmählicher Auffüllung mit Feinsediment sie somit beitragen. So münden die genannten Alborzflüsse in ein Teilbecken der Kavir von Qum, während der Zayandeh Rud unterhalb von Isfahan sich auf seinem eigenen Schwemmfächer auffasert und dann in der sog. Gavkhaneh verliert.

Angesichts der weitgehenden Vegetationslosigkeit des Hochlandes von Iran stellen die Fußflächenareale landschaftlich letzten Endes Wüsten oder Wüstensteppen dar. Während Sandwüsten mit großen Dünenfeldern, oft als Prototyp der Wüste schlechthin gesehen, auf nur wenige und meist kleine Areale beschränkt sind (s. u.), sind Kies- und Steinwüsten im Hochland von Iran weit verbreitet. *Hamada*ähnliche Felsplateauwüsten, durch Windausblasung (Deflation) vom Feinsediment befreite Oberflächen nackter Felsbänke, auf denen lediglich grober kantiger Gesteinsschutt, durch Korrosion oft zu Windkantern mit polierten Schlifflächen umgeformt und mit Wüstenlack überzogen, liegt, kennzeichnen vor allem die höheren Pedimentabschnitte. Die Dashtflächen zeichnen sich demgegenüber meist durch *Sserire*, d. h. durch Stein- und Kiespflaster aus, die das darunterliegende Feinmaterial vor weiterer Auswehung durch den Wind bewahren. Sserire finden sich insbesondere im unteren Denudationsbereich des Pediments sowie im Akkumulationsbereich der Fußflächen. Echte Sandwüsten, *Erg*, treten demgegenüber von ihrer Verbreitung her stark zurück und finden ihre weiteste geschlossene Ausdehnung in Teilen der südöstlichen Lut (Kap. V, Abschn. 4.4.1). Dünenfelder nennenswerten Umfangs prägen zudem die Umgebung von Yezd, Teile der Kavir und des östlichen Khorassan, Sistan, Baluchistan sowie Khuzestan.

Im Zentrum der großen Hohlformen des Hochlandes von Iran liegen die großen Ton- und Salztonebenen, die *Kavire*. Da das abflußlose Hochland i. e. S. bereits über 60 % der Staatsfläche Irans einnimmt, haben auch Kavire eine so weite Verbreitung, daß sie landschaftsprägend sind und Iran zu einem der klassischen Gebiete dieses Relieftyps zählt. Vor allem die sog. ›Dasht-e-Kavir‹[1] im nördlichen

---

[1] Auf den Widerspruch der Bezeichnung haben bereits Gabriel (1942) und Bobek (1969) hingewiesen: ›Dasht‹ und ›Kavir‹ repräsentieren zwei unterschiedliche, aufeinander-

Hochland, deren salzkrustenbedeckte Fläche auf etwa 53 000 km² geschätzt wird, gilt als größte geschlossene Salzwüste der Erde. Die Kavire haben seit jeher das besondere Interesse von Geographen und Geologen gefunden (BOBEK 1959, 1961, BUHSE 1892, GABRIEL 1957), wobei nicht nur ihre Funktion als Zeugen von Klimaschwankungen im Hochland von Iran, sondern mehr noch die allgemeine Problematik ihrer Entstehung im Mittelpunkt des Interesses standen. Für Iran sind sie jüngst von KRINSLEY (1970) zusammenfassend bearbeitet und gedeutet worden.

Die Kavire, von BOBEK definiert (1961, S. 7) als ›sehr salzhaltige, in der feuchten Jahreszeit aufweichende Ton- und Siltflächen sowie periodisch wasserbedeckte Salzkrusten, die meist in enger Nachbarschaft auftreten und sich durch die Abwesenheit jeglichen Lebens, sei es Vegetation oder Tierwelt, auszeichnen‹, sind in jedem Fall die endgültigen Sedimentationsräume für die großen geschlossenen Hohlformen des Hochlandes. Als solche z. T. bis in das Tertiär zurückreichend, sind sie demgemäß mit bis zu vielen hundert, ja manchmal sogar über tausend Meter mächtigem Feinsediment aufgefüllt.

Analog zu der Differenzierung des Fußflächenbereichs zerfällt auch die Kavir in unterschiedliche Bereiche der Reliefgestaltung und der Oberflächenformen. KRINSLEY (1970) unterscheidet folgende Reliefelemente bzw. Relieftypen, die nebeneinander oder anderweitig vergesellschaftet auftreten können: Salzkrusten — Lehm- und Tonebenen — Feuchtzone — randliche Schwemmfächerschüttungen — Sumpfzone — periodisch/episodische Seeflächen — perennierende Seen (vgl. dazu auch Abb. 74).

Eine detaillierte Luftbildanalyse des gesamten Hochlandes von Iran durch KRINSLEY erbrachte, daß bei den insgesamt 60 Kaviren, deren Größe zwischen 25 km² (Sirjan-Nordwest) und 52 825 km² (Große Kavir) und deren Höhenlage zwischen 260 m und 1710 m schwankt, nahezu alle Kombinationen von Reliefelementen einer Kavir vorkommen, daß aber auch die 60 Playas sich nach vorherrschendem Relief eindeutig typisieren lassen. Die genaue Luftbildanalyse der Playaflächen von 67 252 km² Umfang belegt, daß Lehm- und Tonflächen sowie Salzkrusten eindeutig dominieren, episodische, periodische oder gar perennierende Wasserbedeckung dagegen sehr selten sind.

Unter den vielfältigen Reliefelementen, die eine Kavir prägen und differenzieren, haben die unter Ausbildung randlicher Aufpressungen zu Polygonen verschiedener Größe zerfallenden Salzkrusten das größte Interesse gefunden. Eine treffende Beschreibung der Salzkrustenkavir und zugleich Kennzeichnung ihrer beiden Hauptarten gibt BOBEK (1961, S. 13/14), wenn er schreibt:

›Schon in der Feuchtzone beginnt die Bildung einer zunächst nur millimeterdünnen und feuchten Salzkruste sowie von Polygonen in dieser letzteren, die zunächst noch sehr klein sind (30 cm Durchmesser), doch nimmt sowohl die Stärke der Kruste als auch die Größe der

---

folgende Typen der Sedimentation in einer Reliefsequenz und können daher nicht zusammengefaßt werden.

1. Geologischer Bau und orohydrographische Großgliederung

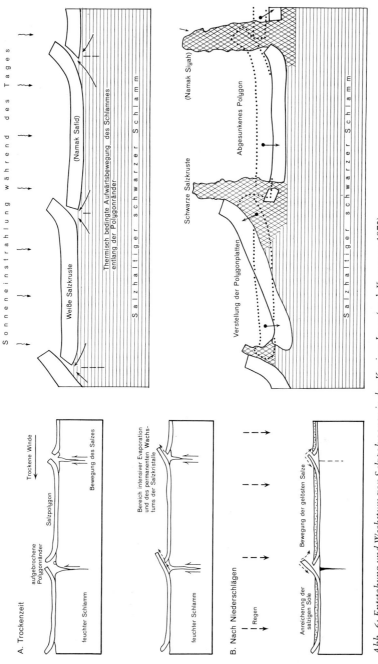

Abb. 6: *Entstehung und Wachstum von Salzpolygonen in den Kaviren Irans* (nach KRINSLEY 1970).

Tab.4: Kavirtypen im Hochland von Iran und ihre Oberflächengestaltung

Vorherrschender Relieftyp	Flächenhafte Verbreitung 67 252 km²	
	abs. (km²)	%
Lehm- und Tonebenen	23 724	35
Feuchtzonenkavir	6 702	10
(feuchte Tonebenen)		
Schwemmfächerschüttungen	3 229	5
Sumpfzone	2 889	4
Salzkruste	27 624	41
Periodisch/episodische		
Seeflächen	1 912	3
Perennierende Seefläche in		
Kombination mit anderen Typen	1 172	2
	67 252	100

Quelle: KRINSLEY 1970.

Polygone beckeneinwärts rasch zu. Schließlich ist der eine Typus der Oberflächenbildungen im Innern der Becken erreicht: Das Namak Safid («weißes Salz»), die in Polygone von Normalgröße (1.5 bis 2.5 m Durchmesser) gegliederte, trockene weiße Salzkruste. Ein anderer Typus ist das Namak Siyah («Schwarzes Salz»), bei dem kleinere (0.3—0.5 m) oder größere (1 m) Mauern von dunklem (durch Ton verunreinigtem), steinhart getrocknetem und nadelspitzem Salzschaum das Gelände mehr oder minder vollständig unpassierbar machen.‹

Den Mechanismus der durch das Zusammenspiel von Temperatur, Niederschlag (Durchfeuchtung) und Wind gesteuerten Polygonbildung verdeutlicht Abb. 6; die Formenvielfalt innerhalb einer Kavir sowie ihre innere Differenzierung macht zudem Abb. 74 deutlich.

Ein zusammenfassender Vergleich der Becken des Hochlandes von Iran (vgl. NIEDERMAYER 1920, GABRIEL 1957, DRESCH 1975) verdeutlicht, daß — neben vielen Gemeinsamkeiten — auch charakteristische Unterschiede bestehen. Zu diesen Differenzen zählt z. B., daß die randlichen Becken des Hochlandes von Iran, das Rizaiyehbecken im NW und das Sistanbecken im E, ganzjährig von großen Seeflächen eingenommen werden, während viele andere Becken wohl nie, auch in der Vergangenheit nicht, von Wasser erfüllt waren. Die Einteilungen in feuchte und starre Kavire (GABRIEL 1957) sowie die Bemerkungen über Größe, Höhenlage und stratigraphisch-faziell höchst vielfältige Zusammensetzungen der Beckensedimente lassen weitere Differenzierungen zu. Ein anderes und morphologisch wichtiges Unterscheidungskriterium ist schließlich die Feststellung, daß nicht alle Endbecken zugleich auch Sedimentationsräume (DRESCH 1975: ›bassins

1. Geologischer Bau und orohydrographische Großgliederung 45

d'accumulation‹) sind, sondern daß ein Teil der Bassins durch Erosion (DRESCH: ›cuvettes d'érosion dominante‹) und Akkumulation zugleich charakterisiert sind. Es handelt sich bei den Becken mit gleichzeitiger Akkumulation und Ausräumung bezeichnenderweise um die größten geschlossenen Hohlformen des Hochlandes, nämlich um die Große Kavir, die Lut sowie um das Becken von Qum, d. h. um Becken, wo Wind und Wasser, durch orographische Hindernisse kaum gestört, sich entfalten können. Auf diese Endbecken und ihren Vergleich, auch mit dem Jaz Murian, soll im regionalen Teil (Kap. V, Abschn. 4.4.1) gesondert und ausführlich eingegangen werden.

1.3.2. Relieftypen und Reliefsequenzen der Hochgebirge und Küstentiefländer

Entscheidender Unterschied der Reliefgestaltung der Hochgebirge und Küstentiefländer ist das *fluviatile Abtragungsrelief,* das auf das Weltmeer bzw. auf das unter dem Spiegel des Weltmeeres gelegene Kaspische Meer (—28 m NN) als Erosionsbasis ausgerichtet ist. Die Kombination von Hochgebirge als Ausgangs- und Weltmeer als Endpunkt fluviatiler Erosion schafft insgesamt eine sehr viel ausgeprägtere Reliefenergie und dementsprechend markante Reliefunterschiede. Hinzu kommt, daß das Hochland von Iran zur klimamorphologischen Zone der ›subtropisch-tropischen Wüstenklimate‹ zu rechnen ist, die Gebiete des fluviatilen Abtragungsreliefs dagegen klimamorphologisch den ›feuchten Subtropen‹ (Alborz) bzw. den ›trockenen Subtropen‹ (Zagros) im Sinne der von WILHELMY (1975) vorgelegten klimamorphologischen Zonierung und Höhenstufung der Erde zuzuordnen sind. Höhere Niederschläge und dichtere Vegetation führen im Zusammenspiel mit den großen Reliefunterschieden somit von vornherein zu zentriertem, linearem Abfluß mit entsprechend ausgeprägten Talsystemen.

Die Wasserscheide des zum Kaspischen Meer entwässernden nördlichen Alborz und seines Vorlandes verläuft weithin auf der Hauptkammlinie des Gebirges. Lediglich das Entwässerungssystem des Qezel Uzan/Sefid Rud greift mit dem Durchbruch durch das Gebirge bei Manjil auf das Hochland von Iran über und zieht, zusammen mit den nach N entwässernden Tributären des Aras (Araxes), weite Teile des östlichen und nördlichen Azerbaijan in die Kaspientwässerung ein. Ähnliches gilt für den Atrek, der rückschreitend weite Teile des Khorassangrabens erobert hat und zum Kaspi hin entwässert.

Morphographisches und morphodynamisches Kennzeichen und zugleich einigendes Band der Hochgebirge und Küstentiefland verbindenden Reliefsequenz sind ausgeprägte Talsysteme mit meist ganzjähriger Wasserführung. Die Produkte der mehr oder minder ausgeprägten fluviatilen Erosions- und Transporttätigkeit werden zumeist im Mündungsbereich der Flüsse abgelagert, wo sie — infolge geringen Tidenhubs und schwacher Strömungsbewegungen — als Schwemmland abgesetzt oder küstenparallel versetzt werden. Die meist kurzen Flüsse des zentralen Alborz, z. B. Chalus (vgl. BOBEK 1957, EHLERS 1969), Haraz (WENZEL 1942), Babol, Talar oder Tejan, z. T. in der Hochregion des Alborz entspringend, haben sich durchweg sehr tief eingeschnitten. Hohe Reliefenergie in Verbindung mit großen Niederschlagssummen führen zu teilweise extremen Abtragungsleistungen an den Hängen, aber auch zu Erdrutschungen und Schollenfließungen als wichtigen Agentien der Oberflächenformengestaltung (HÖVERMANN 1960).

Der Gegensatz zwischen dem Relieftyp des Hochlandes von Iran und dem fluviatilen, vom Kaspi her gesteuerten Abtragungsrelief Nordpersiens wird insbesondere im Einzugsgebiet des Qezel Uzan/Sefid Rud deutlich: das tief eingeschnittene, von Terrassen begleitete Tal des Qezel Uzan, der zunächst im Grundgebirge, dann in einer wohl tektonisch angelegten, mit Kreide und Tertiär gefüllten und dem Alborz parallelen Mulde fließt, steht in deutlichem Gegensatz zum eingerumpften Relief des nordwestlichen Hochlandes von Iran; ähnliches gilt übrigens für den östlichen Tributär des Sefid Rud, den Shahrud. Auch der Atrek hat, unter Ausbildung deutlicher Terrassensysteme, rückschreitend weite Teile des Khorassangrabens dem Kaspiabflußsystem erschlossen (SCHARLAU 1958), während der östliche Teil des Grabensystems über den Keshaf Rud in das Binnendelta des Hari Rud und damit nach Zentralasien entwässert.

Abtragung und Erosion Nordirans sind auf das Kaspische Meer als Erosionsbasis eingestellt, das südkaspische Tiefland und der ihm vorgelagerte Küstensaum dienen als Sedimentations- und Akkumulationsbereich. So verwundert nicht, daß das Tiefland, das meist sehr deutlich gegen den Steilabfall des Gebirges abgesetzt ist und vom Kaspi durch einen erhöhten Strandwallgürtel abgeschnürt ist (vgl. Abb. 7), ursprünglich eine rein amphibische Landschaft war. Zahlreiche Terrassensysteme an der nördlichen Gebirgsfront und im Tiefland selbst, Ausdruck sowohl tektonischer Hebungen des Gebirges als auch klimatisch bedingter Seespiegelschwankungen des Kaspischen Meeres (vgl. EHLERS 1971), beweisen die bis in die Gegenwart anhaltende permanente Veränderung der Erosionsbasis.

Das in Abb. 7 erfaßte und für den größten Abschnitt der Südküste des Kaspischen Meeres gültige Profil wird lediglich im Bereich des weit in das Kaspische Meer vorgeschütteten Sefid-Rud-Deltas sowie in Zentral- und Ostmazandaran unterbrochen. Hier kommt es zwischen Fußhügelzone und Küste nicht nur zu einer faziellen Differenzierung und regelhaften Abfolge des Sedimentationsprozesses (ähnlich dem der Hochlandbecken!) in Schwemmkegel — älteres Schwemmland — jüngeres Schwemmland, sondern auch zu Dammuferbildungen der meist in breiten Schotterbetten dem Kaspi zuströmenden Flüsse. Im Prinzip ähnlich, wenngleich noch stärker differenziert und flächenhafter ausgeprägt, stellen sich die Verhältnisse in der Turkmenensteppe Nordirans (EHLERS 1970) dar.

Die Hochgebirge und Küstentiefland verbindende Reliefsequenz im Bereich von Zagros und Makran Range sowie den ihnen vorgelagerten Sedimentationsräumen weist keinen grundsätzlichen Gegensatz zum Norden des Landes auf. Auf die Problematik der Zagrosströme und des Zusammenhangs von Reliefgestaltung

1. Geologischer Bau und orohydrographische Großgliederung 47

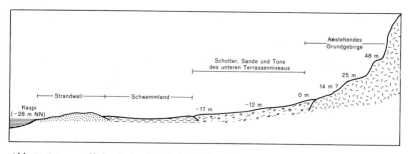

Abb. 7: Längsprofil durch das Kaspische Tiefland bei Astara/Taleshgebirge (nach EHLERS 1971).

und Abflußverhältnissen wurde bereits hingewiesen. Es soll im regionalen Kontext ausführlicher dargestellt werden (vgl. Kap. V, Abschn. 4.3.2). Geomorphologisches Kennzeichen der Küsten des Persischen Golfs ist ihr Charakter einer ausgesprochenen Ausgleichsküste bzw. Seichtwasserküste mit Nehrungen und Haken sowie reichlichen Schlickanlandungen. Kleine Küstenabschnitte der Insel Qishm sind sogar durch Mangroven gekennzeichnet. Korallenküsten kommen ebenfalls vor und Korallenkalke bauen vor allem mehrere der der Küste vorgelagerten Inseln auf. Einen Sonderfall stellt zweifellos die durch tektonische Verstellungen gehobene Makranküste dar, deren Strandterrassen z. T. als ausgesprochene Steilküsten zum Meer abfallen (FALCON 1947, SNEAD 1970).

Nicht nur von seiner Größe, sondern auch von seiner Oberflächengestaltung her darf der iranische Anteil an Mesopotamien, Khuzestan, eine Sonderstellung beanspruchen: das entlang einer N–S-Linie von Dezful bis zur Küste über fast 300 km sich erstreckende Tiefland überwindet bei dieser Entfernung nur etwa 150 m Höhendifferenz. Es stellt somit eine gewaltige „schiefe Ebene" dar, deren Sedimentfolge mit grober Fazies am Gebirgsfuß und Feinmaterial an der Küste das schon bekannte Schema aufweist. Die leicht geneigte, ansonsten aber fast ebene Oberfläche wird differenziert durch einige wenige Ausbisse der Zagrosfaltung: vor allem bei Ahwaz, aber auch nördlich davon treten oftmals saiger stehende Schichten aus Bakhtiarikonglomerat oder Kalken und Mergeln der Farsserie an die Oberfläche, wobei sie stellenweise ein Schichttrippen- oder Schichtkammrelief in Kleinformat entwickelt haben. Teile des mittleren Khuzestan sind zudem, worauf besonders PASCHAI (1974) hingewiesen hat, von mobilen Sanddünenfeldern überzogen. Trotz mancher Limitierungen, vor allem Versalzungs- und Versumpfungserscheinungen, gilt insbesondere das nördliche Khuzestan als entwicklungsfähiges Agrargebiet: optimistischen Prognosen zufolge über 30 000 km², was fast einer Verdoppelung der bisherigen LNF entspräche. Andererseits ist nicht zu verkennen, daß vor allem durch den ausgesprochenen Dammufercharakter der großen Khuzestan durchströmenden Flüsse wie Karkheh, Karun, Marun-Jarrahi und Zuhreh nach kräftigen Frühjahrshochwässern (vgl. Kap. II, Abschn. 2.2.1) weite

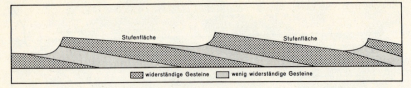

Abb. 8: Idealprofil des Schichtstufenreliefs in Trockengebieten (in Anlehnung an BLUME 1971).

Teile des Landes unterhalb Ahwaz überschwemmt werden und daß sie, zusammen mit hohem Grundwasserstand sowie Versalzungs- und Versumpfungserscheinungen, die Ursache für die nur sporadische land- und weidewirtschaftliche Nutzung dieses Landes sind.

1.3.3. Spezielle Probleme der Geomorphologie Irans

Unabhängig von den beiden dargestellten Reliefsequenzen, die einen Großteil der Iran prägenden Relieftypen umfassen, gibt es geomorphologische Erscheinungen und Phänomene, die weder von der räumlichen Lage noch vom Entstehungsmechanismus her einer der beiden Sequenzen zuzuordnen sind und die demzufolge in allen Teilen des Landes vorkommen. Zu diesen speziellen Relieftypen, die hier ergänzend genannt werden müssen, gehören unter anderem:
a) Schichtstufenreliefs,
b) Formen des Vulkanismus,
c) Schlammvulkanismus bzw. Salzdiapirismus und
d) der glaziale Formenschatz der Hochgebirge.

Dem besonders mit dem letztgenannten Punkt zusammenhängenden Fragenkreis, nämlich der Frage nach Rolle, Ausmaß und Bedeutung pleistozän-holozäner Klimaschwankungen soll ein eigener Abschnitt (Kap. II, Abschn. 4) gewidmet werden.

a) Schichtstufenlandschaften, eine der auffälligsten strukturabhängigen Oberflächenformen, stellen sich unabhängig von klima-ökologischen Differenzierungen „überall dort auf der Erdoberfläche ein, wo der Gesteinsaufbau durch geneigte oder horizontal lagernde Schichten wechselnder Widerständigkeit bestimmt wird" (BLUME 1971, S. 10). Als solche kommen sie auch in vielen Teilen Irans vor, sind aber als spezieller Landschaftstyp bzw. als Relieftyp weder im Hochland von Iran noch in den fluviatilen Randlandschaften Irans jemals beschrieben worden. Lediglich WEISE (1974) hat bisher die Rolle von Schichtstufen und Schichtkämmen für die Flächenbildungsprozesse im Hochland von Iran analysiert, ordnet sie dabei aber morphodynamisch als Variante dem allgemeinen Flächenbildungsmechanismus (vgl. Kap. II, Abschn. 1.3.1) unter.

1. Geologischer Bau und orohydrographische Großgliederung

Der weitaus größte Teil der iranischen Schichtstufenlandschaften gehört — klimageomorphologisch gesehen — dem Trockengebietstypus an, der durch das frontale Zurückweichen der Stufen mittels Steinschlag und permanenten Materialabbruchs, aber auch durch Rinnenspülung und Zerschneidung geprägt ist. Dennoch erfolgt nach WEISE (1974, S. 31) die wesentliche Herauspräparierung von Schichtstufen und deren Typenvertretern in Iran auf anderem Wege:

›Die Hauptarbeit der Abtragung auf dem Wege zur Fläche wird durch die nach achtern entwässernden Täler geleistet, welche die Stufe von hinten her auflösen. In den Schichtrippenarealen übernehmen dies große — meist von außerhalb kommende — antezedente Flüsse, durch die das Gebiet seitenerosiv und dann davon ausgehend durch autochthonen Hangrückzug eingeebnet wird, so daß es zur Ausbildung einer Pediplain kommt. Die größte Verbreitung und damit Bedeutung haben Schichtstufen jedoch im fortgeschrittenen Pedimentstadium, die mit den Pedimenten vor der Tafel durch breite Pedimenttäler verbunden sind.‹

Als ein besonderes Merkmal des iranischen Schichtstufenreliefs kann die weite Verbreitung von Schichtrippen und Schichtkämmen gelten. Dieser spezielle, vor allem durch den Einfallswinkel der Schichten determinierte Formentypus findet sich in besonders weiter und schöner Ausprägung im südlichen Zagros zwischen dem großen Erdölfördergebiet SW-Irans und Bandar Abbas. Auch durch Salzauftrieb aufgebrochene Antiklinalen (vgl. Abb. 9) zeichnen sich gelegentlich durch markante, im umlaufenden Streichen angeordnete Schichtrippen und Schichtkämme aus. Die steilen Fronten der Stufen, Rippen und Kämme, die sich oftmals in großer Zahl hintereinander anordnen und im Streichen des Zagros viele Zehner Kilometer Länge erreichen (hervorragende Luftbilder bei OBERLANDER 1965), stellen bis heute gravierende Verkehrshindernisse dar und sind zugleich dafür mit verantwortlich, daß sich einst wie heute das stellenweise wildzerklüftete Bergland des Zagros als bevorzugtes Nomadenland behaupten konnte.

b) Quasi als Fremdkörper dem Hochland von Iran aufgesetzt sind mächtige *Vulkanmassive und einzelstehende Vulkanberge*, die als z. T. erhebliche ›Anomalien‹ in der Reliefgestaltung auftreten. ›Vulkanprovinzen‹ im Sinne einer räumlichen Massierung aktiver oder fossiler Vulkane sind *NW-Iran* mit den gewaltigen Massiven von Savelan und Sakhend, wobei letzterer von einer Reihe kleinerer Vulkane umgeben wird; ferner der im weiteren Sinne zur mesozoisch-tertiären Zerrungs- und Vulkanitzone zählende Raum *Yezd-Sirjan*, wo sich insbesondere entlang der Nain-Baft-Verwerfung etwa ein Dutzend Vulkanruinen erheben, und schließlich Baluchistan mit dem Kuh-e-Taftan, dessen 4100 m hoher Gipfel noch heute von Rauchfahnen und dessen Hänge von jungen Lavaergüssen und vulkanischen Aschen überzogen werden (GANSSER 1971). Zwischen dem Taftan und den beiden anderen Eckpfeilern der Vulkanprovinz von Baluchistan, dem Kuh-e-Bazman (3503 m) und dem Kuh-e-Sultan, sowie in deren Umkreis erheben sich zahlreiche weitere Vulkane quartären Ursprungs, die aber sämtlich inaktiv sind.

Neben diesen drei Hauptzentren existieren drei kleinere, räumlich begrenzte Gebiete quartären bis rezenten Vulkanismus (vgl. dazu auch Karte 1):

— der bereits genannte Demavend im zentralen Alborz, mit 5670 m der höchste Berg Irans (ALLENBACH 1966/1970);
— die Vulkanzone von Bidjar, etwa 70 km nordöstlich von Sanandaj, und
— kleinere Zentren in Zentraliran, vor allem entlang der Naybandverwerfung am Westrande der Lut.

Die kürzlich aufgeworfene Frage, ob hohe Vulkane auch Hochgebirge seien (HENNING 1976), wird man unter Zugrundelegung der zur Abgrenzung verwandten Kriterien (edaphische Gegebenheiten, rezente Solifluktion und evtl. glaziale Überprägung) im Hinblick auf iranische Vulkane (Demavend, Savelan, Sakhend, Taftan u. a.) positiv beantworten müssen, wobei der dem ohnehin einem Hochgebirge aufgesetzte Vulkankegel des Demavend eine Sonderstellung einnimmt.

c) *Schlammvulkane und Schlammvulkanismus,* häufig an erdölhöffige oder sonstige kohlenwasserstoffreiche Gesteinsschichten gebunden, vermögen mächtige Schlammkegel mit kraterähnlichen Einbrüchen von mehreren hundert Metern Durchmesser aufzuwerfen. Die Gase, die die durch Grundwasser aufgeweichten tonig-mergeligen Gesteine des Untergrundes herausschleudern, lassen Krater z. T. beträchtlicher Größe entstehen. Hauptverbreitungsgebiete dieser ›pseudovulkanischen‹ Formen sind die Küstentiefländer Irans, die Turkmenensteppe im N und Abschnitte der Südküste zwischen Minab und Jask sowie die Makranküste westlich Chahbahar.

Wenngleich nicht unmittelbar dem Vulkanismus verwandt, so stellt *Salztektonik* doch einen verbreiteten Sonderfall der Reliefgestaltung dar, der allerdings regional nicht eindeutig fixiert ist. Allgemein gilt, daß Salzstöcke oder Salzdome in Iran überall dort reliefbestimmend werden konnten, wo Salzmassen die im Zusammenhang mit gebirgsbildenden Vorgängen entstandenen Rupturen oder Schwächezonen des Deckgebirges ausgenutzt haben (vgl. Karte 1). Ausgangspunkt des Salzdiapirismus ist das leichte spezifische Gewicht des Salzes, das unter Druck und bei hoher Temperatur mobil wird und nach oben zu steigen trachtet. Es bilden sich an Schwächezonen des Deckgebirges oder in Antiklinalen Salzkissen, die durch Salzwanderung von den Flanken zur Mitte hin verstärkt werden. Der schwerkraftbedingte Aufstieg des Salzes führt entweder zu entsprechenden Verstellungen des Deckgebirges oder aber zu seinem Durchbrechen, wobei die Salzstöcke die ehemaligen Deckschichten randlich hochschleppen (vgl. Abb. 9).

Angesichts des extremen Faltenbaus des Zagros und der weiten Verbreitung infrakambrischer Salzlager im Bereich der paläozoischen Plattform verwundert nicht, daß Halokinese vor allem auf das Zagrosgebirge und seine Randzonen, insbesondere auf die südiranische Landschaft Laristan (Raum Darab-Lar-Bandar Abbas), konzentriert ist. Südiran kann sogar im weltweiten Maßstab als locus typicus für die Erscheinungen der Salztektonik gelten. Ein Großteil der einschlägigen Arbeiten zu dieser Problematik wurden auf der Basis von Untersuchungen

1. Geologischer Bau und orohydrographische Großgliederung 51

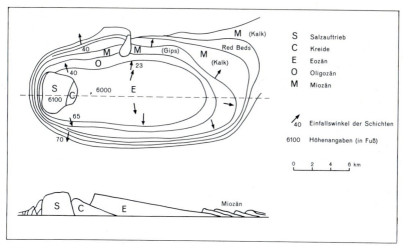

Abb. 9: *Der Salzdom von Kuh-i-Shur* (nach HARRISON 1930).

im südlichen Persien geschrieben (vgl. z.B. GANSSER 1960, HARRISON 1930, HIRSCHI 1944, KENT 1958, O'BRIEN 1957, STÖCKLIN 1961 u.a.). Andere Verbreitungsgebiete kräftiger Salztektonik sind in Iran die Große Kavir südlich von Samnan, das Gebiet zwischen Yezd und Kalut, die Umgebung von Qum sowie Teile Azerbaijans mit den Zentren Mianeh, Tabriz und Khoi. Die im unzerstörten Zustand oftmals kreisrunden oder oval aufgewölbten Salzdome neigen bei ihrer erosiven Zerstörung zu bizarren, jedoch schnellem und ständigem Wandel unterworfenen Formen; Salzgletscher mit langen Fließzungen stellen einen besonders spektakulären Abtragungstyp dar.

d) Die letzten Bemerkungen zur Oberflächengestaltung gelten dem Hochgebirgsrelief und dem *Problem pleistozäner wie rezenter Vergletscherung.* Zeugnisse eiszeitlicher Vergletscherung sind aus vielen Hochgebirgen Irans bekannt. Dies gilt vor allem für jene von Gletschereis überformten Granitmassive, in deren steilwandigen Gipfelregionen das gesamte Spektrum früherer und heutiger Vergletscherung nachweisbar ist; Kare und Karseen, Gletscher und Firnschneefelder, Blockgletscher, mächtige Seiten- und Endmoränen wurden von BOBEK (1937) bereits vor dem Kriege für weite Teile Nordwestpersiens beschrieben. Im zentralen Alborz kommt der Takht-i-Sulaiman-Gruppe mit dem Alam Kuh eine große Bedeutung als Ausgangspunkt einer beträchtlichen Lokalvergletscherung zu (vgl. auch BOBEK 1953, 1957, PEGUY 1959). Der Italiener DESIO (1934) sowie FALCON (1946), McQUILLAN (1969) und GRUNERT u.a. (1978) wiesen auf entsprechende Vergletscherungsspuren am Zardeh Kuh im Zagros hin.

Die umfänglichen Beobachtungen BOBEKS sind inzwischen durch eine Zahl von Detailuntersuchungen bestätigt und ergänzt worden: vor allem SCHWEIZER

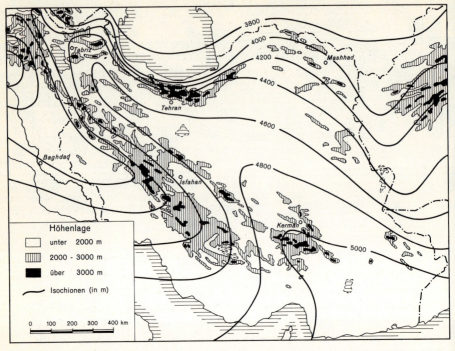

Abb. 10: Höhenlage der gegenwärtigen Schneegrenze in Iran (nach SCHWEIZER 1972).

(1970, 1972, 1975) hat die glaziale Formenvielfalt des Kuh-i-Savelan analysiert und differenziert; WRIGHT (1962) hat nicht unwidersprochen gebliebene Auffassungen zur Vergletscherung der kurdischen Hochgebirge beigetragen und geht dabei von würmzeitlichen Vergletscherungen aus, die auf einer bis 1800 m herabgesenkten Schneegrenze basieren. Über Büßerschnee an den drei höchsten Bergen Nordirans — Demavend, Alam Kuh, Savelan — hat ebenfalls SCHWEIZER (1969) berichtet. Alle diese Befunde über kräftige pleistozäne Vergletscherung und in den Höhenregionen heute noch anhaltende periglazial-solifluidale Formungsprozesse in Alborz (vgl. KLAER 1969) und Zagros und der bis vor wenigen Jahren spürbare Mangel an entsprechenden Beobachtungen in den Hochgebirgen Zentralirans bestätigten Geomorphologen und Glaziologen in der Auffassung von ›einer kräftigen Aufwölbung der idealen Schneegrenzfläche von den feuchten Außenseiten der Randgebirge her über den zentralen Binnenhochländern‹ (SCHWEIZER 1972, S. 226). Die nur vereinzelt und geringfügig über 4000 m Höhe ansteigenden Gebirgszüge Zentralirans ließen somit — bei einer geschätzten rezenten Schneegrenze von 4800 m bis 5000 m und einer kaltzeitlichen Schneegrenzdepression von 800 bis 1000 m — kaum eine eiszeitliche Vergletscherung erwarten.

1. Geologischer Bau und orohydrographische Großgliederung 53

Aufgrund von Beobachtungen an Strukturböden und Bodenfließungen im zentralen Alborz postulierte HÖVERMANN schon 1960 eine fast konträre Auffassung, indem er die rezente Solifluktionsgrenze in Nordiran auf etwa 2000 m NN festsetzte und demzufolge einen entsprechend niedrigen Verlauf derselben auch für das Hochland von Iran, insbesondere während der Kaltzeiten, forderte. In den letzten Jahren sind gewichtige Befunde und Argumente vorgebracht worden, die nun pleistozäne wie rezente Vergletscherungen für Zentraliran wahrscheinlich machen und, wie jüngst GRUNERT–CARLS–PREU (1978) unter Berufung auf Befunde in Zentraliran (vgl. dazu Kap. V, Abschn. 4.4.2) und am Zardeh Kuh darlegten, es nahelegen, ›daß die rezente Schneegrenze etwa 200 m unter der von BOBEK (1937) und SCHWEIZER (1972) angegebenen Höhe verläuft‹. Für die Gegenwart und unter Bezugnahme auf Zentraliran spricht KUHLE (1978) von einer unteren Solifluktionsgrenze zwischen 1900 und 2100 m Höhe, während er die Untergrenze von Frostmusterböden zwischen 2400 und 2600 m Höhe ansetzt und damit weitgehend den Befunden und Interpretationen von HÖVERMANN im Alborz zustimmt.

Versuche der zeitlichen Einordnung und Datierung der pleistozänen Vergletscherungen sind problematisch. Lediglich dort, wo über Talterrassen Verbindungen zwischen Gletscherständen und See- bzw. Meeresterrassen möglich sind, erscheinen auch absolute oder relative Datierungen eiszeitlicher Phänomene denkbar. Für Nordiran haben EHLERS (1971) am Beispiel des Kaspischen Meeres, SCHWEIZER (1975) für den Rizaiyehsee entsprechende Versuche vorgelegt. Im ariden Hochland von Iran sind solche Datierungsversuche ungleich schwerer; auf sie soll im Zusammenhang mit einer allgemeinen Diskussion der Frage pleistozän-holozäner Klimaschwankungen (vgl. Kap. III, Abschn. 4) kurz eingegangen werden.

1.4. Geologie und Lagerstätten

Neben den Auswirkungen des geologischen Baus auf die orohydrographische Großgliederung Irans und auf die strukturbedingte Reliefgestaltung einzelner seiner Teile kommt der Geologie des Landes für die Rohstoffwirtschaft unmittelbare volkswirtschaftliche Bedeutung zu. Iran, bislang zumeist nur als eines der führenden erdölexportierenden Länder der Erde bekannt, verfügt über zahlreiche andere Bodenschätze und Lagerstätten, die z. T. aber erst in jüngster Zeit exploriert und erschlossen wurden.

Viele der heute in großem Stile abgebauten und geförderten Rohstoffe sind seit langem bekannt. Ihre Nutzung jedoch ist jungen Ursprungs zumal dort, wo vorher Mangel an technischen, wissenschaftlichen und/oder finanziellen Möglichkeiten den Abbau verhinderten. So ist das Erdöl, das 1908 bei Masjid-i-Sulaiman entdeckt und wenig später gefördert wurde, bereits seit vorchristlicher Zeit bekannt und führte zur Errichtung eines großen zoroastrischen Feuerheiligtums (vgl.

GHIRSHMAN 1954). Der an oberirdische Austritte von Erdöl gebundene Asphalt (Erdpech) ist als Baumaterial bereits im 3. und 2. vorchristlichen Jahrtausend in Mesopotamien nachweisbar. Metallverarbeitung im Zentralen Hochland von Iran und Handel mit Kupfer, Silber oder Gold zwischen Elam und Mesopotamien sind ebenso früh belegt (vgl. ADAMS 1974, BEALE 1973 u. a., zusammenfassend bei MEDER 1979). In den heute noch bedeutsamen Minen von Nishabur gebrochene Türkise waren begehrte Handelsobjekte im gesamten Alten Orient. Im Raum Kerman sind Abbau und Verarbeitung von Seifenstein (Chlorit oder Steatit) bei Tepe Yahya für die Mitte des 3. Jahrtausend nachgewiesen (vgl. LAMBERG-KARLOVSKY 1972, 1975); die berühmten Luristanbronzen Westpersiens (vgl. CALMEYER 1969, MOOREY 1974) sind ebenso wie die Funde von Hasanlu (vgl. DYSON 1965), Sialk (GHIRSHMAN 1938), Marlik (NEGHABAN 1964), Hissar (SCHMIDT 1937), Tureng Tepe (DESHAYES 1968), Shahr-i-Sokhta (TOSI 1968 ff.) und vielen anderen Fundplätzen Zeugnisse einer frühen, wenngleich nur punktuellen Nutzung mineralischer Rohstoffe im Hochland von Iran und seiner Peripherie.

Die quantitativ und qualitativ unterschiedliche Bedeutung volkswirtschaftlich nutzbarer und abbauwürdiger Lagerstätten legt eine Untergliederung in verschiedene Rohstoffe nahe:

a) Kohle, Steine und Erden;
b) Eisen und Buntmetalle;
c) Industrieminerale;
d) Erdöl und Erdgas.

Vorkommen, Verbreitung und Ausdehnung der wichtigsten Rohstoffe versucht, nach dem heutigen Stand der Kenntnisse, Abb. 11 darzustellen. Dabei wird deutlich, daß nahezu das gesamte Staatsgebiet lagerstättenkundlich bedeutsam ist, wenngleich die verschiedenen mineralischen Rohstoffe zumeist nur konzentriert und räumlich begrenzt vorkommen. Zusammenhänge zwischen magmatischen Vorgängen und Erzlagerstätten werden inzwischen von zahlreichen Geologen als wahrscheinlich angenommen (WALTHER 1960, BAZIN-HÜBNER 1969, HOLZER 1971, FÖRSTER 1974). Da das Vorkommen des für Iran wichtigsten Rohstoffes, Erdöl, ohnehin an bestimmte Sedimentationsbedingungen gebunden ist, gelten dafür allein die großen Synklinalräume des Landes (MOSTOFI-FREI 1959) als erfolgversprechende Prospektionsgebiete. Infolge der intensiven Exploration und ständigen Erschließung neuer Lagerstätten müssen die bisher einzigen zusammenfassenden Darstellungen wirtschaftlich wichtiger Rohstoffe durch BARIAND et al. (1965) und HARRISON (1968) als überholt gelten. Eine hervorragende, die Entwicklungen bis 1974 berücksichtigende Zusammenstellung gibt dagegen der Iran betreffende ›Rohstoffwirtschaftliche Länderbericht‹ der Bundesanstalt für Bodenforschung in Hannover.

a) Kohle, Steine und Erden. — Zu den in der Vergangenheit wichtigsten Energieträgern gehörte, trotz des Reichtums an Erdöl, *Kohle*. Bildeten dabei in der

Abb. 11: Verbreitung abbauwürdiger Lagerstätten auf dem Hochland von Iran und seinen Randgebieten (verändert nach Bundesanstalt für Bodenforschung, 1974).

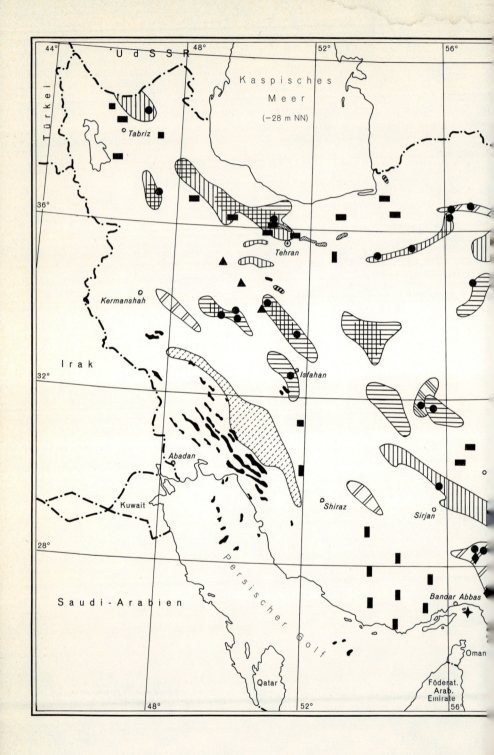

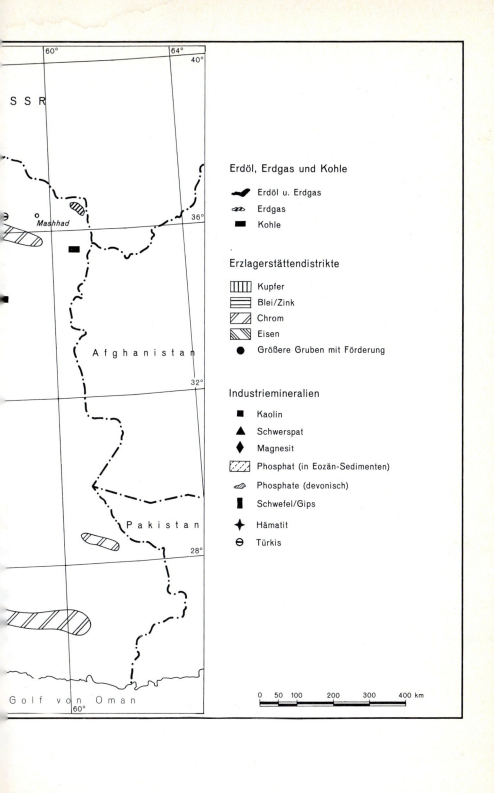

1. Geologischer Bau und orohydrographische Großgliederung   55

Vergangenheit vor allem Holzkohle (vgl. Kap. II, Abschn. 3.3) sowie mit Stroh und Lehm vermischte Dungfladen die wesentlichsten Energielieferanten, so trat seit 1930 Steinkohle in den Vordergrund: wie schon STAHL (1897) erkannte, kommen abbauwürdige Steinkohlenlager insbesondere im N des Landes, im Jura (Lias) des Faltengürtels zwischen Azerbaijan und Khorassan, vor. Ein zweites wichtiges Abbaugebiet liegt bei Kerman (vgl. auch BÖHNE 1932).

Kennzeichen der Steinkohlenlager, die im Alborz in hunderten kleiner Schächte und Stollen mit heute noch primitivsten Methoden genutzt werden, sind die geringe Mächtigkeit und beschränkte Ausdehnung der kohleführenden Flöze. Starke Verfaltung und intensive Bruchtektonik bewirken maximal 60 bis 80 cm starke Kohlebänke, die bei Tehran (Shemshak, Gachsar, Kara) sowie an der Nordflanke des zentralen Alborz (Galanrud, Qeshlaq, Gorgan) in Kleingruben und meist in waagerecht von Taleinschnitten in den Berg vorgetriebenen Stollen abgebaut werden. Im Gegensatz zu diesen meist nur lokal bedeutsamen Vorkommen spielen die Kohlevorkommen des Lias und Dogger bei Kerman volkswirtschaftlich eine nicht unbedeutende Rolle. Ihre auf mehr als 100 Mill. t geschätzten Lager werden seit Ende der 60er Jahre in verstärktem Maße abgebaut. Da sie z. T. weniger schwefelhaltig als die Alborzkohlen und damit gut verkokbar sind, kommt diesen Vorräten im Hinblick auf die Stahlproduktion im 600 km entfernten Isfahan besondere Bedeutung zu. Die Eisenbahnverbindung zwischen den Kohlegruben von Kerman und dem Stahlwerk Isfahan ist Ausdruck dieser industriewirtschaftlichen Symbiose.

Im Gegensatz zu den räumlich konzentrierten Vorkommen der Kohle (vgl. Abb. 11) sind *Steine und Erden* nahezu ubiquitäre Rohstoffe, dennoch aber von großer wirtschaftlicher Bedeutung. Während Kalksteine vor allem für die traditionelle Kalkgewinnung und die moderne Zementindustrie gebrochen werden, stellen die in Becken und Tälern zusammengeschwemmten, häufig lößähnlichen Feinerden (vgl. NADJI 1974) seit Jahrtausenden das wesentliche Baumaterial der ländlichen und städtischen Bevölkerung Irans. Tone und Lehme, mit Stroh oder ohne Zugaben zu adobe-ähnlichen Ziegeln an der Sonne luftgetrocknet oder in Öfen gebrannt, sind — ebenso wie Naturstein — seit Jahrtausenden als Baustoff nachweisbar (vgl. WULFF 1966, S. 102 ff.). Lehmgruben am Rande vieler Dörfer und Städte, vor allem aber die mehr oder weniger ausgedehnten Ziegeleien an der Peripherie fast aller Städte belegen bis auf den heutigen Tag den ubiquitären Charakter dieser Rohstoffe und ihre verbreitete Nutzung.

b) Eisen und Buntmetalle. — Wie bereits angedeutet, kann auch die Gewinnung und Verarbeitung von Erzen in Iran auf eine uralte Tradition zurückgreifen. Einen Eindruck von der letztlich bis in das frühe 20. Jh. gültigen Methode der Eisenverhüttung in kleinen und räumlich eng fixierten Gebieten vermittelt der folgende Bericht des Jahres 1847 über kleine Eisenhütten bei Amol:

›The iron ore is procured chiefly from the bed of the streams, or, when the supply there fails, it is dug from near the surface in the sides of the ravine... The ore is first heated in a furnace with charcoal...‹ (Report by Consul Abbott of his Journey to the coast of the Caspian Sea 1847/48; London PRO:FO 881/136).

Im Gegensatz zur traditionellen Eisengewinnung mit ihren zahlreichen kleinen Standorten und dem extensiven Gebrauch von Holzkohle ist der moderne *Eisenerzabbau* auf einige wenige Lagerstätten bei Yezd und Kerman konzentriert. Die nördlich von Bafq gelegenen und auf mehrere hundert Mill. t geschätzten Vorkommen z. T. hochprozentiger Erze (61—64 % Fe-Gehalt) werden zur Verhüttung nach Isfahan transportiert. Alle anderen Vorkommen von Eisenerzen — wie jene des Alborz, wie die bei Isfahan, bei Zenjan oder an der Golfküste bei Bandar Abbas — sind demgegenüber wirtschaftlich bedeutungslos. Auch die berühmten Roteisenerze (Hämatite) von Hormuz, deren Produktion sich im Jahre 1973 auf etwa 5000 t belief, sind im Vergleich zu der gesamtiranischen Fördermenge von etwa 1 Mill. t Eisenerz (1973) praktisch bedeutungslos.

Als ausgesprochen reich erweist sich aufgrund der intensiven Prospektierungen der letzten Jahre das Hochland von Iran an hochwertigen *Buntmetallen* wie Kupfer, Blei, Zink, Chrom und anderen Metallerzen. Auch hier reichen entsprechender Abbau und Verarbeitung, wie z. B. WULFF (1966, S. 1 ff.) nachweist, weit in frühgeschichtliche Zeit zurück; manche der kleinen Betriebe bedienen sich noch heute der gleichen uralten Methoden bei der Aufbereitung der Erze. Durch die Arbeiten von BAZIN-HÜBNER (1969), von SJERP u. a. (1969), FÖRSTER (1973) und anderen Geologen sind wir derzeit über die *Kupfervorkommen und -vorräte* Irans am besten unterrichtet. Die Reserven, die vor allem an tertiäre Vulkanite und Plutonite als wichtigste Erzbringer gebunden sind und die praktisch im gesamten Hochland vorkommen (vgl. Abb. 11), werden auf mehrere hundert Mill. t mit einem Cu-Anteil von bis zu 2 % geschätzt. Vor allem die Großlagerstätten Sar Cheshmeh und Chahar Gonbad, zwischen Sirjan und Kerman gelegen, können als Prototypen zahlreicher Kupfervorkommen Irans gelten: als Teil des großen Vulkanitgürtels (STÖCKLIN 1968: Sanandaj-Sirjan-Zone), sind sie an die schon genannten granitisch-dioritischen Intrusionen des Tertiärs gebunden.

Nach der Fertigstellung der in Planung bzw. im Bau befindlichen Tagebaue, Hütten und Raffinerien in Sar Cheshmeh, Chahar Gonbad und evtl. Qaleh Zari (südlich Birjand) ist mit einem bedeutenden Export von Kupfer zu rechnen (vgl. auch Abb. 77 und Kap. V, Abschn. 4.4.2).

Exportträchtig sind auch die bekannten und vermuteten Vorkommen von *Blei und Zink*. Von den zur Zeit bekannten etwa 60 Blei-Zink-Vorkommen (vgl. BURNOL 1968) liegen die meisten an der Peripherie der Wüste Lut, im Alborz sowie bei Isfahan-Arak und in Zentraliran im Raum Anarak und Yezd. Die auch weltwirtschaftlich nicht unbedeutenden Reserven, deren kontinuierlich steigende jährliche Produktion (1973: je etwa 60 000 t Blei- oder Zinkmetall) meist als Konzentrat exportiert wird, werden neuerdings (FÖRSTER 1973) ebenfalls in Zusammenhang mit orogenen Kalkalkalimagmen des Tertiärs gebracht. — *Chromit* (Cr_2O_3), dessen Vorkommen ebenfalls beträchtlich ist, wird seit 1952 und vor allem im Hinterland von Bandar Abbas gefördert, das zugleich der Hauptexporthafen metallurgischer Chromerze ist (vgl. SCHWEIZER 1972). — Von den *übrigen Metallerzen* — Gold, Mangan, Nickel, Kobalt, Wolfram, Molybdän, Bauxit, Uran —, die zwar alle in verschieden großer, nicht immer abbauwürdiger Menge vorhanden sind, hat allein *Bauxit* mit der Errichtung einer Aluminiumhütte bei Arak größere volkswirtschaftliche Bedeutung erlangt. Bauxitvorkommen in der Provinz Kerman werden seit 1972 bei Arak zusammen mit australischer Tonerde verarbeitet und sollen, gemeinsam mit der dort gegründeten Maschinenfabrik, den Grundstock einer weiterverarbeitenden Zuliefer- und Nachfolgeindustrie bilden.

c) Industrieminerale. — Die volkswirtschaftlich z. T. sehr wichtigen Industrieminerale kommen entweder als elementare Rohstoffe oder als Nebenprodukte der Erdölraffination vor. Dies gilt vor allem für den zum Aufbau einer Düngemittelindustrie nicht unwichtigen *Schwefel.* Seine in den letzten Jahren sprunghaft gewachsene Produktion (1960: 20000 t; 1973: über 700000 t) geht bisher weniger auf die Förderung primärer Lagerstätten (v. a. in Gebieten mit Salzdiapirismus), sondern auf die Verarbeitung der Schwefelrückstände bei der Erdöl- und Erdgasgewinnung zurück. Große Schwefelgewinnungsanlagen bei Bandar Shahpur und auf der Insel Kharg produzierten 1973 über 90 % der Gesamterzeugung Irans. — Ob *Phosphate,* die vor allem in kretazisch-alttertiären Sedimenten des Zagros (Raum Shiraz–Abadan) sowie im Rahmen der Feirudformation der südlichen Alborzabdachung vorkommen, trotz des großen Düngemittelbedarfs des Landes jemals ökonomisch abgebaut werden können, steht offen. *Magnesite,* vor allem im Esfandaqehdistrikt im Hinterland von Bandar Abbas abgebaut, haben in den letzten Jahren im Zusammenhang mit der wachsenden Stahlproduktion des Landes ständig zunehmende Förderraten zu verzeichnen. *Salz* schließlich, ein in den Trockengebieten besonders wichtiges Mineral auch für den menschlichen Bedarf, tritt vor allem in den Trockengebieten des Hochlandes verbreitet auf und kann letztlich als ubiquitäres Material gelten. Berühmt sind die Salzgärten, die sich im Zentrum einzelner Kavire finden (z. B. Maharlusee) und die auf der Ernte und Reinigung der im Beckeninnern zusammengeschwemmten Salze basieren. Auch die in einzelnen Salzdomen austretenden Steinsalze werden z. T. genutzt.

d) Erdöl und Erdgas. — Mit Abstand der volks- wie weltwirtschaftlich wertvollste Rohstoff Irans ist Erdöl. Iran, derzeit (1975) mit 300 Mill. t nach der UdSSR, den USA und Saudi-Arabien an vierter Stelle der Weltproduktion und zweitgrößter Exporteur auf der Erde, verfügt derzeit über etwa 10 % der bekannten Weltvorräte an Erdöl und über 12 % (5,7 Mrd. cbm) der nachgewiesenen Reserven an Erdgas. Da bisher nur etwa 10 % der Ölförderung im eigenen Lande raffiniert wurden, ist die weltwirtschaftliche Bedeutung iranischen Rohöls immens, aber auch sein Einfluß auf die wirtschaftliche und soziale Entwicklung des Landes (vgl. BHARIER 1971, DJAZANI 1963, EHLERS 1972, 1978, FECHARAKI 1976, PANAHI 1975 u. v. a.) ist kaum abzuschätzen. Ähnliches gilt für Erdgas, das — als Nebenprodukt der Erdölförderung — in so großer Menge anfällt, daß es noch heute weithin abgefackelt wird.

Der Zusammenhang von geologischem Bau und Erdöllagerstätten ist offenkundiger und weniger umstritten als der der meisten anderen Rohstoffvorkommen. Erdöl und Erdgas, Zersetzungsprodukte pflanzlicher und tierischer Materialien (vor allem von Meeresplankton), die unter Einfluß anaerobischer Bakterien zu Faulschlamm umgewandelt werden, entwickeln sich in den aus diesen Faulschlammen entstehenden, mit Bitumen (Erdpech; s. o.) durchsetzten Sedimentgesteinen. Werden diese auch als Ölmuttergesteine bezeichneten Sedimente durch Druck oder seitlichen Schub gefaltet, wird das Bitumen zu flüssigem Erdöl mobilisiert und wandert vom Muttergestein über Poren und Spalten aufwärts in sog. Speichergesteine, meist Kalke, Dolomite oder grobporige Sandsteine. Werden solche Speichergesteine nach oben von undurchlässigen Deckschichten abgeschlossen (z. B. durch tonige Straten), so entwickeln sich sog. ›Erdölfallen‹. In ihnen kommt es zu einer schweremäßigen Differenzierung, indem das spezifisch leichte Erdgas in den obersten Teil der Synklinalstruktur entweicht, während das Erdöl seinerseits auf spezifisch schwererem Wasser schwimmt.

Alle wesentlichen Voraussetzungen für die Entstehung großer Erdöllager waren in der geologischen Entwicklung des vorderasiatischen Raumes nahezu idealtypisch gegeben: Iran zerfällt in 14 (MOSTOFI-FREI 1959) bzw. 15 (MOSTOFI-PARAN 1964) Sedimentbecken, von denen das erdölgeologisch wichtigste im SW des Landes liegt und Teil des mesopotamischen Synklinoriums ist. Wie bereits einleitend gesagt (vgl. Kap. II, Abschn.. 1.1), bildet das mesopotamische Geosynklinorium eine vom Paläozoikum (Perm) bis in das Miozän anhaltende ununterbrochene Abfolge überwiegend karbonatischer Sedimentgesteine von über 10 000 m Mächtigkeit (JAMES-WYND 1965, STÖCKLIN 1968). Innerhalb dieses überwiegend marinen Sedimentationstroges ist es im Zusammenhang mit der tertiären Orogenese des Zagros zu großräumigen Faltenstrukturen gekommen. Einzelne Antiklinalen und Synklinalen, teilweise bis 150 km lang und bis zu 15 km breit, entwickelten sich somit zu den oben genannten Erdölfallen. Das bei weitem wichtigste Speichergestein der innerhalb Irans von Naft-e-Shah bei Kermanshah bis an die Straße von Hormuz nachgewiesenen Erdöllager sind die Abfolgen der ca. 300 m mächtigen oligo-miozänen Asmariformation. Die zwar wenig porösen, aber stark zerklüfteten Kalke werden von den undurchlässigen Schichtenfolgen der Farsserie (Mergel, Salze, Anhydrite) überlagert und versiegelt, die ihrerseits von den Sedimenten der Bakhtiariformation, zumeist konglomeriertem Abtragungsschutt der Zagrosauffaltung, überdeckt werden (vgl. LEES–RICHARDSON 1940). Das lagerstättenkundlich heute uninteressante Muttergestein wird in mesozoischen Formationen vermutet (vgl. auch Karte 6 sowie Kap. V, Abschn. 5.1).

1. Geologischer Bau und orohydrographische Großgliederung

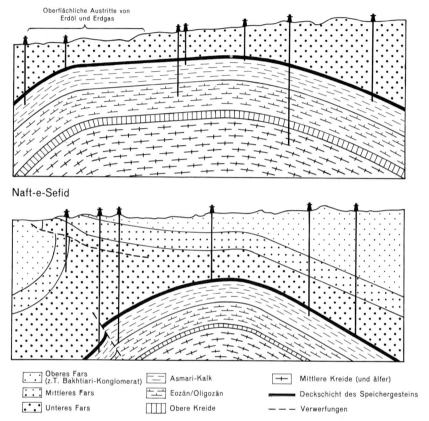

Abb. 12: *Geologische Profile durch Erdöllagerstätten von Khuzestan/SW-Iran* (verändert übernommen aus DJAZANI 1963).

Im Gegensatz zu den äußerst ergiebigen Vorkommen der sog. ›Agreement Area‹ (vgl. Kap. III, Abschn. 6.3) und der Offshorefelder des Persischen Golfs sind die übrigen Sedimentbecken Irans nur teilweise erdöl- oder erdgashöffig.

Sowohl in der Mughansteppe als auch bei Rasht am Kaspischen Meer und in der Turkmenensteppe an der Ostküste des Kaspi wurden abbauwürdige Vorkommen von Erdöl und insbesondere Erdgas erbohrt, bisher aber nicht ausgebeutet. Die Erdgasvorkommen, die bei Sarakhs im äußersten NE des Landes entdeckt wurden, gehören zu den größten Lagerstätten des Landes und sollen von 1979 an über eine Gaspipeline an das neue Kraftwerk Neka in Mazandaran und an den Ballungsraum Tehran angeschlossen werden. Letzterer wird bereits seit mehreren Jahren mit Erdöl und Erdgas aus den Feldern Alborz und Sarajeh, beide in der

Tab. 5: *Entwicklung der Förderung ausgewählter mineralischer Rohstoffe in Iran, 1960—1975*

Produkt	Einheit	1960	1965	1970	1973	1975
Rohöl	Mill. t	52	93	191	290	263
Erdgas	Mrd. cbm	7	14	29	48	45
Eisenerz	Tsd. t 60°Fe	58	59	14	1000	1079
Kohle	Tsd. t	230	274	380	1050	969
Kupfer	Tsd. t Metall	0,4	1	1	3	54
Blei	Tsd. t Metall	15	17	36	60	} 147
Zink	Tsd. t Metall	9	15	40	65	
Schwefel	Tsd. t	20	20	405	700	?

Angaben nach Bundesanstalt für Bodenforschung; Zahlen für 1975 nach Statistical Yearbook Iran 2536/1977; Tehran 1977.

Nähe von Qum, versorgt. Auch hier sind die öl- und gasführenden Schichten vor allem an Kalke oligo-miozänen Alters mit Sedimentauflagen von über 10000 m Mächtigkeit gebunden.

Faßt man den Überblick über das geologisch-lagerstättenkundlich bedingte Rohstoffpotential des Landes zusammen, so zeigt die Entwicklung in der Förderung mineralischer Rohstoffe in Iran zwischen 1960 und 1975 (Tab. 5) in den letzten Jahren eine beträchtliche Zunahme in der Palette bergbaulicher Aktivitäten, mehr noch aber den enormen Aufschwung in der Produktivität des Bergbaus. Während die derzeit bekannten Reserven an Erdöl und Erdgas auch für die nächsten beiden Jahrzehnte einen beträchtlichen Export erlauben und — unter welchen politischen Vorzeichen auch immer — als Grundlage der nationalen Entwicklungspläne dienen werden, sind für die Zukunft auch beträchtliche Verkaufserlöse aus der Ausfuhr von Kupfer, Blei, Zink, Chromiten und anderen Erzen zu erwarten. Hinsichtlich anderer Metalle wie auch zahlreicher nichtmetallischer Rohstoffe (Salz, Schwefel, Magnesit, Quarz, Kaolin u. a.) wird das Land zumindest importunabhängig werden können. Daß diese Ressourcen in Zukunft stärker als bisher zur Grundlage einer eigenen Industrialisierung gemacht werden können, beweisen die großen petrochemischen Komplexe von Bandar Shahpur — Bandar Mahshur — Abadan, das Stahlwerk von Isfahan, die allenthalben entstehenden Neugründungen von Zementfabriken und Erdölraffinerien, die Aluminiumhütte und die Maschinenfabriken von Arak und viele andere Aufbereitungs- und Nachfolgeindustrien, sofern sie sich ganz oder mehrheitlich in Händen iranischen Kapitals befinden (vgl. Kap. IV, Abschn. 2.4.4). Alle diese Entwicklungen und Zukunftsaussichten sind um so höher zu veranschlagen, als noch große Teile Irans geologisch unerforscht sind und für die Zukunft mit der Entdeckung weiterer abbauwürdiger Minerallagerstätten zu rechnen ist. Ihre rationale Nutzung könnte dem Bestreben nach nationaler Eigenständigkeit und Selbstbestimmung Nachdruck verleihen.

1.5. Erdbeben und verwandte Erscheinungen

Im Gegensatz zu den wirtschaftlich positiven Konsequenzen der geologischen Strukturen für die bergbauliche Nutzung abbauwürdiger Lagerstätten und damit für die Möglichkeiten der sozioökonomischen Entwicklung des Landes und seiner Bewohner bedeutet die Zugehörigkeit des Hochlandes von Iran und seiner Randgebiete zum tertiären Faltengebirgsgürtel auch eine Geißel: Iran ist eines der Länder mit der größten Erdbebenhäufigkeit auf der Erde. Die Meldungen von verheerenden Erdbeben mit Tausenden von Toten haben in den letzten Jahren mehrfach das Interesse der Weltöffentlichkeit auf Iran gelenkt. Allein seit dem Zweiten Weltkrieg haben folgende schwere Erdbeben das Land heimgesucht:

1950:	Erdbeben am Persischen Golf, weitgehende Zerstörung der Stadt Bushire: mehrere hundert Tote;
12. 2. 1953:	schweres Beben bei Torud, etwa 320 km östlich von Tehran: über 900 Tote;
7. 7. 1957:	Sangechalbeben, etwa 120 km östlich von Tehran im Alborz: etwa 1000 Tote;
13. 12. 1957:	Provinz Hamadan, etwa 50 km südwestlich der Stadt Hamadan: 1200 bis 1800 Tote;
24. 1. 1961:	Stadt Lar im östlichen Zagros weitgehend zerstört: über 400 Tote;
1. 9. 1962:	Buinerdbeben, etwa 150 km westlich von Tehran und südlich der Stadt Kazvin: über 12 000 Tote;
31. 8./1. 9. 1968:	Dasht-e-Biaz/Firdauserdbeben im südöstlichen Khorassan: über 12 000 Tote;
30. 7. 1970:	Karnaveherdbeben in der Turkmenensteppe bei Gonbad Qabus: 200 bis 250 Tote;
10. 4. 1972:	Erdbeben bei Ghir (Fars) im östlichen Zagros: über 5000 Tote;
20./21. 12. 1977:	Erdbeben bei Kerman/Zentraliran: über 600 Tote;
16. 9. 1978:	Erdbeben mit Epizentrum Tabas/Khorassan: ca. 25 000 Tote;
16. 1. 1979:	Erdbeben bei Qain/Khorassan: über 1000 Tote.

Da solche verheerenden Beben begleitet werden von meist unermeßlichen Schäden an Gebäuden und Verkehrswegen, an Bewässerungseinrichtungen und dementsprechenden Verlusten der Vieh- und Landwirtschaft, sind erhebliche Anstrengungen unternommen worden, Ursachen der Erdbebentätigkeit und Möglichkeiten ihrer Vorhersage zu erforschen. Die Zahl entsprechender Untersuchungen ist vor allem in den letzten Jahren sprunghaft angestiegen, wobei für einzelne Teile des Landes auch historische Rekonstruktionsversuche bis in vorchristliche Zeit versucht wurden (AMBRASEYS 1968, 1974, BERBERIAN 1976, 1977, GANSSER 1969).

Die kartographische Erfassung der im 20. Jh. registrierten Erdbebentätigkeit weist eine eindeutige Konzentration der seismischen Aktivitäten auf die tertiären Gebirgsränder des Hochlandes aus (vgl. Karte 1). Sowohl an den beiden Flanken des Alborz wie auch in dessen östlicher Fortsetzung, dem großen Grabensystem Khorassans, sind Erdbeben allenthalben und regelmäßig auftretende Erscheinungen, wobei indes die Zahl zerstörerischer Starkbeben nur einen kleinen Prozentteil aller registrierten Erdstöße ausmacht. Ähnliches gilt für das zweite große Verbreitungsgebiet, den Zagros und dessen Vorländer. Besonders gefährdet sind hier der südwestliche Teil des Gebirgssystems und die Randketten zum Persischen Golf. Zur Erdbebenprovinz des Zagros gehört zweifellos auch das Häufungsgebiet von meist schweren Beben bei Hamadan. Auf dem Hochland von Iran fällt vor allem der Lutblock als Epizentrum heraus, wobei insbesondere das schwere Beben von Tabas vom September 1978 mit seinen auf etwa 25 000 Tote geschätzten Verlusten an Menschenleben und der fast völligen Zerstörung der Stadt Tabas das überhaupt schwerste Erdbeben Irans in der Nachkriegszeit bedeutet.

Die geologischen und geophysikalischen Ursachen der starken seismischen Unruhe in Iran liegen vor allem in den bis heute anhaltenden beträchtlichen Horizontal- und Vertikalverschiebungen der Erdkruste entlang von Verwerfungen und Bruchzonen. Nach GANSSER (1969) sind dabei weniger die langsam sich vollziehenden Deformationen der Erdkruste als vielmehr plötzliche und ruckartige Freisetzung von Spannungen im Erdinneren Ursache der katastrophalen Erdbeben. Als Beispiel für diese These führt er die über 700 km lange und durch starke Vertikalbewegungen gekennzeichnete Dorunehverwerfung an, deren bis in die Gegenwart anhaltende Aktivität durch geomorphologisch und seismisch nachweisbare Scherbewegungen beiderseits der Verwerfungslinie bekannt ist (vgl. TCHALENKO–BERBERIAN–BEHZADI 1973), die aber kaum als Epizentrum zerstörerischer Erdbeben in Betracht komme. Umgekehrt sei das verheerende Dasht-e-Biaz-Beben des Jahres 1968 (vgl. AMBRASEYS–TCHALENKO 1969) im Zentrum des Lutblocks und damit eines der tektonisch stabilsten Gebiete Irans erfolgt, wobei die Stabilität des Lutblocks die sich akkumulierenden Spannungen nicht abbauen konnte, so daß sie sich in einer plötzlichen Dislokation mit zahlreichen Nachbeben entladen habe.

Ob eine solche Deutung für die Mehrzahl der iranischen Erdbeben zutrifft, mag bezweifelt werden (vgl. auch TCHALENKO–BERBERIAN–BEHZADI 1973, NIAZI 1969). Tatsache ist, daß das Hochland von Iran und seine Randzonen von einer Vielzahl aktiver Verwerfungszonen und tektonischer Schwächelinien durchzogen wird (WELLMANN 1965). Die Erfassung der Hauptverwerfungslinien, häufig gebunden an beträchtliche Schwankungen und Unterschiede in der Mächtigkeit der Erdkruste (vgl. AKASCHEH 1972, 1975; AKASCHEH–NASSERI 1972), sowie die Auswertung der Erdbeben der letzten Jahre und Jahrzehnte haben die Auffassung von der plattentektonischen Anlage Irans erhärtet. Dies gilt insbesondere für den Bereich des Zagros, dessen Genese auch von NOWROOZI (1971) als Konsequenz der

Kollision von Arabischem Schild und dem Iranischen Plateau angesehen wird und den er (ebda, S. 325) wegen der anhaltenden Unterwanderung durch die Arabische Plattform als ›the most active seismic zone in Persia‹ anspricht. Hier wie auch für andere Teile des Landes werden die anhaltende Subsidenz und damit verbundene Vertikalbewegungen von Teilen der Erdkruste (FALCON 1967, NOWROOZI 1972) als letztliche Ursachen der starken Seismik angesehen.

Daß die Erdkruste in weiten Teilen des Landes bis heute nicht zur Ruhe gekommen ist, beweisen — neben den vielfältigen, geomorphologisch wahrnehmbaren horizontalen und vertikalen Verwerfungen, Klüften und Spalten an der Erdoberfläche (vgl. MOHAJER–ASHJAI 1974) und neben den bereits genannten vulkanischen Erscheinungen und der starken Seismik — vor allem auch geothermische Erscheinungen, wie Thermal- und Mineralquellen. Nach dem Vorhergehenden ist nicht verwunderlich, daß deren Großteil im Bereich der junggefalteten Hochgebirge und hier insbesondere in der Nähe der großen Vulkane des Landes liegt. Berühmte Vorkommen sind die Thermal- und Mineralquellen von Ab-Ali bei Tehran, die warmen Quellaustritte am Fuße des Demavend bei Ask und Ab-Garm im Haraztal oder die von Ramsar im kaspischen Tiefland. Die größte Verbreitung erreichen Thermen indes im Bereich des Kuh-i-Savelan in Azerbaijan, wo zudem mit 82° die höchsten Wassertemperaturen in iranischen Thermalquellen registriert wurden. Weitere Verbreitungsgebiete sind Teile des Alborz (WNW von Tehran), der Umkreis des Vulkans Bazman Kuh in Baluchistan sowie der Zagros. Ein berühmtes, auch archäologisch höchst interessantes Beispiel für den Zusammenhang von mineralisch-thermischer Quelltätigkeit, Schlammvulkanismus und junger Tektonik ist das durch große Travertinvorkommen gekennzeichnete Gebiet des Takht- und Zendan-i-Sulaiman (DAMM 1968) in Nordwestiran.

2. KLIMA UND WASSERHAUSHALT

Die bereits in der Einleitung genannte Zugehörigkeit Irans zum Trockengürtel der Alten Welt ist das bestimmende Kriterium für die klimatische Ausstattung des Landes sowie für den Witterungsablauf in seinen verschiedenen Teilen. Die aus der Lage im planetarischen Zirkulationssystem resultierende Aridität und Wüstenhaftigkeit des Landes wird durch das zweite Lageprinzip, nämlich die Zugehörigkeit zum Faltengebirgsgürtel, noch erhöht bzw. differenziert. Einerseits verhindern die Randgebirge den Zustrom mediterraner oder kaspischer Feuchtluft zum Hochland von Iran weitgehend und tragen damit zu der extremen Trockenheit weiter Teile Zentralirans bei. Andererseits empfangen die Außenflanken der Gebirge z. T. beträchtliche Niederschlagsmengen, so daß sie sich von der Naturausstattung her und in den Formen menschlicher Inwertsetzung und Nutzung grundlegend vom Hochland unterscheiden.

2.1. Witterung und Klima

Aussagen über Witterung, verstanden als der Wetterzustand einer zumeist auf wenige Tage oder Wochen bemessenen Zeitspanne, und Klima, definiert als der jährliche Ablauf der Witterung unter Berücksichtigung des durchschnittlichen Zustandes der Witterungselemente und ihrer Schwankungen, setzen detaillierte und langjährige meteorologische Beobachtungen eines möglichst dichten Netzes von Klimastationen voraus. Da die Beobachtungen des staatlichen Wetterdienstes von Iran erst seit dem Jahre 1956 publiziert werden und ein den internationalen Konventionen entsprechendes Netz an synoptischen Beobachtungsstationen erst seit etwa der gleichen Zeit eingerichtet wurde, liegen uns detaillierte Daten für viele Teile des Landes erst für 15 bis 20 Jahre vor. Wesentlichste Informationsquelle sind die seit 1956 jährlich erscheinenden ›Meteorological Yearbooks‹. Aufgrund dieser Beobachtungen sowie mehr oder weniger regelmäßiger älterer Meßdaten erschien bereits 1968 der von H. Ganji herausgegebene ›Climatic Atlas of Iran‹, der immerhin für seine Temperatur- und Niederschlagskarten trotz nur 20jähriger Datenreihen (statt 30 Jahren) ›standard periods‹ beansprucht. Ganji (1960, 1968) verdanken wir auch die bisher einzigen und z. T. notgedrungen vereinfachten Übersichtsdarstellungen des Klimas Irans (vgl. auch Adle 1960).

2.1.1. Großwetterlagen und Luftdruckverteilung als Steuerungsgrößen von Witterung und Klima

Sucht man die Zuordnung Irans im Rahmen gängiger Klimaeinteilungen der Erde, so zeigt sich, daß der weitaus größte Teil des Landes bei der Köppenschen Klimaklassifikation dem BS- bzw. BW-Klima, d. h. dem trockenen Steppen- bzw. Wüstenklima zuzurechnen ist. Je nach Lage diesseits oder jenseits der 18°-C-Jahresisotherme lassen sich das Hochland von Iran und seine südlichen Küstengebiete noch in das kältere BSk- bzw. BWk-Klima und in das wärmere BSh- bzw. BWh-Klima untergliedern. Lediglich die Hochgebirgsräume von Alborz und Zagros gehören nach Köppen zum sommertrockenen und warmgemäßigten C-Klima (Csa). — Die differenziertere und auf der Verteilung von Humidität und Aridität sowie klimatischen Jahreszeiten basierende Klassifikation von Troll–Paffen (1964) ordnet Iran vor allem zwei Untergruppen der warmgemäßigten Subtropenzone zu: nämlich dem winterfeucht–sommerdürren Steppenklima (IV2), das den weitaus größten Teil des Landes kennzeichnet, sowie dem Halbwüsten- und Wüstenklima (IV5), das insbesondere für die großen Binnenbecken des Hochlandes von Iran typisch ist. Auch bei Troll-Paffen fällt der Zagros mit seiner dem Klimatyp IV1, d. h. dem winterfeucht–sommertrockenen Mediterranklima zugeordneten Sonderstellung heraus.

Im System der natürlichen Luftdruck- und Windgürtel der Erde liegt Iran an der Nahtstelle zwischen der sommerlichen Vorherrschaft der Nordostpassate und der winterlichen Dominanz regenbringender ektropischer Westwinde. Die klimatischen Auswirkungen dieser durch die jahreszeitlichen Verlagerungen der Luftdruckgürtel auf der Nordhemisphäre bedingten Rhythmik werden allerdings durch die Reliefgegebenheiten sowie durch die Verteilung von Land und Wasser erheblich beeinflußt und modifiziert. Im Winter ist es vor allem der Gegensatz zwischen kontinentaler sibirisch-zentral-asiatischer Kaltluft und den nicht eben seltenen Vorstößen feuchtwarmer mediterraner Luftmassen, die den Witterungsablauf des Landes prägen und bestimmen. Er wird differenziert durch die lokale Ausbildung von Hochdruckgebieten über dem winterkalten nördlichen Hochland von Iran (1204 mb) und Wärmetiefs über dem Kaspischen Meer im N (1018 mb) bzw. an der Golfküste in Laristan (1016 mb). Dieser für Iran typische N-S-Luftdruckgegensatz wird im Sommer noch verstärkt durch den Aufbau eines kräftigen lokalen Hochdruckgebietes über dem relativ ›kühlen‹ Kaspischen Meer (1012 mb), während sich im S des Landes gleichzeitig eines der niedrigsten thermisch bedingten Tiefdruckgebiete auf der Erde (994 mb) entwickelt. So beherrschen ganzjährig mehr oder weniger ausgeprägte Luftdruckgegensätze zwischen N und S den Witterungsablauf und das Klima des Landes. Erste, angesichts der spärlichen Datenlage noch korrekturbedürftige Analysen über Häufigkeitsverteilung und Zugbahnen von Depressionen im iranischen Raum beweisen ›ein Netz von Zyklonenbahnen, die alle mit Bahnen von Westen her in Verbindung stehen‹ (WEICKMANN 1960, S. 35). Für Iran werden dabei insgesamt sechs Zugstraßen ausgeschieden, die ausnahmslos im Zusammenhang mit mediterraner Zyklogenese (vgl. WEICKMANN sen. 1922; BAUER 1935) stehen. Vor allem die von WEICKMANN jun. ausgeschiedenen Zyklonenstraßen 1a/b und 2b (vgl. Abb. 13) erweisen sich dabei als echte Niederschlagsbringer. Auf der Zugbahn 1 wandernde Tiefdruckgebiete greifen, nach Durchqueren der Senken von Rowanduz und der Gebirgspässe von Kermanshah, häufig auf das Hochland von Iran über. 1b-Zyklonen, im Frühjahr auf ihrer Ostwanderung durch ein quasistationäres Hoch über dem Kaspi blockiert, sind Ursache der kräftigen Frühjahrsniederschläge in Azerbaijan; 2b-Depressionen bewirken den Großteil der winterlichen Schnee- und Regenfälle im südlichen Alborzvorland sowie im gesamten Zagros. Ökologisch nicht unwichtig ist schließlich auch Zugbahn 3, die, aus der südlichen Mediterraneis kommend und über Mesopotamien sich regenerierend, den südlichen Zagros überstreicht, sich dort abregnet und von dort am Gebirgsrand des Zagros nach SW weiterdriftet. Sie ist in besonderem Maße für gelegentliche und in Abb. 84 dokumentierte Starkregen verantwortlich.

Die merkwürdig erscheinende Tatsache, daß die in einer 19monatigen Beobachtungsreihe der Jahre 1956 bis 1959 gewonnenen Kenntnisse über Häufigkeit und Wanderungsrichtung von Depressionen den extremen Trockenraum der Wüste Lut und SE-Afghanistans als absolutes Häufigkeitszentrum von Tiefdruckgebieten ausweisen, kennzeichnet ein besonderes Phänomen der zyklonalen

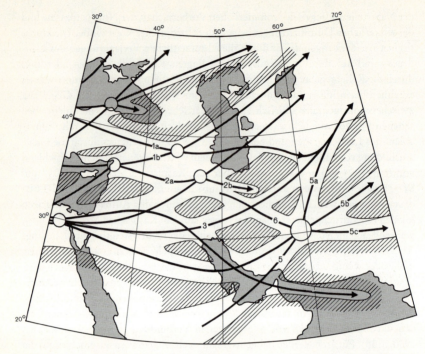

Abb. 13: Hauptsächliche Zugstraßen von Depressionen in Vorderasien (nach WEICKMANN 1960).

Tätigkeit im Mittleren Osten: ein Großteil der Tiefs sind ›degenerierte frontenlose Depressionen‹, d. h. genetisch, thermisch und hygrisch ihrer Umgebung gegenüber zwar andersartige, nicht aber durch ausgesprochene Grenzflächen unterschiedene Luftmassenkomplexe; oder aber es handelt sich um thermisch bedingte Tiefdruckgebiete mit nur begrenzter Ausdehnung. Begrenzte Ausdehnung und zeitliche Wirkungen haben auch zahlreiche aus der winterlichen Westwinddrift ausscherende Zyklonen, die an orographischen Hindernissen ›hängenbleiben‹ und somit in Becken z. T. lokalklimatisch wirksam werden können. Da sie meist ihrer Herkunft nach feuchtigkeitsbeladen sind, sind sie im Gegensatz zu den Trockenheit fördernden Hitzetiefs hygrisch bedeutsam. Nach Abgabe ihrer Feuchtigkeit werden sie im Lee der Gebirge meist wieder in die allgemeine Westwinddrift eingebaut und sind somit schnellem Wandel unterworfen.

In den Sommermonaten liegen das gesamte Hochland von Iran und seine Randgebiete im Einfluß einer beständig wehenden Passatströmung aus nordöstlicher Richtung. Ihrer Eigenschaft als Ausgleichsströmung zwischen den Hochdruckgebieten der Roßbreiten und der äquatorialen Tiefdruckrinne entsprechend wärmen sich die Luftmassen auf ihrer äquatorwärtigen Wanderung auf und sind damit von Natur aus sehr trocken. Die extreme Trockenheit der Iran überwehenden Passate wird noch begünstigt durch die Tatsache, daß die Winde aus dem trockenheißen Zentralasien heraus wehen und dabei an keiner Stelle Feuchtigkeit aufnehmen können. Lediglich die das Kaspische Meer überstreichenden Luftmassen nehmen so viel Feuchtigkeit auf, daß sie als Ursache der ganzjährig hohen Luftfeuchtigkeit und der auch im Sommer nicht unbeträchtlichen Niederschläge im südkaspischen Tiefland zu gelten haben.

Für den extrem SE des Landes ist sogar von einer monsunalen Beeinflussung des Witterungs- und Klimageschehens auszugehen. Wenn auch die bisherigen Beobachtungs- und Meßreihen nicht ausreichen, Ausmaß und Wirkung der Sommermonsune genau zu erfassen, so sind in den Provinzen Sistan, Baluchistan, Kerman und in der Golfregion doch gelegentlich auftretende sommerliche Niederschläge — häufig in der Form von kurzen, aber kräftigen Starkregen — eindeutiger Hinweis auf monsunale Fernwirkungen.

Das insgesamt klar gegliederte und großräumig gesteuerte Verteilungsbild der Luftdruckverteilung erfährt durch *lokale Windsysteme* gewisse Modifikationen. Unter der Vielzahl lokaler und regionaler Winde ragen zum einen reliefbedingte Hang- und Talwinde, zum anderen räumlich begrenzte Land- und Seewindsysteme hervor. An Gebirge gebundene Fallwinde kommen vor allem an den Rändern von Alborz und Zagros vor. Als warme und austrocknende föhnähnliche Fallwinde bringen sie besonders dem kaspischen Tiefland, aber auch Khuzestan und Teilen der Golfküste gelegentliche Unterbrechungen der überwiegenden Schwüle. Während sie in Khuzestan z. B. die Ursache oft gefährlicher Fröste und Schäden an den subtropischen Zuckerrohrkulturen sind, richten sie auf dem Hochland vor allem wegen der großen Windgeschwindigkeiten Schäden an. Dies gilt insbesondere für solche Alborzpässe, deren Höhen im Bereich der zwischen 2000 m und 2500 m schwankenden Luftmassengrenze von trockener Hochlandsluft und feuchter Kaspiluft liegen. Besonders im oberen Sefid-Rud-Tal bei Manjil sowie im Talartal bei Gaduk/Firuzkuh überlagern sich lokale und großräumige Windsysteme, erfahren durch die Kanalisierung des Luftmassenaustausches in den engen Alborztälern eine extreme Geschwindigkeitszunahme und brechen dadurch mit oftmals vehementer Gewalt auf das Hochland von Iran ein.

Unter den lokalen bzw. regionalen Windsystemen ragen zwei besonders hervor, die in Iran wegen ihrer Stetigkeit und Regelmäßigkeit ›Wind der 120 Tage‹ bzw. wegen ihrer nördlichen Herkunft als ›Shomal‹ bezeichnet werden. Beide sind als sommerliche Ausgleichsströmungen zu dem extremen Tiefdruck über dem Golf und dem Industiefland zu verstehen. Der während der Sommermonate besonders kräftig ausgeprägte Shomal kommt überwiegend aus NW-Richtung und bestreicht, über Mesopotamien hinwegwehend, die Nordküsten der Golfregionen. Der im östlichen Khorassan, in Sistan und in Teilen der Lut, aber auch im nördlichen Hochland von Iran verbreitete ›Wind der 120 Tage‹ ist ebenfalls durch eine überwiegende NW-Richtung gekennzeichnet und weht mit besonderer Konstanz von etwa Mitte Mai bis September. Wenn die gleiche 120-Tage-Kennzeichnung auch gelegentlich anderen lokalen Windsystemen auf dem Hochland selbst zugeordnet wird, so ist das Hauptverbreitungsgebiet dieses markanten Windsystems dennoch eindeutig auf den E bzw. SE des Landes beschränkt. Unter den ansonsten wenig bedeutsamen Land-Seewinden Irans spielt, quasi als winterliches Gegenstück zum Shomal, in Khuzestan ein aus südlicher Richtung aus Arabien wehender Golfwind eine gewisse Rolle. Ursprünglich ein heißer, trockener, mit Staub und Sand beladener Wüstenwind, nimmt er beim Überstreichen des Persischen Golfes erhebliche Feuchtigkeitsmengen auf und bewirkt durch die Kombination von feinem Staub und hoher Feuchtigkeit für Khuzestan und das Zagrosvorland ausgesprochen ungünstige Witterungsbedingungen.

Ein letztes, allerdings sehr charakteristisches Kennzeichen kleinräumiger Luftdruckgegensätze sind die in den Sommermonaten überall und täglich das Hochland prägenden Staubtromben (›dust devils‹). Sie entstehen dort, wo an der Erdoberfläche kleinräumige Hitzekontraste, z. B. durch lokal starke Erwärmung von nacktem Gestein, vorkommen. Die manchmal nur wenige Meter Durchmesser zählenden Schlotströmungen reißen dabei Sand und Staub in einen oftmals mehrere hundert Meter hohen Wirbel (Windhose) hoch und wandern über meist geringe Entfernungen, bis sie sich selbst auflösen oder an orographischen Hindernissen ›zerschellen‹. Besonders im ariden Hochland zählen sie im Sommer zu den typischen Klimaerscheinungen und sind allenthalben verbreitet.

2.1.2. Temperatur- und Niederschlagsverhältnisse

Die Lage Irans im Spannungsfeld zwischen der ›subtropischen, passatbestimmten saharisch-arabischen Hälfte des Wüstengürtels‹ der Alten Welt einerseits und der ›turkestanisch-zentralasiatischen, die der gemäßigten Zone angehört‹ (BOBEK 1952, S. 65), andererseits sind für die Ausprägung der Temperatur- und besonders der Niederschlagsverhältnisse Irans von großer Bedeutung. Eine entscheidende regionale Differenzierung erfahren beide Klimafaktoren allerdings durch die Reliefverhältnisse. BOBEK (ebd.) vermerkt zu Recht, daß, wenn Zagros und Alborz nicht das allgemeine Zirkulationssystem stören und feuchtigkeitsbeladene Winde zum Abregnen zwingen würden, die beiden oben genannten ›Wüstenräume unmerklich ineinander verfließen‹ würden, und auch Kaspisches Meer wie Persischer Golf ›würden die Ödeneien nicht beleben können‹.

Der Versuch, die Mittelwerte der Temperatur für das gesamte Land zu erfassen, zeigt — in Anpassung an planetarische und hypsometrische Lage der verschiedenen Teile des Landes — eine generelle NW-SE-Richtung der Zunahme der durchschnittlichen Temperaturmittel. Während Azerbaijan zu einem großen Teil durch Jahresmittelwerte von etwa 10°C geprägt ist, liegen die Durchschnittstemperaturen für das Hochland von Iran durchweg zwischen 15° und 20°C. Der ge-

2. Klima und Wasserhaushalt

Tab. 6: Temperatur- und Niederschlagsdaten für die in Karte 3 erfaßten Klimastationen, 1956–1971

| Station | Lage | Höhenlage (m) | Temperaturen ||||| Abs. Maximum (°C) | Abs. Minimum (°C) | Niederschlagsmittel (mm) |
||||Durchschnittswert (°C) |||||||
			J	A	J	O	Jahr			
Tabriz	38° 08' N 46° 15' E	1362	−1,7	10,6	25,4	13,8	12,2	41,5	−25,4	329,6
Kermanshah	35° 19' N 47° 07' E	1322	2,0	11,8	26,9	15,6	13,9	44,2	−21,4	470,6
Ramsar	36° 54' N 50° 40' E	−8	8,0	12,6	24,7	17,9	15,9	36,0	−10,3	1197,4
Tehran	35° 41' N 51° 19' E	1191	3,3	15,2	29,5	18,2	16,7	42,5	−14,8	203,3
Mashhad	36° 16' N 59° 38' E	985	1,5	13,6	25,8	13,6	13,7	43,2	−25,0	220,9
Isfahan	32° 37' N 51° 40' E	1584	3,2	15,0	28,7	16,6	16,0	42,0	−16,0	98,6
Kerman	30° 15' N 57° 58' E	1749	3,8	15,9	26,6	15,5	15,6	40,4	−24,8	154,9
Zahidan	29° 28' N 60° 35' E	1370	6,7	19,3	28,1	17,8	18,0	41,0	−14,0	111,1
Bandar Abbas	27° 11' N 56° 17' E	9	18,5	26,3	34,6	30,0	27,4	46,5	0,0	135,8
Abadan	30° 22' N 48° 15' E	3	13,0	24,3	35,9	26,2	25,1	56,0	−5,0	108,8

Quelle: Meteorological Yearbooks 1956—1971.

samte Golfküstenbereich weist demgegenüber Jahresdurchschnitte von über 25° C auf; die höchsten jährlichen Mittelwerte mit annähernd 30° C werden in SE-Iran (Station Iranshahr) erreicht.

In vielerlei Hinsicht aussagekräftiger als die Jahresmittelwerte sind, insbesondere für Fragen landwirtschaftlicher Nutzung, die monatlichen Durchschnittsmittel sowie die Extremwerte der Temperaturen. Während die Monatsmittel annähernd aus den zehn der Karte 3 beigefügten Klimadiagrammen entnommen werden können, werden in Tab. 6 für die in Karte 3 erfaßten Stationen und für den Zeitraum 1956—1971 charakteristische Zusatzwerte erfaßt.

Heiße Sommer und z. T. extrem kalte Winter mit entsprechend weiten Amplituden der extremen Jahresmaxima und -minima prägen das Hochlandklima. So sind mittlere Jahresschwankungen von 20° C und mehr (Tabriz z. B.: —1,7° C im Januar; 25,4° C im Juli) für viele Stationen des Hochlandes üblich. Extrema können gar jährliche Temperaturunterschiede von 50—60° C bewirken, wobei in einzelnen geschlossenen Beckenräumen winterliche Minima von —25° C und mehr sowie sommerliche Maxima von über 40° C oftmals tage- oder wochenlang auftreten können. Dies gilt insbesondere für die gebirgigen Randsäume des NW und W: Azerbaijan (Tabriz, Khoi, Miyanduab) sowie der zentrale Zagros (Shahr Kurd) sind die winterlichen Kältepole Irans! In den Sommermonaten werden, unter dem Einfluß trockenheißer Winde, allenthalben extrem hohe und im Durchschnitt des Juli als dem wärmsten Monat über 26° C liegende Temperaturmittel erreicht. Im kaspischen Tiefland (Tab. 6: Station Ramsar) liegen die Julidurchschnitte zwar insgesamt etwas tiefer als im kontinental geprägten Hochland von Iran, bewirken dafür aber durch extrem hohe Luftfeuchtigkeiten unangenehme Schwüle. Ähnliches gilt in verstärktem Maße für die Küstenabschnitte des Persischen Golfs. Wie das Beispiel der beiden Golfstationen Bandar Abbas und Abadan (Tab. 6) belegt, liegen hier die Durchschnittstemperaturen des Juli um 35° C, erfahren zudem aber durch die permanente Zufuhr feuchter Meeresluft einen so großen Schwülegrad, daß — wo immer möglich — die Bevölkerung der Küstengebiete ihre Siedlungsplätze verläßt und sich für die Sommermonate in die kühleren Gebirgsregionen zurückzieht. Ähnliches gilt übrigens für weite Teile des kaspischen Tieflandes, für die Umrandung der Wüste Lut sowie für Baluchistan, das, mit dem Zentrum um das Jaz Murian gelegen, als der sommerheißeste Teil des Landes gilt.

Eine ähnliche Zonierung wie der Temperaturgang weist auch das Niederschlagsregime in Iran auf: W, NW und N erweisen sich dabei sowohl im Jahresmittel als auch in der jahreszeitlichen Verteilung der Niederschläge als ausgesprochen bevorzugte Gunsträume, während das im Regenschatten der Randgebirge gelegene Hochland von Iran stark benachteiligt ist. Für Iran heißt dies konkret, daß überdurchschnittlich hohe Niederschläge vor allem dort zu registrieren sind, wo feuchtigkeitsbeladene Winde oder Luftmassen auf Gebirge oder einzelne Hochgebirgsmassive stoßen und dort zum Abregnen gezwungen werden. So sind

Nordflanke und nördliches Vorland des Alborz sowie die Westabdachung des Zagros bevorzugte Niederschlagsempfänger.

Das mit Abstand niederschlagsreichste Gebiet des Landes ist das südkaspische Tiefland. Durch Alborz und Taleshgebirge werden die extrem feuchten kaspischen NE-Winde an den steil aufragenden Nordflanken der Gebirge gestaut und zur Abgabe ihrer Feuchtigkeit gezwungen. Angesichts der vorherrschenden NE-Richtung der Passate werden dabei im SW-Teil des Tieflandes, d. h. im Kernraum der Provinz Gilan und in Talesh, die höchsten Niederschlagssummen Irans überhaupt erreicht. So erhält Bandar Pahlavi im langjährigen Mittel nahezu 2000 mm Niederschlag (1956—1970), während das nur etwa 30 km landeinwärts gelegene Rasht bereits 200—300 mm weniger Niederschlag erhält. Nach E zu nehmen die Niederschläge gemäß der geringeren Feuchtigkeitsaufnahme der nach SW über den Kaspi streichenden Luftmassen ab: Ramsar empfängt noch etwa 1200 mm Niederschlag, Babolsar 807 mm und Gorgan nur etwa 700 mm. Ganz allgemein gilt, daß der unmittelbare Küstensaum sowie die Gebirgsflanken besonders niederschlagsbegünstigt sind. In etwa 2000 m Höhe werden die feuchten Luftmassen von trockener Hochlandsluft überlagert: ein ebenso stabiles wie ökologisch ausgeprägtes Kondensationsniveau markiert diese Luftmassengrenze (vgl. Abb. 62).

Ähnlich begünstigt wie Alborznordflanke und südkaspisches Tiefland sind die Außenflanken und Höhenregionen des Zagros, der winterlichen Westwinddrift und mediterranen Zyklonen ausgesetzt. Sie bewirken spätherbstlich-winterliche Niederschläge, die sich im langjährigen Durchschnitt auf etwa 500—600 mm belaufen. Sehr viel stärker als im N treten hier jedoch expositionsbedingte Unterschiede in Erscheinung: die Westflanken der Gebirge erhalten ungleich mehr Niederschläge als die im Regenschatten liegenden Ostflanken und Becken. Hinzu kommt eine schnelle Abnahme der Niederschlagsmengen von W nach E: während Khurramabad im zentralen Zagros beispielsweise etwa 470 mm Niederschlag im langjährigen Mittel erhält, empfing das etwa 300 km entfernte und an der Abdachung des Zagros gelegene Isfahan im gleichen Zeitraum weniger als 100 mm Niederschlag (Tab. 6). Unter besonderen Voraussetzungen vermögen die mediterranen Winterregen katastrophale Ausmaße anzunehmen. Dies trifft besonders dann zu, wenn sie mit ausgeprägten Niederschlägen verbunden sind und die zyklonalen Starkregen so spät fallen, daß sie bereits mit der Schneeschmelze in den Hochgebirgen koinzidieren. Dann kann es nicht nur zu verheerenden Hochwässern in den engen Tälern des Zagros selbst, sondern im Gebirgsvorland und insbesondere im südlichen Khuzestan kommen (vgl. Abb. 84).

Relief- und expositionsbedingte Differenzierungen des Niederschlagsvolumens spielen eine besondere Rolle im zentralen Hochland von Iran, wo das Jahresmittel fast durchweg auf weniger als 200 mm, weithin sogar auf weniger als 100 mm absinkt. Als ökologische Gunsträume allerdings meist nur beschränkter Ausdehnung erweisen sich hier die Höhenregionen der das Hochland kammern-

Tab. 7: Niederschlagssummen und jahreszeitliche Verteilung der Niederschläge
für ausgewählte meteorologische Stationen, 1956—1971

Ort	Gesamtmenge mm	Winter (12—2)	Frühjahr (3—5)	Sommer (6—8)	Herbst (9—11)
			davon in %		
Kaspisches Tiefland:					
Ramsar	1197,4	22	16	14	48
Babolsar	828,0	33	15	12	40
Gorgan	692,3	26	30	15	29
Westiran/Zagros:					
Tabriz	329,6	25	48	8	19
Khurramabad	511,0	42	41	—	17
Shiraz	284,5	64	24	—	12
Zentraliran:					
Kerman	154,9	49	42	2	7
Tabas (1960—1971)	71,8	46	48	—	6
Zahidan	111,1	59	32	4	5
Golfküste:					
Abadan	108,8	53	30	—	27
Bushire	203,7	68	12	—	20
Bandar Abbas	135,8	72	8	—	12

Quelle: Meteorological Yearbooks 1956—1971.

den Hochgebirge sowie deren unmittelbare Vorländer. Die im Winter häufig in Form von Schnee fallenden Niederschläge gelangen im Frühjahr als Schmelzwasser oder als Grundwasser durch die Qanate auf die Felder. Als solche sind sie von besonderer Bedeutung für den gesamten gebirgigen N und W Irans, die als die Hauptverbreitungsgebiete eines auf Wintergetreide basierenden Regenfeldbaus gelten.

Die jahreszeitliche Verteilung der Niederschläge beweist, daß, mit Ausnahme des südkaspischen Tieflandes, letztlich alle Teile Irans hygrisch unter dem Einfluß eines mediterranen Winterregenregimes stehen. Das gesamte Hochland von Iran, der Zagros und die Golfküste erhalten mindestens zwei Drittel, z. T. sogar bis zu 80 % und mehr ihres Jahresniederschlags im Spätwinter und frühen Frühjahr. Das ganzjährig stark beregnete südkaspische Tiefland verzeichnet demgegenüber seine Niederschlagsmaxima im Herbst, wobei das bereits genannte spätsommerliche thermische Tief über Mesopotamien und Persischem Golf eine entscheidende Rolle als Ursache der südwärts gerichteten Ausgleichsströmungen spielt. Der Sommer ist in allen Teilen Irans die absolut und relativ niederschlagsärmste Zeit (vgl. Tab. 7).

Sieht man vom Sonderfall des südkaspischen Tieflandes ab, so erhalten reliefbedingt die Höhenregionen von Alborz und Zagros, aber auch der zentralpersischen Gebirge im Hochland selbst den meisten Niederschlag. Da das Gros der Niederschläge in Form von Schnee fällt, sind die Gipfelregionen der genannten Gebirge manchmal schon im Oktober, mit Sicherheit aber im November von einer bis Februar oder März anwachsenden Schneedecke überzogen, die häufig bis spät in das Frühjahr erhalten bleibt. In großen Höhen und an besonders exponierten Stellen bleiben Schneeflecken und Firnfelder ganzjährig liegen.

2.1.3. Humidität und Aridität

Das im wesentlichen durch den Zusammenhang von Temperatur und Niederschlag gekennzeichnete Problem der mehr feuchten oder mehr trockenen Ausprägung des Klimas, der Humidität bzw. Aridität des Landes, ist für Iran von besonderer Bedeutung. Wie bereits mehrfach angedeutet, ist der weitaus größte Teil des Landes durch eine extreme Aridität, d. h. durch erheblich höhere Verdunstungs- als Niederschlagsbeträge, gekennzeichnet. Als humid, d. h. als Gebiete mit einem Niederschlagsüberschuß, können lediglich die Küstenlandschaften an der Südküste des Kaspischen Meeres bezeichnet werden. Diese grobe Kennzeichnung bedarf allerdings insofern einer weiteren Differenzierung, als zwischen Niederschlagsüberschuß bzw. Niederschlagsdefizit im Jahresmittel und auf monatlicher Basis unterschieden werden muß.

Der von mehreren amerikanischen Klimatologen vorgelegte Versuch, Niederschlagsüberschuß bzw. -mangel für SW-Asien zu ermitteln und kartographisch darzustellen, ist in Abb. 14 erfaßt. Dabei zeigt sich, daß der gesamte NW des Landes sowie die beiden Hochgebirgszüge von Alborz und Zagros zu den im Jahresdurchschnitt humiden und damit hygroklimatisch bevorzugten Gebieten gehören. Aber nicht nur in der offensichtlichen Begünstigung der großen Massenerhebungen, sondern mehr noch in der deutlichen Sonderstellung der kleineren Gebirgsmassive Khorassans und Zentralirans (Abb. 14) kommt der enge Zusammenhang von Hochgebirgsrelief und Niederschlagsüberschuß zutage. Wenn diese auf Grundlage der Gesamtbilanz der Jahresmittel von Temperatur und Niederschlag berechneten Überschüsse insgesamt auch gering sind und allein aus dem beträchtlichen Wasserüberschuß der Wintermonate resultieren, so sind sie dennoch für die schon erwähnte und später noch ausführlicher darzustellende Landwirtschaft (Kap. IV, Abschn. 2.2.2) von größter Bedeutung.

Nach dem zuvor Gesagten verwundert nicht, daß weite Teile des zentralen Hochlandes von Iran sowie der gesamte Golfküstenbereich unter extremem Niederschlagsdefizit leiden. Der in Abb. 14 gesondert erfaßte Bereich mit einem Niederschlagsdefizit von mehr als 800 mm kann noch dahingehend differenziert werden, daß aufgrund vereinzelter Verdunstungsmessungen in Khuzestan z. B.

Evaporationsbeträge von über 2660 mm (EHLERS 1975, S. 15) und in der hyperariden Wüste Lut sogar solche von mehr als 5000 mm (KARDAVANI 1977, S. 117) registriert wurden. Weite Gebiete Zentralirans und der Golfküste dürften Verdunstungsraten von über 3000 mm/Jahr haben: in ihnen ist Siedlung und landwirtschaftliche Nutzung allein auf der Grundlage von Bewässerung möglich.

Vergleicht man die Gesamtdarstellung Irans mit der zeitlich und räumlich differenzierten Darstellung einzelner Teile des Landes (Klimadiagramme in Karten 3 und 4), dann zeigt sich, daß, mit Ausnahme des äußersten SE-Winkels des Kaspischen Meeres vielleicht, letzten Endes kein Gebiet Irans ganzjährig humid ist. Selbst die Station Ramsar weist — je nach der verwendeten Grenzniederschlagsformel — zwischen einem und drei aride Monate auf. Im übrigen aber bestätigt der Vergleich der Abb. 14 und der Karten 3 und 4 die generell von NW nach SE zunehmende Aridität und die Begünstigung der Bergländer. So weisen Stationen wie Hamadan, Kermanshah oder Tabriz zwar eine deutliche sommerliche Trockenheit auf, diese wird aber durch den winterlichen Niederschlagsüberschuß zu einer insgesamt positiven Bilanz ausgeglichen. Nach SE nehmen sowohl die Zahl der ariden Monate als auch das Ausmaß der Aridität schnell zu: Golfküstenstationen wie Abadan, Bushire, Bandar Abbas oder Chahbahar (Karte 4) haben — trotz der Kongruenz von winterlichem Niederschlagsmaximum und Temperaturminimum — keine oder höchstens ein bis drei humide Monate mit vernachlässigenswerten Niederschlagsüberschüssen. Im zentraliranischen Wüstengebiet (Karte 4: Stationen Yezd und Tabas) herrscht zwölfmonatige Aridität; andererseits wird auch hier der ökologisch bedeutsame Luv- und Lee-Effekt der Gebirge deutlich: Stationen wie Kerman oder Birjand, obwohl ähnlich wie die beiden zuvor genannten Orte im Wüstengebiet, aber an der ›Regenseite‹ hochaufragender Gebirgszüge gelegen, weisen immerhin mehrere humide Wintermonate auf.

2.1.4. Klimaprovinzen Irans — ein Versuch

Der Versuch, eine Einteilung Irans in verschiedene Klimaprovinzen vorzunehmen, muß angesichts des weitmaschigen Beobachtungsnetzes, der unterschiedlichen Meßdauer und Datenqualität sowie der weithin noch ungeklärten synoptischen Zusammenhänge unvollkommen und vorläufig bleiben. Der von BOBEK schon 1952 vorgelegte Versuch einer klimaökologischen Gliederung Irans, der auf der Auswertung eines äußerst spärlichen und unvollständigen meteorologischen Datenmaterials sowie auf floristischen Befunden basiert und der dennoch zu detaillierten und noch heute gültigen Differenzierungen gelangt, beinhaltet eine auf Jahreszeiten stärkster und zweitstärkster Niederschläge basierende Einteilung Irans in neun Niederschlagsprovinzen (1952, Abb. 2):

(1) kolchisch-kaspischer Typ: Herbst — Winter
(2) azerbaijanischer Typ: Herbst — Frühjahr

Abb. 14: Durchschnittlicher jährlicher Mangel bzw. Überschuß an Niederschlagswasser (zusammengefaßt nach BEAUMONT 1973 und BOWEN–JONES 1968, basierend auf THORNTHWAITE–MATHER–CARTER 1958).

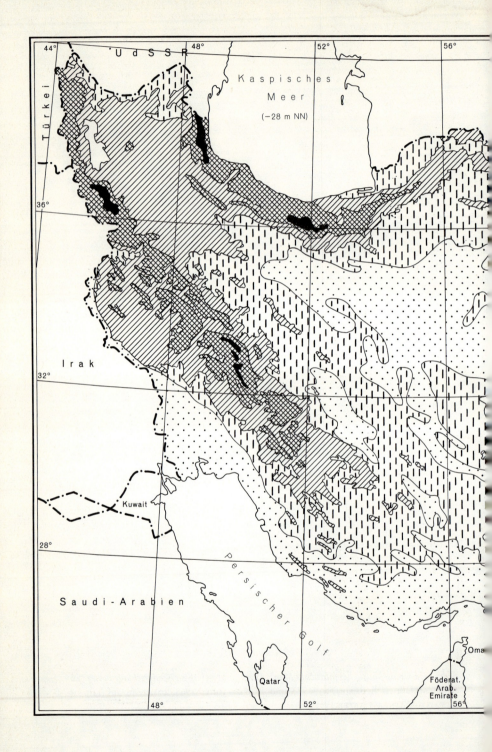

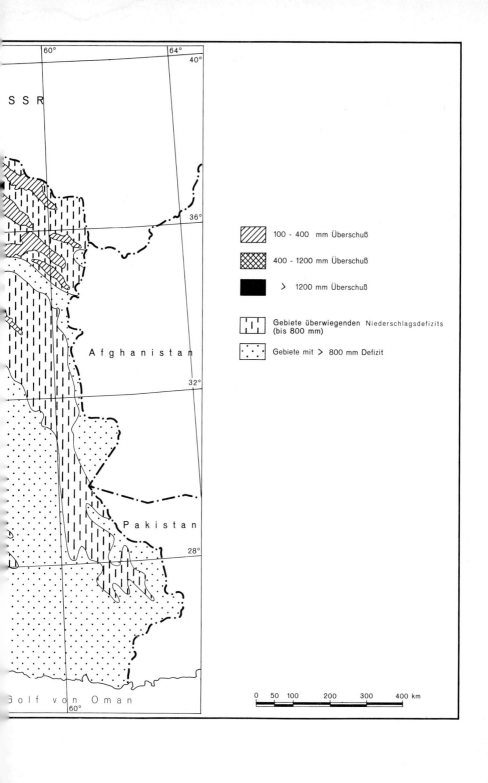

2. Klima und Wasserhaushalt

(3) ostkaukasischer Typ: Herbst — Sommer, Sommer — Herbst
(4) mittelkaukasisch-hocharmenischer Typ: Sommer — Frühjahr
(5) ostanatolisch-transkaukasischer Typ: Frühjahr — Sommer
(6) kurdisch-khorassanischer Typ: Frühjahr — Winter
(7) persisch-assyrischer Typ: Winter — Frühjahr
(8) Golfküstentyp: Winter
(9) baluchistanischer Typ: Winter — Sommer

Nachhaltiger wirksam hat sich die von BOBEK (ebenda) unter Heranziehung von Natur- und Kulturpflanzen als Indikatoren erarbeitete Höhengliederung des Klimas Irans erwiesen. Unter Berücksichtigung umgangssprachlicher Bezeichnungen unterscheidet BOBEK (1952, S. 74 f.) vier Höhenstufen vor allem thermischer Differenzierung:

— subtropische Hochregion *(Sarhadd)*: sehr winterkalt, sommerkühl; oberhalb der Wald- und Getreidegrenze;
— subtropisch-gemäßigte Stufe *(Sardsir)*: sehr winterkalt, sommerwarm; Getreidebau und Früchte der gemäßigten Zone;
— subtropische Mittelstufe:
  a) winterkalt, sommerheiß und kurze Fröste;
  Granatapfel und viele andere subtropische Früchte wie auch solche der gemäßigten Zone;
  b) wintermild, sommerheiß und seltene Fröste;
  unter a) genannte Früchte, daneben prekäre Dattelpalmenpflanzungen und Agrumen;
— subtropische Tiefenstufe *(Garmsir)*: winterwarm, sommerheiß; ohne Fröste und ohne Schnee; Dattelkulturen als Leitpflanze, tropische Kulturpflanzen neben den schon zuvor genannten.

Diese vorwiegend thermisch begründete und durch entsprechende hygrische Angaben zu ergänzende klimaökologische Gliederung der Höhenstufen gilt für alle Teile des Hochlandes von Iran. An den Außenflanken von Zagros und Alborz sowie in Teilen Azerbaijans treten bestimmte relief- und expositionsbedingte Variationen auf, die sich insbesondere in der natürlichen Vegetationsdifferenzierung (vgl. Kap. II., Abschn. 3.1.1) ausdrücken.

Auf der Grundlage der von BOBEK erarbeiteten Gliederungsvorschläge sowie des inzwischen verfügbaren Datenmaterials über Temperaturen und Niederschläge erscheint folgende Einteilung in vier Klimaregionen ein zwar grober, dennoch aber der Wirklichkeit nahekommender Versuch:
a) das kaspische Küstentiefland,
b) die ›kühlgemäßigten‹ Klimate der Bergländer,
c) das Hochland von Iran,
d) Khuzestan und die Golfregion.

a) Das kaspische Küstentiefland. — Der schmale Küstenstreifen zwischen Alborz und Kaspi kann als das einzige ganzjährig humide Gebiet Irans angesprochen werden. Ganzjährig hohen Niederschlägen ausgesetzt, mit deutlichen Maximalwerten im Herbst, übertreffen die Niederschläge in fast allen Monaten die Verdunstung. Nach E zu, vor allem in Zentral- und Ostmazandaran, nehmen die Niederschläge an Intensität und Dauer schnell ab. Babolsar und Gorgan z. B. verzeichnen bereits fünf aride Monate (vgl. EHLERS 1971, Abb. 5) und damit eine recht ausgeprägte sommerliche Trockenzeit. Die oftmals langanhaltenden Schönwetterperioden werden in ihren Auswirkungen auf den menschlichen Organismus (vgl. BINKELE 1966) allerdings beeinträchtigt durch die in den Sommermonaten besonders spürbare hohe Luftfeuchtigkeit, die bei durchweg 80 bis 90 % liegt und sich häufig in abendlichen Starkregen, z. T. verbunden mit Gewittern, entlädt.

Der thermische Jahresgang von südkaspischen Küstenstationen zeigt einen vergleichsweise ausgeglichenen Verlauf: so liegen die Mittelwerte der wärmsten und kältesten Monate zwischen 7° C und 26° C in Bandar Pahlavi bzw. zwischen 9° C und 27° C in Gorgan. Auch die Extrema zeigen im Vergleich zu Hochlandstationen, aber auch zwischen Gilan und Mazandaran, reduzierte Werte bzw. charakteristische Unterschiede: so steigen sommerliche Maxima in Bandar Pahlavi lediglich auf mäßige 35° C, in Ramsar auf 36° C, in Gorgan dagegen immerhin schon bis zu 43° C an. Ähnlich verhält es sich mit den winterlichen Minimalwerten: im Zeitraum 1956—1971 lag das absolute Minimum von Bandar Pahlavi bei —9° C, bei Ramsar bei —10,3° C und fiel bei Gorgan, das in besonderem Maße zentralasiatischer Kaltluft ausgesetzt ist, auf —24° C. Im Gefolge solcher Kaltlufteinbrüche kann es auch im kaspischen Tiefland zu langanhaltenden Frostperioden und starkem Schneefall kommen. Schädliche Fröste vermögen dann den subtropisch-tropischen Kulturpflanzen, die hier gedeihen (Tee, Agrumen usw.), teilweise schwere Schäden zuzufügen.

b) Die ›kühlgemäßigten‹ Klimate der Bergländer. — Eine klimatische Sonderstellung und Eigenständigkeit dürften die Bergländer Nord- und Westirans unter Einschluß Azerbaijans beanspruchen. Ihr spezifisches Kennzeichen sind höhenbedingt reduzierte Temperaturen und erhöhte Niederschläge sowie eine daraus resultierende Humidität, die sich in einem nicht unbeträchtlichen Wasserüberschuß der Höhenregionen äußert (Abb. 14). Die Berechnungen der durchschnittlichen jährlichen Niederschlagsüberschüsse zeigen, daß der gesamte Höhenbereich von Alborz und Zagros einschließlich ihrer Ausläufer und Randbereiche (Azerbaijan) dem in der Jahresbilanz humiden Klimabereich zuzurechnen ist und daß mit zunehmender Höhe die Humidität bzw. der Wasserüberschuß zunimmt. Die im Vergleich zu Alborz und Zagros ausgeprägtere Aridität und Kontinentalität des Klimas Khorassans (vgl. dazu Tab. 6: Station Mashhad) sind auch die Ursache dafür, warum die in Abb. 14 noch mit einem geringen Niederschlagsüberschuß ausgewiesenen Khorassanketten nicht dem ›kühlgemäßigten‹ Berglandklima, sondern bereits der Klimaregion des Hochlandes von Iran zugeordnet wird.

Da Temperatur- und Niederschlagsmessungen im zentralen Gebirgsland selbst fehlen, mögen einige Angaben über die in Tab. 6 genannten Stationen Tabriz

2. Klima und Wasserhaushalt 77

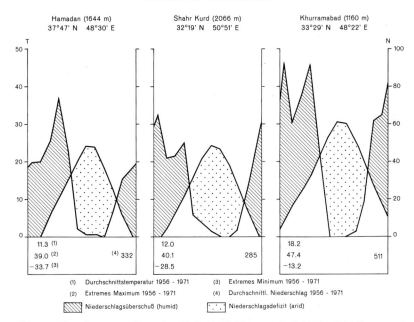

Abb. 15: Klimadiagramme Hamadan-Shahr Kurd-Khurramabad, 1956—1971 (Entw. nach der Methode WALTHER-LIETH: EHLERS 1978).

und Kermanshah hinaus die Eigenarten des Klima- und Witterungsablaufs der Bergländer verdeutlichen (Abb. 15). Dabei zeigen sich zum einen das vergleichsweise hohe Niederschlagsaufkommen während der Herbst- und Wintermonate sowie, bei entsprechend reduziertem Temperaturgang, der beträchtliche Feuchtigkeitsüberschuß, der dem an Bergrändern und in Beckenlagen verbreiteten Ackerbau im Frühjahr häufig noch unmittelbar als Niederschlag zugute kommt. Darüber hinaus ermöglichen die aus den Höhenregionen abfließenden oder dem Grundwasser zugeführten Schmelzwässer bis in den frühen Sommer hinein einen Ausgleich der etwa im Mai einsetzenden sommerlichen Trockenheit. Die Lage eines Großteils der Bergländer Irans in einer meerfernen, kontinentalen Umgebung ist Ursache der im Vergleich zum kaspischen Küstentiefland ausgeprägten, im Vergleich zu manchen Hochlandstationen jedoch noch reduzierten Temperaturgegensätze. Dies gilt nicht nur für den Jahresgang der Mittelwerte, die mit Januarmitteln zwischen —2°C in Hamadan (—1,7°C in Tabriz bzw. Shahr Kurd) und 3,5°C in Khurramabad und von Julidurchschnitten von 24,1°C in Shahr Kurd bzw. 30,4°C in Khurramabad eine Bandbreite von etwa 25—28°C aufweisen. Es trifft mehr noch zu für die Extremwerte, die sowohl im Sommer (im Zeitraum 1956 bis 1971 absolutes Maximum in Tabriz 41,5°C, in Kermanshah 44,2°C, in Khurramabad 47,4°C) wie im Winter (im gleichen Zeitabschnitt: —25,4°C in

Tabriz, —21,7°C in Kermanshah, in Shahr Kurd sogar —28,5°C) Temperaturwerte erreichen, die nur aus einer kontinental geprägten Höhenlage heraus zu erklären sind.

Wie schon die genannten Werte verdeutlichen, sind längere Frostperioden mit entsprechenden Unterbrechungen der Vegetationszeit charakteristisch für nahezu alle Räume des Berglandklimas. Sowohl nach S als auch nach E schwächen sich die für Tabriz, Kermanshah und die in Abb. 15 dargestellten Stationen belegten Merkmale des ›kühlgemäßigten‹ Berglandklimas ab. So zeigen sowohl Mashhad an der östlichen als auch Shiraz an der südlichen Peripherie des Berglandklimas nicht nur charakteristische thermische Abweichungen bei den Mittelwerten, sondern auch — trotz teilweise ähnlicher Niederschlagsmittel — erhebliche Verlängerungen der sommerlichen Trockenzeit (vgl. Karte 4). Die extreme Aridität wird damit zum vorherrschenden klimageographischen Merkmal des Hochlandes von Iran.

c) Das Hochland von Iran. — Der eigenständige Klimacharakter des Hochlandes von Iran (vgl. auch Abb. 16) tritt jedem Besucher des Landes durch die kümmerliche Vegetation mit dem Vorherrschen von Wüsten und Wüstensteppen eindringlich vor Augen. In der Tat sind Vegetationsmangel oder Vegetationslosigkeit als Ausdruck eines extremen Niederschlagsdefizits das dominierende klimageographische Kennzeichen des Hochlandes. Die Ursachen dieses Mangels, besonders die durch Reliefgegebenheiten akzentuierte Zugehörigkeit zum subtropischen Passatgürtel, wirken sich allenthalben in einem im Vergleich zu den Stationen des Berglandes deutlichen Absinken der langjährigen Niederschlagsmittel (1956—1971) aus: Stationen wie Tehran 203,3 mm, Isfahan 98,6 mm, Yezd 55,4 mm, Kerman 154,9 mm, Birjand 156,2 mm, Tabas 71,8 mm, Zahidan 111,1 mm belegen dies nachdrücklich. Ein besonderes Kennzeichen des Niederschlagsregimes im Hochland von Iran ist die ausgeprägte Variabilität der Jahresniederschläge. Allgemein kann man sagen, daß, je niedriger das langjährige Niederschlagsmittel, um so größer die Möglichkeiten extremer Abweichungen. So weist z. B. die Station Sabzavar, am Nordrand der Dasht-i-Kavir gelegen, bei einem langjährigen (1956—1971) Mittelwert von ca. 153 mm Jahresextreme zwischen 296,1 mm (1957) und 84,1 mm (1965) auf. Noch stärker sind die Variationen um den Mittelwert herum in Bam (vgl. Abb. 16): bei einem langjährigen Mittel schwanken sie zwischen 27,4 mm (1958) und 150,4 mm im Jahr zuvor.

Die ganzjährig ungehinderte Sonneneinstrahlung heizt die durch keinerlei Vegetationsdecke geschützten Binnenbecken auf und führt zu sommerlichen Rekordtemperaturen im Hochland von Iran. So sind sommerliche Maximalwerte von über 40°C für die meisten Stationen des zentralen Hochlandes von Iran selbstverständlich; auch Werte von über 45°C sind keineswegs selten. Dies gilt insbesondere für jene tiefliegenden und enggekammerten Wüstenbecken der Lut und des Jaz Murian, die von großräumiger Luftzirkulation und Luftmassenaustausch

2. Klima und Wasserhaushalt

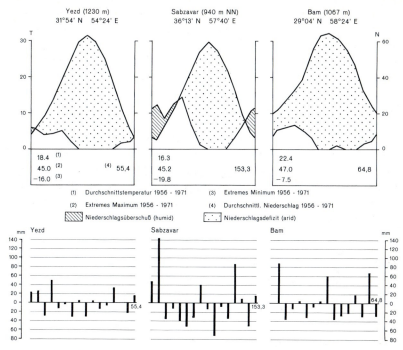

Abb. 16: *Klimadiagramme Yezd–Sabzavar–Bam, 1956—1971, und Abweichungen des jährlichen Niederschlags vom Niederschlagsmittel* (Entw. nach der Methode WALTHER-LIETH: EHLERS 1978).

kaum erreicht werden. Hier werden die mit Abstand höchsten Temperaturmaxima Irans erreicht: Lufttemperaturen von mehr als 50° C in den Sommermonaten können als Regelfall gelten; Bodenerhitzungen mit Werten zwischen 70° bis 80° C sind mehrfach nachgewiesen. In einer Analyse des Klimas der Wüste Lut kommt STRATIL-SAUER (1952, S. 69) im Hinblick auf die Temperaturen zu der Auffassung, daß hier ›wahrscheinlich die höchsten Werte der Erde‹ erreicht werden (vgl. auch Kap. V, Abschn. 4.4.1).

Trotz sommerlicher Höchstwerte und hoher monatlicher und jährlicher Durchschnittstemperatur (vgl. Tab. 6 und Abb. 16) sind winterliche Fröste nicht unbekannt. Dies gilt reliefbedingt vor allem für höher gelegene Stationen, aber auch viele Beckenräume bleiben nicht ganz- und langjährig frostfrei. So sind im Zeitraum 1957—1971 die niedrigsten Minima für Bam mit —7,5° C belegt: von 15 Beobachtungsjahren sind immerhin 13 durch Fröste geprägt. Ähnliches gilt nicht nur für die beiden anderen in Abb. 16 dargestellten Beispiele, sondern auch für so extreme Wüstenstationen wie Tabas (1960—1971: jedes Jahr mit Frösten!) oder Kerman (1956—1971: jährliche Fröste mit Werten bis —24,8° C; vgl. Tab. 6).

Wenn Kontinentalität, Höhenlage und lokalklimatische Faktoren (Fallwinde!) auch für manche dieser winterlichen Extrema verantwortlich sind, so gilt umgekehrt, daß längeranhaltende Kaltlufteinbrüche auf dem Hochland von Iran selten oder an wenige Ungunsträume gebunden sind. Dies beweisen auch schon die z. T. hohen Durchschnittstemperaturen der Wintermonate (vgl. Tab. 6 und Abb. 16), aber auch die Tatsache, daß die von BOBEK (1952) als Trennung von Garmsir und frostgefährdeter Mittelstufe definierte Dattelpalmengrenze auf dem östlichen Hochland von Iran weit nach N bis Tabas ausgreift.

Hohe Temperaturen und gleichzeitig extrem niedrige Niederschläge sind die Ursachen der für das Hochland von Iran typischen Aridität. Diese vermag weithin das ganze Jahr über vorzuherrschen, und auch im Winter sind die temperatur- und windbedingten Verdunstungsraten höher als das Niederschlagsaufkommen (vgl. Abb. 16). Begleitet wird diese Aridität von einer extremen Lufttrockenheit. Bei Sommerwerten, die in der Lut mit 5 % oder gar nur 3 % Luftfeuchtigkeit dem absoluten Nullpunkt sehr nahe kommen, sind Wolkenbildungen oder Taufall unmöglich. Wahrscheinlich weist die Wüste Lut auch ›den geringsten Wasserdampf der Atmosphäre unserer Erde auf‹ (STRATIL–SAUER 1953, S. 71). Luftspiegelungen und elektrische Erscheinungen sind weit verbreitet. Nachhaltigster Ausdruck dieser extremen Aridität des Hochlandes von Iran sind jedoch die spärliche natürliche Vegetation (vgl. Karte 4) sowie die sporadische Verbreitung menschlicher Siedlung und Wirtschaft.

d) Khuzestan und die Golfregion. — Eine vierte eigenständige Klimaprovinz stellen schließlich der gebirgsferne Teil Khuzestans sowie die Golfregion dar. Ihre gemeinsamen Kennzeichen sind absolute Frostfreiheit, hohe winterliche Monatsmittel von teilweise über 20°C, maritim abgeschwächte Jahresschwankungen des Temperaturganges, fast ganzjährige Aridität sowie hohe Luftfeuchtigkeit. Der gebirgsnahe Teil Khuzestans unterscheidet sich von der übrigen Golfregion geringfügig sowohl durch seine ›Zugehörigkeit‹ zum mediterranen Winterregengebiet als auch durch vom Zagros gelegentlich herabfallende Kaltwinde mit entsprechenden Frosteinbrüchen im unmittelbaren Gebirgsvorland.

Temperatur und Niederschlag der Golfregion bewirken im gesamten Küstenabschnitt zwischen Abadan und der pakistanischen Grenze ein durchweg arides Klima, welches indes durch hohe Luftfeuchtigkeitswerte vor allem in den Sommermonaten für den Menschen oftmals unerträglich wird. Die zweifellos günstigste Jahreszeit der Golfregion ist der Winter, wenn nicht nur gelegentliche Niederschläge zusammen mit dem winterlichen Temperaturminimum (Bushire: Januarmittel 14,3°C; Bandar Abbas: 18,5°C) vorübergehende Abkühlung bringen, sondern ganz selten auch einmal Ausläufer kalter Hochlandluft zum Golf hin abfließen. Daß dies aber keinerlei ökologische Konsequenzen hat, zeigen die ausgesprochen tropischen Vegetationsformen der Mangrovekiste bei Bandar Lingeh sowie auf der Insel Qishm (vgl. DJEZIREI 1961) und bei Chahbahar. Im Gegenteil:

die Januarmittel erreichen im gesamten Golfbereich fast durchweg 15°C und mehr, das Aprilmittel allenthalben über 25°C (vgl. Tab. 6 und Karte 3).

Ein Problem besonderer Art stellt für den SE Irans die Frage nach der monsunalen Beeinflussung des Niederschlagsganges dar. Sowohl GABRIEL (1935) als auch SKRINE (1931) haben bereits früh auf solche Vorkommen sommerlicher Monsunausläufer in Baluchistan und in der Lut aufmerksam gemacht. Nach GANJI (1968, Fig. 82) entfallen auf den iranischen Anteil der Makranküste sowie einige Hochgebirgsmassive SE-Irans im langjährigen Durchschnitt immerhin 10 % der Jahresniederschläge auf den Sommer. Eine sich daraus ergebende und für das Problem der offensichtlich beträchtlichen eiszeitlichen Vergletscherung der Hochgebirge SE-Irans bedeutsame Frage ist die, ob monsunale Einflüsse während der eiszeitlichen Klimaveränderungen das Hochland von Iran vielleicht stärker als heute beeinflußt haben.

2.2. Wasserhaushalt und Gewässernetz

Der Wasserhaushalt, d. h. das Abflußverhalten fließender Gewässer wie auch die zeitlichen Veränderungen des Wasserhaushalts im Boden, ist ein unmittelbares Resultat der klimatischen Gegebenheiten. Die großen Schwierigkeiten der Erstellung einer das ganze Land betreffenden Wasserbilanz beruhen einmal auf dem bereits angesprochenen unvollständigen Netz von Klimastationen, zum anderen auf der großen Variationsbreite und Variabilität des Niederschlagsaufkommens und der Verdunstung. Insofern muß jeder Versuch einer das ganze Land umfassenden Wasserhaushaltsbilanz in mehrfacher Hinsicht mit Vorsicht betrachtet werden.

Der in Abb. 17 vorgestellte Versuch einer Gesamtbilanz des Wasserhaushaltes in Iran geht von einer durchschnittlichen und über das ganze Land gleichmäßig verteilten Niederschlagsmenge von 275 mm aus, was volumenmäßig etwa 450 Mrd. cbm Wasser entspricht. Das Flußdiagramm verdeutlicht, daß von dieser Menge sofort 270 Mrd. cbm (etwa 60 % der Gesamtmenge) durch direkte Evapotranspiration verlorengehen. 110 Mrd. cbm (= ca. 25 %) fließen oberflächlich ab und bilden, zusammen mit Grundwasservorkommen, das für industrielle, landwirtschaftliche und sonstige menschliche Bedürfnisse verfügbare Wasserpotential. In der Gesamtbilanz wird der Niederschlag zu 16 % (71 Mrd. cbm) durch Oberflächenfluß und zu 84 % (379 Mrd. cmb) durch Verdunstung aufgezehrt.

Es ist klar, daß dieses grob vereinfachte Bild die vom Klima her angelegten gravierenden Unterschiede innerhalb des Landes verschleiert. Andererseits macht es die ariditätsbedingt dominierende Stellung der Verdunstung im gesamten Wasserhaushalt des Landes deutlich. Dabei ist zu bedenken, daß die potentielle Verdunstung, d. h. die Evapotranspiration, die möglich wäre, wenn mehr Wasser zur Verfügung stünde, ein Vielfaches der aktuellen beträgt.

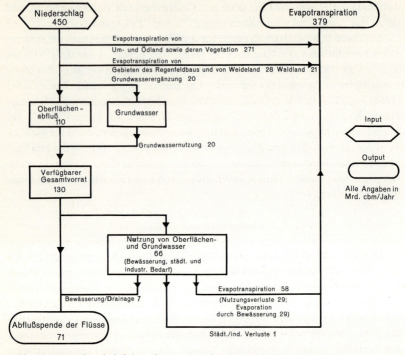

Abb. 17: Wasserhaushaltsbilanz für Iran (nach Vahidi in: Beaumont 1974).

2.2.1. Gewässernetz und Abflußregime

Die bereits in Karte 2 erfaßte orohydrographische Gliederung der Staatsfläche Irans zeigt, daß wir es mit insgesamt vier Abflußbereichen zu tun haben, die durch die schon genannte Becken- und Schwellenstruktur des Hochlandes von Iran in eine Reihe kleinerer Becken mit Binnenentwässerung zerfallen. Von den vier Einzugs- und Niederschlagsgebieten weisen drei eine Binnenentwässerung auf:
1. das Becken des Rizaiyehsees;
2. die Becken des Hochlandes von Iran;
3. das Einzugsgebiet des Kaspischen Meeres.

Lediglich die Flüsse im W, SW und S des Landes entwässern über den Persischen Golf zum Weltmeer.

Kennzeichen der hydrogeographischen Gliederung Irans ist die flächenmäßige Dominanz der auf das Hochland ausgerichteten Drainagegebiete, die mit einer Gesamtfläche von über einer Mill. km² über 60% Festlandirans einnehmen (vgl. dazu Tab. 3). Der Einzugsbereich der auf den Persischen Golf eingestellten Ent-

2. Klima und Wasserhaushalt

wässerung umfaßt mit ca. 350 000 km² etwa 22 %, der der Kaspizuflüsse mit über 190 000 km² fast 12 % der Festlandfläche. Das kleinste Drainagegebiet, das des Rizaiyehsees, bedeckt knapp 55 000 km² und soll bei der folgenden Betrachtung den Becken des Hochlandes von Iran zugeordnet werden.

Während die abflußlosen Becken des Hochlandes somit das gesamte Zentraliran entwässern, erhält das Kaspische Meer den Oberflächenabfluß Nordirans zwischen Azerbaijan im W und dem mittleren Khorassangraben im E. Der Einzugsbereich des Persischen Golfes reicht im NW bis an die Wasserscheide zum Becken des Rizaiyehsees, bleibt ansonsten aber auf einen etwa 200 bis 300 km breiten Küstenstreifen parallel zum Persischen Golf beschränkt (vgl. Karte 2).

a) Kennzeichen der meisten *Kaspizuflüsse* ist deren kurzer, geradliniger und tief eingeschnittener Verlauf zwischen Quelle und Mündung. Lediglich einer der beiden Quellflüsse des Sefid Rud, der Qezel Uzan, durchbricht die Wasserscheide des Alborzgebirges und greift, die endorhëischen Becken des Rizaiyehsees und der Masileh voneinander trennend, weit auf das Hochland aus. Auch im W und E haben die Hauptentwässerungsbahnen des Aras bzw. des Atrek mit ihren Tributären durch rückschreitende Erosion weite, breitenparallel angelegte Einzugsbereiche geschaffen und die Wasserscheide zugunsten der Kaspientwässerung zurückverlegt.

Das Abflußverhalten aller Kaspizuflüsse ist gekennzeichnet durch ganzjährige und im Vergleich zu anderen Teilen des Landes kräftige Wasserführungen bei gleichzeitig sehr dichtem Gewässernetz: die Gesamtzahl der dem Kaspi zuströmenden Rinnsale wird im iranischen Küstenabschnitt auf über 1300 veranschlagt. Das gebirgige Quellgebiet der meisten Kaspizuflüsse, zu dem der schneereiche Kuh-i-Savalan im W und die Hochgebirgssäume des Khorassangrabens im E ebenso gehören wie die ganzjährig niederschlagsbegünstigten Kaspiflanken des Taleshgebirges und des Alborz, stellt den Großteil des Flußwassers in Form von abschmelzendem Schnee. So werden, trotz des Niederschlagsmaximums im Spätherbst, die größten Abflußmengen der Bäche, Flüsse und Ströme erst im Frühjahr erreicht. 50 bis 60 % aller Abflußspenden entfallen auf die Monate April, Mai und Juni; die jährliche Niederschlagsverteilung sowie die reichlichen Grundwasservorräte und Quellschüttungen der Gebirgsflanken garantieren, daß der Großteil der Flüsse auch ganzjährig den Kaspi erreichen.

Der mit Abstand größte Kaspizufluß Irans ist der Sefid Rud, der zugleich mit über 60 000 km² auch den größten Einzugsbereich besitzt: sein mittlerer Abfluß im Mai, dem Monat der stärksten Abflußspende, beträgt über 400 cbm/sec., im September dagegen erreicht er zur Zeit der niedrigsten Wassermenge nicht einmal ein Zehntel dieses Wertes. Weniger ausgeprägt sind die jahreszeitlichen Schwankungen in den vielen kurzen, aber wasserreichen Abflüssen der Alborznordflanke. So besitzt der Chalus z.B., der bei Pol-e-Zoghal nur ein Gebiet von etwa 1550 km² entwässert, im Mai einen Maximalabfluß von 25—30 cbm/sec., erreicht aber auch in allen übrigen Monaten nie weniger als 5—8 cbm/sec. Lediglich die bereits im trocken-kontinentalen Grenzbereich nach Khorassan hin entspringenden und vergleichsweise langen Kaspizuflüsse Gorgan und Atrek erreichen im Sommer den Kaspi nicht.

Wesentliche Voraussetzung für den in der Vergangenheit amphibischen, heute meliorierten Schwemmlandcharakter des südkaspischen Tieflandes ist allerdings der Wasserhaushalt des Kaspischen Meeres selbst (EHLERS 1971). Der Kaspi, der größte Endsee der Erde, wird in seinem Wasserhaushalt durch das Zusammenwirken von Flußwasserzufuhr und Niederschlag einerseits und von der Verdunstung andererseits bestimmt. Schon geringfügige Veränderungen des Klimas lösen positive oder negative Schwankungen des Seespiegels aus. So hat sich der Pegel des Kaspi in den letzten 150 Jahren allein um 3 m abgesenkt, nachdem er seit der Zeitenwende mehr oder weniger kontinuierlich angestiegen war (EHLERS 1971). Die Abflußlosigkeit und relativ hohe Verdunstungsraten sind zugleich die Ursache des im südlichen Teilbecken mit 1,4 % relativ hohen Salzgehalts des Kaspi, der durch die ständige Süßwasserzufuhr, vor allem der Wolga, insgesamt jedoch weit weniger salzig als das Weltmeer ist.

b) Im Gegensatz zu der auch im Wasserhaushalt sich ausdrückenden Humidität des kaspischen Tieflandes ist die *Hydrographie des Hochlandes von Iran* durch Niederschlagsarmut und Aridität gekennzeichnet. Periodisch oder episodisch wasserbedeckte Endbecken und breitgefächerte Schwemmfächer mit zahllosen Trockenbetten und manchmal tiefeingeschnittenen Wadis können hydrographisch als Leitform gelten. Kaum einer der Flüsse führt ganzjährig ausreichend Wasser, um seine Erosionsbasis bzw. seinen Vorfluter zu erreichen. Die meisten Flüsse versickern beim Austritt aus dem Gebirge in ihren eigenen Schotterbetten. Periodizität der Wasserführung der Flüsse ist auch die primäre Ursache für die starken annuellen Seespiegelschwankungen der permanent wasserführenden Seen sowie der totalen oder partiellen Überflutung bzw. Durchfeuchtung der Salzmarschen und Kavire. In höheren Reliefabschnitten, d. h. auf vielen Gebirgsfußflächen und Schwemmfächern, ist fließendes Wasser häufig nur nach Starkregen oder gelegentlichen Gewittergüssen zu beobachten: es fließt dann oberflächlich in Form der berühmten Schichtfluten ab, deren morphologische Wirksamkeit in Trockengebieten allgemein bekannt ist und oft beschrieben wurde. Im allgemeinen aber gilt, daß analog zu den Verhältnissen im kaspischen Tiefland das Abflußverhalten der Flüsse auch im Becken von Rizaiyeh und auf dem Hochland von Iran mit zeitlichem Phasenverzug das Niederschlagsregime ihrer Einzugsbereiche widerspiegelt.

Ein spezielles Merkmal des Abflußregimes der Flüsse im Hochland von Iran sensu stricto, die bereits erwähnte Abnahme der Abflußmenge/Drainagegebiet zwischen Quelle und Mündung, verdeutlicht die in Tab. 8 erfaßte vergleichende Gegenüberstellung von vier Stationen im Verlauf des Zayandeh Rud (nach BEAUMONT 1973). Während im Zagros (Zamankhan) der jährliche Abfluß, bezogen auf die Fläche des Einzugsbereichs, Höchstwerte erreicht und auch der Jahresgang mit dem Verhältnis von 1:4,41 zwischen abflußärmstem und -reichstem Monat re-

2. Klima und Wasserhaushalt

Tab. 8: *Abflußverhalten des Zayandeh Rud, 1955—1965*

Station	Einzugs-bereich (km²)	jährl. Abfluß (Mill.cbm)	Verhältnis minimaler: maximaler Abfluß/Monat	jährl. Abfluß (cbm/km²)	Monat maximalen Abflusses	Monat minimalen Abflusses
Pol-e-Zamankhan	4 850	881,94	4,41	181 843	April	Okt.
Pol-e-Mazraeh	7 820	776,91	4,67	99 349	April	Sept.
Pol-e-Khadju/Isfahan	14 320	362,98	27,40	25 348	April	Okt.
Pol-e-Varzaneh	30 840	89,00	44,94	2 886	April	Okt.

Quelle: BEAUMONT 1973.

lativ ausgeglichen bleibt, erscheinen bei Isfahan (Khadju) die Abflußmenge bereits erheblich reduziert und der Jahresrhythmus der Wasserführung verstärkt. Die jährliche Wassermenge, die sich schließlich unterhalb von Varzaneh in das Endbecken der Gavkhaneh ergießt, ist unbedeutend, zumal der Fluß sein Endbecken nur während weniger Wochen zur Hauptabflußzeit (April) erreicht. Die Analyse anderer Hochlandsflüsse (vgl. BEAUMONT 1973, OBERLANDER 1968) zeigt ähnliche Charakteristika.

Nur einige wenige abflußlose Becken des Hochlandes von Iran sind durch ganzjährig wasserführende Seen eingenommen, mehrere andere weisen periodische Überflutungen auf. Sieht man ab vom Rizaiyehbecken, dessen Hydrographie jüngst von SCHWEIZER (1975) ausführlich untersucht und dargestellt wurde, so ist der Hamun-e-Hilmend in Sistan, an der Grenze zwischen Iran und Afghanistan gelegen, der einzige permanente See nennenswerten Umfangs. Beide Binnenseen reagieren feiner noch als der ungleich größere Kaspi auf jahreszeitliche wie geologisch-langfristige Klimaschwankungen mit entsprechenden Oszillationen des Seespiegels.

Den Rizaiyehsee säumen eine Reihe markanter Terrassenniveaus, die eine Rekonstruktion älterer Spiegelstände zulassen. Insgesamt sind dabei — nach SCHWEIZER (1975) — vier Hochstände zu belegen, deren Höhenlage über dem heutigen Seespiegel (1275—1280 m NN) wie folgt angegeben werden:

115 m	Mindelkaltzeit
80—85 m	Rißkaltzeit
60—65 m	Kaltphase des Würm I
30 m	Kaltphase des Würm III

Wenn die zeitliche Zuordnung der verschiedenen Terrassenniveaus infolge der Schwierigkeit, die Seeablagerungen mit datierbaren glazialen Sedimenten im Hochgebirge zu parallelisieren, auch auf Korrelation mit vergleichbaren Befunden am Vansee in Ostanatolien beruht, so zeigt sich doch, daß der auch im Pleistozän abflußlose Rizaiyehsee erhebliche flächenhafte Oszillationen aufgewiesen hat. Er gleicht dann dem ungleich größeren und anderen Einflüssen unterliegenden Kaspi, für den ebenfalls zahlreiche Schwankungen des Seespiegels und damit des Seeumfangs für das Pleistozän nachgewiesen sind. Der Versuch, eine Bestandsaufnahme der verschiedenen Terrassenniveaus an der Südküste des Kaspischen Meeres durchzuführen, erbrachte folgendes Ergebnis (EHLERS 1971):

—16/—17 m NN (11—12 m über dem heutigen Kaspi)
—10/—12 m NN (16—18 m über K.M.)
0 m NN   (28 m über K.M.)
12—15 m NN   (40—43 m über K.M.)
25 m NN   (53 m über K.M.)
35 m NN   (63 m über K.M.)
45—50 m NN   (73—78 m über K.M.)
70—80 m NN   (98—108 m über K.M.)
110—120 m NN (138—148 m über K.M.)
150 m NN   (178 m über K.M.)
180 m NN   (208 m über K.M.)
210 m NN   (238 m über K.M.)

Dabei kann davon ausgegangen werden, daß das NN-Niveau von 45—50 m mit der frühwürmzeitlichen Maximalvergletscherung (Würm I) zu parallelisieren ist. Alle höheren Terrassenniveaus müßten dementsprechend älter, alle niedrigeren entsprechend jünger sein.

Der gegenwärtige Wasserhaushalt des Rizaiyehsees wird durch die Frühjahrsschmelze der meist in Form von Schnee fallenden Winterniederschläge in den gebirgigen Hinterländern beeinflußt. Der Rizaiyehsee wird von einer Vielzahl von Flüssen unterschiedlicher Größe gespeist. Sie alle erreichen im April und Mai ihr Abflußmaximum. In ihrem Gefolge steigt der Seespiegel im Durchschnitt um 90—100 cm an, dabei einen breiten versumpften Ufersaum überflutend. Im Sommer und Herbst dagegen schrumpft die Seefläche; im trockengefallenen Uferbereich versickern die nun meist nur schwach wasserführenden Rinnsale. Anders als das Kaspische Meer erweist sich der Rizaiyehsee mit Salzgehalten von annähernd 30 % als extrem salin und daher nahezu frei von jeglichem höheren pflanzlichen oder tierischen Leben. Ursache dieser hohen Salinität in einem noch nahezu humiden Milieu ist vor allem die Salzzufuhr des Aji Chay (türk. = Bitterfluß), der in seinem gesamten Einzugsgebiet miozäne Gips- und Salzformationen ausräumt und die gelösten Salze im flachen Rizaiyehseebecken (Durchschnittstiefe 6—8 m) zur Ablagerung bringt.

Der Hamun-e-Hilmend im SE des Landes, der fast ausschließlich aus den Schmelzwassern des Hindukush gespeist wird, dürfte — wie jüngst publizierte Befunde von MEDER (1979) vermuten lassen — im Pleistozän ebenfalls vier verschiedene Terrassenniveaus ausgebildet haben. Sie scheinen mit entsprechenden Vergletscherungen des Hindukush korrelierbar. Die heutige Seefläche unterliegt ausgeprägten jahreszeitlichen Schwankungen, und in extremen Trockenjahren fällt der See in den Sommermonaten sogar ganz trocken: so 1971 und 1978. Gewöhnlich wird, unter normalen Abflußverhältnissen des Hilmend und der drei anderen Zuflüsse, ein halbkreisförmiger Bereich von etwa 200 km Länge und 20 km Breite geflutet. Dann steigt der Spiegel der im Durchschnitt nur 1—2 m tiefen Teilbecken um ca. 1 m an; in normalen Sommern schrumpft die Seefläche um mehr als die Hälfte auf ca. 1800 km² Umfang.

Verdunstungsbedingte Salinität ist das hervorstechende chemische Kennzeichen der vielen kleinen periodischen Seen und der ihnen zufließenden Rinnsale auf dem zentralen Hochland. Der hohe Salzgehalt des Flußwassers kommt häufig bereits im Namen der Flüsse (z. B. Rud-e-Shur = Salzfluß) zum Ausdruck. Er wird in erster Linie durch die Ausscheidung von Salzen und anderen Mineralien als Ergebnis eines durch die hohe Evaporation nach oben gerichteten Grundwasserstromes ausgelöst. So sind die meist kleinen temporären Seen, zu denen als bekannteste vielleicht der Nirizsee und der Maharlusee gehören, ebenfalls stark salin. Halophile Strandvegetationen mit *Juncus-* und *Salicornia-*Beständen am Maharlusee bei Shiraz z. B. (FREY–PROBST 1974) beweisen ebenso wie ähnliche Beobachtungen am Nirizsee (LÖFFLER 1959) die Anpassung der Vegetation an diese starken Versalzungen (vgl. Kap. V, Abschn. 4.3.4). Auch für das Jaz Murian müssen, bei einem Einzugsbereich von über 75 000 km², entsprechend größer dimensionierte und weiter verbreitete Salzanreicherungen angenommen werden.

c) Der Wasserhaushalt der zum *Persischen Golf entwässernden Landesteile* ist unterschiedlich je nachdem, ob wir den mesopotamischen Raum oder den Golfküstenbereich im engeren Sinne betrachten. Der mesopotamisch-khuzestanische Zweig des Entwässerungssystems reicht dabei über Karun und Karkheh weit nach N bis über Kermanshah hinaus; noch weiter nördlich gelegene Teile der Zagrosabdachung werden über Tributäre des Tigris zum Golf hin entwässert. Der Karun, der bei Ahwaz über ein Einzugsgebiet von etwas über 60 000 km² verfügt und damit demjenigen des Sefid Rud vergleichbar ist, führt bei seinen Frühjahrshochwässern maximal 1700 bis 2000 cbm/sec. Wasser dem Meere zu und ist damit erheblich wasserreicher als etwa der Sefid Rud. Auch der Dez, ein Nebenfluß des Karun, verfügt mit einem durchschnittlichen Abfluß am Pegel Dizful von 444 cbm/sec. im Esfand (Febr./März), von 614 cbm/sec. im Farvardin (März/April) sowie von 503 cbm/sec. im Ordibehesht (April/Mai) über mehr Wasser als der Sefid Rud. Bei allen über den Shat-al-Arab (persisch: Arvand Rud) entwässernden Flüssen fällt die Wasserführung während des Sommers und Frühherbstes auf etwa ein Zehntel oder weniger des Monatsmaximums im Frühjahr.

Der jahreszeitlich unterschiedliche Wasserreichtum der Khuzestanflüsse, im Niederschlagsreichtum der Quellgebiete im Zagros begründet, ist Ursache der fast regelmäßig auftretenden verheerenden Überschwemmungen im Unterlauf der Flüsse. Anders als in Irak, wo die großen Sumpfgebiete des Binnendeltas von Euphrat und Tigris die Hochwasser in den flachen Becken und ausgedehnten

Sümpfen (vgl. WIRTH 1955) zurückhalten, überfluten Karun, Marun oder Zuhreh fast jedes Frühjahr viele tausend oder gar -zigtausend Hektar Land, unterbrechen Verkehrsverbindungen und fügen Mensch und Tier oft schwere Verluste zu. Lediglich der Karkheh verfügt in den an der Grenze zu Irak gelegenen Sumpfgebieten des Dasht-e-Mishan über hor-ähnliche Marsch- und Sumpfgebiete, die jahreszeitlich in eine flache Seenlandschaft verwandelt werden. Andererseits ermöglicht der ganzjährige Wasserreichtum die Schiffbarkeit zumindest der Unterläufe einiger Flüsse. Dies gilt besonders für den vereinigten Mündungsabschnitt von Euphrat und Tigris, dem Shat-al-Arab, an dem der lange Zeit wichtigste Überseehafen Irans, Khurramshahr, liegt.

Die zahlreichen, dem Persischen Golf direkt zuströmenden Entwässerungssysteme zwischen Bushire und der pakistanischen Grenze sind zumeist nur kurz und verfügen über keine großen Einzugsbereiche. Eine Ausnahme bildet der Mand, dessen Drainagebereiche die Größe zwar von Sefid Rud oder Karun erreicht und von OBERLANDER (1968, S. 271) gar als ›the largest individual catchment‹ bezeichnet wird, dessen Wasserführung aber gering ist. Zwar vermag sie im Gefolge extremer Starkregen vorübergehend und kurzfristig auf bis zu über 2000 cbm/sec. anzusteigen, sinkt andererseits aber auch bis zu 1 cbm/sec. ab. Extreme Schwankungen der jährlichen Wasserführung bis hin zum mehrmonatigen Austrocknen der Flußbetten prägen die Abflußsysteme von Mehran, Shur (= Salzfluß!), Kol, Minab, Gabrik, Dashtiari oder anderen Golfzuflüssen.

Eine nicht geringe Bedeutung hat, vor allem im Kalksteinrelief des Zagros, die Karsthydrographie. Von kleinen Dolinen bis zu großen, jahreszeitlich inundierten Poljen, die auch agrarisch genutzt werden, und karstwassergespeisten Seen (Zeribarsee z. B.) reicht die Palette der Karstphänomene (vgl. WUNDERLICH 1973). Auf die Rolle der berühmten und großen Karstquellen soll im Zusammenhang mit dem Grundwasserregime eingegangen werden.

2.2.2. Grundwasserregime

Das Grundwasser, obwohl Teil des allgemeinen Wasserhaushalts, spielt in einem ariden Land eine besondere Rolle und soll deshalb besonders erwähnt werden. Angesichts der engen Abhängigkeit zwischen Hydrogeologie und tektonischem Bau verwundert die weitgehende Konvergenz von Grundwasserprovinzen und den großen Reliefstrukturen keineswegs. ISSAR (1969) unterscheidet fünf Grundwasserprovinzen, die er wie folgt gliedert:

a) Kaspische Küstenebene, weithin identisch mit dem Schwemmlandstreifen zwischen Talesh und Gonbad-Qabus;
b) Azerbaijan, etwa dem Oberflächenwasser-Einzugsbereich des Rizaiyehsees entsprechend;
c) der Zagros von Sanandaj bis Bandar Abbas südwestlich der Hauptwasserscheide;

d) der Alborz, der im hydrogeologischen Sinne das gesamte Bergland von Khorassan bis hin zur afghanischen Grenze einschließt, und
e) Zentraliran, den verbleibenden Rest des Landes umfassend.

Wesentlichste Speicher des im Untergrund zirkulierenden Grundwassers sind überall die mächtigen Alluvionen, die Becken füllen und Gebirgsränder begleiten. Die wasserführenden Schichten (Aquifere) der über eine große Speicherfähigkeit und Mächtigkeit verfügenden Schottermassen liegen z. T. mehrere hundert Meter mächtig und begleiten alle Bergfußflächen. Das im Untergrund zirkulierende Grundwasser erreicht im Kaspischen Tiefland ebenso wie im zentralen Teil des Rizaiyehbeckens selten eine Tiefe von mehr als 10 m. Umgekehrt liegen die Grundwasserhorizonte im ariden Hochland extrem tief. Während Issar (1969, Tab. 1) allgemein von Horizonten in über 100 m Tiefe spricht, erwähnt Beaumont (1972) für die Südabdachung des Alborz im Zusammenhang mit der Anlage von Qanatschächten Grundwasserhorizonte in mehr als 150 m Tiefe, für das Gebiet von Gonabad im südlichen Khorassan gar von 280 m. Da es sich hierbei durchweg um von Menschen erbohrte Grundwasserhorizonte handelt, ist das Vorkommen tiefer gelegener Aquifere mit Sicherheit anzunehmen. Für den Zagros gibt Issar (1969) im Bereich gefalteter Schotter und Konglomerate Grundwasservorkommen in über 300 m Tiefenlage an.

Nachgewiesene Grundwasservorräte finden sich zudem in verschiedenen porösen Gesteinsschichten, vor allem in Kalk- und Sandsteinen verschiedener geologischer Formationen, sowie in tertiären Vulkaniten, insbesondere im N und NW des Landes. Ob Grundwasserreserven in Form riesiger subterraner Seen, wie sie z. B. unter der Sahara, unter dem Negev und im Untergrund verschiedener Teile der arabischen Wüste nachgewiesen wurden, auch in Iran vorhanden oder zu erwarten sind, muß bezweifelt werden. Bisher erbohrte Wasservorräte, in Nordiran in eozänen Flyschen und Vulkaniten in über 3000 m Tiefe bekannt, sind zumeist kleineren Umfanges und kaum abbauwürdig.

Hydrologisches Kennzeichen der meisten Grundwasservorräte und ihrer Regeneration im Hochland von Iran, der größten Grundwasserprovinz des Landes, ist die Tatsache, daß die oberflächlich abfließenden Regen- und Schmelzwässer in den seltensten Fällen die Endbecken erreichen. Sie versickern vielmehr in den Schottern am Gebirgsfuß und füllen hier das durch menschliche Grundwasserentnahme entstandene Defizit auf. Im Gegensatz zu den weitgespannten hydrogeologischen Strukturen des Hochlandes von Iran ist der Zagros, die zweitgrößte Grundwasserprovinz, durch die geologisch bedingte Kammerung des Gebirges in zahllose Antiklinal- und Synklinalstrukturen, in nahezu ebenso viele Grundwasserkammern zerlegt. Quellenreichtum, z. T. auch in Form artesischer Quellen, ist hier, wie übrigens auch im gebirgigen N des Landes, weit verbreitet. Zu den Besonderheiten der Zagrosgrundwasserprovinz im Sinne von Issar (1969) gehören die besonders an die Salzdome Südirans gebundenen Vorkommen von Mineralquellen. Ihr konzentriertes Auftreten im Hinterland von Bandar Abbas ist häufig mit einer starken Salinität der Quellwässer verbunden.

Karstquellen, die sich in verschiedenen Teilen des Landes befinden und im wesentlichen an Kalkgesteine in der Umrandung des Hochlandes von Iran gebunden sind, sind sowohl historisch als auch wirtschaftlich von großer Bedeutung. So sind die beiden Cheshmeh Ali bei Ray und Damghan möglicherweise Ansatzpunkte für die Gründung und Blüte der alten Hauptstädte Rhages und des bei Damghan vermuteten Hekatompylos gewesen. Historische Zusammenhänge zwischen Karsthydrographie und Siedlung werden ebenso deutlich bei den berühmten Quellen von Fin/Kashan und Taq-e-Bostan bei Kermanshah. Wirtschaftlich bedeutsam sind diese und andere Karstquellen vor allem durch ihre starken Schüttungen, die als Grundlage einer z. T. ausgedehnten Bewässerungslandwirtschaft in ihrem Vorland dienen. So werden für Cheshmeh Ali bei Damghan maximale Schüttmengen von 450 bis 500 l/sec. angegeben (MEDER 1979). Die mittleren Schüttleistungen der Quellen von Ravansar und Taq-e-Bostan werden auf 1500 bzw. 300 l/sec. veranschlagt (AZIMI 1971), während NADJI (1972) für die Karstquellen von Fin Werte zwischen 140 und 198 l/sec. mitteilt. Zahlreiche andere Quellen, vor allem im Zagros, schütten weitaus geringere Mengen und diese teilweise auch noch periodisch, werden dennoch aber bewässerungswirtschaftlich genutzt.

2.2.3. Menschliche Eingriffe in den Wasserhaushalt: Qanate, Brunnen, Staudämme

Angesichts der überragenden Bedeutung des Faktors Wasser in einem stellenweise extrem ariden Trockenraum wird verständlich, daß gerade die Nutzung der Oberflächenwasser- und der Grundwasserressourcen zu einer existenziellen Frage für den Menschen wird. Es gehört ganz sicher zu den größten kulturellen Leistungen der frühen Bevölkerung des Hochlandes von Iran, die Technik der Grundwassererschließung und -nutzung erfunden und entwickelt zu haben. Ob es sich dabei um das Ergebnis planmäßiger geistiger wie technischer Bemühungen handelt oder aber, wie einige Autoren meinen, um ein mehr zufälliges Nebenprodukt bergbaulicher Unternehmungen, ist von untergeordneter Bedeutung.

Qanate sind die schon im Zusammenhang mit den Bergfußflächen des Hochlandes von Iran genannten unterirdischen Galerien, die der Fassung des in den Schwemmfächern des Gebirgsvorlandes zirkulierenden Grundwassers dienen. Dazu werden gemäß dem in Abb. 18 dargestellten Schema oft über 100 m tiefe ›Mutterschächte‹ in den Schottermantel des Gebirgsfußes bis zum Grundwasserhorizont getrieben. Ist dieser gefaßt, so wird die unterirdische Galerie ausgehoben, indem der dafür zu entfernende Schutt durch weitere Schächte, die in regelmäßigen Abständen angelegt werden, an die Oberfläche gehoben wird. Das in die Galerie einfließende Grundwasser wird somit allmählich an die Oberfläche ge-

2. Klima und Wasserhaushalt

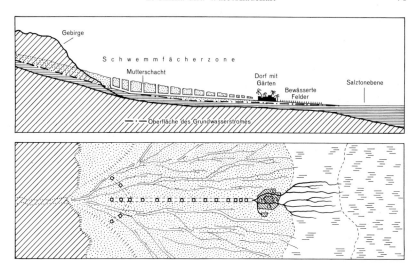

Abb. 18: Schematisches Profil: Grund- und Aufriß eines Qanat (nach BOBEK 1962).

bracht, um sodann für menschliche und landwirtschaftliche Nutzung verfügbar zu sein.

Nach dem derzeitigen Wissensstand ist davon auszugehen, daß Qanate erstmals im Königreich Urartu, d. h. im NW des heutigen Staatsgebietes (KLEISS–HAUPTMANN 1976) um 1000 bis 800 v. Chr. gebaut wurden. Sie sind in der Folgezeit sowohl im sargonischen Assyrien, wo sie noch heute z. B. bei Erbil vorhanden sind, wie auch etwas später bereits am Rande des Hochlandes von Iran (Ekbatana/Hamadan; Rhages/Ray) nachweisbar. Zur Achämenidenzeit sind sie erstmals schriftlich belegt, in Fars und wohl auch anderen Teilen des Hochlandes allgemein verbreitet und mit der Ausdehnung des Perserreiches auch nach W (Ägypten) und E (Industiefland) gelangt (vgl. u. a. TROLL 1963, ENGLISH 1968). Daß die Entwicklung und Ausdehnung der Qanattechnik zugleich wirtschaftliche, soziale und politische Konsequenzen hatte, soll später erörtert werden.

Die weite, bisher nicht für das gesamte Land erfaßte Verbreitung von Qanaten (für Einzelbeispiele vgl. u. a. BECKETT 1953, BEAUMONT 1968, FLOWER 1968, NADJI 1972) wird verständlich, wenn man berücksichtigt, daß noch bis zum Zweiten Weltkrieg nicht nur die Bewässerung der Felder und Gärten, sondern auch die Wasserversorgung fast aller Dörfer und vieler Städte, darunter auch Tehran (vgl. BRAUN 1974), gänzlich oder überwiegend von Qanaten abhängig war. Ihre Gesamtzahl wurde vor dem Kriege auf über 35 000 geschätzt (KUROS 1943), die Zahl für 1960 wird mit etwa 30 000, davon 22 000 aktiv schüttenden, angegeben. Heute wird man davon ausgehen können, daß die Zahl der noch wasserfördernden Qanate bereits erheblich unter 20 000 liegt. Die Gesamtlänge des Qanatsystems wird auf über 125 000 km geschätzt. Die durchschnittliche Länge eines Qanates auf dem Hochland von Iran ist auf etwa 4 km zu veranschlagen; einzelne Qanate erreichen indes Erstreckungen bis zu 70 km Länge. Die hydrologische und wirtschaftliche Bedeutung der traditionellen Wasserwirtschaft geht daraus hervor, daß bei einer geschätzten durchschnittlichen Schüttung von 16 l/sec. pro Qanat das Gesamtvolumen der Qanatwasserspenden auf 480 cbm/sec. zu schätzen ist und damit etwa 1 Mill. ha (1967) LNF bewässert werden können. Die Vorteile dieser Art der Grundwasserentnahme unter extrem ariden Umweltbedingungen sind dabei offensichtlich, handelt es sich doch um

— Erschließung anderweitig nicht genutzter und ansonsten ungenutzt bleibender Wasserressourcen;
— eine Methode der Wassernutzung, bei der infolge der unterirdischen Wasserführung die Verdunstungsverluste sehr gering sind; und
— eine Technik, die ohne hochentwickelte Hilfsmittel (vgl. WULFF 1966, S. 249 f.) über Jahrtausende ausgekommen ist.

Diesen Vorteilen stehen indes auch eine Reihe gravierender Nachteile gegenüber, deren wesentlichsten die folgenden sind:

— hohe Erschließungs- und Instandhaltungskosten infolge ständig nachbrechenden Trockenmaterials, insbesondere nach Erdbeben;
— Austrocknung und Verfall der Qanate bei zu starker oder zu langer Wasserentnahme und/oder bei Absenkung des Grundwasserspiegels; und
— zum anderen auch die ganzjährige Wasserspende, in deren Gefolge vor allem im Winter viel Grundwasser ungenutzt abfließt.

In welchem Maße die Qanate nicht nur mit dem Substrat (vgl. auch BEAUMONT 1968, 1972), sondern auch mit dem Klima im Zusammenhang stehen, macht Abb. 19 deutlich. Die Schüttmenge steht demnach — mit einigem zeitlichen Phasenverzug — in unmittelbarem Zusammenhang mit den das Grundwasser speisenden Niederschlägen. Dadurch erklären sich auch die von ISSAR (1969) beobachteten Zusammenhänge zwischen Niederschlag und Grundwasserhaushalt: die Auffüllung und Regeneration der vom Menschen ständig angezapften Grundwasservorräte verhindert jeglichen Oberflächenabfluß und läßt zirkulierende Grundwässer häufig auch im Untergrund nicht die Endbecken erreichen.

Übermäßige Wasserentnahme, u. a. durch starke Ausweitung der bewässerten LNF und einen parallelen Ausbau der Qanate, hat besonders seit dem Zweiten Weltkrieg zu einer stellenweise beträchtlichen Absenkung des Grundwasserspiegels geführt. In ihrem Gefolge kam es zum Versiegen zahlreicher Qanate, dem man durch die Bohrung von Brunnen entgegenzuwirken trachtete. Vor allem der seit Mitte der 60er Jahre forcierte planmäßige Ausbau der Brunnenbewässerung sowie die an manchen Stellen gehäufte Anlage von Tiefbrunnen hat die Absenkung des Grundwassers und damit das Versiegen zahlreicher Qanate beschleunigt: die Ebenen von Kazvin, Garmsar und Veramin, verschiedene Abschnitte des Khorassangrabens, mehrere Hochbecken im Zagros, wie z. B. das Becken von Asadabad

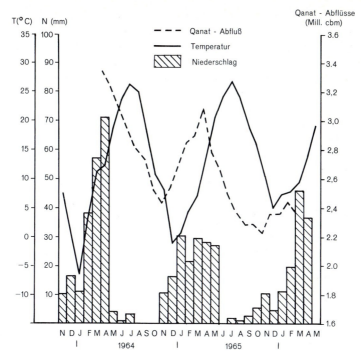

Abb. 19: Temperatur, Niederschlag und monatliche Abflußspende von Qanaten bei Mashhad (nach BEAUMONT 1971).

zwischen Hamadan und Kermanshah, sowie zahlreiche Oasen im Hochland von Iran und an dessen Peripherie (Bam, Tabas, Jiruft u. a.) sind einige Beispiele unter vielen. Die in den letzten Jahren noch gesteigerten Aktivitäten bei der Erbohrung neuer Grundwasserreserven haben seit etwa 1970 die bisherige Vorrangstellung der traditionellen Qanatbewässerung beseitigt, wobei die aktive Ausweitung des Brunnenbaus und das dadurch bedingte Versiegen zahlreicher Qanate Hand in Hand gingen (Tab. 9).

Angesichts der Gefahren einer Erschöpfung der Grundwasservorräte des Landes gewinnen Maßnahmen zur besseren Nutzung vorhandenen Oberflächenwassers in Iran immer stärkere Bedeutung. Vor allem im feuchteren N und W, wo in der Vergangenheit, insbesondere im Winter und Frühjahr, vergleichsweise viel Flußwasser ungenutzt abfloß, wurden seit etwa 1955 zahlreiche Stau- und Verteilerdämme gebaut. Sie dienen nicht nur der besseren jahreszeitlichen Regulierung des Abflußverhaltens der Flüsse, sondern zugleich der Ausweitung des Bewässerungslandes, der Trink- und Industriewasserversorgung der Städte sowie der Energiegewinnung (Tab. 10).

II. Der Naturraum und sein Potential

Tab.9: *Nutzung der Grundwasserressourcen in Iran, 1973*

Nutzungsform	Zahl	Schüttung (Mill. m³/Jahr)
Natürliche Quellen	3 640	2 422 968
Qanate	15 500	6 230 192
Tiefbrunnen und artesische Brunnen/Quellen	12 945	5 793 057
Sonstige Brunnen	32 719	3 249 524

Quelle: Statistical Yearbook 1973.

Tab.10: *Fertiggestellte und im Bau befindliche Staudämme in Iran (Stand 1975)*

Damm (Fluß)	Lokalität	Speicher-kapazität (Mill. cbm)	Bewäss. Fläche (tsd. ha)	Installierte Energie (tsd. KW)	Baubeginn
Fertiggestellte Dämme:					
Dez	Dizful	3340	96,3	520	1336 (1957/8)
Sefid Rud	Manjil	1800	140	78,5	1336 (1957/8)
Karaj	Karaj	205	2,1	90	1337 (1958/9)
Abshineh	Hamadan	8	0,2	—	1338 (1959/60)
Gulpaigan Rud	Akhtegan	50	5	—	1344 (1965/6)
Jaj Rud	Latian	95	20	45	1344 (1965/6)
Zayandeh Rud	Esfahan	1250	95	55	1344 (1965/6)
Mahabad	Mahabad	230	50	5,8	1346 (1967/8)
Zarineh Rud	Bukan	650	85	10	1346 (1967/8)
Aras	Qezel Qeshlag	1350	90	22	1346 (1967/8)
Gorgan Rud	Sangarsanar	79	20	—	1343 (1964/5)
Kur	Dorudzan	993	42	—	1345 (1966/7)
Im Bau befindliche Dämme:					
Karun	Masjid-i-Sulaiman	2900	93,8	1000	1348 (1969/70)
Minab	Minab	344	14	—	1351 (1972/3)
Halil Rud	Jiruft	430	10,5	15	1352 (1973/4)
Lar	Polur	960	65	140	1351 (1972/3)
Qeshlaq	Sanandaj	224	7	3	1352 (1973/4)
Sarbaz	Pishin	130	2,8	—	1353 (1974/5)

Quelle: Statistical Yearbook 1973; mit Ergänzungen.

3. Der biotische Komplex: Pflanzen- und Tierwelt, Böden 95

Wenn Dammbauten für Bewässerungszwecke zwar auch schon aus der Antike bekannt sind (vgl. z. B. HARTUNG 1972), so haben die Anlage von Tiefbrunnen und die Errichtung großer Staudämme in den letzten 10 bis 15 Jahren doch den natürlichen Wasserhaushalt des Landes stärker verändert als alle menschlichen Eingriffe in den Jahrhunderten davor. Die Entwicklung tendiert dabei eindeutig zu einer Ablösung der Qanatbewässerung und damit zu einer Abkehr von dem quasinatürlichen Gleichgewicht zwischen Niederschlag und Verbrauch bzw. Bedarf für Bewässerungszwecke. Da die schnelle Zunahme der Brunnenbohrungen eine Erschöpfung vorhandener Grundwasserreserven erwarten läßt, die Staubecken zudem infolge der weitgehenden Vegetationslosigkeit der Einzugsgebiete einer schnellen Aufsedimentation unterliegen, andererseits aber der Wasserbedarf in Stadt und Land ständig zunimmt, ist für die Zukunft des Landes in einer ausreichenden Wasserversorgung eines der Hauptprobleme zu sehen.

3. DER BIOTISCHE KOMPLEX: PFLANZEN- UND TIERWELT, BÖDEN

Vielleicht der sensibelste Anzeiger auch kleinräumig wechselnder klimaökologischer Gegebenheiten sind die Differenzierungen der natürlichen biotischen Faktoren, insbesondere der natürlichen Vegetation. Pflanzen- und Tierwelt stellten vor allem in der Vergangenheit, bilden teilweise aber auch heute noch ein bedeutsames natürliches Potential: für die Sammler und Jäger der vor- und frühgeschichtlichen Zeit bildeten sie die fast ausschließliche Lebensgrundlage; Hege und Pflege einzelner Pflanzen und Tiere und ihre schließliche Domestikation ermöglichten den Übergang zur Seßhaftigkeit; Nomaden sind noch heute vom natürlichen Weidepotential und seiner Nutzung abhängig (vgl. MEDER 1979). Dies gilt in gleicher Weise vom Boden als der Grundlage aller wirtschaftlichen Aktivitäten des Menschen. Die Betrachtung des Bodens, definiert als das ›mit Wasser, Luft und Lebewesen durchsetzte, unter dem Einfluß der Umweltfaktoren an der Erdoberfläche entstandene und eine eigene morphologische Organisation aufweisende Umwandlungsprodukt mineralischer und organischer Substanzen, das in der Lage ist, höheren Pflanzen als Standort zu dienen‹ (SCHROEDER 1969), beschließt den Überblick über den Naturraum Irans und sein Potential und leitet damit zur historischen Inwertsetzung und heutigen Nutzung dieses Potentials durch den Menschen über.

3.1. Pflanzen- und Tierwelt

Unter den vielfältigen Versuchen, die natürlichen Biofaktoren für das gesamte Land zu erfassen, ragen vor allem eine Reihe vegetationsgeographischer Arbeiten hervor. Zu nennen sind hierbei insbesondere die botanischen Arbeiten von ZOHARY

(1963, 1973), aber auch die klimaökologisch angelegten Studien von BOBEK (1951, 1952, 1968), ADLE (1960), PABOT (1967), SABETI (1969), MOBAYEN–TREGUBOV (1970) und anderen. Hinzu kommen zu diesen Übersichtsstudien eine Reihe systematischer botanischer Spezialarbeiten (z. B. PARSA 1943—1960, RECHINGER 1963 ff.) sowie eine Vielzahl regional oder thematisch eingeengter Studien, deren größter Teil von FREY–MAYER (1971) bibliographisch erfaßt wurde. Tiergeographische Zusammenfassungen, aber auch ökologisch ausgerichtete Detailstudien fehlen dagegen, von wenigen Ausnahmen (z. B. MISONNE 1959) abgesehen, weitgehend.

3.1.1. Die Vegetation und ihre Differenzierung

Hervorstechendes Kennzeichen der Vegetation Irans ist, wie schon mehrfach erwähnt, der extrem wüstenhafte Charakter des Landes: etwa die Hälfte des Landes wird von Wüsten und Halbwüsten eingenommen. Ein weiteres Viertel mag man zwar als Weideland ansprechen, das aber dennoch zum großen Teil ebenfalls nur jahreszeitlich nutzbar und zudem bereits so stark überweidet ist, daß seine weitere Nutzung aufgegeben oder staatlich unterbunden wurde. Umgekehrt bedecken Wälder im weitesten Sinne nur 10 % der Staatsfläche, aber nur ein Zehntel davon kann als Wald sensu stricto gelten (vgl. dazu Abb. 1). Ein zweites, nicht weniger charakteristisches Kennzeichen der Vegetation Irans ist ihre mehr oder weniger vollständige Zerstörung und Umgestaltung durch den Menschen. Jahrtausende während Eingriffe von Ackerbauern und Viehzüchtern haben die ursprünglichen Steppen und lichten Steppen- und Bergwälder tiefgreifend verändert. Der Bau- und Brennholzbedarf der großen Städte sowie die ständig wachsende Nachfrage nach Holzkohle haben zu einer Degradierung und stellenweise völligen Abholzung auch der im 19. Jh. noch sehr dichten Wälder des südkaspischen Tieflandes geführt. Dennoch ist anhand der Restbestände des ursprünglichen Pflanzenwuchses eine Differenzierung der natürlichen Vegetation möglich, wobei die weitgehende Kongruenz mit der Klimaausstattung des Landes deutlich wird.

In Anlehnung an BOBEK (1968) läßt sich die Vegetation Irans aufgrund der Wälder und Gehölzfluren und deren Wuchsdichte physiognomisch in drei Zonen untergliedern:
a) Feuchtwälder (geschlossene Wälder);
b) halbfeuchte bzw. Trockenwälder (offene Wälder); und
c) Baum- und Strauchfluren des Hochlandes und Südirans (Gehölzfluren).

Ergänzt werden muß diese Trilogie durch eine Vielzahl lokaler Sonderformen, die unter dem Begriff der azonalen Gehölzfluren zusammengefaßt werden. Eine weitere Untergliederung vor allem der drei erstgenannten Vegetationsformen ergibt sich aus dem thermisch und/oder hygrisch bedingten hypsometrischen Formenwandel der Vegetation, der sich in einer entsprechenden Höhengliederung

3. Der biotische Komplex: Pflanzen- und Tierwelt, Böden

von Klima und Pflanzenkleid ausdrückt (vgl. dazu Tab. 11) und in die schon erwähnte klimaökologische Gliederung des Jahres 1952 (vgl. Kap. II, Abschn. 2.1.4) einmündet. BOBEK (1952, S. 68) gelangt im einzelnen zu folgender Differenzierung von Klima und Vegetation:

Kaspischer Berg- und Niederungswald	800—2000 mm	humid/perhumid
Halbfeuchter Eichen-Weißbuchen-Mischwald	600—1000 mm	humid
Zagros-Eichenwald	500— 750 mm	
Eichen-Wacholderwald	500— 750 mm	semihumid
Eichen-Kiefernwald	500— 750 mm	
Wacholderwald	300— 500 mm	
Bergmandel-Pistazien-Ahorn-Hainsteppe	300— 500 mm	semiarid
Bergmandel-Pistazien-Baumflur	150— 300 mm	arid
Baum- und Strauchfluren des Garmsir	150— 300 mm	arid
	(400 mm)	(semiarid)

Es spricht für die bis heute im Prinzip ungebrochene Gültigkeit dieser Gliederung, daß ihre wesentlichen Merkmale durch spätere Versuche zwar verfeinert, grundsätzlich aber bestätigt worden sind.

Eine auf Leit- und Begleitpflanzen, deren Arealverbreitung und Artenzusammensetzung basierende geobotanische Gliederung der iranischen Flora hat demgegenüber ZOHARY (1963) vorgelegt. Ausgehend von der Einteilung der Erde in die sechs Florenreiche der Holarktis, der Neotropis, der Paläotropis, der Capensis, der Australis und der Antarktis und der Grenzlage Irans zwischen Holarktis und Paläotropis ergibt sich bereits zwangsläufig die Dominanz von Vertretern dieser beiden Florenreiche. Auf der Grundlage detaillierter pflanzensoziologischer Bestandsaufnahmen gelangt er sodann zur Ausscheidung verschiedener pflanzengeographischer Regionen, die entweder in reiner Ausprägung oder aber gemischt vorkommen. Es handelt sich im einzelnen um folgende Einheiten und deren prozentuale Anteile an der Gesamtfläche Irans:

Monoregionale Gruppen:
Euro-sibirische Flora	5,0 %
Irano-turanische Flora	~ 69,0 %
Mediterrane Flora	0,5 %
Arabo-saharische Flora	0,5 %
Sudanesische Flora	5,0 %

Zwei- und mehrregionale Gruppen:
Euro-sibirische/mediterrane Flora	1,0 %
Euro-sibirisch/irano-turanische Flora	2,5 %
Mediterran/irano-turanische Flora	~ 10,0 %
Irano-turanisch/saharo-arabische Flora	1,3 %
Euro-sibirisch/mediterran/irano-turanische Flora	1,6 %

Mediterran/irano-turanische/saharo-arabische und mediterran/saharo-arabische Flora	0,2 %
Boreal-tropisch/boreal-subtropische Flora	1,6 %
Tropische und tropisch-subtropische Flora	1,0 %
	~ 99,2 %

Die Tatsache, daß holarktische wie tropische Florenelemente in Iran vorkommen, beweist die pflanzengeographische Vielfalt des Landes, der mit nahezu 20 % nicht gerade geringe Mischungsgrad verschiedener Florengruppen die oftmals schwierige vegetationsgeographische Gliederung sowie die Mittlerstellung Irans zwischen holarktischem und paläotropischem Florenreich. Hinzu kommt, daß ZOHARY die über zwei Drittel des Landes umfassende irano-turanische Florenprovinz, die ohnehin flächenhaft weniger durch Baum- oder Gehölzvegetation als durch Steppen- und Wüstenvegetation gekennzeichnet ist, nochmals untergliedert und dabei folgende Differenzierung trifft:

— armeno-iranischer Steppe–Wald-Bezirk;
— Zagroswälder;
— afghanisch-anatolischer Steppenbezirk;
— turanischer Sand- und Marschbezirk;
— alpine und subalpine Bezirke.

Einen im Prinzip dem BOBEKschen Ansatz ähnlichen Versuch einer ›bioklimatischen‹ Gliederung Irans verdanken wir PABOT (1967), der seine Differenzierung des Landes auf einer Kombination von Vegetationsformationen, Höhenstufen des Reliefs und Temperaturwerten aufbaut. Er gelangt zu insgesamt zehn großen bioklimatischen Zonen, die in Karte 4 erfaßt und erläutert sind. Die zusätzlich aufgenommenen Klimadiagramme mit ihrer Unterscheidung in humide und aride Jahreszeiten lassen den schon wiederholt angesprochenen Zusammenhang von Klima und Vegetation besonders deutlich werden.

Die folgende Darstellung der großen Vegetationszonen Irans, die nomenklatorisch, aber auch inhaltlich weitgehend auf dem von BOBEK vorgelegten Gliederungsversuch aufbaut, versucht, die von ZOHARY und PABOT entwickelten Differenzierungen mit in die Betrachtung einzubeziehen.

a) Feuchtwälder. — Analog zum humiden Klimacharakter des kaspischen Tieflandes finden wir echte Feuchtwälder nur in Nordiran an der Nordflanke des Alborz sowie in dem ihm vorgelagerten schmalen Küstensaum. Der bei den Botanikern unter dem Namen ›Hyrkanischer Wald‹ bekannte Tieflandwald, der sich von Talesh bis nach Mazandaran erstreckt und bis etwa 400 bis 500 m Meereshöhe hinaufreicht, stellte den Prototyp des nordiranischen Feuchtwaldes dar. Seine Kennzeichen sind nicht nur großer Artenreichtum an Baum- und Strauchvegetation, sondern zugleich eine durch Schlingpflanzen (Lianen) und starken Unterwuchs bedingte Unzugänglichkeit und schlechte Durchdringbarkeit. In der Tat wird der persische Name für Wald, ›djangal‹ (= Dschungel), dem ursprünglichen Charakter des zudem stellenweise noch amphibischen südkaspischen Tieflandwaldes gerecht. Die nahezu tropische Wuchskraft wird ergänzt durch das Vorhandensein ausgesprochen kälteempfindlicher Florenelemente, die als Endemismen und tertiäre Reliktformen allein im kaspischen Tiefland vorkommen. Zu den wichtigsten Vertretern des oft beschriebenen und floristisch untersuchten Hyrkanischen Waldes (vgl. BOBEK 1951, BUHSE–WINKLER 1899, FREY–PROBST 1974, RADDE 1886, RECHINGER 1939, ROL 1956 u. a.) gehören z. B. die kastanienblättrige Eiche *(Quercus castaneaefolia)* und die wegen ihres harten Holzes geschätzte *Parrotia persica*, auch Eisenbaum genannt. Ulmen *(Ulmus campestris)*, Buchen *(Carpinus betulus)* und ähnliche Vertreter des Laubwaldes wie Ahorn *(Acer insigne)*, *Zelkowa crenata* bilden zusammen das oberste, bis 35 m Höhe aufragende Stockwerk. Unter ihm befinden sich als zweite Etage *Gleditschia caspica, Albizzia julibrissin* oder *Pterocarya fraxinifolia* als Endemismen, daneben Feigen *(Ficus carica)* u. ä. Vertreter. Den Unterwuchs schließlich bilden dichte, bis 5 m hohe Dikkichte von Buchsbaum *(Buxus sempervirens)*, Granatapfel *(Punica granatum)*, Brombeeren *(Rubus sp.)*, Lorbeerkirschen *(Prunus laurocerasus)*, *Crataegus-* Arten und viele andere. Zusammen mit Epiphyten verschiedenster Art (Wein, Efeu, *Smilax* oder *Periploca graeca*) sowie dichtem Bodenbewuchs, darunter vor allem Farne (ins. *Pheridium acquilinum*), bildet der Hyrkanische Wald eine in jeder Beziehung einmalige, wenngleich ökologisch stark differenzierte (vgl. FREY–PROBST 1974) Vegetationsformation in Iran.

Mit zunehmender Höhe bzw. zunehmender Kontinentalität der Klimaelemente nach E und W hin, in deren Gefolge vor allem die kälte- und frostempfindlichen Endemismen (*Pterocarya, Albizzia, Gleditschia* u. a.) ausfallen, schließt sich der Kaspische Bergwald als Höhenstufe an. Zwischen 800 und 1000 m Höhe erreicht er seine spezifische Ausprägung mit der Dominanz der Buche *(Fagus orientalis)*, die hier infolge der reliefbedingten Unzugänglichkeit und Siedlungsleere noch stellenweise große geschlossene Waldbestände bildet, in den Talzügen aber bereits stark zurückgedrängt ist. Zwischen 1800 m und 2500 m schließt sich eine obere Bergwaldstufe mit der charakteristischen Symbiose von Weißbuchenspezies *(Carpinus orientalis)* und Eichen *(Quercus macranthera)* an, wobei die letztere zugleich die äußersten Vorposten der Baumvegetation zur Höhe hin bilden. Die genannten Arten, zusammen mit *Cotoneaster-, Sorbus-, Crataegus-, Ulmus-* und anderen Spezies sowie einem mehr oder weniger ausgeprägten Unterwuchs an Sträuchern, Gräsern, Stauden und Kräutern, bilden auch im östlichen Mazandaran, in Gorgan und an der nordwestlichen Peripherie der kaspischen Waldregion die wesentlichen Elemente des Bergwaldes (vgl. dazu auch Abb. 62).

Oberhalb der Waldgrenze geht die üppige Waldvegetation, je nach Lage und Exposition zwischen 2200 m und 2500 m, in eine Gebirgssteppe (GILLI 1939) mit

Trockenstauden, Polsterpflanzen und Grasfluren über, die jedoch meist weniger als 50% der Bodenoberfläche bedecken. Ursache dieser in Habitus und Ökologie xerophilen Bergsteppenflora ist das Übergreifen extrem trockener Hochlandsluft auf die Nordflanke des Alborz, wie sie mehrfach beschrieben wurde (vgl. BEAUMONT 1968, EHLERS 1969, FREY–PROBST 1974). Daß auch expositionsbedingte Unterschiede, Luv und Lee ebenso wie Sonnen- oder Schattenlage, auf engstem Raum zu ausgeprägten Sonderformen der Vegetation führen können, beweisen die berühmten Zypressenwälder von Pol-e-Doab und Marzanabad (vgl. Abb. 62).

Sowohl aus der geographischen Lage des kaspischen Tieflandes als auch aus seiner spezifischen orohydrographischen Situation wird verständlich, daß ein Großteil der kaspischen Tieflands- und Bergwälder aus holarktischen Florenelementen, speziell der euro-sibirischen Gruppe im Sinne von ZOHARY besteht. Anders ausgedrückt: der 5%-Anteil der euro-sibirischen Pflanzengruppe ist nahezu identisch mit dem Verbreitungsgebiet des Hyrkanischen Waldes. Seine wesentlichen Vertreter (vgl. ZOHARY 1963, S. 21 ff.) schließen dabei eine Vielzahl der auch schon von BOBEK genannten tertiären Relikte ein, die für die Rekonstruktion der Klima- und Landschaftsgeschichte Irans bedeutungsvoll sind. So gilt die Südküste des Kaspischen Meeres einschließlich Alborz und Talesh z.B. als Rückzugsgebiet arkto-tertiärer Floren (z. B. *Parrotia persica, Pterocarya fraxinifolia, Zelkova* etc.), ebenso aber auch als deren Mittelpunkt während der im Pliozän erheblich weiteren Ausdehnung dieses Florenbereiches.

b) Halbfeuchte Wälder bzw. Trockenwälder. — Die von BOBEK für physiognomisch wie klimaökologisch ganz bestimmte Waldtypen geprägten Begriffe der halbfeuchten Wälder bzw. Trockenwälder umfassen verschiedene Untertypen, die ihrerseits keineswegs immer flächendeckend mit den Florenregionen von ZOHARY sind. Zum sog. ›Halbfeuchten Wald‹ rechnet BOBEK allein den Eichen–Weißbuchen–Ahorn-Mischwald des Karadagh und Karabagh, d. h. eine kleinere Region, die sich nördlich des Kuh-i-Savelan und von Ardabil über die Arasfurche hinweg nach Kaukasien fortsetzt und dort Anschluß an den Kolchischen Bergwald gewinnt. Der Begriff des Trockenwaldes beinhaltet demgegenüber eine Vielzahl verschiedener Waldtypen, die BOBEK wie folgt differenziert:
— Eichen-Kiefernwald NE-Anatoliens;
— Eichen-Wacholderwald des östlichen Taurus und NW-Irans;
— Zagros-Eichenwald;
— Wacholderwald des Alborz und Khorassans.

Nicht eingeschlossen in den Begriff des Trockenwaldes sind bei BOBEK lichte Gehölzfluren (vgl. unter c), die ZOHARY aber aus Gründen der floristischen Zusammensetzung nicht als eigenständigen Vegetationstyp anerkennt und sie deshalb der Waldvegetation zurechnet. Bei PABOT (1967; vgl. auch Karte 4) werden alle außerkaspischen Wälder zur ›Trockenwaldregion‹ (xerophilous forest zone) mit Niederschlägen von über 380/420 mm zusammengefaßt.

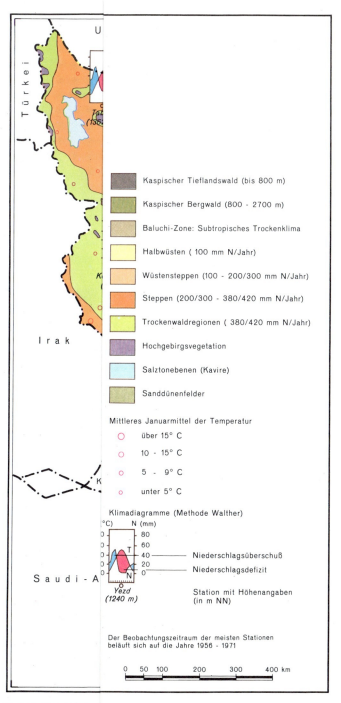

Karte 4: Vegetationszo

3. Der biotische Komplex: Pflanzen- und Tierwelt, Böden

Typisch für die Waldformationen des semihumiden Klimatyps sind vor allem bestimmte Waldreste im NW des Landes. Als Prototyp gilt der aus Eichen *(Quercus macranthera)*, Weißbuchen *(Carpinus orientalis)* und Ahorn *(Acer insigne)* gebildete halbfeuchte Mischwald des Karabagh und Karadagh. In seinem Artenbestand durchaus dem kaspischen Bergwald ähnelnd, wird er von BOBEK (1951) nicht nur als nordwestliche Fortsetzung der kaspischen Feuchtwälder aufgefaßt, sondern zugleich als Verbindungsglied zu dem von der südlichen Schwarzmeerküste herübergreifenden Kolchischen Bergwald. Die Verbindung mit seiner östlichen Fortsetzung, den Feuchtwäldern der Himalayatäler und des Gebirgsvorlandes, ist infolge der einschneidenden Klimaveränderungen seit dem Tertiär und der ›Kontinentalisierung‹ des Klimas abgerissen: kälteresistente Wacholderwälder in Ostiran und Afghanistan, bereits eindeutig den Trockenwäldern zuzurechnen, repräsentieren den vorherrschenden Waldtyp, der beide fast 2000 km voneinander entfernten Feuchtwaldgebiete verbindet. Er entspricht im wesentlichen dem ›Armeno-Iranian-steppe-forest district‹ von ZOHARY, den dieser als eine Unterabteilung der irano-turanischen Florenregion auffaßt.

Trockenwälder dominieren flächenmäßig eindeutig: nicht nur die genannten Wacholderwälder Nordirans, sondern auch die Eichenwälder des Zagros sowie die Übergangsformen zwischen beiden im NW, d. h. westlich der Linie Sanandaj–Rizaiyeh–Maku, gehören dem xerophilen Waldtyp an. Reine Wacholderwälder mit *Juniperus macropoda* als Leitpflanze kennzeichnen vor allem die kontinental-winterkalten Bergregionen Nordirans. So schließt sich im Alborz, südlich der Wasserscheide, zwischen Manjil bis hin nach Bojnurd, direkt an den feuchten Bergwald eine mehr oder weniger ausgeprägte Trockenwaldvegetation mit Steppengräsern als Unterwuchs an. Kopet Dagh, Ala Dagh, Kuh-i-Binalud wie auch Pusht-i-Kuh tragen das gleiche, durch Holzeinschlag, Weidewirtschaft und Feuer stark degradierte Pflanzenkleid. Daß es sich bei ihnen letztlich um das botanisch gleiche Florenelement wie der obengenannte kälteresistente Wacholderwald Ostirans und Afghanistans handelt, betont ZOHARY (1963, S. 35) ausdrücklich. Wälder mit *Quercus Brantii (persica)* und anderen Arten meist niedrig wachsender, aber breit ausladender Eichen kennzeichneten einst den weitaus größten Teil des Zagros. Zwischen den einseitig dominierenden Eichen finden sich gelegentlich Ahorn, Eschen, Pistazien oder Wildobstarten, deren isolierte Verbreitung zu dem Parksteppencharakter des Zagros-Eichenwaldes (ZOHARY: Zagrosian forest district), wie er in letzten Resten noch sehr schön entlang der Straße Shiraz–Kazerun ausgeprägt ist, beiträgt. Da auch Sträucher wie *Crataegus, Cotoneaster, Prunus, Rosaceae* nur selten größere geschlossene Bestände bilden, sind mehr oder weniger dichte Grassteppen landschaftsbestimmend. Wo immer Relief und Substrat es gestatten, wird heute ein spärlicher Ackerbau betrieben. Die steilen Hangpartien nutzen bäuerliche oder nomadische Viehhalter, so daß ursprüngliche Bestände des Zagros-Eichenwaldes heute fast ganz verschwunden sind. Oberhalb der Waldgrenze, die etwa zwischen 2300 m und 2600 m Höhe angesetzt werden darf, schließen sich vor allem Bergsteppen mit *Astragalus* und *Artemisia*, z. T. aber auch reine Grasfluren an. Sie sind die bevorzugten Sommerweidegebiete von Bergnomaden.

Ähnlich wie die Wacholderwälder Nordirans, so ist auch der Eichenwald des Zagros ausgesprochen winterhart. Das schließt nicht aus, daß in seinen unteren Stockwerken wärmebedürftige Vegetationselemente die Artenvielfalt bereichern: Pistazien, Granatapfel, *Paliurus, Zizyphus, Oleander* und Myrten finden sich häufig in Höhenlagen unter 1200 bis 1400 m und deuten damit bereits den Übergang zu den frostempfindlichen Baum- und Strauchfluren des Hochlandes von Iran sowie der Bergländer im S des Landes an. Allerdings gilt für den Eichenwald des Zagros wie auch für seine Garmsirvariante, daß er — stärker und früher als alle anderen Wälder Irans — systematisch vernichtet wurde. Die Lage des Zagros zwischen Zentren alter Hochkulturen, seine zwar sperrende Wirkung, dennoch aber von sehr alten Handels- und Heerstraßen wie auch von nomadischen Wanderwegen durchzogenen Täler und altbesiedelten Beckenräumen, der Mangel an Brennmaterialien, alte und permanente Land- und Weidewirtschaft wie auch andere Faktoren haben zu einer schnellen Vernichtung des ursprünglich wohl sehr viel dichteren Waldkleides, von dem HARRISON (1946) meinte, daß es wohl einmal alle Hänge zwischen 900 m und 2100 m flächendeckend überzogen habe, geführt. ZOHARY betont den ausgeprägten Sibljakcharakter weiter Teile des ausgeprägten Zagroswaldes nachdrücklich.

c) *Baum- und Strauchfluren.* — Im W begleiten ausgesprochen wärmeliebende, im E dagegen kältetolerante Baum- und Strauchfluren den Zagros-Eichenwald. Südlich von Shiraz vereinigen sich beide, mehr oder weniger scharf voneinander durch die Nordgrenze der Dattelpalmenkultur begrenzt. Während die Baum- und Strauchfluren des südlichen Garmsir in etwa die gesamte Golfküstenabdachung Südirans östlich des 52. Längengrades bedecken und lediglich nördlich des Jaz Murian und in Baluchistan auf das Hochland von Iran übergreifen, werden die Bergmandel-Pistazien-Baumfluren mit ihren sporadischen und durchweg sehr lichten und fast ausschließlich auf Berghänge konzentrierten Beständen zum landschaftsbestimmenden Vegetationstyp des Hochlandes von Iran. Beide gehören nach dem geobotanischen System von ZOHARY noch zum ›Armeno-Iranian-steppe-forest district‹, wenngleich sie nach S zu immer mehr auch saharo-arabische bzw. sudanische (BOBEK: sudanisch-nubische) Florenelemente aufnehmen und die entsprechenden Mischformen verschiedener Florengruppen in den Vordergrund treten. Bei PABOT (1967) gehören sie in erster Linie zur Steppen- bzw. ›substeppic‹ Zone, greifen aber auch auf die Trockenwaldregion über (vgl. Karte 4).

Kennzeichen der von BOBEK als ›Baum- und Strauchfluren der südlichen Garmsir‹ ausgeschiedenen Vegetationszone ist letztlich das Fehlen größerer geschlossener Wälder oder Gehölzpflanzenareale. Die vielleicht typischsten Vertreter der der Trockenheit angepaßten Baum- bzw. Strauchpflanzen sind *Zizyphus*-Arten, darunter vor allem der sog. Konarbaum (*Zizyphus spina Christi*). Der

3. Der biotische Komplex: Pflanzen- und Tierwelt, Böden

Zugehörigkeit des südlichen Irans zum ›Saharo-Arabian‹ bzw. ›Sudanian‹ Florenbezirk gemäß (vgl. ZOHARY 1963) sind verschiedene Akazienarten *(Acacia arabica, A. nubica)* weit verbreitet, vor allem im luftfeuchten Küstenbereich des Persischen Golfes südöstlich der Linie von Bushire–Firuzabad–Jahrum. Würden sie über einen ausreichend dichten Unterwuchs an Gräsern verfügen, so würde man sich vom Landschaftscharakter her zweifellos in tropische Savannen versetzt fühlen. So aber stocken die Akazien, die ihnen in der Physiognomie nicht unähnlichen Konarbäume, eine Vielzahl von Dornsträuchern und Sukkulenten *(Stocksia brahuica, Euphorbia larica, Capparis sodada)* zumeist auf nacktem, felsigem oder schottrigem Untergrund.

Seinen besonderen Charakter erhält das küstennahe und etwa 1000 Höhenmeter nicht überschreitende untere Stockwerk des Garmsir in Baluchistan durch die weite Verbreitung der Zwergfächerpalme *(Nanorrhops Ritchieana Wendland).* Diese von den Einheimischen als ›Pish‹ bezeichnete Pflanze, die als Brenn- und Baumaterial, aber auch für Flechtarbeiten und andere Zwecke Verwendung findet, stellt vor allem die extreme Trockenheit des südöstlichen Landesteiles Irans heraus. Oberhalb von 1000 m erfolgt im südiranischen Garmsir eine Zunahme des Artenbestandes, der bereits zu dem Typ der Bergmandel-Pistazien-Baumfluren überleitet, die nördlich bzw. oberhalb der Grenze der Dattelkultur liegen und mehr oder weniger für das gesamte Hochland von Iran typisch und kennzeichnend sind. Nach BOBEK (1951, S. 34) handelt es sich bei der Bergmandel-Pistazien-Baumflur um ›den gegen Trockenheit resistenten Typus der iranischen Baumgesellschaften‹, denen er aber wegen der Weitabständigkeit des Wuchses nicht mehr Waldcharakter zubilligen will. Die von der Südabdachung des Alborz im N bis in den südlichsten Zagros und nach Baluchistan im S reichende Baumgesellschaft ist dabei im wesentlichen auf das felsige Gebirgsrelief beschränkt, greift aber nirgends auf die landschaftsbestimmenden sterilen Schotterflächen (Dasht) und Ton- bzw. Sandebenen des Gebirgsvorlandes über.

d) Azonale Vegetationsformen. — Iran verfügt, überwiegend edaphisch oder hydrologisch bedingt, über eine Reihe azonaler Vegetationsformen, die sich in das floristische Bild ihrer Umgebung einfügen. Zu ihnen gehören, meist mit sporadischen, räumlich begrenzten und an bestimmte Ökotope gebundenen Vorkommen, spezielle Formen der Wüsten- und Sanddünenvegetation, Anpassungsformen an saline, brackische oder süßwasserbeeinflußte Marsch- und Sumpfgebiete oder die große Vielfalt von Unkrautvegetation anthropogener Beeinflussung. Die Problematik der Zuordnung und Einordnung dieser Vegetationsformen beruht nicht nur auf einer bis heute oft nur mangelhaften Kenntnis ihrer pflanzensoziologischen Zusammensetzung, sondern auch in der Schwierigkeit einer klaren Abtrennung von ihrer Umgebung. So entspricht der von ZOHARY als eigenständig ausgeschiedene Vegetationstypus der ›hot desert vegetation‹ weitgehend der von BOBEK definierten Gehölzflur des südlichen Garmsir. ZOHARY z. B. sieht in den

Euphorbien *(Euphorbia larica)* des iranischen SE das trockenheiße wüstenhafte Gegenstück zu den Akazienbeständen der luftfeuchten Golfregion, und er betrachtet die berühmte Zwergfächerpalme Baluchistans als typischen Vertreter des nubo-sindischen Florenbezirks.

Sanddünenvegetation schließt einmal die von BOBEK als Gehölze der Dünensande bezeichneten schütteren Bestände von *Saxaul* (speziell: *Haloxylon persicum*) ein, die durch menschliche Eingriffe stark reduziert sind, beinhaltet aber auch den *Calligonum*-Strauch *(Calligonum comosum),* sowie, unter humideren Bedingungen, auch tropische Tamariskenarten *(Tamarix aphylla, T. stricta, T. dioica).* So erwähnt ZOHARY als typische Tamariskenassoziation im Raum Bam-Zahidan die Verbindung von *Tamarix aphylla* mit *Calligonum, Haloxylon salicornium* sowie *Seidlitzia rosmarinus* bzw. *Suaeda-sp.* Auf nicht befestigten Sanddünen und sonstigen mobilen Treibsandflächen finden sich demgegenüber echte Grasgesellschaften, *Aristidetea* im Sinne von ZOHARY. Auf ihnen finden sich neben *Aristida pennata* vor allem *Carex, Salsola, Heliotropium* und *Ephedra sp.*

Marsch- und Sumpfvegetation, vor allem an feuchte Standorte gebunden, ist aus bekannten Gründen fast durchweg halophytisch. Bei beiden sind zunächst Grundwasser- und Ufergehölze verbreitet. Im Hochland von Iran bilden die feuchten Standorte perennierender oder periodischer Flüsse bevorzugte Ansatzpunkte für eine Art Galeriewald, der äußerst artenreich ist: Weiden, Pappeln, Ulmen, Eschen, Platanen, Ahorn bevölkern die auch sommerfeuchten Standorte, wobei natürliche und anthropogene Standortbedingungen kaum zu trennen sind. Verbreitung und Nutzung natürlich vertretener wie auch vom Menschen angesiedelter, z.T. verwilderter Fruchtbäume tragen zum Artenreichtum dieser Ufergehölze bei. Der Eindruck fast unerschöpflicher Wuchsfülle wird noch verstärkt durch die üppige Begleitvegetation, vor allem von dichten, undurchdringlichen und z.T. ausgedehnten Schilfrohrdickichten, wie sie flußbegleitend an vielen Stellen des Hochlandes von Iran (Rud-i-Gamasiab, Rud-i-Bampur, Zayandeh Rud, Halil Rud, Hilmend u.v.a.) vorkommen.

Grundwasserbeeinflußte Vegetationsinseln im Hochland von Iran sind zugleich mehr oder weniger halophytische Florengemeinschaften: geobotanisch rechnet ZOHARY die vielfältigen Tamariskenformen *(Tamaricetea salina)* ebenso wie die salztoleranten Mangroven der Golfküste den Busch- und Strauchvegetationen der Salzmarschen zu, während die Vegetation der Salzmarschen des Hochlandes zumeist durch niedrige Wuchsformen geprägt ist. Die halophytischen Pflanzen, die oftmals als einzige die Kavire bestocken *(Halocnemetum strobilacei),* kriechen flach über den Boden, beschützen das von ihnen verdeckte Feinmaterial vor Auswehung und tragen somit entscheidend zur mikromorphologischen Oberflächengestaltung der Kavirflächen bei (vgl. MAHMOUDI 1977). In Südiran und an den Küsten des Persischen Golfes findet sich eine an hohe Temperaturen angepaßte Salzflora, zu deren Charakterpflanzen *Anabasis setifera,* aber auch zahlreiche Varianten der *Salsola* und *Suaeda sp.* sowie ähnliche Arten zählen.

3. Der biotische Komplex: Pflanzen- und Tierwelt, Böden 105

Sumpfvegetation, im wesentlichen auf den amphibischen Bereich des kaspischen Tieflandes beschränkt (vgl. PROBST–FREY 1974), sowie Nachfolgegesellschaften auf ehemals oder auch heute noch land- oder weidewirtschaftlich genutzten Flächen sind meist so sehr anthropogen überformt, daß sie in anderem Zusammenhang (vgl. Kap. II, Abschn. 3.3) nochmals aufgegriffen werden sollen. Erwähnt werden soll lediglich, daß unter den typischen Unkräutern des Ackerlandes vor allem *Alhagi maurorum*, d. h. eine für Kamele wichtige Futterpflanze (Kameldorn), verschiedene *Prosopis*-Arten und wiederum traganthhaltiger *Astragalus* vertreten sind. Hauptvertreter und kaum ausrottbare Schmarotzer des Kulturlandes sind, neben *Alhagi*, vor allem *Peganum*, *Sophora* und *Hulthemia*.

e) Steppen- und Halbwüstenvegetation. — Im Gegensatz zu den Baum- und Gehölzfluren der Höhenregionen sind die weiten, aus Schottern, Kiesen, Sanden oder Tonen bzw. Salztonen aufgebauten Hochländer Irans von der schon genannten Steppen- und Wüstenvegetation geprägt: ›This territory harbours the most typical flora of Iran and the most representative vegetation of the Irano-Turanian region‹ (ZOHARY 1963, S. 44). Kennzeichen dieser zum ›Afghano-Anatolian steppe district‹ zählenden eigentlichen Hochlandvegetation ist die Dominanz halophytischer Florengemeinschaften im Bereich abflußloser Hohlformen oder schlecht entwässerter Becken sowie der Vorherrschaft monotoner Wermutsteppen im besser drainierten Terrain. Vollkommene Vegetationslosigkeit dagegen prägen etliche Kavire, große Teile der zentralen Lut sowie sterile Sandfelder in anderen Teilen des Hochlandes. Besonderes Merkmal fast aller Teile des Hochlandes von Iran ist der extrem schüttere Charakter der Vegetation, der nur selten mehr als ein Drittel des Bodens bedeckt. Vielmehr finden sich unregelmäßig und in lockerer Verteilung, lediglich an gelegentlich wasserführenden Rinnen linear verdichtet, zahlreiche Wermutsträucher *(Artemisia herba alba)*. Sie treten zumeist auf in Verbindung mit der der Gattung der Rhabarberpflanze zugehörigen *Rheum ribes* oder auch Vertretern der wirtschaftlich nicht unwichtigen *Astragalus sp.* Diese werden z. T. für Traganthgewinnung gesammelt (vgl. GENTRY 1957). Auch die oft mehrere Meter hohe *Dorema ammoniacum*, die das besonders in der Vergangenheit nach Europa exportierte Ammoniakharz liefert, ist eine ursprünglich nicht seltene Begleitpflanze der Wermutsteppen. Sowohl Astragon als auch verschiedene *Acantholimonae*, aber auch andere Traganthe stellen sich häufig auf ehemals landwirtschaftlich oder weidewirtschaftlich genutzten Flächen ein; sie treten ebenso häufig aber auch an die Stelle der Artemisien, die in der Nähe von Siedlungen als Brennmaterial gesammelt werden. Ob die Konzentration der tragantliefernden Astragaluspolster auf die subalpine Höhenstufe klimatisch oder anthropogen bedingt ist, sei dahingestellt. Holzpflanzen, soweit sie überhaupt auf den Bergfußflächen vorkommen, beschränken sich auf *Zygophyllum atriplicoides* und auf die auch als Futterpflanze begehrte Hülsenfrucht *Prosopis stephaniana*. Vertreter kümmerlicher Restbestände eines Steppenwaldes nennt ZOHARY (1963, S. 50/51), wobei starke Abholzung in der Vergangenheit wohl die wesentliche Ursache der Vernichtung der Baum- und Strauchbestände war; die letzten Reste werden heute vernichtet.

Die geringe Verbreitung sowohl mediterraner als auch saharo-arabischer Florenelemente in reiner Ausprägung in Iran hängt ganz zweifellos mit der trennenden Wirkung der randlichen Hochgebirge zusammen (ZOHARY: ›Armeno-Zagrosian mountain barrier‹!). So sind typisch mediterrane Florenvertreter — nicht selten als präpleistozäne Relikte — vor allem in Nordiran, Pflanzen saharo-arabischen Ursprungs vor allem im äußersten S zu finden, ebenso wie übrigens auch sudanische Florenvertreter. Verbreiteter und ungefähr 12 % der Gesamtfläche Irans bedeckend sind aber immerhin deren Mischformen mit der irano-turanischen Flora, wobei die mediterranen Arten beispielsweise, wegen ihrer thermischen und hygrischen Bandbreite, in fast allen Teilen des Landes vorkommen.

Bemerkenswert ist das weitgehende Fehlen der für ›Steppenregionen‹ ansonsten typischen Grasfluren. Wenn auch davon auszugehen ist, daß Gräser einstmals eine weitere Verbreitung gehabt haben als heute, so sind sie über größere Areale hinweg kaum noch bestandbildend. Natürliche Grasfluren, sofern man solche überhaupt noch anerkennen und ausscheiden will, kommen höchstens in den Höhenregionen einzelner Gebirge sowie im Zusammenhang mit zwergstrauchreichen Formationen des Hochlandes von Iran vor. Hier können besonders *Stipa*- und *Stipagrostis*-Arten zusammen noch flächenbildend und dominant in Erscheinung treten. Meist aber sind die natürlichen Grasfluren durch jahrhundertelange permanente Überweidung zerstört. Annuelle Gräser vermögen, vor allem nach kräftigen winterlichen Regenfällen, zur periodischen oder episodischen Begrünung einzelner Halbwüstengebiete beizutragen.

f) Vegetation der subalpinen Stufe. — Zu den auffallendsten Vegetationsformen Irans zählen die Dornpolsterformationen. Sie sind besonders kennzeichnend für die subalpinen und alpinen Stufen von Alborz und Zagros, aber auch der degradierten *Juniperus*-Wälder Nordirans. Angepaßt an tiefe Wintertemperaturen und lange Schneedauer, kennzeichnen vor allem *Astragalus*- und *Acantholimon*-Polster die Höhenbereiche von Zagros und Alborz oberhalb von 3500 m bzw. 3200 m. Sie werden von MELCHIOR (1938) als Felssteppenformationen bezeichnet, GILLI (1939) nennt wechselweise die Begriffe Dornpolstersteppe bzw. Hochstaudensteppe. Nach PABOT (1967) erreichen Gehölzfluren und einzelne ihrer Vertreter (*Amygdalus, Prunus, Lonicera, Rosa sp.* etc.) ihre Obergrenze bei 3000 bis 3200 m, Krautvegetation erreicht maximal 4300 m. Begleitpflanzen der ›tragacanth vegetation‹ sind, neben perennierenden Gräsern wie Vertretern von *Bromus, Agropyrum, Festuca, Stipa* oder *Hordeum fragile,* an humideren Standorten auch Futterpflanzen wie *Trifolium* und *Lotus corniculatus. Oryzopsis molinioides* kann als Charakterpflanze der trockenen Hochgebirgsvegetation zwischen Alborz im N und Fars bzw. Kerman im S gelten.

3. Der biotische Komplex: Pflanzen- und Tierwelt, Böden

Tab. 11: *Vegetationsgliederung Irans nach* BOBEK *und* ZOHARY

BOBEK (1951/1968)	ZOHARY (1963)
1. Humid forests: Caspian or Hyrcanian	1. The Hyrcanian territory
2. Semi-humid and semi-arid forests:	2. Irano-Turanian territory
a) Oak-Juniper forests	a) Zagrosian forest
b) Zagrosian Oak forests	b) Steppe-forest area:
3. Steppes and deserts with loose tree stands and brushwoods:	ba) Juniperus steppe-forest
	bb) Pistacia steppe-forest
a) Dry Pistachio-Almond-Mapleforest	c) Afghano-Anatolian steppe
	d) Mesopotamian steppe
b) Dry Juniper forest	e) Turanian enclaves
c) Pistachio-Almond steppe or desert	3. Nubo-Sindian territory
	4. Saharo-Arabian territory
d) Tree and shrubsteppe and desert of the Garmsir	5. Azonal types
4. Azonal Types:	a) Hot desert vegetation
	b) Marsh vegetation
a) Sand brushwoods	c) Sand/dune vegetation
b) Riparian forests	d) Swamp vegetation
c) Salt marsh brushwoods and coastal forests	e) Segetal/ruderal vegetation

g) Zusammenfassung. — Der Überblick über die Vegetation Irans und ihre Differenzierung macht deutlich, daß Wuchsform und Wuchsdichte, Artenfülle und -zusammensetzung, aber auch Physiologie der Pflanzen (vgl. z. B. GOLEGOLABE–ZARGARI 1961) stark von Relief- und Klimagegebenheiten abhängig sind. Anderseits ist unbestritten, daß eine nach überwiegend geographischen, und das heißt in diesem Falle überwiegend physiognomisch faßbaren Gesichtspunkten vorgehende Differenzierung kaum der geobotanischen Vielfalt Irans gerecht werden kann. Wenn ZOHARY dennoch nachdrücklich den Wert der BOBEKschen Differenzierung der Flora Irans anerkennt, so zeigt sich bereits hierin das weitgehende Maß an Übereinstimmung. Es wird vollends deutlich in der Gegenüberstellung der Gliederungsprinzipien der von BOBEK (1951) und ZOHARY (1963) vorgelegten Vegetationskarten (Tab. 11) und ihrem Vergleich mit dem Entwurf von PABOT (vgl. Karte 4).

Daß die in Tab. 11 genannten Vegetationszonen heute kaum noch in natürlicher Ausprägung vorkommen, wurde erwähnt und überrascht angesichts der langen Besiedlung und des menschlichen Eingriffs in den Naturhaushalt keineswegs. Umgekehrt erfährt die natürliche Vegetation heute eine abermalige Beeinflussung durch umfangreiche ›positive‹ Eingriffe der Art, daß sie durch Weideverbote, Dünenbefestigungen, Aufforstungen, Anlage von Windschutzstreifen und ähnliche Maßnahmen (vgl. Kap. II, Abschn. 3.3) eine teilweise selbstgesteuerte Regeneration erfährt, daß zugleich aber dadurch eine neuerliche künstliche Veränderung der Artenzusammensetzung erfolgt.

3.1.2. Die Tierwelt

Ähnlich vielfältig wie die Flora ist auch die Fauna Irans. Bedingt durch die schon eingangs als Charakteristikum des Landes gekennzeichnete zentrale Lage zwischen den Mittelmeerländern im W und dem Industieland im E, zwischen der eurasiatischen Landmasse im N und den Wüsten Arabiens im S, ist Iran, wie DE MISONNE (1968), der wohl beste Kenner der Fauna des Landes, es nennt, zu einem ›meeting-place of foreign influences‹ geworden. Er gibt für Iran immerhin 129 verschiedene Säugetierspezies an, während Europa (ohne die Sowjetunion) mit insgesamt 133 nur über wenig mehr verfügt. Auch die regionale Zuordnung der Säugetierfauna verrät ähnliche Lageprinzipien und ökologische Vielfalt wie die Flora. Der Herkunft nach gliedern sich die Säuger nach DE MISONNE wie folgt:

Paläarktische Spezies	55,1 %
Endemische Spezies	18,1 %
Indische Spezies	14,6 %
Afrikanische Spezies	8,6 %
Gemischte Spezies	3,4 %

Auf ähnliche regionale und ökologische Zusammenhänge zwischen Iran und seinen Nachbarländern weisen übrigens auch detaillierte Untersuchungen über die Echsenfauna des Landes durch ANDERSON (1968) hin. Grundsätzliche Übereinstimmung herrscht auch dahingehend, daß es sich bei der iranischen Säugetierfauna zu einem guten Teil um eine tertiäre Reliktfauna handelt, deren Artenzahl und Verbreitung sich seit dem Präpleistozän nur wenig gewandelt haben (vgl. auch LAY 1967).

Wie nicht anders zu erwarten, sind vor allem die gebirgigen Randsäume des Hochlandes von Iran sowie der kaspische Küstenabschnitt die bevorzugten Verbreitungsgebiete auch größerer Säuger sowie einer entsprechenden ornithologischen Vielfalt. Hier findet sich auch ein Großteil der vom Menschen seit jeher auf die eine oder andere Weise gejagten Tiere. Zu ihnen gehören insbesondere eine Reihe von Wildschafen und Bergziegen, darunter das Mufflon sowie der als Jagdtrophäe begehrte Steinbock, die infolge ihres unzugänglichen Lebensraumes in den Höhenregionen der Gebirge noch nicht von Vernichtung bedroht sind. Zusammen mit verschiedenen Arten von Rotwild sowie dem weitverbreiteten Wildschwein bilden sie die bedeutendsten Beutetiere der zahlreichen Fleischfresser. Der angeblich noch in wenigen Exemplaren lebende Mazandartiger, der von Indien über Afghanistan nach Nordpersien eingewandert ist, war noch vor wenigen

3. Der biotische Komplex: Pflanzen- und Tierwelt, Böden

Jahrzehnten in den unzugänglichsten Teilen des vom Menschen gemiedenen südkaspischen Tieflandwaldes weit verbreitet. Von seinem südwestiranischen Widerpart, dem persischen Löwen, der sich nicht nur in zahlreichen Felsreliefs von Persepolis, sondern auch im Staatswappen findet, wurden die letzten Exemplare offensichtlich in der Mitte des 19. Jh. in der Nähe von Shiraz erlegt. Verbreitet sind heute noch andere Raubkatzen, wie z. B. Leoparden und Luchse, wobei Leopard *(Panthera pardus)* und Cheetah einstmals so häufig gewesen sein müssen, daß viele Bergzüge nach ihnen benannt sind (Palang Kuh). Gefährlicher als die zahlenmäßig stark reduzierten Raubkatzen sind in den Bergen im N und NW Wölfe, die in den Wintermonaten auch in Dörfer einbrechen und bäuerliche wie nomadische Viehherden überfallen. Auch der Braunbär *(Ursus arctos)* richtet gelegentlich Schäden unter den Viehherden der Bergbewohner in Alborz und Zagros an.

Sowohl nach Art als auch nach Umfang bedeutender sind die Wildbestände in den lichten Wald- und Wüstensteppen der Gebirgsvorländer und auch im Hochland von Iran. Hier kommen Gazellen verschiedener Art *(Gazella subgutturosa, G. gazella bennetti)* vor, daneben zahlreiche Nager. Ihnen stehen als natürliche Feinde, sieht man vom Menschen ab, vor allem Füchse und Schakale, aber auch kleinere Raubkatzen, wie z. B. die Sandkatze *(Felis margarita)*, gegenüber. Zwei besonders charakteristische und endemische Vertreter der persischen Steppenbzw. Wüstensteppenfauna sind der bis vor kurzem ausgestorben geglaubte Mesopotamische Hirsch *(Cervus dama mesopotamica)* sowie der Wildesel. Dieser unter dem Namen Onager *(Equus hemionus onager)* bekannte und zur Gattung der Pferde gehörende Einhufer lebt bevorzugt am Rande der großen Salzwüste, kommt aber auch im SE des Landes vor. Da er zur Zeit streng geschützt wird, besteht Hoffnung, diese Art zu erhalten.

Bestimmte Haustiere deuten auf Fremdeinflüsse und Übertragung von außen hin. So erinnert das im kaspischen Tiefland Nordpersiens und im SE des Landes weitverbreitete zebuähnliche Buckelrind an indische Einflüsse; ähnliches gilt für die im N, NW und Khuzistan häufigen Wasserbüffel, die ebenfalls auf indische Herkunft schließen lassen. Das bei Nomaden einstmals häufige Lasttier Dromedar ist ebenfalls in Iran nicht ursprünglich heimisch, sondern wohl von SW nach Iran eingeführt worden. Wenn das Vorhandensein von domestizierten Kamelen auch schon für das vorchristliche Jahrtausend belegt und ihr Einsatz als Reittiere in der achämenidischen Armee vor 2500 Jahren sicher ist, so zeigt die immer noch weite Verbreitung auch von Tragochsen in Iran vor allem in jenen Gebieten, die sich einer ›Beduinisierung‹ am längsten oder stärksten widersetzen konnten (DE PLANHOL 1969), daß die Ausbreitung des Kamels in Iran nicht zuletzt an die Einflüsse arabischer und zentralasiatischer Viehzüchter gebunden ist.

Der Reichtum bestimmter Teile Irans an auch vom Menschen gejagten Vögeln ist bekannt. Schwerpunkte in der Verbreitung und Artenzahl sind wiederum das Kaspische Meer, aber auch der Hamun-e-Hilmend sowie bestimmte Küstenabschnitte des Persischen Golfes. Vor allem das Mordab, eine versumpfte und von

Schilfdickichten umgebene Süßwasserlagune zwischen Rasht und Bandar Pahlavi, gilt als eines der ornithologisch vielseitigsten Gebiete der Alten Welt (vgl. Schulz 1959).

Fasane, Rebhühner, Steppenhühner sind die am stärksten bejagten Hühnervögel, dennoch aber nach wie vor ungemein zahlreich; Wachteln dagegen werden nicht gejagt. Unter den zahlreichen Greifvögeln werden der Goldadler und einige Falkenarten auf dem Hochland und in SW-Iran bei der Jagd eingesetzt. Die allenthalben verbreiteten Geier, vor allem Bart- und Lämmergeier, üben — zusammen mit Schakalen, bestimmten Hyänenarten und einigen Fuchsarten — eine wichtige Funktion als Aasvertilger und damit als ›Gesundheitspolizei‹ aus (vgl. auch Read 1968).

Die größte wirtschaftliche Bedeutung bei der Ausbeutung der tierischen Ressourcen in Iran kommt dem Fischfang zu. Kaspisches Meer wie auch Persischer Golf stellen die wichtigsten Fanggebiete dar, aber auch zahlreiche Gebirgsflüsse bieten für Sportfischerei in den Oberläufen, für kommerzielle Nutzung in den Unterläufen (z. B. Dez, Karun, Marun in S; Sefid Rud in N) beachtliche Möglichkeiten. Daß der tierische Reichtum des Kaspischen Meeres schon in vorgeschichtlicher Zeit vom Menschen genutzt wurde, wissen wir aus der faunistischen Analyse von Wohnplätzen prähistorischer Jäger- und Sammlerkulturen (vgl. McBurney 1964/1968): so fanden sich bei Höhlen nahe Behshahr zahlreiche Knochenreste des kaspischen Seehundes *(Phoca caspica),* der hier schon vor über 10 000 Jahren offensichtlich intensiv bejagt wurde. Heute gilt die Jagd weniger dem nach wie vor häufigen Seehund und auch nicht dem Hering, einem Relikt aus der Zeit der Verbindung des Kaspi mit dem Weltmeer, sondern vor allem dem Fang des Störs und der Gewinnung von Kaviar. Am Kaspischen Meer existieren etwa 50 staatliche Fischereistationen, die Zentralen in Bandar Pahlavi und Babolsar unterstehen. Ihre auf etwa 6000 veranschlagten und zumeist saisonal beschäftigten Fischer (Andersskog 1970), die z. T. aus dem Gebirgshinterland des Kaspischen Meeres stammen (Vieille–Nabavi 1970) und die den Fischfang zumeist von der Küste aus mit kleinen Ruder- und Segelbooten betreiben, konzentrieren ihre Aktivitäten vor allem auf den Fang der wertvollen Beluga-, Asetra- und Sevrugastöre, deren Rogen als Kaviar ein wertvoller Exportartikel ist (vgl. Tab. 12).

Daß die Kaviargewinnung, die volumenmäßig weniger als 5 % der Fischfänge ausmacht, wirtschaftlich mehr erbringt als die in den letzten Jahren kräftig angestiegenen Fangmengen von Speisefisch, zeigt deren hoher Verkaufserlös. Er steigt noch beträchtlich, wenn man bedenkt, daß die staatliche Fischereigesellschaft im Geschäftsjahr 1972/3 über 90 % allen Kaviars (199 von 215 verkauften Tonnen) exportierte, während der Fisch — meist Meeräschen (Mugil species) und Weißfische *(Rutilus frisii kutum)* — dem lokalen Markt und vor allem Tehran zugeführt wurden.

Die Fischerei des Persischen Golfes und der Omansee, regional in erster Linie auf Bandar Abbas und Bushire fixiert, ist auf Sardinen und Thunfischfang spezialisiert. Die jährliche Fangmenge der auf etwa 8000 geschätzten Fischer betrug

3. Der biotische Komplex: Pflanzen- und Tierwelt, Böden 111

Tab. 12: *Fangerträge von Fisch und Kaviar in Nordiran
1963/64—1972/73*

Jahr	Kaviar		Fisch	
	Produktion (t)	Prod. Wert (Mill. rial)	Produktion (t)	Prod. Wert (Mill. rial)
1963/64	195	317	2 223	75
1968/69	201	162	6 409	280
1972/73	216	284	5 062	218

Quelle: Statistical Yearbook 1973.

Ende der 60er Jahre schätzungsweise 10 000—12 000 t, was sowohl per capita als auch im Hinblick auf die abgefischte Fläche vergleichsweise wenig ist. Dies gilt auch dann, wenn man zu diesen Fangergebnissen einige tausend Tonnen Garnelen hinzurechnet. Das Potential des Persischen Golfes wird jedenfalls für sehr viel höher und die Golffischerei damit für ausbaufähig gehalten (Kask 1970).

Bedingt durch den Mangel an größeren ganzjährig wasserführenden Flüssen ist die auf Forellen konzentrierte Flußfischerei auf nur wenige Alborz- und Zagrosflüsse beschränkt und dient ausschließlich der Sportfischerei. Auch die übrige Flußfischerei ist von höchstens lokaler Bedeutung. Ein wissenschaftlich ungeklärtes Phänomen ist die weite Verbreitung ihrer geringen Größe wegen zwar nicht verwertbarer, aber doch sehr zahlreich vertretener Fische in den Qanaten auch der extremsten Trockengebiete, wie z. B. bei Tabas/Khorassan.

3.2. Böden

Die Böden spiegeln die weitgehende Ungunst des Landes wider. Allerdings ist zu bedenken, daß Klima und Vegetation kaum der Entwicklung tiefgründiger und voll ausgereifter Böden förderlich sind und starke Reliefenergie zudem eine ständige Umlagerung des Substrats bewirkt.

Eine grobe, auf der Grundlage von Luftbildauswertung mit gelegentlichen Geländekontrollen basierende und daher im Detail ausbaufähige oder gar korrekturbedürftige Darstellung der wichtigsten Bodentypen Irans (Abb. 20) zeigt die erdrückende Dominanz steriler Wüstenböden, Sanddünen oder saliner Böden auf dem Hochland von Iran sowie die enge Verschachtelung und kleinräumige Kammerung unterschiedlicher Böden an dessen Peripherie. Eine weitergehende Differenzierung zeigt nach Dewan–Famouri (1964, 1968), denen wir die bisher umfassendste Bestandsaufnahme der Böden Irans verdanken, im einzelnen das in Tab. 13 erfaßte Bild.

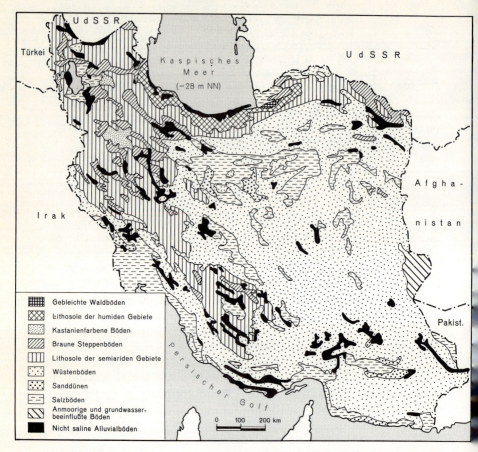

Abb. 20: Die Böden Irans (nach DEWAN–FAMOURI 1968).

Die zweifellos überschlägige Zusammenstellung der verschiedenen Bodentypen und ihre grobe Zuordnung zu bestimmten Relieftypen läßt in jedem Falle die Dominanz lithomorpher Böden deutlich werden. Lithomorphe Böden, gekennzeichnet durch gehemmte Bodenentwicklung und schwache Profildifferenzierung infolge petrographischer, erosiver oder klimatischer Ungunst, kennzeichnen vor allem die Hochlandplateaus, wo sie gemäß obiger Zusammenstellung fast 90 % der Oberfläche, sowie Bergland und Gebirge, wo sie nahezu 100 % der Oberfläche einnehmen. Lediglich einige Übergangs- und Mischformen sowie in Tälern und Becken zusammengeschwemmte Böden erreichen eine Art durchgängigen Profils und bilden, sofern die Salzanreicherungen nicht zu hoch sind und Irrigationsmöglichkeiten bestehen, die Voraussetzungen sporadischen und räumlich begrenzten

3. Der biotische Komplex: Pflanzen- und Tierwelt, Böden

Tab. 13: Die Böden Irans (in tsd. ha)

Böden der Ebenen und Täler:			
1	Feintexturierte alluviale Böden	4 750	
2a	Grobtexturierte alluviale und kolluviale Böden sowie Regosole	4 500	
2b	Sanddünen	2 500	
3	Hydromorphe Böden (Gleye, Pseudogleye, Moorböden)	750	
4	Solontschak-, Solonezböden	6 000	
1—4	Saline alluviale Böden	5 000	
3/4	Salzmarschen	7 000	
			30 500
Böden der Plateaus:			
5	Graue und rote Wüstenböden	2 000	
6	Sieroseme (Grauerden)	8 000	
7	Braune Steppenböden	6 000	
8	Kastanienfarbige Böden	1 000	
5—2a	Wüstenböden — Regosole	8 000	
5—2a	Wüstenböden — Sanddünen	8 000	
5—4	Wüstenböden — Sieroseme — Solontschake	3 000	
6—2	Sieroseme — Regosole	9 000	
7—15	Braunerden — Lithosole	2 000	
			47 000
Böden des kaspischen Tieflandes:			
9	Mediterrane Rot- und Braunerden	20	
10	Podsole	30	
11	Braune Waldböden	350	
			400
Böden des Berg- und Gebirgslandes:			
12	Braunerden — Rendzinen	400	
13	Kalklithosole — Wüstenböden/Sieroseme	35 000	
14	Kalklithosole (Salz- u. Gipsmergel) — Wüstenböden/Sieroseme (einschl. Salzdome)	12 000	
15	Kalklithosole — Braunerden — kastanienfarbige Böden	24 000	
16	Lithosole (Grundgebirge) — Braunerdensieroseme	12 000	
17	Lithosole — Braune Waldböden — Rendzina	2 500	
18	Regosole (Sandstein) — Podsole	100	
19	Lithosole (Grundgebirge) — Braune Waldböden — Podsole	150	
			86 150
Wasserfläche			*1 000*
Zusammen (angenähert)			*165 050*

Quelle: DEWAN-FAMOURI 1968.

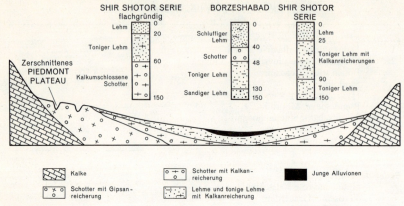

Abb. 21: Bodensequenz durch den Khorassangraben (nach Ministry of Agriculture 1969).

Ackerbaus. Das Gros der ackerbaulich nutzbaren Böden liegt somit eindeutig an der Peripherie des Hochlandes von Iran.

a) Böden der Ebenen und Täler sowie der Gebirgsvorländer. — Die Übersichtskarte (Abb. 20) über die Bodentypen Irans zeigt, daß nichtsaline alluviale Böden sowie braune Steppenböden, häufig untereinander vergesellschaftet, vor allem im N, NW und W des Landes vorkommen. Eingebettet in die umrahmenden Gebirgsketten mit ihren meist sterilen Lithosolen, vereinigen sich die verschiedenen Bodentypen zu ganz bestimmten Bodengesellschaften (Catena). Solche Catenen können, bei symmetrischem Relief- und Gesteinsaufbau einer Beckenumrandung und analog zu den Oberflächenformen, eine geschlossene Bodensequenz (Abb. 21) oder aber eine offen bleibende Abfolge darstellen. Die landwirtschaftlich nutzbaren Böden der Beckenfüllung, meist feintexturierte Alluvionen und braune Steppenböden, gehen an den Rändern häufig in Regosole (Rohböden aus Lockergestein) bzw. Sieroseme über. In abflußlosen Hochbecken bestimmt vor allem die Korngrößensortierung des Substrats die Abfolge der Bodentypen: von Lithosolen über Regosole zu Wüstenböden verschiedener Ausprägung bis hin zu salinen Alluvionen und reinen Salzmarschen.

Eine besondere Stellung nehmen das südkaspische Tiefland sowie die Schwemmlandebenen Mesopotamiens ein. Der südliche Küstensaum des Kaspischen Meeres, gekennzeichnet durch alluviale Schwemmlandböden, braune Waldböden sowie verschiedene Regosole und Lithosole (vgl. ANDRIESSE 1960, ALIMARDANI 1975), ist sowohl pedologisch als auch aus anderen Gründen durchgängig nutzbar. Während die hydromorphen Alluvionen vor allem in Gilan und im westlichen Mazandaran zu intensivem Reisbau genutzt werden, dominieren im trockeneren Ostmazandaran braune Wald- und Steppenböden. Im Bereich der Turkmenensteppe und östlich von Gorgan treten dann in starkem Maße

Löße oder lößähnliche Feinsedimente auf, während nach N zu grundwasser- und klimabeeinflußte Salinität des Bodens agrarwirtschaftliche Nutzung unmöglich macht. DEWAN–FAMOURI (1964) haben für das kaspische Tiefland wie auch für andere Teile Irans zahlreiche Aufschlußprofile und deren physikalisch-chemische Auswertung beschrieben.

b) Böden des Hochlandes von Iran und seiner Randhöhen. — Auf dem Hochland von Iran und den ihn begrenzenden bzw. gliedernden Gebirgen kommt es so gut wie nirgends zu vollgültigen Bodenbildungen (vgl. ALIMARDANI–ARYAVAND 1974). Ein Teil der von DEWAN–FAMOURI den Wüstenböden zugerechneten Plateauflächen sind in Wirklichkeit nichts anderes als die schon früher angesprochenen Kies- und Steinwüsten, die Sserire und Hamadas, vegetations- und wasserlose Dünenfelder sowie die Salz- u. Gipskrusten der Endbecken. Andererseits ist es durchaus statthaft, Sserir- und Hamadaoberflächen ›auch als primitive »Bodenkrusten« der bodenartigen Formen oder der fehlenden Bodenbildung unter fast ausschließlich physikalischer Verwitterung aufzufassen; um so mehr, als unter der Kies- und Steinoberfläche in der Regel weicheres und feineres Material erscheint‹ (GANSSEN 1968, S. 79).

Vegetationsfreiheit und damit Mangel der für die Humusbildung unbedingt notwendigen Phytomasse kennzeichnen aber auch die dem Hochland aufgesetzten Bergmassive, die zudem kräftiger Denudation und Abtragung unterliegen. Schließlich bilden auch die Bergfußflächen eigentlich keine Böden, sondern vielmehr eine Ansammlung steriler Kiese und Sande, die zudem der Auswehung ausgesetzt sind. Bodenfreie Flugsandtriften und Wanderdünenfelder begleiten häufig solche Kies- und Sandflächen.

Erosion und Akkumulation als geschlossenes, reliefprägendes System beeinflussen somit auch die Bodenbildungsprozesse auf dem Hochland von Iran nachhaltig. Schwerkraftbedingte Abtragung, Transport durch fließendes Wasser oder Umlagerungen durch den Wind lassen im Höhenbereich Bodenbildungen kaum über das Rohbodenstadium (lithomorphe Böden i. w. S.) hinausgelangen. In den Beckenbereichen bewirken Wasser- und Vegetationsmangel demgegenüber nur unvollständige A-C-Profile (Sieroseme, Yermas, Rendzinen, Ranker usw.). Wo Salz- oder Gipsanreicherungen besonders stark vertreten sind, kommt es zu charakteristischen Krustenbildungen im Oberboden (auch bei Solontschaken z. B.). In jedem Falle aber fehlen Verwitterungshorizonte, und die Humusanteile liegen, von den gering verbreiteten braunen Steppenböden abgesehen, bei durchweg weniger als 0,5 %.

Angesichts der spezifischen Entstehungs- und Ausbildungsbedingungen von Böden im Hochland von Iran kann nicht verwundern, daß nutzbare und genutzte Böden nur geringe Anteile an der Gesamtfläche einnehmen. Nutzbar wären ganz zweifellos weitaus größere Flächen, wenn die Probleme der Be- und Entwässerung zu lösen wären. So aber bleibt der Anbau zumeist auf einige wenige Qanatoasen beschränkt. Einige kleine, niederschlags- oder abflußbegünstigte Gebirgssäume werden im Regenfeldbau, andere auf der Grundlage natürlichen Quellenreichtums (JUNGFER 1974) genutzt; bei Steppenvegetation spielt auch Weidewirtschaft gelegentlich eine Rolle.

3.3. Vegetationszerstörung, Bodenerosion und Wiederaufforstung

Das extrem anfällige Ökosystem des ariden Hochlandes von Iran mit allen seinen ungünstigen Naturfaktoren, mit seiner teilweise schon Jahrtausende währenden Nutzung, mit seiner zunehmenden Belastung durch schnelles Bevölkerungswachstum sowie einer traditionellen, kaum auf Konservierung der Ressourcen bedachten Landnutzung ist heute fast im ganzen Land gefährdet bzw. bereits aus dem Gleichgewicht geraten. Wenn Iran damit auch keineswegs alleinsteht und seine Nachbarländer gleiche oder ähnliche Probleme haben, so werden in Iran die Umweltprobleme durch das in den letzten Jahren explosive und fast zügellose industrielle Wachstum noch erheblich verschärft. Wie kompliziert das Zusammenwirken traditioneller Landnutzungsmuster im ländlichen Raum ist, hat PABOT (1967) in einer Art Flußdiagramm (Abb. 22) dargestellt und zugleich Vorschläge zu einer besseren Nutzung der spärlichen Ressourcen entwickelt.

Vegetationszerstörung und Bodenerosion sind die physiognomisch auffälligsten Konsequenzen menschlicher Mißwirtschaft, aber auch die Verschwendung und unkontrollierte Nutzung des besonders kostbaren Wassers zeigen in absterbenden Oasen oder in Versalzungs- und Versumpfungserscheinungen bei neubewässerten Agrargebieten unheilvolle Konsequenzen. Abgase von Autos und Industrien über den großen Ballungszentren, vor allem Tehran, sind die modernsten Varianten der iranischen Umweltproblematik. Gegenmaßnahmen zur Stabilisierung bzw. Verbesserung des ökologischen Gleichgewichts und des Naturhaushalts sind demgegenüber erst in Anfängen erkennbar und bisher wenig koordiniert.

a) Vegetationszerstörung. — Die Ursachen der Vegetationszerstörung sind mannigfaltig und unterschiedlich, je nachdem, ob es sich um Wald- oder Steppengebiete handelt. Anders als in den Mittelmeerländern und in den einstmals von den Römern verwalteten Trockengebieten des Vorderen Orients (vgl. ROWTON 1967), wo die Zerstörung des Waldes für Bau- und Brennholzbedarf schon vor der Zeitenwende einsetzte und am Ende der Römerzeit bereits weit fortgeschritten war, müssen wir für Iran eine zweiphasige Entwaldungsgeschichte annehmen. Die Auswertung der Reiseberichte arabischer und persischer Geographen, wie sie von DE PLANHOL (1969) für Iran vorgenommen wurde, scheint zu bestätigen, daß die sassanidische Ära auch in Iran eine Zeit starker Entwaldung gewesen ist. Unter den arabischen, mehr aber noch unter den zentralasiatischen Eroberern und der

3. Der biotische Komplex: Pflanzen- und Tierwelt, Böden 117

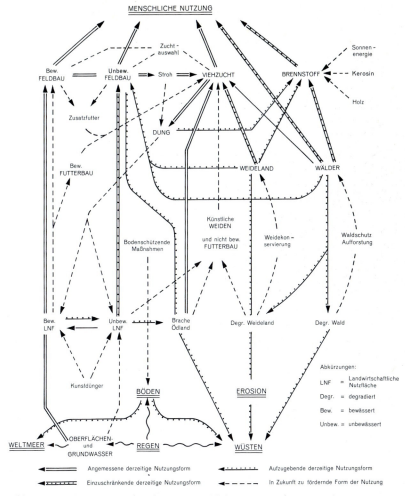

Abb. 22: Das Naturpotential und seine menschliche Nutzung in Iran (nach PABOT 1967).

darauf folgenden Epoche verstärkter ›Nomadisierung‹ scheint die Entwaldung verlangsamt und z. T. sogar gestoppt worden zu sein. Erst in der jüngsten Vergangenheit, d. h. etwa seit dem Beginn des 20. Jh., habe eine neue Welle des Raubbaus am Walde begonnen: verstärkter Brenn- und Bauholzbedarf, Holzkohlegewinnung und Waldweidewirtschaft haben zu der rücksichtslosen Degradierung der letzten Waldreste außerhalb des nördlichen Alborz beigetragen, die erst seit etwa 1960 zum Stillstand gekommen sei. Die Nordabdachung des Alborz mit seinen vollwüchsigen Beständen des kaspischen Tiefland- und Bergwaldes blieb dem-

gegenüber bis zum frühen 19. Jh. unberührt, zumal das Gebiet verkehrstechnisch unerschlossen und vom Hochland her nur schwer zu erreichen war. Eine erste Degradationsphase des Waldes beginnt hier im frühen 19. Jh., indem russische Kaufleute und Händler vor allem in Gilan eine exportorientierte Köhlerei etablierten. Die großflächige Degradierung und Zerstörung sowohl des Tiefland- als auch später des Bergwaldes begann jedoch erst um 1900 (GLÄSER 1960), als mehrere Voraussetzungen gegeben waren:
— starkes Anwachsen der Bevölkerung von Tehran und damit verstärkte Nachfrage nach Holz;
— Erschöpfung der Holzvorräte an der Südflanke des Alborz;
— Bau von Straßen zwischen Tehran und dem kaspischen Tiefland.

Die vernichtenden Auswirkungen des Holzeinschlages für die Holzkohlegewinnung waren deshalb besonders groß, weil bei den in Iran üblichen Techniken der Köhlerei für die Gewinnung einer Einheit Holzkohle die zehnfache Holzmenge Voraussetzung war. Erschwerend kam hinzu, daß die Köhler in der Vergangenheit nicht etwa Stammholz verwendeten, sondern von den geschlagenen Bäumen nur Äste und Zweige nutzten, während die Stämme meist der Vermoderung anheimfielen. Nach DE PLANHOL (1969) ist davon auszugehen, daß von den ursprünglich die Alborzsüdflanke überziehenden Wacholderwäldern 95 % und von den Eichenwäldern des Zagros 90 % vernichtet sind. Die Bergmandel-Pistazien-Baumfluren des Hochlandes von Iran sind, bis auf einige Reste an unzugänglichen Stellen, ganz verschwunden. So steht der kaspische Feuchtwald mit einer Zerstörungsquote von 50 % zwar noch relativ gut da, doch muß man bedenken, daß auch hier von der verbleibenden Hälfte der größte Teil bereits degradiert ist.

Wenn auch seit der Nationalisierung der Wälder deren unkontrollierte Nutzung erheblich eingeschränkt ist, so setzt sich die Waldzerstörung auch heute noch fort. In Nordiran, d. h. in Gilan und Mazandaran, spielt die *Waldweidewirtschaft* auch heute noch eine erhebliche Rolle (vgl. z. B. YACHKASCHI 1969/70, 1973). Sie ist vor allem während des Frühjahrs und des Herbstes von Bedeutung, wenn das Vieh auf seinen jahreszeitlichen Wanderungen zwischen dem Tiefland und den Hochweiden des Alborz (vgl. BAZIN 1974, EHLERS 1973) die verschiedenen Stockwerke des Waldes durchquert: Viehverbiß sowie die Vernichtung junger Sprossen und Blätter sind wesentliche Ursachen einer anhaltenden Waldschädigung. Aber auch von den Bergdörfern im Alborz, Zagros und in den sonstigen Gebirgsmassiven werden immer wieder bäuerliche Herden auf die dorfnahen Weidetriften geführt, so daß auch hier zumindest eine natürliche Regeneration des Waldkleides schwer, wenn nicht gar unmöglich ist. Daß dies in gleicher Weise für die Waldbestände entlang nomadischer Wanderwege gilt, ist selbstverständlich. Eine andere und häufig geübte Form der Waldzerstörung ist das in allen Teilen des Landes zu beobachtende *Schneiteln* der Bäume mit dem Ziel der Futterlaub- und Bauholzgewinnung.

Eine dritte und letzte wichtige waldzerstörende Maßnahme ist die planmäßige

3. Der biotische Komplex: Pflanzen- und Tierwelt, Böden

oder ungelenkte Rodung mit dem Ziel der *Ausweitung der landwirtschaftlichen Nutzflächen*. Mag sie in den meisten Teilen des Landes heute auch keine Rolle mehr spielen, so wird sie zumindest im kaspischen Tiefland bis heute praktiziert. War zu Beginn unseres Jahrhunderts noch die allgemein geübte Praxis des Ringelns und anschließenden Abbrennens der Bäume üblich, so erfolgt heute mit der Anlage sowohl neuer LNF (vgl. EHLERS 1970) als auch neuer Fremdenverkehrssiedlungen eine räumlich zwar begrenzte, aber planmäßige Beseitigung der letzten Reste des Tieflandwaldes. Daß sie aber auch im Hochland von Iran noch heute vorkommt, belegen jüngere Beispiele von EHMANN (1975) oder STÖBER (1978) aus Ansiedlungs- oder Weidegebieten von Nomaden.

Gravierender als die agrarkolonisatorische Umwandlung des Waldes ist in Iran das kräftige Vordringen intensiver Bewässerungslandwirtschaft in bisher extensiv genutztes Acker- und Weideland. Gerade an den Anbaugrenzen aber, sowohl an der Höhen- als auch an der Trockengrenze, ist die natürliche Vegetation durch *Überweidung* so stark degradiert, daß Selektion in der Artenauswahl oder vollkommene Vernichtung der Vegetationsdecke die Konsequenz sind. Letzteres gilt insbesondere für etliche Hochgebirgsregionen, wo bäuerliche oder nomadische Schaf- und Ziegenhaltung, zunächst durch Viehvertritt (Viehgangeln) die schützende Pflanzendecke beseitigt hat. Sodann erfolgt vor allem in quellfähigen Mergeln und Tonen eine in den Übergangsjahreszeiten besonders ausgeprägte Solifluktion, die ganze Hänge und deren Vegetation zerrunsen kann. Beispiele im Alborz, am Alvand Kuh, im Zagros oder anderswo sind zahlreich. Anders verläuft die Degradierung der Vegetation im Bereich der Trockengrenze: sie folgt im wesentlichen dem von PABOT für die syrische Wüstensteppe aufgezeigten und von WIRTH (1971) übernommenen Schema, das gekennzeichnet ist durch Zerstörung der intakten Klimaxvegetation durch Beweidung, einer entsprechenden Veränderung der Vegetationsdichte bei gleichzeitigem Rückgang in der Artenzahl, beginnender Auswehung des ungeschützten Substrats und schließlichem Übergang zu weidewirtschaftlich nicht mehr nutzbarer Wüstensteppe.

Die durch Waldverwüstung und Steppendegradierung ausgelösten Veränderungen des Naturhaushaltes sind beträchtlich. Sie betreffen zum einen das Mikro- und Mesoklima z. B. größerer Rodungsflächen, die ihrerseits beträchtliche Auswirkungen auf das Bestandsklima haben können (vgl. z. B. FREY–PROBST 1974). In anderen Landesteilen, vor allem im Zagros, hat die Vegetationszerstörung zu einer starken Verkarstung in den Kalkmassiven und sonstigen löslichen Gesteinen geführt (vgl. WUNDERLICH 1973), was wiederum das Lokalklima nachhaltig beeinflußt hat. Die gravierendste Konsequenz der Vegetationszerstörung aber ist eine bis heute ungebrochen sich fortsetzende Vernichtung bzw. Auswehung wertvoller Böden.

b) Bodenerosion. — Die Bodenerosion, eine in allen Klimaten auftretende Begleiterscheinung der Vegetationszerstörung, ist in Iran vor allem an zwei Medien

Tab. 14: *Sedimenttransport iranischer Flüsse, 1969*

Fluß	Einzugsbereich an Meßstelle (km²)	Sedimentfracht (t)	t/ha
Flüsse der Kaspientwässerung:			
Haraz	4 086	19 778 446	48,4
Shafarud	350	429 605	12,3
Shahrud	998	332 819	3,3
Qezel Uzan	41 590	9 198 360	2,2
Flüsse des Persischen Golfes:			
Karun	60 769	52 153 460	8,6
Dez	17 773	31 255 279	17,6
Khersan	8 255	18 159 779	22,0
Karkheh	45 882	62 881 305	13,7
Flüsse der Hochlandbecken:			
Karaj	1 120	2 600 000	23,2
Jaj Rud	470	4 377 164	93,1
Gulpaigan	1 030	367 329	3,6
Qum	10 230	2 627 231	2,6
Zayandeh Rud	14 320	1 926 703	1,3
Kor	5 100	903 000	1,8
Halil Rud	3 195	2 514 318	7,2
Zusammen:	215 168	209 504 798	9,7

Quelle: BHIMAYA 1974.

gebunden: an fließendes Wasser und an den Wind. Deren Zeugnisse sind allenthalben spür- und sichtbar: Zerrunsung und Zerrachelung ganzer Berghänge auch unter extrem ariden Rahmenbedingungen, Bodenfließungen im Bereich schütterer Hangvegetation sowie Entblößung ganzer Gebirgsmassive bis auf ihren nackten Gesteinsuntergrund sind weit verbreitet. Das erodierte Material wird, soweit es nicht bei Verkarstungsvorgängen in den Untergrund weggeführt wird, von den Flüssen abtransportiert (Tab. 14).

Die Umrechnung dieser Werte für ein Jahr und alle genannten Flüsse Irans ergibt eine durchschnittliche Abtragungsmenge von etwa 100 t/km² und kann, angesichts so hoher Werte bei gleichzeitig geringen durchschnittlichen Niederschlagsvorkommen im Einzugsbereich der meisten Flüsse, nur mit einer extremen Wirksamkeit der Bodenerosion infolge geringen oder fehlenden Vegetationsschutzes erklärt werden. Die starke Sedimentlast der Flüsse, deren hohe Werte in den reliefenergischen Alborzflüssen Haraz, Karaj oder Jaj Rud keineswegs überrascht,

3. Der biotische Komplex: Pflanzen- und Tierwelt, Böden 121

kommt auch in anderen Faktoren zutage: in sedimentbedingten Trübungen des Flußwassers (z. B. Sefid Rud = weißer Fluß; Qezel Uzan [türk.] = roter Fluß usw.), in mächtigen Dammufern oder Deltaschüttungen der größeren Flüsse, in der enormen Akkumulation grober und/oder feiner Sinkstoffe in den zahlreichen Talsperren, die das Wasserspeichervolumen stark beschränken und die Gefahr der Aufsedimentierung der Staubecken innerhalb weniger Dekaden befürchten lassen. Eine besondere Form fluviatiler Bodenerosion stellt die in tiefgründigen Sedimenten und in Lößen bzw. lößähnlichen Feinmaterialien verbreitete ›gully erosion‹ dar: tief eingeschnittene Schluchten und Gräben und senkrechte Wandbildungen sind für die Lößgebiete des östlichen Mazandaran ebenso kennzeichnend wie für die mit Feinsedimenten gefüllten Beckenräume und Senkungströge.

Verstärkt wird die Tendenz extremer Bodenerosion bzw. der starken Um- bzw. Verlagerung von Bodensubstrat durch die in Trockengebieten besonders ausgeprägte Wirksamkeit des Windes. Berühmtestes Beispiel der extremen erosiven Leistungsfähigkeit des Windes sind sicherlich die Yardangs und Kalutrücken der Wüste Lut (vgl. dazu Foto 8): vom Winde korradierte, fast parallele Korridore, die die Reste der alten Beckenfüllungen (›Seelöß‹ nach GABRIEL 1957) in Form langgestreckter Riedel und Rücken gliedern und somit eine ausgedehnte Zone der Windausräumung in Zentraliran schaffen (vgl. dazu Kap. V, Abschn. 4.4.1). Sandstürme in Südostiran (vgl. GABRIEL, STRATIL–SAUER 1952), Auswehungen aus dem Überschwemmungsbereich der Flüsse oder aus den im Sommer trockenfallenden Stauräumen großer Talsperren, Staubtromben auf dem Hochland von Iran, aber auch Verschüttung von LNF oder Straßen durch Treibsande oder Wanderdünen beweisen die erosive wie akkumulative Wirksamkeit des Windes. Quantitative Untersuchungen, wie sie vor allem in Khuzestan durchgeführt wurden (DEVEAUX– NAKHDJEVANI 1968), erbrachten den Nachweis, daß die Transportkraft des Windes leistungsmäßig beträchtlich ist. So berichtet z. B. PASCHAI (1974), daß auf einem Versuchsfeld bei Ahwaz in Khuzestan ›im Jahre 1970 an einer Front von 100 m Länge mit einer Höhe von 45 cm insgesamt 2527 t Staub- und Sandmaterial mit 763,0 t Salz... verfrachtet worden sind‹. Auch wurden Wanderbewegungen von Dünen von mehr als 14 m in weniger als 4 Jahren registriert.

c) Wiederaufforstung. — Angesichts der katastrophalen Folgen der Vegetationszerstörung und der daraus resultierenden Bodenerosion verwundert nicht, daß seit einiger Zeit verstärkte Bemühungen zur Beseitigung der negativen Auswirkungen und sogar zu einer Wiederherstellung des ökologischen Gleichgewichts unternommen werden. Es ist vielleicht besonders kennzeichnend, daß diese Bemühungen um 1960, d. h. zu einem Zeitpunkt, in dem auch die ersten industriellen Umweltbelastungen zusätzlich spürbar wurden, einsetzten und von flankierenden Maßnahmen des Staates begleitet wurden: Verstaatlichung des Waldbestandes (1963) und Verstaatlichung der Wasserressourcen (1967). Die Versuche zur Wiederaufforstung schließen auch die Anlage von Windschutzstreifen,

Weideverbote, Dünenbefestigung, Maßnahmen zur Verbesserung des Weidelandes, Erosionsschutz u. ä. ein (vgl. BHIMAYA 1974, JONES 1971 u. a.).

Die Bemühungen um Wiederaufforstung dienen verschiedenen Zwecken. Im Umland großer Städte verfolgen sie vor allem das Ziel, das Lokalklima zu verbessern und zugleich der Bevölkerung attraktive Naherholungsgebiete zur Verfügung zu stellen. Musterbeispiel dieses Typus sind die großen Neuaufforstungen in der Hauptstadt Tehran und ihrer unmittelbaren Peripherie: abgesehen von der Anlage kleiner Parks in der Bebauungszone der Stadt, ist die Stadt in den letzten Jahren mit einer Art ›Grüngürtel‹ umgeben worden. Ausgedehnte Anpflanzungen von anspruchslosen und den ökologischen Standortbedingungen angepaßten Koniferen, meist *Pinus eldarica,* finden sich zwischen Tehran und Karaj im W, im unmittelbaren Gebirgsvorland des Alborz zwischen Shemiran und dem Latiandamm im N und NE sowie an der Ausfallstraße zum Jaj Rud hin im E der Hauptstadt. Aufforstungen in den Hochgebirgen, vor allem in Alborz und Zagros, verfolgen andere Zielsetzungen: neben der Einschränkung der Denudation und der Hangzerstörung sollen sie, insbesondere im Hinterland neuer oder im Bau befindlicher Staudämme, die Sedimentführung der Flüsse herabsetzen und damit der schon genannten Gefahr der schnellen Auffüllung der Stau- und Rückhaltebecken mit Schottern, Sanden und Kiesen entgegenwirken.

Da Erosionsschutz mit Forstmaßnahmen allein nicht zu bewerkstelligen ist und der weitaus größte Teil der gefährdeten Gebiete ohnehin nicht bewaldet ist, kommen Weidebeschränkungen und -verbote, Hangterrassensicherungen und Bachverbauungen sowie die Aussaat von Steppengräsern als Begleitmaßnahmen hinzu. Als erste werden seit 1974 im Rahmen eines integrierten Watershed Management Plan die Einzugsbereiche der folgenden Staudämme geschützt:

Dezdamm	1,7 Mill. ha
Sefid-Rud-Damm	5,6 Mill. ha
Amir-Kabir-Damm, Karaj Rud	78 000 ha
Latiandamm	71 000 ha

Entsprechende Schutzmaßnahmen für über 2,5 Mill. ha im Zusammenhang mit dem Karunstaudamm sowie für eine Zahl weiterer Dämme in Azerbaijan, im Zagros, am Halil Rud und bei Minab sowie in der Turkmenensteppe Nordirans sind in Vorbereitung oder sollten von 1976 an wirksam werden.

Umfangreiche Bemühungen betreffen die Stabilisierung der Dünensande im Hochland von Iran wie auch an einigen Küstenabschnitten vom Persischen Golf und Kaspischen Meer. Die Hauptprobleme der Winderosion, die durch ein entsprechend umfangreiches Aufforstungsprogramm bekämpft werden sollen, sind:

— Luftverschmutzung und Sichtbehinderung in Städten und Dörfern sowie beim Flugverkehr;

— Versandung und Aufgabe von Siedlungen und LNF;

— Zerstörung bzw. Funktionsbehinderung von Straßen, Eisenbahnen, Flughäfen, Öleinrichtungen, Telekommunikation usw.;

3. Der biotische Komplex: Pflanzen- und Tierwelt, Böden

Tab. 15: *Veränderungen der LNF und der Tierhaltung
in Iran (in Auswahl), 1946/49 — 1972*

Produkt	Fläche 1946 (tsd. ha)	Fläche 1972 (tsd. ha)	Veränderung (%)
Weizen	2 315	5 469	136,2
Gerste	800	1 519	89,9
Reis	220	377	71,4
Tiere	Zahl (tsd.) 1949	Zahl (tsd.) 1972	Veränderung (%)
Schafe	13 000	25 650	92,7
Ziegen	6 800	13 460	97,9
Rinder	2 500	5 610	124,4

Quelle: ARESVIK (1976), BHIMAYA (1971).

— Vernichtung von Acker- und Weideland;
— Versandung von Qanaten, Brunnen und Bewässerungsgräben.

Besonders bedenklich ist, daß die Desertifikation, d. h. die räumliche Ausdehnung wüstenhafter Bedingungen durch den Eingriff des Menschen in das ›Ökosystem semiarider Gebiete‹ (vgl. MENSCHING–IBRAHIM 1976), sich in Iran in den letzten Jahren erheblich ausgeweitet hat. Ursache dafür ist nicht nur eine starke Zunahme der bäuerlichen und nomadischen Viehhaltung seit dem Zweiten Weltkrieg, sondern auch ein oft nur temporäres Vordringen des Anbaus in Gebiete, die bereits jenseits der Trocken- und Anbaugrenze liegen (Tab. 15).

Die durchschnittliche flächenhafte Zunahme sowohl der Steppengetreide Weizen und Gerste um etwa 100 % wie auch die Aufstockung der Schaf- und Ziegenherden um 95 % in etwa 25 Jahren machen die Aussagen von FAO-Experten (BHIMAYA 1971) verständlich, wonach die kulturlandbedrohenden Sanddünen ›must have extended considerably due to the cultivation, grazing and cutting trends‹. Dieser Quelle zufolge betrug der Anteil von Sanddünenfeldern in den einzelnen Provinzen Irans um 1970 die in Tab. 16 angegebenen Prozentteile. Experten gehen dabei davon aus, daß ein Großteil der als Wanderdünenfelder gekennzeichneten Areale, die z. T. als Treibsandflächen ehemaliges Kulturland überlagern, erst im Zeitraum zwischen 1955 und 1970 entstanden sind. Damit habe durch die verschiedenen Prozesse der Desertifikation die Ausbreitung von Dünensanden in den letzten Jahren von etwa 2 auf über 11 % der Gesamtfläche zugenommen.

Im Jahre 1965 begannen bei Sabzavar am Nordrand der Dasht-i-Kavir erstmals Versuche zur Dünenstabilisierung und zur Fixierung von Treibsanden, die, ähn-

Tab. 16: *Sanddünenfelder in Iran und ihr Anteil an der Gesamtfläche der Provinzen, um 1970*

Provinz (Zusammengefaßte polit. Einheiten)	Gesamtfläche (km²)	Dünen zus. (km²)	Dünen in % der ges. Fläche
Gilan	38 000	—	—
Mazandaran	140 000	6 200	4,4
Ost-/Westazerbaijan	105 000	—	—
Kurdistan	31 000	—	—
Kermanshah	62 000	—	—
Khuzestan	136 000	2 400	1,8
Fars	174 000	6 800	3,9
Kerman	232 000	36 800	15,8
Khorassan	309 000	49 000	15,9
Isfahan	176 000	60 100	34,1
Baluchistan	185 000	20 800	11,2
Tehran	62 000	800	1,3
Zusammen	1 650 000	182 900	11,1

Quelle: BHIMAYA 1971.

lich wie bei den Aufforstungsmaßnahmen, eine Reihe integrierter Maßnahmen umfassen: Anlage von Palisaden und Windschutzstreifen, Mulchen von Dünenfeldern durch Petroleumspray, Weideverbote und Verdichtung der Grasnarbe durch Aussaat von Steppengräsern wie *Aristida pennata, Panicum antidotale* oder *Ferula*. Unter den Holzpflanzen haben sich Tamarisken *(Tamarix stricta), Haloxylon persicum, Calligonum commorum* und *Prosopis juliflora* (SHAIDAEE–NIKNAM 1975, BHIMAYA 1974) als besonders geeignet erwiesen. Vor allem auf dem Hochland von Iran (Yezd, Kerman und Khorassan) und in Khuzestan wurden inzwischen viele hunderttausend Hektar Dünengelände besät oder bepflanzt und über 3 Mill. ha Wüstensteppen mit Weideverbot belegt. Die ersten Erfolge des natürlichen und künstlichen Wiederbewuchses lassen für die Zukunft eine weitere Ausdehnung des Naturschutzes erwarten. Die Einrichtung von Nationalparks, Naturschutzgebieten, von über 30 Baumschulen und Saatzuchtanstalten (BHIMAYA 1974) in verschiedenen Teilen des Landes sowie bessere gesetzliche Regelungen zur Wald- und Weidenutzung sollen den weiteren erfolgreichen Ausbau der genannten Maßnahmen sicherstellen.

4. Zur Frage pleistozän-holozäner Klimaschwankungen in Iran

Die weite Verbreitung fluviatiler und mariner Terrassen an Flüssen und Binnenseen, Moränenablagerungen im Vorland zentraliranischer Hochgebirge, tertiäre Relikte in der Flora des kaspischen Tieflandes, das Vorkommen mächtiger fluviatiler Einschwemmungen im trockensten Teil des Hochlandes von Iran haben — um hier nur einige Indizien zu nennen — schon frühzeitig die Frage aufwerfen lassen, ob die Klima- und Landschaftsentwicklung Irans seit jeher durch Trockenheit gekennzeichnet gewesen sei oder ob während der weltweiten Vereisungen des Pleistozäns das Klima Irans vielleicht feuchter und erheblich kälter gewesen sei. Eine solche Annahme würde nicht nur eine weitgehende Veränderung morphodynamischer Prozesse bedeuten, sondern würde einen grundlegenden Wandel des gesamten Naturhaushalts des Hochlandes beinhalten.

Die Diskussion um das Für und Wider einer eiszeitlichen Klimaverschlechterung in Iran ist seit den mehrfach wiederholten Äußerungen von BOBEK (sehr dezidiert z. B. 1955, S. 18) sehr kontrovers und so grundsätzlich geführt worden, daß sie schließlich über den regionalen Kontext hinaus allgemeine Bedeutung für die Klimaentwicklung der Trockengebiete der Alten Welt erhielt. Die wesentlichen Argumente der an anderer Stelle (EHLERS 1971, S. 149—163) ausführlicher gewürdigten und bewerteten Diskussion lassen sich wie folgt skizzieren:

BOBEK vertritt aufgrund geomorphologischer, botanischer und faunistischer Befunde sowie klimageographisch-meteorologischer Überlegungen die Auffassung, daß während der letzten Kaltzeit im Hochland von Iran ein eher trockeneres, aber im mittleren Temperaturgang um 3—4° C reduziertes Klima im Vergleich zu heute existiert habe. Bestätigt fühlt er sich nachhaltig durch die Ergebnisse pollenanalytischer (WASYLIKOWA 1967, v. ZEIST–WRIGHT 1963, v. ZEIST 1967) und limnologisch-chemischer Untersuchungen in Kurdistan (HUTCHINSON–COWGILL 1963, MEGARD 1967). Unter Berücksichtigung dieser Arbeiten gelangt er für das Hochland von Iran zu folgendem klima- und landschaftsökologischen Entwicklungsschema:

27 000 v. Chr.
bis 11 000 v. Chr.: trockenkaltes Steppenklima, ohne Baumwuchs, *Artemisia*-Steppe, 200—300 mm Niederschlag;
11 000 v. Chr.
bis 3500 v. Chr.: Hainsteppe mit Pistazien, Ahornen und Eichenbeständen, 400—500 mm Niederschlag;
seit 3500 v. Chr.: Übergang zu heutigen Klima- und Vegetationsbedingungen mit lichtem Eichenwald, 500—800 mm Niederschlag.

Vor diesem Hintergrund ist seine Schlußfolgerung, daß wir uns derzeit in einer ›rezenten feuchteren Klimaphase‹ befinden, ebenso verständlich wie gut begründet.

Die Befürworter der These einer pleistozänen Pluvialzeit, in bewußtem Gegensatz zu BOBEK erstmals von SCHARLAU (1958) für das Hochland von Iran formuliert, berufen sich demgegenüber auf eine Reihe der zuvor genannten Zeugnisse eindeutiger Klimaschwankungen, wobei in den letzten Jahren gewichtige neue Argumente hinzukamen (vgl. dazu Kap. V, Abschn. 4.4.2):

— ausgeprägte Terrassensysteme an Binnenseen und an den Rändern der Kavire, wie z. B. am Rizaiyehsee (SCHWEIZER 1975), am Kaspi (EHLERS 1971), am Hilmend (MEDER 1979) oder an den Rändern der Zentraliranischen Kavire (v. a. KRINSLEY 1970);
— fluviatile Terrassensysteme in verschiedenen Teilen des Landes, wie z. B. Nordiran (EHLERS 1969) oder in den Zentraliranischen Hochgebirgen (GRUNERT 1977);
— sonstige geomorphologische Befunde wie pleistozäne Beckenfüllungen (vgl. z. B. GABRIEL 1957, STRATIL–SAUER 1956: Seelöße!);
— Spuren pleistozäner Vergletscherungen in zentraliranischen Hochgebirgen sowie angeblich mächtiger Vorlandvergletscherungen (DESIO 1934, GRUNERT u. a. 1978, HAARS u. a. 1974, HAGEDORN u. a. 1975, KUHLE 1974, 1976);
— Nachweise fossiler Seggenmoore und Faunenelemente im Zentralen Hochland bei Kerman (HUCKRIEDE 1961).

Unter Hinweis auf die bereits erwähnte ausführliche Abwägung der Argumente (EHLERS 1971, S. 149 ff.) mag an dieser Stelle als Fazit die Feststellung genügen, daß die so gegensätzlichen Beweise für oder gegen pleistozäne Klimaverschlechterung nicht unvereinbar erscheinen:

a) beide Seiten lehnen pleistozäne Klimaschwankungen an sich nicht ab, nur ihre Ursache, ihr Verlauf und ihre Wirkung bleiben umstritten;
b) keiner der Autoren, die für oder gegen kaltzeitliche Pluviale sind, können bisher ihre Schlußfolgerungen in zeitlicher Hinsicht über ein allgemein würmzeitliches Alter hinaus präzisieren; die Befunde von WRIGHT u. a. am Lake Zeribar betreffen nur das Hoch- und Spätwürm;
c) ein Teil der Untersuchungen mit ihren z. T. differenzierten klima- und landschaftsgeschichtlichen Ergebnissen wurden nicht auf dem Hochland durchgeführt. Eine Übertragung der Untersuchungsergebnisse auf das Hochland von Iran erscheint angesichts der auch heute so ausgeprägten klimatischen und naturlandschaftlichen Gegensätze nicht oder nur mit erheblichen Vorbehalten möglich.

Insgesamt scheint es aufgrund der genannten Literatur statthaft, zu postulieren, daß fast alle Befunde davon ausgehen, daß die nachhaltigste Klimaverschlechterung mit starker Temperaturabnahme und evtl. sogar einer geringfügigen Niederschlagszunahme in den Hochgebirgen im frühen Würm anzusetzen ist. Dann aber erscheinen die grundsätzlichen Bedenken, die einzelne Autoren gegeneinander hegen, immer mehr miteinander vereinbar. Dies gilt um so mehr, als auch BOBEK die aus der Temperaturerniedrigung resultierenden kaltzeitlichen Formungsprozesse in den Gebirgsvorländern nicht in Abrede stellt.

Mit einer solchen klimageschichtlichen Entwicklung des Hochlandes von Iran, in dem es vielleicht keine Pluvialzeit in echtem Sinne, wohl aber einen kräftigen

4. Zur Frage pleistozän-holozäner Klimaschwankungen in Iran

Pluvialeffekt infolge altwürmzeitlicher Klimaverschlechterung gab, fügt sich das iranische Hochland durchaus in die allgemeine Klimaentwicklung Vorderasiens während der Würmzeit ein, wenngleich in abgeschwächter Form. Eine solche Sonderstellung ist aber angesichts der geschilderten orographischen Lage des Hochlandes im Regenschatten von Zagros und Alborz nicht überraschend. So kommen wir zusammenfassend und abschließend zu dem Ergebnis, daß unter den zahlreichen würm- und späteiszeitlichen Klimaschwankungen, die im südkaspischen Tiefland, im NW Irans und auch in der westlichen Umrandung des Hochlandes nachweisbar sind, nur deren stärkste sich auch im Hochland von Iran durchsetzen konnten. Die klimageographische und klimageomorphologische Sonderentwicklung des Hochlandes von Iran setzt demnach anscheinend im Hochwürm ein, kleine Oszillationen des Spät- und Postglazials haben sich allein in den Hochgebirgen ausgewirkt.

III. DIE INWERTSETZUNG DES NATURPOTENTIALS IN RAUM UND ZEIT

Das vielleicht überraschendste Phänomen bei der Inwertsetzung des Naturpotentials durch den Menschen ist die Tatsache, daß von den frühesten Nachweisen menschlicher Existenz auf dem Hochland von Iran bis hin zur gegenwärtigen Kulturlandschaft der Siedlungs- und Wirtschaftsraum des Menschen sich kaum verändert hat. Zwar hat er sich im Laufe seiner Entwicklung mal ausgedehnt, ist z. T. auch erheblich geschrumpft, doch sind die Kernräume über Jahrtausende hinweg stets die gleichen geblieben (vgl. dazu MEDER 1979). Hierin drückt sich zum einen ganz zweifellos die heute oftmals geleugnete Tatsache einer naturabhängigen, ja: naturbestimmten Fixierung der vom Menschen geschaffenen Kulturlandschaft aus. Weder in der Vergangenheit noch heute vermochte der Mensch die von der Natur gesetzten Grenzen entscheidend zu überschreiten. Wenn er es tat, so mußte er dafür z. T. irreversible Schädigungen des Naturhaushalts in Kauf nehmen, die zu beseitigen auch mit modernsten technischen Hilfsmitteln kaum möglich ist. Um so interessanter muß daher die Frage sein, wie und unter welchen technischen, wirtschaftlichen und sozialen Voraussetzungen sich der Mensch zu verschiedenen Zeiten das Naturpotential des Landes zu eigen gemacht hat. Wenn die Beantwortung einer solchen Frage auch nicht jedermann von ›geographischer Relevanz‹ erscheinen mag, zumal die landschaftlichen Auswirkungen nicht gegeben oder von nur geringer Bedeutung sind, so scheint andererseits gerade die historische Betrachtung geeignet, am Beispiel der Kulturlandschaftsentwicklung zugleich etwas über die sozioökonomische Evolution der Bevölkerung und des Staatswesens aussagen zu können. ›Soziale Raumbildungen‹ bzw. ›Hauptstufen der Gesellschafts- und Wirtschaftsentfaltung‹ (BOBEK) gehen Hand in Hand und schaffen Kulturlandschaftsmuster, die teilweise physiognomisch faßbar werden, mehr aber noch Ausdruck bestimmter wirtschaftlicher und gesellschaftlicher Gegebenheiten sind. Kulturlandschaft wird somit nicht in erster Linie als formal zu analysierendes und differenzierendes geographisches Forschungsobjekt, sondern auch und zuvörderst als Spiegelbild bestimmter sozialer und wirtschaftlicher Gegebenheiten gesehen. Dies gilt für Vergangenheit wie Gegenwart in gleicher Weise.

1. Iran in vor- und frühgeschichtlicher Zeit

Nach vor- und frühgeschichtlichen Grabungsergebnissen sind früheste Zeugnisse menschlicher Besiedlung in Iran für das Mittlere Paläolithikum, d. h. für die

Zeit vor etwa 30000 bis 40000 Jahren, nachweisbar (McBurney 1964f., Piperno 1973, Young-Smith 1966). Wenn sich mit Ausnahme eines Fundplatzes bei Jahrum (Piperno 1973) sowie einer paläolithischen Siedlung in Ostiran (Khurnik) die meisten paläolithischen Funde auch im Zagros in der Umgebung von Khurramabad nachweisen lassen, so ist ihr Besiedlungsalter doch erheblich jünger als das des westlichen Zagrosvorlandes (vgl. Braidwood–Howe 1961, Solecki–Leroi–Gourhan 1961). Im Gegensatz zur Naturlandschaft des ›Fruchtbaren Halbmondes‹, wo die Höhlenbewohner von Shanidar, Zawi Chemi oder Karim Shahir in den wildreichen Gras- und lichten Waldsteppen des nördlichen Mesopotamien schon frühzeitig eine ausreichende Nahrungsgrundlage fanden (vgl. Röhrer–Ertl 1978), waren die Paläolithiker Westirans auf mehr oder weniger geschlossene Hochbecken als Siedlungs- und Jagdgebiet angewiesen. Günstige Voraussetzungen sind in Iran, wenn überhaupt, nur im Zagros und seinem westlichen Vorland (Khuzestan!) sowie in den trockenen Teilen des südkaspischen Tieflandes gegeben. So verwundert nicht, daß vor allem die Ebene von Bisitun zwischen Hamadan und Kermanshah mit ihren zahlreichen Karsthöhlen, aber auch das Becken von Kuh-i-Dasht bei Khurramabad als Zentren paläolithischer Wildbeuterei bzw. Jagd- und Sammelwirtschaft anzusprechen sind. Spuren paläolithischer Siedlung wurden darüber hinaus an der Peripherie der Turkmenensteppe nachgewiesen, wo McBurney (1964) in Ke-Aram dem Moustérien ähnliche Kulturen des mittleren Paläolithikums fand.

Mesolithische Kulturen und Fundplätze, flächenhaft ausgedehnter und ungleich zahlreicher, beweisen das sichere Gespür des vorgeschichtlichen Menschen für ökologische Gunst- und Ungunsträume. So ist für die Zeit um 10000 v. Chr. nicht nur eine bemerkenswerte Zunahme von Siedlungsplätzen im Zagros, sondern auch deren erstmaliger Nachweis in anderen Gunsträumen zu beobachten. Berühmt sind diesbezügliche Funde bei Behshar (Belt-, Hotuhöhle, Ali Tappeh), die auf eine langwährende mesolithische (epipaläolithische) Besiedlung natürlicher Höhlenhorizonte und eine weitgehende Nutzung der natürlichen Ressourcen des Kaspischen Meeres und seiner Küsten hinweisen (McBurney 1968).

Neben diesen mesolithischen Funden, die letztlich nichts weiter als eine Verdichtung und räumliche Erweiterung paläolithischer Siedlungsräume bedeuten, treten vor allem im Endmesolithikum neue Fundstellen in Landesteilen hinzu, die bis dahin keine — oder zumindest keine bisher bekannten — Jäger- und Sammlerkulturen kannten, z. B. der Raum Kerman (Huckriede 1961). Insgesamt scheint im ausgehenden Mesolithikum sich der Übergang zu einer Art Vorratswirtschaft zu vollziehen, die zugleich Rationalisierung (Bobek 1959) voraussetzt. Nur so erscheint auch das ›Überwintern‹ in den Hochbecken des Zagros möglich. Allen paläolithischen wie mesolithischen Kulturen ist gemeinsam, daß ihre Träger eigentlich kaum in den Naturhaushalt des Landes eingriffen, vielmehr durch ihn bestimmt wurden: Höhlen und Erdlöcher dienten als Unterschlupfe, Flora und Fauna stellten Wildbeutern wie Sammlern und Jägern den notwendigen Lebensunterhalt zur Verfügung. Feuer darf zwar als bekannt vorausgesetzt, nicht aber als produktives oder naturlandschaftsveränderndes Werkzeug des Menschen angesehen werden.

Mit der beginnenden Domestikation von Tieren und der Hege, Pflege und schließlich Züchtung bestimmter Wildpflanzen vollzieht sich die ›neolithische Revolution‹ (G. CHILDE 1970). Im Gegensatz zu den schon sehr frühen neolithischen Siedlungen im Bereich des Fruchtbaren Halbmondes (u. a. Jericho und Jarmo) vollzieht sich der Übergang zu Seßhaftigkeit, Tierzucht und Pflanzenbau in Iran später und zeitlich wie räumlich verschieden (MELLAART 1975). Sieht man ab von den nicht eindeutig datierbaren Übergängen zwischen Mesolithikum (Epipaläolithikum) und Neolithikum bei Ganjdareh nahe Bisitun, wo die Domestikation von Ziegen für die Zeit um 7000 v. Chr. angenommen wird, so überrascht nicht, daß die bislang älteste neolithische Station Irans im mesopotamischen Zagrosvorland und damit im südlichsten Teil des ›Fruchtbaren Halbmondes‹ liegt: Ali Kosh (HOLE–FLANNERY–NEELY 1969). Die mustergültig untersuchte und publizierte Grabung belegt für das nördliche Khuzestan den Übergang von Jagd- und Sammelwirtschaft zu Formen permanenten Regenfeldbaus für die Zeit um 7000 v. Chr., Frühformen von Bewässerungslandwirtschaft lassen sich an der Wende vom 6. zum 5. vorchristl. Jtsd. ansetzen. Parallel dazu vollziehen sich Entmischungen in der bis dahin sozial wie funktional homogenen Siedlungsstruktur unter Ausbildung von:
— permanent besiedelten Dörfern auf Bewässerungsgrundlage;
— permanent besiedelten Dörfern mit Regenfeldbau;
— Hirtenlagern und Viehpferchen (u. a. in Höhlen);
— Handwerkerdörfern.

Die vor allem im letztgenannten Siedlungstyp deutlich werdende Entwicklung arbeitsteiliger Strukturen und eines nichtagrarisch orientierten Überbaus wird begleitet von einer entsprechenden Bevölkerungsvermehrung. Waren es bei Beginn der Herdentierdomestikation und des Getreidebaus etwa 1 Ew/km², so schätzen die Prähistoriker die Bevölkerungsdichte der Dehluranebene bei der Hochblüte des vorgeschichtlichen Bewässerungsfeldbaus auf immerhin 6 Ew/km². Hinzu kommt, daß der Übergang zur Seßhaftigkeit nicht nur mit einer Intensität der Flächennutzung, sondern auch seiner räumlichen Ausweitung verbunden ist. Eingehende Untersuchungen im nördlichen Khuzestan — und in unmittelbarer Nachbarschaft zu der Dehluranebene — über das materielle Inventar der von ADAMS (1962 f.) als ›early village settlement‹-Phase (6000 bis 3500 v. Chr.) zusammengefaßten Epoche erwiesen die Existenz von immerhin 130 Siedlungen, die zumindest gegen Ende dieses Zeitabschnitts etwa gleichzeitig existierten und eine große Dichte und weite Verbreitung besaßen: ›... a grid of villages fully comparable to that of the present day in spacing and in some cases extending into areas no longer permanently settled‹ (ADAMS 1962, S. 110).

Gemäß den für Ali Kosh und das nördliche Khuzestan faßbaren Mechanismen vollzieht sich mit der ›neolithischen Revolution‹ auch in anderen Teilen des Landes der Übergang zu Seßhaftigkeit und Bevölkerungswachstum, zur Herausbildung sozial differenzierter, arbeitsteiliger ›Gesellschaften‹ sowie zu politisch-territorialen Gebilden. Zu den berühmten neolithischen Siedlungen, die nun auch immer stärker das Hochland von Iran prägen, gehören Tepe Sialk bei Kashan, Tepe Hissar bei Damghan, Tepe Yahya südlich von Kerman sowie Shahr-e-Sokhta im Binnendelta des Hamun-e-Hilmend. Dalma Tepe südlich des Rizaiyehsees, Godin Tepe sowie Tepe Giyan im Raum Bisitun-Kangavar mögen stellvertretend für zahlreiche Siedlungen im gebirgigen W und NW stehen. Susa, die spätere Hauptstadt des Achämenidenreiches, reicht in seiner frühesten Besiedlung weit in die neolithische Vorgeschichte zurück.

Die wirtschaftlichen Grundlagen aller dieser Siedlungen darf man als überraschend gut bekannt ansehen. So wie in Ali Kosh schon im 7. vorchristl. Jtsd. Schafe und Ziegen domestiziert sind, Emmer und Einkorn als Hauptgetreide dienen, aber auch Nacktgerste *(Hordeum spontaneum)* sowie sechszeilige gespelzte Gerste *(H. hexastichon)* vorkommen, so können wir für fast alle neolithischen Orte Viehzucht und Ackerbau voraussetzen. Medizinische Untersuchungen an Skeletten aus den untersten Schichten von Sialk haben z. B. erhebliche Gebißschädigungen ›as a result of an excess of cereal in the diet‹ (MELLAART 1975, S. 188) erbracht. Der Überschuß an Nahrungsmitteln, der allenthalben die Ernährung einer agrarisch nicht produktiven Bevölkerung möglich machte, führte überall zur Entwicklung des Handwerks. Es umfaßte Weberei, Korbflechterei und drückte sich besonders in dem plötzlichen Aufschwung einer vielseitigen Töpferei aus. Formale und stilistische Elemente eben dieser Töpferwaren und ihrer Dekoration beweisen erstmals mit Sicherheit kulturelle Kontakte und wohl auch Warenaustausch zwischen verschiedenen Teilen des Landes, aber auch mit Regionen außerhalb des heutigen Staatsgebietes (dazu ausführlich MEDER 1979).

Wenn wir über die neolithische Bevölkerung Irans, die in ihrer wirtschaftlichen und gesellschaftlichen Entwicklung der von BOBEK (1959) als ›Stufe des Sippenbauerntums‹ bezeichneten zu entsprechen scheint, auch nur so viel wissen, daß sie rassisch vor allem euroafrikanischer und mediterraner Herkunft war, so werden durch archäologische Funde und Grabungsergebnisse nun auch Wohnplatzformen und Siedlungen faßbar, die beweisen, daß sich bestimmte Siedlungsmuster über die Jahrtausende hinweg bis in die Gegenwart hinein erhalten haben. Die Tatsache, daß kaum einer der großen neolithischen Siedlungshügel außerhalb des heutigen Siedlungsraumes liegt, beweist die Kontinuität der iranischen Kulturlandschaft über viele Jahrtausende hinweg (vgl. Abb. 23).

Wann sich in Iran der Übergang zur ›herrschaftlich organisierten Agrargesellschaft‹ im Sinne BOBEKS mit der Herausbildung hierarchisch gegliederter Gesellschaftsstrukturen und einem wirtschaftlich unproduktiven Überbau (Priesterstand, Adel oder dgl.) oder gar der Übergang einzelner Dorfsiedlungen zu stadtähnlichen Gebilden vollzog, liegt im dunkeln. Es unterliegt keinem Zweifel, daß

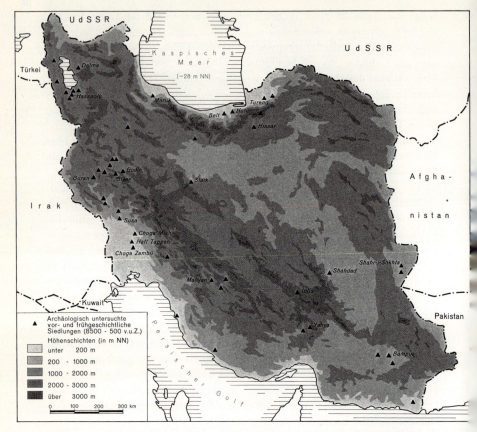

Abb. 23: Verbreitung vor- und frühgeschichtlicher Siedlungsplätze auf dem Hochland von Iran (verändert nach MEDER 1979).

von der Größe und den wirtschaftlichen Aktivitäten her manche Siedlungen des 3. und 2. Jtsd. durchaus zu Recht als Städte bezeichnet werden können (vgl. dazu auch MATHESON 1972). Ob dagegen der Versuch von G. A. JOHNSON (1973) taugt, für die Zeit des 4. Jtsd. und für die Susiana auf der Grundlage der Faktoren Bevölkerungszuwachs — Bewässerungslandwirtschaft — Tauschwirtschaft Stadt- und Staatsentwicklung zu belegen, mag bezweifelt werden. Andererseits muß davon ausgegangen werden, daß Tepe Yahya z. B. schon 3500 v. Chr. als Handwerkersiedlung und großer Umschlagplatz für Waren zwischen Industiefland und Mesopotamien existierte (LAMBERG–KARLOVSKY 1970 ff.). Auch andere Siedlungen des südöstlichen Hochlandes von Iran dürften solche oder ähnliche Funktionen wahrgenommen haben: z. B. Tall-i-Iblis (CALDWELL 1967) oder Bampur (DE CARDI 1968, TOSI 1974). Berühmt ist vor allem das in Sistan gelegene Shahr-e-

Sokhta, welches vor allem zwischen den Kulturzentren Turkmenistan im N, Mesopotamien im W und den Induskulturen im SE vermittelte (TOSI 1968 ff.). Mit der Herausbildung stadtähnlicher Handelszentren auf dem Hochland von Iran (auch Hissar, Sialk usw.) sowie an dessen Rändern entwickelte sich, gefördert durch die vermittelnde Lage des Hochlandes von Iran zwischen den Indushochkulturen und dem Zweistromland, besonders nachhaltig der Handel (vgl. dazu SABLOFF–LAMBERG–KARLOVSKY, Hrsg. 1975). Sofern der Warenaustausch zwischen beiden Stromtiefländern nicht über den Persischen Golf (Dilmun!) verlief, entwickelten sich regelrecht Handelsstraßen über das Hochland von Iran (z. B. BEALE 1973), wobei vor allem die an ihnen gelegenen Siedlungen den bereits erwähnten Aufschwung nahmen. Obsidian (RENFREW u. a. 1966), Lapislazuli (HERMANN 1968, PIPERNO–TOSI 1973), Türkis, Steatitgefäße aus Tepe Yahya (LAMBERG–KARLOVSKY 1970f.) und afghanische Lasursteine (TOSI 1974) waren bevorzugte Handelsobjekte auf Straßen, die die späteren Karawanenwege und die modernen Überlandverbindungen vorzeichneten.

Während wir über die Bevölkerung des Hochlandes von Iran, von einigen wenigen anthropologischen Daten (z. B. CAPPIERI 1973, FIELD 1956, KROGMANN 1940) und archäologisch nachweisbaren Stratifizierungen der Gesellschaft (am Beispiel Sialk: vgl. GHIRSHMAN 1954, S. 84 ff.) abgesehen, bis weit in das letzte vorchristliche Jahrtausend hinein so gut wie nichts wissen, zeichnen sich im N und W von der Mitte des 2. Jtsd. v. Chr. an neue Entwicklungen ab. Ursache ist die vom 2. vorchristl. Jtsd. an zu konstatierende Einwanderung indoarischer Reitervölker aus den Steppengebieten zwischen Dnepr und Wolga. Diese kriegerischen, über Pferd und Wagen sowie Waffen verfügenden Eindringlinge, die beiderseits des Kaspischen Meeres nach S und über den Zagros auf das Hochland von Iran vordrangen (zusammenfassend bei GHIRSHMAN 1977) und zu einem Bevölkerungsgegensatz von indoarischen ›nordiques‹ im N, NW und W Irans und autochthonen ›sudistes‹, wie sie zur gleichen Zeit archäologisch bei Shahdad (AMIET 1973) oder Tepe Yahya (LAMBERG–KARLOVSKY 1970) nachgewiesen sind, führten, stellen anthropologisch-genetisch noch heute das Gros der iranischen Bevölkerung.

Auf ihrer Grundlage entwickelten sich in der Folgezeit staatliche Gebilde mit teilweise straffen politischen und sozialen Organisationsformen. Es ist bezeichnend, daß die in Kap. II dargestellten Gunsträume zum Ausgangspunkt dieser Staatenbildungen auf dem Hochland von Iran bzw. seiner Peripherie werden. Während die Meder von N her in das Gebiet des heutigen Hamadan einwandern, sich dort festsetzen und ihre Hauptstadt Ekbatana gründen, befinden sich die Perser anscheinend noch auf der Wanderschaft. Die berühmte akkadische Keilinschrift des assyrischen Königs Salmanassar (858—824 v. Chr.) berichtet von Auseinandersetzungen im Gebiet Parsua südwestlich des Rizaiyehsees (vgl. DYSON 1965, YOUNG 1967); es gilt als sicher, daß es sich bei diesen Parsua um die späteren Parsa = Perser handelt. Zu Ende des 8. Jh. oder zu Beginn des 7. Jh. v. Chr. glaubt

GHIRSHMAN (1954) sie in Susa nachweisen zu können. In der Mitte des 7. vorchristl. Jh. finden sich diese schließlich in ihrem Kernland, der Persis, dem heutigen Fars. Ob sie nach dorthin über die Längstäler des Zagros gewandert oder aber von Susiana aus gelangt sind (STRONACH 1974), ist bis heute nicht entschieden. Mit der Staatenbildung der Meder und Perser endet die vor- und frühgeschichtliche Epoche Irans und mündet in die Phase der antiken Hochkultur und Weltherrschaft der Perser ein.

Wenn uns für die Rekonstruktion der frühen Kulturlandschaftsentwicklung an eindeutigen archäologischen Beweisen und historischen Zeugnissen auch nur wenig zur Verfügung steht, so werden schon mit der ›Stufe der herrschaftlich organisierten Agrargesellschaften‹ Grundprinzipien der späteren Raum- und Wirtschaftsentwicklung in Iran deutlich (vgl. Abb. 23):

— bevorzugte Siedlungsräume stellen die gut beregneten und bewässerbaren Gebirgsvorländer des N und W dar;
— vor- und frühgeschichtliche Siedlung nimmt hier ihren Ausgang, füllt die Gunsträume in der Folgezeit auf und weitet sie geringfügig aus;
— die wirtschaftliche Grundlage der meisten frühen Siedlungen bilden (Bewässerungs-) Feldbau und Viehzucht; später hinzukommende Aktivitäten wie Handel oder handwerkliche Spezialisierung führen zu ersten Differenzierungen;
— das Hochland von Iran erhält schon frühzeitig eine Mittlerstellung und Mittlerfunktion zwischen dem Industiefland im E und Mesopotamien im W; die Eigenstellung zwischen beiden Hochkulturzentren bleibt dennoch gewahrt;
— früheste staatliche Zusammenschlüsse innerhalb der Grenzen des heutigen Staatsgebietes vollziehen sich im W des Landes und schaffen in der Persis (Fars) den bis heute unbestrittenen historischen Kernraum des Landes.

Insgesamt erweist sich schon die prähistorische, spezieller: die präpersische Zeit für die künftige geographische Entwicklung des Landes insofern als bedeutsam, als sie die natürlichen Grenzen kulturräumlicher Entwicklungen vorzeichnet. Gerade die Tatsache, daß es bis in die Gegenwart hinein nicht gelungen ist, den Siedlungs- und Wirtschaftsraum des Landes entscheidend auszuweiten, zeigt an, daß es einst wie heute gerechtfertigt ist, von einer natürlichen Determinierung der kulturlandschaftlichen Entwicklung zu sprechen.

2. RAUM-, WIRTSCHAFTS- UND SOZIALSTRUKTUREN DER ANTIKE: ACHÄMENIDEN UND SASSANIDEN

Sinn der folgenden Ausführungen kann nicht sein, die politisch-historische Entwicklung des Perserreiches in der Antike darzustellen, sondern vielmehr zu versuchen, das kulturlandschaftliche, wirtschaftliche und gesellschaftliche Erbe der Achämeniden-, Griechen-, Parther- und Sassanidenherrschaft in seiner Bedeutung für die Gegenwart herauszufiltern. Über die klassische Epoche des

Achämenidenreiches informiert historisch das Standardwerk von OLMSTEAD (1948, ⁶1970). Interessante Ergänzungen, u. a. über die Satrapien des großpersischen Reiches des Darius (522—486 v. Chr.), vermittelt das von WALSER herausgegebene Werk von E. HERZFELD (1968). Das grundlegende Werk über Iran zur Sassanidenzeit ist nach wie vor das von CHRISTENSEN (1944). Über das präislamische Iran insgesamt berichtet in verständlicher Form zudem FRYE (1962). Neben diesen rein historischen Darstellungen gibt es eine Fülle kunsthistorischer Studien, als deren wichtigste hier nur die Arbeiten von z. B. VANDEN BERGHE (1959), ERDMANN (1943) und GHIRSHMAN (1962) genannt seien.

2.1. Kulturlandschaftliche Entwicklungen

Unter den Achämeniden vollziehen die bis dahin z. T. noch nicht einmal seßhaften, politisch nicht geeinten und territorial oftmals nicht genau lokalisierbaren Perserstämme den Übergang zur Hochkultur. Wenn der Begriff ›Hochkultur‹ in seiner inhaltlichen Auffüllung auch umstritten sein mag, so sind mit ihm doch eine Reihe spezifischer Merkmale verbunden, die für Persien und die Perser unter den Achämeniden erstmals kombiniert auftreten. Sie umfassen Kriterien wie: ideologische Fundierung des Staatsgedankens, hierarchische Gesellschaftsgliederung, städtische Wirtschafts-, Verwaltungs- und/oder Kultzentren, städtische Differenzierungen, agrarische oder bergbauliche Überschußproduktion und deren organisierte Vermarktung, Schrift und Kalendrierung des Jahres, technologische Fähigkeiten (z. B. Bewässerungslandwirtschaft) usw. Es dürfte keinem Zweifel unterliegen, daß vor allem die administrativen und ideologisch-kulturellen Merkmale in Iran erst unter Kyros, Darius und Xerxes zu voller Blüte und Ausbildung gelangten. Insofern scheint auch die Datierung der von DOSTAL (1968) unterschiedenen Phasen der Kulturentwicklung im Vorderen Orient (Dorfkultur; präurbane Phase; Stadtkultur; Hochkultur) für das Hochland sehr früh angesetzt. Erst seit der Mitte des 5. Jh. v. Chr. vollziehen sich in Iran kulturlandschaftliche Wandlungen, deren wesentliche nachwirkende Konsequenzen sich in zweierlei Hinsicht fassen lassen: a) Ausbau der Bewässerungslandwirtschaft; b) Ausbau der Infrastruktur (Städte, Verkehrsnetz). Daß hierfür eine straffe staatliche Organisation Voraussetzung war, wurde bereits erwähnt.

a) Ausbau der Bewässerungslandwirtschaft. — Es ist ein Kennzeichen fast aller altorientalischen Hochkulturen, daß sie auf einem ausgedehnten und straff organisierten Bewässerungssystem basieren. Anders als die großen Bewässerungssysteme Mesopotamiens oder der Nilstromoase aber entwickelte sich auf dem Hochland von Iran und in seinen gebirgigen Randsäumen eine spezifische Form der Bewässerungstechnik, die der Qanate (vgl. Kap. II, Abschn. 2.2.3). Es spricht vieles dafür, daß sich gerade unter den Achämeniden der Qanatbau über das gesamte

Hochland ausgebreitet hat. Von Urartu ausgehend und wohl durch die Meder gefördert, finden wir Qanate bereits in vorachämenidischer Zeit in Ekbatana und Ray und damit im Bereich des heutigen Tehran. Nach MERLICEK (1941) war Persepolis von Anbeginn an auf die Wasserversorgung durch Qanate gegründet; auch viele andere achämenidische Siedlungsgründungen in Iran wurden wohl erst durch die Anwendung der Qanatbewässerung möglich (ENGLISH 1968, GOBLOT 1963). Auch für die Partherzeit sowie für die Sassaniden sind die Weiterentwicklung und Ausdehnung des Qanatbaus belegt. Eine der Hauptstädte des Partherreiches, Hekatompylos, an der Südabdachung des Alborz bei Damghan vermutet, verfügte über sie ebenso wie das sassanidische Nishabur. Über einen Sonderfall qanatähnlicher Bewässerung im Zusammenhang mit sonstigen antiken Bewässerungsanlagen in Khuzestan berichtet VEENENBOS (1968), indem er auf unterirdische Galerien zur Ableitung von Flußwasser verweist.

Neben der Qanatbewässerung muß seit der Achämenidenzeit auch die Oberflächenbewässerung einen erheblichen Aufschwung genommen haben. Wenn älteste Bewässerungsmaßnahmen auf dem Hochland von Iran von GHIRSHMAN (1954) bereits in das 4. vorchristl. Jtsd. gestellt werden und das elamitische SW-Persien ein an mesopotamischen Vorbildern orientiertes dichtes Bewässerungsnetz kannte, so beginnen erste große Kanalbauten auf dem Hochland von Iran wiederum im NW des Landes und stoßen von hier aus mit der Ausdehnung arischer Stämme nach S und SE vor. Sie sind für die Mitte des 1. vorchristl. Jtsd. wohl in größerer Zahl für die Persis, speziell für die Marvdashtebene, anzunehmen (KORTUM 1976). Aus Keilschrifttexten wissen wir heute definitiv, daß die Achämeniden vor allem in den westlichen Satrapien die auf dem Hochland entwickelten Irrigationsformen übernahmen und die auf die Bewässerungslandwirtschaft entfallenden Steuern oder Naturalien zu einem wesentlichen Element des Staatshaushaltes wurden. In Iran selbst, so scheint es, hat die Flußbewässerung unter den Sassaniden ihren Höhepunkt erreicht. Zahlreiche Großwasserbauten kennzeichnen die Flüsse Dez und Karun in Khuzestan (vgl. HARTUNG 1972). Durch Anlage eines verzweigten Kanalnetzes gelang es nicht nur, die landwirtschaftliche Nutzung weit in bisher ungenutzte Areale auszudehnen, sondern zugleich in einer Art Binnenkolonisation neue Dörfer und Städte (s. u.) zu gründen. Für Khuzestan hat ADAMS (1962) dies in einer Reihe eindrucksvoller Karten überzeugend belegt. Auch die Ausführungen von NEELY (1974) beweisen für das nördlich anschließende Dehluran die in der Sassanidenzeit äußerst erfolgreiche Expansion des Kulturlandes auf der Grundlage qanatähnlicher Flußwasserableitung (Abb. 24).

Vor allem TROLL (1963) hat auf die Tatsache hingewiesen, daß die zivilisatorische Bedeutung gerade der Qanatbewässerung bisher gar nicht gewürdigt worden sei. In der Tat finden sich in kaum einem der historischen Standardwerke über das antike Iran besondere Hinweise auf den gemeinschaftsbildenden Einfluß der großen Bewässerungssysteme und deren kulturhistorische Bedeutung. Andererseits

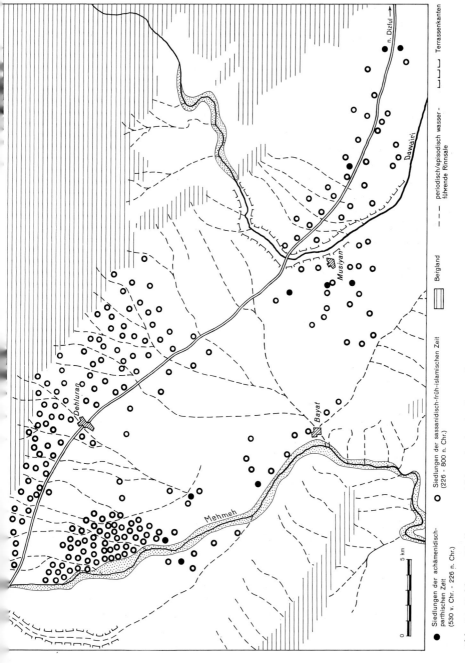

Abb. 24: *Dehluran: Siedlungsentwicklung in der Antike* (nach NEELY 1974).

aber ist gerade für die frühe Achämenidenzeit bekannt, daß unter Darius z. B. eine Katastrierung der gesamten LNF in allen Satrapien und allen Teilen des Reiches erfolgte und darauf die Besteuerung festgelegt wurde. Die z. T. genau faßbaren Einzelheiten der Steuererhebung, der Besitz- und Eigentumsverhältnisse an ländlichem Grund und Boden, die Details der Rechtsverhältnisse und der staatlichen Verwaltung, die Regelung des Geldumlaufs und des Handels (für Details: vgl. DANDAMAYEV 1972, 1976) verraten eine straffe, zentral gelenkte und hierarchisch gegliederte Verwaltung, die allein in Persepolis eine Bevölkerung von 15 000 Menschen beschäftigte. Unter den vielen Praktiken der Landbewirtschaftung seien hier nur zwei Beispiele genannt, die überraschende Ähnlichkeiten mit heute noch geübten Methoden haben: so war unter den Achämeniden eine Art Teilbau üblich, bei der den ›rayati‹ ähnliche abhängige Landbewirtschafter das Land zwar in eigener Regie bewirtschafteten, vom Eigentümer aber Saatgut, Zugtiere, Geräte und ähnliche Hilfsmittel erhielten und ihm dafür entsprechende Ernteanteile abzuliefern hatten. Eine andere Gepflogenheit, noch heute nicht eben selten (vgl. Kap. IV, Abschn. 2.2.3), war die mehrfache Unterpacht von Ländereien, wobei jeder der Zwischenpächter eine möglichst hohe Rendite zu erwirtschaften trachtete. Vieles spricht dafür, daß die meisten dieser Praktiken auf babylonische Vorbilder zurückgehen (vgl. J. M. DIAKONOFF, Hrsg. 1969).

b) Ausbau der Infrastruktur. — Der enorme Aufschwung der Landwirtschaft Irans seit den Achämeniden wird begleitet von einem ebensolchen Ausbau der Infrastruktur des Landes. Er schafft vor allem mit der Anlage des Straßennetzes und mit Städtegründungen Raumstrukturen und räumliche Ordnungskriterien, die bis zur Gegenwart hin nachwirken.

Hinsichtlich der Gründung von Städten treten in der Antike vor allem die Seleukiden, Parther und Sassaniden in Erscheinung. Wenn es auch berechtigt sein mag, den Medern erste echte Stadtgründungen auf dem Hochland von Iran zuzubilligen (vgl. GAUBE 1979), und wenn man unterstellt, daß die Achämeniden mit Ausnahme der Persis sich im wesentlichen auf Babylon, Susa und Ekbatana als städtische Verwaltungszentren konzentriert zu haben scheinen, so kommt es erst unter Alexander d. Gr. und seinen Nachfolgern zu einer großen Zahl von Städtegründungen auf dem Hochland von Iran. Angesichts der Feststellung, daß ›der Träger des Hellenismus und das Hauptmittel seiner Verbreitung... die griechische Stadt‹ sei, führt E. MEYER (1925) eine so große Zahl hellenistisch-seleukidischer Stadtgründungen an, daß deren Großteil heute nicht mehr eindeutig lokalisierbar ist. Stadtentwicklung und Stadtgründungen erreichten ihren ersten Höhepunkt aber zweifellos unter den Sassaniden (ALTHEIM–STIEHL 1954). Während ein Teil der neuen Städte zur Ansiedlung römischer Kriegsgefangener diente, wurden andere Siedlungen bei Ablösung lokaler Dynastien neu gegründet oder aber als Palast- und Tempelstädte planmäßig angelegt. Zu den berühmtesten Beispielen sassanidischen Städtebaus zählen das in seiner Grundrißgestaltung an griechisch-hip-

2. Raum-, Wirtschafts- und Sozialstrukturen der Antike

podamischen Vorbildern orientierte Jundi-Shahpur in Khuzestan (vgl. Abb. 1 bei ADAMS–HANSEN 1968), wo auch mehrere andere urbane Zentren entstanden: die eher an parthischen Stadtgründungsmustern ausgerichtete radiale Stadtanlage von Firuzabad, die Palaststädte Sarvistan und Bishapur in Fars sowie mehrere wohl als Festungsbollwerke gedachte Siedlungen im N des Landes, zwischen dem Oberlauf des Tigris und Khorassan sowie in Zentraliran (Kerman) und Sistan. Bemerkenswert ist, daß fast alle Neugründungen begleitet waren von großzügigen Einrichtungen der Bewässerungslandwirtschaft, worin sich das ursprüngliche Bemühen der Sassaniden, jede Stadt mit einem agrarisch ertragreichen Verwaltungsbezirk auszustatten (vgl. ALTHEIM–STIEHL 1954), nachhaltig ausdrückt. Es macht zugleich den Zusammenhang von Stadt- und Landentwicklung deutlich, der erstmals unter den Sassaniden spürbar wird und für Iran bis in die Gegenwart hinein prägend blieb.

Unter Achämeniden wie Sassaniden spielt der auf die Städte konzentrierte Überlandhandel für die Stadt- und Staatsentwicklung eine besondere Rolle: große Fernhandelsstraßen und Karawanenwege, die sich schon in prähistorischer Zeit abgezeichnet hatten (vgl. z. B. LEVINE 1973, 1974), wurden nunmehr zu kontrollierten und gesicherten Verkehrslinien ausgebaut, die die verschiedenen Teile des Reiches miteinander verbanden. Die Städte wurden zu großen Umschlagplätzen, ihre Gewerbe und Handwerke begannen international zu arbeiten. Zu den bedeutendsten Handelswegen gehörten die Routen (vgl. PIGULEVSKAJA 1963):

Lydien–Kleinasien–Babylon;
Babylon–Susa–Persepolis–Pasargadae;
Babylon–Ekbatana–Rhages–Baktrien;
Persepolis–Karamanien (Kerman)–Sistan.

Neben städtischen Zentren als Fixpunkten dieser Überlandstraßen treten seit der Antike vor allem die berühmten Bergpässe und Gebirgsübergänge in Erscheinung: die Kaspischen oder Hyrkanischen Tore im N, die Medischen und Persischen Tore im W (vgl. dazu Luftbilder bei SCHMIDT 1940). Ihre oft auch durch große städtische Zentren überwachten Zugänge sind in der Kontinuität ihrer Nutzung häufig durch die Massierung alter Inschriften und Bauwerke belegt. Berühmtestes Beispiel dafür ist zweifellos Bisitun, wo seit prähistorischer Zeit fast alle historischen Epochen durch Monumente vertreten sind (Abb. 25). Daneben spielte der Seehandel über den Persischen Golf in der Antike eine immer größere Rolle und erreichte unter den Sassaniden sogar Anschluß an den chinesischen Kulturkreis (WHITEHOUSE–WILLIAMSON 1973).

So erweist sich das Jahrtausend vom Beginn der Achämenidenherrschaft bis hin zur Ablösung der Sassaniden durch den Islam als eine Phase der ›nationalstaatlichen‹ Entwicklung, in der Persien an politischer Gestalt gewinnt. Dieser Zuwachs an Nationalbewußtsein und nationaler Identität drückt sich räumlich aus in einer straffen Gliederung des Territoriums mit der Einrichtung städtischer Verwaltungszentren und Fernstraßen als Verbindungsachsen dieser Knotenpunkte.

Die systematische Pflege und Intensivierung der Landwirtschaft wird zum wirtschaftlichen Fundament des Staates.

2.2. Geistige Strömungen und ihre Konsequenz für die Gegenwart: religiöse Minderheiten

Seit den Achämeniden setzen sich im Hochland von Iran zudem geistige Strömungen durch, die für die wirtschaftliche und demographisch-soziale Struktur des Landes bis in die Gegenwart hinein prägend geblieben sind. Es sind dies zum einen die Nachwirkungen des Zoroastrismus, zum anderen die Konsequenzen frühchristlicher Gemeinden auf persischem Boden.

Es ist hier nicht der Platz, Person und Werk Zarathustras und die damit zusammenhängenden zahlreichen ungelösten Probleme zu diskutieren (vgl. dazu HINZ 1961, SCHLERATH, Hrsg. 1970). Ausgehend von der Feststellung, daß der wohl aus dem ostiranischen Raum stammende Zoroastrismus unter den Achämeniden Fuß faßte und später sogar zu einer Art ›Nationalreligion‹ wurde, ist er archäologisch vor allem durch eine Vielzahl und die weite Verbreitung seiner Kultstätten, der ›Feuerheiligtümer‹ (vgl. SCHIPPMANN 1971), nachweisbar. Seine lebenden Relikte sind in auffälliger Weise auf Zentralpersien mit Yezd und Kerman als Mittelpunkt konzentriert (BOYCE 1977).

Die Anhänger des Zarathustraglaubens, auch Parsen oder Gebr genannt, haben seit der Stiftung und Ausbreitung der neuen Religion mannigfache Verfolgung und Beschränkungen hinnehmen müssen. Wenn sich dennoch zoroastrische Gebräuche tief in persischem Brauchtum (ZAEHNER 1965) festgesetzt haben, so zeigt dies die tiefe Durchdringung des persischen Volkes mit Elementen des Kultes in der Antike. Heute ist die Zahl der Zoroastrer in Iran beschränkt. Sie betrug, wenn man den amtlichen Statistiken Glauben schenken darf, schon im Jahre 1966 nicht mehr als etwa 20000 Gläubige, von denen zudem mehr als die Hälfte auf die Hauptstadt Tehran konzentriert war (vgl. Tab. 17). Während dem auf Tehran entfallenden Anteil an Zoroastrern insofern eine besondere Bedeutung zukommt, als sie fast durchweg im Handel tätig sind und hier vor allem gute Kontakte zu ihren Glaubensbrüdern in Bombay und anderen indischen Städten pflegen, ist die zentraliranische Gemeinde offensichtlich in starkem Rückgang begriffen.

Aus verständlichen Gründen jünger, aber auch zahlenmäßig stärker ist die Gruppe der christlichen Glaubensrichtungen in Iran. Auch sie gehen zum großen Teil auf altiranische Gemeinden zurück, vor allem auf die Ansiedlung syrischer Christen im Gefolge sassanidischer Städtegründungen. Lediglich die größte Gruppe, d. h. die Armenier, sind erst sehr viel später nach Iran gekommen (vgl. Abschn. 5). Von den christlichen Denominationen der Sassanidenzeit, die z. T. auf Kosten des Zoroastrismus beträchtlichen Zulauf hatten und auch politisch in der Auseinandersetzung mit Rom eine besondere Rolle spielten (vgl. GABRIEL 1971,

2. Raum-, Wirtschafts- und Sozialstrukturen der Antike 141

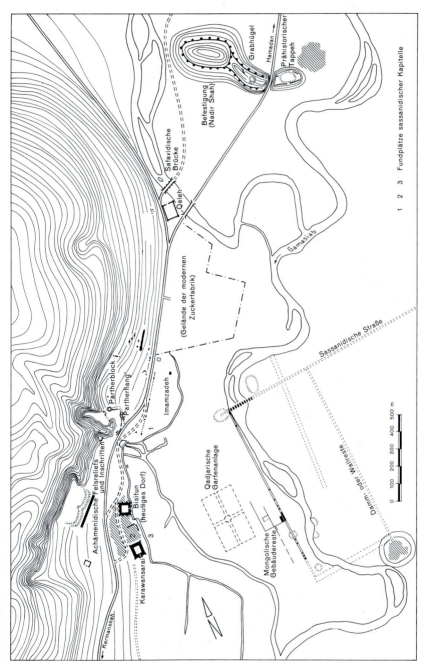

Abb. 25: *Bisitun als Beispiel einer alten Durchgangslandschaft* (nach KLEISS 1970).

Tab. 17: *Die nichtmuslimische Bevölkerung Irans, 1966*

Religionsgruppe	Zahl (abs.)	Anteil an Nichtmuslimen (in %)	Anteil an Gesamtbevölkerung (in %)
Juden	60 683	20	0,27
Zoroastrer	19 816	6	0,08
Armenier	108 421	35	0,43
Assyro-Chaldäer	20 294	7	0,08
übrige Christen	20 662	7	0,10
Sonstige	77 075	25	0,40

Quelle: Statistical Yearbook of Iran 1973/4.

1974; WATERFIELD 1973), haben sich bis heute vor allem Nestorianer (Assyro-Chaldäer) und einige wenige Mandäergemeinden erhalten. Während die Mandäer als Bauern oder Gold- und Silberschmiede in den Sumpfgebieten Khuzestans und Südiraks zurückgezogen leben (vgl. DROWER 1962), finden sich Assyro-Chaldäer sowohl in ihrem ursprünglichen Verbreitungsgebiet, in Khuzestan, daneben aber vor allem in Westazerbaijan (DE MAUROY 1968), in dessen Bergwelt sie sich infolge von Unterdrückung durch Araber und Mongolen zurückzuziehen begannen. Heute ist aber auch hier ein Exodus in die Städte zu beobachten: lebten um 1950 noch etwa 10 000 Assyro-Chaldäer (etwa 50 % der Gesamtzahl) in NW-Iran, so ist 1966 schon Tehran mit eben diesen absoluten und relativen Zahlen zur größten Gemeinde geworden (DE MAUROY 1978).

Auch die dritte nennenswerte Minderheitengruppe, die Juden, kann sich auf jahrtausendelange Anwesenheit in Iran berufen. Durch die Befreiung aus der Babylonischen Gefangenschaft in besonderer Weise an das achämenidische Herrscherhaus geknüpft, haben sie in der Entwicklung Irans stets eine besondere soziale und wirtschaftliche Rolle gespielt. Während sie in vorislamischer Zeit offensichtlich in häufig wechselnder Gunst der Herrscher standen und z. T. den Binnen- und Außenhandel des Landes entscheidend prägten, begann mit der Islamisierung ein allmählicher Verfall des Judentums, der bis in das frühe 20. Jh. anhielt (FISCHEL 1950). Wenn im frühen 20. Jh. aus einzelnen Städten auch beträchtliche jüdische Kolonien gemeldet werden (Hamadan: 5000 Juden; Shiraz: 7000 Juden; Tehran!) und auch die Mitwirkung von Juden in Handel und Handwerk immer wieder vermerkt werden, so unterliegt ein Großteil der iranischen Juden doch um die Jahrhundertwende gleichen Repressalien wie andere religiöse Minderheiten. Erst seit Ende der Qadjarenherrschaft im Jahre 1925 sind die Juden rechtlich gleichgestellt und haben sich seitdem fast ausschließlich auf die Städte konzentriert. Allein in Tehran wohnen über zwei Drittel der iranischen Juden, die hier —

wie auch in Shiraz, Isfahan und anderen Städten und in Konkurrenz mit den Armeniern — besonders stark im Geldwechsel- und Teppichgeschäft vertreten sind.

3. Die Islamisierung des Landes und ihre Folgen

Als um das Jahr 642 arabische Muslime bei Nehavend das Heer des Sassaniden Jezdegerd III. entscheidend schlugen und vernichteten, begann für Persien und seine Bewohner ›die größte, weil tiefgreifendste und bis heute wirksame Veränderung‹ (SPULER 1952): die Islamisierung. B. SPULER (1952) hat in einem umfassenden Werk die politische Geschichte der arabischen Eroberung bis zur Seljukenzeit und ihre kulturgeschichtlichen Konsequenzen dargestellt. Die von Anfang an erkennbare Reaktion der Perser auf die Übernahme der neuen Religion war eine bewußte Hinwendung zur Shia: im Gegensatz zu der von den Arabern propagierten Auffassung von der Wählbarkeit des Chalifen als Stellvertreter und Nachfolger des im Jahre 632 verstorbenen Propheten propagierten die Perser eine Vererbbarkeit des Prophetentums.[1] Eine solche Deutung mußte den unter einem rein arabisch geprägten Omayadenchalifat (660—750) leidenden Persern schon deshalb besonders gelegen sein, als es die Abschüttelung eines auch politisch und wirtschaftlich empfundenen Jochs versprach. Die Tatsache, daß unter den ersten von Baghdad aus herrschenden Abbassidenchalifen (750—1238) vor allem Perser das Amt des Vezirs innehatten, ist für die weitgehende kulturell-geistige Iranisierung des Abbassidenchalifats verantwortlich. Insbesondere Ostiran, und hier vor allem Khorassan mit seinem historischen Zentrum Tus und der am Grabe des 8. Imam entstandenen ›heiligen‹ Stadt Mashhad hatten an der Durchsetzung der Shia in Iran und ihrer späteren Anerkennung als Staatsreligion entscheidenden Anteil (vgl. auch SPULER 1950).

Angesichts der sich bald abschwächenden Zentralgewalt des Abbassidenchalifats verwundert nicht, wenn sich besonders an der östlichen Peripherie des Reiches, d. h. in Ostpersien, immer wieder lokale Dynastien zu Beherrschern des Hochlandes von Iran und seiner Randsäume aufschwangen. Die wichtigsten dieser z. T. einander befehdenden, z. T. nebeneinander existierenden Herrscherhäuser waren:

---

[1] Erst den vierten Chalifen Ali, einen Vetter des Propheten und zugleich Ehemann von dessen Tochter Fatima, halten die Shiiten für rechtens. Seine beiden Söhne, die Imame Hasan und Hosein, werden von den Persern besonders verehrt, zumal Hosein der Überlieferung nach mit der Tochter des letzten Sassaniden verheiratet gewesen sein soll. Die Grabmoscheen von Ali in Najaf und Hosein in Kerbela sind noch heute hervorragende Wallfahrtsziele shiitischer Moslems; Najaf war zudem für nahezu 15 Jahre die Exilresidenz des Ayatollah Khomeini vor seiner Machtergreifung in Iran.

— Taheriden (um 822—873) mit Schwerpunkt in Khorassan;
— Saffariden (867—903), von Sistan aus Einbeziehung Khorassans, Afghanistans und Südirans: Hauptstadt Nishabur;
— Samaniden (864—999) mit Schwerpunkt im westlichen Turkestan und Khorassan: Hauptstadt Buchara;
— Ziyariden (928—1042) mit Zentrum in Mazandaran und Gorgan;
— Buyiden (um 930 bis Mitte 11. Jh.), vor allem im westlichen Iran; ausgehend von der Gebirgsregion Dailam/Alborz; Schwerpunktbildungen in Ray, Isfahan und Fars mit schließlicher Eroberung des Chalifats in Baghdad und Mesopotamiens.

Sieht man von weiteren kleineren Fürstentümern im N und W des Landes (vgl. MADELUNG 1975, SPULER 1952) sowie der vorübergehenden Territorienbildung durch die Ghaznaviden (BOSWORTH 1975) ab, so bedeutet die Zeitspanne zwischen der Errichtung des Abbassidenchalifats in Baghdad im Jahre 750 n. Chr. und der beginnenden ›Türkisierung‹ des Hochlandes von Iran durch die seit 1029 n. Chr. über Nord- und Ostiran hereinbrechenden Seljuken eine Phase der nationalen Erneuerung, zugleich aber auch der ›Iranisierung‹ des Islam: unter den Samaniden wirkte der in Hamadan beigesetzte Philosoph und Arzt Ibn Sina (Avicenna), entstand in Tus das persische Nationalepos ›Shahnameh‹ durch Firdausi. Unter den Ziyariden lebte der Historiker al-Biruni; die Buyiden schließlich führten nicht nur den altpersischen Titel des Großkönigs (Shahinshah) wieder ein, sondern verhalfen der Shia auch zur vorübergehenden Vorherrschaft gegenüber den sunnitischen Arabern (vgl. HEINZ 1971).

In seinem Buch ›Kulturgeographische Grundlagen der islamischen Geschichte‹ (1975) hat der französische Geograph X. DE PLANHOL als besondere anthropogeographische Kennzeichen des Islam hervorgehoben: die Allianz der Städter und der Nomaden und die untergeordnete Rolle des Bauerntums. Als Folge der Islamisierung sollen in den davon betroffenen Ländern zu verzeichnen sein:
— eine weitgehende Beduinisierung bei
— gleichzeitigem Rückzug der bäuerlichen Bevölkerung, vor allem in Gebirgsregionen, und zugleich
— Aufschwung städtischer Kultur, zumal der Islam als eine ›städtische Religion‹ interpretiert wird.

Damit wird vom 7. Jh. nach Auffassung von X. DE PLANHOL auch für Iran ein Konzept erkennbar, das auf der geographisch, politisch und sozioökonomisch bedeutsamen Trilogie von nomadischer, bäuerlicher und städtischer Kultur aufbaut (vgl. ENGLISH 1967; v. WISSMANN 1961) und das erst seit einigen Jahren als typisches Kennzeichen orientalisch-islamischer Lebens- und Wirtschaftsformen an Bedeutung verliert (ENGLISH 1973). Wir werden sehen, daß diese Trilogie für Iran bis in die Gegenwart hinein (vgl. Kap. IV, Abschn. 2) von großer Bedeutung ist.

Eine nähere Analyse der frühen Phase der Islamisierung des Hochlandes von Iran zeigt jedoch, daß die arabischen Eroberer zunächst nur wenig an den auch

3. Die Islamisierung des Landes und ihre Folgen

schon unter den Sassaniden üblichen Raumstrukturen und tradierten Nutzungsformen änderten, wohl aber doch weitreichende und z. T. bis heute fortlebende Änderungen in den Rechtsnormen, in der Verwaltung des Landes und in der Steuererhebung initiierten. CAHEN (1975, S. 310), einer der besten Kenner des arabischen Mittelalters, weist darauf hin, daß mit der arabischen Eroberung weder eine Beduinisierung des Hochlandes von Iran verbunden ist, noch daß es zu tiefgreifenden Veränderungen der Besitzverhältnisse im ländlichen Raum kam. Die unter den Sassaniden zu absoluter Blüte getriebene Bewässerungslandwirtschaft erfuhr z. T. sogar noch eine vorübergehende, wenngleich regional unterschiedliche Ausweitung (vgl. McADAMS 1962, S. 118). Der unter den Buyiden erbaute Staudamm Band-e-Amir in Fars, noch heute vorhanden, ist der vielleicht beste Beweis für diese Aussage. Auch aus Khorassan sind Reste umfangreicher Bewässerungssysteme bekannt (CLEVENGER 1969). Lediglich sassanidische Staatsländereien und Domänenbesitz ohne Erben verfielen dem Chalifat und wurden als qati'a-Ländereien an Privatpersonen vergeben; ansonsten blieb iranischer Landbesitz weitgehend unangetastet. Daß die Städte auch auf dem Hochland von Iran im Gefolge der Islamisierung durchweg einen Aufschwung nahmen und durch etliche Neugründungen ergänzt wurden, überrascht nicht. Sie wurden, wie überall in den eroberten Gebieten, zu den Zentren der neuen Gesellschaft und ihrer Kultur.

DE PLANHOL (1975) ist sicherlich zuzustimmen, wenn er die im wesentlichen auf die Städte konzentrierte Präsenz der arabischen Eroberer mit der für sie klimatischen Ungunst des Hochlandes in Verbindung bringt. Auch die mangelnde Resistenz des arabischen Kamels, des Dromedars, gegenüber dem winterkalten Klima des Hochlandes von Iran dürfte dem Vordringen des arabischen Nomadismus und damit einer frühzeitigen Beduinisierung des Landes natürliche Grenzen gesetzt haben. Es dürfte für Iran unbestritten sein, daß die schon angedeutete ›urbane Lebensweise‹ der Araber, die in das neueroberte Land kamen, den schon bestehenden Städten neuen wirtschaftlichen Auftrieb sowie in Grund- und Aufriß die Grundzüge ihrer heutigen Gestalt gaben (vgl. dazu Kap. IV, Abschn. 2.4; GAUBE 1979). Daß der Islam eine ›städtische Religion‹ ist, d. h. eine Religion, die von Städtern vor allem für Städter angelegt ist, die in besonderer Weise in den städtisch lokalisierten religiösen Institutionen allen Anforderungen des Korans nachkommen können, ist inzwischen weitgehend akzeptiert (vgl. BENET 1963, BROWN, Hrsg. 1973, GRUNEBAUM 1955, HOURANI–STERN, Hrsg. 1970, LAPIDUS, Hrsg. 1969, WIRTH 1975 u. v. a.).

Neben der Gestaltwerdung der iranischen Städte betrifft die Islamisierung des Landes vor allem den ländlichen Raum. Dabei geht es hier weniger als im städtischen Bereich um formal-physiognomische Wandlungen, sondern vielmehr um die Übernahme von neuen Rechtsanschauungen und die Einführung neuer Formen der Verwaltung und der Besteuerung des Landes. Zu diesen Neuerungen bzw. Modifikationen, die z. T. auf weit in präislamische Zeit zurückreichende

Rechtsanschauungen aufbauen (vgl. LAMBTON 1977), zählen verwaltungs- wie steuerrechtlich bedeutsame Institutionen, wie z. B. die *qati'a,* die Übernahme des islamischen Erbrechts, die Einführung von Stiftungseigentum *(waqf)* und ähnliche Maßnahmen. Sie alle trugen dazu bei, daß sich in Iran, wie in anderen Ländern des islamischen Orients, eine spezifische Wirtschafts- und Sozialstruktur entwickeln und durchsetzen konnte, die wir — in Anlehnung an BOBEK — als *Rentenkapitalismus* bezeichnen wollen.

Unmittelbar nach der arabischen Eroberung schälen sich zwei dominante Formen des Landeigentums und Grundbesitzes heraus, die seither in modifizierter Form immer wieder in der Wirtschafts- und Sozialgeschichte des Landes in Erscheinung treten: zum einen gab es Privatland, das sich im Eigentum von Individuen befand und von diesen bewirtschaftet wurde. Sie mußten dafür Grundsteuern an das Chalifat, die sogenannten *haraj,* entrichten. Neben dem Privatland gab es jene riesigen Areale, die entweder den Sassanidenherrschern als Staatsgüter unterstanden oder aber bei der Einrichtung der Chalifenherrschaft von ihren bisherigen Eigentümern verlassen wurden und damit an den Staat fielen. Sofern das Chalifat diese Ländereien nicht in eigener Regie bewirtschaftete, vergab es Landstücke *(qati'a)* unterschiedlicher Größe in einer Art Erbpacht an verdiente Persönlichkeiten, die das Land damit gleichsam als Eigentum erhielten, aber auch für seine Bewirtschaftung und die daraus resultierenden Steuerabgaben verantwortlich waren (zu Einzelheiten vgl. CAHEN 1975, S. 311 f., SPULER 1952). Während für *haraj* und *qati'a* die Steuer meist in Form eines entsprechenden Ernteanteils abzuführen war, bei großen Domänen gelegentlich auch in häufig pauschalisierten Geldsummen, belief sich die in erster Linie von Kleinbauern zu zahlende *haraj* auf 20 bis 35%, im Extremfall auf bis zu 50% der Ernte. Die von den letzten Sassaniden aus Gründen der besseren Staatshaushaltsführung eingeführte Flächenbesteuerung *(misaha)* blieb auch unter den Arabern in Iran zunächst noch dominierend, während das unabhängige Bauerntum und später das Militär als Nutznießer von großen Landzuteilungen aus naheliegenden, wenn auch unterschiedlichen Gründen das System fixer bzw. ernteanteilmäßiger Naturalabgaben favorisierten.

Neben diesen mehr oder weniger im Privateigentum bewirtschafteten Ländereien gewinnt vor allem unter den Abbasiden eine neue Praxis der Landvergabe an Bedeutung: die *iqta,* d. h. allgemein die Übertragung des Rechtes der Steuereintreibung an Privatpersonen in einem bestimmten Gebiet. Wenn dieses System bei den Abbasiden ebenso wie bei den Buyiden, Samaniden oder Ghaznaviden auch zunächst noch umfangmäßig überschaubar war und erst unter den Seljuken seine institutionalisierte Form erhielt, so werden für die Entwicklung des Rentenkapitalismus bedeutsame Züge schon erkennbar: die Übertragung der Steuereintreibung auf Zeit für einzelne Betriebe *(daman)* bzw. einzelne Gemeinden *(qabala)* bzw. ganze Verwaltungsbezirke als Entlohnung für Militär- oder Verwaltungsdienste mußte nicht nur das Gewinnstreben des Nutznießers und damit den Raubbau am Boden fördern, sondern vor allem auch der Entstehung von Großbetrieben, ja sogar kleinen Territorien Vorschub leisten, die insbesondere zu Zeiten einer geschwächten Zentralgewalt sich zu politisch unabhängigen Einheiten verselbständigen konnten.

Mit diesen hier nur kurz skizzierten Methoden der Landzuteilung und -besteuerung werden die Konturen z. T. noch heute üblicher Differenzierungen der Besitz- und Eigentumsverhältnisse sowie von Abgabenpraktiken im ländlichen

3. Die Islamisierung des Landes und ihre Folgen

Tab. 18: Verbreitung von waqf-Stiftungen in Iran

Bezirk	Anzahl	Bezirk	Anzahl
Arak	533	Khuzestan	757
Birjand	7 292	Malayer/Nehavend	387
Burujird	297	Mazandaran	550
Damghan	325	Mahallat/Qum	1 230
Fars	2 524	Ostazerbaijan	3 783
Gilan	421	Kazvin	338
Garous/Bijar	50	Gulpaigan	462
Gorgan	128	Sabzavar	677
Hamadan	736	Semnan	241
Isfahan	1 814	Saveh	596
Yezd	5 420	Shahrud	244
Kerman	2 852	Tehran	4 737
Kashan	536	Westazerbaijan	447
Kermanshah	562	Zenjan	385
Kurdistan	1 069	Sonstige	257
Khorassan	4 722		
		Iran insgesamt	44 372

Quelle: SCHAH-ZEIDI 1964, S. 433.

Raum erkennbar. Mehr noch gilt dies für die Institutionen des *waqf* sowie die islamischen Erbgewohnheiten. Die noch heute übliche und weitverbreitete Institution der religiösen Stiftung, des *waqf,* ist ursprünglich eine Schenkung (Stiftung auf Dauer), die Privatpersonen dadurch begründen, daß sie die Verfügungsgewalt über Grund und Boden bzw. über sonstige permanente Einkünfte auf Dauer abtreten. Nutznießer sind andere Personen oder öffentliche Einrichtungen, wie z. B. Moscheen, Koranschulen oder Badehäuser, die der Allgemeinheit zugänglich sind. Typische Stiftungsobjekte sind landwirtschaftliche Nutzflächen oder gar ganze Dörfer sowie städtische Immobilien, deren Erträge zur Finanzierung der *waqf*-Stiftungen dienen. Sofern nicht Einzelpersonen oder Personengruppen Nutznießer der Stiftung sind, vermochte die Konzentration von *waqf*-Ländereien an bestimmten Stellen und in der Hand bestimmter Institutionen zu erheblicher Machtkonzentration und zu wirkungsvollen kulturgeographischen Konsequenzen zu führen. Noch im 19.Jh. wurden etliche Städte wie Malayer oder Arak dadurch gegründet, daß man Dörfer ihrer Umgebung zu *waqf* erklärte und mit ihren Einkünften Bazare, Madrassehs und Moscheen der neuen Städte finanzierte (MOMENI 1976). Die Stadt Mashhad rechnet heute zu den größten Grundeigentümern des Landes, da dem Heiligtum des Imam Reza noch heute aus religiösen Gründen Jahr für Jahr zahlreiche Stiftungsländereien zufallen. Ähnliches gilt für Qum, aber auch für viele lokale Heiligtümer. Wie sehr *waqf*-Ländereien bis auf den heutigen

Tag Besitz- und Eigentumsverhältnisse im ländlichen Iran prägen, verdeutlicht Tab. 18. Dabei ist zu bedenken, daß die in Tab. 18 zusammengestellte Zahl der Stiftungen einer LNF von etwa 5,6 Mill. ha oder ca. 20% der gesamten LNF des Landes entspricht.

Es liegt auf der Hand, daß die meist von Verwaltern bewirtschafteten *waqf*-Ländereien früher wie heute nicht nur aus religiösen Motiven gestiftet wurden, sondern auch aus wirtschaftlichen Erwägungen heraus. Ein wesentlicher Grund war häufig die Erhaltung intakter Betriebe bei bevorstehender Erbteilung. Sowohl *mulk* als auch *qati'a* mußten damals wie heute gemäß islamischem Erbrecht im Verhältnis von 2:1 unter männlichen und weiblichen Erben aufgeteilt werden, wodurch sich nicht nur permanente Veränderungen der Betriebsgrößen, sondern auch eine hohe Bodenmobilität ergab. Wie sehr das mit der Islamisierung des Landes eingeführte Erbrecht heute, angesichts hoher Geburtlichkeit und immer noch geringer durchschnittlicher Lebenserwartung, vor allem kleinbäuerliche Betriebseinheiten zu atomisieren vermag, verdeutlicht das folgende Beispiel eines mit der Landreform an den bisherigen Teilbauern übertragenen 5,2 ha großen Reisbaubetriebes in Gilan (Übers. 1). Innerhalb von 10 Jahren zerfiel er wie in Übersicht 1 dargestellt.

Während für Großbetriebe die Teilung nach den Vorschriften des islamischen Erbgesetzes meist nicht existenzgefährdend war und es auch heute nicht ist, zumal der Besitzstand der Erben im Falle einer Heirat häufig durch Mitgift wieder konsolidiert wurde, mußte für die Eigentümer von Kleinbetrieben das Erbrecht existenzbedrohend sein.

Um so interessanter ist, daß schon vom frühen Mittelalter an Besitz- und Eigentumsformen bekannt werden, die der Gefahr der Auflösung von landwirtschaftlichen Betriebsformen entgegenwirkten und die ebenfalls noch heute üblich sind (vgl. dazu LAMBTON 1953, 1977). Dazu zählt das in weiten Teilen Irans verbreitete System kollektiver Bodenbewirtschaftung durch bäuerliche Grundeigentümer und Pächter. Dieses im Arabischen als *moucha* bezeichnete System ist im Persischen noch heute unter einer Vielzahl lokaler Bezeichnungen bekannt, von denen die regionalen Varianten *boneh* (EHLERS–SAFI NEJAD 1979), *bonku* (EHLERS 1975) und *haratha* (PLANCK 1975) auch im deutschsprachigen Schrifttum näher dargestellt wurden (vgl. dazu Kap. IV, Abschn. 2.2.3).

Die heutige Form der kollektiven Landbewirtschaftung basiert auf folgendem System: mehrere Bauern bzw. Pfluggespanne *(joft, gavband)* schließen sich zu Arbeitsrotten *(boneh, bonku* oder dgl.) zusammen. Um allen nutzungsberechtigten Bauern und ihrer Arbeitsrotte Gleichberechtigung bei der Zuteilung des kollektiven Eigentums zu gewährleisten und auch keine Gewohnheitsrechte auf bestimmte Stücke Land einzuräumen, erfolgt noch heute in weiten Teilen Irans Jahr für Jahr eine Umverteilung der LNF, zumeist durch Losverfahren. Dabei wird die Flur eines jeden Dorfes in mehrere Gewanne bzw. zelgenmäßig gebundene Anbauareale aufgeteilt. In einem zweiten Schritt erfolgt die Verlosung einzelner Gewanne unter Wahrung des Grundsatzes, den Arbeitsrotten gemäß ihrer Größe entsprechende Flä-

3. Die Islamisierung des Landes und ihre Folgen

Übersicht 1: Zersplitterung eines Betriebes durch Erbteilung

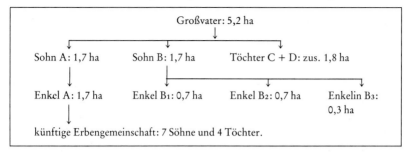

chenanteile zuzulosen. In einem dritten und letzten Schritt werden sodann, nachdem die Gruppen ihre Ländereien zugewiesen bekommen haben, innerhalb der Arbeitsrotten einzelne Parzellen in den Gewannen oder Zelgen an die Mitglieder zur individuellen Bearbeitung und/oder Nutznießung verlost.

Ergebnis dieses komplizierten, sich jährlich wiederholenden Umverteilungsprozesses ist nicht nur eine extreme Parzellierung der Flur, sondern eine ebensolche der einzelnen Betriebe und daraus resultierende Probleme der Landbewirtschaftung. Aber auch die Erfassung der Eigentumstitel wird bei diesem Prinzip des kollektiven Grundeigentums nur durch die Ausgabe ideeller Eigentumsansprüche möglich. So hat sich in Khuzestan z. B. die Praxis durchgesetzt, die Flur eines Dorfes, ein Stück Gartenland, Teile eines Fruchthaines, aber auch einzelne Gebäude oder Grundstücke in eine Reihe ideeller Eigentumstitel gemäß folgendem Schema aufzulösen:

1 Dorf, Grundstück oder dgl.: 24 ,,Erbsen"
1 ,,Erbse"   : 24 ,,Gerste"
1 ,,Gerste"   : 24 ,,Sesam"

Damit wird es möglich, jedes noch so kleine Objekt in 24 × 24 × 24 = 13 824 ideelle Eigentumsanteile aufzulösen, wie dies heute für einzelne Dörfer ebenso wie für Grundstücke in Hektargröße üblich ist. Zwei Beispiele mögen die ungeheure Flexibilität dieses vor allem in Erbfällen bewährten Systems näher belegen (Tab. 19).

Ähnlich wie im Mittelalter erfolgt heute noch meist kollektive Bewirtschaftung dieserart geteilter Ländereien; die jährliche Entschädigung der Eigner erfolgt in Ernteanteilen, deren Größe den ideellen Flächenanteilen der Eigentümer entspricht. Damit soll nicht gesagt sein, daß bereits im frühen oder hohen Mittelalter derart ausdifferenzierte Eigentumsverhältnisse in Persien existierten. Bei den heutigen Gegebenheiten handelt es sich zweifellos um im Laufe der Jahrhunderte gewachsene und immer stärker verfeinerte Formen des Eigentumsrechtes.

In engem Zusammenhang mit dem Eigentum stehen die Besitzverhältnisse im ländlichen Raum:

›In dem Verhältnis zwischen dem Landeigentümer und den abhängigen Bauern, die das Land für ihn bearbeiten, kennt das islamische Recht drei Hauptformen: *muzara'a, musaqat* und *mugarasa*. ... Die *muzara'a* ist ein Pachtvertrag der einfachsten Art: der Eigentümer stellt

Tab. 19: *Eigentumsanteile an einer Dorfflur (140 ha) und einem Gartengrundstück (1 ha) in Khuzestan*

Landeigentümer	Anteil an der Fläche		
	Erbsen	Gerste	Sesam
1. Dorfflur Jeibar (140 ha)			
1	1	$2\ ^{78}/_{375}$	—
2	1	$10\ ^{14}/_{25}$	—
3	9	$23\ ^{1}/_{25}$	—
4	1	$2\ ^{78}/_{375}$	—
5	1	$2\ ^{78}/_{375}$	—
6	3	$10^{118}/_{125}$	—
7	—	$22\ ^{2}/_{25}$	—
8	1	$17\ ^{59}/_{125}$	—
9	3	$5\ ^{7}/_{25}$	—
Zusammen	20	96	—
2. Gartengrundstück Gheblei (1 ha)			
1	1	8	—
2	2	4	—
3	1	16	—
4	2	23	—
5	—	17	8
6	1	16	—
7	—	11	—
8	—	17	8
9	—	12	—
10	1	11	—
11	4	10	16
12	—	8	16
13	—	8	16
14	2	23	—
15	2	5	8
Zusammen	16	189	72

Quelle: EHLERS 1977.

das Land und das Saatgut, das Vieh und die nötigen Geräte, der *muzari* seine Arbeitskraft und manchmal einen Teil des Hausrats. Den Wirtschaftsertrag teilen sich beide... Meist war es so, daß dem Pächter, der nur die Arbeitsleistung beisteuerte, lediglich ein Fünftel der Ernte zustand‹ (CAHEN 1968, S. 152).

Mit dieser Kennzeichnung der frühislamischen Pachtverhältnisse ist haargenau das Wesen der bis zur iranischen Landreform des Jahres 1962 gültigen Agrarsozial-

3. Die Islamisierung des Landes und ihre Folgen

struktur gekennzeichnet (PLANCK 1962). Wenn die Rückschreibung der heute in Iran gängigen Praktiken der Landbewirtschaftung und Landbesteuerung (vgl. dazu Kap. IV, Abschn. 2.2.3) auch selbstverständlich nicht bis in das Mittelalter hinein möglich ist — vor allem SPULER (1952) weist auf die Lückenhaftigkeit der Quellen hin —, so dürfte an der Grundlegung und Ausdifferenzierung dieser Praktiken in frühislamischer Zeit kein Zweifel bestehen (vgl. dazu auch HAQUE 1977).

Insgesamt zeigt sich für das frühmittelalterliche Iran, daß mit der Islamisierung des Landes die Grundlagen für fast alle späteren Entwicklungen und heutigen Strukturen der materiellen wie immateriellen Kultur gelegt wurden. Dies gilt nicht nur für etliche Aspekte der heutigen Sozialstruktur des Landes (vgl. allg. GRUNEBAUM 1946, LEVY 1957, v. NIEUWENHUIZE 1971; für Iran z. B. ARASTEH 1970, JACOBS 1966), sondern auch für weite Bereiche der materiellen Kultur. Im Gegensatz zu den arabischen Kernräumen des Islam bewahrte sich das Hochland von Iran insofern noch eine kulturelle/kulturgeographische Eigenständigkeit, als es zunächst der Beduinisierung widerstand und damit eine islamisch geprägte Kultur auf der Basis städtischer und ländlicher Wirtschaft und Gesellschaft entwickelte. Dennoch reichte die islamische Überprägung bereits früher, insbesondere unter den Sassaniden vorhandener Institutionen aus, auch der iranischen Wirtschafts- und Sozialstruktur ein Gepräge zu geben, das wir in Anlehnung an BOBEK (1950 f.) als Rentenkapitalismus bezeichnen wollen.

Im islamwissenschaftlichen, historischen, soziologischen und geographischen Schrifttum ist in den letzten Jahren eine lebhafte Diskussion darüber entbrannt, ob die insbesondere für den ländlichen Raum angesprochenen Wirtschafts- und Sozialstrukturen in frühislamischer Zeit als Fortsetzung eines antiken Feudalismus aufzufassen sind, ob es gar Merkmale der von zahlreichen Marxisten propagierten ›Asiatischen Produktionsweise‹ (vgl. dazu z. B. LENG 1974, MASSARAT 1977, MONTAZAMI 1979, RAMTIN 1979) sind oder aber ob andere Kategorien zu ihrer Kennzeichnung gefunden werden müssen. Während sich zahlreiche Wissenschaftler verschiedener Fachrichtungen in der Kennzeichnung des präislamischen Iran als eines feudalistischen Staates einig zu sein scheinen (vgl. u. a. ALTHEIM–STIEHL 1954, BRUNDAGE 1965, COULBOURN 1965, FRYE 1962, WIDENGREN 1969 sowie sowjetische Autoren marxistischer Ausrichtung: vgl. ASHRAF 1970), sehen andere Autoren eine durchgehende Entwicklungslinie des iranischen Feudalismus von den Achämeniden bis hin in die jüngere oder gar jüngste Geschichte (MORGAN 1914, NOMANI 1972). Nicht wenige sprechen noch von der Sozialstruktur der Nachkriegsjahre (z. B. PLANCK 1962, VIEILLE 1965), vor allem in den sozioökonomischen Beziehungen und Abhängigkeiten zwischen Stadt und Land, von Feudalismus. CAHEN (1960 f.) dagegen, und mit ihm zahlreiche andere Autoren, lehnen den Begriff ›Feudalismus‹ zur Kennzeichnung der Wirtschafts- und Sozialstrukturen sowohl des antiken wie des islamischen Orients grundsätzlich ab.

III. Die Inwertsetzung des Naturpotentials in Raum und Zeit

Angesichts dieses Dilemmas scheint der Vorschlag des Geographen BOBEK, des wohl besten Kenners der Geographie Irans, bemerkenswert, anstelle des auch von ihm abgelehnten Feudalismusbegriffes eine neue Kennzeichnung für die Wirtschafts- und Sozialstruktur des islamischen Orients zu finden. Nicht zuletzt aufgrund seiner intimen Kenntnisse Irans und der dort tradierten Praktiken des Wirtschaftslebens schlägt er die Bezeichnung ›Rentenkapitalismus‹ vor. Das Kennzeichen des Rentenkapitalismus, den BOBEK mehrfach (1959f., zuletzt 1974 und 1979) und ausführlich begründet hat, wird in der Definition des Jahres 1962 vielleicht am deutlichsten. Dort (1962, S. 8) wird er gekennzeichnet als

›... ein Wirtschaftssystem, das man als echten Kapitalismus ansprechen muß, insofern es mit allen typischen Kennzeichen des rationalen Erwerbsstrebens als Ziel an sich behaftet ist. Von dem uns geläufigen Kapitalismus unterscheidet es sich vor allem dadurch, daß seine Träger der Gütererzeugung selbst nur geringes Interesse entgegenbringen. Diese überlassen sie vielmehr sich selbst, d. h. dem bäuerlichen, handwerklichen, grubenmäßigen usw. Kleinbetrieb, um ihr Interesse auf das Abschöpfen von Ertragsanteilen (Renten) zu konzentrieren. Das letztere hat dieses System mit dem echten Feudalismus gemein, mit dem es oft ganz zu Unrecht zusammengeworfen wird. Es unterscheidet sich von ihm, der durch eine geschlossene, vorwiegend mit militärischen und Verwaltungsaufgaben betraute und wirtschaftlich nur an einem standesgemäßen Auskommen interessierte adlige Oberschicht charakterisiert ist, durch die Offenheit seiner Oberschicht, in die jeder aufsteigen kann, der Erfolg hat, durch deren starkes (wenn auch nicht notwendig vorwiegendes) Erwerbsinteresse und durch den Umstand, daß die Rententitel nicht verliehen werden, sondern frei gehandelt werden können. Die Geldleihe, meist zu sehr hohen Zinsen, spielt eine bedeutende Rolle. Ich habe dieses bisher zu wenig beachtete, sehr fein durchgefeilte, wesentlich städtisch zentrierte und sehr folgenschwere Wirtschaftssystem, das sich in der Praxis gelegentlich mit Resten von Feudalismus vermengt, als »Rentenkapitalismus« bezeichnet.‹

Aus Gründen, die hier nicht näher angesprochen werden sollen (vgl. EHLERS 1978), soll im folgenden der Begriff ausschließlich zur Kennzeichnung des islamischen Iran verwendet werden. Dabei erweist sich, daß die von BOBEK genannten Merkmale des Rentenkapitalismus nicht nur die Eigenheiten des bis heute praktizierten Wirtschafts- und Sozialsystems in Iran treffend charakterisieren sowie Raumstrukturen und räumliches Verhalten zu erklären vermögen, sondern auch daß diese Merkmale in frühislamischer Zeit in Iran wenn nicht entwickelt, so doch erstmals eindeutig faßbar werden.

Drei Merkmale des Rentenkapitalismus im Sinne BOBEKs seien im folgenden herausgegriffen und im Hinblick auf die Kulturlandschaftsentwicklung Irans kurz skizziert:

Enge Verbindung von Herrschaft und Stadt, mit der zugleich ›der eigentümliche Wirtschaftsstil der orientalischen, wesentlich von den Städten getragenen Zivilisation‹ (BOBEK 1959, S. 280) verbunden ist. Wenn CAHEN (1975, S. 316) konstatiert, daß ›in Iran, as elsewhere, the city was indisputably the centre where the new society and its culture were developed‹, so impliziert dies gewichtige Unterschiede zur mitteleuropäischen Geschichte, die bis

3. Die Islamisierung des Landes und ihre Folgen 153

heute nachwirken: anders als im europäischen Mittelalter, wo es zu einer weitgehenden Trennung von politischer Macht auf dem Lande und städtisch konzentrierter ökonomischer Macht kam, waren in Iran politische und wirtschaftliche Vorherrschaft schon immer städtisches Privileg. Ausdruck dieser in frühislamischer Zeit vollends sichtbar werdenden Symbiose ist die Konzentration von Verwaltung, Militär, Geistlichkeit, Grundherrschaft, Kaufmannschaft, Handel und Handwerk in den Städten, wobei besonders die Grundherrschaften zugleich auch Träger anderer, oftmals mehrfacher Funktionen sein konnten. Das flache Land fungiert demgegenüber als Produzent land- und viehwirtschaftlicher Güter sowie bergbaulicher Erzeugnisse, die die Basis städtischer Wirtschaft abgeben. Wir werden sehen, daß die Aussage, wonach der traditionellen islamischen Stadt nichts weiter als eine Überbaufunktion zukomme, indem sie von dem und für das Umland lebe und von hier das Gros ihrer wirtschaftlichen Entwicklungsimpulse erhalte, bis zur Industrialisierung des Landes ihre Gültigkeit behält.

Kommerzialisierung der Rentenansprüche. — Die Praxis, sowohl den landwirtschaftlichen wie auch den gewerblichen Produktionsprozeß in eine Reihe ökonomisch gewichteter, aber frei verfügbarer und zu handelnder Produktionsfaktoren aufzulösen, wurde zuvor am Beispiel der Pachtverhältnisse im ländlichen Bereich angedeutet und soll später noch ausführlicher (Kap. IV, Abschn. 2.2.3) behandelt werden. Diese Praxis ermöglichte nicht nur die Gründung neuer oder den Ausbau bestehender Städte, sondern verfestigte auch deren Vorherrschaft über das Land. Die Übertragung dieser Praxis auf städtisches Handwerk und Gewerbe trug zugleich zur Verfestigung innerstädtischer Abhängigkeitsverhältnisse zwischen dem Rentenkapitalisten und dem von ihm abhängigen Handwerker oder Händler bei; letzterer mußte als Kreditempfänger, Mieter, Pächter oder sonstwie Abhängiger Anteile seiner Produktion oder seines Handels an den Geld- oder Arbeitsplatzgeber abtreten. Unterschiede zu vergleichbar erscheinenden Praktiken des europäischen Mittelalters sind vor allem in der nichtstädtischen Sozialstruktur zu sehen: sozialer Auf- und Abstieg stand theoretisch allen Land- und Stadtbewohnern offen. Die Kommerzialisierung von Rentenansprüchen an die bäuerliche und gewerbliche Unterschicht muß so lange als eigenständiges Kernstück nicht nur iranischer, sondern allgemein orientalisch-islamischer Stadtentwicklung angesehen werden, als die damit verbundene, rentenkapitalistisch gehandhabte Abschöpfung von Ertragsanteilen an der Mehrwertbildung der landwirtschaftlichen oder handwerklich-gewerblichen Produktion durch stadtansässige Grundherrschaften oder Kapitalgeber in ähnlicher Form nicht auch aus anderen Kulturen beschrieben ist. Besonders zu betonen ist in diesem Zusammenhang, daß der Absentismus des Grundeigentümers und die Eintreibung des Erntegutes durch Aufseher schon im 8. und 9. Jh. belegt ist (LAMBTON 1967, S. 45).

Geringe produktive Investitionsbereitschaft. — Die dem Rentenkapitalismus eigene ›dauernde Abschöpfung von Ertragsanteilen‹ sowohl im agraren wie gewerblichen Produktionsprozeß (s. o.) wird — eigentlich schon seit der Antike, verstärkt dann unter turktatarischer Herrschaft — begleitet von einer geringen Neigung zur Reinvestition der Gewinne mit dem Ziel der Erhaltung oder gar Verbesserung der Einkommensquellen. Der vor allem mit dem *iqta*-System (vgl. den folgenden Abschnitt) zur vollen Entfaltung kommende Raubbau am Boden hing sowohl mit den erwähnten Grundbesitzverhältnissen zusammen, die insbesondere bei zeitlich begrenzter Nutznießung das Bestreben nach möglichst hoher Rendite bei gleichzeitig möglichst geringen Investitionen förderte. Dem Raubbau am Faktor Boden entspricht im gewerblich-industriellen Bereich eine geringe Pflege- oder Reparaturbereitschaft an Maschinen und Geräten. Auch das wirtschaftliche und soziale Sorgerecht des Rentenkapitalisten gegenüber dem von ihm abhängigen Teilbauern oder Handwerker steht auf einer anderen Basis als im europäischen Mittelalter.

Faßt man die für die heutige Wirtschafts- und Sozialstruktur Irans bedeutsamen Konsequenzen der Islamisierung Irans zusammen, so ergeben sich als wesentlichste Ergebnisse der frühislamischen Zeit vor allem Entwicklungen im institutionellen Bereich der Verwaltung, des Steuerrechts, der religiösen Einrichtungen; auch in der Bewertung und Wertigkeit sozialer Gruppenzugehörigkeit zeichnen sich mit dem Verschwinden des sassanidischen Adelsstandes Veränderungen ab, indem die Gesellschaft offener und sozialer Aufstieg leichter möglich wird. Kulturgeographisch zeichnet sich ein Dualismus von Stadt und Land ab, wobei die überlieferte Vorherrschaft der Stadt gegenüber dem Land an Bedeutung gewinnt. Physiognomisch, funktional und politisch-organisatorisch wird das Gefüge der noch heute verbreiteten traditionellen iranischen Stadt islamischer Prägung erkennbar. Auch die Feststellung von AUBIN (1970, S. 68), wonach jede städtische Agglomeration im mittelalterlichen Iran untrennbar mit ihrem Umland verbunden und innerhalb des von ihr dominierten Territoriums konkurrenzlos sei, gilt heute noch (vgl. Kap. IV, Abschn. 2.4.5 und 2.5). Daß dabei vor allem die Stadt, nicht zuletzt durch den fördernden Einfluß der Religion, floriert, während in der Entwicklung der Landwirtschaft, insbesondere der Bewässerungslandwirtschaft, erste stagnative Tendenzen auftreten, überrascht angesichts des nomadischen Ursprungs der arabischen Eroberer des Landes sowie des vergleichsweise geringen Stellenwertes der Landwirtschaft im Koran nicht.

4. Die turktatarische Fremdherrschaft: Kulturlandverfall und Nomadisierung

Einen ähnlich tiefen Einschnitt wie die Islamisierung des Landes stellt die 1029 beginnende Turkisierung Irans und seiner Bewohner dar. Seljuken (1037—1157), die mongolischen Il-Khane (1251—1335), die turktatarischen Timuriden (1370—1506) sowie die miteinander in West- und Südiran konkurrierenden Turkmenengeschlechter der Schwarzen (Qara Qojunlu) und Weißen Horde (Aq Qojunlu) übten eine fast fünfhundert Jahre währende Fremdherrschaft aus. Lediglich die von Alamut im Alborz ausgehende Assassinenbewegung der Ismailiten sowie das kurzlebige Mozaffaridenfürstentum in Fars stellen nennenswerte Versuche iranischer Selbstbehauptung und Territorienbildung dar, die jedoch zeitlich wie räumlich begrenzt waren.

Die wesentlichen und bis heute nachwirkenden kulturellen wie kulturgeographischen Konsequenzen der turktatarischen Fremdherrschaft sind ein Städte wie ländliche Räume in gleicher Weise betreffender Verfall der Kulturlandschaft sowie die beginnende Nomadisierung weiter Teile der Bevölkerung. Die Aussage von

4. Die turktatarische Fremdherrschaft 155

DE PLANHOL (1975, S. 225), wonach ›das Hauptmerkmal der türkisch-iranischen Welt... die allgemeine Beduinisierung‹ sei, trifft für Iran sicherlich zu. Erst mit dieser Nomadisierung weiter Teile der iranischen, vor allem der bäuerlichen Bevölkerung, sowie der Zuwanderung türkischer Nomadenstämme fügt sich das Hochland von Iran voll in das Schema der orientalischen Trilogie von Bauer — Nomade — Stadt (ENGLISH 1967, v. WISSMANN 1961) ein. Hinzu kommt, daß nach der Übernahme der arabischen Schrift nunmehr auch Turkdialekte als Umgangssprache eine weite Verbreitung gewinnen: noch heute wird nicht nur in Nordwestiran und bei vielen Nomadenstämmen, sondern auch in etlichen Rückzugsgebieten Zentralpersiens Türkisch als Umgangssprache in z. T. archaischen Formen gesprochen (DOERFER 1963—1975, 1968).

Das Iqtasystem: Die wohl einschneidendste Veränderung im Gefolge turkvölkischer Eroberungen und Fremdherrschaft bedeutete der in allen Teilen des Landes zu beobachtende Rückgang der Landwirtschaft sowie ein entsprechender Verfall der Städte. Mit der Seljukenherrschaft griff zunächst einmal das *iqta*-System um sich, das das von den Arabern in das Land gebrachte *qata'i*-System immer mehr verdrängte. Wie bereits erwähnt, wurde schon vor den Seljuken die Übertragung des Rechts der Steuereintreibung für bestimmte Ländereien als Entlohnung für dem Staat erwiesene Dienste praktiziert. Vor allem die Militäraristokratie als Nutznießer der *iqta* vermochte dadurch ihre Macht zu stärken, während Chalifat und lokale Dynastien in gleichem Maße sie einbüßten. Unter den Seljuken prägen sich (nach LAMBTON 1967, vgl. auch CAHEN 1953) fünf Grundformen der *iqta* heraus:

a) *iqta*, die der Seljukenherrscher an Mitglieder seiner Familie abtrat und die weitgehend mit Provinzgouvernaten identisch waren. Seljukenprinzen fungierten gleichsam in Vertretung des Sultans und konnten von ihm jederzeit abgesetzt oder gegen ein anderes Familienmitglied ausgetauscht werden. Einsetzung von Verwaltern auf unterer Ebene war den *muqta* möglich;
b) das administrative *iqta*, das die Übertragung einer Provinz und ihre vollständige Eigenverwaltung durch den Empfänger beinhaltete einschließlich des Rechts der Einsetzung beliebig vieler lokaler Verwalter und Administratoren;
c) das militärische *iqta*, das in erster Linie gedacht war, durch Delegation des Rechts der Steuereintreibung zur Entlohnung der Militäraristokratie beizutragen und damit das tragende Fundament des seljukischen Staatswesens wirtschaftlich abzusichern;
d) *iqta*, das an Mitarbeiter der Zentralregierung als Entgelt für ihre dem Staat oder dem Herrscher erwiesenen Dienste vergeben wurde. Es bestand entweder ebenfalls in Landzuweisungen oder in Anteilen am Steuer- oder Ernteaufkommen eines bestimmten Gebietes;
e) *iqta*, das als Art Repräsentationsfonds dem Herrscher zur Finanzierung der Hofhaltung zur Verfügung stand.

Die bleibende Bedeutung des mit Beginn der turktatarischen Herrschaft sich fest etablierenden *iqta*-Systems liegt abermals in der Begründung einer Institution, die — in veränderter Form — bis in die jüngste Vergangenheit fortlebte, die mehr aber noch eine Jahrhunderte währende Stagnation in der Entwicklung des ländlichen Raumes mit nachhaltigem Raubbau am Boden einleitete. Ähnlich wie später die Safaviden (1501—1722) konnten sich auch die Seljuken nicht auf ihr aus nomadischen Turkmenenstämmen rekrutiertes Heer als Basis ihres Staatswesens verlassen, so daß sie zur Anwerbung einer aus Sklaven und Freigelassenen bestehenden Armee gezwungen waren. Die Finanzierung dieser Truppe wie auch der Verwaltung geschah mittels der verschiedenen *iqta*-Formen, deren Vergabe zugleich aber die zentrifugalen Kräfte des Staatsverbandes förderte, die Zentralgewalt schwächte und letztlich den Zerfall der Seljukenherrschaft beschleunigte.

Kulturlandverfall. — In der Anwendung und Ausweitung des *iqta*-Systems seit Beginn der Seljukenherrschaft ist ganz zweifellos eine der Ursachen für zunächst Stagnation, später dann rückläufige Tendenzen der Kulturlandschaftsentwicklung zu sehen. Vor allem der ständige Rückgang an Privatland bzw. der Verfall der privaten, von den Landeigentümern selbst vorgenommenen Bewirtschaftung des Landes stand einer positiven Entwicklung der Landwirtschaft entgegen. Das Vordringen absentistischen Großgrundeigentums mit der Entwicklung von zahlreichen Zwischen- und Hinterpachten stimulierte die bedenkenlose Auspowerung des Landes. Die für die Pächterbauern als den eigentlichen Bewirtschaftern des Landes drückenden Abgabeverpflichtungen und deren allgemeine Rechtsunsicherheit ließen auch deren Interesse an einer rationalen und vorausschauenden Landbewirtschaftung schwinden. Den Höhepunkt des Raubbaus am Boden bildete die unter den Seljuken nicht seltene Praxis, daß einzelne *muqta,* nachdem sie ihr *iqta* bis zum letzten ausgebeutet hatten, das ihnen überlassene Land zurückgaben und gegen eine neue Landzuweisung eintauschten. Diese Praxis führte letzten Endes, wie LAMBTON (1977, S. 181) betont, ›to the emergence of large properties, often virtually independent of the central government‹.

Der schleichende Ruin des ländlichen Raumes, durch Verfall oder Zerstörung der Bewässerungsanlagen gefördert, erfuhr eine dramatische Steigerung durch den Einbruch der Mongolen auf das Hochland von Iran. Vor allem der Vorstoß von Djingiz Khan zwischen 1219 und etwa 1223/24 verwandelte das Hochland von Iran und seine Städte und Dörfer in ein einziges ›Trümmerfeld‹ (SPULER 1955, S. 31), das etwa 150 Jahre später durch Timur Lenk (1370—1405) abermals und gründlicher noch als zuvor überrannt und geplündert wurde, wobei die Bevölkerung durch Massaker größten Ausmaßes, Vertreibung und Versklavung stark dezimiert wurde. Aber auch zwischen diesen beiden Höhepunkten turktatarischer Vernichtungswut ist die Zeit der Il-Khane eine Phase permanenter Scharmützel und Kriege, wechselnder Koalitionen lokaler Mongolenfürsten und blutiger dynastischer Auseinandersetzungen (vgl. BOYLE, Hrsg. 1968, CAHEN 1968; SPULER 1955), die weder zur Befriedung des Hochlandes von Iran noch zu einer neuerlichen Blüte der ländlichen und städtischen Kulturlandschaft beitrugen.

4. Die turktatarische Fremdherrschaft 157

Die von den Mongolen verursachten Verwüstungen betrafen Stadt und Land in gleicher Weise. Im ländlichen Raum trugen mehrere Ursachen zu dem völligen Zusammenbruch der Agrarwirtschaft als tragendem Fundament der Staatswirtschaft bei. Zum einen war es eine Art der Taktik der verbrannten Erde der Mongolenheere, in deren Gefolge Dörfer niedergebrannt, ihre Bewohner getötet, die Bewässerungsanlagen zerstört und Ernten vernichtet bzw. als Beute mitgeführt wurden. Zum anderen waren es immer drückendere Abgaben, die den Bauern auferlegt wurden und die sie entweder zum Rückzug ins Gebirge oder gelegentlich zur Abwanderung in die Städte zwangen. Zum dritten aber war es die weit verbreitete Praxis, daß Truppen und Regierungsdelegationen der Il-Khane oder anderer Fürsten auf ihren landesweiten Missionen überall bewirtet und verproviantiert werden mußten. Gerade diese Praxis führte, wie Petrushevsky (1968, S. 535) mit Beispielen belegt, zu permanenten Plünderungen und Räubereien, die die Ausmaße einer ›nationalen Katastrophe‹ annahmen. Unmittelbarer Ausdruck dieser systematischen Verwüstung des Landes ist ein Siedlungsrückgang, wie er weder vorher noch nachher jemals wieder in Iran beobachtet wurde. Petrushevsky (1968) hat anhand verschiedener arabischer und persischer Quellen des Mittelalters den Wüstungsprozeß in einzelnen Distrikten des Landes rekonstruiert (Tab. 20).

In gleicher Weise wie der ländliche Raum haben die Städte gelitten. Zeitgenössische Berichte geben eindrucksvolle Schilderungen der Verwüstungen und Zerstörungen der iranischen Städte (vgl. dazu auch Schwarz 1969). Nishabur, Tus in Khorassan, Ray, Kazvin, Hamadan, Maragheh oder Ardabil wurden unter Djingiz Khan restlos zerstört und ihre Einwohner entweder abgeschlachtet oder in die Sklaverei geführt. Auch später, vor allem unter Timur, wiederholten sich solche Vernichtungszüge. Bei der Einnahme Nishaburs sollen 1220 über 1,7 Mill. Menschen getötet worden sein, in Merv etwa 700 000 und in dem heute zu Afghanistan gehörenden Herat im Jahre 1222 etwa 1,6 Mill. Bewohner. Selbst wenn diese Angaben zahlenmäßig weit übertrieben erscheinen, so ist — wie fast alle Quellen und deren Interpreten übereinstimmend betonen — an der planvollen Vernichtung von Stadt und Land in den eroberten Gebieten nicht zu zweifeln. Auch die Tatsache, daß vor allem der N und E des Landes, insbesondere die historische Landschaft Khorassan, von der systematischen Brandschatzung heimgesucht wurden, ist unbestritten: noch heute künden die Ruinenfelder des alten Tus oder des mittelalterlichen Djurdjan in der Nähe von Gonbad Qabus in der Turkmenensteppe Nordpersiens von der einstigen Größe der Städte.

In merkwürdigem Gegensatz zu dem Stadt und Land in gleicher Weise betreffenden Kulturlandverfall der Turktatarenzeit stehen einzelne Städtegründungen bzw. Ausbauten bestehender und erhalten gebliebener Zentren zu überregional bedeutsamen Mittelpunkten des Handels und des Verkehrs. Angesichts der territorialen Schwerpunktbildung der Il-Khane im nordpersischen Bereich verwundert nicht, daß dabei vor allem der nördliche Teil des heutigen Staatsgebietes

III. Die Inwertsetzung des Naturpotentials in Raum und Zeit

Tab. 20: Zahl ländlicher Siedlungen in Iran, 13.—15. Jh.

Bezirk	Frühes 13. Jh.	um 1340	Frühes 15. Jh.
Hamadan	660	212	—
Rudhravar	93	73	—
Khwaf	200	—	30
Isfahan	451	50	26
Baihag	321	40	84
Juvain	189	—	29
Turshiz	226	—	20

Quelle: PETRUSHEVSKY 1968.

bevorzugt und mit einer Reihe von Residenzen versehen wurde, von denen aber nur wenige prosperierten oder gar überdauerten (vgl. DE PLANHOL 1974). Zu den geglückten Gründungen muß Sultaniyeh zählen, wo noch heute das Mausoleum des Oldjeitu (1304—1316) als Ruine emporragt. Auch Tabriz florierte und erfuhr durch Stiftungen und Aufträge vor allem des Großvezirs Rashid-od-Din (1298—1315) planmäßige Erweiterungen und Ausbauten. Beide Städte entwickelten sich entlang der Seidenstraße nach China zu bedeutenden Handels- und Messezentren, das benachbarte Maragheh mit seiner großen Sternwarte zu einem der wichtigsten geistigen Mittelpunkte des damaligen Persiens. Nicht zuletzt die verkehrsgünstige Lage des nordwestiranischen Raumes im Schnittpunkt großer Karawanenstraßen, aber auch deren größere Nähe zu den Stammlanden der Eroberer sowie die vergleichsweise günstige klimatische und orographische Ausstattung, die eine Beibehaltung nomadischer Lebensgewohnheiten ermöglichte, dürften wichtige Gründe für die Bevorzugung Nordirans durch die Mongolen gewesen sein. Daß die Il-Khane mit ihrem Hofstaat eine äußerst mobile nomadische Lebensweise gepflegt haben, ist aus zahlreichen zeitgenössischen Quellen relativ gut belegt (vgl. SPULER 1955, S. 322f.; WILBER 1979).

Die Nomadisierung des Landes. — Das wohl wichtigste der bis heute nachwirkenden Ergebnisse der turktatarischen Fremdherrschaft in Iran ist die Tatsache, daß nunmehr neben Stadt und Land das Nomadentum als dritte Lebens- und Wirtschaftsform Platz greift. Die Nomadisierung des Landes — oder, wie DE PLANHOL (1975) es nennt, ›die mittelalterliche Beduinisierung‹— vollzog sich dabei weder gleichmäßig in allen Teilen des Landes noch aus einer Quelle: das sich auf dem Hochland von Iran neuentwickelnde Nomadentum rekrutierte sich zum einen aus Angehörigen der Eroberer, die ihre traditionelle nomadische Lebensweise nach Iran übertrugen und sie den dortigen Verhältnissen anpaßten. Ein Großteil der noch heute turksprachigen Nomaden Irans, insbesondere aber die oghuzischen Turkmenen Gorgans (vgl. IRONS 1975) und Khorassans sowie Ange-

4. Die turktatarische Fremdherrschaft

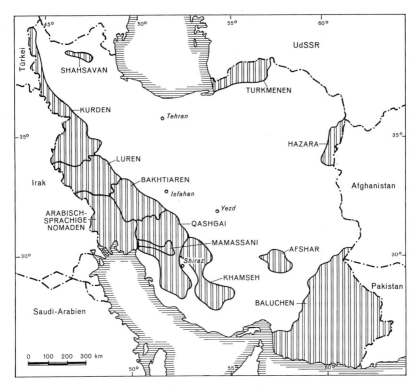

Abb. 26: Nomadismus in Iran (nach SUNDERLAND 1968).

hörige der Hazara in Ostiran, vermögen ihre Geschichte lückenlos bis auf die seljukischen und mongolischen Invasionen zurückzuführen. Die andere Quelle, aus der sich das neue Nomadentum formierte, waren iranische Bauern, die sich im Gefolge der Zerstörungen ihrer Dörfer und Felder oder auch aus Furcht vor Überfällen und erpresserischen Steuereintreibern in die Berge zurückzogen.

Die Entwicklung des iranischen Nomadismus vom Mittelalter an bedeutet nicht, daß es nicht auch schon vorher Formen der Wanderweidewirtschaft gegeben hätte. Wenn der für den gesamten Alten Orient schon frühzeitig belegte Nomadismus (vgl. KLENGEL 1972) auf dem Hochland von Iran auch unter den Achämeniden erst richtig faßbar wird, so deuten zahlreiche Indizien darauf hin, daß es sich dabei eher um halbnomadische Formen mit einer geringen räumlichen Distanz handelte. DE PLANHOL (1969, 1975) verweist darauf, daß in der Antike nicht nur die großen Heer- und Handelsstraßen mitten durch später kriegerisch-nomadisches Gebiet hindurchführten, sondern daß auch die im 16. und 17. Jh. in Kurdistan, Luristan und Baluchistan üblichen Tragochsen als Packtiere keine großen Wanderungsdistanzen erlaubten (vgl. auch EHMANN 1975). Auch mittelalterliche

Historiographen wie ISTAKHRI oder IBN HAUKAL betonen die räumlich begrenzten Siedlungsbezirke der Viehzüchter mit Dauersiedlungen als Mittelpunkten; Kurden und Luren scheinen die wichtigsten Vertreter dieser halbnomadischen Lebens- und Wirtschaftsform gewesen zu sein (vgl. auch EHLERS 1980).

Die Nomadisierung des Landes leitet letzten Endes eine Entwicklung ein, wie sie seit dem Mittelalter sich nahezu unverändert erhalten hat und, grob skizziert, in Abb. 26 wiedergegeben wird. Allgemeines Kennzeichen des später noch ausführlicher zu charakterisierenden Nomadismus (vgl. Kap. IV, Abschn. 2.3 sowie versch. Abschn. in Kap. V) ist, daß, von den Turkmenen im N und von arabischen Stämmen in SW abgesehen, alle anderen Stämme vor allem Hochgebirgsregionen, insbesondere den Zagros, bewohnen. Ausgenommen davon sind uralte Rückzugsgebiete einer bäuerlichen Bevölkerung, wie sie X. DE PLANHOL (1964, 1966) aus dem Alborz und dem Sakhendmassiv bei Tabriz beschrieben hat, wie sie insbesondere das südkaspische Tiefland aufgrund seiner klimaökologischen Sonderstellung darstellt und wie sie auch aus verschiedenen Teilen des Zagros (ZAGARELL 1975) bekanntgeworden sind.

Die vielleicht nachhaltigste siedlungsgeographische Konsequenz der Nomadisierung weiter Teile des Landes war die Tatsache, daß die verbliebenen Städte und Dörfer des Hochlandes von Iran ihre Verteidigungs- und Wehranlagen ausbauten und verstärkten. Wenn DE PLANHOL (1958) auch mit Recht darauf hinweist, daß Schutzmauern und Wehrtürme auch schon in frühgeschichtlicher Zeit als Schutz der Siedlungen gegen Überfälle mobiler Bevölkerungsgruppen existierten, so ist mit TURRI (1964) davon auszugehen, daß der Typ des Wehrdorfes *(qaleh)* sich erst im Gefolge der Überfälle zentralasiatischer Völkerschaften durchzusetzen begann. Der in vielen zeitgenössischen Dokumenten belegte Ausbau der Städte als Schutz gegen die Mongolen (vgl. SPULER 1955) findet im ländlichen Raum seine Entsprechung im *qaleh*-Dorf. Nicht nur deren bevorzugte Lage in offenen Bekkenräumen sowie entlang der großen Heerstraßen der Invasoren, sondern auch an der für Überfälle besonders geeigneten Peripherie des nomadischen Lebensraumes sprechen für eine erst mittelalterliche Ausdehnung dieses noch heute weit verbreiteten ländlichen Siedlungstypus (vgl. dazu Abb. 72 u. 76).

Kulturlandverlust einerseits, Befestigung verbleibender Dörfer und Städte andererseits sind Ausdruck der nachhaltigen wirtschafts- und sozialgeschichtlichen Konsequenzen der Nomadisierung. Waren bisher politische Macht und Herrschaft ausschließlich und einseitig von der Stadt her über das flache Land ausgeübt worden, so bedeuten die Nomaden vom ersten Auftreten an ein mit städtischen Herrschaftsansprüchen konkurrierendes Element, das vor allem von den Regierenden als Machtmittel benutzt und eingesetzt wird: vor allem unter den Safaviden im 17. Jh., aber auch unter den Qadjaren gewinnt das tribale Element als Instrument innenpolitischer Befriedung bis in das 20. Jh. hervorragende Bedeutung (vgl. Abb. 29). Dies bedeutete aber auch immer wieder, daß in Zeiten einer schwachen Zentralgewalt einzelne nomadische Fraktionen oder Stämme, später ganze

Föderationen zu politischen Machtfaktoren ersten Ranges aufsteigen, sich der Zentralgewalt entziehen und eigenständige bzw. reichsunabhängige Territorien aufbauen konnten. Es liegt auf der Hand, daß das periodische Erstarken der Nomaden für die bäuerliche Bevölkerung zusätzliche Belastungen brachte.

5. Die nationalstaatliche Erneuerung: Safaviden und die Zanddynastie

Das schon im Zusammenhang mit der arabischen Eroberung erwähnte Phänomen, daß persische Sprache und Kultur sich immer wieder gegenüber fremdländischen Einflüssen und Überlagerungen behaupten konnten, gilt auch für die Zeit der turkvölkischen Fremdherrschaft. In Dichtung wie Architektur, in Politik wie in der Wissenschaft hatten Perser immer wieder führende Positionen inne, die ihnen zugleich die Konservierung persischer Sprache und persischen Geistesgutes ermöglichten. So verwundert es nicht, wenn zu Beginn des 16. Jh. plötzlich und mit Vehemenz, verbunden mit starken shiitischen Strömungen, von Nordpersien aus eine nationalstaatliche Erneuerungsbewegung um sich griff (vgl. HINZ 1936). Ausgehend von einem von Sheikh Safi-od-Din (1252—1334) in Ardabil begründeten männerbündlerischen Derwischorden (vgl. ROEMER 1971) und unter Berufung auf dessen beanspruchte Genealogie als Nachfahre des siebten Imam schwang sich Ismail, ein Enkel des Aq Qoyunlu-Herrschers Uzun Hassan und damit selbst Turkmene, bereits als Kind von seinem Versteck in Lahijan/Gilan aus zum Führer des Safavidenordens auf. Als erst Dreizehnjähriger begann er, der Historie nach, von 1499 an das Reich der Weißen Horde (Aq Qoyunlu) zu vernichten, und zog 1501 in Tabriz, der Hauptstadt der Turkmenenherrscher, ein (vgl. auch ROEMER 1976, 1977).

Die mit Ismail I. (1501—1524) begründete Safavidendynastie wurde für das moderne Iran insofern besonders wichtig, als unter ihrer Regentschaft Iran im wesentlichen seine heutige territoriale Gestalt annahm. Daß es ausgerechnet eine turkvölkische Dynastie war, die die nationalstaatliche Erneuerung Irans einleitete und abschloß, ist angesichts des schon mehrfach erwähnten Assimilationsvermögens der Perser keineswegs verwunderlich. Die von den Safaviden (1501—1722), vor allem von Shah Abbas d. Gr. (1587—1629), begründete Renaissance des Persertums erfolgte vor allem auf der Grundlage
1. der Begründung der Shia als Staatsreligion, in deren Gefolge es zu einer großzügigen Förderung und zu einem entsprechenden Ausbau
2. der religiösen und politischen Zentren des Landes kam sowie zu einer starken
3. Förderung der Wirtschaft des Landes.

Wenn auch unter den Nachfolgern der Safaviden, insbesondere unter dem wiederum nomadischen Afsharenfürsten Nadir Shah (1732/6—1747), eine religiöse Wiederannäherung an die Sunna und damit an den türkischen Sultan als Träger des Chalifats versucht wurde, so führte der iranische Kurde Karim Khan Zand (1750—1779) von Shiraz aus das Werk der nationalen Erneuerung fort und in gewisser Weise zum Abschluß.

5.1. Shia als Staatsreligion

Gestützt auf die sufitische Lehre und ihre ihr in großer Zahl zuströmenden Anhänger, wegen ihres roten Turbans als Kopfschmuck auch als Qizilbash (Rotköpfe) bezeichnet, erlebte die Shia in Iran innerhalb kürzester Zeit ihren endgültigen Durchbruch und Sieg über die Anhänger der Sunna. Das seit Ismail I. propagierte shiitische Glaubensbekenntnis brachte ihm vor allem von anatolischen Turkstämmen (Shamlu, Afshar, Qadjar u. a.), die in Opposition zu ihren sunnitischen Nachbarn und zum Osmanenherrscher standen, großen Zulauf. Die freiwillige Übersiedlung ganzer Nomadenstämme aus der Türkei nach Iran (DE PLANHOL 1975, S. 257: Tekelü mit 15 000 Kamelen z. B., aber auch andere Gruppen, v. a. nach Azerbaijan) bedeutete eine ungeheure Stärkung der Qizilbash, so daß Ismail I. vom frühen 16. Jh. an sogar die zwangsweise Bekehrung sunnitischer Glaubensanhänger wagen konnte. Die große Bedeutung des Religiösen manifestierte sich auch in der engen Bindung von staatlicher und geistlicher Macht: der Herrscher war Staatsoberhaupt und *pir* bzw. *morshed*, d. h. geistiger Vorsteher des Ordensverbandes, zugleich: ›Die Shia verlieh den Qizilbashen festen Zusammenhalt und verband sie mit den Belangen des nationalen Iran. Zugleich vermittelte dieses Bekenntnis den Safaviden-Königen als den religiösen Führern und Nachfahren der heiligen Imame einen ungeheuren Einfluß auf ihre Untertanen‹ (HINZ 1938, S. 95).

Hatten anfangs noch die Qizilbash als Repräsentanten einer Art Kriegsadel mit den Stellen des Reichsverwesers oder als Statthalter auch die politischen Führungsämter des Staates inne, so drängten in der Folgezeit die damals als Tajiken bezeichneten Perser immer stärker in die Führungspositionen. Mit der Ernennung des Statthalters der Provinz Fars, des Georgiers Allah-Verdi Khan, zum Vorsteher der königlichen Leibwache durch Abbas d. Gr. wurde die politische Vorherrschaft der Qizilbash endgültig gebrochen und damit auch die enge personelle Bindung von Politik und Religion gelockert.

Die unter den Safaviden institutionalisierte Übernahme der Shia als Staatsreligion bedeutete einen entscheidenden Schritt im Hinblick auf die Begründung der nationalstaatlichen Eigenständigkeit des Landes. Die Abgrenzung gegenüber den Nachbarstaaten und Nachbarvölkern auf religiösem Gebiet ist noch heute eines der hervorragenden Identifikationsmerkmale des Landes und seiner Bewohner, mußte aber zugleich den Keim für Spannungen zwischen Staat und Kirche bzw. die durch die Ulama vertretene Geistlichkeit in sich bergen. Gilt schon für den Islam insgesamt, daß jedwede ›islamische Regierung kraft eines göttlichen, auf das religiöse Recht (sharia) gegründeten Vertrages existiert‹ (LAMBTON 1974), so mußte die shiitische Glaubensrichtung schon aus ihrem Selbstverständnis heraus jeglicher weltlichen Macht distanziert und argwöhnisch gegenüberstehen. Zahlreiche Autoren haben gerade in den letzten Jahren auf diese der Shia wie dem persischen Staatsgedanken gleichermaßen innewohnende Problematik hingewiesen (vgl. z. B. BINDER 1965, BOSWORTH 1973, BUSSE 1977, KEDDIE 1969, ROEMER 1977).

Aus ihrem politischen Grundsatz, daß weltliche Macht ›geliehene Macht‹ sei und, sofern sie nicht von den *mujtahids,* d. h. den obersten Repräsentanten der Shia, bis zur Wiederkehr des ›Verborgenen Imams‹ stellvertretend ausgeübt bzw. kontrolliert werde, ohnehin usurpiert und daher nicht rechtens sei, leiten die Shiiten ihren gerade in den letzten Jahren besonders nachhaltig erhobenen Führungsanspruch und die Notwendigkeit der Gründung einer ›Islamischen Republik Iran‹ ab. Die Safaviden vermochten die Diskrepanz zwischen staatlicher und religiöser Gewalt dadurch zu lösen, daß sie sich als direkte Nachfahren Alis bzw. der Aliden ausgaben und somit als Herrscher legitimiert waren. Die Zandprinzen bezeichneten sich als ›Vakil‹ (= Beauftragter). So wird auch verständlich, daß die Konfrontation zwischen Krone und Geistlichkeit erstmals unter den Qadjaren, die zudem — ähnlich wie die beiden Pahlaviherrscher — sich in ausgeprägter Weise auf das präislamische Persien zurückbesannen (vgl. dazu BUSSE 1977, S. 70 f.), offen ausbrach. Tabakprotest, konstitutionelle Revolution und die 1979 vollzogene Umwandlung des Landes in eine ›Islamische Republik‹ sind in entscheidender Weise auch vor diesem Hintergrund zu sehen.

5.2. Ausbau der religiösen und politischen Zentren

Angesichts der engen Verbindung von Staat und Politik sowie des Bemühens, die nationalstaatlichen Einigungsbestrebungen auch physiognomisch manifest zu machen, erfuhren unter den Safaviden vor allem die nationalen Metropolen des Landes eine besondere Förderung. Zu den unter den Safaviden nachhaltig geförderten Orten gehörten Ardabil mit dem Mausoleum des Sheikh Safi, des Ahnherrn der Safavidendynastie, Qum mit seinem großen Masumehheiligtum, das zugleich zur Grablege mehrerer Herrscher ausgebaut wurde, sowie vor allem Mashhad. Der Ausbau der Grablege des Imam Reza, des achten Imam, zur nationalen Wallfahrtsstätte und zu einem der wichtigsten Pilgerzentren der Shiiten (neben Karbala und Najaf in Irak) brachte der Stadt nicht nur einen seit dem 16. Jh. unaufhaltsamen Aufschwung, sondern begründete auch ihre exponierte wirtschaftliche Sonderstellung: bis heute unvermindert anhaltende Schenkungen und Stiftungen von Geld und Landbesitz machten das Heiligtum des Imam Reza zum größten Grundeigentümer des Landes wie auch zum faktischen Beherrscher der Stadt und ihres gesamten Umlandes. Dies wird unter anderem besonders deutlich in der starken Konzentration von *waqf*-Stiftungen auf Khorassan und das zu Khorassan gehörende Birjand (vgl. Tab. 18).

Neben den Aufschwüngen der religiösen Zentren erfolgte unter den Safaviden und ihren Nachfolgern auch eine endgültige Rückverlegung der politischen Macht von der Peripherie auf das Hochland von Iran. Hatte der erste Safavide Shah Ismail (1501—1524) nach seinem Sieg über die Qara Qoyunlu deren Hauptstadt Tabriz auch zu seiner eigenen gemacht, so verlegte sein Nachfolger Tahmasp (1524—1576) seinen Regierungssitz nach Kazvin und entzog sich damit zugleich der permanenten Gefährdung und den gelegentlichen Übergriffen des aufblühenden und expandierenden Osmanenreiches auf das westliche Azerbaijan. Wenn auch noch heute einzelne Gebäude an die kurzlebige Blüte der Stadt Kazvin als Hauptstadt des wiedererstarkenden persischen Nationalstaates erinnern, so war die abermalige Verlegung der Hauptstadtfunktionen von Kazvin nach Isfahan gegen Ende des 16. Jh. (1598) doch das für die gesamte Safavidenepoche entscheidende Ereignis. Die unter Shah Abbas (1587—1629) vollzogene und nach einigen Jahren abgeschlossene Hauptstadtverlegung verfolgte mehrere Ziele und bewirkte mehrere Konsequenzen, so unter anderem:

— die endgültige Loslösung der staatlichen Gewalt aus dem Einflußbereich der türkischen Qizilbash und ihrer Gefolgschaft;
— die Manifestation einer neuen politischen Zentralgewalt durch eine zentral gelegene Hauptstadt;
— die straffe Zentralverwaltung des Staatsterritoriums, das seit 1624 auch vorübergehend wieder Baghdad und damit Teile Mesopotamiens einschloß, vom Hochland von Iran aus, dem damit erstmals seit der Antike wieder die Rolle des territorialen Mittelpunktes des persischen Reiches zufiel (vgl. dazu v. a. RÖHRBORN 1966).

Die Wahl Isfahans und sein Ausbau zur glanzvollen Hauptstadt des safavidischen Persiens ist offensichtlich keineswegs zufällig, sondern hatte konkrete historische und geographische Gründe: neben einer traditionellen Bindung aller frühen Safavidenherrscher an diese Stadt (vgl. ROEMER 1974), ihrer erwähnten günstigen zentralen und strategischen Lage kamen Klimagunst, Wasserreichtum und Bodenfruchtbarkeit in der Flußoase des Zayandeh Rud sowie Gewerbefleiß und traditionelle Handwerkskunst einer zahlenmäßig bedeutenden Bevölkerung als günstige Standortfaktoren hinzu.

Die Einnahme Isfahans durch afghanische Truppen im Jahre 1722, deren Niederlage und Vertreibung durch den Afsharenfürsten Nadir, die Abdankung des letzten Safavidenherrschers im Jahre 1732 (Nadir Shah 1736—1747) führte zur abermaligen Verlegung der Hauptstadt nach Mashhad, in deren Gefolge Isfahan stagnierte, Mashhad dagegen — vor allem nach den erfolgreichen Beutezügen gegen Indien und Buchara — einen vorübergehenden Aufschwung nahm. Die abermalige, wenngleich vorübergehende Bevorzugung der Peripherie war einerseits ein Ergebnis der spezifischen Situation Nadir Shahs, der als turkvölkischer Afshar selbst aus Khorassan stammte und hier auch einen Großteil seiner Stammesmitglieder ansiedelte, stand andererseits aber dem Ausbau eines straff organisierten zentralstaatlichen Gefüges entgegen.

So verwundert nicht, daß nach der Ermordung des Nadir Shah im Jahre 1747 sich das politische Zentrum des Landes abermals auf das zentrale Hochland von Iran, d. h. nach Shiraz und damit in das traditionelle Stammland Fars, verlagerte. Die fast dreißigjährige Herrschaft des Kurden Karim Khan Zand (1750—1779) machte Shiraz als Mittelpunkt eines vor allem auf Süd- und Westiran konzentrierten nationalstaatlichen Territoriums zu einem kleinen Abbild Isfahans, wenngleich Größe und Ausstattung der neuen Hauptstadt weit hinter der der Safavidenmetropole zurückblieben (vgl. CLARKE 1963).

5.3. Politisch-administrative Neuordnung und Wirtschaftsförderung

Der ungeheure Aufschwung, den Persien unter den Safaviden nahm, basierte vor allem auf der schon erwähnten und von RÖHRBORN (1966) dargestellten politisch-administrativen Neuordnung des Staatswesens und der Verwaltung. Daneben dürfte auch die erstmalige Öffnung des Landes für den Handel von und nach Europa sowie die politische Kontaktaufnahme mit europäischen Großmächten eine wichtige Rolle gespielt haben. Alles dies jedoch bedeutete auch einen ungeheuren Eingriff in das traditionelle Kulturraumgefüge Persiens mit Konsequenzen, die bis heute nachwirken. Sie betreffen unter anderem:
— planmäßige Förderung von Handel, Handwerk und Gewerbe;
— Ausbau des Verkehrsnetzes;
— Peuplierungsmaßnahmen, vor allem Umsiedlungsaktionen von Nomaden bzw. Nomadenstämmen.

Die planmäßige Förderung von Handel, Handwerk und Gewerbe unter den Safaviden betraf sowohl die Stärkung der persischen Kaufmanns- und Handwerkerschaft als auch die Belebung des internationalen Handels. Berühmtestes Beispiel für die zielstrebige Wirtschaftspolitik der Safavidenherrscher ist die Um- und Ansiedlung von mehreren hunderttausend Armeniern unter Shah Abbas (FERRIER 1973, GREGORIAN 1974). Ihre teils erzwungene, teils freiwillige Abwanderung aus den von den Osmanen bedrohten Grenzgebieten des Safavidenreiches führte zur Entstehung größerer Armenierviertel in Tabriz, Kazvin, Kashan, Enzeli (bisher: Bandar Pahlavi) und vielen anderen Städten und Landstrichen Persiens. Vor allem aber die Hauptstadt Isfahan erfuhr durch die Gründung der südlich des Zayandeh Rud gelegenen Vorstadt Neu-Julfa den Zuzug von anfangs 15 000—20 000, später (um 1630) etwa 30 000 Armeniern. Die Gemeinde, die mit 24 Dörfern in der Nachbarschaft Isfahans zusammen über 50 000 Menschen zählte, verfügte aufgrund ihrer traditionellen Handelsbeziehungen zum mediterranen Europa, zum russischen Zarenreich, zu den zentralasiatischen Khanaten und zu den Anrainerstaaten von Rotem Meer und Indischem Ozean nicht nur sogleich über ausge-

166 III. Die Inwertsetzung des Naturpotentials in Raum und Zeit

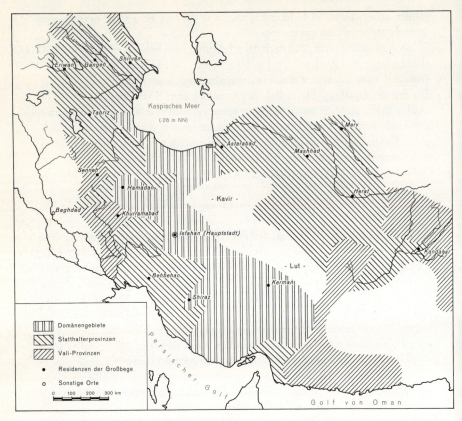

Abb. 27: *Das Safavidenreich um 1660* (nach RÖHRBORN 1966).

dehnte internationale Kontakte, sondern belebte auch den lokalen Handel und das Isfahaner Handwerk ungemein. Ausgestattet mit zahlreichen Privilegien, entwickelte sich Neu-Julfa und mit ihm Isfahan zu einem internationalen Handelszentrum ersten Ranges, von zahlreichen europäischen Kaufleuten und Diplomaten aufgesucht und begeistert beschrieben. So berichtet Adam OLEARIUS in seiner berühmten Reisebeschreibung der holsteinischen Gesandtschaft an den Hof des Shah Sefi über das von ihm auf über 500 000 Einwohner geschätzte Isfahan des Jahres 1637:

›Man findet in Ispahan allerhand Nationen Kauffleute und Kramer/welche theils ins grosse handeln/theils ihre Wahren einzeln verkauffen und außschneiden/als nemblich: Neben den Persern die Indianer/unterschiedliche Tartaren von Chuaressern, Chattai und Buchara, Türcken/Juden/Armener/Georgianer/und neben denen Engelländer/Holländer/Frantzosen/Italiener und Spanier.

5. Safaviden und die Zanddynastie 167

Abb. 28: Isfahan zur Zeit der Safavidenherrscher (zeitgenössischer Stich).

Es haben die Indianer am meisten ihre Buden und Krame neben den Persern auff dem Markte/von Seiden und Chattunen Wahren/welche so wol an Gute als Zierligkeit der Perser Wahren übertreffen. Ihrer seynd bey zwölff tausend continuirlich in der Stadt...‹ (OLEARIUS 1656, S. 559).

Etwa 50 Jahre später schildert Engelbert KÄMPFER, der 1684/5 am Hofe des Shahs weilte, die persische Residenzstadt wie folgt:

›Die Ausmaße der Stadt, die als die größte in ganz Asien diesseits des Ganges gelten darf, sind gewaltig — so sehr hat sie sich seit der Zeit Schah 'Abbâs' I über ihre Mauern hinaus ausgedehnt. Selbst heute ist sie noch in der Erweiterung begriffen, weil Isfahan ständig aus anderen Reichsgauen Zuzug erhält... Einschließlich der Vorstädte und der eingemeindeten Siedlungen soll Isfahan einen Umfang von 16 Parasangen oder Wegstunden haben, das sind rund 36 Kilometer. Ich habe mich jedenfalls vergeblich bemüht, an einem Tag um die Stadt herumzureiten...‹ (KÄMPFER 1940, S. 150).

Vor allem die Übertragung des von der Krone monopolisierten Seidenhandels an die Julfaarmenier brachte der Hauptstadt und dem Herrscherhaus erhebliche Einnahmen, die zu Glanz und Blüte Isfahans beitrugen. Es wird angenommen

III. Die Inwertsetzung des Naturpotentials in Raum und Zeit

(GREGORIAN 1974, S. 670), daß sich die Einnahmen der Staatskasse durch Seidenhandel und -verarbeitung mehr als verdoppelten. Auch andere Zweige der noch heute für Isfahan typischen Kunsthandwerke erlebten zu Beginn des 17. Jh. einen Aufschwung: vor allem Teppichknüpferei, Gold- und Silberschmiede, Kunstschreiner, aber auch Buchdruckerei und -binderei, Kupfer- und Eisenbearbeitung, Baugewerbe, Kürschnerei usw. (vgl. BROWN 1965).

Eine wesentliche Konsequenz der Übertragung des Seidenhandels an die Julfaarmenier war die vorübergehende Ausschaltung des europäischen Fernhandels und der Penetration der persischen Wirtschaft durch europäische Großmächte. Diese nahm ihren Anfang im Jahre 1507, als eine portugiesische Flotte die Insel Hormuz besetzte und damit den gesamten Handel des Persischen Golfes bis nach Indien hin usurpierte. Gegen Ende des 16. Jh., vor allem aber im 17. Jh. traten dann verschiedene Handelskompagnien in Persien in Erscheinung:
— die britischen Merchant Adventurers,
— die Englisch-Ostindische Kompagnie,
— die Holländisch-Ostindische Kompagnie,
— die Französisch-Ostindische Kompagnie.

Während die erstgenannte Gruppe vor allem über Moskau und das Kaspische Meer im 16. Jh. Handelsbeziehungen mit Persien aufzubauen trachtete und die letztgenannte französische Gesellschaft lediglich nominell in Persien in Erscheinung trat (vgl. SCHUSTER–WALSER 1970), entwickelte sich die Englisch-Ostindische Kompagnie zur wichtigsten ausländischen Handelsgesellschaft in Persien, die auch den Sturz der Safavidendynastie überlebte. Die Engländer vertrieben zusammen mit persischen Truppen die Portugiesen von Hormuz (1622) und etablierten sich dafür in der Faktorei Gombroon in dem von Shah Abbas neugegründeten Hafen Bandar Abbas, der seinerseits in seiner überragenden Bedeutung erst unter den Zand durch Bushire abgelöst wurde (vgl. KORTUM 1972). Neben Gombroon unterhielten Engländer wie Holländer Niederlassungen in Isfahan sowie Shiraz. Engländer und Holländer trugen durch ihre Aktivitäten seit dem zweiten Drittel des 17. Jh. dazu bei, das Handelsmonopol der Armenier zu brechen und damit nicht nur die Autorität und Macht der Safavidenherrscher zu schwächen, sondern zugleich auch Blüte und Wachstum Isfahans zu beeinträchtigen. Die großen Reisebeschreibungen und Schilderungen von Land und Leuten, die englische (v.a. THOMAS HERBERT), deutsche und vor allem französische Kaufleute und Gesandte (insbesondere J. CHARDIN 1811; TAVERNIER 1681; THEVENOT 1674) als Ergebnisse ihrer Persienreisen verfaßten, vermitteln ein lebhaftes und noch heute lesenswertes Bild des safavidischen Persien.

Voraussetzung für den Aufschwung des nationalen wie internationalen Handels des safavidischen Persiens war ein entsprechender *Ausbau des Verkehrsnetzes* sowie die militärische Sicherung der Handelsstraßen. Auch hierzu leistete Shah Abbas Entscheidendes und bis heute Nachwirkendes: Zum einen wurde der Ausbau der großen Fernhandelsstraßen

5. Safaviden und die Zanddynastie

Tabriz–Qum–Shiraz–Lar–Bandar Abbas (vgl. GAUBE 1979)
Isfahan–Gulpaigan(–Hamadan)–Baghdad
Isfahan–Yezd–Tabas–Mashhad
Yezd–Kerman–Bam–Sistan
Tabriz–Kazvin–Tehran–Semnan–Mashhad
gefördert und vor allem ein dichtes Netz von Karawansaraien und Militärposten entlang der wichtigsten Überlandstraßen errichtet (SIROUX 1974). Zu den berühmtesten Straßenbauten gehört die in Teilen noch heute erhaltene und unter dem Namen ›Shah Abbas Causeway‹ bekannte Pflasterstraße, die das östliche kaspische Tiefland mit seinen zahlreichen safavidischen Schlössern und Residenzen von Behshahr ab durchzieht und es mit dem Hochland verbindet.

Neben dem Überlandverkehr erlebte, wie bereits angedeutet, der Seehandel einen bedeutsamen Aufschwung: neben Hormuz und Bandar Abbas (vgl. SCHWEIZER 1972) entwickelten sich Jask und die Insel Qishm, später Bushire zu vorübergehend bedeutenden Häfen. Am Kaspischen Meer wurde insbesondere Enzeli zum Einfallstor für europäische Güter und Ideen, zugleich aber auch zu einem bedeutenden Exporthafen für persische Seiden, Teppiche, Tuche und andere Güter.

Landesausbau und Wirtschaftsentwicklung wurden jedoch möglich erst durch die Pazifizierung des Landes, d. h. insbesondere durch die *Befriedung der zahlreichen und kriegerischen Nomadenstämme*. Bereits MINORSKY (1934), vor allem aber TAPPER (1966, 1974) haben am Beispiel der Shahsavan die Entstehungsbedingungen nomadischer Stammesgemeinschaften unter den Safaviden dargestellt. Demnach ist unter den Shahsavan weniger ein bestimmter Stamm, sondern vielmehr ein Verfahren der Rekrutierung von königstreuen Bevölkerungsgruppen zu verstehen, die in diesem Fall unter der Bezeichnung Shahsavan zusammengefaßt werden. Ihrer Aufgabe gemäß, als königliche Streitmacht zu fungieren, waren sie nicht nur in vielen Teilen des Landes zu finden, sondern nahmen stets auch unterworfene oder besiegte Verbände (z. B. große Teile der Qizilbash!), z. T. sogar fremdländische Bevölkerungselemente, wie z. B. Mongolen, in ihre Gemeinschaft auf.

Die zweifellos auch schon in vorsafavidischer Zeit geübte Praxis, ganze Stämme oder zumindest Stammesfraktionen aus Gründen der Staatssicherheit, der Befriedung einzelner Landstriche und der Schwächung einzelner Nomadengruppen zu dislozieren, erreichte unter den Safaviden einen ersten Höhepunkt und wurde dann eine von fast allen Herrschern bis in die jüngste Vergangenheit hinein geübte Praxis. So finden sich im 18. Jh. Shahsavan nicht nur im nordwestlichen Persien, sondern auch bei Qum-Saveh sowie in Fars. Afshar lassen sich ebenfalls in Fars, aber auch in Kerman, Isfahan sowie in Kurdistan nachweisen (STÖBER 1978), während Kurden z. B. zusammen mit Afshar, Turkmenen, Bakhtiaren und anderen Nomadengruppen unter Nadir Shah in Khorassan auftauchen. PERRY (1975) hat die Zahl der nomadischen Umsiedlungen unter Shah Abbas auf mindestens

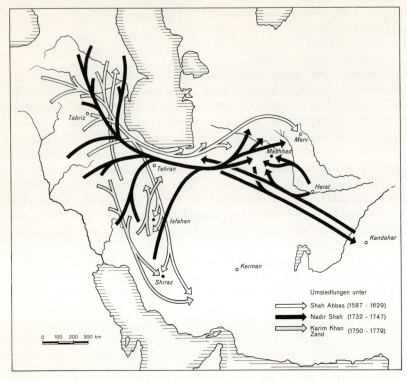

Abb. 29: Umsiedlungen nomadischer Stämme in Iran im 17. und 18. Jh. (nach PERRY 1975).

100000, unter Nadir Shah auf zumindest 150000 und unter Karim Khan Zand immerhin noch auf etwa 40000 Familien veranschlagt, wobei er (S. 212) mit Recht auf den geopolitischen Charakter dieser Bevölkerungsbewegungen hinweist. Während die Safaviden vor allem die Achse Tabriz–Isfahan–Bandar Abbas zu stärken und befrieden suchten, weisen die Umsiedlungen Nadir Shahs eine bevorzugte W-E-Richtung mit Mashhad als Zielgebiet auf. Der geringeren Größe des Zandreiches entsprechend blieben Bevölkerungsverschiebungen unter den Zand auf den SW des heutigen Irans beschränkt (vgl. Abb. 29).

5.4. Zusammenfassung

Fassen wir die wesentlichen kultur-, wirtschafts- und sozialgeographischen Aspekte und Konsequenzen der safavidischen und postsafavidischen Epoche in ihrer Bedeutung für das heutige Iran zusammen, so wird deutlich:
1. Das Kulturraumgefüge des Landes beginnt sich sowohl in seiner politisch-

administrativen Gliederung wie auch in seiner zentralörtlichen Schwerpunktbildung zu konsolidieren. Unter den Safaviden und ihren Nachfolgern werden die Raumstrukturen des heutigen Iran erstmals in Konturen sichtbar.

2. In wirtschaftlicher Hinsicht erlebt Persien einen enormen Aufschwung und tritt erstmals auch auf dem internationalen Markt als Im- und Exporteur in Erscheinung: vor allem die persische Teppichmanufaktur, noch heute ein wesentlicher Außenhandelsfaktor des Landes, erlebt unter und seit den Safaviden ihren Aufschwung zur Weltgeltung. Begleiterscheinung der Einbeziehung der persischen Wirtschaft in den internationalen Handel ist die beginnende Penetration des Landes durch ausländisches Kapital und externe Interessen. Trotz dieser Erweiterung der volkswirtschaftlichen Basis blieben die Einkünfte aus den jährlichen Steuern und Tributen der verschiedenen Ländereien die Haupteinnahmequelle der Krone. Wie RÖHRBORN (1966) überzeugend dargelegt hat, erbrachten vor allem die von Statthaltern verwalteten Reichsprovinzen, die sog. Walis unterstehenden Vasallenstaaten (vgl. Abb. 27) sowie Krongüter das Gros der jährlichen Staatseinnahmen wie auch einen Großteil der an die Hofhaltung abzuführenden Naturalwerte des Staatsschatzes. Die Provinzen wurden dabei als Staatsland betrachtet, die — in Anlehnung an das überlieferte *iqta*-System — als lehensähnliche *tuyul* an staatliche oder militärische Würdenträger vergeben werden konnten. CHARDIN (1811) trifft die Verhältnisse anscheinend genau, wenn er schreibt (zitiert nach RÖHRBORN 1966, S. 113):

›Die Staatsländereien, die den größten Teil des Reiches ausmachen, sind im Besitz der Statthalter, die einen Teil davon einbehalten, um davon die Einkünfte zu beziehen. Das andere lassen sie für die Löhnung ihrer Offiziere und Bediensteten und der Truppen.‹

Krongüter scheinen demgegenüber als Teil der Domänenprovinzen (vgl. Abb. 27) direkt dem Großdiwan unterstanden zu haben. Sie wurden dabei gelegentlich in *hassä*, d. h. in Steuerbezirke, deren Einkünfte der Krone direkt und jederzeit zur Verfügung standen, und in *khaliseh*, d. h. ›kleinere Domänengebiete innerhalb einer als Lehen vergebenen Statthalterschaft‹ (RÖHRBORN 1966, S. 131) unterschieden. In jedem Falle durfte der Hof über die Einnahmen der Krongüter frei verfügen.

3. Im gesellschaftlichen Bereich erfolgte eine Stabilisierung insofern, als mit der straffen Organisation von Verwaltung, Militär und Finanzen — vor allem unter Shah Abbas I. — eine gewisse Bürokratisierung und damit zugleich die erste Entwicklung eines administrativen Mittelstandes einsetzte. Grundlage der Macht war dabei ein ausgeklügeltes Spannungsverhältnis zwischen den führenden Würdenträgern des Landes (vgl. BILL 1972, Fig. 5). Die Tatsache, daß die Provinzverwaltungen als ›Spiegelbild der Reichsverwaltungen‹ (RÖHRBORN 1966, S. 60) organisiert wurden, erhoben die Provinzzentren bereits frühzeitig zu regionalen Organisations- und Innovationszentren (vgl. Kap. IV, Abschn. 2.4.5), die im Zusammenhang mit ihrer Funktion als Residenz großer Landeigentümer vor allem

von dem und für das Umland lebten und als Bindeglied zwischen der jeweiligen Hauptstadt und den Provinzen dienten.

Insgesamt muß die Safavidenzeit als Ausgangspunkt für das Raumgefüge und die Wirtschafts-, Sozial- und Raumstrukturen des heutigen Iran gesehen werden. Der im Gefolge der turktatarischen Fremdherrschaft aufgetretene Kulturlandschaftsverfall wurde erst vom späten 16. Jh. an überwunden. Rückbesinnung auf die nationale Geschichte und Eigenständigkeit und Hinwendung zur Shia leiten vom 17. Jh. eine Entwicklung ein, die Persien stärker noch als zuvor von seinen Nachbarräumen und -völkern abzuheben beginnt, die aber auch immer wieder zu Ausgangspunkten von innenpolitischen Konflikten sowie von Spannungen zwischen weltlicher und geistlicher Macht werden.

6. Das qadjarische Persien

Mit dem Sturz der Zanddynastie, der Übernahme der Macht durch die aus Nordiran stammenden nomadischen Qadjaren und der Verlegung der Hauptstadt im Jahre 1796 nach Tehran, einem der Stammsitze der Qadjaren, vollzieht sich ein weiterer Schritt auf dem Wege zur heutigen Kulturraumgestaltung des Landes. Für die wirtschafts- und sozialgeographische Struktur des heutigen Iran ist das 19. Jh. insofern von besonderer Bedeutung, als in ihm die bis in die jüngste Vergangenheit gültigen soziökonomischen Grundlagen endgültig fixiert wurden: Wirtschaft und Gesellschaft erhielten ihre speziellen, häufig als ›traditionell‹ gekennzeichneten Merkmale, wie sie auch heute noch weit verbreitet sind und später (vgl. Kap. IV, Abschn. 2) ausführlicher dargestellt werden sollen.

6.1. Die Entwicklung des ländlichen Raumes

Über die Struktur und die Entwicklungstendenzen der persischen Gesellschaft im 19. Jh. sind wir durch eine Reihe detaillierter, z. T. leider unveröffentlichter Studien (z. B. FLOOR 1971 ff., ISSAWI, Hrsg. 1971, MIGEOD 1956, SARKHOCH 1975) relativ gut unterrichtet. Auch die geradezu unübersehbare Flut zeitgenössischer Reisebeschreibungen und Schilderungen von Land und Leuten durch europäische (vgl. dazu GABRIEL 1952!) und persische Beobachter sowie die bisher nicht annähernd ausgeschöpfte Fülle unveröffentlichter diplomatischer Korrespondenz (vor allem: India Office Library und Public Records Office in London) vermitteln uns ein umfassendes Bild der persischen Gesellschaft des 19. Jh.

MIGEOD (1956) unterscheidet für die 2. Hälfte des 19. Jh. insgesamt sechs verschiedene Stände: den regierenden Stand — die Geistlichkeit — Kaufleute — Gewerbetreibende — fahrendes Volk — Ackerbauern.

Es ist klar, daß, wie in der Vergangenheit und bis in die Gegenwart hinein,

6. Das qadjarische Persien

auch unter den Qadjaren die ackerbauliche Bevölkerung zahlenmäßig wie von der volkswirtschaftlichen Produktivität her dominierte. Wenn sich auch an dem sozialen Status der ländlichen Bevölkerungsschichten, wie er in seiner Entwicklung vor allem von A. K. S. LAMBTON (1953) hervorragend dargestellt wurde, unter den Qadjaren wenig änderte, so trat im 19. Jh. insofern ein bedeutsamer Wandel ein, als die Eigentumsverhältnisse an ländlichem Grund und Boden in Bewegung gerieten. Wie erwähnt, blieb das seit turktatarischer Zeit dominierende System der *iqta* bzw. des *tuyul* bis in das 20. Jh. hinein erhalten, wobei in Zeiten starker Zentralgewalt das der Krone direkt unterstehende Domänenland stets zuungunsten der *tuyul*-fähigen Staatsländereien zunahm. Umgekehrt bewies sich seit der Einführung der *iqta* immer wieder, daß bei nur schwachem Durchsetzungsvermögen der Krone die von ihr verliehenen *tuyul* infolge Vererbung oder sonstiger Gründe Eigentumscharakter annehmen konnten. Unmittelbare Folge dieser Entwicklung, die in immer stärkerem Maße auch mit Absentismus der Grundeigentümer verbunden war, war zu allen Zeiten ein Rückgang der Landwirtschaft, während die aus dem ländlichen Bereich abfließenden Ernteanteile zur Reichtumsbildung in den Residenzorten der Grundherren beitrugen: ›Wealth gravitated to the cities and money went into industry and trade rather than agriculture‹ (LAMBTON 1977, S. 181).

Eben diese Tendenz ist unter den Qadjaren ein häufig zu beobachtendes Phänomen. Staatliche Mißwirtschaft, Korruption und Günstlingswirtschaft der Krone sowie hohe Schulden zahlreicher Mitglieder des Herrscherhauses bei einer immer größer werdenden Zahl von städtischen Kaufleuten führten dazu, daß Besitz und Eigentum mobil wurden und vor allem die städtische Kaufmannschaft sich in immer stärkerem Maße auch als Grundeigentümer zu etablieren begann. In ihrer sehr sorgfältigen Analyse der sozioökonomischen Struktur des qadjarischen Persien unterscheidet SARKHOCH (1975, S. 247 ff.) folgende Gruppen von Grundeigentümern:

— königliche Familienmitglieder, die die ihnen zugewiesenen *tuyul* häufig durch Zukauf weiteren Landes aufstockten und die ihr Land entweder von Tehran oder den Provinzzentren aus verwalten ließen;
— die große Gruppe der ebenfalls stadtsässigen Staatsbürokraten, die oft über Generationen hinweg in der Verwaltung tätig waren, ebenfalls *tuyul* und Privatland besaßen;
— die Stammesaristokraten, denen wegen ihrer militärischen Bedeutung neben dem Königshaus der Charakter der beherrschendsten Klasse zugesprochen wird.

Stärker noch als in vorausgegangenen Epochen befand sich somit der weitaus größte Teil des Ackerlandes in den Händen einer agrarisch unproduktiven Bevölkerung, die nicht an der Landwirtschaft selbst, sondern lediglich an möglichst hoher Rendite aus deren Erträgen interessiert war. Mit Ausnahme einiger weniger Bauernbetriebe unterlagen alle Ländereien einem gnadenlosen Ausbeutungsmechanismus, wie er von POLAK (1865, Bd. 2) auch an Einzelbeispielen belegt wird. So schreibt er z. B. über die *tuyul* (1865, Bd. 2, S. 125):

»Man kann sich denken, daß der Nutznießer auf Erhaltung und Verbesserung des Guts nicht im geringsten Bedacht nimmt, vielmehr sich lediglich bemüht, in kürzester Frist soviel wie möglich herauszuschlagen. Hat er dann sein Tuyul gründlich ausgesogen, so klagt er der Regierung, er könne nicht mehr dabei bestehen, und es wird ihm entweder ein neues zugewiesen oder der Gehalt fortan bar ausgezahlt. Diese verwerfliche Sitte frißt wie ein Krebsschaden an dem Mark des Landes«.

Diese treffende Kennzeichnung einer Auspowerung des ländlichen Raumes, wie sie letztlich bis zur Landreform des Jahres 1962 betrieben wurde und z. T. noch heute praktiziert wird, mußte für die ländliche Wirtschaft und Bevölkerung eine Reihe verheerender Konsequenzen haben. Abgesehen von dem Raubbau am Boden und dem Desinteresse der ländlichen Bevölkerung, die für ihre Arbeit mit Ernteanteilen von 33% bis 66%, manchmal auch 75—80% (vgl. Kap. IV, Abschn. 2.2.3) abgegolten wurde, wirkte sich vor allem die Habgier und Raffsucht der Krone negativ aus. Gegen Ende des 19. Jh. gewann die Praxis, Ämter und Gouvernate für eine Reihe von Jahren zu verkaufen (vgl. SHEIKHOLESLAMI 1971), Kronländereien zu veräußern oder als Pfand gegen Kredite an zahlungskräftige Finanziers abzugeben, immer mehr an Bedeutung. Hinzu kam eine immer stärkere steuerliche Belastung der landsässigen Bevölkerung und ihres Viehs sowie der zerstörerische Einfluß einer kriegerischen Nomadenbevölkerung, so daß gegen Ende des 19. Jh. Landflucht und Kulturlandverfall abermals und vielleicht noch stärker als zuvor um sich zu greifen begannen (vgl. Bericht... 1910, S. 222). Da zudem immer größere Teile der schrumpfenden oder stagnierenden Agrarproduktion in den Export gelangten, waren verheerende Hungersnöte wie die der Jahre 1870 bis 1872 eine unausbleibliche Folge.

Im Widerspruch zu dieser offensichtlichen Mißwirtschaft im ländlichen Raum steht indes eine bemerkenswerte Freizügigkeit, die nicht nur Vererbbarkeit und Verkäuflichkeit von Grund und Boden betraf, sondern die auch die freie Wohnplatzwahl der Bauern (vgl. z. B. GOBINEAU 1905, S. 389; FRASER 1825, S. 209; POLAK 1865, Bd. 2, S. 123; GREENFIELD 1904, S. 148) einschloß. Freizügigkeit gilt theoretisch auch für die große Masse der ländlichen Bevölkerung, die nicht Eigentümer von Grund und Boden war, sondern die als Teilbauern (vgl. PLANCK 1962) oder als landlose Arbeiter *(khoshnishin)* in den zahlreichen Dörfern des Landes lebten. Auch sie konnten jederzeit in andere Gebiete und in die Städte abwandern, wie durch den allenthalben beobachteten und häufig beschriebenen Exodus vom Lande im 19. Jh. belegt wird. Dies war um so leichter möglich, als im Rahmen des später noch eingehender zu analysierenden Teilbaus nicht der einzelne Landbewirtschafter, sondern die Arbeitsrotte für die Erfüllung der Anbauverpflichtungen verantwortlich war. Praktisch jedoch zeigte sich, daß sowohl durch Verschuldung als auch durch physische Gewalt die Handlungs- und Entscheidungsfreiheit der meisten Landbewohner erheblich eingeschränkt war.

Bemerkenswert für das spätere 19. Jh. und seine Auswirkungen für das moderne Iran ist die Tendenz, daß städtische Kaufleute und Händler in immer stärkerem Maße als Eigentümer von Dörfern und Ackerländereien in Erscheinung traten. Den Mechanismus der Aneignung des Landes schildert anschaulich DE GOBINEAU (1859, S. 393), wenn er schreibt:

>The government borrows from them, but as the merchants lend its funds which do not belong to them and for which they are not responsible, they can advance money only on sound security; hence they often take over monopolies, or assignments for the revenues of certain provinces, or precious stones or similar assets.<

Ähnlich äußern sich übrigens auch POLAK (1865) aus zeitgenössischer und LAMBTON (1953) aus historischer Sicht. Damit erleben wir unter den Qadjaren im 19. Jh. die Entwicklung der für das heutige Iran so typischen Symbiose von städtischem Handel und landwirtschaftlicher Produktion, die nicht nur ganz spezifische Stadt-Umland-Verhältnisse impliziert, sondern auch eine Reihe weiterer Abhängigkeitsverhältnisse einschließt (vgl. Kap. IV, Abschn. 2.4.5).

6.2. Städtewesen und Wirtschaftsstruktur

Der Versuch, Verbreitung und Größe der städtischen und stadtähnlichen Siedlungen Persiens um die Mitte des 19. Jh. zu rekonstruieren, zeigt eine Fülle kleiner Städte, die nur von einigen überregionalen Zentren, wie z. B. Tehran, Isfahan, Tabriz, Shiraz oder Mashhad, überragt werden. Während der größte Teil der Städte als lokale Verwaltungszentren und wirtschaftliche Mittelpunkte ihrer agraren Umländer bereits auf eine längere Geschichte zurückblicken konnte, entstanden in verschiedenen Teilen des Reiches neue und planmäßig angelegte Städte. An der westlichen Peripherie wurden zum Schutz gegen nomadische Überfälle aus dem Zagros z. B. Dowlatabad (das heutige Malayer) und Sultanabad (heute Arak) gegründet bzw. ausgebaut (vgl. MOMENI 1976). Saidabad, das heutige Sirjan, wurde 1804 als Etappenort des Karawanenhandels neu gegründet (RIST 1979); Tabas in Khorassan (bis zu seiner Zerstörung durch ein Erdbeben am 16.9.1978) oder Pahlavi Dez in der Turkmenensteppe Nordirans können als relativ gut erhaltene Festungsstädte des qadjarischen Persien gelten. Gute Beispiele alter Stadtbefestigungen finden sich auch in dem Luftbildband von E. F. SCHMIDT (1940). Andererseits ist zahlreichen Reisebeschreibungen des 19. Jh. zu entnehmen, daß die Städte stagnierten, Vorstädte und Dörfer zerfielen und auch das Kulturland in vielen Teilen des Landes zurückging. Überregional bedeutsam waren nur die wenigen größeren Zentren, in denen sich unter den Safaviden blühendes oder angesiedeltes Handwerk halten konnte. Für die frühe Qadjarenzeit schätzt HAMBLY (1964), daß Isfahan mit etwa 200 000 Ew. noch immer die mit Abstand größte Stadt des Landes sei, gefolgt von anderen Zentren wie Yezd (etwa 60 000—70 000), Tehran (60 000), Mashhad, Kermanshah und Kashan (jeweils etwa 50 000), Hamadan und Shiraz mit etwa 40 000 Ew. Im Größenbereich von 20 000—30 000

Tab. 21: *Städtisches Wachstum in Persien im 19. Jh.*

Stadt	Ew. 1867 (Report on Persia)	Ew. 1913 (Sobotsinskii)
Tabriz	110 000	300 000
Tehran	85 000	350 000
Mashhad	70 000	70 000
Isfahan	60 000	80 000
Yezd	40 000	50 000
Hamadan	30 000	50 000
Kerman	30 000	50 000
Kermanshah	30 000	50 000
Urumiyeh	30 000	20 000
Kazvin	25 000	40 000
Shiraz	25 000	30 000
Shushtar	25 000	10 000
Senneh	20 000	30 000
Zenjan	20 000	?
Khoi	20 000	50 000
Bushire	18 000	15 000

Quelle: Zusammengestellt nach Issawi, Hg. 1971.

Menschen werden die nordpersischen Städte Tabriz, Khoi und Kazvin, aber auch Kerman vermutet. Rasht, Qum, Nishabur, Maragheh, Rizaiyeh, Shushtar, Burujird, Lar und Zenjan dürften immerhin noch 10 000 Menschen und mehr gehabt haben, alle anderen Städte waren demgegenüber kleiner. Wenn auch in der Mitte des 19. Jh. sich Größenordnung und Rangfolge bereits stark verschoben haben und Tehran sowie Tabriz an erster Stelle rangieren (vgl. Häntzsche 1869, Polak 1865, Blau 1858, Curzon 1892 u.v.a.), so verharrt das Gros der persischen Städte doch bis weit in das 20. Jh. hinein sowohl physiognomisch als auch funktional in einem provinziellen Status.

Die bisherige Darstellung des persischen Städtewesens zur Qadjarenzeit vermittelt den Eindruck einer gewissen Blüte städtischer Wirtschaft und Bevölkerung. Im landesweiten Überblick ist indes eine andere Tendenz festzustellen. Es zeigt sich, daß nur die größeren Zentren florierten, während die Mehrzahl der kleineren Städte stagnierte oder sogar schrumpfte. Das bereits mehrfach erwähnte Fehlen einer starken Zentralgewalt, in dessen Gefolge das kriegerische Nomadentum wiedererstarkte und vor allem das agrarische Umland vieler Städte und dessen bäuerliche Bevölkerung bedrohte, führte ebenso wie die politische und wirtschaftliche Penetration des Landes durch ausländische Großmächte (vgl. Ehlers 1980) zu einer weitgehenden Lähmung aller wirtschaftlichen Aktivitäten außerhalb der größeren urbanen Zentren des Landes. Das auf z. T. groben Schätzungen basie-

Tab. 22: *Steuerkraft der Provinzen Persiens 1867*

Provinz	Steuersumme Tsd. Toman	Provinz	Steuersumme Tsd. Toman
Azerbaijan	620	Yezd	170
Gilan	440	Mazandaran	110
Isfahan	420	Kazvin	70
Fars	380	Kashan	70
Khorassan	220	Burujird	60
Arabistan	215	Gulpaigan	60
Tehran	210	Kurdistan	50
Kerman	210	Hamadan	30
Kermanshah	200	Astarabad	25
Khamseh	180	Qum	15

Quelle: Report on Persia 1867/8, zit. nach Issawi 1971.

rende Bevölkerungswachstum einzelner Städte (Tab. 21) gibt deren stagnierende Entwicklung, die in Steuern meßbare Wirtschaftskraft (Tab. 22) die regional differenzierte Leistungsfähigkeit der verschiedenen Teile des Reiches wieder.

Auch wenn man die Genauigkeit der Zahlenangaben nicht überbewerten sollte, so werden Trends doch deutlich. Auffallend ist das sehr langsame Wachstum fast aller Städte mit Ausnahme von Tabriz und Tehran. Der Verfall von Urumiyeh, bislang Rizaiyeh, ist verbürgt und nicht zuletzt in den dauernden Auseinandersetzungen zwischen Persern, turksprachigen Afshar und Nestorianern begründet. Shushtar hatte, ebenso wie das benachbarte Dizful, um die Jahrhundertwende unter den nomadischen Überfällen rivalisierender Luren, Bakhtiaren und Araber zu leiden (vgl. Ehlers 1975). Ähnliche Schicksale erlitten damals viele Kleinstädte des westlichen, südlichen und zentralen Persien.

Aber nicht nur im Wachstum oder Schrumpfungsprozeß der Städte, sondern auch in der unterschiedlichen Steuerkraft der einzelnen Landesteile lassen sich Zustand und Entwicklung der persischen Wirtschaft ablesen. Neben den Abgaben für Kronland und privates Grundeigentum, neben einer Viehsteuer sowie einer Personenabgabe für jeden männlichen Bewohner nichtstädtischer Siedlungen über 18 Jahre, neben Zolleinnahmen und einer Art Gewerbesteuer hatte jeder Provinzstatthalter Geld- und Naturalabgaben zu entrichten. Die Abgaben des Jahres 1867 beliefen sich wie in Tab. 22 angegeben.

Die Übersicht bestätigt die wirtschaftliche Dominanz vor allem der nördlichen, nordwestlichen und westlichen Provinzen: eine ebenso traditionelle wie moderne regionale Differenzierung der Wirtschafts- und Bevölkerungsschwerpunkte.

6.3. Außenhandel und politische Abhängigkeit

Die genannte desolate politische, wirtschaftliche und soziale Situation des spätqadjarischen Persien, in deren Gefolge die anfänglich vielleicht als ›penetration pacifique‹ (LITTEN 1920) zu bezeichnenden Aktivitäten ausländischer Großmächte allmählich zu einem ›strangling of Persia‹ (SHUSTER 1912) bzw. zu einem halbkolonialen Status des Landes führten, hatten vielfältige Konsequenzen für die Wirtschaft des Landes. Neben dem durch den Import industrieller Fertigwaren systematisch behinderten Aufbau einer eigenen Industrie wie auch einer entsprechenden Gesellschaft (vgl. ASHRAF 1970) erwiesen sich eine systematische Anleihenpolitik der imperialistischen Großmächte sowie eine über den Verkehrssektor gesteuerte Penetration der persischen Landwirtschaft, des Bergbaus wie auch des in Ansätzen erkennbaren Manufakturwesens (z. B. Teppichknüpferei!) als Ansatzpunkte für die fast vollkommene Dependenz des persischen Staates von ausländischen Mächten.

Die chronische Verschuldung des persischen Staates, aber auch deren Rolle für die immer größere Abhängigkeit des Landes von ausländischen Mächten kommt in dem von den Engländern herausgegebenen ›Annual Report on Persia 1909‹ (FO 416/111) deutlich zum Ausdruck (Tab. 23).

Das ganze Ausmaß der Verschuldung wird erkennbar, wenn man sich verdeutlicht, daß gegenüber diesem Schuldenberg dem persischen Staat auf der Einnahmeseite 1907/08 lediglich etwa 1,6 Mill. £-Sterling zur Verfügung standen und zu Beginn des 20. Jh. ungefähr die Hälfte der gesamten Staatseinnahmen zur Finanzierung des Schuldendienstes und der russischen Offizieren unterstehenden Kosa-

Tab. 23: Persiens Auslandsverschuldung zu Beginn des 20. Jh.

	tsd £ Sterling
Anleihen der russischen Regierung, 1900 und 1902	3200
Anglo-indische Anleihen, 1903 und 1904	300
Schulden bei der Russischen Bank (Banque d'Escompte de Perse)	1200
Schulden bei der Imperial Bank of Persia, Vorauszahlungen 1901	251
Schulden	439
Unterschlagungen von Münzsilber, geliefert durch Imperial Bank of Persia	315
Zusammen	5705

Quelle: Public Records Office London (FO 416/111).

kenbrigade dienten (zit. nach LUFT 1975, Fußn. 19a u. 87). So wird auch verständlich, daß Russen wie Engländer, die die Imperial Bank of Persia kontrollierten, sich als Sicherheit nicht mit Schuldverschreibungen des persischen Staates zufriedengaben, sondern statt dessen unmittelbaren Zugang zu den Staatseinnahmen verlangten:

›The loans from the Russian Government carry interest at 5 % and are secured on the northern customs which in case of default is entitled to control and in the last resort to administer‹ (Annual Report on Persia 1909; FO 416/111).

Während der in Tab. 23 genannte ›Anglo-Indian Loan‹ und seine 5 %ige Verzinsung durch Einnahmen aus der Fischerei im Kaspischen Meer, durch Gebühren des Post- und Telegraphendienstes sowie durch Zölle in Fars und am Persischen Golf gedeckt waren, suchte die Imperial Bank of Persia Sicherheiten wiederum bei den Zolleinnahmen des Staates:

›Debts to Imperial Bank (12 % interest)... were paid from the Kermanshah customs. Later the Kermanshah receipts were needed from the service of the Russian debt, and in January of last year the Bushire receipts were assigned to the Imperial Bank in their place‹ (Annual Report on Persia 1909; FO 416/111).

Der am Beispiel des zaristischen Rußlands jüngst umfassend dargestellte Zusammenhang von wirtschaftlicher Penetration und strategischen Interessen (LUFT 1975) findet in entsprechenden englischen Handlungsweisen nicht nur ein weitgehendes Pendant, sondern führte schließlich auch zu der schon genannten Aufteilung Persiens in Interessensphären (vgl. Karte 5) und zu entsprechenden Absprachen zwischen Rußland und Großbritannien (vgl. z. B. CHURCHILL 1939, GREAVES 1968).

Die über den Verkehrs- und Nachrichtensektor hinausgehende Penetration der persischen Wirtschaft durch ausländisches Kapital steht einerseits zwar in engem Zusammenhang mit den Praktiken der ›Denationalisierung‹ (SHUSTER 1912) des traditionellen Verkehrssektors, kann andererseits aus Platzgründen hier aber nur kurz angedeutet werden (vgl. ausführlicher dazu EHLERS 1980). Eines der Ziele der Gewährung von Konzessionen und des Verkaufs von Monopolen an ausländische Mächte, Gesellschaften und Privatpersonen war es, die Einnahmen des Staates bzw. des Hofes zu steigern. Diese im Grunde sehr alte, vor der Mitte des 19. Jh. jedoch fast ausschließlich mit nationalen Notabeln und Kapitalisten betriebene Praxis erfuhr unter Naser-ed-Din Shah (1846—1896) und seinen Nachfolgern insofern eine dramatische Veränderung, als erstmals in großem Stile und über lange Zeiträume hinweg Konzessionen an Ausländer vergeben wurden und sich somit die Abhängigkeit Persiens vergrößerte. Die 1872 dem Engländer Baron de Reuter gewährte Konzession (FRECHTLING 1938), die diesem theoretisch für eine Laufzeit von 70 Jahren die Explorations- und Nutzungsrechte großer Teile der persischen Ressourcen sicherte und die — nach einer Revision der Konzession im

Jahre 1889 — praktisch zur Entstehung der Imperial Bank of Persia führte und am 28. Mai 1901 die Gewährung der Knox-d'Arcy-Konzession und damit die Entstehung der Anglo-Persian Oil Company (APOC) möglich machte, war der Beginn dieser großangelegten Überfremdung der persischen Wirtschaft. Die Russen begegneten ihr mit der Forderung und Zuerteilung der sog. Falkenhagen-Konzession im Jahre 1874, die ihnen durch den Bau der Eisenbahn von Julfa nach Tabriz den Zugang zum Norden des persischen Reiches eröffnen sollte.

Ergebnis dieser Konzessionspolitik war, daß neben den bereits genannten Aktivitäten der Engländer und Russen vor dem Ersten Weltkrieg fast alle lukrativen Wirtschaftsbereiche in den Händen ausländischer Kapitalisten waren: England verfügte durch die Knox-d'Arcy-Konzession über den Zugang zum Erdöl sowie — zusammen mit den Russen — über wichtige Minenmonopole. Teppichmanufaktur und Teppichhandel wurden von Engländern und Deutschen kontrolliert. Um Eisenbahnkonzessionen bewarben sich Engländer, Russen, Deutsche und Franzosen. Fischereirechte im Kaspischen Meer besaßen die Russen, während griechische Unternehmer zusammen mit Russen die Wälder und Seidenraupenzucht Nordpersiens kontrollierten. Franzosen verfügten über das Monopol im Tabakhandel des Landes wie auch über das alleinige Recht, archäologische Grabungen durchzuführen. Wenn zu Beginn des 20. Jh. auch die bereits genannten Verkehrsträger unter belgischer Kontrolle die einzigen florierenden Unternehmungen dieses Landes in Persien waren, so zeigen die vielfältigen gescheiterten Konzessionen und Monopole gerade dieses Staates (Lotterie und Roulette, Herstellung persischen Weins, Zucker, Glas, Kerzen, Streichhölzer usw.), wie weit der Verkauf von Monopolen und damit die ›Denationalisierung‹ Persiens fortgeschritten waren.

Verstärkt wurde die Abhängigkeit Persiens von ausländischen Mächten dadurch, daß weite Teile der persischen Verwaltung mit Ausländern besetzt waren. Die Finanzverwaltung unterstand 16 Amerikanern unter Leitung von W. Morgan Shuster. Zollverwaltung und die Administration der großen Zollämter lagen in Händen von 28 Belgiern. Elf Schweden, sechs Franzosen und je ein Engländer, Italiener, Deutscher, Österreicher und Schweizer befehligten die persische Gendarmerie (nach Annual Report on Persia 1913; FO 416/111), während die 1879 gegründete Kosakenbrigade als schlagkräftigste Truppeneinheit russischen Offizieren unterstand und auch von Rußland teilweise finanziert wurde. Angesichts dieser fast vollständigen Penetration der persischen Wirtschaft und Verwaltung waren deshalb auch militärische Übergriffe regulärer ausländischer Truppen auf persisches Staatsgebiet durchaus möglich. Sowohl 1909 als auch 1912 rückten russische Truppen in Azerbaijan ein, und 1914 stand das gesamte südkaspische Tiefland mehr oder weniger unter russischer Kontrolle. Umgekehrt entsandte England 1911 mehrere hundert indische Soldaten nach Südpersien, um Handelswege zu sichern, und stellte — analog zu der Kosakenbrigade — mit den ›South Persian Rifles‹ eine eigene Streitmacht in Persien auf. Daß z. B. auch die Deutschen aktiv in

Karte 5: Karawanenverkehr und politische Einflußbereiche in Persien um 1900 (Entw. EHLERS 1978).

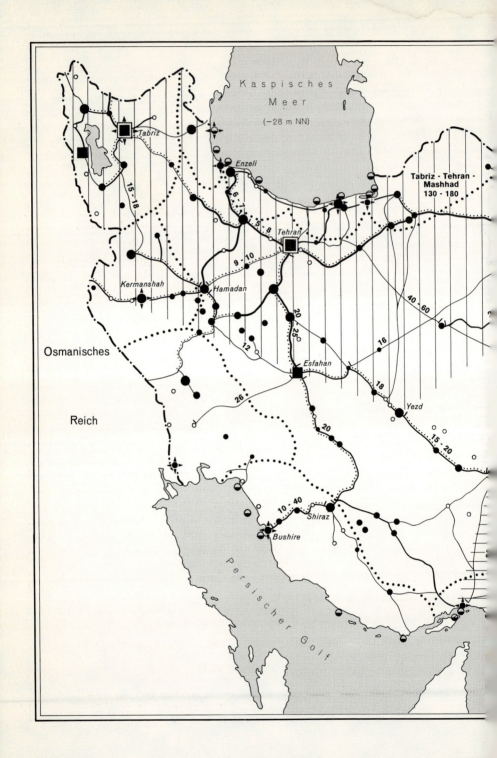

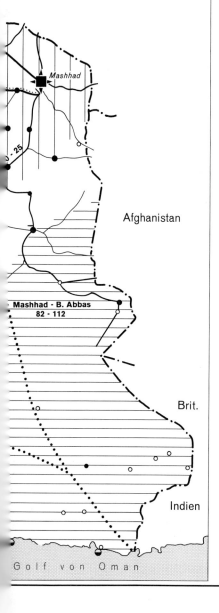

Russisches Reich

Mashhad

Afghanistan

Mashhad - B. Abbas
82 - 112

Brit.
Indien

Golf von Oman

Städtische Siedlungen mit

■ über 100.000 Ew.

■ 50.000 - 100.000 Ew.

● 25.000 - 50.000 Ew.

● 10.000 - 25.000 Ew.

● 5.000 - 10.000 Ew.

• unter 5.000 Ew.

o Sonstige Orte von regionaler Bedeutung

——— Karawanenstraßen

——— Karawanenstraßen mit Reitpost

——— Karawanenstraßen mit Wagenpost

·········· Telegraphenleitungen

|12 - 15| Transportdauer (in Tagen)

···▼··· Zolldirektion und ihr Hoheitsbereich

◐ Seehäfen

☐ Russisches Einflußgebiet

☐ Britisches Einflußgebiet

☐ 'Neutrale Zone'

(Zusammengestellt nach Berichte..., LITTEN, FEVRET, ISSAWI, STOLZE-ANDREAS u.a. sowie unveröffentlichten Berichten des PRO, London)

0 50 100   200   300   400 km

innerpersische Verhältnisse eingriffen, beweisen die Aktivitäten des Deutschen Wassmuss, seinerzeit unter der Bezeichnung eines ›Lawrence of Persia‹ bekannt, während des Ersten Weltkrieges im südlichen Persien (vgl. MIKUSCH 1937).

Die Ereignisse des Ersten Weltkrieges bedeuteten somit den vorläufigen Abschluß einer seit den Safaviden erkennbaren, unter den Qadjaren dann aber beschleunigten Penetration Persiens. Diese zunächst noch primär wirtschaftliche Durchdringung führte seit der Mitte des 19. Jh. immer stärker auch zur politischen Einflußnahme der europäischen Großmächte und mündete um die Jahrhundertwende in die Aufteilung des Landes in russische bzw. britische Interessensphären und deren militärische Überwachung ein.

Auch die Analyse der Importe und Exporte des Landes in der zweiten Hälfte des 19. Jh. beweist die nahezu koloniale Struktur des persischen Außenhandels: während vor allem unbearbeitete agrarische Rohprodukte ausgeführt wurden, stellten Fertig- oder Halbfertigwaren aus Europa den Hauptteil der Importe. Regional tritt um 1900 das Britische Empire als Bezieher von Trockenfrüchten, Opium, Häuten sowie Teppichen in Erscheinung, als Lieferant dagegen vor allem von Tuchen und Textilien sowie, aus Indien, von tropischen Gewürzen. Rußland erhielt aus Persien neben Trockenfrüchten insbesondere Rohbaumwolle, Reis, Häute, Wolle und Rohseide. Es lieferte im Austausch vor allem Zucker, daneben Textilien (vgl. dazu u. a. BLAU 1858, BUSH 1967, ENTNER 1965, KAZEMZADEH 1968, LENCZOWSKI 1949, NAVAI 1935, THORNTON 1954). Andere Handelspartner, z. T. ebenfalls mit starken Ambitionen der politischen Einflußnahme, waren Frankreich, das Kaiserreich Österreich–Ungarn sowie das Deutsche Reich (vgl. z. B. BRANDT 1906/7, STAUFF 1908, STOLZE–ANDREAS 1884/5 u. a.).

Die zunehmende wirtschaftliche und außenpolitische Aushöhlung der Unabhängigkeit Irans wurde begleitet von ebenso gravierenden inneren Zwisten und Streitigkeiten. Konnten in der Mitte des 19. Jh. (1848—1850) die sog. Babisten, d. h. die Anhänger einer von Seyed Ali Muhammad begründeten islamischen Erneuerungsbewegung, noch durch den gemeinsamen Widerstand von Shah und der Ulama unterdrückt werden, so entwickelte sich in der Folgezeit eine tiefe Kluft zwischen Ulama und Staatsgewalt. Die von der Shia vertretene Auffassung von der Unrechtmäßigkeit des qadjarischen Herrschaftsanspruches und ihrer Usurpation der Macht weist nicht nur weitgehende ideologische Übereinstimmungen mit der durch Ayatolla Khomeini getragenen Protestbewegung der jüngsten Vergangenheit auf, sondern führte schon um die Jahrhundertwende zu Aufständen und Unruhen in Persien. Nicht nur der sog. Tabakprotest der Jahre 1890 bis 1892 (KEDDIE 1966) oder verschiedene Aufstände gegen ausländische Personen und Einrichtungen, sondern mehr noch die Ereignisse der Konstitutionellen Revolution des Jahres 1906 hatten den Gegensatz von Shah und Shia zum Hintergrund. Ihre Niederwerfung mit Hilfe der von Rußland aufgestellten Kosakenbrigaden (KAZEMZADEH 1956), aber auch durch reguläre russische Truppen sowie durch sonstige indirekte Eingriffe der Großmächte führte 1907 zu der schon erwähnten Teilung des Landes

Tab. 24: *Persischer Außenhandel 1850—1911/13*

	um 1850	um 1880	1911/13
Hauptimporte (in % der Gesamtimporte)			
Baumwolltuche	43	48	30
Wolltuche und Seidenprodukte	23	15	5
Tee	9	2	6
Zucker	2	8	24
Metallwaren	2	2	2
Getreide	—	—	4
Kerosin	—	—	2
Sonstiges	21	25	27
Hauptexporte (in % der Gesamtexporte)			
Rohseide und Seidenprodukte	38	18	5
Woll- und Baumwolltuche	23	1	1
Getreide (meist Reis)	10	16	12
Früchte	4	6	13
Tabak	4	5	1
Rohbaumwolle	1	26	7
Opium	—	4	12
Teppiche	—	4	12
Sonstiges	20	20	37

Quelle: Issawi 1971, S. 135/6.

in Interessensphären. Die Präsenz russischer Truppen in Persien und die vorübergehende Besetzung persischer Städte oder Provinzen durch Russen (z. B. 1909 in Tabriz und Azerbaijan; 1911/2 Azerbaijan; seit 1914 im gesamten nördlichen Persien) ebenso wie durch Engländer (seit 1914 z. B. in Arabistan/Khuzestan) sind militärischer Ausdruck der vollständigen politischen und wirtschaftlichen Penetration des Landes und der Aufgabe der nationalen Eigenständigkeit. Heute muß es scheinen, als hätten allein der Ausbruch des Ersten Weltkrieges und mehr noch die Oktoberrevolution des Jahres 1917 die territoriale und nationale Einheit Persiens bewahrt.

7. Zusammenfassung: Stadt-Land-Nomade im frühen 20. Jahrhundert

Stärker als in vorangegangenen Epochen prägt das konkurrierende Miteinander der drei Lebens- und Wirtschaftsformen Nomadismus–Stadtwirtschaft–Bauerntum von den Safaviden an die weitere kulturgeographische Entwicklung des

Tab. 25: *Städtische, ländliche und nomadische Bevölkerung in Persien, 1884—1910, geschätzt in Tsd.*

	1884 (HOUTUM-SCHINDLER)	1888 (ZOLOTOLIV)	1891 (CURZON)	1909 (MEDVEDER)
Städt. Bevölkerung	1 964	1 500	2 250	2 500
Ländl. Bevölkerung	3 780	3 000	4 500	5 000
Nomaden	1 910	1 500	2 250	2 500
Insgesamt	7 654	6 000	9 000	10 000

Quelle: ISSAWI 1971, S. 33.

Landes. Die Städte werden zum Ausgangspunkt der nationalstaatlichen Erneuerung Persiens: nicht nur als Zentren von Kunst und Wissenschaft, sondern mehr noch als Mittelpunkte der Shia, der zur Staatsreligion erhobenen Glaubensrichtung des Islam. Ihre Blüte und ihr Wachstum verdanken sie ihren Funktionen als Handels- und Verarbeitungszentren der auf dem Lande erzeugten agrarischen Produkte. Die seit den Safaviden eintretende Befriedung des Landes läßt den Agrarraum zur wichtigsten wirtschaftlichen Säule des Staatswesens werden. Die meist teilbäuerlichen Produzenten sind politisch zwar bedeutungslos, stellen aber sowohl ökonomisch wie auch wohl zahlenmäßig das dominierende Bevölkerungselement dar. Den *Nomaden* kommt seit den Safaviden in erster Linie die Funktion der militärischen Ordnungsmacht zu. Ihre gezielte Um- und Ansiedlung in verschiedenen Teilen des Landes sowie ihre vollständige Unterordnung unter straffe Regierungen der Safaviden, unter Nadir Shah und die Zandherrscher lassen sie als gleichberechtigten Teil der orientalischen Trilogie erscheinen. Erst mit dem Herrschaftsverfall der Qadjaren gewinnen die Nomaden ein politisches, aber auch wirtschaftliches Übergewicht: sie kontrollieren weite Teile des Landes, eignen sich deren Steuern und Tribute an, werden für die Zentralregierung z. T. auch militärisch ein Unsicherheitsfaktor und gewinnen nicht zuletzt auch zahlenmäßig an Bedeutung, da unter den Qadjaren die Landflucht der Bauern erschreckende Ausmaße annimmt, Ackerland verödet und den Weidetriften der Viehhalter zugeschlagen wird.

Die notgedrungen groben Schätzungen verschiedener Persienkenner um die Jahrhundertwende stimmen darin überein, daß der Nomadismus zahlenmäßig der städtischen Bevölkerung ebenbürtig war, beide zusammen aber etwa der Zahl der ländlichen Bevölkerung entsprachen.

Aus zeitgenössischen Quellen und Berichten, vor allem aus den zahllosen, z. T. unveröffentlichten Dokumenten der englischen Konsulate und Missionen nach Persien (heute vor allem im Public Records Office sowie in der India Office

Library in London) wissen wir definitiv, daß diesem zahlenmäßigen Gleichgewicht spätestens seit der Qadjarenzeit keineswegs ein harmonisches Miteinander der verschiedenen Bevölkerungsgruppen entsprach. Überall dort, wo die Zentralregierung Stammesterritorien nicht kontrollierte, sondern ihre Präsenz auf einige städtische Garnisonen konzentrierte, hatten die Nomaden das eindeutige Übergewicht. Ein Beispiel mag stellvertretend für viele andere dienen. Einem um 1903 verfaßten und die Verhältnisse um 1895 widerspiegelnden Bericht (Persian Gulf Gazetteer. Part I: Historical and Political Materials. Precis of Persian Arabistan Affairs, o. O., o. J.) ist folgende Situationsschilderung aus dem nördlichen Khuzestan/Dizful zu entnehmen:

›In the opening of the year 1896/7, the Nizan-es-Sultaneh was continued in the Governor-Generalship, which he had held, and remained in office until events compelled his recall some months later.

Complete disorder and revolt prevailed for some time in the tracts about Dizful and Shushter, the Arab tribes under various Sheikhs, joining in a common resistance to Persian authority. In June, the Bakhtiari Il-Khani, who had been employed by the Nizam-es-Sultaneh to coerce the insurgents, was defeated by them, and panic ensued in Shushter, where the people, seeing the governor helpless, proposed, in concert with the rural population around, to pay their revenues to the Arabs, on the ground that the government was powerless to afford protection.

The Lurs helped to swell the tide of disorder, raiding the country towards Dizful, where the governor's representative was quite unable to check them. Shushter and Dezful were themselves the scene of faction fights and collision with authority.‹

Ähnliche Berichte aus allen Teilen des Landes lassen sich beliebig vermehren. YATE (1900, S. 281) bezeichnet persische Truppen im Fort von Aq Qaleh (bisher Pahlavi Dez) in der Turkmenensteppe als ›prisoners within the walls of their own fort‹. Ähnliches berichtet aus Fars auch A. T. WILSON (1916). So bilden um 1910/20 die größeren Städte Oasen relativer Sicherheit und Ruhe, aber auch — wie gezeigt — eines sich mehrenden Wohlstandes, der allerdings ausschließlich zu Lasten der ländlichen Bevölkerung geht. Insgesamt ist davon auszugehen, daß Persien nach dem Ersten Weltkrieg ›ein reiner Agrikulturstaat‹ (Bericht... 1910, S. 222) war, der zu seiner Existenz und Lebensfähigkeit ›fast ausschließlich auf die Einnahmen aus seinen landwirtschaftlichen Erzeugnissen angewiesen‹ (ebda.) war, dessen Bevölkerung jedoch andererseits ›der Willkür, Erpressung und skrupellosen Aussaugung seiner verschiedenen Machthaber preisgegeben‹ (ebda., S. 221) war. Hauptleidtragende dieser permanenten Ausbeutung waren die Bauern, die stadtsässigen Grundeigentümern wie Nomaden in gleicher Weise schutzlos gegenüberstanden.

IV. DAS HEUTIGE IRAN —
TRADITIONELLE UND MODERNE ASPEKTE

Die Tatsache, daß Iran heute einer der politisch und wirtschaftlich bedeutendsten Staaten des islamischen Orients ist, steht in krassem Gegensatz zur Situation vor noch einem halben Jahrhundert. Wenn die seit 1977/78 offen zutage getretenen innenpolitischen Auseinandersetzungen auch der Weltöffentlichkeit die internen wie externen Entwicklungsprobleme des Landes deutlich vor Augen geführt haben, so ist dennoch unbestreitbar, daß Iran heute ein von West wie Ost umworbenes Staatswesen darstellt, dessen politische Entwicklung von allen Seiten mit Spannung und Interesse verfolgt wird. Ursache dieses Interesses ist nicht nur die nach wie vor exponierte strategische Lage und Bedeutung des Landes, sondern ebenso die seit Beginn dieses Jahrhunderts herausragende Stellung des Landes als Lieferant von Erdöl für den Weltmarkt. Die durch die Erdölexporte ausgelösten Entwicklungsimpulse müssen zugleich aber auch als ein neben der Religion (vgl. Kap. III, Abschn. 5.1) zweiter Motor der sozialen und wirtschaftlichen Unruhen der letzten Jahre gesehen werden. Haben ›Verwestlichung‹ und ›Modernisierung‹ unbestreitbare Fortschritte gebracht, so sind gewichtige Argumente der Revolutionsbewegung nicht von der Hand zu weisen, wie z. B.

— ungleiche Verteilung des neuen Reichtums und z. T. gravierendere sozioökonomische Disparitäten als zuvor;
— einseitige wirtschaftliche Abhängigkeit des Landes vom Erdöl sowie von ausländischer Technologie und technischem Know-how;
— eine neuerliche Penetration der persischen Wirtschaft durch ausländisches Kapital;
— eine unausgewogene, planlose und regional wie sektoral kaum aufeinander abgestimmte Entwicklungspolitik.

Die Lösung dieser schwierigen Aufgaben wird oberstes Ziel künftiger Regierungen des Landes sein.
Wie immer der wirtschaftliche und soziale Wandel und die heutige politische Ordnung des Staates bewertet werden mögen, fest steht, daß vor allem zwei Faktoren zu den grundlegenden Veränderungen der letzten 50 Jahre beigetragen haben: die Entdeckung reicher Erdöl- und Erdgaslagerstätten im SW des Landes und der Wille, diese Bodenschätze als Grundlage einer Modernisierung aller Lebens- und Wirtschaftsbereiche zu nutzen. Dieser Vorsatz wurde initiiert mit dem Sturz der Qadjarendynastie im Jahre 1925 und der Machtübernahme durch Reza Khan, der sich wenig später als Reza Shah Pahlavi (1926—1941) zum neuen Herrscher krönen ließ und damit zum Begründer der sog. Pahlavidynastie wurde (vgl. Up-

TON 1965). Die seit Reza Shah stärker noch als zuvor erkennbare Tendenz einer bewußten Rückbesinnung auf die nationale Vergangenheit und Größe (vgl. BUSSE 1977) führte im Jahre 1935 auch zur Umbenennung des Landes in ›Iran‹. Dennoch unterliegt keinem Zweifel, daß trotz der von ihm und seinem Sohn und Nachfolger Mohamad Reza Shah (1941—1979) ausgelösten Veränderungen eine Fülle wirtschaftlicher, sozialer und politischer Diskrepanzen, die sich in der modernen Wirtschafts- und Sozialstruktur ebenso wie im Bild auch der Kulturlandschaft niederschlagen, bis heute das Land prägen: Stadt und Land, Bauer und Nomade, Industrie- und Agrarwirtschaft, Sackgasse und Autobahn, *khoshnishin* und Agroindustrie, Großstadt und Kleinstadt, Landreform und Teilbau — alles dies sind Begriffspaare, die den Dualismus einer Entwicklung umschreiben, die sich zum einen an den Ursprüngen und Prägungen einer jahrtausendealten Kultur orientiert, zum anderen aber die Übernahme modernster Technologien beinhaltet. Raum-, Wirtschafts- und Sozialstrukturen des heutigen Iran sind Ausdruck dieses vielfältigen Dualismus.

1. Die Erdölwirtschaft — ihre Entwicklung und Bedeutung für den sozioökonomischen Strukturwandel Irans

Am 26. Mai 1908 wurde in der Nähe eines alten zoroastrischen Feuerheiligtums bei Masjid-i-Sulaiman (MIS) im heutigen Khuzestan in einer Tiefe von nur etwa 400 m (1190 ft) Erdöl gefunden. Mit diesem Fund wurde nicht nur eine letztlich bis in die 50er Jahre anhaltende direkte Kontrolle der persischen Erdölwirtschaft durch fremdes Kapital eingeleitet, sondern zugleich der Grundstein für die genannten wirtschaftlichen Entwicklungen im heutigen Iran gelegt.

Die britische Beherrschung der persischen Erdölexploration und -förderung geht zurück auf den am 28.5.1901 abgeschlossenen Vertrag zwischen der persischen Regierung und dem Engländer Knox d'Arcy, der diesem bzw. der von ihm 1903 gegründeten First Exploration Comp. Ltd. (ab 1905: Burma Oil Company) das Recht zur Ausbeutung aller persischer Erdölquellen mit Ausnahme der fünf nördlichen Provinzen für 60 Jahre gab. Im Falle erfolgreicher Bohrungen sollte die persische Regierung zu 16% am Reingewinn beteiligt werden.

Nach den ersten Funden bei MIS wurde im April 1909 die berühmte Anglo-Persian Oil Company (APOC) gegründet; im gleichen Jahr wurde der Beschluß zum Bau einer großen Ölraffinerie auf der Strominsel Abadan zwischen Bahmanshir und Shat-al-Arab (WEIGT 1957) gefaßt. Die politischen Implikationen des Konzessionsvertrages wurden offenkundig, als im Jahre 1912 die britische Regierung 51% des Aktienkapitals der APOC übernahm. Kein Geringerer als Sir Winston Churchill, damals Leiter der britischen Admiralität, war entscheidend an diesem Aktientransfer beteiligt, um der damals in Umstellung auf Ölfeuerung befindlichen britischen Kriegsflotte im Indischen Ozean eine permanente Energieversorgung zu sichern. Die Sicherung der Ölvorräte für die britische Flotte war auch die Begründung für den Einmarsch britischer Truppen nach Südpersien bei Kriegsausbruch 1914. Die ungerechte Aufteilung der Gewinne, die durch Manipulationen der APOC noch zuungunsten der Perser beeinträchtigt wurden, bildeten eine Quelle ständigen Streits. Die Entdeckung weiterer Ölfelder bei Naft-e-Shah (1923), Haft Kel (1927) und Gachsaran (1928) sowie die Machtübernahme durch Reza Shah verschärften die Spannungen zwischen APOC und Regierung, so daß es 1939 zum Abschluß eines neuen Vertrages kam, der den Persern über vertraglich vereinbarte Steuerzahlungen ein geringfügig höheres Einkommen aus der Erdölförderung zusprach.

Die politische Rolle des 1935 in Anglo-Iranian Oil Company (AIOC) umgetauften Unternehmens wurde abermals — und dieses Mal besonders nachhaltig — deutlich im Zweiten Weltkrieg und im Zusammenhang mit der Verstaatlichung der iranischen Ölindustrie (vgl. dazu ELWELL–SUTTON 1955, LENCZOWSKI 1956, NAZARI 1971, PANAHI 1975, SHWADRAN 1955 u. a.). Schutz der Ölförderung und der Anlagen der AIOC dienten nicht nur als Vorwand für die abermalige Besetzung Südwestirans durch britische Truppen im Zweiten Weltkrieg, sondern führten auch zur Abdankung und Verbannung von Reza Shah im Jahre 1941 sowie zur Einsetzung von Mohamad Reza Shah als dessen Nachfolger. Vor allem aber die Nationalisierung des Erdöls durch die Regierung Mossadegh im Jahre 1951 und die folgende Boykottierung der Ölexporte durch die Engländer stürzten das Land zwischen 1951 und 1954 in eine der schwersten wirtschaftlichen und innenpolitischen Krisen seiner modernen Geschichte. So verheerend die unmittelbaren Auswirkungen für das Land und seine Bewohner waren, so bedeutsam sollte die Verstaatlichung in der Folgezeit für die soziale, wirtschaftliche und politische Entwicklung des Landes werden.

Im Oktober 1954 wurde zwischen der National Iranian Oil Company (NIOC) und einem internationalen Konsortium unter Beteiligung von Engländern (40 %), Amerikanern (40 %), Holländern (14 %) und Franzosen (6 %) ein neues Abkommen geschlossen, nach dem die iranische Regierung 50 % aller von dem Konsortium mit iranischem Erdöl erwirtschafteten Reingewinne und die NIOC für jede Tonne exportierten Rohöls 12,5 % des Weltmarktpreises erhalten sollte. Damit hatte sich Iran gegenüber 1951 ein etwa viermal höheres Einkommen pro Tonne exportierten bzw. im Auftrag verarbeiteten Rohöls gesichert. Es hatte aber auch lt. Vertrag die Möglichkeit, die jährliche Steigerungsrate der Ölförderung nach Absprache mit dem Konsortium zu bestimmen und somit aufgrund der zu erwartenden Einnahmen langfristige Planungsziele zu erstellen: Die 1954 ausgehandelten Bestimmungen blieben bis zum Herbst 1970 unverändert gültig und wurden dann durch ein neues Abkommen ersetzt, das dem Land 55 % aller Reingewinne sicherte. Schon 1972 aber wurden neue Gespräche zwischen NIOC und dem Konsortium aufgenommen, mit dem Ziel, den Grundvertrag von 1954 gänzlich abzulösen und auch die noch in ausländischer Regie verbliebenen Reste der Ölförderung und

188   IV. Das heutige Iran — Traditionelle und moderne Aspekte

Ölvermarktung in iranische Hände zu überführen. Dieses Ziel wurde im Juli 1973 durch den Abschluß eines 20-Jahres-Liefervertrages mit dem Konsortium erreicht (vgl. HOEPPNER 1973). Die im Herbst des gleichen Jahres durch die OPEC-Länder erzwungenen drastischen Preissteigerungen leiteten die vorerst letzte Phase der Rückgewinnung der nationalen Verfügungsgewalt über das persische Erdöl und Erdgas ein. 1979 wurde unter der Übergangsregierung Bazargan die Kündigung aller Lieferverträge mit den Ölgesellschaften beschlossen; iranisches Erdöl gelangt seitdem im freien Verkauf auf den Weltmarkt.

In der Rückschau lassen sich die wesentlichen Entwicklungen der persischen Erdölwirtschaft, auf deren lagerstättenkundliche Grundlagen bereits verwiesen wurde (vgl. Kap. II, Abschn. 1.4), von den Anfängen bis heute chronologisch wie folgt zusammenfassen:

1908   Entdeckung des ersten Erdölfeldes bei Masjid-i-Sulaiman (MIS) in 1190 ft Tiefe
1909   Gründung der Anglo-Persian Oil Company mit späterem Hauptquartier in Ahwaz; die Insel Abadan wird als Standort einer Raffinerie ausgewählt
1910   Baubeginn der Raffinerie Abadan
1911   Baubeginn Pipeline MIS–Abadan
1914   Erste Exporte von persischem Rohöl
1921   Bau einer zweiten Pipeline zwischen MIS und Abadan
1923   Entdeckung von Erdöl bei Naft-e-Shah
1927   Entdeckung von Erdöl bei Haft Kel
1928   Entdeckung von Erdöl bei Gachsaran
1930   Kapazität der Raffinerie von Abadan auf 5 Mill. t Erdöl/Jahr ausgebaut: Abadan damit größte Raffinerie der Erde
1931   Bau einer Anschlußpipeline von Haft Kel nach MIS
1935   Bau der Ölraffinerie in Kermanshah und Belieferung mit Rohöl von Naft-e-Shah
1937   Entdeckung des Ölfeldes von Lali
1938   Entdeckung des Ölfeldes von Naft-e-Sefid
1939   Entdeckung des Ölfeldes Agha Jari; Fertigstellung der ersten Produktenpipeline zwischen Abadan und Ahwaz
1940   Bau einer Pipeline Gachsaran–Abadan
1946/7 Produktionsaufnahme des Ölfeldes von Lali
1951   Verstaatlichung der iranischen Erdölindustrie durch Premierminister Mossadegh
1953   Entdeckung von Erdöl bei Qum/nördliches Zentraliran
1954   Konsortiumsvertrag
1955   Gründung der National Iranian Oil Company (NIOC); Baubeginn Produktenpipeline von Khuzestan nach Tehran
1959   Erste Ölfunde im Persischen Golf, Feld Bahregansar; Entdeckung von Erdgas im Sarajehfeld südlich von Tehran
1960   Fertigstellung des Rohölterminals auf der Insel Kharg
1961   Entdeckung des Dariusfeldes im Persischen Golf sowie der Felder Pazanan und Bibi Hakimeh
1962   Feld Cyrus im Persischen Golf entdeckt
1963   Ausbau der Insel Kharg zum größten Ölterminal der Erde und Baubeginn für

1. Die Erdölwirtschaft Irans 189

Produktenterminal in Bandar Mahshahr; Entdeckung neuer Felder in Rag-e-Sefid, Karanj und bei Kharg
1964 Entdeckung des großen Erdölfeldes Marun
1965 Baubeginn der Ölraffinerie Tehran I sowie der Iran Gas Trunkline (IGAT) von Khuzestan über Astara in die UdSSR
1966 Fertigstellung des ersten Röhrenwerkes in Ahwaz, Gründungen der Kharg Chemical Company und der Abadan Petrochemical Company
1967 Entdeckung des Ölfeldes Cheshmeh Kuh; Ausbau der Häfen und petrochemischen Komplexe von Bandar Mahshur und Bandar Shahpur
1968 Entdeckung neuer Ölfelder im Bereich des Persischen Golfs, in der Agreement Area sowie von Erdgas bei Sarakhs/Nordostiran; Einigung über Schürfrechte und Grenzziehung im Bereich des Persischen Golfs zwischen Saudi-Arabien und Iran
1969 Planung bzw. Baubeginn der Petrochemiekomplexe von Abadan und Kharg
1970 Produktionsbeginn des Petrochemiekomplexes von Bandar Shahpur; Fertigstellung der IGAT und erste Erdgaslieferungen an die UdSSR
1973 Übernahme aller noch dem Konsortium unterstehenden Produktionseinrichtungen durch die NIOC; Fertigstellung der Ölraffinerie Shiraz
1974 Eröffnung der Düngemittelfabrik Marvdasht/Shiraz
1975 Eröffnung der Ölraffinerie Tehran II; Baubeginn der Ölraffinerie Tabriz
1976 Baubeginn der Ölraffinerie Isfahan

Die Zusammenstellung zeigt andeutungsweise nicht nur die mit der Zeit immer größere Ausdehnung der fündigen und produktiven Erdöl- und Erdgaslagerstätten Irans (vgl. MELAMID 1973), sondern auch die direkt aus der Förderung von Erdöl und Erdgas resultierende Industrialisierung (vgl. Karten 6 und 9), die lange Zeit auf das Fördergebiet selbst beschränkt blieb. Erst der kräftige Ausbau des Pipelinenetzes ermöglichte auch außerhalb der Provinz Khuzestan bzw. der Oil Agreement Area die Anlage großer Raffinerien und petrochemischer Industrien.

Außerhalb der traditionellen Förderzentren (Karte 6) sind abbauwürdige Erdöl- bzw. Erdgaslager vor allem aus Nordiran bekanntgeworden: Zu ihnen gehören bisher nicht genutzte Vorkommen in der Mughansteppe, im Bereich des Sefid Rud-Deltas und bei Astara/Gilan sowie in der Turkmenensteppe. Die großen, bei Sarakhs entdeckten Erdgaslager werden demgegenüber ausgebeutet.

Trotz der großen Bedeutung, die die Ölwirtschaft für die Gesamtwirtschaft Irans hat, ist die Rolle der NIOC und der weiterverarbeitenden Industrien als Arbeitgeber überraschend gering. Zwar sind die NIOC und die ihr verbundenen Nachfolgeindustrien einst wie heute die größten Arbeitgeber des Landes, doch zeigen die Beschäftigtenzahlen infolge ständiger Mechanisierung und Automatisierung eine sinkende bzw. stagnierende Tendenz. Erst seit den 70er Jahren zeichnet sich durch die Ausweitungen der wirtschaftlichen Aktivitäten der NIOC eine neue Zunahme der Beschäftigtenzahlen ab (vgl. Tab. 26).

Wichtiger jedoch als in seiner Funktion als Arbeitgeber und Energielieferant (vgl. dazu EHLERS 1972) ist die persische Erdölwirtschaft als Exportfaktor. Allein dieser Tatsache verdankt das Land seine heute überragende internationale Bedeu-

Tab. 26: *Beschäftigte in der iranischen Ölindustrie, 1939—1974*

Jahr	Iraner	Beschäftigte Ausländer	Zusammen
1939	15 060	2 723	17 783
1944	16 485	3 380	19 865
1949	32 011	4 477	36 488
1955	55 177	85	55 262
1959	60 529	781	61 310
1964	42 179	474	42 653
1969	40 224	1 091	41 315
1974	?	?	46 072

Quelle: Unterlagen der NIOC; Statistical Yearbook of Iran 1976/77.

tung wie auch den regional wie sektoral unterschiedlich großen Aufschwung seiner Wirtschaft. Allein aus historischen Gründen scheint es dabei angebracht, drei Phasen der Entwicklung der Erdölwirtschaft zu unterscheiden:
— die Phase von der Entdeckung des Erdöls bis zu seiner Verstaatlichung;
— die Phase von 1954 bis zur ›Ölkrise‹ des Jahres 1973;
— die seit 1973 verfolgbare Entwicklung.

Der *früheste, von 1908 bis 1951 währende Abschnitt* ist die Phase der vollkommen extern dominierten Erdölwirtschaft, die zudem durch nur unbedeutende jährliche Steigerungsraten der Erdölförderung und durch geringe finanzielle Rückflüsse an die persische Regierung gekennzeichnet ist. Tab. 27 erfaßt in Fünfjahresdurchschnitten sowohl die Fördermengen als auch die Einnahmen der persischen Regierung durch die Zahlungen der APOC/AIOC. Die Entwicklung geht dabei bis zum Ausbruch des Zweiten Weltkrieges ausgesprochen langsam vor sich. Erst der Krieg und die ersten Nachkriegsjahre bringen eine Steigerung der Produktion und Deviseneinnahmen.

Entsprechend der im Vergleich zur heutigen Entwicklung langsamen Steigerungsraten sind die Rückwirkungen der Erdölexporte auf die nationale Wirtschaft zwischen den beiden Weltkriegen zunächst noch gering, wenngleich erste Bemühungen zur Industrialisierung und zur Verbesserung der Verkehrsverhältnisse beeindruckend sind.

Die *zweite, von 1954 bis 1973 währende Phase* ist gekennzeichnet durch schnelle Steigerung der Förderungsraten von Erdöl und Erdgas und einer dazu parallel verlaufenden Entwicklung der Erdöleinnahmen. Es ist dies die Phase, in der nach anfänglicher Stagnation zunächst auf dem Erdölsektor selbst, seit Anfang der 60er Jahre aber auch in anderen Lebens- und Wirtschaftsbereichen stürmische, ja überstürzte Entwicklungen einsetzen: Landreform und Industrialisierung,

Tab. 27: *Erdölförderung und Devisenzahlungen der APOC/AIOC, 1912—1950*

Zeitraum	Durchschnittl. Förderung/Jahr (tsd. t)	Durchschnittl. Zahlungen/Jahr (Mill. £ Sterling)
1912—1920	539	0,3
1921—1925	3 015	0,7
1926—1930	5 227	1,0
1931—1935	6 862	1,8
1936—1940	9 354	3,6
1941—1945	11 165	4,4
1946—1950	24 563	10,6

Quelle: unveröffentl. Unterlagen der NIOC.

Aus- und Umbau der Städte, Erweiterung und Modernisierung des Verkehrsnetzes, Verbesserung des Bildungswesens und der Krankenfürsorge, aber auch eine beispiellose und im Vergleich zu den sozialen Sektoren ungerechtfertigt hohe und extrem kostenaufwendige Militarisierung des Landes werden erst durch den Ausbau der Erdölförderung möglich.

Das energiepolitisch vielleicht wichtigste Phänomen dieser zweiten Phase ist die zielstrebige Nutzung des bis dahin nutzlos abgefackelten Erdgases. Wurden noch bis Ende der 60er Jahre zwischen 80 und 90 % des bei der Erdölförderung anfallenden Erdgases in der Luft verpufft, so spielen heute Export und Verarbeitung von Erdgas eine große Rolle. Seit 1970 werden jährlich große Mengen von Erdgas über die IGAT an die UdSSR als Gegenleistung für den Bau des großen Stahlwerkes von Isfahan geliefert. Seit 1970 arbeitet in Bandar Mahshur-Shahpur zudem der größte petrochemische Komplex des Mittleren Ostens: neben einer großen, vor allem für den Export nach Japan orientierten Gasverflüssigungsanlage sind hier große Düngemittel- und PVC-Fabriken entstanden. Der Bau ähnlicher Anlagen in Abadan sowie großer Schwefel- und Stickstoffwerke bei MIS und auf der Insel Kharg haben die Provinz Khuzestan somit in den letzten Jahren zum wichtigsten Standort der Petrochemie gemacht und dem Land mit Erdgas eine neue wichtige Energiequelle erschlossen. Dennoch werden noch heute (1355 = 1976/77) über 55 % des anfallenden Erdgases abgefackelt.

Die *1973 beginnende dritte Phase* ist durch zwei Ereignisse gekennzeichnet: die Übernahme aller Förderungs-, Verarbeitungs- und Vermarktungseinrichtungen durch die NIOC sowie die im Gefolge der Preispolitik der OPEC-Länder erhebliche Steigerung der Rohölpreise. Die Iran und den anderen OPEC-Ländern damit verfügbaren zusätzlichen Deviseneinnahmen (vgl. Abb. 30) ermöglichten nicht nur eine Verstärkung der Industrialisierungsbemühungen, sondern auch der Investitionen in andere Wirtschaftsbereiche. Die schon jetzt erkennbare Erschöp-

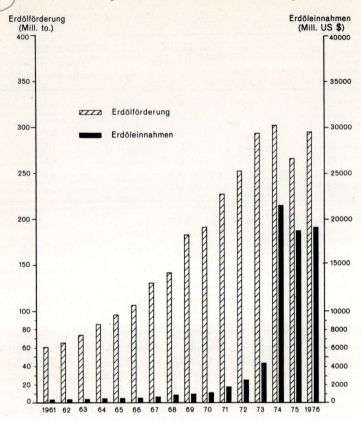

Abb. 30: *Erdölförderung und Deviseneinnahmen aus dem Rohölexport 1960—1976* (nach OPEC. Annual Statistical Bulletin; versch. Jahrgänge).

fung der Erdöl- und Erdgasvorräte wird das Land zu einer noch rationelleren Nutzung seiner wichtigsten Naturschätze zwingen.

Es unterliegt keinem Zweifel, daß Erdölindustrie und Erdölexporte die Voraussetzung für nahezu alle modernen Wandlungen der traditionellen Lebens- und Wirtschaftsbereiche des Landes darstellen. Dies gilt für Vergangenheit und Gegenwart in gleicher Weise und kommt besonders nachhaltig in der Exportstruktur des Landes zum Ausdruck, die seit Beginn dieses Jh. in immer stärkerem Maße durch Erdöl und Erdölderivate geprägt wird (Tab. 28).

Die überragende Bedeutung des Ölsektors wird nicht nur im langjährigen Vergleich und in der allgemeinen Gegenüberstellung von Ölexporten und sonstigen Ausfuhren deutlich, sondern auch in der Aufgliederung des Gesamtexports. Im iranischen Jahr 1354 (1975/76) z. B. folgten auf die Einnahmen aus dem Ölsektor

1. Die Erdölwirtschaft Irans

Tab. 28: *Wertanteil von Erdöl und Erdölderivaten am Gesamtexport, 1900—1968*

Jahr	Ölprodukte (in Mill. rial)	Sonstige Produkte (in Mill. rial)	Gesamtwert (Mill. rial)	%-Anteile der Ölprodukte
1900	—	147	147	0,0
1910	—	375	375	0,0
1920	234	137	371	63,1
1930	1 005	459	1 464	68,6
1940	1 314	940	2 254	58,3
1950	22 184	3 563	25 747	86,2
1960	53 391	8 360	61 751	86,5
1968	153 503	16 268	169 771	90,4

Quelle: BHARIER 1971.

Tab. 29: *Relative Bedeutung des Ölsektors für die iranische Volkswirtschaft (in %), 1972—1977*

	1351 (1972/3)	1352 (1973/4)	1353 (1974/5)	1354 (1975/6)	1355 (1976/7)	1356 (1977/8)
Mehrwertbedingter Beitrag des Ölsektors zum Bruttosozialprodukt	22,2	32,9	46,9	39,6	37,7	31,8
Anteil der Öleinnahmen an den Staatseinnahmen	54,7	63,1	84,3	76,7	77,4	73,6
Anteil der Ölgelder am Deviseneinkommen des Landes	76,0	81,4	89,4	87,3	84,7	80,9

Quelle: Zusammengestellt nach verschiedenen Jahresberichten der Nationalbank.

in Höhe von 19 053 Mill. US-$ traditionelle, im 18. und 19. Jh. schon bekannte Exportgüter mit weitem Abstand: Baumwolle mit 136 Mill. $ Exportwert (= 23 % der Nichtölexporte), Teppiche mit 106 Mill. $ Exportwert (= 17,8 %) sowie Frischobst und Trockenfrüchte mit 75 Mill. $ Exportwert (= 12,6 %).

In welchem Maße der Ölsektor die iranische Wirtschaft prägt, sei abschließend für den Zeitraum 1972/73 bis 1977/78 in Tab. 29 verdeutlicht: Die Zahlen zeigen, daß die Bedeutung des Ölsektors seit den Preissteigerungen des Jahres 1973 noch erheblich zugenommen hat (vgl. dazu MOGHTADER 1977). Mehr denn je ist damit

IV. Das heutige Iran — Traditionelle und moderne Aspekte

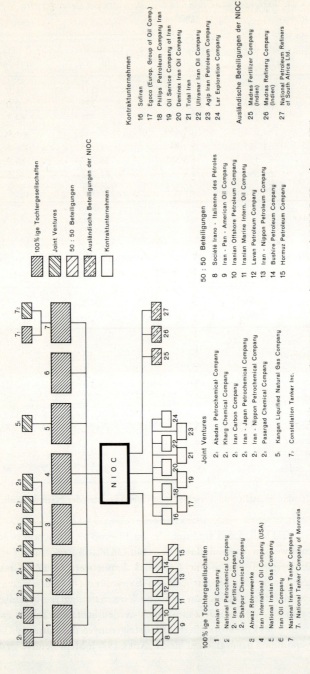

Abb. 31: Die nationalen und internationalen Verflechtungen der NIOC, Stand 1975 (nach NIOC-Unterlagen 1974).

2. Die Lebens- und Wirtschaftsbereiche und ihre Wandlungen 195

die zukünftige Entwicklung der traditionellen Lebens- und Wirtschaftsbereiche Irans von der sinnvollen und volkswirtschaftlich überlegten Nutzung der begrenzten Ressourcen Erdöl und Erdgas abhängig.

Wie sehr die NIOC heute national wie international verflochten ist, macht die in Abb. 31 dargestellte Übersicht deutlich. Neben einer großen Zahl nationaler Tochtergesellschaften, die vollkommen von der NIOC kontrolliert werden und von der Rohöl- und Erdgasförderung bis hin zu Reedereien, Düngemittelfabriken und Röhrenwerken reichen, ist die NIOC Vertragspartner sowohl in Iran operierender ausländischer Unternehmungen wie auch selbst im Ausland engagiert. Wenn diese auf die Entwicklung von erdölabhängigen Nachfolgeindustrien ausgerichteten Aktivitäten im Rahmen der Gesamtindustrialisierung des Landes (vgl. Abschn. 2.4.4) auch begrenzt sein mögen, so besteht insgesamt kein Zweifel, daß Erdöl und Erdgas als Motoren aller Entwicklungen und Veränderungen in Iran gesehen werden müssen.

2. Die traditionellen Lebens- und Wirtschaftsbereiche
und ihre modernen Wandlungen

Bevor auf die schon im historischen Überblick genannten drei großen Lebens- und Wirtschaftsbereiche Irans, d. h. auf den ländlichen, den nomadischen und den städtischen Raum eingegangen werden soll, erscheint ein Blick auf die Bevölkerung des Landes insgesamt sinnvoll. Dabei zeigt sich eine große Heterogenität der Bewohner Irans in rassisch-ethnischer, sprachlicher, religiöser und wirtschaftlich-sozialer Hinsicht. Sie ist angesichts der Lage Irans zwischen den verschiedensten Kulturräumen der Alten Welt und angesichts der wechselvollen Geschichte des Landes vielleicht kaum überraschend, dennoch aber für manche kulturlandschaftliche Besonderheiten und kulturelle Differenzierungen verantwortlich und bedarf daher genauerer Betrachtung.

2.1. Die Bevölkerung Irans

2.1.1. Bevölkerungsaufbau und Bevölkerungsverteilung

Nach den vorläufigen Ergebnissen der Bevölkerungszählung des Jahres 1976 zählt Iran etwa 33,6 Mill. Einwohner. Dies entspricht in der Dekade 1966—1976 einem Zuwachs von 6,5 Mill. Menschen oder einem durchschnittlichen jährlichen Bevölkerungswachstum von etwa 2,4 %. Damit besitzt Iran auch heute noch eine sehr schnell wachsende Bevölkerung, wenngleich der Gipfel der jährlichen Zuwachsraten überschritten scheint (Tab. 30).

Dem ungestümen Wachstum der letzten Jahre entsprechend ist der *Altersauf-*

IV. Das heutige Iran — Traditionelle und moderne Aspekte

Tab. 30: Bevölkerungsentwicklung Irans, 1900—1976

Jahr	Bevölkerung (in 1000 Ew)	Mittlere jährliche Wachstumsrate	
		Zeitraum	Rate (in %/Jahr)
1900	9 860	1900—1910	0,73
1910	10 580	1910—1920	0,75
1920	11 370	1920—1930	1,07
1930	12 590	1930—1940	1,56
1940	14 550	1940—1950	2,08
1950	17 580	1950—1960	2,98
1960	22 830	1960—1966	3,10
1966	27 070	1966—1976	2,41
1976	33 592	1900—1976	3,16

Quelle: SCHWEIZER 1971, Tab. 2; mit Ergänzungen.

bau der Bevölkerung durch die absolute Dominanz der jüngeren Altersgruppen gekennzeichnet: 1966 lag der Median der Gesamtbevölkerung bei nur 16,9 Jahren, das Durchschnittsalter betrug 22,2 Jahre (FIROOZI 1970, S. 222; vgl. auch AMANI 1972/1973, BHARIER 1968); die entsprechenden Zahlen für 1976 werden mit 17,2 und 22,4 Jahren angegeben. Waren damals nur etwa 42 % der Bevölkerung im ›arbeitsfähigen‹ Alter zwischen 15 und 64 Jahren, so betrug der entsprechende Wert 1976 bereits über 52 %. Bei anhaltend hoher Geburtlichkeit und weiter sinkenden Sterberaten bedeutet dies nicht nur eine erhebliche Steigerung der Nachfrage nach Arbeitsplätzen in den verschiedensten Wirtschaftsbereichen, sondern vor allem auch die Notwendigkeit einer entsprechenden Anpassung des Bildungssektors und anderer öffentlicher Dienstleistungen an die sich schnell verjüngende und wachsende Bevölkerung des Landes.

Die z. T. nachhaltigen Bemühungen, die hohen Analphabetenzahlen (1966: 49,2 % der städtischen und 84,7 % der ländlichen, insgesamt 70,4 % der iranischen Bevölkerung; vgl. AMANI 1972, S. 416) schnell und für alle Altersgruppen zu senken, muß dabei auf besondere Schwierigkeiten stoßen (vgl. HANNA 1967, BHARIER 1971, S. 23 ff.). Wenn die entsprechenden Anteile im Jahre 1976 sich mit einer durchschnittlichen Analphabetenquote von 51,6 % für das ganze Land (33,6 % der städtischen und 68,5 % der ländlichen Bevölkerung) auch gebessert zu haben scheinen, so ist doch zu bedenken, daß die absoluten Zahlen angesichts rapiden Bevölkerungswachstums eher noch zugenommen haben dürften.[1]

---

[1] Den Zahlenangaben für das Jahr 1976 liegt zugrunde: Plan and Budget Organization, Statistical Centre of Iran: National Census of Population and Housing November 1976

2. Die Lebens- und Wirtschaftsbereiche und ihre Wandlungen 197

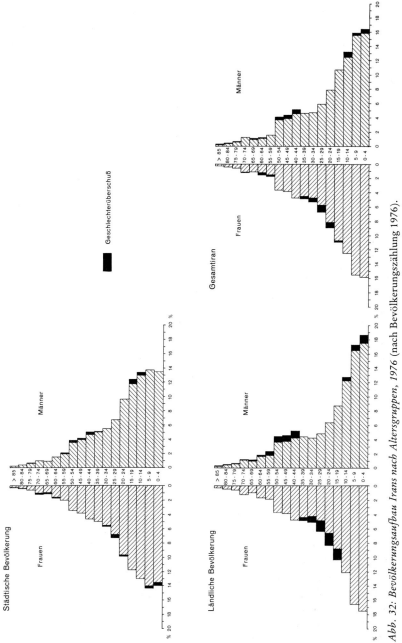

Abb. 32: *Bevölkerungsaufbau Irans nach Altersgruppen, 1976* (nach Bevölkerungszählung 1976).

IV. Das heutige Iran — Traditionelle und moderne Aspekte

Tab. 31: Anteile der Stadt- und Landbevölkerung an der Gesamtbevölkerung Irans, 1901—1976

Jahr	Städt. Bevölkerung abs. (Mill.)	%	Ländl. Bevölkerung abs. (Mill.)	%	Zusammen abs. (Mill.)	%
1901	2,08	21	7,84	79	9,92	100
1934	2,80	21	10,52	79	13,32	100
1940	3,20	22	11,35	78	14,55	100
1956	5,95	31	13,00	69	18,95	100
1966	9,79	39	15,29	61	25,08	100
1976	15,70	47	17,89	53	33,59	100

Quelle: Erweitert nach BHARIER 1971.

In der regionalen Verteilung der Bevölkerung schlägt, wie nicht anders zu erwarten, die natürliche Gunst bzw. Ungunst des Landes voll im Verteilungsbild durch (vgl. Abb. 2). Eine genauere Analyse der Bevölkerungsverteilung zeigt, daß die weitaus größten Teile des Hochlandes von Iran bis hin nach Baluchistan, aber auch die karge Küstenlandschaft Laristan am Persischen Golf so gut wie menschenleer sind. Umgekehrt fallen der Ballungsraum Tehran sowie die kaspischen Küstenprovinzen mit den Kernräumen des zentralen Gilan und Mazandaran als die eigentlichen Bevölkerungszentren des Landes (1976: > 100 Ew/km²) heraus. Auch die fruchtbaren und agrarisch intensiv genutzten Becken des Zagros und Azerbaijans sowie die Bewässerungsoasen der großen Städte (Mashhad, Isfahan, Shiraz usw.) sind dichter besiedelte Areale (Abb. S. 24 bei BHARIER 1971).

Generell gilt, daß sich seit Beginn dieses Jh. ein allgemeiner Urbanisierungsprozeß vollzieht, der durch immer größere Anteile der Stadtbevölkerung an der Gesamtbevölkerung gekennzeichnet ist (Tab. 31).

Analysiert man die letzte Dekade eingehender, dann zeigt sich, daß dieser Urbanisierungsprozeß der iranischen Bevölkerung jedoch nicht einheitlich, sondern regional sehr differenziert verläuft. Dabei fällt vor allem das Übergewicht der Zentralprovinz auf: Sie vereinigt auf sich über 20 % der Gesamtbevölkerung des Landes, wobei ihr absolutes und relatives Gewicht gegenüber den meisten anderen Provinzen, deren Bevölkerungsanteile an der Gesamtbevölkerung im Zeitraum 1966—1976 stagnierten oder gar abnahmen, sogar noch zugenommen hat. Daß das Bevölkerungswachstum in entscheidendem Maße den Städten zugute kommt, geht aus Tab. 32 hervor (vgl. dazu auch EHLERS 1978, Tab. 6b).

(Based on a 5 % Sample): Total country. Tehran 1978. — Über die schon normalerweise gebotene Vorsicht offiziellen Statistiken gegenüber erscheint angesichts des vorläufigen Charakters der Daten besondere Zurückhaltung angebracht. — Eine umfassende Zusammenstellung über Bevölkerungsprobleme Irans bietet der von J. A. MOMENI herausgegebene Sammelband ›The Population of Iran. A Selection of Readings‹, (1977).

2. Die Lebens- und Wirtschaftsbereiche und ihre Wandlungen 199

Tab. 32: *Entwicklung der Stadtbevölkerung Irans nach Stadtgrößenklassen*

Städte nach Größengruppen	1956			1966			1976		
	Anzahl	Einwohner Gesamt	% der Stadtbev.	Anzahl	Einwohner Gesamt	% der Stadtbev.	Anzahl	Einwohner Gesamt	% der Stadtbev.
5 000 — 10 000	91	724 940	12,2	118	794 520	8,2	164	1 127 985	7,3
10 000 — 25 000	55	855 658	14,4	72	1 103 752	11,4	108	1 622 343	10,5
25 000 — 100 000	32	1 258 918	21,1	45	2 149 219	22,1	64	2 954 650	19,0
100 000 — 250 000	6	1 057 261	17,8	8	1 167 381	12,0	14	2 031 397	13,1
250 000	3	2 056 786	34,5	6	4 499 631	46,3	8	7 769 096	50,1
Städte insgesamt	140	5 953 563	100,0	249	9 714 503	100,0	358	15 505 471	100,0

Quelle: Population Censuses 1956–1976.

Die Urbanisierung des Landes, deren Zusammenhang mit der Bevölkerungsentwicklung für den Zeitraum 1956—1966 SCHWEIZER (1971) zusammenfassend dargestellt hat, basiert weniger auf dem natürlichen Bevölkerungswachstum, sondern vielmehr auf regionaler Mobilität vor allem der ruralen Bevölkerung. Ein auffälliges Phänomen des Urbanisierungsvorganges ist das bereits von BOBEK (1958) festgestellte schnellere Wachstum der größeren Städte des Landes gegenüber Klein- und Mittelzentren oder gar ländlichen Räumen (vgl. dazu Tab. 50). Von ihm vor allem als Ergebnis der Konzentration des Rentenkapitals in den großstädtischen Zentren gedeutet, müssen wir heute eine Reihe weiterer Faktoren zur Erklärung ins Feld führen (vgl. Abschn. 2.4.1 und 2.4.5).

Tatsache ist, daß heute verschiedene Push-und-Pull-Faktoren für teilweise beträchtliche inneriranische, teilweise sogar grenzüberschreitende internationale Wanderbewegungen verantwortlich sind. Auf dem Lande sind es, neben den bedeutenden Geburtenüberschüssen, vor allem immer knapper werdende Acker- und Weidelandreserven, die die ständig wachsende Bevölkerung nicht auffangen und infolge tiefgreifender agrarsozialer Wandlungen (vgl. Abschn. 2.2.5) nicht integrieren können. Wenn dies auch keineswegs eine Bevölkerungsabnahme und Verödung des Landes bedeutet, so erscheint die Zunahme der ländlichen Bevölkerung doch stark gedrosselt (vgl. Tab. 31). Andererseits sind Industrialisierung und sonstige wirtschaftliche Wachstums- und Innovationsprozesse fast ausschließlich auf die städtischen, vor allem: großstädtischen Zentren konzentriert, so daß diese die Bevölkerung aus allen Teilen des Landes wie Magneten anziehen. Als Musterbeispiel für diesen ganz Iran umfassenden Migrationsprozeß kann wiederum die nationale Metropole Tehran dienen: 1966 waren von der Gesamtbevölkerung von über 2,7 Mill. Menschen nur 52,6 % im Verwaltungsbezirk (Shahrestan) selbst geboren; d. h., fast die Hälfte aller Tehranis ist von auswärts zugezogen. Formen und Konsequenzen dieser Sogwirkung Tehrans auf sein unmittelbares Hinterland hat jüngst HOURCADE (1976) am Beispiel einiger Täler des Alborz dargestellt.

Gegenüber den sehr ausgeprägten Wanderungsbewegungen zwischen Land und Stadt und auch von Klein- und Mittelstädten zu den Großstädten hin, sind intrarurale Wanderbewegungen so gut wie unbekannt. Eine Ausnahme bilden offensichtlich Baluchen und Bewohner von Sistan, die in großer Zahl in den Baumwollgebieten des östlichen Mazandaran sowie in Khorassan zu finden sind und sich dort auch niedergelassen haben (vgl. EHLERS 1970). Auch zwischen den Reisbaugebieten des südkaspischen Tieflands und der Zentralprovinz sind saisonale landwirtschaftliche Wanderarbeiterbewegungen bekannt, ebenso solche einer auf Fischerei spezialisierten Bevölkerung zwischen Ostazerbaijan und der Küste des Kaspischen Meeres (VIEILLE–NABAVI 1970), doch haben diese Wanderungen meist keinen permanenten Wohnplatzwechsel zur Folge. Ähnliches gilt für die später zu diskutierenden Formen des Nomadismus.

Eine ganz neue Erscheinung sind internationale Bevölkerungsbewegungen: seit etwa 1970 ist eine große Zahl von Afghanen, legal wie illegal, nach Iran eingewandert, wo sie sich vor allem in Tehran, aber auch in etlichen nachgeordneten städtischen Zentren, als Gelegenheitsarbeiter auf dem Bausektor und anderswo verdingen. Umgekehrt findet sich eine überraschend hohe Zahl iranischer Arbeitnehmer in den Anrainerstaaten des Persischen Golfes (RAZAVIAN 1976), insbesondere in Kuwait und Oman. Wenn die in der iranischen Ölindustrie und in den anderen Wirtschaftszweigen beschäftigten Ausländer sich im Vergleich zu den arabischen Ölförderstaaten auch bescheiden ausnehmen, so ist der Anteil von Ausländern in Schlüsselstellungen der iranischen Industrie beachtlich (vgl. ELKAN 1977, HALLIDAY 1977). Umgekehrt darf nicht vergessen werden, daß viele iranische Akademiker in Amerika und in Westeuropa tätig sind.

2.1.2. Ethnische, sprachliche und religiöse Differenzierung

Bedingt durch die vermittelnde Lage des Hochlandes von Iran zwischen Zentralasien, der Türkei, arabischen Ländern und ethnisch-sprachlichen Ausläufern des indischen Subkontinents ist eine ethnische wie sprachliche Vielfalt [1] der Bevölkerung vor allem an den Peripherien des Hochlandes von Iran nicht überraschend.

Das Gros der Bevölkerung Irans ist, auch anthropologisch nachweisbar (vgl. v. EICKSTEDT 1961; FIELD 1939, 1956), indogermanischen Ursprungs und spricht Sprachen bzw. Dialekte, deren Zuordnung zur gleichen Völkerfamilie unbestritten ist. So fallen im Vergleich zur Masse der Bevölkerung in *ethnisch-sprachlicher* Hinsicht als ausgesprochen eigenständige Bevölkerungsgruppen zunächst einmal die turkvölkischen Populationen heraus. Ihre reinste Ausprägung bilden die Turkmenen als direkte Nachfolger der Oghuzen. In Physiognomie, Sprache und materieller Kultur (vgl. IRONS 1975) von den Persern getrennt, bewohnen sie noch heute in der nach ihnen benannten Turkmenensteppe (EHLERS 1970) sowie in Khorassan geschlossene Siedlungsgebiete. Ähnliches gilt für die größere, in Physiognomie und Habitus weniger auffällige Gruppe der Azeritürken, die vor allem in NW-Iran mit Tabriz als Zentrum leben und Türkisch als Umgangssprache pflegen. Während letztere jedoch als Nachfolger der Qizilbash der Shia anhängen, sind die Turkmenen Sunniten. Einzelne türkische Sprachinseln in Zentraliran (vgl. DOERFER 1968) sind ebenso wie die der Shia anhängenden, aber überwiegend turksprachigen Qashqai ein Hinweis auf die einst weite Verbreitung türkischer Bevölkerung und Sprache in Iran. Daß das Türkische selbst zahlreiche Dialektformen aufweist, die ihrerseits von der Bevölkerung als Ausdruck eigenständiger Territorialstrukturen gewertet werden, hat BAZIN (1974, 1979) am Beispiel Gilans, insbesondere der Landschaft Talesh, nachgewiesen.

Ähnlich eigenständig in Rasse, Sprache und auch Religion nehmen sich arabi-

---

[1] Nach ZONIS (1971) sprechen 50,2% der Bevölkerung Irans persisch, 20,6% azeritürkisch und der Rest andere Sprachen und Dialekte (6,1% gilakisch, 5,7% Lur-Bakhtiari, 5,6% kurdisch, 4,9% Mazandarani; Rest: arabisch, Baluchi, turkmenisch usw.).

sche Bevölkerungsgruppen aus, die vor allem in Khuzestan (früher: Arabistan!), aber auch entlang einzelner Küstenabschnitte des Persischen Golfs siedeln. Ursprünglich überwiegend als Nomaden zwischen Mesopotamien und dem Gebirgsrand des Zagros migrierend (OPPENHEIM 1967), sind die meisten Araber heute als Ackerbauern, z. T. auch als Händler, Fischer oder Gelegenheitsarbeiter in SW-Iran seßhaft. Wie ihre Stammesbrüder in Irak sind sie überwiegend Sunniten. Auch die sunnitischen Brahui, eine nomadische und vor allem in Sistan und Baluchistan lebende Nomadengruppe, unterscheidet sich mit einer dravidischen Sprache von den übrigen Bewohnern des Landes und weist auf ethnische wie sprachliche Affiliationen zum indischen Kulturbereich hin.

Der persischen Sprachfamilie zugeordnet, aber durch Dialekte und/oder Religion und z. T. durch ihre nomadische Lebensweise sich als ethnische Einheiten fühlend, sind eine Reihe von Nomadenstämmen: so die shiitischen Bakhtiaren und die ihnen verwandten Luren, aber auch die überwiegend sunnitischen Kurden wie auch die der Sunna anhängenden Baluchen. Ein Musterbeispiel für ethnische, sprachliche und religiöse Vielfalt innerhalb einer Stammesgemeinschaft ist die Konföderation der Khamsehnomaden, in der Sunniten wie Shiiten arabischer, türkischer und persischer Abstammung miteinander leben und wirtschaften. Räumlich erweist sich der gesamte Umkreis der Wüste Lut als ein Residualraum verschiedenster sprachlicher, ethnischer und religiöser Gruppen: arabisch-, turk-, brahui- und farsisprachige Gruppen, Zoroastrer, Sunniten und Shiiten bilden z. T. ungewöhnliche Symbiosen, die sicherlich in dem Charakter der Lutumrandung als einem Rückzugsgebiet begründet liegen.

Einzelne Neger oder stark negroide Mischlinge in Bandar Abbas und anderen Küstenorten des Persischen Golfs deuten auf den bis in das 20. Jh. hinein zeitweise bedeutenden Afrika- und Sklavenhandel mit Sansibar als Stützpunkt persischer Kaufleute hin. Die im Gebiet Bandar Abbas-Minab auffällig häufige indische Physiognomie mancher Bewohner mag ebenso wie der noch heute erhaltene Hindutempel in der Hafenstadt an die einstmals bedeutende indische Händlerkolonie erinnern.

Insgesamt erweist auch die kartographische Darstellung der ethnischen Differenzierung Irans die Funktion des Hochlandes von Iran als einem Schmelztiegel verschiedener Völker und Rassen. Das ethnisch, sprachlich und religiös vielfältige Bild einzelner Teile des Landes, wie z. B. Khorassans oder der nordwestlichen Landesteile, ist zumindest teilweise auf die bereits genannten Umsiedlungsaktionen ganzer Nomadenstämme (Kurden, Shahsavan, Afshar usw.) bzw. religiöser Bevölkerungsgruppen (Armenier) im 17., 18. und 19. Jh. als Mittel der Befriedung des Landes und der Disziplinierung seiner Bevölkerung zurückzuführen.

Während über 98,5 % der Bevölkerung den islamischen Glaubensrichtungen zuzurechnen sind, die überwältigende Mehrheit davon der Shia, so sind die zahlenmäßig unbedeutenden *religiösen Minderheiten* (vgl. Tab. 17), deren Erschei-

2. Die Lebens- und Wirtschaftsbereiche und ihre Wandlungen

nungsbild in der ›Kulturlandschaft‹ von GABRIEL (1971, 1974) dargestellt wurde, wirtschaftlich dennoch von Gewicht. Fast alle religiösen Minderheiten, mit Ausnahme der Assyro-Chaldäer, zeichnen sich durch eine Diasporagemeinden häufig eigene wirtschaftliche Aktivität und Bedeutung aus, die in keinem angemessenen Verhältnis zu ihrer Bevölkerungszahl steht. Die über eigene Sprache und Schrift verfügenden *Armenier,* die größte der religiösen Minderheiten, sind zu etwa 70% heute in Tehran ansässig (1966: 72144), während die Stadt Isfahan und die seit Shah Abbas als Residenzorte von Armeniern bekannten Dörfer ihres Umlandes an zweiter Stelle folgen (1966: 15612 Armenier). Kleinere Gemeinden mit jeweils mehreren tausend Gläubigen finden sich in Khuzestan (Abadan, Ahwaz) sowie in Azerbaijan (Rizaiyeh und Tabriz).

Im Gegensatz zu den Armeniern sind die *Assyro-Chaldäer* oder *Nestorianer,* die ihr traditionelles Siedlungsgebiet zwischen Rizaiyeh und Shahpur (den traditionellen Urumiyeh und Salmas) haben, vorwiegend eine ackerbäuerliche Bevölkerungsgruppe (BERTHAUD 1968, DE MAUROY 1973, 1978). Vor allem um die Jahrhundertwende schweren Verfolgungen durch Kurden und muslimische Stadtbevölkerung ausgesetzt, zogen damals viele Nestorianer nach Rußland und konvertierten zum russisch-orthodoxen Glauben. Heute in Tabriz oder Tehran wohnhafte Assyro-Chaldäer sind vor allem auf dem Transportsektor (Fuhrgeschäfte, Taxiunternehmer) tätig (DE MAUROY 1968, 1978).

Die *Zoroastrer,* Anhänger des in ganz Persien einstmals dominierenden Ahura-Mazda-Kultes, sind heute auf wenige tausend Gläubige geschrumpft. Die Hälfte der Zarathustraanhänger lebt heute ebenfalls in Tehran, wo sie infolge ihrer guten Beziehungen zu den indischen Glaubensbrüdern einen Großteil des Indienhandels beherrschen. Auch in Yezd (1966: 3750 Zoroastrer) und in Kerman (1966: 1594 Anhänger), den im 19. Jh. eindeutig dominierenden und traditionellen Zentren des Zoroastrismus, sind die Parsen vorwiegend im Handel tätig, wenngleich ihre hier einstmals starken Gemeinschaften heute in schneller Auflösung begriffen sind (vgl. BOYCE 1977; P.W. ENGLISH 1966; vgl. auch Kap. III, Abschn. 2.2).

Die *jüdische Minderheit,* zahlenmäßig zwar gering (vgl. Tab. 17), war und ist seit jeher von besonderer Bedeutung. Heute ist auch für die jüdische Bevölkerungsgruppe Tehran (1966: 39716 Juden) das wichtigste Ballungszentrum, gefolgt von Shiraz (1966: 6852 Juden) und Isfahan (1966: 2507 Juden). Die jüdische Bevölkerungsgruppe ist traditionell überwiegend im Handel tätig. Zusammen mit den Armeniern (LANG 1961) beherrschen sie weite Teile des tourismusorientierten Einzelhandels, z. B. in Tehran in der Kh. Ferdowsi und in der Chahar Bagh von Isfahan, wie auch des Geldwechsels. Wie sich die weitere Entwicklung gerade der jüdischen Minderheit unter den seit 1979 vorwaltenden politischen Verhältnissen vollziehen wird, bleibt abzuwarten.

2.1.3. Gesellschaftsstruktur im Überblick

Angesichts fehler- und lückenhafter Zensusergebnisse sowie anderer Ausfüllung sozialer Begriffe, wie Landwirt, Arbeiter und dgl., ist es nicht ungefährlich, den Versuch einer sozialen Differenzierung der iranischen Bevölkerung zu wagen. Wenn er dennoch unternommen wird, so geschieht dies unter den genannten Vorbehalten als Grundlage und Begründung für die unter 2.2 bis 2.4 folgenden Ausführungen.

Besonderes Kennzeichen der persischen Gesellschaftsstruktur war bis in die jüngste Vergangenheit hinein die historisch fundierte Dominanz einer überwiegend bäuerlich-nomadischen Bevölkerung, der zahlenmäßig eine verschwindend geringe Oberschicht aus Mitgliedern der königlichen Familie, der hohen Geistlichkeit, städtischen Notabeln, stadtsässigen Großgrundeigentümern und Stammesaristokraten gegenüberstand. Eine beide Klassen verbindende Mittelschicht fehlte weitgehend (für das 19. Jh. vgl. dazu MIGEOD 1956, SARKHOCH 1975). Aufgrund einer fast archaischen Berufs- und Erwerbsstruktur spricht PLANCK (1963) noch vom Iran der 50er Jahre als einem Land mit einem ›typischen frühindustriellen Wirtschaftssystem‹ und belegt seine Ausführungen (ebda., S. 78) mit den in Tab. 33 genannten Daten.

Eine genauere Analyse der in Tab. 33 genannten, in ihrer Exaktheit sicherlich fragwürdigen Daten und ihr Vergleich mit den entsprechenden Angaben des Jahres 1976 (Tab. 34) macht nicht nur den um 1956 noch extrem hohen Anteil der in der Landwirtschaft Beschäftigten deutlich, sondern dokumentiert zugleich den geringen Anteil der industriell-handwerklichen Produktion. Diese war zudem in einseitiger Weise auf familiäre Kleinbetriebe ausgerichtet: Verarbeitung landwirtschaftlicher Produkte, vor allem aber Kleinmanufakturen für die Herstellung von Textilien verschiedenster Art sowie Teppichknüpfereien. Wie wir aus verschiedenen Erhebungen und Statistiken der späten 40er und frühen 50er Jahre wissen (vgl. BOBEK 1961, HADARY 1951), wurde für die Zeit um 1950 von etwa 400 000 handwerklich-manufakturellen Heimbetrieben ausgegangen, von denen etwa 80 % in der Teppichherstellung engagiert und die zum größten Teil im ländlichen Bereich angesiedelt waren. Dies erklärt auch den hohen Anteil von 47 % aller weiblichen Arbeitskräfte im produzierenden Gewerbe. Für den frühindustriellen Charakter der iranischen Gesellschaft spricht auch die Tatsache, daß 1956 im gesamten Land nur wenig mehr als 70 Industriebetriebe mit mehr als 100 Beschäftigten registriert waren.

Vergleicht man im Gegensatz zu den Verhältnissen von 1956 die Beschäftigtenstruktur des Landes zwei Dekaden später (Tab. 34), so werden die beträchtlichen Wandlungen deutlich.

Sieht man von dem unterschiedlichen Beschäftigungsgrad in Stadt und Land ab, so ist das vielleicht hervorstehendste Merkmal der Beschäftigtenstruktur der mit 33,8 % zwar nach wie vor sehr hohe Beschäftigungsgrad der Landwirtschaft,

2. Die Lebens- und Wirtschaftsbereiche und ihre Wandlungen

Tab. 33: *Beschäftigungsstruktur Irans, 1956*

Berufsgruppe	Beschäftigte abs.	%	davon männlich abs.	%	weiblich abs.	%
Ärzte, Lehrer, Techniker usw.	94 262	1,6	76 139	1,4	18 123	3,2
Verwaltung, Management	182 678	3,1	175 145	3,3	7 533	1,3
Verkauf u. Handel	345 361	5,9	340 165	6,4	5 196	0,9
Sonst. Dienstleistungsbereich	593 568	10,0	482 859	9,1	110 709	19,3
Landwirtschaft	3 281 125	55,6	3 124 065	58,6	157 060	27,4
Industrie und Handwerk	1 196 271	20,2	925 503	17,3	270 768	47,2
Sonstige	214 401	3,6	210 455	3,9	3 946	0,7
Insgesamt	5 907 666	100,0	5 334 331	100,0	573 335	100,0

Quelle: Verändert nach PLANCK 1963.

Tab. 34: *Beschäftigungsstruktur Irans, 1976*

Berufsgruppe	Beschäftigte abs.	%	davon städtisch	ländlich
Ärzte, Lehrer, Techniker usw.	536 433	6,1	452 538	83 895
Verwaltung, Manager	48 032	0,5	43 011	5 021
Klerus usw.	449 328	5,1	407 363	41 965
Verkauf und Handel	595 061	6,8	480 180	114 881
Diensleistungssektor	425 373	4,8	334 408	90 965
Landwirtschaft	2 969 848	33,8	233 728	2 736 120
Industrie und Handwerk	3 298 654	37,6	1 767 396	1 531 258
Sonstige	466 165	5,3	384 607	81 558
Beschäftigte gesamt	8 788 894	100,0	4 103 231	4 685 663
Unbeschäftigte	943 614		191 602	752 012
	9 732 508		4 294 833	5 437 675

Quelle: Stat. Yearbook Iran 1976/77.

IV. Das heutige Iran — Traditionelle und moderne Aspekte

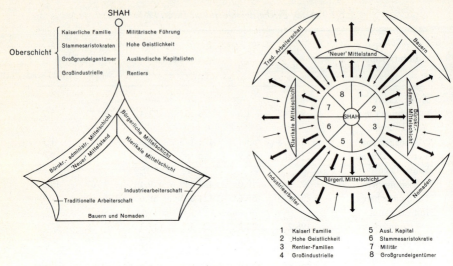

Abb. 33: *Gesellschaftsaufbau und soziale Hierarchie Irans* (nach BILL 1972).

der allerdings in den letzten zehn Jahren vom industriell-handwerklichen Bereich überholt worden zu sein scheint. Noch 1966 wurde der Anteil der landwirtschaftlich Tätigen mit 45,8 % beziffert. Dennoch ist es gerechtfertigt, von Iran auch heute noch in erster Linie als einem Agrarstaat zu sprechen. Dies gilt einerseits wegen der nach wie vor dominierenden Landwirtschaft als primärem singulärem Erwerbszweig. Zum zweiten aber zeigt sich, daß die sog. ›handwerklich-industrielle‹ Bevölkerung fast zur Hälfte auf dem Lande angesiedelt ist. Dies, wie auch die später noch zu diskutierenden Beschäftigtenzahlen der sog. Industriebetriebe (vgl. dazu Tab. 52), belegen, daß es sich bei den weitaus meisten Beschäftigten dieser Gruppe eher um Landarbeiter und Handwerker als um Industriebeschäftigte handelt. Drittens überwiegt nach wie vor, wie Tab. 31 und 32 belegen, die rurale Bevölkerung, deren Anteil sogar noch höher wird, wenn man die nomadische Bevölkerung, die in obigen Tabellen ebensowenig wie in den sonstigen Angaben für 1976 enthalten ist, hinzurechnet.

Besser als in den statistisch fragwürdigen Angaben kommen Sozialstruktur und soziale Differenzierung, zugleich aber Hierarchie und soziales Miteinander der verschiedenen Gesellschaftsgruppen in den Schemata von BILL (1972) zum Ausdruck: einer relativ kleinen elitären Oberschicht steht die breite Masse der bäuerlichen und handwerklich-industriellen Bevölkerung gegenüber; beide werden durch eine an politischer Bedeutung und Zahl zunehmende Mittelschicht voneinander getrennt. Der Vergleich der Darstellung mit den Tabellen scheint eine weitgehende Übereinstimmung beider Aussagen zu suggerieren. Wir wissen jedoch heute, daß die besonders in Abb. 33 anklingende Interessenharmonie zwischen Krone und hoher Geistlichkeit, mit den Landlords und auch mit der einflußreichen und starken Gruppe der Händler und Kaufleute nicht existiert. Vor allem die in den letzten Jahren stark angewachsene intellektuelle und ökonomische Mittelschicht (1966: 20,9 % aller Besch.; 1976: 23,3 %!) sowie die in den Städten konzentrierte Industriearbeiterschaft bilden politisch wie sozioökonomisch einen immer stärkeren Machtfaktor: sie sind Ergebnis und Motor der modernen Wandlungen des Landes zugleich und haben entscheidend zum politischen Erfolg der ›Islamischen Revolution‹ von 1979 beigetragen.

2.2. Der ländliche Raum

Der ländliche Raum, seit Jahrtausenden sowohl die wirtschaftliche Basis als auch das soziale Fundament des persischen Staatswesens, ist heute gekennzeichnet durch einen tiefgreifenden Wandel, der das materielle Substrat der Agrarlandschaft in gleicher Weise betrifft wie die traditionelle Agrarsozialstruktur. Siedlung und Flur, Land- und Wasserrecht, Anbaufrüchte und Arbeitsgeräte, tradierte Teilbauformen und antiquierte Anbaupraktiken weisen dennoch so viele archaische Züge und eine so weite Verbreitung auf, daß sie noch heute für Bild und Struktur des ländlichen Raumes in Iran typisch sind.

2.2.1. Siedlung und Flur

2.2.1.1. Die dörfliche Siedlung

Die eindeutig und in fast allen Teilen des Landes vorherrschende Dorfform ist das Haufendorf, d.h. eine Agglomeration von Gehöften in unregelmäßiger Anordnung. Gelegentlich und vor allem bei größeren Dörfern um einen kleinen zentralen Platz gruppiert, der zudem manchmal mit einer Moschee, einem Teehaus und/oder einem kleinen Geschäft versehen ist, besitzen die Dörfer unterschiedliche Größe und reichen von lockeren Weilern bis zu mehrere tausend Menschen beherbergenden Großdörfern. Vor allem dort, wo durch Umwallung, durch natürliche Hindernisse oder durch die Grenzen der Feldmark keine Wachstumsgrenzen für die Bausubstanz gegeben sind, haben sich viele Dörfer parallel zur Bevölkerungsvermehrung flächenhaft stark ausgeweitet. Vielen ländlichen Siedlungen ist gemeinsam, daß sie auf Terrain, das für landwirtschaftliche Nutzung weniger geeignet ist, liegen. Dies gilt insbesondere für das kostbare und wertvolle Bewässerungsland, das nach Möglichkeit frei von Siedlungen bleibt (WEISE 1972).

In weiten Teilen des Landes, vor allem in den einstmals nomadengefährdeten Randbereichen des Hochlandes von Iran, waren dem Wachstum der Dörfer durch ihre Umwallung Grenzen gesetzt. Dieser bereits angesprochene Qalehtypus ländlicher Siedlungen (vgl. Abb. 72, 76) reagierte auf Bevölkerungszunahme entweder durch Verdichtung der Bausubstanz innerhalb des Mauerwerks, durch Anlage neuer Qalehs in der Nachbarschaft (häufiger Ortsname: Qaleh Now!) oder aber durch Erweiterung des Mauerringes bzw. durch planmäßigen Ausbau der Schutzwälle. Erst in jüngerer Zeit, d. h. seit Einschränkung der militärischen Macht und der kriegerischen Überfälle der Nomaden, verfallen die Qalehsiedlungen immer mehr. Nicht zuletzt aus klimatischen und hygienischen Gründen ziehen die meisten Bewohner ein Leben außerhalb der Dorfmauern vor, so daß sich heute häufig neben verfallenden Qalehs ausgedehnte neue Gehöftanlagen befinden.

Ein zweiter ländlicher Siedlungstypus, in seiner Verbreitung allerdings weit hinter dem Haufendorf zurückbleibend, ist eine Art Reihensiedlung. Nach bisherigen Beobachtungen ist sie vor allem im südkaspischen Tiefland anzutreffen: besonders spätpleistozäne bzw. frühholozäne Strandwälle des Kaspischen Meeres, die das umgebende Reisland überragen, bilden günstige Siedlungsgassen mit ein- oder zweizeiligem Gehöftbesatz. Auch hufenähnliche Fluren auf den Dammufern des Karun und des Shat-al-Arab tragen uferparallele Siedlungen.

Erwähnenswert sind schließlich die Einzelsiedlungen des Reisbaugebietes in Gilan und Mazandaran (vgl. Abb. 58). Nach unserem bisherigen Kenntnisstand müssen sie dem einzigen Streusiedlungsgebiet Irans zugerechnet werden. Ihre Entstehung hängt, wie auch die der zahlreichen kleinen ungeschützten Bauerndörfer, ganz zweifellos mit der natürlichen Schutzlage in dem vor nomadischen Überfällen sichern und bis in die Zwischenkriegszeit hinein amphibischen Charakter des südkaspischen Tieflandes zusammen. Viele Gehöfte und ihre Fluren dürften sogar erst seit den 20er und 30er Jahren durch Rodung malariaverseuchter Sumpfwälder entstanden sein.

Als Sonderformen der ländlichen Siedlungen müssen temporär bewohnte Siedlungsplätze gelten, wie sie sich z. B. in nomadischen Weidegebieten oder in Höhenregionen, die von bäuerlichen Hirten aufgesucht werden, finden. In den Höhenregionen häufig aus Lesesteinen, in den Tieflagen aus Lehm errichtet, werden sie ganz oder teilweise oftmals für nur wenige Wochen pro Jahr bewohnt. Solche Sommerdörfer finden sich im Alborz ebenso wie in den Höhenregionen des Zagros, aber auch wohl in zahlreichen isoliert gelegenen Hochgebirgsmassiven Zentralirans.

Kennzeichen der meisten ländlichen Siedlungen ist das Fehlen jedweder überregionaler Funktionen. Wenn auch systematische Untersuchungen über diesen Aspekt bisher fehlen, so zeigen erste Forschungsergebnisse (BONINE 1975, EHLERS 1975, 1977; RIST 1979), daß die Mehrzahl der Dörfer über keinerlei oder nur sehr wenige öffentliche und private Dienstleistungen verfügen. In Dizful, im nördlichen Khuzestan, hatten z. B. von 145 Dörfern mit insg. etwa 45 000 Ew. (1966) nur 66 Dörfer Einzelhandelsgeschäfte; Schulen oder Moscheen waren in noch weniger Siedlungen vorhanden. Daß diese ausgesprochen mangelhafte Infra-

Tab. 35: Zahl und Größe ländlicher Siedlungen in Iran, 1900—1966

Größe	1900		1956		1966	
	Zahl	Anteil (in %)	Zahl	Anteil (in %)	Zahl	Anteil (in %)
50— 249	1 752	55	23 916	61	27 367	61
250— 499	634	20	8 931	23	10 140	23
500— 999	398	12	4 314	11	5 170	11
1 000—2 499	307	10	1 682	4	1 863	4
2 500—4 999	87	3	256	1	593	1
Zusammen	3 178	100	39 099	100	45 133	100

Quelle: BHARIER 1971, S. 32.

struktur umgekehrt den städtischen Mittelpunkten agrarer Produktionsgebiete zum Vorteil gereicht, soll später (Abschn. 2.4.5) dargestellt werden.

Vor diesem Hintergrund erfüllen die meisten Dörfer Irans nichts anderes als eine Wohnfunktion für die ländliche Bevölkerung. Dabei überwiegen, wie die Übersicht (Tab. 35) zeigt, vor allem die kleineren Dörfer bis zu 250 Einwohner, die fast ²/₃ aller ländlichen Siedlungen ausmachen.

Die geringe Zahl der Dörfer im Jahre 1900 basiert auf einem Sample-Survey von in Indien stationierten Briten und geht von einer Gesamtmenge von etwa 15 200 Dörfern aus. Diese von BHARIER (1971, S. 32) aufgrund einer ruralen Gesamtbevölkerung von etwa 5,35 Mill. geschätzte Zahl signalisiert, daß sich seitdem die Zahl der ländlichen Siedlungen nahezu verdreifacht hat. Ursache der Zunahme ist nicht nur das Bevölkerungswachstum und die daraus resultierende Zellteilung bestehender oder Gründung neuer Dörfer (vgl. EHLERS 1975, Abb. 15), sondern ebenso die seit den 30er Jahren beträchtliche Zunahme freiwilliger oder erzwungener Seßhaftwerdung von Nomaden. Gerade dieser letztgenannte Prozeß setzt sich bis in die Gegenwart hinein fort und trägt sowohl zu einer weiteren Siedlungsverdichtung im ländlichen Raum als auch zur Ausweitung bestehender Dörfer bei (vgl. EHMANN 1975, STÖBER 1978).

2.2.1.2. Das ländliche Haus

Im Gegensatz zur Physiognomie und Struktur der iranischen Dörfer, über die bisher nur wenige zusammenfassende Darstellungen vorliegen, sind wir über das ländliche Haus bzw. Gehöft in einigen Teilen des Landes gut unterrichtet. Allgemein gilt, daß die Dörfer sich aus einzelnen Hofstellen, die nach außen hin durch hohe Mauern und Tore abgeschlossen sind, zusammensetzen. Das Gehöft mit seinen verschiedenen Wohn- und Wirtschaftsgebäuden gruppiert sich dabei häufig um einen zentralen Hofplatz, der zugleich als Viehpferch dient und außerdem oft einen kleineren Gemüsegarten enthält (vgl. z.B. CHRISTENSEN 1967). Dort, wo Holz in ausreichendem Maße als Baumaterial zur Verfügung steht, werden Wohn- und Wirtschaftsgebäude ebenso wie die Stallungen in der im ganzen Land verbreiteten Lehmbauweise als Flachdachhäuser errichtet (vgl. Abb. 34). Das meist glatt abschließende, nur gelegentlich und dann häufig auf der Südseite vorkragende Flachdach wird von Pappelstämmen, die mit einem Geflecht aus Reisig und Ästen verbunden werden, getragen und mit einer dichten Lehmschicht verputzt. Der hartgetrocknete Dachboden dient dabei häufig als Stapelplatz vor allem von Winterfutter oder Heizmaterial, gelegentlich wird er auch als eine Art Tenne genutzt. In den heißen Sommermonaten dient er zudem als Schlafstatt für die Familie. Sonderformen und Abwandlungen des Flachdachhauses kennzeichnen manche Hochgebirgsregionen: in Alborz wie Zagros gehen die im Flachland meist weitläufigen Hofanlagen oft in gedrängte Terrassenbauweise über, wobei das Dach eines Hauses der darüberwohnenden Familie sehr wohl als Wohn- oder Wirtschaftsfläche dienen kann (vgl. Abb. 34). Hier wie auch am Alvand Kuh und in einigen Teilen der zentraliranischen Hochgebirge finden zudem Bruch- und Lesesteine Verwendung als Baumaterial (vgl. RAINER 1977).

Auf dem trockenheißen Hochland, wo natürlicher wie künstlicher Baumwuchs weitestgehend fehlen und Holz als Baumaterial sehr teuer ist, dominieren Kuppel- und Gewölbdachhäuser. Den auch hier aus einem adobeähnlichen Gemisch oder auch luftgetrockneten Ziegeln errichteten Seitenwänden werden Kuppeln (Trompengewölbe) oder stehende Ringschichtgewölbe aus ebenfalls luftgetrockneten oder nur schwach gebrannten Ziegeln in Form sog. ›falscher Gewölbe‹, d. h. ohne Mörtelverbund, aufgesetzt. Jede Kuppel oder jedes Gewölbe ist dabei im Normalfall mit einem Raum identisch. Wohnräume und Stallungen sind häufig an jenen kleinen aufgesetzten Windtürmchen erkennbar, die in den Sommermonaten Kühlung bringen. Die geringe Resistenz des Baumaterials gegen Witterungseinflüsse, vor allem gegen Regen und Schnee, sind für den schnellen Verfall der Bausubstanz, die hohe Reparaturanfälligkeit und die meist nur geringe Lebensdauer der ländlichen Häuser verantwortlich.

Auch im Hinblick auf Haus- und Gehöftformen sowie auf die verwendeten Baumaterialien nimmt das südkaspische Tiefland eine markante Sonderstellung ein (BROMBERGER 1974). Formal sind es vor allem Walmdach-, Haubenwalmdach- oder Zeltdachhäuser, wie sie sich besonders im Reisbaugebiet von Gilan finden. Die Häuser ruhen häufig über einem lehmgestampften Fundament auf kunstvoll aus Bäumen errichteten Trägern, die die über Treppe und Veranda zu erreichenden Wohnräume vor Mäusen, Ratten, Schlangen und sonstigem Ungeziefer schützen. Der meist aus Lehm errichtete Kubus der Wohnung wird allseits von den aus Reisstroh und/oder Binsen gefertigten und tief herabgezogenen Walm- bzw. Zeltdachhauben überstülpt. Baumaterial und Architektur verbieten hier, im

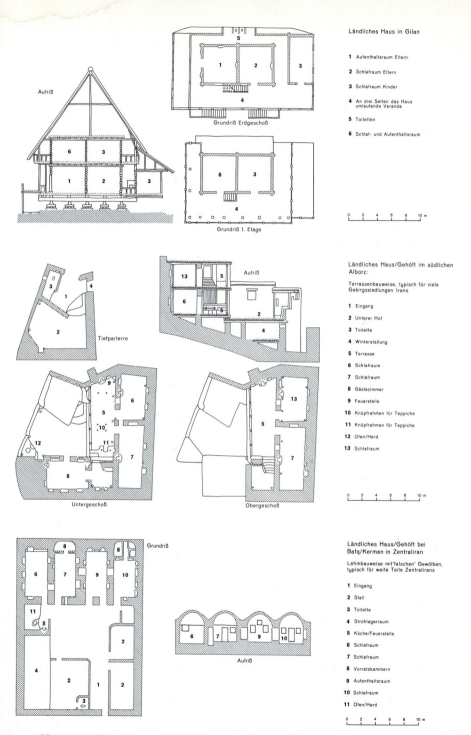

Abb. 34: Ländliche Haus- und Gehöftformen in Iran (nach RAINER 1977).

Gegensatz zum Hochland, die Anlage geschlossener Wohn- und Wirtschaftskomplexe, so daß die lockere Gehöftgruppe mit einer Reihe einzelnstehender Wohn- und Wirtschaftsgebäude charakteristisch ist (vgl. Abb. 34). Nicht selten sind indes hier, wie übrigens auch in Teilen der Alborzbergdörfer sowie im östlich anschließenden Mazandaran, Wohnstallhäuser, bei denen das untere, z. T. in den Untergrund eingesenkte Stockwerk als Stallung dient. Im östlichen Mazandaran, vor allem in den Lößgebieten zwischen Behshahr und Gorgan, fallen Gebäude vom ›gestelzten Einhaustyp‹ auf: Stallungen und Vorratsräume nehmen das Erdgeschoß ein, während der hochgelegene Wohntrakt über Holztreppe und Veranda vom Hof her erreicht wird.

In ganzjährig warmen und trockenen Teilen des Landes, vor allem in den Küstengebieten der Golfregionen sowie in Baluchistan finden Palmwedel und Reisstroh eine weite Verbreitung als Baumaterial. Hiermit werden Firstdachbauten oder Kuppelhütten verkleidet, wobei z. T. eine Lehmauflage zur Verfestigung aufgetragen wird (vgl. POZDENA 1975, WEISE 1972). Die auch hier verbreiteten Lehmkastenhäuser weisen, im Gegensatz zu den schmucklosen Kuben des Hochlandes, geometrische Wandfriese, Perforationen des Mauerwerks sowie Zinnen auf, so daß die Ornamentik der Häuser bereits an indische Architektur erinnert.

2.2.1.3. Die Flur

Die Flur, das neben den Siedlungen physiognomisch prägendste Element des ländlichen Raumes, hat erst jüngst durch BOBEK (1976/77) eine ebenso umfassende wie anregende Darstellung erfahren, die den folgenden Ausführungen weitgehend zugrunde liegt. Rein formal unterscheidet BOBEK zunächst drei Hauptsysteme der Flurteilung und stellt damit eine Typisierung auf, der man sich voll anschließen kann (Abb. 35).

Die von BOBEK (1976/77, Tafel I) vorgelegte Verbreitungskarte der wesentlichen Flursysteme ist angesichts des noch lückenhaften Forschungsstandes die bisher beste Zusammenfassung, die indes wohl noch mancher zukünftiger Ausdifferenzierung unterliegen wird. Kernstück der Flurformenanalyse BOBEKS ist jedoch die These, daß jedes der drei wesentlichen Flursysteme Ausdruck einer ganz spezifischen sozioökonomischen Ausgangssituation, d. h. einer mehr oder minder ausgeprägten rentenkapitalistischen Durchdringung der Agrarsozialstruktur sei: das Agrarsystem der irregulären Blockfluren Irans sei kennzeichnend vor allem für die Verbreitungsgebiete von bäuerlichem, meist kleinbäuerlichem Grundeigentum und demzufolge bevorzugt in ökologisch benachteiligten Gebieten anzutreffen, finde sich aber auch im Bereich ›intensiv kultivierter nächster Stadtumgebungen‹. Das Agrarsystem der Schmalstreifenfluren Irans häufe sich demgegenüber in den Gebieten dominanten Auftretens von Großgrundeigentum und sei Ergebnis der grundherrschaftlichen Absicht, durch Aufteilung der Flur in

2. Die Lebens- und Wirtschaftsbereiche und ihre Wandlungen

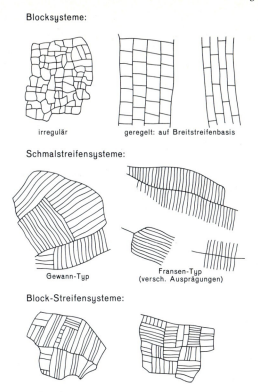

Abb. 35: *Hauptsysteme der Flureinteilung in Iran* (nach BOBEK 1976/77).

eine Vielzahl schmalstreifiger Parzellen und durch jährliche Umverteilung einzelner Parzellen in verschiedenen Teilen der Flur (Gewanne!) und ihre Zuweisung an verschiedene Teilbauern keine Eigentumsansprüche an dem bewirtschafteten Grund und Boden durch die Teilbauern aufkommen zu lassen. Das Agrarsystem der geregelten Blockfluren bzw. der Gebiete gemengter Flurteilungssysteme wird demgegenüber schließlich als ›Ausdruck einer Konkurrenzsituation..., als zeitlich und regional wechselndes Ergebnis eines säkularen Ringens zwischen den bäuerlichen und den grundherrlich-städtischen Bestrebungen zur Gestaltung dieser Rechtsverhältnisse jeweils zu ihren Gründen‹ (BOBEK 1976, S. 302) gedeutet.

Der eindrucksvolle Versuch, die formale und organisatorische Vielfalt der Flurformen und Flursysteme Irans in einer ›Theorie der Agrarlandschaftsgestaltung unter feudalistisch-rentenkapitalistischen Verhältnissen‹ zu komprimieren, mündet ein in die von BOBEK entwickelte Übersicht der traditionellen Flur- und Agrarsysteme Irans, die die wesentlichen Merkmale zusammenfaßt (vgl. Übersicht 2).

IV. Das heutige Iran — Traditionelle und moderne Aspekte

Übersicht 2: Die traditionellen Flur- und Agrarsysteme Irans

Freie Stammes-Gesellschaft	Feudalistisch-rentenkapitalistische Gesellschaft		Selbständiges Bauerntum
Kollektiveigentum am Boden Individualisierung Klein- → Groß-grundeigentum	bauernfremdes Großgrundeigentum ('omdemalik)	vorwiegend bauernfremdes Groß-, Mittel- u. Kleineigentum (khurdemalik)	bäuerliches Kleingrundeigentum (khurdemalik)
wie bei bäuerlichem Grundeigentum	Bauern ohne Rechte (jederzeit kündbar) normaler Teilbau (mozaraʻeh)	Bauern mit Rechten (haq-e jivar, haq-e risheh, ayan) Teilbau → Pacht (ejareh)	
Dorfregulierung etc. wie bei ʻomdemalik	Dorfregulierung nach Pfluggespannen (joft), Arbeits- bzw. Feldgemeinschaften (boneh, bonku) periodische Umteilung der Ackerstreifen zelgenmäßiger Anbau	keine Dorfregulierung z. B. Arbeitsgemeinschaften keine periodische Umteilung z. T. Tendenz zum zelgenmäßigen Anbau bzw. zu dessen Auflösung	Zersplitterung durch Erbteilung
Regenfeld oder bewässert	Regenfeld	bewässert	Regenfeld oder bewässert
irreg. Blockflur	Schmalstreifenflur	Schmalstreifen- bzw. Fransenfluren im Außenfeld z. T. Blockstreifenverbände irreg. Blöcke	Breitstreifen-Blockflur und andere geregelte Blockfluren	irreguläre Blockflur
Extensive Bewirtschaftung Tendenz zu intens. Bew.	Extensive Bewirtschaftung	Intensive Bewirtschaftung	Tendenz zu intensiver Bewirtschaftung

Quelle: Bobek (1976/77).

2. Die Lebens- und Wirtschaftsbereiche und ihre Wandlungen

Es wird dem Anspruch des BOBEKschen Konzepts wohl kaum gerecht, unter Hinweis auf regionale Details oder mehr oder weniger zufällige, vom Schema abweichende Einzelbeispiele die Gültigkeit der Aussagen generell in Frage zu stellen. Dennoch scheinen einige Anmerkungen angebracht. Voll zuzustimmen ist BOBEK ganz zweifellos in der Deutung der Genese und Verbreitung der Schmalstreifenfluren. Vor allem die sehr pragmatische Handhabung der leicht mit Schrittmaß zu bemessenden Streifen ist angesichts der heute noch üblichen jährlichen Umverteilung ganzer Fluren mit Sicherheit das entscheidende Kriterium für deren weite Verbreitung und dürfte auch über Iran hinaus weithin für ihre Entstehung entscheidend sein. Die von SCHOLZ (1976) angeführten Gründe für die Genese von Streifenfluren — Prinzipien genossenschaftlicher Bewirtschaftung und der Bewässerung — stützen die BOBEKsche Deutung, treten in Iran aber in den Hintergrund. Wie effektiv und praktikabel das System der jährlichen Umverteilung vieler hundert, ja tausend Parzellen innerhalb eines Dorfes funktioniert, wurde an anderer Stelle ausführlich belegt (EHLERS 1975, S. 77 ff., EHLERS–SAFI NEJAD 1979). Ergebnis war in jedem Falle eine gewannflurähnliche Parzellierung der Flur mit Schmalstreifencharakter, wobei Verlauf und Richtung der Streifen von Jahr zu Jahr wechseln können (vgl. Abb. 36).

Ob die für die irregulären Blocksysteme postulierten Zusammenhänge von bäuerlichem Privatbesitz und Blockflur jedoch sich verallgemeinern lassen, wird die weitere Forschung noch belegen müssen. Den überzeugenden statistischen Belegen BOBEKS (Taf. 2 u. 3, Tab. 1; indirekt: Tab. 4) seien zwei gegenteilige Beobachtungen gegenübergestellt: im östlichen Mazandaran einschließlich der südlichen Turkmenensteppe finden sich weitverbreitet irreguläre Blockfluren (Karte 5 bei EHLERS 1970, S. 36; 1971, S. 337), die von Teilbauern ursprünglich im Auftrag von Großgrundherrschaften bewirtschaftet wurden. Auch hier war jährliche Umverteilung üblich, doch wurden die durch Bäume, Sträucher, Tepes oder sonstige sichtbare Hindernisse begrenzten Blöcke ungeteilt den Teilbauern zugelost, so daß sich weitere Parzellierungen der Blöcke erübrigten. Umgekehrt kann man heute noch in vielen Teilen des Landes bäuerliche Landnahme beobachten, bei der — vor allem bei gemeinschaftlicher Erschließung durch eine Gruppe von Bauern oder einen Dorfverband (SCHOLZ 1976) — von vornherein eine streifige Gliederung des neuerschlossenen Ackerlandes vorgenommen wird. Insofern weisen manche der jüngeren Streifensysteme durchaus Ähnlichkeiten mit der von HÜTTEROTH (1968) für Anatolien betonten Rolle der kollektiven Landnahme auf.

Flur- und Agrarsysteme Irans unterliegen, worauf auch BOBEK mit Nachdruck hinweist, bis in die Gegenwart hinein einer ungeheuren Dynamik. Ursache dafür ist zum einen die bis in die jüngste Vergangenheit anhaltende Landnahmesituation, wie sie insbesondere in der Meliorierung kaspischer Sumpfgebiete, in der Neulanderschließung durch Qanate und durch Seßhaftwerdung von Nomaden auf ihren Weideterritorien zum Ausdruck kommen. Der zweite Faktor, der die permanente Veränderung der Flurformen bedingt, ist die seit der Landreform besonders spürbare Wirksamkeit der islamischen Erbgesetze, wie sie in Übersicht 1 exemplarisch dargestellt wurde.

Abgesehen von den bereits erwähnten Flußhufen in Khuzestan treten vollkommen planmäßige Fluren heute vor allem in Verbindung mit Neurodungen (vgl. EHLERS 1972, Abb. 2 u. 4) oder im Zusammenhang mit neuen Bewässerungsprojekten (EHLERS 1975, KOCH u. a. 1974, SCHWEIZER 1973) auf. Meistens handelt

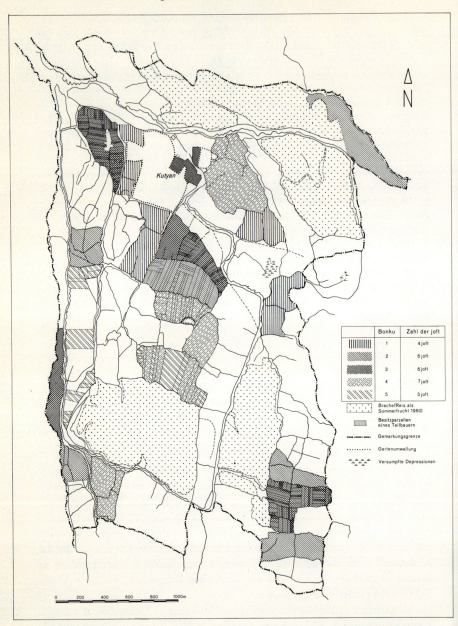

Abb. 36: Gewannflur und Besitzparzellierung in Kutyan/Khuzestan als Beispiel einer Umteilungsflur (nach EHLERS 1975).

2. Die Lebens- und Wirtschaftsbereiche und ihre Wandlungen

Tab. 36: *Landwirtschaft (in tsd. ha) und Viehhaltung (in tsd.) in Iran nach Provinzen (Stand 1972)*

Provinz	LNF mit jährl. wechselndem Anbau		Futterpflanzen		Brache		Dauerkulturen		Rinder	Schafe	Ziegen
	Bew.	Unbew.	Bew.	Unbew.	Bew.	Unbew.	Bew.	Unbew.			
Zentralprovinz	3 000	2 700	400	50	3 300	3 000	600	50	340	2 760	1 330
Westazerbaijan	2 100	2 300	900	800	1 400	2 100	200	200	450	2 310	530
Ostazerbaijan	2 200	7 000	800	200	1 700	6 600	300	100	780	2 840	830
Gilan	1 700	600	—	—	20	300	400	200	550	460	100
Mazandaran	2 300	4 400	30	10	100	600	200	100	500	1 730	150
Khorassan	4 700	8 400	200	—	2 900	4 600	600	50	300	2 870	1 450
Zanjan	400	3 600	300	20	300	2 200	200	40	150	660	1 170
Kurdestan	700	4 300	400	200	400	4 300	100	100	360	1 400	500
Lorestan	1 000	2 600	200	100	600	2 100	30	30	380	1 650	890
Kermanshah	800	3 600	100	100	200	2 400	100	50	420	1 410	650
Hamadan	800	3 800	100	100	500	2 800	100	40	210	1 010	400
Isfahan	1 120	700	200	0	800	700	200	30	200	1 170	540
Yezd	100	—	20	0	100	—	100	—	10	100	170
Kerman	700	100	50	0	800	100	600	20	100	430	660
Chaharmahal und Bakhtiari	400	900	100	40	300	900	30	20	110	440	350
Küstenprovinz	100	100	—	0	100	100	300	20	30	30	220
Bushire	100	1 000	—	0	20	700	100	10	20	80	200
Sistan und Baluchistan	400	600	20	0	500	200	100	10	50	240	600
Fars	2 600	2 400	100	10	2 600	1 700	600	100	190	1 140	1 170
Khuzestan	3 800	4 200	30	0	2 100	1 700	200	20	310	1 250	570
Semnan	200	200	10	—	100	30	30	—	20	490	220
Ilam	100	700	—	—	100	600	20	10	60	340	460
Boir Ahmadi und Kuhgiluyeh	100	1 000	—	0	30	600	20	—	60	230	300
Iran gesamt	29 400	55 100	3 800	1 700	19 000	38 100	5 100	1 100	5 610	25 050	13 460

Quelle: Statistical Yearbook of Iran 1973/4, S. 203 (Table 55) und S. 246 (Table 2).

es sich um vollkommen regelmäßige, quadratische oder rechteckige Blöcke, die zudem nicht geteilt werden dürfen. Auch bei Neuordnungen von Fluren, die im Zusammenhang mit der Landreform neu vermessen und aufgeteilt wurden, sind meist planmäßige Blöcke entstanden (vgl. SCHAH–ZEIDI 1964, Abb. 3).

2.2.2. Die Anbauverhältnisse (Bodennutzungssysteme)

Landwirtschaftliche Nutzung des Grund und Bodens werden bestimmt durch ökonomische wie ökologische Faktoren. Wie bereits in der Einleitung (vgl. dazu auch Abb. 1) angedeutet, sind nur etwa 15 % Irans landwirtschaftlich nutzbar. Von der LNF fällt dabei der weitaus größte Teil auf die Gebiete des Regenfeldbaus. Die Areale der Bewässerungslandwirtschaft sind zwar räumlich begrenzt, dafür aber ungleich vielseitiger und intensiver in ihrer Nutzung und Nutzbarkeit. Eine Sonderstellung nimmt das ausreichend beregnete, subtropische Tiefland an der Südküste des Kaspischen Meeres ein.

Tab. 36 macht auf Verwaltungsbasis die wesentlichen Verbreitungsmuster von Regenfeldbau und Bewässerungslandwirtschaft und ihre Flächenanteile in den verschiedenen Teilen des Landes deutlich.

2.2.2.1. *Gebiete des Regenfeldbaus*

Die Gebiete des Regenfeldbaus sind die, in denen Landwirtschaft allein auf der Grundlage des natürlichen Regenfalls betrieben wird. Daraus folgt, daß vor allem der gebirgige W und N sowie Azerbaijan das Hauptverbreitungsgebiet des Regenfeldbaus in Iran sind. Es war wiederum BOBEK (1951), der schon frühzeitig die Verbreitung dieses Regenfeldbaus für das ganze Land untersuchte und in einer bis heute nicht übertroffenen Form zusammenfaßte. Wenn bei ihm auch in erster Linie klimaökologische Gesichtspunkte im Vordergrund standen, so haben seine Befunde über Höhengrenze und die von ihm infolge Mangels an Daten empirisch ermittelte Trockengrenze des Regenfeldbaus noch heute nahezu uneingeschränkte Gültigkeit.

Vorherrschendes Bodennutzungssystem in den Gebieten des Regenfeldbaus (pers. *daymi*) ist ein regelmäßiger Wechsel von Getreidebau und Brache. Je nach der Höhe der jährlichen Niederschläge kommen zwei Rotationszyklen vor: a) Getreide — Brache, b) Getreide — Brache — Brache. Vorherrschende Getreidepflanze ist dabei Weizen, der lediglich in größerer Höhe von Gerste verdrängt wird. Andere Nutzpflanzen finden in den Gebieten des Regenfeldbaus auf Regenfall keine ausreichenden Wachstumsbedingungen, so daß der Charakter der Agrarlandschaft monoton ist und der Übergang zu den umgebenden Steppen vor allem in den Sommermonaten oftmals fließend ist.

Die Bewirtschaftung des Landes erfolgt noch heute zumeist mit äußerst traditionellen Methoden: der von Eseln oder Ochsen gezogene hölzerne Sohlenpflug ritzt den Boden meist nur oberflächlich auf. Die Aussaat erfolgt ebenso von Hand wie die Ernte, die immer noch mit Sicheln (LERCHE 1968) geschnitten wird, sofern die Bauern nicht teure Mähdrescher gegen oftmals hohe Ernteanteile anmieten. Für das Häckseln und Dreschen dienen in allen Teilen des Landes gebräuchliche urtümliche Dreschschlitten oder -wagen, und auch die Trennung von Korn und Spreu geschieht mit altertümlichen Worfelspaten und -gabeln. Die manchmal riesigen Dresch- und Stapelplätze von Getreide sind ein typisches Kennzeichen vieler Dörfer des Hochlandes von Iran und seiner Randgebiete.

Die im Zusammenhang mit dem Regenfeldbau weite Verbreitung von Brache, je nach Rotationszyklus zwischen 50 und 66 % der Getreideanbaufläche, ermöglicht eine die Landwirtschaft ergänzende Viehhaltung. So nimmt es nicht wunder, daß die Gebiete des Regenfeldbaus auch die einer besonders starken bäuerlichen Herdenhaltung sind. Die Schaf- und Ziegenherden werden im Frühjahr und Frühsommer von Kindern und Lohnhirten meist auf dorfnahen Brachweiden geweidet, wo sie oft bis zum Winteranfang verbleiben. Die Brachweide erfüllt zwei Funktionen: zum einen bietet sie eine gute Futterbasis für das bäuerliche Kleinvieh, aber auch für die Arbeitstiere; zum anderen bewirkt die Beweidung eine natürliche Düngerzufuhr, die durch das Unterpflügen (manchmal leider Abbrennen) der letzten Stoppeln noch verstärkt wird. Im Winter werden die Tiere entweder in den Gehöften oder in speziellen, unterirdischen Gängen und Hohlräumen aufgestallt.

2.2.2.2. Bewässerungslandwirtschaft

Im Gegensatz zu dem monotonen Charakter der Gebiete des Regenfeldbaus sind die Areale der Bewässerungslandwirtschaft (pers. *abi*) äußerst vielgestaltig. Je nach Art der Bewässerung und Verfügbarkeit von Wasser handelt es sich um kleine, isoliert gelegene Oasen inmitten einer sonst steppen- oder wüstenhaften Umgebung (Qanat- und Gebirgsfußoasen), um langgestreckte Flußoasen im Talbereich eines periodisch oder perennierend wasserführenden Flusses oder aber, z. B. bei größeren Irrigationsprojekten, um flächenhaft ausgedehnte Bewässerungsgebiete.

Qanatoasen. — Der für Iran kennzeichnendste Oasentyp wird von Qanatoasen gebildet, die in fast allen Teilen des Landes anzutreffen sind. In Größe und flächenhafter Ausdehnung durch die in den Sommermonaten verfügbare Wassermenge bestimmt, stellten Qanate bis vor kurzem die wichtigste Bewässerungsmethode in Iran dar (vgl. Kap. III, Abschn. 2.1). Kulturgeographisches Merkmal der meisten Qanatsiedlungen ist ihr ausgesprochener Oasencharakter: kleine, intensiv bewässerte und sehr oft von Mauern eingefriedete grüne Kulturlandschaftsinseln inmitten der trockenen und sonnenverbrannten Steppen, Wüstensteppen oder Wüsten des Hochlandes von Iran. Der Anbau der Qanatoasen umfaßt das gesamte Spektrum der traditionellen Anbaufrüchte: Getreide, Obst und Gemüse, Futterpflanzen, aber auch ›Industriepflanzen‹, wie Opium oder Henna, wobei die verschiedenen Kulturen oft miteinander und im Stockwerkbau angepflanzt werden. Im ganzjährig frostfreien Gebiet dominiert die Dattelpalme (DOWSON 1964) und verleiht klassischen Oasengebieten wie denen von Bam oder Tabas deren charakteristisches Aussehen.

Gebirgsfußoasen. — Ihrem Typus und ihrer formalen Ausprägung nach nicht unähnlich, ihrer Lage nach aber völlig anders ist die große Zahl von Gebirgsfußoasen, die sich wie ein Kranz oder eine Perlenkette um den Fuß der meisten iranischen Hochgebirge legen. Bewässerungsgrundlage sind häufig perennierende kleine Bäche oder natürliche Quellen, deren Wasserspende gelegentlich durch Qanate noch unterstützt wird. So ist die Unterscheidung zwischen Qanat- und Gebirgsfußoase nicht in jedem Falle möglich. Sehr charakteristisch ist auch die in Abb. 37 angedeutete räumliche Verflechtung beider Oasentypen, indem die Gebirgsfußoasen im weiteren Abstand vom Gebirgsrand von einem Kranz von Qanatoasen umgeben werden. Die gesamte Südflanke des Alborz zwischen Kazvin und Mashhad ist letzten Endes durch diese Kombination geprägt, aber auch zahlreiche Hochtäler im Zagros und in den zentraliranischen Gebirgen sind durch die Kombination beider Oasentypen gekennzeichnet.

Hinsichtlich der Landnutzung ergeben sich insofern Unterschiede, als infolge der z. T. beträchtlichen Höhenlage der LNF etliche Gebirgsfußoasen auf den Anbau von Früchten (Äpfeln, Birnen, Kartoffeln) und Gemüse gemäßigt temperierter Klimate sowie auf Futterbau spezialisiert sind. Auch reichen die Niederschläge am Rand der Gebirge oft aus, um außerhalb der bewässerten dorfnahen Innenflur auf entfernt gelegenen Außenfeldern noch extensiv Getreidebau zu betreiben.

Flußoasen. — Wo immer auf dem Hochland von Iran und seinen trockenheißen Randsäumen ganzjährig Flußwasser verfügbar ist, kann man davon ausgehen, daß dieses für Bewässerungszwecke genutzt wird. Entweder weit oberhalb der Bewässerungsflächen abgeleitet und über kunstvoll an Talgehängen entlanggeführte Gräben der Anbaufläche zugeführt, oder aber durch Motorpumpen auf die den Fluß begleitenden Terrassenböden gepumpt, sind die Flußoasen durchweg langgestreckte, meist auf die unteren Terrassenniveaus beschränkte, mehr oder weniger breite flußparallele Säume intensiver agrarischer Nutzung.

Das vielleicht berühmteste Beispiel einer Flußoase in Iran ist die große Flußoase des Zayandeh Rud mit Isfahan als ihrem glänzenden städtischen Mittelpunkt (vgl. Abb. 38). Wegen ihrer großen, im Unterlauf sogar flächigen Ausdehnung vielleicht nicht ganz typisch für die überwiegende Zahl der Flußoasen des Hochlandes von Iran, vereint sie doch etliche von deren Charakteristika, so daß sie et-

2. Die Lebens- und Wirtschaftsbereiche und ihre Wandlungen 221

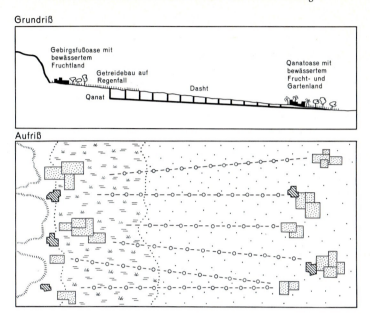

Abb. 37: Gebirgsfuß- und Qanatoasen im Hochland von Iran, schematisch (Entw.: EHLERS 1977).

was näher dargestellt werden soll. Zumindest seit der safavidischen Zeit äußerst intensiv genutzt (vgl. dazu Kap. V, Abschn. 4.3.3), wofür nicht zuletzt die zahlreichen Taubentürme (vgl. BEAZLEY 1966) ein beredtes Zeugnis sind, und in ihren Land- und Wasserrechten straff organisiert und verwaltet (LAMBTON 1937/39), erstreckt sie sich heute über eine W-E-Erstreckung von mehr als 200 km bei einer maximalen Breite von 30 bis 40 km. Die Bewässerung dieser riesigen Fläche erfolgt im Prinzip noch immer in der in frühsafavidischer Zeit festgelegten Ordnung, wonach in der Zeit zwischen dem 1. Azar (22./23. November) und dem 15. Khordad (Anfang Juni) die Entnahme von Flußwasser für Irrigationszwecke allen Anliegern ohne Beschränkung offensteht, im Sommer jedoch die verschiedenen Irrigationsdistrikte festdatierte Wasserrechte haben.

Moderne, dammregulierte Oberflächenbewässerung. — Die neben der Entwicklung der Tiefbrunnen und der Pumpbewässerung wichtigste Innovation im Bereich der Bewässerungslandwirtschaft ist der seit etwa 1960 forcierte Neubau großer Staudämme und die daraus resultierende Fertigstellung großer geschlossener Bewässerungsgebiete (vgl. Tab. 10).

Wie schon im Zusammenhang mit den Flurformen angedeutet, sind die Areale moderner Staudammbewässerung zumeist auch diejenigen einer modernen, rationellen Bodenbewirtschaftung. Nicht nur planmäßige Flurformen, sondern auch

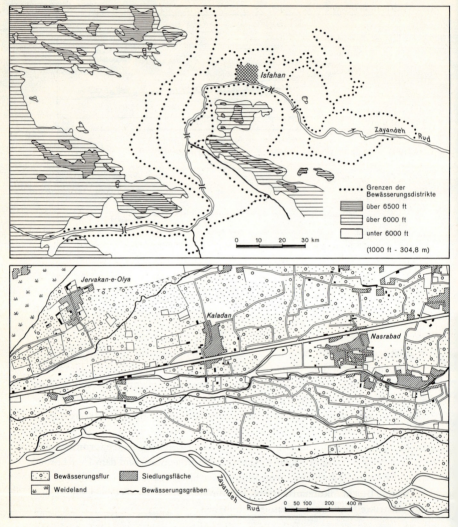

Abb. 38: Die Flußoase des Zayandeh Rud bei Isfahan, Bewässerungsbezirke und Landnutzung (Ausschnitt) (nach FECHARAKIÆDE PLANHOL 1969).

hoher Mechanisierungsgrad, marktorientierter Anbau, durchkapitalisierte Betriebsformen (vgl. Abschn. 2.2.5) und große Betriebsflächen sind für diese jungen oder noch in Entwicklung befindlichen Bewässerungsgebiete charakteristisch.

Traditionelle Formen der Oberflächenbewässerung wurden bisher, von dem im folgenden näher dargestellten kaspischen Tiefland abgesehen, lediglich

2. Die Lebens- und Wirtschaftsbereiche und ihre Wandlungen

Tab. 37: *Verteilung des Irrigationswassers in verschiedenen Bewässerungsbezirken der Zayandeh-Rud-Oase*

Distrikt	Khordad	Tir	Mordad	Shahrivar	Mehr	Aban	Tage gesamt
Lendjan und Alendjan		1—18	1— 9 16—24	1— 9 16—24	1—11 19—28		75
Marbine und Djay		19—30	10—15 25—30	10—15 25—30	12—18 29—30	1— 8	53
Kararadj						9—11	3
Baraan						12—15	4
Roudaght	16—30					16—30	30

Quelle: DE PLANHOL 1969.

aus den größeren Reisanbaugebieten Irans (insbesondere aus Khuzestan und der Oase von Isfahan) sowie aus dem Makran (POZDENA 1978) beschrieben. Vor allem in den Fällen, wo Reis als Sommerfrucht kultiviert wird, kommt es zu charakteristischen Fruchtfolgen mit ständigem Wechsel zwischen Sommerfrucht *(keshaf sayfi)* und Winterfrucht *(keshaf shatfi)*, wie sie auch für andere Bewässerungsformen typisch sein mögen: 1. Jahr — Weizen als Winterfrucht; 2. Jahr – Weizen als Winterfrucht, Reis als Sommerfrucht; 3. Jahr — Brachweide.

Diese in Khuzestan beobachtete Fruchtfolge wurde auch in anderen Teilen des Landes angetroffen, wobei das Brachejahr hier wie anderswo aber immer häufiger durch Luzerne als Futterpflanze (bis zu 3 Jahre) ergänzt wird. Daneben gibt es, vor allem bei Stockwerkkulturen, eine Fülle regional abgewandelter Fruchtfolgen.

2.2.2.3. Gebiete natürlicher Feuchtlandwirtschaft

Im Gegensatz zu den vom Menschen geschaffenen Bewässerungsgebieten, die meist räumlich eng begrenzt sind, stellt vor allem das südkaspische Tiefland einen Raum natürlicher Bewässerungslandwirtschaft (nach CHRISTIANSEN–WENIGER 1970: Feuchtlandwirtschaft) dar. Ausreichend hohe Niederschläge und eine Vielzahl permanent wasserführender Bäche und Flüsse, von W nach E abnehmend, prägen den etwa 650 km langen Tieflandstreifen, der sich hufeisenförmig zwischen Astara im W und der Turkmenensteppe im E um die Südküste des Kaspischen Meeres herumlegt und in seinem Agrarraumgefüge bereits ausführlich dargestellt wurde (EHLERS 1971). An vielen Stellen nur ein oder zwei Kilometer breit, bilden das mächtige, bis zu 50 km vorgeschüttete Delta des Sefid Rud den Kernraum der Provinz Gilan und die ausgedehnten, von fruchtbaren Auelehmen überdeckten

IV. Das heutige Iran — Traditionelle und moderne Aspekte

Tab. 38: *Landwirtschaftliche Nutzflächen (ha) und Agrarprodukte (t) in Gilan und Mazandaran im Vergleich zu Gesamtiran*[1]

	Iran insgesamt abs.	in %	Gilan abs.	in %	Mazandaran abs.	in %
Bewässerte LNF	4 766 105	100	321 857	6,8	236 298	5,0
Unbewässerte LNF	17 729 964	100	795 856	4,5	3 860 209	21,8
LNF (gesamt)	22 496 069	100	1 117 713	5,0	4 096 507	18,6
Reis	709 362	100	390 801	55,1	229 048	32,3
Baumwolle	328 194	100	320	—	213 845	65,2
Tee	26 595	100	24 685	92,8	1 910	7,2
Zitrusfrüchte	33 734	100	3 414	10,1	19 974	59,2

[1] Bei der Analyse der Tabelle ist zu berücksichtigen, daß Gilan und Mazandaran heute flächenmäßig nur etwa 5,5 % Irans ausmachen und daß seit 1960 die Provinzeinteilung neu geregelt wurde. Diese Neueinteilung hat aber an der Stellung der beiden Provinzen als Irans führende landwirtschaftliche Produktionsgebiete nichts geändert, da die abgespaltenen Censusdistrikte auf dem Hochland gelegen sind.
Quelle: 1960 National Census of Agriculture.

Schotterfluren des Haraz, Babol, Talar und Tejan Rud das Zentrum der Nachbarprovinz Mazandaran.

Obwohl das für agrare Nutzung verfügbare Landpotential somit infolge der Reliefgegebenheiten beschränkt ist, haben sich die kaspischen Küstenprovinzen Irans seit Beginn des 20. Jh., verstärkt seit den 30er Jahren, zu Irans wichtigstem landwirtschaftlichen Produktionsgebiet entwickelt. Dies geht zum einen aus der Vielfalt der in Gilan und Mazandaran angebauten Produkte hervor (vgl. Abb. 57), wird aber noch deutlicher in einer vergleichenden statistischen Gegenüberstellung (Tab. 38) zwischen den im südkaspischen Tiefland und im gesamten Lande erzeugten Agrarprodukten. Fügen wir zu dieser eindrucksvollen Liste pflanzlicher Erzeugnisse noch die Bedeutung der Viehhaltung in Gilan und Mazandaran (über 40 % aller Wasserbüffel, 30 % aller Pferde und etwa 21 % aller Rinder in Iran) hinzu, so wird schon aus diesen wenigen Angaben die Bedeutung des südkaspischen Tieflandes für das ganze Land ersichtlich (vgl. Kap. V, Abschn. 2).

2.2.2.4. Höhenstufen des Anbaus

Trotz der natürlichen Differenzierung der land- und weidewirtschaftlichen Produktionsgebiete läßt sich für das Hochland von Iran eine eigenständige und sehr charakteristische Höhenstufung der Agrarlandschaft nachweisen. Diese be-

2. Die Lebens- und Wirtschaftsbereiche und ihre Wandlungen

grifflich auf der Übernahme persischen Sprachgebrauchs basierende Abfolge, die schon im Zusammenhang mit der natürlichen Vegetationsdifferenzierung genannt wurde, umfaßt folgende vier Höhenstufen des Anbaus:

Garmsir: gekennzeichnet durch frostempfindliche und wärmebedürftige Kulturpflanzen, zumeist auf den Süden des Landes und südlich bzw. unterhalb der Anbaugrenze der Dattelpalme (vgl. Karte 8) konzentriert; typische Vertreter: Dattelpalme, Agrumen, Zuckerrohr, Sorghum usw.;

Mittelstufe: Kulturpflanzen mit hohem Wärmebedarf, aber gewisser winterlicher Frosttoleranz; typische Vertreter sind eine Reihe von Fruchtbäumen (Feigen, Granatäpfel, Aprikosen, Pfirsiche, Mandeln), daneben Baumwolle, Reis, Tabak, Sesam sowie Wein;

Sardsir: überwiegend Kulturpflanzen temperiert-gemäßigter Klimate, d. h. alle Getreide außer Reis und Hirse, Kartoffeln sowie zahlreiche Baumfrüchte (Kirschen, Birnen, Pflaumen etc.); Obergrenze gebildet durch die obere Anbaugrenze des Getreides, je nach Lage und Exposition bis zu 2900 m Höhe ansteigend;

Sarhadd: Gebiet bäuerlicher oder nomadischer Weidewirtschaft.

Höhenstufung des Anbaus wie der natürlichen Vegetation sind besonders ausgeprägt im zentralen Alborz, wo sie mehrfach (BOBEK 1951, 1952; EHLERS 1973) beschrieben worden sind, aber auch typisch für eine große Zahl zentraliranischer Hochgebirge.

2.2.2.5. Landwirtschaftliche Produkte und Produktivität

Den Versuch, Grundzüge der agrargeographischen Struktur Irans, d. h. Verbreitung und Begrenzung bestimmter Bodennutzungssysteme und bestimmter Anbauprodukte, aber auch größerer Verarbeitungszentren von land- und viehwirtschaftlichen Produkten darzustellen, enthält Karte 8. Sie macht nochmals die schon mehrfach genannte Asymmetrie der landwirtschaftlichen Produktionszonen von NW und SE deutlich. Hinter diesem etwas statischen Verteilungsbild verbirgt sich dennoch eine sehr dynamische Entwicklung, was die Steigerung der Produktivität der iranischen Landwirtschaft anbelangt. Bedingt durch verbessertes Saatgut und neue Varietäten (DJALALI 1972), durch bessere Düngung und wirkungsvollere Schädlingsbekämpfung, durch Ausweitung der LNF allgemein und der Bewässerungswirtschaft speziell sowie durch eine Reihe anderer Maßnahmen haben manche Produkte in den letzten zehn bis fünfzehn Jahren eine Verdoppelung ihrer Ernteerträge, oft bei gleichbleibenden oder nur geringfügig erweiterten Anbauflächen (Tab. 39) erfahren:

Wenn dennoch das Land immer wieder zu Importen von Nahrungsmitteln gezwungen wird und vor allem die Fleischversorgung der Bevölkerung in den Städten oft zusammenbricht, so drückt sich darin zum einen sicherlich gestiegene Nachfrage aus. Andererseits zeigt sich, daß die genannte technische wie organisatorische Rückständigkeit weiter Teile der iranischen Landwirtschaft nicht in der

Tab. 39: *Produktion (tsd. t) ausgewählter landwirtschaftlicher Produkte 1339 (1960/61) — 1355 (1976/77)*

	1339 (1960/61)	1344 (1965/66)	1349 (1970/71)	1351 (1972/73)	1353 (1974/75)	1355 (1976/77)
Weizen	2924	3648	4000	4546	4700	6000
Gerste	804	935	880	1009	863	1500
Reis	709	1022	1060	1200	1313	1566
Baumwolle	335	488	485	600	715	510
Zuckerrübe	707	1411	3480	3918	4300	5250
Zuckerrohr	—	—	539	700	1100	800
Tee (grün)	36	52	80	88	96	88
Ölsaaten	8	—	584	54	79	130

Quelle: Statistical Yearbooks of Iran; ARESVIK 1976.

Lage ist und auch nicht sein kann, kurzfristig die erwarteten und notwendigen Zuwachsraten zu erbringen. Drittens aber werden auch in Tab. 39 die natürlichen Schwierigkeiten, wie sie sich vor allem in immer wieder auftretenden Trockenjahren (Baumwolle!), aber auch im Auftreten tödlicher Fröste (Zuckerrohr!) zeigen, manifest.

Die Steigerungsraten des für den heimischen Konsum produzierten Getreides zeigen — wenn man den statistischen Angaben Glauben schenken darf — beträchtliche Zuwächse, Zuckerrohr und Zuckerrübe dagegen extreme Wachstumsraten. Deren bevorzugte Förderung, zum Abbau des chronischen Defizits und kostspieligen Imports, hat in den letzten Jahren zu einer enormen Ausweitung der Anbauflächen für Zuckerrübe (KORTUM 1977, S. 8 f.) und Zuckerrohr (EHLERS 1975, S. 170 f.) geführt, die in fast allen neuen Bewässerungsgebieten kultiviert werden müssen. Da ihr Anbau die Einhaltung eines strikten Bewässerungszyklus voraussetzt und vor allem nur auf großen Flächen in Form zelgengebundenen Anbaus wirtschaftlich sinnvoll ist, mußte die Propagierung dieses Produktionszweiges erhebliche Konsequenzen für die traditionelle Agrarsozialstruktur haben: zum einen zwang sie in etlichen Gebieten bisher individuell wirtschaftende Landeigentümer zu Formen kollektiver, genossenschaftlich organisierter Landwirtschaft; andererseits förderte sie die Bildung agrarer Großbetriebe, die z. T. das traditionelle Bauerntum verdrängten oder aber in neuen großen Bewässerungsprojekten errichtet wurden.

Ähnliches gilt für die Belieferung des heimischen Marktes mit tierischen Produkten. Vor allem bei der Versorgung der Bevölkerung mit Hammelfleisch kommt es immer wieder zu Engpässen, so daß große Mengen Schafe sowohl aus Afghanistan und aus der Türkei (z. T. illegal), aber auch aus Australien und Neuseeland eingeführt werden müssen. Die Versorgung des Marktes mit Milchprodukten — Joghurt, Käse, Butterfett usw. — ist ebenfalls kaum gesichert, wenngleich besser als die mit Fleisch. Bei Tehran und in der Nähe anderer Großstädte tragen einige Großbetriebe der Rinderhaltung mit Milch als Produktionsziel zur Versorgung des Marktes bei. Ansonsten werden Rinder auf dem Lande meist nur als Arbeitstiere gehalten, was auch für die allenthalben verbreiteten Esel sowie die Pferde gilt. Wasserbüffel, im kaspischen Tiefland, in Azerbaijan und im Küstenbereich des Persischen Golfs besonders stark vertreten, dienen der Eigenversorgung der ländlichen Bevölkerung mit Milch und Fleisch.

2.2.3. Die traditionelle Agrarsozialstruktur

Das materielle Substrat des ländlichen Raumes, Siedlung und Flur, Anbauverhältnisse und die genannten Probleme niedriger Produktivität wie auch der nach wie vor erschreckenden Rückständigkeit von Arbeitsgeräten und Bearbeitungsmethoden werden erst verständlich durch die Analyse des agrarsozialen Hintergrunds der traditionellen Landwirtschaft. Unabhängig davon, daß mit der Landreform des Jahres 1962 manche der tradierten Strukturen in Bewegung kamen, ist in der jahrhundertelangen Diskrepanz von Besitz und Eigentum, in den Praktiken des Teilbaus sowie in der rentenkapitalistischen Grundstruktur der Gesellschaft und Wirtschaft der Schlüssel für das Verständnis auch der heutigen Probleme des ländlichen Iran zu sehen. Damit wird zugleich einer primär endogenen Verursachung der Unterentwicklung in Iran das Wort geredet. Dies soll zunächst für den ländlichen Raum aufgezeigt werden.

2.2.3.1. *Besitz- und Eigentumsverhältnisse*

Die für die Jahrhunderte der islamischen Herrschaft immer wieder nachweisbare und für das 19. Jh. schon näher angesprochene Diskrepanz von Großgrundeigentum und Kleinbesitz (vgl. Kap. III, Abschn. 6.1 und 6.2) hat sich letztlich bis in die jüngste Vergangenheit halten können. Dies kommt bereits in den unterschiedlichen Eigentumsverhältnissen an ländlichem Grund und Boden zum Ausdruck; sie weisen weitestgehende Übereinstimmungen mit den Gegebenheiten des qadjarischen Persien auf. Eindeutig dominierend sind noch 1960, d. h. in der Zeit unmittelbar vor der Landreform, die Eigentumstitel von Großgrundherren *(maleki bozorg)* sowie von klein- bis mittelgroßen Grundeigentümern *(khordeh maleki)*. Gemäß der in Iran üblichen Praxis, Dörfer und ihre Fluren in sechs Sechsteln *(shish dang;* ein *dang* = ein Sechstel eines Dorfes und seiner Flur) auszudrücken, weist eine die Eigentumsverhältnisse von 41 418 Dörfern berücksichtigende unveröffentlichte Zählung des iranischen Landwirtschaftsministeriums für 1960 (zit. nach PLANCK 1962, S. 61) aus, daß über ein Drittel aller Dörfer sich in Händen pri-

Tab. 40: *Dorfeigentum in Iran, 1960*

Form des Eigentums	Zahl der Dörfer	% der Dörfer
Khaliseh (Staatsdomänen)	1 625	3,9
Amlak-e-Shah (Privatgüter des Shah)	622	1,6
Amlak-e-moquf (Stiftungen)	697	1,7
Shish-dang (Dörfer in privatem Großgrundbesitz)	10 384	24,9
Dang (Dorfanteile in privatem Großgrundbesitz)	4 019	9,7
Khordeh-malek (Dörfer im Eigentum mehrerer Personen, überw. Kleingrundeigentümer)	17 145	41,3
Makhlut (gemischte Eigentumsverh.)	6 675	16,3
Sonstige Eigentumsverhältnisse	251	0,6
	41 418	100,0

Quelle: PLANCK (1962).

vater Großgrundeigentümer befanden (Tab. 40). Vor allem der ungeteilte Besitz ganzer Dörfer war weit verbreitet (25 %); zehn weitere Prozent der Dörfer waren teilweise (ein bis fünf Sechstel) Eigentum großer Grundherren. Sehr hoch erscheint der in Tab. 40 für die Zeit vor der Landreform ausgewiesene Anteil traditionellen Kleingrundeigentums. Wenn diese Form auch heute noch sehr weit verbreitet ist, so dürfte ihr auf über 40 % veranschlagter Anteil *vor* der Landreform doch wohl erheblich zu hoch sein (vgl. auch BOBEK 1976/77). Staatsdomänen und vor allem die Zahl der Privatgüter des Herrschers erscheinen demgegenüber auffällig niedrig angesetzt zu sein. Auch die geringe Zahl religiöser Stiftungen muß, angesichts der in Tab. 18 genannten Zahlen, überraschen: wahrscheinlich muß ein Großteil des in Tab. 40 als *makhlut* bezeichneten Eigentums den *waqf*-Ländereien zugeschlagen werden.

Wie bereits im historischen Überblick angedeutet, ist die Trennung von Eigentum und Bewirtschaftung des Landes der Regelfall. Diese in der geschichtlichen Entwicklung der Eigentumsverhältnisse begründete Tatsache gilt auch heute noch für weite Teile des ländlichen Raumes, in sehr viel stärkerem Maße für die Zeit vor der Landreform. So sagt die Übersicht über die Eigentumsverhältnisse zunächst nichts weiter aus, als daß diese durch extreme Ungleichheit gekennzeichnet waren: einige wenige Großgrundeigentümer besaßen z. T. mehrere hundert Dörfer und deren Fluren, während das Gros der Landbevölkerung über keinen eigenen Grund und Boden verfügte.

Vor diesem Hintergrund ist Tab. 41 aussagekräftiger, wenngleich auch ihr ge-

Tab. 41: *Zahl und Größe landwirtschaftlicher Betriebe sowie Besitz- und Eigentumsverhältnisse, 1960*

Iran (Gesamt)	Gesamtzahl und -fläche der Betriebe				Bäuerlicher Eigenbesitz nach Zahl und Fläche der Betriebe				Teilbau- und Pachtbetriebe nach Zahl und Fläche (Eigenland unbedeutend)				Mischbetriebe mit Eigenland, Teilbau- und Pachtflächen nach Zahl und Fläche			
Größe	Zahl abs.	%	Fläche abs. (ha)	%	Zahl abs.	%	Fläche abs (ha)	%	Zahl abs.	%	Fläche abs. (ha)	%	Zahl abs.	%	Fläche abs. (ha)	%
Bis 1 ha	482 306	25,7	198 939	1,8	253 177	40,6	92 741	3,1	189 916	18,1	82 863	0,1	44 213	21,7	23 335	1,7
1 — unter 3 ha	464 967	24,7	884 103	7,8	155 524	24,9	289 958	9,7	260 688	24,8	501 983	7,1	48 755	24,0	92 162	7,0
3 — unter 5 ha	265 986	14,2	1 041 649	9,2	72 058	11,5	280 670	9,4	161 227	15,4	634 024	9,0	32 701	16,1	126 955	9,6
5 — unter 10 ha	340 037	18,2	2 413 042	21,2	76 818	12,3	540 738	18,2	218 759	20,8	1 561 618	22,1	44 460	21,7	310 286	23,7
10 — unter 20 ha	233 757	12,5	3 054 502	26,8	41 399	6,6	561 299	18,9	158 264	15,1	2 166 033	30,7	24 094	11,9	327 170	24,9
20 — unter 50 ha	77 714	4,1	2 209 211	19,5	15 624	2,5	478 977	16,1	53 826	5,1	1 504 788	21,3	8 264	4,1	225 846	17,2
50 — unter 100 ha	8 446	0,4	563 805	5,0	2 433	0,4	166 208	5,6	5 192	0,5	338 896	4,8	821	0,4	58 701	4,5
über 100 ha	4 086	0,2	991 003	8,7	2 250	0,4	565 198	19,0	1 606	0,2	275 567	3,9	230	0,1	150 238	11,4
Gesamt	1 877 299	100,0	11 356 254	100,0	624 283	100,0	2 975 789	100,0	1 049 478	100,0	7 065 772	100,0	203 538	100,0	1 314 693	100,0

Quelle: Imperial Government of Iran, Ministry of Interior, Dept. of Public Statistics: First National Census of Agriculture. Mehr 1339 (Okt. 1960).

genüber Skepsis und Vorsicht angebracht erscheint. Sie macht deutlich, daß der weitaus überwiegende Teil der landwirtschaftlichen Betriebe im Größenbereich bis 5 ha (etwa 65 % aller Betriebe) lag, daß diese aber weniger als 20 % der gesamten LNF bewirtschafteten. Umgekehrt: 4,7 % der Betriebe kontrollierten über 33 % der LNF. Ob die hohen Anteile kleinbäuerlichen Eigentums an landwirtschaftlichem Grund und Boden zutreffend sind, mag abermals bezweifelt werden. Andererseits bestätigen die von BOBEK (1976/77) genannten Werte und ihre kartographische Darstellung (Taf. II u. III) die überraschend weite Verbreitung des Eigentums kleinbäuerlicher Landbewirtschafter.

Ein besonderer Aspekt der Eigentumsverhältnisse, vor allem beim kleinbäuerlichen Eigentum, ist die Frage der Stabilität der Betriebsgrößen. Aus schon genannten Gründen und mit bereits erwähnten Mechanismen (vgl. Kap. III, Abschn. 3) erfolgt besonders durch Erbteilung eine ständige Veränderung, meist Verringerung, der Betriebsgrößen bis hin zur Aufteilung einzelner Betriebe bis unter die Existenzgröße. Da angesichts der Streu- und Gemengelage zahlreicher Eigentumsparzellen und ihrer ohnehin geringen Größe eine weitere Aufteilung im Erbfall häufig weder sinnvoll noch möglich ist, spielen *ideelle Eigentumstitel* zur Fixierung von Eigentumsansprüchen eine besondere Rolle.

Die bereits in Tab. 19 vollzogene Gegenüberstellung der ideellen Eigentumsanteile an einem großen Dorf und einem nur wenige tausend m² großen Stück Garten belegt die praktisch unbegrenzte Anwendbarkeit und Flexibilität dieses Systems. Die weite Verbreitung ideeller Eigentumstitel bringt es mit sich, daß eine genaue regionale Fixierung des Grundeigentums in vielen Fällen gar nicht möglich ist. Statt dessen ist es häufig so, daß einem Eigentümer z. B. $1/17$ der ganzen Flur eines Dorfes gehört oder aber er an jedem Gewann bzw. an jeder Zelge über den entsprechenden 17. Teil verfügt. Eine solche Regelung der Eigentumsverhältnisse, die dann letztlich auf den jährlichen Anspruch auf den 17. Teil aller auf der Flur produzierten landwirtschaftlichen Erzeugnisse hinausläuft, ermöglicht erst die kollektive Bewirtschaftung des Landes durch die Arbeitsrotten der Teilbauern, die dann auch nicht zumeist von einem einzelnen Eigentümer, sondern von der Gruppe der Dorfeigner mit der Bewirtschaftung des Landes beauftragt werden. So stand in vielen Dörfern dem Kollektiv der Teilbauern ein Kollektiv an Grundeigentümern gegenüber, die meist jedoch durch nur eine einzelne Person vertreten wurden (vgl. dazu ausführlich EHLERS–SAFI NEJAD 1979).

Aus dieser komplizierten, dennoch effizienten Regelung der Eigentumsverhältnisse resultierte, daß ideelle Eigentumstitel die Teilbauern so gut wie kaum berührten, hatten sie es doch meist nur mit einem Eigentümer, der auch die Interessen der anderen vertrat, oder mit dem von den Eigentümern eingesetzten Verwalter, dem *mubashir*, zu tun. Daß dieses Geschäftsverhältnis zwischen Eigentümern und Besitzern von landwirtschaftlichem Grund und Boden für die Mehrzahl der Betriebe vor der Landreform galt, ergibt sich aus der Dominanz der Teilbau- und Pachtbetriebe nach Zahl und Fläche. Sie sind Ausdruck der in Tab. 41 ange-

2. Die Lebens- und Wirtschaftsbereiche und ihre Wandlungen 231

Tab. 42: *Eigentumsverhältnisse und Sozialstruktur ländlicher Familien in Iran vor der Landreform*

Grundeigentum	%		%	Sozialstruktur
kein Grundeigentum	60	┐	6	landlose Landarbeiter
		└──	54	landlose Anteilsbauern/ Pächter
weniger als 1 ha	23	┐		
1—3 ha	10	┼──	35	Anteilbauern/Pächter mit Kleingrundeigentum
3—20 ha	6	┐		
20 ha und mehr	1	┴──	5	selbständige Bauern
	100		100	

Quelle: PLANCK 1962.

sprochenen Eigentumsverhältnisse, d. h. eines dominierenden Großgrundeigentums, das auf die Bewirtschaftung seines Landes durch (lohn- oder teilbau-)abhängige Bauern angewiesen war. PLANCK (1962, S. 57) hat diesen Zusammenhang von Grundeigentum und sozialem Status aufgrund verschiedener Literaturangaben quantitativ zu fassen versucht und gelangte zu dem in Tab. 42 dargestellten Ergebnis.

Wenn die Zahl der selbständigen Bauern hier mit 5 % wiederum sehr niedrig und vor allem nur der Betriebsgrößenklasse von über drei Hektar zugeordnet scheint, so wird der Zusammenhang von Eigentumsverhältnissen und sozialem Status besonders deutlich. PLANCKS Ergebnis (1962, S. 57), demzufolge ›mehr als 90 % des iranischen Landvolks ... auf fremden Grund und Boden angewiesen‹ seien, steht zahlenmäßig, nicht aber tendenziell im Widerspruch zu den Aussagen von Tab. 41.

Die Mechanismen, über die das Verhältnis von Eigentum und Besitz geregelt werden, bezeichnen wir als *Teilbau bzw. Teilpacht*. Häufig, keineswegs jedoch immer, waren Eigentumstitel an Land und Wasser identisch. Solche Dörfer, die zur Gänze einer einzigen Person gehörten, verfügten im Regelfall auch über das Wasser, vor allem dann, wenn es sich um Qanatbewässerung handelte. Sehr viel häufiger jedoch, nicht zuletzt wegen der hohen Bau- und Erhaltungskosten eines Qanats, gehörten die Bewässerungsanlagen mehreren Eigentümern, die noch nicht einmal selbst über LNF verfügen mußten. Vor allem in solchen Fällen, in denen städtische Kapitalgeber ihr Geld in den Ausbau der Bewässerungsanlagen investierten und somit Wasser-, nicht aber Landrechte geltend machen konnten, wurden die Regelung der Vergütung und, bei der Landreform, die Entschädigungsfrage schwierig. Nicht selten wurden die Wasserrechte gegen bar oder Natu-

IV. Das heutige Iran — Traditionelle und moderne Aspekte

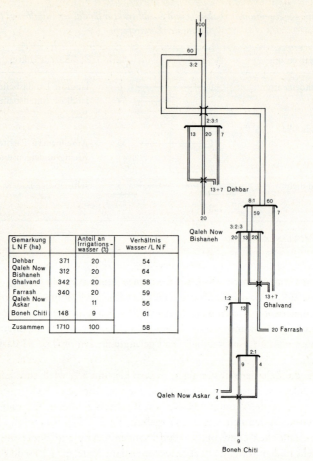

Abb. 39: Schema der Wasserverteilung eines von sechs Dörfern genutzten Qanatsystems in Khuzestan (verändert nach EHLERS 1975).

ralien an den Grundeigentümer verkauft, der sodann seinen Teilbaupartnern gegenüber Wasser und Land in den Produktionsprozeß einbrachte. Eine andere, häufig geübte Praxis war und ist die, daß der Eigentümer des Wassers seine Rechte direkt an die Teilbauern abtritt und von ihnen dafür die entsprechenden Ernteanteile verlangt.

Eine verbreitete Methode der Grundwassererschließung ist noch heute der Zusammenschluß der Eigentümer mehrerer Dörfer zu einer Art ›Wasserbauverband‹, der Qanate oder neuerdings Brunnen zur gemeinsamen Bewässerung mehrerer Fluren erbaut (vgl. auch FECHARAKI 1976). Das in Abb. 39 erfaßte Beispiel eines Qanats im nördlichen Khuzestan versorgt z. B. sechs Dörfer mit ausreichendem Irrigationswasser. Es belegt, daß auch das traditionelle System der Wasserteilung nicht nur den spezifischen Bedürfnissen unterschiedlich großer Fluren gerecht wird und die Distribution der Wassergaben auf mehrere Dörfer anteilmäßig ermöglicht, sondern auch — ebenso wie das traditionelle Erbrecht — in besonderer Weise geeignet ist, sich der ideellen Teilbarkeit des Landes und den tradierten Praktiken der Erbgewohnheiten anzupassen. Daß ähnliche Regeln der Wasserverteilung auch für moderne Brunnenbewässerung Gültigkeit haben, hat NADJMABADI (1979) jüngst für Khorassan nachgewiesen.

2.2.3.2. Teilbau

Der bereits mehrfach angesprochene Teilbau, ein Kernbegriff für das Verständnis der traditionellen Agrarsozialstruktur (vgl. PLANCK 1962), basiert auf der im islamischen Orient verbreiteten Auffassung, daß für jedwede landwirtschaftliche Produktion eine Reihe von Produktionsfaktoren gleichberechtigt verantwortlich ist. Diese Produktionsfaktoren sind Land — Wasser — Saatgut — tierische Arbeitskraft einschl. Gerät — menschliche Arbeitskraft mit Gerät.

Da alle Faktoren beim Bewässerungsfeldbau eine Rolle spielen, ergibt sich, daß jeder Produktionsfaktor mit 20 % Anteil am Rohertrag bewertet wird. Im Regenfeldbau, wo Bewässerung fehlt, werden die verbleibenden vier Faktoren entsprechend mit jeweils 25 % Anteil in Rechnung gestellt. Das heißt, daß im Bewässerungsfeldbau z. B. die Ernteaufteilung zwischen Grundeigentümer und Teilbauer (wenn dieser beispielsweise nur die tierische und menschliche Arbeitskraft in den Produktionsprozeß einbrachte) im Verhältnis von 60 % für den Grundherrn zu 40 % für den Teilbauern erfolgt. Beim Regenfeldbau waren bzw. sind 75:25, 50:50 oder 25:75 idealtypische Aufteilungsverhältnisse. Die vor allem von A. K. S. LAMBTON (1953) in einer inzwischen als klassisch zu bezeichnenden Studie vorgelegten Beispiele belegen, daß es von diesem Idealschema eine Fülle regionaler Abwandlungen und Variationen gibt. Detailbeispiele für traditionelle Abgaberegelungen sind u. a. den Arbeiten von BOBEK (1976/77), EHLERS (1972 f.), EHLERS–SAFI NEJAD (1979), ENGLISH (1966), MOMENI (1976), PLANCK (1962), STÖBER (1978) sowie insbesondere in dem Standardwerk von LAMBTON (1953) enthalten. Daß im Teilbau neben den klaren vertraglichen Anbauregelungen häufig zusätzliche Leistungen und Verpflichtungen für die Teilbauern gegenüber der Grundherrschaft auftraten, hat MOMENI (1976, S. 165) jüngst aus dem Hinterland von Malayer berichtet: Schneeräumen in den Wintermonaten, zusätzlicher Haus- und Gartendienst im Landhaus des Grundherrn, Geschenkverpflichtungen zu Nowruz usw.

Der klassische Teilbau in Iran wurde im Regelfall keineswegs von einzelnen Teilbauern individuell betrieben. Typisch ist vielmehr der Zusammenschluß von Landbewirtschaftern zu Pfluggespannen (*joft* = Joch; Joch Ochsen als Zugtiere eines Pfluges) und mehrere Pfluggespanne umfassende Arbeitsrotten, die unter Leitung eines oder mehrerer Rottenführer das Land der Grundeigentümer bewirtschafteten. Vor allem LAMBTON (1953) hat eine Reihe dieser lokal unterschiedlich bezeichneten Feldgemeinschaften (häufig: *boneh*) und ihrer Zusammenschlüsse gekennzeichnet.

Ein besonderes Kennzeichen des Teilbaus in Iran war und ist die Tatsache, daß die oben skizzierten Teilbauverträge meist kein direktes Vertragsverhältnis begründeten, sondern zwischen beide Vertragspartner eine Reihe von Mittelsmännern traten, die — häufig allein durch die Tatsache ihrer Existenz und Präsenz, jedoch ohne Funktion im Produktions- und Vermarktungsprozeß — zu parasitären Nutznießern des Teilbaus avancierten (vgl. dazu LÖFFLER 1971). Aber auch der Arbeitsprozeß kann, je nach Ausstattung und Vermögen des vertragschließenden Teilbauern, noch unter eine Vielzahl mitbeteiligter Personen aufgegliedert werden, die damit ebenfalls Anspruch auf Ernteanteile, gemäß dem obigen Beispiel nach PLANCK, geltend machen können. Nach BOBEK (1976/77, S. 298) umschließt die Stufenleiter der am landwirtschaftlichen Produktionsprozeß Beteiligten und an seinem Ergebnis Teilhabenden folgende Personen:

— den absenten, häufig in der nächsten größeren Stadt oder in Tehran residierenden Grundeigentümer;
— den Zwischenpächter von landwirtschaftlicher Nutzfläche und/oder Irrigationswasser;
— den Verwalter *(mubashir)* des Eigentümers oder Zwischenpächters;
— Teilbauern *(gavband)*, die die Arbeitstiere und das Saatgut stellen, falls dies nicht vom Eigentümer des Landes stammt;
— Teilbauern *(rayat)*, die für die Arbeit verantwortlich sind;
— Kontraktarbeiter und Tagelöhner, meist aus den nichtbäuerlichen und kein Land bearbeitenden Schichten der Dorfbevölkerung *(khoshnishin)* stammend, mit Zeitverträgen bei der Landbewirtschaftung.

Daß nicht alle diese Stufen ausgebildet sein müssen (z. B. *gavband* und *rayat* sind meist identisch, während Zwischenpächter und/oder Verwalter nur bei größeren Ländereien vorkommen), ist ebenso unbestreitbar wie die vor allem auf der unteren Ebene noch weiter zu differenzierende Teilnahme von Personen am landwirtschaftlichen Produktionsprozeß (Beispiele bei EHLERS–SAFI NEJAD 1979). Insbesondere landlose Dorfbewohner, die *khoshnishin,* sind als Feldhüter, Erntehelfer, Betreuer von Arbeitstieren oder beim Transport von Getreide und Stroh in so vielfältiger Weise an der Produktion beteiligt, daß sie als Empfänger von Ernteanteilen durchaus ins Gewicht fallen (vgl. HOOGLUND 1973, KHOSROVI 1973).

Teilbauverträge wurden bzw. werden von den Eigentümern des Landes einst wie heute nur für Ländereien mit einjährigen Anbaufrüchten ausgestellt, während Gärten und Obsthaine durchweg von Lohnarbeitern (Lohn dabei häufig in Naturalienanteilen!) bewirtschaftet wurden. Beide Regelungen dienten eindeutig dazu, bei den Teilbauern keinerlei Gewohnheitsrechte durch die Bewirtschaftung bestimmter Parzellen und damit Anbau- bzw. Eigentumsrechte auf bestimmte Ländereien entstehen zu lassen. Die daraus resultierende Umverteilung der gesamten Flur eines jeden Dorfes (ohne Gärten und Fruchthaine) geschah, indem die Anbaufläche Jahr für Jahr umgelegt und unter die Teilbauern neu verteilt wurde und auch heute noch wird. Durch ein Losverfahren wurden dabei zunächst einzelne Gewanne bzw. Anbauareale (Zelgen oder Teile davon; pers.: *qesmat*) an die einzelnen Arbeitsrotten verlost. In einem zweiten Schritt wurden sodann, nachdem die *boneh* (*bonku*, *pagav* usw.) ihre Ländereien zugewiesen bekommen hatten, innerhalb der Arbeitsrotten einzelne Parzellen in den *qesmat* an die Mitglieder zur individuellen Bearbeitung und/oder Nutznießung verlost. Ergebnis dieses komplizierten, sich jährlich wiederholenden Umverteilungsprozesses ist nicht nur die schon in Abb. 36 belegte extreme Parzellierung der Flur, sondern eine ebensolche der einzelnen Betriebe. Gemäß dem Prinzip der Umteilungsflur und gemäß dem Willen der Grundeigentümer sollte jedes *boneh* — möglichst auch jedes Mitglied eines jeden *boneh* — in jedem *qesmat* vertreten sein.

Voraussetzung dieses Umteilungsprinzips war zunächst einmal eine perfekte Organisation, waren doch Jahr für Jahr viele hundert Parzellen Land zu verlosen und umzuverteilen, in Extremfällen oft sogar mehrere tausend Felder. Seine Konsequenz hingegen war eine im Teilbau extreme Fragmentierung der Flur und eine erhebliche Zersplitterung einzelner Betriebe (vgl. Abb. 36). Lange Anmarschwege für Mensch und Tier, geringe Parzellengrößen und natürlich — bei jährlich wechselnden Anbauflächen — geringes Interesse an der sorgfältigen Pflege und Bearbeitung des Landes gelten als besonders typische Merkmale der Umteilungsflur und trugen zur weiteren Produktivitätsminderung des traditionellen Agrarsektors bei.

2.2.3.3. Rentenkapitalistische Konsequenzen

Die traditionelle Agrarsozialstruktur Irans mit den Hauptmerkmalen eines überwiegend absentistischen Großgrundeigentums und eines komplementären Teilbaus ist ganz zweifellos die Ursache einer noch heute allenthalben charakteristischen Unterentwicklung des ländlichen Raumes. Diese basiert auf einer Reihe von Ursachen, deren wichtigste im folgenden kurz skizziert seien.

a) Abfluß von Kapitalien und Naturalien vom Lande in die Stadt. — Die Abgabeverpflichtungen im traditionellen Regenfeldbau und in der Bewässerungslandwirtschaft, die — wie gezeigt — zwischen 20 und 80% schwanken und meist um 50% der Ernteprodukte betragen, führten in der Vergangenheit zu einem erheblichen Abfluß von Geld und Naturalien in die Städte. Dieser Abfluß resultierte ausschließlich aus der Tatsache, daß ein Großteil der Grundeigentümer in städtischen Zentren residierte und investierte. Dieses vor allem von BOBEK (1948 f.) immer wieder als ein typisches Kennzeichen des Rentenkapitalismus hervorgehobene Merkmal wurde kürzlich und erstmals für eine iranische Stadt und ihr Um-

Tab. 43: *Landeigentum in 170 Dörfern des nördlichen Khuzestan und seine regionale Zuordnung zu den Wohnsitzen der Grundherren*

Distrikt	Gesamt-fläche (in ha)	Dizful	Shush-tar	Tehran	Isfahan	Ahwaz	Andere Teile des Landes
Andimeshk	15 853	12 800	385	1 376	—	1 200	92
Ben Mualla	15 531	14 798	—	—	—	29	704
Bonvar Nazer	18 388	17 428	—	—	—	960	—
Hosseinabad	31 056	14 990	—	16 066	—	—	—
Shahvali	4 462	2 006	2 335	—	—	—	121
Gheblei	7 537	7 513	—	—	—	24	—
Shamoun	10 557	7 934	—	1 904	485	234	—
Sharghi	48 211	30 763	287	2 516	1 629	175	12 841
Gesamt	151 595	108 232	3 007	21 862	2 114	2 622	13 758

Quelle: EHLERS 1977.

land genauer dargestellt. Die Untersuchung von Dizful und einem Umland von 170 Dörfern erbrachte für eine gesamte LNF von über 150 000 ha die in Tab. 43 zusammengefaßten Eigentumsverhältnisse.

Die genaue Berechnung der Produktivität des Landes und die Umrechnung dieser Produkte (ausführlich dazu EHLERS 1977) ergab, daß in einem einzigen Jahr Ernteprodukte im Wert von über 5,2 Mill. US-$ (1964) allein deshalb in die Stadt Dizful flossen, weil sie Sitz absentistischer Grundeigentümer war. Tehran, Shushtar, Ahwaz, Isfahan wie auch andere städtische Zentren oder Institutionen (v. a. *waqf*-Behörden) partizipierten an diesem Zustrom von Geld und/oder Naturalien gemäß den in ihren Mauern konzentrierten Anteilen am Dorfeigentum. Bedingt durch den Mangel an genauen Katastern der traditionellen Eigentumsverhältnisse liegen ähnlich detaillierte Analysen für andere Regionen des Landes bisher nicht vor. Dennoch kann aus sporadischen Angaben anderer Arbeiten die Allgemeingültigkeit des Beispiels Dizful untermauert werden. So erwähnt MOMENI (1976, S. 169 f.) aus dem Bezirk Malayer, daß 68 % der Eigentumstitel von 12 Dörfern mit 80,5 % der LNF auf Tehraner Grundherrschaften entfielen, gefolgt von Malayer und Arak als Residenzorten. Im Oasengebiet von Bam gehören noch heute große Teile der Dattelpalmenhaine Tehranis, daneben Bewohnern in Kerman und Bam (EHLERS 1975). Ähnliches gilt für die Oasen von Tabas (EHLERS 1977), deren Eigentümer vorzugsweise in Tabas, Mashhad und Tehran wohnen. Aus dem Becken von Kerman benennt P. W. ENGLISH (1966, S. 141 f.) 41 ländliche Siedlungen, von denen 13 zur Hälfte und mehr, 22 weitere zur Gänze absentistischen Eigentümern gehören, die meisten von ihnen offensichtlich ›landed aristo-

2. Die Lebens- und Wirtschaftsbereiche und ihre Wandlungen   237

crats of Kirman city or Tehran‹. COSTELLO (1976, S. 52 f.) nennt ähnliche Verhältnisse aus Kashan, BAZIN (o. J., S. 52 f.) aus dem ländlichen Umland von Qum und RIST (1979) solche aus der Region Sirjan. Allen diesen Städten floß und fließt noch heute ein — im wahrsten Sinne des Wortes — unverdienter Zustrom von Kapitalien und Naturalien zu, die dem Lande für immer entzogen sind und weder direkt noch indirekt nach hier zurückkehren.

b) Verschuldungsmechanismen. — Gleichsam die Kehrseite der permanenten Abschöpfung von Ernteanteilen sind die Restmengen, die dem Lande verbleiben. Sie müssen nicht nur der Ernährung der bäuerlichen Bevölkerung dienen, sondern zugleich auch jenen Überschuß erzielen, der auf dem Markt abgesetzt werden kann und dessen Erlös der Anschaffung sonstiger Lebensnotwendigkeiten dient. Daß darüber hinaus noch Saatgut zurückbleibt, ist bei Ernteabgaben von 50 % und mehr in schlechten Erntejahren selten der Fall.

Die langjährige Praxis zeigt vielmehr, daß die Ernteanteile oftmals nicht ausreichen, um die Bedürfnisse der bäuerlichen Familien das ganze Jahr über zu befriedigen. Im Gegenteil: oft schon nach kurzer Zeit sind die Eigenvorräte an Weizen, Gerste oder Reis so weit erschöpft, daß auf dem städtischen Markt oder bei den Grundherren Getreide auf Kredit oder gegen Verpfändung von Teilen der nächsten Ernte zugekauft werden müssen. Während Barkredite mit halbjähriger Laufzeit einer hohen Verzinsung (bis zu 40 %, HOLMES 1974) unterliegen, basiert die Verpfändung von Ernten auf dem in allen Teilen des Landes und mit fast allen agrarischen Produkten geübten Prinzip des Vorausverkaufs landwirtschaftlicher Erzeugnisse. Dieses auch als *pish foroush* bekannte System basiert auf der Inanspruchnahme teurer städtischer Kredite gegen Verpfändung zu erwartender Ernten. Die Kreditaufnahme der Bauern erfolgt dabei häufig zu einem Zeitpunkt, wo die Eigenmittel aus dem Verkauf der letzten Ernte aufgezehrt sind, d. h. etwa sechs bis acht Monate nach der Ernte und somit zu einem Zeitpunkt beginnender Verknappung von z. B. Getreide und dementsprechend steigenden Preisen. Der Händler stellt dabei im Regelfall als Kreditsumme den vergleichsweise hohen Tagespreis in Rechnung, während für die Schuldentilgung der zur Erntezeit erheblich niedrigere Marktpreis berechnet wird. Je nach Produkt und Region ermittelte LODI (1965) dabei Preisdifferenzen zwischen 15 und 45 % (vgl. Tab. 44).

Die Konsequenz dieser Wucherpraxis sind weitere Abflüsse von Naturalien in die Städte, ohne daß deren Wert dem Lande in irgendeiner Weise zugute käme. Schlimmer noch: die aus diesem Verschuldungsmechanismus resultierenden Konsequenzen implizieren eine Reihe weiterer Abhängigkeitsverhältnisse, die der Entwicklung des ländlichen Raumes noch heute entgegenstehen, wie z. B.:

— Konzentration des Handels und der Vermarktung landwirtschaftlicher Produkte in klein- und mittelstädtischen Zentren;
— zusätzliche Bindung ländlicher Bevölkerung an städtische Händler und Geschäftsleute,

Tab. 44: Vorausverkauf landwirtschaftlicher Produkte in Iran und Preisdifferenzen

Bezirk	Vorausverkauf %	Verkauf nach Ernte %	Eigenbedarf %	Preisdifferenz vor/nach Ernte (in %)
Weizen:				
Behbehan	40	25	35	40
Dasht-e-Mishan	40	25	35	45
Shirvan	30	20	50	30
Malayer	30	10	60	30
Khurramabad	40	—	60	30
Gorgan	50	20	30	25
Baumwolle:				
Veramin	30	69	1	15
Sari	20	79	1	20
Qum	20	75	5	25
Gorgan	70	25	5	40
Burujird	100	—	—	40

Quelle: LODI 1965.

die als Kreditgeber von ihren Schuldnern die Inanspruchnahme ausschließlich des eigenen Warenangebots verlangen;
— Vergrößerung des von der Stadt bzw. von stadtsässigen Grundherrschaften kontrollierten Eigentums an LNF, indem bei Zahlungsunfähigkeit der Schuldner die Kreditgeber das Land verpfänden lassen.

Daß die Verschuldung weiter Teile der bäuerlichen Bevölkerung und die daraus resultierenden sozioökonomischen Konsequenzen für städtische wie ländliche Wirtschaft bedeutsam sind, verdeutlichen folgende Zahlen: 1960 z. B. waren 50 % (über 80 000) aller landwirtschaftlichen Betriebe in Gilan (Mazandaran: 53,5 %) verschuldet, wobei die größte Zahl der Gläubiger (82 %) Privatleute waren: von diesen waren 80 % städtische Pfandleiher und Kaufleute, 18 % Großgrundbesitzer und 2 % professionelle Verleiher von Arbeitstieren. Daß das Beispiel Gilan kein Einzelfall ist, mag der Hinweis auf die Verhältnisse in Khuzestan belegen. Hier waren 1960 ebenfalls 56 % der erfaßten 11 000 Betriebe verschuldet, die meisten von ihnen bei städtischen Händlern und Agenten bei Zinssätzen von zumeist 50 % pro Jahr (Research Group 1965 ff.).

c) Unterentwicklung des ländlichen Raumes. — Absentistisches Großgrundeigentum, ungünstige Teilbauverträge und permanente Verschuldung weiter Teile der ländlichen Bevölkerung müssen als die wesentlichsten Ursachen der auch heute noch allenthalben spürbaren Unterentwicklung des ländlichen Raumes angesehen werden. Die aus dem Raubbau und der geringen Verantwortlichkeit von Eigentümern und Besitzern des Bodens resultierenden Nachteile der Bodenbewirtschaftung, vor allem die durch eine Vielzahl von Faktoren bedingte geringe Produktivität verstärken die strukturelle Unterentwicklung und sind Teil eines Teufelskreises, den auch die Landreformen seit 1962 nicht haben durchbrechen können.

Ein erster, auch physiognomisch faßbarer Ausdruck der Unterentwicklung des Landes und seiner Abhängigkeit vom städtischen Zentrum ist die auch heute noch ausgesprochen *mangelhafte Ausstattung mit privater Infrastruktur*. Vor allem der bereits angesprochene spärliche Besatz ländlicher Siedlungen mit Geschäften und Einrichtungen des täglichen und weniger noch mit solchen des nichttäglichen Bedarfs ist ein hervorstechendes Merkmal ihrer mangelhaften infrastrukturellen Ausstattung. Nicht nur die geringe Kaufkraft der ländlichen Bevölkerung, sondern auch das absolute Desinteresse der städtischen Kaufmannschaft an einer entsprechenden Entwicklung der Dörfer dürfen als wesentliche Ursachen dieses Mangels angesehen werden. Hinzu kommt, daß in der traditionellen Agrarstruktur kaum ein Landbewohner genügend Kapital besaß, um einen auch noch so kleinen Laden zu errichten und zu betreiben, so daß die wenigen Geschäfte in den Dörfern häufig genug auch noch städtischen Kaufleuten oder Kapitalgebern gehören. Bisher eher sporadische Untersuchungen (EHLERS 1975, 1977, RIST 1979) beweisen, daß der Geschäftsbesatz kleinstädtischer Mittelpunkte ländlicher Räume um ein Vielfaches höher liegt als die aller dörflicher Siedlungen mit einer höheren Mantelbevölkerung zusammen: ein weiterer Hinweis auf die vollständige Beherrschung der Hinterländer durch ihre städtischen Mittelpunkte.

Eine gewisse Kompensation der mangelhaften Versorgung der ländlichen Räume stellen die noch heute verbreiteten periodischen Märkte in verschiedenen Teilen Irans sowie der häufige *Wanderhandel* einzelner, meist ebenfalls städtischer Händler dar. Über periodische Märkte in Iran sind wir bisher detailliert nur durch Arbeiten von KHOSROVI (1977) und THORPE (1979) über das zentrale Gilan orientiert; über saisonal-periodische Märkte haben zudem EHMANN (1975) aus dem Bakhtiarengebiet sowie BAZIN (1977) aus Talesh berichtet. Ein überall auftretendes Phänomen sind die z. T. hochspezialisierten Wanderhändler, die in allen Teilen des Landes mit Motorrädern oder Kleinwagen in regelmäßigem Zyklus die Dörfer abfahren und dort ihre Waren anbieten.

THOMPSON–HUIES (1968) haben wesentliche Elemente des städtischen Bazarhandels *(bazar marketing)* und eines ländlich-dörflichen Vermarktungssystems *(peasant marketing system)* und ihrer wesentlichen ökonomischen Konsequenzen für Stadt und Land gegenübergestellt. Wenn bei dem letztgenannten System auch in erster Linie an zwischenbäuerlichen Handel gedacht ist, der wesentliche Aspekte der Warenbeziehungen zwischen Stadt und Land ausklammert, so gelten einige der von den beiden Autoren genannten Charakteristika doch als grundsätz-

Übersicht 3: Städtischer und ländlicher Warenhandel im Vergleich
(nach THOMPSON-HUIES 1968)

Städtischer Bazar	Ländlicher Raum
Warenhandel durch Kette von Mittelsmännern;	Warenhandel vom Verkäufer zum Käufer;
Warenhandel verbunden mit Kreditgewährung;	Warenhandel im Tausch oder gegen Barzahlung;
Kredit und Kapital als Voraussetzung des Bazarhandels;	Kredit spielt keine Rolle, Kapital ist nicht nötig;
Großhandel und Warenlagerung bedeutsam;	Großhandel und Warenlagerung fehlen;
Handelsvolumen bedeutsam.	Handelsvolumen gering.

liche, wenngleich idealtypisch vereinfachte Unterscheidungskriterien für Stadt und Land (vgl. Übersicht 3).

Auch die öffentliche *Infrastruktur* des ländlichen Raumes ist bis heute ausgesprochen schlecht. Bis in die jüngste Vergangenheit war z. B. die Versorgung der Dörfer mit Schulen mangelhaft und ist auch heute noch eine der Ursachen für die auf dem Lande erheblich größere Analphabetenrate als in der Stadt (vgl. Abschn. 2.1.1). Ähnliches gilt für die Ausstattung mit Krankenhäusern und Ambulanzen: auch hier drückt sich deren Fehlen im Agrarraum in höherer und früherer Sterblichkeit der ländlichen Bevölkerung aus.

2.2.4. Ländliches Heimgewerbe und Manufakturwesen

Wie bereits für die Mitte des 19. Jh. angedeutet, hat ländliches Heimgewerbe und Manufakturwesen in Iran nicht nur eine weite Verbreitung, sondern auch eine lange Tradition. Den hohen Stand und die historischen Wurzeln dieser vielseitigen, im wesentlichen handwerklich betriebenen Gewerbezweige hat besonders WULFF (1966) umfassend beschrieben.

Während weite Teile der traditionellen Handwerke und auch des Gewerbewesens von lediglich lokalem Interesse sind und nur der Befriedigung dörflicher wie auch lokaler städtischer Interessen dienen, haben sich einige Gewerbe und Orte bzw. Regionen schon frühzeitig zu überregional bedeutsamen Zentren der Herstellung und Vermarktung handwerklich-gewerblicher Produkte entwickelt. Zu solchen regional bedeutsamen Gewerben gehören seit altersher z. B. die Mattenherstellung am Hamun-e-Hilmend/Sistan wie auch in den kaspischen Küstenprovinzen, die Holzbearbeitung vor allem in Gilan, die Herstellung von kunstvol-

2. Die Lebens- und Wirtschaftsbereiche und ihre Wandlungen

len Miniatur- und Mosaikarbeiten in Isfahan, Kunstschreinerei in Qum und ebenfalls Isfahan, Kupfer- und sonstige Metallarbeiten in verschiedenen Teilen des Landes, Fayence- und Keramikherstellung in Qum, Isfahan oder bei Yezd (Meybod: vgl. CENTLIVRES–DEMONT 1971) sowie die Bearbeitung von Leder. Am weitesten verbreitet jedoch ist die Herstellung und Weiterverarbeitung von Textilien sowie die Teppichmanufaktur.

Wenn aus dem Gesagten auch bereits deutlich wird, daß viele der marktorientiert arbeitenden Gewerbe städtisch fixiert sind, so hatten Textil- und Teppichherstellung seit jeher auch eine starke Fundierung im ländlichen Raum. Die für das 19. Jh. auch überregional bedeutsamen Manufakturzentren von Stoffen und Tuchen wie Yezd (BONINE 1975), Kerman (ENGLISH 1966) oder Kashan (COSTELLO 1976) hatten alle ihre agraren Hinterländer — je nach Konjunktur mehr oder weniger umfangreich — in den Prozeß der Textilverarbeitung einbezogen. Das berühmteste Beispiel für die planmäßige Einbeziehung eines ländlichen Gebietes in den städtisch organisierten Produktionsprozeß von Textilien ist zweifellos Isfahan, wo die unter den Safaviden begründete Tradition von vornherein auf das agrare Umland ausgedehnt wurde und wo sie bis heute in einer überregional äußerst bedeutsamen Textilindustrie (KORTUM 1972) fortlebt. Nicht zuletzt die Verfügbarkeit billiger Arbeitskräfte, vor allem von *khoshnishin*, Frauen und Kinder, hatte die Einbeziehung des ländlichen Raumes in die städtisch dominierte und kontrollierte Produktion zur Voraussetzung.

Das zweifellos eindrucksvollste und auch am besten untersuchte Beispiel ländlichen Heimgewerbes ist die allenthalben verbreitete *Teppichmanufaktur*, der WIRTH (1976) eine erste zusammenfassende Darstellung gewidmet hat. Vor allem aus den detaillierten Analysen von Teppichmanufaktur und -vermarktung, die BAZIN (1973) für die Region Qum, COSTELLO (1976) für Kashan, EHLERS (1977) für Tabas und ENGLISH (1966) für Kerman vorgelegt haben, geht hervor, daß im Hinterland von Städten ganze Dörfer fast ausschließlich von der Teppichknüpferei leben: städtische Händler stellen Knüpfrahmen, Wolle, Muster und alle sonstigen Accessoires zur Verfügung, überwachen durch Vertreter alle Phasen des Knüpfens, zahlen den Knüpfern Abschläge oder gewähren — analog zu den Verhältnissen beim landwirtschaftlichen Produktionsprozeß — Vorauszahlungen auf den später abzuliefernden Teppich. Sie organisieren ebenso den Absatz des fertigen Produkts, wobei sie, wie auch eine Reihe städtischer wie ländlicher Zwischenhändler und Kaufleute (vgl. EHLERS 1977, 1978, Abb. 5!) erhebliche Gewinne abschöpfen. Wenn SARKHOCH (1975, S. 344) schon für das qadjarische Persien ländliche Siedlungen als ›Teppichwerkstätten der Städte‹ bezeichnet, dann gilt dies noch viel mehr für das 20. Jh. Teppiche berühmtester Provenienzen sind, sofern sie nicht den später noch anzusprechenden nomadischen Produktionen entstammen, nach kleinen Dörfern und Städten benannt, wie z. B. Saruq bei Arak, Meimeh bei Isfahan, Bijar und Senneh (heute: Sanandaj) in Kurdistan. Daß heute auch Regionen mit einer erst sehr jungen Entwicklung der Teppichherstellung Dorf für

Dorf in die Manufaktur dieses auch wichtigen Exportartikels einbezogen sind, läßt sich für das Oasengebiet von Tabas verdeutlichen: standen hier noch 1966 nur etwa 100 Knüpfrahmen in wenigen Dörfern, so finden sich heute (1975) über 1500 Knüpfrahmen in mehr als 150 Dörfern und in Tabas selbst.

Bemerkenswert ist, daß fast das gesamte Heimgewerbe in Iran ebenso wie die Landwirtschaft von städtischem Kapital organisiert und gelenkt ist. Daß dies nicht nur für handwerklich-gewerbliche Produkte gilt, sondern letzten Endes auch für die Aufbereitung und Weiterverarbeitung agrarischer Güter, beweisen eine Reihe städtischer Aufbereitungsindustrien, insbesondere in N- bzw. W-Iran und damit in Gebieten einer landwirtschaftlichen Überschußproduktion. Berühmte Beispiele sind, neben den schon genannten Zentren der Wollverarbeitung, Mashhad z. B. für die Konservenindustrie, Shiraz, Kazvin und Rizaiyeh als Zentren der iranischen Weinherstellung, aber auch der Rosinenfabrikation (vgl. hier auch Malayer, MOMENI 1976), Maragheh und einige andere Städte Nordwestirans als Mittelpunkte der Aprikosentrocknung oder Rafsinjan als organisatorisches Zentrum der Pistazienaufbereitung. Reismühlen in südkaspischen Städten (EHLERS 1971, KOPP 1973), Zuckerraffinerien in fast allen Teilen des Landes (KORTUM 1977) oder Verarbeitungseinrichtungen für Baumwolle in Sari, Behshahr, Aliabad/Gorgan, Isfahan, Shiraz oder anderswo sind Exponenten der modernen Fortentwicklung dieses tradierten Systems.

2.2.5. Landreform und moderner Wandel

Bedingt durch die genannten sozialen wie wirtschaftlichen Probleme, mehr aber wohl noch durch das Motiv, den Möglichkeiten einer Revolution von unten, d. h. sozialen Unruhen und Aufständen auf dem Lande zuvorzukommen, wurde 1962 ein erstes Landreformgesetz in Kraft gesetzt, dem wenig später eine Reihe weiterer Ergänzungsgesetze folgten. Daß die später unter dem Schlagwort der ›Weißen Revolution‹ bekanntgewordenen Reformmaßnahmen gerade im ländlichen Bereich, in dem damals noch 70 % der gesamten Bevölkerung des Landes lebten, ihren Ausgang nahmen, beleuchtet die bis dahin ungebrochene Dominanz des agraren Sektors in volkswirtschaftlicher und sozialer Hinsicht.

Wenn auch erste zaghafte Ansätze zur Verbesserung der überholten Agrarstruktur bis in die 20er Jahre dieses Jh. zurückreichen (PLANCK 1975), so sind punktuell spürbare Reformansätze höchstens in dem 1950/1 verkündeten Erlaß zur Aufsiedlung von Kronländern *(khaliseh)* sowie in dem 1955 erlassenen Gesetz über die Aufsiedlung von Staatsdomänen zu sehen. Vor allem mit der Verteilung sog. Königsdörfer aus dem Verfügungsfonds des Herrscherhauses als einem der größten Grundeigentümer sollte anderen Grundherren ein Vorbild zu ebenfalls freiwilliger Landaufteilung gegeben werden. Dieser mehr als Geste zu wertende Versuch blieb auf seiten der Landeigentümer jedoch ohne nennenswerten Wider-

2. Die Lebens- und Wirtschaftsbereiche und ihre Wandlungen 243

hall. Erst die Verabschiedung eines allgemeinen Bodenreformgesetzes im Jahre 1960 und seine Durchsetzung in veränderter Form seit dem 9. Januar 1962 kann als eigentlicher Beginn der iranischen Agrarreform gelten.

In einer zunächst groben Skizzierung lassen sich mehrere Phasen der Reformgebung unterscheiden, wobei jeder Abschnitt bis 1970 eine Verschärfung der vorherigen Gesetzbestimmungen in bezug auf die Maximalgröße ländlichen Grundeigentums bedeutete:

Erste Phase der Landreform: begonnen am 9. Januar 1962 mit dem Ziel, den Grundbesitz im ganzen Lande einheitlich maximal auf ein Dorf zu beschränken.

Zweite Phase: erlassen am 25. Juli 1964, nachdem die Anwendung einer früheren Fassung vom 17. 1. 1963 verzögert wurde; in Fortführung der ersten Phase abermalige Einschränkung der maximalen Betriebsgröße je nach Bodengüte und Lage zu den städtischen Zentren (Baulandspekulation) gemäß folgendem Schema:

Land in den Provinzen Khuzestan, Baluchistan und Sistan	150 ha
Land in den übrigen Provinzen	100 ha
Land im Umkreis der Provinzhauptstädte (mit Ausnahme von Kerman, Sanandaj und Zahidan)	50 ha
Land in der Turkmenen- und Mughansteppe sowie in Gilan und Mazandaran (außer Reisland)	40 ha
Land im Umkreis von Tehran, Veramin, Damavand, Rey, Karaj	30 ha
Reisland in Gilan und Mazandaran	20 ha

Dritte Phase: in Kraft gesetzt 16. 1. 1968 bzw. 17. 10. 1968, erneute Einschränkung der maximalen Betriebsgrößen auf die von der Eigentümerfamilie allein zu bewirtschaftende Fläche bei gleichzeitiger Stärkung des Genossenschaftswesens.

Von allen Phasen zog ganz zweifellos die erste, mit Konsequenz und Härte durchgeführte Phase der Landreform die einschneidensten und von LAMBTON (1969) dargestellten Veränderungen nach sich. Dies kommt nicht nur in der Spontaneität der Durchführung, sondern auch im Volumen der verkauften bzw. verteilten Ländereien zum Ausdruck, wobei sog. ›Gartenländereien‹, d. h. umwallte Intensivkulturen wie auch Fruchthaine, in allen Phasen von der Verteilung ausgenommen blieben.

Die von PLANCK (1975) publizierte Übersicht über Ablauf und Ergebnisse der im Jahre 1972 im wesentlichen abgeschlossenen Agrarreform zeigt das Ausmaß der in weniger als 10 Jahren eingetretenen Wandlungen der Eigentumsverhältnisse, die von ebensolchen Wandlungen im sozialpsychologischen Bereich begleitet wurden: die weitgehende Zerschlagung der traditionellen Agrarsozialstruktur war begleitet von einem Erwachen weiter Teile der bäuerlichen Dorfbevölkerung aus einer Jahrhunderte währenden Lethargie, von gesteigertem Selbstbewußtsein und vorher nie verspürtem politischen Engagement. Die zügige Abwicklung vor allem der ersten Phasen der Landreform — oft beschrieben und analysiert (vgl. z. B. GHARATCHEHDAGHI 1967, LAMBTON 1969, zusammenfassend bei EHLERS 1979) — war sicherlich möglich nicht zuletzt dadurch, daß die Grundherren jeweils ein

Tab. 45: *Der Ablauf der iranischen Bodenbesitzreform*

Phase	Zeitpunkt	wichtigste Gesetzesbestimmungen	Ergebnisse der Durchführung	
1	Ergänzungsgesetz zum Bodenreformgesetz 1962 (1340)	1. Eigentumsgrenze: 1 Dorf (Sheshdang) 2. Kauf der Ländereien von Großgrundbesitzern in 15 Jahresraten 3. Verkauf bzw. Verteilung dieser Ländereien an Anteilbauern in 15 Jahresraten	Gekaufte Dörfer Gekaufte sonstige Güter Landempfänger	16 333 1 001 777 825
2	Ergänzungsgesetz 1963 (1341) und 1964 (1342)	Eigentümer eines Dorfes können zwischen folgenden Alternativen wählen: 1. ihre Ländereien an die darauf arbeitenden Anteilbauern verkaufen; 2. ihre Ländereien auf 30 Jahre an die darauf arbeitenden Anteilbauern verpachten; 3. mit ihren Anteilbauern eine Landbaubeteiligungsgesellschaft bilden; 4. ihre Ländereien nach dem ortsüblichen Verteilerschlüssel zwischen sich und den Anteilbauern aufteilen; 5. die Nutzungsrechte der Anteilbauern kaufen; + Verpachtung des Stiftungslandes an die bisherigen Anteilbauern auf 90 Jahre.	Alternative 1: Verkauf Verkäufer Käufer Alternative 2: Verpachtung Verpächter Pächter Alternative 3: Landbaubeteiligung Großgrundbesitzer Anteilbauern Alternative 4: Aufteilung Großgrundbesitzer Anteilbauern Alternative 5: Landnutzungsrechte verkauft Bauern (Verkäufer)	3 276 57 226 223 321 1 232 548 60 055 110 126 18 563 156 580 16 485
3	Gesetz 1968 (1347) und Ergänzungsgesetz zur Verteilung von Pachtländereien 1970 (1349)	Verteilung von Pachtland an bisherige Pächter und Anteilbauern	281 844 Großgrundbesitzer verkauften ihre Ländereien an 128 816 Anteilbauern; 6668 Großgrundbesitzer teilten ihre Ländereien an 20 999 Anteilbauern nach Alternative 4 der Phase 2 auf	
4	Gesetz zur Verteilung von öffentlichen Stiftungen (Moghufe Amm) 1971/72 (1350)	Verteilung des Stiftungslandes an bisherige Anteilbauern und Pächter	1527 Stiftungen wurden bis 15. 9. 1350 (1972) an 47 063 Bauernfamilien verteilt	

Quelle: PLANCK 1975.

ganzes Dorf behalten konnten, so daß langwierige Teilungsprozesse innerhalb vieler Dörfer vermieden werden konnten. Erst die weiteren Ausführungsbestimmungen, die die Zuweisung der im Teilbau bewirtschafteten Anteile an die Landempfänger in allen Dörfern verlangten, verlangsamten das Tempo der Reform, erregten aber auch den Argwohn vieler Bauern, die das bevorstehende Ende des gesamten Reformprogramms befürchteten. Die seit etwa 1968—1970 zu beobachtende Reintegrationsphase der iranischen Agrarreform, wie sie sich im Gesetz zur Gründung landwirtschaftlicher Aktiengesellschaften (1968) und in der seit 1970

2. Die Lebens- und Wirtschaftsbereiche und ihre Wandlungen 245

verstärkten Förderung agroindustrieller Großbetriebe äußert, stieß bei der Masse der gerade zu Grundeigentümern avancierten Klein- und Mittelbauern auf Ablehnung: ganz zweifellos ein Hinweis auf die trotz zahlreicher Mängel als Fortschritt empfundenen Ergebnisse der drei ersten Phasen der Landreform.

Es kann an dieser Stelle nicht darum gehen, die inzwischen zahllosen Abhandlungen über Methoden und Ziele der iranischen Landreform (vgl. dazu die ausführliche Darstellung von A. K. S. LAMBTON 1969, als ›offizielle‹ Version das Buch von DENMAN 1973; daneben z. B. KHOSROVI 1969, NIKOGHAR 1975, OP'T LAND 1969, VIEILLE 1972 u. v. a.) zu referieren, sondern eher darum, einige ihrer Konsequenzen zu skizzieren. Die wesentlichsten, auch geographisch relevanten Auswirkungen der Landreform lassen sich wie folgt umschreiben:
a) Veränderungen der Wirtschaftsstruktur;
b) neue Betriebsformen der Landwirtschaft;
c) Wandlungen der ländlichen Sozialstruktur;
d) Kulturlandschaftswandel.

a) Veränderungen der Wirtschaftsstruktur. — Das erste und unmittelbare Ergebnis der verschiedenen Phasen der Landreform war für die davon betroffene teilbäuerliche Bevölkerung der Wegfall der jährlichen Ernteabgaben und damit ein erheblich höheres Einkommen pro Betrieb. Wenn ein Teil des gestiegenen Einkommens bislang auf die Rückzahlung der meist von der Regierung vorfinanzierten Entschädigung an die ehemaligen Grundherren entfiel, so besteht insgesamt kein Zweifel, daß sich die wirtschaftliche Situation weiter Teile der bäuerlichen Bevölkerung seit 1962 erheblich verbessert hat (EHLERS 1971, GOODELL 1975, HAHN 1973, KHATIBI 1972, KEDDIE 1968, PLANCK 1974). Aber nicht nur höhere Anteile am Erntegut, sondern ebenso verstärktes Engagement bei der Bewirtschaftung des eigenen Grund und Bodens müssen als Ursachen für die teilweisen Ertragssteigerungen der iranischen Landwirtschaft gesehen werden. Vor allem HAHN (1973) und GOODELL (1975) haben auf die verstärkte Mechanisierung und Investitionsbereitschaft der kleinbäuerlichen Unternehmer hingewiesen. Kauf oder Anmietung von Traktoren und Mähdreschern, verstärkter Einsatz von Düngemitteln und Chemikalien und eine schnelle Ausweitung des Brunnenbaus sind nicht zu leugnende Tatbestände dieser Intensivierungsprozesse. Die Schaffung vieler hunderttausender bäuerlicher Betriebe von nur wenigen Hektar Größe hat dennoch insofern äußerst negative Folgen gezeigt, indem seit 1962 stärker als je zuvor die Wirksamkeit des *islamischen Erbrechts* in Erscheinung tritt. Sie drückt sich, wie an anderer Stelle (EHLERS 1972) ausführlicher dargelegt (vgl. auch Kap. III, Abschn. 3), in einer Reihe äußerst ungesunder Entwicklungstendenzen im ländlichen Bereich aus:

— eine schnelle Verdichtung bestehender ländlicher Siedlungen, indem im Erbfalle häufig auch Hofstellen geteilt und mit neuen Wohn- und Wirtschaftsgebäuden versehen werden;

— eine rapide Atomisierung vieler ohnehin am Rande des Existenzminimums lebender Betriebe durch Teilung der LNF und der Herden, damit Erhöhung der Verschuldungsgefahr und — über Verkauf oder Verpfändung — der Bodenmobilität;
— durch den ständig wachsenden Bevölkerungsdruck Überschreitung bisher von der Grundherrschaft überwachter Anbau- und Beweidungsgrenzen und damit, vor allem in stark reliefierten Gebieten (EHLERS 1976), irreparable Zerstörung des ökologischen Gleichgewichts labiler Naturräume.

Wenn die bereits von der Darstellung der traditionellen Anbauverhältnisse her bekannte *Praxis des ideellen Eigentums* sowie die auch nach der Landreform in den meisten Fällen erhalten gebliebene *kollektive Landbewirtschaftung* einer Auflösung der dörflichen Feldfluren in eine nicht mehr überschaubare Zahl von Eigentums- und Nutzungsparzellen mit individueller Bewirtschaftung entgegenstanden, so hat der seit der Landreform forcierte Ausbau der Genossenschaften (HANEL–MÜLLER 1976) den wirtschaftlichen Strukturwandel gestützt (vgl. dazu Tab. 46). Bemerkenswert ist, daß jede der skizzierten Entwicklungstendenzen, d. h. sowohl der wirtschaftliche Aufschwung einer Reihe von Betrieben wie auch die neuerliche Verschuldung und Abhängigkeit anderer Betriebe, an dem traditionellen und zuvor geschilderten Verhältnis von Stadt und Land nur wenig geändert hat.

b) Neue Betriebsformen der Landwirtschaft. — Die genannten und im Gefolge der Reform besonders spürbar werdenden Strukturmängel der kleinbäuerlichen Betriebe führten vor allem seit der ›Reintegrationsphase‹ der iranischen Agrarreform (PLANCK 1975) verstärkt zu Versuchen, neben der Förderung des Genossenschaftswesens neue Formen großbetrieblicher Landbewirtschaftung zu entwickeln. Bis vor der Revolution des Jahres 1979 waren es vor allem zwei Formen, die besonders propagiert wurden und — nach den bisherigen Planungen — einmal die Vielzahl individueller Bauernwirtschaften ablösen sollten.

Farmkorporationen, auch als landwirtschaftliche Aktiengesellschaften (LAG) bezeichnet (vgl. JANZEN 1976 als Zusammenfassung), sollten der Zusammenlegung kleinbäuerlicher Betriebe zu etwa 2000 ha großen Betriebseinheiten dienen. Die bereits gegründeten LAG werden kollektiv und weitgehend mechanisiert bearbeitet. Die Bauern investieren Kapital in Form von Land, Maschinen, Gebäuden und/oder Bewässerungseinrichtungen und erhalten dafür Aktienanteile in Höhe des Gegenwertes der eingebrachten Produktionsfaktoren. Sie werden damit gleichsam zu Aktionären der LAG, die sie nach Maßgabe des Arbeitsplatzangebotes auch beschäftigt und am Ende des Geschäftsjahres aktienanteilig am Gewinn des Unternehmens beteiligt. *Landwirtschaftliche Erzeugergemeinschaften* sind demgegenüber freiwillige Zusammenschlüsse bäuerlicher Betriebshalter häufig auf Dorfebene mit dem Ziel einheitlicher Produktion zur besseren Ausnutzung von Land, Wasser und Maschinen. Diese infolge der langen Tradition kollektiver Landbewirtschaftung nicht unbeliebte Form partieller Betriebszusammenlegung

Tab. 46: *Entwicklung von Genossenschaften, Farmkorporationen und Erzeugergemeinschaften, 1351 (1972/73) — 1356 (1977/78)*

	1351	1352	1353	1354	1355	1356
Genossenschaften (Zahl)	2 361	2 727	2 847	2 858	2 886	2 925
Mitglieder (in tsd.)	2 065	2 263	2 488	2 685	2 868	2 983
Kapital (in Mill. rial)	3 329	3 857	4 678	5 690	6 992	8 385
Farmkorporationen (Zahl)	43	65	65	85	89	93
Aktionäre	15 250	22 778	22 778	32 056	33 663	35 444
Kapital (in Mill. rial)	685	992	992	1 381	1 420	1 515
Erzeugergemeinschaften (Zahl)	—	15	24	34	35	39

Quelle: Bank Markazi Iran.

wird vor allem in Gebieten, in denen markt- oder industrieorientiert produziert wird (Baumwolle, Zuckerrüben!), angewandt.

Neben diesen seit der Landreform entstandenen neuen Betriebsformen verdienen zwei weitere Typen großbetrieblicher Landwirtschaft noch Erwähnung. *Staatliche Großbetriebe*, wie sie etwa die Zuckerrohrplantage von Haft Tappeh (REFAHIYAT 1972) oder die Güter der iranischen Armee in verschiedenen Teilen des Landes darstellen, sind bisher zahlenmäßig bedeutungslos und werden zudem meist auf neuerschlossenem Bewässerungsland oder, am Kaspischen Meer, auf Rodungsflächen angelegt. Immer größere Bedeutung gewinnen dagegen privatwirtschaftliche Betriebe des *Agrobusiness*-Typus. Teilweise ebenfalls auf agrarkolonisiertem Land angelegt wie im kaspischen Tiefland oder in neuen Bewässerungsgebieten wie z. B. bei Jiruft, häufig aber an die Stelle traditioneller Landbewirtschaftung tretend, zeichnen sich die bis 20 000 ha und mehr LNF aufweisenden Großbetriebe durch einheitliche Bewirtschaftung großer Schläge, durch starke Technisierung und Mechanisierung von Anbau und Ernte sowie durch umfangreiche Vermarktungs- oder Aufbereitungsanlagen aus. In den Fällen jedoch, wo sie an die Stelle bestehender Bauernwirtschaften treten, bäuerliche Siedlungen und Fluren vernichten und die Bevölkerung verdrängen, wie im Gebiet zwischen Kazvin und Karaj (STERNBERG–SAREL 1966, SHARAR 1968) mit seinen neuen Großbetrieben der Viehhaltung, in Garmsar-Veramin südöstlich von Tehran, in verschiedenen Teilen von Fars (BERGMANN–KHADEMADAM 1975), im nördlichen Khuzestan (EHLERS 1975, 1977) oder sonstwo, sind sie mit erheblichen wirtschaftlichen und sozialen Konsequenzen für die Bevölkerung (s. u.) verbunden.

c) Wandlungen der ländlichen Sozialstruktur. — Die wirtschaftlichen Veränderungen im Gefolge der Landreform haben die bis 1962 relativ starren und verkrusteten Sozialstrukturen nachhaltig beeinflußt und in Bewegung gebracht. Bis 1962 bestand die Landbevölkerung letztlich aus drei Gruppen: *khoshnishin* (besitzend oder besitzlos), Eigentumsbauern und Anteilbauern. Sie lebten mehr oder weniger symbiotisch miteinander innerhalb der Dörfer. *Khoshnishin* waren sowohl bei Eigentums- und Anteilbauern beschäftigt, während die Kombination von Eigenbewirtschaftung und Teilbau für diese beiden Gruppen typisch war. Vor allem gegenüber dem absentistischen Großgrundbesitz traten sie gemeinsam als eine Einheit auf, deren strukturelle Verschiedenartigkeit erst nach der Landreform deutlich wurde.

Vor allem die unterschiedliche sozioökonomische Ausgangssituation der verschiedenen Gruppen der Landbevölkerung ließ mit der Übereignung der bisher im Teilbau bewirtschafteten Ländereien die Dorfbewohner in zwei Gruppen auseinanderfallen: Grundeigentümer und Landlose. Unterschiedliche Gründungsgröße, mehr oder weniger ausgeprägte Eigeninitiative der neuen Eigentümer, vor allem aber biologische Parameter — Sterblichkeit und Kinderzahl — und ihre Konsequenzen für die Erbfolge führten indes schon sehr bald zu einer bis dahin nicht gekannten Ausdifferenzierung der bisher recht homogenen Landbevölkerung. In Anlehnung und Erweiterung eines von PLANCK (1979) vorgelegten Schemas lassen sich folgende typische Entmischungsvorgänge der ländlichen Sozialstruktur im Gefolge der Landreform konstatieren (vgl. Übersicht 4).

Die Gegenüberstellung, die noch erheblich ausdifferenziert werden kann, verdeutlicht vor allem die aus den veränderten Eigentumsverhältnissen und aus den neuen Betriebsformen resultierende Vielfalt neuer Sozialgruppen. Daß die bäuerliche Verfügungsgewalt über Grund und Boden schon sehr früh zu neuen ›Eliten‹ und innerdörflichen Hierarchien führte, ist bereits mehrfach beschrieben worden (EHLERS 1972, KHOSROVI 1969, PLANCK 1974, VIEILLE 1972). Auch die innerhalb einzelner Dörfer völlig unterschiedliche Anwendung der Landreformgesetze und die daraus folgende Differenzierung der Bevölkerung (EHLERS 1973) haben die Abstände zwischen den Schichten eines Dorfes eher vergrößert.

Insgesamt wird man PLANCK (1979) zustimmen müssen, wenn er als Folge der Agrarreform konstatiert, daß das 1962 begonnene Reformwerk im ländlichen Bereich die Probleme sozialer Ungleichheit und die nach wie vor ungelöste Frage der *khoshnishin* noch deutlicher und spürbarer gemacht als die Gegensätze abgeschwächt hat. Stärkere Differenzierungen der sozialen Gruppen und ausgeprägte Hierarchisierungen der ländlichen Bevölkerung müssen als soziale Konsequenzen der Landreform, als Mobilisierung einer verkrusteten Sozialstruktur gesehen werden. Dieser seit etwa 1960 ablaufende Prozeß ist in vollem Gange, Konturen einer neuen Wirtschafts- und Sozialordnung sind erst ansatzweise sichtbar.

Übersicht 4: Wandlungen der Agrarsozialstruktur im Gefolge der Landreform
(nach PLANCK 1979)

vor der Landreform	nach der Landreform
Besitzende *khoshnishin* ⟶	Lohnunternehmer, Landhändler
Eigentumsbauern ⟶	Eigentumsbauern
	Lohnunternehmer
	Aktionäre
	Landw. Lohnarbeiter
Anteilbauern ⟶	Eigentumsbauern
	Anteilbauern neuen Typs
	Pächter
	Landw. Lohnarbeiter
	Aktionäre
	Hilfsarbeiter
Besitzlose *khoshnishin* ⟶	ständige Landarbeiter
	Dorfbedienstete
	Tagelöhner
	Unterpächter bei neuen Betrieben
Randgruppen ⟶	Zigeuner (Wanderhandwerker und Musikanten)
	Bettler

d) *Kulturlandschaftswandel.* — Physiognomischen Ausdruck finden die veränderte Wirtschafts- und Sozialstruktur des ländlichen Raumes und die neuen Betriebsformen der Landwirtschaft in einer Reihe kulturgeographischer Veränderungen der traditionellen Agrarlandschaft. Diese äußern sich zum einen in einer in den letzten Jahren wachsenden Stärkung der öffentlichen Infrastruktur etlicher Dörfer. Der nicht zu leugnende positive Effekt der Alphabetisierungskampagne, zu dem die sog. ›Armee des Wissens‹ beitrug, hat zur Entstehung einer Reihe von Landschulen geführt, die in den größeren Dörfern häufig durch periodisch beschickte Ambulanzstationen, Moscheen, Postämter und insbesondere durch An- und Verkaufszentralen der Genossenschaften aufgewertet werden. Gerade diese Genossenschaftszentren haben sich seit 1962 zu echten Mittelpunkten im ländlichen Raum und zu einem Bindeglied zwischen der großen Masse von reinen Wohndörfern und dem übergeordneten städtischen Verwaltungszentrum entwickelt.

Die große Masse der ländlichen Siedlungen hat sich dagegen in ihrem traditionellen Habitus bisher kaum gewandelt. Auch die Fluren und Anbaufrüchte haben sich kaum verändert, zumal die sehr alte *boneh*-Ordnung der kollektiven Landbewirtschaftung in vielen Fällen die Landreform überdauerte. Intensivierung der Landnutzung findet sich dagegen verbreitet in den heute brunnenbewässerten Fluren, wo der Getreidebau auf Regenfall durch Obst- und Gemüsebau, Zuckerrüben, Weingärten oder sonstige Spezialkulturen abgelöst wurde. Die nachhaltigsten Veränderungen hat die traditionelle Agrarlandschaft in den großen Bewässerungsprojekten und den Gebieten der neuen Großbetriebe erfahren: riesige, geradlinig begrenzte Flächen einheitlicher Nutzung, moderne Maschinen- und Traktorenstationen sowie große Lagerhallen und Aufbereitungsanlagen für Baumwolle, Zuckerrüben, Alfalfa oder Getreide; ausgedehnte Legebatterien, Futtersilos, Viehcorrals, Schlachthäuser und Stallungen, wie sie für das agroindustrielle Entwicklungsprojekt des Raumes Kazvin–Karaj (vgl. Kap. V, Abschn. 4.12) oder das nördliche Khuzestan mit seinem Dez-Irrigation Project (vgl. Kap. V, Abschn. 5.1) typisch sind.

2.2.6. Zusammenfassung

Der Versuch, die bisherigen Ergebnisse der Landreform im Vergleich zu den Verhältnissen davor zu bewerten, wird als wesentliches Resultat feststellen, daß das traditionelle Neben- und Miteinander dreier verschiedener sozialer Gruppen in den iranischen Dörfern abgelöst worden ist von einer derzeit beachtlichen Vielfalt der ländlichen Sozialstruktur, erheblicher sozialer wie regionaler Mobilität sowie auch Verschärfung der sozialen Probleme, insbesondere denen der *khoshnishin*. Aber auch im Bereich der Grundeigentümerschicht haben sich die Abstände seit 1962 eher verschärft: traditionelles Großgrundeigentum in den Oasengebieten z. B. steht heute neben kleinbäuerlichen Unternehmern, Aktionären, Dorfgemeinschaften mit ideellen Eigentumsansprüchen. Sie alle werden seit der Reintegrationsphase der iranischen Landreform in immer stärkerem Maße konfrontiert mit staatlichen oder privaten Großbetrieben, die rationaler und rationeller arbeiten. So verbergen sich hinter dem auch physiognomisch faßbaren Dualismus von traditioneller und moderner Landwirtschaft eine große Zahl von sozialen wie wirtschaftlichen Problemen, die momentan in Gärung sind und deren Lösung bisher nicht sichtbar ist.

Unbestritten ist, daß alle ökonomischen Fortschritte im traditionellen wie modernen Sektor der iranischen Landwirtschaft den grundsätzlichen Gegensatz von Stadt und Land bisher kaum abgeschwächt, geschweige denn aufgehoben haben. Die nicht zu leugnenden und z. T. erheblichen Einkommensverbesserungen haben *nicht* zu einer Stärkung der Wirtschaftskraft des ländlichen Raumes und zur Entwicklung eines ruralen Wirtschaftskreislaufes geführt, sondern sie kommen noch heute fast ausschließlich der städtischen Wirtschaft und Gesellschaft zugute. So kann man ohne Übertreibung feststellen, daß der unbestreitbare Aufschwung der Lebensbedingungen in weiten Teilen des ländlichen Iran die wirtschaftliche Blüte der Städte gefördert hat: die Kluft zwischen Stadt und Land ist im Gefolge der Landreform größer geworden.

2.3. Der Nomadismus

Zu den klassischen Merkmalen des Nomadismus oder — wie diese Lebens- und Wirtschaftsform im deutschen Schrifttum oft bezeichnet wird — des Wanderhirtentums gehören:

— Viehzucht als ausschließliche bzw. eindeutig dominierende Grundlage der wirtschaftlichen Existenz;
— jahreszeitlich-periodische Wanderungen der Herden in Abhängigkeit von dem klimatisch bedingten Futterangebot;
— Begleitung der Herden durch die gesamte nomadische Bevölkerung mit transportabler Behausung, d. h. Zelten und Hausrat;
— zumeist ethnische Geschlossenheit der Bevölkerung;
— Fehlen von Ackerbau oder sonstigen landwirtschaftlichen Aktivitäten;
— individuelles Familieneigentum der Herden und Kollektiveigentum der Stammesmitglieder am Weideland.

Es ist klar, daß es diese klassisch-reine Ausprägung des Nomadismus heute nicht mehr gibt und wohl auch in der Vergangenheit nur höchst selten gegeben hat. Nicht nur die Übergänge zu anderen Formen der Weidewirtschaft, sondern auch zur Landwirtschaft sind fließend und vielfältig. Seit der turktatarischen Eroberung Irans haben nomadische Stammesaristokraten zugleich auch wichtige militärische und politische Ämter und Funktionen innegehabt. Daß einzelne Stammesmitglieder schon immer auch Ackerbau betrieben haben, ist nicht nur für das 20., sondern auch für das 19. Jh. beschrieben worden. Heute sind, durch die erzwungene oder freiwillige Seßhaftwerdung ganzer Stämme, die Übergänge nicht nur zu bäuerlichen, sondern auch städtischen Lebensformen so fließend geworden, daß Begriffe wie Halb- und Seminomaden, Halbseßhafte, Yaylabauern (HÜTTEROTH 1959) kaum verallgemeinert werden können und der tatsächlichen Vielfalt der Formen und Übergänge kaum gerecht werden. Angemessen ist es sicherlich, von einem nomadisch-bäuerlichen bzw. nomadisch-städtischen Kontinuum zu sprechen (vgl. z. B. STÖBER 1979).

Ebenso problematisch wie die klare Abgrenzung des Nomadismus in wirtschaftlicher Hinsicht gegenüber anderen Formen der Weidewirtschaft, wie z. B. Almwirtschaft oder Transhumanz (vgl. dazu z. B. BEUERMANN 1960, BOESCH 1951, TIETZE 1973), und gegenüber der Landwirtschaft ist die innere Gliederung und Differenzierung der nomadischen Stämme. Bei den meisten iranischen Nomaden ist eine Untergliederung des Stammesverbandes in Teilstämme *(tayfeh)* und diesen untergeordnete Gruppierungen *(tireh, famil)* verbreitet. Doch ist vielen Stammesmitgliedern ihre Zugehörigkeit zu einer bestimmten Kategorie dieses Systems bzw. Stellung innerhalb dieses Systems nicht immer eindeutig klar. So verwundert nicht, daß Stammesangehörige ein und desselben Stammes unterschiedliche Hierarchisierungen ihres *Il* zeichnen (vgl. Abb. 40), wie dies STÖBER (1978) am Beispiel der Afshar gezeigt hat. Bei den Bakhtiaren, einer der größten

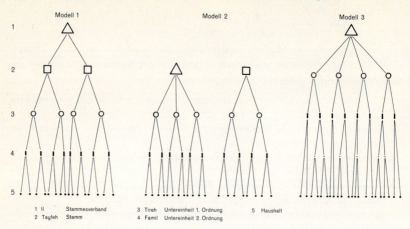

Abb. 40: *Modelle des Stammesaufbaus bei den Afshar* (nach STÖBER 1978).

nomadischen Gruppierungen auf dem Hochland von Iran, kommt EHMANN (1975) sogar zu noch weitergehenden Differenzierungen des Stammesaufbaus (vgl. dazu auch Kap. V, Abschn. 4.3.3). Nicht nur die heute verbreiteten Auflösungserscheinungen des Nomadismus, sondern auch die historischen Entstehungsbedingungen etlicher Stämme (Kap. III, Abschn. 5.3 und 6.1) dürften wesentliche Ursachen dieser Begriffsverwirrung sein (vgl. dazu auch KORTUM 1979).

2.3.1. Verbreitung und Erscheinungsformen des Nomadismus

Es hat sich eingebürgert, nach Wanderungsrichtung und Wanderungsart zwei verschiedene Formen des Nomadismus zu unterscheiden: den häufig mit Großtieren (Kamelen) betriebenen *Flächennomadismus* mit überwiegend horizontalen, W-E oder N-S gerichteten Wanderungsmustern sowie den in erster Linie mit Schafen und Ziegen betriebenen *Bergnomadismus* mit überwiegend vertikalen Wanderungsmustern zwischen sommerlichen Bergweiden und Winterweiden in Tälern, Becken oder küstennahen Räumen. Beide Formen kommen in Iran vor, wenngleich unterschiedlich stark.

Der *Flächennomadismus*, der seine klassische Ausprägung im Kamelnomadismus arabischer Beduinen findet, kommt in Iran infolge der Reliefgestaltung nur an seinen äußersten Peripherien vor: in Nordiran im Bereich der Steppen an der SE-Küste des Kaspischen Meeres, wo er von zentralasiatischen Turkmenenstämmen betrieben wird, sowie im extremen SW des Landes, wo in Khuzestan arabische Stämme bis zum Zweiten Weltkrieg eine grenzüberschreitende nomadische Weidewirtschaft bis tief in das heutige Irak hinein betrieben. Eine

2. Die Lebens- und Wirtschaftsbereiche und ihre Wandlungen

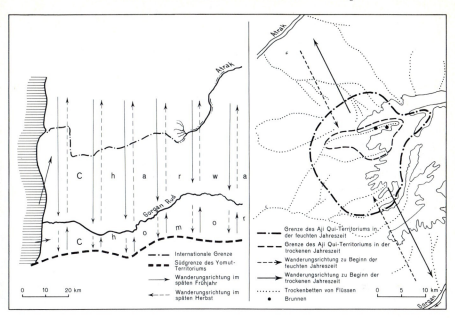

Abb. 41: Traditioneller Wanderungsrhythmus turkmenischer Nomaden in Nordiran (nach IRONS 1975).

nicht eindeutig zuzuordnende Form der Weidewirtschaft findet sich in Baluchistan im SE des Landes.

Der traditionelle *Flächennomadismus* der Turkmenen bewegte sich, wie die Wanderungsverhältnisse um 1930 (Abb. 41) verdeutlichen, zwischen sommerlichen Weidegründen in der südlichen Turkmenensteppe am Gorgan Rud und den nördlich des Atrek auf russischem bzw. sowjetischem Territorium gelegenen Winterweiden (vgl. IRONS 1975). Dabei wurden von den primär viehzüchtenden Angehörigen der Yomut, den sog. *Charwa,* N-S-Distanzen von 100 bis 150 km zweimal pro Jahr zurückgelegt, während die Viehhaltung wie Ackerbau treibenden Stammesbrüder, die *Chomor,* sehr viel geringere Distanzen überwanden und den Gorgan nach N selten überschritten (vgl. auch EHLERS 1970). Heute sind die Nordgrenze Irans ebenso wie die Südwestgrenze gegen Irak hin zu nicht überwindbaren Hindernissen geworden. In Khuzestan haben die vor allem den Bani Lam zugehörigen arabischen Gruppen aber bereits um die Jahrhundertwende (LORIMER 1908) z. T. Ackerbau betrieben und waren um 1930 schon größtenteils seßhaft (OPPENHEIM 1967).

Bedingt durch die Reliefgestaltung und die Zugehörigkeit Irans zum Hochgebirgsgürtel Südwestasiens ergibt sich geradezu zwangsläufig, daß der *Bergnomadismus* die charakteristische Form des Wanderhirtentums in Iran ist. Alle großen nomadischen Stämme, mit Ausnahme der eben genannten Gruppen, haben ihre traditionellen Winter- und Sommerweidegründe in den gebirgigen Randsäumen des Hochlandes von Iran (vgl. dazu Abb. 27) und sind vielfach untersucht und beschrieben worden (Zusammenfassung bei SUNDERLAND 1968).

Über die Shahsavan verdanken wir ausführliche Untersuchungen OP'T LAND (1961), SCHWEIZER (1970, 1973) und — aus historischer Sicht — TAPPER (1966, 1974). Die auch in der Türkei und Iran verbreiteten Kurden sind oft dargestellt worden (Bibliographie: BEHN 1977, FRANZ 1977, allg.: BARTH 1953, EDMONDS 1971, NIKITINE 1956; speziell Iran: RUDOLPH 1967, RUDOLPH–SALAH 1967). Luren und den Luren verwandte Nomaden standen im Mittelpunkt der Arbeiten von BLACK–MICHAUD (1974), EHLERS (1976), FEILBERG (1952), LÖFFLER (1969 f.) und NADJMABADI (1975). Für die Bakhtiari hat EHMANN (1975) das gesamte relevante Material aufgearbeitet. Die in Fars beheimateten Stämme, die Qashqai und die aus fünf Teilstämmen bestehende Konföderation der Khamseh, wurden zum einen von MONTEIL (1966) und OBERLING (1974), zum anderen in einer Reihe schon klassischer Arbeiten von BARTH (1959/60 ff.) bearbeitet. STÖBER (1978) schließlich hat soeben eine umfangreiche Monographie über die Afshar vorgelegt, während SALZMAN (1971, 1972) und SPOONER (1964) einzelne Nomadengruppen in Baluchistan behandelten. Ähnliches gilt für die Arbeiten von DE PLANHOL (1958, 1964, 1966), die sich zumeist mit kleineren Gruppierungen nomadischer Bevölkerung in Nordiran befassen.

Die allgemeinen Kennzeichen des Bergnomadismus ergeben sich aus dem klimaökologischen Gegensatz zwischen möglichst schneefreien Tiefländern, die winterlichen Weidegang ermöglichen, sowie sommerlichen Bergweiden, die traditionell den Stämmen gehörten und anderweitig nicht genutzt wurden. Auf den bis zu 300 km weiten Wanderungen von und zu den Weidegebieten müssen die Gemarkungen bäuerlicher Dörfer überschritten werden, was noch heute immer wieder zu Streitigkeiten zwischen Bauern und Nomaden Anlaß gibt. Der bergnomadische Wanderungsrhythmus läßt sich in allen Teilen Irans etwa wie folgt beschreiben:

März—Anfang Mai: Frühjahrswanderung;
Mai—August/September: Sommerweide *(yaylaq)*;
Ende August—November: Herbstwanderung;
November—Mitte März: Winterweide *(qeshlaq)*.

Durch Wanderungsdistanzen oder Transportmittel (Auto oder Eisenbahn für Herdentransporte!) bedingte Abweichungen kommen vor, dennoch verlaufen die Wanderungen fast aller Stämme streng organisiert und vielfach staatlich überwacht. Dies ist um so nötiger, als viele traditionelle Wanderwege von mehreren Stämmen gleichzeitig oder nacheinander genutzt werden und eine straffe Weideordnung somit zur Vermeidung von Zwischenfällen nötig ist. BARTH (1959/60) hat ein schönes Beispiel des zeitlichen und räumlichen Nacheinanders verschiede-

2. Die Lebens- und Wirtschaftsbereiche und ihre Wandlungen 255

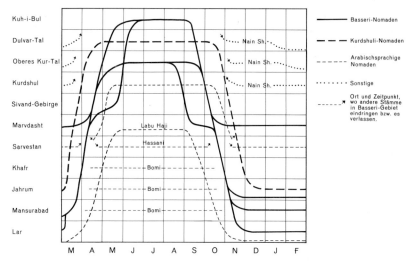

Abb. 42: Raum-Zeit-Sequenz der Wanderung und der Nutzung von Weideland durch verschiedene nomadische Gruppen im Jahresgang (nach BARTH 1959/60).

ner Stämme in den gleichen Wander- und Weidegebieten veröffentlicht (vgl. Abb. 42).

Dem Wesen des echten Nomadismus gemäß werden diese Wanderungen im Idealfall von der gesamten Gruppe durchgeführt, wobei teilweise noch heute Kamele, meist aber Esel und Maultiere, zeitweilig sogar Pferde und Rinder als Tragtiere für Zelt und Hausrat dienen. Bei täglichen Wanderungsdistanzen von 10 oder 15 km werden während der Migration und bei kurzfristigen Ruhepausen von 2 oder 3 Tagen oft nur leichte und kleine, schnell auf- und abzubauende Zeltkonstruktionen verwendet. Im Sommerweidegebiet, nach dem Türkischen auch als *yaylaq* bezeichnet, wird demgegenüber ebenso wie im Winterweidegebiet *(qeshlaq)*, das große, aus mehreren Abteilungen bestehende und häufig auch noch von provisorischen Dornstrauchpferchen umgebene schwarze Ziegenhaarzelt (DIGARD 1971, FEILBERG 1944) aufgestellt.

Dem Übergangscharakter vieler nomadischer Gruppen zur Seßhaftigkeit hin entspricht die Feststellung, daß schon um 1900 viele Nomaden über feste Behausungen entweder im Sommer- oder im Winterweidegebiet verfügten. Bakhtiarinomaden z. B. ließen sich schon frühzeitig in festen Dörfern sowohl im Zagros wie auch im nördlichen Khuzestan nieder (EHMANN 1975), betrieben teilweise selbst Landwirtschaft, z. T. sogar auf Bewässerungsgrundlage, oder ließen ihre Felder von Anteilbauern bewirtschaften. Ähnliches gilt für die Kurden, deren Wirtschaft in der Osttürkei HÜTTEROTH (1959) infolge der Dominanz einer Landwirtschaft in den Sommerweidegebieten lieber mit Yaylabauerntum als mit Semi- oder Halbnomadismus bezeichnete. Auch aus Luristan, den Afshargebieten (STÖBER 1978), aus einzelnen Teilen der Khamsehföderation (BARTH 1964) oder von den Boir Ahmad (LÖFFLER 1969) werden ähnliche Verhältnisse mitgeteilt.

Die Schätzungen über die Gesamtzahl aller Nomaden in Iran gehen weit auseinander. Sie schwanken zwischen wenigen Hunderttausend und 1,5 Mill. In Anlehnung an amtliche Statistiken spricht SCHAFAGHI (1974) für die Mitte der 60er Jahre von etwa 520 000 Vollnomaden, vermutet jedoch, daß die Zahl derer, die ›das Leben von Nomaden oder Halbnomaden führen‹, auf drei bis vier Millionen Menschen zu veranschlagen ist. Diese Zahl dürfte mit Sicherheit zu hoch angesetzt sein, es sei denn, man schließt die ackerbautreibenden Stammesmitglieder mit ein und definiert Nomaden als ›tribesmen in various parts of Iran earning their livelihood in agriculture and animal husbandry‹ (Iran Almanac 1973). Diese Definition würde das Selbstverständnis der Stammesbevölkerung zugrunde legen: auch unter Seßhaften, die vielleicht schon vor ein oder zwei Generationen die Wanderweidewirtschaft aufgegeben haben, ist das Gefühl der Stammeszugehörigkeit noch weit verbreitet (vgl. STÖBER 1979). Es empfiehlt sich aber, zwischen ›Stammesmitgliedschaft‹ und ›Nomadismus‹ zu unterscheiden, wobei das erste die Zugehörigkeit zu einer Abstammungsgruppe und vor allem einem politischen Verband bestimmt, das zweite aber eine Wirtschaftsform darstellt.

Tatsache ist, daß der Anteil der nomadischen Bevölkerung an der Gesamtbevölkerung Irans seit der Jahrhundertwende (vgl. Tab. 25) ständig zurückgegangen ist. Wesentliche Ursache des Rückgangs sind die unter Reza Shah oft mit brutaler Härte erzwungene Ansiedlung ganzer Stämme in ihren Weidegebieten sowie die jungen Strukturwandlungen im ländlichen wie städtischen Raum Irans. Die Ansiedlungspolitik verfolgte mehrere Ziele. Zum einen sollte die bis zum Ende der Qadjarenzeit teilweise beträchtliche politische und militärische Macht der Nomaden endgültig gebrochen werden, wozu auch die schon früher bewährte Praxis der Hausarrestierung der wichtigsten Stammesführer am Hof des Shahs gehörte. Zum anderen sollten zweifellos auch mit der aus staatspolitischen Gründen notwendigen Kontrolle der Nomaden die permanenten Querelen zwischen Bauern und Nomaden beigelegt werden. Ob der heute oftmals betonte Aspekt der besseren Versorgung der nomadischen Bevölkerung mit Schulen, Ärzten usw. damals schon eine Rolle spielte, mag bezweifelt werden. Tatsache ist, daß die erzwungene Ansiedlung vor allem an ungeeigneten Orten mit erheblichen Verlusten an Menschen und Tieren verbunden war. DE PLANHOL (1968, S. 417) schätzt die Herdenverluste der Nomaden im Gefolge der Zwangsansiedlung der 30er Jahre auf 60—80 % des Gesamtbestandes. Die Renomadisierung weiter Teile der Angesiedelten nach der Absetzung von Shah Reza hob den Erfolg der Zwangsansiedlung weitgehend auf. Die heute meist freiwillige, aber aus wirtschaftlichen und sozialen Zwängen notwendige Seßhaftwerdung folgt anderen Mechanismen (vgl. Abschn. 2.3.2).

Über die wirtschaftlichen Grundlagen des iranischen Bergnomadismus

2. Die Lebens- und Wirtschaftsbereiche und ihre Wandlungen 257

Tab. 47: *Marktwerte von Schaf und Ziege, 1970 (75 rial = 1$)*

	Schaf	Ziege
Fleisch: Schaf 20 kg à 90 rial	1800	1350
Ziege 15 kg à 90 rial		
Fell (mit Wolle bzw. Haar)	200	70
Kopf und Geläuf	70	40
Innereien	5	5
Leber, Herz	100	50
Därme	20	10
Fett	15	—
	2210	1525

Quelle: NADERI 1971.

herrscht weitgehende Übereinstimmung. Von allen Autoren, die sich mit der Wirtschaft iranischer Bergnomaden befassen, wird betont, daß Schaf- und Ziegenhaltung dominieren und Grundlage fast jeden nomadischen Haushalts sind. Nach NADERI (1971) gehören noch heute fast 60% der gesamten Schaf- und Ziegenherden Irans den Nomaden, wobei Schafe gegenüber den genügsamen, aber für die Vegetation gefährlicheren Ziegen im Verhältnis von 2:1 dominieren. Dies kommt auch in der regionalen Verteilung des Tierbesatzes zum Ausdruck: Qashqai, Bakhtiaren, Shahsavan und Luren z. B. bevorzugen eindeutig Schafe, während im vegetationsarmen SE des Landes Ziegen dominieren.

Wenn der Verkauf von Fleischtieren in Vergangenheit und Gegenwart auch die Haupterwerbsquelle eines nomadischen Haushalts bildete (Tab. 47), so stellen die laufenden Einnahmen aus dem Verkauf tierischer Produkte eine nicht zu unterschätzende Einnahmequelle der Nomaden dar: Wolle und vor allem Milch bzw. Milchprodukte wie Joghurt, Käse oder Butterfett spielen eine bedeutsame wirtschaftliche Rolle (Abb. 43).

Ein besonderes Problem der tribalen Wirtschaft ist ihre extreme Witterungsanfälligkeit. Vor allem der im Gefolge von Trockenjahren immer wieder auftretende Futtermangel führt in regelmäßigen Abständen zu katastrophalen Verlusten bei nomadischen Herden, die bis zu 80% des Herdenbestandes (LÖFFLER 1969) vernichten können. Auch Kälteeinbrüche, Verluste durch Raubtiere (v. a. Wölfe und Raubkatzen) sowie Seuchen richten oftmals verheerende Schäden unter den nomadischen Tierbeständen an, von denen sich nur solche Herdenhalter erholen können, die über Land, sonstige Einkommen oder Rücklagen verfügen.

Wenn die traditionelle Einnahmequelle aus der Transportfunktion nomadischer Karawanen heute in Iran keine Rolle mehr spielt, so gilt dies nicht für die zweite Säule des traditionellen Nebenerwerbs: die Teppichknüpferei. Es ist be-

IV. Das heutige Iran — Traditionelle und moderne Aspekte

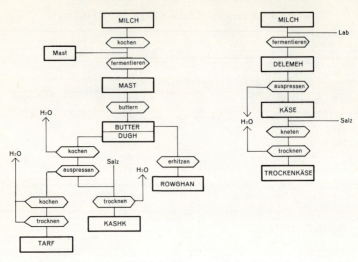

Abb. 43: Milchverarbeitung und Milchprodukte nomadischer Herdenhaltung (nach STÖBER 1978).

kannt, daß viele der bekanntesten persischen Teppiche Nomadenteppiche sind und in ihrer Provenienz durch die Stammesbezeichnungen belegt sind — Bakhtiari, Qashqai, Mamassani, Afshar, Turkoman, Baluch, Shahsavan usw. Wenn sie wegen ihrer vergleichsweise groben Knüpfung qualitativ auch hinter manchen dörflichen oder städtischen Teppichen zurückbleiben mögen, so haben die Nomaden doch einen erheblichen Anteil an der Gesamtmanufaktur des Landes. Nicht zuletzt durch die ständig steigende Nachfrage nach persischen Teppichen auf dem Weltmarkt haben städtische Händler wie staatliche Institutionen die organisierte Teppichmanufaktur in Form genossenschaftlich betriebener Knüpfereien auch bei den Nomaden eingeführt. Dennoch wird ein Großteil der nomadischen Teppichherstellung auch heute in der Familie und meist während der Wintermonate betrieben.

Den bislang wohl umfassendsten Versuch, die Ökonomie eines nomadischen Haushalts darzustellen, verdanken wir STÖBER (1978) am Beispiel der Afshar. Das Flußdiagramm verdeutlicht sowohl die Vielfalt nomadischer Wirtschaft als auch die Komplexität ihrer Vermarktungsmechanismen. Es zeigt, daß Viehhaltung, Landwirtschaft, Teppichknüpferei und eine vor allem auf Traganth spezialisierte Sammelwirtschaft die Säulen der Afsharwirtschaft bilden. Mit dieser Faktorenkombination dürfte das Beispiel auch über den Spezialfall hinaus Berechtigung haben, denn auch mehrere der anderen genannten Untersuchungen weisen auf ähnliche Vielfalt nomadischer Haushaltsführung hin.

2. Die Lebens- und Wirtschaftsbereiche und ihre Wandlungen

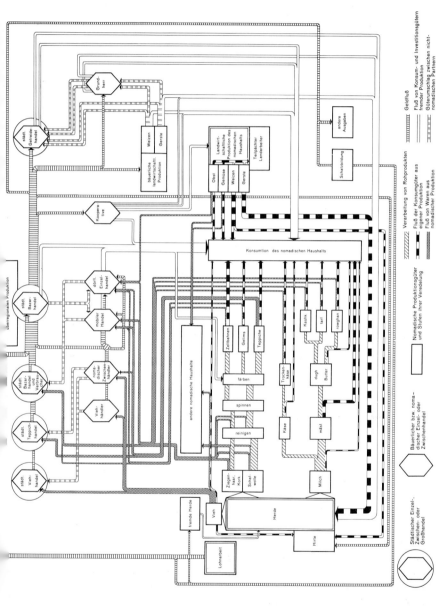

Abb. 44: *Die wirtschaftliche Einbindung nomadischer Produktion in die Gesamtwirtschaft eines Raumes: Afšar in Kerman* (nach STÖBER 1978).

Wichtiger — und im Vergleich zur Vermarktung ländlich-bäuerlicher Produkte zu sehen — sind die Mechanismen der *Vermarktung nomadischer Produkte*. Dabei wird wiederum die überragende Rolle der städtischen Märkte deutlich. Sowohl bei der Bedarfsdeckung als auch bei der Vermarktung nomadischer Produkte spielen sie eine entscheidende Rolle. Die Bedarfsdeckung kann zunächst auf nomadischen Märkten, die regelmäßig-periodisch oder episodisch beschickt werden, erfolgen. Aus dem Stammesgebiet der Bakhtiari beschreibt EHMANN (1975, S. 118) saisonale Marktorte, deren Geschäfte von Kaufleuten aus Shahr Kurd, Isfahan, Gotvand und anderen Orten betrieben werden. Sie beliefern die Nomaden nicht nur mit Grundnahrungsmitteln und streichen dabei erhebliche Gewinne allein durch ihr Handelsmonopol, mehr noch durch Zinsforderungen ein (DIGARD 1973, EHMANN 1975, S. 116), sondern monopolisieren zugleich — freiwillig oder erzwungen — die *Vermarktung* der nomadischen Tierprodukte wie Wolle oder Käse, Joghurt und Butterfett. Die Milchverarbeitung und städtisch kontrollierte Vermarktung der veredelten Produkte ist so oft und aus allen Teilen des Landes beschrieben worden (z. B. BARTH 1964, EHLERS 1976, EHMANN 1975, IRONS 1975, STÖBER 1978), daß sie geradezu als Regelfall gelten kann. Aus den Winterweidegebieten der Shahsavan berichtet SCHWEIZER (1970, S. 129) sogar davon, daß städtische Händler aus Tabriz inmitten der Weideareale regelrechte Zeltmolkereien errichten und die Fertigprodukte von hier aus direkt nach Tabriz oder Tehran vermarkten.

Neben der städtisch kontrollierten Bedarfsdeckung nomadischer Bedürfnisse und der Vermarktung ihrer Produkte im Stammesterritorium oder in ihren Weidegebieten bieten die Städte im Zentrum oder an der Peripherie nomadischer Lebensräume bzw. an ihren Wanderwegen einen wichtigen Umschlagplatz für Waren und Dienstleistungen, die ebenfalls in starkem Maße von den Nomaden nachgefragt werden. Vor allem in den kleineren Städten gehören Nomaden zum alltäglichen Erscheinungsbild der Bazare und Geschäftsstraßen, deren Angebot zu einem nicht unbeträchtlichen Teil auf nomadische Bedürfnisse ausgerichtet ist. In Dizful z. B., dessen Bazar vor allem von Bakhtiaren, aber auch von lurischen Nomaden aufgesucht wird, finden sich unter der Vielzahl von Artikeln, die von Bauern wie Nomaden in gleicher Weise benötigt werden und die auf dem Lande nicht zu erhalten sind:

Eisenartikel: Hacken, Spaten, Schaufeln, Pflugbleche, Trensen, Steigbügel, Hufeisen, Ketten, Sägen, Zeltnägel, Häringe, Tierglocken, Eisenpflöcke, Brotbleche usw.

Filz- und Wollartikel: Filzcapes, Matten, Mützen, Satteltaschen, Decken, Zeltbahnen, Mäntel und Nomadenjacken, Säcke, Traggurte, Bänder zum Verpacken von Traglasten usw.

Ein solches Warenangebot findet sich in Khurramabad als einem der Zentren des lurischen Nomadengebiets ebenso wie in Shahr Kurd oder Aligudarz im Stammesterritorium der Bakhtiaren, in Meshkinshahr und Ahar als Mittelpunkten der Shahsavan ebenso wie in Istehbanat und Fasa, in Lar und Jahrum als städtischen Zentren tribaler Weidegebiete in Südiran. Wenn das ausgesprochen nomadenbezogene Waren- und Dienstleistungsangebot in den größeren Städten auch zurücktritt, so dominieren hier um so mehr nomadische Teppiche. Die Bazare von Isfahan, Shiraz, Kermanshah, Tabriz oder Tehran sind wichtige Verkaufszentren von Bakhtiaren-, Qashqai-, Kurden-, Shahsavanteppichen und einer Vielfalt anderer Provenienzen.

Ähnlich wie bei der Versorgung des ländlichen Raumes usurpieren die Städte auch bei der Ver- und Entsorgung der Nomaden die gesamten Handelsbeziehungen und lassen den handelsbedingten Mehrwert städtischen Unternehmern zugute kommen. Ebenso wie bei der dörflichen Bevölkerung sind auch bei den Nomaden Verschuldung und Abhängigkeit von städtischen Händlern die Konsequenz (vgl. EHMANN 1975, S. 115 f.). Und so wie der Bauer seine Schulden durch Verpfändung seiner Ernte deckt, wird der Nomade zur Verpfändung von Herdentieren oder deren Produkten gezwungen. Nicht zuletzt in diesem Verschuldungsmechanismus ist der hohe Anteil ›städtischen‹ Eigentums an Tieren in den Nomadenherden zu sehen. NADERI (1971, S. 7) schätzt, daß über 30 % aller von den Nomaden beaufsichtigten Schafe und Ziegen städtischen Kaufleuten, Grundbesitzern und Notabeln gehören.

2.3.2. Die modernen Strukturwandlungen

Die fließenden, vor allem seit 1930 kaum mehr aufzulösenden Übergänge zwischen weide- und landwirtschaftlichen Lebens- und Wirtschaftsformen, zwischen überwiegend nomadischer und dominierender bäuerlicher Lebensweise haben sich seit der Landreform noch weiter verstärkt. Eine Reihe ausgesprochen negativer, dem Nomadismus entgegenstehender Faktoren haben den Verfall des Nomadentums in den letzten Jahren beschleunigt. Umgekehrt bieten die Städte und neuerdings auch der ländliche Raum eine Reihe von Annehmlichkeiten, die vielen Nomaden die Aufgabe der unsteten Wanderweidewirtschaft und das Seßhaftwerden in Städten und Dörfern erleichtern.

Unter den Pushfaktoren sind, neben dem schon lange spürbaren Bestreben der Zentralregierung, die Nomaden einer stärkeren staatlichen Kontrolle zu unterstellen, vor allem die Auswirkungen der Landreform von ausschlaggebender Bedeutung. Wie an anderer Stelle im Detail belegt (EHLERS 1976), hat die Landreform in vielen Teilen des Landes mit der Übertragung der Eigentumsrechte am Grund und Boden an die Dorfbewohner zu einer Expansion der bäuerlichen Landwirtschaft sowie zu einer Aufstockung der bäuerlichen Schaf- und Ziegenherden geführt. Wenn damit auch selten Übergriffe auf angestammtes Weideland der Nomaden verbunden waren, so schränkte der gestiegene bäuerliche Eigenbedarf an Acker- und Weideland die Verfügbarkeit dorfnaher Naturweiden und abgeernteter Stop-

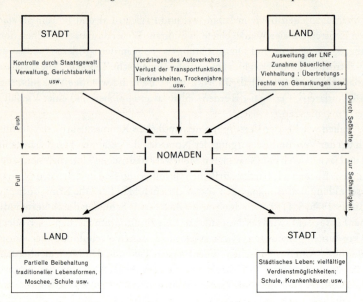

Abb. 45: Push- und Pullfaktoren für die Seßhaftwerdung von Nomaden.

pelfelder für wandernde Nomadenherden ein. Auch die Umwandlung von Hochweiden in Getreidefelder engte die Futterbasis für Schaf- und Ziegenherden weiter ein.

Diesen Pushfaktoren stehen heute mehr denn je eine Reihe von Pullfaktoren gegenüber, die die Seßhaftwerdung vor allem für junge Stammesmitglieder ausgesprochen attraktiv machen. Wenn es heute auch bereits eine Reihe von Nomadenschulen gibt, so bieten letzten Endes doch nur die Städte die Voraussetzungen für Schulbildung, Krankenversorgung und Gottesdienstbesuch. Vor allem aber vermögen in erster Linie die Städte Arbeitsmöglichkeiten für die der nomadisierenden Lebensweise Überdrüssigen anzubieten; große Zeltlager ansiedlungswilliger Nomaden am Rande vieler iranischer Groß- und Mittelstädte sind Ausdruck dieses Wunsches nach Sedentarisation. Insgesamt wird man davon ausgehen können, daß die Push- gegenüber den Pull-Faktoren in der Bedeutung für den Ansiedlungsprozeß überwiegen.

Ebenso häufig wie die Seßhaftwerdung in der Stadt, ja vielleicht noch häufiger ist die Ansiedlung von Nomaden auf dem Lande. Dafür gibt es grundsätzlich drei verschiedene Möglichkeiten:

— Niederlassung einzelner Familien in oder an der Peripherie bestehender bäuerlicher Dörfer, vor allem entlang der nomadischen Wanderwege;
— Niederlassung einzelner Familien oder Sippen in Dörfern früher angesiedelter Stammesmitglieder;

2. Die Lebens- und Wirtschaftsbereiche und ihre Wandlungen

— Gründung neuer ›Nomadendörfer‹ in den traditionellen Weidegebieten oder entlang der Wanderwege, aber abseits bestehender Dörfer.

Die Praxis zeigt, daß letztlich alle Formen der nomadischen Seßhaftwerdung im ländlichen Raum vorkommen, und über die Grundlinien dieses Prozesses sind wir weitgehend informiert. Wenig informiert sind wir indes über die Frage, wie sich dieser wirtschaftliche und soziale Strukturwandel vollzieht. Abgesehen von einem sehr allgemeinen Modell des Nomadismus von SPOONER, das sich zudem nur mit dem Phänomen an sich, nicht aber mit dessen Einbindung in die bäuerliche und städtische Umwelt der Nomaden befaßt, haben bisher nur BATES für die Türkei und neuerdings SCHOLZ für das pakistanische Baluchistan umfassendere Erklärungsversuche der Integrationsprobleme von Nomaden und ihres Ablaufs gegeben. Zwar besitzen wir auch für Iran einige Arbeiten über Formen und Probleme der Integration von Nomaden (vgl. z. B. BARTH 1964, LÖFFLER 1973, SALZMAN 1971, unter starker Betonung historisch-zeitgeschichtlicher Aspekte auch EHMANN 1975, OBERLING 1974, STAUFFER 1965), dennoch aber gilt für die zentrale Frage, wie sich nämlich der Ablauf nomadischer Seßhaftwerdung vollzieht, die Aussage von DYSON–HUDSON (1972, S. 26), daß die Untersuchung einzelner Teilaspekte des Phänomens ›Nomadismus‹ eine solche Fülle neuer Fragen (variables) aufzeigt, daß deren modellhafte Zusammenfügung zu einigen wenigen Grundtypen an den Möglichkeiten einer ›virtually infinite recombination‹ scheitern muß. Mit anderen Worten: Einzelaspekte nomadischer Lebens- und Wirtschaftsformen sind so vielgestaltig, daß Typenbildungen sehr schwierig, wenn nicht gar unmöglich sind (vgl. HÜTTEROTH 1973, STÖBER 1979).

Dennoch scheint es aufgrund der bisherigen Veröffentlichungen möglich, in einer Art Stufenmodell Formen und Stadien des Verfalls des Bergnomadismus sowie deren spezifische geographische Auswirkungen zu erfassen (Abb. 46). Wenn dabei auch zu bedenken ist, daß dieses Schema in Anlehnung an die Verhältnisse am Alvand Kuh entwickelt worden ist, so dürften ihm dennoch allgemeingültige Tendenzen nicht abzusprechen sein.

Phase I des Bergnomadismus repräsentiert jenen Grundtypus reinen Bergnomadismus, der — ohne besonderen Kontakt zu Dorf- oder Stadtbewohnern — regelmäßig auf langen Distanzen zwischen den Sommerweiden im Gebirge und den Winterweiden im Tiefland wandert. Behausungstypus ist ganzjährig das Zelt. Es wurde schon betont, daß diese idealtypische Sicht unrealistisch ist, denn immer kam es aus vielerlei Gründen zu friedlichen oder kriegerischen Kontakten mit Seßhaften oder mit anderen nomadischen Gruppen. Andererseits ist ebenso unbestritten, daß gerade der Nomadismus, lange Zeit zumindest, immer wieder gestärkt und geschlossen aus solchen Kontakten hervorging.

Phase II ist gekennzeichnet durch das partielle Aufbrechen der ethnischen, wirtschaftlichen und/oder sozialen Identität der Gruppe. Die modernen Ursachen dieser Auflösung wurden bereits genannt und lassen sich wohl ganz allgemein für alle bergnomadischen Stämme Irans durch Begriffe wie Ausweitung des bäuerlichen Ackerbaus, Ausdehnung der staatlichen Kontrollgewalt usw. kennzeichnen. Reduzieren läßt sich das vielfältige Spektrum der Einwirkungen auf die Nomaden letztlich auf die Tatsache, daß in jedem Falle die Futterbasis eingeschränkt wird. Dies bewirkt zwangsweise eine Änderung der regionalen Mobilität und — im Gefolge davon — wirtschaftliche und soziale Differenzierungsprozesse, die unter drei Aspekten faßbar werden: a) Wanderungsdistanzen; b) Siedlungsformen; c) wirtschaftliche Aktivitäten.

a) Wanderungsdistanzen. — Ausgangspunkt des Zerfallsprozesses des Bergnomadismus ist die durch politische oder wirtschaftliche Faktoren ausgelöste Differenzierung der Wanderungsrichtungen und Wanderungsdistanzen eines Stammes und seiner Fraktionen. Sie führt im einzelnen zu folgenden Wanderungstypen:

Fernwanderungen: Die Fernwanderungen, definiert als Wanderungen über Distanzen von mehr als 100 km, stellen die traditionelle Wanderungsform dar. Ursprünglich eine Zeitdauer von 6—8 Wochen beanspruchend, wurden sie vom ganzen Stamm ausgeführt.

Mittelgroße Wanderungen: Wanderungen im Bereich von 50 bis 100 km, d. h. von maximal 10tägiger Dauer, treffen heute für viele Nomaden des iranischen Hochlandes zu. Ihr Kennzeichen ist in jedem Falle die traditionelle, mit Zelten betriebene Sommerbeweidung des *yaylaq*, während die Winterquartiere regional differenziert und häufig voneinander isoliert gelegen sind und meist aus festen Siedlungen bestehen.

Nahwanderungen: Wanderungen, die 20 bis 25 km Distanz kaum überschreiten. Obwohl ein nicht unerheblicher Anteil der Nahwanderungen neuerdings im Gefolge der Landreform durch bäuerliche Herden gestellt wird, sind Nomaden in bereits beträchtlichem Maße an diesen Nahwanderungen beteiligt. Entweder handelt es sich um solche Zeltgruppen, die aus dem eigentlichen Wanderungsprozeß ausscheiden, oder aber um solche, die im Begriffe stehen, in Städten seßhaft zu werden. So finden sich an der Peripherie vieler Städte die schon genannten, z. T. ganzjährigen Zeltlager, deren meist kleine Restherden an der sommerlichen Bergwanderung partizipieren, deren hauptsächliche Existenzgrundlage aber bereits in Tätigkeiten städtischer Wirtschaft liegt.

b) Siedlungsformen. — Als Ergebnis von differenzierter Wanderungsdistanz und -richtung sowie als Resultat der Reduzierung des Winterweideareals werden Teile der Stämme zur Seßhaftigkeit gezwungen. Die Ansiedlung erfolgt entweder im traditionellen Winterweidegebiet oder in neu eroberten *qeshlaqs* bzw. entlang der Wanderwege des Stammes. Daraus folgt eine Vielgestalt winterlicher Ansiedlungsformen der Nomaden, die sich im einzelnen wie in Übersicht 5 dargestellt charakterisieren lassen.

Es zeigt sich dabei nachdrücklich, daß einer beachtlichen Vielfalt verschiedener Wohnplatztypen in den Winterweidegebieten ein Einheitstyp, nämlich das Nomadenzelt, im Sommerweidebereich noch heute gegenübersteht. Diese Einheitlichkeit der traditionellen Bergweidewirtschaft, die in dieser zweiten Phase als einigendes Band des traditionellen Bergnomadismus angesehen werden kann, hat

2. Die Lebens- und Wirtschaftsbereiche und ihre Wandlungen

Übersicht 5: Siedlungsformen nomadischer Winter- und Sommerweidegebiete

Qeshlaq	Yaylaq
Zeltsiedlung	Zeltsiedlung
saisonal bewohntes Nomadendorf ohne LNF	Zeltsiedlung
saisonal bewohntes Nomadendorf mit LNF	Zeltsiedlung
ganzjährig bewohntes Nomadendorf ohne LNF	Zeltsiedlung
ganzjährig bewohntes Nomadendorf mit LNF	Zeltsiedlung
Bauerndorf	Zeltsiedlung
Stadtrandbehausung ohne LNF	Zeltsiedlung

ihre Ursache zweifellos in dem nach wie vor starken Stammesbewußtsein und in der traditionellen gemeinsamen Bestockung der sommerlichen Bergweiden durch alle Mitglieder des Stammes oder der Stammesfraktion.

c) Wirtschaftliche Aktivitäten. — Es ist selbstverständlich, daß verändertes Wanderungsverhalten und differenziertes Siedlungsgefüge die Entwicklung wirtschaftlicher Anpassungsformen an die veränderte Situation, u. a. an die häufig erzwungene winterliche Stallhaltung der Herden, erfordern. So nimmt es nicht wunder, daß den vielfältigen Wanderungsrhythmen und Siedlungsformen inzwischen eine ebensolche Vielfalt nomadisch–halbnomadischer Wirtschaftsformen entspricht.

Insgesamt zeigen die wirtschaftlichen Aktivitäten der meisten Bergnomaden folgende Formen, wobei die Reihenfolge der Nennung in etwa auch die Rangfolge der wirtschaftlichen Bedeutung der einzelnen Sektoren angibt:
— reine Weidewirtschaft;
— Weidewirtschaft und Landwirtschaft;
— Weidewirtschaft und Lohnarbeit (im ländl. Raum);
— Weidewirtschaft und Lohnarbeit (in der Stadt);
— Weidewirtschaft und Landwirtschaft und Lohnarbeit;
— Landwirtschaft und Weidewirtschaft;
— Landwirtschaft und Weidewirtschaft und Lohnarbeit;
— Lohnarbeit und Weidewirtschaft;
— Lohnarbeit (Stadt).

Das Spektrum der Kombination von Land- und Weidewirtschaft gleicht weitgehend den von HÜTTEROTH (1973) genannten Typen von Berg- und Halbnomadismus und deren Auflösungsstadien, die aber nicht nur nacheinander auftreten müssen, sondern durchaus nebeneinander vorkommen. In der Abstraktion zeigt die schematisierende Vereinfachung der Phase II die wesentlichen Konsequenzen des räumlichen und wirtschaftlichen Differenzierungsprozesses:
— Flächenhafte Reduzierung, aber zahlenmäßige Zunahme der Weideareale bei gleichzeitiger regionaler Aufsplitterung;

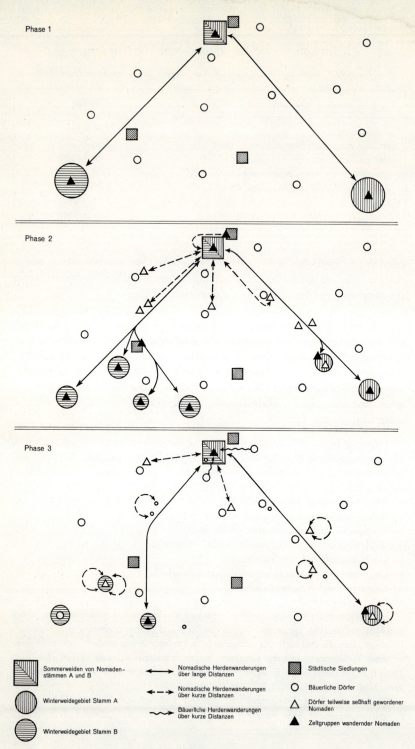

Abb. 46: Phasenmodell der Seßhaftwerdung von Nomaden (nach EHLERS 1978).

2. Die Lebens- und Wirtschaftsbereiche und ihre Wandlungen

— Zunahme ländlicher Siedlungen durch Seßhaftwerdung von Nomaden entweder in Anlehnung an bestehende Dörfer oder durch Gründung von Nomadendörfern;
— Differenzierung des nomadischen Wanderungsrhythmus.

Insgesamt zeigt sich, daß veränderte regionale Mobilität zu gravierenden Eingriffen in die bisher weitgehend homogene Sozial- und Wirtschaftsstruktur der Stämme führen kann, soziale Mobilitätsprozesse auslöst und somit starke Differenzierungen des Stammesgefüges bedingt.

Phase III beginnt in dem Moment, in dem nun auch die zweite Säule traditioneller nomadischer Wirtschaft, d. h. meist die sommerliche Beweidung des Hochgebirges, in Frage gestellt wird. Ursache dieser neuerlichen Beschränkung ist, wie schon erwähnt, die Landreform und damit das *Vordringen bäuerlicher Land- und Weidewirtschaft in traditionelles* nomadisches Sommerweideland.

Mit einer parallel dazu einsetzenden Verknappung der Futtergrundlagen entlang der traditionellen Wanderwege als weiterem Pushfaktor, mit der Ausweitung von Arbeits- und Verdienstmöglichkeiten im ländlichen wie städtischen Bereich und anderen Pullfaktoren erfolgt schließlich die zunächst partielle, dann vollständige Integration der Nomaden in die bäuerlich-ländliche bzw. städtische Kulturlandschaft. Die durch Veränderungen der traditionellen Eigentumsverhältnisse mögliche Ausweitung bäuerlicher Landwirtschaft und Herdenhaltung bedeutet, daß nicht mehr alle Mitglieder der Stämme eine ausreichende Futterbasis für ihre Herden im Sommerweidegebiet finden, wodurch die Funktion des *yaylaq* als letztem einigendem Band der alten Stammesstrukturen entfällt. Konkret heißt dies:
— nur noch kleine Teile der Stämme nehmen an der sommerlichen Gebirgswanderung teil;
— es entwickeln sich neue sommerliche Wanderungsrhythmen in der Nähe der Nomadendörfer, wobei häufig der soziale Kontakt zu anderen Stammesmitgliedern abreißt;
— wo immer möglich, werden LNF erschlossen oder erweitert, so daß häufig Landwirtschaft die Weidewirtschaft als primäre Wirtschaftsform ablöst: Nomadendörfer werden zu Bauerndörfern;
— Lohnarbeiten im ländlichen oder städtischen Bereich werden zum bevorzugten Medium der sozialen oder wirtschaftlichen Integration ehemaliger Nomaden in Stadt und Land.

Alles dies schlägt sich nicht nur in unterschiedlichen Mustern des Wanderungsverhaltens von Herden und Hirten sowie in deren ökonomischer Einbindung in andere Formen des Lebensunterhalts nieder, sondern auch in dem vielfältigen Nebeneinander von Lohnarbeit, Landwirtschaft und Nomadismus innerhalb einzelner Familien: die völlige Desintegration des traditionellen Nomadismus und seiner räumlichen, sozialen und wirtschaftlichen Strukturen ist erreicht. Ähnlich wie im ländlichen Bereich (vgl. PLANCK 1979) sind soziale wie wirtschaftliche Entmischungsvorgänge auch für die Nomaden (STÖBER 1979) kennzeichnend.

Versucht man, die vielfältigen Zerfallserscheinungen des Bergnomadismus in einem zusammenhängenden und in sich geschlossenen System zu erfassen, das auch die vielfältigen Aspekte des differenzierten Wanderungsverhaltens, der unterschiedlichen Siedlungs- wie auch Wirtschaftsformen berücksichtigt, so muß ein

IV. Das heutige Iran — Traditionelle und moderne Aspekte

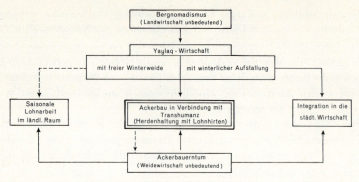

Abb. 47: *Entwicklungs- und Integrationstendenzen von Bauerntum und Nomadismus in Iran* (Entw. EHLERS in Anlehnung an SCHWEIZER 1970).

solcher Versuch problematisch bleiben. Erfahrungen im nomadischen wie im bäuerlichen Bereich des Alvand Kuh, die dem vorliegenden Phasenmodell zugrunde liegen (vgl. EHLERS 1976), belegen, daß spätestens seit der Landreform sowohl Bauern als auch Nomaden sich stärker noch als zuvor wirtschaftlich wie sozial aufeinander zu bewegen. Bäuerliche wie nomadische Wirtschaft laufen hinaus auf eine landwirtschaftliche Betriebsform, die man am ehesten als ›Ackerbau in Verbindung mit Transhumanz‹ bezeichnen könnte. Bei dem Versuch, sowohl aus bäuerlicher als auch aus nomadischer Sicht die modernen Entwicklungstendenzen unter Einschluß ländlicher wie städtischer Lohnarbeit aufzuzeigen, wird deutlich, daß die im Grenzgebiet von Regenfeldbau und Weidewirtschaft als optimal geltende innerbetriebliche Kombination von Land- *und* Weidewirtschaft von der bäuerlichen Bevölkerung meist in einem Schritt, von den Nomaden dagegen nur über die Zwischenstufe des Yayalabauerntums erreicht werden kann. Es spricht für die Gültigkeit des Schemas (Abb. 47), das eine Veränderung des von SCHWEIZER (1970) für die Shahsavan entwickelten darstellt, daß tatsächlich der Anteil der Bauern an diesem ›Idealtypus‹ westiranischer Landwirtschaft um ein Vielfaches höher ist als der ehemaliger Nomaden.

Integration und Anpassung in/an städtische Lebens- und Wirtschaftsformen signalisieren aber auch die Alternativen zu diesem Entwicklungsweg. Für Nomaden wie bäuerliche Bevölkerungsteile besteht in jedem Falle die Möglichkeit, sich in die städtische Wirtschaft zu integrieren. Landflucht wie auch die schon genannten Zeltsiedlungen an der Peripherie der Städte sind beredte Zeugnisse dieses Integrationsprozesses in die städtische Wirtschaft, der den Gegensatz von Bauerntum und Nomadismus weiter mildert oder ganz aufhebt.

2.3.3. Nomadismus — eine zeitgemäße Lebens- und Wirtschaftsform?

Seit Jahren spielt die Frage, ob der Nomadismus eine überhaupt noch zeitgemäße Lebensform für die Länder des islamischen Orients sei, eine große Rolle. Daß der Nomadismus problembeladen und in seiner tradierten Form kaum überlebensfähig ist, darf seit langem als bekannt gelten (KRAUS, Hrsg. 1969, LEIDLMAIR 1965, WIRTH 1969). Der Ethnologe HERZOG (1967) hat mehrere Gründe, die von den Regierungsstellen orientalisch-islamischer Länder immer wieder gegen die Nomaden vorgebracht werden, zusammengestellt:

— das demographische Argument, das den nomadischen Lebensraum als agrarisches Produktionsgebiet für die wachsende Bevölkerung fordert;
— das ökonomische Argument, das Ersatz der extensiven Weidewirtschaft durch intensive Landwirtschaft verlangt;
— das biologische Argument, das die traditionsbedingte, aber wirtschaftlich sinnlose Akkumulation von Herdentieren als Statussymbol und seine schädlichen Folgen betont;
— das historische Argument, das Nomaden als Ausdruck barbarischer Gewalt und des Unfriedens sieht;
— das administrative Argument, das auf die Unregierbarkeit einer nomadischen Gesellschaft abhebt;
— das juristische Argument, das sich gegen die Anwendung des Stammesrechtes wendet;
— das erziehungspolitische Argument, das den Mangel an schulischen Bildungsmöglichkeiten einer mobilen Bevölkerung hervorhebt;
— das psychologische Argument, das im Nomadismus den Ausdruck einer rückständigen staatspolitischen Ordnung vermutet, und
— das innenpolitische Argument, das Nomaden als ernste Hindernisse bei der Entwicklung eines Gemeinschafts- oder Nationalgefühls betrachtet.

Es ist unbestritten, daß letztendlich jeder dieser Punkte in der einen oder anderen Form auch für die iranischen Nomaden zutrifft bzw. ihnen gegenüber betont wird. Trotz der oben angesprochenen Bedenken gibt es eine Reihe von Gründen, die für eine Beibehaltung des Nomadismus sprechen, wenn auch in einer organisatorisch den modernen Gegebenheiten angepaßten Form. Alle Gründe münden ein in die Feststellung, daß nur der Nomadismus geeignet ist, ›ökologische Nischen‹ in verschiedenen Teilen des Landes zu einer wirtschaftlich sinnvollen Form der Nutzung zusammenzuführen und damit Ressourcen zu nutzen, die sonst ungenutzt blieben. Sinnvoll scheint dies indes möglich nur dann, wenn u. a.

— die nomadische Wirtschaft organisatorisch so geregelt wird, daß langwierige Wanderungen mit Gewichtsverlusten und hohen Sterberaten von Tieren sowie permanenten Streitigkeiten mit Bauern vermieden werden;
— die Möglichkeit einer Aufstallung von Tieren und deren ausreichende winterliche Futterversorgung gewährleistet ist;
— Artenauswahl der Tiere und Qualitätskontrolle von Fleisch, Wolle und Milch bzw. Milchprodukten die wirtschaftlichen Existenzbedingungen der Viehhalter verbessern;

— die Vermarktung nomadischer Produkte unter Ausschaltung eines parasitären Zwischenhandels neu geregelt wird;
— zentrale Orte mit einer umfangreichen Ausstattung an öffentlicher Infrastruktur (Schule, Krankenhaus, Moschee, Veterinärstationen, Genossenschaften usw.) in den Nomadengebieten errichtet und diese Orte zum Ausgangs- und Zielpunkt geregelter Herdenwanderungen gemacht werden.

Gelungene und vorbildliche Beispiele für eine solcherart organisierte Nomadenwirtschaft gibt es inzwischen mehrere (CHRISTODOULOU 1970, HERZOG 1963, KRAUS, Hrsg. 1969). Daß eine solche Modernisierung der nomadischen Weidewirtschaft auch für Iran aus wirtschaftlichen und sozialen Gründen sinnvoll und notwendig ist, hat vor allem NADERI (1971) betont: fast die Hälfte der jährlichen Fleischproduktion Irans stammte noch vor wenigen Jahren aus nomadischen Herden, der Anteil an der Wollproduktion und vor allem an Käse, Joghurt und Butterfett dürfte eher noch höher gelegen haben. Es wäre wirtschaftlich unvertretbar und sozial schädlich, diese volkswirtschaftlich bedeutsame Produktion und die sie tragende Bevölkerung kurzfristig aufzugeben.

Voraussetzung für die Erhaltung einer den modernen Bedürfnissen und Möglichkeiten angepaßten nomadischen Weidewirtschaft ist die nationale Integration der Stämme in das Wirtschafts- und Sozialsystem des Landes. Während es sicherlich übertrieben ist, von den verschiedenen Nomadenstämmen, Sprachen- und Religionsgemeinschaften als eigenständigen Nationalitäten zu sprechen (ALIYEV 1966), so ist die umgekehrte Behauptung, daß die Nomaden z. B. schon voll integriert seien, ebenso fragwürdig (vgl. dazu auch LÖFFLER 1973, SALZMAN 1971). Auch die Behauptung, daß die Nomaden in gleicher Weise wie z. B. die Bauern, die von der Landreform betroffen waren, seit 1962 einen erheblichen Zuwachs an Realeinkommen zu verzeichnen gehabt hätten, trifft kaum zu. Im Gegensatz zu einem Teil der Bauern, die durch den Wegfall ihrer Abgabeverpflichtungen plötzliche Einkommenszuwächse von 50 % und mehr zu verzeichnen hatten, standen den gestiegenen Einnahmen bei den Nomaden fast ebensolche Zuwächse der Ausgaben entgegen (vgl. Tab. 48). LÖFFLER (1976) hat dies am Beispiel einer 45 Tiere umfassenden Durchschnittsherde der Boir Ahmadi errechnet.

Das von LÖFFLER (1976) damit ermittelte ›regionale Wachstum ohne Entwicklung‹ — d. h. die Aufzehrung erheblich gestiegener Einnahmen durch erheblich gestiegene Ausgaben bei gleichzeitig starken inflationären Tendenzen — gilt nicht nur für die Boir Ahmadi, sondern auch für die meisten anderen Stämme und — wie wir gesehen haben — seit dem Ende der Landreform letztlich für den gesamten ländlichen Raum. Wenn somit unbestritten ist, daß der Nomadismus als Lebens- und Wirtschaftsform nach wie vor existent und auch berechtigt ist, so hat sich der Charakter des iranischen Bergnomadismus grundlegend gewandelt. Weniger denn je zuvor kann er für sich beanspruchen, eine eigenständige Lebens- und Wirtschaftsform zu sein in dem Sinne, daß er für sich und aus sich heraus ohne komplementäre Wirtschafts- und Sozialformen auskommen könnte. Damit stellt sich

Tab. 48: Einnahme- und Ausgabenstruktur nomadischer Herdenhaltung bei den Boir Ahmadi, 1970—1976

	Bruttoeinkommen (in rial)		
	1970	1976	Differenz
9 Jungtiere	4 500	8 100	
4 Lämmer	4 000	6 600	
5 Ziegen	5 000	10 000	
2 Schafe	4 000	6 000	
1 Bock (kastriert)	2 500	5 000	
Kashk (30 man)	3 300	6 600	
Wolle (10 kg)	1 830	3 300	
Butterfett (70 kg)	14 000	21 000	
Einnahmen gesamt:	*39 130*	*66 600*	*+ 27 470*
Lohn für Hirten	3 000	10 000	
Unterhaltskosten für Hirten	2 500	6 000	
Winterfutter	1 000	11 000	
Medizin	—	500	
Ausgaben gesamt:	*6 500*	*27 500*	*+ 21 000*

Quelle: LÖFFLER 1976.

zugleich die grundsätzliche Frage, ob dies überhaupt jemals der Fall war. Eine Reihe jüngerer Arbeiten, die sich mit dem Phänomen des Nomadismus aus historischer und ethnologischer Sicht befassen, verneinen die Frage. Sowohl BARTH (1962) als auch KRADER (1959) betonen den stets symbiotischen Charakter des Nomadentums; ROWTON (1974) kennzeichnet den Bergnomadismus — im Gegensatz zum arabischen Beduinentum — als ›enclosed nomadism‹, d. h. als eine von städtischer und bäuerlich-dörflicher Kultur eingeschlossene Lebensform, die schon von ihrer Verbreitung und ihren Raumansprüchen her in Konflikt zu seßhaften Lebensformen steht und sich mit ihnen zu arrangieren hat. Auch BATES (1971) betont für den gesamten Vorderen Orient den ›peasant-nomad mutualism‹, den ZAGARELL (1975) für das Bakhtiarengebiet in Vergangenheit und Gegenwart bestätigt.

Insgesamt besteht kein Zweifel, daß der Strukturwandel des modernen Nomadismus mit seiner Hinwendung zu einer der mediterranen Transhumanz nicht unähnlichen Herdenhaltung überwiegend seßhafter Viehzüchter, die nebenbei auch Ackerbau treiben, auch in Iran das Ende der klassischen orientalischen Trilogie von Bauerntum, Nomadismus und städtischer Kultur bedeutet — sofern es sie überhaupt je gegeben hat (ENGLISH 1973, STÖBER 1979).

2.4. Die Städte Irans

Nach dem zuvor Gesagten müssen die Städte Irans heute als die eigentlichen Aktionszentren der allgemeinen wirtschaftlichen und sozialen Entwicklung des Landes gelten. Im Gegensatz zum 19. Jh. und auch zu den Verhältnissen noch zu Beginn des 20. Jh., als zumindest die kleinen und mittleren Städte mehr oder weniger gesicherte Stützpunkte der Zentralregierung inmitten eines von Nomaden kontrollierten Umlandes waren, sind heute nicht nur die größeren Mittelstädte des Landes, sondern auch viele der Klein- und Mittelstädte aktive Innovations- und wirtschaftliche Organisationszentren (WIRTH 1973) und damit zugleich die entscheidenden Kristallisationspunkte der Raumordnung und Kulturlandschaftsgliederung.

Aber nicht nur die Funktion der Städte als Elemente der Raumordnung, sondern mehr noch ihre in den letzten Jahren erheblich gewachsene Bedeutung als Wohnplätze eines immer höheren Anteils der schnell wachsenden Bevölkerung des Landes (vgl. Tab. 31 und 32) machen ihren veränderten Stellenwert heute deutlich.

2.4.1. Geographische Lage und Größenverteilung

Ausgehend von der zunächst trivialen Feststellung, daß jede Stadt ein agrares Umland braucht, das durch seine Überschußproduktion die Ernährungsbasis der städtischen Bevölkerung stellt, zugleich aber als Absatzmarkt für städtisch gefertigte oder veredelte Produkte fungiert, ergibt sich zwangsläufig, daß Lage und Verteilung der städtischen Siedlungen Irans ein Spiegelbild der ökologischen Gunst bzw. Ungunst des Landes sind. Vor allem die Gebiete des Regenfeldbaus sowie die größeren Bewässerungsoasen haben Entstehung und Wachstum der Städte Irans möglich gemacht (vgl. Karte 8).

Das Verteilungsbild, aber auch die Differenzierung der Städte gemäß ihrer Größe lassen den ökologischen Zusammenhang deutlich werden. Abgesehen von dem Sonderfall der Städteballung im kaspischen Tiefland (EHLERS 1971, KOPP 1973), der Hauptstadt Tehran (vgl. Kap. V, Abschn. 6) und den ebenfalls als Ausnahmen zu betrachtenden ›Ölstädten‹ Ahwaz und Abadan sind fast alle größeren Städte Irans Mittelpunkte fruchtbarer agrarischer Produktionsgebiete. Dies gilt insbesondere für die ›klassischen‹ Großstädte des Landes, Tabriz, Mashhad, Isfahan und Shiraz. Schon im 19. Jh. zusammen mit der Hauptstadt Tehran von der Masse der anderen Städte deutlich abgehoben (vgl. Karte 5), haben sie bis in die Gegenwart hinein ihre Vormachtstellung halten und durch ihre Funktionen als wichtige Handels- und Verwaltungszentren (Tabriz, Isfahan, Shiraz bzw. Mashhad als überregional bedeutsamer Wallfahrtsort) ausbauen können. Auch die in der Größe folgenden Orte (vgl. Tab. 49) Kermanshah, Rasht, Rizaiyeh und Hamadan sind Mittelpunkte fruchtbarer und intensiv genutzter Agrargebiete, wäh-

2. Die Lebens- und Wirtschaftsbereiche und ihre Wandlungen

Tab. 49: Städtisches Wachstum in Iran 1956—1976 für Großstädte (Stand 1976)

Stadt	Einwohnerzahlen			Wachstum in %		
	1956	1966	1976	1956/66	1966/76	1956/76
Tehran	1 583 439	2 970 041	4 496 159	88	51	184
Isfahan	254 708	424 045	671 825	75	58	164
Mashhad	241 989	409 616	670 180	69	63	176
Tabriz	289 996	403 413	598 574	39	49	107
Shiraz	170 659	269 865	416 408	58	54	143
Ahwaz	120 098	206 375	329 006	72	60	174
Abadan	226 083	272 962	296 081	21	8	31
Kermanshah	125 439	187 930	290 861	50	55	133
Qum	96 499	134 292	246 831	35	84	149
Rasht	109 491	143 557	187 203	32	30	72
Rizaiyeh	67 605	110 749	163 991	63	48	141
Hamadan	99 909	124 167	155 846	24	26	56
Ardabil	65 742	83 596	147 404	27	75	123
Khurramshahr	43 850	88 536	146 709	102	65	224
Kerman	62 157	85 404	140 309	37	65	125
Karaj	14 526	44 243	138 776	193	216	827
Kazvin	66 420	88 106	138 527	33	58	111
Yezd	63 502	93 241	135 976	48	46	116
Arak	58 998	71 925	114 507	22	60	95
Dizful	52 121	84 499	110 287	62	31	112
Khurramabad	38 676	59 578	104 927	54	78	181
Burujird	49 186	71 486	100 103	45	41	104

Quelle: Population Censuses 1956–1976.

rend Qum (vgl. BAZIN 1973) wiederum als Pilgerzentrum eine Sonderstellung einnimmt. Viele Provinzzentren bzw. städtische Mittelpunkte auf dem Hochland von Iran, wie Kerman, Yezd, Arak, Khurramabad oder Burujird, haben erst in den letzten Jahren die Schwelle zum nominellen Großstadtstatus übersprungen, sind in ihrer Struktur und in ihren Funktionen letzten Endes aber Landstädte, d. h. Verwaltungs- und Handelsmittelpunkte ihres ländlichen Umlandes, geblieben. Lediglich Kazvin als junger Industriestandort sowie Karaj als Satellit Tehrans (BAHRAMBEYGUI 1976, 1977) verdanken ihr sprunghaftes Wachstum der letzten Jahre weniger den Versorgungsfunktionen für ihre Umländer, sondern anderen Faktoren.

Die Masse der iranischen Städte muß der Kategorie der Klein- und Mittelstädte mit weniger als 100 000 Ew zugerechnet werden. Diese Städte vereinigten immerhin über 35 % (1976) der städtischen Bevölkerung auf sich (Tab. 50). Neben dem bereits eben genannten südkaspischen Tiefland fällt vor allem das stark gekammerte Zagrosgebirge vom armenischen Gebirgsknoten bis hin nach Laristan als

Tab. 50: Größenklassenverteilung der Städte Irans, 1976

Größe (Einwohnerzahl)	Anzahl der Städte	Gesamt- bevölkerung	% der städt. Bev.
5 < 10 000	164	1 127 985	7,3
10 < 25 000	108	1 622 343	10,5
25 < 100 000	64	2 954 650	19,0
100 < 250 000	14	2 031 397	13,1
über 250 000	8	7 769 096	50,1
Zusammen	358	15 505 471	100,0

Quelle: Population Census 1976 (Prelim. Publ.).

Hauptverbreitungsgebiet kleinstädtischer Siedlungen auf. Vor allem im Dreieck Khurramabad–Hamadan–Gulpaigan, aber auch südöstlich von Shiraz (Fassa–Istehbanat–Niriz–Jahrum–Darab) wie auch in anderen Gebirgsteilen des Landes ist der enge Zusammenhang von Beckenlandschaften und städtischen Zentren offensichtlich.

Unbestrittene Mittelpunkte der Urbanisierung des Landes sind die wenigen Großstädte mit mehr als 250 000 Ew. Sie vereinen über 50 % der gesamten städtischen Bevölkerung des Landes auf sich; allein Tehran mit etwa 4,5 Mill. Ew konzentriert 30 % aller Stadtbewohner und über 13 % der Gesamtbevölkerung Irans auf sich.

2.4.2. Grund- und Aufrißgestaltung

Unabhängig von ihrer Größe sind fast alle iranischen Städte durch einheitliche Grund- und Aufrißgestaltung gekennzeichnet, so daß ihre Schematisierung in Form stadtgeographischer Modelle relativ einfach erscheint. Das von DETTMANN (1969) vorgelegte Schema der orientalischen Stadt (vgl. Abb. 48) mit der Differenzierung in den zentralen Geschäftsbereich, in einzelne Stadtviertel, die voneinander häufig noch durch Quartiersgrenzen markiert sind, die abseits gelegene Zitadelle sowie den alles umgebenden Mauerring beinhaltet nicht nur ein formales, sondern auch funktionales Prinzip. Es wurde bereits angedeutet, daß nicht nur das traditionelle Tehran nach eben diesem Grundschema angelegt und geplant ist (Karte 11), sondern auch heute lassen sich noch genau solche Stadtanlagen — wenngleich in verkleinertem Maßstab — nachweisen (Abb. 49).

Nach WIRTH (1975), dem wohl besten Kenner der Geographie orientalischer Städte, sind im materiellen Bereich die spezifischen Besonderheiten der Städte in folgenden, z. T. formalen Merkmalen zu sehen:

— Degeneration von Plangrundrissen;

2. Die Lebens- und Wirtschaftsbereiche und ihre Wandlungen 275

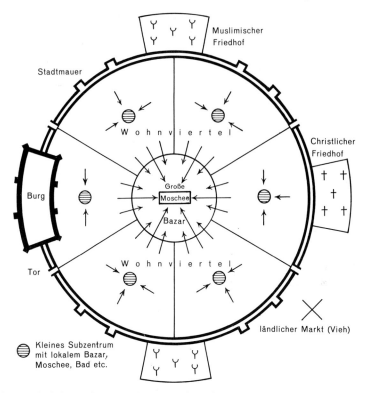

Abb. 48: Idealschema der orientalischen Stadt (nach DETTMANN 1969).

— Bedeutung und Rechtsqualität von Sackgassen;
— Vorherrschen von Innenhofgebäuden;
— Quartierstruktur städtischer Wohnviertel;
— Auswirkungen innerstädtischer Unsicherheit;
— Sonderstellung des Bazars;
— Stadt und naturbedingtes Gefüge der Kulturlandschaft.

Angesichts der Tatsache, daß sich nur wenige Städte Irans auf direkte antike Vorläufer im Sinne einer Siedlungskontinuität berufen können (vgl. GAUBE 1979), spielt die Degeneration von Plangrundrissen aus der prähellenistischen Zeit, aber auch aus der des Hellenismus und des Römertums so gut wie keine Rolle. Wenn auch Hamadan als Nachfolgerin des alten Ekbatana auf dem Kulturschutt der großen Vorgängerin erbaut ist, so sind keinerlei Grundrißelemente auf die heutige Stadt überkommen. Umgekehrt: antike planmäßige Stadtanlagen, wie z. B. die sassanidische Rundstadt von Firuzabad in Fars oder die großartigen rechteckigen Stadtgründungen von Jundi Shahpur (ADAMS 1962, ADAMS–HANSEN 1968) oder

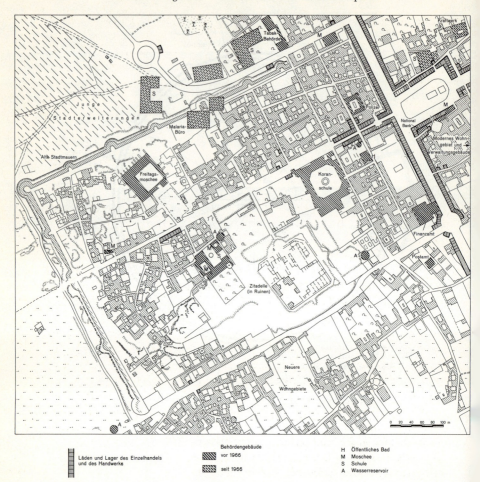

Abb. 49: Tabas als Beispiel einer idealtypischen iranischen Kleinstadt (nach EHLERS 1977).

Ivan-e-Kharkeh im nördlichen Khuzestan, sind heute Ruinenstätten ohne Nachfolgesiedlungen. Auch Ray, das antike Rhages, oder ältere Vorläufer von Isfahan oder Shiraz haben sich kaum auf die Grundrißgestaltung der heutigen Siedlungen ausgewirkt. Daß viele planmäßige Elemente safavidischer Stadtanlagen dagegen bis heute nachwirken, wurde bereits betont.

Um so markanter ist für alle gewachsenen Städte Irans die weite Verbreitung von Sackgassen, die immer wieder als ein hervorstechendes Merkmal der orientalischen Stadt angesehen werden. Durch Auswertung archäologischer Grabungsfunde gelangte vor allem WIRTH (1975, S. 69 f.) zu der Auffassung, daß der Sack-

2. Die Lebens- und Wirtschaftsbereiche und ihre Wandlungen 277

gassengrundriß im Grunde bereits in den altorientalischen Städten verbreitet war und schon hier sich beim Übergang von dörflicher zu städtischer Siedlung entwikkelte. Indem er die Sackgasse als Privateigentum aller Anlieger ansieht und sie damit auch von ihrer rechtlichen Stellung von den öffentlichen Durchgangsstraßen abhebt, vermag er die weite Verbreitung und noch heute zu beobachtende Weiterentwicklung von Sackgassengrundrissen vor allem als Ergebnis der Inanspruchnahme individuellen Baurechts der Sackgassenbewohner zu deuten. Daß bei modernen Erweiterungen heutiger Städte Sackgassen planmäßig angelegt werden, steht dazu nicht im Widerspruch und muß wohl als Anpassung an ausgereifte Traditionen gesehen werden. Auch GAUGLITZ (1969), der sich speziell mit diesem Phänomen befaßt hat, betont die zunächst planvolle Parzellierung von städtischen Bebauungszonen, die dann durch die Eigentumsverhältnisse zu einer Reihe abgeschlossener, meist durch nur eine Sackgasse zugänglicher Zellen entarten. Daß solche Siedlungszellen häufig mit dem Wohngebiet von Stammesangehörigen oder Verwandtschaftsgruppen identisch sind, ist mehrfach betont worden. Im Gegensatz bzw. in Ergänzung zu diesen Auffassungen hat BONINE (1979) soeben vor allem die Überbauung ehemals landwirtschaftlicher Nutzflächen mit ihrem fixierten Wege- und Kanalnetz bzw. deren Einbeziehung in die städtische Bausubstanz als eine weitere wesentliche Ursache des Sackgassengrundrisses iranischer Städte betont.

Ergebnis dieses organischen Wachstums ist die Auflösung eines Stadtkörpers in verschiedene Viertel, sog. *mahalleh*. Ursprünglich durch eigene Mauern gegeneinander abgegrenzt (vgl. Karte 11) und nur durch Tore untereinander verbunden, sind die jeweils mit eigenen Namen belegten mahalleh noch heute in allen Städten durch Viertelsbezeichnungen nachweisbar. SCHAFAGHI (1979) benennt aus Isfahan 157 Stadtviertel; in Tehran ist deren Zahl ungleich größer, zumal ganze Dörfer und Städte (Abbassabad, Yussefabad, Amirabad, Shemiran, Tajrish usw.) mit ursprünglich eigenen Viertelsbildungen eingemeindet wurden. Auch kleine Städte sind vielfältig gegliedert (MOMENI 1976), wobei historisch gewachsene Strukturen eine besondere Rolle spielen.

Ein erster gravierender Einschnitt in die traditionelle Grundrißgestaltung der gewachsenen persischen Städte erfolgte unter Reza Shah. Im Zuge seiner Modernisierungsbestrebungen erfuhren die Städte eine nachhaltige Veränderung durch die berühmten, noch heute fast jede Stadt des Landes prägenden Rundplätze sowie die von ihnen ausgehenden radialen Straßenfluchten, die in genormter Breite und ohne Rücksicht auf den bestehenden Baubestand durch die Altstädte hindurchgelegt wurden. MOMENI (1976, S. 58 f.) erwähnt am Beispiel Malayer das auch für andere Klein- und Mittelstädte Irans gültige Planungsschema, das u. a. vorsieht:

1. Die Breite der Fahrbahn soll 16 m betragen, die der Wasserkanäle 0,50 m und die der Bürgersteige 3,50 m, was eine Gesamtbreite von 24 m ergibt.
2. Der Zentralplatz soll rund sein und folgende Maße — von innen nach außen gesehen — aufweisen:

äußerer Bürgersteig, Breite	3,50 m
äußerer Wasserkanal, Breite	0,50 m
Fahrbahn, Breite	16,00 m
innerer Wasserkanal, Breite	0,50 m
innerer Bürgersteig, Breite	3,50 m
Grünfläche, Radius	16,00 m
Radius insgesamt	40,00 m

Der Durchmesser des ganzen Platzes beträgt demnach 80 m.

3. Die Bebauung der Fläche um den Platz und entlang der Straßen soll einheitlich sein und das Erdgeschoß soll so stark gebaut sein, daß ein zweites Stockwerk aufgesetzt werden kann.

Diese und die in weiteren Punkten bezüglich Architektur, Dimensionen und Baumaterial der Gebäude aufgeführten Details wurden für alle Städte des Landes verbindlich, so daß der oftmals monoton-einheitliche Charakter durch dieses Prinzip baulicher Neugestaltung noch verstärkt wurde (vgl. SCHARLAU 1961). Auch die meist ähnliche Nutzung der Stadtzentren mit öffentlichen Gebäuden wie Banken, Behörden, Hotels usw. betont auch heute noch diese Eintönigkeit vieler iranischer Städte.

Eine zweite Phase der städtebaulichen Erneuerung und Umgestaltung der altstädtischen Bausubstanz begann Mitte der 60er Jahre, als abermals breite, meist vier- oder sechsspurige Straßenfluchten mit begrünten Mittelstreifen, in einzelnen Großstädten (v. a. Tehran) sogar Stadtautobahnen konzipiert und gebaut wurden. Vor allem die zahlreichen Park- und Freeways in Tehran, aber auch die modernen Entlastungs- und Ausfallstraßen in Isfahan, Shiraz, Tabriz, Hamadan, Kermanshah oder sonstwo stehen in auffälligem Gegensatz zu der traditionellen verschachtelten Bausubstanz der Altstadtkerne und frühen Ausbauviertel. Begleitet wird diese zweite Modernisierungsphase von einer intensiven Restaurierung alter, erhaltungswürdiger Bausubstanz unter besonderer Betonung des nationalen Erbes und der nationalen Vergangenheit Irans. Angesichts der architektonischen Reichtümer Isfahans verwundert nicht, daß in erster Linie diese Stadt von einem umfangreichen Erneuerungsprogramm betroffen ist: durch Abriß ganzer Wohnquartiere werden vor allem zwischen Chahar Bagh und dem großen Bazar die städtebaulichen Strukturen des safavidischen Isfahan aufgedeckt bzw. rekonstruiert (vgl. RAPOPORT 1964/5, SHANKLAND 1968, SIROUX 1972). Aber auch die seit Anfang der 70er Jahre begonnene und 1975/6 abgeschlossene Sanierung des Heiligen Bezirks *(bast)* in Mashhad mit dem Abriß des bastnahen Bazarbezirkes (vgl. dazu Foto 3) gehört in das städtebauliche Erneuerungsprogramm ebenso wie die Restaurierung der Bazare von Kerman, Shiraz und Tabriz oder die Freilegung und Neuanlage der Mausoleen von Baba Taher und Farzand Ali in Hamadan (vgl. Abb. 50) im Rahmen großer Parkanlagen und Grünflächen.

Während die in den 30er Jahren begonnenen und seit der Mitte der 60er Jahre verstärkt fortgesetzten Umgestaltungen im Grundriß iranischer Städte vor allem

2. Die Lebens- und Wirtschaftsbereiche und ihre Wandlungen 279

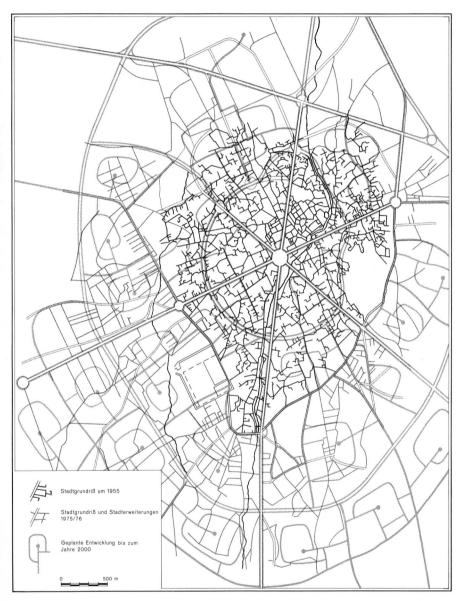

Abb. 50: Hamadan: Traditioneller Stadtgrundriß und Phasen moderner Umgestaltung (nach versch. Unterlagen zusammengestellt von EHLERS 1977).

die Physiognomie der Altstädte grundlegend veränderten, führte der um 1930 einsetzende Bauboom zusätzlich zu einem Dualismus der städtebaulichen Entwicklung: an die unregelmäßig gestalteten Altstädte schlossen sich immer größere Neubauviertel mit planvoller, quadratischer oder rechteckiger Grundrißgestaltung sowie einer weniger dichten Verbauung an. Vor allem AHRENS (1966) hat diese unterschiedlichen Wachstumsphasen im Spiegel ihrer Grundrißgestaltung dargestellt. Daß mit dem Ausbau neuer Wohnquartiere sowohl in Groß- als auch in Kleinstädten ein sozialer Abstieg der Altstadtviertel verbunden war, haben BAHRAMBEYGUI (1977) und SEGER (1978) für Tehran und MOMENI (1976) am Beispiel Malayer nachgewiesen.

So verwirrend das Bild vieler Altstädte auch sein mag, so ist doch in vielen Städtegründungen vor allem des qadjarischen Persien eine ursprünglich planvolle Anlage erkennbar (vgl. auch Abb. 49!). Wenn sie auch häufig durch jüngere Überbauung und den daraus resultierenden Sackgassengrundriß verdeckt ist (z. B. in Malayer, Burujird), so haben andere Städte wie das frühere Sultanabad (heute Arak) oder das unter den Qadjaren umgebaute Lar ihre planmäßige Anlage nahezu unverändert erhalten. Auch zahlreiche von Erdbeben zerstörte Städte wurden im frühen 20. Jh. im Schachbrett- oder Rechteckschema wiederaufgebaut (Quchan, Bojnurd oder Shahpur, das frühere Salmas). Auch im Zusammenhang mit der Gründung großer Industriebetriebe wurden unter Reza Shah Städte gegründet: die Standorte großer Baumwollspinnereien Shahi und Behshahr sind die bekanntesten Beispiele. Ariashahr, die neue in Verbindung mit dem Stahlwerk bei Isfahan entstandene Eisenhüttenstadt (SHAFAGHI 1975), kann als jüngstes Beispiel dieses Typus gesehen werden.

Von entscheidender Bedeutung für die weite flächenhafte Ausdehnung der iranischen Städte ist die weite Verbreitung von *Hofhäusern* bzw. *Innenhofgebäuden*, deren Ursprung WIRTH (1975, S. 75 f.) bereits im Alten Orient ansiedelt. Das Grundrißprinzip, nämlich ein erdgeschossiges Flachdachhaus rund um eine mit einem Wasserbecken versehene Gartenanlage herum zu erbauen, findet sich in zumeist einfacherer Form auch in der ländlichen Architektur. Der Zugang zu den Zimmern wird zumeist von einem an der Innenseite des Hauses verlaufenden Umgang erreicht. Während dieses der Zurückgezogenheit und Privatisierung des persischen Familienlebens entgegenkommende Bauprinzip vor allem in besseren Wohnvierteln äußerst flächenbeanspruchend ist, hat es in vielen altstädtischen Wohnquartieren mit ihren Verdichtungstendenzen zu einer agglutinierenden Bauweise geführt. Noch heute ist für alle Städte Irans mit Ausnahme der Hauptstadt Tehran sowie des Sonderfalls Ariashahr die Dominanz der horizontalen Flachdachbebauung mit höchstens zwei, gelegentlich drei Stockwerken kennzeichnend.

Die damit angesprochene *Aufrißgestaltung* der iranischen Stadt ist durch die geringe vertikale Gliederung des Stadtbildes charakterisiert. Dies gilt in besonderer Weise für die vielen Klein- und Mittelstädte des Landes, in denen nur selten die geduckte und monotone ›skyline‹ der Flachdachhäuser durch einzelne Minarette oder Windtürme strukturiert wird. In größeren Städten bilden die oftmals gewaltigen Fliesenkuppeln und schlanken Minarette der Moscheen eine gewisse, auch farbliche Akzentuierung des Aufrisses. Lediglich das in seiner Bausubstanz sehr heterogene Tehran weist seit einigen Jahren eine Hochhausbebauung auf, die zu der in vielerlei Hinsicht ausgeprägten Sonderstellung der Hauptstadt im Rahmen des gesamten iranischen Städtewesens beiträgt.

2.4.3. Ausstattung und funktionale Differenzierung der Städte

Die traditionelle Ausstattung der orientalischen Stadt resultiert in erster Linie aus ihren teilweise schon angesprochenen Funktionen als wirtschaftlicher Mittelpunkt eines agrarischen Produktionsgebietes sowie aus ihren Aufgaben als deren religiösem und administrativem Zentrum. Ihre Funktion als Residenzort einer noch heute zahlenmäßig starken Grundeigentümerschicht stärkt, als Ergebnis des Abflusses von Naturalien oder Geld vom Lande in die Stadt, deren Wirtschaftskraft und läßt sie zu dem schon genannten dominierenden wirtschaftlichen Organisations- und Innovationszentrum im Sinne von WIRTH (1973) werden.

2.4.3.1. Handel, Handwerk und Gewerbe

Unbestrittener räumlicher wie auch wirtschaftlicher Mittelpunkt der meisten iranischen Städte ist nach wie vor der *Bazar,* der erst seit dem Zweiten Weltkrieg und vor allem in den größeren Städten durch moderne, an westlich-abendländischen Vorbildern geprägte *Geschäftsstraßen oder -viertel* eine ernsthafte Konkurrenz (WIRTH 1968) erhalten hat. Der Bazar als traditionelles Wirtschaftszentrum der orientalisch-islamischen Stadt hat jüngst durch WIRTH (1974/75) eine so umfassende und auch an vielen iranischen Beispielen belegte Darstellung erfahren, daß hier eine nur kurze Zusammenfassung der wesentlichen Aussagen genügt und im übrigen auf die Originalarbeit verwiesen sei:

a) Der *Bazar als wirtschaftliches und finanzielles Organisations- und Steuerungszentrum* wie auch als *Finanzierungs- und Kreditplatz* spielt nach wie vor eine entscheidende Rolle in vielen iranischen Städten. Ungemein aktive Wirtschaftszentren, die weite Teile des städtischen Handels und Handwerks wie auch des ländlichen Gewerbes kontrollieren und formieren, sind die großen Bazare von Isfahan (GAUBE–WIRTH 1978), Kashan (COSTELLO 1976), Kerman (ENGLISH 1966), Kazvin (ROTBLAT 1974/75), Shiraz (CLARKE 1963), Tabriz (SCHWEIZER 1972) oder Tehran (vgl. z. B. SEGER 1978).

b) Der Bazar als *Interaktionssystem verschiedenster Wirtschaftssektoren und menschlicher Gruppen:* Einzel- und Großhandel, Dienstleistungen verschiedenster Art, Handwerk und Gewerbe und die sie tragenden Gruppen verschmelzen in den großen Bazaren des Landes zu einer oftmals untrennbaren Einheit und Symbiose. Nicht zuletzt aus dieser dominanten sozioökonomischen Stellung des Bazars resultiert nicht nur das in der Vergangenheit hohe Prestige der in ›Zünften‹ zusammengefaßten und streng organisierten Kaufmannschaft (vgl. Floor 1975, Potter 1968), sondern auch der besondere politische wie religiöse Einfluß der Bazarhändler (Thaiss 1971), der sich zuletzt im Zusammenhang mit den innenpolitischen Auseinandersetzungen der Jahre 1978 und 1979 in entscheidender Weise auswirkte.

c) Die *räumliche Trennung von Branchen und Branchengruppen* im Bazar ist für alle größeren iranischen Bazare sehr typisch und mehrfach dargestellt worden (Schweizer 1972 als bestes Beispiel!), geht in kleineren Bazaren aber schon allein wegen des beschränkten Angebotes infolge limitierter Nachfrage meist stark zugunsten eines gemischten Warenangebotes zurück (vgl. Ehlers 1975).

d) Die *Regelhaftigkeit räumlicher Ordnung* im Bazar, wie sie Wirth (1974/75) schematisch dargestellt hat (vgl. Abb. 51), läßt sich ebenfalls für fast alle iranischen Bazare nachweisen. Das Schema mit letztlich Zentrum-Peripherie-Charakter besagt nichts anderes, als daß an den besucherreichen Haupteingängen der Bazare vor allem der Einzelhandel mit gehobenem Warenangebot konzentriert ist, während in den abseits gelegenen Teilen des Bazars Großhandel, Handwerk und schließlich Lagerhallen und Abstellflächen die Oberhand gewinnen. Daß die randlichen Teile immer mehr verfallen, ist für große wie kleine Bazare in allen Teilen des Landes typisch.

Das Schema der Abb. 51, nahezu idealtypisch an den Bazaren von Isfahan oder Tehran nachprüfbar, gilt im Grunde für alle traditionellen Geschäftszentren Irans, wenngleich die noch unten anzusprechende formale und funktionale Differenzierung der Bazare manche Abwandlungen von diesem Grundtypus erzwingt. Wichtig erscheint die von Wirth mit Recht betonte und im Gegensatz zu den Behauptungen etlicher Islamwissenschaftler stehende Feststellung, daß nicht die Nähe oder Ferne zur Hauptmoschee, sondern primär das ökonomische Prinzip der Besucherfrequenz das entscheidende Ordnungsprinzip darstellt.

e) Der *Baubestand* des Bazars ist, dem heterogenen Charakter seiner wirtschaftlichen Aktivitäten und sozialen Gruppen entsprechend, durch *formale und funktionale Vielfalt* gekennzeichnet. Grundformen sind dabei:

— *Bazargassen,* deren einzelne Geschäftsboxen als wichtigste Standorte vor allem von Einzelhandel und Handwerk, an der Peripherie häufig als Lagerräume dienen, im Idealfall überdacht und einzeln abschließbar;

— *Khane,* ursprünglich eine Mischung aus Lagerung und Verwaltung des Großhandels mit abschließbaren und meist zweigeschossigen Innenhofgebäuden vom Karawansaraitypus;

— *Timcheh,* d. h. platzartige und überdachte Erweiterungen von Bazargassen, häufig als mehrgeschossige Hallenbauten (Tabriz, Isfahan, Arak, Kashan) mit Handels- und Verwaltungsfunktionen in seitlicher Anlehnung an Bazargassen errichtet.

Die in vielen Kartierungen belegte Symbiose dieser drei Grundtypen zu einem architektonischen Ganzen (Schweizer 1972, Wirth 1974/75, 1976, Gaube–Wirth 1978) erfährt durch das räumliche Nebeneinander zeitlich wie stilistisch unterschiedlicher Bauelemente nur geringfügige Variationen. Die Aussage, wonach ›kaum ein orientalischer Bazar... aus einem Guß‹ sei (Wirth 1974/5, S. 234), trifft für fast alle großstädtischen und großen Bazare zu.

Das wohl eindrucksvollste Beispiel eines aus einem Guß geschaffenen Bazars ist der unter Shah Abbas angelegte und in der Mitte des 19. Jh. restaurierte Bazar von Lar (Abb. 52), der in seiner heutigen Form schon von Chardin (1811, Bd. 2, S. 216) genau beschrieben wurde.

2. Die Lebens- und Wirtschaftsbereiche und ihre Wandlungen

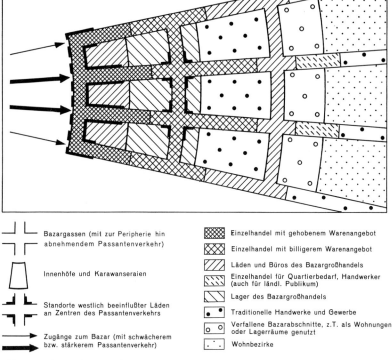

Abb. 51: Schema der räumlichen Ordnung in einem ›verwestlichten‹ Bazar (nach WIRTH 1974/75).

f) Auch das weitgehende Fehlen jeglicher Wohnfunktionen ist für die iranischen Bazare typisch, wenngleich nicht der Regelfall. Es gilt ohne jegliche Einschränkung für die großen Flächenbazare, zumal dann, wenn sie nach außen hin und in ihren einzelnen Teilen durch Tore verschließbar sind. In kleineren Städten sowie in Bazaren südkaspischer Tieflandstädte (Rasht, Langarud, Amul, Gorgan usw.) werden die Grenzen von der Bausubstanz her fließend.

g) Zu den wichtigsten formalen Typen des Bazars zählen nach WIRTH (1974/75, S. 250 f.):

Linienbazare, deren hervorstechendes Merkmal die Anordnung der Geschäfts- und Handwerkerboxen entlang einer einzigen Bazargasse sind: Tehran um 1850 (vgl. Karte 11), Babol, große Teile der Bazare von Qum, Shiraz, Kashan, Kermanshah sowie der NE-Teil des Bazars von Isfahan;

Flächenbazare mit einer flächigen Anordnung des Bazarbezirks durch Addition verschiedener, sich kreuzender Bazargassen und einer Ausfüllung der quadratischen oder rechteckigen Zwischenräume mit Khanen oder Timchehs: Tabriz (SCHWEIZER 1972), jüngere Teile des Bazars von Tehran, der Zentralteil des Isfahanbazars, aber auch viele Bazare kleiner und mittelgroßer Städte, wie z. B. Rasht, Sari (KOPP 1977) oder Malayer (MOMENI 1976);

IV. Das heutige Iran — Traditionelle und moderne Aspekte

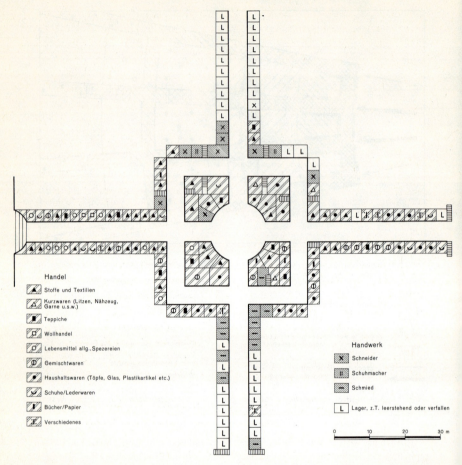

Abb. 52: Der Kreuzbazar von Lar, Baubestand und Nutzung 1977 (Kartierung: EHLERS 1977).

zentrale Einzelhandelsbazare mit umgebenden Khanen, die durch eine so engmaschige Gassenführung gekennzeichnet sind, daß zwischen den Ladenzeilen kein Platz für Khane oder Timchehs verbleibt, so daß diese randlich an das Geschäftszentrum angelagert werden: Kazvin, aber auch wohl kleinere Bazare, wie z. B. Bam (EHLERS 1975) oder Sirjan (RIST 1979);

Kreuzbazare als Ergebnis einer planmäßigen Anlage zweier sich kreuzender Linienbazare und der Überwölbung der Kreuzung durch eine hohe Kuppel: neben dem Musterbeispiel Lar (vgl. Abb. 52) sind hier zu nennen der berühmte Bazar Vakil in Shiraz, der Zentralteil des Bazars von Arak, Teile des Bazars von Kerman usw.

Vieles spricht dafür, daß Linienbazare und Kreuzbazare als Grundformen der meisten heutigen Bazare Irans zu gelten haben. Der flächenhafte Charakter ist erst durch spätere Addition neuer Bauelemente und eine entsprechende flächenhafte Erweiterung des Baubestandes erzielt worden (vgl. MOMENI 1976, Abb. 7). Andere formale und — im Vergleich zu dem breitgefächerten Angebot der traditionellen Zentralbazare — funktionale Typen sind nach WIRTH die *Quartierbazare* in Wohngebieten größerer Städte, aber auch für ein überwiegend ländliches oder auch nomadisches Publikum, *Pilgerbazare* mit einem reichen Angebot an Devotionalien und Souvenirs oder auch *Handwerkerbazare,* die in Iran jedoch meist als Teile der Zentralbazare zu gelten haben.

Im Gegensatz zu den traditionellen Geschäftszentren der iranischen Städte haben die *modernen Geschäftsviertel* in den letzten Jahren von der Fläche wie auch von ihrer wirtschaftlichen Rolle her erheblich an Bedeutung gewonnen. In den meisten Städten wurden vor allem die unter Reza Shah geschaffenen Straßendurchbrüche und Zentralplätze zu Ansatzpunkten einer modernen Entwicklung des Einzelhandels, die sich nicht nur in einer formalen Ausrichtung der Geschäfte an westlichen Vorbildern, sondern auch in der Übernahme westlicher Waren und Modetrends dokumentiert. Eine nähere Analyse der modernen Geschäftsviertel zwingt indes auch wieder zu einer Unterscheidung zwischen den Großstädten des Landes einerseits und den vielen Klein- und Mittelstädten andererseits.

In den Klein- und Mittelstädten sind, wie wir inzwischen aus etlichen Beispielen wissen (vgl. EHLERS 1975, 1978, KOPP 1973, 1977, MOMENI 1976, RIST 1979), die modernen Geschäftszentren linear ausgerichtet und weisen in der Regel die höchste Wertigkeit des Warenangebots in der Nähe des Zentralplatzes auf. Mit zunehmender Entfernung vom Zentrum gleiten Qualität und Quantität des Angebots schnell ab. Dort, wo der traditionelle Bazar im Bereich der neuen Zentralplätze oder zentral gelegener Straßendurchbrüche ausmündet, wurde er zumeist in die wirtschaftliche und soziale Aufwertung des neuen Geschäftsviertels miteinbezogen und dadurch sein zentral-peripheres Gefälle bei gleichzeitiger Abwertung der randlichen Bereiche noch verschärft.

Anders verhält es sich mit den flächenhaft modernen Geschäftsvierteln der größeren Städte Irans: als Schrittmacher der Verwestlichung sind sie nicht nur durch hochspezialisierte Angebote, sondern z. T. auch bereits wieder durch Konzentration spezifischer Waren und Dienstleistungen ausgewiesen. Ähnlich wie bei den kleineren Städten des Landes waren auch in Shiraz (Kh. Karim Khan-e-Zand), Kermanshah (Kh. Sepah/Kh. Shahpur), Isfahan (Chahar Bagh) und den anderen Großstädten die zentral gelegenen Teile der neuen Straßenfluchten Ansatzpunkte für die Niederlassung westlich-moderner Geschäfte, die sich jedoch bald über Nebenstraßen hinweg mit anderen Durchbruchsstraßen zu flächenhaften Geschäftsvierteln erweiterten. Wenn die Ansatzpunkte dieser modernen Viertelsbildung auch häufig bis in die Gegenwart ihren Prestigevorsprung halten und ausbauen konnten, so sind ausgedehnte Geschäftsviertel westlich-moderner Prägung heute doch für Städte wie Mashhad, Tabriz, Ahwaz, Shiraz oder Isfahan typisch. Hier kommt es dann auch bereits zum weitgehenden Ausschluß bestimmter

Artikel des täglichen Bedarfs oder niedriger Wertigkeit aus dem Sortimentsangebot.

Dem vereinfachten Gegensatz von traditionellem Bazar mit überwiegendem Angebot einheimischer bzw. lokaler Waren und Produkte und den modernen Geschäftsvierteln mit einem Warenangebot überwiegend ausländischer Provenienz entspricht selbst in der Mitte der 60er Jahre noch eine letztlich präindustrielle Struktur der städtisch konzentrierten handwerklich-gewerblichen Aktivitäten. Abgesehen von einigen großen Industriestandorten (vgl. Karte 9), verharrt der weitaus größte Teil der iranischen Städte bis heute in einem tradierten Wirtschaftsgefüge, dessen wesentliche Kennzeichen sich wie folgt zusammenfassen lassen:

— Einzel- und Großhandel dominieren gegenüber allen anderen wirtschaftlichen Aktivitäten;
— die sog. ›Industriebetriebe‹ sind im Regelfall nichts weiter als handwerkliche Produktions- oder Reparaturstätten;
— die weit überwiegende Zahl aller Betriebe sind Ein- oder Zweimannbetriebe, wobei mithelfende Familienangehörige häufig die zweite Arbeitskraft stellen;
— größere Betriebe mit mehr als 10 Beschäftigten sind ausgesprochen selten.

Drei Beispiele, Ergebnisse des 1963 durchgeführten ›Industriezensus‹, mögen den durch und durch präindustriellen Charakter der städtischen Wirtschafts- und Sozialstruktur beleuchten. Die bewußte Gegenüberstellung infrastrukturell und sozioökonomisch so unterschiedlicher Regionen wie der 1963 bereits gut erschlossenen Zentralprovinz, dem im Zagros gelegenen Gebiet von Hamadan und Kermanshah sowie dem rückständigen Baluchistan macht deutlich, daß — unabhängig von der Lage und dem allgemeinen Entwicklungsstand der Region — die Handels- und Gewerbestruktur aller Städte fast identisch ist. Auch die Größe der Städte (Kermanshah 1963 ca. 160 000 Ew!) spielt keine Rolle: allenthalben dominieren Groß- und Einzelhandelsbetriebe vor den sog. ›Industriebetrieben‹, die indes zumeist nichts weiter als kleine handwerkliche Manufaktur- oder Reparaturwerkstätten sind. Die durchschnittliche Betriebsgröße liegt, wie Tab. 51 bezeugt, bei ungefähr zwei Beschäftigten pro Betrieb, wobei häufig genug der zweite Arbeitnehmer ein unbezahltes Familienmitglied ist. Unter der geringen Zahl von Betrieben mit mehr als zehn Beschäftigten sind überall Ziegeleien an erster Stelle zu nennen; in Qum, Kashan, Kermanshah und Hamadan spielten zudem Textilherstellung und Teppichknüpferei schon seit jeher eine besondere Rolle. Daß dies aber die ansonsten homogene Wirtschaftsstruktur der iranischen Städte nicht stört, ergibt sich aus dem ausgesprochen kleinbetrieblichen Charakter der meisten Teppichknüpfereien, die als Familienbetriebe zu kennzeichnen sind.

2. Die Lebens- und Wirtschaftsbereiche und ihre Wandlungen

Tab. 51: *Handel, Gewerbe und Beschäftigungsstruktur in Städten der Zentralprovinz (außer Tehran), der Provinzen Kermanshah/Hamadan und der Provinz Baluchistan/Sistan, 1963*

	Zahl der Unternehmen (nach Sektoren)						Größe der Unternehmen (Besch.)				Besch. Ges.
	Industrie	Bauwirtschaft	Groß- u. Einzelhandel	Banken u. Vers.	Transport	Dienstleistungen	Zus.	1—2	3—4	5—9	10 und mehr	
Arak	852	9	1 203	46	16	265	2 391	1 894	362	121	14	4 971
Ray	326	7	593	13	3	182	1 124	865	170	68	21	3 349
Kazvin	1 156	22	1 609	104	35	519	3 445	2 836	445	139	25	6 981
Qum	1 493	23	2 128	64	40	516	4 264	3 414	602	210	38	8 963
Kashan	1 703	16	1 188	39	31	237	3 214	2 688	399	104	23	8 912
Karaj	335	23	450	15	7	192	1 022	731	192	61	38	4 570
Saveh	212	8	324	3	5	68	620	521	82	15	2	1 086
Tuisarkan	268	2	372	6	23	75	746	607	102	33	4	1 385
Qasr-i-Shirin	147	5	327	3	14	124	620	514	78	23	5	1 153
Kermanshah	2 162	39	3 144	107	101	988	6 541	5 240	899	331	71	14 055
Malayer	456	8	648	4	34	143	1 293	1 043	170	62	18	2 756
Nehavend	470	20	529	2	13	133	1 149	753	298	90	8	2 759
Hamadan	2 247	25	2 497	34	45	773	5 621	4 275	964	315	67	12 439
Zabol	217	3	416	1	5	75	717	584	94	32	7	1 379
Zahidan	310	8	580	5	7	132	1 042	835	131	55	21	2 140

Quelle: Ministry of Interior, General Dept. of Public Statistics, Report on the Industrial Census of Iran, August 1963: vol. 5, 11 und 13, Tehran 1964.

2.4.3.2. Verwaltungsfunktionen

Die Verwaltungsfunktionen der Städte sind zwar begrenzt, sichern ihnen aber dennoch im Zusammenhang mit der Residenzfunktion zahlreicher Grundbesitzer eine nicht unbedeutende wirtschaftliche Macht. Wenn dies auch für die Städte des 19. und frühen 20. Jh. stärker als heute zutrifft, so ist noch heute die Symbiose von Verwaltung und Residenzfunktion ländlicher Grundeigentümer bedeutsam. Dies gilt auch, obwohl die Verwaltungsfunktionen der meisten Städte infolge des bislang extrem zentralistischen Charakters des Staates beschränkt sind. Provinziale und nachgeordnete Verwaltung bedeutet stets Vollzug oder Wahrnehmung von in Tehran dekretierten Anordnungen und Aufgaben. So sind die in den Städten angesiedelten Behörden zwar zahlreich, politisch aber bedeutungslos.

Auf unterer Ebene sind zunächst die *Shahrestan*-Verwaltungen zu nennen, die in etwa den deutschen Regierungsbezirken entsprechen. In den weitaus meisten Fällen sind sie identisch mit den ökonomischen Mittelpunkten der von ihnen verwalteten Dörfer und Weiler. Ihre Ausstattung an öffentlichen und privaten Dienstleistungen umfaßt im Regelfall:

Shahrestanverwaltung, Grundbuchamt, *waqf*-Verwaltung, Finanzamt, Gericht, Landreformbehörde, Landwirtschaftsamt mit eigenen Abteilungen, Gesundheitsamt, Schulamt, Straßenverwaltung, Bauamt, Gendarmerie, Veterinäramt, Genossenschaftsverwaltung, Wasserwirtschaftsamt, Handelskammer mit Zunftverwaltung *(otaq-e-asnaf)*, Krankenhäuser, Grundschulen und weiterführende Schulen, staatliche und private Arztpraxen, öffentliche Bäder, Moscheen und Koranschulen.

Viele der oft aus nur ein bis zwei Personen bestehenden Dienststellen sind in einem Gebäude untergebracht, so daß große Verwaltungsgebäude oder gar ganze durch Verwaltungseinrichtungen geprägte Stadtviertel weitgehend fehlen. Auf der Ebene der Provinzverwaltung *(Ostan)* kommen in den Provinzhauptstädten neben einer meist stärkeren Besetzung der zuvor genannten Behörden an zusätzlichen Funktionen hinzu:

militärische Standortfunktionen, statistische Ämter, Fach- und Hochschulen (Universitäten: z. B. Rasht, Tabriz, Hamadan, Isfahan, Mashhad, Rizaiyeh, Kerman, Ahwaz, Zahidan, Birjand und Kermanshah).

Im Grunde gilt aber auch für die Provinzhauptstädte, daß ihre Verwaltungen klein und physiognomisch im Stadtbild kaum wahrnehmbar sowie personalmäßig beschränkt sind. Damit unterscheidet sich die heutige Stadt doch in gewisser Weise von der des 19. und frühen 20. Jh., als der von der Krone eingesetzte Statthalter räumlich getrennt residierte und die an die Stadtmauer angelehnte Festung häufig ein eigenes Viertel oder Quartier bildete.

So liegt die Bedeutung städtischer Verwaltungsfunktionen weniger im politischen als vielmehr im sozioökonomischen Bereich. Die städtische Beamtenschaft mit ihren vergleichsweise sicheren und hohen Einkommen bedeutet Nachfrage nach Waren und Dienstleistungen. Mehr aber noch: die Konzentration der Verwaltung in der Stadt und das weitgehende Fehlen schulischer Bildungsmöglichkeiten und ärztlicher Krankenfürsorge im ländlichen Bereich zwingt bäuerliche wie nomadische Bevölkerung immer wieder zum Aufsuchen der Städte, wo dann zugleich — aus geschilderten Gründen (vgl. Abschn. 2.2.3) — auch das städtische Warenangebot des Bazarhandels in Anspruch genommen wird.

Gegenüber den Verwaltungsstellen der Zentral- und Provinzbehörden sind die Organe einer städtischen Selbstverwaltung verschwindend gering. Das der islamischen Gesellschaft wesensfremde Element einer städtischen Bürgerschaft (vgl. v. NIEUWENHUIJZE 1971) vermochte sich bis in die jüngste Vergangenheit niemals als politischer Faktor durchzusetzen. Das Fehlen eines Rathauses als Ausdruck städtischer Selbstverwaltung und die Ersatzfunktion von Bazar und Moschee als Stätten politischer Willensbildung und Diskussion sind oft betont worden (vgl. v. GRUNEBAUM 1955) und wurde gerade durch die innenpolitischen Ereignisse der Jahre 1978 und 1979 überzeugend bewiesen. Der erstmals unter den Qadjaren deutlich werdende Gegensatz zwischen der von weiten Teilen der Bevölkerung unterstützten Shia und der der Illegalität und Machtusurpation beschuldigten Krone (Tabakprotest, konstitutionelle Revolution; vgl. ALGAR 1969, KEDDIE 1966, 1969) muß im Grunde als Vorwegnahme der jüngsten politischen Entwicklung gesehen werden.

2.4.3.3. Wohnfunktionen

Der weitaus größte Teil städtischer Bausubstanz ist der Wohnfunktion vorbehalten. Seit den modernen Wachstumstendenzen der Städte und ihren enormen flächenhaften Erweiterungen haben sich vor allem seit dem Zweiten Weltkrieg zwei qualitativ wie quantitativ unterschiedliche Wohnquartiere herausgebildet: die altstädtischen Wohngebiete und die neuen Wohngebiete an der Peripherie der alten Bausubstanz.

Noch im 19. Jh. wiesen viele Städte, z. B. Isfahan (Abb. 69) oder Tehran (vgl. Karte 11), innerhalb ihrer Umwallung große freie Areale und landwirtschaftliche Nutzflächen auf, die eine stellenweise lockere und großzügige Bebauung auch mit Innenhofgebäuden und Gärten ermöglichte. Erst die durch natürliches Wachstum und Landflucht anwachsende städtische Bevölkerung bewirkte eine Verdichtung der altstädtischen Bausubstanz, zugleich damit aber eine Herabsetzung der hygienischen und sanitären Verhältnisse im Altstadtbereich. Die erzwungene Befriedung des Landes unter Reza Shah, die Öffnung der Städte durch Verkehrserschließung und Schleifung ihrer unnatürlichen Mauergrenzen sowie die vielerorts nicht mehr haltbare innerstädtische Situation leiteten von der Mitte der 30er Jahre die Entstehung zahlreicher neuer Wohnviertel außerhalb der Altstädte ein. Eine starke wirtschaftliche wie soziale Segregation der Bevölkerung waren die Folge.

Generell kann man sagen, daß die Abwanderung vor allem der wohlhabenden

Bevölkerungsschichten aus den altstädtischen Wohnquartieren zu einer materiellen Verarmung der Altstädte führte. Sozial Benachteiligte und wirtschaftlich Minderbemittelte blieben im Altstadtbereich zurück; die von den Wegziehenden zurückgelassenen Wohnungen und Häuser wurden entweder von den ärmeren Nachbarn übernommen oder aber durch vom Lande nachrückende Bevölkerung besetzt. So sind für viele altstädtische Wohnquartiere heute u. a. folgende Merkmale kennzeichnend:

— Wohngebiet sozial niedrig bewerteter Bevölkerungsgruppen;
— immer noch geringer hygienischer und sanitärer Erschließungsstand;
— geringer Anteil von Grünflächen;
— hohe Bevölkerungsdichte und noch höhere Wohndichte;
— geringe und traditionelle Infrastruktur;
— hohe Bevölkerungsmobilität.

Gerade auf diesen letzten Punkt, eine hohe und auch innerstädtische Bevölkerungsmobilität, hat MOMENI (1976, S. 75 ff.) am Beispiel Malayer hingewiesen; seine Befunde und ihre Begründung dürften für die meisten anderen Klein- und Mittelstädte Berechtigung haben. Verfall der Bodenpreise im Altstadtbereich und Bodenpreisdifferenzierung innerhalb der Städte (MOMENI 1976, VIEILLE 1970) sind Ausdruck dieses bis heute anhaltenden Entmischungsprozesses.

Ein Überblick über das städtische Wohnen wäre unvollständig, würde man nicht das Problem marginaler Wohnformen ansprechen. Auf die Rolle der peripheren Teile altstädtischer Bazare als Wohngebiet ländlicher oder nomadischer Zuwanderer wurde bereits hingewiesen. Auch die am Rande vieler Städte aufgeschlagenen Zeltlager von Nomaden, die ihre traditionelle Lebens- und Wirtschaftsweise zugunsten einer Seßhaftwerdung in den Städten aufgeben wollen, gehören in diese Gruppe. Echte Slums, d. h. Lager aus Blechkanistern, Wellblechen, Pappe und Zeltplanen ohne jegliche sanitäre Einrichtung und ohne Wasserversorgung, findet man demgegenüber überraschend wenige. Zwar gibt es einzelne, meist kurzlebige Lager, z. B. im S und E Tehrans, doch gelang es bisher meist schnell, zumindest die Bewohner kleinerer Slums umzusiedeln und teilweise sozial wie wirtschaftlich zu integrieren. Äußerst problematisch sind demgegenüber die Wohn- und Arbeitsbedingungen vieler Ziegeleiarbeiter und sonstiger Randgruppen, die am Rande etlicher Städte unter z. T. menschenunwürdigen Bedingungen in Erdhöhlen oder primitivsten Hütten oder am Rande von Ziegeleigruben und ohne Hoffnung auf Veränderung ihrer Situation leben. Die großen Ziegelbrennereien im S Tehrans an der Straße nach Saveh und bei Ray sind ebenso berüchtigte Beispiele wie die großen Ziegeleiareale am Rande anderer iranischer Großstädte.

Aus der Wohnfunktion der Städte ergibt sich eine nicht unbeträchtliche Nachfrage nach Waren und Dienstleistungen, die die eigentliche Grundsubstanz der städtischen Wirtschaft bildet. Aber auch hier gilt es zwischen Groß- und Kleinstädten zu unterscheiden. In den größeren Städten reicht die städtische Bevölke-

2. Die Lebens- und Wirtschaftsbereiche und ihre Wandlungen

rung und die von ihr ausgehende Nachfrage aus, ein differenziertes Waren- und Dienstleistungsangebot aufzubauen und zu erhalten. Kleinstädte mit ihrem im Hinblick auf die Eigenbevölkerung hypertrophen Geschäftsbesatz sind demgegenüber in sehr viel stärkerem Maße auf ihr ländliches Hinterland ausgerichtet. Einen besonderen Stellenwert erhält die Wohnfunktion in einer Stadt in solchen Fällen, wenn ländliche Grundeigentümer zugleich städtische Händler und Kaufleute sind oder hohe Positionen in der Verwaltung bekleiden. In diesen keineswegs seltenen Fällen verschärft sich die Dominanz der Städte über ihr agrares Hinterland durch eine Reihe z. T. früher angesprochener Mechanismen:

— der Abfluß von Geld oder Naturalien (Rentenkapital) an die in der Stadt residierenden Grundherren erhöht deren Nachfrage nach städtischen Waren und Dienstleistungen und stärkt damit die Wirtschaftskraft der Stadt;
— Verschuldung ländlicher Bewohner bei städtischen Kaufleuten und/oder Grundeigentümern bindet zusätzliche ländliche Kaufkraft an die Städte;
— städtisch konzentrierte Verwaltung wirkt in der gleichen Richtung und verschafft den Städten vor allem dann Vorteile, wenn das agrare Umland betreffende Verordnungen von städtischen Beamten, die zugleich Grundbesitzer sind, in ihrem Sinne ausgelegt werden.

Daß dies in der Vergangenheit häufig der Fall war (Landreform) und z. T. noch heute ist, dürfte unbestritten sein.

2.4.4. Industrialisierung und Stadtentwicklung

Der Überblick über die Wirtschaftsstruktur des Landes im qadjarischen Persien (vgl. Kap. III, Abschn. 6), aber auch die Ausführungen über die städtische Wirtschaft der 60er Jahre (vgl. Tab. 51) müssen den Eindruck erwecken, als sei die Industrialisierung bisher spurlos am Lande und seiner Bevölkerung vorübergegangen. Daß dies für weite Teile des Landes bis heute zutrifft, ist nicht zu leugnen. Dennoch lassen sich erste großangelegte Industrialisierungsversuche bis in die späten 30er Jahre zurückverfolgen.

2.4.4.1. Der Industrialisierungsprozeß

Im Rahmen seiner Modernisierungs- und Verwestlichungsversuche trachtete Reza Shah, auch die Industrie des Landes zu entwickeln. Die nächstliegende Möglichkeit, den Erdölsektor zum Ausgangspunkt des Industrialisierungsprozesses zu machen, entfiel wegen dessen Beherrschung durch britisches Kapital. Da andere Ressourcen nicht bekannt oder erschlossen waren, wurde der mühsame Weg der Industrialisierung auf der Grundlage der Entwicklung und Ertragssteigerung der Landwirtschaft eingeschlagen. Vor allem die kaspischen Küstenprovinzen und die Bewässerungsoase von Isfahan erfuhren eine nachhaltige Förderung ihres Reis-

und Baumwollanbaus, auf deren Grundlage um 1940 und mit deutscher, nicht zuletzt aus politischen Interessen gewährter Hilfe im kaspischen Tiefland, in Tehran und Isfahan erste große Textilfabriken entstanden. Die Leistung dieser ersten Industrialisierungsphase ist erst dann richtig zu bemessen, wenn man sich vor Augen hält, daß (nach BHARIER 1971) 1925 nur acht industrieähnliche Betriebe bestanden, ihre Zahl zwischen 1926 und 1941 aber um 92 auf etwa 100 anwuchs.

Nach KORBY (1977, S. 60) belief sich 1941 die Gesamtzahl der Industriebeschäftigten — ohne den Ölsektor mit etwa 25 000 Beschäftigten — auf nur 37 000, die in 104 Unternehmen industriellen Charakters tätig waren. Von diesen Betrieben waren nur wenige (nach KORBY 1977 nur ein Betrieb: die AIOC mit 25 000 Beschäftigten!) Unternehmungen in ausländischen Händen; 22 der größten wurden in staatlicher Regie bewirtschaftet. Angesichts der erwähnten Bemühungen, die Industrialisierung über die Belebung der Agrarwirtschaft zu entwickeln, verwundert nicht, daß Textilindustrien (41 Betriebe mit 26 197 Besch.) und nahrungsmittelproduzierende Betriebe (33 Betr./3675 Besch.) dominierten. Auch wenige Jahre später (1947), als sich die Zahl der Betriebe zwar auf 175 (Ende 1947: 182 Betriebe) und die der Beschäftigten auf etwa 48 500 (BHARIER 1971, S. 179) gesteigert hatte, blieben Textilindustrie (74 Betr./30 165 Besch.) und Nahrungsmittelherstellung (53 Betriebe/7040 Besch.) die führenden Sektoren, gefolgt von so typisch frühindustriellen Produktionsrichtungen wie Streichholzfabrikation (11/4035), Glasmanufakturen (5/1045) sowie Lederverarbeitung (7/610) und Seifenherstellung (6/230), aber auch chemischen Werken (8/1415).

Krieg und Stagnation der Nachkriegsjahre bedeuteten nicht nur das Ende der ersten Industrialisierungsphase, sondern leiteten zugleich eine etwa 25 Jahre während Phase verlangsamten Wachstums ein. Zwar wuchs auch während dieser Zeit das ›industrielle‹ Arbeitsplatzangebot stetig an, doch muß davon ausgegangen werden, daß der weitaus größte Teil dieser Arbeitsplätze eher handwerklicher oder gewerblicher Art war (vgl. Tab. 51 und 52). Den von den Volkszählungen der Jahre 1956 und 1966 ausgewiesenen 815 700 bzw. 1,3 Mill. industriellen Arbeitnehmern stehen für das Jahr 1967 die in Tab. 52 zusammengestellten Ergebnisse eines vom iranischen Wirtschaftsministerium durchgeführten Industriesurveys gegenüber.

Die Tatsache, daß noch 1967 etwa 96 % aller iranischen Betriebe weniger als 10 Beschäftigte aufwiesen und nur 16 Betriebe als Großbetriebe mit über 1000 Arbeitern angesprochen werden können, bestätigt die schon zuvor geäußerte Skepsis am ›Industrie‹-Begriff der amtlichen iranischen Statistik. Bis zum Jahre 1350 (1971/72) hatte sich die Zahl der Betriebe mit zehn und mehr Beschäftigten von den in Tab. 52 genannten 4500 auf immerhin 6626, die Zahl der Arbeitnehmer von 222 436 auf 305 219 gesteigert (Statistical Yearbook 1973, Tehran 1976) und ist seitdem ständig weiter gewachsen, doch reichen diese Zuwachsraten kaum aus, um schon jetzt von einem nachhaltigen Industrialisierungsgrad der iranischen Wirtschaft zu sprechen.

Tab. 52: *Zahl und Größe von Industriebetrieben in Iran, 1967*

Größe der Industriebetriebe	Zahl der Betriebe	Zahl der Arbeiter	Arbeiter/ Betrieb
über 1 000 Besch.	16	28 836	1 800
50—1 000 Besch.	570	128 261	225
10—50 Besch.	3 914	65 339	17
unter 10 Besch.	156 223	458 891	3
Zusammen	160 723	681 327	4

Quelle: BHARIER 1971.

2.4.4.2. Die Städte als Industriestandorte

Die Entwicklung der iranischen Industrie und ihre räumliche wie sektorale Diversifikation von den Anfängen bis in die frühen 70er Jahre wurde soeben von KORBY (1977) untersucht und veröffentlicht. Der hier besonders interessierende regionale Aspekt des Industrialisierungsvorganges belegt, daß fast ausschließlich Städte zu Standorten der neuen Industrie wurden und daß die zeitliche wie sektorale Entwicklung der Industrien charakteristische Abläufe und Differenzierungen aufweist, die Tehran in erster Linie, sodann die Groß- bzw. Provinzhauptstädte als Standorte bevorzugen, die große Masse der Klein- und Mittelstädte aber vom Industrialisierungsprozeß ausschließt.

Die industrielle Entwicklung der Großstädte. — Wie bereits erwähnt, ist erst seit etwa 1940 mit der Herausbildung industrieller Schwerpunkte in Iran zu rechnen. Abgesehen von den unter Reza Shah im kaspischen Tiefland planmäßig angelegten Textilfabriken von Behshar und Shahi (vgl. KOPP 1973) sowie der Seidenfabrik von Chalus (vgl. EHLERS 1971) treten in der Zeit vor dem Zweiten Weltkrieg allein Isfahan, ebenfalls als Standort textilverarbeitender Industrien (KORTUM 1972), Tabriz (überwiegend Chemie) und Tehran (Textil, Nahrungsmittel und Baustoffindustrie) hervor. Wie Karte 9 belegt, haben sich bis 1963 diese Standorte nicht nur erheblich vergrößert und sektoral z. T. beträchtlich differenziert, sondern neue sind hinzukommen: Ardabil, Kazvin, Semnan, Kashan sowie die Provinzhauptstädte Yezd, Shiraz und Mashhad. Auch in diesen neuen Standorten dominieren die auf Textilherstellung ausgerichteten Konsumgüterindustrien noch gänzlich oder überwiegend. Erst für 1973 läßt sich eine zunehmende regionale wie sektorale Differenzierung des Industrialisierungsprozesses erkennen. Als neue Industriestandorte treten die Provinzkapitalen Kerman, Ahwaz, Hamadan, Kermanshah, Rizaiyeh und Rasht mit z. T. differenziertem Produktionsspektrum hervor, daneben einige kleinere Städte.

IV. Das heutige Iran — Traditionelle und moderne Aspekte

Die sektorale wie regionale Aufgliederung der heutigen Industrie Irans beweist demgegenüber nach wie vor, daß viele Industriezentren durch fast einseitige Ausrichtung ihrer Produktionszweige gekennzeichnet sind: so sind 1973 noch Yezd, Kashan, Behshahr, Gorgan und Isfahan ausschließlich oder ganz überwiegend durch Textilherstellung, Kerman, Hamadan und Ardabil ebenso einseitig durch — z. T. gewerbliche — Teppichmanufaktur geprägt. Kombinationen von Nahrungsmittelherstellung und Textilfabrikation (bzw. Teppichmanufaktur!) prägen Standorte wie Mashhad, Nishabur, Rizaiyeh, Maragheh, Karaj u. a. Orte. Es ist klar, daß gerade diese auf der Verarbeitung landwirtschaftlicher Produkte sowie auf der Einbeziehung billiger ruraler Arbeitskraft basierenden Industriezweige das präindustriell angelegte Übergewicht der Stadt gegenüber ihren Hinterländern in den letzten Jahren verstärkt haben. Anders, und vor allem in der historischen Dimension, ausgedrückt: nach einer etwa 20 Jahre währenden (1940—1960) Periode der Stagnation in der industriellen Entwicklung Irans kommt es zunächst zu einer erheblichen regionalen Ausweitung des Industrialisierungsprozesses, die vor allem in den Provinzhauptstädten und in den größeren ländlichen Mittelpunktzentren zu einer Verschärfung des Stadt-Land-Gegensatzes führt. Zur gleichen Zeit beginnt Tehran als nationale Metropole, unter Verzicht auf seine führende und dominierende Rolle als Zentrum der billigen Bedarfsgüterindustrie, seit 1960 seine Vorherrschaft als Standort gehobener Konsum- und Produktionsgüterindustrien auszubauen und sich damit zum unbestrittenen Industriezentrum des Landes mit einer weiten sektoralen Differenzierung der Produktion zu etablieren.

Der Sonderfall Tehran. — Die sich bereits Mitte der 60er Jahre abzeichnende Sonderstellung des Großraums Tehran auch als Industriestandort hat sich bis zur Gegenwart hin verstärkt. Im Gegensatz zu der Situation der Vorkriegszeit sind heute 45 % aller Industriebetriebe mit etwa 40 % aller Beschäftigten auf den Großraum Tehran konzentriert (Korby 1977, S. 121 ff.). Bemerkenswert für die Bewertung nicht nur der zentralörtlichen Hierarchisierung Irans, sondern auch für die Stadt wie Land in gleicher Weise beherrschende Sonderstellung der Hauptstadt ist die Tatsache, daß Tehran auf den anderswo dominierenden Sektoren Nahrungsmittel- und Textilproduktion zwar im nationalen Vergleich nach wie vor mit führend ist, beide Sektoren mit 28,8 % bzw. 14,4 % aller in diesen Industriezweigen Beschäftigten des Landes jedoch nur vergleichsweise geringe Anteile darstellen. Um so größer ist das Gewicht der nationalen Metropole auf etlichen hochspezialisierten und komplizierten Industriezweigen, wo sie die absolute Vorherrschaft besitzt: Kunststoffverarbeitung (92,4 % aller iranischen Besch.), Möbel (91,7 %), Druck- und Verlagswesen (91,5 %), metallverarbeitende Industrien (88,9 %), Gummiverarbeitung (88,2 %), Schuhe und Bekleidung (84,7 %), Papier und Papierprodukte (80,3 %), Fahrzeugbau (75,3 %), Chemie (67,9 %) usw. Mit dieser Konzentration hat die Landeshauptstadt in den letzten Jahren ihre ohnehin unbestrittene Vormachtstellung innerhalb Irans weiter ausgebaut.

2. Die Lebens- und Wirtschaftsbereiche und ihre Wandlungen 295

Industrialisierung kleiner Städte. — Die Aufarbeitung allen verfügbaren Datenmaterials durch KORBY (1977) zeigt, daß der Großteil der iranischen Klein- und Mittelstädte bisher nicht in den Industrialisierungsprozeß einbezogen wurde. Abgesehen vielleicht von einigen kleineren Standorten mit Aufbereitungsindustrien für landwirtschaftliche Produkte, wie z. B. Zuckerrüben (vgl. KORTUM 1977), Baumwolle oder Obst, fehlen echte Industrien in Klein- und Mittelstädten weitgehend. Typisch ist vielmehr jene schon erwähnte gewerblich-manufakturelle Struktur des sekundären Sektors, der sich nicht nur in der Betriebsgrößenstruktur mit der Vorherrschaft kleiner Familienbetriebe mit meist nur zwei oder drei Beschäftigten ausdrückt, sondern auch in deren ausgesprochen traditionellem Spektrum wirtschaftlicher Aktivitäten (vgl. z. B. BONINE 1975, CONNELL 1969, COSTELLO 1976, MOMENI 1976 u. a.). Wenn auch in den letzten Jahren die industrielle Dezentralisierung einzelne Klein- und Mittelstädte außerhalb des Ballungsraumes Tehran erreicht hat (z. B. Marvdasht, Arak u. a.), so verharrt andererseits die große Zahl der Kleinstädte noch in tradierten Mustern der Wirtschaftsstruktur, wie sie im Prinzip denen des 19. Jh. entsprechen.

Insgesamt wird man sagen können, daß die Industrialisierung die Kluft zwischen Stadt und Land erweitert hat. Vor allem hat sie das schon zuvor bestehende Gefälle zwischen Groß- und Provinzstädten auf der einen und der großen Masse der Klein- und Mittelstädte auf der anderen Seite vergrößert, so daß heute mehr denn je eine wirtschaftliche wie soziale Hierarchisierung des iranischen Städtewesens zu beobachten ist.

2.4.5. Zur Hierarchie der Städte in Vergangenheit und Gegenwart

In der bisherigen Betrachtung der Städte und ihrer ökonomischen Grundlagen wurde die These vertreten, daß vor allem die Versorgungsfunktionen für das agrare Umland die Grundlage städtischer Wirtschaft bildeten und bei größeren Städten die Kaufkraft der eigenen Stadtbevölkerung das wesentliche Fundament ihres Handels und Gewerbes sei. Schon die Betrachtung der Verwaltungsfunktionen und mehr noch der Industrialisierung zeigte aber, daß auch die Städte untereinander und voneinander abhängig sind. Anders jedoch als im echten zentralörtlichen System westlicher Industrieländer, wo kleine nachgeordnete Zentren auch übergeordnete Großstädte z. B. mit Waren und Dienstleistungen versorgen können, weist das iranische Städtewesen eine strenge hierarchische Gliederung auf. Sie besteht darin, daß *jedes übergeordnete Zentrum alle nachgeordneten Zentren versorgt.* Diese These, an anderer Stelle ausführlicher dargestellt (EHLERS 1978), kann durch mehrere Befunde belegt werden.

a) Das nationale Distributionssystem von Waren: Wie bereits mehrfach betont und ausführlich dargestellt, verfügen fast alle Städte kleiner und mittlerer Größe über festumrissene, ja konkurrenzlose agrare Hinterländer, deren Produkte sie

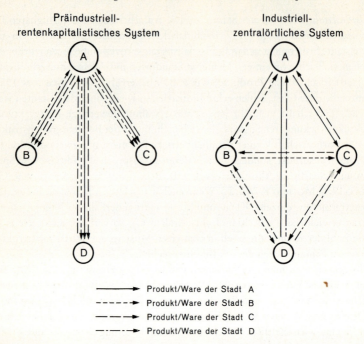

Abb. 53: *Schema zwischenstädtischen Produkten- und Warenaustauschs* (Entw.: EHLERS 1978).

vermarkten und deren Bedürfnisse an Waren und Dienstleistungen sie befriedigen. Andererseits stammt, wie jüngere Untersuchungen eindeutig nachgewiesen haben (MOMENI 1976, EHLERS 1977), ein Großteil des klein- und mittelstädtischen Warenangebots aus der Belieferung durch großstädtische Groß- oder Zwischenhändler, die ihrerseits — mit Ausnahme der Metropole Tehran — über klar definierte Absatzmärkte verfügen. Generell scheint es, als ob Provinzhauptstädte zugleich Mittelpunkte des Großhandels und der Belieferung aller untergeordneten Märkte ihres Verwaltungsbezirkes sind.

Es spricht vieles dafür, daß die Warendistribution in Iran, d. h. die Belieferung des Marktes mit Dingen des täglichen wie des nichttäglichen Bedarfs nicht gleichen rationalen Gesetzmäßigkeiten unterliegt wie z. B. diejenige in den meisten westeuropäischen Ländern. Hervorragendes Indiz für diese Behauptung ist der so gut wie fehlende Warenaustausch zwischen kleinstädtischen Produktions- und Vermarktungszentren. Ähnlich wie die umständliche Vermarktung agrarischer Produkte scheint auch die Belieferung der kleinstädtischen Märkte ganz einseitig von der Provinz- oder Landeshauptstadt her dominiert zu sein.

Dies bedeutet z. B., daß in vielen Fällen die Belieferung eines kleinstädtischen

Bazars mit einem Produkt, das in der benachbarten Kleinstadt produziert wird, nicht von hier, sondern über den Umweg über die dominierende Provinz- oder Landeshauptstadt erfolgt. Die vollständige Beherrschung des Großhandels und der nationalen Warenverteilung durch die Provinzhauptstädte, vor allem durch die Metropole Tehran bewirkt aber eine ungeheure Akkumulation von handelsbedingtem Mehrwert, der damit ganz überwiegend den großstädtischen Zentren des Landes zugute kommt. Nach MOMENI (1976, S. 115) entfielen ca. 80 % des 1967 durch Großhandelsgewinne in Iran erwirtschafteten Mehrwertes von 21 Mrd. rial allein auf den Tehraner Großraum.

b) Das städtische Warenangebot und das Käuferverhalten: Die Vorherrschaft der größeren Städte Irans, vor allem der größeren Verwaltungsmittelpunkte, nicht nur gegenüber dem flachen Lande, sondern auch gegenüber den Klein- und Mittelstädten, wird akzentuiert durch die spezifische Struktur des städtischen Warenangebots und des Käuferverhaltens. Man kann dieses Phänomen vielleicht am besten als *Usurpation der Bedarfsdeckung* bezeichnen. Damit ist gemeint, daß größere Städte für ein weites Umland, oft unter Umgehung städtischer Mittelpunktsiedlungen niedriger Zentralität, die Bereitstellung ausgesprochen agrarischer Produktionsgüter übernehmen und damit nachgeordnete Klein- und Mittelstädte aus dem Verteilungssystem von Waren ausschließen. Umgekehrt werden sie selber bei der Vermarktung hochwertiger Produkte von der Landesmetropole Tehran verdrängt, die damit auch auf dem Einzelhandelssektor eine dominierende Sonderstellung beansprucht. Dies hat vor allem BONINE (1975) am Beispiel des zentraliranischen Yezd und seines Hinterlandes im Hinblick auf städtisches Warenangebot und ländliches Käuferverhalten eindrucksvoll belegt (vgl. dazu auch EHLERS 1978).

c) Heimgewerbe und Manufakturwesen: Schon im Zusammenhang mit den Ausführungen über das ländliche Heimgewerbe und Manufakturwesen wurde auf die parasitäre Mittlerfunktion der Kleinstädte hingewiesen. Wie inzwischen mehrere Studien aber beweisen, bedeutet gerade diese Mittlerstellung nichts anderes, als daß die Kleinstädte als Vorposten und Brückenköpfe großstädtischer Wirtschaftsinteressen fungieren und damit selbst abhängig sind. Zusammenfassende Belege für diese These finden sich bei EHLERS (1978).

Faßt man die verschiedenen Aspekte sowohl des Stadt-Umland-Verhältnisses als auch der zwischenstädtischen Beziehungen zusammen, so ergibt sich eine klare dreifache Hierarchisierung des heutigen iranischen Städtewesens.

Tehran als nationale Metropole, gekennzeichnet durch eine Kombination verschiedener höchstrangiger Funktionen:

— Verwaltungs- und Regierungsmittelpunkt eines stark zentralistisch geordneten Staates;
— bevorzugter Residenzort der nationalen, aber auch regionalen Elite (Grundeigentümer, Kaufleute, Stammesaristokraten usw.);
— mit Abstand dominierendes Handelszentrum des Landes, wobei tradierte Praktiken des Rentenkapitalismus noch heute eine starke Rolle spielen;

- größter Industriestandort des Landes, dessen hochspezialisierte Differenzierung und Konzentration dem Großraum Tehran die Vorherrschaft bei der Produktion und Distribution industrieller Erzeugnisse sichert;
- internationales Banken-, Versicherungs- und Konzernzentrum.

Die Summation aller dieser Faktoren bedingt, daß zumindest seit dem frühen 20. Jh. und bis in die Gegenwart hinein letztlich *Gesamtiran als Hinterland von Tehran* zu gelten hat und alle Teile des Landes von ihm, direkt oder indirekt, abhängig sind. Die Provinzmetropolen sind dabei das Bindeglied zwischen Tehran und dem Rest des Landes.

Provinzzentren/Großstädte sind eindeutig nachgeordnet und in ihren Funktionen weniger differenziert. Diese konzentrieren sich vor allem auf:
- stark beschränkte und von Tehran bestimmte Verwaltungsfunktionen;
- z. T. bedeutende Residenzorte ländlicher Grundeigentümer;
- Handelsmittelpunkte fest umrissener Hinterländer, die meist mit Verwaltungsgrenzen auf *Ostan-* oder *Shahrestan-*Ebene identisch sind;
- neuerdings z. T. Industriestandorte mit allerdings beschränktem Produktionsspektrum, meist Textilfabrikation und Nahrungsmittelverarbeitung.

Ein besonderes Kennzeichen der Provinz- und Großstädte ist, daß die Kommunikation untereinander immer noch schwach entwickelt ist. Dies gilt nicht nur für den Verkehrssektor, sondern auch für die Distribution von Waren und Dienstleistungen. Hier erfüllen Provinz- und Großstädte die schon angesprochene Mittlerfunktion zwischen Tehran sowie den vielen Klein- und Mittelstädten des Landes.

Klein- und Mittelstädte stellen auf einer untergeordneten Ebene nichts weiter als Spiegelbilder der Provinzzentren dar. Sie fungieren als zentrale Orte und Mittelpunkte für meist wiederum durch Verwaltungsgrenzen *(Shahrestan, Dehestan)* definierte Umländer, deren Terrain sie konkurrenzlos beherrschen. Als solche kombinieren sie noch heute zentralörtliche Funktionen mit rentenkapitalistischen Praktiken, so daß die Kluft zwischen Stadt und Land im sozioökonomischen Sinne sehr viel stärker ausgeprägt ist als z. B. bei uns. Andererseits aber erscheinen auch die Klein- und Mittelstädte bereits fremdbestimmt, indem ihre wirtschaftlichen Aktivitäten von den Provinz- und Großstädten sowie von Tehran her beeinflußt werden und sie somit eine Art ›Brückenkopffunktion‹ für die übergeordneten Zentren des Landes wahrnehmen.

Die in Abb. 54 dargestellte Vereinfachung der Hierarchie städtischer Siedlungen verdeckt zum einen ganz zweifellos vorhandene Zwischen- und Übergangsformen innerhalb des hier erfaßten Spektrums. Andererseits verkürzt sie die Palette weiterer zentralörtlicher Untergliederungen unterhalb der Kleinstadtebene, die BONINE (1975) und EHLERS (1975) an regional begrenzten Einzelbeispielen erstellt haben und auf die verwiesen sei. Abb. 54 erklärt aber auch hinreichend das in der Literatur mehrfach diskutierte unterschiedliche Wachstum der Städte Irans, das vor allem BOBEK (1958, 1967) als Ergebnis der Konzentration des Rentenkapitals in den großen Städten deutet (vgl. auch SCHWEIZER 1971). Die vorausgehende

2. Die Lebens- und Wirtschaftsbereiche und ihre Wandlungen

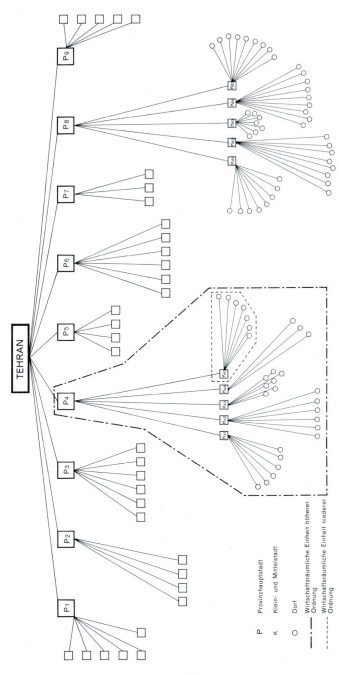

Abb. 54: *Schema der siedlungsgeographischen Hierarchisierung in Iran* (nach EHLERS 1978).

Analyse zeigt, daß dies jedoch nur *ein* Faktor unter mehreren ist. Vor allem das überdurchschnittliche Wachstum der Hauptstadt Tehran (vgl. Tab. 49) ist heute bereits so sehr von exogenen Faktoren bestimmt, daß es weniger als orientalisch-rentenkapitalistisch, sondern vielmehr als typisch für das vieler Metropolen in Ländern der Dritten Welt gelten kann.

2.5. Verhältnis Stadt–Land–Nomade einst und heute

Waren noch im frühen 20. Jh. Städte, und auch hier nur die größeren, aus der Sicht der Zentralregierung Oasen der Ruhe, Ordnung und Stabilität und das flache Land in einem mehr oder weniger ausgeprägten Zustand der Anarchie mit den Nomaden als den eigentlichen politischen und militärischen Herren des Landes, so hat sich dieser Zustand seit etwa 1930 grundlegend gewandelt. Daß dies weniger ein Ergebnis der oftmals und vor allem den Nomaden gegenüber brutalen Pazifizierungspolitik Reza Shahs ist, wird in der weitgehenden Aufgabe der Zwangsansiedlung und in der Rückkehr ganzer Stammesfraktionen zum Nomadismus nach der Absetzung Reza Shahs durch die Engländer deutlich. Es erscheint angemessener, in der allgemeinen wirtschaftlichen und sozialen Entwicklung des Landes, in seiner Modernisierung und zunehmenden Verwestlichung den Motor des Wandels und des heutigen Primats der Städte zu sehen.

Mechanismen dieses Wandels sind, soweit sie dem Geographen zugänglich und faßbar sind, tiefgreifende strukturelle Veränderungen der Stadt, des ländlichen Raumes sowie der nomadischen Weidewirtschaft. Die wesentlichsten Aspekte des Wandels lassen sich wie folgt und zunächst aus der Sicht der *Stadt* skizzieren:

— mit der Wiederherstellung der Zentralgewalt konnten sich die Städte als unbestrittene politische und militärische, allerdings hierarchisch abgestufte Mittelpunkte des Landes fest etablieren;
— diesem Charakter der Zentralörtlichkeit entspricht die Tatsache, daß bis vor kurzem und weitgehend auch heute noch nur die Städte öffentliche, staatliche wie private Dienstleistungen bereithalten, die auf dem Lande fehlen, aber beansprucht werden;
— aus der Funktion der Städte als Residenz ländlicher Grundeigentümer entwickelten sie ein vielfältig fundiertes sozioökonomisches Abhängigkeitsverhältnis des Landes von der Stadt;
— Industrialisierung und wirtschaftliche Entwicklung bleiben bisher auf die Städte beschränkt, initiieren Landflucht von Bauern und Seßhaftwerdung von Nomaden und fördern damit städtisches Wachstum.

Alle diese zuvor näher ausgeführten Aspekte begründen die heute überwältigende Dominanz der Städte, die es mehr denn je verstanden haben, sich den ländlichen wie nomadischen Lebensraum unterzuordnen und in die städtische Wirtschaft zu integrieren.

2. Die Lebens- und Wirtschaftsbereiche und ihre Wandlungen

Auf dem *Lande* hat vor allem die Landreform soziale wie wirtschaftliche Strukturen in Bewegung gebracht und verändert (vgl. auch TUMA 1970):

— Die Landreform hat die weitgehende soziale Homogenität des ländlichen Raumes aufgebrochen und eine Kluft zwischen Landeigentümern und Landlosen aufgerissen;
— hohe Geburtlichkeit, abnehmende Sterblichkeit und die negativen Folgen des islamischen Erbrechts bei vorherrschender Kleinbetriebsstruktur bewirken immer stärkere soziale wie regionale Mobilität;
— die geringe Verfügbarkeit agrarkolonisatorisch erschließbarer Landreserven vermag die schnell wachsende ländliche Bevölkerung nicht aufzufangen;
— bessere Infrastruktur, vielfältige Arbeitsmöglichkeiten sowie ›urbane Lebensbedingungen‹ wirken somit ausgesprochen attraktiv auf Landbewohner.

Die *Nomaden* unterliegen demgegenüber einer Reihe von Push- und Pullfaktoren, die von Stadt und Land in gleicher Weise auf sie einwirken. Es sind vor allem:

— Verlust der traditionellen Weidegründe im Gefolge der Landreform;
— weitgehender Mangel an jeglicher Versorgung mit öffentlichen und privaten Diensten;
— mangelhafte Anpassung des traditionellen Nomadismus an den modernen Strukturwandel des Landes.

Angesichts der offensichtlichen Benachteiligung der Nomaden, ja ihrer Vernachlässigung im Prozeß des sozioökonomischen Wandels verwundert nicht, daß sie als die eigentlichen Verlierer der modernen Wandlungen Irans zu sehen sind. Ihre freiwillige Sedentarisation, wo immer sich geeignete Möglichkeiten im ländlichen Raum oder an der Peripherie der Städte bieten, und ihr schneller zahlenmäßiger Rückgang lassen sie heute bereits als eine Minderheit erscheinen. Wenn P. W. ENGLISH (1973) für den gesamten islamischen Orient ›the passing of the ecological trilogy‹ konstatiert und in diesem Zusammenhang zu dem Ergebnis kommt, daß ›an entirely new cultural and social geography is emerging in this region — the quantitative and qualitative growth in urban life and urban power, the secularization of critical social classes, the destruction of pastoral tribes, and the integration of village communities into national societies‹ (ebda., S. 163/164), so gilt dies auch für Iran.

Die überwiegende Vorherrschaft der Städte, die ganz im Gegensatz zu den Verhältnissen noch zu Beginn dieses Jahrhunderts steht, drückt sich in dem bereits genannten Phänomen (vgl. Tab. 49) einer schnellen und für viele Länder der Dritten Welt typischen Urbanisierung aus. Die Tatsache, daß dabei die größeren Städte schneller wachsen als die kleineren und daß vor allem Tehran absolut wie auch relativ an diesem Wachstumsprozeß führend beteiligt ist, ist ganz zweifellos Ausdruck der erwähnten sozialen wie wirtschaftlichen Hierarchie der Städte. Dieses stützt die These, wonach die Städte als dominierende Organisations- und Innovationszentren fungieren (WIRTH 1973), ihre Dominanz und wirtschaftliche Macht aber in rentenkapitalistischem Sinne nutzen (BOBEK, EHLERS). Die moderne, industriell beeinflußte Variante der urbanen Herrschaft über das Land hat den Unterschied zwischen Stadt und Land stärker als je zuvor hervortreten lassen und die traditionelle Lebens- und Wirtschaftsform des Nomadismus dabei weitgehend ausgelöscht.

3. Verkehr, Bergbau und Energiewirtschaft

Die durch die Entwicklung des Erdölsektors initiierten und im Rahmen der sog. ›Weißen Revolution‹ auf etliche Bereiche des täglichen Lebens und der Wirtschaft übertragenen Veränderungen haben, neben den aufgezeigten Wandlungen der traditionellen Lebens- und Wirtschaftsformen, eine Reihe weiterer Innovationen ausgelöst, die z. T. als Begleiterscheinungen, z. T. als Konsequenz dieses Wandlungsprozesses angesehen werden müssen. Sie betreffen einmal den Ausbau des Verkehrsnetzes als Voraussetzung und integrierenden Bestandteil der allgemeinen wirtschaftlichen Entwicklung. Zum zweiten haben die aus dem Erdölexport erwirtschafteten Deviseneinnahmen in den letzten Jahren die Erschließung neuer Lagerstätten von Eisenerzen, Kohle und Buntmetallen ermöglicht und damit Versuche eingeleitet, langsam von dem sich ohnehin erschöpfenden Reichtum an Erdöl und Erdgas unabhängig zu werden. Wenn diese Entwicklungen bisher auch in ersten Anfängen stecken, so beginnen sie sich doch in einer sich wandelnden Außenhandelsstruktur niederzuschlagen.

3.1. Verkehrsausbau und Verkehrsentwicklung

Um die im Laufe des 20. Jh. außerordentliche Entwicklung des Verkehrswesens in Iran verstehen und würdigen zu können, scheint es angebracht, sich der Ausgangssituation zu Beginn dieses Jahrhunderts zu erinnern (vgl. dazu Kap. III, Abschn. 6.2; auch EHLERS 1980, ISSAWI, Hrsg. 1971). Der Vergleich der damaligen Verkehrsverhältnisse (vgl. Karte 5) mit den heutigen Gegebenheiten (vgl. Karte 8) zeigt, daß im Hinblick auf Verlauf und Streckenführung der großen Handelsstraßen eine weitgehende Kontinuität besteht. Wenn sich auch das Straßennetz verdichtet hat und neue Transportmedien hinzugekommen sind, so sind die wichtigsten Fernstraßen Irans noch die des beginnenden 20. Jh. Wie so viele Veränderungen, geht auch der Ausbau der Verkehrsinfrastruktur in entscheidenden Punkten auf Reza Shah zurück. Seine größte Leistung auf diesem Gebiete war zweifellos die große transiranische Eisenbahn, deren Kosten aus den Einnahmen einer eigens eingerichteten Tee- und Zuckersteuer ermöglicht, mit deren Bau 1929 begonnen und die nach ungefähr zehnjähriger Bauzeit fertiggestellt wurde (vgl. dazu DIEKMANN 1939, 1942; EGGER 1949). Sie verbindet über 1435 km Länge die mit ihr erbauten Häfen Bandar Shah am Kaspischen Meer (heute verlandet) mit Bandar Shahpur am Persischen Golf. Auch im Straßenbau wurden bis Ausbruch des

Zweiten Weltkrieges erhebliche Leistungen vollbracht, darunter der Ausbau der Alborzstraßen (einschl. des Kandavantunnels in etwa 3000 m NN) sowie die Straßenverbindungen durch den Zagros. Die weitere Entwicklung des Verkehrsnetzes, in gleicher Weise Voraussetzung, Begleiterscheinung und Konsequenz des allgemeinen Entwicklungsprozesses, brachte nicht nur einen weiteren, seit 1965 verstärkten Ausbau und erhebliche qualitative Verbesserungen von Straße und Schiene, sondern auch immer stärker die Einbeziehung von Schiffen für den Import dringend benötigter Güter und von Flugzeugen für den stetig anwachsenden Personenverkehr zwischen den verschiedenen Teilen des Landes.

Straßenverkehr. — Noch 1956 betrug die Länge des gesamten asphaltierten Straßennetzes in Iran nicht mehr als 2045 km. Von dem auf etwa 48 000 km Gesamtlänge geschätzten Straßennetz waren demgegenüber im Jahre 1975 etwa 13 500 km asphaltiert. Daß auch dies für die modernen Erfordernisse eines sich schnell industrialisierenden und motorisierenden Landes vollkommen unzureichend ist, liegt auf der Hand. Nicht nur der Verkehr im unmittelbaren Umland der großen Ballungszentren, sondern auch auf den vielbefahrenen Fernstraßen wird durch die geringe Breite und den schlechten Erhaltungszustand vieler Straßen immer wieder behindert und erschwert. Musterbeispiele dieses oftmals mehr ruhenden als fließenden Verkehrs sind die Fernstraßen Tehran–Veramin bzw. Tehran–Karaj–Kazvin, eine Reihe der wichtigsten Alborztraversen oder auch Teile der Straße Tehran–Isfahan, insbesondere zwischen Qum und der Hauptstadt. Die Pläne eines auf zehn Jahre veranschlagten Straßenbauprogrammes, das die Laufzeit des 5. und 6. Entwicklungsplanes (1973—78, 1978!—1982) umfaßt, sieht als teilweise bereits realisierte Verkehrsprojekte den Bau bzw. die Fertigstellung von über 1700 km Autobahnen sowie den Neubau, die Fertigstellung oder den Ausbau von insgesamt fast 10 000 km Hauptstraßen vor (Details bei HOEPPNER 1976). Ob allerdings dieses Programm angesichts der jungen politischen Veränderungen im Lande beibehalten werden kann und/oder soll, muß abgewartet werden.

Ebenso ungelöst sind die städtischen Verkehrsprobleme, die vor allem Tehran (KORBY 1977) Tag für Tag lähmen und der städtischen wie nationalen Wirtschaft kaum abschätzbare Schäden zufügen. Wenn hier wie auch in anderen Großstädten versucht wird, durch Ringstraßen, Stadtautobahnen, Hochstraßen und immer neue Verkehrsführungen Abhilfe zu schaffen, so scheinen doch nur rigorose Lösungen (Untergrundbahnen, Einschienensysteme usw.) die innerstädtische Verkehrsproblematik spürbar beheben zu können. Auch im Hinblick auf den öffentlichen Personenverkehr (in Tehran z. B. 20 000 Taxis und 3000 Stadtbusse, dazu mehrere tausend Überlandbusse mit innerstädtischem Terminal!) müssen neue Regelungen gefunden werden.

Eisenbahn. — Das Eisenbahnnetz, zu Beginn unseres Jahrhunderts nur aus einer kurzen Strecke zwischen Tehran und dem Heiligtum des Shah Abdul-Azim in Ray bestehend, hat nach einer längeren Stagnation seit der Fertigstellung der transiranischen Eisenbahn seit Mitte der 60er Jahre eine ständige Erweiterung erfahren. Die wichtigsten Ausbauten betreffen die Verlängerung des nördlichen Endes von Bandar Shah nach Gorgan sowie die weitgehend in den späten 50er Jahren fertiggestellte W-E-Verbindung zwischen Mashhad–Tehran–Tabriz, womit zugleich wenig später der Anschluß an das europäische Eisenbahnnetz über die Türkei bzw. die UdSSR (Julfa) erreicht wurde. Allein über Julfa werden heute zwischen 500 und 800 Waggons täglich abgefertigt. Die frühen 70er Jahre brachten wesentliche Fortschritte im Ausbau der neuen Südachse von Qum über Kashan nach Isfahan bzw. nach Yezd, Bafq und Kerman, die heute bereits alle an das Bahnnetz angeschlossen sind. Die geplante Verlängerung von Kerman nach Zahidan wird den Anschluß des iranischen Eisenbahnnetzes an das pakistanische bringen. Die wichtigste, z. T. schon in Arbeit befindliche Trasse nach Bandar Abbas wird vor allem eine Entlastung des Straßenverkehrs bedeuten und die Effizienz des im Ausbau befindlichen Großhafens Bandar Abbas beträchtlich erhöhen.

Schiffsverkehr und Häfen. — Der Schiffsverkehr, der im Zusammenhang mit dem Export von Erdöl und Erdölderivaten schon immer eine besondere Rolle für die wirtschaftliche Entwicklung Irans spielte, hat in den letzten Jahren mit der steigenden Bedeutung von Importen einen grundlegenden Wandel erfahren mit dem Nebeneinander von Erdölexport- und Stück- bzw. Massengutimporthäfen. Das traditionelle Bild der Rohölexporte war bestimmt durch zunächst kleine Verladeeinrichtungen für Rohöl in Abadan, das über den Shat-al-Arab von Schiffen bis zu 15 000 BRT erreicht werden konnte. Mit der Fertigstellung der transiranischen Eisenbahn wurde neben dem neuen Hafen Bandar Shahpur ein neuer Ölhafen geplant: Bandar Mahshur. Durch die Kriegsereignisse verzögert, wurde der für Schiffe bis zu 40 000 BRT konzipierte Hafen erst 1948 in Betrieb genommen und die Verladeeinrichtungen von Abadan zugleich für die Verschiffung von Ölprodukten umgerüstet. Fast 15 Jahre lang erwiesen sich die neuen Anlagen als ausreichend. Erst steigende Exportraten und größere Schiffseinheiten, aber auch die bis vor wenigen Jahren instabilen politischen Verhältnisse am Shat-al-Arab (vgl. Koszinowski 1976) führten seit Beginn der 60er Jahre zu grundsätzlichen Neuplanungen. Bedingt durch die nicht erweiterungsfähigen Verladeeinrichtungen in Bandar Mahshur, entschloß man sich zum Neubau eines modernen Ölexporthafens auf der dem Festland etwa 30 km vorgelagerten Korallkalkinsel Kharg. Die Standortbedingungen sind hervorragend. Sie gestatten Schiffen bis zu 350 000 BRT an den über 2000 m langen Ladebrücken anzulegen. Die Insel wurde durch den Bau einer riesigen Tankfarm und deren Anschluß an das Pipelinenetz (vgl. Karte 6) innerhalb weniger Jahre zum größten Rohölexporthafen der Erde ausgebaut. Um auch Supertankern von 500 000 BRT das Laden von Rohöl zu ermöglichen, wurde vor der Insel Kharg eine künstliche Ladeinsel im Persischen

Golf errichtet. Damit erfüllen die Insel Kharg und die ebenfalls mit einem Rohölterminal ausgestattete Insel Lawan heute die Funktionen der Rohölexporthäfen Irans, während Bandar Mahshur, zum größten Petrochemiekomplex des Mittleren Ostens ausgebaut, auf den Export von Erdölderivaten und Flüssiggas spezialisiert ist. Der Hafen von Abadan ist heute von untergeordneter Bedeutung. Im gleichen Maße, wie steigende Ölexporte steigende Deviseneinnahmen in das Land schwemmten, stiegen auch die bislang eher spärlichen Importe ausländischer Waren, für deren sprunghaftes Anwachsen bisher keiner der traditionellen Häfen (Bandar Shahpur, Khurramshahr) gerüstet war (KORTUM 1971).

Die vollkommene Überlastung der iranischen Golfhäfen hat dazu geführt, daß vor der Revolution des Jahres 1979 mehrmonatige Wartezeiten für Schiffe der Regelfall waren (vgl. HOEPPNER 1976). Erst die Fertigstellung der Modernisierung bzw. des Ausbaus der drei großen Golfhäfen Bandar Abbas (vgl. SCHWEIZER 1972, VELSINK 1969), Bandar Shahpur und Khurramshahr auf Großhäfen von 15 Mill. t (Bandar Abbas) Jahreskapazität wird eine spürbare Verbesserung des Seehandels bringen. Am Kaspischen Meer sind heute nur die Häfen von Bandar Pahlavi und Nowshahr von Bedeutung, in ihrem Verkehrsaufkommen jedoch mit keinem der genannten Golfhäfen vergleichbar. Sie haben allerdings in den letzten Jahren ebenso wie die Eisenbahn von Julfa ein erheblich gestiegenes Verkehrsaufkommen, weil viele europäische Lieferanten wegen der langen Wartezeiten in den Golfhäfen den teueren Landweg über die UdSSR für ihre Warenlieferungen nach Iran vorziehen.

Flugverkehr. — Einen erheblichen Aufschwung hat in den letzten Jahren der internationale Flugverkehr genommen. Abgesehen von dem im interkontinentalen Flugverkehr bedeutsamen Großflughafen Tehran werden auch Abadan, Shiraz, Zahidan und Mashhad von internationalen Flügen bedient. Shiraz und Bandar Abbas verfügen zudem über zahlreiche Direktverbindungen zu den Scheichtümern am Persischen Golf und nach Oman. Alle anderen Flugplätze des Landes werden im Rahmen des nationalen Flugdienstes versorgt. Ein besonderes Kennzeichen der Streckenführung ist die nach wie vor massive Ausrichtung aller Flüge auf Tehran. Zwischenstädtische Verbindungen außerhalb des Tehranservices existieren bisher nur in ersten Ansätzen (1976: z. B. Direktflug Mashhad–Isfahan–Shiraz).

3.2. Bergbau und Energiewirtschaft

Verbesserte Verkehrserschließung, gestiegene Deviseneinnahmen und damit die Möglichkeiten des Einsatzes moderner und kostspieliger Explorationsmethoden, das Bestreben, neben Erdöl und Erdgas auch andere Bodenschätze zu erschließen, sowie die Bedürfnisse der schnell expandierenden Industriewirtschaft führten seit 1960 zu verstärkter Prospektionstätigkeit in allen Teilen des Landes.

Daß dabei bereits bekannte Lagerstätten den Ansatzpunkt für die weitere Lagerstättensuche bildeten, liegt auf der Hand.

Die wichtigsten *Kohlelagerstätten* Irans mit abbauwürdigen Vorkommen finden sich nach wie vor im zentralen Alborz sowie im Raum Kerman. Sie sind durchweg jurassischen Ursprungs und werden häufig in Form von primitiven Kleinschächten oder von Stollen, die vom Hang aus waagerecht in den Berg vorgetrieben werden, genutzt. Die bis zu 2 m, meist aber weniger mächtigen Flöze des Alborz dienen in erster Linie für den Eigenbedarf sowie für die Belieferung des Tehraner Marktes. Sowohl bei Karaj als auch im oberen Karajtal, zwischen Gachsar und Dizin, sowie nördlich von Tehran (Lar, Shemshak) wird der Kohleabbau in hunderten solcher kleinster Schachtanlagen betrieben. Dies gilt auch für das größte Fördergebiet des Alborz, das bei Galanrud auf der Nordflanke des Gebirges liegt. — Im Gegensatz zu den vielen, im übrigen schon von STAHL (1895 f.) beschriebenen Kleinvorkommen oft minderwertiger Kohle des Alborz finden sich in der Provinz Kerman auf weit über 150 Mill. t geschätzte Steinkohlenvorräte, die heute das bedeutendste Fördergebiet von Steinkohle in Iran sind und seit 1971 in einer Kokerei bei dem neuen Stahlwerk Isfahan verkokt werden.

Das zentrale Hochland von Iran mit dem Zentrum um Yezd-Bafq, nordwestlich von Kerman, ist auch das bedeutendste *Eisenerzgebiet*. Die weitaus meisten der auf etwa 50 Mill. t geschätzten gesicherten sowie der derzeit auf etwa 820 Mill. t vermuteten Erzvorräte Irans finden sich hier. Mit Fe-Anteilen von 60 bis 64 % bei teilweise hohen Phosphorgehalten sind sie zwar durchweg abbauwürdig, jedoch z. T. schwer zu verhütten. Die im Tagebau betriebene Mine von Chogart bei Bafq ist das bisher einzige genutzte Vorkommen. Die hier gewonnenen Erze werden über 500 km bis zum Stahlwerk Isfahan transportiert. Die nicht weniger große Lagerstätte von Chador Malu, ebenfalls im Bafqrevier gelegen, wird noch geologisch untersucht und soll in den nächsten Jahren ihre Produktion aufnehmen.

Kermaner Kohle und Eisenerz bilden die Grundlage des schon genannten Industriekomplexes bei Isfahan. Ebenso wie dort in unmittelbarer Nachbarschaft zum Stahlwerk mit Ariashahr eine Art Eisenhüttenstadt aus dem Boden gestampft wurde (vgl. SCHAFAGHI 1975), wurden in etwa 12 km Entfernung von Chogart die Werkssiedlung von Khosrowmehr sowie in der Nähe der Steinkohlengrube die Orte Schahmehr und Kianshahr gegründet. Neben Kohle und Eisenerz ist bislang allein *Kupfer* von herausragendem wirtschaftlichen Interesse. Von den von BAZIN–HÜBNER (1969) genannten 225 Vorkommen sind indes nur wenige abbauwürdig (vgl. Abb. 77). Das weitaus wichtigste Vorkommen liegt wiederum in der Nähe von Kerman bei Sar Cheshmeh, wo auch die Errichtung einer Kupferschmelze vorgesehen ist (vgl. Kap. V, Abschn. 4.4.2). Das berühmte Bergbaugebiet von Anarak mit seiner Vielzahl von Bunterzen sowie die Abbaue von Torud und Abassabad im Alborz sowie Mazraeh im nördlichen Vorland des Kuh-i-Savelan sind demgegenüber von nur untergeordneter Bedeutung.

Die große Zahl anderer Lagerstätten (vgl. Abb. 11) ist meist von nur lokaler

Bedeutung. Berühmt und auch international bekannt sind die *Türkisminen* bei Nishabur, wo jährlich mehrere hundert Tonnen Türkise gewonnen und in Mashhad bzw. Tehran zu Schmuck verarbeitet werden. Gerade in einem Trockengebiet ist die *Salzgewinnung* von besonderer Bedeutung. Vor allem das in den großen Salzdomen aufsteigende Steinsalz ist z. T. leicht abzubauen. Neben Steinsalzen werden für Industrie- wie Ernährungszwecke nicht selten auch Salze in den Endseen oder periodisch wasserführenden Becken, z. B. dem Maharlu- oder Nirizsee, geerntet.

Der allgemeine wirtschaftliche Aufschwung hat vor allem den Bausektor beeinflußt: öffentlicher wie privater Hausbau, Straßen- und Brückenerweiterung und Neuanlage von Häfen und Flugplätzen verschlingen so große Mengen an *Steinen und Erden*, daß die Ziegeleien seit Jahren voll ausgelastet sind und immer neue entstehen, während die Zementproduktion Irans die Nachfrage nicht befriedigen kann und heute Zement importiert werden muß. Auf die ubiquitäre Verbreitung von Ziegeleien am Rande fast aller Städte wurde bereits verwiesen. Neben den älteren Zementfabriken bei Ray (gegr. 1933), Loshan (1957/59), zwischen Kazvin und Manjil in der Nähe des Sefid-Rud-Staudammes, Tehran (1958) und Demavend (1963), die alle in der Nähe der Hauptstadt angelegt wurden, finden sich große neue Zementwerke auch in anderen Teilen des Landes: bei Shiraz (1955), bei Abyek (zwischen Karaj und Kazvin), bei Kerman, Tabriz, in Dorud zwischen Khurramabad und Burujird oder in Isfahan. Der forcierte Aus- und Neubau von Zementfabriken hat das in den letzten Jahren ständig wachsende Defizit an Zement nicht mindern können. Ob der Bau bzw. die Planung neuer Fabriken bei Behbehan, Rizaiyeh, Zahidan und Bandar Abbas diesen Mangel beheben werden, bleibt abzuwarten.

Aus dem Vorhergehenden wird deutlich, daß der Energiebedarf Irans bisher nur zu einem kleinen Teil aus den mineralischen Ressourcen des Landes, d. h. aus Erdöl, Erdgas und Kohle gedeckt werden kann. Tab. 53 verdeutlicht, daß Wasserkraft und Dampfkraftwerke mit weitem Abstand die wichtigsten Lieferanten von elektrischem Strom sind und in den letzten Jahren ihre vorherrschende Stellung noch weiter ausgebaut haben.

Daß der Ballungsraum Tehran in Energiebedarf und Energieerzeugung weit vor allen anderen Teilräumen Irans rangiert, ist nach allem, was über die Sonderstellung der Hauptstadt und ihres Umlandes gesagt wurde, nicht mehr verwunderlich. 11 der 28 Dampfgeneratoren des Landes (Mashhad 4, Isfahan 3) standen 1974 in Tehran, das zudem über 2 Gaskraftwerke (Shiraz 5, Isfahan 4) verfügt. Große Teile auch der Hydroenergie (Amir-Kabir-Damm mit 2 Turbinen, Latiandamm mit 1 Turbine und Manjildamm mit 5 Turbinen) werden in Tehran verbraucht, das z. T. sogar aus den Überschüssen des Dezdammes versorgt wird. Eine zunehmende Rolle als Energiespender ist in Zukunft dem Erdgas zugedacht, von dem immer noch riesige Mengen Tag für Tag abgefackelt werden.

Nicht nur die in den letzten Jahren immer wieder notwendige Stromrationierung der Hauptstadt Tehran, sondern auch die Tatsache, daß 1974 erst 1182 Dör-

Tab. 53: *Elektrische Energieerzeugung in Iran, 1969 und 1974 (in Mill. kw/h)*

Energielieferant	1969	1974
Wasserkraft	1 336	3 421
Dampfkraft	1 336	6 545
Erdgas	85	688
Erdöl	440	511
Insgesamt	3 197	11 165

Quelle: Statistical Yearbook of Iran 1976/77.

fer des Landes mit elektrischem Strom versorgt waren, beleuchtet das Ausmaß der noch zu leistenden Entwicklungsarbeit. Vor diesem Hintergrund verdienen zwei Großprojekte der Energiegewinnung besondere Beachtung: Zum einen das Wärmekraftwerk bei Neka in Mazandaran, das nach seiner Fertigstellung im Jahre 1979 eine Energie von 1760 Megawatt liefern und mit Erdgas aus Sarakhs/Khorrassan in unmittelbarer Nähe der sowjetisch-afghanischen Grenze betrieben werden soll. Bemerkenswerter aber sind die umfassenden Bemühungen um den Aufbau von Atomkraftwerken und der Nutzung von Kernenergie. Derzeit befinden sich zwei Kernkraftwerke in Planung bzw. im Bau, von denen eines mit zwei Reaktoren und einer Kapazität von 2400 Megawatt von deutschen Firmen bei Bushire am Persischen Golf (ALTVATER 1977) errichtet werden soll. Ob angesichts der Kündigung des Bauvertrages zum 31. Juli 1979 der weitgehend fertiggestellte Rohbau zu einer der größten Bauruinen in der Menschheitsgeschichte werden wird und ob ein zweites mit ebenfalls zwei Reaktoren und zusammen 1800 Megawatt Energie, das am Karun entstehen soll, überhaupt gebaut werden wird, steht zur Zeit dahin. Angesichts der für Ende dieses Jahrhunderts zu erwartenden Erschöpfung der bekannten Erdöl- und Erdgasvorräte galt bislang der Bau auch weiterer Kernkraftwerke vor allem mit deutschem, französischem und amerikanischem Know-how als gesichert; ob aber auch diesen Projekten in Zukunft die gleiche Bedeutung wie bisher beigemessen wird, dürfte mehr als fraglich sein. Die Nutzung der in Iran in überreichem Maße vorhandenen Sonnenenergie spielt bisher keinerlei Rolle.

4. MODERNE AUSSENHANDELSSTRUKTUR UND -VERFLECHTUNGEN UND DIE FRAGE DER PENETRATION DER IRANISCHEN WIRTSCHAFT HEUTE

Die Analyse der Außenhandelsstruktur und der Außenhandelsverflechtungen des qadjarischen Persiens an der Wende vom 19. zum 20. Jh. (vgl. Kap. III, Abschn. 6.3; Tab. 23 und 24), die als eine der Ursachen auch der politischen Pene-

Tab. 54: *Geographische Verteilung des Exports von Rohöl und Petroleumerzeugnissen in %, 1971 und 1975*

	Rohöl		Raffinerieprodukte	
	1971	1975	1971	1975
Westeuropa	27,2	46,6	5,9	15,3
Japan	46,4	27,1	22,5	14,0
Übriges Asien	8,9	2,3	16,7	22,8
Nord- und Mittelamerika	9,1	15,0	2,9	3,2
Afrika	7,0	6,8	28,4	10,3
Australasien	0,4	0,7	7,9	5,7
Südamerika	0,6	0,4	2,0	2,7
Sonstige Gebiete	0,4	1,1	13,7	26,0

Quelle: Annual Reports OPEC.

tration des Landes durch imperialistische Großmächte gesehen wurde, weist — zumindest nach Auffassung vieler Kritiker des monarchischen Systems und Befürworter einer ›Islamischen Republik Iran‹ — weitgehende Parallelen zu den entsprechenden Verhältnissen des heutigen Landes auf. Dies erscheint angesichts enormer Deviseneinnahmen aus dem Erdölexport befremdlich, aber auch deshalb, weil sowohl in der sektoralen wie regionalen Verteilung der Im- und Exporte erhebliche Verschiebungen gegenüber der Jahrhundertwende festzustellen sind (zur Entwicklung des Außenhandels und der Zahlungsbilanz zwischen 1900 und 1970 vgl. BHARIER 1971, S. 102—127). Das wichtigste Faktum der heutigen Außenhandelsstruktur ist die einseitig dominierende Rolle des Erdölsektors im Export, auf die bereits hingewiesen wurde (vgl. Kap. IV, Abschn. 1, Tab. 27, 28 und 29). Gerade in dieser einseitigen Abhängigkeit des Landes vom Erdölexport wird, unter Hinweis auf die Krise der Jahre 1951—1953 und dem Schicksal der Regierung Mossadeq, auch heute noch ein Hebel permanenter Einflußnahme und Manipulierbarkeit der persischen Wirtschaft durch ausländisches Kapital gesehen.

Eine nähere Analyse der rezenten Außenhandelsstruktur und der Wirtschaftsverflechtungen Irans zeigt jedoch, daß der einseitigen Abhängigkeit des Landes von ausländischen Mächten von einst eine heute eher als ›reziprok‹ zu bezeichnende Abhängigkeit entspricht. Wenn unbestritten ist, daß Iran sowohl vom Erdölexport als auch auf vielen anderen Sektoren von ausländischem Kapital und seinem technischen Know-how abhängig ist, so trifft umgekehrt zu, daß das Land mit seinem nach wie vor großen Reichtum an Erdöl und Erdgas selbst über eine scharfe politische wie wirtschaftliche Waffe gerade gegenüber den rohstoffabhängigen Industrieländern verfügt. Nicht nur die sog. ›Ölkrise‹ des Jahres 1973, sondern auch die Ereignisse der Jahre 1978 und 1979 haben das innen- wie außenpolitisch wirksame Instrument ›Erdöl‹ deutlich vor Augen geführt. Wie allgemein bekannt, sind vor allem Westeuropa und Japan die Hauptabnehmer des Rohöls, während asiatische und in starkem Maße auch afrikanische Entwicklungsländer als Importeure von Petroleumprodukten auftreten (Tab. 54).

Hinter dem überragenden Exportwert von Erdöl- und Erdölderivaten tauchen nun aber wieder alle jene traditionellen Exportgüter der Jahrhundertwende auf, die mit 69,9 % aller Nichtölprodukte den sonstigen Außenhandel dominieren. In der offiziellen Statistik richtig als ›traditional and agricultural goods‹ geführt, bilden 1354 (1975/76) Rohbaumwolle (23 %), Teppiche (17,8 %) und Frischobst sowie Trockenfrüchte (12,6 %) vor Häuten und Fellen (4,8 %) die wichtigsten Exportprodukte, gefolgt von den sog. ›new industrial products‹ (24,6 %), zu denen u. a. Textilien, Schuhe, Seife, Chemikalien und neuerdings auch in Lizenz gebaute Fahrzeuge rechnen. Minerale und Erze mit einem Anteil von 5,5 % am gesamten Nichtölexport sind praktisch bedeutungslos. Hauptabnehmer dieser Exportgüter sind vor allem die UdSSR (18,6 %), die z. B. einen Großteil der Rohbaumwolle aufkauft, gefolgt von der Bundesrepublik Deutschland (13,6 %), die vor allem Teppiche, aber auch Schuhe usw. aus Iran importiert.

Sehr viel bedeutsamer indes ist der Erdölexport für die Finanzierung des Imports hochwertiger, z. T. sogar modernster Technologie sowie anderer Produkte, die Iran vor allem aus dem westlichen Ausland bezieht. Die Importe, die im Jahre 1354 (1975/6) einen Wert von etwa 11,7 Mrd. US-$ erreichten, zeigen drei ebenso charakteristische wie problematische Schwerpunkte: während die hohen Anteile von Maschinen, Fahr- und Werkzeugen (42,5 % aller Importe) und von sonstigen industriellen Fertigwaren (28,6 %) verständlich sind, muß der hohe Anteil pflanzlicher wie tierischer Nahrungsmittel (13,3 %) sowie ihr gewaltiger Zuwachs innerhalb weniger Jahre (vgl. dazu Abb. 55) ebenso bedenklich stimmen wie die in den letzten Jahren für Militärausgaben verwendeten Milliardenbeträge (vgl. Moghtader 1977). Die eindeutige Ausrichtung des Imports auf Produktionsgüter, die nicht im Lande selbst erzeugt werden können, bestätigt einerseits die schon betonte frühindustrielle Wirtschaftsstruktur des Landes, signalisiert aber auch seine Abhängigkeit von ausländischem Know-how und ausländischer Technik. Gerade hierin ist denn auch von vielen Kritikern der heutigen Wirtschafts- und Sozialstruktur des Landes einer der wesentlichen Ansatzpunkte für das Argument einer neuen politischen und ökonomischen Abhängigkeit des Landes zu sehen: Beherrschung und Instandhaltung kompliziertester Technik erfordern ausländische Experten und Techniker, denen somit eine Schlüsselrolle in Wirtschaft und Politik des Landes zufällt.

Daß in den letzten Jahren vor allem westliche Industrieländer Nutznießer der autokratisch gefällten Wirtschaftsentscheidungen Irans waren, verdeutlicht Tab. 55. Nicht nur die im Vergleichszeitraum beträchtliche Zunahme der Importanteile der drei führenden Importländer USA, Bundesrepublik Deutschland und Japan, sondern die Vervielfachung der absoluten Ausgaben verdeutlichen die im Gefolge der gestiegenen Erdöleinnahmen verstärkte Bindung Irans an diese Län-

4. Moderne Außenhandelsstruktur und -verflechtungen 311

Tab. 55: *Anteil der 12 führenden Importländer an den Importen Irans, 1971 und 1975 (in Mill. US-$)*

1971/2	abs.	%	1975/6	abs.	%
Bundesrepublik			USA	2 286,5	19,6
Deutschland	389,6	18,9	Bundesrepublik		
USA	293,0	14,2	Deutschland	2 024,0	17,3
Japan	275,6	13,4	Japan	1 853,1	15,9
Großbritannien	228,0	11,1	Großbritannien	1 033,2	8,8
UdSSR	141,4	6,9	Frankreich	515,4	4,4
Italien	94,6	4,6	Indien	435,2	3,7
Frankreich	94,1	4,6	Italien	416,7	3,6
Australien	55,2	2,7	Holland	330,0	2,8
Holland	49,4	2,4	Belgien	295,2	2,5
Belgien	43,8	2,1	Schweiz	270,9	2,3
Rumänien	39,8	1,9	Australien	191,6	1,6
Schweiz	29,9	1,4	UdSSR	168,2	1,5
Rest	326,2	15,8	Rest	1 875,6	16,0
Insgesamt	2 060,9	100,0	Insgesamt	11 695,6	100,0

Quelle: Bank Markazi Iran.

der. Sie wird noch gesteigert durch die schon erwähnte einseitige Ausrichtung der militärischen Ausrüstung auf westliche Waffensysteme. Allein in der Planperiode 1973—1978 hatte Iran den Import militärischer Technologie im Wert von 29,1 Mrd. US-$, d. h. 23,7 % der Gesamtausgaben, veranschlagt. Die sich aus einem solchen Budget für Militär- und Verteidigungszwecke ergebenden Abhängigkeitsverhältnisse sind vielfältiger Art:

— die Ausrüstung mit bestimmten importierten Waffensystemen und militärischen Technologien legt die betreffende Armee bezüglich Munition, Instandhaltung und Ersatzteile, Modernisierung und Ergänzung der Geräte auf das Lieferland fest;
— importierte Waffensysteme führen zur Stationierung von fremden Militärs (Experten, Militärberater) auf dem Territorium des Importlandes, das umgekehrt Kadetten und Offiziere zur Ausbildung in das Waffenexportland entsendet;
— Technologietransfer kann schließlich zum Export ganzer Rüstungsindustrien und damit zur industriellen Brückenkopfbildung der Industrieländer führen.

Dieser engen Bindung entsprach unter den spezifischen Bedingungen der Monarchie eine intensive Investitionsbereitschaft ausländischen Kapitals in die iranische Wirtschaft und ihren schnell expandierenden Markt (vgl. CAREY–CAREY 1976, HALLIDAY 1979, NOWSHIRVANI–BILDNER 1973). Daß an diesen Investitionen wiederum vor allem die wichtigsten Lieferanten iranischer Importe, d. h. die USA, Deutschland und Japan beteiligt sind, überrascht nicht (Tab. 56).

IV. Das heutige Iran — Traditionelle und moderne Aspekte

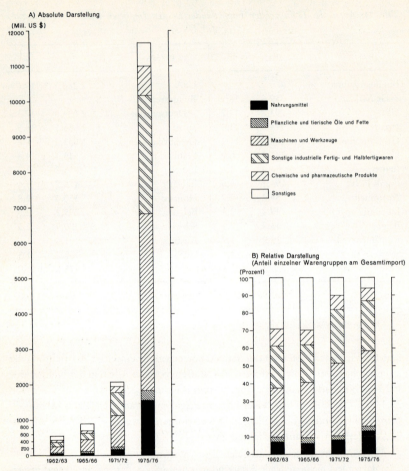

Abb. 55: *Importe Irans 1341 (1962/63) bis 1354 (1975/76) nach Warengruppen (in Mill. US-$)* (nach Bank Markazi Iran: Annual Reports and Balance Sheets. Tehran, versch. Jahrgänge).

Wenn in den letzten Jahren fast 90 % der Investitionen durch diese drei Länder getätigt wurden, so erklärt dies auch die starke Repräsentanz amerikanischer, deutscher und japanischer Firmen im Industrialisierungsprozeß des Landes. Vor allem im Ballungsraum Tehran, neuerdings auch in Shiraz und Isfahan trugen beträchtliche Investitionen ausländischen Kapitals zur urbanen Industrialisierung bzw. industriellen Urbanisierung Irans bei. Analysiert man das Verhältnis von Investitionsbereitschaft und Handelsvolumen näher, so zeigen sich überraschende Konvergenzen: auffällig ist z. B., daß Iran als zweitgrößter Rohöllieferant der Bundesrepublik Deutschland von ihr auch den zweithöchsten Anteil der

Tab. 56: *Investitionen ausländischer Kapitalgeber in Iran, 1351 (1972/73) und 1355 (1976/77) in Mill US-$*

Herkunftsland	1972/73		1976/77	
	abs.	%	abs.	%
USA	349	26,1	1324	20,2
Bundesrepublik Deutschland	131	9,8	1730	26,5
Japan	221	16,6	2728	41,7
Großbritannien	29	2,2	148	2,3
Frankreich	102	7,6	214	3,3
Sonstige	504	37,7	393	6,0
Zusammen	1336	100,0	6537	100,0

Quelle: Bank Markazi Iran 1977.

Auslandsinvestitionen empfängt. Die gleiche Kongruenz gilt für Japan: der größte Importeur iranischen Rohöls ist zugleich größter ausländischer Investor in die Wirtschaft Irans. Den Investitionen der Bundesrepublik Deutschland in die Wirtschaft Irans entspricht nun aber seit 1973 eine ebensolche Investitionstätigkeit des iranischen Staates in deutsche Unternehmen, wobei neben der spektakulären Übernahme von 25,01 % der Aktienanteile von Krupp im September 1974 vor allem die im April 1975 folgende 25 %ige Beteiligung an der deutschen Tochter der englischen Firma Babcock & Wilcox erwähnenswert ist. Wie sehr dabei gerade solche Ölinvestitionen zur Interessenharmonie beider Partner führen, zeigt das Beispiel Krupp: betrug der jährliche Umsatz des Krupp-Konzerns in Iran in den frühen 70er Jahren etwa 35 Mill. DM, so lag er im Jahre 1977 bereits bei 370 Mill. DM, d. h. bei 8 % der gesamten Auslandsumsätze des Konzerns; Werkseinrichtungen für Stahlproduktion und Zementfabriken, für Ölaufbereitung und Zuckerraffinerien, Kupferhütten, Anlagen für Textil-, Reifen- und Kabelmaschinen gehörten seit der iranischen Kapitalbeteiligung zum Lieferprogramm des deutschen Konzerns im Rahmen einer reziproken Abhängigkeit, die aber offensichtlich von beiden Partnern als ›günstige Kombination von beiderseitigen Vorteilen‹ (FAZ Nr. 54, 13. 3. 1978, S. 15) gesehen wurde. Ähnliches scheint für die deutsche Babcock & Wilcox zu gelten, die nach der iranischen Beteiligung mit der Errichtung des Großkraftwerkes Neka beauftragt wurde.

Es ist kein Geheimnis, daß die Furcht vieler Iraner vor einer neuerlichen Überfremdung der Wirtschaft des Landes durch ausländisches Kapital den Zerfallsprozeß des monarchischen Systems in den letzten Jahren und das Ressentiment gegen Fremdeinflüsse nachhaltig gefördert hat. Diese Vorbehalte wurden noch gesteigert durch das von weiten Kreisen der iranischen Bevölkerung nicht einsehbare militärische Engagement, das Unsummen verschlang und in krassem Gegensatz zu den Bedürfnissen sowohl des ländlichen Raumes als auch des größten Teils der städtischen Bevölkerungen stand. Hinzu kam die mit dem Import moderner Technologie verbundene Dependenz von ausländischer Expertise, die sich nach der Ablösung der Monarchie und bei der Suche nach einer neuen Wirtschafts- und Gesellschaftsform Irans möglicherweise als ein schwer zu lösendes Problem erweisen wird.

Ein letzter Aspekt der modernen und z. T. überschnellen Wandlungen des Landes betrifft den mit den eben aufgezeigten Entwicklungen zusammenhängenden *Fremdenverkehr* Irans. Der Tourismus weist für Iran zwar eine ausgesprochene Negativbilanz aus (467 Mill. US-$ Einnahmen; 1253 Mill. US-$ Ausgaben) spielt aber dennoch in den Außenhandelsbeziehungen eine zunehmend wichtige Rolle. 1977 haben bereits fast 70 000 Ausländer das Land besucht. Wenn auch unter ihnen naturgemäß große Anteile von Geschäftsleuten, Ingenieuren und Facharbeitern sind und wenn auch der wenig devisenträchtige Pilgerverkehr afghanischer Shiiten nach Mashhad eine wichtige Rolle spielt (vgl. EHLERS 1977), so gewinnt der internationale Bildungstourismus doch immer weitere Verbreitung: Tehran, Isfahan, Shiraz mit Persepolis und Pasargadae, Susa und Kermanshah sind Höhepunkte klassischer Iranreisen und haben zu einer spürbaren Belebung des Hotelwesens, des Kunsthandwerks wie auch des Handels in verschiedenen Teilen des Landes geführt (EHLERS 1974). Das mit Abstand führende Fremdenverkehrsgebiet Irans, das südkaspische Tiefland, ist demgegenüber in erster Linie dem nationalen und hier insbesondere dem Tehraner Tourismus vorbehalten. Die Negativbilanz des Fremdenverkehrs resultiert vor allem aus drei Faktoren: zum einen auf dem intensiven Auslandsreiseverkehr iranischer Geschäftsleute, Industrieller und Manager insbesondere in das westliche Ausland. Zum zweiten bedeuten auch die vielen tausend iranischen Studenten in Europa und Amerika eine erhebliche Belastung der iranischen Devisenzahlungen. Drittens aber reißt auch der Pilgerverkehr iranischer Shiiten, vor allem nach Kerbala und Najaf in Irak sowie nach Mekka, Jahr für Jahr tiefe Lücken in den Außenhandelssaldo.

Eine zunehmende Rolle in der Import- und Exportbilanz Irans spielen ausländische Arbeitnehmer und die von ihnen transferierten Löhne und Gehälter. Vor allem Afghanen, in geringer Zahl auch pakistanische Baluchen sind in den letzten Jahren zu Tausenden in das Land geströmt: als Erntehelfer oder als Gelegenheitsarbeiter beim Straßen- und Hausbau sind sie heute in vielen Teilen des Landes zu finden, vor allem aber auf den Großraum Tehran konzentriert. Da sie häufig illegal in das Land kommen und ihr illegaler Status zu unterbezahlter Lohnarbeit ausgenutzt wird, ist weder die genaue Zahl dieser Arbeitskräfte noch die Summe der von ihnen transferierten Gelder zu ermitteln. Persische Arbeitskräfte finden sich demgegenüber vor allem in den Anrainerstaaten des Persischen Golfs und hier insbesondere in den kleinen Scheichtümern, in Kuwait und in Oman.

5. Zusammenfassung:
Sozioökonomischer Wandel und junge politische Entwicklung

Das heutige Iran in seinen traditionellen und modernen Aspekten offenbart sich nach allem, was dargestellt wurde, als ein Staatswesen voller politischer, wirtschaftlicher und sozialer Gegensätze, die in den letzten Jahren durch eine Renaissance shiitischer Religiosität und Autorität noch akzentuiert und verschärft wurden. Wenn es einem Geographen auch kaum zukommt, kompetent gerade zu dem religiösen Aspekt der jungen politischen Entwicklungen in Iran beizutragen, so soll dennoch zusammenfassend versucht werden, die engen Zusammenhänge von sozioökonomischem Wandel und junger politischer Entwicklung zu umreißen.

Die vorausgegangene Analyse der sozialen und wirtschaftlichen Verhältnisse des heutigen Iran hat gezeigt, daß weder die Landreform noch das Bemühen um Industrialisierung des Landes zu einem Abbau der tiefen Gegensätze zwischen verschiedenen Teilen der Bevölkerung beigetragen, sondern im Gegenteil sogar noch vorhandene Klüfte erweitert haben. Dies gilt sowohl a) für den ländlichen Raum als auch (b) für die Städte.

a) Der ländliche Raum. — Die seit 1962 durchgeführten Landreformen haben, nach anfänglichen und in Teilen des Landes bis heute nachwirkenden Erfolgen, die bis dahin weitgehende soziale Homogenität des ländlichen Raumes aufgebrochen und zu einer Herausbildung der sozialen Gegensätze innerhalb der ruralen Bevölkerung beigetragen. Stärker als je zuvor trat die soziale Situation vieler landloser Dorfbewohner, der *khoshnishin*, in den Blickpunkt des Interesses. Besonders in den Trocken- und Oasengebieten Zentralirans hatten die Gesetzesparagraphen so gut wie keine Wirkung und vergrößerten das wirtschaftliche wie soziale Gefälle. Dort, wo Bauern Nutznießer der Landreform wurden, litten häufig Nomaden und wurden ihrer Existenzgrundlagen beraubt.

Entscheidend für die verbreitete Unzufriedenheit der ländlichen Bevölkerung aber wurde die seit 1970 erkennbare Reintegrationsphase der iranischen Landreform, deren Ziel in der Zusammenlegung der vielen durch die Reformgesetze geschaffenen Kleinbetriebe zu privaten, staatlichen oder genossenschaftlich organisierten Großbetrieben bestand. Ergebnis sollte die Erhöhung der Produktivität pro Flächeneinheit sein, praktisch aber mußte dies verheerende Folgen im sozialen Bereich haben: gerade geschaffenes Grundeigentum wurde enteignet, Bauern vertrieben, Dörfer aufgelöst oder aber durch anonyme landwirtschaftliche Produktionsgenossenschaften ersetzt und die soeben begründete individuelle Verfügungs- und Entscheidungsfreiheit abgeschafft. Wenn diese Entwicklung auch nicht zu Ende geführt werden konnte, so war das Unbehagen der bäuerlich-ländlichen Bevölkerung allenthalben spürbar und besonders präsent dort, wo mit ausländischem Kapital oder durch Vertreter der herrschenden Oberschicht die Errichtung landwirtschaftlicher Großbetriebe forciert wurde (Khuzestan, Jiruft,

Dasht-i-Kazvin, Veramin, kaspische Provinzen und viele andere Teile des Landes). So kam zur sozioökonomischen Differenzierung der Landbevölkerung in sich in den letzten Jahren deren gemeinsame Ablehnung der neuen Agrarpolitik der Regierung hinzu (vgl. EHLERS 1979).

b) Die Städte. — Die Städte, die — wie gezeigt — in sich differenziert und in ihren Funktionen äußerst heterogen sind, haben sich in immer schnellerem Tempo zu den eigentlichen Schwerpunkten der Bevölkerungsballung und des Bevölkerungswachstums des Landes entwickelt. Während die Großstädte und insbesondere Tehran dabei seit jeher als Einfallstore der Verwestlichung und der Modernisierung des Landes zu gelten haben (vgl. WIRTH 1968), verharrt das Gros der iranischen Klein- und Mittelstädte bis heute in tradierten Funktionen und Formen als urbane Versorgungszentren für ihre agraren Umländer.

Die Großstädte, noch bis vor wenigen Dekaden zumeist selbst klein- bis mittelstädtischen Zuschnitts, haben vor allem durch ihren Bedeutungszuwachs als Industriestandorte ihre Distanz gegenüber den kleineren Städten und mehr noch gegenüber dem Lande ausgebaut. Zudem hat sich das Spektrum innerstädtischer Sozialstruktur durch die in den letzten Jahren überdurchschnittlich große Reichtumsbildung der Oberschicht auf der einen Seite, durch die Herausbildung einer Industriearbeiterschaft sowie den Zuzug landflüchtiger Dorfbewohner und sozial wie wirtschaftlich entwurzelter Nomaden auf der anderen Seite erheblich ausgeweitet. Die Gegensätze zwischen einer an westlichen Verhaltensweisen, Konsumnormen und Ideologien orientierten kleinen Oberschicht, als deren herausragender Exponent der Shah selbst gesehen wurde, und der großen Masse der in traditionellen Denk- und Wertvorstellungen verharrenden Stadt- und Landbevölkerung mußten somit besonders in den großen Städten zu einer Polarisierung und explosiven Entladung führen in dem Moment, in dem dem verbreiteten Unbehagen der Masse der Bevölkerung eine politische und ideologische Führung zuwuchs. Diese Führungsrolle übernahm, wie schon öfters zuvor in der jüngeren persischen Geschichte, die Ulama, die shiitische Geistlichkeit, als dritter und entscheidender Motor der Protestbewegung gegen das herrschende Regime.

c) Die Rolle der Religion. — Nicht nur der Mangel an etablierten Parteien bzw. das lange Fehlen eines bürgerlichen Mittelstandes als Führer politischer Protestäußerungen, sondern vor allem das Selbstverständnis der Shia als Sachwalter und Beauftragter des ›Verborgenen Imam‹ legitimiert diese als Führer des Widerstandes gegen den Monarchen: ›... mughtahid als dessen Sachwalter..., also jener eigenartige Würdenträger, der ohne Einsetzung, ohne Amt und ohne festgelegte Obliegenheiten, allein durch seine persönliche Autorität, gegründet auf sein Wissen und einen vorbildlichen Lebenswandel, durch sein Ansehen in der shiitischen Gemeinde in Fragen des religiösen Rechts und der Religionsausübung tonangebend ist‹ (ROEMER 1977, S. 311). Diese seit etlichen Jahren in der Person des Aya-

5. Sozioökonomischer Wandel und junge politische Entwicklung 317

tolla Khomeini verkörperte Autorität mußte ihren Kampf gegen die Herrschaft von Shah Mohamad Reza Pahlavi um so überzeugender führen können, als das Herrscherhaus nicht nur als Vorreiter einer dem Islam wesensfremden Verwestlichung und Modernisierung der persischen Gesellschaft galt, sondern ihm mehr noch von seiner Abkunft her die Legitimation für das weltliche Führungsamt fehlte. Die ›Usurpation‹ der Macht und damit die fehlende Legitimation, die eigentlich dem ›Verborgenen Imam‹ bzw. seinem Repräsentanten zusteht, waren Qadjaren wie Pahlaviden in gleicher Weise eigen; ihr Machtanspruch aus weltlicher wie religiöser Sicht gleichermaßen zu bekämpfen.

Vor allem BUSSE (1977) hat in einem aufschlußreichen Aufsatz kürzlich auf die Bedeutung dieses Faktors und die seit den Qadjaren besonders ausgeprägte Rückwendung der iranischen Herrscher auf die präislamische Vergangenheit Persiens hingewiesen. Während die Safaviden durch die postulierte Herkunft ihres Gründers Ismail einer Art ›Gottesstaat‹ (ROEMER 1977) vorstanden, suchten die nachfolgenden Herrscherhäuser unter dem Leitmotiv ›Iran und Islam‹ (BUSSE 1977, S. 72) Nationalgeschichte und Religion zu vereinen. Als äußere Symbole dieser verstärkten Hinwendung zur präislamischen Vergangenheit des Landes können gelten u. a.:

— die Selbstkrönung des Herrschers im Jahre 1967;
— die 2500-Jahr-Feier der persischen Monarchie in Persepolis im Jahre 1971;
— die Ablösung der islamischen Zeitrechnung durch den persischen Königskalender, der die Zeitrechnung mit dem Regierungsantritt von Kyros im Jahre 559 v. Chr. beginnen läßt.

›Der Rückgriff auf das alte Iran bereitete den Boden für das Eindringen westlicher Ideen und lieferte wichtige Elemente für die Errichtung eines Nationalstaates westlicher Prägung‹ (BUSSE 1977, S. 71/2) und mußte daher Verdacht und Skepsis bei der schiitischen Geistlichkeit hervorrufen.

So zeigt sich zusammenfassend, daß die Kombination ungelöster und in den letzten Jahren sogar noch verschärfter sozialer wie wirtschaftlicher Probleme mit dem Eindringen westlichen Ideengutes, das sich in der Übernahme durch die Oberschichten manifestierte, von der Masse der Bevölkerung aber weder inhaltlich noch materiell verstanden wurde, und mit der Rückbesinnung auf die traditionellen religiösen und im Koran fixierten Werte, die in erster Linie von der breiten Mehrheit der Bevölkerung akzeptiert werden, als Ursache der Auseinandersetzungen der jüngsten Vergangenheit gesehen werden muß. Dieser Dualismus der Anschauungen, der vor allem in der Bewertung der jüngeren wirtschaftlichen Entwicklungen zum Ausdruck kommt, findet seinen Niederschlag auch in der wissenschaftlichen Literatur. So sind besonders in den letzten Jahren der Monarchie eine Reihe von Aufsatzsammlungen und Monographien erschienen, die insgesamt und fast einhellig die Wachstumstendenzen und -möglichkeiten der iranischen Wirtschaftsentwicklung sowie deren positive Auswirkungen auf die Gesellschaftsentfaltung des Landes hervorheben (z. B. AMIRIE–TWITCHELL 1978,

AMIRSADEGHI 1977, AMUZEGAR 1977, AMUZEGAR–FEKRAT 1971, JACQZ 1976, LENCZOWSKI 1978), ohne in jedem Falle kritische Distanz gegenüber den Fehlplanungen und den negativen Folgeerscheinungen der stürmischen Entwicklung erkennen zu lassen. Umgekehrt ist etlichen der nach dem Sturz der Monarchie erschienenen und überschnell publizierten Titel (z. B. FARUGHY–REVERIER 1979, RAVASANI 1978, TILGNER 1979) ein aktueller Informationsgehalt zwar nicht, wohl aber eine kritisch distanzierte Analyse der Geschehnisse abzusprechen (im Gegensatz dazu HALLIDAY 1979, früher schon: VIEILLE–BANISADR 1974).

Ob die unüberbrückbar erscheinenden wirtschaftlichen und sozialen Gegensätze innerhalb des Landes im Rahmen einer ›Islamischen Republik Iran‹ lösbarer werden, muß abgewartet werden. Zudem ist zu bedenken, daß die persische Geschichte bisher immer wieder durch Interregnen gekennzeichnet gewesen ist und daß Persien und Perser eine über Jahrtausende hinweg immer wieder zu konstatierende Integrationskraft für neue Ideen und geistige Strömungen bewiesen haben.

V. GRUNDZÜGE EINER REGIONALISIERUNG IRANS

1. Allgemeine Vorbemerkungen

Die Darstellung der natürlichen Ausstattung Irans hat gezeigt, daß reliefbedingt das Klima und mit ihm Wasserhaushalt, Vegetation und Böden eine erhebliche Differenzierung des Landes in natürliche Gunst- und Ungunsträume bedingen. Die fast regelhaft zu nennende Abnahme der Naturgunst von W nach E und von N nach S und die entsprechende Zonierung der Kulturlandschaft legt es nahe, einer Regionalisierung Irans das von LAUTENSACH entwickelte und in der Einleitung bereits erwähnte Prinzip des geographischen Formenwandels zugrunde zu legen. Einem solchen Vorgehen steht indes die extreme Kammerung und Gliederung des Staatsgebietes, wie sie von SCHARLAU (1969) im Versuch einer naturräumlichen Gliederung dargelegt wurde, mit ihrer Vielzahl natürlicher Raumeinheiten entgegen. Aber nicht nur der komplizierte Bau des Landes an sich widerspricht seiner Verwendung als oberstem Gliederungsprinzip für eine regionale Betrachtung des Landes, sondern mehr noch die Frage, ob eine ausschließlich physisch-geographische Gliederung der historischen und kulturgeographischen Struktur und Vielfalt des Landes gerecht wird.

Der umgekehrte Weg, nämlich ausschließlich wirtschaftsräumliche, politische oder sonstige anthropogeographisch begründete und begründbare Regionalisierungsverfahren einzuschlagen, ist ebenso problematisch. Zum einen werden diese dem von Natur aus vorgegebenen und durch extreme Gegensätzlichkeiten gekennzeichneten physisch-geographischen Rahmen des Landes, der gerade angesichts des allgemeinen sozioökonomischen Entwicklungsstandes Irans besonders raumwirksam ist, nicht gerecht. Zum anderen vermag die ausschließliche Verwendung politischer Grenzen oder wirtschaftlicher Kriterien auch die rassische, sprachliche und/oder religiöse Vielfalt des Landes und seiner Bewohner sowie die überregionalen Beziehungen und Abhängigkeiten von Land und Leuten kaum zu fassen. Mehr noch gilt dies für ›objektive‹ Regionalisierungsverfahren auf der Grundlage statistischer, vielleicht sogar computergestützter Datenverarbeitung. Abgesehen davon, daß die offizielle Datenlage durch extreme Lücken- und Fehlerhaftigkeit gekennzeichnet ist und die Daten — angesichts einer oftmals willkürlichen und innerhalb weniger Jahre mehrfach wechselnden Grenzziehung der Verwaltungseinheiten — auch keineswegs zeitlich vergleichbar sind, würde ein solcher Versuch für Iran das Papier kaum lohnen.

So drängt sich geradezu zwangsläufig der Rückgriff auf ›traditionelle‹ und zugegebenermaßen einer gewissen Subjektivität nicht entbehrende Methoden einer

Regionalbetrachtung auf. Der folgende Versuch, Grundzüge einer Regionalisierung Irans durch eine Kombination von physisch- und anthropogeographischen Faktoren herauszuarbeiten, ist sich seiner Problematik voll bewußt. Wenn er dennoch unternommen wird, so deshalb, weil die allgemeine kultur- und anthropogeographische Analyse Irans gezeigt hat, daß vor allem die Städte und hier insbesondere die Provinz- und sonstigen Großstädte zu Mittelpunkten der Raumgliederung und damit auch einer Regionalisierung des Landes werden. Dies gilt weniger für die stark gekammerten Beckenräume des Zagros, wo die Einzugsbereiche städtischer Mittelpunkte mehr oder weniger identisch mit der Gebirgsumrandung sind, sondern vor allem für die Siedlungsräume des Hochlandes von Iran wie auch des südkaspischen Tieflandes. Hier werden oft weniger physisch-geographische Faktoren als vielmehr *Stadt-Umland-Beziehungen und politische Verwaltungsgliederungen zu räumlichen Ordnungsprinzipien*. Dieser offensichtliche Zusammenhang, bisher weniger durch systematisch-empirische Untersuchungen als vielmehr durch einzelne Fallstudien belegt (z. B. BONINE 1975, KOPP 1973, S. 165, MOMENI 1976), ergibt sich aus der bisher extrem zentralistischen Verwaltungsstruktur des Landes und aus den geschilderten Mechanismen städtischer Herrschaftsausübung (vgl. Kap. IV, Abschn. 2.4.5., EHLERS 1978, WIRTH 1973).

So geht der folgende Versuch einer Regionalisierung Irans von den Hauptentwässerungsgebieten des Landes als oberstem Gliederungskriterium aus. Dabei können allerdings — wie zu zeigen sein wird — die hydrographischen Einheiten nur als grobe Anhaltspunkte dienen. Während in NW-Iran die Übereinstimmung von dem abflußlosen Rizaiyehbecken mit den Einzugsbereichen der städtischen Mittelpunkte Rizaiyeh und Tabriz groß ist, erscheint die Zuordnung des Oberlaufs des Sefid Rud, des Qezel Uzan und des von ihm entwässerten Terrains zum kaspischen Tiefland sinnlos. Ähnliches gilt für weite Teile des Zagros oder des südostpersischen Gebirgslandes, die zwar zum Persischen Golf hin entwässern, dennoch aber im folgenden als Randlandschaften des Hochlandes von Iran aufgefaßt werden sollen. Vollends problematisch wird die nach den genannten Kriterien angestrebte Regionalisierung bei der Gliederung des Hochlandes von Iran selbst. Unter Verwendung der von SCHARLAU ausgearbeiteten naturräumlichen Differenzierung ergeben sich zunächst Korrekturen bzw. Veränderungen einzelner Teilräume zu den Haupteinheiten. Die wesentlichsten Unterschiede zu dem von SCHARLAU vorgelegten Versuch ergeben sich daraus, daß

— die sog. Gaugirdmulde (I A 1 bei SCHARLAU) im folgenden dem Alborzvorland und nicht den zentralpersischen Binnenwüsten zugerechnet wird;
— Teile der innerpersischen Gebirgszüge (III B) und die ihnen eingeschalteten Wüstenbecken (I B 1—5) als eine naturräumliche Einheit verstanden und nicht, wie bei SCHARLAU, einmal als selbständige Gebirge, zum anderen als Teil des Zagrossystems (Randwüsten der Zagrosvorberge!) aufgefaßt werden; und
— das Jaz Murian als Teil der zentralpersischen Wüstenbeckenzone verstanden wird, was sich von Tektonik und Orographie her in gleicher Weise vertreten läßt.

Abb. 56: Das Hochland von Iran: Versuch einer natur- und kulturräumlichen Gliederung
(Entw.: EHLERS 1979).

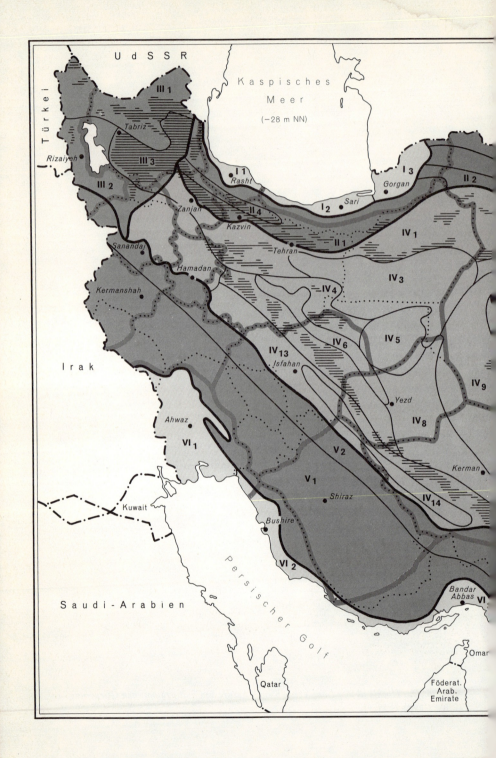

	Südkaspisches Tiefland	
1 Gilan		3 Turkmenensteppe
2 Mazandaran		

II Alborz-System

1 Alborz i.w.S.   4 Qezel Uzan-Shahrud-Senke
2 Ala Dagh   5 Khorassan-Graben
3 Kopet Dagh

III Gebirgsknoten von Azerbaijan

1 Aras-Einzugsgebiet   3 Vulkanbergland SE-Azerbaijan
2 Rizaiyeh-Becken

IV Hochland von Iran

1 Alborz-Vorland
2 NE-iranisches Berg- und Hügelland
3 Große Kavir und ihre Randbecken
4 Bergland des Siah Kuh
5 Bergland von Anarak-Khur
6 Senke von Qum-Ardakan
7 Zentraliranische Vulkanitzone
8 Bergland von Yezd-Kerman
9 Zentraliranisches Bergland von Tabas-Kerman
10 Bergland von Firdaus-Birjand ('Medische Masse')
11 Lut-Depression
12 Ostiranisches Bergland
13 Tertiäres Zagrosvorland
14 Isfahan-Sirjan-Depression
15 Bazman Kuh-Massiv
16 Jaz Murian
17 Ostiranische Randsenken

V Zagros-System

1 Falten-Zagros (Basin-Range Zagros)   2 Decken-Zagros

VI Küstenlandschaften des Golfs

1 Khuzestan   3 Küstenhof von Bandar Abbas
2 Golfküste   4 Makran

≡≡≡ Vulkanmassive bzw. Vulkanit-Plateaus

▬▬▬ Ungefähre Grenze der naturräumlichen Haupteinheiten

―― Ungefähre Grenze der naturräumlichen Untereinheiten

······ Provinzgrenzen

▬▬ Ungefähre Grenzen großstädtischer Einzugsbereiche

● Städtische Zentren

0 50 100   200   300   400 km

Geographisches Institut
der Universität Kiel
Neue Universität

Andere, im folgenden geringer zu bewertende Abweichungen betreffen die von SCHARLAU vorgenommene Untergliederung von Teilen Khorassans, die von ihm so genannte ostpersische Beckenzone sowie Teile seiner Ausdifferenzierung des Zagrosvorlandes.

Die ›darübergestülpte‹ Abgrenzung von Einzugsbereichen der Provinzhauptstädte und/oder einzelner Großstädte, aus den in Kap. IV genannten Gründen sind häufig mit den politischen Verwaltungsgrenzen identisch oder doch zumindest nicht unähnlich, stellt die für die folgende regionale Betrachtung entscheidende Differenzierung dar. Wenn sie in sich immer noch sehr grobmaschig ist und aus den erwähnten Überlegungen heraus auch leicht auf das Niveau der Shahrestanverwaltungen herabgeschraubt werden könnte, so scheint sie für die intendierte Regionalisierung ausreichend. Ihre Eignung wird nicht zuletzt dadurch belegt, daß einerseits die dichtbesiedelten Gebiete vor allem im N und W in Form relativ kleiner Flächeneinheiten erfaßt werden. Andererseits wird deutlich, daß vor allem im Zentralen Hochland von Iran sowie im S und SE in erster Linie physisch-geographische Faktoren Grundlage und Begründung der Regionalisierung sind.

2. DAS SÜDKASPISCHE KÜSTENTIEFLAND

Als südkaspisches Tiefland im engeren Sinne ist jener Teil Nordirans zu verstehen, der sich als schmaler Streifen hufeisenförmig um die Südküste des Kaspischen Meeres herumlegt und im N vom Kaspischen Meer, im S vom Steilabfall der Alborznordflanke begrenzt wird. Im weiteren Sinne und im Rahmen der regionalen Betrachtung Irans sind ihm jedoch auch der Gebirgsabfall des Alborz und des Taleshgebirges sowie die großen Steppengebiete im W und E des Kaspischen Meeres zuzuordnen. Dem so definierten Raum sind eine Reihe von physisch- wie auch anthropogeographischen Faktoren eigen, die dem südkaspischen Tiefland zu einer in seiner natürlichen Ausstattung, seiner historischen Entwicklung und in seiner materiellen Kultur in vielerlei Hinsicht eigen- und einzigartigen Sonderstellung innerhalb Irans verhelfen.

Wesentlichste Merkmale der natürlichen und kulturellen Eigenständigkeit des südkaspischen Tieflandes sind seine durch die Hochgebirge im S abgeschlossene Lage sowie seine durch die gleichen Hochgebirge bedingte klimatische Sonderstellung. Die Stauwirkung von Alborz und Taleshgebirge, die die feuchten aus NNE kommenden Luftmassen zum Abregnen zwingen, sind Ursache der schon erwähnten ganzjährigen Humidität und hohen Luftfeuchtigkeit, die vor allem in den Sommermonaten in Verbindung mit hohen Temperaturen die Schwüle unerträglich werden lassen. Dabei werden in Gilan (Station Bandar Pahlavi) sowie am Gebirgsabfall des südlichen Talesh jährliche Niederschlagsmittel von annähernd 2000 mm erreicht; nach E hin nehmen sie, wie dargestellt (vgl. Karte 3 und 4), rasch ab. Die aus der klimatischen Sonderstellung resultierende subtropische

Wuchsfülle der Vegetation wird noch verstärkt durch den weithin amphibischen Charakter des Tieflandes: hoher Grundwasserspiegel infolge des bis etwa 1930 vergleichsweise hohen, im Rahmen von Oszillationen des Wasserstandes sogar ansteigenden Seespiegels des Kaspischen Meeres (vgl. ABAKAROW 1975, EHLERS 1971, HOLLIS 1978) sowie die hohen Abflußspenden der großen Kaspizuflüsse (ZAVRIEV-KOSAREV 1961: ca. 1300 Zuflüsse im persischen Küstenabschnitt des Kaspi!), vor allem nach starken Niederschlägen in Form verheerender Hochwässer, trugen zur Versumpfung weiter Teile des Tieflandes bei. Malaria und unerträgliche Schwüle ließen den kaspischen Randsaum Persiens zu einem der meistgefürchteten Landesteile für die Hochlandbewohner werden.

Die physische Eigenart dieser Teilregion findet eine weitgehende Entsprechung in ihrer historischen Sonderstellung (vgl. auch DE PLANHOL 1975, S. 245). Mit der Islamisierung Persiens, mit der auch die Geschichte einzelner Landesteile des heutigen Iran faßbar wird, tritt die bemerkenswerte Individualität dieses Landstriches immer wieder in Erscheinung. Wenngleich schon unter den Sassaniden Anstrengungen zur territorialen Sicherung der kaspischen Küstenregionen unternommen wurden, wie der sog. ›Alexanderwall‹ in der Turkmenensteppe sowie die berühmten, spätsassanidisch oder frühislamisch datierten Wälle von Tamisha, zwischen Kord Khoy und Bandar Gaz gelegen (BIVAR-FEHERVARI 1966), beweisen, so gelang es erst den Safaviden unter Shah Abbas, die kaspischen Küstenprovinzen voll in das Persische Reich zu integrieren. Dennoch wäre es falsch, das präsafavidische Territorium außerhalb des persischen Staatsverbandes zu sehen. Es handelte sich vielmehr um mehr oder weniger autonome Fürstentümer, die zumeist in lockerer Verbindung zur Zentralgewalt standen und teilweise entscheidend die Geschichte des frühislamischen Persien beeinflußten (vgl. DORN 1850/58, MADELUNG 1975). Vor allem an die herausragenden Führer der Ziyariden, an Voshmgir und Qabus, erinnern noch heute der gerade fertiggestellte Voshmgirstaudamm sowie das 1006 errichtete und hervorragend erhaltene Mausoleum des Qabus am Rande der noch heute nach ihm benannten Stadt Gonbad Qabus. Aber auch in nachsafavidischer Zeit vermochten sich im unzugänglichen Waldland Gilans und Mazandarans bis in das frühe 20. Jh. hinein mehr oder weniger unabhängige Fürstentümer zu erhalten (RABINO 1917, 1928), in Talesh von HÄNTZSCHE (1867) als ›Talyschchanate‹ beschrieben. Die kurzlebige Ausrufung einer Sowjetrepublik Gilan (RAVASANI 1971) sowie ein ausgeprägter Lokalpatriotismus vor allem der Gilaki und Taleshi (vgl. BAZIN 1974, 1979) mögen als jüngste Beispiele der politischen wie historischen Individualität dieses Raumes gewertet werden.

2.1. Das südkaspische Tiefland im engeren Sinne

Kernraum des so gekennzeichneten Tieflandes ist das intensiv genutzte Agrarland, das sich zumeist als schmaler, oft nur wenige Kilometer breiter Streifen zwischen Kaspi und Gebirge erstreckt. In Talesh, Gilan und im westlichen Mazandaran wird das meist unter dem Niveau des Weltmeerspiegels gelegene Agrarland von einer Reihe alter Strandwälle und dem rezenten Dünengürtel gegen das Kaspische Meer hin abgegrenzt; im östlichen Mazandaran erfolgt vom Gebirgsrand der allmähliche Abfall mächtiger Schotterfluren über küstennahe Salzmarschen zum zurückweichenden Kaspischen Meer hin. Einzige Unterbrechungen dieser charakteristischen Reliefgestaltung sind das weit vorgebaute Delta des Sefid Rud als Kernraum Gilans sowie die ausgedehnten Schwemmfächer von Haraz-, Babol-, Talar- und Tejan-Rud, die den Kernraum von Mazandaran bilden. Die inzwischen vom Kaspischen Meer abgeschnürte und schnell verlandende Lagune des Mordab, eines der größten und artenreichsten Vogelschutzgebiete des gesamten Mittleren Ostens, sowie das ebenfalls zurückweichende Haff der Bucht von Gorgan sind letzte Zeugen einstmals weit verbreiteter Strandseen und Totwasserarme. —

Aufgrund der physischgeographischen und der daraus resultierenden agrarwirtschaftlichen Sonderstellung der kaspischen Küstenprovinzen (vgl. Tab. 38) sind Gilan und Mazandaran die dichtestbesiedelten Teile Irans. In Gilan wurde 1976 eine durchschnittliche Bevölkerungsdichte von 107 Ew/km² erreicht, in Mazandaran immerhin noch eine solche von 50 Ew/km², wobei der Gegensatz zwischen dem dichtbevölkerten Zentralteil der Provinz und dem ökologisch ungünstigen E mit der fast siedlungsleeren Turkmenensteppe zu beachten ist. *Gilan* einschließlich der historischen Landschaft Talesh ist der agrarwirtschaftlich vielgestaltigste Raum des ganzen Landes (SAHAMI 1965). Noch im 19. Jh. wurde es, ebenso wie das westliche und zentrale Mazandaran, als unzugängliches Waldland beschrieben (FRASER 1826, MELGUNOF 1868, TREZEL/JAUBERT 1822). Der dichte, oft undurchdringliche Dschungel (pers. *djangal*) reichte demzufolge bis in die Außenbezirke der offenen und unbewehrten Städte, deren Gebäude zudem in starkem Maße aus Holz errichtet waren. Klima und Bauweise der Städte führten immer wieder zu katastrophalen Epidemien und Feuersbrünsten, die große Teile der Bevölkerung hinwegrafften und zu dem gefürchteten Image dieses Waldlandes beitrugen. So sind allein für Rasht 1830 eine große Pestseuche, der 50 % der Bevölkerung zum Opfer fielen, und für 1869 eine Typhusepidemie belegt (Public Record Office Fo 881/3345); 1885 folgte ein Großfeuer "which destroyed almost five mosques and many caravanserais" und 1892 eine Choleraepidemie mit insgesamt über 12 800 Toten, davon 2820 allein in Rasht, weitere 1900 im Lahijanbezirk, 2850 im Distrikt Langarud-Rudsar, 1650 in Fowman, 2200 in Enzeli (Bandar Pahlavi) und etwa 1400 in Dörfern des Umlandes von Rasht (Brief Brit. Konsulat Rasht, 7.2. 1893). Landwirtschaft wurde z. T. noch in Form einer flächenextensiven Landwechselwirtschaft betrieben. Erst gegen Ende des 19. Jh. häufen sich die Berichte von einer agrarkolonisatorischen Brandrodung mit dem Ziel der Neulandgewinnung für Reisbau und Dauerkulturen.

Die *Landwirtschaft* Gilans hat den im 19. Jh. einsetzenden Intensivierungsprozeß bis heute nicht beendet. Vor allem durch den Bau des Sefid-Rud-Stau-

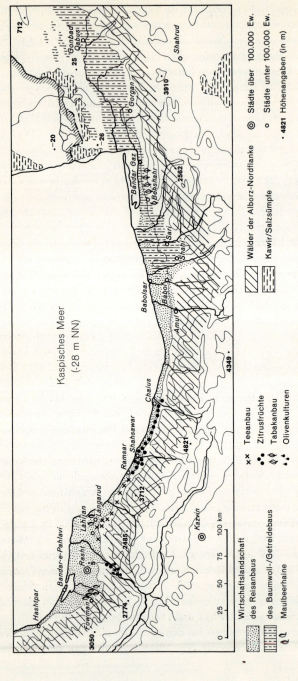

Abb. 57: *Das südkaspische Tiefland Nordpersiens und seine Agrarlandschaften* (nach EHLERS 1971).

dammes konnte die regulierbare Flächenbewässerung auf etwa 240000 ha ausgeweitet und damit mehr als verdoppelt werden (YOUSSEFI 1977). Die Agrarkolonisation gewinnt durch Rodung von Busch- und Waldland sowie durch Trockenlegung versumpfter Depressionen noch Jahr für Jahr neue landwirtschaftliche Nutzflächen hinzu. Zudem wird versucht, durch Intensivierung des Anbaus die Vormachtstellung Gilans als Irans führendem Anbaugebiet von Reis, Tee, Oliven usw. auszubauen.

Als besondere Kennzeichen der gilakischen Agrarlandschaft haben zum einen die traditionelle Agrarsozialstruktur, zum anderen das Siedlungsbild zu gelten. Hervorstechendes Merkmal der überkommenen Sozialstruktur ist nicht nur ein überraschend hoher Anteil kleinbäuerlichen Grundeigentums (vgl. BOBEK 1976/77), sondern vor allem eine im Vergleich zu allen anderen Teilen des Landes ausgesprochene Kleinbetriebstruktur: demnach waren vor der Landreform über 85 % aller Betriebe in Gilan unter drei Hektar groß, was sich bis heute nur unwesentlich geändert haben dürfte. Ursache dieser sogar im Vergleich zum benachbarten Mazandaran (vgl. Tab. 57) ausgeprägten Kleinbetriebstruktur ist vor allem die Intensität der Landnutzung in den Betrieben des Reis- und Teeanbaus, die eine LNF von zwei bis drei Hektar Größe durchaus als vollwertigen Familienbetrieb zuläßt.

Im Gegensatz zu fast allen anderen Teilen des Landes steht das Siedlungsbild des ländlichen Gilan. Diese Sonderstellung gilt zum einen für die Bauweise der ländlichen Häuser, die mit ihrer Architektur, mehr aber noch durch die Verwendung von Holz und Reisstroh ganz den ökologischen Bedingungen des Reislandes angepaßt ist (vgl. Abb. 34). Mehr aber noch gilt dies für den ausgesprochenen Streusiedlungscharakter des ländlichen Gilan. Es mag wohl in der schon erwähnten historischen Sonderstellung des Landes begründet sein, das niemals im Zugriff kriegerischer Nomadenstämme lag, wie auch in der z. T. erst sehr jungen Landnahmesituation, daß die für die Wirtschaftslandschaft des Reisanbaus so lockere Streusiedlung sich entwickeln konnte. Möglicherweise in unmittelbarem Zusammenhang damit wie auch mit der hohen Bevölkerungsdichte wird das noch heute ausgeprägte System periodischer Märkte verständlich, das — seit Jahrzehnten fast unverändert — das gesamte Delta des Sefid Rud prägt (THORPE 1979).

Erhebliche wirtschaftliche Bedeutung hat in den letzten Jahren die *Forstwirtschaft* gewonnen, die sich vor allem in Talesh mit Asalem als Zentrum etabliert hat. Dem hier entstandenen Sägewerk wurde vor kurzem eine Möbelfabrik angegliedert; zugleich wurde der bis vor wenigen Jahren ungeregelte Holzeinschlag einer strengen Aufsicht unterstellt und mit der Verpflichtung der Wiederaufforstung ausgeholzter Flächen verbunden. Als dritte Säule traditioneller Wirtschaft in Gilan muß die *Fischerei* erwähnt werden, die vor allem von vielen, auf den küstenparallelen Strandwällen des Kaspi gelegenen Dörfern aus betrieben wurde und heute der staatlichen Fischereiverwaltung untersteht. Die insbesondere auf den Fang von Stör und auf die Gewinnung von Kaviar gerichtete Küstenfischerei wird

Tab. 57: *Zahl, Größe und Fläche landwirtschaftlicher Betriebe in Gilan und Mazandaran, 1960*

	Zahl der Betriebe		Fläche der Betriebe		Zahl der Parzellen		
	abs.	in %	in ha	in % der Gesamt- fläche	abs.	pro Betrieb	durch- schn.Gr/ Parzel.
Gilan:							
Unter 1 ha	41 400	30,2	19 777	7,0	89 100	2,1	0,22
1 bis unter 3 ha	75 450	54,9	136 719	48,6	263 700	2,9	0,69
3 bis unter 5 ha	12 900	9,4	45 862	16,2			
5 bis unter 10 ha	5 874	4,3	39 325	14,0	28 320	4,8	1,39
10 bis unter 20 ha	600	0,4	9 337	3,3	5 100	8,5	1,83
20 bis unter 50 ha	1 064	0,8	28 574	10,0	7 536	7,0	4,09
über 50 ha	10	—	2 281	0,9			
Summe	137 298	100,0	281 875	100,0	393 756	2,0	0,71
Mazandaran:							
Unter 1 ha	47 180	27,2	23 450	3,3	94 085	2,0	0,25
1 bis unter 3 ha	66 662	38,4	121 283	15,7	334 783	3,5	0,69
3 bis unter 5 ha	26 737	15,4	102 888	13,3			
5 bis unter 10 ha	22 782	13,1	146 255	18,9	117 297	5,1	1,24
10 bis unter 20 ha	6 753	3,8	83 615	10,8	27 737	4,1	3,01
20 bis unter 50 ha	2 983	1,7	91 764	11,8	13 282	4,3	22,10
über 50 ha	737	0,4	202 134	26,2			
Summe	173 834	100,0	771 389	100,0	587 184	3,4	1,31

Quelle: Research Group 1967.

saisonal betrieben, so daß viele Fischer nebenher in der Landwirtschaft beschäftigt sind. Ein Teil der Fischer kommt sogar als Saisonarbeiter aus den Hochtälern von Khalkhal (VIEILLE-NABAVI 1970) an die Küste.

Eindeutiger *städtischer Mittelpunkt* des agrarisch strukturierten Gilan ist seine Hauptstadt, die Provinzmetropole *Rasht* (1976: 187 203 Ew). In zentraler Lage im Bereich des Sefid-Rud-Deltas und am Ende der einzigen, ganzjährig passierbaren Straßenverbindung mit dem Hochland gelegen, hat Rasht seit dem 19. Jh. alte Fürstensitze wie Fowman oder Lahijan immer stärker zurückgedrängt und mit der wirtschaftlichen auch die unbestrittene politische Dominanz in der Provinz übernommen. Verwaltung, ein großer offener Bazar als Zentrum des Handels und Gewerbes sowie traditionelle Industrien (Fleischverarbeitung, Reismühlen, Ziegeleien usw.) bestimmten bis vor kurzem die Funktionen dieser Stadt. Erst eine Ende der 60er Jahre einsetzende moderne Industrialisierung mit der Ansiedlung

2. Das südkaspische Küstentiefland

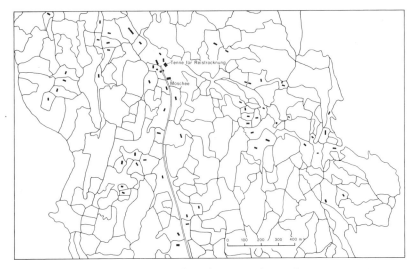

Abb. 58: Siedlung und Flur im Reisanbaugebiet von Gilan (nach BESSAIGNET o. J.).

keramischer, elektronischer und textilproduzierender Großbetriebe sowie die 1977 eröffnete Universität von Gilan haben der Stadt neue Wachstumsimpulse gegeben und ihre Dominanz gefestigt. *Bandar Pahlavi* (1976: 55978 Ew) hat überregionale Bedeutung als größter persischer Kaspihafen und als Zentrum der gilakischen Fischerei sowie als Garnisonstadt. Alle anderen Städte, wie z. B. Lahijan und Langarud als Zentrum des Teeanbaus (EHLERS 1970) oder die übrigen Verwaltungsmittelpunkte (Rudsar, Tavalesh-Hashtpar, Fowman, Astara, Somehsara und das am Sefid Rud gelegene Rudbar), sind Beispiele jener typischen persischen Klein- und Mittelstädte, die vor allem für ihr bzw. von ihrem jeweiligen agraren Umland leben.

Ökologisch wie ökonomisch differenzierter stellt sich *Mazandaran* dar, dessen westlicher Teil dem Tieflandanteil Gilans ähnlich ist. Erst östlich des Tejan Rud, wo der Niederschlag erheblich abnimmt, tritt auch der Reisanbau zurück. Baumwoll- und Getreidebau dominieren die gesamte Vorbergzone über Gorgan hinaus bis Gonbad Qabus und Shahpasand. Auf höheren Terrassenniveaus und Verebnungen des Gebirgsvorlandes, das hier ausgeprägter ist als in Gilan, schließt die Landwirtschaft in zunehmendem Maße auch forst- und weidewirtschaftliche Nutzung des Waldes mit ein (YACHKASCHI 1973).

Das Siedlungsbild vor allem des östlichen Mazandaran ist grundlegend anders als das Gilans. Dies gilt nicht nur für den ländlichen Bereich mit seinen großen Haufendörfern aus gebrannten Ziegeln und mit den für Iran untypischen roten Ziegeldächern (z.B. bei Tir Tash/Galugah), sondern auch für die Landnutzung. Im Gegensatz zu dem in Gilan vorherrschenden Reisbau läßt sich das ländliche

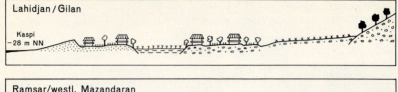

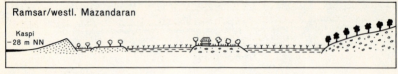

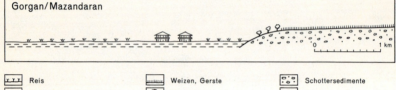

Abb. 59: Agrargeographische Profile durch verschiedene Teile des südkaspischen Tieflandes (nach COLLIN-DELAVAUD 1961).

Mazandaran als Wirtschaftslandschaft des Baumwoll-Weizenanbaus charakterisieren. Große, infolge der Zelgenbindung des Anbaus einheitlich genutzte Schläge mit regelmäßigem Wechsel von Baumwolle und Weizen prägen Gebirgsvorland wie küstennahes Tiefland. Die Dörfer sind in der Regel von einer intensiver genutzten Gartenzone mit Fruchthainen, Gemüseanbau und anderen Gartenfrüchten umgeben. Reisfelder finden sich nur noch an wenigen bevorzugten Stellen dort, wo Quellaustritte permanente Bewässerung ermöglichen.

Im Gegensatz zu Gilan, wo Rasht eindeutig dominiert und die übrigen Städte in ihrer Bedeutung hinter der Provinzhauptstadt weit zurückbleiben, konkurrieren in Mazandaran mehrere Städte um die Vorherrschaft (EHLERS 1971, KOPP 1973). Allein im zentralen Mazandaran, im fruchtbaren Schwemmfächerbereich der vier großen Alborzflüsse, finden sich auf engstem Raum vier größere Städte mit jeweils 60 000—70 000 Ew: neben der Provinzhauptstadt *Sari* (1976: 70 936 Ew; vgl. KOPP 1977), deren Verwaltungsfunktionen sie von den Nachbarstädten abhebt, sind es *Amul* (1976: 68 781) und *Babol* (1976: 67 790 Ew), das alte Barfurush, die vor allem als zentrale Orte und Mittelpunkte fruchtbarer Agrarlandschaften fungieren und dementsprechend umfangreiche Versorgungsfunktionen wahrnehmen. Babol wird zudem durch die geplante Gründung der Universität von Mazandaran als deren Standort an Bedeutung gewinnen. *Shahi* schließlich (1976: 63 289 Ew) gehört mit dem wenig östlich gelegenen und heute etwa 45 000

Ew zählenden *Behshahr,* dem früheren Ashraf, zum Typ der unter Reza Shah gegründeten und planmäßig angelegten Industriestädte, die auch heute noch den größten Anteil an Industriearbeitern von allen südkaspischen Städten haben. Vor allem die beiden großen Baumwollspinnereien in Shahi (zusammen über 150 000 Spindeln) sowie die in Behshahr (über 32 000 Spindeln), aber auch die Jute verarbeitenden Sackfabriken und Reismühlen sind Ausdruck des frühen Industrialisierungskonzepts, das auf der Verarbeitung landwirtschaftlicher Produkte basiert. Zu diesem Industrietypus zählen auch die in einigen kleineren Städten gegründeten Entkernungsanlagen für Baumwolle, Ölpressen, Getreidemühlen usw.

Ähnlich wie die Städte Gilans waren auch die des zentralen Mazandaran von einem im Vergleich zu den Städten des Hochlandes von Iran andersartigen Typus. Zunächst fehlte ihnen wohl allen wie auch heute noch der Typ des gedeckten Bazars. Auch der *ark,* der befestigte Wohnsitz des Gouverneurs oder Statthalters der Krone, ist nur schwer auszumachen, wie überhaupt aus den Reisebeschreibungen und sonstigen Berichten deutlich wird, daß Umwallungen oder ähnliche Befestigungswerke den südkaspischen Städten fremd waren. Als wohl typische Charakterisierung des Aussehens vieler Städte Gilans und des zentralen bzw. westlichen Mazandarans kann die folgende Darstellung Babols durch FRASER (1826, S. 83 f.) dienen, wenn er schreibt:

> ›Of the present extent and population of Balfroosh, it is hard to form any estimate. I never saw a place of which it was so difficult to acquire an idea from ocular observation. The whole town being built in and surrounded by a forest of high trees, and none of the streets being straight, there is no one spot from whence a spectator can see to any distance. The buildings are indeed so screened and separated by foliage that, except when passing through the bazars, a stranger would never suspect that he was in the midst of a populous city.‹

Auch die Tatsache, daß sich dieses Bild urbaner Form nach E hin sehr schnell ändert, spricht für die vielfältige Sonderstellung des südkaspischen Tieflandes. So weist bereits *Gorgan,* das frühere Astarabad und als solches Hauptstadt der damaligen gleichnamigen Provinz, im 19. Jh. als Schutz vor den kriegerischen Turkmenen mächtige Mauerwerke auf, die die Stadt gar nicht auszufüllen vermochte (vgl. DE MORGAN 1894). Das heutige Gorgan ist mit Abstand die größte Stadt Mazandarans (1976: 88 348 Ew) und gilt als Einfallstor zur Turkmenensteppe. Als nördlicher Endpunkt der transiranischen Eisenbahn ist es, ebenso wie *Gonbad Qabus* (1976: 59 868 Ew), ein wichtiges Vermarktungszentrum für Getreide und Baumwolle; beide Orte haben daneben bedeutsame administrative Funktionen. Beide, vor allem aber Gonbad Qabus, sind durch einen beträchtlichen turkmenischen Bevölkerungsanteil geprägt, der zumindest in der Vergangenheit immer wieder ein unruhestiftendes Element gewesen ist und im 19. Jh. zahlreiche Attacken auch gegen die Städte Zentralmazandarans ausgeführt hat. Im Rahmen der großen Umsiedlungsaktionen von Nomaden im 18. und 19. Jh. wurden daher ganze Stämme aus Westpersien in das östliche kaspische Tiefland umgesiedelt und in der Nähe von Städten seßhaft gemacht. So erwähnt ABBOTT aufgrund einer Reise im Jahre

1847/8, daß kurdische Moodanlu (1000—1200 Familien) in Neka, türkische Jeihanbeylu (1000 Familien) bei Farahabad sowie 200—300 Familien der ebenfalls türkischen Usanlu zusammen mit Baluchen in Sari angesiedelt wurden. Auch Afghanen (Ashraf) waren an diesen Umsiedlungen beteiligt (Public Records Office, London: Fo 881/136), und noch heute erinnert der Name der Kleinstadt Kord Kuy, wenig westlich von Gorgan, an kurdische Umsiedler.

Insgesamt besteht kein Zweifel, daß das südkaspische Tiefland i. e. S. in natur- wie kulturgeographischer Hinsicht innerhalb Irans einmalig ist. Das Fehlen von Nomaden (vgl. DE PLANHOL 1975, S. 245), die eigenartige formale Struktur der Städte (EHLERS 1972) wie auch der Agrarlandschaft weisen diesem Raum so viele eigenständige Merkmale zu, daß er in fast jeder Hinsicht inkomparabel mit anderen persischen Naturräumen oder Provinzen ist. Dies gilt auch für die jüngste Entwicklung: die überragende Stellung als Irans führendem Fremdenverkehrsgebiet. Sieht man ab von den unter den Safaviden errichteten Sommerresidenzen Safiabad/Ashraf (nahe dem heutigen Behshahr) sowie dem heute verfallenen Farahabad (vgl. VALLE 1843), so sind erste Versuche einer systematischen Erschließung der südkaspischen Küste als Fremdenverkehrsgebiet erst unter Reza Shah festzustellen. Die im oftmals so bezeichneten Pahlavistil errichteten Hotelkomplexe von Chalus, Ramsar und Babolsar, z. T. mit planmäßigen Stadt- und großen Parkanlagen verbunden (Promenaden in Bandar Pahlavi), sind heute Relikte der Gründerjahre des Fremdenverkehrs. Statt dessen zieht sich seit den 60er Jahren eine nicht abreißende Kette von Hotels, Motels, Feriendörfern, firmen- bzw. behördeneigener Urlaubscamps, von Villen und Miethütten zwischen Bandar Pahlavi und Babolsar auf den Strandwällen des Kaspischen Meeres entlang (vgl. EHLERS 1974, RITTER 1969). Bodenspekulation, Verlust wertvollen Ackerlandes durch großflächige Tourismuseinrichtungen sowie Zerstörung der bäuerlichen Siedlungen und der traditionellen bäuerlichen Kultur sind die negativen Folgen dieses Booms. Andererseits ist nicht zu verkennen, daß durch eine Vielzahl neuer Arbeitsplätze im tertiären Sektor, durch fremdenverkehrsorientiertes Heimgewerbe und durch den gewaltigen Bauboom Probleme ländlicher Arbeitslosigkeit, Unterbeschäftigung wie auch der Landflucht hier weniger ausgeprägt auftreten als in anderen Teilen des Landes.

2.2. Die Gebirgsumrandung

Die Nordflanke des Alborzgebirges wie auch der nach NE gerichtete Steilabfall des Taleshgebirges können in vielerlei Hinsicht als Ergänzungsräume des dichtbevölkerten Tieflandes gelten. Der Übergang vom Tiefland zum Gebirge erfolgt weithin an markanten, tektonisch angelegten Steilabfällen, die lediglich beiderseits des Austritts großer Flüsse aus dem Gebirge durch breite Talbuchten unterbrochen werden. Steilabfälle wie auch die Ausraumzonen der großen Täler sind häufig durch eine Abfolge von Terrassensystemen als Ergebnis ehemaliger Hochstände des Kaspischen Meeres untergliedert (vgl. Abb. 7).

Im Gegensatz zu dem ursprünglich dichten Waldkleid des Tieflandes, dem hyrkanischen Wald im Sinne von BOBEK (1952), der heute jedoch weitgehend gerodet ist, weisen die Gebirgsflanken noch ein stellenweise üppiges Waldkleid mit einer charakteristischen Zonierung der Vegetation auf: mit dem Verschwinden der nur im Tiefland vorkommenden Endemismen *Gleditschia caspica, Quercus castaneaefolia, Albizzia julibrissin* sowie *Parrotia persica*, dem persischen Eisenholz, beginnt eine von ca. 300 bis 1000 m Höhe reichende Übergangszone, die zu dem aus Eichen *(Quercus macranthera)* und Buchen *(Fagus orientalis)* dominierten kaspischen Bergwald überleitet. Oberhalb von 2500 m, d. h. auch oberhalb des Kondensationsniveaus der feuchten kaspischen Luftmassen, beginnt dann eine weithin xerophytische Felssteppe und damit bereits die klimatische Wirksamkeit des trockenen Hochlandklimas.

Man wird davon ausgehen können, daß bis in das 19. Jh. hinein die Wälder der kaspischen Gebirgsabdachung weitgehend in ihrem natürlichen Zustand verblieben. Erst der beginnende Straßenbau, der an vier Stellen (Firuzkuh-Tejan, Haraz, Karaj-Chalus und Sefid Rud) das Gebirge überwand und damit das kaspische Tiefland enger an Tehran band, führte zu entscheidenden Veränderungen. Waldweidewirtschaft und Köhlerei hatten zwar auch vorher schon hier und da zu Veränderungen oder gar zur Zerstörung der natürlichen Vegetation geführt; die engere Verkehrsanbindung an das im 19. Jh. schnell wachsende Tehran leitete jedoch eine rücksichtslose Zerstörung der Waldbestände im zentralen Alborz ein. Vor allem der Bedarf an Holzkohle hatte verheerenden Raubbau am Walde und damit eine nachhaltige Störung des ökologischen Gleichgewichts zur Folge (Bodenabspülung im Gebirge = Sedimentation und Versumpfung im Tiefland). Da für die Gewinnung einer Tonne Holzkohle die zehnfache Menge an Holz nötig ist und 1957 z. B. noch ein Jahresbedarf von 500000 t Holzkohle bestand, fielen demgemäß noch vor ungefähr 20 Jahren etwa 5 Mill. t Holz oder 10 Mill. cbm der Köhlerei zum Opfer (GLÄSER 1960). Selbst wenn dieser Wert zu hoch angesetzt und die Köhlerei inzwischen durch eine straffe Forstgesetzgebung eingeschränkt ist, so besteht an der bis vor kurzem rücksichts- und sinnlosen Waldvernichtung kein Zweifel.

Die oben erwähnte Verkehrserschließung des Alborz bedeutete die endgültige Einbeziehung vieler bis dahin autonomer oder doch weitgehend unabhängiger Territorien, von DE PLANHOL (1975, S. 242) treffend als ›isolierte Kerne seßhaften Widerstands‹ gekennzeichnet und in ihrem Charakter wohl den Kabyleien BOBEKS (1950) nicht unähnlich. Berühmte Beispiele solcher Talschaften sind die von DE PLANHOL (1964, S. 17 ff. bzw. S. 37 ff.) beschriebenen Hochbecken von Larijan und Kalardasht. Wie sehr heute die durch die großen Umsiedlungsaktionen früherer Jahrhunderte ausgelösten Bevölkerungswanderungen sich in einer äußerst heterogenen Vermischung verschiedener ethnischer und sprachlicher Gruppierungen auswirkt, hat DE PLANHOL (ebda.) überzeugend am Beispiel türkischer, kurdischer, lokaler und rezent zugewanderter Bewohner im Kalardasht nachgewiesen. Daß auch heute noch das an einzelne Talschaften gebundene Zusammengehörigkeitsgefühl der Bevölkerung ein wichtiger Faktor im Selbstverständnis, in der Raumwahrnehmung und Raumbewertung ist, hat Bazin (1974, 1979) bei der Analyse einzelner Talschaften im verkehrsmäßig noch unerschlossenen Taleshgebirge nachgewiesen.

Alborz wie Taleshgebirge sind, von einzelnen dicht besiedelten Beckenräumen abgesehen, siedlungsfrei und gewinnen so ihre Bedeutung als Ergänzungsräume für das südkaspische Tiefland. Schon für frühere Jahrhunderte ist belegt, daß Teile der Tieflandbevölkerung im Sommer auf der Flucht vor Hitze und Malaria in großen Höhen gelegene Sommerdörfer aufsuchten. Dies ist auch heute noch so. Jahr für Jahr steigen vom zentralen Mazandaran wie auch von Gilan und Talesh aus bäuerliche Familien mit ihren Rinderherden und Teilen des Hausstandes für 4 bis 5 Monate in die zu den Tieflandsiedlungen gehörenden Sommerdörfer auf, oft nur ein bis zwei Familienmitglieder zur Aufsicht der Reisfelder und der Hofstätten zurücklassend (vgl. Ehlers 1973). Ähnlich wie manche Nomaden betreiben auch die Bauern in den Sommerdörfern zusätzlich Landwirtschaft mit Anbau von Wintergetreide und neuerdings auch marktorientierten Obstbau (vgl. dazu Pour-Fickoui-Bazin 1978). An der Wanderung nehmen in einzelnen Gebieten so viele Personen teil, daß in einzelnen Sommerdörfern sogar saisonale Bazare entstehen (Bazin 1977).

Der engen Verbindung von Gebirge und Tiefland entspricht, daß umgekehrt viele Bergdorfbewohner den Winter im Tiefland verbringen. Aus Larijan erwähnt de Planhol (1964, S. 28 f.) den jahreszeitlichen Exodus ganzer Bergdörfer in Richtung Amul–Babol und belegt ihn auch historisch. Die schon von Bobek (1936, S. 21) erwähnte und von Vieille-Nabavi (1970) im Detail beschriebene Winterwanderung vieler Khalkhali in das Tiefland Gilans ist ein zweites Beispiel. Die immer bessere Verkehrserschließung der gebirgigen Randsäume hat allerdings in den letzten Jahren auch dieses traditionelle Wanderungsverhalten beeinflußt und läßt heute immer mehr Tehran zum Zielpunkt jahreszeitlicher Wanderungen werden.

2.3. Die randlichen Steppengebiete

Sowohl im W als auch im E wird das Kapische Meer von Steppen und Wüstensteppen begleitet, an denen Iran jedoch nur geringe Anteile hat. Im E handelt es sich dabei, durch das Taleshgebirge zwar vom Tiefland getrennt und politisch zu Azerbaijan gehörend, um die über den Aras zum Kaspi hin entwässernde Mughansteppe. Traditionell das Weidegebiet der Shahsavannomaden (Schweizer 1970), vollzieht sich hier seit einigen Jahren durch den iranisch-sowjetischen Gemeinschaftsbau von Staudämmen, Kraftwerken und Bewässerungsanlagen ein grundsätzlicher Strukturwandel, der auf Ansiedlung der Nomaden und ihre Inte-

2. Das südkaspische Küstentiefland

gration in die neuentstehende Bewässerungslandwirtschaft abzielt (SCHWEIZER 1973). Damit vollzieht sich an den Shahsavan exemplarisch das, was bei den allgemeinen Ausführungen über die Gegenwartsprobleme des Nomadismus (Kap. IV, Abschn. 2.3.) bereits angesprochen wurde: durch den Verlust der Winterweidegebiete erweist sich die sommerliche Bewirtschaftung der Höhenregion des Kuhi-Savelan als allein nicht tragfähige Stütze des Nomadismus. Ob allerdings die für die Seßhaftwerdung der Shahsavan vorgesehenen Betriebe zahlen- und flächenmäßig ausreichend sind (vgl. SCHWEIZER 1973), muß bezweifelt werden (vgl. dazu Abschn. 3.1.).

Nahezu analog zu den Entwicklungen in der Mughansteppe verlaufen die jungen Entwicklungstendenzen in der Turkmenensteppe an der südöstlichen Peripherie des Kaspischen Meeres (EHLERS 1970). Dieses in seiner physischen Ausstattung sehr viel differenziertere Steppengebiet kann nicht nur auf eine Jahrtausende währende Besiedlung zurückblicken, sondern verfügt über eine durch den Verlauf des bereits erwähnten ›Alexanderwalles‹ in etwa markierte natürliche Zweiteilung. Sein südlich des Gorgan Rud gelegener Anteil war schon immer Siedlungsgebiet auch ackerbautreibender Turkmenen und hat mit der Fertigstellung des Voshmgirstaudamms seine Bedeutung als Teil des wichtigsten iranischen Anbaugebiets von Baumwolle ausgebaut. Zwischen Gorgan Rud und dem Grenzfluß Atrek erlaubt der unter 200 mm absinkende Niederschlag bei starken Versalzungserscheinungen der Böden das Gedeihen einer nur halophytischen Steppenvegetation. Weidewirtschaft mit z. T. noch beträchtlicher Kamelhaltung stellt hier die primäre Erwerbsgrundlage der Bevölkerung dar.

Die Turkmenensteppe, die ihren Namen nach den sie bevölkernden zentralasiatischen Turkmenennomaden trägt und die als direkte Residualgruppe der Oghuzen gelten, ist nicht nur rassisch-ethnisch innerhalb Irans einmalig, sondern auch in der schon früher angesprochenen *Form* des Nomadismus (Abb. 41). Wenn der ursprünglich über die iranisch-russische (sowjetische) Grenze hinwegreichende Flächennomadismus auch heute weitgehend unterbunden ist, so verfolgen die unter dem Namen *Charwa* bekannten Viehzüchter noch heute größere horizontale Wanderungen zwischen Gorgan und Atrek, während ihre vorwiegend akkerbäuerlichen Stammesbrüder, die *Chomor*, nur kleine Wanderungen zwischen Gebirgsrand und Gorgan Rud vollziehen. Nicht nur durch ihre Physiognomie, sondern auch durch die Verwendung von Jurte, spezifischen hochrädrigen Karren sowie ihre besondere Affinität zu Pferden weisen die Turkmenen noch mancherlei Beziehungen zu ihrem zentralasiatischen Herkunftsgebiet auf. Eine besondere Bedeutung innerhalb ihrer Ökonomie kommt den berühmten Turkmenenteppichen zu: vor allem die malerischen Wochenmärkte von Gomishan und Pahlavi Dez, einem der zentralen Orte der Steppe, fungieren als wichtige Umschlagplätze dieses begehrten und in fast allen Turkmenenhaushalten geknüpften Produkts.

Die südliche Begrenzung der Turkmenensteppe, Mischgebiet mit überwiegend persischer Bevölkerung, weist — neben den bereits genannten Gorgan und

Gonbad Qabus — eine Reihe kleinerer Orte auf (Aliabad, Shahpasand, Minudasht), deren besondere Funktionen auf der Versorgung des ländlichen Raumes sowie der Verarbeitung seiner landwirtschaftlichen Produkte liegen. Die überragende Rolle der Baumwolle, die nicht nur Grundlage etlicher aufbereitender und weiterverarbeitender Industrien ist, zeigt sich auch in der Agrarsozialstruktur des östlichen Mazandaran: es ist eines der wenigen Gebiete mit einer verbreiteten Landarbeiterschaft. Vor allem aus Sistan stammende ›Zaboli‹ dienen meist für mehrere Jahre als Lohnarbeiter auf den großen Baumwollfeldern.

2.4. Literatur

Das südkaspische Tiefland kann in vielerlei Hinsicht als das am besten bekannte und auch schon frühzeitig von europäischen Reisenden und Forschern beschriebene bzw. untersuchte Gebiet Irans gelten. Unter den Forschungsreisenden der ›vorwissenschaftlichen Periode‹ sind insbesondere zu nennen: ABBOTT (1859), D'ARCY TODD (1838), DORN (1850/58, 1895), EICHWALD (1834), FRASER (1826, 1838), HERBERT (1665), MELGUNOF (1868), OUSELY (1819—1823), TREZEL/JAUBERT (1822) und VALLE (1843). Über reine Beschreibungen hinausgehend sind die mit Bildern und Plänen ausgestatteten Mitteilungen von DE MORGAN (1894) sowie die Rekonstruktionen der historischen Entwicklung der beiden Tieflandprovinzen durch RABINO (1917, 1928). Eine erste landeskundliche Übersicht im Sinne geographisch-länderkundlicher Analyse verdanken wir BOBEK (1936).

Die geologisch-geomorphologische Struktur des südkaspischen Tieflandes und seiner Randgebiete wurde zuletzt umfassend dargestellt von EHLERS (1971, mit großem Literaturverzeichnis!). Der für die jüngere Klima- und Landschaftsgeschichte Irans aufschlußreichen Vergletscherung des zentralen Alborz sind nachgegangen BOBEK (1937, 1953, 1957), der Frage fluviatiler Terrassenbildungen vor allem EHLERS (1969) und WENZEL (1942). Hochgebirgsgeomorphologische Studien aus der Nordflanke des Alborz verdanken wir zudem BOUT-DERRUAU-DRESCH-PEGUY (1961), HÖVERMANN (1960), KLAER (1969) und SCHWEIZER (1969).

Das stärkste Interesse hat die für einen Trockenraum ungewöhnliche Vielfalt der Vegetation und ihrer Gliederung gefunden. Neben den bekannten und bereits mehrfach genannten Arbeiten von BOBEK und ZOHARY haben sich speziell mit dem Tiefland und seiner Gebirgsumrandung befaßt FREY-PROBST (1974), GILLI (1939, 1941), HEJAZI-SABETI (1961), KOTSCHY (1861), MELCHIOR (1938), PROBST (1972, 1974) und RECHINGER (1939). Diese Studien werden ergänzt durch eine Reihe wertvoller FAO-Studien über die wirtschaftlichen Aspekte der kaspischen Wälder durch BUZI (1954), GLÄSER (1960), ROL (1956) u. a. Über die Problematik der Böden informieren u. a. ALIMARDANI (1975), ANDRIESSE (1960) und ROHMER (1966).

Die besondere Bedeutung des östlichen kaspischen Tieflandes für die vor- und frühgeschichtliche Besiedlung des Landes sowie für die Aufhellung der indogermanischen Einwanderung hat zu einer Reihe entsprechender Publikationen geführt: McBURNEY (1964, 1968), COON (1951), GHIRSHMAN (1977). Für den archäologisch besonders interessanten Bereich der Turkmenensteppe liegen geomorphologisch wie siedlungsgeographisch interessante Studien von ARNE (1935, 1945), CRAWFORD (1963), DESHAYES (1967f.), WULSIN (1932) vor;

ihre Aussagekraft für Klima- und Landschaftsgeschichte Nordirans diskutieren EHLERS (1971) und MEDER (1979).

Spezielle Untersuchungen zur Anthropogeographie des südkaspischen Tieflands betreffen zum einen die städtischen Siedlungen: EHLERS (1971) und KOPP (1973, 1977). Umfangreicher ist indes das Schrifttum über ländliche Siedlung und Wirtschaft, die in teilweise sehr detaillierten Studien behandelt wurden: BEAUMONT-NEVILLE (1968), BESSAIGNET (o. J.), BROMBERGER (1974), COLLIN-DELAVAUD (1961), EHLERS (1970, 1971, 1972, 1973), KHOSROVI (1977), DE PLANHOL (1959, 1964, 1965), SAHAMI (1965), SAMSON-HIMMELSTJERNA (1924), THORPE (1979), WENZEL (1940), WESTPHAL-HELLBUSCH (1963) oder YOUSSEFI (1977). Den immer wichtiger werdenden Aspekt des Fremdenverkehrs behandelt umfassend KRÖGER in einer vor dem Abschluß stehenden Marburger Dissertation (1980).

Die Randlandschaft Talesh wurde in Einzelaspekten dargestellt von BAZIN (1974, 1977, 1979), BAZIN-BROMBERGER (1975), HÄNTZSCHE (1867) und VIEILLE-NABAVI (1970). Besondere Beachtung verdient hier die Studie von POUR FICKOUI–BAZIN (1978). Über die randlichen Steppen liegen Arbeiten vor von EHLERS (1970) über die Turkmenensteppe und von IRONS (1968 f.) über deren zentralasiatische Nomadenbevölkerung; von BESSAIGNET (1964), OP'T LAND (1961) und vor allem SCHWEIZER (1970, 1973) über die Dasht-e-Mughan und die Shahsavannomaden (dazu auch TAPPER 1966, 1974).

3. DAS ARMENISCHE HOCHLAND: AZERBAIJAN

Azerbaijan, im geologischen Sinne Teil des armenischen Gebirgsknotens im Scharungsbereich von Pontus und Taurus einerseits, Alborzsystem und Zagros andererseits (vgl. MACHATSCHEK 1955, SCHWEIZER 1975), ist physisch- wie anthropogeographisch völlig anders geartet als der zuvor besprochene Teilraum. Weitgehend mit dem abflußlosen Einzugsbecken des in 1280 m über dem Meeresspiegel gelegenen Rizaiyehsees als tiefstem Punkt identisch, sollen im folgenden auch die politisch zu der Provinz Ostazerbaijan zählenden Bezirke Ahar und Ardabil, im nördlichen bzw. östlichen Vorland des Kuh-i-Savelan (4740 m) gelegen, an dieser Stelle in die Betrachtung einbezogen werden. Das Rizaiyehbecken selbst wird von einer Reihe sedimentärer Hochgebirge überwiegend kretazisch-tertiären Ursprungs umgeben, die bis 3112 m im N, bis 3578 m im Grenzgebiet zu Irakisch-Kurdistan und bis zu 3285 m im E, im Grenzgebiet zum Einzugsbereich des Kaspizuflusses Qezel Uzan aufsteigen. Ihre höchsten Erhebungen erreichen die Umrandungen des Rizaiyehbeckens jedoch in den mächtigen Vulkanruinen des Sakhend (3710 m) sowie im oben genannten Kuh-i-Savelan.

Der Höhenlage dieses Teilraumes sowie seiner den winterlichen Niederschlägen exponierten Lage entspricht der schon angedeutete winterkalte Klimacharakter dieses Gebietes. Langer winterlicher Schneebedeckung mit extremen Frosttemperaturen von — 25° C und mehr stehen hohe sommerliche Durchschnittstemperaturen (vgl. Karte 3, Tab. 6) mit Maximalwerten von über 40° C gegenüber. Stärker noch als das eigentliche Hochland von Iran läßt sich Azerbaijan als ein Raum typischen Kontinentalklimas charakterisieren: ein winterkaltes Trockensteppenklima im Sinne von TROLL-PAFFEN (1964). Vergleichsweise hohes Niederschlagsaufkommen und tiefe Wintertemperaturen sind auch die Ursachen für eine noch heute bemerkenswerte Vergletscherung der höchstgelegenen Bergmassive (SCHWEIZER 1970). Daß diese Vergletscherung der Gebirge in der letzten Eiszeit sehr viel ausgedehnter war, hat BOBEK schon 1937 und 1940 konstatiert; Fluß- und Seeterrassen im Bereich des Rizaiyehbeckens hat jüngst SCHWEIZER (1975) im Detail dargestellt.

Ebenso wie das südkaspische Tiefland, so hat auch Azerbaijan in der Geschichte Irans immer eine besondere Rolle als Puffer- und Grenzregion gegen das osmanische wie russische Reich gespielt. Höhepunkte seiner Geschichte waren die Mongolenzeit, vor allem die Regentschaft des Il-Khan Ghazan (1295—1304), der Tabriz zur glanzvollen Hauptstadt und das Stadtviertel Rab-e-Rashidi zum intellektuellen Zentrum seines Reiches machte (JAHN 1968). Eine zweite Blütezeit begann für Azerbaijan unter dem westtürkischen Turkmenengeschlecht der Qara Qoyunlu, als Tabriz abermals Mittelpunkt eines wirtschaftlich bedeutenden und geistig wie künstlerisch in Westpersien führenden Territoriums war und sein Regent, Djahan Shah (1436—1467) zum Timuridenreich und Herat in Konkurrenz stand (vgl. ROEMER 1976). Aus Mittelalter und früher Neuzeit datiert denn auch die bis heute ungebrochene Vorherrschaft des turksprachigen Bevölkerungselements in Azerbaijan. Noch heute stellen die Azerbaijaner die mit Abstand größte turksprachige Bevölkerungsgruppe, wobei ihr sog. Azeritürkisch, grammatikalisch-strukturell dem anatolischen Türkisch verwandt, in der Aussprache jedoch sehr abweichend ist.

Der oben erwähnten Sonderstellung Azerbaijans entsprach es, daß im 19. Jh. der jeweilige Thronfolger des Qadjarenthrones als Gouverneur der reichsten Provinz Persiens in Tabriz herrschte, und auch, daß hier bis in die jüngste Vergangenheit immer wieder Grenzkonflikte (vgl. Kap. III, Abschn. 6.3.) auftraten. 1945/46 kam es zur kurzlebigen Ausrufung autonomer Republiken Kurdistan (vgl. EAGLETON 1963) und Azerbaijan, die aber nach Abzug sowjetischer Besatzungstruppen im Dezember 1946 von iranischen Truppenverbänden aufgelöst wurden. Heute gliedert sich Azerbaijan in zwei Provinzen, die mehr oder weniger mit dem Einzugsbereich ihrer beiden Hauptstädte, Tabriz im E und Rizaiyeh im W, identisch sind.

3.1. Tabriz und sein Hinterland

Wirtschaftliche Grundlage Ostazerbaijans, der mit 3,2 Mill. Ew (1976) nach der Zentralprovinz bevölkerungsreichsten Provinz des Landes, ist — wie in vielen Teilen des Landes — die Land- und Viehwirtschaft, die aus den mehrfach genannten physischgeographischen Gründen hier besonders gute Voraussetzungen findet. Weit ausgeräumte Becken und breite Talzüge, teilweise mit guten und tiefgründigen Böden sowie ausreichendem Niederschlags- und Flußwasser erlauben

3. Das armenische Hochland: Azerbaijan

Tab. 58: *Größe, Zahl und Fläche landwirtschaftlicher Betriebe, Ost- und Westazerbaijan, 1956*

Größe der Betriebe	Ostazerbaijan				Westazerbaijan			
	Betriebe absolut	%	Fläche absolut	%	Betriebe absolut	%	Fläche absolut	%
unter 1 ha	24 750	11,2	8 720	0,5	9 450	17,0	3 447	0,7
1 — 3 ha	33 300	15,1	64 904	3,4	10 650	19,3	20 447	4,1
3 — 5 ha	32 702	14,8	129 052	6,7	8 100	14,6	33 045	6,8
5 — 10 ha	60 049	27,3	438 829	23,0	11 850	21,4	88 220	18,1
10 — 20 ha	54 309	24,8	749 229	39,2	10 200	18,4	141 799	29,0
20 — 50 ha	13 804	6,3	376 629	19,7	4 221	7,6	121 491	25,0
50 — 100 ha	1 085	0,5	69 681	3,6	802	1,4	55 109	11,3
100 — 500 ha	32	—	6 345	0,3	} 183	} 0,3	} 23 628	} 5,0
über 500 ha	50	—	68 495	3,6				
Zusammen	220 141	100,0	1 911 884	100,0	55 456	100,0	487 186	100,0

Quelle: Research Group 1968.

nicht nur einen flächenhaften und ausgedehnten Regenfeldbau, sondern auch intensive Bewässerungslandwirtschaft. Mit einer auf Regenfeldbau basierenden LNF von fast 1,4 Mill. ha und einer Bewässerungsfläche von über 400 000 ha sowie 40 000 ha Dauerkulturen wird die Anbaufläche nur von der der flächenmäßig ungleich größeren Provinz Khorassan übertroffen; anteilmäßig erreichen die Akkerflächen in Ostazerbaijan höhere Prozentwerte an der Gesamtfläche als in allen anderen Provinzen, die kaspischen ausgenommen (vgl. Tab. 36).

Tab. 36 macht aber auch die vorherrschende Form der Landnutzung deutlich, bei der die für den Regenfeldbau in Iran typische Kombination von Getreidebau und Brache vorherrschen. Tatsächlich dominieren in der landwirtschaftlichen Produktion mit weitem Abstand sowohl in Ost- als auch Westazerbaijan die Wintergetreide Weizen und Gerste, gefolgt von Luzerne als Futterpflanze im E und von Zuckerrüben im W. Die weite Verbreitung von Kartoffelanbau, Apfelgärten und sonstigen Früchten wie Erbsen, Bohnen, Zwiebeln usw. deuten auf den klimatischen Übergangscharakter dieses Hochlandes zum kühlgemäßigten Klima einerseits, diejenige von Weintrauben, Aprikosen, Melonen oder Baumwolle auf die trockenheißen Sommer eines kontinental-mediterranen Klimatypus. Die weite Verbreitung extensiven Getreidebaus macht zugleich die im Vergleich zum kaspischen Tiefland beträchtlichen Durchschnittsgrößen bäuerlicher Betriebe verständlich (vgl. Tab. 58).

Wenn die Zahlen auch eine Genauigkeit vortäuschen, die mit der Wirklichkeit nur annäherungsweise übereinstimmen dürfte, und wenn es darüber hinaus zu bedenken gilt, daß die Tabelle die Besitz- und nicht die Eigentumsverhältnisse erfaßt, so wird doch die ungleiche traditionelle Besitzverteilung deutlich: wenige Dutzend Betriebe bewirtschaften in Ost- wie Westazerbaijan ebensoviel landwirtschaftliche Nutzfläche wie die 50 000 (Ostazerbaijan) bzw. 20 000 (Westazerbaijan) kleinsten Betriebe; ein Zustand, der sich trotz Landreform bis heute nicht grundlegend geändert haben dürfte.

Der im Vergleich zu anderen Provinzen hohe Anteil der LNF an der Gesamtfläche ist die Ursache einer dichtbesiedelten bäuerlichen Agrarlandschaft, wie sie vor allem von SCHWEIZER (1970, Karte 6) für das nordöstliche Azerbaijan belegt ist. Noch heute (1976) leben fast zwei Drittel der Bevölkerung auf dem Lande. Während die großen Haufendörfer in den Ebenen häufig ausschließlich auf Regenfeldbau in Verbindung mit bäuerlicher Viehhaltung basieren, spielen in den Siedlungen am Fuße der großen Vulkane Sakhend und Savelan sowie der beckenbegrenzenden Randhöhen Qanat- und Flußbewässerung eine größere Rolle. Auf den agrarkolonisatorischen Charakter der Bewässerungslandwirtschaft im Rahmen des Aras-Mughan-Projekts wurde bereits hingewiesen. In der weiten Verbreitung persischer Toponyme in den Ortsnamen des Sakhendmassivs möchte DE PLANHOL (1966) Hinweise auf die Kontinuität persischer Kultur und persischen Bauerntums sehen, die die drei großen Turkisierungswellen Azerbaijans überdauert haben.

Ein besonderer Aspekt der Hochgebirge Ostazerbaijans ist die vielen Nomadengebieten eigene staffelwirtschaftliche Nutzung der Hochgebirge. Sie gilt auch für die beiden genannten Vulkanmassive, deren Höhenregionen einer nomadischen Sommerbeweidung vorbehalten sind. Wenn auch bisher nur wenige Untersuchungen aus NW-Iran zu diesem Problemkreis vorliegen, so zeigen doch die wertvollen Arbeiten von SCHWEIZER (1970, 1973) über die Shahsavan des Kuh-i-Savelan sowie die Sakhendstudien von DE PLANHOL (1958, 1960, 1966) die Gültigkeit dieses Prinzips auch für Azerbaijan. Vor allem die Shahsavan migrieren mit einer Mitte der 60er Jahre auf 75 000 Nomaden bzw. 10 000 Zelte geschätzten Bevölkerung (TAPPER 1966) zwischen den Höhenregionen des Kuh-i-Savelan als Yaylaq sowie der wintermilden Mughansteppe als Qeshlaq und betrachten beide Räume als traditionelle Weidegebiete. Nachdem die politische Macht der einst mächtigen Shahsavan schon längst gebrochen ist, droht ihnen nunmehr mit der genannten Ausdehnung des Bewässerungsfeldbaus in der Mughansteppe der Verlust oder zumindest die Einengung der traditionellen Winterweidegebiete und damit der allmähliche Übergang zur Seßhaftwerdung (BESSAIGNET 1964, OP'T LAND 1961, SCHWEIZER 1973).

Die Städte, in denen 1976 etwa 36 % der Bevölkerung der Provinz lebten, werden eindeutig von *Tabriz* dominiert, das fast die Hälfte der städtischen Bevölkerung auf sich vereinigt (1976: 598 576 Ew). Wenn es heute von seiner Einwohnerzahl her erst an vierter Stelle aller iranischen Städte rangiert, so muß es nach wie vor zu den wichtigsten Handelszentren Irans gerechnet werden, nachdem es im 19. Jh. der mit Abstand führende nationale wie internationale Umschlagplatz des Landes war.

Seine überragende Rolle verdankte Tabriz im 19. Jh. seiner strategisch günstigen Lage als Ziel- und Ausgangspunkt des ständig wachsenden Europahandels. Sowohl die berühmte Trabzon-Tabriz-Handelsroute (ISSAWI 1970) als auch der Warenverkehr über Rußland, das 1916 von der Grenzstadt Julfa aus Tabriz an das europäische Eisenbahnnetz anband, sicherten der Stadt eine bis weit in das 20. Jh. hineinreichende Monopolstellung. Dieses Handelsmonopol bedingte nicht nur die wirtschaftliche Blüte und Sonderstellung der Stadt (vgl. dazu z. B. BLAU 1858, S. 40f., BRUGSCH 1862, S. 171f., POLAK 1865, 2. Bd., S. 189 u. a.), sondern machte sie auch immer wieder zu einem politischen Streitobjekt zwischen den Großmächten, unter anderem dem osmanischen und dem russischen Reich. Für das Jahr 1881 wurde ihre Bevölkerung auf etwa 170000 Ew geschätzt, während 166 Karawansarais und etwa 4000 Läden Ausdruck ihrer Geschäftigkeit waren (HOUTUM-SCHINDLER 1883). Wenig später charakterisiert der ›Bericht...‹ (1910, S. 313) die Stadt wie folgt:

›Die Ausdehnung der Stadt ist eine ganz enorme und dürfte die Teherans noch übertreffen. Die Bazare sind sehr schön gebaut und größer als die Teheraner. Täbris ist mit Ausnahme des Finanzgeschäftes und des Geldmarktes, in dem ihm Teheran überlegen ist, die eigentliche Handelszentrale Persiens. Sein Einfluß umfaßt, trotzdem es im äußersten nordwestlichen Winkel gelegen ist, fast sämtliche Gebiete Irans.‹

Dieser Bedeutung entsprach eine Konzentration großer europäischer Handelshäuser, Bankfilialen und politischer Vertretungen in der Stadt. Neben der überragenden Funktion als internationaler Handels- und Börsenplatz war es des Landes führendes Organisationszentrum für den florierenden internationalen Teppichhandel.

Das heutige Tabriz, unter Reza Shah den gleichen physiognomischen Wandlungen und ersten Industrialisierungsversuchen unterworfen wie die meisten persischen Städte, hat bis in die jüngste Vergangenheit, im Schatten Tehrans stehend, ein eher provinzielles Kümmerdasein geführt. Sein großartiger Bazar, noch heute architektonisches Prunkstück und kommerzieller Mittelpunkt der Stadt, von SCHWEIZER (1972) in einer mustergültigen Kartierung erfaßt, ist bis heute — trotz großzügiger Modernisierungen der alten Bausubstanz und flächenhafter Erweiterungen — Lebensnerv der Stadt und wichtiger Umschlagplatz des Teppichhandels geblieben. In der ausgesprochen traditionellen ›Industriestruktur‹ der Stadt, 1956 noch mit etwa 290000 Ew zweitgrößte Stadt des Landes, ragten Mitte der 60er Jahre drei Streichholzfabriken und eine Lederfabrik mit jeweils 200 und mehr Beschäftigten sowie eine Textilfabrik mit ca. 70 Arbeitern heraus. Alle übrigen Unternehmungen (ca. 7000) müssen demgegenüber als handwerkliche Kleinbetriebe eingestuft werden (vgl. auch SCHWEIZER 1972). Erst die Ende der 60er Jahre einsetzende zweite Industrialisierungsphase brachte für Tabriz die Ansiedlung arbeitsintensiver Großbetriebe des Fahrzeug- und Maschinenbaus, die langsam die bislang führende Teppichmanufaktur vom ersten Platz zu verdrängen beginnen. Vor allem die mit rumänischer Hilfe errichtete Traktorenfabrik, aber auch englische und deutsche Motorenwerke (Transformatorenfabrik) und Anlagen für

V. Grundzüge einer Regionalisierung Irans

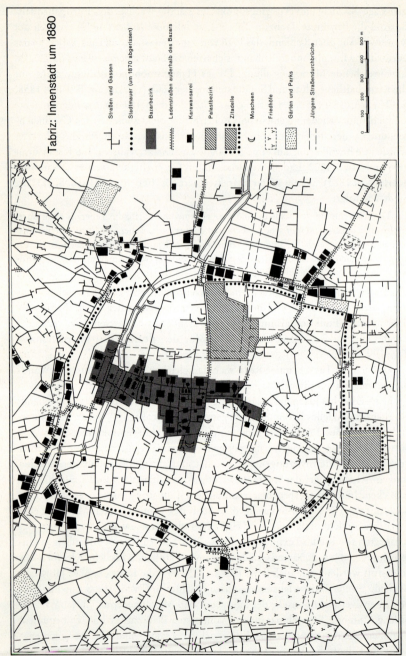

Abb. 60: *Tabriz: Innenstadt um 1880* (nach SCHWEIZER 1972).

3. Das armenische Hochland: Azerbaijan

Pumpenbau sowie eine Werkzeugmaschinenfabrik sind heute die größten industriellen Arbeitgeber der Stadt. Die im Bau befindliche Erdölraffinerie wird das Spektrum moderner Industrien erweitern, so daß Tabriz als Endpunkt der großen W-E-Entwicklungsachse über Tehran nach Mashhad in Zukunft wieder mehr wirtschaftliches Gewicht erlangen wird. Die 1957 fertiggestellte Bahnverbindung, die 1942 schon von Tehran aus bis nach Mianeh vorgedrungen war, ist ein wichtiger Faktor in dieser Entwicklung.

Neben Industrie und dem nach wie vor überregional bedeutsamen Handel hat Tabriz zentrierende Funktionen als Verwaltungsmittelpunkt der Provinz. Die große, in Anfängen auf das Jahr 1946 datierende Universität hat bis vor kurzem dem gesamten Azerbaijan als führende Bildungsanstalt gedient, wie die Stadt denn überhaupt nach wie vor traditioneller, historischer wie wirtschaftlicher Brennpunkt des gesamten nordwestlichen Iran geblieben ist.

Der unbestrittene Führungsanspruch der Stadt kommt in ihrem Verhältnis zu den anderen Städten der Provinz deutlich zum Ausdruck. Unter ihnen hat lediglich *Ardabil* als Mittelpunkt eines intensiv agrarisch genutzten Steppenhochlandes, das durch das langgestreckte Vulkanmassiv des Kuh-i-Savelan vom Kernraum Azerbaijans getrennt ist, in den letzten Jahren eine gewisse Eigenständigkeit erlangt. Die Stadt, die 1956 etwa 65000, zehn Jahre später 84000 Ew zählte, hat vor allem in der Dekade 1966—1976 mit einem durchschnittlichen jährlichen Wachstum von 5,8% einen großen Aufschwung genommen und zählt heute (1976) 147404 Ew. An die historische Bedeutung der Stadt als Ausgangspunkt des Safavidengeschlechts und der Safavidenherrschaft erinnert noch heute das großartige Mausoleum des Sheikh Safi (ROEMER 1971), im 15. und 16. Jh. Mittelpunkt einer großen Kultstätte sowie eines geschäftigen Handels und Gewerbes von internationalem Zuschnitt (OLEARIUS 1656, S. 461 f.). Heute profitiert die Stadt von ihrer Funktion als unbestrittener Handels- und Verwaltungsmittelpunkt des nordöstlichen Azerbaijan, dessen öffentliches wie privates Dienstleistungsangebot von der bäuerlichen Bevölkerung des fruchtbaren Stadtumlandes ebenso in Anspruch genommen wird wie von den Shahsavannomaden (SCHWEIZER 1970, S. 97—100). Besondere Bedeutung kommt in Ardabil wie auch in den Nomadenstädten Ahar, Meshkinshahr und Sahrab der Teppichmanufaktur und dem Teppichhandel zu: Shahsavanteppiche sowie die berühmten Heristeppiche, benannt nach dem gleichnamigen Marktort am südwestlichen Savelan, sind dabei die vorrangig gehandelten Provenienzen.

Von den übrigen Städten der Provinz sind erwähnenswert allein *Maragheh* (1976: 60820 Ew), das seine Bedeutung und Größe vor allem dem intensiven Bewässerungsobstbau verdankt. Neben Weinbau (Tafeltrauben und Rosinen) und Apfelplantagen sind vor allem Pfirsiche und getrocknete Aprikosen eine Spezialität dieses Gebietes. Auch der Eisenbahnknotenpunkt *Marand* (1976: etwa 45000 Ew) wie die übrigen Kleinstädte und Marktzentren existieren durchweg von ihrer Doppelfunktion als Zentren kleiner, aber oft intensiv bewässerter Anbaugebiete sowie als Versorgungsmittelpunkte für ihr bäuerlich-nomadisches Hinterland.

3.2. Das westliche Azerbaijan

Obwohl orohydrographisch eine Einheit bildend, ist das westliche Azerbaijan politisch eine eigenständige Region mit Rizaiyeh, dem alten Urumiyeh bzw. Urmia als Verwaltungsmittelpunkt. Mit etwa 44000 km² Größe und ca. 1,4 Mill. Ew (1976) nach Fläche und Bevölkerung sehr viel kleiner als Ostazerbaijan, umfaßt die Provinz vor allem alles östlich und südlich des Rizaiyehsees gelegene Land mit dem fruchtbaren Becken des Rizaiyehsees und den breiten Talböden der ihm tributären größeren Flüsse als wirtschaftlichen Kernraum.

Der Rizaiyehsee, dessen Seespiegel in etwa 1280 m Höhe liegt und dessen eiszeitliche Entwicklungsgeschichte von SCHWEIZER (1975) umfassend dargestellt wurde, ist der eigentliche Kernraum an der Nahtstelle beider Provinzen. Der infolge seines hohen Salzgehaltes von maximal 30 % biotisches Leben (mit Ausnahme von Plankton) verhindernde See weist noch heute, bei einer durchschnittlichen Tiefe von 6—8 m, beträchtliche jährliche Schwankungen auf (im Mittel 90 cm), die noch von mehrjährigen Oszillationen überlagert werden: so lag der Pegel 1961 um etwa 5 m unter dem von 1911, während 1969 ein neuer extremer Hochstand zu verzeichnen war (PLATTNER 1970, SCHWEIZER 1975, S. 37 f.). Daß mit schwankendem Wasserstand der vor allem vom Aji Cay und seinen mitgeführten Salzlösungen verursachte hohe Salzgehalt ebenfalls Schwankungen unterworfen ist, liegt auf der Hand.

Auf Grundzüge der traditionellen Agrarsozialstruktur wurde bereits in Tab. 58 hingewiesen. Siedlung und Wirtschaft des ländlichen Raumes gleichen, den ähnlichen natürlichen Voraussetzungen entsprechend, weitgehend denen des östlichen Azerbaijan. Neben den Wintergetreiden Weizen und Gerste und dem wichtigen Obstbau (insbesondere wiederum Weintrauben für Rosinenherstellung) spielt allerdings der Anbau von Zuckerrüben eine besondere Rolle mit expansiver Tendenz. Der Ausweitung des Zuckerrübenanbaus dienen eine Reihe neuer Bewässerungsprojekte, die bei Miyanduab, Mahabad, Shahpur sowie im Küstenbereich bei Rizaiyeh entstehen. Sie werden insgesamt über 200000 ha der Irrigation neu erschließen oder aber bestehende Bewässerungsanlagen modernisieren und erweitern (KOCH-SCHWEIZER-TAYEBI 1974). Schon heute arbeiten in Westazerbaijan vier größere Zuckerraffinerien (Miyanduab, Rizaiyeh, Khoi und Khaneh), während der Rübenanbau in der östlichen Nachbarprovinz unbedeutend ist.

Stärker noch als Ostazerbaijan ist der westliche Teil durch die Dominanz ländlicher Bevölkerung geprägt: 1976 lebten immerhin 67,9 % der Bevölkerung (Landesdurchschnitt: 53,2 %) auf dem Lande, wobei vor allem in den dichtbesiedelten Bewässerungsbecken Bevölkerungsdichtewerte von 50 Ew/km² (Provinzdurchschnitt 32 Ew/km²) erreicht werden. Ein besonderes Merkmal der ländlichen Be-

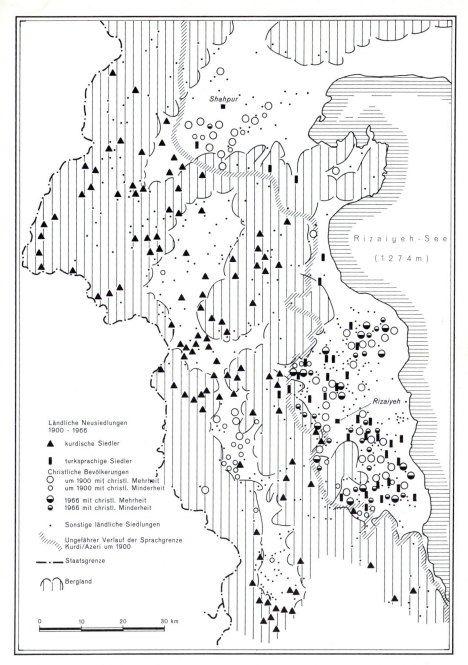

Abb. 61: Ländliche Neusiedlung sowie Sprach- und Religionszugehörigkeit im Raum bei Rizaiyeh und Shahpur, Nordwestiran (nach bisher unveröffentl. Unterlagen von HARTMANN-SCHWEIZER [mit frdl. Genehmigung der Verfasser]).

völkerung ist der hohe Anteil christlicher Minderheiten, der das Gebiet um Rizaiyeh und Shahpur zu einem von Religion und Sprache her äußerst vielgestaltigen Kulturraum macht. Die Besonderheit liegt vor allem darin, daß die zahlenmäßig starken christlichen Minderheiten hier *auf Stadt und Land* in gleicher Weise verteilt sind, in geschlossenen Dörfern mit turksprachigen, muslimischen Mehr- oder Minderheiten zusammenleben und beide Gruppen deutlich abgesetzt sind gegen die Kurden, die vor allem den gebirgigen Westen und Süden der Provinz bevölkern. So ergibt sich eine rassisch-ethnische wie auch sprachliche und religiöse Vielfalt der Bevölkerung auf engstem Raum, die im ländlichen Iran ihresgleichen sucht.

Die von SCHWEIZER-HARTMANN entwickelte Karte der ländlichen Neusiedlung zwischen 1900 und 1966 westlich des Rizaiyehsees (Abb. 61) läßt nicht nur das Ausmaß einer als Agrarkolonisation zu kennzeichnenden Siedlungsverdichtung, vor allem im kurdischen Siedlungsbereich deutlich werden, sondern auch die Verschiebungen im Verteilungsbild von Dörfern mit christlichen Bevölkerungsgruppen. Dabei springt vor allem der Rückgang christlicher Dörfer bei Shahpur sowie westlich von Rizaiyeh ins Auge, eine Folge der seit dem 19. Jh. permanenten Attacken kurdischer Nomaden auf christliche Siedler. Die heutige Bevölkerung christlichen Glaubens ist gering. Gemäß der Volkszählung des Jahres 1966 wird sie in beiden Provinzen wie folgt beziffert:

Ostazerbaijan: 3894 Armenier, davon 2998 in Tabriz; 202 Assyro-Chaldäer, davon 178 in Tabriz;

Westazerbaijan: 4027 Armenier, davon 3303 in Rizaiyeh und 347 in Shahpur; 6740 Assyro-Chaldäer, davon 2568 in Städten.

Wenn die heutigen Zahlen auch nicht hoch sein und durch ständige Abwanderungen vor allem nach Tehran sich sogar noch verringern mögen, so ist der kulturgeographische Einfluß in Form christlicher Kirchen, Klöster und Friedhöfe auch physiognomisch faßbar (vgl. GABRIEL 1971, 1974). Die durch Kontakte mit Tehran und dem westlichen Ausland ausgelösten Einflüsse der christlichen Minderheiten in Wirtschaft und Kultur sind zwar schwer zu erfassen, dürften aber hoch zu veranschlagen sein (höhere Schulbildung, Innovationsbereitschaft usw.).

Das 19. Jh. ist eine Zeit permanenter Rückschläge für die in Persien lebenden Armenier. Nach dem Frieden von Turkmanchai (1826) und dem Verlust des Landes zwischen Aras und Eriwan mußten 40000 Armenier das Land verlassen und wurden nach Georgien umgesiedelt (NEUMANN 1834). Auf die verbleibende, zahlenmäßig schwache und wehrlose Restbevölkerung, überwiegend assyro-chaldäischen (nestorianischen) Glaubens, beginnen Jahrzehnte währende Überfälle, Plünderungen, Tötungen und Versklavungen durch Afshar und Kurden, die ganze Dörfer niederbrennen und ihre Bewohner verschleppen (E. HERTSLET: Memorandum Respecting the Persecution of the Nestorian Christians by the Turks, Persians and Koordish Chiefs; Dec. 1876, Public Record Office London, FO 881/3003).

3. Das armenische Hochland: Azerbaijan

Um die Jahrhundertwende (FO 60/587) sprechen Konsulatsberichte von massenhaften Übertritten von Nestorianern in die russisch-orthodoxe Kirche: allein im Urmiadistrikt sollen sich demzufolge 12 000 Gläubige unter Führung ihres Bischofs Mar Yonan im Jahre 1897 zum Moskauer Patriarchat gewendet und damit auch dem militärischen Schutz der Russen unterstellt haben; im Sommer 1896 kam es unter den Christen der Ebene von Salmas (heute Shahpur), deren Zahl auf 13 000 geschätzt wurde, zu Massakern, die viele hundert Menschenleben forderten.

Viel stärker als die Hauptstadt der östlichen Nachbarprovinz ist *Rizaiyeh* (1976: 163 991 Ew) als Verwaltungsmittelpunkt Westazerbaijans ein durch die Landwirtschaft und ihre Verarbeitung geprägter Ort. Neben den typischen Funktionen, die sich aus den administrativen Aufgaben der Stadt (Schulen, Krankenhäuser, Hochschulen, Behörden usw.) ergeben, dominieren nahrungsmittelverarbeitende Industrien: Zuckerraffinerie, Mühlenbetriebe und vor allem Aufbereitungsanlagen für Trocknung und Verpackung von Weintrauben/Rosinen, die auch in den Export gelangen. Wie sehr die Nahrungs- und Genußmittelindustrien dominieren, belegt die Tatsache, daß 1971/72 etwa 80 % des in der Industrie erzeugten Mehrwerts auf diese Sektoren entfielen und fast 50 % der in der Industrie Beschäftigten hier ihr Unterkommen fanden (Iran Yearbook 1977/2535, S. 463/4).

Auch die übrigen Städte der Provinz, wie das malerische, von Resten der alten Stadtmauer umgebene und mit einem safavidisch datierten Bazar ausgestattete *Khoi* (1976: 70 040 Ew) oder die kleineren Städte Mahabad (etwa 50 000 Ew), Miyanduab und das nach einem verheerenden Erdbeben im Jahre 1929 planmäßig aufgebaute Shahpur, sind funktional vor allem Landstädte mit einem breiten Spektrum agrarraumorientierten Handels und Gewerbes. Vor allem in Mahabad und Miyanduab spielt die kurdische Bevölkerung bereits eine beträchtliche Rolle.

Die randliche Lage der Provinz, ihre bis heute ausgesprochen schlechte Verkehrserschließung und ihre mangelhafte Ausstattung mit touristischer Infrastruktur haben einen durchaus möglichen Fremdenverkehr bisher nicht aufkommen lassen. Neben der sommerlichen Klimagunst des Hochlandes, ihrem Wasser- und Quellenreichtum sowie der vergleichsweise weiten Verbreitung von Fruchthainen, Pappelbeständen und flußbegleitenden Gehölzen, bieten archäologische Zeugnisse vor allem aus urartäischer Zeit (KLEISS-HAUPTMANN 1976), die eindrucksvollsten altarmenischen Kirchen zwischen Khoi und Maku sowie bei Julfa und nicht zuletzt die berühmte eisenzeitliche Festung von Hasanlu Ansatzpunkte für einen auf Erholung wie Bildung in gleicher Weise gerichteten Fremdenverkehr.

3.3. Literatur

Anders als für das südkaspische Tiefland sind geographische Berichte und Detailstudien über NW-Iran bisher vergleichsweise spärlich. Schon im 19. Jh. und davor beziehen sich Reisebeschreibungen im wesentlichen auf Lokalitäten entlang der Hauptreiseroute von Tabriz über Kazvin nach Zentraliran: ABBOTT (1864), D'ARCY TODD (1838), AINSWORTH (1841), HOUTUM-SCHINDLER (1883), JAUBERT (1822), MONTEITH (1833), MORIER (1812, 1818), PORTER (1823/33), SHIEL (1838), WILBRAHAM (1839) neben vielen anderen.

Bei den speziellen Arbeiten zur physischen Geographie ist vor allem das Interesse an glazialmorphologischen Fragestellungen auffällig: Nachdem BOBEK schon 1937 eine ganz Nordiran betreffende Studie zur ›Rolle der Eiszeit‹ vorlegte, bringt die 1975 erschienene Habilitationsschrift von SCHWEIZER die umfassendste Bestandsaufnahme der Vielfalt glazialmorphologischer Erscheinungen im Bereich des Rizaiyehbeckens sowie ihrer klima- und hydrogeographischen Voraussetzungen und Konsequenzen. Diese Arbeit enthält auch ein umfangreiches Schrifttumsverzeichnis einschließlich der wichtigsten Reiseliteratur des 19. Jh.

Auch auf anthropogeographischem Gebiet verdanken wir, wie im Text schon angedeutet, die wichtigsten neuen Arbeiten SCHWEIZER. Seine Arbeit über Tabriz (1972) enthält die bisher beste Bazarkartierung irgendeines iranischen Bazars überhaupt; einen Überblick über diese Stadt und ihr Hinterland vermittelt SCHAFAGHI (1965). Weitere stadtgeographische Arbeiten über Azerbaijan fehlen bisher. — Auch die bisher umfassendsten Studien über Nomadenprobleme hat SCHWEIZER (1970, 1973) veröffentlicht; sie werden aus historischer Sicht durch die Aufsätze von TAPPER (1966; 1974) ergänzt. Die Ansiedlungsproblematik der Shahsavan behandeln BESSAIGNET (1964), OP'T LAND (1961) und SCHWEIZER (1973). Detaillierte Untersuchungen über die traditionelle Agrarsozialstruktur und ihre modernen Wandlungen fehlen demgegenüber bisher völlig, wenn man von den Azerbaijan betreffenden Mitteilungen von LAMBTON (1953 und 1969) sowie den Fallstudien der Research Group (1968) absieht. Landeskundliche Überblicke mit angewandt-geographischer Fragestellung vermitteln die beiden Berliner Dissertationen von ZAMANI (1976) und ZAREH (1976).

Überraschend große Beachtung hat das Problem der christlichen Minderheiten in Azerbaijan gefunden. Abgesehen von den entsprechenden Kapiteln in den Übersichtsdarstellungen bei BERTHAUD (1968), GABRIEL (1971, 1974) oder WATERFIELD (1973) haben vor allem BERTHAUD (1968) und DE MAUROY (1968, 1973, 1978) Detailstudien vorgelegt. Die umfangreichste diesbezügliche Arbeit ist die 1973 in drei Bänden erschienene maschinenschriftlich publizierte Doktorarbeit (These) von DE MAUROY über die Assyro-Chaldäer in Iran. Eine soeben fertiggestellte (1979) Tübinger Dissertation von HARTMANN setzt sich schwerpunktmäßig mit religionsgeographischen Fragen im Vorderen Orient auseinander und geht dabei naturgemäß in besonders starkem Maße auch auf die Verhältnisse in Azerbaijan ein.

4. DAS HOCHLAND VON IRAN UND SEINE RANDLANDSCHAFTEN

Wie bereits in der Einleitung zum regionalen Teil (Kap. V, Abschn. 1) angedeutet, ist eine in sich geschlossene und logisch einwandfreie regionale Differenzierung des Hochlandes von Iran weitaus schwieriger als eine solche der Peripherie. Dies gilt auch für alle bisher vorgelegten Gliederungsvorschläge (vgl. z. B. NIEDERMAYER 1937, SCHARLAU 1969), von denen keiner zu befriedigen vermag. In diesem Sinne ist auch das folgende Vorgehen lediglich als ein Versuch der Verbesserung und Differenzierung bisheriger Regionalisierungsansätze zu verstehen.

4. Das Hochland von Iran und seine Randlandschaften

4.1. Der Alborz und sein Vorland

Der Alborz und seine westliche Verlängerung, als Klima- und Landschaftsscheide zwischen trockenheißem Hochland von Iran und feuchtwarmem südkaspischen Tiefland von landschaftsprägender Bedeutung wie kein anderes Hochgebirge Irans, wird im S begleitet von einem mehr oder weniger breiten Vorlandstreifen, der sich zwischen dem noch zu Azerbaijan gehörenden Mianeh im W bis nach Shahrud im E erstreckt. Seine kulturgeographische Eigenständigkeit erhält dieses südliche Alborzvorland durch eine in fast regelmäßigem Abstand zueinander liegende Kette von Städten: Mianeh — Zenjan — Kazvin — Karaj — Tehran/Ray — Veramin — Garmsar — Semnan — Damghan — Sharud. Durchweg als Etappenorte bzw. Haltestationen an der alten wie modernen W-E-Verbindung Nordpersiens (Karawanenstraße — Autostraße — Eisenbahn) gelegen, sind sie vor allem Mittelpunkt ihrer agraren Umländer, die im W auf der Kombination von Regen- und Bewässerungsfeldbau, östlich von Tehran fast ausschließlich auf bewässerter Landwirtschaft und Viehhaltung basieren.

4.1.1. Natur- und kulturgeographische Grundzüge des Alborz

Auf die Grundzüge der geologisch-tektonischen Struktur des Alborz und der unterschiedlichen Deutungen seiner Entwicklungsgeschichte wurde bereits in Kap. II, Abschn. 1.2.2. hingewiesen. Vom Relief her präsentiert sich das Gebirge als eine Abfolge paralleler, einer gewaltigen Aufwölbung vergleichbarer Faltenketten. Während die Falten im wesentlichen aus jurassischen und kretazischen Kalken aufgebaut werden, bringen plateauartige Reste des präkambrischen Basements, junge Granitintrusionen (z. B. das Massiv des Alam Kuh; vgl. BOBEK 1957, DRESCH-PEGUY 1961), aufgesetzte vulkanische Aschenkegel wie das plio-pleistozäne Vulkanmassiv des Demavend (vgl. BOUT-DERRUAU 1961) sowie tiefeingeschnittene, z. T. tektonischen Störungslinien folgende Quertäler vielfältige Abwandlungen des Faltenbaus hervor. Dabei sind geomorphologische Formenvielfalt und Reliefenergie auf der stark beregneten und dicht bewaldeten Nordflanke infolge der unter dem Weltmeeresspiegel gelegenen Erosionsbasis ungleich stärker entwickelt als auf der ariden Südseite des Gebirges.

Wie bereits im Zusammenhang mit der Gebirgsumrandung des südkaspischen Tieflandes angedeutet, greifen die ausgesprochen trockenen Luftmassen des Hochlandes von Iran über den Hauptkamm des Alborz auf die Nordflanke des Gebirges über und sind Ursache der die Höhenregionen des Gebirges kennzeichnenden xerophytischen Gebirgssteppen mit Dornpolstern und Hochstauden. Geringe Restbestände eines lichten Wacholderwaldes *(Juniperus excelsa, J. polycarpos)* signalisieren an einigen geschützten und schwer zugänglichen Stellen, wie z. B. im mittleren Karajtal sowie oberhalb von Manjil, die einstmals weitere Ver-

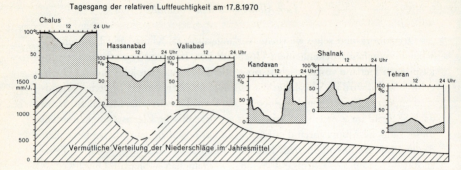

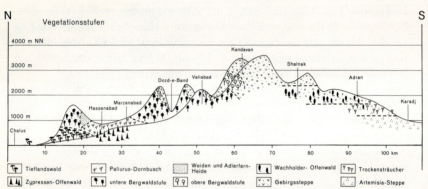

Abb. 62: Luftfeuchtigkeit, Niederschlag und Vegetation in einem N–S-Profil durch den Alborz (nach FREY-PROBST 1974).

breitung trockenheitsangepaßter Waldbestände. Unterhalb der bis etwa 1800 m herunterreichenden schütteren Bergsteppe schließt sich auf der Südflanke eine ebenso schüttere Artemisiasteppe an, die jedoch zumeist deutlich zurücktritt gegenüber den vegetationslosen Staub- und Geröllhalden sowie den Schuttschleppen der nackten Felsmassive. Lediglich die größeren Flüsse (Shahrud, Karaj, Jajrud) bilden schmale Säume einer üppigen Baum- und Strauchvegetation, sofern die schmalen Flußterrassen nicht inzwischen durch Ackerbau (wie z. B. im Karaj- und Jajrudtal) genutzt sind.

Der klimaökologisch einfachen Ausstattung der Höhenregion des Alborz (vgl. dazu KHALILI 1973) und seiner Südflanke entspricht eine ebenso klare kulturgeographische Gliederung. Sie steht in starkem Gegensatz zu dem vielseitigen Neben- und Übereinander verschiedener Betriebs- und Wirtschaftsformen auf der Nordflanke des Alborz. Die klimatische Ungunst führt dazu, daß landwirtschaftliche Nutzung nur auf wenige Hochbecken beschränkt ist. Diese Becken sind fast durchweg durch Getreideanbau genutzt, daneben kommen Mais, Sonnenblumen

4. Das Hochland von Iran und seine Randlandschaften 349

und Futterpflanzen vor. Für die meisten Dörfer ist typisch der Gegensatz von bewässerbaren Innenfeldkomplexen *(abi)* und extensiveren Außenfeldern mit Getreide *(daymi)*. Während die Trockenfeldflur im jährlichen Wechsel von Getreide und Brache betrieben wird, unterliegt das dorfnahe Bewässerungsland einem mehrjährigen Fruchtwechsel unter Einschluß von Winterweizen, Kartoffeln, Futterpflanzen (Luzerne, Alfalfa), Melonen und anderen Früchten.

Im Gegensatz zu dem flächenhaften Anbau der wenigen Hochbecken sind ländliche Siedlung und Wirtschaft in den Tälern der Südabdachung des Alborz nur spärlich vertreten. Dennoch läßt sich auch hier eine gewisse vertikale Gliederung in der Landnutzung nachweisen. Oberstes Stockwerk bilden auch hier die Bergweiden, die jedoch fast ausschließlich von Hirten und Herden des Hochlandes von Iran aufgesucht werden. So halten sich z. B. bei Gaduk, d. h. nahezu in Sichtweite der Wasserscheide bei Firuzkuh, in jedem Sommer etwa 30 Herden mit durchschnittlich 250—300 Tieren auf, die jahreszeitlich zwischen dem Alborz und dem Raum Semnan wandern. Die Herden gelangen etwa Mitte Mai auf die Hochweiden, wo sie für etwa 4 Monate verbleiben. Hier findet eine Teilung der Herden statt: die Milchschafe bleiben in der Nähe der Zelte und Melkplätze, während die Böcke und Jungtiere in die höheren Stockwerke des Gebirges bis 3000 m Höhe aufsteigen. Ein Teil der Milch wird für 2—3 Monate an Sammelstellen verkauft, die Mazandaraner Geschäftsleute aus Shahi oder Sari in Form von Zelten in den Yaylaqs errichten; im übrigen dient die Milch zur Selbstversorgung der Hirten mit Yoghurt, Butter und Käse. Als Qeshlaq oder Winterlager dient der Rand der Kavir im Raum Semnan–Meimeh. Aufstieg und Abstieg zu den etwa 200 km entfernten Winterplätzen dauern 30—40 Tage, wobei auf den Wanderungen längere Zwischenaufenthalte eingeschoben werden. DE PLANHOL hat ähnlichen Gruppen im benachbarten Raum von Demavend eine ausführlichere Darstellung gewidmet (vgl. 1964, S. 34 f.). Als Unterschiede zu den Formen der vom kaspischen Tiefland ausgehenden Bergweidewanderungen seien folgende Gegensätze hier nur angedeutet:

— Herden sind größer und werden ausschließlich von Hirten begleitet;
— die Weidewirtschaft ist ganzjährig, wobei die Hirten permanent beschäftigt sind und zumindest auf den Sommerweiden ihre Familien bei sich haben;
— Landwirtschaft fehlt in den Yaylaqgebieten vollkommen.

Ebenso wie im Grenzgebiet Veresk-Gaduk stoßen auch im Bereich des Kandevanpasses zwischen dem Kaspizufluß Chalus und dem nach S entwässernden Karaj die Weidegebiete der Mazandaranis und der Hochlandbewohner unvermittelt und ›messerscharf‹ aufeinander. Die waldfreien, auf der Südseite der Alborzwasserscheide gelegenen Bergweiden des oberen Karajtales gehören seit jeher Schafhaltern aus dem Hochland, wobei der Einzugsbereich dieser Weidegebiete bis nach Semnan (Sangsar) im E und bis nach Abyek bei Kazvin im W reicht. Während die Schafe und Ziegen aus den entfernteren Standorten in den letzten Jahren verstärkt mit Lastkraftwagen zu den Sommerweiden an- und abgefahren wurden, stammt der Großteil der Herden immer noch aus dem Raum Karaj–Tehran. Die bis vor wenigen Jahren aufgrund von Gewohnheitsrechten privatwirtschaftlich genutzten Hochweiden wurden Ende der 60er Jahre von der Regierung übernommen, die seitdem Verträge über viermonatige Weiderechte mit den Herdenbesitzern abschließt. Durch ständige Überweidung, durch Viehtritt sowie durch die tiefgründige winterliche Durchfeuchtung der aus Tuffen und Mergeln aufgebauten Kammregionen ist der Naturhaushalt so sehr gestört, daß bereits jetzt murartige Bodenbewegungen, Abrisse und Runsenbildungen verbreitet sind und die schüttere Vegetation weithin vollends zerstört ist.

Während somit die vom südlichen Alborzvorland ausgehende Bergweidewirtschaft im Bereich des oberen Karajtales und seiner Tributäre in ihrer traditionellen Form gefährdet ist und sich nach anderen Sommerweidegebieten umsehen muß, ist die Situation für die Bewohner der Bergbauerndörfer auf der Südabdachung des Alborz sehr viel gravierender. Bei einer nur auf den schmalen Talboden beschränkten intensiven Form der Landwirtschaft ist die sommerliche Bergweidewirtschaft hier vielfach eine lebensnotwendige Ergänzung der Landwirtschaft, die durch die neuen Weidegesetze der Regierung entscheidend verändert wird. So sind in den letzten Jahren, insbesondere unter dem immer stärker werdenden Sog der Hauptstadt, Abwanderungen aus vielen Bergdörfern zu beobachten, zumal alternative Arbeitsmöglichkeiten — abgesehen von einigen urtümlichen Steinkohlebergwerken und Kalkbrennereien — kaum existieren. Mit diesem Exodus geht seit einigen Jahren ein grundlegender Strukturwandel vieler Alborztäler der Südflanke einher (vgl. RAHNEMAEE 1979). Nach ersten schwachen Ansätzen eines Fremdenverkehrs in den 30er Jahren (Hotelkomplex Gachsar und Ab-Ali) greifen heute Wintersport, Sommerhotels, Wochenenderholung und Zweitwohnsitze immer weiter um sich und lösen grundlegende Wandlungen der traditionellen Eigentumsverhältnisse und Sozialstrukturen im ländlichen Bereich aus. Auf sie soll im Zusammenhang mit der Behandlung Tehrans eingegangen werden.

4.1.2. Das westliche Alborzvorland

Sowohl aus orohydrographischer als auch aus klimaökologischer Sicht ist es gerechtfertigt, das Alborzvorland in einen westlichen und einen östlichen Teil zu gliedern. Unter dem *westlichen Alborzvorland* wird im folgenden das sich keilförmig nach SE erweiternde Hochplateau zwischen den von Azerbaijan aus divergierenden Faltensträngen von Alborz und Zagros verstanden. Seine östliche Begrenzung soll etwa durch die Schwemmfächer von Jajrud und Hableh Rud gebildet und damit unmittelbar östlich von Tehran angesetzt werden. In sich läßt es sich — in Anwendung der von SCHARLAU (1969) vorgeschlagenen Gliederung — in das Hochplateau von Mianeh-Zenjan einerseits und in die Gebirgsfußebene von Kazvin andererseits gliedern.

4. Das Hochland von Iran und seine Randlandschaften

Der Vergleich dieses so definierten Raumes mit der klimaökologischen Gliederung Irans (vgl. Karte 4) und der Landnutzungskarte (vgl. Karte 8) zeigt, daß vor allem das innere Plateau ein ökologisch bevorzugter Raum ist. Orohydrographisch identisch mit dem Einzugsbereich des Qezel Uzan bzw. Sefid Rud, ist die durch die Kette des Kuh-e-Yan-Bolagh in zwei parallele Becken getrennte Ausraumzone klimatisch wie pedologisch begünstigt. Bei durchschnittlichen Niederschlägen von durchweg über 300 mm ist eine weitere Verbreitung des Regenfeldbaus als in vielen anderen Teilen des Landes möglich. Auch die braunen Steppenböden sowie die vergleichsweise intensiven Bewässerungsmöglichkeiten durch Fluß- oder Qanatwasser unterscheiden diesen Raum positiv.

So ist insgesamt für das *Hochplateau von Mianeh-Zenjan* die Dominanz von Regenfeldbau und Bewässerungslandwirtschaft kennzeichnend. Der in der traditionellen Form der Zweifelderbrachwirtschaft betriebene Regenfeldbau erlaubt, mit der Kombination von Brach-, Stoppel- und Naturweide, eine zusätzliche intensive Schaf- und Ziegenhaltung. Infolge der Höhenlage des Plateaus (Zenjan: ca. 1900 m NN) und der langen winterlichen Schneebedeckung werden die Gebirgsränder von einer Vielzahl kräftig schüttender Qanate begleitet, die die Grundlage dorf- und stadtnaher Obstgärten oft großer Ausdehnung bilden. Das bereits zuvor erwähnte Mianeh wie auch das inzwischen auf über 100 000 Ew angewachsene Zenjan (1976: 99 967 Ew) sind die lokalen Vermarktungszentren für die Produkte, weisen aber bis heute keine nennenswerten Industrien auf. Das unweit von Zenjan gelegene Sultaniyeh mit dem großen Grabmal des Oldjaitu verweist auf das einstmals sehr viel größere politische Gewicht dieses Raumes, der unter den Il-Khanen seine Blütezeit erlebte (vgl. KRAWULSKY 1977).

Im Gegensatz zu dem bis heute traditionell verharrenden Raum um Mianeh-Zenjan ist seine östliche Fortsetzung durch eine ungeheure Entwicklungsdynamik sowohl im agrarischen wie im industriellen Bereich gekennzeichnet. In physisch-geographischer Hinsicht vollzieht sich bei Kazvin etwa der Übergang von einem beiderseits von hohen Gebirgszügen eingerahmten Beckenrelief zu und mit dem für weite Teile des iranischen Hochlandes typischen Gebirgsfußflächenrelief. Kennzeichen dieses verbreiteten und eingangs näher dargestellten Relieftypus ist dabei der Übergang vom grobklastischen Sediment des unmittelbaren Gebirgsrandes mit seinen großen Schwemmfächern über die langgezogenen Dashtflächen bis hin zu den Salz- und Tonebenen der gebirgsparallel verlaufenden Kavire.

Bei Kazvin etwa vollzieht sich der Übergang vom Gebiet des geschlossenen zu dem eines linear dem Gebirgsfuß folgenden Regenfeldbaus sowie einer dazu parallel verlaufenden Kette von Qanatoasen, vergleichbar dem Schema der Abb. 37. Das *Hochplateau von Kazvin-Takestan*, ein gewaltiges Sedimentationsbecken im Scharungsbereich von Alborz und Zagros in durchweg über 1000 m Höhe gelegen, ist noch fast einseitig durch Regenfeldbau mit der Rotation von Weizen und Brache gekennzeichnet. Lediglich dort, wo Qanatwasser zur Verfügung steht, spielen marktorientierter (Tehran!) Melonenanbau sowie Weinbau eine dominierende

Rolle. Ein besonderes Kennzeichen des bei Kazvin konzentrierten Weinbaus sind die verbreiteten Mauern und Erdwälle, die den Wein vor den über die Senke von Manjil besonders im Sommer stark einfallenden Nordwinden (Wind der 120 Tage!) schützen.

Das *Gebirgsvorland zwischen Kazvin und Karaj* kann heute als eines der Gebiete mit der größten Entwicklungsdynamik im agrarischen Bereich gelten. Bedingt zum einen durch die günstige Verkehrslage zum Ballungsraum und zum wichtigsten Absatzmarkt des Landes, Tehran, zum anderen durch reiche Vorkommen von Grundwasser am Gebirgsfuß des Alborz, scheinen die Voraussetzungen hier besonders günstig. Den Anstoß für eine Neuordnung des ländlichen Raumes gab, neben den allgemeinen Konsequenzen der Landreform, nicht zuletzt das verheerende Erdbeben des Jahres 1962, in dessen Gefolge nicht nur Tausende starben und viele hundert Dörfer vernichtet wurden, sondern auch fast das gesamte Qanatsystem im weiteren Umland von Kazvin zusammenbrach (SHARAR 1968, STERNBERG-SAREL 1966).

Die agrarlandschaftliche Neugestaltung des Raumes Kazvin–Karaj weist in vielerlei Hinsicht typische Züge der gesamten iranischen Agrarpolitik im Gefolge der Agrarreform auf. Ursprünglich war an eine agrarreformgemäße Neuordnung der traditionellen Besitz- und Eigentumsansprüche gedacht, d. h. die Übertragung der Eigentumsansprüche an die in gewannähnlichen Flurgemeinschaften *(fardeh)* und Arbeitsrotten *(boneh)* organisierten Bodenbewirtschafter. Zugleich sollte durch Neuordnung der vom Erdbeben zerstörten Qanatbewässerung und durch den Bau von Tiefbrunnen das Bewässerungsland ausgeweitet und die agrarische Produktion der neuen Kleinbetriebe auf eine breitere Basis gestellt werden. Die im Zusammenhang mit der Verabschiedung des Vierten Fünfjahresplanes (1968—1972) Ende der 60er Jahre sich ankündende Neuorientierung der iranischen Agrarpolitik (vgl. PLANCK 1975), vor allem aber die hohen Erschließungskosten für die Irrigation, führten verstärkt auch zur Gründung landwirtschaftlicher Großbetriebe vom Agrobusinesstypus. Parallel zum Ausbau des Taleqanprojekts (zwei Staudämme, Tunnelanlage zur Ableitung des Taleqanwassers unter der Wasserscheide des Alborz hindurch nach S, Bewässerungskanäle), in dessen Gefolge zunächst 250 Mill. cbm Wasser/Jahr, später 450 Mill. cbm in das südliche Alborzvorland abgeleitet werden sollen, wird derzeit eines der großzügigsten landwirtschaftlichen Entwicklungsprojekte Irans realisiert. Schon heute ballen sich, mit der Zementfabrik und Siedlung Abyek als Mittelpunkt, zahlreiche Geflügelfarmen mit Fleisch- und Eierproduktion als Produktionsziel, Rindermast- und Milchbetriebe sowie Intensivbetriebe des Obst- und Gemüseanbaus (Melonen, Tomaten, Auberginen, Weintrauben usw.) zwischen Kazvin und Karaj. Die Fertigstellung des Taleqanprojekts (vgl. KORBY 1977, S. 37 f.) wird vor allem dem Raum Abyek–Karaj weitere Wachstumsimpulse geben.

Städtischer Mittelpunkt des gesamten westlichen Alborzvorlandes ist unbestritten *Kazvin* (1976: 138 527 Ew). Die frühere safavidische Hauptstadt, an deren

Residenzfunktion noch das Monumentaltor Ali Qapu und Teile der Hauptmoschee erinnern, liegt im Zentrum des zuvor genannten landwirtschaftlichen Produktionsgebietes und war jahrhundertelang deren administrativer und wirtschaftlicher Mittelpunkt mit einem ausgedehnten Bazar (ROTBLAT 1972). Neue und heute Wirtschaft wie Bevölkerung der Stadt prägende Impulse erfuhr Kazvin durch die den Ballungsraum Tehran sprengende Industrialisierung des Landes und die Gründung des ersten iranischen Industrieparks vor den Toren der Stadt: neben der traditionellen Textil- und Nahrungsmittelindustrie gehören heute Keramik- und Glasherstellung, Metallverarbeitung, Fahrzeugbau, Elektrotechnik zum Produktionsspektrum des in Ausbau begriffenen Industriestandortes Kazvin.

Als zweites städtisches Zentrum ist *Karaj* zu nennen. Ursprünglich ebenfalls nichts weiter als ein kleines Landstädtchen im Mittelpunkt des bewässerten und intensiv genutzten Agrarraumes im Bereich des Schwemmfächers des Karaj Rud, erfuhr die Stadt einen ersten Impetus durch ein 1937 begonnenes, aber nie fertiggestelltes Stahlwerkprojekt sowie die Gründung der heute zur Universität Tehran gehörenden land- und forstwirtschaftlichen Hochschule, einen zweiten durch die Fertigstellung des Amir-Kabir-Dammes. Heute ist Karaj, bedingt durch seine unmittelbare Nachbarschaft zu Tehran, nicht nur ein wichtiger Industriestandort, sondern mehr noch ein Wohnvorort für die Hauptstadt (vgl. BAHRAMBEYGUI 1976, 1979). Mit jährlichen Wachstumsraten von 12,1% ist Karaj (1956: 14526 Ew; 1966: 44243 Ew; 1976: 138774 Ew) die derzeit am schnellsten wachsende Stadt des Landes.

4.1.3. Das östliche Alborzvorland

Natur- und kulturlandschaftliche Gestalt des östlich an Tehran anschließenden Alborzvorlandes weisen manche Übereinstimmungen mit dem Westen auf, heben sich andererseits aber auch deutlich ab. Hauptunterschiede betreffen die morphologische Gestaltung sowie das Klima. Im Gegensatz zum westlichen Alborzvorland fehlt dem hier betrachteten Teilraum das südliche ›Widerlager‹ eines Hochgebirges oder Berglandes, so daß der Plateau- bzw. Beckencharakter dem östlichen Alborzvorland fehlt. Statt dessen dominiert die für weite Teile des Hochlandes von Iran typische Reliefsequenz vom Hochgebirge über ausgedehnte Dashtflächen hin zur abflußlosen Kavir (vgl. Abb. 5). In der Tat bildet das östliche Alborzvorland einen zunächst noch breiteren (bei Veramin-Garmsar), später sich verjüngenden Natur- und Kulturraum zwischen dem Hochgebirge und der großen Salzwüste (Dasht-e-Kavir). Der Übergangs- und Saumcharakter kommt auch klimatisch in geringeren Niederschlägen und dementsprechend verstärkter Aridität zum Ausdruck. Dieses für die Landwirtschaft beträchtliche Defizit wird indes teilweise durch den Reichtum an ableitbarem Flußwasser, mehr aber noch durch das auf den Schotterfluren der Bergfußflächen zirkulierende Grundwasser aufge-

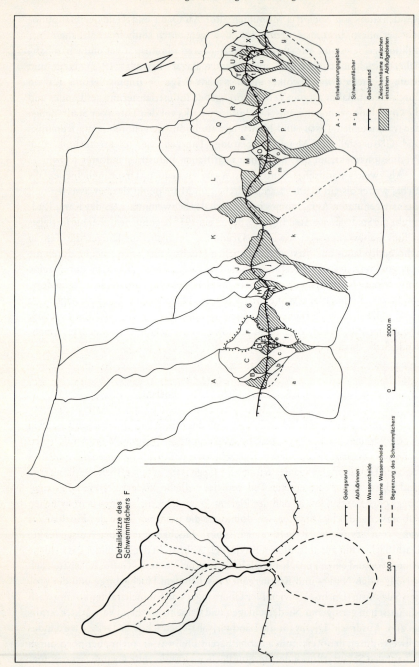

Abb. 63: Schwemmfächer und Entwässerungsbezirke im südlichen Alborz bei Veramin (nach BEAUMONT 1972).

4. Das Hochland von Iran und seine Randlandschaften

fangen; Teile des östlichen Alborzvorlandes gehören zu den am dichtesten mit Qanaten besetzten Bewässerungslandschaften Irans (vgl. BEAUMONT 1968f.). Der Übergang des östlichen Alborzvorlandes zu dem im E anschließenden Gebirgsvorland des Kuh-e-Aladagh, Shah Jahan und Binalud ist fließend. Im Rahmen dieser Betrachtung wird er östlich von Shahrud angesetzt (vgl. Kap. V, Abschn. 4.2.2.).

Das mit Abstand wichtigste Agrargebiet des östlichen Alborzvorlandes ist das vor den Toren der Hauptstadt gelegene *Gebiet von Garmsar und Veramin*. In seiner traditionellen Bedeutung für die Versorgung der Hauptstadt der Bewässerungsoase von Karaj vergleichbar, basiert der Bewässerungsfeldbau von Garmsar und Veramin sowohl auf Flußwasser (Jajrud und Hableh Rud) als auch auf Qanaten (EHLERS 1979). In seinen Landnutzungsmustern und seiner traditionellen Agrarsozialstruktur dem westlichen Alborzvorland durchaus vergleichbar, hat sich seit der Landreform eine überwiegend klein- bis mittelbäuerliche Struktur der Landwirtschaft durchgesetzt, die in ihrer vor allem von SAFI NEJAD (1974) untersuchten *boneh*-Form bis heute weithin erhalten blieb. Die für weite Teile Irans traditionelle Agrarsozialstruktur mit dem auf Ernteabgaben basierenden Teilbauverhältnis zwischen Grundeigentümern und Pächtern *(raiyati)* hat GHARATCHE-DAGHI (1967) ausführlich untersucht und dabei exemplarisch Vielfalt und Variationsbreite der traditionellen Abhängigkeitsformen zusammengestellt (Tab. 59).

In den letzten Jahren haben Brunnen- und Pumpenbau auch bei Veramin und Garmsar nachhaltige Intensivierungen in der nach wie vor einseitig auf die Belieferung des Tehraner Marktes ausgerichteten Landnutzung (Baumwolle, Melonen!) bewirkt, zugleich aber zu einer neuerlichen Konzentration von Grund und Boden in Händen absentistischer, meist hauptstadtansässiger Grundherrschaften geführt. Wie die weitere Nutzung und Sozialstruktur dieses Raumes aussehen wird, hängt ab von dem künftigen Ausbau des Bewässerungsnetzes (vgl. UNDP/FAO 1970).

Im Gegensatz zu dem relativ geschlossenen und flächenhaften Anbaugebiet von Garmsar-Veramin erfolgte nach E hin immer stärker der Übergang zu dem für weite Teile des islamischen Orients typischen ›Insel- und Saumcharakter der Kulturlandschaft‹ (MENSCHING-WIRTH 1973, S. 186). Vor allem am Austritt ganzjährig oder periodisch wasserführender Alborzflüsse haben sich einzelne größere Anbaugebiete um Semnan, Damghan (Quelle von Cheshmeh Ali) und Shahrud entwickelt. Analog zur Abnahme der Bedeutung der Landwirtschaft gewinnt im östlichen Alborzvorland die Viehhaltung an Bedeutung. Sie basiert, sehr viel stärker als im westlichen Teil, auf der symbiotischen Nutzung der zwischen Gebirgsfuß und Rand der Kavir gelegenen Winterweiden sowie der sommerlichen Nutzung der Höhenregionen des Alborz. Wenn diese Form der Weidenutzung auch aus nomadischen Traditionen hervorgegangen sein mag und z. T. noch heute nomadische Züge trägt (DE PLANHOL 1964, S. 33 f.), so scheint ihre Kennzeichnung als Transhumanz doch angemessener. Es sind zum größten Teil Lohnhirten seßhafter Bauern oder seit langem angesiedelter Nomaden, die die Herden auf ihren meist kurzen jahreszeitlichen Wanderungen begleiten und dabei überwiegend in

Tab. 59: *Traditionelle Formen der Teilpacht im Raum Veramin*

	Beteiligung der Pachtpartner an den Aufbaufaktoren									Ernteanteile der Pachtpartner (%)
	Boden	Wasser	Saatgut	Pflug	Arbeit	Dünger	Transport	Schädlingsbekämpfung	Arbeitsgeräte	
I. Getreidebau (kesht shatfi)										
1. Form										
Grundherr	+	+	+	+		+	+	+	+	75
raiyat					+	+	+	+		25
2. Form										
Grundherr	+	+	+	+		+	+	+	+	66
raiyat					+		+	+		33
3. Form										
Grundherr	+	+					+	+		55
raiyat			+	+	+	+	+	+	+	45
II. Anbau von Baumwolle und Hülsenfrüchten (kesht saifi)										
1. Form										
Grundherr	+	+	+	+		+	+	+	+	75
raiyat					+		+	+		25
2. Form										
Grundherr	+	+	+	+		+	+	+	+	66
raiyat					+		+	+		33
3. Form										
Grundherr	+	+		+		+	+	+		55
raiyat			+		+	+	+	+	+	45
4. Form										
Grundherr	+	+		+		+	+	+		50
raiyat			+	+	+		+	+	+	50
III. Gemüseanbau (Gurken, Melonen, Tomaten u.a.) (kesht saifi)										
1. Form										
Grundherr	+	+		+		+	+	+		55
raiyat			+		+		+	+	+	45
2. Form										
Grundherr	+	+		+		+	+	+		50
raiyat			+	+	+	+	+	+	+	50

Quelle: GHARATCHEDAGHI 1967.

Zelten leben. Wie wichtig die zumeist auf Schaf- und Ziegenhaltung basierende Weidewirtschaft ist, betont MOSHIRI (1973), der für den Zeitraum 1925—1970 eine Vervierfachung des Kleinviehbestandes im Raum Sangesar/Semnan annimmt. Mittelpunkte der jeweiligen Agrargebiete sind kleine städtische Zentren, denen — neben Verwaltungsaufgaben und gewissen, an den Verlauf der Eisenbahn von Tehran nach Mashhad gebundene Transportfunktionen — lediglich regionale Ver- und Entsorgungsaufgaben für ihre agraren Hinterländer zukommen. Zu ihnen gehören neben den schon genannten Garmsar und Veramin vor allem Semnan (CONNELL 1969) und Damghan, in dessen unmittelbarer Nähe der Tepe Hissar eine jahrtausendealte Besiedlung belegt und auch die parthische Hauptstadt Hekatompylos vermutet wird. Bei Shahrud zweigt mit der Straße nach Gorgan eine der alten Alborzquerungen nach N ab.

4.1.4. Literatur

Angesichts einer im wesentlichen auf die Hauptstadt Tehran konzentrierten Literatur sind die über die bereits genannten Arbeiten hinausgehenden Studien begrenzt. Physischgeographische Arbeiten über das südliche Alborzvorland konzentrieren sich in erster Linie auf das Problem der Fußflächenbildung und das Phänomen alluvialer Ablagerungen: BEAUMONT (1972), DRESCH (1959, 1961), RIEBEN (1955, 1966); ABBOTT-BODEN-WHITACKER (1970) versuchen zudem am Beispiel des Raumes Damghan Relieftypen und sog. Reliefsysteme (Land Systems) auszuscheiden. Auf die detaillierten Arbeiten von BEAUMONT (1968f.) über ökologische Aspekte der Qanatbewässerung wurde bereits in Kapitel II, Abschn. 2 ausführlich hingewiesen (vgl. auch KNILL-JONES 1968). Aus historischer Sicht erwähnenswert ist vor allem die botanisch ausgerichtete Übersicht von KOTSCHY (1861).

Kulturgeographisch sind vor allem einige Arbeiten über Aspekte der Land- und Weidewirtschaft erwähnenswert: neben den Arbeiten von HOURCADE (1974f.) und RAHNEMAEE (1979), die Aspekte der traditionellen Wirtschaft in Tälern der Alborzsüdflanke und ihrer modernen Umgestaltung durch den Fremdenverkehr behandeln, beleuchtet die FAO-Studie von JONES (1971) ökologische wie ökonomische Aspekte der Weidewirtschaft in Tälern der Alborzsüdflanke. Agrarwirtschaftliche und agrarsoziale Fragen im südlichen Alborzvorland behandeln die Arbeiten von GHARATCHEDAGHI (1967), MILLER (1964), MOSHIRI (1973), SHARAR (1968) und STERNBERG-SAREL (1966). Eine Fundgrube detaillierten Materials sowohl zur physischen Geographie als auch zu agrarwirtschaftlichen Problemen stellt der im Rahmen des UNDP von der FAO erarbeitete und in zahlreichen Bänden veröffentlichte Bericht ›Integrated Planning of Irrigated Agriculture in the Veramin and Garmsar Plains‹ (UNDP/FAO, Rom 1970f.) dar. Ausschnitte aus diesem Entwicklungsgebiet stellt das von EHLERS (1979) interpretierte Satellitenbild dar.

Die Städte des südlichen Alborzvorlandes haben bisher kaum überregional bedeutsame Untersuchungen erfahren. Lediglich die Studien von ROTBLAT (1972, 1974) über den Bazar von Kazvin können allgemeineres Interesse und über den Spezialfall hinausgehende Aussagekraft beanspruchen; erwähnenswert sind ansonsten die Studien über Karaj von BAHRAMBEYGUI (1976, 1979) sowie die von J. CONNELL herausgegebene Stadt-Umland-Studie über Semnan (1969).

4.2. Khorassan: Mashhad und sein Einzugsbereich

Khorassan, mit einer Fläche von 313 000 km² die weitaus größte Provinz des Landes und ausgedehnter als die Bundesrepublik Deutschland, umfaßt den gesamten Nordosten des Landes. Größe und Ausdehnung bringen es mit sich, daß Khorassan ganz verschiedene Naturräume umfaßt und niederschlagsbegünstigte Hochgebirge im N ebenso einschließt wie die extrem trockenheißen Salz- und Sandwüsten der Kavir und Lut. Der natürlichen Vielfalt der Provinz steht eine bemerkenswerte Einheitlichkeit der historischen Entwicklung und kulturgeographischen Struktur Khorassans entgegen, die vor allem aus der immer wieder geschilderten Sonderstellung der Provinz in der Geschichte Persiens resultiert (vgl. Kap. III). Drehscheibe und Knotenpunkt aller wirtschaftlichen Aktivitäten der Provinz ist die Hauptstadt Mashhad, die nicht nur Waren- und Verkehrsaustausch zwischen den verschiedenen Teilen Khorassans organisiert und damit die Provinz dominiert, sondern zugleich als die für die shiitischen Gläubigen wichtigste Wallfahrtsstätte des Landes von nationaler wie internationaler Bedeutung ist.

4.2.1. Der Khorassangraben

Das nördliche Khorassan, von SCHARLAU (1963) auch als nordostiranisches Gebirgsland bezeichnet, ist weitgehend identisch mit dem Khorassangraben und seinen Randgebirgen. Kernraum des nördlichen Khorassan bildet das etwa 400 km lange NNW-SSE streichende Grabensystem an der Naht- und Schweißstelle zwischen Alborz und Hindukush bzw. zwischen der Iranischen Masse im S und dem zentralasiatischen Tafelland im N. So wird die tektonische Grabenzone im N wie im S von einer Reihe hoher Gebirgskämme unterschiedlichster Streichrichtungen eingerahmt. Im N bildet der dem Kopet Dagh parallellaufende Gulul Dagh die nördliche Begrenzung und setzt sich nach SE in den die Grenze zur Sowjetunion bildenden Höhenzügen des Allahu-Akbar- und des Hazar-Masjid-Gebirges fort. Im Gegensatz zu den aus mehr oder weniger ungestört lagernden kretazischen und tertiären Sedimenten aufgebauten Randketten des N ist die Konfiguration der südlichen Gebirgsbegrenzung, in dem sich der Übergang vom Alborz- zum Hindukushsystem vollzieht, schwieriger. Als Vereinigungsstelle beider Gebirge wird heute allgemein der über 3000 m hohe Gebirgsknoten des Kuh-e-Shah-Djahan angenommen, während Kuh-e-Kurkhud und Kutal-e-Sukhani sekundäre Knotenpunkte bilden. Ala Dagh, Kuh-i-Binalud und Pusht-i-Kuh sind die Hauptelemente der südlichen Beckenumrandung. Die südlich vorgelagerten Randketten des Djogatai-Dagh und des Kuh-i-Surkh gelten als ausklingende Randketten des Alborzsystems. Der stärkeren tektonischen Beanspruchung und dem größeren Alter der südlichen Gebirgsketten gemäß dominieren paläozoische Schiefer und Granite in deren Kernbereichen, während triassische Sedimente und Juraschich-

4. Das Hochland von Iran und seine Randlandschaften

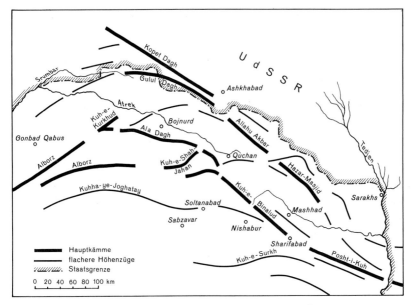

Abb. 64: Das nordostiranische Randgebirge und seine Massive, Übersichtsskizze (nach SCHARLAU 1969).

ten randlich angelagert sind. Dem komplizierten geologischen Bau und der differenzierten tektonischen Struktur des nördlichen Khorassans entsprechend sind Erdbeben noch heute weit verbreitet und haben im 20. Jh. mehrfach zu verheerenden Katastrophen geführt.

Auch klimaökologisch nehmen die genannten Hochgebirge innerhalb der Provinz Khorassan eine ausgeprägte Sonderstellung ein. Vor allem in den Höhenlagen den winterlichen niederschlagbringenden Westwinden ausgesetzt, tragen Allahu-Akbar und Hazar-Masjid noch heute lichte Wacholderwälder als Reste eines einstmals ungleich dichteren Bestandes, während darunter Reste ursprünglich weiter verbreiteter Bergmandel-Pistazien-Baumfluren zu finden sind. Im westlichen Abschnitt, so etwa im Ala Dagh und im Kuh-e-Kurkhud, vollzieht sich der Übergang der trockenheitsliebenden Wacholderwälder zu hygrophilen Elementen des kaspischen Bergwaldes.

Der *Khorassangraben* als der eigentliche Kernraum ist ursprünglich, ebenso wie die südlichen Randsäume des Gebirgslandes, natürliches Steppenland. Orohydrographisch ist er in sich geteilt, indem seine westliche Hälfte über den Atrek zum Kaspischen Meer drainiert, während der östliche Teil über den Keshaf Rud nach E hin über Hari Rud und Tedjen nach Zentralasien hin entwässert. Beide Flüsse führen jedoch nur periodisch Wasser, das zudem dem Keshaf Rud für Bewässerungszwecke im Becken von Mashhad in besonders starkem Maße entzogen wird. Angesichts der randlichen Lage des nördlichen Khorassan und seiner reliefbedingt insgesamt beschränkten Möglichkeiten landwirtschaftlicher Nutzung verwundert nicht, daß weite Teile Khorassans bis in die jüngste Vergangenheit hinein Nomadenland waren. Neben den seit dem Mittelalter nachweisbaren Turkmenen haben vor allem die Umsiedlungen verschiedener Nomadenstämme seit den Safaviden und besonders unter Nadir Shah (1732—1747) und den Qadjaren die ethnische Vielfalt des nördlichen Khorassan geprägt: Türken, Kurden, Baluchen und mongolische Barbari (Hazara). Für Mashhad und sein Umland kennzeichnet IVANOV (1926, S. 146) die ethnische Zusammensetzung der Zwischenkriegsjahre als ›a real museum of local tribes and races‹. Noch heute sind kurdische, türkische und turkmenische Bevölkerungsgruppen im Khorassangraben dominierend, während Hazara und Baluchen weite Teile des E und NE der Provinz prägen (vgl. auch Karte 7). Größere geschlossene Siedlungsgebiete persischer Bauern beginnen erst südlich von Ala Dagh und Kuh-i-Binalud. Wenn nomadische Weidewirtschaft auch heute nur noch eine untergeordnete Rolle spielt, so sind Ziegenhaarzelte und zentralasiatische Jurten der Turkmenen doch auch heute noch häufig im Bereich des Khorassangrabens zu sehen. Nicht zuletzt die weite Verbreitung kriegerischer Nomadenstämme in diesem Gebiet (bes. Turkmenen) ist Ursache der weiten Verbreitung bäuerlicher Wehrdörfer. Gerade das nördliche Khorassan kann als eines der klassischen Gebiete der persischen Qalehsiedlungen gelten (vgl. TURRI 1964), die heute jedoch weitgehend zerfallen oder überbaut werden.

Erst seit den 30er Jahren unseres Jahrhunderts hat die Landwirtschaft im nördlichen Khorassan den Aufschwung genommen, der es heute zu einem der führenden Anbaugebiete Irans macht. Vor allem die tiefgründigen und teilweise sehr fruchtbaren Böden der Senkenzone (vgl. Abb. 21) bringen dort, wo Fluß-, Qanat- oder neuerdings Brunnenbewässerung möglich ist, für iranische Verhältnisse überdurchschnittliche Erträge. Weite Teile des Beckeninneren des Khorassangrabens sind Weizenanbaugebiete auf der Grundlage natürlichen Regenfalls, bei Bewässerung dominieren dagegen Baumwolle, Tabak und eine Vielzahl von Obstsorten (Kirschen, Äpfel, Birnen), die insbesondere im Becken von Mashhad eine besonders weite Verbreitung finden und die Provinzhauptstadt zu einem Zentrum der iranischen Konservenindustrie gemacht haben. Während traditionelle und moderne Formen der Agrarsozialstruktur im nördlichen Khorassan letzten Endes ähnliche Kennzeichen aufweisen wie diejenigen in anderen Teilen des Landes (vgl. LAMBTON 1953, 1969), so hat der in den letzten Jahren kräftig geförderte Brunnenbau eine Reihe neuer Probleme im ländlichen Bereich bewirkt. Zum einen ist es, vor allem dort, wo der Ausbau des Irrigationsnetzes zur Ausweitung des Zuckerrübenanbaus führte, zur Entstehung neuen und teilweise fabrikeigenen Großgrundbesitzes gekommen (wie z. B. in der Nähe der großen Zuckerraffinerien bei Shirvan im Khorassangraben bzw. Chenaran und Shirin in der Nähe von Mashhad oder Fariman an der Straße nach Herat, alle erst seit Mitte der 50er Jahre entstanden). Zum anderen hat der kostspielige private Brunnenbau zur Investition städtischen Kapitals und — über den Verkauf des Wassers — zu neuen Konzentrationen ländlichen Grund und Bodens in den Händen städtischer Kapitaleigner geführt (NADJMABADI 1979).

Die Ausweitung der Landwirtschaft, vor allem des Bewässerungsfeldbaus, hat nicht nur die Seßhaftwerdung ursprünglich tribaler Bevölkerungsgruppen gefördert, sondern auch die Weidewirtschaft erheblich beschnitten. So dauert die Ansiedlung ursprünglich mobiler Gruppen im Rahmen agrarkolonisatorischer Landnahme bis heute an (DE PLANHOL 1979). Dennoch bietet das nördliche Khorassan mit dem Nebeneinander von agrarwirtschaftlich nutzbaren Beckenräumen und randlichen Hochgebirgen gute Voraussetzungen für eine vergleichsweise intensive Viehhaltung: jahreszeitliche Wanderungen halbnomadischer Turkmenen und Kurden, überwiegend jedoch mehr transhumante Formen der Viehhaltung verbinden somit Beckenräume und Hochgebirge nach wie vor zu betriebswirtschaftlichen Symbiosen und begründen die große Bedeutung der Viehhaltung als Teil der Landwirtschaft.

Im großen und ganzen gelten die obigen Ausführungen auch für das *südliche Vorland des khorassanischen Alborz* wie auch für den Kuh-i-Binalud und Pusht-e-Kuh sowie der ihnen eingeschalteten Beckenräume (Arghiyan/Jajarm). Ähnlich wie im Alborzvorland bildet die Symbiose von Regenfeldbau, Qanat- und Brunnenbewässerung sowie Wanderweidewirtschaft auch hier die Lebensgrundlage der meist bäuerlichen Bevölkerung. Die Kulturlandschaft weist auch hier den schon erwähnten Insel- und Saumcharakter (vgl. Abb. 37) des östlichen Alborzvorlandes auf. Sowohl im Bereich des Khorassangrabens als auch im südlichen Vorland der Khorassanketten finden sich eine Reihe städtischer Mittelpunktsiedlungen, die jedoch durchweg weniger als 50000 Ew haben. Im Khorassangraben sind neben Shirvan mit seiner bereits erwähnten Zuckerraffinerie vor allem *Bojnurd* und *Quchan* erwähnenswert. Beide Städte wurden mehrfach, zuletzt 1929, nach katastrophalen Erdbeben völlig zerstört und seitdem in planmäßigem Schachbrettschema wiederaufgebaut (SCHARLAU 1961). Beides sind ausschließlich zentrale Orte für ihre agraren Umländer, haben allerdings mit der Fertigstellung der Asphaltstraße durch den Khorassangraben auch gewisse Etappenfunktionen im iranischen wie internationalen (Afghanistan, Indien) Straßenverkehr übernommen. Eine Sonderstellung kommt dem im äußersten NE der Provinz gelegenen *Sarakhs* zu. Ursprünglich ebenfalls nur Mittelpunktsiedlung und Grenzstation, führte die Entdeckung umfangreicher Erdgaslager bei der Stadt zu einem gewissen Boom. Der Bau großer Erdgasleitungen nach Mashhad und nach Neka am Kaspischen Meer soll diese Lagerstätten erschließen und die großen im Bau befindlichen Dampfkraftwerke von Mashhad und Neka mit Energie versorgen.

Der südliche Saum des khorassanischen Berglandes wird von zwei städtischen Zentren beherrscht. *Sabzevar* (1976: 69174 Ew), ein alter und mit zahlreichen Karawansaraien bestückter Etappenort entlang der alten Handelsstraße Tehran–Mashhad, hat noch heute wichtige Transportfunktionen bei Eisenbahn und Straße, zumal von hier eine Piste durch die Kavir nach S abzweigt. Berühmter ist indes *Nishabur*, nicht nur wegen der in der Nähe der Stadt gelegenen Türkisminen, die von hier nach Tehran und Mashhad vermarktet werden, sondern auch wegen seiner großen Grabanlagen (Omar Khayam, Farid-uddin Attar). Die Stadt, dem Namen nach (Shahpur!) eine sassanidische Gründung und unter den Seljuqen eine Zeitlang Hauptstadt des Seljuqenreiches, erlebte eine Blütezeit vor allem unter Malik Shah (1072—1092) und seinem Großwesir Nizam-al-Mulk, der es zu einem der führenden intellektuellen Zentren der damaligen Wissenschaft ausbaute. Unter den Mongolen vollkommen zerstört, erlebte die Stadt auch in der Folgezeit immer wieder Plünderungen und Verwüstungen. Heute (1976: 59 101 Ew) ist die Stadt Mittelpunkt eines ausgedehnten Anbaugebietes von Getreide, Baumwolle und verschiedener Obstsorten. Eine zunehmende Rolle spielt Nishabur auch als organisatorischer Vorposten des expandierenden und von Mashhad aus gesteuerten Teppichhandels im dörflichen Umland der Stadt.

4.2.2. Das südliche und östliche Khorassan

Im Gegensatz zu dem ökologisch begünstigten Norden der Provinz ist der weitaus größte Teil Khorassans arides und wüstenhaftes Terrain, in dem kahle Bergländer mit sterilen Sand- und Salzwüsten und spärlich bewachsenen Wüstensteppen abwechseln. Der Übergang zum wüsten- bzw. halbwüstenhaften Süden und Osten der Provinz erfolgt in unmittelbarem Anschluß an das nordostiranische Gebirgsland, indem die ausgedehnten Dashtflächen teilweise in Kavire, teilweise in auch weidewirtschaftlich kaum nutzbare *Artemisia*-Steppen übergehen. Ein besonderes Kennzeichen des östlichen wie südlichen Khorassan ist die sommerliche Wirksamkeit des ›Windes der 120 Tage‹, der vor allem in den windexponierten und durch Gebirge wenig geschützten Tal- und Beckenregionen kulturlandschaftsprägende Wirkungen hat.

Ländliche Wirtschaft und Siedlung des südlichen und östlichen Khorassan unterscheiden sich grundsätzlich von denen des Nordens. Während man zumindest im Innern des Khorassangrabens von einer flächenhaft ausgeprägten Agrarlandschaft und am Südrand der Gebirge von deren Saumcharakter sprechen kann, weisen Siedlungen und Wirtschaftsflächen hier bereits ausgesprochen inselhafte Isolation und Begrenzung inmitten der Wüsten und Wüstensteppen auf. Besondere Kennzeichen der Dörfer sind zum einen die weite Verbreitung festungsartiger Qalehsiedlungen, die vor allem südlich und östlich von Mashhad an relativer Bedeutung zunehmen und auf die bis in das 20. Jh. ungebrochenen Einflüsse kriegerischer Nomadenüberfälle hinweisen. Ein zweites Merkmal sind die für die gesamten innerpersischen Wüstengürtel typischen Windtürme und -kamine, die den meist in Kuppel- oder Tonnenbauweise errichteten Häusern aufgesetzt sind und zur sommerlichen Kühlung bzw. Durchlüftung der Wohn- und Wirtschaftsgebäude dienen. Drittens schließlich sind viele ländliche Siedlungen, insbesondere im wüstenhaften Süden der Provinz, analog zu den kleinen Wirtschaftsflächen von geringer Größe und häufig nicht mehr als Weiler (vgl. EHLERS 1977, Tab. 1).

Die landwirtschaftliche Nutzung, deren Erträge auf Regenfall nur in überdurchschnittlich niederschlagsreichen Jahren von Bedeutung sind, basiert vor allem auf traditioneller Qanat- und moderner Brunnenbewässerung. Daß Wasser und nicht die landwirtschaftlichen Nutzflächen hier bereits zu den Fläche und Intensität des Anbaus bestimmenden Faktoren werden, geht aus den in Teilen Khorassans dominierenden Flächeneinheiten hervor, die nach der Verfügbarkeit von Wasser bemessen werden: so bedeutet die Maßeinheit *shaban-e-ruz*, die z. B. im Oasengebiet von Tabas (vgl. Abb. 65) gebräuchlich ist, übersetzt ›Nacht und Tag‹ und kennzeichnet die Fläche, die während dieses Zeitraumes bewässert werden kann. Ein anderes Flächenmaß ist der *fenjan*, eine vierminütige Wassergabe und die von ihr zu bewässernde Fläche (BOBEK 1976/77, S. 313).

Die auf meist begrenzte Bewässerungsareale konzentrierte landwirtschaftliche Nutzung im südlichen und östlichen Khorassan weist das traditionelle Anbauspektrum auf. Wo immer möglich (z. B. bei Turbat-i-Haidari und Fariman), werden Zuckerrüben angebaut, ansonsten dominieren Baumwolle, Melonen und Futterpflanzen, in höheren Lagen auch verschiedene Obstsorten, Mandel- und Nußkulturen. Im südlichen Teil der Provinz, bei Tabas und Dehsalm, wird bereits die Anbauregion der Dattelpalme erreicht, die hier zur wichtigsten Anbaufrucht wird. Dazu ist allerdings zu bemerken, daß seit der Landreform und mit der Absenkung des Grundwasserspiegels infolge zu hoher Entnahme von Irrigationswasser viele Oasendörfer stagnieren oder gar schrumpfen und vor allem die jugendliche Bevölkerung abwandert. Diesem nicht nur für Khorassan typischen Oasensterben (vgl. KARDAVANI 1977, 1978) wird heute durch die Ansiedlung von Heimindustrien (v. a. Teppichknüpferei) entgegenzuwirken versucht.

Organisationszentren der landwirtschaftlichen Aktivitäten wie auch der in den letzten Jahren aufblühenden Teppichknüpferei in den ländlichen Gebieten (vgl. EHLERS 1977) sind die klein- und mittelstädtischen Zentralorte, die in weitem, aber regelmäßigem Abstand das südliche und östliche Khorassan räumlich strukturieren: *Kashmar* (1976: 26646 Ew), *Turbat-i-Haidari* (1976: 43059 Ew) und *Turbat-i-Jam* (1976: 21391 Ew) sind die Mittelpunkte größerer und teilweise bewässerter Beckenräume und weisen mit ihrem differenzierten Spektrum an Geschäften, Handwerksstätten, Behörden und agrarraumorientierten Kleinbetrieben der Vermarktung oder Verarbeitung landwirtschaftlicher Produkte den typischen Besatz vieler Städte ähnlicher Größe auf. Ähnliches gilt für das südlicher gelegene *Gunabad* (1976: 10574 Ew) sowie für das 1968 vom Erdbeben fast völlig zerstörte *Firdaus* (1976: 10065 Ew). Das isoliert gelegene *Tabas* (EHLERS 1977) ist administrativer und geschäftlicher Mittelpunkt der nördlichsten Dattelbauregion

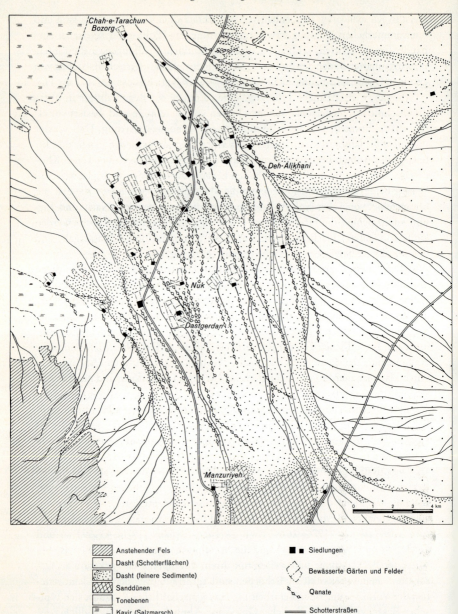

Abb. 65: Dastgerdan: Landwirtschaft und Siedlungsbild am Rande der Kavir bei Tabas/Khorassan (Entw.: EHLERS 1977).

des Hochlandes von Iran. Der Großteil seiner Bevölkerung wie auch der der umgebenden Oasen wurde durch das verheerende Erdbeben vom 16. September 1978 vernichtet, wobei die Zahl der Toten auf über 25 000 geschätzt und zugleich die noch weitgehend erhaltene Altstadt von Tabas (vgl. Abb. 49) in Schutt und Asche gelegt wurde. Das ebenfalls noch zu Khorassan gehörende Birjand soll später (Kap. V, Abschn. 4.4.3.) angesprochen werden.

4.2.3. Mashhad und seine Funktionen

Unbestrittener Mittelpunkt der Provinz, aber auch eine der wichtigsten nationalen Metropolen des Landes ist Mashhad als Zentrum des wasserreichen und fruchtbaren Beckenraumes zwischen Hazar-Masjid im N und Kuh-e-Binalud im S. Stadt und Region Mashhad haben in der persischen Geschichte des Mittelalters und der neueren Zeit eine kaum zu überschätzende Rolle gespielt. Der vom Chalifen Mamum, dem Erben Harun-al-Rashids, zu seinem Nachfolger erkorene Shiit Ali-ar-Riza, Sohn des siebten shiitischen Imam Musa-al-Kazim, starb um 817/818 plötzlich in der Nähe des heutigen Mashhad, dessen Name als Verkürzung von ›Mashad-ar-Rizawi‹ (= Märtyrerstätte des Reza) gedeutet wird. Die schon früh einsetzenden Wallfahrten zur Grablege des Imam Reza führten alsbald zur Befestigung und Vergrößerung der Grabstätte, deren Blüte jedoch immer wieder durch Überfälle zentralasiatischer Völkerschaften und mehr oder minder umfangreiche Zerstörungen unterbrochen wurde.

Nach den verheerenden Verwüstungen unter den Mongolen, die Khorassan genauso wie andere Teile des Landes systematisch plünderten, und weiteren Rückschlägen unter den frühen Timuriden begann unter Timurs Nachfolger Shah Rokh (1409—1447) und seiner gläubigen Gemahlin Gauhar Shad eine neue Blütezeit für Stadt und Heiligtum, die sich vor allem in der Errichtung großer Moscheen ausdrückte. Mit der Erhebung Mashhads zur nationalen Wallfahrtsstätte unter den shiitischen Safaviden erreichte diese Entwicklung ihren Höhepunkt und führte unter Shah Abbas zu umfangreichen Ergänzungen und Veränderungen der Stadt und ihres Heiligtums. Unbestreitbarer Höhepunkt der jüngeren Geschichte war die Zeit unter Nadir Shah (1736—1747), der Mashhad zu seiner Hauptstadt machte.

Die Stadt, deren Einwohnerzahl unter Nadir Shah mit etwa 250 000 angegeben wurde, hatte nach dem Ersten Weltkrieg nur etwa die Hälfte dieser Bevölkerung. Das seit dem Ende der Qadjarenzeit einsetzende Wachstum der Stadt und ihre Modernisierung unter Reza Shah hat SCHARLAU (1961) dargestellt. Seitdem ist die Stadt weiter gewachsen: von 242 000 (1956) über 410 000 (1966) auf nunmehr (1976) 670 180 Ew. Damit ist Mashhad zusammen mit dem gleichgroßen Isfahan heute wieder nach Tehran die zweitgrößte Stadt des Landes und findet sich (vgl. Karte 10) in der schon früher gekennzeichneten zweiten Phase der Modernisierung, die durch neue breite Straßendurchbrüche und weite Platzanlagen gekennzeichnet ist. Eines der eindrucksvollsten Beispiele moderner iranischer Stadterneuerung bildet die ›Sanierung‹ des Bast, des heiligen Bezirks. Hier wurde nicht nur die gesamte kommerzielle Bausubstanz des alten Bazar beseitigt, sondern zugleich auf dem Schutt der eingeebneten alten Bausubstanz ein breiter Grüngürtel um das Heiligtum gelegt, so daß der Heilige Bezirk stärker denn je zuvor das Bild der Stadt prägt (vgl. dazu Foto 3). Die Bazargeschäfte wurden 1977 in einem neuen, über 2000 Ladenboxen fassenden Bazarkomplex, dem Bazar-e-Imam-Reza, zusammengefaßt.

Bedeutung und Funktionen des heutigen Mashhad beruhen auf einer Reihe überregionaler und internationaler Aufgaben, die die Stadt wahrnimmt:

a) *Wallfahrtsstätte und Pilgerzentrum:* Nach wie vor muß das Heiligtum des Imam Reza, dem nach Karbala und Najaf wichtigsten Heiligtum des shiitischen Islam, als einer der bedeutendsten Wirtschaftsfaktoren der Stadt angesehen werden. Dies gilt nicht nur für den Fremdenverkehr, der Jahr für Jahr Hunderttausende Pilger in die Stadt zieht (1351, d. h. 1972/3 wurden allein ca. 80 000 afghanische Pilger gezählt!) und der Hotellerie und dem Restaurationswesen einen erheblichen Aufschwung beschert, sondern mehr noch für die jährlichen Einnahmen aus religiösen Stiftungen *(waqf),* die dem Imam Reza aus allen Teilen Irans, aber auch aus islamischen Nachbarländern und Übersee zufließen (vgl. dazu Tab. 18).

b) *Provinzhauptstadt:* Die administrativen Funktionen der gesamten Provinzverwaltung einschließlich der überregional so bedeutsamen Einrichtungen wie Universität, Krankenhäuser und Spezialkliniken verschaffen der Stadt die schon im allgemeinen Teil (Kap. IV, Abschn. 2.4.5.) genannten wirtschaftlichen Vorteile, die sich aus dieser politischen Vormachtstellung und der daraus resultierenden Residenzfunktion der gesellschaftlichen Elite der Provinz ergeben.

c) *Industriestandort:* Für eine Großstadt dieser Größe weist Mashhad ein ausgesprochen traditionelles Spektrum industrieller Aktivitäten auf. Neben der bereits genannten Verarbeitung der reichen landwirtschaftlichen Produktion des fruchtbaren Agrarumlandes (Zuckerfabriken und vor allem Konservenfabriken, Mühlenbetriebe) spielen traditionell Spinnerei und Weberei von tierischer Wolle und Baumwolle eine große Rolle. Erwähnenswert ist zudem die Baustoffindustrie.

d) *Warenumschlagplatz ersten Ranges:* Fast alle Waren und Güter, die zwischen verschiedenen Teilen der Provinz zirkulieren, werden über Mashhad gehandelt, das handelsbedingte Mehrwerte einbehält und sich weite Zweige der Warenveredelung gesichert hat. Dies gilt nicht nur für Vermarktung und Verarbeitung von Schaf- und Baumwolle, sondern ebenso für deren Veredlung in Form von *Teppichen.* Gerade die Organisation und Beherrschung der traditionellen khorassanischen Teppichherstellung kann als Musterbeispiel dafür dienen, wie das dominierende Provinzzentrum als organisatorische Drehscheibe nicht nur alle wirtschaftlichen Aktivitäten der Provinz kontrolliert, sondern über den Ausbau

Karte 10: Mashhad: Wachstum, Baubestand und Grundrißgestaltung der Stadt um 1978 (Vergleichskarte: nach SCHARLAU 1961).

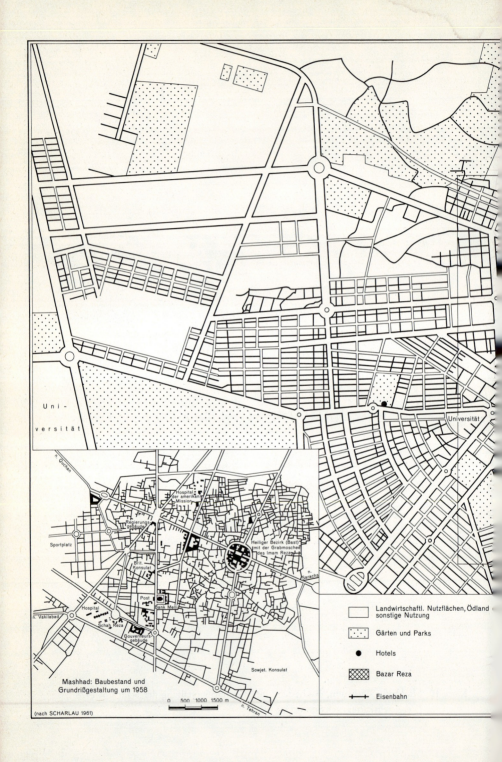

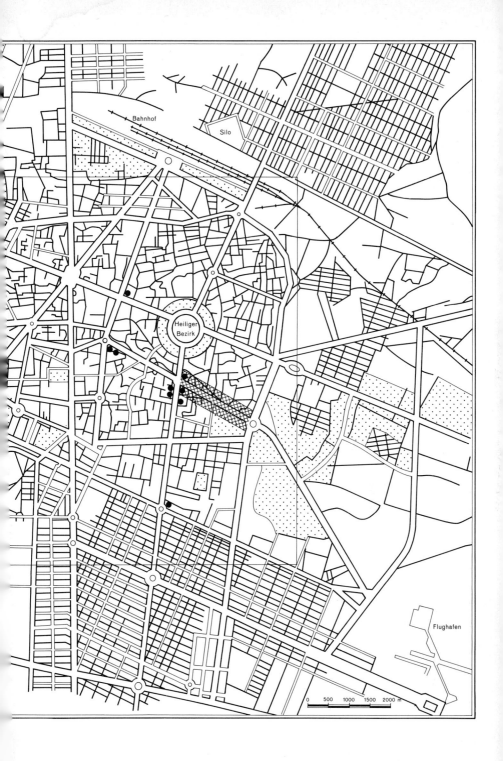

4. Das Hochland von Iran und seine Randlandschaften 367

der nachgeordneten Provinzzentren zu Vorposten großstädtischer Wirtschaftsinteressen auch die letzten Winkel des flachen Landes an sich zu binden vermag (vgl. dazu EHLERS 1977).

Vor diesem Hintergrund kann das am Beispiel des Abhängigkeitsverhältnisses von Tabas und Mashhad entwickelte Schema auf viele andere Städte der Provinz übertragen und von Khorassan aus auch auf das Verhältnis von Metropole und sonstigen Städten in anderen Provinzen transferiert werden. Der damit zusammenhängende materielle Gewinn für Teile der städtischen Bevölkerung Mashhads (wie auch der anderen Provinzhauptstädte) ist beträchtlich (vgl. EHLERS 1978).

Insgesamt gesehen besteht kein Zweifel, daß Mashhad — ähnlich wie Shiraz und Isfahan — eine der großen historischen Metropolen Persiens ist und, vergleichbar Tabriz im NW, das dominante Wirtschaftszentrum im NE des Landes darstellt. Im Bewußtsein der meisten Perser lebt es jedoch nach wie vor als die Märtyrerstätte des Imam Reza und deshalb als nationale Wallfahrtsstätte, eine Bewertung, die der geschichtlichen Rolle und Bedeutung dieser Stadt am ehesten gerecht wird.

4.2.4. Literatur

Unter physisch-geographischen Gesichtspunkten hat in jüngster Zeit vor allem SCHARLAU (1958, 1963) das nördliche Khorassan bearbeitet und dabei versucht, von hier aus die Existenz und Effizienz von Pluvialen für das Hochland von Iran nachzuweisen. Umfangreicher sind indes Studien über die Geologie (BONNARD 1944, CLAPP 1940) bzw. die rezente Seismik und Tektonik dieses Gebietes (AMBRASEYS u. a. 1968 f.). Mit speziellen Problemen der Verfügbarkeit und Nutzung von Wasser im Becken von Mashhad befaßt sich die Studie von FLOWER (1968). – Auf spezielle Studien über Probleme der Wüstenmorphologie und Kavirentstehung, die z. T. am Beispiel Khorassans behandelt wurden, soll an anderer Stelle (Kap. V, Abschn. 4.4.) hingewiesen werden.

Unter Außerachtlassung der kaum überschaubaren Zahl von Publikationen zur Geschichte und historischen Geographie Khorassans hat diese Grenzprovinz seit dem 19. Jh. als Zankapfel zwischen dem expandierenden Zarenreich und Britisch-Indien besonderes Interesse vor allem englischer Reisender erfahren: GOLDSMID (1873, 1876), LOVETT (1883), FRASER (1838), GIBBONS (1841), FORBES (1844), besonders umfassend und aufschlußreich aber NAPIER (1876); hervorragende Reisebeschreibungen in Buchform sind die Werke von FRASER (1825), MCGREGOR (2 Bde. 1879) und vor allem YATE (2 Bde. 1900). Umfassendere diesbezügliche Schrifttumshinweise finden sich bei STRATIL-SAUER (1937).

Über den bäuerlich-nomadischen Lebensraum im heutigen Khorassan sind wir zumindest partiell unterrichtet. IVANOV (1926) verdanken wir die derzeit immer noch prägnanteste Übersicht über die Verteilung nomadischer und ethnischer Gruppen in Khorassan, während ANDREWS (1973) turkmenische Jurten näher untersucht. Aspekte bäuerlicher Siedlung und Wirtschaft vermitteln die Arbeiten von BOBEK (1976), EHLERS (1977), KÄLIN (1955) und neuerdings — unter besonderer Berücksichtigung der modernen Wandlungen der Bewässerungswirtschaft — NADJMABADI (1979). Interessante Details über Seßhaftwerdung und Agrarkolonisation ehemals mobiler Gruppen am Beispiel des Raumes Sarakhs verdanken

V. Grundzüge einer Regionalisierung Irans

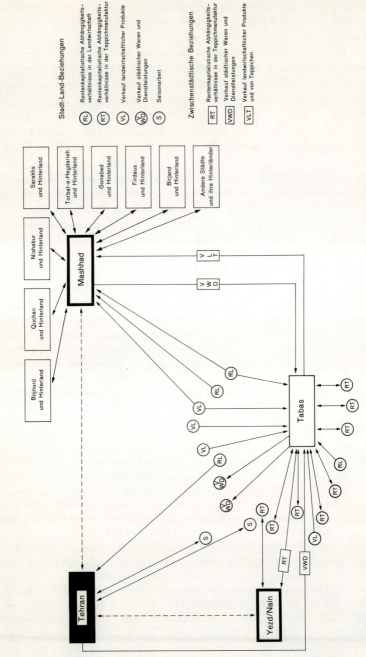

Abb. 66: Schema der Stadt-Stadt- und der Stadt-Umland-Beziehungen von Mashhad/Khorassan (verändert nach EHLERS 1977).

4. Das Hochland von Iran und seine Randlandschaften 369

wir DE PLANHOL (1979). Eine Art Monographie eines agraren Beckenraumes im khorassanischen Alborzvorland stellt die Studie von SPOONER (1965) über Arghiyan dar.
Seiner überragenden Bedeutung entsprechend ist Mashhad mehrfach untersucht worden, am umfassendsten zweifellos in der nur maschinenschriftlich vorliegenden Dissertation von DARWENT (1965). STRATIL-SAUER (1937) betont in einer mehr allgemein gehaltenen Abhandlung die Bedeutung der Stadt für das nationale Selbstverständnis Irans, während PAGNINI ALBERTI (1971) in einer detaillierten, infolge der Umgestaltungen des Stadtzentrums inzwischen überholten (und kartographisch leider unbefriedigenden) Studie vor allem die Handels- und Wallfahrtsfunktionen der Stadt untersucht. Stadtgeographische Fragen Khorassans behandelt zudem SCHARLAU (1961) im Hinblick auf deren formale Umgestaltungen seit Reza Shah. In Form kleinerer Monographien liegen Abhandlungen vor von SAIDI (1975: Sarakhs), STRATIL-SAUER (1950: Birjand), EHLERS (1977: Tabas).

4.3. Der gebirgige Westen: der Zagros und seine Teilräume

Weite Teile des westlichen und südlichen Iran sind Berg- oder Gebirgsland und hängen mehr oder weniger direkt mit dem Zagrossystem zusammen. In Anlehnung an SCHARLAU (1969) erscheint es gerechtfertigt, unter dem Begriff ›Zagros und seine Teilräume‹ jene Gebirge und Becken zusammenzufassen, die sich im N an den Einzugsbereich des Rizaiyehbeckens anschließen und dann als breit gefächerte Basin-Range-Struktur nördlich von Bandar Abbas ausklingen bzw. in den Makranketten sich fortsetzen.

Allgemeines Kennzeichen dieses sich über fast 1500 km Länge in NNW-SSE-Richtung erstreckenden und im Mittel 300 km breiten Gebirgssystems ist seine schon eingangs gekennzeichnete Gliederung in eine Vielzahl paralleler Faltenketten, die in ihren höchsten Partien bis über 4800 m Höhe aufsteigen. Gerade die große Breite des gesamten Falten- und Deckensystems, die gegeneinander versetzten Antiklinalstrukturen und die ausgesprochen komplizierte Hydrologie (vgl. OBERLANDER 1965) machen den Zagros zu einer Natur- und Kulturgrenze allerersten Ranges, bewirken zugleich aber auch eine ihm eigene natur- und kulturräumliche Differenzierung und Kammerung.

Länge und Breite des Zagrossystems bewirken eine nachhaltige klimaökologische Differenzierung der verschiedenen Teile des Gebirges. Allgemein gilt, daß der nördliche Zagros — etwa entlang einer Linie von Dizful nach Isfahan — so starke jährliche Niederschläge erhält, daß auch im Regenschatten der Hauptketten fast überall Getreidebau auf der Grundlage natürlicher Niederschläge möglich ist. Dies gilt um so mehr, als ein Großteil der Niederschläge in Form von Schnee fällt, der im Frühjahr zumindest teilweise in den Boden abschmilzt. Südlich der eben genannten Linie kommt es dann jedoch bereits zu ausgeprägten Differenzierungen zwischen Luv und Lee: erhalten die westexponierten Außenflanken noch genügend winterliche Regen- oder gar Schneefälle, so nimmt das Niederschlagsaufkommen nach E hin schnell ab. Südlich bzw. östlich von Shiraz wird die fast ganz-

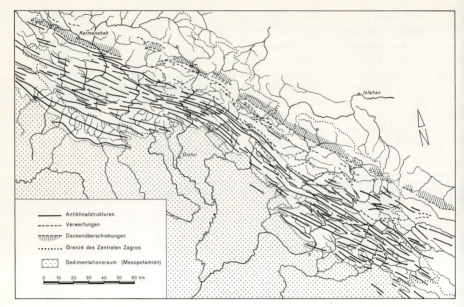

Abb. 67: Der zentrale Zagros: Antiklinalstrukturen und Gewässernetz (nach OBERLANDER 1965).

jährige Aridität zum vorherrschenden klimaökologischen Kennzeichen. Anbau ist hier an Bewässerung gebunden; Weidewirtschaft nimmt eine entsprechend bedeutsame Stellung ein.

Die natürliche Vegetation ist, sofern sie nicht durch jahrtausendelange Abholzung und Beweidung vollkommen vernichtet ist, ein Spiegelbild der klimatischen Verhältnisse. So prägen weite Teile des westlichen Zagros, sich keilförmig gegen S verjüngend, lichte, vorwiegend semihumide Eichenwälder, während die trockenere Innenseite von noch durchgängigeren Pistazien-, Mandel- und /oder Ahornwäldern eingenommen wird. Köhlerei sowie Bau- und Brennholzentnahme, vor allem aber nomadische wie bäuerliche Weidewirtschaft haben den Baumbestand heute allenthalben so dezimiert, daß die Bezeichnung ›Wald‹ für kaum einen Teil der Zagrosvegetation gerechtfertigt ist.

Die kulturelle Sonderstellung des Zagros ist eine sehr alte. Sie rührt zum Teil aus der Trennfunktion des Gebirges her, das das wüstenhaft-aride Hochland von Iran von dem intensiv bewässerten Zweistromland mit seinen alten Hochkulturen trennte. Gerade aus dieser Pufferstellung resultiert wohl auch die Tatsache, daß der Zagros seit jeher Refugium und Lebensraum nomadischer Bergvölker war, die in Vergangenheit und Gegenwart von Hochlands- wie Tieflandsbewohnern in gleicher Weise gefürchtet waren. Sprechen altorientalische Keilschrifttexte z. B. halb bewundernd, halb verächtlich von den bergvölkischen Gutäern oder Lullubäern als ›Barbaren des Gebirges‹ (KLENGEL 1972), so drückt sich darin kaum anderes aus, als was noch heute arabische oder persische Bauern von ihren nomadischen Nachbarn denken. Dennoch scheint es sachlich nicht gerechtfertigt, den Zagros vereinfacht als ›Nomadenland‹ zu kennzeichnen. Wenn er auch zweifellos das Hauptverbreitungsgebiet der iranischen Bergnomaden ist (vgl. Abb. 26 und 70), so sind die zahlreichen und z. T. sehr ausgedehnten Beckenzonen (z. B. die Becken von Hamadan, Kermanshah, Shiraz, die Marvdashtebene oder das Zagrosrandbecken bei Isfahan) uralte Kulturräume bäuerlicher wie städtischer Kultur (vgl. auch LEVINE 1973f., MORTENSEN 1972, PULLAR 1977).

4.3.1. Das kurdische Bergland

Kurdistan, im geographisch-landeskundlichen Sinne ein Landschaftsbegriff für das von Kurden besiedelte Gebiet, ist nicht allein auf Iran beschränkt. Es umfaßt Teile der Armenischen Sowjetrepublik, weite Teile der ostanatolischen Provinzen mit dem Schwerpunkt im Hakkaritaurus, die nordöstlichen Provinzen Iraks (Dohuk, Arbil und vor allem Sulaimaniye) und in Iran schwerpunktmäßig die Provinz Kurdistan mit Sanandaj als Verwaltungssitz sowie die ebenfalls stark kurdisch geprägte Provinz Kermanshah. Ebenso wie es außerhalb des oben skizzierten Lebensraumes z. T. beachtliche kurdische Minderheiten gibt (z. B. Syrien, Libanon), so finden sich auch in Iran über den eigentlichen Siedlungsraum der Kurden hinaus geschlossene Minderheitengebiete. Zu ihnen zählen die Grenzbereiche der Nachbarprovinzen Westazerbaijan (vgl. Karte 7), Ilam und Luristan. Seit den safavidischen Umsiedlungen ganzer Nomadenstämme finden sich Kurden darüber hinaus, wie erwähnt, in Khorassan und Mazandaran, aber auch in Fars, Kerman und Khuzestan.

Als kurdisches Bergland Irans wird im folgenden das sich südlich an das westliche Azerbaijan anschließende Bergland mit Sanandaj und Kermanshah als städtischen Zentren verstanden. Hervorragendes Kennzeichen dieses stellenweise extrem winterkalten Gebirgslandes ist seine bis heute nur mangelhafte Erschlossenheit und Zugänglichkeit. So wird das kurdische Siedlungsgebiet Irans noch heute von keiner voll ausgebauten N-S-Verbindung durchzogen. Lediglich die große Überlandstraße Tehran–Hamadan–Kermanshah–Baghdad (weitgehend identisch mit der medisch-achämenidischen Königsstraße) quert den südlichen Rand des kurdischen Berglandes und erschließt von Kermanshah aus Sanandaj als eigentliches Zentrum des iranischen Kurdistan.

Seine Sonderstellung und Eigenart innerhalb des westiranischen Berglandes erhält das kurdische Bergland ganz zweifellos durch seine Bewohner. Die Kurden, deren Gesamtzahl in Iran auf 2 bis 3 Mill. geschätzt wird und die mit Sicherheit seit präachämenidischer Zeit in ihren heutigen Stammesgebieten siedeln, sind rassisch wie auch sprachlich den Persern eng verwandt, zerfallen aber in eine Vielzahl dialektgebundener Untergruppen und unterscheiden sich insgesamt von der Mehrzahl der Perser durch ihre überwiegend sunnitische Glaubensausrichtung. Sprachdifferenzierungen wie auch ausgeprägte religiöse Sektenbildungen und synkretistische Geheimreligionen (z. B. Ahl-i-Haqq; vgl. MINORSKY 1920) unterstützen die Tendenzen zu ausgeprägten Fraktionsbildungen, die auch in der starken Stammesgliederung zum Ausdruck kommen. So werden allein in Iran ca. 60 stammesähnliche Unterabteilungen der Kurden unterschieden, die sich hier wie auch in Irak (BARTH 1953) oder in der Türkei (HÜTTEROTH 1961) zumeist in patrilinearer Abstammung von gemeinsamen Ahnherren herleiten. Die politische Trennung einzelner Stämme und Stammesfraktionen durch Staatsgrenzen trägt zur weiteren Dissoziation der Kurden bei.

Obwohl die Kurden seit Jahrhunderten durch politische Grenzen getrennt sind, lassen sich nationalstaatliche Einigungsbestrebungen erst seit Ende des 19. Jh. nachweisen. Dabei ist gerade das Grenzgebiet zwischen dem iranischen Teil Kurdistans und dem westlichen Azerbaijan Ausgangspunkt dieser Bemühungen. Vor allem die Gebiete christlicher Minderheiten um Salmas (Shahpur) und Urumiyeh (Rizaiyeh), ohnehin umstritten und umkämpft zwischen Osmanen und Persern, sollten im und seit dem 19. Jh. als Zentrum eines kurdischen Pufferstaates dienen. Die vom Zarenreich geförderten Bestrebungen führten einerseits zu den schon genannten Massakern an den Christen (vgl. Kap. V, Abschn. 3.2.), wurden andererseits aber schließlich von persischen Truppen unterbunden, zumal Stammesfehden die Kurden selbst schwächten. Weitere Aufstände der Kurden in den 20er Jahren beantwortete Reza Shah mit Umsiedlungsaktionen, von denen Tausende von Kurden betroffen waren. Nach dem Zweiten Weltkrieg kam es, abermals mit russischer Duldung oder gar Unterstützung, zur Ausrufung einer kurzlebigen Kurdenrepublik Mahabad (22.1.—16.12. 1946) auf iranischem Staatsgebiet. Vorläufig letzte Bestrebungen zur Errichtung eines unabhängigen Kurdistan müssen seit dem Zusammenbruch des kurdischen Widerstands gegen die irakische Regierung und seit dem Staatsvertrag zwischen Iran und Irak über endgültige Grenzverläufe im März 1975 als gescheitert betrachtet werden, wenngleich sich im Zuge der Revolution seit 1978 erneut separatistische Tendenzen unter der kurdischen Bevölkerung Irans zu verstärken scheinen.

Wie schon angedeutet, muß das kurdische Bergland in erster Linie als ein bäuerlich-nomadisches Gebiet charakterisiert werden. Ähnlich wie in Azerbaijan dominiert bei der Landwirtschaft der Regenfeldbau, während auf Bewässerungsgrundlage Gemüse, Tabak, Baumwolle und Zuckerrüben kultiviert werden. Die Höhenlage und die dementsprechend gemäßigten Sommertemperaturen erlauben weithin den Anbau von Kern- und Steinobst sowie Weintrauben. Wichtiger als die Landwirtschaft ist jedoch die Viehhaltung, für die die Hochweiden des Zagros ideale Voraussetzungen bieten. Zweifellos gibt es unter den Kurden eine ganze Reihe von Stämmen und Stammesfraktionen, bei denen Schaf- und Ziegenhaltung dominieren. Dennoch wäre es zu einfach, diese Gruppen schlicht als Nomaden zu charakterisieren. Es scheint, als sei gerade die kurdische Wirtschaftsweise stärker als die anderer Stämme in Iran seit jeher auf die Symbiose von Land- und Weidewirtschaft ausgerichtet gewesen. HÜTTEROTH (1959) hat dafür den treffenden Ausdruck des ›Yayla-Bauerntums‹ geprägt, der nicht nur die Kombination von Wanderweidewirtschaft und Ackerbau zum Ausdruck bringt, sondern zugleich den unklaren Begriff des Halbnomadismus umgeht. Einen besonderen Stellenwert in der Ökonomie der Kurden nimmt die Teppichherstellung ein, wofür nicht zuletzt die gute Qualität der Schafwolle (winterkaltes Gebirgsklima!) ausschlaggebend sein dürfte. Berühmte Provenienzen sind vor allem Bijar und Senneh, das heutige Sanandaj.

Das gebirgige Relief und die Dominanz einer flächenextensiven Land- und Weidewirtschaft dürften die wesentlichsten Ursachen für die ausgesprochene Städtearmut des kurdischen Berglandes sein. Eindeutiger Mittelpunkt des kurdischen Stammesgebietes in Iran ist das in etwa 1500 m Höhe gelegene *Sanandaj* (1976: 95 834 Ew), administratives und zugleich wirtschaftliches wie organisatorisches Zentrum der Kurdenprovinz mit bedeutenden Markt- und Handelsfunktionen für land- und viehwirtschaftliche Produkte wie auch für Teppiche. — Ungleich bedeutender, wenn auch weniger eindeutig kurdisch geprägt ist das inmitten eines weiten und wasserreichen Beckens gelegene *Kermanshah* (1976: 290 861 Ew), Hauptstadt der gleichnamigen Provinz und führendes Wirtschaftszentrum des gesamten nördlichen Zagros. Wenn Kermanshah auch in einem äußerst geschichtsträchtigen Raum an der alten medisch-achämenidischen Königsstraße liegt (Bisitun, Kangavar und Takht-e-Bostan als wichtige archäologische und historische Stätten in der Nähe der Stadt!), so gehen die Ursprünge des heutigen Kermanshah doch erst auf das 18./19. Jh. zurück. Unter den Safaviden, der Zanddynastie und Nadir Shah war die Stadt mehrfach zwischen Türken und Persern umkämpft, unter den frühen Qadjaren wurde sie befestigt und als Bollwerk der Zentralregierung gegen die hier aufeinanderstoßenden kriegerischen Nomadenstämme der Kurden und Luren ausgebaut. Während dieser Zeit übernahm sie zugleich bedeutende Funktionen als Etappenort und Handelszentrum entlang der aufblühenden Karawanenstraße Baghdad–Tehran.

Wenn der Handel somit auch beachtlich war, so scheint die Stadt bis weit in das 20. Jh. hinein mehr einer verwahrlosten Ruinenstätte geglichen zu haben (BISHOP 1891), deren Bausubstanz das Innere der ursprünglichen, über 6,5 km langen Umwallung nur teilweise ausfüllte. Noch nach dem Ersten Weltkrieg sprechen englische Berichte (IOR — C 259) von Kermanshah als "a huge Kurdish village of huts and narrow alleys". Erst seit etwa 1920 kommt es zu einer lebhaften Bautätigkeit, in deren Gefolge Kermanshah sukzessiv die Gärten des Stadtrandes überbaut hat (vgl. CLARKE-CLARK 1969, Abb. 4, 8).

Die heutige Großstadt Kermanshah, von modernen Straßen und Alleen durchzogen, hat nach wie vor wichtige Handelsfunktionen, vor allem aber zentralörtliche Dienstleistungsaufgaben für die Dörfer der ungefähr 10 km breiten und 50 km langen Kara-Su-Ebene. Getreide-, Obst- und Gemüsehandel sowie Nahrungsmittelindustrie bilden ebenso wie Teppichvermarktung einen noch heute wichtigen Aspekt der städtischen Wirtschaft. Besondere Bedeutung hat die Stadt als Standort der zweiten, 1936 errichteten Raffinerie des Landes, die vor wenigen Jahren erweitert und modernisiert wurde. Sie basiert in erster Linie auf der Verarbeitung von Erdöl aus Naft-e-Shah, einem unmittelbar an der Grenze gelegenen und schon zur ›irakischen Erdölprovinz‹ zählenden Fördergebiet. Dank der nach wie vor exponierten Grenzlage kommt der Stadt auch militärisch-strategische Bedeutung zu. Eine im Aufbau befindliche Universität wird weiteren Aufschwung bringen. Neben Sanandaj und Kermanshah sind lediglich wenige kleinere Städte erwähnenswert: das als Teppichprovenienz bekannte Bijar im nördlichen Kurdistan wurde bereits genannt. Shahabad, im Zentrum eines bewässerten Beckenraumes gelegen, sowie das moderne Bisitun verfügen über kleinere Zuckerraffinerien und verarbeiten die landwirtschaftlichen Produkte ihrer Umländer.

4.3.2. Luristan

Zu den wildesten und unzugänglichsten Gebirgslandschaften nicht nur des Zagros, sondern ganz Persiens zählt der an das kurdische Bergland südlich anschließende nördliche Zagros, dessen zentraler Teil in etwa mit der Landschaft Luristan gleichgesetzt werden kann. Wenn Luristan als politische Raumeinheit letztlich auch erst seit der Errichtung klar definierter Provinzen unter Reza Shah existiert, so verfügt es als traditionelles Weidegebiet lurischer Nomaden (Luristan = Land der Luri!) doch über eine historisch gewachsene und stammesgeschichtlich bedingte Eigenständigkeit. Sie kommt auch im Selbstverständnis der nomadischen Bewohner zum Ausdruck, die zwischen einem Großen Luristan (Lur-i-Bozorg) und einem Kleinen Luristan (Lur-i-Kuchek) unterscheiden. Während das Große Luristan weitgehend mit dem Stammesterritorium der Bakhtiaren identisch ist und den östlichen Teil des Zentralen Zagros umfaßt (vgl. 4.3.4.), zerfällt das Kleine Luristan in die beiden Teilräume Posht-i-Kuh und Pish-i-Kuh. Hervorstechendes Kennzeichen des so differenzierten Luristan ist die in der Einleitung zu diesem Kapitel schon genannte Basin-Range-Struktur. Die wichtigsten Faltenketten, die das Kleine Luristan orohydrographisch gliedern, sind von SSW nach NNE (nach EDMONDS 1922):

Kabir Kuh — Tangevan;
Kuh-i-Maleh — Kiyalan — Taq-i-Mani;
Kuh Astan — Dahlij — Kuh Biab;
Kuh-i-Ghazal — Kuh-i-Gird;
Guraz — Dadabad — Haftad Pahlu;
Ispid Kuh — Mutba;
Garru — Puneh — Shahnishin.

4. Das Hochland von Iran und seine Randlandschaften

Die zahlreichen NW-SE-streichenden Ketten und Faltenwürfe, deren Synklinalen von einem dichten und wasserreichen, gebirgsparallelen Talsystem eingenommen werden, das in engen, den Klusen des Schweizer Jura ähnlichen Durchbrüchen (pers.: *tang*) die Aufwölbungen durchschneidet, machen die noch heute schwere Zugänglichkeit und Verkehrsfeindlichkeit Luristans aus. Lediglich der konsequent im Streichen des Gebirges verlaufende untere Abschnitt des Saimarreh und sein östlicher Nebenfluß Kashgan Rud bilden einen natürlichen Zu- und Durchgang durch das Gebirge: die ebenso alte wie wichtige Durchgangsstraße vom Hochland von Iran über Ekbatana (Hamadan) und Khurramabad nach Mesopotamien. Im 19. Jh. stellte diese Straße, zusammen mit der Verbindung zwischen Baghdad, Kermanshah und Tehran, die bedeutendste Handelsroute zwischen der Hauptstadt und dem Persischen Golf dar, wenngleich sie immer wieder durch oft beschriebene Überfälle räuberischer wie kriegerischer Luren gefährdet war. Erst die Befriedung des Gebietes seit den 30er Jahren dieses Jh., der Ausbau der Straße, die Konstruktion der Transiranischen Eisenbahn und die Anlage einer Reihe von Erdöl- und Erdgaspipelines haben diese alten Funktionen wiederbelebt und intensiviert.

Besonderes physisches Kennzeichen Luristans ist seine im Vergleich zu vielen anderen Teilen Irans ausgesprochene Klimagunst. Bedingt durch die fast senkrecht zu den regenbringenden winterlichen Westwinden stehenden Faltenketten sind die Niederschläge überdurchschnittlich hoch und fallen, wie in weiten Teilen des gebirgigen Westens, in Form von Schnee. Die lange Schneedecke bei gleichzeitig höhenbedingt vergleichsweise milden Temperaturen sind Voraussetzung für eine für iranische Verhältnisse üppige natürliche Vegetation, in der auch Eichenwälder noch heute verbreitet sind. Wenn der Eindruck, den englische Reiseberichte um die Jahrhundertwende noch vermitteln, wonach Luristan "extremely well-wooded" sei und Eichen im Überfluß vorkämen, heute nicht mehr zutrifft, dann deshalb, weil die immer bessere Verkehrserschließung die systematische Zerstörung der Baumbestände durch Köhlerei, aber auch durch Abholzung für Bau- und Brennholz sowie Viehverbiß gefördert hat. Stärker als in vielen anderen Teilen Irans haben die in den letzten Jahren besonders nachhaltigen Abholzungen und Zerstörungen der Grasnarbe zu beträchtlichen Abspülvorgängen an den Hängen und damit zur Vernichtung von Acker- und Weideland geführt. Vor allem nach Starkregen sowie im Gefolge der Schneeschmelze führen die Flüsse starke Sedimentlast. Im Gebirge selbst sind Verkarstungserscheinungen weit verbreitet und offensichtlich in aktiver Ausbreitung begriffen. Reliefgestaltung, Verkehrsgunst, geringe Verfügbarkeit von potentiellem Ackerland bei gleichzeitig reichem Angebot an natürlichen Bergweiden machen Luristan zu einem Nomadenland par excellence. Vieles spricht dafür, daß es das zusammen mit dem heutigen Kurdistan immer gewesen ist. Es gilt heute als sicher, daß die in Keilschriften häufig erwähnten Einfälle sog. Bergvölker in die bäuerlich-städtische Kulturlandschaft des alten Mesopotamien von den Lullubäern und Gutäern (KLENGEL 1966, 1972) bzw. von

Urkurden und Urluren (v. EICKSTEDT 1961) und damit vom Zagros ausgingen. Iranische Völkerschaften, d. h. kassitisch-indogermanische Stämme werden erst vom zweiten Drittel des zweiten vorchristlichen Jahrtausends an nachweisbar (YOUNG 1967). Die iranische Einwanderung bedeutet zugleich den Beginn einer hochentwickelten und überregional bedeutsamen Metallverarbeitung, die heute unter der Bezeichnung ›Luristanbronzen‹ (CALMEYER 1969, MOOREY 1974) weltberühmt sind.

Im geographischen Sinne läßt Luristan sich in drei Teile gliedern: die Landschaft Posht-i-Kuh zwischen der irakischen Grenze und dem Saimarreh, die Landschaft Pish-i-Kuh zwischen Saimarreh im W und Kashgan bzw. Khurramabad Rud im E sowie das Gebiet von Bala Gariveh östlich davon bis hin zum Ab-i-Dez. Posht-e-Kuh und Pish-e-Kuh, das Land hinter bzw. vor dem Gebirge, signalisieren für den lurischen Nomaden nichts anderes als Sommer- und Winterweidegebiet, als Sardsir und Garmsir. Noch immer wissen wir über Stammesgliederung und Größe der Luren nur wenig mehr als die englischen Exploratoren und Reisenden des 19. Jh. Fest steht, daß zu der Großgruppe der Luren die folgenden Stämme bzw. Stammesföderationen gehören:

— die Feililuren, mehr oder weniger identisch mit den Gefolgsleuten des ursprünglich in Khurramabad residierenden Vali von Posht-i-Kuh;
— die Luren des Pish-i-Kuh;
— die Bakhtiaren;
— andere Stämme, wie z. B. die Mamassani und Kuhgiluyeh.

Gemeinsames Kennzeichen aller Luren ist eine dem Kurdischen nicht unähnliche Physiognomie (vgl. v. EICKSTEDT 1961, S. 61 f.), die übrigens auch für die Angehörigen der Bakhtiaren, Qashqai und andere Stämme konstatiert wird. Auch sprachlich bestehen zumindest zwischen Groß- (Bakhtiaren) und Kleinluren weitgehende Übereinstimmungen, die aus der gemeinsamen altpersischen Wurzel herstammen, während das von den Luren als Lakki gekennzeichnete Kurdische eine altmedische Sprachwurzel zu haben scheint. Die Turkdialekte sprechenden Qashqai werden in der Literatur auch als Turkluren bezeichnet. Insgesamt wird man also wohl davon ausgehen können, in den Luren im weiteren Sinne die direkten Nachfolger der ursprünglich hier ansässigen Bevölkerung, d. h. der Elamiten, zu sehen. Darauf deuten nicht nur anthropologische Befunde (v. EICKSTEDT 1961, S. 61—78), sondern auch historische Zeugnisse und geographische Kontinuitäten (Stadt Ilam am Kabir Kuh!) hin.

Die um die Mitte des 19. Jh. durch RAWLINSON auf etwa 12 000 Familien geschätzten Feililuren, auch als die Luren des Posht-i-Kuh bekannt (LAYARD, 1846, bezeichnet ebenso wie v. EICKSTEDT, 1961, alle Luren Luristans als Feili und gliedert sie in die Posht-i-Kuh sowie die des Pish-e-Kuh), konzentrieren sich schwerpunktmäßig auf den Kabir Kuh und sein südliches wie westliches Vorland. Besonderes Merkmal der Feililuren war ihre politische Unterordnung unter den von der Krone eingesetzten Vali des Posht-i-Kuh, einem erblichen Statthalterposten, der vor allem im 19. Jh. zu mehr oder weniger ausgeprägter Unabhängigkeit von der Krone gelangte, zugleich aber das Gebiet des Posht-i-Kuh in straffer Unterordnung hielt.

Die ungleich größere Gruppe der Pish-i-Kuh-Luren, vor etwa 100 Jahren auf fast 40 000 Familien geschätzt, hat demgegenüber ihren räumlichen Schwerpunkt um Khurramabad. Einige von ihnen, wie z. B. der große Stamm von Amaleh, waren hier in der Mitte des 19. Jh. bereits seßhaft und primär als Ackerbauern tätig, so daß EDMONDS (1922) sie in seiner Übersicht der Pish-i-Kuh-Luren gar nicht mehr besonders erwähnt. Andererseits sind ihnen die großen und kriegerisch bedeutenden Lurenstämme zuzurechnen, wie die zu den Dilfan zählenden Kakavand, die Hasnavand und Kulivand (Il der Silsileh) sowie vor allem die gefürchteten Sagvand vom Il der Bala Gariveh.

Stammesvielfalt auf einem vergleichsweise engen Raum, daraus resultierende Rivalitäten um Weideländereien bei gleichzeitig fehlender Zentralgewalt ließen das zentrale Luristan im 19. und frühen 20. Jh. zu einem der unruhigsten und kriegerischsten Gebiete Persiens werden. Gerade der begrenzte Ressourcenreichtum mag die Ursache dafür sein, daß die genannten Stämme wie auch die große Zahl der sonstigen *Il, Taifeh* und *Tireh* stärker als andere Nomadengruppen gemischte Wirtschaftsweisen von Ackerbau, Weidewirtschaft und Brigantentum bis weit in das 20. Jh. hinein betrieben haben. Daß dabei nicht nur die relative Bedeutung einzelner Sektoren dieser Gemischtwirtschaft wechselten, sondern auch die Stammesgruppierungen permanenten Wandlungen ihrer Zusammensetzung unterworfen waren, belegen zeitgenössische Quellen für die Zeit um die Jahrhundertwende. So ist dem 1910 in Simla erschienenen ›Gazetteer of Persia‹ (Bd. 3, Stichwort Luristan, S. 610—641) über die Sagvand folgende Darstellung zu entnehmen:

›The Sagwand occupy the country to the south-east of and in the near neighbourhood of Khurramabad, and contiguous to the lands of the Dalwand to the north. Their most important and productive tract is Arabistan. The climate of this region is temperate, except for a few months in the winter. In the spring they pour into the plains of Dizful advancing as far south as Shush. In doing this they usually give a wide berth to the Dirakwand; in whom they have but scant trust. If the Governor at Khurramabad is hostile, they not infrequently remain in the low hill country of eastern Pusht-i-Kuh for the summer. Besides cultivated lands they own large herds and flocks. The Sagwand are of Arab extraction and came into Luristan some 150 years ago. Karim Khan Zand endeavoured to transfer them to Shiraz, but after a short stay in that place they escaped and returned to Luristan. The tribe itself at that time was insignificant and was without lands: but in course of time they murdered the chiefs of the Saki, Makan Ali and Tulabi tribes and annexed their properties. Thus the land taxes they now pay are those of the tribes they overpowered. They have been joined by many families of the Papi, Luri, Mumianvand, Quliwand, Hasanwand and Tihran tribes and now number 3.000 families or about 10.000 souls.‹

An anderer Stelle (Gazetteer of Persia, Bd. III, Calcutta 1885) heißt es über die wirtschaftlichen Aktivitäten und die Arbeitsteilung bei den Luren wie folgt:

›Among the Lurs most of the offices of labour are performed by women; they tend the flocks, till the fields, store the grain and tread out that which is required for use. The men content themselves with sowing and reaping, cutting wood for charcoal and defending their property against the attacks of others. The carpets, the black goat-hair tents and the horse-furniture, for which Luristan is famous, are almost all the work of women. The men seem to consider robbery and war their proper occupation, and are never so well pleased as when engaged in a foray.‹

Das in dem erstgenannten Bericht anklingende Wanderungsverhalten der Sagvand gilt noch heute für viele Stämme des Pish-i-Kuh und von Bala Gariveh, für die der Grenzraum des Gebirges zu Mesopotamien hin das bevorzugte Winter- und Frühjahrsweidegebiet ist. Andere Lurenstämme migrieren einst wie heute jahreszeitlich innerhalb des Gebirges selbst, wobei beliebte Yaylaqs die Ebenen von Alishtar, Khurramabad oder Harasin sind, während als Qeshlaq (Winterquartiere) die Unterläufe der Zagrosflüsse Saimarreh, Karkheh und die Ebenen von Reza, Hulilan, Kuh Dasht und andere Beckenräume dienen.

Die schon am Beispiel der Amaleh, die im Becken von Khurramabad auf Kronland angesiedelt wurden und Ackerbau aufnahmen, für das 19. Jh. erwähnte Seßhaftwerdung einzelner Stämme in den Hochbecken und Talräumen des Zagros gilt heute für alle Teile der einstmals stark nomadischen Luren. Noch um die Jahrhundertwende berichten die oben zitierten Quellen, daß es außer einigen wenigen Weilern in unmittelbarer Nähe Khurramabads so gut wie gar keine dörflichen Siedlungen gebe und daß ›practically no settled population in Luristan‹ vorhanden sei. Heute sind die ehemaligen Sommer- und Winterweiden, soweit sie reliefbedingt und vom Klima her landwirtschaftliche Nutzung zulassen, ebenso wie die hochwasserfreien Talterrassen der Flüsse durch landwirtschaftliche Nutzflächen und ländliche Siedlungen eingenommen. Während in den hochgelegenen Becken Getreidebau auf Regenfall vorherrscht und vor allem zwei- oder dreijährige Weizen/Gerste-Brache-Rotationen dominieren, finden sich auf den meist kleinen Bewässerungsfeldern an den Flüssen Intensivkulturen wie Salate, Zwiebeln, Hülsenfrüchte und gelegentlich auch Weintrauben (MODJTABAWI 1960).

Eindeutig dominierendes städtisches Zentrum in Vergangenheit und Gegenwart ist die Provinzkapitale *Khurramabad* (1976: 104 928 Ew). Der alte Kern der Stadt, am Fuße der noch heute erhaltenen Zitadelle des Vali von Posht-i-Kuh, macht heute einen nur noch kleinen Teil der gesamten Stadtfläche aus. Das moderne Khurramabad ist vor allem nach S zu, d. h. zum Fluß und zu der großen Durchgangsstraße zwischen Tehran/Burujird und Khuzistan hin gewachsen. Seine Funktionen lassen sich in Analogie zu dem allgemeinen Hierarchisierungsschema der städtischen Siedlungen Irans als die typischen der Provinzhauptstädte kennzeichnen: neben delegierten Verwaltungsaufgaben und einem entsprechenden Spektrum öffentlicher und privater Dienstleistungen profitiert die städtische Wirtschaft vor allem von der Funktion als Residenzort von Grundeigentümern und Stammesaristokraten, besonders aber von ihrer überragenden Stellung als Ver-

marktungs- und Versorgungszentrum ihres agraren Umlandes. Wenn auch ausgesprochene Industriegebiete (mit Ausnahme einiger Nahrungsmittelindustrien) fehlen, so ist der letzten Endes agrarische Charakter der Stadt unverkennbar.
Die übrigen Städte der historischen Landschaft Luristan, wie z. B. Alishtar oder Kuhdasht, sind mit etwa 5700 bzw. 13 000 Ew (1976) nichts anderes als kleine Landstädte, die an der transiranischen Eisenbahn zu einer gewissen Blüte gelangten. Orte wie Aligudarz und Azna liegen bereits im Bakhtiarengebiet. Die ebenfalls zur Provinz gehörigen Orte Burujird und Dorud sollen im nächsten Kapitel angesprochen werden.

4.3.3. Der Raum Hamadan

Als Verbindungsglied zwischen den westlichen Gebirgsländern von Kurdistan und Luristan einerseits und der Zentralprovinz mit Tehran andererseits kommt dem Raum Hamadan eine besondere Rolle zu. Hamadan und sein in einem großen Becken am Fuß des Alvand Kuh (3580 m) gelegenes Umland haben in der persischen Geschichte immer wieder eine besondere Rolle gespielt. Dies gilt nicht nur für Hamadan selbst, das als medische Hauptstadt Ekbatana bis weit in die achämenidische Zeit hinein eine der Königsstädte Persiens war. Auch das unmittelbare Umland der Stadt war immer wieder von besonderer Bedeutung für Geschichte und Kultur des Landes: Kangavar z. B. muß heute als eines der großen Zentren des parthischen Anahitakultes gelten. Bei Nehavend schließlich, südlich des Alvand Kuh gelegen, vollzog sich am 10. Dezember 641 n. Chr. die entscheidende Schlacht zwischen den letzten Sassaniden und den Arabern und damit die beginnende Islamisierung des Landes.

Der oben genannte Übergangscharakter des Raumes Hamadan zwischen Zagros und Hochland von Iran ist sowohl geologisch-tektonisch wie auch orohydrographisch angelegt. Geologisch ist das gesamte südlich von Hamadan gelegene Bergland über eine Erstreckung von mehr als 250 km ein durch vulkanische Intrusionen kontaktmetamorph veränderter Teil der kretazischen Außenzone des Zagros, in dem heute Schiefer und Quarzite dominieren. Die vor allem im Alvand Kuh und bei Burujird an die Oberfläche stoßenden Intrusiva sind demgegenüber saure Massengesteine, die — zusammen mit kleineren Intrusionen — zugleich die höchsten Erhebungen dieses Gebirgsabschnitts markieren. Hydrographisch wirkt das Gebirge als Trennlinie. Die sich nach N und NW öffnenden Becken entwässern bereits zu den endorhëischen Becken des Hochlandes, während die nach W und S abfließenden Rinnsale über die Quellflüsse von Dez und Karkheh den Persischen Golf erreichen. Aus der Funktion des Gebirges als Klimascheide resultiert, daß vor allem die nach W exponierten Flanken des Gebirges z. T. wasserreiche und infolge der langen Schneebedeckung ganzjährig wasserführende Bäche und Flüsse aufweisen, während im Regenschatten der Bergketten Niederschläge und Oberflächenabfluß bereits erheblich reduziert sind. Bemerkenswert ist demge-

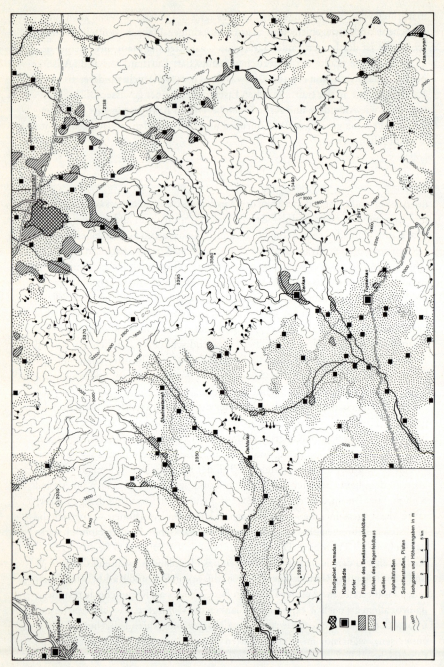

Abb. 68: *Der Alvand Kuh und sein Vorland* (nach Iran 1 : 250000, Bl. NI 39-5).

genüber der große Quellenreichtum vor allem im Höhenbereich der vulkanischen Gebirgsmassive (vgl. EHLERS 1976). Auch sprachlich wie ethnisch stellt die Region Hamadan ein Übergangs- und Mischgebiet zwischen verschiedenen Volksgruppen dar (vgl. Karte 7). Während weite Teile des bäuerlich-nomadischen Umlandes der Städte von einer überwiegend turksprachigen Bevölkerung bewohnt werden, sind die Städte und insbesondere Hamadan Zentren persischer Bevölkerungen.

Die in Abb. 68 deutlich werdende Gliederung in Bauernland und Nomadenterritorium, die für alle Gebiete des Bergnomadismus in Iran mehr oder weniger zutrifft, hat hier — wie auch anderswo — in den letzten Jahren eine Aufweichung und z. T. sogar Auflösung erfahren. Die traditionelle Symbiose zwischen den überwiegend kurdischen und lurischen Nomaden und der persisch- bzw. turksprachigen Bauernbevölkerung basierte in der Vergangenheit auf der auch aus anderen Bergweidegebieten bekannten Stockwerkgliederung der Landnutzung, die Kontakte und damit auch Konflikte zwischen beiden Bevölkerungsgruppen lediglich während der Wanderungen (März—Mai bzw. September—November) zu den Yaylaqs und Qeshlaqs zuließen. Während die Nomaden in den Sommermonaten die Höhenregionen des Alvand Kuh beispielsweise für sich allein beanspruchen konnten, betrieben die Bauern des Bergvorlandes und der Gebirgstäler eine kombinierte Land- und Viehwirtschaft, wobei die dem Ackerbau untergeordnete Schaf- und Ziegenhaltung in idealer Weise dem Gang des ländlichen Jahres eingepaßt und mit winterlicher Aufstallung der Herden verbunden war (vgl. EHLERS 1976, Schema 1).

Bedingt durch die im Gefolge der Landreform vollzogene Übertragung der Eigentumstitel nicht nur des Acker-, sondern auch weiter Teile des Weidelandes an die Dorfbewohner kam es zu einer starken flächenhaften Ausweitung des Ackerlandes in das Gebirge sowie zu einer beträchtlichen Aufstockung der bäuerlichen Schaf- und Ziegenherden. Konsequenzen dieser ökonomisch wie ökologisch bedenklichen Veränderungen sind hier wie auch anderswo unter anderem:

— stellenweise irreparable Schädigungen oder gar Zerstörungen der höheren Gebirgspartien und steileren Hangpartien durch linienhafte oder flächenhafte Erosion;
— eine partielle Überweidung bisher im wirtschaftlichen Gleichgewicht bewirtschafteter Hochweiden durch die zusätzliche Bestockung mit bäuerlichen Herden unter Beibehaltung nomadischer Weidewirtschaft;
— eine in der volkswirtschaftlichen Gesamtbilanz wohl äußerst fragwürdige Beschneidung der Existenzberechtigung nomadischer Wanderweidewirtschaften.

Die mit der Agrarreform begonnene Auflösung des kulturgeographischen Stockwerkbaus, die den Bauern hier wie auch in anderen Hochgebirgsregionen Irans insgesamt Vorteile brachte und die Nomaden stärker noch als zuvor zu Ansiedlung und Seßhaftwerdung zwangen, haben zugleich das städtische Wachstum nachhaltig gefördert. Die Städte, die den Raum Hamadan als Verbindungsstück zwischen dem zentralen Hochland und dem Zagros in vergleichsweise großer Zahl prägen, sind teilweise erst relativ junger Entstehung und verdanken ihre Existenz dem Schutz- und Sicherheitsbedürfnis des qadjarischen Reiches und seiner Handelsverbindungen vor allem mit Mesopotamien, das sich im 19. Jh. mit seinen Häfen von Muhammerah (heute Khurramshahr), Basra sowie Baghdad zu einem wichtigen Ein- und Ausfallstor des internationalen Persienhandels entwickelte. So wurden im frühen 19. Jh. unter anderem die Städte Arak (1808), das frühere Sultanabad, und Malayer (1807), das bis Reza Shah unter dem Namen Daulatabad bekannt war, gegründet und als Grenzsicherungen nicht nur gegenüber dem Osmanischen Reich, sondern mehr noch gegen die kurdischen wie lurischen Nomaden ausgebaut (vgl. GROTHE 1910, S. 88, C. RITTER 1838, S. 371 ff.). Während sich das abseits der großen Verkehrsstraßen gelegene Daulatabad/Malayer nur langsam entwickelte und heute (1976) eine Landstadt mit etwa 47 000 Ew darstellt, haben sich das bereits zum Verwaltungsbezirk Luristan gehörende *Burujird* (1976: 100 103 Ew) sowie das heute zur Zentralprovinz zählende Arak (1976: 114 507 Ew) vor allem in den letzten Jahren zu Großstädten entwickelt. Malayer (vgl. MOMENI 1976) kann dabei ebenso wie Burujird als Prototyp einer vor allem für sein und von seinem agrarischen Hinterland lebenden Landstadt gelten: neben Verwaltungs- und Residenzfunktionen spielen insbesondere Vermarktung und Verarbeitung landwirtschaftlicher Produkte (Weintrauben und Rosinen, Weinbrennerei, Mühlenbetriebe) eine Rolle. Wirtschaftliche Mittelpunkte aber dieser Städte wie auch der vielen Landstädte im Umkreis des Alvand Kuh (z. B. Nehavend: 29 432 Ew [1976]; Tuisarkan: 18 423 Ew; Asadabad: 12 050 Ew) sind nach wie vor ihr Bazar und ihre modernen Geschäftszentren, die weniger von der Bedarfsdeckung der städtischen Mantelbevölkerung als vielmehr von der ihrer agrarischen Um- und Hinterländer profitieren. Auch Teppichmanufaktur und -handel spielen nach wie vor eine nicht unbedeutende Rolle (EHLERS 1979).

Arak, dessen planmäßig angelegte Altstadt mit dem ebenso planvollen Bazar noch heute hervorragend erhalten ist und das als eine der eindrucksvollsten qadjarischen Städtegründungen gelten kann, hat lange Zeit ähnliche Funktionen wie die zuvor genannten Städte gehabt. Eine besondere Rolle spielte dabei seit dem Ende des 19. Jh. die Teppichmanufaktur des Bezirkes Saruq, die durch die Niederlassung europäischer Handelshäuser in Sultanabad sogar planmäßig entwickelt und ausgeweitet wurde. Noch heute ist der Bazar von Arak in extremem Maße durch den Teppichhandel sowie An- und Verkauf von Wolle, Garnen, Farben und anderen für die Teppichmanufaktur bedeutsamen Accessoires geprägt (WIRTH 1976). Nach den Ergebnissen einer im Jahre 1353 (1974/75) durchgeführten Betriebszählung entfielen von insgesamt 9233 in Arak registrierten Betrieben allein 4181 auf den Teppichsektor: während das Gros der meist aus 1 bis 3 oder 4 Personen bestehenden Manufakturen mit zusammen 3440 Produktionsstätten der Teppichknüpferei zuzurechnen waren, entfielen aber auch auf den Teppichhandel wie auch auf den Woll- und Baumwollhandel jeweils mehr als 300 Betriebe.

Die Dominanz dieses Sektors wie auch der traditionell bedeutsamen Nahrungsmittelverarbeitung (Getreidesilos und -speicher) hat erst in den letzten Jahren durch den Ausbau Araks zu einem der industriellen Entwicklungspole der Zentralprovinz nachgelassen. Schon heute sind in der vor allem auf die Herstellung landwirtschaftlicher Geräte spezialisierten Maschinenfabrik, in der Aluminiumhütte, dem Kabelwerk und anderen kleineren Betrieben viele tausend Menschen beschäftigt, die teilweise vor den Toren der Stadt in einer eigens errichteten neuen Wohnvorstadt leben. Ob die im Sommer 1978 verordnete Verlegung aller Ostanbehörden nach Arak und die Erhebung dieser Stadt zur Hauptstadt der Zentralprovinz ihr Gewicht stärken und ihr neue Funktionen geben wird oder aber ob diese Verlegung infolge der neuen politischen Verhältnisse im Lande rückgängig gemacht wird, bleibt abzuwarten. Industriell geprägt ist auch das zu Luristan gehörige *Dorud* (1976: 27 481 Ew), das — an der transiranischen Eisenbahn gelegen — eine der ältesten und größten Zementfabriken Irans beherbergt.

Unumstrittener Mittelpunkt des Raumes zwischen den Bergländern Westirans und der SW-Grenze der Zentralprovinz aber ist das historische *Hamadan* mit heute (1976) 155 846 Ew. Die Lage am Fuß des quellwasserreichen Alvand Kuh, die schon früh zur Entstehung einer auch heute noch intensiv genutzten und in Ausweitung befindlichen Bewässerungslandwirtschaft führte und zugleich das Klima der Stadt und ihres agraren Umlandes positiv beeinflußt, hat der Stadt immer wieder im Laufe der persischen Geschichte eine strategische und verkehrsgeographische Schlüsselstellung verliehen. Heute liegt sie am Treffpunkt der beiden großen Fernstraßen Khuzestan–Khurramabad–Burujird–Hamadan–Tehran und (Baghdad) Kermanshah–Hamadan–Tehran.

Hamadan, an dessen erste große Blütezeit als Hauptstadt Ekbatana des großen medischen Reiches und als eine der Sommerresidenzen der frühen Achämeniden heute höchstens noch der Kulturschutt, auf dem die gegenwärtige Stadt errichtet ist, erinnert, erlebte eine zweite kurze Epoche des Glanzes als Wohn- und Wirkungsstätte so bedeutender Gelehrter wie Avicenna (Abu Ali Ibn Sina) und des Mystikers Baba Taher, die beide kurz nach 1000 u. Z. hier lebten und an die noch heute ihre großen Mausoleen in der Stadt erinnern, sowie als Kapitale seljuqischer Herrscher. Im Jahre 1220 von den Mongolen in Schutt und Asche gelegt, teilte sie das Schicksal aller persischen Nichtresidenzstädte und blieb eine unbedeutende Landstadt, die zudem noch im 18. Jh. mehrfach in die Grenzstreitigkeiten zwischen Osmanischem Reich und Persien einbezogen wurde. Der englische Reisende MORIER beschreibt die Stadt im frühen 19. Jh. als einen Ruinenhaufen, während am Ende des gleichen Jahrhunderts CURZON (1892) die Einwohnerzahl der Stadt mit etwa 15 000 Ew angibt. Dennoch hatte die Stadt zu diesem Zeitpunkt bereits das Tief ihres wirtschaftlichen Verfalls hinter sich. Vor allem die Öffnung der Handelsverbindungen zwischen Baghdad und dem Hochland von Iran gaben Hamadan einen Teil seiner alten Verkehrsbedeutung zurück und wirkte wiederbelebend auf seinen eigenen traditionellen Handel und sein Gewerbe: Lederherstellung an erster Stelle, daneben Holzverarbeitung, Teppichknüpferei, Kupferartikel sowie Rosinenherstellung. Um 1900 sprechen englische Reiseberichte bereits wieder von einer Bevölkerungszahl von etwa 50000, von denen über ein Viertel turksprachig seien und mehr als 10 % jüdischen Ursprungs. Während der starke turksprachige Bevölkerungsanteil, der in vielen Dörfern des Raumes Hamadan noch heute dominiert, vor allem aus der Seßhaftwerdung turksprachiger Nomaden (Ashaqlu, Hajilu, Khudebandelu usw.) sowie aus der alten Grenzlage zum Osmanischen Reich resultierte, ist der traditionell hohe Anteil jüdischer Stadtbewohner nicht zuletzt vor dem Hintergrund der vermeintlichen Grabstätten von Esther und Mordechai, d. h. der jüdischen Gattin von Xerxes und ihres Onkels, zu sehen. Heute wissen wir, daß die jüdische Kolonie wohl erst im 5. nachchristlichen Jahrhundert durch die Gemahlin eines der Sassanidenkönige gegründet wurde.

Das heutige Hamadan (vgl. Abb. 50), Provinzhauptstadt und seit kurzem auch Universitätsstandort, hat bisher an den Dezentralisierungstendenzen vor allem des industriellen Sektors kaum partizipiert. So ist denn auch sein durchschnittliches jährliches Bevölkerungswachstum in der Dekade 1966—1976 mit 2,3 % ausgesprochen gering im Vergleich zu dem anderer Städte ähnlicher Größe. Industrien, sofern sie überhaupt nennenswert sind, verarbeiten nach wie vor besonders landwirtschaftliche Produkte (Getreidemühlen, Konservenfabriken, Rosinen, Spirituosen usw.). Sie finden sich zudem auf dem Baustoffsektor (Ziegeleien) und als Teppichmanufaktur. Wenn Hamadan heute dennoch stadtplanerisch vollkommen umgestaltet (Abb. 50) und somit der Eindruck einer ungeheuren Expansion und Dynamik städtischer Entwicklung hervorgerufen wird, so liegt dies vor allem daran, daß Hamadan — zusammen mit Mashhad, Isfahan, Shiraz und einigen anderen Städten — als eines der ›nationalen Denkmäler‹ besonders umfassend restauriert wird.

4.3.4. Isfahan und sein Hinterland

Zu den historischen Kernräumen Persiens und zugleich zu den auch heute wirtschaftlich bedeutsamen Schwerpunkten des Landes zählt die Provinz Isfahan, die mehr oder weniger mit dem Einzugsbereich ihrer dominierenden Metropole und Hauptstadt Isfahan identisch ist. Ähnlich wie der Raum Hamadan stellt auch die Provinz Isfahan ein Bindeglied zwischen dem gebirgigen Westen und dem Hochland von Iran dar. Dieser Übergangscharakter bestimmt weite Teile sowohl der Natur- als auch der Kulturlandschaft.

Geologisch-geomorphologisch liegt Isfahan als Zentrum und geographischer Mittelpunkt des hier zu betrachtenden Teilraumes an der Stelle, wo der aus dem Gebirge in östlicher Richtung heraustretende Zayandeh Rud die letzten mit in die Faltung des Zagrossystems einbezogenen jurassisch-kretazischen Kalkketten durchbricht und in das abflußlose Endbecken der Gavkhaneh eintritt. Diese Lage signalisiert zugleich die NW-SE verlaufende Nahtstelle zwischen dem Abtragungsgebiet des Zagros und der durch überwiegende Sedimentation gekennzeichneten Becken- und Schwellenregion seines östlichen Vorlandes.

4. Das Hochland von Iran und seine Randlandschaften

Der Zagros erreicht unmittelbar westlich von Isfahan im Zardeh Kuh mit 4548 m sowie südlich der Stadt im Kuh-e-Dinar mit 4404 m seine höchsten Erhebungen. Hier wie auch in anderen günstig exponierten Abschnitten kommen noch heute perennierende Firneisfelder vor, während die höchsten Partien der genannten Massive kleine Vergletscherungen, Blockströme, Büßerschnee und verwandte Erscheinungen tragen (vgl. GRUNERT u. a. 1978). Das Vorkommen von Karen (DESIO 1934, FALCON 1946, MCQUILLAN 1969) belegt eine im Pleistozän stärkere Vergletscherung der Hochregionen dieses Teiles des Zagros. Auch heute noch zeichnet sich der Zentrale Zagros, den wir wegen seiner Zugehörigkeit zum Weidegebiet der mächtigen Bakhtiarinomaden auch als den Bakhtiarizagros bezeichnen können, durch extreme winterliche Kälte und ebenso lange wie schneereiche Winter aus. Shahr Kurd, etwa 60 km westlich von Isfahan in einem weiten Hochbecken in 2066 m Höhe gelegen, gilt als eine der kältesten Stationen in Iran, erreicht ein Januarmittel von —1,7° C und registriert in fast jedem Jahr absolute Minima von unter —20° C, häufig sogar unter —25° C. Höhenlage und Exposition zu den feuchtigkeitbringenden, winterlichen Westwinden sind die Ursache von Niederschlagsmengen, die bis an 1000 mm heranreichen und in der Vergangenheit im Gebirge und seinen zahlreichen Hochbecken eine üppige Vegetation entstehen ließen. So gehört der gesamte Bakhtiarizagros zum ursprünglichen Verbreitungsgebiet des Zagroseichenwaldes; seine Hochbecken mit ihren teilweise offenen Steppenfluren bildeten wohl seit vor- und frühgeschichtlicher Zeit immer wieder Ansatzpunkte für Viehhaltung und Landwirtschaft seßhafter wie mobiler Bevölkerungsgruppen.

Der ausgedehnte Schnee- und Wasserreichtum des Zentralen Zagros, auf dessen bemerkenswerte Hydrographie bereits ausführlich hingewiesen wurde, hat sich vor allem in den Jahren seit 1960 zum Ansatzpunkt großer Dammbauprojekte an der Südwestabdachung des Gebirges entwickelt, wo heute schon an Dez, Karun und Marun sowie anderen Zagrosabflüssen Staudämme errichtet wurden oder im Bau sind. Ihr Wasser soll für Energiegewinnung und Irrigationszwecke dienen bzw. erschlossen werden. Ähnlich wie im Alborz, wo Kaspizuflüsse angezapft und deren Wasser teilweise auf das Hochland geleitet werden, hat man auch im Zentralen Zagros den Oberlauf des Karun gestaut und leitet seit Mitte der 50er Jahre durch einen etwa 3 km langen Stollen bei Kuhrang Teile von dessen Wasser in den Oberlauf des Zayandeh Rud. Der Zayandeh Rud seinerseits wird oberhalb von Isfahan im sog. Shah-Abbas-Damm gestaut (95 m hoch), wobei das Wasser auch hier sowohl der Energiegewinnung als auch Bewässerungszwecken in der Oase von Isfahan dient.

Im Gegensatz zu dem klimaökologisch vergleichsweise günstig ausgestatteten Zentralen Zagros weist der östlich der Stadt und der zuvor genannten Nahtstelle zwischen Gebirge und Hochland gelegene Ergänzungsraum bereits alle negativen Merkmale des Hochlandes von Iran auf. Eigentlich schon an der nördlichen und südlichen Peripherie der Stadt beginnen mit mächtigen Bergfußflächen und einer nur schütteren Wüstensteppenvegetation Formenschatz und Vegetationsbild des Hochlandes; lediglich der weit nach E vorgeschüttete Schwemmkegel des Zayandeh Rud mit seinen intensiv genutzten Bewässerungsflächen schiebt sich noch wie eine Zunge weit in das Trockengebiet vor.

Parallel zum Ostrand des Zentralen Zagros erstreckt sich diese aride und wüstenhafte Senkungszone, von SCHARLAU (1969) als Becken von Isfahan, von den Geologen in Anlehnung an die Lokalbezeichnung als Gavkhuni (Gavkhaneh) bezeichnet. Dieser Beckenraum, der sich als östliche Randtiefe parallel zum Zagros letztlich zwischen den wegen ihrer (Export-)Teppiche berühmten Orte Meymey und Morjekord im NW über Isfahan, Isfandaran, Abarqu bis Marvdasht, Robat und Sirjan hin erstreckt, weist bereits alle Merkmale der abflußlosen Hohlformen und Senken des Hochlandes von Iran auf. Die Gavkhuni z. B., als tiefstgelegener Teil des Beckens von Isfahan, ist orohydrographisch nichts anderes als der Endsee, in den der Zayandeh Rud mündet. Er weist alle schon als regelhafte Abfolge erkannten Übergänge von der Dasht über die Tonebenen zu den periodisch oder episodisch wasserbedeckten Playas der Kavir auf und vermittelt vom Relief her das typische Formen- und Formungsbild des ariden Hochlandes.

Historischer Mittelpunkt und modernes Zentrum dieses so umschriebenen und durch Gegensätze geprägten Raumes ist *Isfahan*, nach der Volkszählung von 1976 mit 671 825 Ew die zweitgrößte Stadt des Landes, wenngleich nur ganz knapp vor Mashhad rangierend. Es ist, wie so viele andere iranische Provinzhauptstädte, unbestrittene Metropole eines teilweise dicht besiedelten und intensiv genutzten Bewässerungslandes, um das sich in größerem und weiterem Abstand Gebiete des Regenfeldbaus und einer noch heute beträchtlichen Nomadenwirtschaft herumlegen. Daneben aber ist Isfahan in einer Form, wie sie vielleicht nur noch Mashhad und Shiraz teilen, für viele Perser Symbol einer großen, historischen Vergangenheit und zugleich Gegenstand nationalen Stolzes. Dies beruht weniger auf der Rolle der Stadt in der Antike, wo sie unter Achämeniden, Parthern und Sassaniden eine eher bescheidene Rolle spielte. Auch in der frühen islamischen Zeit blieb sie zunächst nur wenig bedeutend, erfuhr 1042 n. Chr. jedoch durch die Erhebung zur Hauptstadt des Seljuqenreiches unter Toghril Beg (1037—1063) eine erste und große Blütezeit, als deren bleibendes Zeugnis noch heute weite Teile der Großen Freitagsmoschee zu gelten haben. Doch dauerte diese politische und wirtschaftliche Sonderstellung nicht lange an: die Stadt sank zum Rang einer Provinzkapitale herab, und wenn sie auch 1240, nach der Eroberung durch die Mongolen, von Plünderung und Brandschatzung verschont blieb, so holte dies Timur 1387 und nochmals 1414 so gründlich nach, daß die Stadt nunmehr weitgehend zerfiel und verödete.

Erst die nationale Wiedererneuerung des persischen Reiches unter den Safaviden und die Proklamation zur Hauptstadt 1598 unter Shah Abbas (1587—1629) begründeten den Ruf Isfahans als *nesf-e-djahan*, d. h. als die ›Hälfte der Welt‹. Dieser Ruf, mit dem die Stadt noch heute gern wirbt, verbreitete sich in Europa nicht zuletzt durch zahlreiche europäische Reisende, Diplomaten und Kaufleute (CHARDIN, KÄMPFER, OLEARIUS u. a.), die im 17. und frühen 18. Jh. als Ergebnis der neuen persischen Weltgeltung immer häufiger an den Isfahaner Hof kamen und vom Glanz der safavidischen Hauptstadt geblendet waren. Es waren vor allem zwei Phänomene, die in den Reisebeschreibungen immer wieder besonders hervorgehoben und betont werden: der planmäßige und großzügige Grundriß der Stadt sowie die Geschäftigkeit ihres Handels und Gewerbes.

Bezüglich des Stadtgrundrisses gilt, daß Isfahan zumindest seit seljuqischer Zeit sein Zentrum mit dem Bazar um den Bereich der Großen Freitagsmoschee und den alten Maidan (Zentralplatz) hatte und von einer Mauer umgeben war, deren Verlauf und Besatz mit Stadttoren heute nur vermutet werden kann. An diesen Gegebenheiten dürfte sich, wenn man GAUBE-WIRTH (1978) folgt, bis zum Ende des 14. Jh. nur wenig geändert haben, von geringfügigen Erweiterungen und Ausbauten der Altstadt und ihres Mauerringes abgesehen. Erst die Machtübernahme durch die Safaviden, deren frühe Herrscher offensichtlich nur an einen Ausbau der Stadt im Rahmen der vorhandenen mittelalterlichen Grenzen dachten, leitete seit dem späten 16. Jh. die vollkommene Neuordnung des Stadtgrundrisses ein. Sie führte zu einer Schwerpunktverlagerung des traditionellen Geschäftszentrums in südlicher Richtung und begründete eine in dieser Form zuvor nicht bestehende ›Interaktion zwischen dem Hof auf der einen Seite und dem Handels- sowie Gewerbezentrum auf der anderen Seite‹ (GAUBE-WIRTH 1978, S. 54). Physiognomisch faßbarer Ausdruck dieser Erweiterungen ist der an die mittelalterliche Stadt anschließende äußerst planmäßig und flächenhaft angelegte Bazarkomplex, der sich noch heute von dem daran anschließenden älteren Linienbazar abhebt und dann in das großartige Ensemble des Maidan-e-Shah überleitet. Der Ausbau des gesamten Viertels zwischen dem Bazar und dem Zayandeh Rud zu großartigen Gärten und Parks (Chahar Bagh = Vier Gärten), durchsetzt von Wasserspielen, Pavillons, weiten Alleen und repräsentativen Gebäuden, trug in entscheidendem Maße zu dem Ruf der Stadt, die ›Hälfte der Welt‹ zu sein, bei. Der Stich in der großen Reisebeschreibung des Gesandten Olearius, der 1637 am Hofe des Safavidenherrschers in Isfahan verbrachte, vermittelt einen Eindruck von Glanz und Prachtentfaltung der persischen Hauptstadt (Abb. 28).

Wirtschaftliche Grundlagen der safavidischen Blütezeit waren nicht nur die aus allen Teilen des Landes in der Metropole zusammenströmenden Steuern, Tribute und sonstigen Abgaben, sondern auch die aufwendige Hofhaltung sowie eine mehrere hunderttausend Menschen zählende städtische Mantelbevölkerung. Ausdruck dieser in Isfahan konzentrierten wirtschaftlichen Aktivitäten waren die von OLEARIUS ebenso wie später von KÄMPFER, TAVERNIER, THEVENOT, CHARDIN und anderen übereinstimmend beschriebenen Bazare, die von Käufern, Händlern, Handwerkern und Waren überquollen und der Stadt neben der politischen Vorherrschaft auch die unbestrittene wirtschaftliche Dominanz im Lande verliehen. Hierzu trugen in nicht unerheblichem Maße die zum Hofe gehörenden

Betriebe und Werkstätten bei, mehr aber noch die zahlreichen armenischen Umsiedler, die die Seiden- und Textilfabrikation in Neu-Julfa begründeten (vgl. dazu Kap. III, Abschn. 5.3.). Auch zahlreiche ausländische Handelskompagnien und Warenkontors wurden von Shah Abbas zur Ansiedlung in der Stadt eingeladen. Zur Zeit CHARDINS, der um 1670 Isfahan in seiner Größe mit London verglich, soll die Stadt 162 Moscheen, 48 Koranschulen, über 260 Badehäuser, mehr als 1800 Karawansaraien und 12 Friedhöfe gezählt haben — Angaben, die angesichts der sonstigen Genauigkeit der Schilderungen des Autors durchaus glaubhaft erscheinen.

Die Blüte Isfahans endete durch den Zusammenbruch der Safavidenherrschaft 1722 und leitete damit eine Stagnation ein, die die Stadt letzten Endes erst seit Beginn dieses Jahrhunderts allmählich überwand. Die von NE her einfallenden Afghanen eroberten, plünderten und brandschatzten die Stadt und übten nach der Übergabe der Herrschaft ein Massaker unter der Bevölkerung aus, so daß innerhalb weniger Monate 90 % der Stadtbevölkerung getötet und weite Teile der Stadt dem Erdboden gleichgemacht wurden. Als J. MORIER, einer der berühmten Reisenden des frühen 19. Jh., die Stadt besuchte, fand er kaum Einwohner vor, ganze Stadtviertel verlassen und in Ruinen gelegt.

Die unter der Zandherrschaft langsam beginnende und unter den Qadjaren sich fortsetzende vorübergehende Konsolidierung der iranischen Wirtschaft, vor allem aber der seit der Mitte des 19. Jh. sich verstärkende Einfluß britischer Handelsinteressen wirkten sich auch belebend auf das Wachstum Isfahans aus. So erscheint Isfahan um 1850 zwar immer noch als eine Stadt, die ihren safavidischen Rahmen kaum auszufüllen vermochte, aber dennoch einen Teil ihrer wirtschaftlichen Aktivitäten wiedergewonnen hatte. Der Stadtplan des Franzosen P. Coste (vgl. dazu GAUBE-WIRTH 1978, Karte 4) vermittelt uns das Bild einer Stadt, die mit Ummauerung, 14 Stadttoren, einer an der Peripherie der Stadt gelegenen Zitadelle, Bazaren, Bädern usw. alle Merkmale der ›typischen‹ Stadt des islamischen Orients aufweist. Und auch ein aus dem Jahre 1919 erhaltener Plan (Abb. 69) läßt noch alle diese Grundelemente deutlich werden, wenngleich die Mauern teilweise abgetragen oder überbaut sind. Bemerkenswert ist, daß noch 1920 weite Teile der heute dicht verbauten Stadt nördlich des Zayandeh Rud von Gärten eingenommen waren und die Chahar Bagh beidseits von Parks und Alleen flankiert wurde.

Wenn somit rein äußerlich auch gegen Ende des 19. Jh. die Stadt noch weitgehend durch ›physical decay‹ (CURZON 1892) gekennzeichnet war, so hatte sie sich andererseits doch wieder zu dem nach Tabriz ›second largest trading emporium in Persia‹ entwickelt. An diesem Handel waren, wie CURZON immer wieder wohlgefällig bemerkt, englisches Kapital und vor allem englische Textilien in entscheidender Weise beteiligt. Die Eröffnung des Karun für die Schiffahrt 1888 und der sog. Lynch-Road zwischen dem Persischen Golf durch das Bakhtiarengebiet nach Isfahan bedeutete dabei von 1899 an eine besonders nachhaltige Stärkung des bis dahin vor allem über Baghdad und Kermanshah abgewickelten Fernhandels. Da-

4. Das Hochland von Iran und seine Randlandschaften

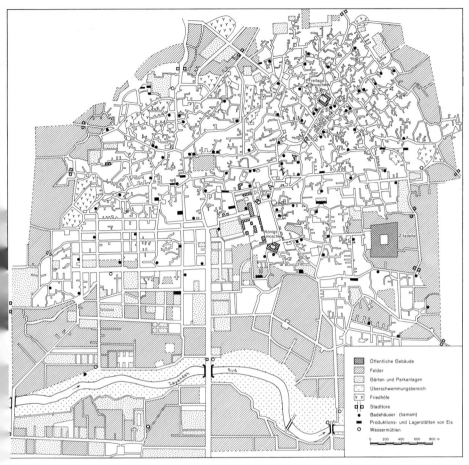

Abb. 69: Isfahan um 1920 (vereinfacht nach dem Plan von SOLTAN SEYED REZA KHAN 1302/1923).

neben verzeichneten aber auch lokaler Handel und heimisches Handwerk eine gewisse Blüte.

Wie allenthalben in Iran, so bedeutete auch für Isfahan erst der politische und wirtschaftliche Wandel seit etwa 1930 den Beginn einer stetigen Aufwärtsentwicklung, die bis heute unvermittelt anhält. Basierend auf dem natürlichen Reichtum der fruchtbaren Bewässerungsoase des Zayandeh Rud und den Fähigkeiten des traditionellen Handwerks der Stadt, vor allem seiner Tuchmacher, Stoffdrucker, Weber usw., erfolgte zunächst der Ausbau einer modernen Textilindustrie, der Isfahan zum ›Manchester Irans‹ machen sollte: bereits 1937 fanden sich 8 von insgesamt 22 Baumwollspinnereien mit über einem Drittel aller Webstühle und Spindeln in Isfahan, wo sich vor allem das Gebiet südlich des Flusses zu dem wichtigsten Standort der meist von deutschen Firmen ausgerüsteten Textilindustrie entwickelte (vgl. KORTUM 1972). Noch heute finden sich hier, entlang der Ausfallstraße nach Shiraz, die größten Betriebe, die nach wie vor viele tausend Menschen beschäftigen.

Wurde die Bevölkerung der Stadt für die Zeit vor dem Ersten Weltkrieg durchweg auf weniger als 100 000 Menschen geschätzt (1913: etwa 80 000; SOBOTSINSKII, zit. nach ISSAWI 1971, S. 34), so weist der erste etwas zuverlässigere Zensus für 1940/41 eine Bevölkerung von 204 598 Ew auf, deren Haupterwerbsquelle — neben der Textilindustrie (vgl. KORBY 1977) — in Versorgungsfunktionen für das ländliche Umland sowie auf den Grundlagen eines wiedererblühenden Handwerks basierte. In die Zeit zwischen den beiden Weltkriegen fällt auch die beginnende Modernisierung des Isfahaner Stadtbildes durch die Anlage breiter Straßenfluchten inmitten der älteren Bausubstanz bei gleichzeitig beginnender Restauration und Bewahrung des safavidischen Erbes. Die in den letzten Jahren verstärkt fortgesetzte ›Freilegung‹ und Wiederherstellung des safavidischen Stadtbildes (PROUDLOVE 1969, SHANKLAND 1968) kann in vielerlei Hinsicht als vorbildlich für die Sanierung orientalischer Altstädte gelten.

Industrialisierung und schnelles Bevölkerungswachstum haben seit dem Zweiten Weltkrieg auch Isfahan zu explosivem Wachstum und zu einem weitgehenden wirtschaftlichen wie sozialen Strukturwandel verholfen. Der sich in der Bevölkerungsentwicklung am deutlichsten manifestierende Boom (1956: 254 708 Ew; 1966: 424 045 Ew; 1976: 671 825 Ew) basiert vor allem auf einer seit etwa 1960 besonders nachhaltig einsetzenden diversifizierten Industrie, die die einst dominierende Textilherstellung heute längst in den Hintergrund gedrängt hat. So finden sich an der Peripherie der Stadt heute, entweder im Bau oder bereits fertiggestellt, Ölraffinerien und petrochemische Großbetriebe, große Rüstungsindustrien (Helikopterbau), Zementfabriken, Möbel-, Elektro- und Nahrungsmittelindustrien, atomare Forschungsstätten sowie ein kleineres, auf Erdgasbasis arbeitendes Stahlwerk. Spektakulärstes aller Industrialisierungsprojekte jedoch ist das etwa 45 km südwestlich von Isfahan gelegene Stahlwerk, das im Tausch gegen Erdgas von der Sowjetunion erbaut wurde und seit 1971 mit zunächst einem Hochofenkomplex in Betrieb ist. Während der zweite Hochofenkomplex derzeit (1978) fertiggestellt wird, befinden sich zwei weitere sowie eine Reihe eisen- und stahlverarbeitender Nachfolgeindustrien im Aufbau, so daß Isfahan heute mit Abstand der wichtigste Standort metallschaffender Industrie in Iran ist. Die unweit des Stahlwerks ebenfalls von Russen geplante und erbaute Eisenhüttenstadt Ariashahr (SHAFAGHI 1975) soll einmal das Gros der Industriearbeiterschaft beherbergen.

Während die genannten Entwicklungen sich im wesentlichen an der Peripherie der Stadt abspielen, dadurch aber in besonderer Weise auch auf Wachstum und infrastrukturelle Entwicklungen Isfahans zurückwirken, hat sich das ›safavidische

4. Das Hochland von Iran und seine Randlandschaften

Isfahan‹ und der sich nördlich anschließende Altstadtbezirk zu einem nationalen wie internationalen Touristenzentrum ersten Ranges entwickelt: die Brücken über den Zayandeh Rud, die Chahar Bagh mit ihren tourismusorientiertem Warenangebot, Hotel ›Shah Abbas‹ und die ihr benachbarte Koranschule Madar-i-Shah, der Königsplatz mit seinen zahlreichen Repräsentationsgebäuden und vor allem der malerische Bazar bis hin zur Freitagsmoschee im Zentrum der eigentlichen Altstadt wurden zuletzt von einer jährlich wachsenden Zahl von Touristen besucht, die ihrerseits erhebliche Rückwirkungen auf die Wirtschaft der Stadt haben. Neben einer seit 1960 stark ausgebauten Hotellerie und Gastronomie sind vor allem weite Teile des traditionellen Bazarhandels und -handwerks ohne den Fremdenverkehr kaum denkbar: die Hersteller von Mosaikarbeiten *(khatam)*, die Miniaturmaler und Stoffdrucker, Kupferschmiede, Zuckerbäcker, Gold- und Silberschmiede, die zu einem guten Teil noch heute in ihren Ladengeschäften ihrem Handwerk nachgehen, sind ganz auf die Deckung touristischer Nachfrage eingestellt. Gleiches gilt für die physiognomisch weniger faßbare Teppichmanufaktur, die in zahllosen Haushalten in der Stadt und ihres Umlandes betrieben wird.

Die Funktion einer Provinzkapitale, die Existenz einer großen Universität und anderer Hochschuleinrichtungen, die in letzter Zeit verstärkten Aktivitäten als Konferenz- und Tagungszentrum runden das Bild dieser Stadt ab, die in vielerlei Hinsicht als die ›persischste‹ aller Städte gelten kann. Dennoch bleibt sie in ihrer geschichtlichen Entwicklung und insbesondere in ihrer jüngsten, präindustriellen Phase letzten Endes verständlich nur als Mittelpunkt eines ebenso reichen bäuerlichen wie mächtigen nomadischen Territoriums. Der bereits mehrfach betonte Zusammenhang zwischen der Produktivität des agraren Umlandes und Wachstum bzw. Bedeutung seines städtischen Mittelpunktes wird am Beispiel Isfahans besonders manifest. Der englische Anthropologe B. SPOONER (1974) hat dies gerade am Beispiel Isfahans in einer Arbeit mit dem Titel ›City and River in Iran: Urbanization and Irrigation of the Iranian Plateau‹ deutlich zum Ausdruck gebracht. So wie bereits zu safavidischer Zeit (und wohl auch vorher) die Nutzung des Zayandeh Rud-Wassers strengen Rechtsvorschriften unterlag (LAMBTON 1937/1939), so ist auch heute noch das Wasserrecht in der Bewässerungsoase von Isfahan äußerst strikt geregelt (vgl. dazu Kap. IV, Abschn. 2.2.2.2.; Abb. 38, Tab. 37). Neben der Einteilung des irrigierbaren Landes in Bewässerungsdistrikte *(bongah)* und ihrer Zuordnung zu Bezirken, die entweder nur im Winter oder aber ganzjährig bewässert werden dürfen, ergeben sich Differenzierungen auch nach der Bewässerungsart. ATAI (1965) hat dies für die Oase von Isfahan in einer ausführlichen Übersicht, die allerdings nicht alle Dörfer umfaßt, ermittelt.

Die extrem rationale Nutzung des Wassers und eine bereits in der safavidischen Vergangenheit intensive Bewirtschaftung des Landes, wie sie in der weiten Verbreitung der für Guanoproduktion bedeutsamen Taubenhaltung (Taubentürme) belegt wird, haben die Bewässerungsoase zu einer der fruchtbarsten Agrarlandschaften Irans gemacht. In ihr gedeihen, neben Winter- und Sommergetreide, vor allem Reis, Baumwolle, Luzerne als Futterpflanze und ein weites Spektrum an wertvollen Gemüsen und Gartenfrüchten: Weintrauben, Tomaten, Melonen, Zwiebeln, Mais usw. Der vor allem auf dem Schwemmfächer des Zayandeh Rud östlich von Isfahan verbreitete Zuckerrübenanbau führte 1958 zum Bau einer Zuckerraffinerie, die zu den größten des Landes zählt; eine zweite kleinere Anlage arbeitet oberhalb der Stadt in der eigentlichen Oase.

Ein besonderes Kennzeichen der Landnutzung in der Zayandeh-Rud-Bewässerungsoase ist der Stockwerkbau der Kulturen. Häufig finden sich die oben genannten Anbaufrüchte unter Obstbäumen (Mandeln, Kern- und Steinobst verschiedener Art) verborgen, die ihrerseits von langen Reihen schlanker Pappeln überragt werden. Besonders entlang den zahlreichen Bewässerungsgräben spielt der Anbau der vor allem als Bauholz genutzten Pappeln eine besondere Rolle. Der Pappelanbau ist zugleich Grundlage einer entlang der Straße Isfahan–Nejafabad konzentrierten Möbel- und Bauschreinerei; die Abfälle werden für Kistenherstellung (insbes. für den Transport von Obst) weiterverarbeitet. *Nejafabad* (1976: 76236 Ew) hat sich wenig westlich der Provinzhauptstadt inmitten des Bewässerungslandes zu einem lokalen Zentrum mit nahrungsmittelverarbeitenden Industrien sowie zu einem Schwerpunkt der Teppichmanufaktur in der Provinz entwickelt.

Außerhalb der Bewässerungsoase des Zayandeh Rud und seiner Tributäre beginnt westlich der Stadt der eng miteinander verflochtene Lebens- und Wirtschaftsbereich von Nomaden und Bauern. Dabei ist das traditionelle Verteilungsbild beider Lebens- und Wirtschaftsformen, sofern man sie überhaupt trennen kann, durch den auch aus anderen Regionen des Landes bekannten Gegensatz von bäuerlich genutzten Tal- und Beckenräumen und nomadisch geprägten Hochgebirgen geprägt. Als überwiegend bäuerlich strukturierte Talschaften inmitten des Zagros können die schon nach Arak und Qum hin ausgerichteten Umländer von Mahallat, Khumain, Khunsar und Gulpaigan im NW Isfahans gelten. Ähnlich strukturiert sind die Hochbecken von Shahr Kurd und Burujan. Sie alle sind agrargeographisch gekennzeichnet durch die Vorherrschaft von Getreidebau auf Regenfall, die bei Bewässerungsmöglichkeiten durch den Anbau von cash crops wie Zuckerrüben, Futterpflanzen und verschiedenen Obst- und Gemüsesorten ergänzt wird. Bedeutsam ist allgemein die Schaf- und Ziegenhaltung: die in Gulpaigan oder Khunsar produzierte Wolle ist wichtige Grundlage der Teppichmanufakturen von Arak und Qum, während Faridan oder Shahr Kurd die von Isfahan aus kontrollierten Teppichmanufakturen beliefern und weitgehend auch von Großhändlern dieser Stadt dominiert werden.

Bereits mit der Bezeichnung Bakhtiarizagros wurde angedeutet, daß der Zentrale Zagros zwischen Isfahan und dem Tiefland von Mesopotamien eigentlich Nomadenterritorium ist und von der Konföderation der Bakhtiaren besiedelt wird. Schon bei der allgemeinen Darstellung der mittelalterlichen Besiedlungsgeschichte Irans wurde darauf hingewiesen, daß die Beduinisierung bzw. Nomadi-

4. Das Hochland von Iran und seine Randlandschaften

sierung weiter Teile der Bergbevölkerung Irans erst nach der Islamisierung des Landes, vor allem aber nach den katastrophalen Verwüstungen der Mongoleneinfälle erfolgte. Dies läßt sich mit etlichen guten Gründen, die von EHMANN (1975, S. 34 ff.) zusammengetragen und diskutiert werden, auch für den Zentralen Zagros vermuten. Vieles spricht dafür, daß bis zur arabischen Invasion das bäuerliche Element weitgehend dominierte und lediglich durch Formen dorfnaher Weidewirtschaft ergänzt wurde. Dies scheint auch nach der Islamisierung zunächst so geblieben zu sein, und EHMANN (1975) vermutet, im Gegensatz zu LAMBTON (1970) oder DE PLANHOL (1968), daß der Übergang von einem halbnomadischen Yaylabauerntum zu einer primär nomadischen Wanderweidewirtschaft sich nach den Mongoleneinfällen erst langsam und über mehrere Jahrhunderte hinweg vollzogen habe. Kriegerische Auseinandersetzungen mit anderen Viehhaltern, territoriale Veränderungen und wechselnde politische Konstellationen wie Koalitionen hätten demzufolge ebenso wie die permanente Konkurrenz von Stammesrecht und Zentralgewalt (vgl. DIGARD 1973, GARTHWAITE 1970, ZAGARELL 1975) sowie innertribale Streitigkeiten diese Entwicklung begünstigt und erst im 19. Jh. zum Abschluß gebracht. ZAGARELL (1975) vertritt im Gegensatz zu EHMANN die Auffassung, daß gerade im Bakhtiarizagros eine strenge regionale wie soziale Trennung von Seßhaften und Nomaden zu keinem Zeitpunkt berechtigt und der Übergang von Land- zur Weidewirtschaft und umgekehrt in Abhängigkeit von historisch-politischen oder sonstigen Konstellationen jederzeit möglich gewesen sei.

Tatsache ist, daß seit frühsafavidischer Zeit die zur Gruppe der Großluren zählenden Bakhtiaren in die beiden Konföderationen der Haft Lang und der Chahar Lang zerfielen. Bis in das 20. Jh. hinein kämpften beide aus Gründen politischer Macht und des Rechts der Steuereintreibung, aber auch aus Gründen der Weiderechte und der Wanderwege um die Vorherrschaft. Der Nomadismus der Bakhtiaren basiert traditionell auf der komplementären Nutzung der Hochweiden des Zagros als Yaylaq im Sommer und den Winterweiden in der Vorhügelzone und im unmittelbaren Vorland des Zagros an der Grenze zu Khuzestan als Qeshlaq. Der ursprüngliche "multi-resource nomadism" (SALZMANN 1972), der bei den Bakhtiaren immer schon auf der Basis von Land- und Weidewirtschaft basierte, schloß bis in die 30er Jahre hinein auch solche Verdienstquellen wie Transportfunktionen, Beteiligung an den Einnahmen der APOC bei gleichzeitiger Übernahme von Wach- und Sicherheitsaufgaben der Nomaden auf den Erdölfeldern sowie Teppichmanufaktur ein. Mit dem Rückgang des Karawanenhandels vor allem über die sog. Lynchstraße und mit dem Aufkommen des Lastwagen- und Eisenbahnverkehrs, aber auch mit den teilweise blutigen und grausamen Maßnahmen zur Ansiedlung der Nomaden sowie der Neuordnung der Rechtsverhältnisse zwischen den englischen Ölgesellschaften und dem persischen Staat entfielen wichtige Elemente der traditionellen Bakhtiariwirtschaft. Es kam, teils erzwungen, teils freiwillig, zu ersten größeren Seßhaftwerdungen.

EHMANN (1975, Abb. 20) hat zahlreiche Beispiele sowohl aus dem Sardsir wie auch aus dem Garmsir belegt. Daß dabei vor allem günstige Standorte in Beckenlandschaften — Sardasht in Khuzestan oder die Hochbecken von Azna, Aligudarz, Izeh usw. — sowie entlang der traditionellen Wanderrouten bevorzugt wurden, ist verständlich. Nicht selten aber ließen sich auch Nomaden am Rande bäuerlicher Dörfer nieder, so daß Neusiedlung wie Siedlungserweiterung auch in Bakhtiari Kennzeichen des Sedentarisationsprozesses sind.

Wesentliche Konsequenzen aus diesen Ansiedlungen, die bis auf den heutigen Tag anhalten und sich in den letzten Jahren sogar noch verstärkt haben, sind:

— Rückgang der nomadischen Herdenhaltung bei gleichzeitiger Ausdehnung der LNF, die ihrerseits wiederum die Wanderweidewirtschaft einschränkt;
— wirtschaftlicher und sozialer Strukturwandel der traditionellen Bakhtiarigesellschaft;
— ein nachhaltiger Wandel der Kulturlandschaft.

Der Übergang zur Seßhaftigkeit hat sowohl im Garmsir wie auch im Sardsir zu einer erheblichen Ausweitung der Agrarproduktion geführt. Unter den Anbaupflanzen dominieren dabei mit weitem Abstand Weizen und Gerste als dem winterkalten Höhenklima des Zagros angepaßte Pflanzen des Regenfeldbaus, während im Sommer und auf Bewässerungsgrundlage vor allem Reis und Zuckerrüben kultiviert werden. Der einstmals verbreitete und gewinnträchtige Anbau von Opium hat seit dem Zweiten Weltkrieg durch staatliche Monopolisierung an Bedeutung verloren (ATAI 1965). Der dem Höhenklima angemessene Anbau von Äpfeln, Aprikosen, Pfirsichen, Walnüssen sowie Tabak ist dagegen in Ausweitung begriffen. Die einstmals verbreiteten ›Nomadenfelder‹, deren Bestellung und Ernte in den Gang der jahreszeitlichen Herdenwanderung voll einbezogen waren und die oft unvermittelt und ohne jede erkennbare Beziehung zu städtischen oder dörflichen Siedlungen lagen, werden heute immer seltener.

Neben Verdichtung und Ausweitung des Netzes dörflicher Siedlungen haben vor allem die kleineren Marktorte inmitten des früheren Nomadenlandes von der Seßhaftwerdung und der Ausweitung der LNF profitiert. So haben früher kleine zentrale Orte heute ausgesprochen städtischen Charakter und sich zu Zentren des An- und Verkaufs von bäuerlichen wie nomadischen Produkten entwickelt. Als Musterbeispiel dieses Stadttypus kann *Shahr Kurd* (früher Deh-e-Kord = Kurdendorf!) gelten, das 1976 bereits über 40 000 Ew hatte. Andere Beispiele sind die schon genannten Orte wie Burujan mit 20 902 Ew, Aligudarz mit 24 000 Ew, Azna mit etwa 9500 oder Izeh mit ca. 10 500 Ew (alle 1976). Alle genannten Orte sind neben Versorgungszentren für das Bakhtiarenland zugleich auch wichtige Organisationszentren und Umschlagplätze der berühmten Bakhtiariteppiche, die über Isfahan und Tehran auf den Weltmarkt gelangen.

Im Vergleich mit dem Bakhtiarizagros weist das Becken von Isfahan eine grundsätzlich andere agrar- und siedlungsgeographische Struktur auf. Außerhalb der eigentlichen Bewässerungsoase von Isfahan, in der heute durch Pumpenbau eine Intensivierung und Ausweitung des Anbaus versucht wird, dominieren noch heute weithin Qanatoasen und Dörfer vom Qalehtypus (schönes Beispiel: Morjekord an der Straße Isfahan–Tehran). Schon der Befestigungscharakter der ländlichen Siedlungen deutet auf deren Lage an der durch Überfälle immer wieder gefährdeten Peripherie des Nomadengebietes hin. Viele der Dörfer sind von bewässerten und intensiv genutzten Innenfeldkomplexen (Melonen, Zuckerrüben, Luzerne usw.) umgeben, während auf nichtbewässerbaren Standorten noch heute mit Holzpflügen, Sicheln und Dreschschlitten ein oftmals kümmerlicher Regenfeldbau betrieben wird. Die komplementäre Weidewirtschaft, die die dorfnahen Dashtflächen ebenso nutzt wie Stoppelweiden, ist die Grundlage einer in vielen Dörfern verbreiteten Teppichmanufaktur, die ganz von Isfahan aus organisiert wird und heute in der wirtschaftlichen Bedeutung bereits für viele Familien vor der Landwirtschaft und Viehhaltung rangiert.

Einzige größere Stadt im Becken von Isfahan ist das in einem intensiv bewässerten Umland gelegene *Shahriza* (1976: 47000 Ew), in dem neben den üblichen Versorgungsfunktionen vor allem Vermarktung und Verarbeitung landwirtschaftlicher Produkte, Teppichherstellung und Töpferei bedeutsam sind.

4.3.5. Die Provinz Fars und ihre Randgebiete: Shiraz und Hinterland

Die südliche Fortsetzung des Bakhtiari- oder Zentralen Zagros leitet nahtlos und ohne daß sich die physischen Gegebenheiten grundlegend ändern in den Bereich der Provinz Fars und ihrer Randlandschaften über. Bedingt durch ein gewisses Auseinanderrücken der Faltenketten des Zagros ist gerade der Raum zwischen Shiraz und Lar durch eine ausgesprochene Antiklinal- und Synklinalstruktur mit oftmals saiger stehenden Schichttrippen und Schichtkämmen geprägt, die an etlichen Stellen durch breite Hochbecken und Ebenen voneinander getrennt werden. Das Nebeneinander von Gebirgsketten und weitausgedehnten Beckenräumen, wie es z. B. in der Marvdashtebene, im Nirizbecken oder in den Becken von Lar, Jahrum, Istehbanat, Kavar oder Firuzabad zum Ausdruck kommt, darf wohl als eine der Voraussetzungen für die historische Sonderstellung der Persis, des Stammlandes der Perser und des Persischen Reiches, gelten. Es begründet daneben aber auch das in Fars und seinen Randgebieten besonders ausgeprägte Nebeneinander von Nomadenterritorien, Bauernland und städtischen Zentren, das sich hier bis heute ausgeprägter als anderswo erhalten hat. Als ein besonderes Kennzeichen der physischen Geographie dieses Raumes können die südöstlich von Shiraz gelegenen abflußlosen Becken des Maharlu- und des Nirizsees (Bakhtegansee) gelten. Die beiden, nur durch eine schmale Schwelle getrennten Seebecken führen fast jedes Jahr, wenngleich oft nur periodisch, Wasser. Während der Nirizsee durch den die Marvdashtebene durchfließenden und im Frühjahr wasserreichen Kur gespeist wird, erhält der Maharlusee vor allem durch zahlreiche Quellaustritte am Fuße der das Becken umrandenden Kalkmassive seine Wasserzufuhr. Wenn dennoch beide Seen als ausgesprochene Salzseen zu charakterisieren sind (Maharlusee: NaCl-$MgCl_2$-Na_2SO_4-Gewässer; nach CARLE-FREY 1977), so liegt dies nicht nur an den extrem hohen Verdunstungsraten in beiden Becken, sondern auch daran, daß sie im Bereich mächtiger Salzdome liegen und ihnen somit durch die Quellen permanent Salzwasser zugeführt wird. Die Salzanreicherungen sind so groß, daß sie sowohl am Maharlusee als auch am Nirizsee, der bei niedrigem oder fehlendem Wasserstand in die Teilbecken des Bakhtegan- und des Tashksees zerfällt, kommerziell genutzt werden. Nach Untersuchungen von NEJAND (1972) ist davon auszugehen, daß zumindest der heute etwa 220 km² große Maharlusee noch im jüngeren Pleistozän über den Rud-e-Mond mit dem Golf und damit mit dem Weltmeer in Verbindung stand. Diese Verbindung wurde demnach erst während einer Pluvialzeit durch starke Schuttfächerbildungen südlich von Pol-e-Fasa unterbrochen.

Auf die historische Sonderstellung der Provinz Fars und ihrer Teilräume wurde bereits in Kap. II mehrfach hingewiesen. In der Tat muß vor allem die Marvdashtebene nicht nur zu den ältesten Siedlungsräumen Irans gerechnet werden (als Überblick vgl. KORTUM 1976), sondern zugleich auch zu den in der Geschichte des Landes immer wieder in den Mittelpunkt von Reichsgründungen rückenden Kernräumen. So finden sich in der Marvdashtebene mit den großen Palastanlagen und Kultstätten von Pasargadae, Persepolis und Naqsh-e-Rustam die herausragenden archäologischen Zeugnisse der achämenidischen Blütezeit; nach neueren Grabungen vermutet man im Tappeh Maliyun in der Marvdashtebene sogar die um 2000 v. Chr. in Schriftzeugnissen belegte, bisher aber nicht lokalisierte elamitische Königsstadt Anshan (HANSMAN 1972, SUMNER 1976).

Die sassanidische Blütezeit ist in der Provinz Fars durch eine Reihe eindrucksvoller Palastanlagen und Städtegründungen belegt, die in Anlehnung an die Beckenstruktur über verschiedene Teile der heutigen Provinz und ihrer Randgebiete verteilt sind. Erwähnenswerte Beispiele sind die großen Paläste von Sarvistan und Bishapur, die Rundstadt Firuzabad sowie die großen Felsreliefs von Naqsh-e-Rustam und am Shahpurfluß. Die dritte Blütezeit, die in Fars zum Ausgangspunkt einer persischen Erneuerungsbewegung wurde, war das kurze Zwischenspiel der Zanddynastie, unter deren Herrschaft Shiraz sich zu einer der führenden Städte des Landes entwickelte.

Im Hinblick auf die heutigen Verhältnisse gilt, daß Fars und sein Anteil an der westlichen Gebirgsumrandung anders als der Zentrale Zagros, der von den Bakhtiaren besiedelt und bewirtschaftet wird, das Weideterritorium einer Vielzahl von sprachlich, ethnisch und politisch differenzierten Stämmen ist. Eine während des Ersten Weltkrieges von englischen Militärs durchgeführte Bestandsaufnahme (CHRISTIAN 1918/1919) der Nomaden in Fars kommt zu folgender Differenzierung und Größe der einzelnen Stämme:

4. Das Hochland von Iran und seine Randlandschaften

Qashqai	33 045 Familien
Khamseh	17 330 Familien
Boir Ahmadi	6 100 Familien
Mamassani	2 700 Familien
Dushmanziari	2 000 Familien
Lashani	1 500 Familien
Sonstige	12 300 Familien
Zusammen	75 005 Familien

Zu einer ähnlichen Gesamtzahl, bei allerdings unterschiedlicher Zuordnung, gelangt WILSON (1916) in seinem berühmten ›Report on Fars‹. Nach seinen Erhebungen ergibt sich folgendes Bild:

Qashqai	45 000 Zelte
Khamseh	22 800 Zelte
Boir Ahmadi	4 500 Zelte
Mamassani	3 000 Zelte
Sonstige	1 500 Zelte

Bei insgesamt etwa 77 000 Zelten und einem durchschnittlichen Besatz/Zelt von 5 Personen schätzt er die Gesamtzahl der Nomaden auf etwa 385 000 Personen.

Die Herkunft der überwiegend turksprachigen *Qashqai*, des wohl auch heute noch größten Stammes, liegt ähnlich wie die vieler anderer Stämme im Dunkel der Geschichte. Tatsache ist, daß unter Shah Abbas ein gewisser Jani Agha Qashqai, Offizier in der safavidischen Armee, als Gouverneur und Steuereintreiber über die Nomadenstämme von Fars eingesetzt wurde und sie wohl zu einer Art Konföderation zusammenschweißte, die nach dem Fall der Zanddynastie und infolge der Schwäche der im fernen Tehran residierenden Qajaren an politischer und militärischer Bedeutung noch gewann. Vor allem kleinere Stämme gingen im 19. Jh. Allianzen und Koalitionen mit den Qashqai ein, spalteten sich wieder ab, schlossen sich anderen Stämmen an oder wurden seßhaft, so daß sich Größe, Zusammensetzung und Gliederung des Stammes im Laufe der Zeit permanent änderten. Tatsache ist, daß die Qashqai unter den Qadjaren eine beträchtliche regionale Autonomie mit Shiraz als Zentrum entwickelten und im Ersten Weltkrieg, nicht zuletzt unter dem Einfluß des Deutschen Wassmuss, eine bedeutende militärische Rolle im Südiran gegen die Engländer spielten.

Nach neueren Schätzungen offizieller iranischer Dienststellen (zit. nach MARSDEN 1976) lassen sich die Qashqai heute in sechs große *taifeh* gliedern (Tab. 60).

Aufbau und Gliederung des Stammes erfolgt dabei, analog zu den Verhältnis-

Tab.60: Taifeh der Qashqai, 1972, mit Zahl der nomadisierenden und seßhaften Familien

Taifeh	Zahl der tireh	Seßhafte Familien	Nomadisierende Familien	Zus.
Keshkuli Bozorg	57	1 467	2 912	4 379
Shesh Boluki	71	1 010	3 886	4 896
Keshkuli Kuchek	12	165	620	785
Farsimadan	21	664	1 418	2 082
Darrehshuri	41	2 430	4 080	6 510
Amaleh	42	2 664	4 302	6 966
Zusammen	244	8 400	17 218	25 618

sen bei den Bakhtiaren, in einer strengen Hierarchie, die folgende Stufenleiter umfaßt: *il (Il Khan) – taifeh (kalantar, khan) – tireh (kadkhoda – bonku – beyleh) – khanevadeh* (Individualfamilie).

Wenn die in Tab. 60 vermittelte Unterscheidung in Seßhafte und Nomaden auch eine strikte Trennung in Land- und Weidewirtschaft treibende Stammesmitglieder suggeriert, so gilt für die Qashqai das gleiche wie für die meisten anderen Nomadenstämme: die erzwungene oder freiwillige Ansiedlung hat eine Fülle von Übergangsformen geschaffen, die die in Tab. 60 genannten Kategorien als Extreme eines ›Kontinuums zwischen Mobilität und Seßhaftigkeit‹ (SYMANSKI-MANNERS-BROMLEY 1975) erscheinen lassen. Wenn einzelne Tireh der Darrehshuri auch heute noch auf ihren Wanderungen zwischen Garmsir und Sardsir/Sarhadd bis zu 500 km zurücklegen und allein für die zweimal im Jahr zu überwindenden Distanzen jeweils 6 bis 8 Wochen benötigen, so gilt doch für die meisten sog. ›Nomaden‹ inzwischen auch eine Kombination von Land- und Viehwirtschaft, in deren Gefolge entweder nur noch Yaylaq oder Qeshlaq aufgesucht wird bzw. nur noch ein Teil der Familie an der Wanderung teilnimmt, während der andere die Feldbestellung überwacht. Dieser Trend zur verstärkten Seßhaftigkeit geht auch daraus hervor, daß nach offiziellen Schätzungen inzwischen etwa 40 % des traditionellen Weidelandes unter dem Pflug sind und daß vor allem Shiraz als Zielgebiet stadtgerichteter Wanderungen und anschließender Seßhaftwerdung eine immer größere Rolle spielt (MARSDEN 1976).

Ähnliche Tendenzen wie für die Qashqai gelten für die *Khamseh*, einst wie heute der zweitgrößte Stamm in Fars und, wie der Name schon andeutet, eine Konföderation aus fünf Stämmen, die sich nach Sprache, Rasse und Herkunft unterscheiden. Zu ihnen gehören neben den arabischsprachigen Arab (Jabbareh und Shaibani), die turksprachigen Ainalu, Baharlu und Nafar sowie die überwiegend farsisprachigen Basseri. Die Sommer- und Winterweidegebiete der Khamseh

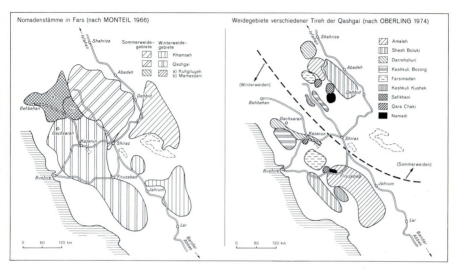

Abb. 70: Sommer- und Winterweidegebiete südwestiranischer Nomaden, insb. der Qashqai (nach MONTEIL 1966 *und* OBERLING 1974).

schließen sich östlich an das Siedlungsgebiet der Qashqai an, sind dennoch aber deutlich davon abgesetzt, so daß Grenzstreitigkeiten hier weniger häufig auftraten als an der westlichen Grenze des Qashqaiterritoriums. Die Sommerweiden der Khamseh liegen, wie Abb. 70 zeigt, vor allem im Bergland nördlich des Nirizsees, während in der kühleren und feuchteren Jahreszeit die im Städtedreieck Darab–Jahrum–Lar gelegenen Hochbecken der südlichen Zagrosausläufer aufgesucht werden. Zu Beginn dieses Jahrhunderts wurden die Khamseh noch auf annähernd 35 000 Familien geschätzt (DEMORGNY 1913). CHRISTIAN (1918/1919) geht von nur etwa 18 000 Familien aus (so auch BARTH 1964, S. 88, der allerdings von 16 000—17 000 Zelten spricht!). Heutige Schätzungen sind hier wegen des Seminomadismus der Farsstämme (MONTEIL 1966, S. 17) letztlich ebenso unmöglich wie bei den anderen Stämmen.

Mamassani und die *Stämme von Kuhgiluyeh*, insbesondere die *Boir Ahmadi*, sind kleiner und auch in der Vergangenheit politisch/militärisch immer unbedeutender als Bakhtiaren und Qashqai gewesen. Ihnen fiel zudem die Rolle eines Puffers zwischen den mächtigen Konföderationen der Bakhtiaren im N und den Qashqai zu, in deren Gefolge sie oft in Grenzauseinandersetzungen mit ihren mächtigen Nachbarn einbezogen wurden. Wie bereits bei der Darstellung Luristans erwähnt, sind beide Stämme der Gruppe der Luren zuzurechnen. Sie stehen damit sprachlich wie ethnisch den Bakhtiaren näher als den Qashqai. Während die Mamassani, wohl kurdischen Ursprungs, stets eine geschlossene Einheit mit etwa 5000 Familien bildeten, beinhaltet der Begriff Kuhgiluyeh zunächst eine Region (vgl. GAUBE 1973), innerhalb derer sich verschiedene Stämme aufhielten, die zusammenfassend gelegentlich als ›Kuhgalu Tribes‹ (RANKING 1910/11) bezeichnet wurden und werden. Noch heute wird der Verwaltungsbezirk ›Kuhgiluyeh und Boir Ahmad‹ als eigenständige politische Einheit *(farmandarikol)* mit Yasuj (1976: 5000 Ew) als Verwaltungszentrum geführt. Die lurischsprachigen Boir Ahmadi, von RANKING (1910/11) als Teil einer Konföderation zugeordnet, von LÖFFLER (1969 ff.) dagegen selbst als Konföderation verstanden, zerfallen in eine Reihe von Stammesgruppen, die ihr angestammtes Siedlungs- und Weidegebiet im Raum zwischen dem über 4250 m hohen Kuh-e-Dinar im N und der Stadt Behbehan im SW haben. Dieses Gebiet, mehr oder weniger mit dem Oberlauf des Marun und des Peshar Rud identisch, wird zudem von anderen Stämmen wie den Doshmanziari, Teibi, Bahmei, Babui und anderen bewohnt.

Das, was RANKING (1910/11) schon vor dem Ersten Weltkrieg für einzelne Stämme in Kuhgiluyeh feststellte, daß sie nämlich teilweise bzw. überwiegend in Dörfern seßhaft seien und sowohl Regen- als auch Bewässerungsfeldbau betrieben, gilt in sehr viel stärkerem Maße für die Gegenwart. Abgesehen von den unter Reza Shah erzwungenen Ansiedlungsmaßnahmen, die den Prozeß der freiwilligen Seßhaftwerdung beschleunigt haben, gilt seit dem Zweiten Weltkrieg, insbesondere aber seit etwa 1960, für die Nomaden Kuhgiluyehs der gleiche Ursachenkatalog wie für die meisten anderen Stämme. Für die traditionelle Wirtschaft der Boir Ahmadi spricht LÖFFLER (1976) z. B. von einem ›regionalen Wachstum ohne Entwicklung‹, wobei er die sozioökonomische Stagnation im Vergleich der Jahre 1970 und 1976 (vgl. Tab. 48) auf drei Gründe, nämlich

— abnehmende Produktivität infolge allgemeiner Inflation;
— hohe Risikobelastung infolge klimatischer Ungunst und veterinärer Unterentwicklung;
— Mangel an Hirten

zurückführt, so daß die Boir Ahmadi in immer stärkerem Maße über neue Wege, wie z. B.

— Schulbesuch und daraus resultierende Beschäftigungsmöglichkeiten;
— Strukturwandlungen des bäuerlich-nomadischen Haushalts in Richtung auf selbständige Tätigkeiten, auch außerhalb der Land- und Weidewirtschaft;
— Einkommen aus lokalem Nebenerwerb oder aus Wanderarbeit;
— verstärkte Beschäftigung im Dienstleistungsbereich, durch Gelegenheitseinnahmen durch Sammelwirtschaft (Holz, Traganth usw.) sowie durch
— Inanspruchnahme staatlicher Kredite

Anpassung und Integration in die Nationalwirtschaft des Landes versuchen.

Das fortgeschrittene Stadium des Übergangs vom Nomadismus zur Seßhaftigkeit läßt scharfe Abgrenzungen gegen die bäuerliche Kulturlandschaft auch hier kaum zu. Sie erscheint angesichts einer zumindest seit dem 19. Jh. intensiv betriebenen komplementären Landwirtschaft der Nomaden auch wenig sinnvoll, zumal erhebliche Teile der städtischen Versorgung mit Getreide, Früchten und Obst von

Behbehan z. B. durch Stammesangehörige erfolgte (vgl. RANKING 1910/11). Dennoch wird man davon ausgehen können, daß die in Fars und seinen Randgebieten besonders ausgeprägte Kongruenz von intensiver landwirtschaftlicher Nutzung der fruchtbaren Beckenräume rund um jeweils ein städtisches Zentrum auf vorwiegend bäuerlicher Grundlage basierte. Die Berechtigung einer solchen Vermutung wird durch die Feststellungen von WILSON (1916) in seinem bereits erwähnten Bericht untermauert. Er schreibt (S. 18):

›Lastly comes the sedentary population, north of Shiraz: this is predominantly of old Persian stock, lacking enterprize, personal courage and the power of cooperation; these wretched villagers are the prey of the nomads, who have in recent years so despoiled them of their livestock and crops as to make it almost impossible for them to keep body and soul together; these remarks also apply, though in less degree, to the population of the Fasa, Sarvistan, Kavar and Khafr districts. South of Jahrum and Shiraz the villagers are more virile, with a strong admixture of Lur and nomad blood, and in Laristan the villagers are not less savage and predatory than the nomads.‹

Wenn in diese Kennzeichnung der bäuerlichen Bevölkerung sicherlich auch manche Vorurteile einfließen, so bestätigen sie doch die Aussagen über die politisch-militärische Dominanz der Nomaden wie auch den engen Zusammenhang von bäuerlicher Kulturlandschaft und Stadtentwicklung.

Zu den in der Provinz Fars besonders zahlreichen Klein- und Mittelstädten, die zugleich kommerzielle Mittelpunkte mehr oder weniger intensiv genutzter agrarischer Beckenräume sind, zählen im E der Provinz die Orte Darab (1976: 17 754 Ew), Fasa (30 555 Ew), Istehbanat (19 470 Ew) und Niriz (18 884 Ew). Sie alle sind, außer durch Verwaltungsfunktionen, durch einen in bezug auf die städtische Mantelbevölkerung viel zu großen Geschäftsbesatz gekennzeichnet, auch hier zweifellos Ausdruck einer ausgeprägt auf das Umland der Städte ausgerichteten Versorgungsfunktion. Von überregionaler Bedeutung sind dabei in diesem Raum, insbesondere im Abschnitt Niriz–Istehbanat–Fasa, die großen Mandelkulturen, die über diese Städte und Shiraz vermarktet werden. Fasa verfügt zudem über eine kleine, bereits 1954 eröffnete Zuckerraffinerie.

Im S der Provinz und damit bereits in der Zone des Dattelpalmenanbaus liegt von N nach S eine Städtekette, die im Übergangsbereich zwischen dem Gebirge und der Küstenebene vor allem in der Vergangenheit wichtige Transportfunktionen als Etappenorte zwischen der Küste und dem Hochland ausübten. Zu ihnen gehören als wichtigste Zentren: Kazerun–Firuzabad–Jahrum–Lar. *Kazerun* (1976: 51 300 Ew), halbwegs zwischen Shiraz und dem Golfhafen Bushire gelegen, noch um die Jahrhundertwende nichts mehr als die Agglomeration zweier kleiner Dörfer, erstreckt sich in einem etwa 40 km langen und bis 15 km breiten Talzug mit äußerst günstigen Anbaubedingungen, die die Kultur von Agrumen, Walnüssen, Futterpflanzen und in der Vergangenheit einen beträchtlichen Opiumanbau einschlossen. Ähnliches gilt für *Firuzabad* (1976: 14 000 Ew), einer kleinen Landstadt, die infolge ihrer Höhenlage in über 1350 m Höhe aber bereits jenseits der

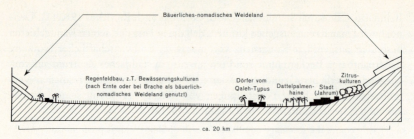

Abb. 71: Profil durch das Becken von Jahrum/Fars (Entw. EHLERS 1978).

Anbaugrenze des Dattelpalmenanbaus liegt und die eine gewisse überregionale Bedeutung als Touristenzentrum durch ihre unmittelbare Nachbarschaft zu der etwa 2 km im Durchmesser aufweisenden sassanidischen Rundstadt ›Ardashir khurrah‹ hat. Die vollkommen planmäßige Anlage wurde unter den frühen Sassaniden (Ardashir I. 224—241) nach seinem endgültigen Sieg über den letzten Partherherrscher Artaban V. und nach der Einigung der Stämme der Provinz Fars angelegt, mit Wall, Graben und vier Stadttoren geschützt und somit zu einer der wichtigsten Städte der Sassanidenzeit ausgebaut. Heute werden weite Teile des früheren Stadtgebietes landwirtschaftlich genutzt. Vor allem der Zuckerrübenanbau hat durch die Fertigstellung einer Zuckerraffinerie bei Kavar im Jahre 1965 eine kräftige Ausweitung erfahren.

Jahrum (1976: 48 396 Ew), in wenig unter 1000 m NN Höhe am Fuße einer langgestreckten Antiklinalstruktur gelegen, liegt bereits wieder im Garmsir inmitten ausgedehnter Dattelpalmenhaine und am Rande eines etwa 20 km breiten Hochbeckens. Orohydrographische Situation und räumliche Ordnung der Landnutzung, die so typisch für viele Täler und Beckenräume des Zagros sind, belegen auch hier die enge Symbiose zwischen bäuerlicher Land- und nomadischer Weidewirtschaft sowie der Entwicklung städtischer Zentren. Während Jahrum an der Peripherie der intensiv im Stockwerkbau genutzten Dattelpalmenwälder (mit Luzerne, gelegentlich Getreide als Unterwuchs) liegt und neuerdings auf den Bergfußflächen große Zitruskulturen angelegt werden, erfolgt zum Beckeninneren hin der allmähliche Übergang zum Regenfeldbau. Wo traditionelle Bewässerung möglich ist oder neue Pumpen installiert wurden, spielt der Anbau von Zuckerrüben und Baumwolle eine Rolle. Dörfer, als Schutz gegen früher übliche Nomadenüberfälle meist vom Qalehtypus, säumen die Beckenumrandung, während das Innere des langgestreckten Beckens siedlungsleer ist. Die schütteren Steppen der Antiklinalen sind bevorzugter Weidebereich sowohl bäuerlicher wie nomadischer Herden, wobei letztere während ihrer jahreszeitlichen Wanderungen auch Weiderechte auf Brach- und Stoppelfeldern bei den Bauern erkaufen oder aber als Gegenleistung für Erntehilfe erhalten.

Jahrum weist ebenso wie *Lar* (1976: 24 727 Ew) einen für seine städtische Bevölkerung viel zu großen Geschäftsbesatz auf. Der besondere Reiz des traditionellen Handelszentrums der Stadt Lar beruht darin, daß die Stadt über den schon in Abb. 52 vorgestellten safavidischen Kreuzbazar verfügt, der auch das schwere Erdbeben des Jahres 1961 fast unbeschadet überstand und ein für viele Klein- und Mittelstädte typisches Warenangebot aufweist. Nicht nur Spezifika des Warenangebots (Nomadenstoffe, Nomadenschuhe, Litzen usw.), sondern der in Lar wie in Jahrum auffällig hohe Anteil nomadischer Kundschaft belegen die Bedeutung auch dieser Städte für ihr nomadisch-bäuerliches Umland. Beide Städte, an der Straße Shiraz–Bandar Abbas gelegen, waren und sind zudem wichtige Etappenorte des früheren Karawanenhandels (vgl. GAUBE 1979) und heutigen Autoverkehrs. Wenn englische Beobachter schon 1907 bezüglich Lar konstatierten, daß die Stadt über ›no local manufacture of any importance‹ verfüge, sondern daß ›the size of city being due to its importance as a centre of trade and a halting-place of large caravans‹ (Gazetteer of Persia, vol. III, Simla 1910), so zeigt dies, daß sich bis heute wenig geändert hat.

Kernraum der Provinz Fars ist ganz zweifellos die Marvdashtebene, administratives, kulturelles, wirtschaftliches und historisches Zentrum die durch einen Höhenzug von ihr getrennte Stadt Shiraz. Die Marvdashtebene, über deren kulturlandschaftsgenetische Entwicklung und heutige agrargeographische Struktur wir KORTUM (1976) eine umfangreiche Darstellung verdanken, erstreckt sich zwischen Dorudzan, einem Ort am Austritt des Kurflusses aus dem Gebirge, bis hin zur Einmündung des Flusses in das Becken des Nirizsees. Einer ungefähren NW-SE-Erstreckung von 100 km steht eine durchschnittliche Breite von 15 bis 25 km gegenüber, so daß die Marvdashtebene zu den größten intramontanen Becken des Zagros gezählt werden muß. Sie ist mit Sicherheit landwirtschaftlich der wichtigste Beckenraum des gesamten Zagrossystems, dessen bewässerungswirtschaftliches Potential mit der Fertigstellung des Dariush-Kabir-Staudamms im Jahre 1972 erheblich ausgeweitet worden ist. Der beim Eintritt in die Marvdashtebene aufgestaute Kur soll die Bewässerung von etwa 100 000 ha LNF ermöglichen bzw. verbessern, wenngleich die Eignung des dafür vorgesehenen Landes nicht überall gesichert ist. Dabei ist das neuangelegte Bewässerungssystem keineswegs der erste Versuch, die landwirtschaftliche Produktivität der Ebene zu steigern. Aus achämenidischer Zeit sind noch heute Reste eines alten Irrigationsnetzes mit einem Steinwehr (Band-e-Dokhtar) im Bezirk Ramjerd bekannt; bekannter ist das um 960 u. Z. unter den Buyiden errichtete Sperrwerk Band-e-Amir, das noch heute in das traditionelle System der Flußbewässerung im Bezirk Kurbal einbezogen ist.

Mit insgesamt 326 Dörfern und Weilern ist die Marvdashtebene heute — wie auch wohl in der Vergangenheit — dichter besiedelt als die meisten anderen Zagrosbecken. Dies ist um so bemerkenswerter, als noch zu Beginn dieses Jahrhunderts weite Teile der Marvdashtebene Sommerweidegebiet vor allem einzelner Qashqaigruppen waren (DEMORGNY 1913), während heute nomadische Herden und Hirten das Gebiet auf traditionellen Wanderwegen durchziehen, sich aber

404 V. Grundzüge einer Regionalisierung Irans

a) Dorfgrundriß

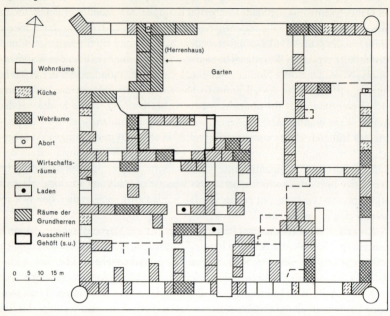

b) Hofstelle eines Dreifamilienhaushalts (Bauer mit zwei verheirateten Söhnen)

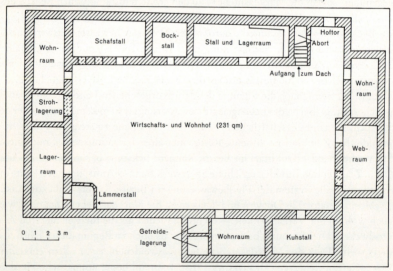

Abb. 72: Qalehdorf und Gehöft in der Marvdashtebene/Fars (nach PLANCK 1962).

kaum im Beckenbereich aufhalten. Die Siedlungsverdichtung, die KORTUM (1976, S. 140 f.), anhand relativ zuverlässiger Quellen für die Zeit seit 1900 nachweisen kann, ist beträchtlich: demnach ist davon auszugehen, daß seit der Jahrhundertwende insgesamt fast 150 ländliche Siedlungen neu entstanden sind, von denen mindestens ein Drittel auf Seßhaftwerdung von Nomaden zurückgehen soll. Den Anteil der Stammesbevölkerung an der bäuerlichen Gesamtbevölkerung schätzt er dabei auf etwa 15—20 %. Daß die meisten Siedlungen vom Qalehtypus waren und z. T. noch heute sind, beweist auch hier das bis in die jüngste Vergangenheit ausgeprägte Schutzbedürfnis der bäuerlich-seßhaften Bewohner vor nomadischen Überfällen. PLANCK (1962) berichtet von Überfällen und Viehraub durch Angehörige der Mamassani bis in die 50er Jahre hinein.

Wie auch in anderen Teilen des Landes hat die Ansiedlung der Nomaden einmal durch die Zwangsmaßnahmen unter Reza Shah, seit 1960 aber durch die allgemeinen Strukturwandlungen des ländlichen Raumes (vgl. dazu CRAIG 1978) und die Industrialisierung der Städte an Impetus gewonnen. In der Marvdashtebene führte die Gründung eines der ersten Verarbeitungsbetriebe für Zuckerrüben im Jahre 1935 zudem schon frühzeitig zu einer Abkehr von traditionellen Anbaumustern: wenn auch nach wie vor Getreideanbau dominiert, so hat neben dem Zuckerrübenanbau auch schon vor dem Zweiten Weltkrieg der Übergang zu Reis- und Baumwollanbau eingesetzt; daneben werden Ölsaaten, Futterpflanzen und verschiedene Gemüse kultiviert.

Die Landreform hat in der Marvdashtebene, nicht zuletzt durch den kostspieligen Ausbau des Bewässerungsnetzes, ähnliche Wirkungen gezeitigt, wie sie bereits für die Dasht-e-Kazvin dargestellt wurden und auch für das nördliche Khuzestan noch genannt werden sollen: statt die bäuerlichen Landempfänger in den Genuß der Irrigationsmöglichkeiten und damit gesteigerter Einkommen gelangen zu lassen, wurden viele kleinbäuerliche Betriebe gerade hier zu landwirtschaftlichen Aktiengesellschaften zusammengeschlossen oder aber zugunsten privatwirtschaftlicher Großbetriebe vom Agribusinesstypus aufgelöst, so daß genau das Gegenteil von dem angestrebten Ziel erreicht wurde: Freisetzung bäuerlicher Arbeitskraft bzw. ihre Umwandlung in Lohnarbeit (vgl. BERGMANN–KHADEMADAM 1975 u. a.). Positive wirtschaftliche wie soziale Aspekte in den Dörfern, die voll in den Genuß der reformerischen Zielsetzungen kamen, nennt die Arbeit von PLANCK (1974).

Parallel zu dem Aufschwung der Agrarwirtschaft in dem Becken ist die Entwicklung seines zentralen Ortes zu sehen: *Marvdasht,* vor dem Zweiten Weltkrieg lediglich eine Agglomeration von wenigen Häusern um die Zuckerfabrik herum, hat sich über 9000 Ew (1956) und 25 500 Ew (1966) zur drittgrößten Stadt der Provinz Fars mit 49 587 Ew (1976) entwickelt. Dazu hat vor allem der schnelle Ausbau des tertiären Sektors beigetragen, in geringerem Maße aber ganz sicherlich auch die in der Nähe der Stadt angesiedelten Industrien. Vor allem die wenig westlich am Kur gelegene Düngemittelfabrik, die auf der Verarbeitung von Erdgas, das über eine 240 km lange Pipeline aus Gachsaran herangeführt wird, basiert und die 1970/1 bereits eine erste große Erweiterung erfuhr, sowie die 1972/3 bei Zarqan, halbwegs zwischen Marvdasht und Shiraz, errichtete Erdölraffinerie sollen Schrittmacherdienste bei der industriellen Entwicklung leisten.

Dominierender städtischer Mittelpunkt des gesamten südlichen Zagros und zugleich politisches und wirtschaftliches Organisationszentrum für seine bäuerliche wie nomadische Bevölkerung wie auch für die nachgeordneten Städte ist *Shiraz* (1976: 416 408 Ew), frühere Landeshauptstadt und heutige Provinzkapitale. Mit Epitheta wie ›Stadt der Rosen und der Nachtigallen‹ versehen, gelegentlich als Geburtsort von Saadi und Hafez auch als ›Stadt der Dichter‹ charakterisiert, hat Shiraz eine historische Entwicklung durchlaufen, die der Isfahans nicht ganz unähnlich ist. Obwohl heute als gesichert gelten kann, daß an der Stelle der jetzigen Stadt bereits in achämenidischer Zeit eine Siedlung war, so stand diese doch stets im Schatten von Persepolis und später, unter Parthern und Sassaniden bis in die Zeit der arabischen Fremdherrschaft hinein, in dem der Alexandergründung Istakhr, unweit Persepolis. Gewisse überregionale und bis heute fortwirkende Bedeutung erlangte die Stadt seit dem 9. Jh. als Sterbe- und Begräbnisort des sog. Shah Cheragh, eines Bruders des Imam Reza, dessen Grabstätte noch heute im Zentrum der Stadt verehrt wird. Wenn die Stadt die mongolischen Eroberungen im Gegensatz zu vielen anderen persischen Städten durch freiwillige Übergabe zum größten Teil auch unbeschadet überstand, so blieb Shiraz zwar wichtiges regionales Zentrum für Fars und den südlichen Zagros, erlangte aber kaum darüber hinausgehende Bedeutung. Erst unter den Safaviden, insbesondere unter Shah Abbas und seinem Gouverneur für die Provinz Fars, Imam Quli Khan, erlebte Shiraz wirtschaftlich wie auch städtebaulich eine Blüte, die zur Anlage großer Festungswerke, von Gärten und Alleen nach Isfahaner Vorbild, von Palästen, Parks und Koranschulen führte. Wenn auch ein Großteil dieser Anlagen durch Naturkatastrophen — Erdbeben und verheerende Überschwemmungen in den Jahren 1630 und 1668 — wieder zerstört und die Bevölkerung durch Pestepidemien (1668) stark dezimiert wurde, so vermochte die Stadt doch bis zu Beginn des 18. Jh. eine gewisse Sonderstellung innerhalb des Safavidenreiches zu behaupten. Erst im Gefolge der Afghaneneinfälle wurde die Stadt 1729 erstmals, und 1744, nach fast halbjähriger Belagerung durch Nadir Shah, zum zweitenmal und vollständig zerstört. Das nachfolgende Massaker unter der Bevölkerung führte zu einem starken Bevölkerungsrückgang, und eine anschließende Pestseuche mit über 14 000 Opfern ließ die Stadt nahezu vollends veröden.

Aus den Wirren der Safavidennachfolge und den bürgerkriegsähnlichen Auseinandersetzungen um die Führung des Staates ging der Kurde Karim Khan Zand (1750—1779) als Sieger hervor und leitete, indem er Shiraz zur Hauptstadt des von ihm kontrollierten Reiches machte, die eigentliche Blüte der Stadt ein. Wie die Entwicklung Isfahans an die Safaviden, so ist die von Shiraz an die Herrschaft der Zand gebunden (vgl. auch Roschanzamir 1970). Physiognomisch bis heute

4. Das Hochland von Iran und seine Randlandschaften

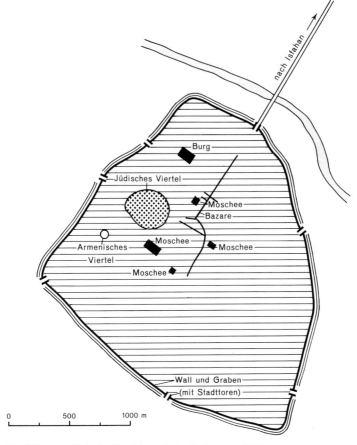

Abb. 73: Shiraz zur Zeit der Zanddynastie (nach CLARKE 1963).

nachwirkender Ausdruck dieser Blüte ist die rege Bautätigkeit der Zandherrscher, unter denen die planmäßige Anlage des Bazar- und der Masjid-e-Vakil, zahlreicher Karawansarais und Bäder, die Errichtung des noch heute hervorragend erhaltenen Ark sowie erster Gärten und Gartenpavillons erfolgte, für die die Stadt noch jetzt berühmt ist. Grundlage und Voraussetzung waren nicht nur, wie zuvor in den Hauptstädten Isfahan und Mashhad, die Konzentration von Steuern und Abgaben in Shiraz, sondern zugleich auch externe Faktoren. 1763 eröffneten die Engländer den Golfhafen Bushire als ihr wirtschaftliches Einfallstor nach Persien und erhielten in Shiraz, wie schon zuvor in Isfahan, Handelsrechte. Damit konnte sich Shiraz zu einem wichtigen internationalen Handelszentrum (Seidenhandel) entwickeln.

Tab. 61: *Stadtviertel und Bevölkerung von Shiraz, 1883*

Stadtviertel	Zahl der Häuser	Zahl der Bevölkerung männlich	weiblich
Ishaq Beg	687	2 720	2 710
Bazar-i-Murgh	318	1 510	1 638
Mala Kift	1 036	3 870	4 497
Darb-i-Shahzadeh	1 010	3 489	4 229
Darb-i-Masjid	160	438	449
Sar-i-Bagh	223	723	1 084
Sar-i-Birzak	798	3 448	4 500
Sang-i-Siah	465	2 082	2 207
Lab-i-Ab	920	3 904	4 000
Maidan-i-Shah	488	2 000	2 378
Jew's Quarter	222	930	1 040
Zusammen	6 327	25 114	28 732

Quelle: WILSON 1916.

Diese Blütezeit war jedoch, ähnlich wie die der Zanddynastie, von nur kurzer Dauer, und die Stadt fiel mit der Machtübernahme durch die Qadjaren und der Erhebung Tehrans zur Hauptstadt zurück in relative Bedeutungslosigkeit. Naturkatastrophen (Erdbeben in den Jahren 1789, 1814, 1824 und 1853) taten ein übriges, so daß schon zu Beginn des 19. Jh. europäische Reisende ein tristes Bild der Stadt zeichnen. Während MORIER (1818) davon spricht, daß um 1815 nur etwa die Hälfte der Stadt bewohnt sei, die andere Hälfte entweder in Ruinen liege oder von öffentlichen Einrichtungen eingenommen würde und ihre Einwohnerzahl auf etwa 19 000 Personen schätzt, geht z. B. OUSELY (1819—1823) von nur 10 000 Ew aus. Dennoch tragen die sich unter den Qadjaren mehrenden Außenhandelsbeziehungen, vor allem Importe durch die Engländer über Bushire, zum erneuten Aufschwung der Stadt bei.

Übereinstimmend berichten mehrere Schilderungen für die Zeit der Jahrhundertwende davon, daß die Stadt — einschließlich des Judenviertels — aus insgesamt elf Quartieren bestehe und über sechs bzw. sieben Stadttore verfüge. 1883 soll die Einwohnerzahl sich insgesamt auf über 50 000 Menschen belaufen haben (Tab. 61).

Für die gleiche Zeit gehen andere Berichte (z. B. CURZON 1892, Bd. II, S. 92 f.) von nur etwa der Hälfte der Bevölkerung aus, betonen aber ebenfalls die überregionale Bedeutung als Handelsplatz:

›An immense trade in all European goods has sprung up with Bombay, most of the Persian merchants having agents in that city. The chief imports are cotton fabrics from Manchester; woollen tissues from Austria and Germany; loaf sugar from Marseilles; raw sugar from Java and Mauritius; French, German and Austrian cutlery and crockery, copper sheets from England and Holland; tea from India, Java, Ceylon and China, and candles from Amsterdam‹ (CURZON 1892, Bd. II, S. 99/100).

Zu den wichtigsten Exportartikeln werden Opium, Trockenfrüchte (Mandeln, Aprikosen), Tabak, Schmuck verschiedenster Art, *Khatam* (Mosaikarbeiten), Wasserpfeifen und Emaillearbeiten sowie Textilien gezählt. Der Weinbau, der in der unmittelbaren Umgebung von Shiraz schon immer bedeutend war und weitgehend in Händen armenischer Händler lag, spielte als Exportartikel eine nur untergeordnete Rolle. Auch heute noch wird der auf etwa 100 000 ha betriebene Weinbau (KORTUM 1976, S. 216, ZAHEDI 1968), sofern er zu Wein verarbeitet wird, ausschließlich für den nationalen Markt produziert.

Verlegung der Handelswege nach W (Karun, Baghdad, Lynch-Road), der Erste Weltkrieg und die innenpolitische Situation des Landes ließen Shiraz stärker als die anderen traditionellen Handelszentren (Tabriz, Isfahan) seit der Jahrhundertwende stagnieren und führten auch in den Jahren zwischen den beiden Weltkriegen kaum zu nennenswerten Industrialisierungstendenzen. Zwar wuchs die Einwohnerzahl bis 1940/41 auf 129 000 an, doch ging dieses Wachstum zu guten Teilen auf den Ausbau des privaten wie öffentlichen Dienstleistungssektors sowie auf den Aufschwung der Landwirtschaft im Umland der Stadt. Nahrungsmittelindustrien verschiedenster Art (Getreidemühlen, Getränkeerzeugung, Trockenobstherstellung, wie z. B. Rosinen usw.) sind denn auch, zusammen mit Ziegeleien und kleineren Textil- und Teppichmanufakturen (vgl. dazu KORTUM 1976, S. 229), der Ansatz, aus dem heraus sich verstärkt seit 1960 eine echte Industrialisierung vollzog. Zu den in oder bei Shiraz angesiedelten Großindustrien gehören vor allem Betriebe der Elektrotechnik (Siemens!), Großunternehmen der Textilindustrie, Zement- und Baustoffindustrien sowie die schon genannte, an der Peripherie der Stadt liegende Erdölraffinerie.

Neben der Verstärkung der Verwaltungsfunktionen und der genannten Industrialisierung haben andere Faktoren dazu beigetragen, daß die Stadt zwischen 1966 (272 962 Ew) und 1976 besonders schnell gewachsen ist und heute Platz 5 unter den iranischen Städten einnimmt. Dazu zählt zum einen die Gründung der im N der Stadt gelegenen Universität, die heute zu den renommiertesten des Landes zählt. Andererseits spielt der Fremdenverkehr eine immer größere Rolle. Der Fremdenverkehr ist einerseits auf die Befriedigung eines ausgesprochenen Bildungstourismus ausgerichtet, der in Shiraz auf die Zandstadt, die Dichtermausoleen sowie die berühmten Gartenanlagen gerichtet ist, aber die Stadt auch als Ausgangspunkt für die Besichtigung der Sehenswürdigkeiten der achämenidisch-sassanidischen Zeit in der Umgebung nimmt. Diese letzte Form ist nach wie vor bedeutend, obwohl Persepolis selbst von einem Hotelzentrum umgeben ist. Wirtschaftlich lukrativer für die Stadt dürfte indes eine Art Erholungsfremdenverkehr sein, der seine Ursache in dem wegen der Höhenlage der Stadt (über 1500 m) angenehmen Sommerklima hat. Ursprünglich vor allem von den Iranern selbst wahrgenommen, hat sich seit etwa 1970 der Aufenthalt von Arabern aus den Scheichtümern am Golf und aus Saudi-Arabien verstärkt. Ausdruck dieser veränderten Stellung der Stadt im regionalen (nationalen wie internationalen) Kontext ist der Flughafen der Stadt, der der nach Tehran wichtigste internationale Flughafen des Landes ist, mit Direktverbindungen zu allen Staaten der Arabischen Halbinsel und seit 1978 auch Nonstopverbindungen nach Europa aufweist.

4.3.6. Literatur

Literatur zu Abschn. 4.3.1: Fachliteratur über spezielle Probleme der physischen Geographie Kurdistans ist rar. Abgesehen von der den gesamten Zagros betreffenden Studie von OBERLANDER (1965) sind allein die die eiszeitliche Vergletscherung kurdischer Gebirge betreffenden Studien von BOBEK (1938) und WRIGHT Jr. (1962) erwähnenswert. Für die Rekonstruktion der spät- und postglazialen Klimageschichte des Zagros sind zudem die pollenanalytischen Analysen am Zeribarsee (WASYLIKOVA 1967, ZEIST 1967, ZEIST-WRIGHT Jr. 1963) bedeutsam (neuerdings auch GRUNERT u. a. 1978).

Umfangreich ist demgegenüber die allgemeine Literatur über Kurden und Kurdistan (vgl. dazu die Bibliographie von BEHN 1977), was nicht zuletzt mit der politischen Problematik dieses Raumes zusammenhängt: Eine frühe Übersichtsdarstellung von heute unschätzbarem Wert dürfte die kompilatorische Zusammenstellung von RABINO (1911) sein; modernere und zugleich allgemeinere Abhandlungen stammen von ARFA (1966), KINNANE (1964), NIKITINE (1956). Eine zusammenfassende Dokumentation über Entwicklung und Stand des kurdischen Nationalitätenproblems enthält die Publikation von FRANZ (1977), die auch weiterführende Literatur ausweist. — Ebenfalls umfangreich und z. T. als Vergleichsmaterial für die heutigen Verhältnisse aufschlußreich sind Reisebeschreibungen des 19. Jh. Die wichtigsten von ihnen sind die das nördliche Kurdistan einschließlich Rizaiyehbecken betreffenden Ausführungen von AINSWORTH (1841), daneben BINDER (1887), FRASER (1840), MORIER (1818), PERKINS (1843), RAWLINSON (1841), SHIEL (1838) und WAGNER (1852).

Wirtschafts- und sozialgeographische Studien über die Kurden sind wiederum spärlich. Ethnologische Arbeiten betreffen kurdische Stämme außerhalb Irans, so z. B. die schon fast klassische Studie von BARTH (1953), daneben diejenigen von HÜTTEROTH (1961) oder SYKES (1908). Über iranische Kurden unterrichten speziell Arbeiten von RUDOLPH (1967). Auch anthropologische Veröffentlichungen (v. EICKSTEDT 1961) umfassen zumeist andere Ethnien (vgl. auch FIELD 1939). Die bislang wichtigste anthropogeographische Arbeit über Kurden wurde durch HÜTTEROTH (1959) in der östlichen Türkei angefertigt; ob ihre Befunde auch auf die Land- und Weidewirtschaft iranischer Stämme übertragen werden können, bedarf noch der Untersuchung. Stadtgeographisch ist die mit zahlreichen Luftbildern, Karten und weiterführender Literatur ausgestattete Arbeit von CLARKE-CLARK (1969) über Kermanshah erwähnenswert; ältere Übersichten über Hamadan und Kermanshah gibt RABINO (1920, 1921).

Literatur zu Abschn. 4.3.2: Im Gegensatz zu der Zeit vor dem Ersten Weltkrieg, aus der zahlreiche Reiseberichte vor allem englischer Offiziere und Diplomaten vorliegen (vgl. z. B.

4. Das Hochland von Iran und seine Randlandschaften

BELL 1885, LAYARD 1846, LYNCH 1890, RAWLINSON 1839, 1841), die insbesondere in die detaillierten Stichwortsammlungen der mehrbändigen ›Gazetteer of Persia‹ Eingang gefunden haben, sind aus der Zeit nach 1918 nur zwei Übersichtsdarstellungen (EDMONDS 1922, HARRISON 1946) publiziert.

Die zwischen den Weltkriegen einsetzende Erforschung von Detailproblemen hat auch für Luristan z. T. bedeutsame Einzelstudien hervorgebracht. Zu ihnen gehören von physisch-geographischer Seite besonders die morphologischen Studien über die Entwicklung des Flußsystems im Zagros (OBERLANDER 1965) sowie die Arbeiten über den großen Bergsturz von Saimarreh durch HARRISON (1937, 1938). Vergleichsweise zahlreich sind Arbeiten anthropologisch-ethnologischer Art: neben den Übersichtsdarstellungen von HÜSING (1908) und v. EICKSTEDT (1961) sind erwähnenswert insbesondere archäologisch-anthropologische Studien wie die von YOUNG (1967 ff.) oder PULLAR (1977). Zu den schon klassischen völkerkundlichen Studien iranischer Nomaden zählt die Untersuchung von FEILBERG (1952) über die Papi, während die Heidelberger Dissertation von NADJMABADI (1975) die Siravand behandelt. Allgemeine Aspekte des Kulturwandels lurischer Nomaden im Gefolge von Landreform und erzwungener bzw. freiwilliger Seßhaftwerdung beschreibt BLACK-MICHAUD (1974). Mit Fragen des ländlichen Raumes aus völkerkundlicher Sicht befassen sich MODJTABAWI (1960) sowie CHRISTENSEN (1967). Agrar- oder stadtgeographische Untersuchungen über Luristan fehlen bisher ganz.

Literatur zu Abschn. 4.3.3: Hamadan und sein Umland, obwohl zentral und verkehrsgünstig gelegen, müssen als eines der landeskundlich unbekannten Gebiete Irans gelten. Sieht man einmal von der historischen Literatur der Zeit vor dem Ersten Weltkrieg ab, so bleiben eigentlich nur einige wenige Arbeiten, die aus historischer oder geographischer Sicht dieses Gebiet behandeln. FRAGNER (1972) hat die Geschichte der Stadt Hamadan im Mittelalter bis kurz vor der Zerstörung durch die Mongolen dargestellt (vgl. auch RABINO 1921), während MOMENI (1976) am Beispiel der Stadt Malayer die Geographie iranischer Kleinstädte und ihrer Umlandbeziehungen erfaßt hat. Eine Reihe stadtgeographischer Karten über Arak finden sich in der Studie von WIRTH (1976) über den persischen Teppichhandel. Über den ländlichen Raum liegen nur zwei Arbeiten vor: in einer ausführlichen, allerdings nur maschinenschriftlich vorliegenden Dissertation hat A. STOBBS (1976) agrargeographische Wandlungen im Raum Nehavend untersucht, während EHLERS (1976, 1979) die sich aus der Landreform ergebenden Konsequenzen für das Zusammenleben von Bauern und Nomaden am Beispiel des Alvand Kuh zu analysieren versucht hat.

Literatur zu Abschn. 4.3.4: Die Literatur- und Quellenlage bezüglich des Raumes Isfahan ist sehr heterogen. Während es über die Stadt Isfahan eine umfangreiche Literatur gibt und auch die Bakhtiaren immer wieder Beachtung und Aufmerksamkeit gefunden haben, ist der ländliche Raum sowohl des Zagros wie auch des Beckens von Isfahan bisher unbearbeitet geblieben. Auch zur physischen Geographie des in diesem Kapitel analysierten Raumes liegen keine Spezialarbeiten vor. Die wohl einzige landeskundliche Übersichtsdarstellung ist älteren Datums und stammt von HARRISON (1932).

Zu den wichtigsten, die Stadt Isfahan betreffenden Arbeiten gehören, neben den klassischen Reisebeschreibungen der safavidischen Hauptstadt durch CHARDIN (1811), KÄMPFER (1712), OLEARIUS (1656), TAVERNIER (1677) oder THEVENOT (1674) bzw. den Berichten und Bestandsaufnahmen der Stadt im 19. Jh. durch FLANDIN-COSTE (1845/54) oder MORIER

(1812, 1818) sowie einer Reihe teils historischer, teils kunstgeschichtlicher Arbeiten von AUBIN (1907), DIEZ (1915), GAUBE (1979), GODARD (1937), LOCKHART (1950), RAPOPORT (1964/65) oder SIROUX (1971), vor allem zwei Publikationen: der 1974 erschienene Band VII der Zeitschrift ›Iranian Studies‹, der etwa 25 Beiträge eines im gleichen Jahr abgehaltenen Symposiums enthält und vor allem dem safavidischen Isfahan gewidmet ist (HOLOD, Hrsg. 1974) sowie die 1978 unter H. GAUBE und E. WIRTH veröffentlichte Studie über den Bazar von Isfahan, eine umfassende Analyse der Stadt- und Bazarentwicklung sowie Bestandsaufnahme des z. Z. von schnellen Veränderungen betroffenen Bazarviertels. — In persischer Sprache veröffentlicht ist der 1974 erschienene erste Teil einer Geographie von Isfahan durch SCHAFAGHI, der 1975 auch eine kleinere Arbeit über die neue Eisenhüttenstadt Ariashahr publizierte und 1979 eine Studie über die Viertelsbildungen in Isfahan vorlegte.

Die umfangreichste Studie, die sich mit dem Nomadismus im Zentralen Zagros befaßt und die auch den größten Teil der älteren Literatur aufarbeitet, ist die Tübinger Dissertation von EHMANN (1975), deren umfangreiche Schrifttumshinweise zu ergänzen sind durch die zwischenzeitlich erschienenen Arbeiten von EHMANN (1974), GARTHWAITE (1977) und ZAGARELL (1975).

Über den ländlichen Raum sind erwähnenswert lediglich die Inhaltsangabe einer Dissertation über die Bewässerungsoase von Isfahan durch DE PLANHOL (1969), eine Kurznotiz über die Bahais von Nejafabad durch FECHARAKI (1977), eine allgemeine Abhandlung über die Zayandeh-Rud-Oase von FITT (1953), sowie die im wesentlichen die Verhältnisse vor der Landreform betreffenden Untersuchungen von ATAI (1965). Gerade die agrarhistorisch und agrarsozial interessante Frage des Bewässerungsrechts in der Oase von Isfahan, die durch den verstärkten Pumpenbau ausgelösten Wandlungen sowie die allgemeinen Aspekte der Landreform und ihrer Konsequenzen bedürfen noch der Untersuchung. Eine Ausnahme bildet die jüngst erschienene Arbeit über das Nejafabadtal durch HARTL (1979), die zudem zum Problem der Qanatbewässerung von allgemeiner Bedeutung ist. Der Untersuchung harrt die im Raum Isfahan besonders interessante Frage des Einflusses der Industrialisierung auf Landflucht und Strukturwandel des ländlichen Raumes.

Literatur zu Abschn. 4.3.5: Fast umgekehrt proportional zu den Verhältnissen im Raum Isfahan verhält es sich mit der Fachliteratur über Shiraz und sein Hinterland. Sieht man einmal ab von der archäologischen und historischen Spezialliteratur, die in großer Fülle verfügbar ist, so kann man allgemein sagen: es gibt kaum Spezialarbeiten über Shiraz und andere städtische Siedlungen, wohl aber ein vergleichsweise umfangreiches Schrifttum über Nomadismus und Landwirtschaft; auch Arbeiten über spezielle Aspekte der physischen Umwelt sind vorhanden.

Erwähnenswert sind zunächst einmal die historisch-geographisch interessanten Bestandsaufnahmen englischer Kaufleute, Diplomaten und Militärs, die eine weitgehende Rekonstruktion der Verhältnisse für die Zeit um die Jahrhundertwende und somit den Entwicklungsvergleich mit der Gegenwart ermöglichen. Zu diesen Berichten, die fast ausschließlich in englischen Archiven lagern, gehören — neben den verschiedenen Ausgaben der jeweils mehrbändigen GAZETTEER OF PERSIA — speziell für Fars die Berichte von BELL (1885) und WILSON (1916) sowie über den dortigen Nomadismus die von CHRISTIAN (1918/1919) und RANKING (1910/1911). Wichtig für die Rekonstruktion der historischen Topographie eines Teilraumes des in diesem Kapitel behandelten Zagrosabschnitts ist die Arbeit von GAUBE (1973), die vor allem auf der Auswertung literarischer und archäologischer

4. Das Hochland von Iran und seine Randlandschaften

Quellen basiert, sowie seine Studie über die safavidische Karawanenstraße von Bandar Abbas nach Shiraz (1979).

Untersuchungen zur physischen Geographie und Ökologie der Provinz Fars und ihrer Randgebiete betreffen vor allem Aspekte der Vegetation und Hydrologie der genannten Seebecken. CARLE–FREY (1977) analysieren die Vegetation des Maharlubeckens, dessen Hydrogeologie von NEJAND (1972) in einer Dissertation dargestellt wurde. Spezielle Aspekte seiner Süßwasservegetation stellen FREY–PROBST (1974) dar. Über den Nirizsee verdanken wir zwei umfassende Studien H. LÖFFLER (1956, 1959). Relativ umfangreich sind geologische Kartierungen und Spezialuntersuchungen: verwiesen sei hier auf die Studie von TARAZ (1974) sowie mehrere Beiträge zur rezenten Tektonik in den beiden von BERBERIAN (1976, 1977) herausgegebenen Bänden.

Eine überraschend umfassende Behandlung haben die Nomaden von Fars und angrenzenden Gebieten erfahren. Neben der schon fast klassischen Studie über die Basseri, einen Stamm der Khamseh, durch BARTH (1964) sind vom gleichen Autor zu nennen Spezialarbeiten zu Einzelaspekten der Khamseh (BARTH 1959/60, 1964, 1969). Die umfangreichste, stark historisch-zeitgeschichtlich angelegte Arbeit über die Qashqai verdanken wir OBERLING (1974), der auch andere Studien über die Qashqai (1964, 1970) verfaßt hat. Über die gleichen Nomaden liegen zudem Abhandlungen vor von GARROD (1946), KORTUM (1979), MARSDEN (1976) und SORAYA (1969). Die Boir Ahmadi haben mehrfache Untersuchungen erfahren durch LÖFFLER–FRIEDL (1967, 1976) sowie durch R. LÖFFLER (1973, 1976). Allgemeine Probleme des Nomadismus behandelt SHAFAGHI (1974); ein kurzer Überblick über die Nomaden in Fars ist auch in der im Titel etwas irreführenden Arbeit von MONTEIL (1966) enthalten.

Als derzeit umfassendste Darstellung der agrargeographischen Verhältnisse in Fars bzw. in dem agraren Kernraum der Provinz, der Marvdasht, muß die Abhandlung von KORTUM (1976) gelten, die durch spezielle Arbeiten über ländliche Siedlungen im Raum Shiraz (1973), über das Dariush-Kabir-Bewässerungsgebiet (1971), eine Zusammenfassung des siedlungsgenetischen Teils seiner Dissertation (1975) sowie einen soeben erschienenen Überblick über allgemeine Entwicklungstendenzen im ländlichen Fars (1979) zu ergänzen ist. Hervorragende Fallstudien über agrarsoziale und betriebswirtschaftliche Aspekte der Landwirtschaft und der Landreform sind in den Büchern und Aufsätzen von AMINI (Diss. 1973), BERGMANN–KHADEMADAM (1975), CRAIG (1978), KHADEMADAM–BERGMANN (1973), PLANCK (1962, 1974) und SCHOWKATFARD–FARDI (1972) enthalten.

Stadtgeographische Abhandlungen über Fars und seine Nachbarräume fehlen bisher. Eine Ausnahme ist lediglich die kleine Übersichtsarbeit von CLARKE (1963) über Shiraz, die einige gute Luftbilder der verschiedensten Stadtviertel beinhaltet. Der Vollständigkeit halber sei auch die Luftbildinterpretation von FARHOUDI (1975) erwähnt. Gerade auf stadtgeographischem Gebiet ist Fars somit noch wissenschaftliches Neuland. Bevölkerungs- und sozialgeographisch interessant ist das Buch von PAYDARFAR (1974) über den sozialen Wandel bäuerlicher, nomadischer und städtischer Bevölkerungsgruppen in Fars.

4.4. Das Zentrale Hochland

Im Regenschatten von Alborz und Zagros, im Vergleich zu den randlichen Gebirgsketten tief abgesenkt und gegeneinander durch Randschwellen abgesetzt, erstrecken sich die vollariden Wüstenbecken des Zentralen Hochlandes von Iran. Es sind dies — in Abwandlung der von SCHARLAU (1969) vorgeschlagenen naturräumlichen Gliederung des Landes — die Große Kavir im N, die durch eine Schwellenregion bei Tabas von der Lut getrennt wird. Diese wird wiederum durch einen der zentraliranischen Gebirgszüge vom Jaz Murian, einem weite Teile Südostirans entwässernden Endsee, getrennt. Dabei soll das Jaz Murian, obwohl morphogenetisch den Wüstenbecken verwandt, als Teil der Südostregion Irans im Zusammenhang mit Baluchistan behandelt werden.

Allgemeines und hervorstechendes Kennzeichen der großen Wüstenbecken Zentralirans ist ihre extreme Aridität und ihre dementsprechend spärliche bzw. fehlende Vegetationsausstattung. Angesichts der Unzugänglichkeit und ausgesprochenen Siedlungsfeindlichkeit des Zentralen Hochlandes sind Klimadaten ebenso wie pedologische und floristische Detailkartierungen bisher weitgehend unterblieben, so daß zur ökologischen Kennzeichnung dieser ›bassins arides‹ (DRESCH 1975) auf Klimawerte ihrer Peripherie sowie auf Übersichtsdarstellungen zurückgegriffen werden muß.

Klimatisches Merkmal aller Wüstenbecken ist zunächst einmal ihre ausgesprochene Aridität, wobei auch in den Wintermonaten der Niederschlag nie die Verdunstungswerte erreicht. Lediglich an der Peripherie der drei Beckenräume, gleichsam am Rande der Schüsseln, dort, wo Hochgebirge die letzten Ausläufer feuchter Luftmassen zum Abregnen zwingen und zugleich höhenbedingt die Temperaturen und damit auch die Verdunstungsraten herabgesenkt sind, reichen die winterlichen Niederschläge aus, um gelegentlichen Regenfeldbau zu ermöglichen bzw. die durch Qanate angezapften Grundwasservorräte zu ergänzen. Da der Winterregen in den Höhenregionen der Randketten, vor allem in den Kermaner Gebirgen, häufig als Schnee fällt, ergeben sich hier zeitlich verzögerte Abflußregime. Das Auftreten gelegentlicher Sommerniederschläge an der südlichen Begrenzung des zentraliranischen Wüstengürtels deutet bereits auf die Wirksamkeit monsunaler Einflüsse hin.

Vorherrschender Relieftypus im Bereich des Zentralen Hochlandes und seiner Umrandung ist die eingangs dargestellte Reliefsequenz, die vom Hochgebirge über die die Gebirgsränder begleitenden Dashtflächen hin zu den Endbecken (Kavir) reichen. Ihrer extrem ariden Klimabedingungen entsprechenden Formungsdynamik wegen sind die Böden des Zentralen Hochlandes, von wenigen Ausnahmen abgesehen, durchweg für landwirtschaftliche Nutzung ungeeignet. Lediglich an den Gebirgsrändern ist auch pedologisch gelegentlicher, wenngleich kümmerlicher Regenfeldbau möglich. Wo genügend Grundwasser zur Verfügung steht, erlauben Qanate räumlich begrenzt Bewässerungsfeldbau. Ansonsten sind iso-

lierte Oasen der Prototyp der ›Kulturlandschaft‹ des Wüstenhochlandes. Bemerkenswert ist, daß sich Siedlungen und Wirtschaftsflächen in ihrer Lage seit vor- und frühgeschichtlicher Zeit kaum verändert haben (MEDER 1979).
Unmittelbarster Ausdruck der natürlichen Ungunst des Zentralen Hochlandes von Iran ist die Vegetation. Während weite Teile sowohl der Großen Salzwüste im N als auch der sandigen Lut vollkommen vegetationslos sind (s. u.), dominiert ansonsten eine spärliche *Artemisia-Astragalus*-Steppe, immer wieder unterbrochen von halophilen bzw. psammophilen Florenarealen (MOBAYEN–TREGUBOV 1970). Beträchtliche Teile der von den genannten Autoren mit annähernd 757 000 km² berechneten Wüstensteppenregionen (ca. 46 % der Staatsfläche) wie der weitaus größte Teil der beiden anderen Florenareale (234 000 km² bzw. 14 % der Fläche) entfallen auf das Zentrale Hochland. Gehölz- und Strauchfluren sind an einige wenige Wasseraustritte sowie an die Ufer der wenigen perennierenden oder periodisch wasserführenden Flüsse und Seen gebunden. Saxaulgehölze und Tamarisken sind wesentliche Vertreter dieser Sandgehölze und Grundwasserpflanzen, daneben der im Volksmund ›iskambil‹ genannte *Calligonum*-Strauch. In den Gebirgen, vor allem in den Hochgebirgsmassiven des Kermaner Raumes, finden sich an unzugänglichen Stellen Reste lichter Bergmandel-Pistazien-Wälder, die von Strauchfluren, wie Rosen, Berberitzen, wilden Feigen usw., begleitet werden. BOBEK (1951, S. 36) erwähnt aus diesen Gebieten auch Ahorn, Baumwacholder, *Cotoneaster* und *Crataegus*, die sich z. T. zu buschwaldartigen Beständen verdichten. Allerdings haben sich unter den ohnehin marginalen Bedingungen Zentralirans der Raubbau des Menschen für Brenn- und Bauholzbedarf sowie für die Holzkohlegewinnung, aber auch die Be- bzw. Überweidung in der Nähe der Oasen und am Gebirgsrand so verheerend ausgewirkt, daß die ursprüngliche Vegetation des zentraliranischen Wüstengürtels als weitgehend vernichtet betrachtet werden muß.

4.4.1. Die großen Wüstenbecken: Kavir und Lut

Parallel zur Südflanke und Südabdachung des Alborz erstreckt sich über das gesamte nördliche Hochland hinweg zwischen Qum im W und Sabzavar im E eine Reihe abflußloser Endbecken, dessen größtes die Große Salzwüste ist, die auch unter ihrer persischen Bezeichnung Dasht-e-Kavir bekannt ist. Wie bereits einleitend erwähnt (Tab. 3, 4), bedecken die beiden größten Becken des nördlichen Zentralen Hochlandes, nämlich die Kavir von Qum und die Große Kavir, innerhalb der Einzugsbereiche ihrer Wasserscheiden zusammen eine Fläche von annähernd 300 000 km². Wenn in dieser Fläche auch weite Teile der schon zuvor charakterisierten Vorberg- und Vorlandzone des Alborz, ja sogar Teile der Gebirge selbst eingeschlossen sind und die Großbecken in eine Reihe kleinerer Teilbecken zerfallen (Tab. 62), so sind die von sterilen Salz- und Tonkrusten überzogenen Flächen

Tab. 62: *Teilbecken der Kavir von Qum und der Großen Kavir*

Lage der Becken	Höhenlage (m)	Kavirfläche (km²)	Salzfläche (km²)	Drainage-Einzugsgebiet (km²)	Zugehörigkeit
Arak	1 675	143	135	5 520	Qum
Darya Howz Sultan	806	288	68	2 102	Qum
Qum	765	2 725	1 800	86 812	Qum
Damghan	1 050	2 391	466	19 863	Gr. Kavir
Damghan-Ost	1 055	75	—		Gr. Kavir
Sabzavar	805	2 103	—	57 600	Gr. Kavir
Gr. Kavir	650	52 825	19 676	128 530	Gr. Kavir
Bardeskan	720	762	—	11 092	Gr. Kavir
Siah Kuh	780	170	—	2 500	Gr. Kavir
SW-Kavir	1 000	60	—	1 025	Gr. Kavir

Quelle: KRINSLEY 1970.

doch beträchtlich (Abb. 74). Vor allem der Zentralteil der Großen Kavir, die eine Gesamtfläche von mehr als der Größe des Bundeslandes Niedersachsen einnimmt und deren salzverkrusteter Kernbereich fast die Ausdehnung des Bundeslandes Hessen erreicht, muß als eine der sterilsten und lebensfeindlichsten Wüsten der Erde gelten. Da sie weder für Mensch noch Tier irgendwelche Lebensmöglichkeiten bietet, fehlen Siedlungen jeglicher Art. Noch heute ist sie eine Barriere für allen südgerichteten Verkehr und durch keinerlei Straßen erschlossen; lediglich einzelne Pisten kreuzen sie.

Von geographisch-wissenschaftlichem Interesse ist die Kavir vor allem in klimageographischer Hinsicht, da die Analyse ihrer mehrere hundert Meter mächtigen Beckenfüllungen Aussagen über die klimatische Entwicklung im Hochland von Iran seit dem Tertiär verspricht. Dabei wird heute allgemein von der Auffassung ausgegangen, daß — wie die meisten Binnenbecken des Zentralen Hochlandes — auch die Große Kavir mindestens seit dem späten Miozän seine Verbindung zum Weltmeer (Tethys) verlor und seitdem als Sedimentationstrog für den Abtragungsschutt des aufsteigenden Alborzsystems fungierte. Die heute so charakteristischen feinsedimentären Beckenfüllungen, ursprünglich als Rest eines pleistozänen Sees und damit als Beweis für die Existenz einer ausgeprägten Pluvialzeit gedeutet, hat vor allem BOBEK (1959, 1961, 1969) wiederholt dargestellt. Am Beispiel der Masileh und der Großen Kavir verweist er darauf, daß die Salzwüsten weniger Reliktformen als vielmehr solche rezenter Entstehung und Weiterbildung sind. Als Beweise führt BOBEK ausgedehnte Abtragungsflächen, die subaerisch

4. Das Hochland von Iran und seine Randlandschaften

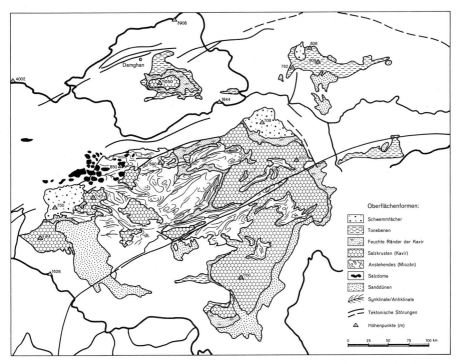

Abb. 74: Oberflächenformen und Relieftypen der Großen Kavir (nach KRINSLEY 1970).

angelegt sein müssen, und das Fehlen fluviatil-limnischer Terrassenniveaus an und postuliert statt dessen ›eine Hebung des Grundwasserspiegels in jüngerer Zeit, die mit der zunehmenden Sedimentfüllung Schritt hält und eher auf eine Erhöhung der Wasserzufuhr hinweist‹ (1959, S. 16). Auch die Tatsache, daß etliche der aufgesetzten Dünenfelder durch den ansteigenden Grundwasserspiegel an der Basis durchfeuchtet werden, belegen diese These. Prinzipiell in ähnliche Richtung gehen die Schlußfolgerungen von KRINSLEY (1970).

Nach S zu wird die Beckenzone von Masileh und Kavir begrenzt durch eine Schwellenregion, die von SCHARLAU (1969) als Becken von Bijistan, von KRINSLEY (1970) als ›Bidjestan Highlands‹ bezeichnet wird. Wenn auch hier, abgesehen von dem größeren Anteil gebirgigen Reliefs, im Prinzip ähnliche naturgeographische Gegebenheiten wie weiter nördlich herrschen, so ermöglichen geringfügig höhere Niederschläge, vor allem aber die in den Fußflächen der in ihren höchsten Teilen bis fast 3000 m aufragenden Gebirgsmassive gefaßten Grundwasserströme einen auf Qanatbewässerung basierenden Bewässerungsfeldbau. Daß diese Kavir und Lut trennende Schwellenregion geologisch angelegt und tektonisch äußerst labil ist, beweisen die beiden katastrophalen Erdbeben der Jahre 1968 und 1978, in denen die auf ihnen liegenden Oasenstädte Firdaus bzw. Tabas und die Dörfer ihrer Umgebung dem Erdboden gleichgemacht wurden und zusammen über 35 000 Menschen den Tod fanden. Die Oasen dieses Berglandes weisen die für das gesamte Hochland typische Lage im Übergangsbereich von der Dasht zur Kavir auf und sind im Raum Tabas dadurch besonders gekennzeichnet, daß die Dattelpalme hier ihre absolut nördlichste Anbaugrenze erreicht.

Städtischer Mittelpunkt dieser Schwellenregion und zugleich wichtiger Etappenort entlang der alten Karawanenroute zwischen Isfahan bzw. Yezd und Mashhad ist die Oasenstadt *Tabas,* die 1976 nach der Volkszählung 11 512 Ew, in Wirklichkeit aber wohl eher 15 000 Ew zählte (EHLERS 1977) und die durch das erwähnte Erdbeben vom September 1978 völlig zerstört wurde. Vor dieser Katastrophe besaß sie — en miniature — nahezu alle Merkmale der typischen iranischen Stadt: eine noch teilweise intakte Umwallung mit Graben und Wehrtürmen, eine Burg, Freitagsmoschee, einen kleinen, allerdings weitgehend zerstörten Bazar, Koranschule und Karawansaraien (vgl. Abb. 49). Ihre wesentlichen Funktionen waren vor dem Erdbeben die einer umlandorientierten Klein- und Mittelstadt mit Vermarktungs- und Versorgungsaufgaben für die kleinen Oasenorte sowie zugleich die eines Organisationszentrums für eine in den letzten Jahren von Mashhad aus geförderte Teppichmanufaktur.

Das Bijistanbergland markiert die Nordgrenze zum Lutbecken, das insgesamt eine Größe von etwa 166 000 km² aufweist und, ähnlich wie die Kavir, in eine Reihe von Teilbecken zerfällt. Ursache dieser Konfiguration, die dem Lutbecken insgesamt den Charakter einer asymmetrischen Senke verleiht, sind die Auswirkungen der gebirgsbildenden Vorgänge im Tertiär. Sie haben im Bereich des relativ starren Lutblocks (vgl. BERBERIAN 1976, STÖCKLIN u. a. 1972) nicht nur zu mächtigen Granit- und Dioritintrusionen geführt, sondern durch eine stellenweise intensive Bruch- und Faltentektonik zugleich zu der Kammerung und tektonischen Zerstückelung des Beckens beigetragen. Daß dieser Vorgang bis heute nicht abgeschlossen ist, beweist die in der Umgebung der Lut besonders kräftige rezente Seismik.

In Anlehnung an BOBEK (1969) lassen sich im Bereich der Lut fünf Relieftypen ausgliedern:

— die meist vollkommen nackten, weder von Schutt noch Vegetation bedeckten Gebirgsrücken und höher gelegenen Teile der Pedimente, d. h. der Abtragungsflächen;
— die aus dem Gebirgsinnern herausziehenden Schwemmfächer und die das Gebirge begleitenden Gebirgsfußflächen (Dasht);
— die überwiegend aus Feinsediment bestehenden Beckenfüllungen einschließlich ihrer Erosionsformen (Kalut, Yardang);
— die periodisch oder episodisch durchfeuchteten Ton- und Salzfüllungen des Beckeninnern (Kavir);
— die Gebiete äolischer Sande, deren Konzentration im SE des Beckens häufig als der Prototyp der Wüste Lut angesehen wird.

4. Das Hochland von Iran und seine Randlandschaften

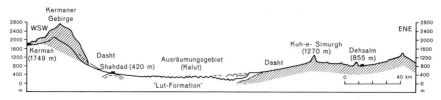

Abb. 75: Querschnitt durch die südliche Lut (nach BOBEK 1969).

Wesentliche Elemente dieser Relieftypen werden im Profil durch die südliche Lut (Abb. 75) deutlich.

Geomorphologisch und für die Diskussion der Reliefgenese am interessantesten sind vor allem jene tiefgelegenen Becken der südlichen Lut, deren besonderes Kennzeichen mächtige feinsedimentäre Beckenfüllungen sind. Diese gelegentlich auch als ›Seelösse‹ bezeichneten Sedimente (vgl. z. B. GABRIEL 1939, SEDLACEK 1956, STRATIL-SAUER 1957) sind bis in die jüngste Vergangenheit Gegenstand kontroverser Diskussionen bezüglich ihrer Genese und klimageschichtlichen Aussagekraft geblieben. Während etliche Autoren (DRESCH 1968, 1975, GABRIEL 1957, 1964, STRATIL-SAUER 1957, STRATIL-SAUER-WEISE 1974) diese Beckenfüllungen als Residuen von eiszeitparallelen pluvialzeitlichen Seen deuten möchten, teilt BOBEK (1969) zwar die Auffassung von deren pluvialzeitlicher Entstehung und Herkunft, ordnet die Pluvialzeiten aber nicht den Kaltzeiten, sondern den Zwischenkaltzeiten zu. Er postuliert damit ebenso wie für die Salzwüste auch für die Lut eine gegenwärtige Feuchtzeit, deren morphologische Wirksamkeit er in der ›aktuellen solifluidalen Verkleisterung‹ des Windausräumungsreliefs, ihrer Rillung und Striemung durch oberflächlich abfließendes Niederschlagswasser sowie — für die Vergangenheit — durch Terrassenbildungen am Rande der Namaksar belegt sieht.

Übereinstimmung herrscht dahingehend, daß heute die Zerstörung der sedimentären Beckenfüllungen durch die gemeinsam wirkenden Agentien Wasser und Wind erfolgt. Die Deflation durch äußerst beständig und, nach Auffassung BOBEKS, zumindest seit dem Altpleistozän aus nahezu gleicher Richtung wehende Winde schuf das schon mehrfach angesprochene Windausräumungsrelief der südlichen Lut, die meridional im W und E von zwei großen, N-S verlaufenden tektonischen Störungslinien begrenzt wird. Im W ist es die große Naibandanverwerfung, deren westliche Flanke kräftig herausgehoben wurde und im N fast 3000 m Höhe erreicht (vgl. Karte 1). Die östliche Begrenzung des Lutblocks ist demgegenüber von rezentem Schutt verdeckt. Das Innere des so entstandenen Beckens nehmen die erwähnten, mehrere hundert Meter mächtigen Sedimente ein, die heute der Zerstörung unterliegen. Ihre Charakterformen sind *Kalut* und *Yardang*. Unter Kalut (hervorragende Luftbilder dieses Relieftypus bei BOBEK 1969, DRESCH 1968) verstehen wir jene merkwürdig parallel angeordneten und 40 bis

80 m über das umgebende Relief aufragenden Riedel, die durch mehr oder weniger schmale Korridore jeweils voneinander getrennt wurden und die ihre Entstehung der Ausblasung und fortwährenden Korrasion durch NNW-Winde verdanken. Noch heute sind sie in ständiger Weiterentwicklung begriffen. Vor allem nach S und SE zu gehen die aus größerer Distanz teilweise wie Ruinen von Häusern oder verlassene Siedlungen wirkenden (Kalut = Qalat-e-Lut, d. h. ›Lut-Dörfer‹ bzw. shahr-e-Lut = ›Lut-Städte‹, im persischen Volksmund!) Windreliefs in sog. Yardangs über. Yardangs (vgl. dazu Foto 8) sind demgegenüber die bereits in weiterer Auflösung begriffenen Windschliffformen, die wie Walfischrücken flächenhaft-linear die Kalut im N wie S fortsetzen. Insgesamt wird man GABRIEL (1957, S. 290) zustimmen müssen, der das Windausräumungsrelief der südlichen Lut als ›Zeugen großartigster linearer Windarbeit, wohl einzig in ihrer Art auf unserer Erde‹ bezeichnet.

Im Gegensatz zu dem Abtragungsrelief der südwestlichen Lut steht das Aufschüttungsrelief der südöstlichen Wüste, die durch eine starke Sandbedeckung und teilweise ebenso ausgedehnte wie hochaufragende Dünenfelder geprägt ist. Auch dieses Gebiet umfaßt eine Fläche von etwa 10000 km² und unterliegt offensichtlich der äolischen Akkumulation durch Winde aus verschiedensten Richtungen. Gerade die im Gebiet der auch als ›Ostsande‹ bezeichneten Sandwüste nicht einheitliche Windrichtung dürfte Ursache für ungewöhnliche Dünenformen, aber auch für die von einigen Autoren mit mehr als 200 m Höhe angegebene außergewöhnliche Mächtigkeit der Sandanwehungen sein. Vorherrschende Windrichtung ist dennoch auch hier der N, dazu treten aber im E bereits aus östlicher Richtung wehende Winde, die nach S zu gelegentlich durch Luftmassen aus äquatorialer Richtung überlagert oder verdrängt werden. Hinzu kommen an einigen Stellen thermisch bedingte Aufwinde (GABRIEL 1965), so daß insgesamt die südöstliche Lut als ›Scharnier‹ verschiedener Windrichtungen (vgl. MONOD 1969, zit. nach STRATIL–SAUER–WEISE 1974) und dieses Phänomen zugleich als Ursache für die besonders hochaufragenden ›Pyramidendünen‹ zu gelten hat. Barchane verschiedenster Streichrichtung, aber auch die Anordnung der sich im Schutze von *Anabasis, Seidlitzia, Calligonum* oder Tamarisken bildenden Sandhügel (*nebkha*; vgl. MAHMOUDI 1977) weisen auf dieses Nebeneinander unterschiedlichster Windrichtungen hin.

Stellen schon Reliefgestaltung und Materialaufbau der südlichen Lut eine äußerst menschenfeindliche Umwelt dar, so tragen die klimatische Ungunst und die kümmerliche Vegetationsausstattung zu diesem Charakter der Lebensfeindlichkeit bei. Über die Rolle der Lut als selbständigem meteorologischen Aktionszentrum gehen die Auffassungen bisher auseinander. Während BOBEK (z. B. 1969, S. 184) offensichtlich von einer Art stationärer thermischer Zyklone im Bereich der Lut ausgeht, ist nach STRATIL–SAUER (1952 f.) temperaturbedingt mit der Ausbildung eines thermischen Tiefs zu rechnen, das zugleich Ursache der aus verschiedenen Richtungen einwehenden Luftmassen sei. In der Tat stellt vor allem die

4. Das Hochland von Iran und seine Randlandschaften

südliche Lut den Konfluenzbereich unterschiedlichster Luftmassen dar, wobei die schon erwähnten Winde aus dem Nordquadranten dominieren. Erst mit dem Abbau des thermischen Tiefdruckgebietes gewinnen vor allem in den Wintermonaten auch zuweilen Niederschläge bewirkende Westwinde Zugang in das Becken, daneben aber auch staubführende Südwinde (*bad kesif* = Schmutzwind!). Kalte winterliche Fallwinde vom Kermaner Gebirge herab, häufiger aber von N einfallend, vermögen die Temperatur gelegentlich sogar unter die Frostgrenze zu drücken.

Die extreme Aridität der Wüste Lut, deren potentielle Verdunstungsrate mit etwa 5000 mm angegeben wird (KARDAVANI 1977, S. 117) hängt somit nicht nur von den randlichen Hochgebirgen, die feuchtigkeitsbringende Winde abweisen oder zum Abregnen zwingen, sondern auch von den abwärts gerichteten und dabei austrocknenden Luftmassenbewegungen ab. Die durchschnittlichen langjährigen Niederschlagswerte dürften erheblich unter 50 mm und damit sehr viel niedriger als in der Großen Kavir liegen. Die wenigen verfügbaren Daten über Stationen in oder am Rande der Wüste Lut beweisen nicht nur die Periodizität bzw. Episodität des Niederschlagsganges, sondern auch das ungeheure Feuchtigkeitsdefizit. Der Niederschlagsarmut entspricht das weitgehende Fehlen perennierender Gewässer. Aus dem Einzugsbereich des Namaksar bezeichnet HALLIER (1976) den Kal-shur als dauernd fließend (vgl. auch BOBEK 1969, S. 163), während für den Osten der ebenfalls salzwasserführende Rud-e-Birjand zu nennen ist. Am Rande des Lutbeckens treten einige periodisch fließende Rinnsale der Gebirgsränder hinzu, die besonders im Frühjahr wasserreich und in Gebirgsnähe oft sogar perennierend sind.

Der edaphischen wie klimatischen Ungunst entspricht die äußerst kümmerliche Vegetationsausstattung der Lut (pers. *lut* = leer, nackt). Ebenso wie in der Kavir gibt es auch in der Lut vollkommen vegetationslose Areale, deren größtes von MONOD (1971) mit etwa 20000 km² Ausdehnung angegeben wird. Ansonsten werden die Dashtflächen von spärlichen, vor allem an den selten wasserführenden Rinnsalen konzentrierten Beständen von Gräsern und Polsterpflanzen überzogen. Die weiteste Verbreitung hat dabei der Kameldorn *(Alhagi sp.)*, auch *Salsola* und *Seidlitzia* sind mit verschiedenen Varietäten vertreten. Unter den wenigen Gehölzpflanzen sind wiederum Saxaul *(Haloxylon)*, Tamarisken sowie der *Calligonum*-Strauch erwähnenswert. An den Ufern perennierender Flüsse sowie an Qanatabflüssen bilden sie z. T. echte Uferdickichte.

Analog zu dem verkehrs- und siedlungsfeindlichen Charakter der Großen Salzwüste hat auch die Wüste Lut bis heute ihren Charakter als trennende Barriere zwischen dem Südosten und dem Rest des Landes beibehalten. Während die heutigen Überlandstraßen und Wüstenpisten den z. T. jahrhundertealten Karawanenrouten folgen und den Kern des Wüstenbeckens in weiten Bögen umgehen, erfolgte die Erforschung der inneren Lut eigentlich erst seit Beginn dieses Jahrhunderts durch Sven HEDIN (1910, 1918/1927) sowie durch den österreichischen

Forschungsreisenden und Geographen GABRIEL (1929f.), dem wir wichtige Kenntnisse vor allem über die Naturausstattung dieses Raumes verdanken.

Bemerkenswert im Gegensatz zu der Großen Kavir und ihrer Randgebiete ist die trotz extremer natürlicher Ungunst doch beträchtliche menschliche Besiedlung und wirtschaftliche Nutzung einzelner Teile der Lut. Wenn es sich bei diesen Oasenkomplexen von der Lage her auch durchweg um solche Standorte handelt, die GABRIEL (1957, S. 265) als ›Schwelle höheren Landes und weniger scharfe(r) Wüste zwischen ungangbaren Räumen im N und S‹ bzw. E und W bezeichnet, so erreichen die Oasen von Shahdad, Naibandan, Bam oder Deh Salm eine doch z. T. beträchtliche Ausdehnung, unterliegen heute aber unterschiedlichen Entwicklungstendenzen. Waren ursprünglich diese wie auch einige wenige andere Siedlungsplätze wichtige Etappen- und Versorgungsorte für den inneriranischen Karawanenverkehr, so stellt heute der Dattelpalmenanbau die wichtigste Wirtschaftsgrundlage der wenige tausend Menschen zählenden Einwohnerschaft dar.

Shahdad, an der Ostabdachung der bis fast 4000m Höhe aufragenden Gebirgsmassive des Kuh-e-Payneh bzw. des Kuh-e-Palvar gelegen, ist Mittelpunkt eines kleineren Anbaugebietes, in dem neben Dattelpalmen auf Bewässerungsgrundlage Getreide, Obst und Gemüse verschiedener Art kultiviert werden. Unweit der heutigen Siedlung werden gegenwärtig die Ruinen des alten Khabis ausgegraben, einer Siedlung, deren Anfänge in vor- und frühgeschichtliche Zeit zurückreichen und die zu ihrer Existenz wohl andere Umweltbedingungen als heute gehabt haben muß (MEDER 1979). Vergleichbares gilt für Naibandan, ähnlich wie das südlich davon gelegene Ravar (1976: etwa 9200 Ew), ein kleiner Etappenort an der Wüstenpiste Kerman–Mashhad. Die mit Abstand größte aller Oasen im Bereich der Lut ist das Siedlungsgebiet von Bam mit seinem Umland, das ungefähr 100 Weiler und Dörfer umfaßt, deren Existenzgrundlage vor allem auf der Kultur der Dattelpalmen sowie auf dem Anbau von Henna basiert. Städtischer Mittelpunkt dieses Gebietes und zugleich wichtigster zentraler Ort für die gesamte südliche Lut und den Abschnitt zwischen Kerman im W und Zahidan im E ist die Stadt *Bam* (1976: 30 442 Ew), deren Physiognomie und Funktionen denen anderer Städte vergleichbarer Größe ähnelt und die an anderer Stelle ausführlich analysiert wurde (EHLERS 1975, GAUBE 1979). Historisch bedeutsam war Bam vor allem im 18. und 19. Jh., als seine großartige Festung und die in ihrem Schatten gelegene, von hohen Mauern umgebene Altstadt ein wichtiges Bollwerk gegen die Afghanen und gegen nomadische Überfälle aus dem Südosten waren. Die heutige moderne Stadt mit ihrem malerischen Bazar stammt in ihren wichtigsten Teilen aus dem späten 19. und frühen 20. Jahrhundert. An der Straße Kerman–Zahidan finden sich als einzige Industriebetriebe eine Aufbereitungsanlage für Zitrusfrüchte und Datteln sowie eine Hennamühle.

Ähnlich wie die kleine Oasensiedlung Ahmadieh mit ihrem für viele Oasendörfer typischen Ortsgrundriß vom Qalehtypus und dem ebenfalls symptomatischen Landnutzungsmuster sind auch die Siedlungen und Fluren von Narmashir,

4. Das Hochland von Iran und seine Randlandschaften

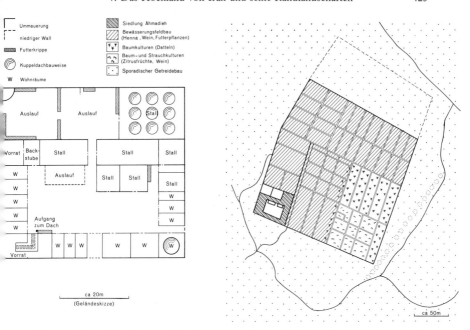

Abb. 76: Ahmadieh: Oase und Siedlung — Baubestand und Landnutzung, 1970 (nach EHLERS 1975).

dem südlichsten Teilbecken der Lut, sowie diejenige bei Deh Salm und Nayband am Ostrand der Wüste (KARDAVANI 1978, SPOONER 1974) angelegt. Allgemeines Kennzeichen aller Oasen im Umkreis der Lut ist heute ihre Stagnation bzw. die Abwanderung ihrer Bevölkerung. Bedeuteten schon der Rückgang des Karawanenverkehrs und die damit verbundenen Einbußen eine erhebliche Schwächung der ohnehin begrenzten wirtschaftlichen Möglichkeiten der Oasenbevölkerung, so belegen die Reiseberichte seit den dreißiger Jahren (vor allem durch GABRIEL) eine auch bis zur Landreform nachweisbare traditionelle Land- und Weidewirtschaft. Sie bestand auf Teilbaubasis vor allem bei dem außerhalb der Umfassungsmauern betriebenen Bewässerungsfeldbau, während die Dattelhaine und ihr Unterwuchs durch Lohnarbeiter bewirtschaftet wurden. Die insgesamt nicht bedeutsame Viehhaltung wurde durch die Einbeziehung sommerlicher Hochweiden möglich, wie überhaupt viele Dörfer und Marktorte während der heißen Jahreszeit weitgehend von der Bevölkerung, die vor der Hitze Zuflucht im Gebirge suchte, verlassen wurden. Diese auch heute noch verbreitete Praxis hat zur Entstehung echter Sommerdörfer sowie zur Ausbildung periodisch bewohnter Viertel in bestehenden Gebirgssiedlungen beigetragen: berühmte Beispiele sind Deh Bakri (vgl. STÖBER 1978) für die Bewohner von Bam oder Orte wie Sirdj und Gok für die Einwohner von Kerman oder Shahdad.

Mit der Landreform wurde der Teilbau im Oasengebiet abgeschafft. Da den Großgrundeigentümern in der Regel die Verfügungsgewalt über das für den Anbau allein entscheidende Wasser verblieb (vgl. Kap. IV, Abschn. 2.2.5), waren die zur Verteilung gelangenden Ländereien zumeist ohne Irrigation und damit praktisch wertlos. Ein Großteil der Oasenbevölkerung mußte abwandern. Der Bau von Brunnen (z. T. Tiefbrunnen), der nur kapitalkräftigen Grundherren oder städtischen Kaufleuten möglich war, führte zur Ausweitung der Dattelpalmenhaine, Zitrusgärten und sonstiger von Mauern umgebener Intensivkulturen, die ausschließlich durch Lohnarbeit bewirtschaftet werden. Da der Brunnenbau die Absenkung des Grundwasserspiegels beschleunigte, fielen an etlichen Stellen die traditionellen Qanate trocken und forcierten somit den Kulturlandverfall. So ist auch für das gesamte Oasengebiet sowohl im Umkreis der Lut als auch der Großen Kavir heute ein ›Oasensterben‹ zu beobachten, dessen wichtigste Merkmale Bevölkerungsabwanderung und Kulturlandverlust sind (KARDAVANI 1978).

4.4.2. Die westliche Beckenumrandung: Qum–Kashan–Yezd–Kerman

Die westliche Begrenzung des zentralpersischen Wüstengürtels besteht, wie schon zuvor kurz angedeutet, aus einer Reihe NW–SE streichender Ketten, deren zentrale Teile zu einem guten Teil aus Massengesteinen (Graniten, Gneisen, Dioriten usw.) bestehen und um deren kristalline Kerne sich die jurassischen, kretazischen und teilweise auch tertiären Sedimentpakete herumlegen. Die markantesten dieser Gebirgszüge sind — von NW nach SE — der Kuh-e-Tafrish (3068 m) westlich von Qum, die Massive des Kuh-e-Alaband, Kuh-e-Gurau (3365 m), der Doppelgipfel des Gargesh (3513 bzw. 3603 m) und der Kuh-e-Kargiz (3896 m), die im SW parallel zur Straße Qum–Kashan–Natanz ziehen, die Ketten des Kuh-e-Marshinan (3334 m) und des Kuh-e-Kala (3116 m) zwischen Ardistan und Nain. Südlich der Senkenzone Isfahan–Nain, die auch von der Straße Isfahan–Nain–Yezd gequert wird, schließen sich die höchsten Erhebungen an. Es sind dies wiederum von NW nach SE: der Shir Kuh (4055 m) bei Yezd, die auf 3600 m Höhe ansteigenden Aiyubberge sowie die Kermaner Gebirge mit ihren markantesten Erhebungen des Kuh-e-Panj (3064 m) unmittelbar nördlich der Straße Kerman–Sirjan, Kuh-e-Chehiltan (3658 m), Kuh-e-Bidkhan (3962 m), Kuh-e-Lalehzar (4374 m), dem Kuh-e-Hazar (4420 m), dem vorgeschobenen und in unmittelbarer Nähe zu Mahun gelegenen Kuh-e-Jupar (3962 m) sowie dem langgestreckten Massiv von Deh Bakri (3536 m). Südlich von Bam läuft die Gebirgsabfolge im Kuh-e-Jamal Bariz (Jebel-Bariz), der selbst noch eine Höhe von fast 4000 m erreicht, zu einer niedrigen Schwellenregion aus. Diese trennt die südlichen Ausläufer der Lut von dem schon zu Baluchistan zählenden Endbecken des Jaz Murian. Jenseits dieser Schwellenregion steigt das Gebirge nochmals an, um in dem isolierten Vulkanklotz des Kuh-e-Bazman (3490 m) dann endgültig auszuklingen.

4. Das Hochland von Iran und seine Randlandschaften

Im geologischen Sinne handelt es sich bei dem soeben gekennzeichneten Raum um die schon eingangs genannte Urmiah-Dukhtar-Zone, ein durch stellenweise mächtige neogene Vulkanite und — wirtschaftlich bedeutsam! — verschiedene Buntmetallvorkommen charakterisiertes Zwischengebirge zwischen dem Zagrosorogen einerseits und dem zentraliranischen Kern andererseits. Im naturräumlichen, orohydrographischen Sinne sollen hier aber auch mitbetrachtet werden jene Teile des zentraliranischen Orogens, die sich nordöstlich an die Vulkanitzone anschließen: sie sind entweder als bereits weitgehend eingerumpfte Reste der sog. ›Medischen Masse‹ erhalten oder aber, wie nördlich von Kerman, als ausgesprochene Hochgebirge im Zusammenhang mit jungalpidischer Orogenese reaktiviert worden (Kuh-e-Kuhbanan 3658 m, Kuh-e-Paiyeh 3143 m, Kuh-e-Saguch 3993 m). In diesem Übergangsbereich liegen, wie an einer Perlenschnur aufgereiht, dennoch aber räumlich voneinander getrennt, die Städte Qum, Kashan, Natanz, Ardistan, Nain, Yezd, Anar, Rafsinjan, Kerman, Mahun und Bam. Da die Städte z. T. inmitten ausgeprägter Beckenräume liegen, mag man die westliche Umrandung der zentraliranischen Wüstenbecken zusammenfassend auch als *Zentralpersisches Berg- und Beckenland* bezeichnen, dessen Beckenräume dann aber nicht, wie SCHARLAU (1969) es tut, den Zagrosvorbergen zugerechnet werden dürfen, sondern als Teil des von ihm als Kuh-Rud-Gebirge bezeichneten innerpersischen Gebirgslandes gesehen werden müssen.

Das Kuh-Rud-Gebirge, das im folgenden als Sammelbegriff alle zuvor genannten Teilmassive umfassen soll, hat in den letzten Jahren im Zusammenhang mit der Diskussion um die Vergletscherung und die allgemeine Klimageschichte des Hochlandes von Iran verstärkte geomorphologische Aufmerksamkeit erfahren. Im Shir-Kuh haben eingehende Untersuchungen (HAARS u. a. 1974, HAGEDORN u. a. 1975) die Existenz mindestens einer großen eiszeitlichen Vergletscherung wahrscheinlich gemacht. Neben Moränengirlanden im Vorland des Gebirges weisen vor allem blockgletscherähnliche Ablagerungen im Innern des Gebirges sowie markante Schliffspuren im Kristallin, die als Gletscherschrammen gedeutet werden, auf ein größeres Eisstromnetz hin. Das Fehlen echter Kare wird mit der Existenz von Gletschern des ›turkestanischen Typs‹ begründet. Eine Stützung der mehr vorläufigen Befunde bedeutet der Nachweis von mindestens drei Terrassenniveaus in den den Shir-Kuh entwässernden Tälern, für deren Entwicklung GRUNERT (1977) drei Voraussetzungen nennt:

— beträchtliche Absenkung der durchschnittlichen Temperaturmittel bei
— gleichzeitiger Zunahme der Jahresniederschläge und folglich
— stärkere Bewölkung mit der Konsequenz einer verringerten Sonneneinstrahlung und herabgesetzter Verdunstungsraten.

Weitgehender sind die Schlußfolgerungen, die KUHLE (1974, 1976) aufgrund seiner glazialmorphologischen Studien am Kuh-e-Jupar (nach KUHLE: 4135 m) glaubt ziehen zu können. Er konstatiert zwei pleistozäne Vergletscherungen mit

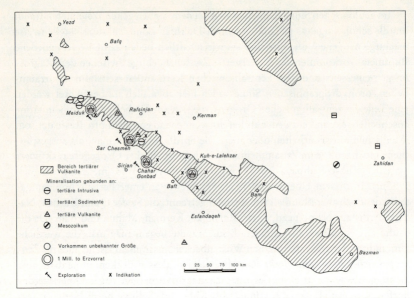

Abb. 77: Kupfervorkommen im Raum Yezd–Kerman–Zahidan (verändert nach Bundesanstalt für Bodenforschung 1974).

maximal 17 km langen und bis zu 550 m mächtigen Eisströmen, deren Problematik bereits ausführlicher diskutiert wurde (vgl. dazu Kap. II, Abschn. 1.3.3 und Abschn. 4).

Während die gerade angesprochene Frage ausschließlich von wissenschaftlich-akademischem Interesse ist, hat die geologische Struktur der Vulkanitzone unmittelbare wirtschaftliche Konsequenzen. Wie schon erwähnt, gehört die gesamte westliche Begrenzung der inneriranischen Wüstenbecken zu den lagerstättenreichen Distrikten mit abbauwürdigen, z. T. gewaltigen Vorkommen an Kohle und Eisen, besonders aber von Kupfer, Blei, Zink und sonstigen Buntmetallen. Die wichtigsten Lagerstätten im Bereich der tertiären Vulkanite liegen zwischen Kashan und Ardistan, bei Yezd und südlich von Kerman. Im Raum Anarak sowie bei Bafq und Kushk greifen diese Lagerstätten auf den sog. ›zentraliranischen Kern‹ über.

Die mit Abstand wichtigste Einzellagerstätte ist das *Kupfervorkommen* von Sar Cheshmeh, die im Gebiet von tertiären Granit-/Dioritintrusionen in vulkanisch-sedimentären Ablagerungen liegt. Die bereits heute als sicher geltenden Vorkommen werden auf 20 Mill. t oxidisches Erz mit 2 % Cu und 350 Mill. t sulfidisches Erz mit 1,2 % Cu geschätzt. Sie alle liegen oberflächennah und können im Tagebau bis 160 m Tiefe gewonnen werden. Unter Ausweitung der Tiefe bis 250 m wird der Abbau weiterer 400 Mill. t Erz mit ca. 1 % Cu-Gehalt für möglich gehalten. Nach Erreichen der vollen Abbaukapazität sollen jährlich ungefähr 150000 t Cu-Metall erzeugt werden; eine Kupferhütte und Raffinerie sind in der Planung bzw. im Bau. Weitere, allerdings noch nicht erschlossene Vorkommen im Raum Kerman sind die von Chahar Gonbad (1,67 % Cu-Anteile der Erzvorräte) sowie die von Meiduk (über 30 Mill. t Erz mit 1—1,3 % Cu), Iju, Kuh-e-Lalehzar und anderen Orten (vgl. Abb. 77).

Blei-/Zinklagerstätten, in Zentraliran zumeist in Form hydrothermaler Verdrängungslagerstätten ausgebildet, finden sich konzentriert einmal im Raum Arak–Isfahan, andererseits im Gebiet Anarak–Yezd–Kushk. Die hier im zentraliranischen Distrikt lagernden Vorkommen finden ihre stärkste Konzentration bei Kushk in der Nähe von Bafq, wo sie im Tiefbau gefördert werden und wo, bei einer Bewegung von etwa 375 t Erz/Tag, insgesamt über 50000 t Konzentrat erzeugt werden. Wenn diese für 1973 ermittelten Werte inzwischen auch gesteigert sein dürften, so sind die Gewinnungs- und Anreicherungsmethoden doch bisher nicht voll entwickelt. Dies gilt auch für die seit langem bekannten Bleilagerstätten von Anarak, das zudem isoliert liegt und bisher nur über Wüstenpisten zu erreichen ist.

Eine große Bedeutung haben in den letzten Jahren im Zusammenhang mit dem Bau des Stahlwerkes Isfahan die *Eisenerzlagerstätten* von Bafq erlangt. Diese ebenfalls seit längerem bekannten Vorkommen konzentrieren sich derzeit auf zwei Magnetitkörper: den in unmittelbarer Nähe von Bafq gelegenen Erzberg von Chogart, der seit 1971 im Tagebau mit einer Tagesleistung von über 3000 t Erz ausgebeutet wird. Die Vorkommen werden auf über 150 Mill. t geschätzt; der Fe-Gehalt beträgt etwa 62 %. In ähnlicher Größenordnung bewegen sich die Vorkommen von Chador Malu, etwa 70 km nördlich von Bafq. Sie werden bisher noch nicht genutzt. Gleiches gilt für die bisher im Explorationsstadium befindlichen Lagerstätten von Gol-e-Gowhar (300 Mill. t Erz) bei Kerman und Jalalabad (100 Mill. t Erz) bei Bafq.

Schließlich ist der Raum Kerman bergbaulich interessant und bedeutsam durch seine Vorkommen an verkokbarer Kohle. Während die auf über 50 Mill. t geschätzten Vorräte von Badamu infolge ihres mehr linsenhaften Auftretens nur bedingt abbauwürdig erscheinen, gelten die bis 1 m mächtigen Flöze von Hodjek als wirtschaftlich interessant: 40 % ihrer derzeit auf 50 Mill. t veranschlagten Vorräte scheinen verkokbar zu sein.

Insgesamt besteht kein Zweifel, daß die zentraliranische Vulkanitzone bergbaulich für das Land von größter Bedeutung ist. Vor allem der Bau des Stahlwerks in Isfahan hat dieses Potential volkswirtschaftlich in Wert gesetzt, wenngleich der hohe Phosphorgehalt mancher Bafqeisenerze sowie die Versorgung mit verkokbarer Kohle Schwierigkeiten bereiten. Auch die Tatsache, daß es sich bei der Gewinnung der Erze und der sonstigen Minerale durchweg (mit Ausnahme der Kupferhütte von Sar Cheshmeh) um extraktive Aktivitäten handelt, die der Wirtschaft der Region kaum zugute kommen, verdient Erwähnung.

Natur- wie kulturlandschaftlich unterscheidet sich die westliche Umrandung der großen inneriranischen Wüstenbecken kaum von den anderen Trockenräumen des Hochlandes von Iran. Mächtige Bergfußflächen, von schütterer *Artemisia*-Steppe überzogen, begleiten die nackten Hochgebirge und leiten in sterile Schotter- und Kieswüsten über, die dann schließlich in abflußlose Becken mit entsprechender Feinsedimentfüllung einmünden. Dort, wo Gebirge beidseits eine Beckenstruktur begleiten, finden wir häufig nahe dem Beckenzentrum kleine Siedlungen und qanatbewässerte Flächen intensiv genutzten Kulturlandes, die — wenn sie überhaupt Überschüsse erzeugen — zur Versorgung der Städte dienen.

Kulturgeographisch hervorstechend sind in dem hier zur Diskussion stehenden Teil des Hochlandes von Iran die Städte, die entlang der Straße Tehran–Qum–Kashan–Nain–Yezd–Kerman aufgereiht liegen und die, zusammen mit einer Reihe weiterer Kleinstädte entlang der Verkehrsachse, den Raum strukturieren und in klar definierte Einzugsbereiche gliedern.

Qum (1976: 246 831 Ew), die nördlichste der hier zu betrachtenden Städte, ist neben Mashhad das wichtigste religiöse Zentrum des Landes und erhält von hier aus seine überregionale Bedeutung. Ausgehend von dem von den Shiiten als heilig verehrten Grabmal der Masumeh, der Schwester des in Mashhad begrabenen Imam Reza, hat sich Qum nicht nur zu einer nationalen Wallfahrtsstätte entwickelt, sondern ist heute zugleich der Sitz der religiösen Führung der iranischen Shiiten. Als solcher ist Qum zugleich ein politisches Aktions- und Organisationszentrum ersten Ranges, wie es auch in der Rolle dieser Stadt im Zusammenhang mit den seit 1977 besonders vehementen Unruhen gegen das monarchische Regime und als Residenz des Ayatolla Khomeini (seit dem 1.3.1979) zum Ausdruck kommt. Diese politische Funktion hat die Stadt in der jüngeren Geschichte des Landes bereits mehrfach wahrgenommen: so im Zusammenhang mit dem berühmten ›Tabakaufstand‹ von 1891/1892 oder mit der ›konstitutionellen Revolution‹ der Jahre 1905 bis 1911. Seine Sonderstellung innerhalb des iranischen Städtewesens verdankt Qum, das unter den Mongolen vollkommen zerstört wurde und sich bis in das späte 16. Jh. nicht von diesen Verwüstungen erholte, den Safaviden, die die Shia zur Staatsreligion erhoben und viel für Erhalt und Ausbau der heiligen Stätten taten (Abb. 78).

Wirtschaftliche Grundlage der in den letzten Jahren besonders schnell gewachsenen Stadt (1940/41: 52 637 Ew.; 1956: 96 499 Ew.; 1966: 134 972 Ew) ist einst wie heute die Wallfahrt und die von dem Heiligtum ausgehenden Aktivitäten. Die Zahl der Pilger wird auf über 1 Mill. geschätzt (BAZIN 1973); die von ihnen ausgehende Nachfrage nach privaten Dienstleistungen ist beträchtlich und hat zur Konzentration eines tourismusorientierten Geschäftsbesatzes im Zentrum der Stadt geführt (BAZIN 1973, Fig. 7), aber auch das traditionelle lokale Handwerk (Töpferei, Textilien, Süßwaren) sowie Hotellerie und Gastronomie belebt. Wirtschaftlich ebenso wichtig dürfte die Rolle der *Ulama*, der Geistlichkeit, sein. Viele Geistliche, aus den Einkünften von Stiftungen oder auf der Grundlage von Almo-

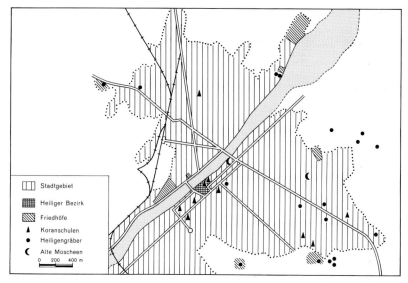

Abb. 78: *Qum als religiöses Zentrum* (nach BAZIN 1973).

sen lebend, verbringen Monate und Jahre als Lehrer oder Lernende in der Stadt und ihren zahlreichen heiligen Stätten und tragen somit zum Lebensunterhalt ihrer Bevölkerung bei. Ähnlich wie in Mashhad spielen schließlich für die Stadt bzw. für das Heiligtum die Einnahmen aus dem über das ganze Land verstreuten Stiftungseigentum eine Rolle. Diese in Form von Naturalien oder Geldzahlungen in der Stadt zusammenfließenden Kapitalien sind nicht nur Grundlage der permanenten Restaurierung und Verschönerung des heiligen Bezirkes selbst, sondern auch der zahlreichen Koranschulen (ca. 6000 Studierende!) sowie der personalaufwendigen Administration der religiösen Stätten wie auch der iranischen Shia.

Hinter die Funktionen als Pilgerzentrum und religiöser Verwaltungsmittelpunkt treten die traditionellen Merkmale, wie sie sonst für iranische Städte vergleichbarer Größe kennzeichnend sind, zurück, sind aber dennoch nicht unbedeutend. Dies gilt nicht nur für die Vermarktung der landwirtschaftlichen Produkte des z. T. gut bewässerten Umlandes der Stadt und die Versorgung ihrer Bevölkerung, sondern auch für die Organisation eines städtisch wie ländlich entwikkelten Heimgewerbes. Unter diesen Heimmanufakturen ragt, neben der bereits genannten Töpferei, traditionell die Textilherstellung heraus, die seit Beginn dieses Jahrhunderts durch die Installation einer Entkernungsanlage für Baumwolle, seit Reza Shah durch den Bau einer Tuchfabrik sogar als echte Industrie anzusprechen ist, die jedoch nach wie vor nur wenige hundert Menschen beschäftigt. Um so bedeutender ist die daraus hervorgegangene und darauf aufbauende Teppichknüpferei. Obwohl die Teppichherstellung erst relativ junger Entstehung ist und ihre heutige Bedeutung eigentlich aus den 30er Jahren dieses Jahrhunderts resultiert, zählt der Qumteppich zu einer der besten Provenienzen. Der ›Qum‹, der in vielen Familienbetrieben in der Stadt und in den Dörfern des Umlandes geknüpft wird (vgl. BAZIN 1973), ist vor allem ein beliebter, weil kostspieliger Exportartikel. Nach BAZIN (1973) waren 1966 fast 40 % aller ›Industriebeschäftigten‹ im Verwaltungsbezirk Qum in der Teppichmanufaktur beschäftigt.

Etwa 100 km südöstlich von Qum liegt *Kashan* (1976: 84545 Ew.), Zentrum einer intensiv bewässerten Fruchtoase, die in gleicher Weise durch Qanate wie Quellwasser gespeist wird. Während die gesamte Distanz zwischen Qum und Kashan von sterilen und ackerbaulich nicht nutzbaren Dashtflächen eingenommen wird, treten am Fuße des Gebirges südwestlich der Stadt, entlang einer Randstörung, zwei stark schüttende Quellen aus. Die Quelle von Fin, deren Wasser von den Safaviden für die Anlage des berühmten und noch heute erhaltenen Lustgartens 6 km außerhalb der Stadt genutzt wurde, ist die stärkere von beiden und hat eine durchschnittliche Schüttung zwischen 140 und 198 l/sec. Die 30 km westlich der Stadt gelegene Quelle von Nissar schüttet dagegen 40—70 l/sec. und ist ebenso, wie die zuerst genannte, für die Bewässerung landwirtschaftlich genutzter Flächen von großer Bedeutung. Die im Umland von Kashan zahlreichen Qanate fördern zwischen 1 und 32 l/sec., ihre durchschnittliche Kapazität wird mit 240 000 cbm/Jahr angegeben (NADJI 1972). Angesichts eines nur bei etwa 100 mm/Jahr liegenden Niederschlagsmittels verwundert nicht, daß die permanente Schüttung der Qanate im Zusammenhang mit dem seit den 60er Jahren intensiven Bau von Tiefbrunnen zu einer schnellen Absenkung des Grundwasserhorizontes und damit zum Versiegen der traditionellen Bewässerungsanlagen führte. Nach NADJI (1972) lagen 1966 von insgesamt 180 Qanaten in der Dashte-Kashan bereits 50 trocken; allein in dem niederschlagsarmen Jahr 1965/66 büßten 16 Qanate ihre Wasserführung ein. Die Absenkungsbeträge des Grundwassers zwischen 1947 und 1969 liegen an einzelnen Orten bis zu 18,4 m, doch ist durchschnittlich mit einem Betrag von 1,94 m für die genannte Zeit zu rechnen (NADJI 1972).

Kashan selbst als städtischer Mittelpunkt kann auf eine lange, z. T. glänzende Vergangenheit zurückblicken. Schon zuvor als eines der wichtigsten Produktionsgebiete wertvoller Textilien in Persien bekannt, erreichte die Stadt im frühen 17. Jh. unter den Safaviden ihre höchste Blüte. Ob das Epitheton, wonach Kashan unter den Safaviden die zweite Stadt des Reiches gewesen sei, zutrifft, sei dahingestellt. Tatsache ist, daß die Stadt im 17. Jh. häufig Residenz der Safavidenherrscher war und dementsprechend mit Palästen, Parks usw. ausgestattet war. Zu dieser Zeit war sie mit Doppelmauer und fünf Stadttoren befestigt; CHARDIN, der 1673 hier weilte, spricht von über 6000 Häusern, 40 Moscheen und drei Koranschulen. Weit über Persien hinaus bekannt war die Stadt wegen ihrer hier gefertigten Brokate und Samttuche.

Afghanische Belagerung, hohe Steuern unter Nadir Shah und Naturkatastrophen leiteten eine Phase der Stagnation und des Verfalls ein, von dem sich die Stadt eigentlich erst seit dem Zweiten Weltkrieg zu erholen beginnt. Heute hat die Stadt, die noch 1866 weniger als 6000 Menschen zählte, wieder eine nennenswerte Textilindustrie, die sogar in starker Ausweitung begriffen ist. Neben der hier traditionellen Bedeutung des Kupferschmiedehandwerks und der Keramikherstellung (Kashikacheln!) sowie dem Weben von Shawls und Tüchern erfuhr im späten 19. Jh., nicht zuletzt unter dem Einfluß europäischer Handelshäuser, die Teppichknüpferei eine Renaissance, wobei insbesondere aus Gilan importierte Seide in die feine Knüpfung eingearbeitet wurde und somit die hohe Qualität des ›Kashan‹ begründete. Auch heute noch sind die Herstellung von Textilien (zu denen in der persischen Statistik auch die Teppichknüpferei zählt) mit fast 80 % aller Beschäftigten und die ebenfalls traditionelle Verarbeitung und Vermarktung von Nahrungsmitteln die wichtigsten Industrien der Stadt. Die 1932 gegründete Kashan Spinning Company zählt heute zu den größten Tuchherstellern des Landes; auch die sog. Velvet Company beschäftigt weit über 1000 Arbeiter und Angestellte. Industrielle Neugründungen der letzten Jahre schließen aber auch zelluloseverarbeitende Betriebe sowie kleinere metallverarbeitende Werke ein.

Nach wie vor wichtigster Wirtschaftsfaktor aber ist die Teppichknüpferei, der allein in der Stadt selbst etwa 5000 Haushalte nachgehen (COSTELLO 1976, S. 124), wobei Produktion und Vermarktung der stark exportorientierten Fertigwaren den gängigen Mustern anderer Knüpfzentren folgen: Wolle kommt, wie auch in Arak, zum großen Teil aus Gulpaigan, Baumwolle aus Isfahan und wird in Kashan selbst maschinell oder manuell gesponnen. Garnhändler verkaufen die zwischenzeitlich gefärbte Wolle dann an Teppichhändler, die ihrerseits Wolle, Muster und Knüpfrahmen an von ihnen abhängige Knüpferfamilien weitergeben und diese für die Knüpfarbeit mit einem Teil des Großhandelspreises (oft um etwa 50 %) entschädigen. Aber auch viele Privathaushalte, die in eigener Regie knüpfen, beziehen die Accessoires auf dem Bazar und setzen dort auch die fertigen Produkte ab.

Im Gegensatz zu diesen beiden Hauptzentren der nordwestlichen Beckenumrandung sind eine Reihe kleinerer Städte von eher lokaler Bedeutung, z. T. aber wegen ihrer berühmten Teppiche auch überregional bekannt. Während die Doppelsiedlung Aran-Bidgul (Anfang der 70er Jahre mit etwa 30 000 Ew; nach COSTELLO 1976) am Rande der Kavir, die Gebirgsrandsiedlung Kamsar und in gewisser Weise auch das wegen seiner Töpferei bekannte Natanz (1976: 4268 Ew) noch ganz auf Kashan als übergeordnetes Zentrum ausgerichtet sind, haben die bereits wie Natanz zur Provinz Isfahan zählenden Städtchen Ardistan (1976: 7881 Ew) und Nain (1976: 10490 Ew) eine gewisse Eigenständigkeit als ländliche Mittelpunktsiedlungen. Berühmt ist unter ihnen insbesondere ›Nain‹ wegen der vor allem seit dem Zweiten Weltkrieg florierenden Teppichmanufaktur. Der Nain galt lange Zeit als wertvollster und teuerster Teppich, der seine hohe Qualität nicht nur der Feinheit seiner Knüpfung (bis zu 10000 Knoten je dm^2), sondern auch der reichen Verwendung von Seide verdankt.

Auch der südliche Teil der Beckenumrandung des inneriranischen Wüstengürtels ist durch zwei übergeordnete und eine Reihe nachgeordneter städtischer Zentren gekennzeichnet. Eindeutig dominierend sind die Provinzkapitalen Yezd und Kerman. *Yezd* (1976: 135 978 Ew) ist heute wie Kashan vor allem durch Textilherstellung geprägt und kann hier auf eine ähnlich lange Tradition zurückblicken, die Marco Polo bereits unter Hinweis auf die hier zu seiner Zeit florierende Seidenverarbeitung bemerkte. Die Stadt, der wegen ihrer abseitigen Lage am Rande der Wüste manche Schicksale anderer Städte erspart blieben und die bis vor wenigen Jahren noch von einer weitgehend intakten timuridischen Stadtmauer umgeben war, hat eine in der persischen Geschichte bis heute fortwirkende Sonderstellung insofern, als es die Hochburg der Parsen, d. h. der Anhänger des Zarathustrakultes war und ist. Die Stadt entwickelte sich, wohl nicht zuletzt aufgrund ihrer naturräumlichen Isolation, nach der Islamisierung des Landes zu einer Hochburg der Zoroastrer, deren weitaus größter Teil das Land verließ und sich in Indien ansiedelte. Aus dieser Zeit stammen auch die im 19. Jh. besonders engen Handelsbeziehungen zwischen Yezd und Bombay, deren Konsequenz die Niederlassung indischer Händler in der Stadt war.

Auch das heutige Yezd, 1969 zur Kapitale der neugeschaffenen gleichnamigen Provinz ernannt, kann industriell, wie so viele andere Städte des Landes in vergleichbarer Größe, als Standort der Textilverarbeitung, der Baustoffindustrie und der Nahrungsmittelverarbeitung bezeichnet werden. Von den Beschäftigtenzahlen her dominieren dabei eindeutig wiederum die textilproduzierenden Betriebe, in denen einschließlich der nicht exakt faßbaren Heimindustrien zwischen 8000 und 10000 Menschen arbeiten. Die Teppichmanufaktur, konzentriert auf die Reproduktion von Teppichen vom Isfahan-, Kerman- und Kashandesign, ist weniger auf die Stadt selbst als vielmehr auf die Dörfer ihres Umlandes beschränkt. Während die Siedlungen im Gebirge sowie im S der Stadt überwiegend auf Kerman- und Kashanteppiche spezialisiert sind, greift auf den Nordteil der Provinz mit Ardakan als Zentrum die schon erwähnte Ausweitung der Knüpferei von Nainteppichen über.

Der einstmals bedeutende wirtschaftliche Einfluß der Zoroastrer ist in Yezd heute nur noch bedingt spürbar. Eine Volkszählung im Jahre 1892 ergab für die Provinz Yezd insgesamt 6908 Anhänger des Feuerkultes, von denen etwa 1000 auf die Stadt selbst, der Rest auf die folgenden Dörfer entfiel: Taft — Qademabad — Nainabad — Rahmatabad — Mohammadabad — Mariabad — Kuchabyek — Nasirabad — Qasnavieh — Madar-i-Sadr — Nosratabad — Elahabad — Hussainabad — Joafarabad — Mazra-i-Kalantari und Sharafabad-i-Ardakan (vgl. zum letzteren: BOYCE 1977).

Auch heute ist das Gros der zoroastrischen Bevölkerung noch im ländlichen Raum angesiedelt (vgl. BOYCE 1967, 1969, 1971), während genaue Zahlen über Yezd nicht bekannt sind. Mit Sicherheit kann Tehran heute als zahlenmäßig dominierendes Zentrum der Zoroastrer in Iran gelten.

4. Das Hochland von Iran und seine Randlandschaften 433

Abb. 79: Yezd: Baubestand und funktionale Gliederung (verändert nach BONINE 1975).

Obwohl Yezd inmitten einer wüstenhaften Umgebung liegt und vor allem nördlich der Stadt mobile Sande auf das Kulturland überzugreifen drohen, spielt die Landwirtschaft in der unmittelbaren Nachbarschaft der Stadt nach wie vor eine besondere Rolle. Vor allem die in den mächtigen Schotterfluren des Shir-Kuh-Massivs zirkulierenden Grundwasser wurden in der Vergangenheit in z. T. über 50 km langen und mehr als 100 m tiefen Qanaten bis in das Umland von Yezd geleitet und dort für den Bewässerungsfeldbau nutzbar gemacht. Der auch hier in den letzten Jahren forcierte Brunnenbau hat jedoch etliche der unterirdischen Galerien trockenfallen lassen, so daß mit dem kapitalaufwendigen Brunnen- bzw. Pumpenbau sowie mit dem Verlust traditioneller Bewässerungstechniken auch im Umland von Yezd tiefgreifende agrarsoziale Wandlungen stattgefunden haben, über die jedoch genauere Untersuchungen bisher fehlen.

Die Stadt Yezd und ihr Umland ist kürzlich durch BONINE (1975) in einer in vielerlei Hinsicht vorbildlichen Untersuchung dargestellt worden. In bezug auf die zentrale Frage der Siedlungshierarchie unterscheidet BONINE dabei für die insgesamt 162 von ihm erfaßten Siedlungen folgende, wohl auch auf andere Teile Irans übertragbare Typologie (EHLERS 1975, MOMENI 1976): provincial city — major town — minor town — primary village — major village — minor village.

Die anhand exakter Erfassung des Einkaufsverhaltens der ländlichen Bevölkerung in hervorragenden Kartenserien festgehaltenen Ergebnisse (vier Beispiele nachgedruckt in EHLERS 1978) bestätigen die bereits früher postulierte Usurpation der Bedarfsdeckung durch größere Siedlungen und Städte. So werden im Raume Yezd (und sicherlich nicht nur hier) nur leichtverderbliche Produkte des täglichen Bedarfs wie Fleisch, Obst und Gemüse, aber auch sonstige Lebensmittel des täglichen Konsums bei dörflichen Händlern nachgefragt. Schaufeln und Spaten aber, wichtige Arbeitsgeräte im landwirtschaftlichen Produktionsprozeß, werden bereits ebenso wie auch Haushaltsgeräte des täglichen Bedarfs in Yezd bezogen. Nachgeordnete Städte und Märkte wie z. B. Meybod (1976: 17874 Ew) oder das bereits im Zusammenhang mit dem Eisenerzbergbau genannte Bafq (1976: 11922 Ew) spielen in diesem Distributionsprozeß von Waren und Dienstleistungen zwar noch eine gewisse Rolle, treten aber deutlich hinter Yezd zurück. Yezd seinerseits wird bei der Vermarktung hochwertiger und kostspieliger Konsumgüter bereits von Isfahan und Tehran verdrängt.

Eine im Prinzip ähnliche Struktur wie Yezd weist *Kerman* (1976: 140309 Ew) auf, das allerdings auf eine bewegtere historische Vergangenheit, aber auch Eigenständigkeit, zurückblicken kann. Unmittelbarer und auch heute noch physiognomisch faßbarer Ausdruck der antiken Bedeutung Kermans sind die an der Peripherie hoch über der Stadt gelegenen Ruinen sassanidischer Befestigungen (Qaleh-e-Ardashir und Qaleh-e-Dokhtar), als die Stadt bereits eine wichtige Siedlung der ihren Namen tragenden Provinz Carmania war, wohl aber im Schatten der damaligen Zentren Sirjan (Saidabad) und Jiruft (Sabsavaran) stand. Im samanidischen Intermezzo erhielt Kerman 928 n. Chr. die Funktionen einer Provinzhauptstadt und entwickelte sich unter den Seljuqen für nahezu eineinhalb Jahrhunderte zum Zentrum einer quasi-unabhängigen lokalen Dynastie. Als Marco Polo auf seinem Wege nach China die von den Mongolenüberfällen verschonte Stadt besuchte, erwähnt er bereits einen Großteil jener Kunstfertigkeiten, für die die Stadt bis in die Gegenwart hinein berühmt ist: Textilien höchster Qualität, Stickerei und Lederarbeiten. Die durch kriegerische Ereignisse wenig beeinflußte Entwicklung der Stadt hielt bis zur Safavidenzeit an, als Kerman eine erste größere Blütezeit erlebte. Die beginnende Penetration der persischen Wirtschaft durch ausländisches Handelskapital wirkte sich indirekt auch auf die Stadt aus. In ihrem Gefolge erlebten die Viehwirtschaft des Raumes Kerman–Sirjan (Wollproduktion), aber auch das lokale Handwerk ebenso wie der Handel von und mit Indien sowie mit europäischen Waren einen Aufschwung.

Die Verlagerung der Handelsrouten nach Bushire und in den Mündungsbereich des Shat-al-Arab, die exponierte Lage der Stadt gegenüber den einfallenden Afghanen sowie entlang der Aufmarschwege Nadir Shahs bei seinen Kriegszügen gegen Kandahar und Indien, die weitgehende Vernichtung des Zoroastrerviertels und seiner Bewohner durch den Afghanenherrscher Ahmad Shah Durrani, vor allem aber die unglückliche Rolle, die die Stadt in der Auseinandersetzung zwischen dem letzten Zandherrscher und den Qadjaren spielte, führten vom Ende des 18. Jh. an zum Verfall der Stadt. 1794 ließ Agha Mohammad Khan, der wenig spater als erster Qadjarenherrscher (1796—1797) den Pfauenthron bestieg, die Stadt verwüsten und angeblich 40000 ihrer Bewohner in die Sklaverei verkaufen bzw. blenden, weil sie dem letzten Zand (Lotf Ali Khan) Schutz und Obdach gewährten. Auch in der Folgezeit wurden Stadt und Umland von den Qadjaren stets mit besonders hohen Steuern belegt und von notorisch ausbeuterischen Gouverneuren verwaltet, so daß bis in die Mitte des 19. Jh. hinein viele Dörfer aufgegeben wurden und die Wirtschaft der Stadt sich kaum erholen konnte.

Neuerlicher Aufschwung des indisch-iranischen Handels durch einheimische Zoroastrer und indische Kaufleute leitete von der Mitte des 19. Jh. auch eine abermalige Blüte der Stadt und ihrer Wirtschaft ein. Bereits 1870 verfügte die Stadt wieder über 30000 bis 40000 Einwohner und hatte 28 Karawansarais, 32 Bäder und ungefähr 120 Betriebe, die Shawls herstellten. Wenig später, um 1900, wird die Stadt wie folgt beschrieben (Gazetteer of Persia, vol. IV, Simla 1910):

>The city is surrounded by a clay wall in a good state of repair, about 30 feet high, with a ditch 40 feet wide and 10 feet deep, forming an irregular hexagon, measuring roughly a mile from east to west, and slightly more from north to south. It is divided into five quarters:
(1) Shahr, including part of ancient Kirman,
(2) Khwaja Khizr,
(3) Kutbabad,
(4) Maidan-i-Kaleh,
(5) Shah Adil
and three extra-mural quarters — (a) Gabri, (b) Mahuni, (c) Jumuidi. Touching it on the west side is the Ark or fort, in which the Governor-General resides.<

Die weitere Beschreibung der Stadt nennt sodann sechs Stadttore, 90 Moscheen, 6 Koranschulen, 50 Bäder und 8 Karawansaraien sowie einen wohlerhaltenen und geräumigen Bazar. Die Bevölkerung wird für die Jahre 1902/03 mit 49210 Ew angegeben, darunter 3000 Bahais, 1200 Sufis, 1700 Zoroastrer und 20 Inder.

Wirtschaftliche Grundlage der Stadt war, neben dem bedeutenden Karawanenhandel, wiederum die Fabrikation wertvoller Textilien, vor allem von Shawls, die auch nach Europa und Amerika exportiert wurden. Mit der zunehmenden Konkurrenz von Kashmirshawls bei gleichzeitig steigender Nachfrage nach persischen Teppichen verlagerte sich das Schwergewicht der wirtschaftlichen Aktivitäten immer mehr auf die Teppichherstellung. 1870/71 gab es zwar erst sechs Knüpfbetriebe in der Stadt (SMITH 1876), aber für 1900 spricht SYKES (1902) bereits von über 1000 Knüpfrahmen in der Stadt, zu denen addiert werden müssen ›about 130 more in the district, apart from the weaving carried on by the nomad tribes‹ (Gazetteer of Persia, vol. IV, Simla 1910). Damit hatte sich bereits um die Jahrhundertwende, nicht zuletzt unter Mithilfe persischer Kaufleute aus Tabriz und europäischer Händler, die Teppichmanufaktur durchgesetzt und war zur wichtigsten Grundlage der dortigen Wirtschaft geworden.

Das moderne Kerman und sein Umland, dem P. W. ENGLISH (1966) eine in-

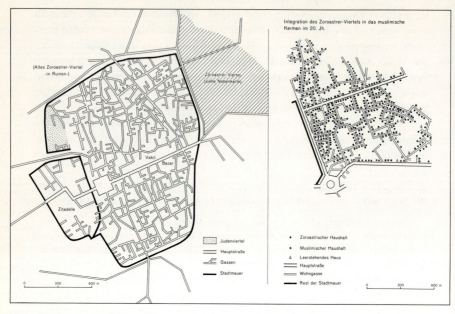

Abb. 80: Kerman im 19. Jh. — zoroastrisches Wohnquartier (nach ENGLISH 1966).

zwischen schon fast klassisch zu nennende Monographie gewidmet hat, baut auf diesen wirtschaftlichen Fundamenten auf. Die heutige Stadt, Provinzhauptstadt und nach wie vor wichtiger Etappenort nahe der Gabelung der Straßen Tehran–Zahidan bzw. Tehran–Bandar Abbas, ist in seiner ›Industrie‹ nach wie vor schwerpunktmäßig durch die Teppichmanufaktur geprägt. Sie hat inzwischen auf fast alle Dörfer des Umlandes übergegriffen und Kerman damit nicht nur zum Zentrum der Knüpferei, sondern zugleich zum organisatorischen Mittelpunkt dieses Gewerbes gemacht. Die von P. W. ENGLISH (1966, S. 147—154) gegebene Übersicht über die Berufsstruktur der von ihm untersuchten Städte und Dörfer im Jahre 1956 belegt, daß in allen Siedlungen außer Kerman selbst die Teppichknüpferei die mit weitem Abstand führende Beschäftigung und Einkommensquelle der Bevölkerung war. Dieser Trend hat sich bis heute, nicht zuletzt unter dem Einfluß der negativen agrarsozialen Wandlungen im ländlichen Raum, fortgesetzt.

Neben der Teppichmanufaktur, kleinen Textilfabriken und den geradezu unvermeidlichen Betrieben der Baustoffherstellung und der Nahrungsmittelerzeugung verfügt die Stadt über eine der größten Zementfabriken Irans sowie neuerdings auch über kleinere metallverarbeitende Industrien. Eine vor wenigen Jahren eröffnete Universität soll zur Diversifikation der städtischen Wirtschaft beitragen, befindet sich allerdings erst im Gründungsstadium.

Das Umland der Stadt ist durch intensiven, wenngleich räumlich begrenzten

Ackerbau gekennzeichnet. Wo immer genügend Wasser vorhanden ist, erstrecken sich intensiv bewässerte Gärten, in denen Wein, Granatäpfel, Walnüsse und Mandeln, Melonen und Gemüse verschiedener Art gezogen werden. Außerhalb der umwallten Gärten werden auf Bewässerungsgrundlage Getreide, Baumwolle, Sonnenblumen und Zuckerrüben angebaut. In größerer Entfernung von Kerman haben sich dabei kleine Marktorte als Mittelpunkte der jeweils isoliert und getrennt voneinander liegenden Anbauinseln entwickelt. Typische Beispiele für diese Marktstädte im Raum Kerman sind z. B. Rafsinjan (1976: 35 923 Ew) als Zentrum des größten Pistazienanbaugebietes in Iran, Bardsir (1976: 8042 Ew) als Standort einer Zuckerraffinerie, Ravar (1976: 9165 Ew) als Mittelpunkt eines auch heute noch bedeutenden Gebietes der Schaf- und Ziegenhaltung oder Gok (1976: 12 077 Ew), ein Großdorf und Marktort mit bedeutender Teppichknüpferei. Überregional bedeutsam ist das nahe Kerman gelegene *Mahun* (1976: 8788 Ew), das in dem in der jetzigen Form von Shah Abbas stammenden Mausoleum des sufischen Mystikers Nureddin Nemat Allah (gest. 1431) eine bedeutende und von Touristen stark besuchte Sehenswürdigkeit hat. In größerer Entfernung zu Kerman und von ihm durch den Hauptkamm der tertiären Vulkanitzone getrennt liegen Sirjan (1976: 39 216 Ew) und Jiruft (1976: 20 045 Ew). *Sirjan,* das frühere Saidabad und vor Kerman Hauptstadt der Provinz bzw. des Bezirkes Carmania, liegt im Zentrum eines wüstenhaften Hochbeckens in über 1700 m Höhe und nimmt die schon mehrfach genannten Funktionen einer persischen Kleinstadt wahr (vgl. RIST 1979). *Jiruft,* am Fuße des steilen Schwemmfächers eines Halil Rud-Zuflusses gelegen, hat in den letzten Jahren durch den forcierten Ausbau des Bewässerungssystems und die Gründung marktorientiert produzierender, und das heißt: auf die Belieferung des Tehraner Marktes ausgerichteter Großbetriebe des Agrumenanbaus sowie früher Gemüse- und Obstkulturen einen besonders nachhaltigen Aufschwung genommen.

Im Gegensatz zu den zuvor genannten übergeordneten Zentren der westlichen Beckenumrandung, d. h. zu Qum, Kashan und Yezd, ist der Raum Kerman wieder stärker auch durch die dritte der traditionellen Lebens- und Wirtschaftsformen Irans, durch den Nomadismus, geprägt. Obwohl es sich bei den Nomaden Kermans um im Vergleich zu den großen Konföderationen des Zagros kleine Stämme handelt, spielen die Afshar und andere Gruppen dennoch heute noch eine bemerkenswerte wirtschaftliche Rolle (vgl. STÖBER 1978). Wenn auch große Teile der Nomaden schon früh in ihren traditionellen Weidegebieten seßhaft geworden sind, so hat vor allem die Landreform die Ansiedlung noch mobiler Restgruppen beschleunigt. Dabei ist es in Winter- wie Sommerweidegebieten zu rezenter Agrarkolonisation und damit zu einer stellenweise beträchtlichen Ausweitung der landwirtschaftlichen Nutzflächen und zu Siedlungsverdichtung gekommen.

Zu den wichtigsten wirtschaftlichen Aktivitäten der nomadischen Gruppen im Raum Kerman zählen heute die Belieferung der städtischen Märkte mit tierischen Produkten der verschiedensten Art (Fleisch, Wolle, Milch, Yoghurt, Butterfett,

438 V. Grundzüge einer Regionalisierung Irans

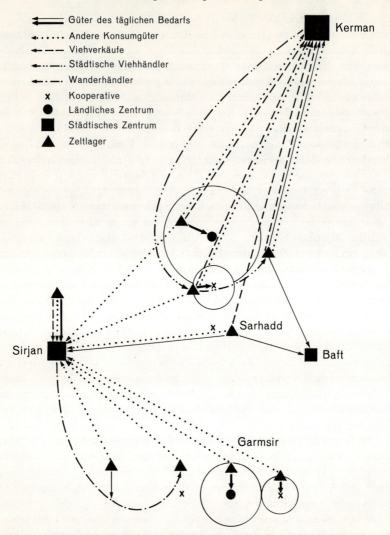

Abb. 81: Nomadisch-bäuerlich-städtische Wirtschaftsbeziehungen im Raume Kerman (nach STÖBER 1978).

Käse, Ziegenhaar usw.), aber auch mit pflanzlichen Produkten, sofern es sich um seßhaft gewordene Stammesmitglieder handelt. Die nomadische Teppichproduktion stellt nach wie vor eine wichtige Einnahmequelle dar. Die Nomaden treten als Wirtschaftsfaktor vor allem als Nachfrager nach städtischen Waren und Dienstleistungen in Erscheinung, sofern nicht städtische Kaufleute als ambulante Händler im Nomadengebiet auftreten bzw. die Stammesmitglieder dörfliche Warenangebote und die Leistungen der Kooperativen in Anspruch nehmen.

4.4.3. Die östliche Beckenumrandung: die Räume Birjand und Zahidan

Im Gegensatz zu der westlichen Beckenumrandung des innerpersischen Wüstengürtels, der nicht nur bergbaulich von Interesse für das Land ist, sondern dessen stellenweise große Massenerhebungen auch winterliche Niederschläge und damit an manchen Stellen die Möglichkeit der Qanatbewässerung bedeuten, ist die östliche Begrenzung ungleich ungünstiger ausgestattet. Das ostpersische Meridionalgebirge, das sich parallel zur iranisch-afghanischen Grenze erstreckt und im Massiv des Kuh-e-Ahangaran (2831 m?) bzw. im Kuh-e-Khvajeh Shehaz (2862 m) seine größten Höhen erreicht, ist aus einem kretazisch-frühtertiären Senkenraum im Zusammenhang mit der alpidischen Orogenese zum sog. Ostiranorogen (im geolog. Sinne) aufgefaltet worden. Als solches erstreckt es sich südlich weit nach Baluchistan hinein und trennt den innerpersischen Wüstengürtel von der großen Registanwüste Afghanistans bzw. ihren Ausläufern Dasht-e-Namadi, Dasht-e-Bakwa und Dasht-e-Margo.

Als Fremdkörper aufgesetzt erscheinen dem ostiranischen Berg- und Gebirgsland zwei große Vulkanmassive. Der bereits genannte Kuh-e-Bazman (3490 m) liegt dabei an der Nahtstelle von der zentraliranischen Vulkanitzone und dem Ostiranorogen und gehört, ebenso wie der Kuh-e-Taftan (nach Gansser 1971: 4100 m), bereits zu Baluchistan. Der Taftan muß als der derzeit ›aktivste Vulkan‹ Irans gelten: während die fünf Krater des Massivs inaktiv sind, ist ihre unmittelbare Umgebung durch starke Fumarolen- und Solfatarentätigkeit sowie durch die Austritte starker Heißwasserdämpfe und heißer Mineralquellen mit Temperaturen von über 50°C geprägt. Eine ständig über der Gipfelregion des Taftan hängende Rauchfahne sowie häufige Erdbeben sind äußere Zeichen dieser noch heute beträchtlichen Aktivität des Taftan.

Die natürliche Ungunst der östlichen Gebirgsbegrenzung, vor allem die extrem niedrigen Niederschläge, die sich in Birjand im zehnjährigen Mittel der Jahre 1961—1970 auf nur 129 mm belaufen, und die extrem spärliche Vegetationsausstattung machen das ostpersische Meridionalgebirge zu einem der siedlungsärmsten Gebirgsräume Irans, in dem vor allem städtische Zentren weitgehend fehlen. Aber auch Dörfer und landwirtschaftlich genutzte Flächen sind spärlich und klein. Sie konzentrieren sich auf wenige bewässerbare Beckenräume, wobei der meist kümmerliche Anbau auf Getreide und Baumwolle aufbaut; der einstmals berühmte Anbau von Safran spielt heute nicht mehr die Rolle wie noch vor der Landreform. Daneben werden Pistazien, Mandeln und Walnüsse angebaut. Viehhaltung spielt eine ergänzende Rolle. Ein besonderes Problem stellen die am Ostrand des Lutblocks häufigen Erdbeben dar, die immer wieder Qanate verschütten oder trockenfallen lassen und so den Anbau auch dort, wo er pedologisch möglich wäre, verhindern. Aus archäologischen Zeugnissen (vgl. HALLIER 1973, 1974), aber auch aus historischen Quellen (vgl. STRATIL–SAUER 1953) können wir schließen, daß die Bevölkerungs- und Siedlungsdichte in der Antike und im Mittelalter höher gewesen sein dürfte als heute.

Einziges städtisches Zentrum von Belang im N des ostiranischen Meridionalgebirges ist *Birjand* (1976: 48250 Ew). Die heute bedeutungslose, ehemals stark befestigte Altstadt mit den Resten einer alten Zitadelle nimmt einen nur kleinen Teil des modernen Stadtgebietes ein. Die isolierte Lage der Stadt verlieh ihr nicht nur eine schon im Karawanenzeitalter bedeutende Funktion als Etappenort und Handelszentrum, sondern auch als Standort von Agrarerzeugnisse verarbeitenden Industrien und Handwerken. So findet sich in Birjand, dem vor allem als Verwaltungsmittelpunkt und neuerdings sogar als Standort einer kleinen Universität gewisse überregionale Bedeutung zukommt, eine baumwollverarbeitende Industrie. Wirtschaftlich bemerkenswert sind zudem Woll-, Fell- und Teppichhandel.

Eine ähnliche Rolle wie Birjand im N spielt *Zahidan* (1976: 92 628 Ew) im S des ostpersischen Meridionalgebirges. Obwohl politisch bereits zu Baluchistan gehörig und als dessen Hauptstadt das ohnehin führende urbane Zentrum SE-Irans, reicht der Einflußbereich der Stadt über die Provinzgrenzen hinaus und schlägt sich in einem besonders raschen Bevölkerungswachstum nieder. STRATIL–SAUER (1953), der die Stadt zwischen den beiden Weltkriegen besuchte, spricht für die 30er Jahre von einer Einwohnerzahl von 2000 Ew. Für die Mitte der 50er Jahre nennen Regierungsberichte etwa 18 000 Ew und etwa 5000 Soldaten. Die Bevölkerung des Jahres 1966 belief sich auf erst 39 732 Ew, so daß sich die Einwohnerzahl allein in der letzten Dekade mehr als verdoppelt hat.

Zahidan muß, anders als die meist alten und historisch gewachsenen Städte Irans, als eine junge Gründung im Grenzbereich zu Pakistan gesehen werden. Die noch von den Engländern aus strategischen Gründen entlang der Indus–Euphrat-und-Tigris-Achse und gegen die russische Expansion nach S geplant angelegte Stadt hatte primär militärisch-logistische Aufgaben. Als solche kommen ihr denn auch heute noch besondere Funktionen zu, die die Stadt seit Anbeginn prägen. Als Endpunkt der 1914—1918 erbauten Quetta-Zahidan-Eisenbahn ist sie ein bedeutender Verkehrsknoten und zugleich von überragender strategischer Bedeutung. Dazu trägt auch die Lage der Stadt am Endpunkt der gegenwärtig (1978) fast durchgehend asphaltierten Fernstraße Tehran–Yezd–Kerman–Zahidan sowie am Südende der ostpersischen Meridionalstraße bei, deren Asphaltierung zur Zeit betrieben wird. Schließlich ist Zahidan der Flaschenhals, durch den der gesamte nach Baluchistan gerichtete Verkehr hindurch muß. Eine Stärkung seiner traditionellen Verkehrsfunktion bedeutet auch der internationale Flughafen, der mehrmals wöchentlich über Verbindungen von und nach Quetta und Karachi verfügt.

Verwaltung, Handel und Verkehr sind die Funktionen, die im Bild der vollkommen planmäßig und weitläufig angelegten Stadt dominieren. Besonders auffällig sind dabei die starken Anteile pakistanischer Waren und Güter, die in dem kleinen Bazar und in den modernen Geschäftsstraßen angeboten werden. Garnisonen und eine kürzlich gegründete Universität runden das Spektrum der besonders starken Dienstleistungsfunktionen ab. Landwirtschaft im Umland und Industrie spielen dagegen so gut wie keine Rolle. STRATIL–SAUER (1953) erwähnt für die Zeit vor dem Zweiten Weltkrieg sogar, daß Zahidan mit Lebensmitteln von Indien bzw. dem heutigen Pakistan aus versorgt wurde. Für die 50er Jahre sprechen Regierungsberichte offiziell von Zahidan als ›a center of local consumption and reexport: it is not a center of production or processing of foods‹.

4.4.4. Das Sistanbecken

Durch das ostpersische Meridionalgebirge vom Zentralen Hochland von Iran getrennt erstreckt sich das Sistanbecken, durch das die iranisch-afghanische Grenze hindurchgeht. Bei einer ungefähren E–W-Erstreckung von 400 km und einer N–S-Ausdehnung von etwa 200 km besitzt das intramontane Becken eine annähernd ovale Form. Seinen tiefsten Punkt mit 467 m NN findet die Sistandepression im SE des Beckenbereichs in der Gaud-i-Zirreh auf afghanischem Staatsgebiet.

Das Delta des Rud-e-Hilmend, jenes ca. 1500 km langen Flusses mit einem bis in den zentralen Hindukush reichenden Einzugsgebiet von insgesamt 175 000 km², hat in der Sistandepression drei Seen entstehen lassen, von denen die beiden ersten ganz oder zum größten Teil auf iranischem Staatsgebiet liegen: der Hamun-e-Hilmend (ca. 680 km²), der über 800 km² große Hamun-e-Sabari sowie der kleinere Hamun-e-Pusak mit einer Fläche von annähernd 500 km². Die für den Wasserstand der Hamunseen entscheidenden Wasserspenden (ca. 80 % der gesamten Abflußmenge) bringt der Hilmend, der im April/Mai seine höchsten Abflüsse erreicht und dann, unter normalen Flutverhältnissen, die einzelnen Seen zu einem etwa 220 km langen und im Mittel 20 km breiten amphibischen Überschwemmungsraum zusammenwachsen läßt. Die im Mittel nur etwa ein bis zwei Meter tiefen Seebecken vermögen, nach extrem hohen Abflußmengen, bis zu zwei Meter über ihren normalen Frühjahrshochstand anzusteigen und fließen dann — wie z. B. im Jahre 1976 — über das meist trockenliegende Bett des Sheila Rud in die Gaud-i-Zirreh ab. Andererseits können die Seen nach niederschlagsarmen Wintern in den Gebirgen und ihren Vorländern ganz trockenfallen, wie z. B. in den Jahren 1971 und 1978. Bemerkenswert ist, daß der Salzgehalt der Seen, bedingt durch die jährlich wiederkehrende Zufuhr von Flußwasser, mit etwa 1 % sehr gering ist.

Die Sistandepression, im Tertiär im Zusammenhang mit den alpidischen Orogenesen auf dem Hochland von Iran entstanden und zumindest seit dem Pliozän stabil, hat seit der letzten Orogenese stets so wie heute als Sedimentationsraum gedient und ist seit dem Tertiär viele hundert Meter mächtig mit tonig-schluffigen bzw. sandigen Feinsedimenten (Sistan Beds; LANG 1971) aufgefüllt worden. Fremdkörper in diesem Sedimentationsraum sind lediglich die pliozänen Basaltintrusionen des Kuh-e-Khwajeh und des Kuh-e-Chakab.

Heute prägen das Nebeneinander von Sedimentation und Erosion die Formungsprozesse in der Sistandepression. Für die Kaltzeiten glaubt MEDER (1979) im Deltabereich des Hilmend vier Terrassenniveaus ausscheiden zu können und das oberste dieser Niveaus (55 m rel. Höhe) mit dem 45-m-Niveau am Kuh-e-Khwajeh synchronisieren und aufgrund ihrer Verbackung mit den Basalten auf das Pliozän datieren zu können. Daraus folgt, daß mindestens drei Niveaus in das Quartär zu stellen wären. Offenbleiben muß die Frage, ob es sich dabei ausschließlich um klimatisch bedingte Formen handelt oder aber ob auch tektonische Vertikalbewegungen eine Rolle spielen. Während die Sedimentation im jahreszeitlich und periodisch überfluteten Bereich des Beckeninnern bis auf den heutigen Tag fortschreitet, sind die weitaus größten Teile der Depression permanenter Windauswehung ausgesetzt. Dabei kommt es einerseits in den Deflationswannen zur Ausbildung der bereits aus der Wüste Lut bekannten *yardangs*, zum anderen aber auch zur flächenhaften Tieferschaltung alter Landoberflächen. Aus archäologischen Funden läßt sich der jährliche Deflationsbetrag auf 1 mm berechnen (FISCHER u. a. 1974, MEDER 1979).

Voraussetzung für die Dominanz und weite Verbreitung äolisch angelegter Oberflächenformen ist eine in der Sistandepression spezifische meteorologische Situation. Als Teil des großen südafghanischen Wüstenbeckens verfügt auch Sistan über eine große Strahlungsenergie und daraus resultierende aufsteigende Luftströmungen, die die gesamte Registanwüste und ihre Ränder zu einem sommerlichen Tiefdruckgebiet machen, in das aus dem Gebiet relativ hohen Luftdrucks (asiatisches Steppenhoch!) ein nahezu konstanter Wind aus NW-Richtung als Ausgleichsbewegung hineinweht (STENZ 1957). Dieser aus NW-Richtung wehende Wind ist besonders in der Zeit von Mai bis September ausgeprägt. Die durchschnittliche Windgeschwindigkeit beträgt ca. 25 km/h, vermag sich aber bei extremen Luftdruckgegensätzen auf bis zu 150 km/h zu steigern. Dieser wegen seiner Konstanz berühmte ›Wind der 120 Tage‹ *(bad-e sad-o-bist ruz)*, der als lokaler Wind auch aus anderen Teilen des Landes bekannt ist, ist nicht nur die Hauptursache für das NW–SE gerichtete Windformungsrelief der Sistandepression, sondern hat zugleich extrem austrocknende Wirkung. So wird z. B. für Zabol, das im Mittel der Jahre 1961—1974 einen durchschnittlichen Niederschlag von etwa 60 mm empfing, ein potentieller Verdunstungswert von annähernd 3000 mm/Jahr angegeben (MEDER 1979). Wenn die mengenmäßig unbedeutenden Hauptniederschläge zwar auch hier noch, trotz Lage der Depression im Regenschatten von Zagros, zentraliranischer Vulkanitzone und ostiranischem Meridionalgebirge, in den Wintermonaten fallen, so sind Sommerregen als Ergebnis monsunaler Vorstöße, gelegentlich sogar in Form kurzer Starkregen, durchaus möglich.

4. Das Hochland von Iran und seine Randlandschaften

Persisch-Sistan, das wie ein Pfahl in afghanisches Staatsgebiet hineinragt, verdankt seine Zugehörigkeit zu Iran wohl ausschließlich der Kolonialpolitik und den strategischen Interessen der Engländer, die im ausgehenden 19. Jh. mit den Grenzziehungen zwischen Afghanistan, Persien und dem damaligen Vizekönigreich Indien noch die heute bestehenden, wenngleich nicht unumstrittenen Grenzverläufe festlegten. STRATIL–SAUER (1953, S. 40) sieht diese Situation wohl richtig, wenn er schreibt:

›Als wichtigster strategischer Pfeiler in diesem ostpersischen Isolationsraum zwischen dem russischen Norden und dem englischen Südraum hatte Sistan (Zabolistan) zu gelten, das allein das für alle Operationen so nötige Wasser bereitstellen konnte. Mit diesem Sistan, das vorsorglich durch die englische Grenzkommission im Jahre 1872 in eine afghanische und eine persische Hälfte zerlegt wurde, sucht man von Indien... aus Verbindung durch eine Straße zu gewinnen.‹

Durch diese im Vergleich zu den Nachbarräumen günstige Naturausstattung scheint Sistan seit vor- und frühgeschichtlicher Zeit geprägt zu sein. Schon Sir Aurel STEIN (zitiert nach STRATIL–SAUER 1953, S. 77) hat 1931 auf den unübersehbaren Reichtum an großen Ruinenfeldern und archäologischen Fundstätten hingewiesen, die indes durch Deflation und Korrasion weitgehend zerstört oder bis zur Unkenntlichkeit abgetragen sind. Dennoch wissen wir heute definitiv, daß Sistan in vor- und frühgeschichtlicher Zeit ebenso wie unter den Achämeniden, Parthern, Sassaniden bis hin zu den Mongoleneinfällen dicht besiedelt und durch ein mehr oder weniger elaboriertes Bewässerungssystem auch intensiv agrarisch genutzt war (vgl. dazu z. B. FAIRSERVIS 1961, FISCHER u. a. 1974, zusammenfassend COSTANTINI–TOSI 1978). Als Zentrum der protourbanen Siedlungsperiode in Sistan gilt heute die unmittelbar an der Strecke Zahidan–Zabol gelegene Ruinenstätte von Shahr-e-Sokhta (TOSI 1968 f.), der für die Ausbreitung und Kommunikation von Kulturen zwischen Zentralasien und dem Hochland von Iran eine zentrale Vermittlerrolle beigemessen wird (vgl. MEDER 1979). Seine letzte große Blütezeit erlebte Sistan im Mittelalter, als es unter Saffariden und Ghaznaviden stets im Einfluß- und Grenzbereich verschiedener Dynastien und Machtzonen lag. Aus jener Zeit ist ein ungemein dichtes Kanalnetz mit einem weitverzweigten System an Verteilerkanälen belegt, und zeitgenössische Berichte arabischer Geographen sprechen von bedeutendem Ackerbau und blühenden Städten, unter denen vor allem das alte Zaranj erwähnt wird. Den Zusammenbruch dieser blühenden Agrarlandschaft besorgte abermals Timur, der 1383 den Hauptverteilerdamm Band-i-Rustam sowie weite Teile des Bewässerungssystems zerstören ließ und damit den Niedergang Sistans einleitete. Das endgültige Ende bedeutete die abermalige Zerstörung eines Ersatzdamms durch den Timuriden Shah Rokh (1409—1447), der zum endgültigen Verfall einer jahrhundertealten Kulturlandschaft führte (vgl. FINSTER 1976, RADERMACHER 1975).

Auch heute sind Siedlung und Wirtschaft im iranischen Teil der Sistandepression fast ausschließlich auf das Gebiet zwischen der Seefläche und der afghanischen Grenze beschränkt und nehmen auch hier nur begrenzte Areale ein. Die um die Jahrhundertwende häufiger geäußerte Hoffnung, Sistan zu einer zweiten Nilstromoase zu machen, haben sich nicht nur annähernd nicht erfüllt, sondern auch der gegenwärtige Ausbau des Bewässerungssystems im iranischen Teil des Beckens stößt wegen Wassermangel und ungelöster rechtlicher Probleme der Nutzung des Hilmendwassers auf Schwierigkeiten. Noch heute sind Versalzungsprobleme, Treibsande und die Auswehung fruchtbarer Bodenbestandteile, aber auch Schwierigkeiten bei der Bewässerung kennzeichnend für die Landwirtschaft.

Bis 1933 dominierte ein ausgesprochen feudales Großgrundeigentum mit ›Sardaren‹ als Grundherren und einer in sog. *pagav (pago)* organisierten Landarbeiterschaft (vgl. TATE 1910). Die aus sechs bis zehn Mitgliedern bestehenden Arbeitsrotten bewirtschafteten jeweils zwischen 22 und 36 ha. Erste Landreformen unter Reza Shah, z. T. aber auch die Auswirkungen der 60er Jahre haben dieses System weitgehend zusammenbrechen lassen, wenngleich Großgrundeigentum und Tagelöhnertum noch heute existieren.

In der Landwirtschaft dominiert der Anbau von Getreide. Eine gewisse Rolle spielen die Kultur von Baumwolle sowie der Anbau von Futterpflanzen, Melonen, Weintrauben usw. Neben der von Bauern betriebenen komplementären Kleinviehhaltung spielt auch eine vorwiegend von Baluchen verfolgte Herdenhaltung eine wirtschaftliche Rolle. Die nomadismusähnlich betriebene Weidewirtschaft basiert auf dem jahreszeitlichen Wechsel zwischen Sommerweiden im Raum Birjand bzw. in Baluchistan und der Nutzung des Hamunufers sowie der Stoppelweiden, die auch von bäuerlichen Herden genutzt werden. Insgesamt aber sind bäuerliche Land- und Weidewirtschaft kümmerlich entwickelt, und so verwundert nicht, daß Sistan, besonders nach trockenen Jahren, Abwanderungsgebiet der ländlichen Bevölkerung ist. Zielgebiet der meist mehrjährigen Wanderungen sind vor allem die Baumwollanbaugebiete Nordirans mit Schwerpunkt um Gonbad Qabus, in denen viele ›Zaboli‹ unter oft menschenunwürdigen Bedingungen inmitten der Baumwollfelder leben.

Ein Wirtschaftsraum besonderer Art ist der unmittelbare Uferbereich der Seen und der sie trennenden marschähnlichen Verlandungszonen, die bei Überflutung von ausgedehnten Schilfdickichten *(Phragmites)* eingenommen werden. Hier hat sich in kleinen, durch niedrige Deiche und wurtenähnliche Erhöhungen geschützten Dörfern eine vor allem Großvieh (Rinder) haltende Bevölkerung niedergelassen, die den Überschwemmungsbereich und, bei Wasserführung der Seen, auch die ufernahen Teile der Seen als Weideland nutzt. Mit dem Zurückweichen des Wasserspiegels oder bei Austrocknung des gesamten Beckens werden z. T. größere Wanderungen auf der Suche nach geeigneten Weideflächen zurückgelegt. Der einstmals nicht unbedeutende Fischfang spielt als eigenständige Lebens- und Wirtschaftsform kaum noch eine Rolle, zumal Rinderhalter und Fischer, in verstärktem Maße aber nunmehr auch Bauern, der Schilfverarbeitung nachgehen. Das Schilf ist Grundlage einer weitverbreiteten Mattenflechterei, die besonders in den seenahen Dörfern betrieben wird. Matten aus Sistan werden in ganz Iran nachgefragt, so daß dies heute als einziger ›Exportartikel‹ dieser Region gelten kann.

Einziges städtisches Zentrum der Sistandepression ist *Zabol* (1976: 29 313 Ew), das frühere Nosratabad. Im Zentrum des kultivierten Fruchtlandes gelegen, ist die Stadt zentraler Ort mit allen für die Ver- und Entsorgung der Bevölkerung notwendigen Einrichtungen und Funktionen. An seine frühere politische Bedeutung erinnern noch heute die Reste des ehemaligen russischen Konsulats, das hier als Vorposten des Zarenreiches gegenüber den britischen Aktivitäten errichtet wurde.

4.4.5. Baluchistan

Baluchistan, mit einer Fläche von 182 000 km² nach Khorassan und Kerman bei Einschluß der Sistandepression die drittgrößte Provinz des Landes, umfaßt den gesamten SE Irans, ist bei einer Gesamteinwohnerzahl von etwas über 650 000 Menschen (1976) mit durchschnittlich weniger als 4 Ew/km² zugleich der mit Abstand am dünnsten besiedelte Teil des Landes. Es rangiert damit noch hinter den ›Wüstenprovinzen‹ Kerman, Yezd und dem Gouvernat Semnan.

Ebenso kennzeichnend für die Stellung der Provinz ›Baluchistan und Sistan‹ ist die Tatsache, daß es zu den Provinzen mit den geringsten Anteilen städtischer Bevölkerung an der Gesamtbevölkerung gehört und daß es außerhalb Zahidan und Zabol keine einzige Stadt in dem gesamten Gebiet mit mehr als 12 000 Ew gibt. Im Rahmen der folgenden Kennzeichnung soll Baluchistan vor allem als jener Teil SE-Irans verstanden werden, der von der Makrangebirgskette nach S zum Küstentiefland der Omansee abgetrennt wird, im N die beiden schon genannten Vulkane Kuh-e-Bazman und Taftan mit einbezieht und im W das Jaz Murian umfaßt. Im E wird das Gebiet begrenzt durch die Grenze zur pakistanischen Provinz Baluchistan, ein Hinweis zugleich auf den auch hier willkürlich durch die Engländer festgelegten Grenzverlauf.

Im physischgeographischen Sinne läßt sich der so abgegrenzte Raum in drei Teile gliedern: in den gebirgigen Sarhadd, in die tief abgesenkte Depressionszone des Jaz Murian, das im geologischen Sinne als Verlängerung des großen inneriranischen Wüstengürtels gesehen werden kann (DRESCH 1975, 1976), sowie in die Makrankenten, genetisch eine Fortsetzung des Zagrossystems. Der Sarhadd, im 19. und frühen 20. Jh. auch unter dem Namen ›Yaghistan‹, d. h. Land der Plünderer, bekannt (vgl. DYER 1921), stellt ein in durchschnittlich 1800 m Höhe gelegenes Hochplateau dar. Randlich begrenzt und in sich gegliedert wird es durch Hochgebirgsketten bis 3000 m Höhe und isolierte Gebirgsmassive von z. T. vulkanischem Ursprung. Die Höhenlage bedingt eine klimatische Ausstattung, die sich in kalten bis sehr kalten Wintern und heißen, aber durchaus erträglichen Sommern äußert. Niederschläge sind vor allem auf die Wintermonate konzentriert und fallen dann häufig in Form von Schnee. Auf dieser Grundlage ist der Sarhadd durch eine ursprünglich verbreitete, heute jedoch stark verwüstete und in ihren Beständen reduzierte Bergmandel-Pistazien-Baumflur gekennzeichnet. Reste dieser lichten Waldbestände dienen noch heute als Grenzwälder zwischen den Weidearealen verschiedener Nomadengruppen (SALZMANN 1972). Eindeutig dominierend sind jedoch mehr oder weniger ausgeprägte Steppenfluren, deren Gräser in den Sommermonaten unter dem Einfluß des heißen 120-Tage-Windes ausdörren und dem Sarhadd dann den Charakter eines menschenleeren Hochlandes verleihen. Dennoch ist der Pflanzenreichtum des Sarhadd im Vergleich zu anderen, ökologisch ähnlich gearteten Räumen Irans beträchtlich: so weisen MOBAYEN–TREGUBOV (1970) weite Teile des Sarhadd als das Verbreitungsgebiet von Strauchpflanzen wie *Zygophyllum atriplicoides, Amygdalus scaparia* und der Ahornspezies *Acer cinarescens* aus. Zusammen mit den schon genannten wilden Mandeln und Pistazien wäre der Sarhadd damit der von BOBEK (1951) so genannten Übergangsregion zwischen Trockenwald und Baumsteppe bzw. den Baum- und Strauchfluren der Steppe zuzuordnen.

Außerhalb bzw. unterhalb des Sarhadd, der im E von dem Endsee des Hamun-e-Mashkel und im W von dem des Jaz Murian begrenzt wird, schließt sich das Garmsir an. In ihm tritt, wo immer möglich, nicht nur die Dattelpalme als landschaftsprägende Kulturpflanze auf, sondern hier vollzieht sich auch der Übergang in die ›saharo-arabischen‹ bzw. ›sudanischen‹ Florenbezirke (im Sinne von ZOHARY) mit der weiten Verbreitung von Akazienarten (*Acacia seyal, A. arabica, A. nubica, A. senegalis* usw.) sowie der auf südasiatisch-indische Beeinflussung hinweisenden Zwergfächerpalme *Nanorrhops Ritchieana Wendland*. Diese kann als die Charakterpflanze Baluchistans gelten und verleiht diesem Raum einschließlich der südlich anschließenden Küstenregion ein von der Vegetationsausstattung her einmaliges Gepräge. Als Zentrum des Garmsir innerhalb der zuvor definierten Grenzen muß das Jaz Murian gelten, ein über 300 km langes Binnenbecken, das von W her vom Halil Rud, von E her durch den Rud-e-Bampur periodisch oder episodisch mit Wasser gespeist wird und in feuchteren Jahren im beckentiefsten auch ganzjährig von einer etwa 250 km² umfassenden Wasserfläche bedeckt wird (DRESCH 1976). Wenn das Jaz Murian von Geomorphologen wie DRESCH (1975, 1976) dennoch nicht mit Lut und Kavir, sondern eher mit der Sistandepression verglichen wird, so nicht nur, weil Formen fluviatiler oder äolischer Erosion weitgehend fehlen und allein Akkumulationsformen dominieren, sondern auch, weil das Jaz Murian seiner geologischen Entwicklung nach sehr viel jünger als die nördlich anschließenden Wüstenbecken ist. Vor allem die große Reliefenergie zwischen dem in nur etwa 350 m NN gelegenen Becken und den vom Halil Rud entwässerten Hochgebirgen mit Gipfeln über 4000 m Höhe sind Ursachen der enormen quartären und rezenten Aufschüttungen im Beckeninneren. Der mit seinen Quellästen in den durch reiche Winterniederschläge sowie Frost- und Hitzesprengung gekennzeichneten Kuh-e-Lalehzar, Kuh-e-Hazar und Djebel Bariz entspringende Halil Rud führt auch heute über die Ebene von Jiruft se-

4. Das Hochland von Iran und seine Randlandschaften

dimentreiche Schmelzwässer in das Beckeninnere und ergießt sich bei Hochwassern fast deltaartig in den Endsee (vgl. JUNGFER 1978). Auch für die heutige Zeit geht DRESCH im übrigen von humideren Bedingungen im Jaz Murian aus, wie er aus der im Vergleich zu Lut und Kavir dichteren Vegetation schließt und für die er die Wirksamkeit auch monsunaler Sommerregen hervorhebt. Dichte Tamarisken-, Saxaul- und Akazienbestände säumen noch heute feuchtere Standorte im Beckeninnern, in dem vereinzelt auch Ackerbau und Weidewirtschaft betrieben wird und sogar Pläne für Ausweitungen des Kulturlandes erwogen werden (vgl. JUNGFER 1978, WEISE 1979). Grundlagen einer solchen möglichen Erweiterung der LNF sind nach WEISE

— die geologische Jugendlichkeit des Beckens und die dadurch fehlende Anreicherung schädlicher Salze;
— das Fehlen von Salzlagerstätten und Salzdomen im Einzugsbereich des Jaz Murian;
— das Vorhandensein ackerfähiger Böden auf den unteren ausgedehnten und flachen Teilen der Dasht;
— die günstigen geologischen, petrographischen und klimatischen Voraussetzungen für eine permanente Erneuerung der Grundwasservorräte.

Insgesamt schätzt WEISE das kultivierungsfähige Potential auf etwa 4000 ha ein (vgl. dazu auch JUNGFER 1978).

Das Jaz Murian wird im N und S von Bergländern begrenzt, die in der Vergangenheit neben dem Sarhadd die unzugänglichsten Gebiete SE-Irans waren: die Landschaft Hudiyan im N, die das Jaz Murian von Narmashir und den Becken der südlichen Lut trennt, und das Bergland von Bashagird, das im S das Jaz Murian gegen die Küstenlandschaften des Golfes von Oman abtrennt. Eine besondere Bedeutung kommt dabei den Makranketten zu, die — wenn sie auch nur an wenigen Stellen 2000 m Höhe erreichen bzw. übertreffen — für den weitgehenden Binnencharakter des Hochlandes von Baluchistan verantwortlich sind. Zudem fungieren sie, worauf besonders WEISE (1979) hinweist, als Niederschlagsbringer und sind, zumal auch monsunale Sommerniederschläge nicht selten vorkommen, für die immer neue Auffüllung der Grundwasservorräte bedeutungsvoll.

Beide Gebirgsräume, unzugängliche und auch heute noch kaum erschlossene Bergländer, waren in der Vergangenheit Ausgangspunkte räuberischer Überfälle auf die Siedlungen am Rande der Lut und in den Küstenlandschaften der Golfregion. Wie sehr um die Jahrhundertwende das Banditentum im SE Irans verbreitet war, zeigt eine Zusammenstellung in dem von den Engländern publizierten ›Gazetteer of Persia‹ (vol. IV, Simla 1910), der für Persisch-Baluchistan um 1905 nicht weniger als 137 Forts benennt, in die sich die Bevölkerung bei kriegerischen Überfällen marodierender Banden zurückziehen konnte. Wie mächtig einzelne Gruppen und ihre Anführer waren, geht daraus hervor, daß manche Teile Baluchistans bis in das 20. Jh. hinein einen fast autonomen Status hatten und erst seit den Zwischenkriegsjahren fest in den Staatsverband einbezogen werden konnten.

Baluchistan ist, wie der Name sagt, das ›Land der Baluchen‹, einem Volk mit westiranischem Dialekt. Wenn ihre Herkunft auch bis heute nicht eindeutig geklärt ist, so gilt als relativ sicher, daß im Zusammenhang mit der Ausdehnung turksprachiger, zentralasiatischer Völker die Baluchen in ihr heutiges Stammesgebiet beiderseits der iranisch-pakistanischen Grenze eingewandert sind. Einige Autoren gehen von einer nördlichen Einwanderungsrichtung, d. h. von Sistan als Herkunftsgebiet aus; andere sprechen von Kerman/Yezd bzw. dem Zagros als Ursprungsgebiet. Unabhängig von ihrer Abkunft stießen die Einwanderer auf die hier ansässigen Brahuis als einer Art Urbevölkerung, die als die nordwestlichsten Vertreter der indischen Sprachfamilie bereits einen drawidischen Dialekt sprechen und sich auch rassisch von den Baluchen unterscheiden.

Siedlung und Wirtschaft des heutigen Baluchistan i. e. S. sind nach wie vor durch die Dominanz der Viehwirtschaft gekennzeichnet, die allerdings nur als Teil eines ›multi-resource nomadism‹ gesehen werden kann, der auf mehreren Faktoren basiert. Diese für viele Baluchenstämme — und wohl nicht nur für sie — kennzeichnende Wirtschaftsweise basierte nach SALZMAN (1971) traditionellerweise, und das heißt hier: vor 1935, auf drei wichtigen und zwei weniger bedeutsamen Unterhaltsquellen:

— Viehhaltung (Schafe, Ziegen, Kamele) und Dattelkulturen;
— Karawanenhandel;
— Raubüberfälle; daneben
— Getreidebau und
— Jagd- und Sammelwirtschaft.

Soziale Grundlage dieser Wirtschaftsweise war, anders als bei den meisten anderen Stämmen Irans, eine zahlenmäßig nicht unbedeutende Sklavenbevölkerung, die zumeist auch rassisch von den Baluchen unterschieden war und die sich heute unter der Bezeichnung *gholam* als sozial niedrigste und besitzlose Schicht erhalten hat. Die Baluchen selbst unterscheiden sich in die *baluch,* d. h. in die nomadischen Viehhalter, und die *shahri,* d. h. in die primär ackerbautreibenden Landwirte (SPOONER 1969), denen jeweils ein *hakom* als Ältester vorsteht.

Vor allem im Sarhadd sowie im Bereich des Jaz Murian ist nach SPOONER (1964, 1969) der Nomadismus die nach wie vor dominierende Lebens- und Wirtschaftsform der Baluchen. Dabei wird, wie auch bei den anderen Stämmen, jahreszeitlich zwischen Garmsir und Sardsir gewandert, wenngleich der Wanderungsrhythmus sich bei einigen Baluchstämmen grundlegend von dem anderer unterscheidet. So bleiben z. B. die von SALZMAN (1972) näher untersuchten Yarahmadzai und Gamshadzai in den kalten Wintermonaten auf dem oft schneebedeckten Sarhadd und überwintern hier mit ihren Herden, um während des Frühjahrs die meist günstigen Weidebedingungen im Sarhadd zu nutzen. Im August steigen die Herdenbesitzer in das Becken von Mashkel hinab, wobei sie die Herden unter Aufsicht von Lohnhirten auf den Hochplateaus belassen. Sie selber wohnen während ihrer etwa zweimonatigen Abwesenheit in Lehmhütten am Rande der ihnen gehörigen Dattelpalmenhaine, ernten die Früchte und verarbeiten sie sogleich zum Eigenbedarf wie auch als winterliches Zusatzfutter für das Vieh.

Seßhafte Baluchen finden sich sowohl in den Bergländern von Hudiyan und Bashagird als auch entlang bewässerbarer Flußufer, besonders am Bampurfluß, auf schmalen Terrassen am Mashkel und dem bereits zum Golf von Oman entwässernden Sarbaz Rud. Der Anbau basiert auch hier in entscheidender Weise auf der Kultur der Dattelpalmen, in deren Schatten zudem Getreide, Luzerne und gelegentlich auch Zitrusfrüchte kultiviert werden. Wo immer Flußterrassen und Flußwasser ausreichen, spielt auch der Reisanbau lokal eine Rolle. Größtes geschlossenes Anbaugebiet in Baluchistan in dem hier abgegrenzten Sinne ist der Unterlauf des Bampur Rud zwischen Iranshahr und Bampur sowie unterhalb des letztgenannten Ortes. Mitte der 50er Jahre wurden hier insgesamt etwa 2400 ha Land bewirtschaftet, davon etwa drei Viertel durch 340 Familien aus 14 Dörfern auf dem rechten Ufer und der Rest von 130 Landwirten aus drei Dörfern auf der Südseite des Flusses.

Bäuerliche Viehhaltung konzentriert sich einerseits auf die Haltung von Zeburindern sowie auf Schaf- und Ziegenhaltung, wobei die Kleintierherden in den heißen Jahreszeiten das Bergland von Khash und das Massiv des Bazman Kuh aufsuchen. Umgekehrt stellt das Bampurbecken in den Wintermonaten den Treffpunkt vieler Herden dar, die den Sommer entweder im Gebirge oder an den Rändern des Jaz Murian verbringen.

Der Versuch, die Kernräume land- und viehwirtschaftlicher Nutzung im gesamten SE des Landes zusammenfassend darzustellen (Abb. 82), verdeutlicht nicht nur den ›Inselcharakter‹ des Kulturlandes, sondern macht zugleich dessen Bindung an Bewässerungsmöglichkeiten anschaulich. Eine besondere Rolle spielt dabei, neben den ›klassischen‹ und aus vielen Teilen des Landes bekannten Irrigationsformen, wie Oberflächenbewässerung durch Fluß-, Qanat- oder Brunnenwasser, die besonders an der Makranküste verbreitete Überstauungsbewässerung (vgl. Abschn. 5.3). Landwirtschaft außerhalb der angegebenen Bewässerungsareale fehlt so gut wie ganz.

Wie bereits betont, spielen städtische Siedlungen im gesamten hier betrachteten Raum kaum eine Rolle. Traditionelles Zentrum des zentralen Baluchistan ist *Iranshahr* (1976: 11 107 Ew), dessen befestigtes Fort noch heute das Stadtbild prägt und das durch vielfältige Verwaltungseinrichtungen gekennzeichnet ist, während das vor allem im Mittelalter bedeutsame Bampur mit seiner gewaltigen Zitadelle heute bedeutungslos ist. Außerhalb des Bampurtals, das in vor- und frühgeschichtlicher Zeit eine Mittlerrolle zwischen Sistan und Siedlungen auf dem Hochland von Iran gehabt haben muß (Tosi 1974), sind heute lediglich Kleinzentren wie das entlang der breiten Durchgangsstraße planmäßig angelegte Khash (1976: 8233 Ew) als Mittelpunkt des Sarhadd und Saravan (1976: 9068 Ew) an der Grenze zu Pakistan erwähnenswert.

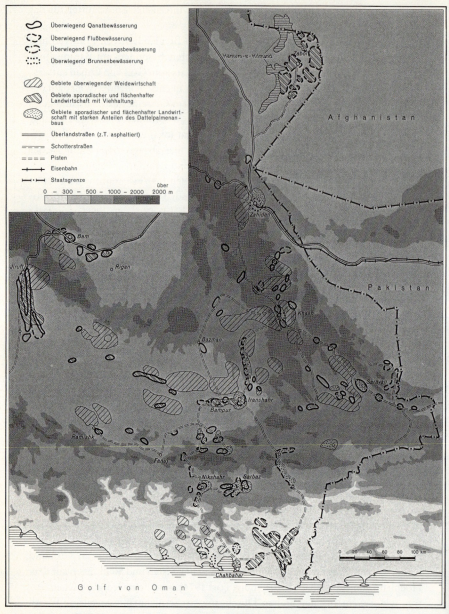

Abb. 82: Landwirtschaftliche Nutzflächen und Formen der Bewässerung in SE-Iran (nach ITALCONSULT 1959).

4.4.6 Literatur

Literatur zu Abschn. 4.4.1: Da das zu Einzelaspekten bemerkenswert umfangreiche Schrifttum in der vorausgehenden Darstellung von Kavir und Lut bereits weitgehend diskutiert wurde, soll im folgenden z. T. nur summarisch darauf hingewiesen werden. Die wichtigsten, auch geographisch relevanten Reisebeschreibungen über die Wüsten Innerirans sind die von GABRIEL (1929, 1935, 1938, 1939), HEDIN (1910, 1918/1927); v. NIEDERMAYER (1913, 1925); STRATIL–SAUER (1934). — Das Schwergewicht der erdwissenschaftlichen Untersuchungen liegt naturgemäß auf der physischen Geographie, insbesondere der Geomorphologie der Beckenräume. Abgesehen von der alle Binnenbecken Irans betreffenden Kaviruntersuchung durch KRINSLEY (1970) verdanken wir zusammenfassende Darstellungen über die inneriranischen Wüstenbecken DRESCH (1975), GABRIEL (1957, 1965), v. NIEDERMAYER (1920) sowie wiederum STRATIL–SAUER (1957).

Die große Kavir hat bisher eigentlich nur BOBEK (1959, 1961) zum Gegenstand spezieller Studien gemacht und damit besonders die Aussagekraft der Salzwüsten für die Rekonstruktion der jüngeren Klimageschichte untersucht. Die bereits 1892 von BUHSE publizierte Studie ist mehr den besiedelten Rändern der Kavir gewidmet und kann lediglich historisches Interesse beanspruchen.

Vergleichsweise umfangreich ist das geographisch relevante Schrifttum über die Wüste Lut. Unter den geomorphologischen Arbeiten, die sich z. T. durch eine engagierte Diskussion um das Für und Wider einer Pluvialzeit und ihrer Datierung auszeichnen, sind zu nennen: BOBEK (1969), BOUT (1972), DRESCH (1968, 1972), GABRIEL (1957), HALLIER (1976), MAHMOUDI (1977) und STRATIL–SAUER (1956, 1957). Dem zuletzt Genannten sind auch die wohl bisher einzigen Spezialuntersuchungen über Klima bzw. Meteorologie der Lut zu danken (1952), während MONOD in einer nur kurzen und oberflächlichen Skizze (1971) auf einige die Vegetation betreffende Phänomene hinweist. Mehrere Arbeiten von WEISE befassen sich mit der Reliefgenese von Hängen und Sedimenten in den höhergelegenen Reliefteilen der Lut, zusammengefaßt in seiner Habilitationsschrift (1974). Geologische Spezialarbeiten, die Lut betreffend, sind vor allem die Studien von STÖCKLIN u. a. (1972) sowie das Diskussionspapier von BERBERIAN (1977). Kulturgeographische Studien sind naturgemäß rar. Neben den z. T. wichtigen Beobachtungen und Mitteilungen in der seriösen Reiseliteratur enthalten die landeskundlich angelegten Arbeiten von GABRIEL (1938) und KARDAVANI (1977, 1978) interessante Details. Spezielle Untersuchungen über die Städte Bam und Tabas und ihre Umländer liegen vor durch EHLERS (1975, 1977). Eine agrargeographische Analyse der Oasen von Bam und Narmashir hat FECHARAKI (1976) veröffentlicht. Am Beispiel von Deh Salm/Nayband hat SPOONER (1974) den Zusammenhang von Irrigation und Landwirtschaft in extremen Trockenräumen Irans und die jungen Wandlungen dieser Oasenwirtschaften aufzuzeigen versucht.

Literatur zu Abschn. 4.4.2: Angesichts der spärlichen Naturausstattung des hier behandelten Raumes und seiner nur geringen Bevölkerungsdichte ist die geographisch relevante Literatur überraschend umfangreich und vielschichtig. Dies hängt z. T. mit der in den letzten Jahren sichtbar gewordenen bergbaulichen Bedeutung der westlichen Begrenzung der Wüstenbecken zusammen, andererseits sicherlich auch mit der für kulturgeographische, insbesondere stadtgeographische Fragestellungen fast modellhaften Anordnung der Kulturlandschaft, deren Kennzeichen die insulare Lage der landwirtschaftlich genutzten Flächen mit jeweils einem urbanen Mittelpunkt inmitten der Wüste bzw. Wüstensteppe ist.

Zu den wichtigsten geologischen Arbeiten zählen die Studien von HUCKRIEDE–KÜRSTEN–VENZLAFF (1962) zur Geologie des Raumes Kerman–Sagand sowie die umfassende Darstellung von DIMITRIJEVIC (1973), zu der gesondert eine geologische Kartenserie 1:100000 in 23 Blättern vorliegt. Spezielle bergbaulich-lagerstättenkundliche Aspekte behandeln die Berichte über die Chahar-Gonbad-Kupfermine durch SJERP–ISSAKHANIAN–BRANTS (1969) und über die Eisenerzvorkommen von Bafq durch BEHAIN (1971). Auch die Studien über Kupfervorkommen bzw. Blei-Zink-Lagerstätten in Iran durch BAZIN–HÜBNER (1969) und BURNOL (1968) bzw. die jüngeren Übersichten zu den gleichen Phänomenen von MIR–MOHAMMEDI–PILGER (1977) sind schwerpunktmäßig auf das westliche Zentraliran ausgerichtet. Hydrogeologische Phänomene im Raum Kashan stellt NADJI (1972) dar und ebensolche bei Bafq die Dissertation von BAHAMIN (1976); eine Ergänzung für das Gebiet um Qum ist die kurze Mitteilung von TAVANA (1961).

Quartärgeologisch und -geomorphologisch und besonders im Hinblick auf das Pluvialzeitenproblem interessant sind die Arbeiten über das Shir-Kuh-Massiv durch HAARS u. a. (1974), HAGEDORN u. a. (1975) sowie GRUNERT (1977). Den Kuh-e-Jupar hat KUHLE (1974, 1976) untersucht; wichtige Befunde für die Frage nach evtl. kaltzeitlichen Klimaänderungen im Raum Kerman enthalten die Arbeit von HUCKRIEDE (1961), KUHLE (1978) und zusammenfassend GRUNERT u. a. (1978). Die Studie JUNGFERS (1974) über die Geoökologie einer kleinen Gebirgsoase im Shir Kuh kann als Beispiel einer integrierten Erfassung des natürlichen Potentials eines kleinen Raumes dienen, während die Arbeiten von BECKETT (1958) und BECKETT–GORDON (1956) spezielle Aspekte von Boden und Klima im Umland von Kerman behandeln.

Kulturgeographisch ragen ganz eindeutig stadtgeographische Untersuchungen heraus, wobei diese allerdings auf die vier größeren Städte konzentriert sind, die interessanten Kleinstädte mit Ausnahme von Sirjan (RIST 1979) aber noch einer auch vergleichenden Bearbeitung harren. Qum wurde in mehreren Beiträgen von BAZIN (1973) behandelt, während über Kashan und sein Umland ein Aufsatz und eine größere Monographie von COSTELLO (1973, 1976) vorliegen. Die umfangreiche Studie über Yezd und die ihm nachgeordneten städtischen Zentren einschließlich ihrer Umländer durch BONINE (1975) liegt bisher erst als Manuskript bzw. auf Mikrofilm vor, wesentliche Aspekte enthält ein Aufsatz (1979). Eine mittlerweile berühmte Studie ist die von P. W. ENGLISH veröffentlichte Monographie über Kerman und sein Umland, von der Einzelaspekte auch in Aufsatzform vorliegen (1966). Ergänzungen dazu bringt die kurze Abhandlung von BECKETT (1966).

Der ländliche Raum, in seiner flächenhaften Ausdehnung und wirtschaftlichen Bedeutung ohnehin begrenzt, hat eine eher sporadische Behandlung erfahren. Ausführlicher hat sich BAZIN (o. J., 1975/76?) mit der Agrarlandschaft bei Qum befaßt; aus dem Gebiet Kashan liegt allein eine Bewässerungsfragen betreffende Detailstudie von NADJI (1972) vor. Auf die die zoroastrische Agrarlandschaft betreffenden Arbeiten von BOYCE (1967, 1969, 1971, 1977), sei besonders verwiesen. Schwerpunkt agrarlandschaftlicher Untersuchungen stellt aber ganz zweifellos der Raum Kerman dar. Neben einer aufschlußreichen Zusammenfassung über die allgemeine kulturgeographische Ausstattung der Provinz Kerman im 19. Jh. aufgrund persischer Quellen durch BUSSE (1973) sind erwähnenswert eine Reihe von Arbeiten über die Landwirtschaft allgemein durch BECKETT (1957) und BECKETT–GORDON (1956) sowie bewässerungswirtschaftliche Studien, ebenfalls von BECKETT (1953). Besonders hervorgehoben zu werden verdient die jüngst erschienene Studie von STÖBER (1978, auch 1979) über den Nomadismus im Raum Kerman; dies nicht nur, weil sie das gesamte die Region Kerman betreffende Material aufarbeitet, sondern auch, weil sie Nomadismus in seiner wechselseitigen Abhängigkeit von und Beeinflussung durch Stadt und ländlichen Raum sieht.

Literatur zu Abschn. 4.4.3: Die Literatur über das hier behandelte Gebiet ist sehr spärlich. Abgesehen von einer vergleichsweise großen Zahl von Reiseschilderungen des 19. Jh. (BELLEW 1874, FERRIER 1856, GOLDSMID, Hrsg. 1876, St. JOHN 1876, McGREGOR 1879, RONALDSHAY 1902, YATE 1900) sind zu nennen vor allem die Studie über Birjand durch STRATIL–SAUER (1950) und seine Routenaufnahme der ostpersischen Meridionalstraße (1953) sowie, von geologischer Seite, die Monographie über den Taftanvulkan durch GANSSER (1971). Angesichts dieses Mangels an einschlägiger Literatur ist der in fünf Bänden von der Firma ITALCONSULT (1959) im Auftrag der ›Plan Organization of Iran‹ angefertigte ›Preliminary Report on the Socio-Economic Development Plan for the South-Eastern Region‹ trotz etlicher Lücken die derzeit noch beste und umfassendste Informationsquelle; der zwischenzeitlich erschienene Endbericht (in über 20 Bänden?) war bibliographisch nicht zu ermitteln, existiert aber.

Literatur zu Abschn. 4.4.4: Bedingt durch die exponierte Lage der Sistandepression im Grenzgebiet zu Afghanistan und Pakistan und dem 1872 künstlich geregelten Grenzverlauf besitzen wir über Sistan äußerst wertvolle Berichte und Unterlagen für das ausgehende 19. Jh. Die wichtigsten dieser Arbeiten sind die von GOLDSMID (1876) herausgegebenen Sammelbände, TATE (1910) und YATE (1900). Mit spezifischen Fragen der Klimageschichte und der Geomorphologie befaßt sich schon sehr früh die Arbeit von HUNTINGTON (1905).
In gleicher Weise archäologisch wie für die Rekonstruktion der holozänen Klimageschichte interessant sind die seit Mitte der 60er Jahre in immer größerer Zahl publizierten Arbeiten über die vor- und frühgeschichtliche Besiedlung des Sistanbeckens (TOSI 1968 ff.); eine Zusammenfassung dieser Arbeiten findet sich in der Dissertation von MEDER (1979). Mit siedlungsgenetischen Aspekten der jüngeren präislamischen Zeit, mehr aber der Jahrhunderte nach der arabischen Eroberung befassen sich die Übersichten und Studien von FAIRSERVIS (1961) und FISCHER (1974/1976), beide schwerpunktmäßig jedoch auf den afghanischen Teil Sistans konzentriert (vgl. auch FINSTER 1976).
Über die Gegenwartsprobleme im iranischen Teil von Sistan liegen derzeit keinerlei Untersuchungen vor, so daß die umfassendste, wenngleich bruchstückhafte Darstellung immer noch der von der ›Plan Organization‹ herausgegebene und bereits erwähnte (vgl. Abschn. 4.4.3) fünfbändige Bericht über die sozioökonomische Entwicklung Südostpersiens ist. Allerdings finden sich z. Z. mehrere Doktorarbeiten und kleinere Studien über Zabol, über die Agrarlandschaft des Sistanbeckens sowie über die Mattenflechterei am Rande des Hamun-e-Hilmend im Geographischen Institut der Universität Marburg in Arbeit; sie dürften 1980 ganz oder teilweise im Rahmen der ›Marburger Geographische Schriften‹ publiziert vorliegen.

Literatur zu Abschn. 4.4.5: Spezielle Literatur neueren Datums zu dem hier behandelten zentralen Baluchistan ist ebenso spärlich wie die zu Sistan. Abgesehen von der älteren Reiseliteratur, die im Zusammenhang mit Sistan genannt wurde, sind zu nennen SKRINE (1931), der, in Ergänzung zu dem mehr romanhaften Erlebnisbericht von DYER (1921), einen allgemeinen landeskundlichen Überblick über das Sarhadd gibt, während HARRISON (1943) die bisher umfassendste landeskundliche Information über das Jaz Murian vermittelt. — Unter den jüngeren physischgeographischen Arbeiten sind erwähnenswert die Studien von DRESCH (1975, 1976), JUNGFER (1978) und WEISE (1979) über das Jaz Murian sowie die geologische Einordnung des Taftanvulkanmassivs durch GANSSER (1971). Archäologisch wie siedlungshistorisch interessant ist der Überblick über das Bampurtal durch TOSI (1974). Während neuere Angaben über städtische Siedlungen und Agrarlandschaft allein den schon mehrfach erwähnten Italconsult-Berichten zu entnehmen sind, haben die Baluchen als Nomaden mehrfache Darstellung durch SALZMAN (1967, 1971, 1972, 1978) und durch SPOONER (1964, 1965, 1969) erfahren.

5. Die südlichen Küstenregionen

Westlich und südlich des Zagros und seiner Verlängerung, der Makranketten, schließen sich die Küstenregionen des Persischen Golfes an. Sie sind entlang der gesamten Küste zwischen Bandar-e-Dilam und der pakistanischen Grenze als ein meist schmaler Saum ausgebildet, an dem an etlichen Stellen die Vorbergzone des Zagrossystems die Küste erreicht und gelegentlich auch Salzdiapirismus für markante Steilküsten sorgt. Im allgemeinen jedoch herrscht der Typ flacher Sand- und Korallenkalkküsten vor, der aber immer wieder von verkehrsfeindlichen Sandbarren und Korallenriffen gesäumt wird. An einigen wenigen Stellen, vor allem im Gebiet der Insel Qishm und ihrer Gegenküste, stocken Mangroven auf sandigen Uferräumen.

Eine große Breite erreicht das südliche Küstentiefland Irans allein zwischen Bandar-e-Dilam und dem Shat-al-Arab, dem Mündungsgebiet von Euphrat und Tigris. Der iranische Anteil am mesopotamischen Sedimentationsraum, in den weitesten Teilen ein flaches, wenig reliefiertes und im S wüstenhaftes Tiefland, wird von einer seichten Sandküste begleitet, die je nach Gezeitenstand trockenfällt oder aber für die Seefahrt gefährliche Untiefen bildet. Der Tidenhub, der im Durchschnitt zwischen ein und zwei Meter Höhe liegt, hat hier somit eine breite wattähnliche Küste geschaffen, die — analog zu den Verhältnissen an der deutschen Nordseeküste — von zahlreichen Prielen und Gatten durchzogen wird.

Der Persische Golf selbst ist ein an nur wenigen Stellen 100 m Tiefe übersteigendes, zwischen etwa 50 und 300 km breites und vom Shat-al-Arab bis zur Straße von Hormuz fast 1000 km langes Schelfmeer (vgl. dazu v. a. PURSER, Hrsg. 1973). Der insgesamt flachgründige, epikontinentale Charakter des Persischen Golfes, der geologisch als Synklinorium des Zagrossystems zu deuten ist, hat dazu geführt, daß während der kaltzeitlichen Maximalabsenkung des Weltmeerspiegels die gesamte Golfregion westlich der Straße von Hormuz vom Ozean abgetrennt und somit starker fluviatiler Erosion ausgesetzt war. Sowohl das Maximum der

5. Die südlichen Küstenregionen

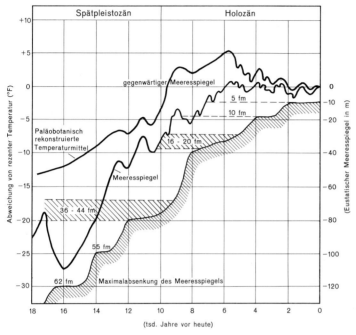

Abb. 83: Submarine Terrassenplattformen im Persischen Golf (nach KASSLER 1973).

Absenkung als auch spätere, klimageschichtlich bedingte Spiegelstände sind durch eine Reihe (insg. sechs Niveaus) submariner Terrassen belegt (vgl. Abb. 83). Für die bereits in früheren Abschnitten angesprochene Diskussion der pleistozänen Klimageschichte auf dem Hochland von Iran wichtig erscheint der sedimentologisch erbrachte Nachweis einer spätpleistozän größeren Trockenheit als heute, die durch geringere Flußsedimente und verbreitete aragonitische Mudde im Uferbereich des Golfes belegbar ist (SEIBOLD u. a. 1973, S. 79).

Auf die Rolle des Persischen Golfes als eigenständigem meteorologischen Aktionszentrum wurde bereits in Kap. II hingewiesen. Daß die Navigation für die traditionellen Dhows ebenso wie für moderne Großtanker, die sich wegen der größeren Wassertiefen zumeist an der iranischen Golfküste entlang bewegen, unter dieser Sonderstellung leidet, zeigen die Navigationshinweise im ›Handbuch des Persischen Golfs 1976‹:

›Die Navigation im Persischen Golf erfordert wegen zahlreicher Inseln und Bänke, starker Gezeitenströme, oft schlechter Sicht durch Staubdunst, Luftspiegelung und anomaler Strahlenbrechung große Vorsicht... Der für die Schiffahrt sehr gefährliche staubige Dunst, meist hervorgerufen durch NWliche oder NOliche Winde... kann solche Ausmaße annehmen, daß man die Brandung oft früher sichtet als das Land‹ (S. 93).

Klimaökologisch einheitliches Merkmal der gesamten Küstenregion des Persischen Golfs ist ihre Zugehörigkeit zum Garmsir, d. h. zu der durch Dattelpalmenanbau gekennzeichneten Region fast völliger Frostfreiheit und dementsprechend hoher jährlicher Durchschnittstemperaturen. Frostfreiheit und damit Dattelpalmenanbau gelten indes nicht für das nördliche Khuzestan: besonders die unmittelbare Vorbergzone des Zagros ist durch gelegentliche Kaltlufteinbrüche und durch kalte Fallwinde gekennzeichnet, die bei besonderen Wetterlagen sogar die Küste zu erreichen vermögen. So liegt die niedrigste, seit 1956 in Abadan gemessene Temperatur bei —5°C, in Bushire bei —1°C; weder in Bandar Abbas noch in Chahbahar wurden bisher Fröste registriert.

Der Vergleich der Klimadiagramme von Stationen an der Küste des Persischen Golfs (vgl. Karte 3 und 4) zeigt, daß an allen Abschnitten der Golfküste das Mittel des wärmsten Monats nirgends 30°C unterschreitet und in Abadan sogar über 35°C liegt. Umgekehrt werden im langjährigen Mittel in keiner Station Durchschnittstemperaturen von 13°C unterschritten, in Chahbahar reicht das Januarmittel sogar fast an 20°C (19,7°C) heran. Die absoluten Maxima während der Periode 1956—1971 erreichten in Abadan 56°C und in Bushire immerhin noch 50°C, während sie in Bandar Abbas und Chahbahar mit 46,5°C bzw. 47°C etwas niedriger waren.

Der Niederschlagsgang im persischen Golfküstenbereich ist, bei Durchschnittswerten zwischen 75 mm und 200 mm, durch überwiegend winterliche Maxima gekennzeichnet. Die oft erwähnte Beeinflussung der Südküste Persiens durch monsunale Sommerregen läßt sich nur bedingt nachweisen: während Abadan und Bushire während der Periode 1956—1971 keinerlei Sommerregen empfingen, gingen in Bandar Abbas im August 1970 in Form eines Starkregens immerhin 12,3 mm nieder, in Chahbahar in einem achtjährigen Beobachtungszeitraum (1964—1971) im Juli/August 1974 ebenfalls 12 mm, im August 1970 sogar 24 mm Niederschlag. Wenn diese Angaben auch keine Repräsentanz beanspruchen können, so würde eine exaktere Aufarbeitung des verfügbaren Datenmaterials mit Sicherheit den naheliegenden Schluß bestätigen, daß nach E zu die monsunale Niederschlagstätigkeit an Intensität und Dauer zunimmt.

Für alle Küstenabschnitte gilt indes eine extrem hohe Luftfeuchtigkeit, die das Klima in den Küstengestaden und in Khuzestan vor allem in den Sommermonaten oftmals unerträglich macht. Hitze und insbesondere Schwüle im Bereich des nördlichen Persischen Golfs erreichen Höchstwerte, so daß davon auszugehen ist, daß hier in den Sommermonaten für den Menschen die größte Wärmebelastung, die überhaupt auf der Erde registriert wird, erreicht wird. Luftfeuchtewerte von 80 bis 90% sind nicht selten und erschweren die Toleranz der hohen Temperaturen.

Der extremen klimatischen Ausstattung des Golfküstenbereichs entspricht eine vegetationsgeographische Sonderstellung, die sich — wie schon im Zusammenhang mit dem zentralen Baluchistan angesprochen — in starken Anteilen saharo-sindischer oder sogar sudano-nubischer Florenelemente ausdrückt. Abgesehen von der Tatsache, daß höhere Hangpartien oft vollkommen vegetationslos sind und pflanzliches Leben sich in erster Linie auf die Abflußrinnen und auf die tiefgelegenen, mit Sediment bedeckten Flachreliefs beschränkt, sind es in erster Linie die andersartigen Vegetationsformen, die die weitgehende Eigenständigkeit der Küstenregion auch in physiognomischem Sinne bedingen. Vor allem der küstennahe und besonders heiße Bereich bis zu einer Höhe von 800 bis 1000 m NN wird von einer reichen Akazienbaumvegetation charakterisiert, wobei *Acacia arabica* und *Acacia nubica* mit ihren breit ausladenden Kronen dominieren. Unterwuchs fehlt weitgehend, wenngleich an versalzten Standorten *Haloxylon salicornicum* in Verbindung mit salztoleranten Akazien *(A. flava, A. aucheri)* gelegentlich den Eindruck einer echten Savannenvegetation vermittelt. Eine ausführliche Übersicht über die Vegetation der Golfküstenregion vermittelt ZOHARY (1963, insb. S. 59—66 und S. 83 f.).

Eine Sonderstellung im gesamten iranischen Südküstenbereich scheinen Teile der Makranküste einzunehmen, wo sich ›ausgedehnte Wälder‹ erstrecken sollen (POZDENA 1978). Neben der als Charakterpflanze Makrans zu bezeichnenden Zwergfächerpalme *Nanorrhops Ritchieana Wendland*, die allerdings im windexponierten unmittelbaren Küstenbereich fehlt, sind Akazien *(A. seyal)*, Tamarisken *(T. aphylla)*, Salzmelden und Kapernstrauch, vor allem aber der bis zu 20 m hohe Süßhülsenbaum *(Prosopis spicigera)* bestandsbildend. POZDENA (1978, S. 43 f.) führt die Existenz dieser Wälder auf die vergleichsweise geringen menschlichen Eingriffe in den Naturhaushalt zurück. In Makran wie auch auf einigen Inseln des Golfes (z. B. Kharg) verbreitet ist der über zahlreiche Luftwurzeln die hohe Luftfeuchtigkeit einbeziehende Banyanbaum *(Ficus bengalensis)*, ein typischer Vertreter des saharo-sindischen Florenbezirks.

An drei Stellen des Golfes und der See von Oman finden sich zudem Reste ehemals verbreiteter Mangrovenbestände. Während die vor allem aus *Avicenna officinalis* bestehenden Reste zwischen dem Shat-al-Arab und Bandar Lingeh auf weniger als 50 ha geschrumpft sind, finden sich größere Bestände (nach DJEZIREI 1961: ca. 7000 ha) an den Küsten der Straße von Hormuz und der Insel Qishm sowie an der Makranküste bei Chahbahar (ca. 500 ha). Die Blätter der bis zu 10 m hohen Bäume werden stellenweise als Kamelfutter verwertet.

Der Persische Golf, bereits in vor- und frühgeschichtlicher Zeit ein wichtiger Verbindungsweg zwischen dem Industiefland und Mesopotamien, in der frühen Neuzeit bedeutendes Einfallstor für europäische Großmachtinteressen, besonders unter den Safaviden, ist heute von überragender Bedeutung als Hauptschlagader der international wie weltwirtschaftlich bedeutsamen Tankschiffahrt. Der Persische Golf und seine Anrainerstaaten, das mit weitem Abstand führende Produktions- und Fördergebiet von Erdöl und Erdgas auf der Erde, hat damit heute mehr denn je strategische Bedeutung (vgl. EHLERS 1978, GABRIEL 1978). Vor diesem Hintergrund sind auch die erst vor wenigen Jahren zurückgenommenen Rechtsansprüche Irans auf Bahrain, die Besetzung der Inseln Bu Musa und der beiden Tumb durch iranische Truppen sowie der Streit um die Bezeichnung des Golfes als Persischer Golf oder Arabischer Golf, wie die arabischen Staaten das Nebenmeer des Indischen Ozeans bezeichnen, zu verstehen (vgl. dazu jüngst BAYATI 1978). Auch das seit der Jahrhundertwende besonders deutliche militärische, politische und wirtschaftliche Engagement der Großmächte und Industriestaaten der Erde in dieser Region wird erst durch deren Ölreichtum verständlich.

5.1. Khuzestan, die Ölprovinz

Zentrum der persischen Erdöl- und Erdgasgewinnung und zugleich das größte der südiranischen Küstentiefländer ist Khuzestan, das frühere Arabistan. Es ist ein Gebiet, das sich naturräumlich von der Bergzone des Zagros im N bis an die Wattenküste des Persischen Golfs im S erstreckt und insgesamt, in seinen politischen Grenzen, eine Fläche von etwa 65 000 km² abdeckt. Innerhalb dieser Grenzen ist Khuzestan eines der geographisch interessantesten Gebiete Irans: es zählt nicht nur zu den ältesten Kulturlandschaften des Landes, sondern durch seinen Ölreichtum zugleich zu seinen wirtschaftlichen Schwerpunkten. Im Gegensatz dazu steht die weitgehende landschaftliche Monotonie des flachen und in weiten Teilen nur wenige Meter über dem Weltmeerspiegel liegenden Tieflandes.

Als Teil Mesopotamiens ist Khuzestan Teil des Geosynklinoriums, dessen Achse im Bereich des heutigen Zweistromlandes und des Golfes lag und das von Perm bis Kreide ununterbrochen, von da an bis zum Miozän mit Unterbrechungen Sedimentationsraum war. Mächtige Lagen aus Kalken, Sandsteinen, Mergeln und Anhydriten bilden somit den Untergrund, wobei insbesondere die oligozänen/miozänen Kalke (Asmarikalke) als Erdölspeichergestein von besonderer Bedeutung sind (vgl. Abb. 12). Vor allem dort, wo die Muttergesteine des Erdöls und ihre Deckschichten in die alpidische Auffaltung des Zagrossystems mit einbezogen wurden, d.h. insbesondere an der Nahtstelle zwischen Tiefland und Gebirge, konnte es somit zur Anlage mächtiger Erdölfallen und damit Lagerstätten kommen (vgl. LEES–RICHARDSON 1940).

Spätestens seit den Untersuchungen von LEES und FALCON (1952) wird davon ausgegangen, daß sich Teile Mesopotamiens und hier insbesondere der Mündungsbereich von Euphrat und Tigris in unverminderter Subsidenz befinden und damit als Ausgleichsbewegungen für die anhaltende Heraushebung des Zagrossystems zu deuten sind. Die permanente Anlandung neuer Sedimente im Deltabereich des Shat-al-Arab habe aber die Küstenlinie zumindest in historischer Zeit in relativer Konstanz gehalten. Andere Autoren gehen demgegenüber von einer relativen tektonischen Ruhe im Bereich des nördlichen Persischen Golfes aus und betonen statt dessen die Rolle der weltweit zu beobachtenden Meeresspiegelschwankungen als einem der entscheidenden Faktoren für die holozäne Naturlandschaftsentwicklung im unteren Mesopotamien und Khuzestan (z. B. LARSEN

1975, LARSEN–EVANS 1978, SARNTHEIM 1972 u. a.). Tatsache ist — und dies ist auch von archäologischer Seite eindeutig nachgewiesen (z. B. HANSMAN 1978) —, daß seit historischer Zeit die Verlagerung der Mündungsregion des Shat-al-Arab nach S und damit der allgemeine Verlandungsprozeß im nördlichen Golfküstenbereich erhebliche Fortschritte gemacht hat.

Die geomorphologische und bodengeographisch-pedologische Feingestaltung Khuzestans ist gekennzeichnet durch eine kaum merkliche und gleichsinnige Abdachung des Reliefs zwischen dem Gebirgsrand und der Küste. So liegt z. B. Dizful, nahe der südlichsten Ausläufer der Zagrosvorgebirgszone, noch in 143 m NN Höhe, das 120 km südlicher gelegene Ahwaz jedoch nur noch in 20 m NN: das durchschnittliche Gefälle des Terrains liegt nördlich von Ahwaz bei etwas über 1 %, südlich davon darunter. Analog zu diesen geringfügigen, dennoch aber regelhaften Verminderungen des Gefälles nimmt auch die Korngröße der Sedimente und damit ihr Wert bzw. Unwert für landwirtschaftliche Nutzung ab. Allgemein kann man sagen (vgl. dazu VEENENBOS 1968), daß mit abnehmendem Neigungsgradienten sich ein allmählicher Übergang von groben Schottern und Kiesen am Gebirgsrand über tiefgründige Böden mit guter Wasserspeicherkapazität und geringer Salinität im unmittelbaren Gebirgsvorland bis hin zu sehr feinkörnigen, schlecht drainierbaren, salz- und tonhaltigen und zu Versumpfung neigenden Böden vollzieht. Daraus resultiert, daß eigentlich nur das unmittelbare Gebirgsvorland von Versalzungs- und Versumpfungsproblemen frei ist und sich hier auch dementsprechend die für die Landwirtschaft am besten geeigneten Böden finden.

Ein besonderes Problem des Tieflandes sind die häufigen Überschwemmungen weiter Landstriche im mittleren und unteren Khuzestan. Sie treten vor allem im Unterlauf der beiden das Tiefland durchströmenden Flüsse Karkheh und Karun auf und erreichen unterhalb Ahwaz im Dasht-e-Mishan, d. h. in dem an der Grenze zu Irak gelegenen Binnendelta des Karkheh und in unmittelbarer Nähe der Küste verheerende Ausmaße. Katastrophen treten besonders dann auf, wenn die an die Schneeschmelze im Gebirge gebundenen Hochwasserwellen im Frühjahr durch plötzlich auftretende Starkregen so anschwellen, daß die Flüsse über die Ufer treten und dann vor allem die hinter den Dammufern gelegenen tieferen Teile überfluten. Solche durchaus nicht seltenen Konvergenzen von Schmelzwasserabfuhr der Flüsse und Auftreten von Starkregen im Vorland des Zagros führten z. B. im Frühjahr 1969 und im März 1972 zu verheerenden Verlusten in der Land- und Viehwirtschaft Khuzestans wie auch im Bereich städtischer und ländlicher Siedlungen. Die zwischen dem 16. und 26. März 1972 niedergegangenen und stellenweise auf über 300 mm bemessenen Niederschläge bewirkten auch außerhalb der Überschwemmungsgebiete nachhaltige Ernteverluste (vgl. Abb. 84).

Klimatisch entspricht Khuzestan dem bereits in der Einleitung zu diesem Kapitel gezeichneten Bild weitgehend. Für den Niederschlagsgang bedeutet dies einerseits, daß nahezu der gesamte Niederschlag in den Wintermonaten fällt, andererseits, daß Niederschlagshäufigkeit und -intensität regelhaft von NE nach SW

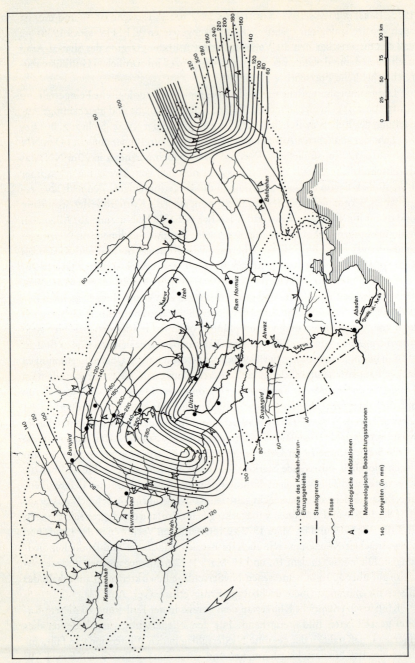

Abb. 84: Isohyeten eines 10tägigen Unwetters in SW-Iran, März 1972 (nach unveröffentlichten Unterlagen).

hin abnehmen. So erhielt z. B. Dizful als Typ der gebirgsnahen Station im Mittel der Jahre 1961—1971 einen durchschnittlichen Niederschlag in Höhe von 335 mm, während das etwa 100 km vom Gebirgsrand entfernte Ahwaz nur etwa 172 mm im Mittel der Jahre 1957—1971 empfing. Daß dabei von Jahr zu Jahr erhebliche Abweichungen in den Jahressummen auftreten können (Dizful z. B. 1964: 132 mm; 1969: 520 mm), ist für die Landwirtschaft ebenso problematisch wie die mit 2500 mm bis 3000 mm weit über dem Niederschlagsaufkommen liegenden Verdunstungswerte.

Die klimatischen Differenzierungen der Provinz drücken sich am nachhaltigsten im Bild der natürlichen Vegetation aus, die allerdings durch eine Jahrtausende währende Nutzung stark degradiert und verändert ist. Parallel zu der vom Gebirgsrand nach SW hin zunehmenden Verringerung der Niederschläge lassen sich drei Vegetationszonen ausscheiden, die in Anlehnung an PABOT (1967) als *substeppic flora — steppic flora — subdesertic flora* bezeichnet werden können. Die allgemeinen Kennzeichen der substeppischen Zone sind, im Hinblick auf aktuelle und potentielle agrarische oder weidewirtschaftliche Nutzung, wie folgt zu charakterisieren: durch lange land- oder weidewirtschaftliche Nutzung stark verändert, stellen diese Gebiete einer ursprünglich lichten Pistaziensteppe heute überwiegend agrarisch genutzte Räume extensiv betriebener Landwirtschaft dar. Menschliche Eingriffe in den Naturhaushalt haben der Ausdehnung ausgesprochener Steppenpflanzen in den substeppischen Bereich Vorschub geleistet, so daß weite Teile durch Steppenunkräuter gekennzeichnet sind. Mit zunehmender Aridität, stärkerer Ausdehnung auch von salz- und gipsangereicherten Böden sowie mit dem Übergang auch zu wüstenhaften Sanddünenflächen bei Ahwaz (vgl. dazu PASCHAI 1974) nehmen halophytische und xerophytische Spezies zu, die im Regelfall nur noch periodisch oder episodisch Weidewirtschaft ermöglichen.

Dank seiner Zugehörigkeit zum Fruchtbaren Halbmond, jenem fruchtbaren Steppengürtel im Vorland des vorderasiatischen Hochgebirgsgürtels, zählt die ›substeppische‹ Zone Khuzestans zu den ältesten Kulturlandschaften Irans, auf dessen Stellung in vorgeschichtlicher Zeit bereits ausführlich (Kap. III, Abschn. 1) hingewiesen wurde. In frühgeschichtlicher Zeit erreichte das gebirgsnahe und ökologisch begünstigte nördliche Khuzestan eine erste Blütezeit als Teil des elamitischen Reiches im 2. vorchristlichen Jtsd. Noch heute belegen großartige und auch touristisch interessante archäologische Fundplätze, wie die Ruinen von Haft Tappeh und besonders die eindrucksvolle Tempelanlage mit der Stufenpyramide von Chogha Zambil (Dur Untash), Bedeutung und Stellung dieses Raumes im Rahmen des Reiches Elam. Eine zweite Blüte bedeutete das Achämenidenreich, in dem Susa zu einer der Winterresidenzen der Großkönige aufsteigt: Susa, das heutige Shush, mit seinen gewaltigen Ruinenfeldern, ist historisches Zeugnis dieser Phase. Seine dritte und wohl größte Glanzzeit überhaupt erlebte das nördliche Khuzestan bis zur Höhe des heutigen Ahwaz unter den Sassaniden.

Wie niemals zuvor und bis auf den heutigen Tag auch noch nicht wieder erreicht, wurde das nördliche Khuzestan zwischen dem Karkheh im W und Shushtar/Karun im E, in der Antike auch bekannt unter der Provinzbezeichnung Susiana, von einem weitverzweigten und einheitlich konzipierten Kanalnetz überzogen. Gespeist und versorgt durch mehrere große Stauwerke (u. a. an Karkheh, Dez und Karun), erschloß es einen bis dahin weithin nur extensiv genutzten Raum mit z. T. neuen Kulturtechniken: zu diesen gehörten unter anderem qanatähnliche unterirdische Galerien, die Flußwasser anzapfen und über viele Kilometer in die Felder leiteten. In eben dem Gebiet, in dem sie archäologisch nachgewiesen sind, existieren noch heute ähnliche Anlagen. Reste und Fundamente alter Staudämme und Brücken finden sich bei Dizful, Shushtar und Ahwaz, wo sie als Basiskonstruktionen auch für moderne ingenieurtechnische Großbauten dienen. Planmäßig angelegte und schwer befestigte Städte, z. T. an ältere Vorläufer angelehnt wie z. B. Susa, entstanden und überzogen das Land zusammen mit weniger gesicherten Landstädten als ein weitmaschiges Netz zentraler Verwaltungsorte. Abgesehen von dem heute noch bedeutenden Shushtar sind alle anderen Städte verfallen: an Iranshahr-Shahpur, Ivan-e-Kharkheh und an das zu seiner Zeit weltberühmte Jundi Shahpur (vgl. McADAMS–HANSEN 1968) erinnern heute nur noch ausgedehnte Ruinenfelder.

Begleitet wurde die ingenieurtechnische Erschließung des nördlichen Khuzestan unter den Sassaniden durch die Intensivierung traditioneller Anbaupraktiken sowie durch die Übernahme neuer Anbaufrüchte. Baumwolle, Obst und Gemüse, Granatäpfel, Oliven und Zitrusfrüchte werden aus der Antike ebenso für Khuzestan beschrieben wie Reis, Zuckerrohr und Dattelpalmen. Mehr als der flächenmäßig dominierende Getreidebau mit Weizen und Gerste als Hauptanbaufrüchten dienten dabei die ›Sonderkulturen‹ als Grundlage einer marktorientierten Verarbeitung dieser Produkte (Seide, Satin, Brokat).

Der tiefgreifendste Bruch in der Kulturlandschaftsgeschichte Khuzestans vollzieht sich nach allem, was wir definitiv wissen, seit der Arabisierung und Islamisierung Irans. Dabei ist weniger ein spontaner Rückgang ländlicher Siedlung und Wirtschaft, sondern eher ein schleichender Verfall der Kulturlandschaft kennzeichnend. Kommt es zunächst sogar noch an einigen Stellen zur temporären und vorübergehenden Erschließung neuer Bewässerungsländereien, so zeigt sich in der Gesamtbilanz doch verbreitete Aufgabe von Kulturland und Bewässerungsanlagen, begleitet von einem Wüstfallen zahlreicher Dörfer und Städte (vgl. ADAMS 1962, Abb. 6). Andere Siedlungen, wie z. B. Jundi Shahpur, erfahren starke Funktions- und entsprechende Bevölkerungsverluste. Wenn archäologische Funde und Mitteilungen vor allem arabischer Reisender (vgl. dazu SCHWARZ 1896—1935) nicht täuschen, konzentrieren sich seit der Arabisierung Khuzestans (639 n. Chr.) und unter den Abbassiden die wirtschaftlichen Aktivitäten immer mehr auf die wenigen verbleibenden städtischen Zentren (vgl. dazu auch SPULER 1952). Gravierender noch auf den Verfall der Kulturlandschaft und letzten Endes entscheidend für die vollkommene Auflassung und Verwüstung weiter Landstriche sowie der weiteren Extensivierung der Nutzung wirkte der Einfall zentralasiatischer Völkerschaften im 14. Jh. Kriege, interne Streitereien, Seuchen und Hungersnöte sowie politische Instabilität schlugen sich in einem weiteren Absinken der Wirtschaftskraft Khuzestans nieder: so gibt ADAMS (1962, S. 119) die Steuerkraft der Provinz für 1400 etwa mit nur noch 6 % ihres einstigen Aufkommens an, ein Wert, der sich letztlich bis zum Ende des 19. Jh. kaum noch wandelt.

Wie so viele Kulturlandschaften Irans waren um die Jahrhundertwende auch das nördliche Khuzestan und der dem Gebirge unmittelbar vorgelagerte Streifen anbaufähigen Landes in einem desolaten Zustand. Nicht nur drückende Steuerbelastungen, sondern mehr noch die militärische Unsicherheit und die Rivalitäten untereinander verfeindeter Nomadenstämme (Araber, Bakhtiari, Luren) ließen die einstmals blühende Kulturlandschaft um 1900 immer mehr verfallen und die Städte zu armseligen Ruinenstätten schrumpfen.

›Shustar and Dizful are but ruined cities; here, as elsewhere, one meets with the same complaints of no government, no trade, no security, and indeed, it was only necessary to look around in the rich but uncultivated soil, on the ruins of towns and villages, the want of population, the rivers without traffic, the canals falling into disuse etc. etc., to judge of the extent of the decadence of a once well populated and fertile region, and to attribute it to the misgovernment so loudly and openly complained of by men of all classes and professions‹ (Gazetteer of Persia, Part. III... Calcutta 1888, S. 217).

Außerhalb der Vorbergzone waren Siedlung und Wirtschaft letztlich auf den Unterlauf des Karun und des Shat-al-Arab konzentriert: Abadan und Ahwaz waren lediglich wenige Hütten und einige hundert Einwohner zählende Dörfer, während Muhammerah, das heutige Khurramshahr, als Hafen und Handelsplatz überregionale Bedeutung hatte. Der Versuch, gegen Ende des 19. Jh. den Karun als Schiffahrtsweg auszubauen (CURZON 1890), führte für Ahwaz als Endpunkt der Flußschiffahrt und als Ausgangspunkt der Lynchstraße zwar zu einem gewissen Aufschwung der Siedlung, vermochte ihr aber keinen entscheidenden Vorsprung gegenüber den traditionellen Zentren Dizful und Shushtar zu sichern (LYNCH 1890/1891).

Erst seitdem am 26. Mai 1908 bei Masjid-i-Sulaiman in den südwestlichen Randbergen des Zagros in nur wenigen hundert Meter Tiefe durch englische Geologen Erdöl entdeckt und damit für den Nahen und Mittleren Osten das Erdölzeitalter eingeleitet wurde, begannen sich allmählich kulturlandschaftliche Veränderungen abzuzeichnen, die allerdings seit den 30er Jahren und verstärkt nach 1960 das jahrhundertealte Bild des Kulturlandverfalls und der wirtschaftlichen Stagnation in Khuzestan abzulösen begannen. Motor der Entwicklung wurde dabei die Exploration und Förderung immer neuer Erdölfelder, wie sie bereits in Kap. IV, Abschn. 1 dargestellt wurde. Die sukzessive Entwicklung immer neuer Produktionseinheiten und die daraus resultierende ›Satellitisierung‹ der iranischen Ölförderung (MELAMID 1973) bewirkten Kulturlandschaftswandlungen, die für die frühe Phase von DJAZANI (1963) zusammenfassend dargestellt wurden: ein dichtes Netz von Pipelines, Pumpstationen, kleinen Aufbereitungsanlagen und Fördereinrichtungen, Werksiedlungen mit Flugplätzen, Reparaturwerkstätten und Lastwagenparks, Tanklagern und Abgasfackeln verleiht den Fördergebieten ihr charakteristisches Aussehen (vgl. dazu Abb. 85).

Einen industriellen Konzentrationsprozeß und zugleich einen erheblichen Impetus für eine nachhaltige Urbanisierung der Provinz bedeutete demgegenüber der Aufbau einer erdöl- und erdgasverarbeitenden Industrie, die seit 1960 insbesondere den küstennahen Teil der Provinz zu einem wichtigen Industriestandort innerhalb Irans machte und die sich zumindest teilweise in dem jungen Wachstum der Städte widerspiegelt (Tab. 63).

Als erste und zugleich Prototyp der durch die Erdölwirtschaft geprägten städtischen Siedlungen kann *Abadan* gelten. Noch um die Jahrhundertwende ein armseliges kleines Fischerdorf, begann mit dem Bau der Raffinerie und der Hafenanlagen der Ausbau des Ortes zu einem Musterbeispiel sozialer Segregation und räumlicher Trennung verschiedener Bevölkerungsgruppen. Unter dem Einfluß der Engländer wurde Abadan zu einer großen Werkssiedlung ausgebaut und die vollkommen planmäßige Trennung in gehobene Wohnviertel mit großen villenähnlichen Ein- und Zweifamilienbungalows inmitten aufwendiger Grünanlagen einerseits und tristen, dichtbebauten Arbeitervierteln mit Mehrfamilienhäusern andererseits vollzogen. Als mehr oder weniger natürliche Trennlinie zwischen diesen Wohnbereichen (Braim einerseits, Bahmanshir, Ahmadabad, Bawarda andererseits) fungiert das riesige Raffineriegelände mit der Tankfarm und dem erst seit den späten 60er und frühen 70er Jahren durch petrochemische Anlagen erschlossenen Erweiterungsgelände. Mittelpunkt der Stadt ist der im SW der Raffinerie gelegene Bazar, der neben dem traditionellen Warenangebot eine Vielzahl auch geschmuggelter Waren bereithält (vgl. dazu DJAZANI 1963, Institut d'Etudes et de Recherches Sociales 1964, 1969, WEIGT 1957).

Wie Tab. 63 verdeutlicht, war Abadan lange Zeit mit weitem Abstand die führende Stadt der Provinz Khuzestan, wenngleich es um 1940/41 erst etwa 40 000 Ew zählte. Die seit der Mitte der 60er Jahre erkennbare Stagnation hat mehrere Ursachen. Einmal erwies sich schon seit längerem der am Shat-al-Arab gelegene Hafen für die immer größer werdenden Schiffe als ungeeignet sowohl für den Rohöl- als auch den Produktenexport, so daß Verlagerungen der Hafeneinrichtungen nötig wurden. Zum zweiten erforderte auch die unmittelbare Grenzlage zu Irak auf dem jenseitigen Ufer des Flusses eine Standortverlagerung und Dezentralisierung der für Iran lebenswichtigen Erdölwirtschaft. Drittens schließlich bewirkte die Entdeckung immer neuer Erdöl- und Erdgasfelder im N und E der Provinz eine natürliche Begünstigung der heutigen Provinzhauptstadt Ahwaz, die sich seit 1960 zum eindeutigen Zentrum aller Erdölaktivitäten in SW-Iran entwickelt hat. Mit der Verlagerung eines Großteils der Verwaltungsfunktionen hat übrigens auch der Flughafen von Abadan, lange Zeit neben Tehran Irans einziger internationaler Flugplatz, an Bedeutung verloren.

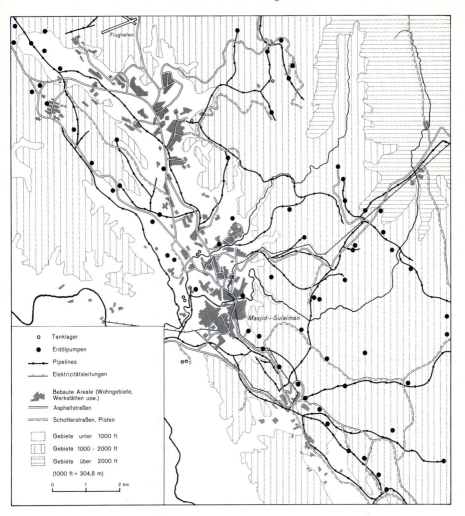

Abb. 85: Das Ölfördergebiet von *Masjid-i-Sulaiman,* Stand 1966 (nach Unterlagen der NIOC).

Ein ähnliches Schicksal könnte auch der nur 15 km von Abadan entfernten Hafenstadt Khurramshahr bevorstehen. Diese Stadt, unter ihrem alten Namen Muhammerah als traditionelles politisches und wirtschaftliches Zentrum des südlichen Khuzestan bekannt, war bis vor kurzem des Landes führender Hafen und ist bis in die jüngste Vergangenheit hinein durch ein vergleichsweise starkes Wachstum seiner Bevölkerung gekennzeichnet (vgl. Tab. 63). So wie *Bandar Mahshur* mit der Errichtung des größten petrochemischen Komplexes im gesamten Mittle-

Tab. 63: Bevölkerungsentwicklung ausgewählter städtischer Siedlungen in Khuzestan, 1956—1976

Stadt	Einwohner			Wachstum
	1956	1966	1976	1956—1976 (%)
Ahwaz	120 098	206 474	329 006	174,2
Abadan	226 083	272 962	296 081	31,0
Khurramshahr	43 650	88 536	146 709	236,4
Dizful	52 121	84 499	110 287	111,5
Masjid-i-Sulaiman	44 651	64 488	77 161	71,1
Behbehan	29 886	39 874	49 317	63,3
Andimeshk	7 324	16 195	31 699	338,4
Bandar Mahshur	15 694	16 594	30 001	87,5
Shushtar	18 527	21 999	26 063	40,5
Bandar-e-Shahpur	3 725	6 013	?	?

Quelle: Population Censuses of Iran 1956–1976.

ren Osten, mit dem Bau einer Gasverflüssigungsanlage und den entsprechenden Hafeneinrichtungen einen Teil der Funktionen von Abadan übernahm, so hat der moderne Stückguthafen von *Bandar Shahpur* in den letzten Jahren einen Teil der Im- und Exporte von Stückgut an sich gezogen und hatte 1352 (1973/74) vom Umschlag her Khurramshahr bereits fast erreicht.

Eindeutiges Wachstumszentrum und wirtschaftlicher wie politischer Mittelpunkt der Provinz ist jedoch Ahwaz, das seit dem Ende des 19. Jh. als Endpunkt der hier auf Stromschnellen stoßenden Karunschiffahrt bekannt war. Dennoch stand die Stadt ganz im Schatten von Muhammerah und Abadan, wie ihre Kennzeichnung noch im ›Military Report on Arabistan‹ (Simla 1924, S. 48f.) deutlich werden läßt. Dort heißt es über die Doppelsiedlung Nasiriyeh/Ahwaz wie folgt:

›A much grown town in recent years owing chiefly to its position on the Karun and at the termination of the Isfahan caravan route. The colony of APOC which of late years has settled in the town, has undoubtedly done much toward its growth. The town is situated on the left bank of the Karun immediately below the Ahwaz rapids and about 1 mile from Ahwaz town. It ... contains (1923) 1200 houses of stone, brick and mud, 5 caravanserais, 6 baths, 5 mosques and 600 shops ... In the town itself there are two bazaars, one belonging to the Shaikh of Muhammarah ... The population of Nasiri is estimated at 7000 ... In addition to the APOC river steamers running between Ahwaz and Muhammarah Messrs. Lynch and Co. run one steamer ... There are also 10 local motor boats. The APOC runs boats between Ahwaz and Darakhazinah, 50 miles north of Ahwaz ... Ahwaz itself is no more than a large village of some 1000 souls, situated immediately upstream of Bandar Nasiri. Ahwaz is the older of the towns and the district is named after it, but owing to its position above the rapids it has lost its former importance and the larger and still growing town of Nasiri has taken its place. Nasiri, however, is nearly always referred to by the British as Ahwaz.‹

5. Die südlichen Küstenregionen

Abb. 86: Abadan: Stadtanlage und Ausschnitte aus den Wohngebieten leitender Angestellter und Arbeiter (verändert nach WEIGT 1957).

Noch 1940/41 war die inzwischen unter dem Namen Ahwaz allgemein bekannte Siedlung mit etwa 32 000 Ew nicht mehr als eine Kleinstadt, die vor allem als wichtige Etappe und Verkehrsknoten entlang der transiranischen Eisenbahn Bedeutung erlangte. Die zentrale Lage inmitten der Ölfelder und ihre Erhebung zur Hauptstadt der Provinz leiteten dann die in Tab. 63 angedeutete Entwicklung zur heute sechstgrößten Stadt des Landes ein. Wenn auch, anders als in Abadan, Verarbeitung von Erdöl und Erdgas hier kaum eine Rolle spielt, so ist die Stadt dennoch voll und ganz durch die Erdölwirtschaft geprägt: Verwaltungseinrichtungen der NIOC und privater Gesellschaften, große Materialdepots und Werkstätten für Exploration und Förderung, insbesondere aber die Funktion als Residenzort aller in der Ölwirtschaft beschäftigten Ingenieure und Techniker (MELAMID 1973) verleihen der Stadt ihr besonderes Gepräge. Dazu zählt auch die Gründung zweier größerer Stahlröhrenwerke, die seit 1967 einen Teil des nationalen Pipelinebedarfs produzieren.

Die im Vergleich zu Abadan bereits günstigere Lage der Stadt in bezug auf Landwirtschaft kommt in den großen Getreidesilos an der Bahn sowie in der großen Zuckerraffinerie vor den Toren der Stadt zum Ausdruck. Überregionale Bedeutung hat Ahwaz auch als Standort der traditionsreichen Jundi-Shahpur-Universität. Der Name dieser Hochschule ist nicht nur eine Reminiszenz an ihre berühmte Vorgängerin, sondern zugleich Erinnerung an die Blütezeit dieser Region unter den Sassaniden, die an den Stromschnellen des Karun ein großes Stauwehr errichteten und damit die Bewässerung weiter Teile des Karuntales einleiteten.

Im Gegensatz zu den durch die Erdölwirtschaft geprägten städtischen Siedlungen des südlichen Khuzestan sowie die ›Erdölstädte‹ am unmittelbaren Gebirgsrand haben die traditionellen Zentren der Provinz, Dizful und Shushtar, in gewisser Weise auch Behbehan, ein eher langsames Wachstum zu verzeichnen. Vor allem *Dizful* und *Shushtar,* auf deren desolaten Zustand zu Beginn dieses Jahrhunderts bereits verwiesen wurde und die beide schon in sassanidischer Zeit Zentren verbreiteter Bewässerungslandwirtschaft waren, sind bis auf den heutigen Tag geprägt als Mittelpunkte mehr oder weniger intensiv genutzter Agrarräume (vgl. EHLERS 1975). Als solche haben sie eine in den letzten Jahren zwar beachtliche, im Vergleich zu den küstennahen Städten jedoch eher bescheidene Entwicklung durchgemacht (vgl. Tab. 63), die in ihren Ursachen in starkem Maße durch den Ausbau der Bewässerungslandwirtschaft geprägt ist. Lediglich das beim Bau der transiranischen Eisenbahn als Etappe und Rangierbahnhof gegründete Andimeshk hat, nicht zuletzt durch seine Funktionen als Verwaltungssitz etlicher mit den Bewässerungsprojekten beschäftigter Institutionen und als Militärstützpunkt, ein überdurchschnittliches Wachstum erfahren.

So wie für das südliche Khuzestan seit 1910 die Erdölwirtschaft zum Motor einer nachhaltigen Entwicklung und Umgestaltung der traditionellen Kulturlandschaft wurde, so vollzieht sich im nördlichen Khuzestan seit etwa 1960 ein ebenso nachhaltiger Wandel durch die Anlage großer Bewässerungssysteme. Ausgangs-

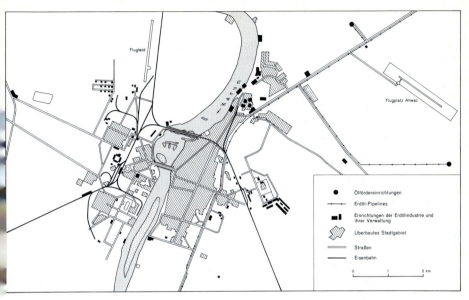

Abb. 87: Ahwaz: Standorte der Erdöleinrichtungen (nach Unterlagen der NIOC).

punkt aller dieser Entwicklungen ist der zwischen 1960 und 1963 etwa 25 km nördlich von Dizful errichtete Staudamm, mit einer Höhe der Sperrmauer von 203 m und einem Stauvolumen von über 3,3 Mrd. cbm der mit Abstand größte Staudamm des Landes. Gemäß seiner Funktion als Mehrzweckprojekt dient er vor allem folgenden Aufgaben:

— *der Energieerzeugung:* diesem Zweck dient ein in zwei Stufen ausgebautes Kavernenkraftwerk, das durch ein weites Verbundnetz mit den großen Bevölkerungs- und Industrieagglomerationen im S, Ahwaz und Abadan, sowie mit Tehran im N verbunden ist;

— *dem Hochwasserschutz:* vor allem der Regulierung der Frühjahrshochwässer und des Abflusses der Starkregen sollen die Dämme dienen, wobei der Dezdamm allein bisher kaum dieser Zielsetzung gerecht werden konnte;

— *der Ausweitung des Bewässerungslandes:* wesentlichste Aufgabe des Dezdammes ist die Bewässerung von annähernd 100 000 ha landwirtschaftlicher Nutzfläche als erstem Schritt zur Wiederherstellung der ›sassanidischen Bewässerungslandwirtschaft‹ und zur Entwicklung von insgesamt ca. 1 Mill. ha Irrigationsfläche im gebirgsnahen Khuzestan.

Im Gefolge der bewässerungswirtschaftlichen Erschließung des Dez Irrigation Project (DIP), das an anderer Stelle ausführlich beschrieben worden ist (EHLERS 1975), ist es nicht nur zu einer weitgehenden Zerschlagung der traditionellen Wirtschafts- und Sozialstruktur gekommen, sondern zu ebenso tiefgreifenden Wandlungen im Siedlungsbild und in der Landnutzung. An die Stelle der traditionellen, durch kollektive Landbewirtschaftung geprägte Formen der Agrarsozialstruktur traten im nördlichen Khuzestan entweder staatliche bzw. private Großbetriebe mit Flächen bis zu 20 000 ha oder aber etwa 2000 ha umfassende Großbetriebe, sog. Farmkorporationen bzw. landwirtschaftliche Aktiengesellschaften, in denen die Bauern als Aktionäre zusammengefaßt und gemäß der von ihnen in den Betrieben eingebrachten Ländereien, Maschinen usw. am Ertrag beteiligt werden. Traditionell wirtschaftende Dörfer im Bereich des DIP sind, bis auf wenige Ausnahmen, verschwunden (vgl. GOODELL 1975). Zahlreiche Dörfer wurden dem Erdboden gleichgemacht und durch bis zu 10 000 Menschen fassende sterile Landarbeiterstädtchen *(shahrak)* ersetzt.

Erster und zugleich spektakulärster der Großbetriebe im nördlichen Khuzestan ist die inzwischen berühmte Zuckerrohrplantage von Haft Tappeh, die als staatliche Agroindustrie zugleich als Beispiel und Vorbild für eine auf der Landwirtschaft aufbauende Industrialisierung dienen sollte: in der Tat können die Zuckerraffinerie, die auf der Weiterverarbeitung der Bagasse basierende Papier- und Zellulosefabrik sowie einige kleinere Chemiebetriebe als geglückter Versuch einer Kombination von Land- und Industriewirtschaft gelten. Andererseits ist fraglich, ob das von amerikanischen Planern bereits als ›a Tennessee Valley Authority for the Khuzestan Region‹ (CLAPP 1957) bzw. als ›bright future after oil‹ (BAGLEY 1976) hochgelobte Projekt eines Ausbaus der Wasserkraft und der Bewässerungsfläche der Provinz durch insgesamt 14 große Staudämme jemals Wirklichkeit werden wird.

Tatsache ist, daß von den großen Bewässerungsprojekten nicht nur die in den Projektgebieten lebende bäuerliche Bevölkerung betroffen ist, sondern auch die traditionelle nomadische Weidewirtschaft beeinflußt wird. Das Ausweiten des Irrigationslandes bedeutet zugleich ein Vordringen der LNF in angestammte Winterweidegebiete lurischer, bakhtiarischer und arabischer Nomaden, die in der Fußhügelzone des Zagros über z. T. seit Jahrhunderten besetzte Weidegründe verfügen. Nachdem etliche Nomaden bereits vor dem Zweiten Weltkrieg, andere später hier wie auch in den Sommerweidearealen seßhaft wurden (vgl. EHLERS 1975, Abb. 34, EHMANN 1975), droht überall dort, wo das neue Bewässerungsland auf bisheriges Weideland übergreift, der Zusammenbruch der nomadischen Weidewirtschaft und damit der endgültige Übergang zur Seßhaftigkeit.

Während der gebirgsnahe Saum der Provinz und auch die Ölfördergebiete zu einem guten Teil von persischsprachigen Bevölkerungsgruppen besetzt sind, wurde der größte Teil Khuzestans ursprünglich von arabischen Nomaden bewohnt. Noch heute überwiegt die arabische Bevölkerung im S und W der Provinz eindeutig, wenngleich der Nomadismus eine nur noch unbedeutende Rolle spielt. Die einstmals mobilen Araber, die zu so mächtigen Stämmen wie den Anafujeh, Al Kathir, Bani Lam oder Ka'b gehörten, sind heute ebenfalls zumeist seßhaft und gehen einer Symbiose von Land- und Viehwirtschaft nach. Als Musterbeispiel der von der arabischsprachigen Bevölkerung bewohnten Kulturlandschaft kann einerseits das Dasht-e-Mishan gelten, d. h. eine zum Binnendelta des Karkheh zu rech-

5. Die südlichen Küstenregionen

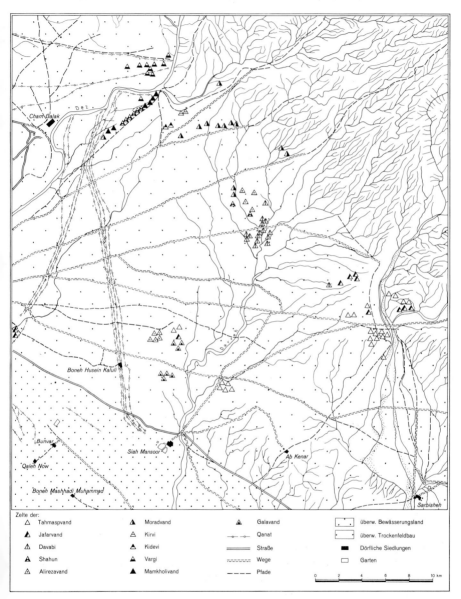

Abb. 88: *Nomadismus und Landwirtschaft im Bewässerungsgebiet bei Dizful* (nach EHLERS 1975).

nende Senkenzone, die jahreszeitlich weithin überschwemmt ist und somit physiognomisch wie z. T. auch wirtschaftlich dem Lebensraum der im Binnendelta von Euphrat und Tigris lebenden Marscharaber (vgl. THESIGER 1964) vergleichbar ist. Das Dasht-e-Mishan mit seinem Zentrum Susangird (1976: 14390 Ew) ist zudem, zusammen mit dem Unterlauf von Karun und Shat-al-Arab, eines der Zentren der Mandäersekte (vgl. DROWER 1962).

Als zweiter Prototyp der ›arabischen‹ Kulturlandschaft kann der Unterlauf des Shat-al-Arab selbst dienen, der von einem viele hunderttausend Bäume umfassenden Dattelpalmenwald gesäumt wird. Nach Schätzungen von DOWSON (1964) beläuft sich der Bestand an Dattelpalmen allein im Uferbereich zwischen Abadan und Khurramshahr auf über 5,7 Mill. Bäume, so daß sich hier das größte geschlossene Anbaugebiet der Dattelpalme in Iran befindet. Bemerkenswert ist die Aufteilung des Landeigentums entlang Shat-al-Arab und Bahmanshir in ausgesprochene Flußhufen mit Reihensiedlung und Streifenflur. Die rassisch-ethnische, sprachliche und auch teilweise religiöse Sonderstellung des südwestlichen Khuzestan kommt in der bereits erwähnten historischen Bezeichnung ›Arabistan‹ treffend zum Ausdruck. Wenn unbestritten ist, daß seine Zugehörigkeit zu Iran in den letzten Dekaden auch politisch außer Frage stand, so werden im Gefolge der jüngsten politischen Veränderungen in Iran separatistische oder zumindest nach stärkerer Autonomie strebende Tendenzen mit Sicherheit eintreten. Erste Unruhen im Laufe des Sommers 1979 sowie Sabotageakte an Erdöleinrichtungen haben die besondere Problematik dieser Region auch der neuen Führung des Landes deutlich gemacht.

5.2. Küstenlandschaften und Inseln des Persischen Golfs

Der schmale und bis zum Ausgang der Straße von Hormuz fast 1000 km lange Streifen der iranischen Golfküste ist ein insgesamt extrem unwirtliches und vor allem klimatisch ungesundes Gebiet. Nicht zuletzt bedingt durch die in unmittelbarer Nähe der Küste aufsteigenden und küstenparallel verlaufenden Randketten des Zagros sind besonders in den Sommermonaten Temperaturen und Luftfeuchtigkeit fast unerträglich. Hinzu kommt, daß die niedrigen Niederschläge von maximal 200 bis 250 mm landwirtschaftliche Nutzung kaum zulassen und auch die verfügbaren Grundwasserreserven durch die entlang der Golfküste besonders häufigen Salzdiapire (vgl. Karte 1) oft nicht nutzbar sind. So sind die kulturlandschaftlich prägenden Kennzeichen besonders der größeren Golfküstensiedlungen große überwölbte Zisternen *(birkeh)*, in denen besonders die winterlichen Niederschläge gesammelt werden, sowie die auch auf dem heißen Hochland und in SE-Iran verbreiteten Windtürme, die zur Kühlung der oft subterran gelegenen Wohnräume in den Häusern dienen. Eine weitere Konsequenz der ungünstigen Naturausstattung der Küstenlandschaften ist ihre schlechte Verkehrsanbindung an das

5. Die südlichen Küstenregionen

Hochland von Iran. Entlang der insgesamt etwa 1800 km langen südlichen Wasserfront des Landes gibt es bis heute an nur drei Stellen direkten Asphaltstraßenzugang zur Küste. Einer davon liegt in Khuzestan (Bandar Shahpur), während die beiden anderen Bushire mit Shiraz und Bandar Abbas mit Kerman und damit mit dem Hochland von Iran verbinden. Entlang der Golfküste sensu stricto ermöglichen Pisten und Schotterstraßen zumindest teilweise den regionalen Verkehr, während östlich von Minab und entlang der Makranküste asphaltierte Straßen vollends fehlen.

Trotz der natürlichen Ungunst hat die persische Golfküste in der Vergangenheit immer wieder eine große historische Rolle als Einfallstor europäischer Handelsmächte, militärischer Interventionen und technischer Neuerungen gespielt. Erster der großen mittelalterlichen Golfküstenhäfen war im 9./10. Jh. das zu seiner Zeit wegen seines legendären Reichtums bekannte Siraf in der Nähe des heutigen Bandar Taheri. An der Stelle des sassanidischen Golfhafens Gur als dessen Nachfolgesiedlung gelegen, verfügte er — wie schon sein Vorgänger — über Handelsbeziehungen, die bis zum Mittelmeer im W und bis Süd- bzw. Ostasien im E reichten (WHITEHOUSE 1972, WHITEHOUSE–WILLIAMSON 1973). Historisch berühmtester aller Häfen im Bereich des Persischen Golfs dürfte der von *Hormuz* sein. Ursprünglich in der Nähe von Minab und damit auf dem Festland gelegen, entwickelte sich die Insel Hormuz seit dem 14. Jh. zu einem internationalen Handelsplatz ersten Ranges, der bald auch zum Spielball konkurrierender Handelsinteressen europäischer Großmächte wurde. Vor allem Perlen-, Gewürz- und Seidenhandel förderten die Konkurrenz zwischen Portugiesen und Engländern, die 1622 die Perser bei der Vertreibung der Portugiesen unterstützten und damit zugleich die Blüte von Gombroon, dem heutigen Bandar Abbas, initiierten (für Einzelheiten vgl. KORTUM 1971). Die überragende Rolle Gombroons als Umschlag- und Handelsplatz, belegt durch persische, holländische, französische und englische Faktoreien, blieb bis zum Fall der Safavidenherrschaft erhalten. Gegen Ende des 18. Jh. ging diese dann aber an Bushire über, das unter den Zand zum Hafen der neuen Hauptstadt Shiraz ausgebaut wurde und zugleich auch von den Engländern mit Handelsniederlassung und Konsulat versehen wurde.

Mit der Verlagerung der Handelsfunktionen an die zentrale Golfküste und dem gleichzeitigen Verfall der Zentralgewalt unter den Qadjaren entwickelte sich die persische Golfküste einmal zu einem beliebten Umschlagplatz für den von Arabern betriebenen Sklavenhandel mit Negern: der noch heute auffällig hohe Anteil negroider Menschen in den Küstenorten ist eine Reminiszenz an diese Phase. Zum anderen bedeuteten Piraterie, Sklavenhandel und nomadisches Brigantentum das verstärkte Auftreten britischer Flotteneinheiten im Persischen Golf und damit die Begründung des englischen Selbstverständnisses als Ordnungsmacht im Bereich des Persischen Golfs.

Agrarwirtschaftlich ist die gesamte Golfküstenregion lediglich als Standort großer Dattelpalmenhaine bedeutsam. Das Kulturland erreicht dabei nennenswerte geschlossene Ausdehnung allein im Hinterland von Bushire entlang der Straße nach Borazjan und im Mündungsgebiet des Hilleh Rud sowie in dem Küstenstreifen zwischen Bandar Abbas und Minab, dem vielleicht größten zusammenhängenden Agrargebiet des gesamten Küstenstreifens. Fast alle an die Golfküste angrenzenden Verwaltungsbezirke verfügen über z.T. beträchtliche Bestände an Palmen (vgl. Tab. 64), wobei die Datteln nicht nur als menschliche wie tierische Nahrungsmittel dienen, sondern die Palmenwedel zugleich Grundlage für Matten- und Korbflechterei sind und als Sonnenschutz für die oft nur provisorisch gebauten Sommerhütten genutzt werden. Ein spärlicher Getreidebau, geringfügige Viehhaltung und eine kümmerliche Küstenfischerei runden das Bild der traditionellen wirtschaftlichen Aktivitäten ab.

Unter den wenigen größeren Siedlungen ragen eine Zahl kleinerer Hafenplätze heraus, die allerdings meist nur von lokalem Interesse sind. Es sind dies von N nach S: Bandar Dilam — Bandar Rig — Bandar Taheri — Bandar Lingeh. Von überregionaler Bedeutung und zugleich Ansatzpunkte einer industriellen Entwicklung der Golfküstenregion außerhalb der Ölprovinz sind allein die beiden Städte Bushire und Bandar Abbas.

Bushire (1976: 57 681 Ew), das von Curzon (Bd. 2, 1892, S. 231) als eine Stadt von etwa 15 000 Ew beschrieben wurde und das auch 1956 erst ungefähr 18 500 Ew zählte, hat in den letzten Jahren vor allem als Hafen einen erheblichen Aufschwung genommen. Nachdem es im 19. Jh. unbestrittener Mittelpunkt des maritimen Golfhandels war, mußte es um die Jahrhundertwende diese Vorherrschaft mit Muhammarah und den Karunhäfen zunächst teilen und sie später an diese abtreten. Im Gefolge dieser Entwicklung verkümmerte die auf einer Halbinsel geschützt gelegene Stadt zusehends und ihre von Curzon noch als ›extensive‹ be-

Tab. 64: Dattelpalmenbestände und Dattelproduktion im Bereich des Persischen Golfes

Provinz	Verwaltungsbezirk	Palmen (in tsd.)	Produktion (in t)
Fars	Borazjan	2 368	35 520
	Bushire	350	5 250
	Kazerun	687	10 305
	Bandar Lingeh	700	10 500
Kerman	Bandar Abbas	1 600	24 000
	Jask	300	4 500
	Minab	3 000	45 000
Iran gesamt		21 643	324 645

Quelle: Dowson 1964.

schriebenen Bazare verloren mit dem Rückgang des Handels an Bedeutung. Der vor wenigen Jahren beendete Ausbau des durch Wattküste und Küstenversatz ohnehin wenig günstigen Hafens, den nunmehr Schiffe bis 5000 BRT anlaufen können, hat einen gewissen Aufschwung gebracht. Wichtiger aber noch erwies sich die Fertigstellung einer asphaltierten Straßenverbindung nach Shiraz, durch die die in der Vergangenheit durch Wegelagerer wie natürliche Schwierigkeiten in gleicher Weise berüchtigte Verkehrsverbindung über die Pässe Kotal-e-Dokhtar und Kotal-e-Pir-e-Zan mit dem Hochland von Iran sichergestellt wird. Heute ist Bushire von überregionaler Bedeutung innerhalb Irans als möglicher Standort der beiden ersten großen Atomkraftwerke Irans, die bislang in der Nähe der Stadt von deutschen Unternehmen errichtet wurden, über deren endgültiges Schicksal aber derzeit (August 1979) noch nicht entschieden ist. Die Rolle der Stadt als Zentrum der kleinen Provinz Bushire ist vernachlässigenswert.

Bandar Abbas (1976: 89103 Ew) hat eine in den letzten Jahren ungleich stürmischere Entwicklung genommen als alle anderen iranischen Golfstädte. Noch 1956 hatte die Stadt mit ca. 17700 Menschen weniger Einwohner als Bushire; 1966 betrug diese Zahl 34627 Menschen. Die Zunahme der Bevölkerung um das Anderthalbfache innerhalb einer Dekade ist auch hier auf den Ausbau des Handelshafens zurückzuführen. Wichtiger aber noch erscheint der seit der Mitte der 60er Jahre mit Nachdruck betriebene Ausbau der Stadt zur wichtigsten militärischen Flottenbasis des Landes am Ausgang des Persischen Golfs und an der strategisch so wichtigen Straße von Hormuz. Damit knüpft Bandar Abbas nach fast dreihundertjähriger Unterbrechung an die Traditionen der alten Handels- und Militärstützpunkte Hormuz bzw. Gombroon (vgl. dazu SCHWEIZER 1972) an.

Der Ausbau des Handelshafens von Bandar Abbas zu einem der modernsten des Landes, wenngleich mit einer Kapazität von etwa 1,5 Mill. jato Umschlag nur an dritter Stelle rangierend, hat — neben den bereits früher genannten strategischen Ursachen — vor allem auch regionalpolitische und landesplanerische Ziele. Er ist Teil eines ursprünglich umfassenderen Entwicklungsprojektes, zu dem die Erschließung der großen Buntmetallagerstätten im Raum Kerman und ihr teilweiser Export über Bandar Abbas mit seinen modernen Erzverladevorrichtungen gehört. Tatsächlich macht der Export von Chromerzen aus dem Hinterland von Minab sowie die Verladung des auf der Insel Hormuz abgebauten Roteisensteins den weitaus größten Anteil des gesamten Umschlags des Hafens aus, aber dennoch erst einen gewissen Prozentsatz des anvisierten Zieles. Trotz des Ausbaus des Hafens sind die traditionellen Fischkonservenindustrien immer noch der führende ›Industriezweig‹; Wirtschaft und Physiognomie der Stadt werden jedoch immer mehr von der Kriegsmarine bestimmt.

Bedeutung kommt Bandar Abbas, das durch die dritte der zuvor genannten Asphaltstraßen über Kerman mit dem Hochland verbunden ist, als Verwaltungsmittelpunkt der Provinz ›Coastal and Southern Islands‹ zu, daneben als See- und Flughafen für den Verkehr mit den Scheichtümern an der Gegenküste der arabischen Halbinsel. Von hier aus kamen bisher auch zahlreiche Araber als Touristen nach Bandar Abbas, dessen Radiostation einen Teil seiner Sendungen für die Einheimischen wie für die Golfstaaten in Arabisch ausstrahlt. Der Bazar der Stadt, in der Nähe der früheren holländischen Faktorei, der heutigen Zollverwaltung, gelegen, ist gekennzeichnet durch einen starken Anteil pakistanischer, indischer und wohl von arabischen Ländern eingeschleuster Waren. Der in seiner unmittelbaren Nähe gelegene Hindutempel verweist auf die einstmals starke Stellung indischer Händler in Bandar Abbas.

Die Inseln des Persischen Golfs, soweit sie zu Iran gehören, haben in der Vergangenheit — von wenigen Ausnahmen abgesehen: Kharg, Kish = das alte Qais, Qishm und Hormuz — eine immer untergeordnete Rolle gespielt und sind nur zeitweise in den Blickpunkt des Interesses gerückt. Die *Insel Kharg*, schon in der Antike bekannt und bewohnt und unter den Sassaniden offensichtlich ein bedeutender Stützpunkt nestorianischer Christen (GHIRSHMAN 1960), erlebte in der Neuzeit lediglich als vorübergehender Stützpunkt der Holländischen Ostindien-Kompagnie um 1760 eine kurze Blüte, spielte allerdings in der Folgezeit als strategischer Stützpunkt für Engländer und Franzosen eine Rolle, bis sie 1857 endgültig an Persien fiel. Für etwa hundert Jahre blieb sie ein von wenigen Perlfischern und ihren Familien bewohntes Eiland (37 km² groß), heute jedoch ist sie, wirtschaftlich gesehen, die wichtigste der iranischen Golfinseln. Diese Funktion verdankt sie vor allem folgenden, seit etwa 1960 abgelaufenen Entwicklungen:

— Bau eines L-förmigen Anlegers für die Verladung von Gachsaranrohöl (1960);
— Bau von submarinen Pipelines und Erweiterung der Verladeeinrichtungen für den gesamten Rohölexport des Landes mit einer Verladekapazität von 11 500 t/Std. (abgeschlossen 1966);
— Ausbau des submarinen Pipelinesystems, Fertigstellung der größten Rohölpumpanlage der Erde in Gurreh und Ausbau der Tankfarm auf der Insel (abgeschlossen 1971);
— seit 1971 Neubau einer künstlichen Verladeinsel für Supertanker mit einer Ladekapazität bis 500 000 BRT (abgeschlossen 1972).

Heute ist die Insel, deren auffälligste Erscheinungen die auf dem Korallenkalkplateau gelegenen über 30 Rohöl- und Produktentanks mit einer Speicherkapazität von über 14 Mill. barrel sind, zusätzlich gekennzeichnet durch petrochemische Industrien und eine Reihe von Lagern und Werkstätten der Erdölindustrie. Angesichts der Tatsache, daß Kharg heute als einer der größten — wenn nicht der größte — Exporthäfen für Rohöl auf der Erde gilt, verwundert die große Bevölkerungszahl von 8277 Bewohnern (1976) nicht. Da Süßwasser und Nahrungsmittelproduktion auf der Insel fehlen, erfolgt die Versorgung der ständig wachsenden Bevölkerung vom Festland her.

Ähnlich wie Kharg, das in den letzten Jahren durch die Ausbeutung der nicht zur sog. Agreement Area gehörenden Offshorefelder noch an Bedeutung gewonnen hat, soll auch die weiter südlich gelegene Insel *Lawan* für die Offshorefelder (Sassan, Sissa, Rostam; vgl. Karte 6) zu einem großen Erdölexporthafen ausgebaut werden. Bereits seit 1968 durch Pipelines mit den Feldern verbunden, verfügt auch Lawan über Tanklager und Verladeeinrichtungen, die das Anlaufen von Schiffen bis 200 000 BRT ermöglichen.

Eine ganz andere Entwicklung als Lawan ist der benachbarten *Insel Kish*, dem alten Qais, vorbehalten: sie hat in den letzten Jahren einen schnellen Ausbau als luxuriöses Erholungszentrum erfahren. Neben ehemaligen Privatvillen der kaiserlichen Familie und früher führender Regierungsmitglieder, die allerdings nach dem Regierungswechsel als erstes konfisziert wurden, sind in den letzten Jahren Luxushotels, ein Casino, Golf- und Tennisplätze, Bootshäfen und ein internationaler Flughafen auf der Insel entstanden, der nicht nur wohlhabenden Persern, sondern ebenso auch reichen Arabern aus den Scheichtümern am Golf sowie aus Saudi-Arabien vor allem in den Wintermonaten die schnelle Anreise gewährleisten sollte. Wie diese Installationen in Zukunft genutzt werden sollen, bleibt abzuwarten. *Qishm*, die größte der iranischen Golfinseln, ist bisher von den modernen Entwicklungen weitestgehend unberührt geblieben und nach wie vor durch eine Fischfang und sporadischen Ackerbau treibende Bevölkerung gekennzeichnet. Ob die unter der Insel und ihrem Küstenschelf entdeckten großen Erdgaslager in absehbarer Zeit den vorgesehenen Entwicklungseffekt haben werden, nämlich Energielieferant für ein für Bandar Abbas vorgesehenes und nach dem Reduktionsverfahren betriebenes Stahlwerk zu werden und zudem die Kupferschmelze von Sar Cheshmeh mit Energie zu beliefern, muß abgewartet werden.

Das moderne *Hormuz* schließlich, von seiner Historie her zweifellos die berühmteste der iranischen Golfinseln (vgl. z.B. SCHWARZ 1914, SCHWEIZER 1972), ist seit einigen Jahrzehnten durch seine Rolle als Erzlieferant bekannt. Heute werden Jahr für Jahr etwa 10 000 t des vor allem für die pharmazeutisch-chemische Industrie wertvollen Roteisensteins gebrochen. Das am Rande des großen Salzdiapirs, der die ganze Insel aufbaut, austretende Hämatit und Roteisenerz wird auf Leichtern nach Bandar Abbas transportiert, von wo es zum Export gelangt. Ähnlich wie Kharg verfügt auch Hormuz über keinerlei Süßwasservorräte und landwirtschaftliche Nutzflächen, so daß die Versorgung der zwei- bis dreitausendköpfigen Inselbevölkerung vom Festland aus erfolgen muß.

Alle anderen Inseln des Persischen Golfs, soweit sie zu Iran gehören — Hendorabi, Farur, Lark und andere — haben keinerlei nennenswerte Bedeutung. Aufsehen erregte zu Beginn der 70er Jahre die Beanspruchung und anschließende militärische Besetzung der drei Inseln Bu Musa, Groß- und Klein-Tumb am Ausgang des Golfes durch persische Marineeinheiten. Die arabischen Anrainerstaaten erkennen die Annektion dieser strategisch wichtigen Inseln durch Iran nicht an.

5.3. Die Makranküste

Jenseits der Straße von Hormuz, d. h. eigentlich südlich der Dattelpalmenoase von Minab, beginnt der Küstenabschnitt, der gemeinhin als die Makranküste bezeichnet wird. Nach N zu durch das Bergland von Bashagird und die bis 2200 m hohen Makranketten vom Zentralteil der iranischen Provinz Baluchistan abgetrennt, gehört die gesamte hier betrachtete Makranküste zum Garmsir und damit zur Zone des Dattelpalmenanbaus. Ein besonderes Kennzeichen der Makranküste, deren physische Ausstattung im übrigen weitgehend der in der Einleitung zu Kap. V gegebenen allgemeinen Kennzeichnung entspricht (vgl. POZDENA 1978), sind die hier besonders ausgeprägten und oft beschriebenen gehobenen Strandterrassen. FALCON (1947, 1974) berichtet von alten Strandlinien, die heute bis zu 120 m über dem Weltmeerspiegel liegen. Er deutet sie als Ergebnis der bis heute anhaltenden Hebung der Makranküste als Ausgleichsbewegung einer bis in die Gegenwart fortschreitenden tektonischen Absenkung der Jaz-Murian-Depression (vgl. dazu auch VITA–FINZI 1975).

Im Hinblick auf die jüngere politische Entwicklung der Makranküste unterscheidet POZDENA (1975) insgesamt drei Phasen:

— das unabhängige bzw. nur locker in übergeordnete Staatsverbände eingegliederte Baluchistan im 18. und 19. Jh.;
— die Periode britischer Einflußnahmen von der Mitte des 19. Jh. bis 1921;
— die Phase der endgültigen Einbeziehung Makrans in den persischen Staatsverband seit 1921.

Die im ›Gazetteer of Persia‹ (vol. IV, Simla 1910, S. 384 ff.) zusammengestellten Angaben über die Bevölkerung der Makranküste gehen zu einem Teil von einer östlichen Herkunft der Küstenbewohner, d. h. aus Sind, dem Punjab und der NW-Frontierprovinz, aus. Aber nicht nur rassisch, sondern auch religiös (Sunniten) unterscheiden sich die meisten Bewohner von den Persern. Noch um 1900 ist Sklaverei verbreitet ›in every part of the country and free-born families that do not own one or more slaves are the exception‹ (ebda., S. 388). Im übrigen werden die Bewohner der Küste als ›peacable‹ gekennzeichnet. Datteln, Matten, Trokkenfisch, Baumwolle, Felle und Häute gelten als Exportprodukte, während vor allem Lebensmittel wie Reis, Mehl, Tabak etc. eingeführt werden. Lokaler Handel ›is carried out chiefly by barter, agricultural and pastoral products being exchanged for dried fish and foreign imported goods‹ (ebda., S. 390) — eine Kennzeichnung des Handels, die teilweise auch auf heutige Verhältnisse übertragbar erscheint.

Obwohl mit der Brechung der politischen und wirtschaftlichen Macht der Stammesführer, der Sardare, zu Beginn des 20. Jh. die traditionellen Herrschaftsstrukturen weitgehend zerstört oder modifiziert wurden, haben sich in der Wirtschafts- und Sozialstruktur des insgesamt etwa 75 000 km² großen, aber nur 120 000 Menschen fassenden Raumes insgesamt nur geringfügigere Änderungen als in den meisten anderen Teilen des Landes ergeben, so daß POZDENA (1975) Makran wohl mit Recht als ›das rückständigste Gebiet Irans‹ bezeichnet. Nach wie vor fehlen städtische Siedlungen, von Chahbahar (1976: 5819 Ew) abgesehen. Nach wie vor bilden die Burgen der Stammesführer die politischen Zentren in dem dünnbesiedelten Gebiet. Wenn auch die hierarchische Gliederung der Bevölkerung, die bis in das frühe 20. Jh. hinein noch als Landarbeiter oder Krieger tätige und häufig negroide Sklaven *(gholam)* kannte, in der starren kastenähnlichen Form (vgl. SPOONER 1969) heute nicht mehr existiert, so ist der traditionelle Gegensatz von nomadisierenden Baluch und den zahlenmäßig dominierenden Seßhaften, den unter dem Namen *shahri* bekannten Bauern, doch bis heute allenthalben spürbar. Erst seit 1960, begünstigt durch Straßenbau, Schulwesen, Landreform usw. scheint sich eine stärkere Durchdringung und Integration dieses Gebietes in den iranischen Staatsverband abzuzeichnen.

Die bäuerliche Bevölkerung ist schwerpunktmäßig auf einzelne Abschnitte der ganzjährig wasserführenden und von nutzbaren Terrassenböden begleiteten Gebirgsflüsse bzw. auf bewässerbares Alluvialland in der Küstenebene konzentriert. In den Flußoasen werden auf Bewässerungsgrundlage und meist kleinen Feldern im Winter vor allem Weizen und Reis kultiviert; daneben spielt die Kultur der Dattelpalme eine besondere Rolle. Ihre Bestände werden in den Teile des Makrangebirges umfassenden Verwaltungsbezirken Iranshahr und Saravan auf 1,2 bzw. 1,8 Mill. Bäume geschätzt (DOWSON 1964). Sowohl Reisstroh als auch Wedel und Fasern der Dattelpalme finden daneben als Baumaterial wie auch als Grundstoff für geflochtene Hausartikel der verschiedensten Art Verwendung.

Eine Kulturlandschaft ganz besonderer Art stellen die Küstenebenen Makrans dar. Ihr besonderes Kennzeichen ist die weite Verbreitung einer ebenso ursprünglichen wie verbreiteten Bewässerungstechnik: die Überstauungsbewässerung. Die nach Starkregen hochwasserführenden Flüsse werden durch einfache Dämme in umwallte Felder geleitet, wo das zumeist sedimentreiche Wasser so lange stehen bleibt, bis es im Untergrund versickert ist. Sodann werden Nutzpflanzen wie Sorghum, Bohnen, Weizen und Gerste sowie Melonen ausgesät. Die Überstauungsfelder, die besonders in Dashtiari und Karvan eine weite Ausdehnung besitzen, werden überragt von manchmal nur wenige Dezimeter hohen Plateaus, denen die meist kleinen Siedlungen aufsitzen (hervorragende photographische Beispiele bei POZDENA 1978).

Es wurde bereits darauf hingewiesen, daß Makran wie auch das übrige Baluchistan überwiegend Stammesland ist, Städte somit weitgehend fehlen und auch die ländlichen Siedlungen im Regelfall aus nur wenigen Häusern bestehen. Ebenso wie die Bewässerungstechniken weisen auch die ländlichen Siedlungen Makrans besondere und für Iran einzigartige formale Stilelemente auf. Eigenartig ist zunächst einmal die lockere und weitabständige Bauweise der Weiler und Dörfer, denen zumeist auch Befestigungen irgendwelcher Art fehlen. Unter den Hausformen ragen heraus zum einen primitive Satteldachhäuser, deren Seitenwände

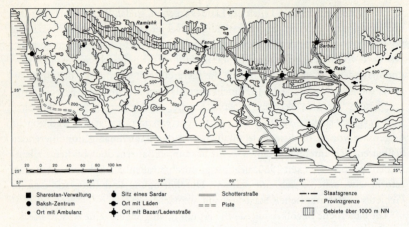

Abb. 89: Makran: Übersichtsskizze (nach POZDENA 1975).

durch ein lehmverschmiertes Astgeflecht aufgerichtet sind und die ein reis- oder palmenstrohgedecktes Satteldach tragen. Markanter indes sind die häufig schmuckvollen Lehmkastenhäuser, die sowohl im Mauerwerk als auch in den das Flachdach überragenden Dachgesimsen eine reiche Ornamentik und Zinnenschmuck aufweisen. Satteldachhütten wie Lehmkastenhäuser als Mittelpunkte der Hofstellen werden zumeist umgeben von einer größeren Zahl von Stallungen, Küchenhütten, Speicher und Viehpferchen, die zumeist aus einfachen Holzgestellen, mit Bast- und Strohmatten versehen, erbaut werden.

Angesichts einer weitgehenden Selbstversorgung vieler Familien, einer sehr dispersen Bevölkerungsverteilung und einer bis heute nur geringen Kaufkraft der Bauern und Nomaden sind zentrale Orte, d. h. Siedlungen mit öffentlichem und privatem Dienstleistungsangebot für die Bevölkerung ihres Umlandes, bis heute extrem selten (vgl. Abb. 89). Lediglich Orte wie Jask und Chahbahar an der Küste sowie Nikshahr oder Qasregand an der Nahtstelle zwischen Makrangebirge und Küstenebene verfügen über kleine Bazare und ein etwas differenziertes Warenangebot, während die übrigen Dörfer höchstens einige wenige Verkaufsbuden mit Dingen des täglichen Bedarfs aufweisen.

Neben der bäuerlichen Bevölkerung spielen die viehhaltenden Baluch eine besondere Rolle in Makran. Anders als ihre Stammesbrüder im winterkalten Sarhadd vermögen sie, durch die ›Klimagunst‹ des Makran bedingt, ganzjährig Weidewirtschaft zu betreiben. Dazu stehen jeder Viehhalterfamilie 100 bis 200 km² große Territorien zur Verfügung, die in jahreszeitlichem Wechsel beweidet und, wo immer möglich, auch landwirtschaftlich genutzt werden. An der Küste spielen die Med, die Fischer, eine gewisse Rolle: vollkommen auf die Produktion von Trockenfisch ausgerichtet, verfügen sie weder über LNF noch Tierbestände. Ihre Wirtschaft basiert nach wie vor auf archaischem Tauschhandel. Wenn HARRISON

(1941) das küstennahe Makran auch als ›the coast of the ichthyophagist‹ bezeichnet, so darf die Bedeutung der Fischerei nicht überschätzt werden: sie ist von nur lokalem Interesse (vgl. auch SPOONER 1964).

5.4. Literatur

Literatur zu Abschn. 5.1: Das Schrifttum über die Provinz Khuzestan ist vergleichsweise umfangreich. Sieht man einmal ab von dem hier kaum darzustellenden Schrifttum zur Geologie (Erdölgeologie!) und Archäologie (Choga Zambil, Haft Tappeh, Susa, sassanidische Kultur!), so sind zur physischen Geographie vor allem die auch archäologische Methoden einschließenden Untersuchungen über die holozäne Klima- und Landschaftsentwicklung von FALCON–LEES (1952), HANSMAN (1967, 1978), KASSLER (1973), LARSEN (1975), LARSEN–EVANS (1978), NÜTZEL (1975, 1976), SARNTHEIM (1972) und VITA–FINZI (1978) in Mesopotamien und Khuzestan zu nennen. Stärker auf die Probleme heutiger Nutzung bzw. Nutzbarkeit des Landes bezogen sind die Arbeiten von DEVEAUX–NAKHDJEVANI (1968), PASCHAI (1971, 1974, o. J.), sowie von VEENENBOS (1968). — Gute Übersichten über die Kulturlandschaftsentwicklung der Provinz oder einzelner ihrer Teile vermitteln die Abhandlungen von MCADAMS (1962), HOLE–FLANNERY (1967) und besonders HOLE–FLANNERY–NEELY (1969); ähnlich detaillierte Studien für Einzelaspekte der antiken oder mittelalterlichen Entwicklung Khuzestans fehlen dagegen. Das 19. und frühe 20. Jh. ist demgegenüber wieder sehr gut belegt: zu nennen sind hier vor allem der sechsbändige, von LORIMER herausgegebene ›Gazetteer of the Persian Gulf, Oman and Central Arabia‹, bes. Bd. II (Geographical and Statistical), Calcutta 1908, der ›Military Report on Southern Persia‹ von NAPIER (Simla 1900) sowie der ›Military Report on Arabistan‹ (Simla 1924). Zu den fast klassischen Reisebeschreibungen der Provinz Khuzestan im 19. Jh. gehören zudem das zweibändige Werk von DE BODE (1845) sowie die Bücher und Aufsätze von LAYARD (1846, 1894), LOFTUS (1857) und RAWLINSON (1839).

Unter den zahlreichen kulturgeographischen Arbeiten, deren von der Fragestellung her umfangreichste die von DJAZANI (1963) ist, überwiegen solche stadt- und agrargeographischer Art. Vor allem Abadan als Raffineriestandort und Typ der Werkssiedlung schlechthin hat mehrfach Bearbeitung erfahren: Institut d'Etudes et de Recherches Sociales (1964, 1969), WEIGT (1957), während die Erdölwirtschaft aus geographischer und Khuzestan betreffender Sicht vor allem von MELAMID (1959, 1973) behandelt wurde. Stadtgeographische Angaben zu Dizful und zur Frage seiner Beziehungen zum agraren Hinterland finden sich bei EHLERS (1975, 1977). Als derzeit umfangreichste Studie zum ländlichen Raum und seinen Wandlungen muß die Arbeit von EHLERS (1975) gelten, der zudem einige spezielle Aspekte (1973, 1977) gesondert publiziert hat. Umfangreiche Erörterungen über Vor- und Nachteile der neuen Betriebsformen in der Landwirtschaft Khuzestans enthalten die Aufsätze von CLAPP (1957), FIELD (1972), PUR FARD (1965), RABBANI (1971) und REFAHIYAT (1972); allgemeine Aspekte des agrarsozialen Wandels stellen GOODELL (1975) und VIEILLE (1965) dar, während die Research Group (1965) anhand von Fallstudien die Verhältnisse der traditionellen Landwirtschaft vor der Landreform analysiert. Umfangreiche Studien zu Einzelfragen des ländlichen Khuzestan liegen auch in FAO-Berichten und in Auftragsarbeiten privater Consulting Engineers vor. — Nomadenstudien über Khuzestan fehlen bisher völlig. Sieht man von den die Provinz betreffenden Bemerkungen durch EHMANN (1975) ab, so ist die beste, allerdings nur die arabischen Nomaden betreffende Studie immer noch die von v. OPPENHEIM (1967).

Literatur zu Abschn. 5.2.: Angesichts des großen militärisch-strategischen, politischen und wirtschaftlichen Interesses der Engländer an der Golfregion verwundert nicht, daß im 19. und frühen 20. Jh. durch englische Militärs und Politiker eine Fülle von Berichten und Büchern über den Golf und die persische Golfküste publiziert wurden. Zusätzlich zu den schon bei Khuzestan genannten Abhandlungen sind hier zu nennen: BELGRAVE (1968), BREWER (1969), MILES (1919) und WILSON (1928), d. h. alles Abhandlungen, die die Gesamtregion des Golfes zum Gegenstand haben, während den persischen Anteil speziell behandeln: PELLY (1864), SYKES (1902) und WILSON (1908).

Spezielle Untersuchungen über physische Geographie und Archäologie der persischen Teile der Golfregion sind spärlich. Geographisch-quartärgeologisch interessante Aspekte finden sich in verschiedenen Aufsätzen des von PURSER (1973) herausgegebenen Sammelbandes; über Salzdiapire und Schlammvulkanismus im Umland von Bandar Abbas berichten GANSSER (1960), HARRISON (1930), HIRSCHI (1944), STÖCKLIN (1961) u. a. — Unter den archäologisch für die Rekonstruktion der Siedlungsentwicklung wichtigen Arbeiten sei verwiesen auf GHIRSHMAN (1960), HAERINK (1975), WHITEHOUSE (1972) und WHITEHOUSE–WILLIAMSON (1973).

Als stark historisch ausgerichtete Studien informieren über die Rolle der Küstenhäfen und Inseln im Persischen Golf die Arbeiten von KORTUM (1971), SCHWARZ (1914), SCHWEIZER (1972). Ausschließlich moderne Entwicklungen in der Golfküstenregion werden allein in den Mitteilungen von DE PLANHOL (1977) und VELSINK (1969) vorgestellt. Insgesamt zeigt sich somit gerade für dieses Gebiet ein noch beträchtliches Defizit an Feldforschungen und modernen landeskundlichen Kenntnissen.

Literatur zu Abschn. 5.3.: Wissenschaftliche, landeskundlich-geographische Literatur über Küstenmakran ist naturgemäß spärlich. Physischgeographische Abhandlungen, vor allem zur Küstenmorphologie und zur Frage gehobener Strandterrassen, dominieren: FALCON (1947, 1974), SHEARMAN (1976), SNEAD (1970) und VITA–FINZI (1975). Archäologische Mitteilungen über prähistorische Bewässerungsanlagen verdanken wir RAIKES (1965), während in der ›historischen Reiseliteratur‹ von GASTEIGER (1881), GOLDSMID (1863, 1867, 1876), GRANT (1839), POTTINGER (1816) und ST. JOHN (1876) Angaben für das 19. Jh., bei HARRISON (1941) solche für das 20. Jh. zu entnehmen sind. Modernere Darstellungen zur Kulturgeographie liegen allein von CASTIGLIONI (1960) und POZDENA (1975, 1978) vor, wobei besonders die Dissertation des letztgenannten Autors zu den bisher aufschlußreichsten Abhandlungen über den iranischen Teil Baluchistans gerechnet werden darf.

6. TEHRAN — DIE NATIONALE METROPOLE

Tehran, Hauptstadt Irans und auf jedem denkbaren Sektor des wirtschaftlichen, politischen und kulturellen Lebens des Landes unbestrittene Metropole, ist — obwohl naturräumlich dem Alborz und seinem Vorland zuzuordnen — letzt-

6. Tehran — die nationale Metropole 483

lich keiner der großen Naturlandschaften zugehörig und auch nicht Zentrum eines klar definierten städtischen Einzugsbereiches, wie es die Provinzhauptstädte z. B. aufweisen. Tehran als nationale Metropole ist vielmehr gekennzeichnet durch eine Kombination verschiedener höchstrangiger Funktionen:

— Verwaltungs- und Regierungsmittelpunkt eines stark zentralistisch geordneten Staates;
— bevorzugter Residenzort der nationalen Elite (Grundeigentümer, Kaufleute, Stammesaristokraten);
— mit Abstand dominierendes Handelszentrum des Landes, wobei tradierte Praktiken des Rentenkapitalismus noch heute eine starke Rolle spielen;
— größter Industriestandort des Landes, dessen hochspezialisierte Differenzierung und Konzentration der Stadt die Vorherrschaft bei der Produktion und Distribution industrieller Erzeugnisse sichert;
— internationales Banken-, Versicherungs- und Konzernzentrum.

Die Summation aller dieser Faktoren bedingt, daß letztlich *Gesamtiran als Hinterland von Tehran* zu gelten hat und alle Teile des Landes von ihm, direkt oder indirekt, abhängig sind. Tehran ist damit die moderne Variante seiner Hauptstadtvorgänger Shiraz und Isfahan, die unter den spezifischen Bedingungen ihrer Zeit ebenfalls zentrierend wirkten und Wirtschaft, Kultur und Politik des Landes auf sich ausrichteten.

Tehran, unmittelbar nördlich eines der antiken und mittelalterlichen Zentren des Landes, dem alten Rhages und dem heutigen Ray, gelegen, ist als Stadt erst relativ junger Entstehung. Bevor sie im Jahre 1785 durch den Qadjarenherrscher Agha Muhammad Khan (1796—1797) erobert und wenig später zur Residenz der Dynastie erhoben wurde, war die Stadt kaum als Landstädtchen zu bezeichnen, die zudem immer seit ihrer ersten Erwähnung um 1100 u. Z. im Schatten des mächtigen Ray gestanden hatte. Wenn Tehran unter den Safaviden auch mit einem Bazar ausgestattet und wohl erstmals mit einem Mauerring versehen wurde, so blieb es strategisch wie wirtschaftlich dennoch unbedeutend. Wenn auch Karim Khan Zand überlegt haben mag, seine Hauptstadt in Tehran statt in Shiraz aufzubauen (vgl. LOCKHART 1960, S. 5), so verharrte die Stadt dennoch in ihrem insgesamt provinziell-ländlichen Status. Dies änderte sich auch nicht nach ihrer Erhebung zur Hauptstadt des Qadjarenreiches unter Agha Muhammad Khan im Jahre 1796: noch um 1800 soll die Stadt nicht mehr als 15000 Ew gezählt haben, von denen allein 3000 Soldaten waren. Auch war die von der Ummauerung erfaßte Stadtfläche nur zum kleineren Teil bebaut; Gärten, Parks und Felder nahmen den größten Teil ein (OLIVIER 1807, S. 91 f.). KINNEIR (1813, S. 119) differenziert bereits zwischen sommerlicher Bevölkerung (10000 Menschen) und winterlicher Einwohnerschaft der Stadt (60000 Menschen), wobei der letztgenannte Wert mit Sicherheit zu hoch angesetzt sein dürfte.

Die Gründe, die zur Wahl Tehrans als Hauptstadt geführt haben, sind vielfältig. Der wichtigste dürfte der sein, daß Tehran nahe dem Stammesgebiet der Qadjarenherrscher, das im östlichen Mazandaran und in der früheren Provinz Astarabad (Gorgan) zu suchen ist, gelegen war und damit in Reichweite der Stammlande und der Stammesbevölkerung. Hinzu kam die Lage der Stadt auf dem Hochland selbst, wobei das nahe Gebirge sowohl aus klimatischen Gründen als auch durch seinen Wasserreichtum anziehend wirkte und vor allem auch die Versorgung der Stadt mit landwirtschaftlichen Produkten ermöglichte. Schließlich war und ist die Lage der Stadt innerhalb des Staatsgebietes nicht ungünstig. Sowohl die traditionelle W-E-Verbindung zwischen Tabriz und Mashhad wie auch die N-S-Achsen vom Kaspischen Meer zum Persischen Golf bzw. nach Isfahan und Shiraz tangieren den Großraum Tehran.

Trotz dieser Gunstfaktoren vollzog sich das Wachstum der Stadt im Laufe des 19. Jh. nur langsam, wie wir aus zeitgenössischen Berichten vor allem europäischer Reisender rekonstruieren können. So spricht OUSELY für 1811 immer noch von der gleichen safavidischen Umwallung der Stadt, die sie bereits seit mehreren Jahrhunderten umgab, von sechs Stadttoren, nur 30 Moscheen und Koranschulen und wenigen Straßen, die die Zitadelle mit den Stadttoren verbanden, während ansonsten Sackgassen und schmale Trampelpfade den Verkehr in den fünf Vierteln *(mahalleh)* der Stadt aufrechterhielten. Noch 30 Jahre später beklagt FRASER (1838), daß es keine Stadt in Persien gebe, ›that makes so poor an appearance as Teheran‹. Ein eindrucksvolles Bild von der persischen Hauptstadt in der Mitte des 19. Jh. geben die Schilderungen des Arztes POLAK (1865/1976, S. 72):

> ›In einer schlecht bewässerten Ebene gelegen, nahe dem Rande der Wüste, ohne alle Straßen und Verbindungswege außer denen, welche der Tritt der Saum- und Lasttiere bezeichnet hat, bietet die Stadt kein öffentliches hervorragendes Gebäude, keine Thürme und Minarets, keine hochgewölbten Moscheen; die Häuser aus grauem Thon und die flachen, fahlen Dächer geben ihr den Anblick einer Gruppe von unregelmäßigen Erdhügeln. Dörfer befinden sich zwar zahlreich in der Umgegend, aber sie sind wie Oasen in der weiten Ebene zerstreut oder am Fuße des Elburz durch eine Hügelkette maskirt. Die Stadt hat absolut keine Industrie, daher auch kein Fabrikgebäude, der Handel beschränkt sich rein auf das locale Bedürfniß, daher kein lebhaftes Zuströmen von Waaren; kurz nichts erinnert an eine Großstadt. Als ich bei meiner Ankunft im Jahre 1851 in unmittelbare Nähe der Stadt gelangt war, ja als ich bereits die Thore passirt hatte, wegen Unkenntniß der Sprache aber keine nähern Erkundigungen einziehen konnte, schien es mir unglaublich, daß ich wirklich die Residenzstadt vor mir hätte.‹

Ein letzten Endes ebenso tristes Bild der Stadt zeichnet auch BRUGSCH (1862, Bd. 1, S. 207 ff.), der unter Berufung auf den Stadtplan von KRZIZ und persische Angaben die Bevölkerung der Stadt auf 80000 bis 120000 Menschen beziffert, wobei die erstgenannte Zahl die Einwohnerschaft des Sommers, die letztere die des Winters nennt (vgl. auch SHEIL 1856). Trotz aller Einschränkungen muß dennoch davon ausgegangen werden, daß Tehran zu dieser Zeit nach Tabriz bereits das bedeutendste städtische Zentrum Irans war und infolge seines relativ schnellen Wachstums schon mit einer Reihe gravierender ›Umweltprobleme‹ zu kämpfen hatte. Ein Problem betraf die völlig unbefriedigenden sanitären und hygienischen

Verhältnisse vor allem im S der ummauerten Stadt, ein anderes die Schwierigkeiten der Wasserversorgung. Hier wurde durch die Anlage immer größerer und längerer Qanate Abhilfe geschaffen und zugleich der Grundstock für diese bis in die Mitte des 20. Jh. wichtige Form der Wasserversorgung der Stadt gelegt. Noch um 1960 funktionierten fast 20 Qanate, und auch heute tragen die unterirdischen Galerien in einem allerdings nur geringen Teil zur Wasserwirtschaft der Stadt Tehran bei (vgl. BRAUN 1974).

Erst unter Nasr-ed-Din Shah (1848—1896) erlebte Tehran tiefgreifende Wandlungen, die zugleich die bis heute gültigen Wachstumsrichtungen vorzeichneten. Der ohnehin funktionslose Schutzgraben wurde mit dem Material des geschleiften Mauerwerkes des safavidischen Stadtwalls aufgefüllt und durch ein neues Befestigungssystem ersetzt. Die neue Anlage, die zwischen den Jahren 1868 und 1874 errichtet wurde, mit 12 Stadttoren versehen war und eine Gesamtlänge von etwa 16 km aufwies, umfaßte eine Fläche von ungefähr 20 km² und bedeutete somit fast eine Verfünffachung des Stadtgebietes. Für 60 Jahre, d. h. bis 1934, waren damit Lage und Größe des Stadtkerns der Hauptstadt in Form eines ungleichseitigen Oktagons festgelegt (Karte 11).

Als Ergebnis dieser Erweiterungen kam es zu funktionalen Entwicklungen und Differenzierungen innerhalb der Stadt und ihres unmittelbaren Randgebietes, die bis heute nachwirken und noch heute Bild und Struktur Tehrans prägen. Dazu gehören zunächst die großen Ziegeleien, die im Zusammenhang mit der regen Bautätigkeit allenthalben an der südlichen Peripherie der Stadt entstanden und noch heute in einem breiten Streifen von Ray im E bis Qasemabad im W die südliche Peripherie Tehrans prägen. Auch die Ansiedlung von Manufakturen und kleineren Industriebetrieben um das Shahabdolazimtor leitete die bis heute typische ›industrielle‹ Durchmischung der südlichen Stadtviertel ein und schuf damit die Voraussetzungen für die heute noch dominierende Sozialstruktur des südlichen Tehran. Parallel dazu verlief der Ausbau des Nordens der Stadt als Wohngebiet einer reicheren Stadtbevölkerung, als Residenzviertel der führenden Regierungsmitglieder und des hohen Militärs sowie als Gebiet diplomatischer Vertretungen und europäischer Bewohner der Stadt. Vor allem der Aufkauf ganzer Straßenblöcke durch ausländische Mächte in der sog. Mahalleh-e-Dowlat, die auf ihnen ihre Botschaften und die Wohnungen ihrer Beamten errichteten, prägen noch heute das moderne Tehran (vgl. z. B. britische, amerikanische Botschaft sowie die Vertretung der UdSSR). Zudem wurden mit dem sog. ›Boulevard des Ambassadeurs‹ (heute Khiaban-e-Ferdowsi) vergleichsweise repräsentative Straßenzüge mit entsprechenden Geschäften und sonstigen Einrichtungen für die persische wie europäische Oberschicht geschaffen, so daß das heute so brisante wirtschaftliche wie soziale Nordsüdgefälle innerhalb der Hauptstadt schon vor etwa hundert Jahren begründet und existent war.

Der zielstrebige Ausbau Tehrans zur Hauptstadt des Landes und das zunehmende wirtschaftliche wie politische Interesse ausländischer Mächte, vor allem der

Engländer und der Russen, sowie der daraus resultierende Zustrom immer größerer Zahlen ausländischer Diplomaten und Geschäftsleute hatten zugleich Auswirkungen auf das unmittelbare Umland der Stadt. Schon seit der Mitte des 19. Jh. spielten die im N der Stadt am Fuße des Gebirges gelegenen Dörfer und Gärten eine große Rolle als Yaylaq des Herrscherhauses und damit eines beträchtlichen Teiles der kaiserlichen Verwaltung. Hof und Administration pflegten Teile der Sommermonate in der klimatisch günstigeren Vorbergzone des Gebirges zu verbringen. Jagd- und Lustschlösser wie Abbassabad (Qasr-Qadjar), Niavaran und Darband sowie die Sommerresidenzen der englischen Legation in Gulhak, der Russen in Sargandeh sowie der Franzosen in Tajrish repräsentierten diesen Typus der frühen Umgestaltung des agrarisch-ländlichen Hinterlandes der Hauptstadt:

>Im Anfange des Monats Juni verlassen... die reicheren Perser, der Schah an der Spitze, ebenso wie die ansässigen Europäer die Stadt, um auf den Höhen dicht am Fusse des Elburz in den Gärten der zerstreut liegenden Dörfer ihre Jelak oder Sommerquartiere in Häusern und unter Zelten aufzuschlagen. Man zieht dann, wie es heißt, auf die Champagnen nach Schimran< (BRUGSCH 1862, Bd. 1, S. 229).

Dem schon im 19. Jh. exklusiven Charakter der Yaylaqerholung im N der Stadt entsprach im S der Ausbau des Imamzadeh von Shahabdolazim in Ray zu einem Wallfahrts- und Pilgerzentrum, das vor allem von der Bevölkerung im S der Stadt aufgesucht und besonders an den Wochenenden frequentiert wurde. Pferdedroschken und Pferdebahnen besorgten sowohl innerstädtischen Verkehr als auch die Verbindungen in die nördliche Gartenzone; eine wenige Kilometer lange Eisenbahn nach Shahabdolazim verband Ende des 19. Jh. bereits Tehran mit Ray.

Tehran und Umgebung um 1900 (Abb. 90) zeigen noch die klare Trennung in einen durch die Ummauerung deutlich markierten Stadtbezirk und ein dörflich-ländliches Umland, das lediglich im N der Metropole bereits jahreszeitlich durch urbane Bevölkerung geprägt, vielleicht sogar überprägt wird. Wie ländlich letzten Endes die Dörfer der nördlichen Peripherie der Stadt, heute längst Stadtviertel der Millionenstadt ohne jegliche Reminiszenz an ihren ursprünglich ländlichen Charakter, noch Ende des 19. Jh. waren, geht aus der Zusammenstellung des >Gazetteer of Persia< (vol. II, Simla 1910, S. 562) hervor, der für einzelne Dörfer im Bezirk Shemiran folgende Einwohnerzahlen nennt: Narmak 15 Familien — Darrous 20 Familien — Shamsabad 10 Familien — Gulhak 60 Familien — Davudieh 7 Familien — Tajrish 500 Familien — Mahmudieh 15 Familien — Vanak 12 Familien — Abbassabad 10 Familien — Amirabad 15 Familien — Evin 70 Familien. Wenn in diesen und anderen Dörfern sich die >Urbanisierung< der ländlichen Bausubstanz auch zunächst noch in Grenzen hielt, so bedeutete die Umstellung der landwirtschaftlichen Produktion auf Obst- und Gemüsebau mit dem Ziel der Belieferung des schnell wachsenden städtischen Marktes doch einen tiefgreifenden Wandel in der traditionellen Agrarproduktion, die — im Verbund mit dem Ausbau des kostspieligen Qanatsystems und dem steigenden Freizeitwert der am Gebirgsrand

6. Tehran — die nationale Metropole

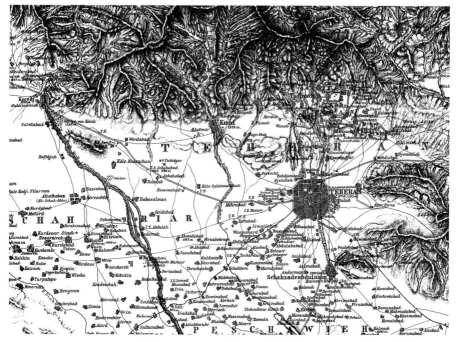

Abb. 90: Tehran und Umgebung, um 1900 (nach STAHL 1900).

gelegenen Grundstücke — die Konzentration der Eigentumstitel an Grund und Boden in den Händen der reicheren Tehranis förderte.

Die Stadt, die nach einer Volkszählung des Jahres 1869 etwa 155 000 Menschen zählen sollte, wird von verschiedenen Autoren für die Zeit um die Jahrhundertwende auf 250 000 Menschen veranschlagt (nach BAHRAMBEYGUI 1977). Damit hatte Tehran auch Tabriz überflügelt und kann seit etwa 1900 als die größte Stadt des Landes gelten. Wirtschaftliche Grundlage ihrer Bevölkerung war weniger als z. B. in Tabriz oder Isfahan der Handel, sondern vielmehr das vielfältige Tätigkeitsspektrum im Zusammenhang mit der politischen und militärischen Administration des Staates, d. h. von Beamten und Militärs. Eine nicht unwichtige Rolle dürfte zudem um 1900 bereits die Residenzfunktion und damit der Konsumbedarf der in der Hauptstadt logierenden nationalen Elite (Grundeigentümer, z. T. Stammesführer) gespielt haben, die zur Entfaltung von Handel und Handwerk beitrugen. Wenn einzelne Autoren auch von ›Industrien‹ sprechen, so darf ihr Stellenwert kaum hoch veranschlagt werden: Ziegeleien, Textilmanufakturen, nahrungsmittelverarbeitende und -erzeugende Betriebe haben sicherlich bestanden, können aber keinen die Wirtschaft der Stadt prägenden Stellenwert beanspruchen. Das Schicksal der mit belgischer Hilfe bei Kahrizak um 1880 erbauten Zukkerraffinerie, die durch den Import russischen Zuckers zu Dumpingpreisen nach wenigen Jahren ihren Betrieb einstellen mußte, zeigt, wie sehr alle wirtschaftlichen Unternehmungen bereits extern gesteuert waren (vgl. dazu LITTEN 1920).

Eine neue Phase städtischer Entwicklung und Expansion setzt erst nach dem Ende der Qadjarendynastie im Jahre 1925 und mit der Errichtung einer extrem zentralistischen Verwaltungsgliederung unter Reza Shah (1926—1941) ein. Sie leitete nicht nur Diversifikation und Intensivierung der städtischen Wirtschaft ein, sondern bewirkte durch das aus ihr folgende schnelle Wachstum der Bevölkerung eine neue Ausdehnung der Stadt über die qadjarische Stadtmauer hinaus. Die Zentralisierung der bis dahin dispersen und durch königliche Statthalter wahrgenommenen Verwaltung der Provinzen führte in Tehran nicht nur zu einer starken Bautätigkeit von Ministerien und anderen Verwaltungseinrichtungen, sondern zugleich zu einer ersten nennenswerten Ansiedlung von Industrien. Bedingt durch die nachhaltig geförderte Intensivierung der landwirtschaftlichen Produktion und den Anbau von ›Industriepflanzen‹ wie Baumwolle und Zuckerrüben, bedingt aber auch durch den Straßen- und Eisenbahnverkehr, der Tehran nunmehr schnell und sicher nicht nur mit den kaspischen Küstenprovinzen, sondern auch mit den Absatz- und Produktionsgebieten des Hochlandes von Irans verband, vermochte Tehran in den 30er Jahren als Hauptstadt sehr schnell das Gros der neuen Industriegründungen an sich zu ziehen und sich — neben dem von den Engländern kontrollierten Erdölzentrum Abadan — zum wichtigsten und vielseitigsten Industriestandort des Landes aufzubauen. Nahrungs- und Genußmittelindustrien, Baustoffherstellung, Textilverarbeitung sowie chemische und metallverarbeitende Industrien prägten um 1941 Tehran als Industriestandort (vgl. KORBY 1977), d. h. zu einer Zeit, als es mit über 540 000 Ew den Industrien auch bereits entsprechende Standortvorteile als gewichtiges Absatzzentrum einer im Vergleich zu anderen Teilen des Landes kaufkräftigen Bevölkerung bot.

Ausbau der Administration, Konzentration vieler industrieller und sonstiger wirtschaftlicher Aktivitäten sowie der infolge der Zentralisierung allen politischen wie wirtschaftlichen Lebens verstärkte Zustrom von ›Rentenkapital‹ müssen als Ursachen für das ab 1940 explosive Wachstum der Stadt gesehen werden, das sich in den immer schneller zunehmenden Einwohnerzahlen der Stadt dokumentiert (1933, 1947 und 1949 nach BOBEK 1962, S. 37):

1933:	360 250 Ew.
1940/41:	540 087 Ew.
1947:	787 000 Ew.
1949:	1 010 000 Ew.
1956:	1 512 082 Ew.
1966:	2 719 730 Ew.
1976:	4 496 159 Ew.

6. Tehran — die nationale Metropole

Voraussetzung für das seit den 30er Jahren schnelle Wachstum der Stadt war die neuerliche Expansion der Bebauungsfläche über die Wallanlagen der Jahre 1868/74 hinaus. Bereits 1934 erfolgte, im Zusammenhang mit der in allen Städten Irans beginnenden Modernisierung der Straßenführung und der Anlage großer Rundplätze, in Tehran der Abriß der qadjarischen Stadtmauer und die zunächst allmähliche Ausdehnung der Bausubstanz über das Oktagon hinaus. Noch Ende der 50er Jahre hielten sich die Bebauungsflächen in überschaubarem Rahmen (vgl. Schweizer 1971, Abb.3, Seger 1978, Karte 2), wenn nunmehr bereits auch die Überbauung der ehemals am Stadtrand gelegenen Dörfer und teilweise sogar ihre faktische Einbeziehung in das Stadtgebiet erfolgte.

Die vorläufig letzte und bis heute ungebrochen anhaltende Urbanisierungsphase beginnt etwa um 1960 und ist durch eine Reihe neuer und bis dahin unbedeutender Faktoren gekennzeichnet; es handelt sich um

a) die durch die Nationalisierung des Erdöls ausgelöste Industrialisierung;
b) die durch die Landreform von 1962 forcierte Ansiedlung von Grundeigentümern in der Hauptstadt und die beginnende Spekulation in städtischen Immobilien;
c) den Ausbau von Handel und Verwaltung;
d) die Entwicklung Tehrans zu einem internationalen Zentrum von Politik und Wirtschaft.

Zu a: Mit der seit 1953 verstärkten Verfügbarkeit von Devisen und Kapital setzte zunächst eine langsame, seit 1960 forcierte Industrialisierung des Landes ein. Wie Korby (1977, Abb.6) eindrucksvoll nachweist, hatte Tehran 1963 sowohl quantitativ als auch qualitativ alle anderen Industriestandorte hinter sich gelassen und vor allem bereits das gesamte Spektrum der sog. ›growth industries‹ mit Ausnahme der Petrochemie (Metallverarbeitung, Fahrzeugbau z.B.) an sich gezogen. Seit den frühen 60er Jahren werden auch die Industriegassen, die die Stadt entlang ihrer Ausfallstraßen nach Karaj bzw. nach Firuzkuh prägen, zu Leitlinien einer flächenhaften Industrialisierung. Die dominierende Rolle der Zentralprovinz und vor allem der Hauptstadt Tehran kommt in den Ergebnissen des jüngsten verfügbaren Industriezensus von 1974 nachhaltig zum Ausdruck (Tab.65). Nicht nur der über 50 % liegende Anteil aller Beschäftigten in den Industriebetrieben Irans, sondern vor allem die Tatsache, daß über zwei Drittel des in der iranischen Industrie erzeugten Mehrwerts auf die Zentralprovinz entfallen, belegt deren gegenüber den 60er Jahren (vgl. Ehlers 1972, Tab. 9) noch gewachsene Bedeutung.

Der Trend der einseitigen Ausrichtung fast aller Industrieneugründungen auf den Großraum Tehran hat bis in die frühen 70er Jahre angehalten und der Hauptstadt endgültig die Führungsposition weniger in den traditionellen Industriezweigen (Nahrungsmittel, Textil), als vielmehr in den modernen Sektoren, wie z.B. in der Chemie, in der Metallverarbeitung, in der Elektrotechnik, im Fahrzeugbau und der Herstellung und Weiterverarbeitung von Kunststoffen, gesichert. Auch die gesamte Bekleidungs- und Schuhindustrie, das Gros der Möbelherstellung, fast das gesamte Druck- und Verlagswesen und wesentliche Teile der Baustoff-

Tab. 65: *Industrielle Betriebe (> 10 Besch.) in Iran und ihre regionale Verbreitung, 1974*

	Zahl der Betriebe	Zahl der Besch.	Lohnsumme	Neuinvestitionen	Input	Output	Mehrwert
					(in Millionen Rial)		
Zentralprovinz	2 707	208 000	24 548	35 990	178 171	297 567	119 396
Gilan	264	12 869	979	6 279	3 668	6 218	2 450
Mazandaran	212	18 380	1 877	2 977	12 594	17 671	5 077
Ostazerbaijan	957	26 331	1 440	14 761	9 867	14 059	4 192
Westazerbaijan	117	6 426	254	859	1 446	2 223	777
Kermanshah	99	2 593	200	600	1 657	3 039	1 381
Kurdistan	38	1 302	99	657	317	736	419
Khuzestan	225	19 409	2 759	3 456	21 312	39 538	18 226
Fars	170	9 599	1 150	2 459	4 274	9 629	5 355
Kerman	118	5 587	241	839	1 532	1 914	382
Khorassan	479	18 048	1 385	1 066	6 532	11 107	4 575
Isfahan	472	47 962	4 387	5 947	19 912	27 148	7 236
Sistan/Baluchistan	35	1 623	87	387	354	564	210
Küstenprovinz	23	2 293	106	692	301	1 041	740
Hamadan	77	3 071	188	879	678	1 480	802
Bakhtiari	16	403	43	—	157	253	96
Luristan	39	2 545	274	413	1 650	3 014	1 364
Elam	14	86	6	135	25	33	8
Semnan	25	1 960	124	136	377	1 319	942
Yezd	104	7 932	450	751	3 191	5 172	1 981
Zusammen	6 191	396 419	40 597	79 283	268 015	443 725	175 609
Anteile der Zentralprovinz	43,7%	52,5%	60,5%	45,4%	66,4%	67,1%	68,0%

Quelle: Stat. Jahrbuch Iran 2536/1977—78, Tehran 1978, S. 401.

und Glasindustrie sind heute auf Tehran und sein unmittelbares Umland konzentriert (HOURCADE 1977, KORBY 1977).

Seit 1976 versucht man, den industriellen Konzentrationsprozeß im Großraum Tehran durch ein generelles Verbot neuer Industrieansiedlungen im 120-km-Umkreis um die Hauptstadt sowie durch Steuerbegünstigungen in anderen Teilen des Landes (vgl. EHLERS 1978) zu kanalisieren.

Zu b: Mit der Landreform des Jahres 1962, die den Großgrundeigentümern entweder Entschädigungsgelder oder aber Industrieaktien als Gegenleistung für den enteigneten Grund und Boden zufließen ließen, begann — neben der Industrialisierung der Hauptstadtregion — eine rege Bautätigkeit, die zum großen Teil auf rentenkapitalistischer Spekulation aufbaute. Kauf und Verkauf städtischer Grundstücke, mehr aber noch Bau und Vermietung zahlloser und zumeist monotoner Ein- und Mehrfamilienhäuser begannen das bis etwa 1960 noch durch freie Wüsteneien und kahle Schotterplateaus gekennzeichnete nördliche Stadtgebiet mit einer fast lückenlosen Wohnhausbebauung zu überziehen. Statistische Unterlagen der Zentralbank belegen, daß in den letzten Jahren sowohl bei den privaten als auch bei den öffentlichen Investitionen Irans in den Bausektor durchweg um die 50 % im Großraum Tehran getätigt wurden. Dies belegt die überragende Rolle der Hauptstadt als ›Bauplatz der Nation‹.

Öffentliche wie private Investitionen in den Ausbau Tehrans basierten und basieren auch heute noch nicht nur auf dem permanenten Zustrom von Einheimischen aus allen Teilen des Landes, sondern auch auf der zumindest bis 1977/78 immer größer werdenden Zahl von Ausländern, die sich in der Hauptstadt als internationalem Handels- und Wirtschaftszentrum niederließen. Ein entscheidender Teil städtischen Wohnraums wurde indes in der Vergangenheit von Landlords, d.h. von ländlichen Großgrundeigentümern, die ihre Ernteanteile in Tehran konzentrierten und hier auch ihre Einnahmen verzehrten, bewohnt. Die damit verbundene Konzentration von ländlich produziertem Mehrwert und seine Konsumtion im groß- bzw. hauptstädtischen Bereich trugen zum Bedeutungsüberschuß vor allem Tehrans bei.

Zu c: Die damit bereits angesprochene Sonderstellung Tehrans nicht nur als Hauptstadt, sondern — in Anlehnung an BOBEKS These von der rentenkapitalistischen Struktur der nationalen Metropole schlechthin — als Zentrum des nationalen Handels und der Wirtschaft läßt sich tatsächlich empirisch, allerdings eher aus der Sicht der nachgeordneten städtischen Zentren, belegen. So wie nur Befragungen in den verschiedenen Teilen des ländlichen Iran die große Rolle der Hauptstadt als Residenzort der Grundeigentümer erkennbar werden lassen, so wird auch die überragende Rolle Tehrans als Handelszentrum und Warenumschlagplatz erst bei der Analyse klein- und mittelstädtischer Märkte deutlich. So hat z. B. MOMENI (1976, Tab. 31) am Beispiel der Stadt Malayer die Bezugsorte des städtischen Einzelhandels für 53 Artikel des täglichen wie nichttäglichen Bedarfs ermittelt. Er kommt dabei zu dem Ergebnis, daß 43 von ihnen von Tehraner Großhändlern geliefert werden, wobei der hauptstädtische Großhandel auf 18 Artikel meist höherer Wertigkeit das alleinige Monopol besitzt. An zweiter Stelle als Liefermarkt fungiert die Provinzhauptstadt Hamadan, die zwar immer noch 21 Artikel nach Malayer vermittelt, dabei aber nur für ein Produkt das Monopol beanspruchen kann. Alle anderen Städte, seien es Klein- und Mittelstädte der Provinz Hamadan oder seien es andere Großstädte des Landes, fallen als Belieferer des Malayereinzelhandels weit zurück. Eine ähnliche Ausrichtung des kleinstädtischen Einzelhandels auf die Provinzhauptstadt wie auch auf die Landesmetropole konnte in Khorassan am Beispiel der Oasenstadt Tabas und der ihr übergeordneten Metropolen Mashhad und Tehran beobachtet werden (EHLERS 1977).

Wenn wir unterstellen, daß das Beispiel Malayer typisch für viele andere Fälle ist — und vieles spricht für die Berechtigung einer solchen Annahme (vgl. dazu BONINE 1975, EHLERS 1977, ENGLISH 1966, SEGER 1978) —, dann müssen wir konstatieren: die vollständige Beherrschung des Großhandels und der nationalen Warenverteilung vor allem durch die Hauptstadt Tehran bedeutet eine ungeheuere Akkumulation von handelsbedingtem Mehrwert, der damit ganz überwiegend der nationalen Metropole zugute kommt (vgl. Kap. IV, Abschn. 2.4.5, Punkt a).

Zu d: Diese ›Usurpation der Bedarfsdeckung‹ durch den Tehraner Großhandel wird seit 1960 verstärkt durch den Ausbau der Hauptstadt zu einem der wichtigsten internationalen Finanz- und Handelszentren des Mittleren Ostens. Als Ausgangspunkt dieser Entwicklung muß wohl die Konzentration der gesamten Verwaltung der NIOC (National Iranian Oil Company) in Tehran gesehen werden, die nicht nur die Ansiedlung der Hauptverwaltung der Konsortiumsmitglieder in der Hauptstadt, sondern auch fast aller anderen nationalen wie internationalen mit dem Ölgeschäft zusammenhängenden Gesellschaften zur Folge hatte. Der ständig wachsende Devisenzufluß vor allem seit 1973, der nicht nur zu einer großen Zahl von sog. ›Joint ventures‹ iranischer und ausländischer Firmen führte, sondern auch eine kaum übersehbare Zahl europäischer, amerikanischer und asiatischer Beraterfirmen in das Land zog, förderte mit der Niederlassung in der Hauptstadt den Ausbau Tehrans als Brückenkopf auch ausländischer Wirtschaftsinteressen. Heute haben viele große internationale Konzerne und Banken ihre Büros und Kontaktstellen in Tehran. Die jährlich stattfindende Industriemesse, der von Jahr zu Jahr stärker frequentierte internationale Flughafen Mehrabad sowie die wie Pilze aus dem Boden schießenden Hochhäuser der weltweiten Hotelkonzerne belegen diese ›Internationalität‹ der iranischen Hauptstadt auch physiognomisch und nach außen hin.

Das rasche Wachstum der Stadt seit 1960, das noch durch seine traditionellen Funktionen als Regierungssitz einer schnell wachsenden Administration, als Standort von zahlreichen Hochschulen, Forschungsstätten und religiösen Institutionen sowie als Mittelpunkt des gesamten Presse- und Verkehrswesens Irans unterstützt wird, hat stärker als je zuvor zu einer dualistischen Entwicklung der Stadt geführt. Die schon seit den Qadjaren angelegte Differenzierung der städtischen

Struktur in einen ›armen Süden‹ und einen ›reichen Norden‹ hat seit Beginn des 20. Jh. eine beträchtliche Verschärfung erfahren. Während im Zusammenhang mit der ständigen Nordwärtsverlagerung der besseren Wohn- und Geschäftsviertel sich nördlich der Takht-e-Jamshid-Straße immer mondänere und luxuriösere Einkaufszentren entwickelten (WIRTH 1968), drängten sich im S der Stadt und an der Peripherie seiner Bausubstanz infolge starker Zuwanderung immer mehr Menschen auf engstem Raum zusammen. Das starke Nordsüdgefälle in der kulturellen Ökologie der Stadt gilt nicht nur für Bevölkerungsdichte, sondern zugleich für Bildungsstand, Schul- und Krankenhausversorgung, Einkommensverteilung, sanitäre und hygienische Verhältnisse und alle anderen Aspekte des privaten wie öffentlichen Dienstleistungssektors (vgl. SEGER 1975, 1978, 1979; VIEILLE–MOHSENI 1969). Das Aufeinanderprallen dieser für das ganze Land typischen Gegensätze in dem Ballungsraum Tehran, d. h. der Konflikt von arm und reich, von unvorstellbarem Luxus und unbeschreiblichem Elend auf engstem Raum hat seit 1973 eine starke Akzentuierung erfahren und ist ganz sicherlich einer der Gründe für die zwischen 1977 und 1979 ausgetragenen bürgerkriegsähnlichen Unruhen in Teilen des Landes mit Tehran, und hier insbesondere mit dem S der Stadt, als Zentrum des Aufstandes gegen das Shah-Regime.

Das am Beispiel Tehrans von SEGER (1975) entwickelte Modell (Abb. 91) gibt wesentliche Aspekte dieses Dualismus wieder: die Nordwärtsverlagerung der modernen Geschäftsviertel in die sozial bevorzugten und industriefreien Vororte zum Gebirgsrand hin; die Trennfunktion der W-E-verlaufenden Industriegasse zwischen traditionellen und modernen, westlich orientierten Bausubstanzen und Bevölkerungsschichten im N sowie die enge Symbiose von Industriestandorten und Slumbildung im S. Unter Auswertung der verschiedensten Angaben des vom Soziologischen Forschungsinstitut der Universität Tehran durchgeführten Tehran Surveys gelangt SEGER (1975, S. 31/32) zu der in Übersicht 6 dargestellten Charakterisierung der drei generalisierten Stadtviertel.

Wenn diese Daten sich auch auf das Jahr 1966 beziehen und nicht alle verwendeten Kriterien streng vergleichbar sind (für Einzelheiten vgl. SEGER 1975, 1978; die Ergebnisse des Surveys sind zusammenfassend dargestellt in: University of Tehran, Institute for Economic and Social Research, Atlas de Tehran. University of Tehran 1966), so zeigen die verschiedenen sozioökonomischen Merkmale doch die gravierenden Unterschiede innerhalb der heute 5 Mill. Menschen zählenden Agglomeration.

Das soziale und wirtschaftliche Gefälle zwischen den verschiedenen Teilen der Stadt wird Jahr für Jahr erhöht durch eine bisher nicht kontrollierte und auch kaum kontrollierbare Zuwanderung ländlicher Bevölkerung. Wenn somit auch keine exakten Daten vorliegen und die vorhandenen Werte sich auf das Zensusjahr 1966 beziehen, so vermögen die vorhandenen Angaben dennoch einen gewissen Aufschluß über Ausmaß und Ursachen der Wanderung in die Hauptstadt zu geben (Tab. 66 und 67).

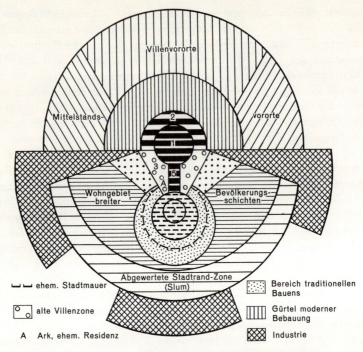

Abb. 91: Tehran als Modell einer orientalischen Stadt unter westlich-modernem Einfluß (nach SEGER 1975).

Als Wanderungsmotive der Zuwanderer gelten dabei vor allem die Suche nach Arbeitsmöglichkeiten oder besseren Arbeitsplätzen, wie die Ergebnisse der Befragungen von 38% der Zuwanderer ergaben (Tab. 67).

Die in der Zensusdekade 1966—1976 verstärkte Zuwanderung nach Tehran, die in der rapiden Zunahme der Gesamtbevölkerung zum Ausdruck kommt, ansonsten aber bisher kaum statistisch faßbar ist, hat nicht zuletzt durch das nunmehr offensichtliche Scheitern der Landreform und durch die stagnativen Beharrungstendenzen im ländlichen Raum an Impetus gewonnen. Der aus den genannten Gründen für Tehran besonders kräftige Bauboom hat zudem anziehend auf viele tausend, ja: zehntausend ausländische ›Gastarbeiter‹, vor allem Afghanen, gewirkt. Über sie liegen jedoch allenfalls sehr grobe Schätzungen vor (vgl. dazu

6. Tehran — die nationale Metropole

Übersicht 6: Sozioökonomische Merkmale der Bevölkerung in verschiedenen Stadtvierteln Tehrans (nach SEGER 1975)

1. Altstadt	Beschäftigte im Handel	sehr hoch
	Selbständige	hoch
	Selbständige ohne AK	sehr hoch
	Ziegel-Holz-Bauweise	dominiert
2. Westlich-moderne Stadtteile	Alphabetisierung	sehr hoch
	Akademikerquote	Maximum
	Staatsbedienstete	sehr hoch
	Weibl. Berufstätige	Maximum
	Wasser- und Elekrizitätsversorgung	sehr gut
3. Südlicher Stadtrand	Arbeiter in der Produktion	dominieren
	Selbständige	Minimum
	Alphabetisierung	Minimum
	Wasser- und Elekrizitätsversorgung	schlecht
	Weibl. Berufstätige	Minimum

HALLIDAY 1977). Angesichts dieses Mangels an detaillierten Daten mag ein letzter Zahlenvergleich die Sonderstellung der Zentralprovinz und ihres Zentrums Tehran beleuchten (Tab. 68). Dabei wird deutlich, daß auf die Zentralprovinz mit 20,6 % der Gesamtbevölkerung nicht nur ein Fünftel aller Iraner entfällt, sondern daß der Urbanisierungsgrad dieser Provinz weit über dem Durchschnitt liegt und in den letzten zehn Jahren noch erheblich an Bedeutung zugenommen hat.

Industrialisierung und Urbanisierung des Großraums Tehran haben längst die administrativen Grenzen der Stadt gesprengt und auf das Umland der Stadt übergegriffen. Dabei sind die physiognomisch faßbaren Wandlungen als Ausdruck entsprechender sozioökonomischer Veränderungen besonders eindrucksvoll: großflächige Industrieansiedlungen entlang der Achse (Straße, Autobahn und Eisenbahn) nach Karaj, aber ebenso im E der Stadt und bei Ray werden begleitet von ebenso ausgedehnten Neubauprojekten von staatlichem und privatem Wohnungsbau. Das vehemente Wachstum der Stadt Karaj, die in der Dekade 1956—1976 mit einem Bevölkerungszuwachs von 216 % (Zeitraum 1956—1976: Zuwachs von 827 %!) mit weitem Abstand vor allen anderen Städten Irans rangiert, ist unmittelbarer Ausdruck dieser Auswirkungen der Tehraner Sonderstellung auf sein Umland (BAHRAMBEYGUI 1976, 1979).

Tiefgreifende Wandlungen haben vor allem Land- und Viehwirtschaft im Umland der Hauptstadt erfahren (vgl. EHLERS 1980). Die traditionellen Liefergebiete für den Tehraner Markt, die Täler der Alborzsüdflanke, der Raum Karaj

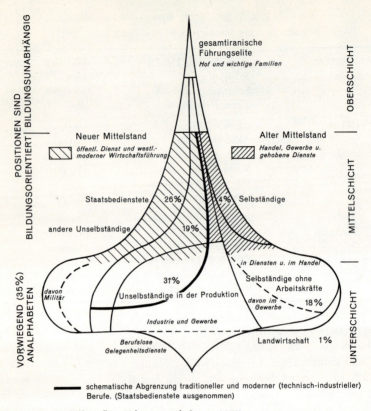

Abb. 92: *Gesellschaftsaufbau Tehrans* (nach SEGER 1975).

mit seiner großen Bewässerungsoase und insbesondere das Anbaugebiet von Garmsar/Veramin, die vor Jahren noch traditionellen Getreidebau in Verbindung mit Obst- und Gemüsekulturen pflegten, haben sich längst auf Spezialkulturen umgestellt: Obst verschiedener Art und Blumen (Gladiolen) sind bevorzugte Produkte der kleinen und schnellem Rückgang unterliegenden LNF in den Tälern der Alborzsüdflanke. Karaj und Garmsar/Veramin liefern Melonen, Obst und Gemüse und haben sich stärker als zuvor auf den Anbau von Futterpflanzen und stellenweise auf Milch- und Fleischviehhaltung verlegt. Vor dem Hintergrund des ständig wachsenden Bedarfs an Nahrungsmitteln müssen auch die großen Bewässerungsprojekte, die für den Raum Garmsar/Veramin vorgesehen sind (vgl. UNDP/FAO 1970f.) sowie die schon genannten Irrigationsvorhaben bei Abyek/Kazvin gesehen werden. Die mit dem Auf- und Ausbau kostspieliger Bewässerungssysteme projektierte Ablösung traditionell-bäuerlicher Wirtschaft zugunsten marktorientiert und hochmechanisiert arbeitender Großbetriebe wird die an-

6. Tehran — die nationale Metropole

Tab. 66: *Die Bevölkerung Tehrans 1956 und 1966, nach Geburtsorten*

Geburtsort	1956	1966
Gesamtbevölkerung abs.	1 512 082	2 719 730
davon geboren (in %)		
in Tehran	50,0	51,1
in anderen Teilen der		
Zentralprovinz	4,6	13,3
in anderen Provinzen	43,9	34,6
in anderen Ländern	1,5	1,0

Quelle: BAHRAMBEYGUI 1977.

Tab. 67: *Wanderungsmotive der Zuwanderer nach Tehran, 1956—1966*

Wanderungsmotive	Zahl der Antworten	% aller Antworten
Suche nach Arbeit	129 936	55,2
Suche nach besserer Arbeit	40 265	17,1
Heirat	25 868	11,0
Versetzung	18 822	8,0
Schul- bzw.		
Universitätsbesuch	12 329	5,2
Militärdienst	3 042	1,3
Andere Gründe	5 121	2,2

Quelle: BAHRAMBEYGUI 1977, Tab. 3—8.

hand mehrerer Beispiele aufgezeigte agrarsoziale Problematik des ländlichen Raumes verstärken.

Industrialisierung und urbanes Wachstum der Agglomeration Tehran haben, wie schon angemerkt, die traditionelle Wasserversorgung der Stadt mit Qanaten bereits in den 20er und 30er Jahren weitgehend überholt, so daß zunächst kanalisiertes Flußwasser des Karaj sowie Tiefbrunnen die Belieferung der Stadt mit Trink- und Industriewasser sicherstellen mußten. Seit den späten 50er Jahren ist dem Alborz als Wasserlieferanten für die Hauptstadt eine neue Aufgabe erwachsen. Bereits 1961 wurde der 185 m hohe Amir-Kabir-Damm am Karaj Rud in Betrieb genommen: bei einem Stauvolumen von etwa 205 Mill. cbm liefert er Tehran jährlich etwa 190 Mill. cbm Wasser und 75 000 kW Strom zu; zudem reguliert er die Bewässerung von über 20 000 ha LNF am Unterlauf des Flusses. Der etwas später

Tab. 68: *Die Bevölkerung der Zentralprovinz, 1966—1976*

	Zentralprovinz (in %)	Gesamtiran (in %)
Zuwachsrate 1966—1976		
Städtische Bevölkerung	4,6	4,8
Ländliche Bevölkerung	0,5	1,1
Gesamtbevölkerung	3,3	2,7
Anteil an Gesamtbevölkerung		
1966	19,3	—
1976	20,6	—
Grad der Verstädterung		
1966	70,3	38,0
1976	79,7	46,8

Quelle: Census 1966 und Census 1976 (prelim. results).

fertiggestellte Latiandamm (104 m hoch; 95 Mill. cbm Stauvolumen) sichert die Bereitstellung weiterer 80 Mill. cbm Gebrauchswasser und 22 000 kW Strom. Der kurz vor der Inbetriebnahme stehende Taleqandamm sowie der Bau eines etwa 20 km langen Verbindungsstollens von dem zum Kaspischen Meer hin entwässernden Lar auf das Hochland sollen den permanent steigenden Bedarf der Hauptstadt auch in Zukunft sichern.

Das Erholungsbedürfnis der schnell wachsenden städtischen Bevölkerung, eine auch immer größere Zahl kapitalkräftiger Familien, die starke Motorisierung und der entsprechende Ausbau der Verkehrswege und Verkehrsmittel haben seit 1960 die Täler der Alborzsüdflanke zu einem wichtigen Erholungsgebiet vieler Tehranis gemacht. Zunächst und in Anlehnung an die traditionelle Yaylaqfunktion des Gebirges handelt es sich dabei um sommerliche Wochenenderholung in den Tälern von Karaj, Jajrud und ihrer Tributäre sowie bei dem schon unter Reza Shah mit Kasino und Hotel ausgestatteten Ab-Ali. Im Gefolge dieser Entwicklungen kam es nicht nur sehr früh zum Aufkauf von Gärten, Grundstücken und Häusern in den kleinen Dörfern durch reiche Tehranis, sondern auch zu umfangreichen Spekulationen um Grund und Boden: hohe Bodenmobilität und entsprechende Bodenpreise sowie eine starke Bebauung ehemaligen Acker- und Gartenlandes haben zu einem stellenweise dichten Besatz mit Wochenend- und Zweitwohnsitzen und einem entsprechenden Rückgang der LNF geführt (vgl. HOURCADE 1974 f., RAHNEMAEE 1979). Dem sozioökonomischen Strukturwandel der traditionellen Wirtschaft entspricht eine weitgehende Veränderung der dörflichen Bausubstanz und Funktionen: Hotels, Restaurants, Grillstuben verschiedener Art

(Kebabi), Teehäuser und große Parkplätze prägen heute bereits mehrere Siedlungen, die noch vor wenigen Jahren als ausgesprochen bäuerliche Dörfer zu gelten hatten. Dieser Trend hat seit 1970 noch eine Verschärfung durch den nachhaltigen Ausbau der Wintersporteinrichtungen im Hinterland der Hauptstadt erfahren, so daß der südliche Alborz heute touristisch sommers wie winters weitgehend überprägt ist.

Hauptleidtragende des kulturgeographischen Wandels in den Tälern der Alborzsüdflanke sowie dem Tehran nahen Gebirgsvorland sind, neben den Bauern, die Viehhalter. Obwohl im Gegensatz zu süd- und westiranischen Viehzüchtern kaum als ›echte‹ Nomaden zu charakterisieren (vgl. dagegen HOURCADE 1977, DE PLANHOL 1964), hat die Beschränkung der Weidewirtschaft in den Tälern des Alborz in den letzten Jahren zu einem starken Rückgang, stellenweise sogar zu einer Aufgabe der Viehhaltung geführt. Ursachen dieses Verzichts sind nicht nur die genannten Wandlungen im ländlichen Bereich der Gebirgstäler und des Gebirgsvorlandes, die heute kaum noch Stoppelbeweidung oder den Kauf von Stroh als Winterfutter gestatten, sondern vielmehr das generelle Verbot der Sommerbeweidung der erosionsgefährdeten Hochgebirgsregionen des Alborz (vgl. BOYKIN 1972, JONES 1971).

Insgesamt muß Tehran als Hauptstadt des Landes in seinem Stadt-Umland-Verhältnis wohl unter einem doppelten Aspekt gesehen werden — und in dieser Doppelbödigkeit unterscheidet es sich von allen anderen urbanen Zentren des Landes. Die Stadt hat zunächst, wie jede andere auch, ihr spezifisches und auf sie ausgerichtetes Umland, das allein aber nicht auch nur annähernd Entwicklung und Dynamik der heutigen Stadt erklären kann. Der entscheidende Faktor ist die im Eingang zu diesem Kapitel genannte Feststellung, daß darüber hinaus Gesamtiran als Hinterland von Tehran gesehen werden muß. Dieses an anderer Stelle ausführlicher entwickelte Konzept (EHLERS 1978), das die Genese und Charakterisierung der heutigen Hauptstadt als Spiegelbild früherer Hauptstadtentwicklungen (Isfahan, Shiraz) versteht, geht von dem rentenkapitalistischen Grundprinzip der Entwicklung orientalisch-islamischer Städte aus: in Anlehnung an BOBEK (1958) kann Tehran bis zur jüngsten Gegenwart hin als Prototyp dieser rentenkapitalistischen Stadtentwicklung gelten; erst in den letzten zehn Jahren bewirkten Industrialisierung und agglomerationsbedingte Standortvorteile eine solche Eigendynamik, daß heute andere Faktoren das Wachstum der Stadt und die Explosion ihrer Bevölkerungszahlen mitbestimmen.

Literatur: Das Schrifttum über den Ballungsraum und die Stadt selbst ist naturgemäß sehr umfangreich und kann hier nur teilweise angesprochen werden. Wertvolle Einführungen in den physischen Rahmen und die besonders heiklen Probleme der Wasserversorgung stellen dar die Arbeiten von BASSIR (1971), DRESCH (1961), GORDON–LOCKWOOD (1970), KNILL–JONES (1968) und RIEBEN (1955, 1960, 1966), den Zusammenhang von Qanatbau und Stadtentwicklung beleuchtet BRAUN (1974). — Das historische Schrifttum über Tehran als Hauptstadt ist insbesondere seit etwa 1800 umfangreich, da fast alle Reisenden im 19. und

20. Jh. auch Tehran besuchten: eine hervorragende Rekonstruktion des qadjarischen Tehran stellt dar die Zusammenstellung von MINORSKY in der ›Encyclopédie de l'Islam‹, 1. Ausgabe, Leiden 1934, S. 750—756, die auch das wichtigste Schrifttum aufführt. Zu den wichtigen stadtgeographischen Übersichten und Analysen, die seitdem erschienen sind, gehören u. a.: BOBEK (1958), BROWN (1965), CLAPP (1930), DAGRADI (1963), HOURCADE (1974), MARTHELOT (1972), DE PLANHOL (1964) und SEGER (1975 f.). Bemerkenswert sind dazu drei Buchveröffentlichungen: die Studie von AHRENS (1966), das mit zahlreichen alten Plänen, Karten und Fotos ausgestattete Buch von BAHRAMBEYGUI (1977) sowie das vor allem die wirtschaftliche und soziale Entwicklungsproblematik der Stadtentwicklung berücksichtigende Werk von SEGER (1978). — Spezielle Aspekte und Probleme der Stadt Tehran und ihres Umlandes behandeln u. a. BARTSCH (1971), FIROOZI (1974), GUERITZ (1951), VIEILLE–MOHSENI (1969) und WIRTH (1968). Eine Fundgrube humanökologischer Angaben über die Stadt Tehran zu Beginn der 60er Jahre enthält der vom Soziologischen Institut der Universität Tehran herausgegebene ›Atlas von Tehran‹ (1966), der allerdings nur sehr schwer erhältlich ist.

Unter den wenigen Arbeiten, die die Auswirkungen der Stadtentwicklung auf ihr unmittelbares Umland bisher untersuchten, sind zu nennen die Studien von KORBY (1977) über die Industrialisierung, die von DJIRSARAI (1970) über die traditionelle Agrarsozialstruktur im Dorf Ahar bei Tehran bzw. die von GHARATCHEDAGHI (1967) über den Raum Garmsar/Veramin sowie die Arbeiten von HOURCADE (1975, 1976, 1977, 1979) bzw. HOURCADE u. a. (1979) über den Strukturwandel der Land- und Viehwirtschaft im gebirgigen Hinterland der Hauptstadt. Über die Rolle des Fremdenverkehrs und seine Auswirkungen auf die Kulturlandschaft der Alborzsüdflanke unterrichtet zusammenfassend die Dissertation von RAHNEMAEE (1979).

7. Zusammenfassung: Traditionelle Raumstrukturen und Aspekte zukünftiger Entwicklungsmöglichkeiten

Der Versuch, Grundzüge einer Regionalisierung Irans unter Berücksichtigung sowohl physisch- als auch anthropogeographischer Faktoren aufzustellen, zeigt drei Ergebnisse:

— Zum einen stellen die orohydrographisch vorgezeichneten Raumstrukturen nach wie vor markante Ordnungskriterien auch für die politische Gliederung des Landes dar;
— zum zweiten ist die Kongruenz von politischen Verwaltungszentren (Provinzhauptstädte!) und den ihnen zugeordneten Verwaltungsbezirken auch im wirtschaftlichen wie sozialen Bereich nahezu vollkommen; und
— drittens schließlich nimmt die nationale Metropole eine in jeder Beziehung herausragende Sonderstellung ein, die auf der Einbeziehung des ganzen Landes als wirtschaftlichem und sozialem Ergänzungsraum der Hauptstadt basiert.

Unter modifizierter Verwendung politikwissenschaftlicher Erklärungsansätze und in Abwandlung des in Abb. 54 vorgestellten Schemas der siedlungsgeographischen Hierarchisierung Irans zeigt der Gegensatz von ›Peripherie-Raumstrukturen‹ und ›Autozentrierten Raumstrukturen‹ (SENGHAAS 1977) Alternativen beste-

7. Aspekte zukünftiger Entwicklungsmöglichkeiten

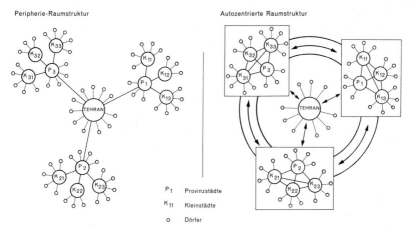

Abb. 93: *Modell peripherer und autozentrierter Raumstruktur in Iran* (verändert nach SENGHAAS 1977).

hender Raummuster und deren künftiger Entwicklungsmöglichkeiten. Nach allem, was gesagt wurde, ist klar, daß das heutige Iran durch den Typ der Peripherieraumstruktur gekennzeichnet und dementsprechend kopflastig auf Tehran ausgerichtet ist, das in einer Art ›internen Kolonialismus‹ (SENGHAAS 1977, S. 280) den Rest des Landes an sich bindet.

Mechanismen und Formen dieser einseitig auf die Hauptstadt ausgerichteten Raumstrukturen, die nicht zuletzt auf rentenkapitalistisch fundierten Verarbeitungs- und Vermarktungsmethoden landwirtschaftlicher oder handwerklich-manufaktureller Produkte und auf anderen als bei uns üblichen Abläufen zwischenstädtischen Produkten- und Warenaustauschs basieren (vgl. Abb. 53), wurden in Kap. IV und Kap. V hinreichend erläutert. Ergebnis dieser ungleichen Entwicklung zwischen internem Zentrum und interner Peripherie, verbunden durch die Brückenkopffunktionen der Provinzhauptstädte, war und ist jene oft beschworene ›economic development under dualistic conditions‹ (AMUZEGAR–FEKRAT 1971). Sie bedeutet nicht nur extreme Reichtumsbildung, Modernisierung und Verwestlichung, Industrialisierung und Urbanisierung im Bereich der nationalen Metropole, sondern gleichzeitig Polarisierung der sozialen und ökonomischen Gegensätze innerhalb der Hauptstadtregion, mehr aber noch zwischen Stadt und Land allgemein. Verstärkt wird dieser Gegensatz durch das vollkommene Scheitern der Landreform, deren Ziele den Abbau des Gegensatzes Stadt — Land einschloß (vgl. EHLERS 1979), die aber in Wirklichkeit nicht nur weitere Ungleichheiten im ländlichen Raum selbst aufdeckte, sondern vor allem das Stadt–Land-Gefälle schärfer als je zuvor deutlich werden ließ und es sogar noch vergrößerte (vgl. Kap. IV, Abschn. 2.2.5, Abschn. 2.4.5 und Abschn. 2.5).

Die in den letzten Jahren immer deutlicher werdenden Grenzen der Wachstumsmöglichkeiten der Hauptstadtregion, ihre offensichtlichen ökonomischen wie ökologischen Schwierigkeiten sowie die ebenso offenkundige Unterentwicklung der Peripherie des Landes ließen schon seit Beginn der 70er Jahre Überlegungen zu einer Neuordnung der traditionellen Raumstrukturen und zu ihrer ›Enthierarchisierung‹ mit dem Ziel einer ›Horizontalisierung der Beziehungen‹ (SENGHAAS 1977) deutlich werden. Wenn dem Idealziel einer gleichmäßigen Entwicklung aller Teile des Landes gerade in Iran durch die extreme natürliche Ungunst weiter Teile des Landes auch nachhaltig Grenzen gesetzt sind, so läßt die Konzeption eines 1976 verkündeten National Spatial Strategy Plan die Grundzüge einer neuen Raumgliederung Irans deutlich werden (Abb. 94).

Entwicklungsachsen, Entwicklungspole und Entwicklungszentren verraten die Handschrift französischer Wirtschafts- und Regionalplaner bei der Erstellung einer für die Jahrhundertwende erstrebten wirtschaftsräumlichen Ordnung des Landes. Deutlich werden bei der theoretischen Konzeption dieser Zielprojektion zwei bzw. drei große Entwicklungsachsen sowie drei solcher untergeordneter Bedeutung erkennbar. Es sind dies von E nach W: Tabriz — Tehran — Mashhad; von N nach S: Tabriz — Kermanshah — Abadan und Tehran — Khurramabad — Abadan. Dazu sollten als Entwicklungslinien untergeordneter Bedeutung treten die N-S gerichteten Bahnen Tehran — Qum — Isfahan; Bushire — Shiraz und Kerman — Bandar Abbas.

Diese mit einem entsprechenden Ausbau der Verkehrsinfrastruktur verbundene Planung orientiert sich nicht nur, wie nicht anders zu erwarten, an dem Naturpotential des Raumes und seinen bioklimatischen Gunstfaktoren, sondern berücksichtigt ebenso die schon heute offensichtliche Unhaltbarkeit des industriellen und allgemeinen wirtschaftlichen Ungleichgewichts des Landes. Während der Standort Tehran heute als Ausgangspunkt weiterer Industrieansiedlungen schon allein aufgrund des Mangels an Wasser, an Energie, an Entsorgungseinrichtungen und einer Reihe anderer Faktoren ausfällt, muß in der angestrebten Dezentralisierung zugleich eine Reihe weiterer Vorteile gesehen werden. Dazu gehören, gemäß den Forderungen nach Enthierarchisierung und Horizontalität der Beziehungen auch im nationalen Rahmen, nicht nur ein verstärkter Ausbau der zwischenstädtischen, inter- und intraregionalen Beziehungen in Handel und Verkehr, sondern auch die kräftige und nachhaltige Förderung neuer industrieller Standortbildungen. Tatsache ist, daß eine Strategie der Dezentralisierung in den letzten Jahren verstärkt vertreten worden ist: wenn nicht aus wirtschaftlicher Einsicht, dann durch die Zwänge der Natur und ihres beschränkten Potentials. In den letzten Jahren neu entstandene Industriestandorte wie Kazwin, Arak, Tabriz, Isfahan, Shiraz oder verschiedene Städte der Ölprovinz Khuzestan sind Beleg für diese These (vgl. auch EHLERS 1978). Das in Abb. 94 noch im Auftrag der kaiserlichen Regierung und in Anlehnung an die von ihr projizierte Wirtschafts- und Sozialstruktur des Landes geplante Modell der Wirtschaftsgliederung Irans steht im Hinblick auf seine Realisierbarkeit heute mehr denn je in Frage. Nachdem als Ergebnis der in-

7. Aspekte zukünftiger Entwicklungsmöglichkeiten 503

nenpolitischen Proteste und Unruhen der Shah und seine Familie am 16.1.1979 das Land verließen und wenig später der letzte von ihm eingesetzte Premierminister Bakhtiar zurücktrat (11.2.1979) und die Regierungsgeschäfte von dem durch den Shiitenführer Ayatollah Khomeini eingesetzten Politiker Bazargan wahrgenommen werden, erscheinen Prognosen über die künftige Wirtschafts-, Sozial- und Raumentwicklung Irans schwieriger denn je zuvor. Aus politologischer Sicht müßte ein solcher Regierungs- und Systemwechsel den Übergang zu einer autozentrierten Entwicklung erleichtern, setzt diese doch ›eine Abkoppelung gegebener Peripherie-Ökonomien von den dominanten Strukturen des gegebenen kapitalistisch bestimmten Weltmarktes voraus, jedoch nicht notwendigerweise eine totale Abschottung‹ (SENGHAAS 1977, S.277). Allerdings erschweren auch eine Reihe anderer Faktoren die Möglichkeiten gesicherter Prognosen. Dazu zählt vor allem das in den ersten Monaten der Machtübernahme durch die shiitische Geistlichkeit immer deutlicher werdende Unvermögen der Ulama, die politischen Probleme des Landes zu lösen, aber auch deren vollkommenes Versagen im Management der Wirtschaft und ihrer komplizierten Abläufe.

So trägt z.B. die am 30. März 1979 von der überwältigenden Mehrheit des iranischen Volkes beschlossene Umwandlung der Staatsform von einer Monarchie zu der einer ›Islamischen Republik‹, deren politisches Programm bisher kaum auszumachen ist, zu dieser Unsicherheit bei. Tatsache ist, daß mit der Exilierung des Monarchen und der daraus resultierenden Rechtsunsicherheit im Lande beinahe über Nacht jene traditionellen Phänomene wiederauferstanden, die seit jeher die Geschichte und politische Entwicklung Persiens begleitet haben.

Der Journalist H. VOCKE, einer der besten Kenner der politischen Geschichte des Mittleren Ostens, hat die seit Anfang 1979 plötzlich wiedererwachten und inzwischen mit Gewalt vertretenen Autonomiebestrebungen und separatistischen Tendenzen auch kartographisch dargestellt (FAZ vom 17.2.1979; Abb. 95). Dabei zeigt sich, daß bei dem Versuch, traditionelle Raumstrukturen und Aspekte zukünftiger Entwicklungsmöglichkeiten zu analysieren, der auch ethnisch, sprachlich und religiös andersartige Charakter der Peripherie des Landes in solche Überlegungen einzubeziehen ist. Abb. 95 macht deutlich, daß — analog zu der historisch immer wiederkehrenden und nachweisbaren Dynamik der West- und Ostgrenze des Landes (vgl. Kap. III) — auch heute der gesamte gebirgige Westen des Landes sowie SE-Iran Ausgangspunkte separatistischer Bewegungen sind.

Im W bzw. NW sind es vor allem Azerbaijan und Kurdistan, die historisch wie auch in jüngster Vergangenheit immer wieder durch ihre Forderungen nach mehr oder weniger ausgeprägter Autonomie und Selbständigkeit in Erscheinung traten. Das überwiegend turksprachige (azeritürkisch) Azerbaijan — an der Nahtstelle zu Rußland/Sowjetunion einerseits, zum Osmanischen Reich/Türkei andererseits — hat dies nicht nur durch seine enge räumliche Affinität zum russisch/sowjetischen Nachbarn seit dem Ende des 19. Jh. mehrfach belegt (vgl. Kap. III, Abschn. 6.3; Karte 5), sondern diese Forderung 1945/46 — wenngleich mit sowjetischer Hilfe

— auch politisch wie militärisch durchzusetzen versucht. Ähnliches gilt verstärkt für die Kurden, die seit jeher eine Vereinigung ihrer auf irakischem, iranischem und türkischem Staatsgebiet verteilten Stammesangehörigen im Rahmen einer Republik Kurdistan durchzusetzen trachten (vgl. Kap. V, Abschn. 4.3.1). Die Kurden sind es denn auch, die nach dem Sturz der letzten vom Shah eingesetzten Regierung als erste mit Gewalt ihre Forderung nach weitestgehender Autonomie anmeldeten und inzwischen auch militärisch durchzusetzen versuchen. Separatistische Tendenzen sind seit Frühjahr 1979 auch im SW des Landes, in der Ölprovinz Khuzestan, zu beobachten. Forderungen nach stärkerer Autonomie des früheren Arabistan, unter der Shahherrschaft angesichts vor wenigen Jahren getroffener Vereinbarungen zwischen Iran und Irak über den Verlauf der Shat-al-Arab-Grenze kaum offen ausgesprochen, müssen für Iran wegen des Ölreichtums der Provinz Khuzestan auch von besonderem wirtschaftlichen Interesse sein. Wie empfindlich die Wirtschaft des Landes, aber auch die gesamte Weltwirtschaft auf schon geringfügige Störungen der Ölförderung in dieser Region reagieren, haben nicht nur die Streiks im Zusammenhang mit der Revolution der Jahre 1978/79 gezeigt, sondern auch die Anschläge auf Fördereinrichtungen und Pipelines im Gefolge der politischen Veränderungen im Sommer 1979.

Nebem Azerbaijan und Kurdistan muß vor allem Baluchistan als potentielles Unruhegebiet gelten. Die Baluchen, wie kaum eine andere Bevölkerungsgruppe des Mittleren Ostens durch kolonialzeitliche Grenzziehungen auf verschiedene Staatsgebilde (Iran, Afghanistan, Pakistan) verteilt, haben seit dem 19. Jh. niemals ihre Forderung nach Autonomie, Selbstbestimmung und schließlich politischer Unabhängigkeit im Rahmen eines eigenen Staates aufgegeben. Wenn ihre militärischen Aktivitäten zur Erreichung dieses Ziels in den letzten Jahren auch eher auf Pakistan gerichtet und in Iran durch die Zentralregierung unterdrückt waren, so ist in Zukunft eine neuerliche Reaktivierung separatistischer Tendenzen auch hier wahrscheinlich. Als ein Unruheherd mit überraschend hoher explosiver Sprengkraft hat sich zudem das Turkmenengebiet im N und NE des Landes herausgestellt. Wenn die Turkmenen zahlenmäßig auch ganz zweifellos die kleinste der hier genannten Minderheiten darstellen (vgl. Kap. V, Abschn. 2.3), so beweisen gerade die Aufstände in Gonbad Qabus, in welchem Maße rassische, sprachliche und religiöse Andersartigkeit noch heute zu den ungelösten Problemen des Landes gehört. Daß die shiitische Geistlichkeit dabei sogar noch weniger flexibel auf Autonomieforderungen der Minderheiten als die Monarchie reagiert, läßt für die Zukunft des Landes, mehr aber noch für die der Minderheiten in diesem Land unter den gegenwärtigen Bedingungen Befürchtungen aufkommen.

Insgesamt zeigen der Rückblick auf die traditionellen, mehr aber noch die Mutmaßungen über künftige Raumstrukturen, daß wiederum das nunmehr schon mehrfach hervorgehobene Zentrale Hochland von Iran sich auch in der Gegenwart als das eigentliche Kerngebiet des Landes erweist.

Was die soziale und wirtschaftliche Entwicklung des Landes anbelangt, so

Abb. 94: Iran im Jahre 2013/4: Projektion der geplanten Entwicklung (nach Imperial Government of Iran. Plan and Budget Organization: National Spatial Strategy Plan. Tehran 1976).

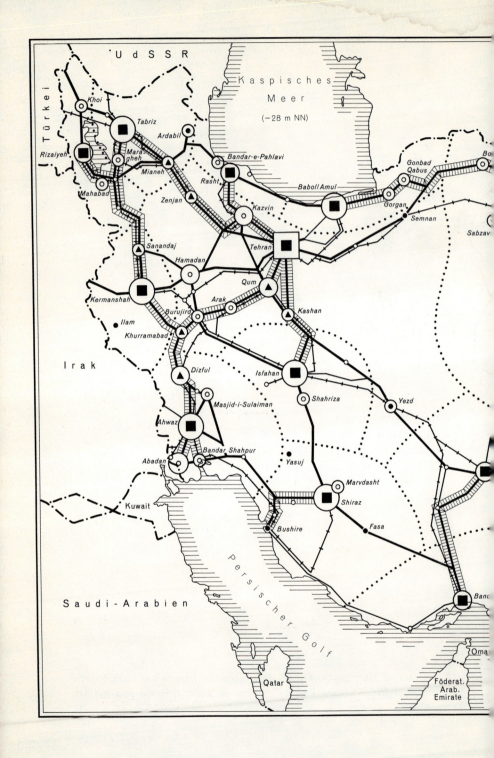

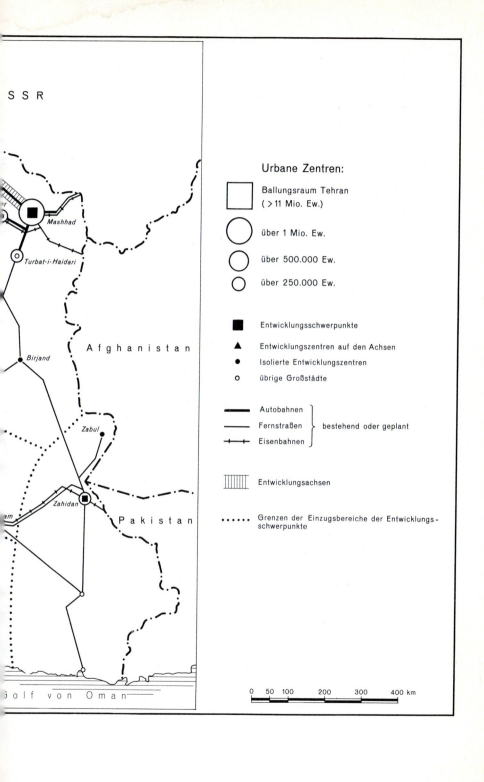

Geographisches Institut
der Universität Kiel
Neue Universität

7. Aspekte zukünftiger Entwicklungsmöglichkeiten

Abb. 95: Separatistische Tendenzen und regionale Unabhängigkeitsbewegungen in Iran (nach VOCKE; FAZ vom 17.2.1979).

scheint sehr viel stärker als bisher eine Rückbesinnung auf den ländlichen Raum und auf die Rolle der Landwirtschaft vonnöten. Nicht nur, daß das ländliche Iran nach wie vor die Hälfte der gesamten Bevölkerung des Landes birgt und nicht nur auch, daß das soziale Gefälle zwischen Stadt und Land sich in den letzten Jahren noch erheblich verschärft hat, sondern vor allem gilt: *durch eine sinnvolle, wirtschaftliche wie soziale Bedürfnisse der ländlichen Bevölkerung in gleicher Weise berücksichtigende Modernisierung der Land- und Viehwirtschaft kann die Produktion erheblich gesteigert, die Wohlfahrt der ländlichen Bevölkerung erheblich verbessert und damit das uralte Stadt-Land-Gefälle endlich gemildert werden.* Wie an anderer Stelle ausführlicher erörtert (vgl. EHLERS–SAFI NEJAD 1979), scheint gerade die ebenso traditionelle wie hochentwickelte Form kollektiver Landbewirtschaftung geeignet, über den Ausbau eines funktionierenden Genossenschaftswesens die Entwicklung des ländlichen Raumes und damit der Mehrheit der iranischen Bevölkerung zu fördern. Eine solche Rückbesinnung auf das Potential der Landwirtschaft und der in ihr und von ihr lebenden Bevölkerung erscheint solange ein fortschrittlicher Weg, als die auch in Zukunft zu fördernde und verstärkende Industrialisierung des Landes die im ländlichen Raum nicht zu integrierende Bevölkerung ebenfalls nicht aufzunehmen vermag. Das Bemühen um eine Landwirtschaft und Industrie in gleicher Weise berücksichtigende Wirtschafts- und Sozialpolitik kann entscheidend zum Abbau regionaler Disparitäten und damit zur Verminderung von Landflucht, Verstädterung und Proletarisierung weiter Teile der iranischen Bevölkerung beitragen.

VI. IRAN —
SEINE LÄNDERKUNDLICHE STRUKTUR UND INDIVIDUALITÄT

Iran — ein Hochland im Trockengürtel der Alten Welt: diese zu Beginn des Einleitungskapitels gegebene Kennzeichnung kann nach allem, was über die natürliche Ausstattung, die historische Entwicklung des Landes, seine kulturelle Eigenart und seine Wirtschafts-, Sozial- und Raumstrukturen gesagt wurde, als nur ein Aspekt zur Charakterisierung des Landes betrachtet werden. Dennoch scheint es der für die länderkundliche (landeskundliche) Struktur und Individualität entscheidende zu sein. Dies wird vor allem im Vergleich zu den Nachbarräumen des heutigen Staatswesens deutlich.

Iran als Hochland ist deutlich abgesetzt sowohl gegen W als auch N. Gegen W bildet der Gebirgswall des Zagros eine markante Grenze gegen das Tiefland von Mesopotamien und die daran anschließenden Tafelländer und Plateaulandschaften der irakisch-syrischen Wüste. Ähnliches gilt für die durch Alborz und Khorassanketten markierte Abgrenzung nach N hin. Hier schließen sich nördlich und östlich des Kaspi die z. T. extrem winterkalten Wüsten- und Steppentiefländer Kasachstans, Turkmenistans, Uzbekistans an und stellen den Übergang zu Zentralasien dar. Nach S zu schließlich markieren der Zagros, die Makranketten sowie die Gestade des Persischen Golfes und des Arabischen Meeres (Golf von Oman) eine ebenso deutliche wie historisch wirksame Grenze.

So bleiben als vergleichsweise leicht passierbare Zugänge zum Hochland von Iran im W vor allem das armenisch-azerbaijanische Hochland sowie einige wenige natürliche Paßlandschaften (Medische Tore), während nach E hin das Hochland von Iran im orohydrographischen Sinne sich, durch das ostiranische Randgebirge unterbrochen, in die Staatsgebiete des heutigen Afghanistan und Pakistan (Provinz Baluchistan) fortsetzt. Gerade diese Konstellation von Relief und Gewässernetz dürfte auch der Grund dafür sein, daß die Geschichte und politische Entwicklung Persiens, sofern sie fremdbestimmt wurde, immer wieder von W oder E her beeinflußt wurde und daß auch in diese Richtungen die dominierenden Ausstrahlungen persischer Macht und Kultur sich vollzogen.

Die Umklammerung des Hochlandes von Iran durch die Gebirgsspange von Alborz und Zagros ist nicht nur die Ursache dafür, daß Hochgebirge und Hochplateaus den weitaus größten Teil des Landes einnehmen, sondern auch dafür, daß die schon zu anderen Natur- und Kulturräumen gehörenden Peripherien (vgl. Abb. 95) nur relativ kleine Randbereiche des Landes einnehmen. Nur die Türkei im W und Afghanistan im E als Teil der Gebirgs- und Plateaulandschaften Süd-

VI. Iran — seine länderkundliche Struktur und Individualität

westasiens weisen eine ähnliche orohydrographische Gliederung auf, während die eingerumpften Tafel- und Schollenländer im N wie S geologisch wie geomorphologisch grundsätzlich anders strukturiert sind.

Ergebnis dieser Reliefgestaltung ist die physischgeographisch wie anthropogeographisch gleichermaßen hervortretende Begünstigung bzw. Bevorzugung der Peripherie. Vergleichsweise gut beregnet, mit entsprechender pflanzlicher Vielfalt ausgestattet sowie mit teilweise gut nutzbaren Böden versehen, unterscheiden sich die dem Zagros eingelagerten Hochbecken sowie die Vorländer dieses Gebirges ebenso wie die des Alborz grundlegend von den Wüsteneien des Hochlandes von Iran und bilden einen für die länderkundliche Struktur und Individualität des Landes kennzeichnenden Gegensatz, der in abgeschwächter Form allenfalls in der Türkei nachweisbar sein mag, ansonsten aber allen anderen Ländern des Mittleren Ostens fehlt.

Es heißt sicherlich keinem falschen Determinismus zu huldigen, wenn man die Konfiguration des Reliefs als eine entscheidende Vorbedingung für die *historische Entwicklung* und *kulturelle Eigenart* des Landes ansieht. Bereits bei der Darstellung der Inwertsetzung des Naturpotentials in Raum und Zeit (Kap. III) wurde mehrfach darauf hingewiesen, daß gleichsam im Schatten von Alborz und Zagros iranische Kultur und iranische Tradition auch bei politisch-militärischer Bevormundung oder Beherrschung durch fremdländische Eroberer stets weiterlebten und immer wieder jene andersartigen Elemente zu absorbieren und in die eigenen Traditionen einzubauen wußten. Auf der anderen Seite ist seit frühgeschichtlicher Zeit eindeutig die kulturelle wie wirtschaftliche Mittlerrolle des Hochlandes von Iran zwischen dem Industiefland im E und Mesopotamien im W belegt. Drittens schließlich ergaben sich aus dieser Mittlerstellung zwischen E und W auch jene territorialen Veränderungen, die Persien in seinen Expansions- wie Schrumpfungsphasen vorzugsweise an seinen westlichen oder östlichen Grenzen betrafen. Sie alle haben in nicht unerheblicher Weise zur Individualität Irans gegenüber seinen Nachbarn beigetragen.

Die Beispiele für die geistig-kulturelle Überprägung sowohl ›barbarischer‹ als auch hochentwickelter Eroberervölker durch iranische Kultur und Geschichte sind zahlreich. Verwiesen sei nur auf die schon frühzeitige Einflußnahme des Persertums auf das Abbassidenchalifat, dessen bedeutendste Vezire aus Persien kamen. Arabische Medizin wurde zu einem guten Teil durch persische Ärzte entwickelt und vertreten, aber auch Philosophie und Geschichtsschreibung. Der Sieg der iranischen Bujiden über das Chalifat in Baghdad stärkte gegen Ende des 1. nachchristlichen Jahrtausends den persischen Einfluß auf die arabische Welt. Auch unter der turktatarischen Fremdherrschaft erwies sich persische Kultur derjenigen ihrer Eroberer überlegen: Naturwissenschaftler, Philosophen, Dichter und Politiker an den Höfen der Seljuqen, der Ilchane, der Timuriden und der Herrscher der Turkmenen waren zu einem guten Teil Perser, wie Namen wie Nezam-ol-Molk, Omar Khayam, Rashid-od-Din, Naser-ed-Din oder, als deren

Zeitgenossen an persischen Fürstenhöfen, Firdausi, Rudaki, Avicenna oder Hafiz stellvertretend für viele andere belegen.

Die *Mittlerrolle des Hochlandes von Iran zwischen Industieflandund Zweistromland* gilt sowohl auf wirtschaftlich-materiellem wie geistig-kulturellem Gebiet. Die seit frühgeschichtlicher Zeit belegten Handelsbeziehungen sind schon mehrfach genannt worden (vgl. dazu BEALE 1973, DURING–CASPERS 1965, 1970/71, GOREKTOR 1966, MEDER 1979, TOSI 1973 u. v. a.); ihre antiken Parallelen sind der Seehandel der Sassaniden; für das Mittelalter mag der Verlauf der berühmten und von Marco Polo benutzten Seidenstraße als Beleg dienen. — Auf die von W kommenden geistigen Einflüsse des arabischen Islam wurde bereits verwiesen; ihr entsprechen in Dichtung, Philosophie und Religion ebensolche aus dem indischen Bereich (vgl. dazu RYPKA 1959); erinnert sei in diesem Zusammenhang auch an den irgendwo im ostiranischen Bereich anzusiedelnden Zarathustrakult und die heutige Rolle der Parsen in Indien.

Die *territoriale Entwicklung Irans* im Laufe seiner Geschichte ist stets durch Ausweitungen oder Rückzüge der Staatsgrenzen in westliche oder östliche Richtungen gekennzeichnet gewesen. Ebensowenig wie Iran jemals die Küsten des Persischen Golfs nach S nennenswert überschritten hat, ebensowenig hat das Land jemals entscheidend nach N und Zentralasien expandiert. Wenn auch im Laufe der Geschichte Merv, Samarkand oder Buchara mehrfach Teil oder sogar Ausgangspunkt ›iranischer Reiche‹ waren und der Name der heutigen Sowjetrepublik Tadjikistan noch den persischen Charakter ihrer Bevölkerung zum Ausdruck bringt, so haben diese Territorien doch eher als nordöstliche ›Anhängsel‹ des Stammlandes zu gelten. Die Achämeniden vor Athen und Nadir Shah im Moghulreich: diese Stoßrichtungen sind kennzeichnender für die Territorialgeschichte des Landes, zumal sie auch die vorherrschenden Einfallsrichtungen ausländischer Eroberer signalisieren (vgl. z. B. BACHARACH 1974).

Weitestgehende Eigenständigkeit und Individualität Irans und der Iraner ergeben sich aus den *rassischen Ursprüngen* des Volkes. Als Teil der ›indoiranischen‹ Rasse und damit als Arier (vgl. dazu zusammenfassend FIELD 1939, aus archäologischer Sicht z. B. DESHAYES 1969, GHIRSHMAN 1977) unterscheiden sich die Perser grundlegend von ihren arabischen Nachbarn im S und SW und von den turkvölkisch-zentralasiatischen Bevölkerungen im NW, N und NE ihrer heutigen Stammlande. Lediglich nach E zu, d. h. gegen Afghanistan und den indischen Subkontinent, werden die Übergänge fließend. Das Bewußtsein rassischer Eigenständigkeit fand bis vor kurzem seinen äußerlichen Ausdruck in dem vom letzten Shah als Teil der Herrschaftsbezeichnung geführten Beinamen ›Arya Mehr‹ = die ›Sonne der Arier‹. Dieser vielleicht nicht zu Unrecht von den Nachbarn Irans als Ausdruck eines ›paniranischen‹ Herrschaftsanspruchs gedeutete Titel symbolisiert indes nachhaltig das Bewußtsein der sich auch in Sprache, Kultur und Geschichte ausdrückenden Eigenständigkeit und Andersartigkeit des Volkes im Vergleich zu seinen Nachbarn.

VI. Iran — seine länderkundliche Struktur und Individualität

Der bewußten Betonung der Eigenständigkeit und Andersartigkeit der Perser dient uneingeschränkt auch die *Religion*. Eigentlich seit der Islamisierung des Landes spielt, wie viele Autoren immer wieder mit Nachdruck betont haben, die Hinwendung der Perser zur Shia als bewußte oder unbewußte Abgrenzung gegen die vom (arabisch dominierten) Chalifat vertretene sunnitische Glaubensrichtung eine besondere Rolle. Daß die Erhebung der Shia zur Staatsreligion unter den Safaviden ein in nicht unerheblichem Maße auch politischer Akt zur Förderung der nationalstaatlichen Eigenständigkeit des Landes und zur Abgrenzung gegen die Araber und gegen das Osmanenreich war, ist seit langem allgemein anerkannt. Heute ist Iran der größte Staat shiitischer Glaubensrichtung in der islamischen Welt und als solcher in seinen religiösen Bindungen und Entscheidungen weitgehend autonom. Dies kommt auch darin zum Ausdruck, daß Qum (und nicht etwa Kairo, Mekka oder sonst eine der religiösen Hochburgen des Islam) als oberstes geistliches Zentrum der Shia gilt.

Geradezu auf Konflikt mit der Religion angelegt sein muß demgegenüber die *traditionelle Staats- und Regierungsform* Irans, deren letzter Repräsentant ebenso wie seine Vorgänger stets die Betonung der nationalen historischen Vergangenheit und Größe pflegten. Basierend auf einer über 2500 Jahre währenden monarchischen Tradition, manifestiert durch die aufwendigen 2500-Jahr-Feiern der persischen Monarchie in Persepolis 1971, haben besonders die Qadjaren und die beiden Pahlaviherrscher unter dem schon genannten Schlagwort (vgl. Kap. III, Abschn. 5.1 und Kap. IV, Abschn. 5) ›Iran und Islam‹ (vgl. auch BUSSE 1977) Religion und weltliche Macht zu einer tragfähigen Symbiose zu verbinden gesucht. Ein besonderes Kennzeichen der persischen Monarchie war dabei das *imperiale Kaisertum,* wie es im offiziellen Titel des Herrschers ›Shahinshah‹ = König der Könige zum Ausdruck kam und das sich, wie keine andere Monarchie, auf eine sehr alte Tradition berufen konnte. Auch in dieser Hinsicht hat sich das Land bislang stets von seinen Nachbarn unterschieden, die bis in die jüngste Vergangenheit (Irak, Afghanistan) monarchische Regierungsformen hatten oder sie aber noch heute besitzen (Saudi-Arabien, Jordanien). Wenn im Gefolge des Exils des Shah seit dem 16. Januar 1979 und als Ergebnis der Volksabstimmung vom 30. März 1979 die Monarchie endgültig beseitigt zu sein scheint, so muß andererseits doch darauf hingewiesen werden, daß die persische Geschichte zahlreiche solcher ›Interregnen‹ im Gefolge des Sturzes bestimmter Dynastien aufweist und bisher zumindest immer wieder neue Herrscherhäuser an die Stelle ihrer Vorgänger traten. Unbestritten dürfte sein, daß die bisherige Regierungsform in ihrer extrem autokratischen, ja: traditionell-absolutistischen Form den Anforderungen, Bedürfnissen und Zielvorstellungen einer modernen Industriegesellschaft inmitten einer hochtechnisierten und arbeitsteiligen Welt entgegensteht. Ob eine *Islamische Republik* diesen Aufgaben gewachsen ist, wird entscheidend von der inhaltlichen Bestimmung der ›religiösen Kontrollfunktionen‹ für Politik, Wirtschaft, Gesellschaft und Kultur abhängen. Schon jetzt aber läßt sich konstatieren, daß unter der inoffiziellen Herrschaft des Ayatollah Khomeini eher die Personen als der Stil der Herrschaft oder besser: nach wie vor Regentschaft gewechselt haben.

Unabhängig von seinen physischgeographischen, historischen und kulturellen Eigenarten weist aber auch das *moderne Iran* eine ausgeprägte Individualität insofern auf, als es *eines der größten Erdölförderländer der Erde* ist und unter den Förderländern des Mittleren Ostens das *bevölkerungsreichste Staatswesen* darstellt. Zwar teilt Iran seinen Ölreichtum mit einer Reihe arabischer Nachbarstaaten, ist diesen aber von der Bevölkerungszahl her weit überlegen. Umgekehrt: die Türkei im W und Pakistan (bzw. Afghanistan) im E sind von ihrer Einwohnerzahl her zwar Iran überlegen, verfügen aber über keinerlei vergleichsweise wertvolle Bodenschätze, die ihnen entsprechendes politisches Gewicht verleihen könnten. Gerade die Konvergenz von Ölreichtum und großer Bevölkerungszahl im Verbund mit dem bis Anfang 1979 bestehenden Herrschaftssystem müssen als entscheidende Faktoren für die vom Land bisher beanspruchte und ihm zumindest von den westlichen Großmächten auch zugedachte Rolle eines ›Maklers am Persischen Golf‹ (v. IMHOFF 1971) bzw. als mittelöstlicher ›Ordnungsmacht‹ gesehen werden (STEINBACH 1976). Die Ereignisse der letzten Monate bzw. Jahre haben bewiesen, daß diese von der Krone wahrgenommenen und vertretenen Ziele in immer größeren Widerspruch zu den Bedürfnissen und Notwendigkeiten der eigenen Landesentwicklung gerieten und die dafür aufgewendeten immensen Mittel (vgl. MOGHTADER 1977) der dringend erforderlichen Entwicklung des ländlichen Iran, dem Ausbau des Gesundheits- und Bildungswesens, der Förderung der Infrastruktur und anderer unterentwickelter Bereiche entzogen wurden. Ob die neue Regierung und Regierungsform schnelle und wirksame Abhilfe schafft, muß abgewartet werden.

Tatsache ist — und in diesem Aspekt fügt Iran sich als typisches Beispiel in die Reihe vieler sich entwickelnder Länder ein —, daß seine Wirtschafts-, Sozial- und Raumstrukturen durch einen doppelten Dualismus geprägt sind, nämlich durch die Gegensätze Stadt — Land und Metropole — übrige Städte.

Der sowohl in Kap. IV als auch in Kap. V immer wieder betonte und in seinen Ursachen belegte *Gegensatz zwischen Stadt und Land* hat sich in den letzten Jahren, bedingt durch die Industrialisierung der Städte und die negativen Konsequenzen der Landreform (vgl. dazu EHLERS 1979), noch erheblich verschärft und ist Ursache der ausgeprägten Abwanderung aus dem ruralen Raum und der gleichzeitig vehementen Urbanisierung des Landes (vgl. dazu auch TUMA 1970). Insofern kann nur *mit größtem Nachdruck die schon mehrfach genannte Forderung wiederholt werden, sehr viel stärker als bisher die Erdölmilliarden in die Entwicklung der Landwirtschaft und des ländlichen Raumes zu investieren, zumindest so lange, wie andere Wirtschaftssektoren keine sozialen wie wirtschaftlichen Alternativen bilden.*

Der Gegensatz Stadt — Land wird überlagert durch das Phänomen des *Gegensatzes Tehran — übrige Städte*. Die einseitige und ausführlich belegte Zentrierung aller Aktivitäten auf die Hauptstadt Tehran (vgl. Kap. IV, Abschn. 2.4.5), zweifellos ein hervorragendes Kennzeichen der länderkundlichen Struktur Irans, hat ebenfalls im Laufe der letzten Dekaden an Impetus gewonnen. Schon 1971 hat E. WIRTH (1972, S. 273) auf die Alternativen von sozialistisch-staatwirtschaftlichem und kapitalistisch-privatwirtschaftlichem Weg der Landesentwicklung im Orient hingewiesen und, unter besonderer Betonung des Hauptstadtvergleichs Baghdad — Tehran, vermerkt, daß Vergleiche ›nicht zuungunsten des Iran‹ ausfielen. Vor allem sei auch unter sozialistischen Vorstellungen von Territorialstrukturen kein verstärkter Abbau von regionalen Disparitäten zu konstatieren, umgekehrt würden aber sehr wohl ›zur Zeit Kapitalismus und Privatinitiative im Orient eine raschere und dynamischere Entwicklung ermöglichen als Sozialismus und staatliche Planung‹. Abgesehen davon, daß die zu Beginn der 70er Jahre vollkommen zu Recht getroffenen Feststellungen heute anders gesehen und bewertet werden müssen (vgl. EHLERS 1978), haben die Ereignisse in Persien bewiesen, daß die insbesondere seit Beginn der 70er Jahre überhastete und teilweise ziel- und konzeptionslose Entwicklungspolitik Irans ebenfalls keine Lösung der vielfältigen Probleme bringen konnte, ja: viele Probleme erst in ihrem ganzen Ausmaß sichtbar gemacht hat.

Am 30. März 1979 hat sich die Mehrheit der Bevölkerung Irans für den Übergang der über 2500 Jahre alten Monarchie in die Staatsform einer ›Islamischen Republik Iran‹ entschieden. Es ist verfrüht und gefährlich, Prognosen über die künftige wirtschaftliche, soziale und räumliche Entwicklung des Landes zu stellen. Die physische Umwelt setzt auch heute noch nicht zu überschreitende Grenzen. Die Natur hält mit dem Rohstoff ›Erdöl‹ aber auch Möglichkeiten bereit, die wirtschaftlichen und sozialen Gegebenheiten des Landes bei *sinnvoller* Nutzung seiner Ressourcen nachhaltig zu verbessern und damit den Übergang des Landes von einem Agrar- zu einem Industriestaat zu ermöglichen.

LITERATURAUSWAHL

Vorbemerkung

Das folgende Literaturverzeichnis, das sich bewußt ›Literaturauswahl‹ nennt, stellt einen nur unvollständigen Überblick über das geographisch-landeskundliche Schrifttum zu Iran dar. Es umfaßt, neben den im Text genannten Arbeiten, nur einige wenige zusätzliche Titel, die wegen ihrer grundsätzlichen Bedeutung für das Land oder den größeren Rahmen des Mittleren Ostens von Bedeutung sind.

Grundsätzlich nicht aufgenommen sind, von zwei oder drei Ausnahmen abgesehen, die vielen hervorragenden und z. T. sehr ausführlichen Bearbeitungen geographisch-landeskundlich relevanter Stichworte in der ›Enzyclopédie de l'Islam‹ (Alte Ausgabe, 1913—1938) sowie in der seit 1954 erscheinenden zweisprachigen Neuausgabe der ›Encyclopédie de l'Islam‹ bzw. ›Enzyclopaedia of Islam‹ (bisher bis zum Buchstaben ›K‹). Auf sie sei bei der Suche nach zusätzlicher Information, vor allem hinsichtlich der Geschichte einzelner Städte, Regionen oder nomadischer Stämme, besonders verwiesen. Zusätzliche und z. T. nach Fachgebieten aufgeschlüsselte Literaturhinweise enthalten für den geographisch-landeskundlich interessierten Leser die in der folgenden Literaturauswahl aufgeführten Bibliographien von Bartsch–Bhakier (1971) über wirtschaftliche Probleme Irans bis 1970, von Gehrke (1971) über deutschsprachige Beiträge zur Landeskunde Irans, von Frey–Mayer (1971) zur botanischen Literatur, von Bonine (1975, 1976) und von Schweizer (1977) zur Stadtgeographie Irans und die von Rosen (1969) zur Geologie des Landes. Eine keineswegs vollständige Übersicht über Iranbibliographien vermittelt die Zusammenstellung von Ahmed (1974).

Der an zusätzlichen Informationen über das Schrifttum zu Iran interessierte Leser sei auf die etwa 3000 Titel umfassende Bibliographie des Verfassers verwiesen, die sich derzeit in Vorbereitung befindet. Sie wird im Laufe des Jahres 1980 in der von W. Sperling und L. Zögner herausgegebenen Reihe ›Bibliographien zur regionalen Geographie und Landeskunde‹ unter dem voraussichtlichen Titel
   ›Iran — Ein bibliographischer Forschungsbericht.
     Mit Kommentar und Annotationen‹
im Verlag Dokumentation Saur KG, München–New York erscheinen.

Im übrigen sei darauf hingewiesen, daß das folgende Verzeichnis der verwendeten Abkürzungen nur solche Abkürzungen erläutert, deren Wortsinn nicht ohne weiteres rekonstruierbar ist; es ist somit keineswegs vollständig. Bei Aufsätzen in Sammelbänden, die mehrere Beiträge zum Thema Iran enthalten und dementsprechend mehrfach zitiert werden, wird aus Platzgründen auf den/die Herausgeber verwiesen, wo die vollständige bibliographische Angabe aufgeführt ist.

Verzeichnis der verwendeten Abkürzungen

AG	Annales de Géographie
AMI	Archäologische Mitteilungen aus Iran
BAGF	Bulletin de l'Association des Géographes Français
BüL	Berichte über Landwirtschaft
CNRS	Centre National de la Recherche Scientifique
CRAcSc	Comtes Rendus de l'Academie des Scientes
DAI	Deutsches Archäologisches Institut
EGH	Eclogae Geol. Helv.
Erde	Die Erde, Zeitschrift der Gesellschaft für Erdkunde zu Berlin (Vorläufer 1866—1944: → ZGEB).
Erdkunde	Erdkunde, Archiv für wissenschaftliche Geographie
Geol. Jb.	Geologisches Jahrbuch
GJ	Geographical Journal
GlM	Geological Magazine
GlR	Geologische Rundschau
GM	Geographical Magazine
GR	Geographische Rundschau
GRev	Geographical Review
GSI	Geological Survey of Iran
GZ	Geographische Zeitschrift
IJMES	International Journal of Middle East Studies
Iran	Iran, Journal of the British Institute of Persian Studies
IS	Iranian Studies
JESHO	Journal of Economic and Social History of the Orient
JGe	Journal of Geology
JNES	Journal of Near Eastern Studies
JRAS	Journal of the Royal Asiatic Society
JRCAS	Journal of the Royal Central Asian Society
JRGS	Journal of the Royal Geographical Society
MEJ	Middle East Journal
MES	Middle Eastern Studies
MÖGG	Mitteilungen der Österreichischen Geographischen Gesellschaft
NF	Neue Folge
PM	Petermanns Geographische Mitteilungen
PRGSL	Proceedings of the Royal Geographical Society of London
RGE	Révue Géographique de l'Est
RMM	Revue du Monde Musulman
SGM	Scottish Geographical Magazine
TAVO	Tübinger Atlas des Vorderen Orients
TEE	Tahqiqat-e-Eqtesadi
TESG	Tijdschrift voor Economische en Sociale Geografie
VNGZ	Vierteljahresschrift der Naturforschenden Gesellschaft Zürich

ZfAL   Zeitschrift für Ausländische Landwirtschaft
ZfW   Zeitschrift für Wirtschaftsgeographie
ZGEB   Zeitschrift der Gesellschaft für Erdkunde zu Berlin

LITERATURVERZEICHNIS

ABAKAROW, M. I. u. a.: Spiegelschwankungen des Kaspischen Meeres. Geogr. Ber. 75, 1975, S. 98—104.

ABBOTT, A. J. — P. K. BODEN — C. R. WHITAKER: The land systems of the northern Damghan Valley, Elburz Mountains, Iran. Rep. Manchester Grammar School Expedition 1970.

ABBOTT, K. E.: Report by Consul Abbott of his journey to the coast of the Caspian Sea 1847/48. London: Public Records Office (FO 881/136).

ABBOTT, K. E.: Notes on Ghilan. PRGSL 3, 1859, S. 390—395.

ABBOTT, K. E.: Extracts from a memorandum on the country of Azerbajan. PRGSL 8, 1864, S. 275—279.

ADAMS, R. Mc.: Agriculture and urban life in early southwestern Iran. Science 136, 1962, S. 109—122.

ADAMS, R. Mc.: The study of ancient Mesopotamian settlement patterns and the problem of urban origins. Sumer 25, 1969, S. 111—124.

ADAMS, R. Mc.: Anthropological perspectives on ancient trade. Current Anthropology 15, 1974, S. 239—258.

ADAMS, R. Mc.: Historic patterns of Mesopotamian irrigation agriculture. In: Th. E. DOWNING — Mc. G. GIBSON, Hrsg., Tucson 1974, S. 1—6.

ADAMS, R. Mc. — D. P. HANSEN: Archeological reconnaissance and soundings in Jundi Shahpur. Ars Orientalis 7, 1968, S. 53—73.

ADLE, A. H.: Régions climatiques et végétation de l'Iran. In: Publ. Univ. de Teheran, No. 626, Tehran 1960.

AFSHAR NADERI, N.: The settlement of nomads and its social and economic implications. Institute for Social Studies and Research, Tehran University, Tehran 1971.

AHMED, M. D.: Iranbibliographien — eine Übersicht. IM 8, 1974, S. 2—21.

AHRENS, P. G.: Die Entwicklung der Stadt Teheran. Eine städtebauliche Untersuchung ihrer zukünftigen Gestaltung. Schriften Dt. Orient-Institut (Monographien), Opladen 1966.

AINSWORTH, W.: An account of a visit to the Chaldeans, inhabiting central Kurdistan. JRGS 11, 1841, S. 21—76.

AKASCHEH, B.: Seismizität und Tektonik von Iran. Journal of the Earth and Space Physics 1, Tehran 1972, S. 8—24.

AKASCHEH, B.: Travel time residuals in the Iranian plateau. Journal of Geophysics 41, 1975, S. 281—288.

AKASCHEH, B. — S. NASSERI: Die Mächtigkeit der Erdkruste in Iran. Journal of the Earth and Space Physics 1, No. 2, Tehran 1972, S. 1—5.

ALGAR, H.: Religion and state in Iran 1785—1906: The role of the Ulama in the Qajar period. Berkeley 1969.

ALBERTI, M. P. P. → PAGNINI ALBERTI, M. P.

ALIMARDANI, M.: Les sols du piemont N de l'Alborz et du littoral Caspien (Iran). Méditerranée 22, 1975, S. 69—77.

ALIMARDANI, M. — A. ARYAVAND: Etude pédologique de l'Iran central. Méditerranée 16, 1974, S. 77—83.

ALIYEV, S. M.: The problems of nationalities in contemporary Persia. Central Asian Review 14, 1966, S. 62—70.

ALLENBACH, P.: Geologie und Petrographie des Demavend und seiner Umgebung (Zentral-Elburz), Iran. Mitt. Geol. Inst. ETH u. Univ. Zürich, N.S. No 63, Zürich 1966.

ALLENBACH, P.: Geology and Petrography of Mt. Damavand and its environment (Central Alborz), Iran. GSI Report No. 17, Tehran 1970.

ALTHEIM, F. — R. STIEHL: Ein asiatischer Staat. Feudalismus unter den Sassaniden und ihren Nachbarn. Wiesbaden 1954.

ALTVATER, W.: Das Kernkraftwerk Iran 1 und Iran 2 am Persischen Golf. Atomwirtschaft–Atomtechnik 22, 1977, S. 74—80.

AMANI, M.: La population de l'Iran. Population 27, 1972, S. 411—417.

AMANI, M.: Vue d'ensemble sur la situation démographique de l'Iran. Rev. Géogr. Lyon 48, 1973, S. 165—206.

AMBRASEYS, N. N.: Early earthquakes in north-central Iran. Bull. Seism. Soc. Am. 58, 1968, S. 485—496.

AMBRASEYS, N. N.: Historical seismicity of north-central Iran. GSI Report 29, 1974, S. 47—96.

AMBRASEYS, N. N.: A test case of historical seismicity: Isfahan and Chahar Mahal, Iran. GJ 145, 1979, S. 56—71.

AMBRASEYS, N. — J. TCHALENKO: The Dasht-e-Bajaz, Iran, earthquake of August 1968. Bull. Seism. Soc. Am. 59, 1969, S. 1751—1792.

AMBRASEYS, N. N. et al.: Dasht-e-Bajaz earthquake of 31 August 1968. UNESCO, Serial No. 1214/BMS. RD/SCE Paris, May 1969.

AMIET, P.: La civilisation du désert du Lut. Archeologia 60, 1973, S. 20—27.

AMINI, S.: Der Agrarkredit im Iran. Ergebnisse empirischer Untersuchungen in südiranischen Dörfern. Diss. Hohenheim 1973.

AMIRIE, A. — H. A. TWITCHELL, Hrsg.: Iran in the 1980s. Institute for International Political and Economic Studies. Tehran 1978.

AMIRSADEGHI, H., Hrsg.: Twentieth century Iran. London 1977.

AMUZEGAR, J.: Iran. An economic Profile. Washington 1977.

AMUZEGAR, J. — M. A. FEKRAT: Iran: Economic development under dualistic conditions, Publ. of the Center For Middle Eastern Studies No. 7, Chicago–London 1971.

ANDERSON, S. C.: Zoogeographic analysis of the lizard fauna of Iran. In: W. B. FISHER, Hrsg. Cambridge 1968, S. 305—371.

ANDERSSKOG, B.: Report to the Government of Iran on: Fisheries activities in Iran with particular reference to the northern fisheries company. FAO TA 2878, Rom 1970.

ANDREWS, P. A.: The white house of Khurasan: the felt tents of the Iranian Yomut and Göklen. Iran 9, 1973, S. 93—110.

ANDRIESSE, J. P.: The soils of Mazandaran in northern Iran and their suitability for paddyrice cultivation. Journal of Soil Science 11, 1960, S. 227—245.

ANTOUN, T.: The gentry of a traditional peasant community undergoing rapid technological change: An Iranian case study. IS 9, 1976, S. 2—21.

ARASTEH, A. R.: Man and society in Iran. Leiden 1970.
ARCY TODD, E. D': Itinerary from Tabriz to Teheran, via Ahar, Mishkin, Ardabil, Talish... in 1837. JRGS 8, 1838, S. 29—39.
ARCY TODD, E. D': Memoranda to accompany a sketch of part of Mazandaran etc. in April 1836. JRGS 8, 1838, S. 101—108.
ARESVIK, O.: The agricultural development of Iran. New York 1976.
ARFA, H.: The Kurds. An historical and political study. London 1966.
ARNE, T. J.: La steppe turcomane et ses antiquités. Sven Hedin Hyllningsskrift, Geogr. Annaler 17, 1935, S. 28—43.
ARNE, T. J.: Excavations at Shah Tepe, Iran. Reports from the scientific expedition to the north-western provinces of China under the leadership of Dr. Sven Hedin. Publ. 27, VII Archaeology 5, Stockholm 1945.
ASHRAF, A.: Historical obstacles to the development of a bourgeoisie in Iran. In: M. A. COOK, Hrsg., Studies in the Economic History of the Middle East, London 1970, S. 308—333.
ATAI, M.: Economic report on agriculture in the Isfahan and Yazd areas. TEE III, No. 9/10, 1965, S. 69—152.
AUBIN, E.: À Ispahan. RMM 3, 1907, S. 221—243.
AUBIN, J.: Elements pour l'étude des agglomerations urbaines dans l'Iran médiéval. In: HOURANI, A. W. — S. M. STERN, Hrsg., The Islamic City. A Colloquium. Papers on Islamic History I, Oxford 1970, S. 65—75.
AUBIN, J.: Réseau pastoral et réseau caravanier. Les grands routes du Khurassan à l'époque mongole. In: Le Monde Iranien et l'Islam 1, 1971, S. 105—130.
AZIMI, M. A.: Geologie und Hydrogeologie der Umgebung von Kermanschah/Westiran. Diss. TH Aachen 1971.

BACHARACH, J. L.: A Near East studies handbook, 570 — 1974. Seattle–London 1974.
BAGLEY, F. R. C.: A bright future after oil: Dams and agroindustry in Khuzistan. MEJ 30, 1976, S. 25—35.
BAHAMIN, H.: Hydrogeologische Untersuchungen im Gebiet von Sheitur, Ghotrum und Bafgh (Zentraliran). Diss. Aachen 1976.
BAHRAMBEYGUI, H.: Karaj and its satellites. Geography (Tehran) 1, 1976, S. 31—39.
BAHRAMBEYGUI, H.: Tehran: An urban analysis. Tehran 1977.
BAHRAMBEYGUI, H.: The urban problems of Karaj. In: SCHWEIZER, Hrsg. 1979, S. 157—168.
BAHRENBERG, G., Anmerkungen zu E. Wirths vergeblichem Versuch einer wissenschaftstheoretischen Begründung der Länderkunde. GZ 67, 1979, S. 147—157.
BAIER, E.: Ein Beitrag zum Thema Zwischengebirge. Zentralbl. Miner. Geol. Paleont. Abt. B, 1938, S. 385—399.
BAILEY, E. B. — R. C. B. JONES — S. ASFIA: Notes on the geology of the Elburz Mountains, north-east of Tehran, Iran, Quart. Journal Geol. Soc. London 104, 1948, S. 1—42.
BARIAND, P. — V. ISSAKHANIAN — M. SADRZADEH: Preliminary metallogenetic map of Iran. GSI Report No. 7, Tehran 1965.
BARTH, F.: Principles of social organization in southern Kurdistan. Universitetets Etnografiske Museum Bulletin 7, Oslo 1953.
BARTH, F.: The land use pattern of migratory tribes of south Persia. Norsk geogr. Tidsskr. 17, 1959—60, S. 1—11.

BARTH, F.: Nomadism in the mountain and plateau areas of South-West Asia. Arid Zone Research XVIII, 1962, S. 341—355.
BARTH, F.: Ethnic processes on the Pathan-Baluch boundary. In: REDARD, G., Hrsg., Indo-Iranica, Mélanges présenté à Georg Morgenstierne à l'occasion de son soixante-dixième anniversaire. Wiesbaden 1964, S. 13—20.
BARTH, F.: Competition and symbiosis in north-east Baluchistan. Folk 6, 1964, S. 15—22.
BARTH, F.: Capital, investment and the social structure of a nomad group in south Persia. In: FIRTH, R. — W. YAMEY, Hrsg., Capital, saving and credit in peasant societies. Chicago 1964, S. 69—81.
BARTH, F.: Nomads of south Persia. The Basseri tribe of the Khamseh confederacy. Oslo 1964.
BARTH, F.: Ethnic groups and boundaries: the social organisation of culture difference. Bergen 1969.
BARTSCH, W. H.: The industrial labor force of Iran: problems of recruitment, training and productivity. MEJ 25, 1971, S. 15–30.
BARTSCH, W. H. — J. BHARIER: The economy of Iran 1940—1970, a bibliography. Univ. of Durham, Centre for Middle Eastern and Islamic Studies, Publ. No. 2, Durham 1971.
BASSIR, M.: Ingenieurgeologische Baugrunduntersuchungen in der Region Groß-Tehran/Iran. Diss. Aachen 1971.
BATES, D. G.: The role of the state in peasant-nomad mutualism. Anthropological Quarterly 44, 1971, S. 109—131.
BAU, M.: Iran, wie er wirklich ist. München o. J. (1974?).
BAUDOUIN, E. E. — A. U. POPE: City plans. In: A Survey of Persian Art, vol. 3, pp. 1391—1410, by Arthur Upham Pope and Phyllis Ackerman. London: Oxford University Press, 1938—39. (Republished 1964—65.)
BAUER, J.: Luftzirkulation und Niederschlagsverhältnisse in Vorderasien. Gerlands Beiträge zur Geophysik 45, Heft 4, Leipzig 1935, S. 381—548.
BAYATI, A. B.: Der arabisch-persische Golf. Eine Studie zur historischen, politischen und ökonomischen Entwicklung der Golf-Region. Diss. Göttingen 1978.
BAZIN, D. — H. HÜBNER: Copper deposits in Iran. GSI Report No. 13, Tehran 1969.
BAZIN, M.: Quelques données sur l'alimentation dans la région de Qom. Studia Iranica 2, 1973, S. 243—253.
BAZIN, M.: Le travail du tapis dans la région de Qom (Iran Central). Bull. de la Societé Languedocienne de Géographie 7, 1973, S. 83—92.
BAZIN, M.: Qom, ville de pèlerinage et centre régional. RGE 13, 1973, S. 77—136.
BAZIN, M.: Le Talech et les Talech: Ethnie et région dans le nord-ouest de l'Iran. BAGF 417/8, 1974, S. 161—170.
BAZIN, M.: Les bazars saisonnières de montagne dans le Taleš (Iran). In: G. SCHWEIZER, Hrsg. Wiesbaden 1977, S. 201—211.
BAZIN, M.: Recherche des rapports entre diversité dialectale et géographie humaine: l'exemple du Talesh. In: SCHWEIZER, G., Hrsg. 1979, S. 1—15.
BAZIN, M.: La vie rurale dans la région de Qom (Iran central). POF-Etudes, Paris o. J.
BAZIN, M. — C. BROMBERGER: Documents pour l'étude de la repartition de quelques traits culturels dans le Jilăn et l'Azarbayjan Oriental. Centre National de la Recherche Scientifique. Recherche Coopérative sur Programme no 362, Paris 1975.

BEALE, Th. W.: Early trade in highland Iran. A view from a source area. World Archaeology 5, 1973, S. 133—148.
BEAUMONT, P.: Qanats on the Varamin plain, Iran. Institute of Brit. Geogr., Transactions and Papers 45, 1968, S. 169—179.
BEAUMONT, P.: A climatological traverse from the Caspian Sea to the watershed of the Elburz mountains, Iran. Weather 23, 1968, S. 515—517.
BEAUMONT, P.: Salt weathering on the margin of the Great Kavir, Iran. Geol. Soc. Am. Bulletin 79, 1968, S. 1683—1684.
BEAUMONT, P.: Qanat Systems in Iran. Bull. Intern. Ass. Scient. Hydrology 16, 1971, S. 39—50.
BEAUMONT, P.: Alluvial fans along the foothills of the Elburz mountains, Iran. Palaeogeography, Palaeoclimatology, Palaeoecology 12, 1972, S. 251—273.
BEAUMONT, P.: A traditional method of ground water extraction in the Middle East. Ground Water 11, 1973, S. 23—30.
BEAUMONT, P.: Qanat systems in Iran. Bull. Intern. Assoc. of Scientific Hydrology 16, 1973, S. 39—50.
BEAUMONT, P.: River regimes in Iran. Durham, Dept. of Geography, Occasional Publ., NS No. 1, 1973.
BEAUMONT, P.: Water resource development in Iran. GJ 140, 1974, S. 418—431.
BEAUMONT, P. — J. H. NEVILLE: Rice cultivation in Iran's Caspian lowlands. World Crops, Dec. 1968, S. 70—73.
BEAZLEY, E.: The pigeon towers of Isfahan. Iran 4, 1966, S. 105—109.
BECKER, H. — H. FÖRSTER — H. SOFFEL: Central Iran, a former part of Gondwanaland. Paleomagnetic evidence from infracambrian rocks and iron ores of the Bafq area. Zt. f. Geophysik 39, 1973, S. 953—963.
BECKETT, P. H. T.: Qanats around Kerman/Iran. JRCAS 40, 1953, S. 47—58.
BECKETT, P. H. T.: Agriculture in central Persia. Tropical Agriculture 34, 1957, S. 9—28.
BECKETT, P. H. T.: Tools and crafts in south central Persia. Man 57, 1957, S. 145—148.
BECKETT, P. H. T.: The soils of Kerman, south Persia. Journal of Soil Science 9, 1958, S. 20—32.
BECKETT, P. H. T.: The city of Kerman, Iran. Erdkunde 20, 1966, S. 119—125.
BECKETT, P. H. T. — E. D. GORDON: The climate of Kerman, south Persia. Quart. Journal Royal Met. Soc. 82, 1956, S. 503—514.
BECKETT, P. H. T. — E. D. GORDON: Land use and settlement round Kerman in southern Iran. GJ 132, 1966, S. 476—490.
BEHAIN, C.: Die Tektonik des Tschogart-Eisenerz-Massivs und seiner Umgebung bei Bafq im zentralen Iran. Clausthaler Geol. Abh. 6, 1971.
BEHN, W.: The Kurds in Iran. A selected and annotated bibliography. London 1977.
BELGRAVE, C.: Persian Gulf. Past and present. RCAJ 55, 1968, S. 28—34.
BELL, M. S.: Military report on south-west Persia, including the provinces of Khuzistan (Arabistan), Luristan and Part of Fars, Simla 1885.
BELLEW, H. W.: From the Indus to the Tigris. London 1874.
BÉMONT, F.: Les villes de l'Iran. Des cités autrefois à l'urbanisme contemporain, 2 Bde., Paris 1969/1973.
BENET, F.: Sociology uncertain. The ideology of the rural-urban continuum. Comp. Studies in Society and History 6, 1963, S. 1—23.

Benet, F.: The ideology of Islamic urbanization. Intern. Journal of Comparative Sociology 4, 1963, S. 211—226.
Berberian, M.: Against the rigidity of the Lut Block; a seismotectonic discussion. In: Berberian, M., 1977, S. 203—227.
Berberian, M.: An introduction to the seismotectonics of Maku Region (NW Iran). In: Berberian, M., 1977, S. 151—200.
Berberian, M.: Maximum intensity, isoseismal and intensity zone maps of Iran/4th century B.C. to 1977. In: Berberian, M. 1977, S. 101—119.
Berberian, M.: Macroseismic epicentres of Iranian earthquakes. In: Berberian, M. 1977, S. 79—99.
Berberian, M., Hrsg.: Contribution to the seismotectonics of Iran (part II). GSI, Report No. 39, Tehran 1976 (Sammelband von 10 Beiträgen).
Berberian, M., Hrsg.: Contribution to the seismotectonics of Iran (part III). Geol. and Mining Survey of Iran, Rep. No. 40, Tehran 1977.
Bergmann, H. — N. Khademadam: Entwicklungseffekte landwirtschaftlicher Großbetriebe in Iran. Eine Fallstudie zu Teilaspekten der iranischen Agrarreform. Forschungsstelle für Intern. Agrarentwicklung e.V., Heidelberg 1973.
Bergmann, H. — N. Khademadam: The impacts of large-scale farms on development in Iran. Publ. Research Centre for International Agrarian Development, Saarbrücken 1975.
Berichte über Handel und Industrie; zusammengestellt im Reichsamt des Innern, Bd. XIV, Heft 7: Die wirtschaftlichen Verhältnisse Persiens. Berlin 1910, S. 217—468.
Berthaud, E.: La vie rurale dans quelques villages chrétiens de l'Azerbaidjan occidental. Rev. Géogr. Lyon 43, 1968, S. 291—331.
Bessaignet, P.: Shah Savan: Un example de sédentarisation d'un tribu nomade avec transplantation culturelle. Compte rendu général du Colloque sur la conservation et la restauration des sols tenu à Téhéran du 21 mai au 11 juin 1960. Paris 1964, S. 140—154.
Bessaignet, P.: L'étude sociologique des villages du Guilan par la méthode de la photographie aérienne. Inst. d'Etudes et de Recherches Sociales. Université de Teheran, o. J.
Beuermann, A.: Formen der Fernweidewirtschaft (Transhumance — Almwirtschaft — Nomadismus). 32. dt. Geographentag Berlin 1959, Tag.ber. und wiss. Abh., Wiesbaden 1960, S. 277—290.
Bharier, J.: A note on the population of Iran 1900—1966. Population Studies 22, 1968, S. 273—279.
Bharier, J.: Economic development in Iran 1900—1970. New York–Toronto 1971.
Bharier, J.: The growth of towns and villages in Iran, 1900—1966. MES 8, 1972, S. 51—61.
Bhimaya, C. P.: Report to the government of Iran on sand dune fixation. UNDP-FAO TA 2959, Rom 1971.
Bhimaya, C. P.: Report to the government of Iran on sand dune fixation, UNDP-FAO TA 3252, Rom 1974.
Bill, J. A.: The politics of Iran. Groups, classes and modernization. Columbus/Ohio 1972.
Binder, H.: Au Kurdistan, Mésopotamie et en Perse. Paris 1887.
Binder, L.: The proofs of Islam: Religion and politics in Iran. In: Makdisi, G., Hrsg., Arabic and Islamic Studies in Honour of H. A. R. Gibb, Leiden 1965, S. 119—140.
Binkele, R.: Analyse der Minderleistung von Arbeitern in einem Gebiet im Norden Irans in arbeitsphysiologischer und arbeitspsychologischer Sicht. Diss. Heidelberg 1966.

BISHOP, I. L.: Journeys in Persia and Kurdistan, including a summer in the upper Karun region and a visit to the Nestorian Rayatis. 2 Bde., London 1891.
BISHOP, J.: The upper Karun region and the Bakhtiyari Lurs. Scott Geogr. Mag. 8, 1891, S. 1—14.
BIVAR, A. D. H. — G. FEHERVARI: The walls of Tammisha. Iran 4, 1966, S. 35—50.
BLACK-MICHAUD, J.: An ethnographic and ecological survey of Luristan, Western Persia: Modernization in a nomadic pastoral society. MES 10, 1974, S. 210—228.
BLANCHARD, R.: L'Iran. Géographie Universelle, Bd. 8, Paris 1929, S. 128—170.
BLAU, O.: Commercielle Zustände Persiens. Aus den Erfahrungen einer Reise im Sommer 1857. Berlin 1858.
BLUME, H.: Probleme der Schichtstufenlandschaft. Erträge der Forschung 5, Darmstadt 1971.
BOBEK, H.: Reise in Nordwestpersien 1934. ZGEB, Berlin 1934, S. 359—369.
BOBEK, H.: Die Landschaftsgestaltung des südkaspischen Küstentieflandes. In: Länderkundliche Forschung (Festschrift für Norbert Krebs), Stuttgart 1936, S. 1—24.
BOBEK, H.: Die Rolle der Eiszeit in Nordwestiran. Z. f. Gletscherkunde 25, 1937, S. 130—183.
BOBEK, H.: Forschungen im zentralkurdischen Hochgebirge zwischen Van- und Urmia-See (Südost-Anatolien und West-Azerbaidjan). PM 84, 1938, S. 152—162, 215—228.
BOBEK, H.: Die gegenwärtige und eiszeitliche Vergletscherung im zentralkurdischen Hochgebirge (Osttaurus, Ostanatolien). Z. f. Gletscherkunde 27, 1940, S. 50—87.
BOBEK, H.: Soziale Raumbildungen am Beispiel des Vorderen Orients. Verh. 27 Dt. Geographentag München 1948, Landshut 1950, S. 193—207.
BOBEK, H.: Die Verbreitung des Regenfeldbaus in Iran. Geographische Studien (Festschrift für Johann Sölch), Wien 1951, S. 9—30.
BOBEK, H.: Die natürlichen Wälder und Gehölzfluren Irans. Bonner Geogr. Abh., Heft 8, 1951.
BOBEK, H.: Beiträge zur klima-ökologischen Gliederung Irans. Erdkunde 6, 1952, S. 65—84.
BOBEK, H.: Zur eiszeitlichen Vergletscherung des Alburzgebirges, Nordiran. Carinthia 142, 1953, S. 97—104.
BOBEK, H.: Iran. Geogr. Taschenbuch 1954/1955, Wiesbaden o. J., S. 372—376.
BOBEK, H.: Klima und Landschaft Irans in vor- und frühgeschichtlicher Zeit. Geogr. Jahresberichte aus Österreich 25 (1953/4), Wien 1955, S. 1—42.
BOBEK, H.: Die Takht-e-Sulaimangruppe im mittleren Alburzgebirge, Nordiran. In: Festschrift zur Hundertjahrfeier der Geographischen Gesellschaft in Wien 1856—1956, Wien 1957, S. 236—264.
BOBEK, H.: Teheran. Schlernschriften 190 (H. Kinzl-Festschrift), Innsbruck 1958, S. 5—24.
BOBEK, H.: Vegetationsverwüstung und Bodenschöpfung in Persien und ihr Zusammenhang mit dem Niedergang älterer Zivilisationen. Intern. Union for Conservation of Nature and Natural Ressources, 7 th. Techn. Meeting, Athens 1958, Brüssel 1959, Vol. I, S. 72—80.
BOBEK, H.: The Great Kawir of central Iran. A contribution to the knowledge of its features and formation. Arid Zone Research Centre, Univ. of Tehran, Publ. II, Tehran 1959.

BOBEK, H.: Die Hauptstufen der Gesellschafts- und Wirtschaftsentfaltung in geographischer Sicht. Die Erde 90, 1959, S. 259—298.

BOBEK, H.: Forschungen in Persien 1958/59. MÖGG 101, 1959, S. 381—388.

BOBEK, H.: Die Salzwüsten Irans als Klimazeugen. Anz. phil.-hist. Klasse Öst. Akad. Wissenschaften 3, 1961, S. 7—19.

BOBEK, H.: Zur Problematik eines unterentwickelten Landes alter Kultur: Iran. Orient (Hamburg) 2, 1961, S. 64—68, S. 115—124 und S. 146.

BOBEK, H.: Iran. Probleme eines unterentwickelten Landes alter Kultur. Themen zur Geographie und Gemeinschaftskunde. Frankfurt–Berlin–Bonn 1962 (2. Aufl. 1964; 3. Aufl. 1967).

BOBEK, H.: Vegetation. In: W. B. FISHER, Hrsg. 1968, S. 280—293.

BOBEK, H.: Zur Kenntnis der südlichen Lut. Ergebnisse einer Luftbildanalyse. MÖGG 111, 1969, S. 155—192.

BOBEK, H.: Zum Konzept des Rentenkapitalismus. TESG 65, 1974, S. 73—78.

BOBEK, H.: Entstehung und Verbreitung der Hauptflursysteme Irans — Grundzüge einer sozialgeographischen Theorie. MÖGG 118, 1976, S. 274—304 und 119, 1977, 34—51.

BOBEK, H.: Rentenkapitalismus und Entwicklung in Iran. In: SCHWEIZER, G., Hrsg. 1979, S. 113—124.

BODE, C. A. DE: Travels in Luristan and Arabistan. London, 2 Bde., 1845.

BOECKH, H. — G. M. LEES — F. D. S. RICHARDSON: Contribution to the stratigraphy and tectonics of the Iranian ranges. In: J. W. GREGORY, Hrsg., Structure of Asia, London 1929, S. 58—176.

BOESCH, H.: Nomadismus, Transhumance und Alpwirtschaft. Die Alpen 27, 1951, S. 202—207.

BÖHNE, E.: Die Steinkohlenvorkommen Persiens. Zt. Prakt. Geol. 40, 1932, S. 113—119 und S. 187—199.

BÖHNE, E.: Die wirtschaftliche Bedeutung und Erschließung der Steinkohlenvorkommen Persiens. Zt. Prakt. Geol. 40, 1932, S. 145—148.

BONINE, M. E.: Yazd and its hinterland: A central place system of dominance in the central Iranian plateau. Diss. Austin/Texas 1975.

BONINE, M. E.: Urbanization and city structure in contemporary Iran and Afghanistan: A selected annotated bibliography. Council of Planning Librarians/Exchange Bibliography: Sept. 1975.

BONINE, M. E.: Urban studies in the Middle East. MES Association X, 3, 1976, S. 1 bis 37.

BONINE, M. E.: City and hinterland in Iran. In: SCHWEIZER, G., Hrsg. 1979, S. 141—156.

BONINE, M. E.: The morphogenesis of Iranian cities. Annals of the Association of American Geographers 69, 1979, S. 208—224.

BONNARD, E. G.: Contribution à la connaissance géologique du Nord-Est de l'Iran (Environs de Mésched). EGH 37, 1944, S. 331—354.

BOSWORTH, C. E.: The Ghaznavids, their empire in Afghanistan and eastern Iran 994—1040. 2. Aufl. Beirut 1973.

BOSWORTH, C. E.: The heritage of rulership in early Islamic Iran and the search for dynastic connections with the past. Iran 9, 1973, S. 51—62.

BOSWORTH, C. E.: The Tahirids and Saffarids. In: R. N. FRYE, Hrsg. Cambridge 1975, S. 90—135.

Bosworth, C. E.: The early Ghaznavids. In: R. N. Frye, Hrsg., Cambridge 1975, S. 162—197.
Bout, P.: A propos de la prismation des basaltes. Faculté des Lettres de Clermont-Ferrand, Inst. de Géographie 42, 1972, S. 35—41.
Bout, P.: Observations morphologiques sur le volcanisme du partie méridional du désert de Lut (Iran). Faculté des Lettres de Clérmont-Ferrand, Inst. de Géographie 42, 1972, S. 27—33.
Bout, P. — M. Derruau: Le Demavend. In: Bout, P. — M. Derruau — J. Dresch — Ch. P. Peguy, Observations de géographie physique en Iran septentrional. CNRS, Centre de Documentation Cartographique et Géographique. Mémoires et Documents VIII, Paris 1961, S. 39—83.
Bout, P. — M. Derruau — J. Dresch — C. P. Peguy: Observations de géographie physique en Iran septentrional. CNRS, Centre de Documentation Cartographique et Géographique. Memoires et Documents VIII, Paris 1961, S. 9—101.
Bowen-Jones, H.: Agriculture. In: W. B. Fisher, Hrsg., Cambridge 1968, S. 565—598.
Boyce, M.: The Zoroastrian villages of the Jupar Range. Festschrift für Wilhelm Eilers. Wiesbaden 1967, S. 148—156.
Boyce, M.: Some aspects of farming in a Zoroastrian village of Yazd. Persica 4, 1969, S. 121—140.
Boyce, M.: The Zoroastrian houses of Yazd. In: C. E. Bosworth, Hrsg., Iran and Islam (Volume in memory of V. Minorsky), Edinburgh 1971, S. 125—147.
Boyce, M.: A Persian stronghold of Zoroastrianism. Oxford 1977.
Boykin, C. C.: Pasture and fodder crops investigations: Iran. Contribution of national rangelands to the economy of Iran. UNDP/FAO, Technical Report 2, Rom 1972.
Boyle, J. A., Hrsg.: The Cambridge History of Iran, vol. V: The Saljuq and Mongol Periods. Cambridge 1968.
Boyle, J. A.: Dynastic and political history of the Il-Khans. In: J. A. Boyle, Hrsg., Cambridge 1968, S. 303—421.
Braidwood, R. J. — B. Howe: Prehistoric investigations in Iraqi Kurdistan. The Oriental Institute of Chicago, Studies in Ancient Oriental Civilization, No. 31, 1961.
Brandt, M. von: Die wirtschaftlichen Verhältnisse in Persien und Deutschlands Anteil an ihrer Entwicklung. Bankarchiv 1906/07, S. 114—117.
Braun, C.: Teheran, Marrakesch und Madrid. Ihre Wasserversorgung mit Hilfe von Qanaten. Bonner Geogr. Abh., Heft 52, Bonn 1974.
Breddin, H.: Der Elburz im Iran, ein Schuppengebirge. Geol. Mitt. 10, Aachen 1970, S. 61—100.
Brewer, W. D.: Yesterday and tomorrow in the Persian Gulf. MEJ 23, 1969, S. 149—158.
Brice, W. C.: The environmental history of the Near and Middle East since the last ice age. London–New York–San Francisco 1978.
Bromberger, C.: Habitations du Gilân. Objets et Mondes 14, Fasc. I, 1974, S. 3 bis 56.
Brown, J. A.: A geographical study of the evolution of the cities of Tehran and Isfahan. Ph. D. thesis Durham 1965.
Brown, L. C., Hrsg.: From madina to metropolis. Heritage and change in the Near Eastern City. Princeton 1973.
Brücher, W. — W. Korby: Zur Standortfrage von integrierten Hüttenwerken in außer-

europäischen Entwicklungsländern: Die Beispiele Aryamehr/Iran und Paz del Rio/ Kolumbien. GZ 67, 1979, S. 77—94.

BRUGSCH, H.: Reise der K. Preussischen Gesandtschaft nach Persien 1860 und 1861. 2 Bde., Leipzig 1862/1863.

BRUNDAGE, B. C.: Feudalism in ancient Mesopotamia and Iran. In: COULBORN, R., Hrsg., Feudalism in history. Hamden/Conn. 1965, S. 93—119.

BUHSE, A. — C. WINKLER: Die Flora des Alburs und der kaspischen Südküste. Die bisherigen Forschungsergebnisse auf diesem Gebiet. Arb. Naturf. Vereins Riga 8, 1899, S. 1—61.

BUHSE, F.: Die große persische Salzwüste und ihre Umgebung. Dt. Rundschau für Geographie und Statistik 15, 1892, S. 49—59.

BULLIET, R. W.: The patricians of Nishapur. A study in medieval Islamic social history. Harvard Middle Eastern Studies 16, Cambridge 1972.

BURNEY, C. — D. M. LANG: The peoples of the hills. Ancient Ararat and Caucasus. London 1971. — Deutsche Ausgabe: Die Bergvölker Vorderasiens. Armenien und der Kaukasus von der Vorzeit bis zum Mongolensturm. Essen 1975.

BURNEY, C. B. M. Mc.: Preliminary report on stone age reconnaissance in north-eastern Iran. The Prehistoric Soc. 16, 1964, S. 382—399.

BURNEY, C. B. M. Mc.: The cave of Ali Tappeh and the epi-neolithic in N. E. Iran. Proc. Prehistoric Soc. 39, 1968, S. 385—413.

BURNOL, L.: Contribution à l'étude des gisements de plomb et zinc de l'Iran. Essais de classification paragenetique. GSI, Report No. 11, Tehran 1968.

BUSH, B. C.: Britain and the Persian Gulf, 1894—1914. Berkeley 1967.

BUSSE, H.: History of Persia under Qajar rule. Translated from the Persian of Hasan-el Fasa'i Farsnama-ye Naseri. New York–London 1972.

BUSSE, H.: Kerman im 19. Jahrhundert nach der Geographie des Waziri. Islam 50, 1973, S. 284—312.

BUSSE, H.: Der persische Staatsgedanke im Wandel der Geschichte. Saeculum 28, 1977, S. 53—74.

BUTZER, K. W.: Russian climate and the hydrological budget of the Caspian Sea. Revue Canadienne de Géographie 1958, S. 129—139.

BUTZER, K. W.: Quaternary stratigraphy and climate in the Near East. Bonner Geogr. Abhandlungen, Heft 24, Bonn 1958.

BUZI, V. P. C.: Report to the government on forest range management. FAO-Report 290, Rom 1954.

CAHEN, C.: L'évolution de l'iqta du IXe au XIIIe siècle. Annales-Economies, Sociétés, Civilisations 8, 1953, S. 25—52.

CAHEN, C.: Zur Geschichte der städtischen Gesellschaft im islamischen Orient des Mittelalters. Saeculum 9, 1958, S. 59—76.

CAHEN C.: Réflections sur l'usage du mot de ›Féodalité‹. JESHO III, 1960, S. 2—20.

CAHEN, C.: Der Islam I: Vom Ursprung bis zu den Anfängen des Osmanenreiches. Fischer Weltgeschichte, Bd. 14, Frankfurt a. M. 1968.

CAHEN, C.: Quelques mots sur le déclin commercial du monde musulman à la fin du moyen âge. In: M. A. COOK, Hrsg., Studies in the Economic History of the Middle East..., London 1970, S. 31—37.

Cahen, C.: Tribes, cities and social organization. In: R. N. Frye, Hrsg., Cambridge 1975, S. 305—328.
Caldwell, J. R., Hrsg.: Investigations at Tal-i-Iblis. Illinois State Museum. Preliminary Reports, No. 9, Springfield/Ill. 1967.
Calmeyer, P.: Datierbare Bronzen aus Luristan und Kirmanshah. Berlin 1969.
Caponera, D. A.: Water laws in Moslem countries. Irrigation and Drainage Paper 20/1, FAO Rom 1973.
Cappieri, M.: The Iranians of the copper/bronze ages. Coconut Grove 1973.
Cardi, B. D. E.: Excavations at Bampur, S. E. Iran: a brief report. Iran 6, 1968, S. 135—155.
Carey, J. P. C. — A. G. Carey: Iranian agriculture and its development: 1952—1973. IJMES 7, 1976, S. 359—382.
Carle, R. — W. Frey: Die Vegetation des Maharlu-Beckens bei Shiraz (Iran) unter besonderer Berücksichtigung der Vegetation im Bereich der Süß- und Salzwasserquellen am Seeufer. Beihefte zum TAVO, Reihe A (Naturw.), Nr. 2, Wiesbaden 1977.
Carre, F.: Les pêches en mer Caspienne. AG 87, No. 479, 1978, S. 1—38.
Castiglioni, G. B.: Appunti geografici sul Balucistan Iraniano. Riv. geogr. Ital. 67, 1960, S. 109—152 und S. 268—301.
Centlivres-Demont, M.: Une communauté de poitiers en Iran: Le Centre de Meybod (Yazd). Beiträge zur Iranistik, Bd. 3, Wiesbaden 1971.
Chardin, J.: Voyages du Chevalier Chardin en Perse et autres lieux de l'orient. Ed. L. Langlès, Paris, 10 Bde., 1811.
Childe, V. G.: The urban revolution. The Town Planning Review 21, 1950, S. 3—17.
Childe, V. G.: Soziale Evolution. Frankfurt 1970 (Engl.: Social Evolution, London 1951).
Christian, A. J.: A report on the tribes of Fars, Shiraz 1918. Simla 1919.
Christensen, A.: L'Iran sous les Sassanides. Kopenhagen 1944.
Christensen, N.: Haustypen und Gehöftbildung in Westpersien. Anthropos 62, 1967, S. 89—138.
Christiansen-Weniger, F.: Ackerbauformen im Mittelmeerraum und Nahen Osten, dargestellt am Beispiel der Türkei. Frankfurt a. M. 1970.
Christodoulou, D.: Settlement and agriculture of nomadic, semi-nomadic and other pastoral people. Land Reform 1970, No. 1, S. 40—51.
Christodoulou, D.: Settlement of nomadic and semi-nomadic people in the Kazakh S.S.R. Land Reform 1970, No. 2, S. 50—62.
Churchill, R. P.: The Anglo-Russian convention of 1907. Cedar Rapids 1939.
Clapp, F. G.: Teheran and the Elburz. GRev. 20, 1930, S. 69—85.
Clapp, F. G.: The geology of eastern Iran. Bull. Geol. Soc. Am. 51, 1940, S. 1—102.
Clapp, G. R.: Iran, a TVA for the Khuzestan Region. MEJ 11, 1957, S. 1—11.
Clark, B. D. — V. Costello: The urban system and social patterns in Iranian cities. Transact. of the Inst. of British Geogr. 59, 1973, S. 99—128.
Clarke, J. I.: The Iranian city of Shiraz. Univ. of Durham, Dept. of Geography, Research Paper Series 7, Durham 1963.
Clarke, J. I. — B. D. Clark: Kermanshah, an Iranian provincial city. University of Durham, Dept. of Geography, Research Paper Series No. 10, Durham 1969.
Clevenger, W. M.: Dams in Horasan. Some preliminary observations. East and West, NS 19, 1969, S. 387—394.

Collin-Delavaud, C.: Trois types de terroirs dans les provinces caspiennes d'Iran. CNRS, Centre de Documentation Cartographique et Géographique, Mémoires et Documents VIII, Paris 1961, S. 103—112.
Connell, J., Hrsg.: Semnan: Persian city and region. Univ. College London, Expedition to Iran (London) 1969.
Coon, C. S.: Cave explorations in Iran 1949. Philadelphia Museum Monographs. Philadelphia 1951.
Costantini, L. — M. Tosi: The environment of southern Sistan in the third millenium B. C. and its exploitation by the proto-urban Hilmand civilization. In: Brice, W. C., Hrsg. 1978, S. 165—183.
Costello, V. F.: The industrial structure of a traditional Iranian city. TESG 64, 1973, S. 108—120.
Costello, V. F.: Kashan: A city and region of Iran. The Center for Middle Eastern and Islamic Studies of the University of Durham 3, London–New York 1976.
Coulborn, R., Hrsg.: Feudalism in history. Hamden/Conn. 1965.
Craig, D.: The impact of land reform on an Iranian village. MEJ 32, 1978, S 141 bis 154.
Crawford, V. E.: Beside the Kara Su. The Metropolitan Museum of Art Bulletin 21, 1963, S. 263—273.
Curzon, G. N.: The Karun River and the commercial geography of south-west Persia. PRGS 12, 1890, S. 509—532.
Curzon, G. N.: Persia and the Persian question. 2 Bde., London 1892.

Dagradi, P.: Due capitali nella steppa: Ankara e Tehran. Riv. Geogr. Italiana 70, 1963, S. 271—306.
Dandamayev, M. A.: Politische und wirtschaftliche Geschichte. In: G. Walser, Hrsg., Beiträge zur Achämenidengeschichte. Historia-Einzelschriften, Heft 18, Wiesbaden 1972, S. 15—58.
Dandamayev, M. A.: Persien unter den ersten Achämeniden (6. Jahrhundert v. Chr.). Beiträge zur Iranistik, Bd. 8, Wiesbaden 1976.
D'Arcy Todd, E. → Arcy Todd, E. D'.
Darwent, D. F.: Urban growth in relation to socio-economic development and westernization: A case study of the city of Mashad, Iran. Ph.D. thesis Durham 1965.
de Bode → Bode, C. A. de.
Dedual, E.: Zur Geologie des mittleren und unteren Karaj-Tales/Zentral-Elburz, Iran. Mitteilungen Geolog. Institut ETH NF 76, Zürich 1967.
de Mauroy → Mauroy, H. de.
de Misonne → Misonne, X. de.
de Morgan → Morgan, J. de.
Demorgny, G.: Les réformes administratives en Perse: Les tribus du Fars. RMM 22, 1913, S. 85—151 und 23, 1913, S. 1—109.
Denman, D. R.: The king's vista: A land reform which has changed the face of Persia. The Keep, Berkhamsted 1973.
de Planhol → Planhol, X. de.
Deshayes, J.: Aux confins des steppes de l'Asie Centrale, un foyer de civilisation indo-européenne: Tureng Tepe. Archeologia 18, 1967, S. 33—37.

DESHAYES, J.: Tureng Tepe und die Ebene von Gorgan zur Bronzezeit. Archaeologia viva, Heft 1, No. 1, 1968, S. 33—37.
DESHAYES, J.: New evidence for the Indo-Europeans from Tureng Tepe, Iran. Archaeology 22, 1969, S. 10—17.
DESIO, A.: Sull'esistenza di piccoli ghiacciai nella Persia occidentale. Bolletino del Comitato Glaciologico Italiano 14, Turin 1934, S. 39—52.
DESIO, A.: Appunti geografici e geologici sulla catena dello Zardeh Kuh in Persia. Memorie Geologiche e Geografiche di Giotto Dainelli 4, Florenz 1934, S. 143—166.
DETTMANN, K.: Islamische und westliche Elemente im heutigen Damaskus. GR 21, 1969, S. 64—68.
DEVEAUX, C. L. — F. F. NAKHDJEVANI: Expériences sur l'érosion éolienne à Ahwaz. Université de Téhéran. Faculté Forestière Bulletin No. 9, Karadj 1968.
DEWAN, M. L. — J. FAMOURI: The soils of Iran. FAO, Rom 1964.
DEWAN, M. L. — J. FAMOURI: Soils. In: W. B. FISHER, Hrsg., Cambridge 1968, S. 250—263.
DIAKONOFF, J. M., Hrsg.: Ancient Mesopotamia. Socio-economic history. A collection of studies by Soviet Scholars. Moscow 1969.
DIECKMANN, D.: Der Eisenbahnbau in Iran. Archiv für Eisenbahnwesen 62, 1939, S. 201—212.
DIECKMANN, D.: Die iranische Ost-West-Bahn. Archiv für Eisenbahnwesen 65, 1942, S. 472—475.
DIEZ, E.: Isfahan. Z. für Bildende Kunst, NF 26, 1915, S. 90—104 und S. 113—128.
DIGARD, J. P.: La parure chez les Baxtyari. Objects et Mondes 11, 1971, 1, S. 117—132.
DIGARD, J. P.: Histoire et anthropologie des sociétés nomades: le cas d'une tribu d'Iran. Annales-Economies, Sociétés, Civilisations 28, 1973, S. 1423—1435.
DIGARD, J. P.: Techniques et culture des nomades Baxhtiari. Thèse de Doctorat d'ethnologie, Paris 1973.
DIMITRIJEVIC, M. D.: Geology of Kerman region. Ministry of Economy, Geological Survey of Iran, Beograd–Tehran 1973.
DJALALI, M.: Anbauversuche mit mexikanischem Weizen im südlichen Iran. Der Tropenlandwirt 73, 1972, S. 23—30.
DJAZANI, I.: Wirtschaft und Bevölkerung in Khuzistan und ihr Wandel unter dem Einfluß des Erdöls. Tübinger Geogr. Studien 8, 1963.
DJEZIREI, M. H.: Les peuplements d'Avicennia des côtes sud de l'Iran. Salinity problems in the arid zones. Proceedings of the Teheran Symposium, UNESCO, Paris 1961, S. 139—141.
DJIRSARAI, A. A.: Das Dorf Ahar (Iran). Die bevölkerungs-, sozial- und wirtschaftsgeographische Struktur und Entwicklung. Diss. Bonn 1970.
DOERFER, G.: Türkische und mongolische Elemente im Neupersischen. (Veröffentl. Orient. Komm., Akad. der Wiss. Mainz 16, 19—21.) 4 Bde., Wiesbaden 1963—1975.
DOERFER, G.: Das Chaladsch — eine archaische Türksprache in Zentralpersien. ZDMG 118, 1968, S. 79—112.
DORN, B.: Muhammedanische Quellen zur Geschichte der südlichen Küstenländer des Kaspischen Meeres. 4 Teile, 1850—1858.
DORN, B.: Reise nach Masanderan im Jahre 1860: I. Abschnitt St. Petersburg–Ashref. St. Petersburg 1895.

Dostal, W.: Zum Problem der Stadt- und Hochkultur im Vorderen Orient. Ethnologische Marginalien. Anthropos 63, 1968, S. 227—260.

Downing, Th. E. — McG. Gibson, Hrsg.: Irrigation's impact on society. Anthropological Papers of the University of Arizona 25, Tucson 1974.

Dowson, V. H. W.: Dates in Iran. Rep. to the Govt. of Iran. FAO-Report 1824. Rom 1964.

Dresch, J.: Le piémont de Téhéran. BAGF, No. 284/285, 1959, S. 35—64.

Dresch, J.: Le piémont de Téhéran. In: P. Bout — M. Derruau — J. Dresch — C. P. Peguy, Observations de géographie physique en Iran septentrional. CNRS, Centre de Documentation Cartographique et géographique. Mémoires et Documents VIII, 1961, S. 85—101.

Dresch, J.: Observations sur les formes periglaciaires dans le massif de l'Elbourz et son piemont au nord de Téhéran. Biuletyn Periglacjalny, Nr. 10, 1961, S. 97—103.

Dresch, J.: Reconnaissance dans le Lut (Iran). BAGF, No. 362/363, 1968, S. 143—153.

Dresch, J.: Sur les relations entre les hautes montagnes et leur piémont en régions arides: Les exemples du Liban et du Lut. BAFG 399, 1972, S. 251—260.

Dresch, J.: Bassins arides Iraniens. BAFG 430, 1975, S. 337—351.

Dresch, J.: Cuvettes Iranaises comparées: Djaz Murian et Lut. Geography (Tehran) 1, 1976, S. 8—19.

Dresch, J. — Ch. P. Peguy: Le Massif de l'Alam Kouh. In: Bout, P. — M. Derruau — J. Dresch — Ch. P. Peguy, Observations de géographie physique en Iran septentrional. CNRS, Centre de Documentation Cartographique, Mémoires et Documents VIII, Paris 1961, S. 27—37.

Drower, E. S.: The Mandaeans of Iraq and Iran. Their cults, customs, magic legends and folklore. Leiden 1962.

During-Caspers, E. C. L.: Further evidence for cultural relations between India, Baluchistan and Iran and Mesopotamia in early dynastic times. JNES 24, 1965, S. 53—56.

During-Caspers, E. C. L.: Some motifs as evidence for maritime contact between Sumer and the Indus Valley. Persica 5, 1970/1, S. 107—118.

Dyer, R. E. H.: The raiders of the Sarhad. London 1921.

Dyson, R. H., Jr.: Problems of protohistoric Iran as seen from Hassanlu. JNES 24, 1965, S. 193—217.

Dyson-Hudson, N.: The study of nomads. In: Irons, W. — N. Dyson-Hudson, Hrsg., Leiden 1972, S. 2—29.

Dyson-Hudson, N.: Pastoralism: Self image and behavioral reality. Journal of Asian and African Studies 7, 1972, 1 u. 2, S. 30—47.

Eagleton, W.: The Kurdish Republic of 1946. London 1963.

Eder, K.: Die Entstehung staatlich organisierter Gesellschaften. Ein Beitrag zu einer Theorie sozialer Evolution. Frankfurt a. M. 1976.

Edmonds, C. J.: Luristan: Pish-i-Kuh and Bala Gariveh. GJ 59, 1922, S. 335—356 und S. 437—453.

Edmonds, C. J.: Kurdish nationalism. Journal of Contemporary History 6, 1971, S. 87—107.

Egger, W.: Die Transiranische Bahn. Verkehr und Technik 2, 1949, S. 94—95.

Ehlers, E.: Das Chalus-Tal und seine Terrassen. Studien zur Landschaftsgliederung und

Landschaftsgeschichte des mittleren Elburz (Nordiran). Erdkunde 23, 1969, S. 215—229.

EHLERS, E.: Die Teelandschaft von Lahidjan/Nordiran. In: Beiträge zur Geographie der Tropen und Subtropen (H. Wilhelmy-Festschrift). Tübinger Geographische Studien Heft 34, Tübingen 1970, S. 229—242.

EHLERS, E.: Die Turkmenensteppe und ihre Umrandung. Eine landeskundliche Skizze. In: Strukturwandlungen im nomadisch-bäuerlichen Lebensraum des Orients. Erdkundl. Wissen Heft 26, Beih. GZ, Wiesbaden 1970, S. 1—52.

EHLERS, E.: Die Städte des südkaspischen Küstentieflandes. Die Erde 102, 1971, S. 6—33.

EHLERS, E.: Nordpersische Agrarlandschaften. Landnutzung und Sozialstruktur in Ghilan und Mazandaran. GR 23, 1971, S. 329—342.

EHLERS, E.: Die historischen Spiegelschwankungen des Kaspischen Meeres und Probleme ihrer Deutung. Erdkunde 25, 1971, S. 241—249.

EHLERS, E.: Südkaspisches Tiefland (Nordiran) und Kaspisches Meer. Beiträge zu ihrer Entwicklungsgeschichte im Jung- und Postpleistozän. Tübinger Geogr. Studien Heft 44, Tübingen 1971.

EHLERS, E.: Klimageschichte und Siedlungsgang in vor- und frühgeschichtlicher Zeit in der Turkmenensteppe Nordpersiens. — Arch. Mitt. aus Iran NF 4, 1971, S. 7—19.

EHLERS, E.: Erdölwirtschaft — Außenhandel — Industrialisierung. Geogr. Taschenbuch 1970—1972, Wiesbaden 1972, S. 177—196.

EHLERS, E.: Agrarsoziale Wandlungen im Kaspischen Tiefland Nordpersiens. 38. Dt. Geographentag Erlangen–Nürnberg 1971, Tagungsbericht und wiss. Abhandlungen, Wiesbaden 1972, S. 289—311.

EHLERS, E.: Die südkaspische Stadt — Typus oder Individuum? Die Erde 103, 1972, S. 186—190.

EHLERS, E.: Anbausysteme in den Höhenregionen des Mittleren Elburz/Iran. In: C. RATHJENS — C. TROLL — H. UHLIG, Hrsg., Vergleichende Kulturgeographie der Hochgebirge des südlichen Asien. Erdwissenschaftliche Forschung, Bd. V, Wiesbaden 1973, S. 62—75.

EHLERS, E.: Bunvar Shami — Siah Mansoor. Methoden und Probleme der Landreform in Khuzistan/Südiran. Zt. f. Ausl. Landwirtschaft 12, 1973, S. 183—200.

EHLERS, E.: Some Geographic and Socio-Economic Aspects of Tourism in Iran. Orient 15, 1974, S. 97—105.

EHLERS, E., Hrsg.: Beiträge zur Physischen Geographie Irans. Marburger Geogr. Schriften 62, Marburg 1974.

EHLERS, E.: Die Stadt Bam und ihr Oasen-Umland/Zentraliran. Ein Beitrag zu Theorie und Praxis der Beziehung ländlicher Räume zu ihren kleinstädtischen Zentren im Orient. Erdkunde 29, 1975, S. 38—52.

EHLERS, E.: Traditionelle und moderne Formen der Landwirtschaft in Iran. Siedlung, Wirtschaft und Agrarsozialstruktur im nördlichen Khuzistan seit dem Ende des 19. Jahrhunderts. Marburger Geogr. Schriften, Heft 64, Marburg 1975.

EHLERS, E.: Bauern–Hirten–Bergnomaden am Alvand-Kuh/Westiran. Junge Wandlungen bäuerlich-nomadischer Wirtschaft und Sozialstruktur in iranischen Hochgebirgen. 40. Dt. Geographentag Innsbruck 1975, Tagungsbericht und wiss. Abhandlungen, Wiesbaden 1976, S. 775—794.

EHLERS, E.: Dezful and Its Hinterland: Observations on the Relationships of Lesser Iranian

Cities and Towns to Their Hinterlands. Geography. Journal of the Association of Iranian Geographers 1, 1976, S. 20—30. — *In leicht veränderter Form auch als:* Dezful (Khuzistan) und sein Umland. Einige Anmerkungen zu den Umlandbeziehungen iranischer Klein- und Mittelstädte. In: G. SCHWEIZER 1977, S. 147—171.

EHLERS, E.: Social and Economic Consequences of Large Scale Irrigation Developments: The Dez Irrigation Project/Khuzestan, Iran. In: E. B. WORTHINGTON, Hrsg., Arid Lands Irrigation in Developing Countries, Environmental Problems and Effects. Oxford–New York 1977, S. 85—97.

EHLERS, E.: City and Hinterland in Iran: The Example of Tabas/Khorassan. TESG 68, 1977, S. 284—296.

EHLERS, E.: Rentenkapitalismus und Stadtentwicklung im islamischen Orient. Beispiel: Iran. Erdkunde 32, 1978, S. 124—142.

EHLERS, E.: Die Erdölförderländer des Mittleren Ostens, 1960—1976. Zum Wert- und Bedeutungswandel einer Wirtschaftsregion. Die Erde 109, 1978, S. 457—491.

EHLERS, E.: Der Alvand Kuh. Zur Kulturgeographie eines iranischen Hochgebirges und seines Vorlandes. Innsbrucker Geogr. Schriften 5 (A. Leidlmair-Festschrift), Innsbruck 1979, S. 483—500.

EHLERS, E., Hrsg.: Beiträge zur Kulturgeographie des islamischen Orients. Marburger Geogr. Schriften 78, Marburg 1979.

EHLERS, E.: Die iranische Agrarreform — Voraussetzungen, Ziele und Ergebnisse. — In: H. ELSENHANS, Hrsg., Agrarreform in der Dritten Welt. Frankfurt–New York 1979, S. 433—470.

EHLERS, E.: Iran. Wirtschafts- und sozialgeographische Aspekte einer ›islamischen‹ Revolution. GR 32, 1980, S. 2—15.

EHLERS, E.: Karawanenhandel, Karawanenverkehr und die wirtschaftliche Penetration Persiens durch ausländische Mächte um 1900. — In: H. K. BARTH — H. WILHELMY, Hrsg., Trockengebiete — Natur und Mensch im ariden Lebensraum. Tübinger Geogr. Studien 80 (H. Blume — Festschrift). Tübingen 1980, S. 239—262.

EHLERS, E.: Die Entnomadisierung iranischer Hochgebirge — Entwicklung und Verfall kulturgeographischer Höhengrenzen in vorderasiatischen Hochgebirgen. Höhengrenzen in Hochgebirgen (C. Rathjens-Festschrift). Arbeiten aus dem Geographischen Institut der Universität des Saarlandes. Saarbrücken 1980 (im Druck).

EHLERS, E. — J. SAFI-NEJAD: Formen kollektiver Landwirtschaft in Iran: Boneh. In: E. EHLERS, Hrsg., Beiträge zur Kulturgeographie des islamischen Orients. Marburger Geogr. Schriften 78, 1979, S. 55—82.

EHMANN, D.: Verkehrsentwicklung und Kulturlandschaftswandel in Bakhtiyari (Mittlerer Zagros). Sociologus 24, 1974, S. 137—147.

EHMANN, D.: Migrationsformen im Nomadenrandgebiet von Südwest-Iran. Erdkunde 28, 1974, S. 141—145.

EHMANN, D.: Bakhtiyaren — Persische Bergnomaden im Wandel der Zeit. Beihefte zum TAVO, Reihe B (Geisteswiss.), Nr. 15, Wiesbaden 1975.

EICHWALD, E.: Periplus des Caspischen Meeres. Stuttgart 1834.

EICHWALD, E.: Reise auf dem Caspischen Meere und in den Caucasus. Unternommen in den Jahren 1825—1826. 2 Bde., Stuttgart–Tübingen 1834.

EICKSTEDT, E., Freiherr v.: Türken, Kurden und Iraner seit dem Altertum. Probleme einer anthropologischen Reise. Stuttgart 1961.

ELKAN, W.: Employment, education, training and skilled labor in Iran. MEJ 31, 1977, S. 175—187.
ELWELL-SUTTON, L. P.: Persian oil: A study in power politics. London 1955.
ENGLISH, P. W.: City and village in Iran. Settlement and economy in the Kirman basin. Madison–Milwaukee–London 1966.
ENGLISH, P. W.: Culture change and the structure of a Persian city. The Texas Quarterly 9, 1966, S. 158—171.
ENGLISH, P. W.: Culture change and the structure of a Persian city. In: LEIDEN, C., Hrsg., The conflict of traditionalism and modernism in the Muslim Middle East. The University of Texas Press, Austin 1966, S. 32—48.
ENGLISH, P. W.: Die Auswirkungen neuzeitlicher Strömungen auf eine alte persische Minderheit. Bustan, Österr. Zt. für Kultur, Politik u. Wissenschaft der islamischen Länder, 1966, Heft 4, S. 18—23.
ENGLISH, P. W.: Urbanites, peasants and nomads: the Middle Eastern ecological trilogy. Journal of Geography 1967, S. 54—59.
ENGLISH, P. W.: The origin and spread of qanats in the old world. Proc. Am. Phil. Soc. 112, 1968, S. 170—181.
ENGLISH, P. W.: The traditional city of Herat, Afghanistan. In: L. C. BROWN, Hrsg., From madina to metropolis. Heritage and change in the Near Eastern city. Princeton 1973, S. 73—90.
ENGLISH, P. W.: Geographical perspectives on the Middle East: The passing of the ecological trilogy. In: M. W. MIKESELL, Hrsg., Geographers Abroad. The University of Chicago, Dept. of Geography, Research Paper No. 152, Chicago 1973, S. 134—154.
ENTNER, M.: Russo-Persian commercial relations 1828—1914. Gainesville/Florida 1965.
ERDMANN, K.: Die Kunst Irans zur Zeit der Sasaniden. Berlin 1943.
ETTER, H. — A. ASLI: Etude dendrométrique d'une forêt du nord de l'Iran. Revue Forestière Française 1971, No. 2, S. 281—287.

FAIRSERVIS Jr., W. A.: Archaeological studies in the Seistan basin of south-western Afghanistan and eastern Iran. Anthrop. Papers, Am. Museum of Natural History 48, 1, New York 1961.
FALCON, N. L.: The evidence for a former glaciation in the S. W. Persian mountain belt. GJ 107, 1946, S. 78—79.
FALCON, N. L.: Raised beaches and terraces of the Iranian Makran coast. GJ 109, 1947, S. 149—159.
FALCON, N. L.: The geology of the north-east margin of the Arabian basement shield. Advancement of Science, Sept. 1967, S. 31—42.
FALCON, N. L.: An outline of the geology of the Iranian Makran. GJ 140, 1974, S. 284—291.
FALCON, N. L. — G. M. LEES: The geographical history of the Mesopotamian plains. GJ 118, 1952, S. 24—39.
FARHOUDI, G.: Luftbild Schiras, Iran. Gefährdung moderner Stadtplanung durch tektonische Aktivitäten. Die Erde 106, 1975, S. 1—9.
FARHUDI, R.: Ostan Fars. Eine Entwicklungsstudie als Beitrag zur regionalen Planung im Iran. Diss. D 83 TU Berlin, Berlin 1976.

Farughy, A. — J. L. Reverier: Persien — Aufbruch ins Chaos? Eine Analyse der Entwicklung im Iran von 1953—1979. München (Goldmann Dokumente 3846) 1979.

Fazel, G. R.: The encapsulation of nomadic societies in Iran. In: C. Nelson, Hrsg., The Desert and the Sown, Berkeley 1973, S. 129—142.

Fecharaki, F.: Development of the Iranian oil industry. International and domestic aspects. New York–Washington–London 1976.

Fecharaki, P.: Les oasis des plaines de la région de Bam et du Narmâchir (Lut méridional, Iran). Cahiers d'Outre Mer 29, 1976, S. 70—101.

Fecharaki, P.: Les Bahais de Nadjaf-abad, RGE 17, 1977, S. 89—91.

Feilberg, C. G.: La tente noire. Nationalmuseets Skrifter, Etnografisk Raekke 2, Kopenhagen 1944.

Feilberg, C. G.: Les Papis. Nationalmuseets Skrifter, Etnografisk Raekke 4, Kopenhagen 1952.

Ferrier, J. P.: Caravan journeys and wanderings in Persia, Afghanistan, Turkestan and Belochistan. London 1856.

Ferrier, R. W.: The Armenians and the East India company in Persia in the seventeenth and early eighteenth centuries. The Economic History Review 2nd ser. 26, 1973, S. 38—62.

Ferrier, R. W.: The European diplomacy of Shah Abbas I and the first Persian embassy to England. Iran 11, 1973, S. 75—92.

Fevret, E.: Le groupement des centres habités en Perse d'après la nature du sol. RMM 2, 1907, S. 181—198.

Field, H.: Contributions to the anthropology of Iran. Chicago Natural History Museum, Anthropological Series, Vol. 29, Chicago 1939.

Field, H.: Ancient and modern man in southwestern Asia. Coral Gables 1956.

Field, M.: Agro-business and agriculture planning in Iran. World Crops, March/April 1972, S. 68—72.

Finster, B.: Sistan zur Zeit timuridischer Herrschaft. AMI NF 9, 1976, S. 207—215.

Firoozi, F.: Iranian censuses 1956 and 1966: a comparative analysis. MEJ 24, 1970, S. 220—228.

Firoozi, F.: Tehran. A demographic and economic analysis. MES 10, 1974, S. 60—76.

Fischel, W. J.: The Jews of Persia 1795—1940. Jewish Social Studies 12, 1950, S. 119—160.

Fischer, K., Hrsg.: Geländebegehungen in Sistan 1955—1973 und die Aufnahme von Dewal-i-Khodaydad 1970. Nimruz, Bd. 1/2, Bonn 1974/76.

Fisher, W. B.: The Middle East. A physical, social and regional geography. London 1950; 7. Aufl. London 1978.

Fisher, W. B.: Quelques facteurs géographiques de la répartition de la malaria en Moyen-Orient. AG 61, 1952, S. 263—274.

Fisher, W. B., Hrsg.: The Cambridge History of Iran. Vol. I: The Land of Iran. Cambridge 1968.

Fitt, R. L.: Irrigation development in central Persia. JRCAS 40, 1953, S. 124—133.

Flandin, E. — P. Coste: Voyage en Perse. Paris 1845—1854.

Flandin, E.: Voyage en Perse, pendant les années 1840 et 1841. Paris, 2 Bde., 1851.

Flannery, K. V. — F. Hole → Hole, F. — K. V. Flannery

Floor, W. M.: The guilds in Qajar Persia. Proefschrift Leiden 1971.

Floor, W. M.: The Lutis — a social phenomenon in Qajar Persia. Die Welt des Islams NS 13, 1971, S. 103—120.

FLOOR, W. M.: The market police in Qajar Persia. Die Welt des Islams NS 13, 1971, S. 212—229.
FLOOR, W. M.: The office of the kalantar in Qajar Persia. JESHO 14, 1971, S. 253—268.
FLOOR, W. M.: The guilds in Iran — an overview from the earliest beginnings till 1972. ZDMG 125, 1975, S. 99—116.
FLOWER, D. J.: Water use in north-east Iran. In: W. B. FISHER, Hrsg., Cambridge 1968, S. 599—610.
FOOKES, P. G. — J. L. KNILL: The application of engineering geology in the regional development of northern and central Iran. Eng. Geol. 3, 1969, S. 81—120.
FORBES, F.: Route from Turbat Haideri, via Khorasan, to the River Heri Rud, on the borders of Sistan. JRGS 14, 1844, S. 145—192.
FÖRSTER, H.: Petrologische und metallogenetische Aspekte der Plattentektonik in Iran. In: E. EHLERS, Hrsg., Marburg 1974, S. 7—19.
FÖRSTER, H.: Magmentypen und Erzlagerstätten im Iran. GlR 63, 1974, S. 276—292.
FÖRSTER, H. — J. BACHTIAR — H. BORUMANDI: Petrographische Detailuntersuchungen im Bereich der Eisenerzlagerstätten von Bafq/Zentraliran. Zt. Dt. Geol. Ges. 124, 1973, S. 121—134.
FRAGNER, B.: Geschichte der Stadt Hamadan und ihrer Umgebung in den ersten sechs Jahrhunderten nach der Higra. Diss. der Univ. Wien 89, Wien 1972.
FRANKLIN, W.: Observations made on a tour from Bengale to Persia..., London 1790.
FRANZ, E.: Material zum Kurdenproblem. Dt. Orient-Inst., Dokumentations-Leitstelle Moderner Orient: Sondernummer. Hamburg, 2. Aufl. 1977.
FRASER, J. B.: Narrative of a journey into Khorasan etc. London 1825.
FRASER, J. B.: Travels and adventures in Persian provinces on the southern banks of the Caspian Sea. London 1826.
FRASER, J. B.: A winter's journey from Constantinople to Teheran with travels through various parts of Persia. London, 2 Bde., 1838.
FRASER, J. B.: Notes on a portion of northern Khorassan. JRGS 8, 1838, S. 308—316.
FRASER, J. B.: Travels in Koordistan and Mesopotamia. London, 2 Bde., 1840.
FRAUENDORFER, R. v.: Agrarwirtschaftliche Beobachtungen im Iran. BüL 33, 1955, S. 293—311.
FRECHTLING, L. E.: The Reuter Concession in Persia. Asiatic Review 34, 1938, S. 518 bis 533.
FREY, W. — H. J. MAYER: Botanische Literatur über den Iran. Bot. Jb. Syst. 91, 1971, S. 348—382.
FREY, W. — W. PROBST: Vegetationsanalytische Untersuchungen im Dünengebiet bei Babolsar (Kaspisches Meer, Iran). Bot. Jb. Syst. 94, 1974, S. 96—113.
FREY, W. — W. PROBST: Hängeformen von Pseudoskeella laxiramea... im südkaspischen Waldgebiet (Iran). Bot. Jb. Syst. 94, 1974, S. 267—282.
FREY, W. — W. PROBST: Vegetationszonierung an Süßwasserquellen des Maharlu-Salzsees bei Shiraz (Iran). Vegetatio 29, 1974, S. 109—114.
FREY, W. — W. PROBST: Vegetation und Klima des Zentralelburz und der Südkaspischen Küstenebene (Nordiran). In: E. EHLERS, Hrsg., Marburg 1974, S. 93—116.
FRYE, R. N.: Persien bis zum Einbruch des Islam. Kindlers Kulturgeschichte. Zürich 1962.
FRYE, R. N., Hrsg.: The period from the Arab invasion to the Saljuqs. Cambridge History of Iran, vol. 4, Cambridge 1975.

Furon, R.: Géologie du plateau iranien. In: Mém. Mus. Nat. Hist. nat. Paris, Vol. VII, NS, 1941, fasc. 2, S. 177—414.

Gabriel, A.: Im weltfernen Orient. München–Berlin 1929.
Gabriel, A.: Durch Persiens Wüsten. Stuttgart 1935.
Gabriel, A.: The southern Lut and Iranian Balutschistan. GJ 92, 1938, S. 193—211.
Gabriel, A.: Aus den Einsamkeiten Irans. Stuttgart 1939.
Gabriel, A.: Die Lut und ihre Wege. Ergebnisse dreier Iranreisen. Zt. f. Erdkunde, Heft 7, 1942, S. 423—442.
Gabriel, A.: Weites, wildes Iran. Stuttgart, 3. Aufl., 1942.
Gabriel, A.: Die Erforschung Persiens. Die Entwicklung der abendländischen Kenntnis der Geographie Persiens. Wien 1952.
Gabriel, A.: Zur Oberflächengestaltung der Pfannen in den Trockenräumen Zentralpersiens. MÖGG 99, 1957, S. 146—160.
Gabriel, A.: Ein Beitrag zur Gliederung und Landschaftskunde des innerpersischen Wüstengürtels. In: Festschrift zur Hundertjahrfeier der Geographischen Gesellschaft in Wien 1856—1956, Wien 1957, S. 265—298.
Gabriel, A.: Zum Problem des Formenschatzes in extrem ariden Räumen. MÖGG 106, 1964, S. 3—15.
Gabriel, A.: Die Auswirkungen vertikaler Luftströmungen und elektrischer Spannungsfelder in kahlen Sanden, MÖGG 107, 1965, S. 125—137.
Gabriel, A.: Religionsgeographie von Persien. Wien 1971.
Gabriel, A.: Die religiöse Welt des Iran. Entstehung und Schicksal von Glaubensformen auf persischem Boden. Wien–Köln–Graz 1974.
Gabriel, E.: Zur Lage der Erdölwirtschaft in Nahost. GR 30, 1978, S. 82—87.
Ganji, M. H.: Iranian rainfall data. Arid Zone Research Centre. Univ. of Tehran, Publ. No. 3, Tehran 1960.
Ganji, M. H.: Climate. In: W. B. Fisher, Hrsg., Cambridge 1968, S. 212—249.
Ganji, M. H.: Post-glacial climatic changes on the Iranian plateau. In: Brice, W. C., Hrsg. 1978, S. 149—163.
Ganssen, R.: Trockengebiete. Böden, Bodennutzung, Bodenkultivierung, Bodengefährdung. BI-Hochschultaschenbücher 354/354a, Mannheim–Zürich 1968.
Gansser, A.: New aspects of the geology in central Iran. 4th World Petroleum Congr. Proc. Sec I/A/5, paper 2, Rom 1955, S. 279—300.
Gansser, A.: Über Schlammvulkane und Salzdome. In: VNGZ 105, 1960, S. 1 bis 46.
Gansser, A.: The Indian Ocean and the Himalayas. A geological interpretation. EGH 59, 1966, S. 831—848.
Gansser, A.: The large earthquakes of Iran and their geological frame. EGH 62, 1969, S. 443—465.
Gansser, A.: The Taftan Volcano (SE Iran). EGH 64, 1971, S. 319—334.
Gansser, A. — H. Huber: Geological observations in the central Elburz, Iran. In: Schweiz. Miner. Petrogr. Mitt. 42, 1962, S. 583—630.
Garrod, O.: The Qashqai tribe of Fars. JRCAS 33, 1946, S. 293—306.
Garthwaite, G. R.: The Bakhtiyari Khans, the Government of Iran, and the British 1846—1915. IJMES 3, 1970, S. 24—44.

GARTHWAITE, G. R.: The Bakhtiyari Ilkhani. An illusion of unity. IJMES 8, 1977, S. 145—160.
GASTEIGER, A.: Von Teheran nach Beludschistan. Innsbruck 1881.
GAUBE, H.: Die südpersische Provinz Arragan–Kuhgiluyeh von der arabischen Eroberung bis zur Safavidenzeit. Österr. Akademie der Wissenschaften, Phil.-Hist. Klasse, Denkschriften, 107. Bd., Wien 1973.
GAUBE, H.: Iranian cities. New York 1979.
GAUBE, H.: Ein Abschnitt der safavidischen Bandar-e Abbas-Shiraz-Straße: die Strecke von Seyyed Gemal ad-Din nach Lar. Iran 17, 1979, S. 33—47.
GAUBE, H. — E. WIRTH: Der Bazar von Isfahan. Beihefte zum TAVO, Reihe B (Geisteswissenschaften) Nr. 22, Wiesbaden 1978.
GAUGLITZ, K.-G.: Eigentümlichkeiten des Wegesystems in iranischen Städten. Die Entstehung von Gassen und Sackgassen. Orient (Opladen) 10, 1969, S. 162—169.
GEHRKE, U.: Deutsche Beiträge zur Kenntnis Irans im 20. Jahrhundert. Orient (Opladen) 12, 1971, S. 167—177.
GEHRKE, U. — H. MEHNER, Hrsg.: Iran. Natur — Bevölkerung — Geschichte — Kultur — Staat — Wirtschaft. Tübingen–Basel 1975.
GENTRY, H. S.: Gum tragacanth in Iran. Economic Botany 11, 1957, S. 40—63.
GHARATCHEDAGHI, C.: Landverteilung in Waramin. Schriften des Deutschen Orient-Instituts. Materialien und Dokumente. Opladen 1967.
GHIRSHMAN, R.: Fouilles de Sialk, Paris, 2 Bde., 1938.
GHIRSHMAN, R.: Iran: From the earliest times to the Islamic conquest. London 1954.
GHIRSHMAN, R.: The Island of Kharg. Tehran (NIOC) 1960.
GHIRSHMAN, R.: Iran: Parther und Sassaniden, Universum der Kunst, Bd. III. München 1962.
GHIRSHMAN, R.: L'Iran et la migration des Indo-Aryens et des Iraniens, Leiden 1977.
GIBBONS, R.: Routes in Kirman, Jebal and Khorasan, in the years 1831 and 1832. JRGS 11, 1841, S. 136—156.
GILLI, A.: Die Pflanzengesellschaften der Hochregion des Elburzgebirges in Nordiran. Beihefte Bot. Zentralblatt LIX, Abt. B 1939, S. 317—344.
GILLI, A.: Vegetationsbilder aus der Hochregion des Elburzgebirges in Nordiran. In: K. Schenck, Vegetationsbilder 26, 1 Jena, 1941.
GLÄSER, H. A. M.: Report to the government of Iran on the development of forestry, forest utilization and forest industries in Iran, F.A.O. Report No. 1176, Rom 1960.
GOBINEAU, A. de: Trois ans en Asie (de 1855 à 1858). Paris 1859.
GOBINEAU, A. de: Trois ans en Asie de 1855 à 1858. Paris, nouv. éd., 1905.
GOBLOT, H.: Dans l'ancien Iran. Les techniques de l'eau et la grande histoire. Annales-Economies, Sociétés, Civilisations 18, 1963, S. 499—520.
GOBLOT, H.: La structure de la population de l'Iran. L'Ethnographie, NS 57, 1963, S. 33—54.
GODARD, A.: Isfahan. Athar-e-Iran 2, 1937, S. 6—178.
GOEJE, J. DE: Bibliotheca geographorum Arabicorum. Leiden, 8 Bde., 1870—1894.
GOFF, C. L.: Luristan before the iron age. Iran 9, 1971, S. 131—152.
GOLDSMID, F. J.: Diary of proceedings of the mission into Makran for political and survey purposes. JRGS 33, 1863, S. 181—213.
GOLDSMID, F. J.: Notes on eastern Persia and western Beluchistan. JRGS 37, 1867, S. 269—297.

GOLDSMID, F. J.: Journey from Bandar Abbass to Mashhad by Sistan, with some account of the last-named province. JRGS 43, 1873, S. 65—83.

GOLDSMID, F. J.: Captain the Hon. G. Napier's journey on the Turcoman frontier of Persia. PRGS 20, 1876, S. 166—182.

GOLDSMID, F. J., Hrsg.: Eastern Persia, an account of the Persian boundary commission 1870—71—72. 2 Bde., London 1876.

GOLEGOLABE, H. — A. ZARGARI: Les plantes des environs de Massileh et les modifications de leur structure interne. Arid Zone Research 14, 1961, S. 141—143.

GOLOMBEK, L.: Urban patterns in pre-Safavid Isfahan. IS 7, 1974, S. 18—44.

GOODELL, G.: Agricultural production in a traditional village of northern Khuzestan. Marburger Geogr. Schriften 64, 1975, S. 243—289.

GORDON, A. H. — J. G. LOCKWOOD: Maximum one-day falls of precipitation in Tehran. Weather 25, 1970, S. 2—8.

GOREKTOR, N. S.: Cultural relations between India and Iran. Indo-Iranica 19, 1966, S. 5—16.

GRANT, N. P.: Journal of a route through the western parts of Makran. JRAS 5, 1839, S. 328—342.

GREAVES, R. L.: Some aspects of the Anglo-Russian convention and its working in Persia, 1907—1914. Bulletin of the School of Oriental and African Studies 31, 1968, S. 69—91 u. S. 290—308.

GREENFIELD, H.: Die Verfassung des persischen Staates. Berlin 1904.

GREGOR, C. M. Mc.: Narrative of a journey through the province of Khorassan. London, 2 Bde., 1879.

GREGORIAN, V.: Minorities of Isfahan: The Armenian community of Isfahan 1587—1722. IS 7, 1974, S. 652—680.

GROTHE, H.: Wanderungen in Persien. Erlebtes und Erschautes. Berlin 1910.

GROTHE, H.: Die Bevölkerungselemente Persiens. Orientalisches Archiv 1, 1910, S. 18—25, 2, 1911, S. 60—69.

GRUNEBAUM, G. E. v.: Medieval Islam. A study in cultural orientation. Chicago—London 1946.

GRUNEBAUM, G. E. v.: Islam. Essays in the nature and growth of a cultural tradition. London 1955.

GRUNEBAUM, G. E. v.: Die islamische Stadt. Saeculum 6, 1955, S. 138—153.

GRUNERT, J.: Jungpleistozäne Tal- und Hangentwicklung im Shir-Kuh-Massiv, Zentral-Iran. Karlsruher Geogr. Hefte 8, 1977, S. 41—61.

GRUNERT, J. — H. J. CARLS — Chr. PREU: Rezente Vergletscherungsspuren in zentraliranischen Hochgebirgen. Eiszeitalter und Gegenwart 28, 1978, S. 148—166.

GUERITZ, J. E. F.: Social problems in Teheran. JRCAS 38, 1951, S. 233—244.

HAARS, W. — H. HAGEDORN — D. BUSCHE — H. FÖRSTER: Zur Geomorphologie des Shir-Kuh-Massivs (Zentral-Iran). In: E. EHLERS, Hrsg., Marburg 1974, S. 39—48.

HADARY, G.: The agrarian reform problem in Iran. MEJ 5, 1951, S. 181—196.

HAERINCK, E.: Quelques monuments funéraires de l'Ile de Kharg dans le Golfe Persique. Iranica Antiqua 11, 1975, S. 134—167.

HAGEDORN, H. — W. HAARS – D. BUSCHE – H. FÖRSTER: Pleistozäne Vergletscherungsspuren im Zentral-Iran. Z. f. Geomorph., Suppl. Bd. 23, 1975, S. 146—156.

Hahn, H.: Die wirtschafts- und sozialgeographische Struktur iranischer Dörfer nach der Bodenreform. Erdkunde 27, 1973, S. 147—152.
Halliday, F.: Migration and the labour force in the oil producing states of the Middle East. Development and Change 8, 1977, S. 263—291.
Halliday, F.: Iran. Analyse einer Gesellschaft im Entwicklungskrieg. Rotbuch 203, Berlin 1979.
Hallier, U. W.: Qaleh Zari, ein prä-islamisches Fort in Ostpersien. AMI, NF 6, 1973, S. 189—196.
Hallier, U. W.: Neh — eine parthische Stadt in Ostpersien. AMI, NF 7, 1974, S. 173—190.
Hallier, U. W.: Beitrag zur Kenntnis der Mittleren und Südlichen Lut (Iran). Z. f. Geomorph. NF 20, 1976, S. 108—120.
Hambly, G.: An introduction to the economic organisation of early Qajar Iran. Iran 2, 1964, S. 69—82.
Hanel, A. — J. O. Müller: On the evaluation of rural cooperatives with reference to governmental development policies — case study Iran. Marb. Schriften zum Genossenschaftswesen Reihe B/Bd. 15, Göttingen 1976.
Hanna, B.: Der Kampf gegen das Analphabetentum im Iran. Schriften des Deutschen Orient-Instituts, Materialien und Dokumente, Opladen 1967.
Hansman, J.: Charax and the Karkheh. Iranica Antiqua 7, 1967, S. 21—58.
Hansman, J.: Elamites, Achaemenians and Anshan. Iran 10, 1972, S. 101—125.
Hansman, J. F.: The Mesopotamian delta in the first millenium B.C. GJ 144, 1978, S. 49—61.
Häntzsche, J. C.: Talysch — Eine geographische Skizze. In: 1. Jahresbericht d. Vereins für Erdkunde. Anhang S. 1—64, Dresden 1867.
Häntzsche, J. C.: Specialstatistik von Persien. ZGEB 4, 1869, S. 429—450.
Hanway, J.: An historical account of the British trade over the Caspian Sea. Dublin, 2 Bd., 1754.
Haque, Z.: Landlord and peasant in early Islam. Islamic Research Institute, Islamabad 1977.
Harrison, J. V.: The geology of some salt-plugs in Laristan, southern Persia. Quart. Journal of the Geol. Soc. of London 86, 1930, S. 463—522.
Harrison, J. V.: The Bakhtiari country, south-west Persia. GJ 80, 1932, S. 193—210.
Harrison, J. V.: The Saidmarreh landslip, SW Iran. GJ 89, 1937, S. 42—47.
Harrison, J. V.: An ancient landslip at Saidmarreh in southwestern Iran. JGe 46, 1938, S. 296—309.
Harrison, J. V.: Coastal Makran. GJ 97, 1941, S. 1—17.
Harrison, J. V.: The Jaz Murian depression, Persian Baluchistan. GJ 101, 1943, S. 206—225.
Harrison, J. V.: South-west Persia: A survey of Pish-i-Kuh in Luristan. GJ 108, 1946, S. 55—72.
Harrison, J. V.: Geology. In: W. B. Fisher, Hrsg., Cambridge 1968, S. 111—185.
Harrison, J. V.: Minerals. In: W. B. Fisher, Hrsg., Cambridge 1968, S. 489—516.
Harrison, J. V. — N. L. Falcon: An ancient landslip at Saidmarreh in south-western Iran. JGe 46, 1938, S. 296—309.
Hartl, M.: Das Najafabadtal. Geographische Untersuchung einer Kanatlandschaft im Zagrosgebirge (Iran). Regensburger Geogr. Schriften 12. Regensburg 1979.

HARTMANN, H. P.: Untersuchungen zur Sozialgeographie christlicher Minderheiten im Vorderen Orient. Diss. Tübingen 1979 (Veröff. in den Beiheften zu TAVO, Reichert Verlag Wiesbaden, vorgesehen).

HARTMANN, K. P. — G. SCHWEIZER: Die azeri-türkische Sprach- und Siedlungsgrenze im Gebiet des Rezaiyeh-Sees (Irmiyasees um 1900, Iranisch-Azerbaidschan). In: L'acculturation turque dans l'Orient et la Méditerranée: Emprunts et apports. Colloque International du CNRS, Paris 1975 (im Druck).

HARTUNG, F.: Altiranische Gro̧ßwasserbauten. Wasser- und Energiewirtschaft 64, 1972, S. 117—131.

HAUDE, W.: Erfordern die Hochstände des Toten Meeres die Annahme von Pluvialzeiten während des Pleistozäns? Meteor. Rundschau 22, 1969, S. 29—40.

HEDIN, S.: Zu Land nach Indien durch Persien, Seistan, Belutschistan. 1. Bd., Leipzig 1910.

HEDIN, S.: Eine Routenaufnahme durch Ostpersien. 2 Bde., Stockholm 1918—1927.

HEINZ, W.: Die Rolle der Bujiden in der Geschichte Irans. In: W. EILERS, Hrsg., Festgabe deutscher Iranisten zur 2500-Jahrfeier Irans, o. O. (Stuttgart?) 1971, S. 47—54.

HEJAZI, R. H. — H. SABETI: Guide to natural vegetation of Elburz (Karaj-Tchalus profile). Univ. of Teheran, Coll. of Agriculture, Bull. No. 26, Karaj 1961.

HELFGOTT, L. M.: Tribalism as a socioeconomic formation in Iranian history. IS 10, Nr. 1—2, 1976, S. 36—61.

HENNING, I.: Sind hohe Vulkane Hochgebirge?. 40. Dt. Geographentag Innsbruck 1975, Tag.ber. und wiss. Abh., Wiesbaden 1976, S. 91—97.

HERBERT, Th.: Some years' travels into various countries. London 1665.

HERBERT, Th.: Travels in Persia 1627—29. Hrsg. von W. FOSTER. London 1928.

HERMANN, G.: Lapislazuli: the early phases of its trade. Iraq 30, 1968, S. 21—57.

HERZFELD, E.: The Persian Empire: Studies in geography and ethnography of the ancient Near East. Wiesbaden 1968.

HERZOG, R.: Seßhaftwerden von Nomaden. Geschichte, gegenwärtiger Stand eines wirtschaftlichen wie sozialen Prozesses und Möglichkeiten der sinnvollen technischen Unterstützung. Forschungsberichte des Landes Nordrhein-Westfalen 1238, Köln–Opladen 1963.

HERZOG, R.: Anpassungsprobleme der Nomaden. ZfAL 6, 1967, S. 1—21.

HINZ, W.: Irans Aufstieg zum Nationalstaat im fünfzehnten Jahrhundert. Berlin–Leipzig 1936.

HINZ, W.: Iran. Politik und Kultur von Kyros bis Reza Schah. Meyers Kleine Handbücher 11, Leipzig 1938.

HINZ, W.: Zarathustra. Stuttgart 1961.

HINZ, W.: Das Reich Elam. Urban-Bücher 82, Stuttgart 1964.

HIRSCHI, H.: Über Persiens Salzstöcke. Schweiz. Miner. Petrogr. Mitt. 24, 1944, S. 30—56.

HOEPPNER, R. R.: Zur Entwicklung der Erdölwirtschaft Irans von 1954—1973. Einführung und Dokumentation. Mitt. Dt. Orient-Institut 4, Hamburg 1973.

HOEPPNER, R. R.: Probleme des iranischen Verkehrs- und Transportsystems und seiner projektierten Entwicklung. Orient (Opladen) 17, 3, 1976, S. 77—105.

HOLCOMBE, C. J.: Intraplate wrench deformation in Iran, Afghanistan and Pakistan. GlR 67, 1978, S. 37—48.

HOLE, F. — K. V. FLANNERY: The prehistory of southwestern Iran: A preliminary report. The Prehistoric Society 9, 1967, S. 147—206.

HOLE, F. — K. V. FLANNERY — J. A. NEELY: Prehistory and human ecology of the Deh Luran plain. An early village sequence from Khuzistan/Iran. Mem. of the Museum of Anthropology, Univ. of Michigan No. 1, 1969.
HOLLIS, G. E.: The falling levels of the Caspian and Aral Seas. GJ 144, 1978, S. 62—80.
HOLMES, J.: Credit in Iranian Villages. Man 9, 1974, S. 311.
HOLOD, R., Hrsg.: Studies on Isfahan. Proceedings of the Isfahan Colloquium. IS 7, 1974.
HOLZER, H. F.: Überblick über Geologie und Lagerstätten des Iran. Berg- und Hüttenmännische Monatshefte 116, 1971, S. 268—273.
HOOGLUND, E. J.: The khwushnishin population of Iran. IS 6, 1973, S. 229—245.
HOURANI, A. H. — S. M. STERN, Hrsg.: The Islamic City. A Colloquium. Papers on Islamic History I. Oxford 1970.
HOURCADE, B.: Teheran: Evolution récente d'une métropole. Méditerranée 16, 1974, S. 25—41.
HOURCADE, B.: La haute vallée de Djadj-e-Rud (Elbourz Central-Iran). Etude de Géographie Humaine. Thèse de Doctorat Paris 1974.
HOURCADE, B.: La ramassage de la neige en haute vallée du Djadj-e-Roud (Elbourz Central, Iran). Rev. Géogr. Alpine 63, 1975, S. 147—149.
HOURCADE, B.: Le processus de la déprise rurale dans l'Elbourz de Téhéran (Iran). Rev. Géogr. Alpine 64, 1976, S. 365—388.
HOURCADE, B.: Localisation des industries et niveaux de décision en Iran. Travaux de l'Inst. de Géogr. de Reims, No. 31—32, 1977, S. 57—69.
HOURCADE, B.: Les nomades du Lar face aux problèmes de l'expansion de Téhéran. RGE 17, 1977, S. 37—51.
HOURCADE, B.: Réforme agraire et spéculation foncière dans la région de Téhéran. In: SCHWEIZER, G., Hrsg. 1979, S. 131—139.
HOUTUM–SCHINDLER, A.: Notes on Demavend. PRGS, NS 5, 1883, S. 712—716.
HOUTUM–SCHINDLER, A.: Reisen im nordwestlichen Persien. ZGEB 18, 1883, S. 320—344.
HOVANISSIAN, R. G.: The ebb and flow of the Armenian minority in the Arab Middle East. MEJ 28, 1974, S. 19—32.
HÖVERMANN, J.: Über Strukturböden im Elburz (Iran) und zur Frage des Verlaufs der Strukturbodengrenze. Z. f. Geomorph. NF 4, 1960, S. 173—175.
HÖVERMANN, J.: Schollenrutschungen und Erdfließungen im nördlichen Elburz (Iran). Z. f. Geomorph., Suppl. Bd. 1, 1960, S. 206—210.
HUCKRIEDE, R.: Jung-Quartär und End-Mesolithikum in der Provinz Kerman (Iran). Eisz. u. Gegenwart 12, 1961, S. 25—42.
HUCKRIEDE, R. — M. KÜRSTEN — H. VENZLAFF: Zur Geologie des Gebietes zwischen Kerman und Sagand (Iran). Beihefte zum Geol. Jb. 51, Hannover 1962.
HÜSING, G.: Der Zagros und seine Völker. Eine archäologisch/geographische Skizze. Der Alte Orient 9, 1908.
HÜTTEROTH, W. D.: Bergnomaden und Yaylabauern im mittleren kurdischen Taurus. Marburger Geogr. Schriften 11, Marburg 1959.
HÜTTEROTH, W. D.: Beobachtungen zur Sozialstruktur kurdischer Stämme im östlichen Taurus. Zt. f. Ethnologie 86, 1961, S. 23—42.
HÜTTEROTH, W.: Die Bedeutung kollektiver und individueller Landnahme für die Ausbildung von Streifen- und Blockfluren im Nahen Osten. — In: Beiträge zur Genese der Siedlungs- und Agrarlandschaft in Europa. Erdkundliches Wissen Heft 18, Wiesbaden 1968, S. 85—93.

Hütteroth, W. D.: Zum Kenntnisstand über Verbreitung und Typen von Bergnomadismus und Halbnomadismus in den Gebirgs- und Plateaulandschaften Südwestasiens. In: C. Rathjens — C. Troll — H. Uhlig, Hrsg., Wiesbaden 1973, S. 146—157.

Hütteroth, W. D.: Die neuzeitliche Siedlungsexpansion in Steppe und Nomadenland im Orient. Göttinger Geogr. Abh. 66, 1976, S. 147—158.

Huntington, E.: The basin of eastern Persia and Sistan. In: R. Pumpelly — W. M. Davis — E. Huntington, Explorations in Turkestan 1904, Washington 1905.

Hutchinson, G. E. — U. M. Cowgill: Chemical examination of a core from Lake Zeribar, Iran. Science 140, 1963, S. 65—67.

Imhoff, Chr. v.: Iran als Makler am Persischen Golf. Außenpolitik 22, 1971, S. 563—572.

Imhoff, Chr. v.: Persien — Iran. Bibliothek Kultur der Nationen, Bd. 35, Heroldsberg 1977.

Institut d'etudes et de recherches sociales, Université de Tehran: Abadan Morphologie et fonction du tissu urbain. RGE 9, 3—4, 1964, S. 361—378.

Institut d'etudes et de recherches sociales, Université de Tehran: Atlas de Teheran: Equipements et Loisirs a Teheran. Tehran: Université de Tehran, 1969.

Iran Yearbook. A complete directory and encyclopaedia of facts, data and statistics. Tehran 1977.

Irons, W.: The Turkmen nomads. Natural History 77, Heft 9, 1968, S. 44—51.

Irons, W.: The Yomut Turkmen. A study of social organization among a central Asian Turkic-speaking population. Anthropological Papers 58, Ann Arbor 1975.

Irons, W. — N. Dyson-Hudson, Hrsg.: Perspectives on nomadism. International Studies in Sociology and Social Anthropology vol. 13, Leiden 1972.

Issar, A.: The groundwater provinces of Iran. Bull. Intern. Ass. Scient. Hydrology 14, 1969, S. 87—99.

Issawi, Ch.: The Tabriz-Trabzon trade, 1830—1900. Rise and decline of a route. IJMES 1, 1970, S. 18—27.

Issawi, Ch., Hrsg.: The economic history of Iran 1800—1914. Publ. of the Centre for Middle Eastern Studies. Chicago–London 1971.

Italconsult.: Preliminary report: Agricultural survey (socioeconomic development plan for the S.E. region). Plan Organization of Iran. Rom 1959.

Ivanov, W.: Notes on the ethnology of Khurasan. GJ 67, 1926, S. 143—158.

Ivanov, W.: The Gabri dialect spoken by the Zoroastrians of Persia IV. Revista degli Studi Orientali 18, 1939, S. 1—58.

Jacobs, N.: The sociology of development. Iran as an Asian case study. Praeger Special Studies in International Economics and Development. New York–Washington–London 1966, (^{2}1967).

Jacqz, J. W., Hrsg.: Iran: Past, present and future. Aspen Institute/Persepolis Symposium. Aspen Institute for Humanistic Studies. New York 1976.

Jahn, K.: Täbriz, ein mittelalterliches Kulturzentrum zwischen Ost und West. Anzeiger Phil.-Hist. Klasse der Österr. Akad. der Wissenschaften Jg. 1968, S. 201—212.

Jahrudi, M. R.: Entwicklung und Zukunft des Ostan Gilan. Ein Beitrag zur Regionalplanung im Iran. Diss. Berlin 1975.

James, G. A. — J. G. Wynd: Stratigraphy of the Iranian Oil Operating Companies Agreement Area. Bull. Am. Ass. Petr. Geol. 49, 1965, S. 2182—2245.

JANZEN, J.: Landwirtschaftliche Aktiengesellschaften in Iran. Sozialökon. Schriften für Agrarentwicklung 20, Saarbrücken 1976.
JAUBERT, P. A.: Reise durch Armenien und Persien in den Jahren 1805 und 1806. Neue Bibl. der wichtigsten Reisebeschreibungen, Bd. 31, Weimar 1822.
JERVIS READ, S. → READ, S. J.
JETTMAR, K.: Zur Wanderungsgeschichte der Iranier. Die Wiener Schule der Völkerkunde. Festschrift zum 25jährigen Bestand. Wien 1956, S. 327—348.
JETTMAR, K.: Die Steppenkultur und die Indoiranier des Plateaus. Iranica Antiqua 9, 1972, S. 65—93.
JOHNSON, D. L.: The nature of nomadism. A comparative study of pastoral migrations in southwestern Asia and northern Africa. Univ. of Chicago, Dept. of Geography, Research Paper 118. Chicago 1969.
JOHNSON, G. A.: Local exchange and early state development in southwestern Iran. Anthropological Papers 51, Ann Arbor 1973.
JONES, F. L.: Report to the Government of Iran on: Management plan for the central Alborz protected region. FAO-TA 3046, Rom 1971.
JUNGFER, E. V.: Deh-Bala am Shir-Kuh. Zur Geoökologie einer Gebirgsoase im Hochland von Iran. In: E. EHLERS, Hrsg., Marburg 1974, S. 49—66.
JUNGFER, E.: Das nordöstliche Djaz-Murian-Becken zwischen Bazman und Dalgan (Iran). Sein Nutzungspotential in Abhängigkeit von den hydrologischen Verhältnissen. Erlanger Geogr. Arbeiten, Sbd. 8, Erlangen 1978.

KAEHNE, K.: Beiträge zur physischen Geographie des Urmija-Beckens. ZGEB 1923, S. 104—132.
KÄLIN, S.: Dörfliches Leben in Ostpersien. In: W. LANG — W. NIPPOLD — G. SPANNAUS: Von fremden Völkern und Kulturen. Beiträge zur Völkerkunde (Plischke-Festschrift). Düsseldorf 1955, S. 117—123.
KÄMPFER, E.: Amoenitatum exoticarum politico-physico-medicarum fasciculi V, quibus continentur variae relationes, observationes et descriptiones rerum Persicarum, et ultioris Asiae. Lemgo 1712 (Deutsche Übers. von Fasc. I: Walter Hinz: Am Hofe des persischen Großkönigs. Leipzig 1940).
KARDAVANI, P.: Die Wüste Lut/Iran. Probleme ihrer Nutzung und Inwertsetzung. GR 29, 1977, S. 115—120.
KARDAVANI, P.: Dehsalm und die Probleme der Oasenwirtschaft in Zentraliran. ZfW 22, 1978, S. 233—237.
KASK, J. L.: Report to the Government of Iran on: General fisheries development. FAO TA 2887, Rom 1970.
KASSLER, P.: The structural and geomorphic evolution of the Persian Gulf. In: B. H. PURSER, Hrsg., The Persian Gulf. Holocene carbonate sedimentation and diagenesis in a shallow epicontinental sea. Berlin–Heidelberg–New York 1973, S. 11—32.
KASTER, H. L.: Iran heute. Wien–Düsseldorf 1974.
KAZEMI, A.: Iran — Bibliographie: Deutschsprachige Abhandlungen — Beiträge — Aufsätze — Bücher — Dissertationen. Tehran Univ. Publ. No. 1303, Tehran 1970.
KAZEMZADEH, F.: The origin and early development of the Persian Cossack Brigade. American Slavic and East European Review 15, 1956, S. 351—363.
KAZEMZADEH, F.: Russia and Britain in Persia. New Haven 1968.

KEDDIE, N. R.: Religion and rebellion in Iran: The Iranian tobacco protest of 1891—1892. London 1966.

KEDDIE, N. R.: The origins of the religious-radical alliance in Iran. Past and Present 34, 1966, S. 70—80.

KEDDIE, N. R.: The Iranian village before and after land reform. Journal of Contemporary History 3, 1968, S. 69—91.

KEDDIE, N. R.: The roots of the Ulama's power in modern Iran. Studia Islamica 29, 1969, S. 31—53.

KEDDIE, N. R.: The economic history of Iran, 1800—1914, and its political impact: an overview. IS 5, 1972, S. 58—78.

KEDDIE, W. H.: Fish and futility in Iranian development. The Journal of Developing Areas 6, 1971, S. 9—28.

KENT, P. E.: Recent studies of south Persian salt plugs. Bull. Am. Ass. Petrol. Geol. 42, 1958, S. 2951—2972.

KERNAN, H. S.: Forest Management in Iran. MEJ 11, 1957, S. 199—202.

KHADEMADAM, N. — H. BERGMANN: Sozio-ökonomische Differenzierung im Gefolge der Bodenreform im Iran. ZfAL 12, 1973, S. 270—285.

KHAIN, V. E.: Elbourz occidental et dépression de l'Iran central. In: A. A. BOGDANOFF — M. v. MOURATOV — N. S. SCHATSKI, Hrsg.: Tectonique de l'Europe; 21. Intern. Geol. Congress Moscow, Subcom. for Tectonic Map of world. Moscow 1964, S. 237 bis 238.

KHALILI, A.: Precipitation patterns of central Elburz. Archiv für Meteorologie, Geophysik und Bioklimatologie, Serie B: Klimatologie, Umweltmeteorologie, Strahlungsforschung 21, 1973, S. 215—232.

KHATIBI, N.: Land reform in Iran and its role in rural development. Land Reform: Land Settlement and Cooperatives, 1972, No. 2 (Rom, FAO), S. 61—68.

KHOSROVI, K.: La réforme agraire et l'apparition d'une nouvelle classe en Iran. Etudes Rurales 34, 1969, S. 122—126.

KHOSROVI, K.: Les paysans sans terre en Iran: Les khochnechin. Sociologia Ruralis 13, 1973, S. 289—293.

KHOSROVI, K.: Les marchés hebdomadaires paysans en Iran. Etudes Rurales 67, 1977, S. 85—91.

KINNANE, D.: The Kurds and Kurdistan. London–New York 1964.

KINNEIR, Sir J. M.: A geographical memoir of the Persian Empire accompanied by a map. London 1813.

KLAER, W.: Glazialmorphologische Probleme der vorderasiatischen Hochgebirge. Erdkunde 23, 1969, S. 192—200.

KLEISS, W.: Zur Topographie des ›Partherhanges‹ in Bisutun. AMI, NF 3, 1970, S. 133—168.

KLEISS, W.: Das safavidische Karawanserei von Bisutun. AMI, NF 3, 1970, S. 289—308.

KLEISS, W. — H. HAUPTMANN: Topographische Karte von Urartu. Verzeichnis der Fundorte und Bibliographie. DAI Abt. Teheran; AMI Erg. Bd. 3, Berlin 1976.

KLENGEL, H.: Seßhafte und Nomaden in der alten Geschichte Mesopotamiens. Saeculum 17, 1966, S. 205—222.

KLENGEL, H.: Zwischen Zelt und Palast. Die Begegnung von Nomaden und Seßhaften im alten Vorderasien. Wien 1972.

KNILL, J. L. — K. S. JONES: Ground-water conditions in greater Tehran. Quarterly Journal of Engineering Geology 1, 1968, S. 181—194.
KNÜBEL, H.: Das erste Eisenhüttenwerk im Iran bei Isfahan. GR 23, 1971, S. 368—370.
KOBER, L.: Der Bau der Erde. Berlin 1921, 2. Aufl. 1928.
KOCH, J. — G. SCHWEIZER — K. TAYEBI: Neue Bewässerungs- und Entwicklungsprojekte in Iran: Das Beispiel der Provinz West-Azerbaidschan. Orient (Opladen) 15, 1974, S. 8—16.
KOPP, H.: Städte im östlichen iranischen Kaspitiefland. Ein Beitrag zur Kenntnis der jüngeren Entwicklung orientalischer Mittel- und Kleinstädte. Erlanger Geogr. Arb. 33, 1973.
KOPP, H.: Sari. Entwicklung und gegenwärtige Struktur einer iranischen Provinzhauptstadt im Kaspitiefland. In: G. SCHWEIZER, Hrsg., Wiesbaden 1977, S. 173—200.
KORBY, W.: Probleme der industriellen Entwicklung und Konzentration in Iran. Beihefte zum TAVO, Reihe B (Geistesw. Nr. 20), Wiesbaden 1977.
KORBY, W.: Das industrielle Wachstum von Tehran und die innerstädtische Verkehrsproblematik. In: G. SCHWEIZER, Hrsg., Wiesbaden 1977, S. 131—145.
KORTUM, G.: Die Marwdasht-Ebene und das Daryusch Kabir-Projekt in Fars. Orient (Opladen) 12, 1971, S. 3—7.
KORTUM, G.: Hafenprobleme Irans im nördlichen Persischen Golf. GR 23, 1971, S. 354—363.
KORTUM, G.: Geographische Grundlagen und Entwicklung der iranischen Textilindustrie. Orient (Opladen) 13, 1972, S. 68—74.
KORTUM, G.: Ländliche Siedlungen im Umland von Shiraz. In: R. STEWIG — H. G. WAGNER, Hrsg., Kulturgeographische Untersuchungen im islamischen Orient. Schriften Geogr. Inst. Univ. Kiel 38, Kiel 1973, S. 177—212.
KORTUM, G.: Siedlungsgenetische Untersuchungen in Fars. Ein Beitrag zum Wüstungsproblem im Orient. Erdkunde 29, 1975, S. 10—20.
KORTUM, G.: Die Bedeutung des Erdöls für die wirtschaftliche Entwicklung Irans. Studien IPTS, Beiheft 18, Kiel 1976, S. 40—64.
KORTUM, G.: Die Marvdasht-Ebene in Fars. Grundlagen und Entwicklung einer alten iranischen Bewässerungslandschaft. Kieler Geogr. Schriften Bd. 44, Kiel 1976.
KORTUM, G.: Die iranische Landwirtschaft zwischen Tradition und Neuerung. Fragenkreise 23512 Paderborn–München 1977.
KORTUM, G.: Entwicklungsprobleme und -projekte im bäuerlich-nomadischen Lebensraum Südpersiens. Fragenkreise 23523, Paderborn–München 1979.
KORTUM, G.: Zur Bildung und Entwicklung des Qashqai-Stammes Amaleh im 20. Jahrhundert. In: G. SCHWEIZER, Hrsg. 1979, S. 71—100.
KOSZINOWSKI, Th.: Der irakisch-iranische Konflikt und seine Beilegung. Orient (Opladen) 17, 1976, S. 72—86.
KOTSCHY, Th.: Der westliche Elbrus bei Teheran. Mitt. Kaiserl.-Königl. Geogr. Ges. 5, Wien 1861, S. 65—110.
KRADER, L.: The ecology of nomadic pastoralism. Intern. Soc. Science Journal 11, 1959, S. 499—510.
KRAHMER, G. v.: Die Beziehungen Rußlands zu Persien. Rußland in Asien, Bd. VI, Leipzig 1903, S. 18—23.
KRAUS, W., Hrsg.: Nomadismus als Entwicklungsproblem. Bochumer Schriften zur Entwicklungsforschung und Entwicklungspolitik, Bd. 5, Bielefeld 1969.

KRAWULSKY, D.: Iran — Das Reich der Ilkhane. Eine topographisch-historische Studie. Beihefte zum TAVO, Reihe B (Geisteswissenschaften) Nr. 17, Wiesbaden 1977.

KRINSLEY, D. B.: A geomorphological and palaeoclimatological study of the playas of Iran. US Geological Survey, Final Scientific Report — Contract No PRO CP 70—800, Washington D.C. 1970.

KROGMANN, W. M.: The peoples of early Iran and their ethnic affiliations. Am. Journal of Physical Anthropology 26, 1940, S. 269—308.

KRUMSIEK, K.: Zur Bewegung der Iranisch-Afghanischen Platte (Paläomagnetische Ergebnisse). GlR 65, 1976, S. 909—929.

KRZIZ → SLABY, H.: (1977.)

KUHLE, M.: Vorläufige Ausführungen morphologischer Feldarbeitsergebnisse aus dem SE-iranischen Hochgebirge. Z. f. Geomorph. NF 18, 1974, S. 472—483.

KUHLE, M.: Beiträge zur Quartärmorphologie SE-iranischer Hochgebirge. Die quartäre Vergletscherung des Kuh-i-Jupar. Göttinger Geogr. Arb. 67 (2 Bde.), Göttingen 1976.

KUHLE, M.: Über Solifluktion und Strukturböden in SE-iranischen Hochgebirgen. Biuletyn Peryglacjalny 27, 1978, S. 117—131.

KUROS, G. R.: Irans Kampf um das Wasser. Die Vergangenheit und ihre Lehren, die Zukunft und ihre Aufgaben in der iranischen Wasserwirtschaft. Archiv für Wasserwirtschaft 70, Berlin 1943.

LAMBERG–KARLOVSKY, C. C.: Tepe Yahya. Iran 8, 1970, S. 197—199.

LAMBERG–KARLOVSKY, C. C.: Excavations at Tepe Yahya, Iran 1967—1969. Progress report I. Cambridge/Mass. 1970.

LAMBERG–KARLOVSKY, C. C.: Tepe Yahya: Mesopotamia and the Indo-Iranian borderlands. Iran 10, 1972, S. 89—100.

LAMBERG–KARLOVSKY, C. C.: Trade mechanism in Indus-Mesopotamian relations. Journ. of the Americ. Oriental Society 42, 1972, S. 222—229.

LAMBERG–KARLOVSKY, C. C.: Third millennium modes of exchange and modes of production. In: SABLOFF, J. A. und C. C. LAMBERG–KARLOVSKY, Hrsg., Ancient Civilization and Trade. Albuquerque 1975.

LAMBTON, A. K. S.: The regulation of the waters of the Zayande Rud. Bulletin of the School of Oriental Studies 9, 1937—1939, S. 663—673.

LAMBTON, A. K. S.: Landlord and peasant in Persia. Oxford 1953.

LAMBTON, A. K. S.: The evolution of the iqta' in medieval Iran. Iran 5, 1967, S. 41—50.

LAMBTON, A. K. S.: Land reform and rural cooperative societies in Persia. JRCAS 56, 1969, S. 142—155 u. S. 245—258.

LAMBTON, A. K. S.: The Persian land reform 1962—1966. Oxford 1969.

LAMBTON, A. K. S.: Personal servitude and dues in Persia. In: A. SHILOH, Hrsg., Peoples and Cultures in the Middle East, New York 1969, S. 105—112.

LAMBTON, A. K. S.: Iliat. Encyclopédie de l'Islam, Nouvelle Edition, Bd. 3, Leiden und Paris 1970, S. 1122—1137.

LAMBTON, A. K. S.: Persian trade under the early Qajars. In: D. S. RICHARDS, Hrsg., Islam and the trade of Asia. A Colloquium. Papers on Islamic History II, Oxford 1970, S. 215—244.

LAMBTON, A. K. S.: Islamic political thought. In: SCHACHT, J. — C. E. BOSWORTH, Hrsg., The Legacy of Islam. Oxford ²1974, S. 404—424.

LAMBTON, A. K. S.: Aspects of agricultural organization and agrarian history in Persia. Handbuch der Orientalistik, 1. Abt., 6. Bd., 6. Abschn.: Wirtschaftsgeschichte des Vorderen Orients in islamischer Zeit, Teil 1. Leiden–Köln 1977, S. 160—187.
LANG, C. L.: Les minorités arménienne et juive d'Iran. Politique Étrangère 26, No. 5 et 6, 1961, S. 460—471.
LANG, H. D.: Über das Jungtertiär und Quartär in Süd-Afghanistan. Beihefte zum Geol. Jb. 96, 1971, S. 167—208.
LAPIDUS, J. M., Hrsg.: Middle Eastern cities. Berkeley–Los Angeles 1969.
LARSEN, C. E.: The Mesopotamian delta region, reconsideration of Lees and Falcon. Journal Am. Orient. Soc. 95, 1975, S. 43—57.
LARSEN, C. E. — G. EVANS: The holocene geological history of the Tigris-Euphrates-Karun delta. In: BRICE, W. C., Hrsg. 1978, S. 227—244.
LAUTENSACH, H.: Der geographische Formenwandel. Studien zur Landschaftssystematik. Colloquium geographicum Bd. 3, Bonn 1952.
LAY, D. M.: A study of the mammals of Iran. Field Museum Nat. Hist. Zool. Papers 54, Chicago 1967.
LAYARD, A. H.: A description of the province of Khuzistan. JRGS 16, 1846, S. 1—105.
LAYARD, A. H.: Early adventures in Persia, Susiana and Babylonia. London 1894.
LEES, G. M. — F. D. S. RICHARDSON: The geology of the oil-field-belt of S.W. Iran and Iraq. GlM 77, 1940, S. 227—252.
LEIDLMAIR, A.: Umbruch und Bedeutungswandel im nomadischen Lebensraum des Orients. GZ 53, 1965, S. 81—100.
LENCZOWSKI, G.: The Middle East in world affairs. New York, 2. Aufl. 1956.
LENCZOWSKI, G.: Russia and the West in Iran 1918—1948. A study in big-power rivalry. New York (1. Aufl. 1949), 1968.
LENCZOWSKI, G., Hrsg.: Iran under the Pahlavis. Stanford 1978.
LENG, G.: ›Rentenkapitalismus‹ oder ›Feudalismus‹? Kritische Untersuchungen über einen (sozial-)geographischen Begriff. GZ 62, 1974, S. 119—137.
LERCHE, G.: Observations on harvesting with sickles in Iran. Tools and Tillage 1, 1968, S. 33—49.
LE STRANGE, G.: The Cities of Kirman in the time of Hamd-Allah Mustawfi and Marco Polo. JRCAS, NS 33, 1901, S. 281—290.
LEVINE, L. D.: Geographical studies in the Neo-Assyrian Zagros. Iran 11, 1973, S. 1 bis 27.
LEVINE, L. D.: Geographical studies in the Neo-Assyrian Zagros-II. Iran 12, 1974, S. 99—122.
LEVINE, L. D. — M. M. A. MCDONALD: The neolithic and chalcolithic periods in the Mahidasht. Iran 15, 1977, S. 39—50.
LEVY, R.: The social structure of Islam. New York 1957.
LIMBERT, J.: The origins and appearance of the Kurds in pre-Islamic Iran. IS 1, 1968, S. 41—51.
LITTEN, W.: Persien. Von der ›pénétration pacifique‹ zum ›Protektorat‹. Urkunden und Tatsachen zur Geschichte der europäischen ›pénétration pacifique‹ in Persien 1860—1919. Veröff. d. Deutsch-Persischen Ges. e.V., Berlin–Leipzig 1920.
LOCKHART, L.: Isfahan. JRCAS 37, 1950, S. 248—261.
LOCKHART, L.: Persian cities. London 1960.

LOCKHART, L.: The relations between Edward I and Edward II of England and the Mongol Il-Khans of Persia. Iran 6, 1968, S. 23—31.
LODI, H. S. K.: Preharvest sales of agricultural produce in Iran. Monthly Bulletin of Agric. Economics and Statistics 14, No. 6, 1965, S. 1—4.
LÖFFLER, H.: Limnologische Beobachtungen an iranischen Binnengewässern. Hydrobiologia 8, 1956, S. 201—278.
LÖFFLER, H.: Beiträge zur Kenntnis der iranischen Binnengewässer. I: Der Niriz-See und sein Einzugsgebiet. Int. Revue Ges. Hydrobiol. Hydrogr. 44, 1959, S. 227—276.
LÖFFLER, R.: Aktuelle ethno-soziologische Probleme des Nomadentums. In: KRAUS, W., Hrsg.: 1969, S. 68—78.
LÖFFLER, R.: The representative mediator and the new peasant. American Anthropologist 73, 1971, S. 1077—1091.
LÖFFLER, R.: The national integration of Boir Ahmad. IS 6, 1973, S. 126—135.
LÖFFLER, R.: Recent economic changes in Boir Ahmad: Regional growth without development. IS 9, 1976, S. 266—287.
LÖFFLER, R. — E. FRIEDL: Eine ethnographische Sammlung von den Boir Ahmad, Südiran. Beschreibender Katalog. A. Einführung in die materielle Kultur von Boir Ahmad. Archiv für Völkerkunde 21, 1967, S. 95—207.
LÖFFLER, R. — E. FRIEDL: The Qale Karre of northern Boir Ahmad. Bull. of the Asia Institute of Pahlavi University Nr. 1—4, Shiraz 1976, S. 19—34.
LOFTUS, W. K.: Travels and researches in Chaldaea and Susiana. London 1857.
LOONEY, R. E.: The economic development of Iran. A recent survey with projections to 1981. Praeger Special Studies in International Economics and Development. New York–Washington–London 1973.
LORENZ, C.: Die Geologie des oberen Karadj-Tales (Zentral-Elburz), Iran. Mitteilungen Geolog. Institut ETH NF 22, Zürich 1964.
LORIMER, J. G.: Gazetteer of the Persian Gulf, Oman and Central Arabia. Vol. I (Historical) and vol. II (Geographical and Statistical). Calcutta 1908—1915 (Nachdruck Westmead-Shannon 1970).
LOUIS, H.: Allgemeine Geomorphologie. Berlin–New York, 3. Aufl. 1968.
LOVETT, B.: Itinerary notes of route surveys in northern Persia in 1881 and 1882. PRGS, NS 5, 1883, S. 57—84.
LUFT, P.: Strategische Interessen und Anleihenpolitik Rußlands in Iran. Geschichte und Gesellschaft 1, 1975, S. 506—538.
LYKO, D.: Gründung, Wachstum und Leben der evangelischen christlichen Kirchen in Iran. Ökumen. Studien 5, Leiden–Köln 1964.
LYNCH, H. B.: Across Luristan to Isfahan. PRGS, NS 12, 1890, S. 533—553.
LYNCH, H. B.: Notes on the present state of Karun River between Shushter and the Shat-el-Arab. PRGS, NS 13, 1891, S. 592—595.

MACHATSCHEK, F.: Geomorphologie. Stuttgart, 5. Aufl., 1954.
MACHATSCHEK, F.: Das Relief der Erde (Iran: Bd. 2, S. 25—35). 2 Bde., Berlin, 2. Aufl. 1955.
MADELUNG, W.: The minor dynasties of northern Iran. In: R. N. FRYE, Hrsg., Cambridge 1975, S. 198—249.
MAHDAVY, H.: The patterns and problems of economic development in rentier states: the

case of Iran. In: M. A. COOK, Hrsg., Studies in the Economic History of the Middle East, London–New York–Toronto 1970, S. 428—468.
MAHMOUDI, F.: Les nebkas du Lut (Iran) AG 86, Nr. 475, 1977, S. 315—321.
MAHON, H. Mc.: Sistan. GJ 28, 1906, S. 209—228.
MALCOLM, J.: The history of Persia from the most early period to the present time, containing an account of the religion, government, usages and character of the inhabitants of that Kingdom. London, 2 vol. 1815.
MALCOLM, J.: Sketches of Persia. London, 2 Bde., 1828.
MALLOWAN, M. E. L.: The mechanics of ancient trade in western Asia. Iran 3, 1965, S. 1—7.
MALLOWAN, M. E. L.: Early Mesopotamia and Iran. London 1965.
MARSDEN, D.: The Qashqa'i nomadic pastoralists of Fars province. In: The Qashqa'i of Iran. World of Islam Festival 1976. Manchester 1976, S. 9—22.
MARTHELOT, P.: Téhéran métropole. Studia Iranica 1, 1972, S. 299—310.
MASSARAT, M.: Gesellschaftliche Stagnation und die asiatische Produktionsweise, dargestellt am Beispiel der iranischen Geschichte. Eine Kritik der Grundformationstheorie. Geogr. Hochschulmanuskripte Heft 4, Göttingen 1977, S. 3—125.
MATHESON, S. A.: Persia: An archaeological guide. London 1972.
MAUROY, H. DE: Mouvements de population dans la communauté Assyro-Chaldéenne en Iran. Rev. Géogr. Lyon 43, 1968, S. 333—356.
MAUROY, H. DE: Un village de réclassement social pour lépreux et un essai d'aménagement rural dans le Nord-Est de l'Iran. RGE 13, 1973, S. 137—154.
MAUROY, H. DE: Contribution à la connaissance des Assyro-Chaldéens en Iran. Communautés chrétiennes syriennes orientales. Thèse de doctorat de IIIe cycle, Paris, 3 Teile, 1973 (maschinenschriftl. vervielfältigt).
MAUROY, H. DE: Les minorités non musulmanes dans la population Iranienne. Rev. Géogr. Lyon 48, 1973, S. 141—163.
MAUROY, H. DE: Les Assyro-Chaldéens dans l'Iran d'aujourd'hui. Publ. Dépt. de Géogr. de l'Université de Paris — Sorbonne No. 6, Paris 1978.
MAYRHOFER, W.: Die Indo-Arier im alten Vorderasien. Wiesbaden 1966.
MCADAMS → ADAMS, R. Mc.
MCBURNEY → BURNEY, C. B. M. Mc.
MCGREGOR → GREGOR, C. M. Mc.
MCMAHON → MAHON, H. Mc.
MCQUILLAN → QUILLAN, H. Mc.
MEDER, O.: Klimaökologie und Siedlungsgang auf dem Hochland von Iran in vor- und frühgeschichtlicher Zeit. Marburger Geogr. Schriften 80, Marburg 1979.
MEGARD, R. O.: Late-quaternary Cladocera of Lake Zeribar, Western Iran. Ecology 4, 1967, S. 179—189.
MELAMID, A.: The geographical pattern of Iranian oil development. Econ. Geogr. 35, 1959, S. 199—218.
MELAMID, A.: Industrial activities. In: W. B. FISHER, Hrsg., Cambridge 1968, S. 517—551.
MELAMID, A.: Communications, transport, retail trade and services. In: W. B. FISHER, Hrsg., Cambridge 1968, S. 552—564.
MELAMID, A.: The Shatt-el-Arab boundary dispute. MEJ 22, 1968, S. 351—357.
MELAMID, A.: Khargh Island. GRev. 60, 1970, S. 438—439.
MELAMID, A.: Satellization in Iranian crude-oil production. GRev. 63, 1973, S. 27—43.

MELAMID, A.: Petroleum product distribution and the evolution of economic regions in Iran. GRev. 65, 1975, S. 510—525.

MELCHIOR, H.: Zur Pflanzengeographie des Elburs-Gebirges in Nord-Iran. Sitzungsberichte der Gesellschaft Naturforschender Freunde Berlin 1937, Berlin 1938, S. 55—71.

MELGUNOF, G.: Das südliche Ufer des Kaspischen Meeres oder die Nordprovinzen Persiens. Leipzig 1868.

MELLAART, J.: Earliest civilizations of the Near East. London 1965 (repr. 1974).

MELLAART, J.: The Neolithic of the Near East. London 1975.

MENSCHING, H. — F. IBRAHIM: Das Problem der Desertification. GZ 64, 1976, S. 81 bis 93.

MENSCHING, H. — E. WIRTH, Hrsg.: Nordafrika — Vorderasien. Fischer-Länderkunde 4, Frankfurt a. M. 1973.

MERLICEK, E.: Aus Irans Kulturvergangenheit. Wasserwirtschaft und Kultur in ihren Zusammenhängen und gegenwärtigen Beziehungen. Dt. Wasserwirtschaft 36, 1941, S. 361 ff.

MEYER, A. J.: Middle Eastern capitalism. Harvard Middle Eastern Studies 2, Cambridge, Mass. 1959.

MEYER, E.: Blüte und Niedergang des Hellenismus in Asien. Kunst und Altertum. Alte Kulturen im Lichte neuer Forschung V, Berlin 1925, S. 1—82.

MEYKADEH, G. H. — R. L. FITT — T. J. BODDINGTON: Tehran water supply: Raw water collection and distribution system. Proc. Inst. Civ. Engineers 11, 1958, S. 467—486.

MIGEOD, H. G.: Über die persische Gesellschaft unter Nasirud Din Shah (1848—1896). Diss. Göttingen 1956.

MIKUSCH, D. VON: Wassmuss, der deutsche Lawrence. Leipzig (List) 1937.

MILES, S. B.: The countries and tribes of the Persian Gulf. London 2 Bde., 1919 (Nachdruck in einem Band: London 1966).

MILLER, W. G.: Hosseinabad: A Persian village. MEJ 18, 1964, S. 483—498.

MINORSKY, V.: Notes sur les Ahl-i-Hakk. RMM 40, 1920, S. 20—97.

MINORSKY, V.: Lur, Lur-i-Kucik, Lur-i-Buzurg und Lurestan. Enzyklopaedie des Islam, Alte Ausgabe, Bd. 3, Leiden und Leipzig 1934, S. 45—57.

MINORSKY, V.: The tribes of western Iran. Journ. Royal Anthropological Institute 75, 1945, S. 73—80.

MIR-MOHAMMEDI, M. A. — A. PILGER: Beziehungen von Erzlagerstätten zu magmatischen und tektonischen Vorgängen im westlichen zentralen Iran. Clausthaler Geol. Abh. 27, 1977, S. 1—10.

MIR-MOHAMMEDI, M. A. — A. PILGER: Zur tektonischen, mineralogischen und geochemischen Entwicklung der Türkis-Lagerstätte von Nishabur in NE-Iran. Clausthaler Geol. Abh. 27, 1977, S. 73—84.

MISONNE, X. DE: Analyse zoogéographique des mammifères de l'Iran. In: Mem. Inst. R. Sci. Nat. Belg. 59, 1959, S. 1—157.

MISONNE, X. DE: Mammals. In: W. B. FISHER, Hrsg., Cambridge 1968, S. 294—304.

MITCHELL, R. C.: Recent tectonic movement in the Mesopotamian plains. GJ 123, 1957, S. 569—571.

MOBAYEN, S. — E. TREGUBOV: Guide pour la carte de la végétation naturelle de l'Iran. Projet UNDP/FAO IRA 7, Bull. No. 14, Université de Tehran, Faculté des Forêts et Paturages. Tehran 1970.

Modjtabawi, A. A.: Gesellschaft und Wirtschaft in Manutschehrabad. Studie über eine junge Dorfgemeinschaft in Luristan. Diss. Köln 1960.

Moghtader, H.: Irans Erdöleinkünfte und Wirtschaftspläne. Außenpolitik 28, 1977, S. 424—436.

Mohajer-Ashjai, A.: Strain and slip measurements along active faults in the Tehran region. GSI 29, 1974, S. 139—155.

Momeni, J. A., Hrsg.: The population of Iran. A selection of readings. East-West Population Institute/East-West Center. — Pahlavi Population Center; Pahlavi University. Honolulu–Shiraz 1977.

Momeni, M.: Malayer und sein Umland. Entwicklung, Struktur und Funktionen einer Kleinstadt in Iran. Marburger Geogr. Schriften 68, Marburg 1976.

Monod, Th.: Die hyperaride Lut; ein Reliefwüsten-Typ Asiens. In: Schiffers, H., Hrsg., Die Sahara und ihre Randgebiete, Bd. I, München 1971, S. 58—64.

Montazami, B.: L'irrigation en Iran: éléments pour une approche matérialiste. Zaman 1, 1979, S. 21—44.

Monteil, V.: Les tribus de Fârs et la sédentarisation des nomades. Le Monde d'Outre-Mer, Passé et Présent, IIème Série, Documents 10, Paris–La Haye 1966.

Monteith, C.: Journal of a tour through Azerbijan and the shores of the Caspian. JRGS 3, 1833, S. 1—58.

Moorey, P. R. S.: Ancient bronzes of Luristan. British Museum Publ. Ltd., London 1974.

Morgan, D. O.: The Mongol armies in Persia. Der Islam 56, 1979, S. 81—96.

Morgan, J. de: Mission scientifique en Perse. Bd. 1: Etudes géographiques. Paris 1894.

Morgan, J. de: Feudalism in Persia: its origin, development and present condition. Annual Report of the Board of Regents of the Smithsonian Institution. Washington/D.C. 1914, S. 579—606.

Morier, J. P.: A journey through Persia, Armenia and Asia Minor to Constantinople in the years 1808 and 1809. London 1812.

Morier, J. P.: A second journey through Persia, Armenia, and Asia Minor to Constantinople, between the years 1810 and 1816. London 1818.

Morier, J. P.: Some account of the iliyats or wandering tribes of Persia. JRGS 7, 1837, S. 230—242.

Mortensen, P.: Seasonal camps and early villages in the Zagros. In: Ucko, P. J. — R. Tringham — G. W. Dimbleby, Hrsg.: Man, Settlement and Urbanism, London 1972, S. 293—297.

Moshiri, R.: Entwicklung und Strukturwandel der Viehwirtschaft von Sangesar (Nordpersien). ZfW 17, 1973, S. 87—92.

Mostofi, B. — E. Frei: The main sedimentary basins of Iran and their oil possibilities. 5th World Petroleum Congress 1959, New York 1959, Section I, Paper 17, 10 S.

Mostofi, B. — Y. Paran: A reappraisal of the main sedimentary basins of Iran and their oil prospects. Bull. Iranian Petr. Inst. 14, Tehran 1964, S. 513—523.

Naderi, N. A.: The settlement of nomads: Its social and economic implications. Univ. of Tehran. Inst. for Social Studies and Research. Tehran Oct. 1971.

Nadji, M.: Geologie und Hydrogeologie des Gebietes von Kashan/Iran. Geol. Mitt. 11, 1972, S. 257—362.

Nadji, M.: Karadjis ›Erschließung verborgener Gewässer‹. Ein Lehrbuch der Geowissenschaften aus dem 11. Jahrhundert. Zt. Dt. Geol. Ges. 123, 1972, S. 1—13.

Nadji, M.: Luftbild: Kanate in der Ebene von Kashan, Iran. Die Erde 103, 1972, S. 209—215.

Nadji, M.: Terrestrische Sedimente der Intermontanbecken im Iran. GlR 63, 1974, S. 897—904.

Nadjmabadi, S. R.: Die Shiravand in West-Lorestan. Mit besonderer Berücksichtigung des Verwandtschaftssystems. Diss. Heidelberg 1975.

Nadjmabadi, S. R.: Die sozialen Folgen der Anlage von Tiefbrunnen am Beispiel von Dasht-e-Karat (Khorasan). In: Schweizer, G., Hrsg. 1979, S. 59—70.

Napier, G. C.: Extracts from a diary of a tour in Khorassan, and notes on the eastern Alburz tracts. JRGS 46, 1876, S. 62—171.

Napier, G. S. F.: Military report on southern Persia. Simla 1900.

Naraghi, E.: Les classes moyennes en Iran. Cahiers Internatioaux de Sociologie 22, 1957, S. 156—173.

Navai, H.: Les rélations économiques irano-russes. Paris 1935.

Nazari, H.: Der ökonomische und politische Kampf um das iranische Erdöl. Kleine Bibliothek 7, Köln 1971.

Neely, J. A.: Sassanian and early Islamic water-control and irrigation systems on the Deh Luran Plain, Iran. In: Th. E. Downing — McG. Gibson, Hrsg., Tucson 1974, S. 21—42.

Neghaban, E. O.: A preliminary report on Marlik excavation: Gohar Rud expedition Rudbar 1961/1962. Tehran 1964.

Neghaban, E. O.: Haft Tepe. Iran 7, 1969, S. 173—177.

Nejand, S.: Geologie und Hydrogeologie des Maharlu-Sees und seiner Umgebung bei Shiraz/Iran. Diss. TH Aachen 1972.

Neumann, G. F.: Geschichte der Übersiedlung von 40 000 Armeniern, welche im Jahre 1828 aus der persischen Provinz Aserbaidschan nach Rußland auswanderten. Leipzig 1834.

Niazi, M.: Source dynamics of the Dasht-e-Bajaz earthquakes of August 31, 1968. Bull. Seism. Soc. Am. 59, 1969, S. 1843—1861.

Niedermayer, O.: Die Persien-Expedition. Mitt. Geogr. Ges. München 8, 1913, S. 32—40 u. S. 177—188.

Niedermayer, O. v.: Die Binnenbecken des Iranischen Hochlandes. Mitt. Geogr. Ges. München 14, 1920, S. 9—64.

Niedermayer, O. v.: Unter der Glutsonne Irans; Kriegserlebnisse der deutschen Expedition nach Persien und Afghanistan. Dachau 1925.

Niedermayer, O. v.: Persien und Afghanistan. In: F. Klute, Hrsg., Handbuch der Geographischen Wissenschaft, Band: Vorder- und Südasien, Potsdam 1937, S. 63 bis 125.

Nieuwenhuijze, C. A. O. van: Iranian development in a sociological perspective. Der Islam 45, 1969, 2, S. 64—80.

Nieuwenhuijze, C. A. O. van: Sociology of the Middle East. Leiden 1971.

Nikitine, B.: La vie domestique des Assyro-Chaldéens du Plateau d'Ourmiah. L'Ethnographie N.S. 11—12, 1925, S. 356—380.

Nikitine, B.: Les Afshars d'Urumiyeh. Journal Asiatique 214, 1929, S. 67—123.

Nikitine, B.: Les Kurdes: Étude sociologique et historique. Paris 1956.
Nikoghar, A.: Quelques observations sur la réforme agraire iranienne. Rev. Franç. de Sociologie 16, suppl. 1975, S. 685—703.
Nomani, F.: The origin and development of feudalism in Iran: 300—1600 A.D. (Part 1). TEE 9, No. 27 u. 28, 1972, S. 5—61.
Nowroozi, A. A.: Seismo-tectonics of the Persian plateau, eastern Turkey, Caucasus and Hindu-Kush regions. Bull. Seism. Soc. America 61, 1971, S. 317—341.
Nowroozi, A. A.: Focal mechanisms of earthquakes in Persia, Turkey, West Pakistan, and Afghanistan and plate tectonics of the Middle East. Bull. Seism. Soc. Am. 62, 1972, S. 823—850.
Nowshirvani, V. — R. Bildner: Direct foreign investment in the non-oil sectors of the Iranian economy. IS 6, 1973, S. 66—109.
Nützel, W.: The formation of the Arabian gulf from 14000 to 3500 B.C. Sumer 31, 1975, S. 101—110.
Nützel, W.: The climate change of Mesopotamia and bordering areas. Sumer 32, 1976, S. 11—24.

Oberlander, Th.: The Zagros Streams: A new interpretation of transverse drainage in an orogenic zone. Syracuse Geogr. Series No. 1, Syracuse 1965.
Oberlander, T. M.: The origin of the Zagros defiles. In: W. B. Fisher, Hrsg., Cambridge 1968, S. 195—211.
Oberlander, T. M.: Hydrography. In: W. B. Fisher, Hrsg., Cambridge 1968, S. 264—279.
Oberling, P.: The Turkish people of southern Iran. Cleveland 1964.
Oberling, P.: The Turkish tribes of southwestern Persia. Ural-Altaische Jb. 35, Fasc. B, 1964, S. 164—180.
Oberling, P.: British tribal policy in southern Persia 1906—1911. Journal of Asian History 4, 1970, S. 50—79.
Oberling, P.: The Qashqa'i nomads of Fars. The Hague — Paris 1974.
O'Brien, C. A. E.: Salt diapirism in south Persia. In: Geologie en Mijn. N.S. 19, 1957, S. 357—376.
Olearius, A.: Vermehrte Newe Beschreibung der Muscowitischen und Persischen Reyse. Schleswig 1656. (Nachdruck: Tübingen 1971.)
Olivier, G. A.: Voyage dans l'Empire Othoman, l'Egypte et la Perse. Paris (vol. 5) 1807.
Olmstead, A. T.: History of the Persian empire. Chicago–London 1948, 6. Aufl. 1970.
Oppenheim, M. v.: Die Beduinen: Band IV, Teil 1. Die arabischen Stämme in Chuzistan (Iran). Pariastämme in Arabien. Wiesbaden 1967.
Op't Land, C.: The Shah-savan of Azerbaijan, a preliminary report. University of Tehran, Inst. of Social Studies and Research, Tehran 1961.
Op't Land, C.: The permanent settlements of the Dachte-Moghan area. A preliminary report. Univ. of Tehran. Inst. of Social Studies and Research. Dec. 1961.
Op't Land, C.: Landreform in Iran. Persica 2, 1969, S. 80—122.
Ousely, W.: Travels in various countries of the East, more particularly Persia... in 1810, 1811 and 1812. London, 3 Bd., 1819—1823.

Pabot, H.: Pasture development and range improvement through botanical and ecological studies. Rep. to the Govt. of Iran. FAO 2311, Rom 1967.

Pagnini Alberti, M. P.: Strutture commerciali di una città di pelligrinaggio: Mashad (Iran nord-orientale). Università degli studi di Trieste, Instituto di Geografia, Publ. No. 8, Triest 1971.

Panahi, B.: Erdöl-Gegenwart und Zukunft des Iran. Neue Wirtschaftsgeschichte, Bd. 12, Köln–Wien 1975.

Parsa, A.: Flore de l'Iran. Tehran (Ministry of Education, Government of Iran), 8 vols., Tehran 1943—1960.

Paschai, A.: Ein Beitrag zur Ermittlung der Wasser- und Salzdynamik des Bodens und des Grundwassers in der Khuzestanebene (Iran). Z. f. Bewässerungswirtschaft 6, 1971, S. 1—22.

Paschai, A.: Fossile Böden in der Khuzestanebene. Geologische, hydrologische und bodenkundliche Untersuchungen. Ahwaz o. J. (1972?).

Paschai, A.: Quantitative Untersuchungen zur Winderosion in Dünenfeldern — am Beispiel von Khuzestan/Südiran. In: E. Ehlers, Hrsg., Marburg 1974, S. 67—91.

Paschai, A.: Hydrological investigations and groundwater classification of the middle Khouzestan plain. Publ. 66/15, Gondi Shapour University, Ahwaz 1974.

Paydarfar, A.: Differential life style in the city of Shiraz, Iran: A comparison between migrants and non-migrants. Demography 11, 1974, S. 509—520.

Peguy, Ch.: Les glaciers de l'Elbourz. BAGF 284/285, 1959, S. 44—49.

Pelly, L.: Visit to Lingah, Kishm and Bandar Abbass. JRGS 34, 1864, S. 251—258.

Perkins, J.: A residence of eight years in Persia among the Nestorian Christians..., Andover, N. Y. 1843.

Perry, J. R.: Forced migration in Iran during the 17th an 18th centuries. IS 8, 1975, S. 199—216.

Petermann, A.: Kapitän Lemm's astronomische Expedition nach Persien in den Jahren 1838 und 1839 (nach O. Struve). PM. 2, 1856, S. 137—141.

Petrushevsky, J. P.: The socio-economic condition of Iran under the Il-Khans. In: J. A. Boyle, Hrsg., Cambridge 1968, S. 483—537.

Pigulevskaja, N.: Les villes de l'état Iranien aux époques Parthes et Sassanide (Ecole Pratique des Hautes Etudes-Sorbonne, VIe section. Documents et Recherches..., Bd. VI), Paris–La Haye 1963.

Pilger, A.: Die zeitlich-tektonische Entwicklung der iranischen Gebirge. Clausthaler Geol. Abh. 8, Clausthal 1971.

Piperno, M. — M. Tosi: Lithic technology behind the ancient lapis lazuli trade. Expedition 16, 1973, S. 15—23.

Planck, U.: Formen der Landwirtschaft im Iran. In: Bustan 3, 1962, S. 16—22.

Planck, U.: Der Teilbau im Iran. ZfAL 1, 1962, S. 47—81.

Planck, U.: Die sozialen und ökonomischen Verhältnisse in einem iranischen Dorf. Forschungsberichte des Landes Nordrhein-Westfalen, Nr. 1021, Köln–Opladen 1962.

Planck, U.: Berufs- und Erwerbsstruktur im Iran als Ausdruck eines typischen frühindustriellen Wirtschaftssystems. ZfAL 2, 1963, S. 75—96.

Planck, U.: Iranische Dörfer nach der Landreform. Schriften des Dt. Orient-Instituts, Materialien und Dokumente, Opladen 1974.

PLANCK, U.: Die Reintegrationsphase der iranischen Agrarreform. Erdkunde 29, 1975, S. 1—9.
PLANCK, U.: Soziale Gruppen im Vorderen Orient. In: EHLERS, E., Hrsg. 1979, S. 1—10.
PLANCK, U.: Die soziale Differenzierung der Landbevölkerung Irans infolge der Agrarreform. In: G. SCHWEIZER, Hrsg., 1979, S. 43—58.
PLANHOL, X. DE: La vie de montagne dans le Sahend. BAGF 1958, S. 7—16.
PLANHOL, X. DE: Les villages fortifiés en Iran et en Asie centrale. AF 67, No. 361, 1958, S. 256—258.
PLANHOL, X. DE: Du piémont téhéranais à la Caspienne. Observations sur la géographie humaine de l'Iran septentrional. BAGF 284/285, 1959, S. 57—64.
PLANHOL, X. DE: Montagnards du Proche et du Moyen Orient. Etudes et explorations récentes, AG 69, 1960, S. 194—199.
PLANHOL, X. DE: Un village de montagne de l'Azerbaidjan: Lighwan (versant nord de Sahend), Rev. Géogr. Lyon 1960, S. 395—418.
PLANHOL, X. DE: Recherches sur la géographie humaine de l'Iran septentrional. CNRS. Mémoires et Documents, Centre de Recherches et Documentation, Cartographiques et Géographiques, Bd. 9, Teil 4, 1964, S. 4—79.
PLANHOL, X. DE: Le paysage rural à kouppa dans la frange caspienne de l'Iran. Etudes rurales 16, 1965, S. 110—116.
PLANHOL, X. DE: Aspects of mountain life in Anatolia and Iran. In: S. R. EYRE — G. R. J. JONES, Hrsg., Geography as Human Ecology. New York 1966, S. 291—308.
PLANHOL, X. DE: Elbourz et chaines pontiques: Deux franges montagneuses du Proche Orient. Acta Geogr., 1968, S. 11—13.
PLANHOL, X. DE: Geography of settlement. In: W. B. FISHER, Hrsg., Cambridge 1968, S. 409—467.
PLANHOL, X. DE: Le Bœuf porteur dans le Proche-Orient et l'Afrique du Nord. JESHO 12, 1969, S. 298—321.
PLANHOL, X. DE: Le déboisement de l'Iran. AG No. 430, 1969, S. 625—635.
PLANHOL, X. DE: L'évolution du nomadisme en Anatolie et en Iran. Etude comparée. In: L. FÖLDES, Hrsg., Viehwirtschaft und Hirtenkultur. Ethnographische Studien, Budapest 1969, S. 69—93.
PLANHOL, X. DE: L'oasis d'Isfahan d'après Fesharaki. RGE 9, 1969, S. 391—396.
PLANHOL, X. DE: Elements autochthones et éléments turco-mongols dans le géographie urbaine de l'Iran et de l'Afghanistan. BAGF 417/8, 1974, S. 149—160.
PLANHOL, X. DE: Kulturgeographische Grundlagen der islamischen Geschichte. Zürich–München 1975.
PLANHOL, X. DE: Les transformations de l'île de Kharg d'après Pourandokht Khalil Yayyavi. RGE 17, 1977, S. 93—97.
PLANHOL, X. DE: Front pionier et développement agricole dans la plaine de Sarakhs et la vallée du Tegen (Khorassan). In: SCHWEIZER, G., Hrsg. 1979, S. 17—24.
PLATTNER, F.: Mehrjährige Beobachtungen über die Spiegel- und Salzgehaltsschwankungen des Urmiasees. Erdkunde 24, 1970, S. 134—139.
POLAK, J. E.: Persien, das Land und seine Bewohner. Ethnographische Schilderungen. Leipzig, 2 Bde., 1865 (Neudruck: Hildesheim–New York 1976.)
POLLER, H., Hrsg.: Wirtschaftspartner Iran. Handbuch der Außenwirtschaft, Stuttgart 1978.

PORTER, R. K.: Travels in Georgia, Persia, Armenia, Ancient Babylonia etc. during the years 1817, 1818, 1819, 1820. London, 2 Bde., 1821.
PORTER, R. K.: Reisen in Georgien, Persien, Armenien im Laufe der Jahre 1817—1820. Neue Bibl. der wichtigsten Reisebeschreibungen 35 und 62, Weimar 1823 und 1833.
POTTER, D.: The Bazaar Merchant. In: S. N. FISHER, Hrsg., Social Forces in the Middle East. New York 1968, S. 99—115.
POTTINGER, H.: Travels in Baloochistan and Sinde. London 1816.
POUR-FICKOUI, A. — M. BAZIN: Elevage et vie pastorale dans le Guilân (Iran septentrional). Publ. du Départ. de Géogr. de l'Université de Paris-Sorbonne 7, Paris 1978.
POZDENA, H.: Makran — das rückständigste Gebiet Irans. Erdkunde 29, 1975, S. 52 bis 59.
POZDENA, H.: Das Dashtiari-Gebiet in Persisch-Belutschistan. Eine regionalgeographische Studie mit besonderer Berücksichtigung der jüngsten Wandlungen in Gesellschaft und Wirtschaft, Abhandlungen zur Humangeographie, Bd. 2, Wien 1978.
POZDENA, H.: Die Erschließung des iranischen Südostens. Die Integration Persisch-Belutschistans und der Belutschen in Iran. Geogr. Jahresbericht aus Österreich 36, 1975/1976, Wien 1978, S. 7—25.
PROBST, W.: Vegetationsprofile des Elbursgebirges (Nordiran). Bot. Jb. Syst. 91, 1972, S. 496—520.
PROBST, W.: Beobachtungen zum Standortklima in verschiedenen Vegetationszonen des Elburzgebirges (Nordiran), Bot. Jb. Syst. 94, 1974, S. 65—95.
PROUDLOVE, J. A.: Iran. The influence of town planning proposals on the cultural monuments... UNESCO 1658/BMS. RD/CLT Paris 1969.
PULLAR, J.: Early cultivation in the Zagros. Iran 15, 1977, S. 15—37.
PUR FARD, M. K.: Stand und Entwicklungsmöglichkeiten der Landwirtschaft in der Provinz Khusistan (Iran). Diss. Bonn 1965.
PURSER, B. H., Hrsg.: The Persian Gulf. Holocene carbonate sedimentation and diagenesis in a shallow epicontinental sea. Berlin–Heidelberg–New York 1973.

QUILLAN, H. MC.: Small Glacier on Zardeh Kuh, Zagros Mountains, Iran. GJ 135, 1969, S. 639.

RABBANI, M.: A cost-benefit analysis of the Dez multi-purpose project. TEE 8, No. 23/24, 1971, S. 132—165.
RABINO, H. L.: Report on Kurdistan. Simla 1911.
RABINO, H. L.: Les provinces caspiennes de la Perse. La Guîlân. RMM 32, 1917, S. 1 bis 499.
RABINO, H. L.: Kermanchah. RMM 38, 1920, S. 1—40.
RABINO, H. L.: Hamadan. RMM 43, 1921, S. 221—227.
RABINO, H. L.: Mazanderan and Astarabad. E. J. W. GIBB Memorial Series, NS vol. VII, London 1928.
RADDE, G.: Reisen an der persisch-russischen Grenze. Talysch und seine Bewohner. Leipzig 1886.
RADERMACHER, H.: Historische Bewässerungssysteme in Afghanisch-Sistan. Zt. für Kulturtechnik und Flurbereinigung 16, 1975, S. 65—77.
RAHNEMAEE, T.: Wirtschafts- und sozialgeographische Strukturwandlungen in den Tälern

der Elburz-Südflanke (unter bes. Berücksichtigung der Naherholungsfunktion für Tehran). Diss. Marburg 1979.
RAIKES, R. L.: The ancient gabarbands of Baluchistan. East and West, NS 15, 1965, S. 26—35.
RAINER, R.: Anonymes Bauen im Iran. Graz 1977.
RAMAZANI, R. K.: The foreign policy of Iran. Charlotteville 1966.
RAMTIN, R.: Asiatic village communities and the question of exchange. Zaman 1, 1979, S. 45—79.
RANKING, J.: Report on the Kuhgalu tribes. Ahwaz 1910/Simla 1911.
RAPOPORT, A.: The architecture of Isphahan. Landscape 14, 1964/65, S. 4—11.
RATHJENS, C. — C. TROLL — H. UHLIG, Hrsg.: Vergleichende Kulturgeographie der Hochgebirge des südlichen Asien. Erdwissenschaftliche Forschung 5, Wiesbaden 1973.
RAVASANI, S.: Die sozialistische Bewegung in Iran seit Ende des 19. Jahrhunderts bis 1922. Diss. Hannover 1971.
RAVASANI, S.: Iran. Entwicklung der Gesellschaft, der Wirtschaft und des Staates. Stuttgart 1978.
RAWLINSON, H. C.: Notes on a march from Zohab, at the foot of Zagros, along the mountains to Khuzistan (Susiana), and from thence through the province of Luristan to Kirmanshah, in the year 1836. JRGS 9, 1839, S. 26—116.
RAWLINSON, H. C.: Notes on a journey from Tabriz through Persian Kurdistan. JRGS 10, 1841, S. 1—64.
RAWLINSON, H. C.: Notes on the ancient geography of Mohamrah and its vicinity. JRGS 27, 1857, S. 185—190.
RAZAVIAN, M. T.: The population problem in the Persian Gulf area. In: Revue iranienne des relations internationales 8, 1976, S. 209—215.
READ, S. J.: Ornithology. In: W. B. FISHER, Hrsg., Cambridge 1968, S. 372—392.
RECHINGER, K. H.: Vegetationsbilder aus dem nördlichen Iran. In: K. SCHENCK, Vegetationsbilder 25, 5, Jena 1939.
RECHINGER, K. H.: Flora iranica. Graz 1963 ff.
REFAHIYAT, H.: Sozialökonomische Bedeutung von agro-industriellen Kombinationsprojekten am Beispiel eines Zuckerrohrprojekts im Iran. ZfAL 11, 1972, S. 138—153.
RENFREW, C. — J. E. DIXON — J. R. CANN: Obsidian and early cultural contacts in the Near East. Proc. Prehistoric Soc. 32, 1966, S. 30—72.
RESEARCH GROUP: Rural economic problems of Khuzistan. TEE 3, No. 9/10, 1965, S. 153—222.
RESEARCH GROUP: A study of rural economic problems of Gilan and Mazanderan. TEE 4, No. 11/12, 1967, S. 135—204.
RESEARCH GROUP: A study of the rural economic problems of East and West Azarbaijan. TEE 5, No. 13/14, 1968, S. 149—238.
RESEARCH GROUP: A study of the rural economic problems of Khorasan and the Central Ostan. TEE 6, No. 15/16, 1969, S. 150—232.
RESEARCH GROUP: A study of the rural economic problems of Sistan and Baluchestan. TEE 7, No. 19/20, 1970, S. 140—211.
RESEARCH GROUP: A survey of the rural economic problems of Hamadan and Kermanshahan. TEE 7, No. 17, 1970, S. 75—137.

Research Group: A survey of the rural economic problems of Kurdestan. TEE 7, No. 18, 1970, S. 92—136.

Rieben, E. H.: The geology of the Tehran plain. Am. Journal of Science 253, 1955, S. 617—639.

Rieben, E. H.: Les terrains alluviaux de la région de Tehran. Univ. of Tehran, Arid Zone Research Centre Publ. No. 4, Tehran 1960.

Rieben, E. H.: Geological observations on alluvial deposits in northern Iran. GSI, Report No. 9, Teheran 1966.

Rist, B.: Die Stadt Sirjan und ihr Hinterland. In: Ehlers, E., Hrsg. 1979, S. 111—139.

Ritter, C.: Die Erdkunde von Asien. Band VI, Zweite Abteilung. Drittes Buch: West-Asien. Iranische Welt. Berlin 1838/1840 (2 Bde.).

Ritter, W.: Beobachtungen zur Entwicklung von Fremdenverkehr und Erholungswesen an der kaspischen Küste des Iran. Bustan 4, 1969, S. 42—44.

Rivière, A.: Contribution à l'étude géologique de l'Elbourz Perse. Revue de Géogr. Physique et de Géologie Dynamique VII, fasc. 1 et 2, 1934, S. 1—190..

Roemer, H. R.: Scheich Safi von Ardabil. In: W. Eilers, Hrsg., Festgabe deutscher Iranisten zur 2500-Jahr-Feier Irans, o. O. (Stuttgart?), 1971, S. 106—116.

Roemer, H. R.: Das frühsafawidische Isfahan als historische Forschungsaufgabe. IS 7, 1974, S. 138—163.

Roemer, H. R.: Das turkmenische Intermezzo. Persische Geschichte zwischen Mongolen und Safawiden. AMI, N.F. 9, 1976, S. 263—297.

Roemer, H. R.: Historische Grundlagen der persischen Neuzeit. AMI, N.F. 10, 1977, S. 305—321.

Röhrborn, K. M.: Provinzen und Zentralgewalt Persiens im 16. und 17. Jahrhundert. Studien zur Sprache, Geschichte und Kultur des islamischen Orients. Beihefte zur Zeitschrift ›Der Islam‹, Bd. 2, Berlin 1966.

Röhrer-Ertl, O.: Die neolithische Revolution im Vorderen Orient. Ein Beitrag zu Fragen der Bevölkerungsbiologie und Bevölkerungsgeschichte. 1978.

Rohmer, W.: Untersuchungen über Bodenerosion durch Wasser im Teeanbaugebiet von Gilan (Persien). Z. f. Kulturtechnik und Flurbereinigung 7, 1966, S. 24—33.

Rol, R.: Les études écologiques et systematiques sur la flore ligneuse de la région Caspienne. FAO Report 520, Rom 1956.

Ronalshay, Earl of: A journey from Quetta to Meshed. JRGS 20, 1902, S. 70—80.

Roschanzamir, H.: Die Zand-Dynastie. Geistes- und Sozialwiss. Diss., Bd. 8, Hamburg 1970.

Rosen, N. C.: Bibliography of geology of Iran. GSI, Spec. Publ. 2, Tehran 1969.

Rosman, A. — P. Rubel: Nomad-sedentary interethnic relations in Iran and Afghanistan. IJMES 7, 1976, S. 545—570.

Rotblat, H. J.: Structural impediments to change in the Qazvin bazaar. IS 5, 1972, S. 130—148.

Rotblat, H. J.: Social organization and development in an Iranian provincial bazaar. Econ. Development and Cultural Change 23, 1974/75, S. 292—305.

Rowton, H.: Enclosed nomadism. JESHO 17, 1974, S. 1—30.

Rowton, M. B.: The woodlands of ancient western Asia. JNES 26, 1967, S. 261—277.

Rudolph, W.: Grundzüge sozialer Organisation bei den westiranischen Kurden. Sociologus 17, 1967, S. 19—39.

RUDOLPH, W.: Die westiranischen Kurden. Bustan (Österr. Z. f. Kultur, Politik und Wirtschaft d. islamischen Länder) Wien 1967, Heft 4, S. 33—39.
RUDOLPH, W. — H. SALAH: Die Feizollabegi des Hochlandes von Bukan. Zur Chronik und Geschichte einer kurdischen Aristokratenfamilie. Baessler-Archiv NF 15, 1967, S. 275—304.
RUTTNER, A. u. a.: Geology of the Shirgesht area (Tabaz area, East Iran). GSI Report No. 4, Tehran 1968.
RYPKA, J.: Iranische Literaturgeschichte. Leipzig 1959.

SABA, M.: English bibliography of Iran. Tehran 1965.
SABA, M.: Bibliographie française de l'Iran. Publ. Univ. Tehran 1077, Tehran, 3. Aufl. 1966.
SABETI, H.: Les études bioclimatiques de l'Iran. Publ. de l'Université de Téhéran 1231, Teheran 1969.
SABLOFF, J. A. — C. C. LAMBERG-KARLOVSKY, Hrsg.: Ancient civilization and trade. Albuquerque 1975.
SAFI-NEJAD, J.: Boneh — traditionelle kollektive Agrarwirtschaft vor und nach der Landreform. Tehran 1353/1974 (farsi).
SAHAMI, C.: L'économie rurale et la vie paysanne dans la province sud-Caspienne de l'Iran, Le Guilân. Clermont-Ferrand, Faculté des Lettres et Science Humaines, Institut de Géographie 28, 1965.
SAIDI, A.: Sarakhs d'hier et d'aujourd'hui. Mashad 1975 (in Farsi).
SALZMAN, P. C.: Political organization among nomadic peoples. Proc. Am. Philosophical Society 111, 1967, S. 115—131.
SALZMAN, P. C.: Movement and resource extraction among pastoral nomads: The case of the Shah Nawazi Baluch. Anthropological Quarterly 44, 1971, S. 185—197.
SALZMAN, P. C.: National integration of the tribes in modern Iran. MEJ 25, 1971, S. 325—336.
SALZMAN, P. C.: Adaption and political organisation in Iranian Baluchistan. Ethnology 10, 1971, S. 433—444.
SALZMAN, P. C.: The tribes of Iran: reflections on their past and future. In: C. J. ADAMS, Hrsg., Iranian Civilisation and Culture. McGill University, Institute of Islamic Studies, Montréal 1972, S. 71—75.
SALZMAN, P. C.: Multi-resource nomadism in Iranian Baluchistan. In: W. IRONS — N. DYSON-HUDSON, Hrsg., Leiden 1972, S. 60—68.
SALZMAN, P. C.: The proto-state in Iranian Baluchistan. In: COHEN, R. — E. R. SERVICE, Hrsg., Origins of the state. The anthropology of political evolution. Philadelphia (Institute for the Study of Human Issues) 1978, S. 125—140.
SAMSON-HIMMELSTJERNA, K. v.: Bericht über die landwirtschaftlichen Verhältnisse der Provinzen Astarabad und Masanderan. Veröffentl. Deutsch-Persische Gesellschaft, Berlin 1924.
SARKHOCH, S.: Die Grundstruktur der sozio-ökonomischen Organisation der iranischen Gesellschaft in der ersten Hälfte des 19. Jahrhunderts. Diss. Münster 1975.
SARNTHEIM, M.: Sediments and history of the postglacial transgression in the Persian Gulf and northwest Gulf of Oman. Marine Geology 12, 1972, S. 245—266.
SARRE, F.: Reise in Mazenderan. ZGEB 1902, S. 9—111.

SAVORY, R. M.: The consolidation of Safawid power in Persia. Der Islam 41, 1965, S. 71—94.
SAVORY, R. M.; Notes on the Safavid state. IS 1, 1968, S. 96—103.
SAVORY, R. M.: The Safavid state and polity. IS 7, 1974, S. 179—212.
SAYIGH, Y. A.: Toward a theory of entrepreneurship for the Arab East. Explorations in Entrepreneurial History 1, 1957, S. 123—127. (Übersetzt und nachgedruckt in: R. BRAUN u. a., Hrsg., Industrielle Revolution. Neue wiss. Bibliothek 50, Köln–Berlin 1972.)
SCHAFAGHI, S.: Die Stadt Täbriz und ihr Hinterland. Diss. Köln 1965.
SCHAFAGHI, S.: Geography of Esfahan. Pt. I, Univ. of Esfahan Publ. 144, 1974.
SCHAFAGHI, S.: Nomaden im heutigen Iran. ZfAL 13, 1974, S. 345—359.
SCHAFAGHI, S.: Ariaschar. Die neue Eisenhüttenstadt bei Isfahan/Iran. ZfW 19, 1975, S. 190—194.
SCHAFAGHI, S.: Bildung von Stadtvierteln in Isfahan. In: SCHWEIZER, G., Hrsg. 1979, S. 169—178.
SCHAH-ZEIDI, M.: Das Problem der Bodenreform im Iran und die Auswirkung auf die Agrarproduktion. BüL 42, 1964, S. 430—448.
SCHARLAU, K.: Zum Problem der Pluvialzeiten in Nordost-Iran. Z. f. Geomorph. N.F. 2, 1958, S. 258—276.
SCHARLAU, K.: Klimamorphologie und Luftbildauswertung im Hochland von Iran. Z. f. Geomorph. N.F. 5, 1961, S. 141—144.
SCHARLAU, K.: Moderne Umgestaltungen im Grundriß iranischer Städte. Erdkunde 15, 1961, S. 180—191.
SCHARLAU, K.: Das Nordost-iranische Gebirgsland und das Becken von Mesched. Z. f. Geomorph. N.F. 7, 1963, S. 23—35.
SCHARLAU, K.: Geomorphology. In: W. B. FISHER, Hrsg., Cambridge 1968, S. 186—194.
SCHARLAU, K.: Stichwort ›Iran‹ (mit einer Karte der naturräumlichen Gliederung Irans). Westermann Lexikon der Geographie, Bd. II, Braunschweig 1969, S. 544—551.
SCHIPPMANN, K.: Die iranischen Feuerheiligtümer. Religionsgeschichtliche Versuche und Vorarbeiten 31. Berlin 1971.
SCHLERATH, B., Hrsg.: Zarathustra. Wege der Forschung 169. Darmstadt 1970.
SCHMIDT, E. F.: Excavations at Tepe Hissar, Damghan. Philadelphia 1937.
SCHMIDT, E. F.: Flights over ancient cities of Iran. Oriental Institute of the University of Chicago, Spec. Publ., Chicago 1940.
SCHÖLLER, P.: Rückblick auf Ziele und Konzeptionen der Geographie. GR 29, 1977, S. 34—38.
SCHÖLLER, P.: Aufgaben heutiger Länderkunde. GR 30, 1978, S. 296—297.
SCHOLZ, F.: Sozialgeographische Theorien zur Genese streifenförmiger Fluren in Vorderasien. 40. Dt. Geographentag Innsbruck 1975, Tag.ber. u. wiss. Abh., Wiesbaden 1976, S. 334—350.
SCHOWKATFARD, F. D.: Kriterien für die Entwicklungseignung von Dörfern zu landwirtschaftlichen Aktiengesellschaften im Iran. Z. Ges. Genossenschaftswesen 22, 1972, S. 270—280.
SCHOWKATFARD, F. D. — M. FARDI: Sozialökonomische Auswirkungen der landwirtschaftlichen Aktiengesellschaft im Iran: Fallstudie eines Dorfes der Provinz Fars. ZfAL 11, 1972, S. 120—137.

SCHROEDER, D.: Bodenkunde in Stichworten. Kiel 1969.
SCHULZ, E.: Die Vogelwelt des südkaspischen Tieflandes. Stuttgart 1959.
SCHUSTER-WALSER, S.: Das safawidische Persien im Spiegel europäischer Reiseberichte. Untersuchungen zur Wirtschafts- und Handelspolitik. Baden-Baden–Hamburg 1970.
SCHWARZ, P.: Iran im Mittelalter nach den arabischen Geographen. Leipzig–Stuttgart, 9 Bde., 1896—1935. (Nachdruck: 9 Teile in einem Band, Hildesheim–New York 1969.)
SCHWARZ, P.: Hurmuz. ZDMG 68, 1914, S. 531—543.
SCHWEIZER, G.: Büßerschnee in Vorderasien. Erdkunde 23, 1969, S. 200—205.
SCHWEIZER, G.: Der Kuh-e-Sabalan (Nordwestiran). Beiträge zur Gletscherkunde und Glazialmorphologie vorderasiatischer Hochgebirge. In: Beiträge zur Geographie der Tropen und Subtropen (H. Wilhelmy-Festschrift), Tübinger Geogr. Studien 34, Tübingen 1970, S. 163—178.
SCHWEIZER, G.: Bevölkerungsentwicklung und Verstädterung in Iran. GR 23, 1971, S. 343—353.
SCHWEIZER, G.: Dorfinventur in Iran. Orient (Opladen) 12, 1971, S. 178—179.
SCHWEIZER, G.: Bandar 'Abbas und Hormuz. Schicksal und Zukunft einer iranischen Hafenstadt am Persischen Golf. Beihefte zum TAVO, Reihe B (Geistesw.) Nr. 2, Wiesbaden 1972.
SCHWEIZER, G.: Klimatisch bedingte geomorphologische und glaziologische Züge der Hochregion vorderasiatischer Gebirge (Iran u. Ostanatolien). Erdwiss. Forschung Bd. IV, Wiesbaden 1972, S. 221—236.
SCHWEIZER, G.: Tabriz (Nordwest-Iran) und der Tabrizer Bazar. Erdkunde 26, 1972, S. 32—46.
SCHWEIZER, G.: Das Aras-Moghan-Entwicklungsprojekt in Nordwest-Iran und die Probleme der Nomadenansiedlung. ZfAL 12, 1973, S. 60—75.
SCHWEIZER, G.: Lebens- und Wirtschaftsformen iranischer Bergnomaden im Strukturwandel. Das Beispiel der Shahsavan, in: C. RATHJENS, C. TROLL, H. UHLIG, Hrsg., Vergleichende Kulturgeographie der Hochgebirge des südlichen Asiens, Erdwissenschaftliche Forschungen, Bd. 5, Wiesbaden 1973, S. 168—173.
SCHWEIZER, G.: Der Naturraum. In: U. GEHRKE–H. MEHNER, Hrsg., Iran. Natur—Bevölkerung—Geschichte—Kultur—Staat—Wirtschaft. Tübingen–Basel 1975, S. 13—39.
SCHWEIZER, G.: Untersuchungen zur Physiogeographie von Ostanatolien und Nordwestiran. Tübinger Geogr. Studien 60, Tübingen 1975.
SCHWEIZER, G., Hrsg.: Beiträge zur Geographie orientalischer Städte und Märkte. Beihefte zum TAVO, Reihe B (Geisteswissenschaften) Nr. 24, Wiesbaden 1977.
SCHWEIZER, G.: Bibliographie zur Stadtgeographie des Vorderen Orients (1960—1976). In: G. SCHWEIZER, Hrsg. 1977, S. 241—264.
SCHWEIZER, G., Hrsg.: Interdisziplinäre Iran-Forschung. Beiträge aus Kulturgeographie, Ethnologie, Soziologie und Neuerer Geschichte. Beihefte zum TAVO, Reihe B (Geisteswissenschaften), Nr. 40, Wiesbaden 1979.
SEDLACEK, A. M.: Petrographische Ergebnisse der Forschungsreise Dr. A. Gabriels in die südliche Lut und Persisch-Belutschistan. Tschermaks Min. Petr. Mitt. 3, F.V., 1956, S. 412—413.
SEGER, M.: Strukturelemente der Stadt Teheran und das Modell der modernen orientalischen Stadt. Erdkunde 29, 1975, S. 21—38.
SEGER, M.: Tehran. Eine stadtgeographische Studie. Berlin–New York 1978.

SEGER, M.: Zum Dualismus der Struktur orientalischer Städte: Das Beispiel Teheran. MÖGG 121, 1979, S. 129—159.
SEIBOLD, E. — L. DIESTER — D. FÜTTERER — H. LANGE — P. MÜLLER — F. WERNER: Holocene sediments and sedimentary processes in the Iranian part of the Persian Gulf. In: PURSER, B. H., Hrsg., The Persian Gulf. Holocene carbonate sedimentation and diagenesis in a shallow epicontinental sea. Berlin–Heidelberg–New York 1973, S. 57—80.
SENGHAAS, D.: Weltwirtschaftsordnung und Entwicklungspolitik. Plädoyer für Dissoziation. Frankfurt a. M. (edition suhrkamp 856), 1977.
SHAFAGHI, S. → SCHAFAGHI, S.
SHAIDAEE, G. — F. NIKNAM: Management of natural resources in the arid and semi-arid regions of Iran. Ministry of Agriculture and Natural Resources. Tehran 1975.
SHANKLAND, G.: The planning of Isfahan. A report for UNESCO. London 1968.
SHARAR, S.: Das Entwicklungsprojekt Kaswin/Iran. ZfAL 7, 1968, S. 371—380.
SHEARMAN, D. J.: The geological evolution of southern Iran. GJ 142, 1976, S. 393—410.
SHEIKHOLESLAMI, A. R.: The sale of offices in Qajar Iran, 1858—1896, IS 4, 1971, S. 104—117.
SHEIL, L.: Glimpes of life and manners in Persia. London 1856.
SHIEL, J.: Notes on an journey from Tabriz through Kurdistan. JRGS 8, 1838, S. 54—101.
SHUSTER, W. M.: The strangling of Persia. Story of the European diplomacy and Oriental intrigue that resulted in denationalisation of twelve million Mohammedans. New York 1912 (repr. 1968).
SHWADRAN, B.: The Middle East oil and the great powers. New York 1955.
SIEBER, N.: Zur Geologie des Gebietes südlich des Taleghan-Tales/Zentral-Elburz (Iran). Europäische Hochschulschriften, Reihe XVII, 2, Bern 1970.
SIROUX, M.: Caravansérails d'Iran et petites constructions routieres. Mémoires de l'Institut Français d'Archéologie Orientale du Caire 81. Kairo 1959.
SIROUX, M.: Anciennes voies et monuments routiers de la region d'Isfahan. ... Mémoires de l'Institut Français d'Archéologie Orientale du Caire 82. Kairo 1971.
SIROUX, M.: La préservation de vieil Isfahan. UNESCO 2704/RMO.RD/CLP. Paris 1972.
SIROUX, M.: Les caravanserais routiers Savafids. IS 7, 1974, S. 348—379.
SJERP, N. — V. ISSAKHANIAN — A. BRANTS: The geological environment of the Chahar Gonbad copper mine: A study in tertiary copper mineralization. GSI Report No. 16, Tehran 1969.
SKRINE, C. P.: The highlands of Persian Baluchistan. GJ 78, 1931, S. 321—340.
SLABY, H., Hrsg.: Plan von Teheran/Map of Tehran. Aufgenommen von/drawn by August Kržiž (1857). Graz 1977.
SMITH, E.: The Perso-Baluch Frontier Mission, 1870—71. In: F. J. GOLDSMID, Hrsg., Eastern in Persia, an account of the journeys of the Persian boundary commission, 1, London 1876, S. 143—224.
SNEAD, R. E.: Physical geography of the Makran coastal plain of Iran. University of New Mexiko. Albuquerque 1970.
SOLECKI, R. — A. LEROI-GOURHAN: Palaeoclimatology and archaeology in the Near East. Ann. New York Acad. Science 95, 1961, S. 729—739.
SORAYA, M.: Ghashgai social structure. Islamic Culture 43, 1969, S. 125—142.
SPENCE, C. C.: Report to the Government of Iran on farming potentials for irrigation in Khuzistan. FAO Report No. 451, Rom 1956.

SPOONER, B.: The function of religion in Persian society. Iran 1, 1963, S. 83—95.
SPOONER, B.: Kuch-u-Baluch and Ichtyophagi. Iran 2, 1964, S. 53—67.
SPOONER, B.: Kinship and marriage in eastern Persia. Sociologus N.F. 15, 1965, S. 22—31.
SPOONER, B.: Arghiyan. The area of Jajarm in western Khurasan. Iran 3, 1965, S. 97—107.
SPOONER, B.: Politics, kinship and ecology in southeast Persia. Ethnology 7, 1969, S. 139—152.
SPOONER, B.: Irrigation and society: The Iranian plateau. In: DOWNING, Th. E. — McG. GIBSON, Hrsg., Tucson 1974, S. 43—57.
SPOONER, B.: City and river in Iran: urbanization and irrigation of the Iranian Plateau. IS 7, 1974, S. 681—713.
SPOONER, B. — P. C. SALZMANN: Kirman and the Middle East: Paul Ward English's ›City and Village in Iran: Settlement and Economy in the Kirman Basin‹. Iran 7, 1969, S. 107—113.
SPULER, B.: Der Verlauf der Islamisierung Persiens. Eine Skizze. Der Islam 29, 1950, S. 63—76.
SPULER, B.: Iran in frühislamischer Zeit. Wiesbaden 1952.
SPULER, B.: Die Mongolen in Iran. Politik, Verwaltung und Kultur der Ilchanzeit 1220—1350. Berlin 1955.
SPULER, B.: Nomadismus und seßhafte Gesellschaft: die Goldene Horde. AMI, NF 9, 1976, S. 217—224.
STAHL, A. F.: Reisen in Nord- und Zentral-Persien. PM Erg. H. 118, 1895.
STAHL, A. F.: Zur Geologie von Persien — geognostische Beschreibung von Nord- und Zentral-Persien. PM Erg. H. 122, 1897.
STAHL, A. F.: Teheran und Umgebung. PM 46, 1900, S. 49—57.
STAHL, A. F.: Persien. In: Handbuch der regionalen Geologie, Bd. 5, Abt. 6, Heft 8, 1911, S. 1—46.
STAHL, A. F.: Die orographischen und hydrographischen Verhältnisse des Elburzgebirges in Persien. PM 73, 1927, S. 211—215.
STAHL, A. F.: Persien und seine wirtschaftlichen Hilfsquellen. GZ 34, 1928, S. 227—235.
STANDISH, J. F.: The Persian Lut. JRCAS 51, 1964, S. 280—290.
STAUFF, P.: Die deutsche Bank in Teheran und der deutsch-persische Handel. Asien 7, 1908, S. 65—68.
STAUFFER, T. R.: The economics of nomadism in Iran. MEJ 19, 1965, S. 284—302.
STEIGER, R.: Die Geologie der West-Firuzkuh-Area (Zentral-Elburz/Iran). Mitt. Geolog. Inst. ETH u. Univ. Zürich NS No. 68, Zürich 1966.
STEIN, A.: Old routes of western Iran. London 1940.
STEINBACH, U.: Irans Rolle im arabischen Nahen Osten und Indischen Ozean. Orient (Opladen) 17, 1976, S. 88—114.
STENZ, E.: Precipitation, evaporation and aridity in Afghanistan. Acta Geophysica Polonica 5, 1957, S. 245—266.
STEPPAT, F.: Iran zwischen den Weltmächten 1941—1948. Oberursel 1948.
STERNBERG-SAREL, B.: Tradition et développement en Iran. Les villages de la plaine de Ghazvin. Etudes Rurales 22—24, 1966, S. 206—218.
STEWIG, R., Hrsg.: Probleme der Länderkunde. Wege der Forschung 391, Darmstadt 1979.
ST. JOHN, O. B.: Narrative of a journey through Baluchistan and southern Persia. In: GOLDSMID, F. J., Hrsg.: Eastern Persia, Bd. 1, London 1876, S. 18—115.

STOBBS, C. A.: Agrarian change in western Iran: A case study of Olya Sub-District. Ph. D. thesis, London 1976.

STÖBER, G.: Die Afshar. Nomadismus im Raum Kerman (Zentraliran). Marburger Geogr. Schriften 76, Marburg 1978.

STÖBER, G.: ›Nomadismus‹ als Kategorie? In: EHLERS, E., Hrsg. 1979, S. 11—24.

STÖBER, G.: Zur sozioökonomischen Differenzierung der Afshar im Raum Kerman. In: G. SCHWEIZER, Hrsg. 1979, S. 101—112.

STÖCKLIN, J.: Ein Querschnitt durch den Ost-Elburz. EGH 52, 1960, S. 681—694.

STÖCKLIN, J.: Lagunare Formationen und Salzdome in Ostiran. In: EGH 54, 1961, S. 1—27.

STÖCKLIN, J.: Structural history and tectonics of Iran: a review. Am. Ass. Petrol. Geologists Bulletin 52, 1968, S. 1229—1258.

STÖCKLIN, J. u. a.: Central Lut reconnaissance, East Iran. GSI Report No. 22, 1972.

STOLZE, F. — F. C. ANDREAS: Die Handelsverhältnisse Persiens mit besonderer Berücksichtigung der deutschen Interessen. PM Erg. H. 77, 1884/5.

STRATIL-SAUER, G. und L.: Kampf um die Wüste. Berlin 1934.

STRATIL-SAUER, G.: Umbruch im Morgenland. Leipzig 1935.

STRATIL-SAUER, G.: Wandlungen und Wanderungen der Bevölkerung von Vorderasien. Archiv für Wanderungswesen 7, Leipzig 1935, S. 71—78.

STRATIL-SAUER, G.: Eine Route im Gebiet des Kuh-e-Hezar (Südiran). PM 83, 1937, S. 309—313 u. S. 353—356.

STRATIL-SAUER, G.: Meschhed. Eine Stadt baut am Vaterland Iran. Leipzig 1937.

STRATIL-SAUER, G.: Birdjand, eine ostpersische Stadt. MÖGG 92, 1950, S. 106—122.

STRATIL-SAUER, G.: Studien zum Klima der Wüste Lut und ihrer Randgebiete. Sitzungsber. Österr. Akad. Wiss., Math.-Nat. Klasse, Abt. I, 161 Bd., 1. Heft, 1952, S. 19 bis 78.

STRATIL-SAUER, G.: Die Sommerstürme Südostirans. Archiv für Meteorologie, Ser. B., Bd. 4, 2, 1952, S. 133—153.

STRATIL-SAUER, G.: Geographische Forschungen in Ostpersien. I. Die ostpersische Meridionalstraße. II. Route durch die Wüste Lut und ihre Randgebiete. Abh. Geogr. Ges. Wien, Bd. 17, Heft 2 und 3, 1953 und 1956.

STRATIL-SAUER, G.: Forschungen in der Wüste Lut. Wiss. Z. Univ. Halle 3., 1956, S. 569—574.

STRATIL-SAUER, G.: Die pleistozänen Ablagerungen im Innern der Wüste Lut. Festschr. Hundertjahrfeier Geogr. Ges. Wien, 1856—1950, Wien 1957, S. 460—484.

STRATIL-SAUER, G. — O. WEISE: Zur Geomorphologie der südlichen Lut und zur Klimageschichte Irans. Würzb. Geogr. Arb. 41, Würzburg 1974.

STRONACH, D.: Achaemenian village I at Susa and the Persian migration. Iran 12, 1974, S. 239—248.

SUMNER, W.: Excavations at Tall-i-Malyan (Anshan) 1974. Iran 14, 1976, S. 103—115.

SUNDERLAND, E.: Early man in Iran. In: W. B. FISHER, Hrsg., Cambridge 1968, S. 395—408.

SUNDERLAND, E.: Pastoralism, nomadism and the social anthropology of Iran. In: W. B. FISHER, Hrsg., Cambridge 1968, S. 611—683.

Survey of squatter settlements in Iran: Preliminary results for Tehran. Univ. of Tehran, Inst. for Soc. Studies and Research. Juni 1972.

SYKES, H. R.: The Lut, the great desert of Persia. Journal Manchester Geogr. Soc. 23, 1907, S. 60—76.
SYKES, M.: The Kurdish tribes of the Ottoman empire. Journal Royal Anthrop. Soc. 38, 1908, S. 451—486.
SYKES, P. M.: Southern Persia and Baluchistan. Trans. Liverpool Geogr. Soc. 1902, S. 69—78.
SYKES, P. M.: A fourth journey in Persia 1897—1901. GJ 19, 1902, S. 121—173.
SYKES, P. M.: The geography of southern Persia as affecting its history. Scot. Geogr. Mag. 18, 1902, S. 618—631.
SYKES, P. M.: Ten thousand miles in Persia or eight years in Iran. London 1902.
SYKES, P. M.: A history of Persia. London, 2 Bde., 1915.
SYMANSKI, R. — I. R. MANNERS — R. J. BROMLEY: The mobile-sedentary continuum. Annals Ass. Am. Geogr. 65, 1975, S. 461—471.

TAPPER, R.: Black Sheep, White Sheep and Red Heads. A historical sketch of the Shahsavan of Azarbaijan. Iran 4, 1966, S. 61—84.
TAPPER, R.: Shahsevan in Safavid Persia. Bull. School of Oriental and African Studies, Univ. of London 37, 1974, S. 349—354.
TARAZ, H.: Geology of the Sumaq-Deh Bid area; Abadeh region — Central Iran. GSI Report No. 37, Tehran 1974.
TATE, G. P.: Seistan: Memoir on the history, topography, ruins and people of the country. Part IV: The people of Seistan. Calcutta 1910.
TAVANA, J.: An examination of geochemical data of subsurface waters in the Qum area. Arid Zone Research 14, 1961, S. 53—56.
TAVERNIER, J. B.: Voyages en Perse et déscription de ce royaume. Paris 1677.
TAVERNIER, J. B.: Les six voyages de Jean Baptiste Tavernier, en Perse, et aux Indes. Paris 1679.
TAVERNIER, J. B.: Les six voyages... qu'il a fait en Turquie, en Perse et aux Indes. Paris 1681 (Neuere Ausgabe, hrsg. von J. B. BRETON: Voyages de Tavernier, 3 Bde., Paris 1810).
TCHALENKO, J. S. et al.: Materials for the study of seismotectonics of Iran: north-central Iran. GSI Report No. 29, Tehran 1974 (Sammelband von 6 Beiträgen).
TCHALENKO, J. S. et al.: Tectonic framework of the Tehran Region. GSI Report No. 29, 1974, S. 7—46.
TCHALENKO, J. S. — M. BERBERIAN — H. BEHZADI: Geomorphic and seismic evidence for recent activity on the Doruneh fault, Iran. Tectonophysics 19, 1973, S. 333—341.
THAISS, G.: The bazaar as a case-study of religion and social change. In: YAR-SHATER, E., Hrsg., Iran Faces the Seventies. New York–Washington–London 1971, S. 189 bis 216.
THESIGER, W.: The Marsh Arabs. London 1964.
THEVENOT, J.: Relation d'un voyage fait au levant... Paris, 2 Bde., 1674 (Deutsche Übers.: Des Herrn Thevenots Reisen in Europa, Asia und Africa. Frankfurt am Mayn 1693).
THOMPSON, C. T. — M. J. HUIES: Peasant and bazaar marketing systems as distinct types. Anthropological Quarterly 41, 1968, S. 218—227.
THORNTON, A. P.: British policy in Persia, 1858—1890. Engl. Hist. Rev. 69, 1954, S. 554—579.

THORPE, J. K.: Cyclic markets and central place systems: the changing temporal and locational spacing of markets in the Caspian littoral of Iran. In: EHLERS, E., Hrsg., Marburg 1979, S. 83—110.

TIETZE, W.: A matter of terminology: A critical look at migratory stock breeding. Geoforum 13, 1973, S. 79—83.

TILGNER, U.: Umbruch im Iran. Augenzeugenberichte — Analysen — Dokumente. RoRoRo Aktuell 4441, Reinbek (März) 1979.

TOMASCHEK, W.: Zur historischen Topographie von Persien. Sitzungsber. d. phil.-hist. Classe der Kaiserl. Akad. d. Wissenschaften zu Wien, Band 102 und 108; (Neudruck der Ausgaben von 1883 und 1885) Osnabrück 1972.

TOSI, M.: Excavations at Shahr-i Sokhta, a chalcolithic settlement in the Iranian Sistan. East and West, NS 18, 1968, S. 9—66.

TOSI, M.: Early urban revolution and settlement patterns in the Indo-Iranian borderland. In: RENFREW, C., Hrsg., The Explanation of Culture Change: Models in Prehistory, London 1973, S. 429—446.

TOSI, M.: The problem of turquois in protohistoric trade on the Iranian plateau. Studi di Paletnologica, Paleonthropologia, Paleontologica et Geologia del Quaternaria (NS) 2, 1974, S. 147—162.

TOSI, M.: Gedanken über den Lasursteinhandel des 3. Jahrtausends v. u. Z. im iranischen Raum. Acta Antiqua Academiae Scient. Hungaricae 22, 1974, S. 33—43.

TOSI, M.: The lapis lazuli trade across the Iranian plateau in the 3rd millennium B. C. Gururajamaujarika (Studi on onore di Giuseppe Tucci), Neapel 1974.

TOSI, M.: Some data for the study of prehistoric cultural areas on the Persian Gulf. Proc. Seminar for Arabian Studies 4, 1974, S. 145—176.

TOSI, M.: Bampur: A problem of isolation. East and West NS 24, 1974, S. 29 bis 49.

TREZEL, Trezels Kunde von Ghilan und Mazanderan. In: JAUBERT, P. A., Reise durch Armenien und Persien in den Jahren 1805 und 1806. Neue Bibliothek der wichtigsten Reisebeschreibungen..., Bd. 31, Weimar 1822.

TROLL, C.: Qanat-Bewässerung in der Alten und Neuen Welt. MÖGG 105, 1963, S. 313—330.

TROLL, C. — K. H. PAFFEN: Karte der Jahreszeiten-Klimate der Erde. Erdkunde 18, 1964, S. 5—24.

TUMA, E. H.: Agrarian reform and urbanization in the Middle East. MEJ 24, 1970, S. 163—177.

TURRI, E.: Villaggi fortificati in Iran e Afghanistan. Riv. Geogr. Italiana 71, 1, 1964, S. 20—34.

ULE, W.: Die landwirtschaftlichen Aktiengesellschaften in Iran. Z. Ges. Genossenschaftswesen 20, 1970, S. 372—381.

UNDP/FAO: Integrated planning of irrigated agriculture in the Varamin and Garmsar plains. AGL: SF/IRA 12, Rom 1970 f. (mindestens 12 Bde.).

UPTON, J. M.: The history of modern Iran. An interpretation. Harvard Middle Eastern Monograph Series. Cambridge/Mass., 3. Aufl. 1965.

VALLE, P. DELLA: Viaggi (1681). 2 Bde., Brighton 1843.

Vambery, H.: Die Turkomanensteppe und ihre Bewohner. Westermanns Monatshefte 48, 1880, S. 363—373.
Vanden Berghe, L.: Archéologie de l'Iran ancien. Leiden 1959.
Vanden Berghe, L.: Récentes découvertes de monuments Sassanides dans le Fars. Iranica Antiqua 1, 1961, S. 163—198.
Vanden Berghe, L.: Les reliefs Elamites de Mālāmir. Iranica Antiqua 3, 1963, S. 22 bis 39.
Veenenbos, J. S.: Unified report of the soil and land classification of Dezful project, Khuzistan/Iran. Ministry of Agriculture, Soil Institute of Iran, o. O. (Teheran) 1968.
Velsink, H.: Iran's new port of Bandar Abbas. The Dock and Harbour Authority 49, No. 579, 1969, S. 339—345.
Vieille, P.: La société rurale et le developpement agricole du Khouzistan. L'Année Sociologique 16, 1965, S. 85—112.
Vieille, P.: Un groupement féodal en Iran. Revue Franç. de Sociologie 6, 1965, S. 175—190.
Vieille, P.: Marché des terrains et société urbaine. Recherche sur la ville de Tehran. Paris 1970.
Vieille, P.: Les paysans, la petite bourgeoisie rurale et l'état après la réforme agraire en Iran. Annales-Economies, Societés, Civilisations 27, 1972, S. 347—372.
Vieille, P.: La féodalité et l'état en Iran. Paris 1975.
Vieille, P. et al.: Abadan: morphologie et fonction du tissu urbain. RGE 4, 1964, S. 337—385.
Vieille, P. et al.: Abadan: tissu urbain, attitudes et valeurs. RGE 9, 1969, S. 361—378.
Vieille, P. — A. H. Banisadr: Pétrole et violence. Terreur blanche et resistence en Iran. Paris 1974.
Vieille, P. — M. Mohseni: Ecologie culturelle d'une ville islamique: Tehran. RGE 9, 1969, S. 315—359.
Vieille, P. — J. Nabavi: Les pêcheries de la Caspienne et les migrations saisonnières du Khal-Khal. Rev. Géogr. Lyon 45, 1970, S. 139—162.
Vita-Finzi, C.: Late quaternary alluvial chronology of Iran. GlR 58, 1969, S. 951—973.
Vita-Finzi, C.: Quaternary deposits in the Iranian Makran. GJ 141, 1975, S. 415—420.
Vita-Finzi, C.: Recent alluvial history in the catchment of the Arabo-Persian Gulf. In: Brice, W. C., Hrsg. 1978, S. 255—261.
Vreeland, H. H.: Ethnic groups and languages in Iran. In: A. Shiloh, Hrsg., Peoples and Cultures of the Middle East, New York 1969, S. 51—68.

Wagner, M.: Reise nach Persien und dem Lande der Kurden. Leipzig, 2 Bde., 1852.
Walser, G., Hrsg.: Beiträge zur Achämenidengeschichte. Historia-Einzelschriften, Heft 18. Wiesbaden 1972.
Walther, H. W.: Orogenstruktur und Metallverarbeitung im östlichen Zagros (SE-Iran). GlR 50, 1960, S. 353—374.
Wasylikowa, K.: Late quaternary plant macrofossils from Lake Zeribar, western Iran. Rev. Palaeobotan. Palynol. 2, 1967, S. 313—318.
Waterfield, R. E.: Christians in Persia. Assyrians, Armenians, Roman Catholics and Protestants. London 1973.
Watson, R. A.: The snow sellers of Mangalat, Iran. Anthropos 59, 1964, S. 904—910.

WEICKMANN, L.: Luftdruck und Winde im östlichen Mittelmeergebiet. Habilitationsschrift München; Bayerische Landeswetterwarte München 1922.

WEICKMANN, L.: Häufigkeitsverteilung und Zugbahnen von Depressionen im Mittleren Osten. Meteor. Rundschau 13, 1960, S. 33—38.

WEIGT, E.: Irans Erdöl und der Welt größte Raffinerie in Abadan. GR 9, 1957, S. 41—49.

WEISE, O. R.: Das Fußflächen-Phänomen in Iran. Beobachtungen zur Morphodynamik auf Pedimenten bei Bafq, Kerman und Bam. 37. Dt. Geographentag Kiel, 1969, Tag.Ber. u. wiss. Abh., Wiesbaden 1970, S. 572—582.

WEISE, O. R.: Zur Morphodynamik der Pediplanation mit Beispielen aus Iran. Z. f. Geomorph., Suppl. Bd. 10, 1970, S. 64—87.

WEISE, O. R.: Beobachtungen zur Siedlungslage im Iranischen Hochland — mit Beschreibung charakteristischer Beispiele. Würzb. Geogr. Arbeiten 37 (Festschr. Walter Gerling), 1972, S. 429—452.

WEISE, O. R.: Zur Hangentwicklung und Flächenbildung im Trockengebiet des iranischen Hochlandes. Würzb. Geogr. Arbeiten 42, 1974.

WEISE, O. R.: Die Rolle von Schichtstufen und Schichtkämmen bei der Flächenbildung im iranischen Hochland. In: EHLERS, E., Hrsg., Marburg 1974, S. 21—38.

WEISE, O. R.: Morphodynamics and morphogenesis of pediments in the desert of Iran. GJ 144, 1978, S. 450—462.

WEISE, O. R.: The natural resources of the Jaz Murian desert in Baluchistan (S.E. Iran) with regard to the development of agriculture. In: SCHWEIZER, G., Hrsg. 1979, S. 25 bis 42.

WELLMANN, H. W.: Active wrench faults of Iran, Afghanistan and Pakistan. GlR 55, 1965, S. 716—735.

WENZEL, H.: Mazändäran, Irans landwirtschaftliche Musterprovinz. GZ 46, 1940, S. 262—270.

WENZEL, H.: Das Harastal am Demavend. ZGEB 1942, S. 66—71.

WESTPHAL-HELLBUSCH, S.: Jägerspezialisten in Mazanderan. Baessler-Archiv NF 11, 1963, S. 93—105.

WHITEHOUSE, D.: Excavations at Siraf: Fifth interim report. Iran 10, 1972, S. 63—87.

WHITEHOUSE, D. — A. WILLIAMSON: Sassanian maritime trade. Iran 11, 1973, S. 29—49.

WIDENGREN, G., Hrsg.: Iranische Geisteswelt — von den Anfängen bis zum Islam. Baden-Baden 1961.

WIDENGREN, G.: The status of the Jews in the Sassanian empire. Iranica Antiqua 1, 1961, S. 117—162.

WIDENGREN, G.: Die Religionen Irans. Stuttgart 1965.

WIDENGREN, G.: Der Feudalismus im alten Iran. Wiss. Abh. Arb. gem. für Forschung des Landes Nordrhein-Westf. 40, Köln–Opladen 1969.

WILBER, D. N.: The Timurid court: Life in gardens and tents. Iran 17, 1979, S. 127—133.

WILBRAHAM, R.: Travels in the Transcaucasian provinces of Russia and along the southern shore of the lakes of Van and Urumiah in the autumn and winter of 1837. London 1839.

WILHELMY, H.: Die klimageomorphologischen Zonen und Höhenstufen der Erde. Z. f. Geomorph. NF 19, 1975, S. 353—376.

WILSON, A. T.: Notes on a journey from Bandar Abbas to Shiraz viâ Lar, in February and March, 1907. GJ 31, 1908, S. 152—169.

WILSON, A. T.: Report on Fars. Simla 1916
WILSON, A. T.: The Persian Gulf. A historical sketch from the earliest times to the beginning of the twentieth century. London 1928 (Neudruck ³1959).
WIRTH, E.: Landschaft und Mensch im Binnendelta des unteren Tigris. Mitt. Geogr. Ges. Hamburg 52, 1955, S. 7—70.
WIRTH, E.: Strukturwandlungen und Entwicklungstendenzen der orientalischen Stadt — Versuch eines Überblicks. Erdkunde 22, 1968, S. 101—128.
WIRTH, E.: Das Problem der Nomaden im heutigen Orient, GR 21, 1969, S. 41 bis 51.
WIRTH, E.: Syrien. Eine geographische Landeskunde. Wissenschaftliche Länderkunde 4/5, Darmstadt 1971.
WIRTH, E.: Zum Problem des Bazars und der Umlandbeziehungen iranischer Städte. Die Erde 103, 1972, S. 184—186.
WIRTH, E.: Die Beziehungen der orientalisch-islamischen Stadt zum umgebenden Lande. Erdkundliches Wissen, Bd. 33 (Beihefte zur Geogr. Zeitschrift), Geographie heute — Einheit und Vielfalt (Plewe-Festschrift), 1973, S. 323—332.
WIRTH, E.: Zum Problem des Bazars (suq, çarsi). Versuch einer Begriffsbestimmung und Theorie des traditionellen Wirtschaftszentrums der orientalisch-islamischen Stadt. Der Islam 51, 1974, S. 203—260; 52, 1976, S. 6—46.
WIRTH, E.: Die orientalische Stadt. Ein Überblick aufgrund jüngerer Forschungen zur materiellen Kultur. Saeculum 26, 1975, S. 45—94.
WIRTH, E.: Zur Theorie periodischer Märkte aus der Sicht von Wirtschaftswissenschaften und Geographie. Erdkunde 30, 1976, S. 10—15.
WIRTH, E.: Der Orientteppich und Europa. Erlanger Geogr. Arb. 37, 1976.
WIRTH, E.: Zur wissenschaftstheoretischen Problematik der Länderkunde. GZ 66, 1978, S. 241—261.
WIRTH, E.: Theoretische Geographie. Grundzüge einer Theoretischen Kulturgeographie. Stuttgart 1979.
WIRTH, E.: Zum Beitrag von G. Bahrenberg: ›Anmerkungen zu E. Wirths vergeblichem Versuch...‹ GZ 67, 1979, S. 158—162.
WISSMANN, H. v.: Die heutige Vergletscherung und Schneegrenze in Hochasien mit Hinweisen auf die Vergletscherung der letzten Eiszeit. Akad. Wiss. Lit. Mainz, Abh. Math.-Nat. Klasse Jg. 1959, No. 14, Wiesbaden 1959.
WISSMANN, H. v.: Bauer, Nomade und Stadt im islamischen Orient. In: PARET, R., Hrsg., Die Welt des Islam und die Gegenwart, Stuttgart 1961, S. 22—63.
WITTFOGEL, K. A.: The hydraulic civilizations. In: W. L. THOMAS, Hrsg., Man's Role in Changing the Face of the Earth, Chicago 1956, S. 152—164.
WOODS, J. E.: The Aqquyunlu. Clan, confederation, empire. A study in 15th/9th century Turko-Iranian politics. Bibliotheca Islamica (Studies in Middle Eastern History 3), Minneapolis–Chicago 1976.
WRIGHT, H. E.: Pleistocene glaciation in Kurdistan. Eiszeitalter u. Gegenwart 12, 1962, S. 131—164.
WULFF, H. E.: The traditional crafts of Persia. Their development, technology, and influence on eastern and western civilizations. Cambridge/Mass.–London 1966.
WULSIN, F.: Excavations at Tureng Tepe, near Asterabad. Supplement to Bulletin American Institute for Persian Art and Archeology II, New York 1932.

WUNDERLICH, H. G.: Zur Verkarstung der Zagrosketten bei Firuzabad (Provinz Fars/Iran). Ein Beitrag zur vergleichenden Karsthydrographie. Arbeiten aus dem Institut für Geologie und Paläontologie an der Univ. Stuttgart N. F. 70, 1973, S. 183—192.

YACHKASCHI, A.: Les fonctions de la forêt en Iran. Bulletin 17 de la Faculté Forestière de l'Université Téhéran 1969—1970, S. 78—87.
YACHKASCHI, A.: Die wirtschaftliche Lage der Walddorfbewohner im Iran und deren Einfluß auf den Wald. ZfAL 12, 1973, S. 6—21.
YAR-SHATER, E., Hrsg.: Iran faces the seventies. New York–Washington–London 1971.
YATE, C. E.: Khurasan und Sistan. Edinburgh–London 1900.
YOUNG, T. C.: Survey in western Iran. JNES 25, 1966, S. 228—239.
YOUNG, T. C.: The Iranian migration into Zagros. Iran 5, 1967, S. 11—34.
YOUNG, T. C. — P. E. L. SMITH: Research in the prehistory of central western Iran. Science 153, 1966, S. 386—391.
YOUSSEFI, G.: Wasserwirtschaftliche Probleme der iranischen Bewässerungswirtschaft unter besonderer Berücksichtigung des Gilangebietes. Der Tropenlandwirt 78, 1977, S. 122—129.

ZAEHNER, R. C.: Zoroastrian survivals in Iranian folklore. Iran 3, 1965, S. 87—96.
ZAGARELL, A.: Nomad and settled in the Bakhtiari mountains. Sociologus NF 25, 1975, S. 127—138.
ZAHEDI, H.: Les vignobles Iraniens. Acta geogr. 72, 1968, S. 35—38.
ZAMANI, S. B.: Die Entwicklung des Ostan West-Azarbayejan. Ein Beitrag zur Regionalplanung im Iran. Diss. TU Berlin 1976.
ZAREH, F.: Ostan Ost-Azarbaidschan. Eine Studie zur Entwicklung als Beitrag zur Regionalplanung im Iran. Diss. TU Berlin 1976.
ZARRINKUB, A. A. H.: The Arab conquest of Iran and its aftermath. In: FRYE, R. N., Hrsg., Cambridge 1975, S. 1—56.
ZAVRIEV, V. G. — A. N. KOSAREV: Die iranischen Kaspizuflüsse. Izv. Akad. Nank SSR 1961, S. 117—120.
ZEIST, W. v. — H. E. WRIGHT, Jr.: Preliminary pollen studies at Lake Zeribar, Zagros Mountains, south-western Iran. Science 140, 1963, S. 65—67.
ZEIST, W. van: Late quaternary vegetation history of western Iran. Rev. Palaeobotan. Palynol., 2, 1967, S. 301—311.
ZOHARY, M.: On the geobotanical structure of Iran. Bull. Research Council Israel, Section D.: Botany, 1963.
ZOHARY, M.: Geobotanical foundations of the Middle East. Stuttgart–Amsterdam, 2 Bde., 1973.
ZONIS, M.: The political elite of Iran. Princeton Studies on the Near East. Princeton 1971.
ZONIS, M. — J. A. BILL: Classes, elites and Iranian politics: An exchange. IS 8, 1975, S. 134—163.

REGISTER

Namenregister

Das folgende Namensverzeichnis erfaßt die Namen aller im fortlaufenden Text genannten Autoren, Reisenden und historischen Persönlichkeiten. *Nicht* erfaßt sind die in den Literaturübersichten des regionalen Teils (Kap. V Abschn. 2.4, 3.3, 4.1.4, 4.2.4, 4.3.6, 4.4.6 und 5.4) genannten Autoren.

Abakarow, M. J. 321
Abbas → Shah Abbas
Abbott, K. E. 329
Abulfeda 18
Achämenes 7
Adams, R. Mc. 54. 130. 136. 139. 145. 275. 462f.
Adle, A. H. 64. 96
Agha Mohammad Khan 434. 483
Ahmad Shah Durrani 434
Ahrens, P. G. 280
Akascheh, B. 62
Al-Biruni 144
Alexander der Große 7. 8
Algar, H. 289
Ali (Chalif) 143
Ali-ar-Riza (Imam) 365
Alimardani, M. 114f.
Al-Istakhri 18
Aliyev, S. M. 270
Allah-Verdi Khan 162
Allenbach, P. 33. 50
Altheim, F. 138f. 151
Altvater, W. 308
Amani, M. 196
Ambraseys, N. N. 61f.
Amiet, P. 133
Amirie, A. 317
Amirsadeghi, H. 318
Amuzegar, J. 318. 501
Anderson, S. C. 108
Andersskog, B. 110

Andreas, F. C. 181
Andriesse, J. P. 114
Arasteh, A. R. 151
Ardashir (Sass. König) 8. 402
Aresvik, O. 123. 226
Artaban V. (Sass. König) 8. 402
Aryavand, A. 115
Ashraf, A. 151. 178
Atai, M. 391. 394
Aubin, J. 154
Avicenna → Ibn Sina
Ayatollah Khomeini → Khomeini
Azimi, M. A. 90

Baba Taher 278. 383
Bacharach, J. L. 508
Bagley, F. R. C. 470
Bahrambeygui, H. 273. 280. 353. 487. 494f.
Bahrenberg, G. XXIV. XXIXf.
Baier, E. 24
Bailey, E. B. 33
Bakhtiar, Sh. 503
Banisadr, A. H. XXVIII. XXX. 318
Bariand, P. 54
Barth, F. 254. 256. 260. 263. 271. 372
Bates, D. G. 263. 271
Bauer, J. 65
Bayati, A. B. 458
Bazargan, M. 188. 503
Bazin, D. 54. 56. 306

Bazin, M. 118. 201. 237. 239. 241. 273. 322. 428. 430
Beale, Th. W. 54. 133. 508
Beaumont, P. 73. 84. 89. 91f. 100. 355
Beazley, E. 221
Becker, H. 26
Beckett, P. H. T. 91
Behn, W. 254
Behzadi, H. 62
Benet, F. 145
Berberian, M. 61f. 418
Berghe → Vanden Berghe, L.
Bergmann, H. 247. 405
Berthaud, E. 203
Bessaignet, P. 338
Beuermann, A. 251
Bharier, J. 58. 196. 198. 209. 292. 309
Bhimaya, C. P. 122ff.
Bildner, R. 311
Bill, J. A. 171. 206
Binder, L. 163
Binkele, R. 76
Bivar, A. D. H. 322
Black-Michaud, J. 254
Blanchard, R. 21
Blau, O. 176. 181. 339
Blume, H. 48
Bobek, H. 21. 27f. 33. 42. 46. 51. 53. 68. 74f. 80. 91. 95ff. 107. 125f. 128f. 131. 146. 151f. 200. 204. 212f. 215. 218. 225. 228. 230. 233ff. 298. 301. 325. 331f. 347. 363. 415ff. 446. 488. 491. 499
Bode, C. A. de 20
Boeckh, H. 24. 31
Böhne, E. 55
Boesch, H. 251
Bonine, M. E. 208. 241. 277. 295. 297f. 320. 433. 492
Bosworth, C. E. 144. 163
Bout, P. 35. 347
Bowen-Jones, H. 39. 73
Boyce, M. 140. 203. 432
Boykin, C. C. 499
Boyle, J. A. 156
Braidwood, R. J. 129
Brandt, M. v. 181

Braun, C. 485
Breddin, H. 34
Bromberger, C. 210
Bromley, R. J. 398
Brown, J. A. 168
Brown, L. C. 145
Brugsch, H. 339. 484. 486
Brundage, B. C. 151
Buhse, A. 42. 99
Burney, C. B. M. Mc. 110. 129
Burnol, L. 56
Bush, B. C. 181
Busse, H. 12. 18. 163. 317. 509

Cahen, Cl. 145f. 150ff. 155f.
Caldwell, J. R. 132
Calmeyer, P. 54. 376
Cappieri, M. 133
Cardi, B. de 132
Carey, A. G. 311
Carey, J. P. C. 311
Carle, R. 396
Carls, H. J. 53
Centlivres-Demont, M. 241
Chardin, J. 19. 168. 171. 282. 387f. 430
Childe, G. 130
Christensen, A. 135
Christensen, N. 210
Christian, A. J. 396. 399
Christiansen-Weniger, F. 223
Christodoulou, D. 270
Churchill, R. P. 179. 186
Clapp, G. R. 470
Clark, D. B. 373
Clarke, J. I. 165. 281. 373
Clevenger, W. M. 145
Collin-Delavaud, C. 328
Connell, J. 295. 357
Costantini, L. 443
Coste, P. 20. 388
Costello, V. F. 237. 241. 281. 295. 431
Coulbourn, R. 151
Cowgill, U. M. 125
Craig, D. 405
Curzon, G. N. 19f. 176. 383. 388. 408f. 463. 474

Damm, B. 63
Dandamayev, M. A. 138
Darius I. 7
De Cardi → Cardi
Dedual, E. 33
De Gobineau → Gobineau
De Goeje → Goeje
De Mauroy → Mauroy
De Misonne → Misonne
De Morgan → Morgan
Demorgny, G. 399. 403
Denman, D. R. 245
De Planhol → Planhol
Derruau, M. 35. 347
Deshayes, J. 54. 508
Desio, A. 51. 126. 385
Dettmann, K. 274
Deveaux, C. L. 121
Dewan, M. L. 111f. 115
Diakonoff, J. M. 138
Dieckmann, D. 302
Digard, J. P. 255. 260. 393
Djahan Shah 336
Djalali, M. 225
Djazani, I. 58. 463f.
Djezirei, M. H. 80. 457
Djingiz Khan 156f.
Doerfer, G. 155. 201
Dorn, B. 20. 322
Dostal, W. 135
Dowson, V. H. W. 220. 472. 479
Dresch, J. 27. 35. 41. 43. 45. 347. 414. 419. 445ff.
Drower, E. S. 142. 472
During-Caspers, E. C. L. 508
Dyer, R. E. H. 445
Dyson-Hudson, N. 54. 133. 263

Eagleton, W. 336
Edmonds, C. J. 254. 374. 377
Egger, W. 302
Ehlers, E. 46. 53. 58. 74. 76. 84f. 100. 118f. 125f. 148. 152. 160. 176f. 179. 189. 198. 200f. 208f. 215. 223. 225f. 230. 233f. 236. 239. 241ff. 253f. 260f. 268. 272. 282. 284f. 293. 295ff. 301f. 314. 316. 320f. 327f. 330. 332f. 355. 363. 367. 381f. 418. 422. 433f. 457. 468ff. 489. 491f. 495. 499. 501. 504. 510f.
Ehmann, D. 119. 159. 209. 239. 252. 254f. 260f. 263. 393f. 470
Eichwald, E. 20
Eickstedt, E. v. 201. 376
Elkan, W. 201
Elwell-Sutton, L. P. 187
English, P. W. 91. 136. 144. 155. 203. 233. 236. 241. 271. 281. 301. 435f. 492
Entner, M. 181
Erdmann, K. 135
Esther 384
Evans, G. 459

Fairservis, W. A. Jr. 443
Falcon, N. L. 30. 32. 37. 47. 51. 63. 385. 458. 478
Famouri, J. 111f. 115
Farid-uddin Attar 362
Farughy, A. 18
Farzand Ali 278
Fath Ali Shah 11
Fatima 143
Fehervari, G. 322
Feilberg, C. G. 254f.
Fekrat, M. A. 318. 501
Ferrier, R. W. 165
Fecharaki, F. 58
Fecharaki, P. 232
Field, H. 133. 201. 508
Finster, B. 443
Firdausi 8. 9. 144. 508
Firouzi, F. 196
Fischel, W. J. 142
Fischer, K. 442f.
Fisher, W. B. 21
Flandin, E. 20
Flannery, K. V. 130
Floor, W. M. 172. 282
Flower, D. J. 91
Förster, H. 26. 30. 34. 54. 56
Franz, E. 254
Fraser, J. B. 19. 174. 323. 329
Frechtling, L. E. 179

Frei, E. 54. 58
Frey, W. 87. 96. 99f. 105. 119. 396
Frye, R. N. 135. 151
Furon, R. 24

Gabriel, A. 17. 18. 42f. 81. 121. 126. 140. 172. 203. 344. 419f. 422f.
Gabriel, E. 457
Ganji, M. H. 64. 81
Ganssen, R. 115
Gansser, A. 24. 30. 33. 49. 51. 61f. 339
Garthwaite, G. R. 393
Gaube, H. 138. 145. 275. 281f. 387. 388. 400. 422
Gauglitz, K. G. 277
Gauhar Shad 365
Gehrke, U. 21
Gentry, H. S. 105
Gharatchehdaghi, C. 243. 355
Ghazan 336
Ghirshman, R. 54. 133ff. 476. 508
Gilli, A. 99. 106
Gläser, H. A. M. 118. 331
Glaus, M. 33
Gobineau, A. de 174f.
Goblot, H. 136
Goeje, J. de 18
Golegolabe, H. 107
Goodell, G. 245. 470
Gorektor, N. S. 508
Greaves, R. L. 179
Greenfield, H. 174
Gregorian, V. 165. 168
Grothe, H. 382
Grunebaum, G. v. 145. 151. 289
Grunert, J. 51. 53. 126. 385. 425

Haars, W. 126
Hadary, G. 204
Häntzsche, J. C. 176. 322
Hafez 10. 406. 508
Hagedorn, H. 126
Hahn, H. 245
Halliday, F. 201. 311. 318. 495
Hallier, U. W. 421. 440
Hambly, G. 175

Hamd'Allah Mustawfi 18
Hanel, A. 246
Hanna, B. 196
Hansen, D. P. 139. 275. 462
Hansman, J. 396. 459
Hanway, J. 19
Haque, Z. 151
Harrison, J. V. 29. 32f. 36f. 50f. 54. 102. 480
Hartmann, H. P. 344
Hartung, F. 95. 136
Harun-ar-Raschid 9. 365
Hasan 143
Hauptmann, H. 91. 345
Hedin, S. 421
Henning, I. 50
Herbert, Th. 19. 168
Hermann, G. 133
Hertslet, E. 344
Herzfeld, E. 20. 135
Herzog, R. 269f.
Hinz, W. 140. 161f.
Hirschi, H. 51
Hoeppner, R. R. 188. 303. 305
Hövermann, J. 46. 53
Hole, F. 130
Hollis, G. E. 322
Holmes, J. 237
Holzer, H. F. 54
Hooglund, E. J. 234
Hosein 143
Hourani, A. H. 145
Hourcade, B. 200. 491. 498f.
Houtum-Schindler, A. 339
Howe, B. 129
Huber, H. 33
Huckriede, R. 126. 129
Hübner, H. 54. 56. 306
Hütteroth, W. D. 215. 251. 255. 263. 265. 372f.
Huies, M. J. 239
Hutchinson, G. E. 125

Ibn Battuta 18
Ibn Haukal 17. 160
Ibn Rusta 17

Ibn Sina 9. 144. 383
Ibrahim, F. 123
Imam Quli Khan 406
Imam Reza 163. 365 ff. 406. 428
Imhoff, Chr. v. 510
Irons, W. 158. 201. 253. 260
Ismail 161 f. 164. 317
Issar, A. 88 f. 92
Issawi, Ch. 22. 172. 302. 339. 390
Istakhri 160
Ivanov, W. 360

Jacobs, N. 151
Jacqz, J. W. 318
Jahn, K. 336
James, G. A. 58
Jani Agha Qashqai 397
Janzen, J. 246
Jaubert, P. A. 323
Jezdegerd III. 143
Johnson, G. A. 132
Jones, F. L. 122
Jones, K. S. 499
Jungfer, E. 116. 447

Kämpfer, E. 19. 167. 387
Kardavani, P. 28. 74. 363. 421. 423 f.
Karim Khan Zand 162. 165. 170. 377. 406. 483
Kask, J. L. 111
Kassler, P. 455
Kazemzadeh, F. 181
Keddie, N. R. 163. 181. 245. 289
Kent, P. E. 51
Khademadam, N. 247. 405
Khain, V. E. 24
Khalili, A. 348
Khatibi, N. 245
Khayam, Omar 362. 507
Khomeini (Ayatollah) XXVII. XXIX. 143. 181. 316. 428. 503
Khosrovi, K. 234. 239. 245. 248
Kinneir, J. M. 19. 483
Klaer, W. 52
Kleiss, W. 12. 91. 345
Klengel, H. 159. 371. 375

Knox d'Arcy 186
Kober, L. 23
Koch, J. 215. 342
Köppen, W. 64
Kopp, H. 242. 272. 283. 285. 293. 320. 328
Korby, W. 292 ff. 303. 352. 390. 488 f. 491
Kortum, G. 136. 168. 226. 241 f. 252. 293. 305. 390. 396. 403. 405. 409. 473
Kosarev, A. N. 322
Koszinowski, Th. 304
Krader, L. 271
Kraus, W. 269
Krawulsky, D. 351
Krinsley, D. B. 27. 43. 126. 417
Krogmann, W. M. 133
Krumsiek, K. 26
Krziz, A. 484
Kuhle, M. 53. 126. 425
Kuros, G. R. 91
Kyros 7. 317

Lamberg-Karlovsky, C. C. 54. 132 f.
Lambton, A. K. S. 146. 148. 153. 155 f. 163. 173. 175. 221. 233 f. 243. 245. 360. 391. 393
Lang, C. L. 442
Lapidus, I. M. 145
Larsen, C. E. 458 f.
Lautensach, H. 1. 4. 319
Lay, D. M. 108
Layard, A. H. 19 f. 376
Lees, G. M. 37. 58. 458
Leidlmair, A. 269
Lenczowski, G. 181. 187. 318
Leng, G. 151
Lerche, G. 219
Leroi-Gourhan, A. 129
Levine, L. D. 139. 371
Levy, R. 151
Litten, W. 178. 488
Lockhart, L. 483
Lodi, H. S. K. 237
Löffler, H. 87
Löffler, R. 234. 254. 256 f. 263. 270. 400
Lorenz, C. 33
Lorimer, J. G. 253

Lotf Ali Khan 435
Louis, H. 30
Luft, P. 179
Lynch, H. B. 463

Machatschek, F. 23. 33. 335
Madelung, W. 144. 322
Mahmoudi, F. 104. 420
Malcolm, J. 19
Malik Shah 362
Mamum 9. 365
Manners, I. R. 398
Marco Polo 19. 432. 434. 508
Marsden, D. 397f.
Mar Yonan 345
Massarat, M. 151
Massoudi 17
Masumeh 163. 428
Matheson, S. A. 132
Mauroy, H. de 142. 203
Mayer, H. J. 96
Meder, O. 54. 86. 90. 95. 126. 128. 131. 415. 422. 442f. 508
McAdams → Adams, R. Mc.
McBurney → Burney
Megard, R. O. 125
Mehner, H. 21
Melamid, A. 189. 463. 468
Melchior, H. 106
Melgunof, G. 20. 323
Mellaart, J. 130f.
Mensching, H. 123. 355
Merlicek, E. 136
Meyer, E. 138
Migeod, H. G. 172. 204
Mikusch, D. v. 181
Minorsky, V. 169. 372
Misonne, X. de 96. 108
Mobayen, S. 96. 415. 446
Modjtabawi, A. A. 378
Moghtader, H. 193. 310. 510
Mohajer-Ashjai, A. 63
Mohseni, M. 493
Momeni, M. 147. 175. 198. 233. 236. 242. 277. 280. 283. 285. 290. 295 ff. 320. 382. 433. 491

Monod, Th. 420f.
Montazami, B. 151
Monteil, V. 254. 399
Moorey, P. R. S. 54. 376
Mordechai 384
Morgan, J. de 151
Morier, J. P. 19f. 383. 388. 408
Mortensen, P. 371
Moshiri, R. 357
Mossadeq 187f. 309
Mostofi, B. 54. 58
Müller, J. O. 246
Mukadasi 18
Musa-al-Kazim 365

Nabavi, J. 110. 200. 326. 332
Naderi, N. A. 257. 261. 270
Nadir Shah 11. 161. 164f. 169f. 183. 360. 365. 373. 406. 430. 434. 508
Nadji, M. 41. 55. 90f. 430
Nadjmabadi, S. R. 233. 254. 361
Nakhdjevani, F. F. 121
Naser-ed-Din Shah 179. 485
Nasseri, S. 62
Navai, H. 181
Nazari, H. 187
Neely, J. A. 130. 136
Neghaban, E. O. 54
Nejand, S. 396
Neumann, G. F. 344
Niazi, M. 62
Niedermayer, O. v. 21. 43. 346
Nieuwenhuijze, C. A. O. van 151. 289
Nikitine, B. 254
Niknam, F. 124
Nikoghar, A. 245
Nizam-al-Mulk 362. 507
Nomani, F. 151
Nowroozi, A. A. 62. 63
Nowshirvani, V. 311
Nureddin Nemat Allah 437

Oberlander, T. M. 32f. 49. 85. 88. 369
Oberling, P. 254. 263
O'Brien, C. A. E. 51
Oldjeitu 158. 351

Olearius, A. 19. 166f. 341. 387
Olivier, G. A. 483
Olmstead, A. T. 135
Oppenheim, M. v. 202. 253
Op't Land, C. 245. 338
Ousely, W. 19. 408. 484

Pabot, H. 96. 98. 100. 102. 106f. 116. 119. 461
Paffen, K. H. 64. 336
Panahi, B. 58. 187
Paran, Y. 58
Parsa, A. 96
Paschai, A. 47. 121
Peguy, Ch. 35. 51. 347
Perry, J. R. 169
Petrushevsky, J. P. 157
Pigulevskaja, N. 139
Pilger, A. 25. 27. 34
Piperno, M. 129. 133
Planck, U. 148. 151. 174. 204. 227. 231. 233f. 242f. 245f. 248. 267. 352. 405
Planhol, X. de 109. 116. 118. 144f. 155. 158ff. 162. 254. 256. 322. 330ff. 338. 349. 355. 361. 393. 499
Plattner, F. 342
Polak, J. E. 173ff. 339. 484
Porter, R. K. 19
Potter, D. 282
Pottinger, H. 19
Pour-Fickoui, A. 332
Pozdena, H. 212. 223. 457. 478f.
Preu, Chr. 53
Probst, W. 87. 99f. 105. 119
Proudlove, J. A. 390
Pullar, J. 371
Purser, B. H. 37. 454

Qabus 322
Quillan, H. Mc. 51. 385

Rabino, H. L. 322
Radde, G. 99
Radermacher, H. 443
Rahnemaee, T. 350. 498
Rainer, R. 210

Ramtin, R. 151
Ranking, J. 400f.
Rapoport, A. 278
Rashid-od Din 158. 507
Ravasani, S. 318. 322
Rawlinson, H. C. 19f. 376
Razavian, M. T. 201
Read, S. J. 110
Rechinger, K. H. 96. 99
Refahiyat, H. 247
Renfrew, E. 133
Reuter, Baron de 179
Reverier, J. L. 318
Reza Khan → Reza Shah
Reza Shah 12. 185ff. 256. 277. 285. 289. 291. 293. 300. 302. 329f. 339. 365. 372. 374. 382. 400. 429. 444. 488
Reza Shah, Mohamad 186f. 317
Richardson, F. D. S. 58. 458
Rieber, E. H. 41
Rist, B. 208. 237. 239. 284f. 437
Ritter, C. 19. 330. 382
Rivière, A. 33
Röhrborn, K. M. 11. 164f. 171
Röhrer-Ertl, O. 129
Roemer, H. R. 10. 161. 163f. 316f. 336. 341
Rol, R. 99
Roschanzamir, H. 406
Rosen, N. C. 24
Rotblat, H. J. 281. 353
Rowton, M. B. 116. 271
Rudaki 9. 508
Rudolph, W. 254

Saadi 406
Sabeti, H. 96
Sabloff, J. A. 133
Safi-Nejad, J. 148. 215. 230. 233f. 355. 504
Sahami, C. 323
Salah, H. 254
Salzman, P. C. 254. 263. 270. 393. 446. 448
Sarkhoch, S. 172f. 204. 241
Sarntheim, M. 459
Sasan 8

Schafaghi, S. 256. 277. 280. 306. 390
Schah-Zeidi, M. 218
Scharlau, K. 2. 29. 35. 46. 126. 278. 319. 320f. 346. 350. 358. 361. 365. 369. 386. 414. 417. 425
Schippmann, K. 140
Schlerath, B. 140
Schmidt, E. F. 54. 139
Scholz, F. 215. 263
Schöller, P. XXIII. XXIX. XXXII
Schroeder, D. 95
Schuster-Walser, S. 19. 168
Schwarz, P. 19. 157. 462. 477
Schweizer, G. 51ff. 57. 85. 126. 169. 200. 215. 254. 260. 268. 281ff. 298. 305. 332f. 335f. 338f. 341f. 344. 475. 477. 489
Sedlacek, A. M. 419
Seger, M. 280f. 489. 492ff.
Seibold, E. 455
Seleukos 7
Senghaas, D. 500ff.
Seyed Ali Muhammad 181
Shah Abbas 10. 161f. 164. 168f. 171. 203. 282. 322. 365. 386. 397. 406. 437
Shah Cheragh 406
Shahpur 362
Shah Rokh 365. 443
Shah Sefi 166
Shah Tahmasp 10
Shaidaee, G. 124
Shankland, G. 278. 390
Sharar, S. 247. 352
Sheikholeslami, A. R. 174
Sheikh Safi 10. 161. 163. 341
Sheil, L. 484
Shuster, W. M. 178f.
Shwadran, B. 187
Sieber, N. 33
Siroux, M. 169. 278
Sjerp, N. 56
Skrine, C. P. 81
Smith, E. 129. 435
Snead, R. E. 37. 47
Soffel, H. 26
Solecki, R. 129

Spooner, B. 254. 263. 391. 423. 448. 479. 481
Spuler, B. 9. 18. 143f. 146. 151. 156. 158. 160. 462
Stahl, A. F. 24f. 31. 55. 306
Stauff, P. 181
Stauffer, T. R. 263
Steiger, R. 33
Stein, A. 443
Steinbach, U. 510
Stenz, E. 442
Stern, S. M. 145
Sternberg-Sarel, B. 247. 352
Stewig, R. XXIII
Stiehl, R. 138f. 151
Stöber, G. 119. 169. 209. 233. 251. 254. 256. 258. 260. 263. 267. 271. 423. 437
Stöcklin, J. 24. 29. 30. 33f. 36f. 51. 56. 58. 418
Stolze, F. 181
Stratil-Sauer, G. 79f. 121. 126. 419f. 440f. 443
Stronach, D. 134
Sumner, W. 396
Sunderland, E. 254
Sykes, P. M. 435
Symanski, R. 398

Tapper, R. 169. 254. 338
Tate, G. P. 444
Tavernier, J. B. 19. 168. 387
Tayebi, K. 342
Tchalenko, J. S. 62
Teispes 7
Thaiss, G. 282
Thesinger, W. 472
Thevenot, J. 168. 387
Thompson, C. T. 239
Thornton, A. P. 181
Thorpe, K. 239. 325
Tietze, W. 251
Tilgner, U. 318
Timur 156f. 386. 443
Toghril-Begh 386
Tomaschek, W. 19
Tosi, M. 54. 132f. 443. 449. 508

Tregubov, E. 96. 415. 446
Trezel 323
Troll, C. 64. 91. 136. 336
Tuma, E. H. 301
Turri, E. 160. 360
Twitchell, H. A. 317

Upton, J. M. 185
Uzun Hassan 161

Valle, P. della 330
Vanden Berghe, L. 21. 135
Veenenbos, J. S. 136. 459
Velsink, H. 305
Vieille, P. 110. 151. 200. 245. 248. 290. 318. 326. 332. 493
Vita-Finzi, C. 37. 41. 478
Vocke, H. 503
Voshmgir 322

Walser, G. 19. 135. 168
Walther, H. W. 54
Wassmuss, W. 181. 397
Wasylikowa, K. 125
Waterfield, R. G. 142
Waziri 18
Weickmann, L. 65
Weigt, E. 186. 464
Weise, O. R. 39 ff. 48 f. 207. 212. 419 f. 447
Wellmann, H. W. 62
Wenzel, H. 46
Whitehouse, D. 12. 139. 473

Widengren, G. 151
Wilber, D. N. 158
Wilhelmy, H. 45
Williamson, A. 12. 139. 473
Wilson, A. T. 184. 397. 401
Winkler, C. 99
Wirth, E. XXIII. XXIV. 88. 119. 145. 241. 269. 272. 274. 276. 280 ff. 285. 301. 316. 320. 355. 382. 387 ff. 493. 511
Wissmann, H. v. 144. 155
Wright, H. E. 52. 125 f.
Wulf, H. E. 55 f. 92. 240
Wynd, J. G. 58

Xerxes 384

Yachkaschi, A. 118. 327
Yakubi 17
Yakut 18
Yate, C. E. 184
Yazdgerd 8
Young, T. C. 129. 133. 376
Youssefi, G. 325

Zaehner, R. C. 140
Zagarell, A. 160. 271. 393
Zahedi, H. 409
Zargari, A. 107
Zavriev, V. G. 322
Zeist, W. v. 125
Zohary 95. 97 f. 100 ff. 446. 457
Zonis, M. 201

ORTSREGISTER

Abadan 57. 60. 70 f. 74. 80. 186. 188 f. 191. 203. 272. 304 f. 456. 463 f. 472. 488. 502
Ab-Ali 63. 350. 498
Abarqu 386
Ab-Garm 63
Ab-i-Dez 376
Abyek 307. 349. 352. 496
Afghanistan 7. 9. 11. 14. 30. 65. 85. 101. 144. 157. 226. 361. 443
Agha Jari 188

Ahar 260. 335. 341
Ahwaz 37. 47 f. 87. 188 f. 203. 236. 272. 285. 288. 293. 459. 461 ff. 466. 468
Aiyubberge 424
Aji Chay 86. 342
Ala Dagh 3. 35. 101. 359. 360
Alam Kuh 3. 51. 347
Alam-Kuh-Massiv 33. 35
Alamut 10. 154
Alborz 1 ff. 25 ff. 31. 33. 45 f. 50 ff. 55 f.

61 ff. 67. 71. 73. 75 f. 83. 89. 98. 100 f. 103. 106. 109. 111. 117 ff. 122. 144. 154. 160. 200. 208. 210. 220. 225. 303. 306. 320 f. 331. 335. 347. 350. 352. 414. 499
Alborz-Kopet Dagh 23
Aliabad 242. 334
Aligudarz 260. 379. 394
Ali Kosh 130 f.
Alishtar 378 f.
Ali Tappeh 129
Allahu-Akbar 359
Alvand Kuh 119. 210. 263. 268. 379. 381. 383
Amul 55. 283. 328. 332
Anar 425
Anarak 56. 306. 426 f.
Andimeshk 468
Anshan 7. 396
Appalachen 32
Aq Qaleh 184
Arabistan 182. 202. 377. 472
Araia 7
Arak 56 f. 60. 147. 175. 236. 241. 273. 280. 282. 295. 382. 392. 427. 431. 502
Aran-Bidgul 431
Ararat 13
Aras 13. 45. 83. 100. 344
Araxes 45
Arbil 371
Ardabil 10. 100. 157. 163. 293 f. 336. 341
Ardashir Khurrah 402
Ardistan 424 ff. 431
Arghiyan 361
Ariashahr 280. 306. 390
Armenien 1. 3. 11 ff.
Armenisch-azerbaijanischer Gebirgsknoten 5. 10. 23. 31. 35. 273
Arvand Rud 87
Asadabad 92. 382
Asalem 325
Ashraf 329 f.
Ask 63
Assyrien 91
Astara 13. 189. 223. 327
Astarabad 329
Atrek 13. 45 f. 83 f. 253. 333. 359

Australien 226
Azerbaijan (siehe auch Ost-Azerbaijan; West-Azerbaijan) 1. 3. 11. 14. 30 f. 45. 51. 55. 63. 65. 70. 75 f. 83. 88. 122. 162. 164. 180. 182. 198. 203. 218. 227. 335 f. 347. 350. 372. 503
Azna 379. 394

Babol 2. 46. 224. 283. 323. 328. 332
Babolsar 71. 76. 110. 330
Babylon 138 f.
Bafq 25 f. 56. 304. 426 f. 434
Bafqrevier 306
Baghdad 8 ff. 12. 143 f. 164. 169. 371. 373. 375. 382 f. 389. 409. 511
Bahmanshir 186. 472
Bahrain 457
Bahregansar 188
Bakhtegansee 395 f.
Bakhtiarizagros 385
Baktrien 139
Bala Gariveh 376 f.
Balkh 12
Baluch 480
Baluchistan XXVIII. 14. 17. 30. 41. 49. 63. 67. 70. 80. 102 f. 159. 198. 202. 212. 243. 254. 263. 286. 440. 445 ff. 456. 478. 504
Bam 78 f. 93. 169. 220. 236. 422 f. 425
Bampur 132
Bandar Abbas 32. 37. 49 f. 56 f. 70. 74. 80. 88. 90. 110. 168 ff. 202. 304. 307. 369. 403. 436. 456. 473 ff. 477. 502
Bandar-e-Dilam 454. 474
Bandar Gaz 322
Bandar Lingeh 80. 457. 474
Bandar Mahshur 60. 189. 191. 304 f. 465
Bandar Pahlavi (XXV). 71. 76. 110. 165. 305. 321. 323. 327. 330
Bandar Rig 474
Bandar Shah (XXV). 302. 304
Bandar Shahpur (XXV). 57. 60. 189. 302. 304 f. 466. 473
Bandar Taheri 473 f.
Band-e-Amir 145. 403
Band-e-Dokhtar 403
Band-i-Rustam 443

Bardsir 437
Barfurush 328
Bashagird 447. 449. 478
Basra 382
Bazman Kuh 63. 449
Becken von Mashkel 448
Behbehan 307. 400f.
Behshahr 110. 129. 169. 212. 242. 280. 293f. 329
Belt (Höhle) 129
Bewässerungsoase von Isfahan 291
Bibi Hakimeh 188
Bidjar (siehe auch Bijar) 50
Bidjestanbecken 27
Bidjestan Highlands 417f.
Bijar 241. 373f.
Birjand 56. 74. 78. 164. 288. 365. 439f. 444
Bishapur 8. 139. 396
Bisitun 12. 129ff. 139. 373f.
Bojnurd 101. 280. 361
Bombay 140. 432
Borazjan 474
Britisch-Indien 11. 14
Buchara 9. 11f. 144. 164
Bu Musa 458. 477
Bundesrepublik Deutschland 310
Burujan 392. 394
Burujird 176. 273. 280. 307. 378f. 382f.
Bushire 61. 74. 80. 88. 110. 168f. 308. 407f. 434. 456. 473ff. 502

Carmania 434
Chador Malu 306. 427
Chahar Gonbad 56. 427
Chahbahar 50. 74. 80. 456f. 479f.
Chalus 46. 83. 293. 330f.
Chenaran 360
Cheshmeh Ali 90. 355
Cheshmeh Kuh 189
China 158
Chogart 306. 427
Chogha Zambil 461

Dadabad 374
Dahlij 374
Dailam 9. 144

Dalma Tepe 131
Dalwand 377
Damavand 243
Damghan 8. 90. 131. 136. 347. 355. 357
Darab 51. 274. 399. 401
Dasht-e-Bakwa 439
Dasht-e-Biaz 61f.
Dasht-e-Kavir 27. 41. 78. 124. 253. 415
Dasht-e-Margo 439
Dasht-e-Namadi 439
Dashtiari 88. 479
Dasht-i-Kazvin 315. 405
Dasht-i-Mishan 13. 88. 459. 470. 472
Daulatabad 382
Deh Bakri 423f.
Dehluran(ebene) 130. 136
Dehsalm 363. 422f.
Delhi 11
Demavend 3. 35. 50. 63. 307. 347
Dez 87. 110. 136. 379. 385. 462
Dilmun 133
Dizful 47. 87. 177. 184. 208. 236. 260. 369. 377. 459. 461ff. 468
Dizin 306
Djebel Bariz 446
Djogutai-Dagh 359
Djurdjan 157
Dnepr 133
Dohuk 371
Dorud 307. 383
Dowlatabad 175
Drangiana 7
Dur Untash 461

Ekbatana 5. 7. 91. 133. 136. 138f. 275. 375. 379. 383
Elam 54
Enzeli 165. 323
Erbil 91
Eriwan 344
Esfandaqeh 57
Euphrat 13. 87f. 454. 458

Farahabad 330
Faridan 392
Fariman 361. 363

Fars 7 ff. 12. 61. 91. 134. 139. 144 f. 154. 162. 165. 169. 179. 184. 247. 275. 371. 395 ff.
Farur 477
Fasa 261. 274. 401
Fin/Kashan 90. 430
Firdaus 363. 418
Firuzabad 5. 8. 139. 275. 395 f. 401
Firuzkuh 67. 331. 349. 489
Fowman 323. 327

Gabrik 88
Gachsar 55. 306. 350
Gachsaran 187. 188. 406
Gaduk 67. 349
Galanrud 55. 306
Galugah 327
Ganjdareh 130
Gargesh 424
Garmsar 92. 247. 347. 353. 355. 496
Garru 374
Gaud-i-Zirreh 441
Gaugirdmulde 320
Gavkhaneh 41. 85. 384. 386
Gedrosien 7
Ghir 61
Gilan 2. 14. 17. 36. 71. 76. 114. 118. 148. 189. 198. 201. 208. 210. 223 f. 238 ff. 243. 321 ff. 431
Godin Tepe 131
Gok 423. 437
Golfküste(nregion) 4. 72. 75. 80
Golf von Oman 12. 14
Gombroon 168. 473. 475
Gomishan 14. 333
Gonabad 89
Gonbad-Qabus 61. 88. 157. 322. 327. 329. 334. 444. 505
Gorgan 8. 10. 55. 71. 76. 84. 99. 114. 144. 158. 212. 242. 253. 283. 294. 304. 327. 329. 333. 357. 484
Gorgan Rud 14. 253. 333
Gotvand 260
Griechenland 7
Großbritannien 179
Große Kavir 51. 414 f.

Gulpaigan 169. 274. 392. 431
Gulul Dagh 359
Gunabad 363
Gur 473
Guraz 374

Hableh Rud 41. 350
Haftad Pahlu 374
Haft Kel 187 f.
Haft Tappeh 247. 461. 470
Hakkaritaurus 371
Halil Rud 104. 122. 437. 446
Hamadan 7 f. 61 f. 74. 77. 91 f. 129. 133. 142. 144. 157. 169. 175. 272. 274 f. 278. 286. 288. 293 f. 371. 375. 383. 492
Hamun-e-Hilmend 14. 85 f. 109. 131. 240. 441
Hamun-e-Pusak 441
Hamun-e-Sabari 441
Harasin 378
Haraz(tal) 2. 46. 63. 224. 323. 331
Hari Rud 13. 46. 359
Hasanlu 54. 345
Hashtpar 327
Hazar-Masjid(-Gebirge) 359. 365
Hekatompylos 90. 136. 357
Hendorabi 477
Herat 157. 336
Hilleh Rud 474
Hilmend 12. 87. 104. 126
Himalayatäler 101
Hindukush 1. 23. 86. 359. 441
Hissar 54. 133
Hochland von Iran 3 ff. 19. 23 ff. 27. 30 f. 39 f. 45. 54. 56. 63 ff. 70 ff. 75 f. 78. 80. 82. 84. 93. 102. 118. 125. 133. 138. 273. 346
Hochplateau von Mianeh-Zenjan 351
Hochplateau von Kazvin-Takestan 351
Homayunshahr XXV
Hormuz 12. 19. 37. 56. 58. 168 f. 473. 475 ff.
Hotu-Höhle 129
Hudiyan 447. 449
Hulilan 378
Hyrkanien 7
Hyrkanische Tore 139

Ilam 371. 376
Indien 9. 164. 361. 441. 443
Induskulturen 133
Industiefland 7. 11. 134. 457
Irak 87. 142. 163. 371 f.
Iran 85. 189
Iranische Tore 11
Iranshahr 70. 449. 462. 479
Isfahan 3. 5 f. 8 ff. 19. 41. 55 f. 60. 71. 78. 85. 143 f. 164 ff. 175. 189. 191. 198. 203. 220. 223. 236. 241 f. 260 f. 272. 276 ff. 280 ff. 285. 288 f. 292 ff. 303 ff. 312. 314. 365. 367. 369. 371. 384 ff. 407. 409. 418. 427. 431. 484. 487. 499. 502
Isfahan-Sirjan-Senke 28. 31
Isfandaran 386
Ispid Kuh 374
Istakhr 7 f. 406
Istehbanat 261. 274. 395. 401
Ivan-e-Kharkeh 276. 462
Izeh 394

Jahrum 129. 261. 274. 395. 399. 401 ff.
Jaj 41
Jajarm 361
Jajrud(tal) 122. 348. 350. 498
Japan 191
Jarmo 130
Jask 50. 169. 480
Jaz Murian 3. 28 f. 70. 78. 87. 102. 320. 414. 424. 445 ff. 478
Jebel-Bariz 424
Jericho 130
Jiruft 93. 247. 315. 434. 437. 446
Julfa 13. 180. 304. 339. 345
Jundi-Shahpur 139. 275. 462. 468

Kabir Kuh 374. 376
Kalardasht 331 f.
Kalat 14. 51
Kal-shur 421
Kandahar 11
Kangavar 12. 131. 373. 379
Kara 55
Karabagh 100 f.
Karachi 440

Karadagh 100 f.
Karaj(tal) 41. 122. 243. 247. 250. 273. 294. 303. 306 f. 331. 347 f. 350. 352 f. 489. 495 f. 498
Karamanien 139
Karanj 189
Karbala 163. 366
Karim Shahir 129
Karizak 487
Karkheh 47. 87 f. 378 f. 459. 462. 470
Karmanien 7
Karnaveh 61
Karun 47. 87 f. 110. 122. 136. 208. 385. 388. 409. 459. 462 f.
Kashan 8. 131. 165. 175. 237. 241. 281 ff. 286. 293 f. 304. 424 ff. 428. 430 f. 437
Kashgan Rud 375
Kashmar 363
Kaspische Küstenprovinzen 224. 291
Kaspisches Meer 2. 12 f. 31. 45 f. 53. 59. 65. 74. 82 ff. 86. 109 f. 126. 129. 133. 168. 200. 208. 247. 321
Kaspisches Tiefland (siehe auch Südkaspisches Tiefland) 4. 67. 70. 75. 88 f. 100. 118. 125. 169. 222. 227. 272
Kaspische Tore 8. 10 f.
Kaukasien 100
Kavar 395. 401
Kavir (siehe auch Große Kavir) 3. 29. 41. 415
Kavir von Damghan 28
Kavir von Qum 41. 415
Kazerun 101. 401
Kazvin 10. 61. 92. 157. 164 f. 169. 176. 220. 242. 247. 250. 281. 293. 303. 307. 347. 349. 351 f. 496. 502
Ke-Aram 129
Kerbela 143. 314
Kerman 18. 25. 54 ff. 61. 67. 74. 78 f. 124. 126. 129. 131. 139 f. 169. 176. 203. 236. 241. 243. 273. 278. 281. 288. 293 f. 304. 306 f. 371. 423 ff. 428. 434. 440. 445. 473. 475. 502
Kermanshah 5. 8. 12. 58. 65. 74. 77 f. 87. 90. 93. 129. 175. 188. 261. 272. 278. 283.

285f. 288. 293. 314. 371. 375. 383. 388. 502
Keshaf Rud 46. 359
Khabis 422
Khafr 401
Khalkhal 326
Khaneh 342
Kharg 12. 57. 188f. 191. 305. 457. 476
Khash 449
Khoi 51. 70. 176. 342. 345
Khorassan 3. 8ff. 41. 55. 61f. 67. 73. 76. 83. 89. 124. 139. 143ff. 157f. 164. 169. 175. 200ff. 308. 321. 337. 358ff. 371. 492
Khorassangebirge 1. 3. 35. 76
Khorassangraben 35. 45f. 83. 92. 359
Khumain 392
Khunsar 392
Khurnik 129
Khurramabad 71. 77. 129. 260. 273f. 307. 375. 377f. 383. 502
Khurramshahr 13. 88. 305. 382. 463. 465. 472
Khuzestan XXVIII. 4. 8. 27. 36. 41. 47. 67f. 71. 73. 75. 80. 109. 124. 129f. 136. 139. 142. 149. 182. 184. 186. 188f. 191. 202f. 208. 223. 232. 238. 243. 247. 250. 252f. 255. 276. 315. 371. 383. 405. 456. 458ff. 504
Kish 12. 476f.
Kiyalan 374
Kleinasien 139
Klein-Tumb 477
Kol 88
Kopet Dagh 13. 31. 34ff. 101. 358
Kord Khoy 322. 330
Kotal-e-Dokhtar 475
Kotal-e-Pir-e-Zan 475
Ktesiphon 8
Küstentiefländer des Persischen Golfs (siehe auch Persischer Golf) 36
Kuh Astan 374
Kuh Biab 374
Kuh Dasht 129. 378f.
Kuh-e-Ahangaran 439
Kuh-e-Alaband 424
Kuh-e-Aladagh 355
Kuh-e-Bazman 49. 424. 439. 445
Kuh-e-Bidkhan 424
Kuh-e-Chakub 442
Kuh-e-Chehiltan 424
Kuh-e-Guran 424
Kuh-e-Hazar 424. 446
Kuh-e-Jamal Bariz 424
Kuh-e-Jupar 424f.
Kuh-e-Kargiz 424
Kuh-e-Khubanan 425
Kuh-e-Khvajeh Shehaz 439
Kuh-e-Khwajeh 442
Kuh-e-Kurkhud 359
Kuh-e-Lalehzar 424. 427. 446
Kuh-e-Marshinan 424
Kuh-e-Paiyeh 425
Kuh-e-Palvar 422
Kuh-e-Panj 424
Kuh-e-Payneh 422
Kuh-e-Saguch 425
Kuh-e-Shah-Djahan 359
Kuh-e-Sultan 49
Kuh-e-Tafrish 424
Kuh-e-Taftan 49. 439
Kuh-e-Yan-Bolagh 351
Kuh-i-Binalud 3. 35. 101. 355. 358. 360f. 365
Kuh-i-Darvanagh 13
Kuh-i-Dinar 3. 32. 385. 400
Kuh-i-Ghazal 374
Kuh-i-Gird 374
Kuh-i-Kalar 3. 424
Kuh-i-Karbush 3
Kuh-i-Maleh 374
Kuh-i-Sakhend (s. auch Sakhend) 35
Kuh-i-Savelan (s. auch Savelan) 35. 52. 63. 83. 100. 333. 335. 338. 341
Kuhistan 3
Kuh-i-Surkh 358
Kuh-i-Ushtaran 3
Kuhrang 385
Kuh-Rud-Gebirge 30. 425
Kur 395. 403
Kurbal 403
Kurdisches Bergland 371

Kurdistan XXVIII. 159. 169. 241. 336. 371 ff. 503 f.
Kutal-e-Sukhani 358

Lahijan 161. 327
Lake Zeribar 126
Lali 188
Langarud 283. 323. 327
Lar 51. 61. 169. 176. 261. 280. 282. 395. 399. 401 ff. 498
Larijan 331 f.
Laristan 50. 65. 198. 273
Lark 477
Latiandamm 122
Lawan 12. 305. 476
London 388
Loshan 307
Lur-i-Bozorg 374
Lur-i-Kuchek 374
Luristan 159. 256. 371. 374 ff. 379
Lut 3. 26 ff. 41. 50. 56. 65. 67. 70. 74. 78. 80. 105. 121. 202. 414 f.
Lutblock 30
Lydien 139

Mahabad 342. 345
Mahallat 392
Maharlusee 57. 87. 307. 395 f.
Mahun 424 f. 437
Makran 223
Makrangebirge 1. 30. 32. 37. 445. 447. 478
Makranküste 37. 47. 50. 80. 478 ff.
Makran Range 46
Maku 13. 101. 345
Malayer 147. 175. 233. 236. 242. 278. 280. 290. 382. 491 f.
Mand 88
Manjil 31. 45. 67. 101. 307. 347
Maragheh 157 f. 176. 242. 294. 341
Marand 341
Marlik 54
Marun 88. 110. 189. 400
Marun-Jarrahi 47
Marvdasht 189. 295. 386. 405 f.
Marvdashtebene 7. 136. 371. 395. 403

Mashhad 6. 11. 21. 28. 76. 78. 143. 147. 163 f. 169 f. 175. 198. 220. 236. 242. 272. 278. 285. 288. 293 f. 304 f. 307. 314. 341. 358. 360 ff. 365. 367. 384. 386. 407. 418. 428. 484. 492. 502
Masileh 83. 417
Masjid-i-Sulaiman 53. 186. 188. 191. 463
Massiv von Deh Bakri → Deh Bakri
Mazandaran 3. 36. 59. 76. 98 f. 114. 121. 144. 198. 200. 208. 212. 215. 224. 238. 243. 308. 322 ff. 371. 483
Medien 7
Medische Tore 139
Mehran 88
Meiduk 427
Meimeh 241. 349
Mekka 314
Merv 8. 12. 157
Mervoasen 9
Meshkinshahr 260. 341
Mesopotamien 2. 4. 8. 10 ff. 36 f. 47. 54. 65. 67. 72. 114. 129. 133 ff. 144. 164. 202. 375. 457
Meybod 241. 434
Meymey 386
Mianeh 51. 341. 347. 350 f.
Minab 50. 88. 122. 202. 473 ff. 478
Minudasht 334
Miyanduab 70. 342. 345
Mordab 109
Morjekord 386. 395
Moskau 168
Mughansteppe 13. 36. 59. 189. 243. 332. 338
Muhammerah 382. 463. 465 f.
Murgabtiefland 11
Mutba 374

Naft-e-Shah 58. 187 f. 374
Naft-e-Sefid 188
Naibandan 422
Nain 424 f. 428. 431
Najaf 143. 163. 314. 366
Namaksar 421
Naqsh-e-Rustam 7 f. 396

Narmashir 422. 447
Natanz 424 f. 431
Nayband 423
Nehavend 8. 143. 379. 382
Nejafabad 392
Neka 59. 308. 330. 361
Neu-Julfa 165 f. 388
Neuseeland 226
Nikshahr 480
Nilstromoase 135
Niriz 274. 395. 401
Nirizsee 3. 87. 307. 395 f. 399
Nishabur 9. 54. 136. 144. 157. 176. 294. 307. 362
Nowshar 305
NW-Frontierprovinz 478

Oman 201. 305
Omansee 27
Ostazerbaijan 200. 336 ff. 344
Ostiranische Randketten 26
Ostmazandaran 46. 76
Osttürkei 255
Oxus 11

Pahlavi Dez 175. 184. 333
Pakistan 12. 14. 30. 440 f.
Palang Kuh 109
Parthien 7
Pasargadae 7. 12. 139. 314. 396
Pazanan 188
Persepolis 5. 7. 12. 136. 138 f. 314. 317. 396. 406
Persis 7 f. 134. 136. 138. 395
Persischer Golf 12. 27. 31. 36 f. 47. 70. 72. 82 f. 87. 109 ff. 133. 139. 179. 188 f. 202. 227. 320. 454. 457. 472
Persische Tore 139
Peshar Rud 400
Pish-i-Kuh 374. 376. 378
Pol-e-Fasa 396
Pontus 335
Posht-i-Kuh 374. 376
Puneh 374
Punjab 478
Pusht-i-Kuh 3. 35. 101. 358. 361. 377

Qadisija 8
Qain 61
Qaleh-e-Ardashir 434
Qaleh Zari 56
Qasemabad 485
Qasregand 480
Qasr-i-Shirin 13
Qeshlaq 55
Qezel Uzan 31. 45 f. 83. 121. 320. 335. 351
Qishm 12. 47. 80. 169. 454. 457. 476 f.
Quchan 280. 361
Quetta 440
Qum 8. 51. 60. 147. 163. 169. 176. 188. 237. 241. 273. 283. 286. 303 f. 392. 424 f. 437. 502. 509
Qum-Saveh 169

Rafsinjan 242. 425. 437
Rag-e-Sefid 189
Ramjerd 403
Ramsar 63. 70 f. 74. 76. 330
Rasht 35. 59. 71. 110. 176. 272. 283. 288. 293. 323. 326
Ravansar 90
Ravar 437
Ray 5. 8 f. 90 f. 136. 144. 157. 276. 290. 304. 307. 347. 483. 485 f. 495
Registanwüste 439. 442
Rey 243
Rhages 8. 90 f. 139. 276. 483
Rizaiyeh 101. 175 f. 203. 242. 272. 288. 293 f. 307. 320. 336. 342. 344 f. 372
Rizaiyehbecken 84 f. 89. 320. 335. 369
Rizaiyehsee 3. 13. 27. 31. 35. 53. 82 f. 85 f. 88. 126. 131. 133. 335. 342
Robat 386
Rowanduz 65
Rudbar 327
Rud-e-Birjand 421
Rud-e-Hilmend 441
Rud-e-Mond 396
Rud-e-Shur 87
Rud-i-Bampur 104. 446
Rud-i-Gamasiab 104
Rudsar 323. 327
Rußland 179. 203. 339

Sabsavaran 434
Sabzavar 78. 124. 361. 415
Safiabad 330
Sahrab 341
Saidabad 175. 434
Saimarreh 32. 375f. 378
Sakhend 49f. 160. 335. 338
Salmas 203. 280. 345. 372
Samarkand 12
Samnan 51
Sanandaj 32. 35. 50. 88. 101. 241. 243. 371. 373f.
Sangesar 349. 357
Sansibar 202
Sarajehfeld 188
Sarakhs 13f. 34. 59. 189. 308. 361
Saravan 449. 479
Sar Cheshmeh 56. 306. 426. 477
Sari 242. 328. 330. 349
Saruq 241
Sarvistan 8. 139. 396. 401
Saudi-Arabien 189. 410
Saveh 290
Savelan 49f. 338
Scheichtümer 410
Sefid Rud 2. 27. 31. 36. 45f. 67. 83. 87f. 110. 121. 223. 320. 323. 331. 351
Sefid-Rud-Delta 47. 189
Semnan 169. 293. 347. 349. 355. 357. 445
Senneh 241. 373
Shahabad XXV. 374
Shahdad 133. 422f.
Shahi XXV. 280. 293. 328. 349
Shahnishin 374
Shahpasand 327. 334
Shahpur 5. 191. 203. 280. 342. 344f. 372. 462
Shahpurfluß 396
Shahr-i-Sokhta 54. 131f. 443
Shahriza 395
Shahr Kurd 70. 77. 260. 385. 392. 394
Shahrud XXV. 46. 347f. 355. 357
Shanidar 129
Shat-al-Arab 12. 87f. 186. 208. 304. 434. 454. 457ff. 463. 472. 504

Sheila Rud 441
Shemiran 122. 277
Shemshak 55. 306
Shiraz 6. 9ff. 57. 78. 87. 101. 142f. 165. 169. 175. 189. 198. 242. 261. 272. 274. 276. 278. 281. 283. 285. 293. 305. 307. 312. 314. 367. 369. 371. 377. 384. 386. 395. 397. 401. 403. 406f. 409. 473. 475. 483f. 499. 502
Shirin 360
Shir Kuh (Massiv) 424. 433
Shirvan 361
Shur 88
Shush 377. 461
Shushtar 176f. 184. 236. 462f. 468
Sialk 54. 131. 133
Sind 478
Siraf 12. 473
Sirdj 423
Sirjan 3. 49. 56. 175. 237. 386. 424. 434. 437
Sistan 9. 12. 14. 41. 67. 85. 132. 139. 144. 169. 200. 202. 243. 441ff.
Sistanbecken 3. 29. 441ff.
Sogdiana 12
Somehsara 327
Sowjetisch-Mittelasien 9
Straße von Hormuz 4. 454. 457. 472. 475. 478
Südkaspisches Tiefland 2. 27. 36. 46. 71f. 100. 114. 160. 181. 200. 208. 210. 218. 223. 314. 320f.
Sulaimaniye 371
Sultanabad 175. 280
Sultaniyeh 10. 158. 351
Susa 5. 12. 131. 134. 138f. 314. 461f.
Susangird 472
Susiana 7. 132. 134

Tabas 61f. 74. 78ff. 93. 111. 169. 175. 220. 236. 241f. 363. 367. 414. 418. 492
Tabriz 10. 19. 21. 51. 70. 74. 76ff. 158. 160f. 164f. 169f. 175ff. 180. 182. 189. 201. 203. 261. 272. 278. 282. 285. 288. 293. 304. 307. 320. 336. 338f. 344. 388. 409. 435. 484. 487. 502

Taftan 49f. 445
Tajrish 277
Takht-e-Bostan 373
Takht-i-Sulaiman 51. 63
Talar(tal) 2. 46. 67. 224. 323
Talesh 3. 71. 88. 98. 100. 201. 239. 321ff.
Taleshgebirge 34f. 71. 83. 321. 332
Tall-i-Iblis 132
Tangevan 374
Taq-e-Bustan 8. 90
Taq-i-Mani 374
Tashksee 396
Taurus 335
Tavalesh 327
Tedjen 11. 359
Tehran XXVII. XXVIII. 4ff. 11. 14. 17. 21. 55. 59. 61. 63. 78. 91. 118. 122. 136. 140. 142. 169. 172. 175ff. 188f. 198. 200. 203. 227. 234. 236. 243. 247. 261. 272ff. 277f. 280. 282f. 289f. 292ff. 296ff. 300f. 303ff. 312. 314. 316. 331. 341. 347. 350. 352. 365. 371. 373. 375. 378. 383. 408. 428. 436. 440. 483f. 502. 511
Tejan (Rud) 2. 46. 224. 323. 327. 331
Tepe Giyan 131
Tepe Hissar 131. 357
Tepe Maliyun 396
Tepe Yahya 54. 130. 132f.
Tepe Sialk 131
Tigris 12. 87f. 139. 454. 458
Tir Tash 327
Torud 61
Trabzon 339
Tuisarkan 382
Tumb 458
Turan 35
Turbat-i-Haidari 363
Turbat-i-Jam 363
Tureng Tepe 54
Turkestan 9. 144
Turkmenensteppe XXVIII. 3. 14. 36. 46. 50. 59. 61. 114. 122. 129. 157. 175. 184. 189. 201. 215. 223. 243. 253. 322. 333
Turkmenistan 13. 35. 133

Türkei 162. 201. 226. 263. 304. 372
Tus 143f. 157

UdSSR 189. 191. 304. 310
Urartu 136
Urmia 345
Urumiyeh 177. 203. 342. 372

Vansee 13
Varzaneh 85
Veramin 92. 243. 247. 303. 316. 347. 353. 355. 496
Veresk 349

Westazerbaijan 142. 337. 342ff. 371
Wolga 84. 133

Yaghistan 445
Yasuj 400
Yezd 25. 28. 41. 49. 51. 56. 74. 78. 124. 140. 169. 175. 203. 241. 273. 293f. 297. 304. 418. 424ff. 431. 433. 437. 440. 445
Yezd-Bafq 306

Zabol 443ff.
Zabolistan 3. 443
Zagros 1ff. 13. 24ff. 34. 36f. 45f. 49ff. 57. 61ff. 67. 70ff. 75f. 84. 87ff. 92. 101. 103. 106. 109. 111. 118f. 122. 129. 133f. 160. 175. 198. 202. 208. 210. 220. 255. 274. 286. 303. 320f. 335. 350. 369. 374. 384. 414
Zagros-Makran-System 23
Zahidan 14. 78. 243. 288. 305. 307. 436. 439f. 443. 445
Zaranj 443
Zardeh Kuh 1. 3. 32. 51. 53. 385
Zarqan 406
Zawi Chemi 129
Zayandeh Rud 31. 41. 84. 104. 164f. 220. 384ff. 389. 391f.
Zendan-i-Sulaiman 63
Zenjan 35. 56. 176. 347. 350f.
Zentralasien 2f. 11f. 46. 201
Zentraliran 89

Zentralpersisches Berg- und Beckenland 425
Zentralprovinz 286
Zeribarsee 88
Zuhreh 47. 88
Zweistromland (s. auch Mesopotamien) 133

Sachregister

Abadan Petrochemical Company 189
Abbasiden 9. 143 f. 146. 462. 507
Abflußregime 82 ff.
abi → Bewässerungslandwirtschaft
Absentismus (absentistisch) 156. 173. 234 ff. 238. 248
Achämeniden 7 f. 10. 91. 109. 131. 134 ff. 151. 159. 383. 386. 396. 406. 443. 461. 508
Afghanen 164. 330. 388. 406
Afshar 11. 161 f. 164. 169. 202. 254 f. 258
Agrarkolonisation 325. 338. 344. 361. 437
Agrarsozialstruktur 227 ff. 325. 342. 355. 360
Agreement Area 59. 189. 476
Agrobusiness (Agroindustrie) 245. 247. 352. 405. 470
AIOC → NIOC
Akazien 103 f.
Alexanderwall 14. 322. 333
Amaleh 377 f.
Amir-Kabir-Damm 307. 353. 497
Anahitakult 8. 379
Analphabetentum 196. 240
Anglo-Indian-Loan 179
Antezedenz 33
APOC → NIOC
Aq-Qojunlu 10. 154 f. 161
Araber 8 f. 142. 177. 201 f. 252
Arabischer Schild (Platte) 32. 36 f.
Arbeitsrotten 230. 234 f.
Aridität 63 f. 73 f. 76. 80. 84. 353. 370. 414. 421
Armee des Wissens 249
Armenier 140. 143. 165. 167 f. 202 f. 344
Ashaqlu (Nomaden) 384
Ashraf (Nomaden) 330
Asiatische Produktionsweise 151
Asmariformation 58. 458

Assassinen 10. 155
Assyro-Chaldäer 142. 203. 344
Atomkraftwerk 308. 475
Außenfelder 349
Außenhandel 178. 181. 308
Ausweitung landw. Nutzflächen 119
Autonomiebestrebungen 14. 503 ff.
Autozentrierte Raumstruktur 500
Azeritürken 201. 336
Azonale Vegetationsformen 96. 103

Babisten 181
Babui (Nomaden) 400
Bad-e-sad-o-bist-ruz → Wind der 120 Tage
Bad kesif 21
Bahmai (Nomaden) 400
Bakhtiaren 169. 177. 202. 254 f. 257. 260. 374. 376. 392. 399
Bakhtiariformation 58
Bahktiarikonglomerat 47
Baluchen 200. 202. 360. 447 f. 479
Bani Lam (Nomaden) 253
Basin-Range-Struktur 3. 32 f. 369. 374
Bast 278. 366
Baumwolle 193. 242. 327 f. 333 f.
Baum- und Strauchfluren 102
Bauxit 57
Bazar 275. 278. 281 ff.
Bazar marketing 239
Beduinisierung 144 f. 155. 158
Bergfußflächen 4
Bergnomadismus 252 ff. 263. 267. 270 f. 371. 381
Bergsteppen 100. 102
Bergstürze 32
Bergvölker 375
Bergweide(wirtschaft) 349 ff.
Betriebsformen (landw.) 246 ff.
Bevölkerung 195 ff.

Bevölkerungsdichte 16. 323
Bewässerung(swirtschaft) 130. 135. 139. 145. 219. 233. 337f. 349f. 355. 400. 468. 479
Bewässerungsprojekte 342. 496
Birkeh 472
Blei 56. 60
Blei-Zink-Lagerstätten 427
Blockgletscher 51
Boden 95. 111ff. 114
Bodenerosion 119ff.
Bodenfließungen 53
Boir Ahmad(i) 256. 270. 399ff.
Bolsone 27
Bodennutzungssysteme 218ff. 225
Boneh 148. 234f. 249. 355
Bonku 148. 235
Brachweide 219
Brahui 202. 448
Brandrodung 323
Bruchschollenland 30
Bruchstufen 32
Bruchtektonik 34
Brunnen 93. 424
Brunnenbau 355. 360. 433
Brunnenbewässerung 360f. 363
Büßerschnee 52. 385
Buntmetalle 54ff. 426
Burma Oil Company 186
Buyiden 9f. 144ff. 507

Chahar Lang 393
Chalifen 143. 509
Charwa 253. 333
Chlorit 54
Chomor 253. 333
Christliche Gemeinden 140
Christliche Minderheiten 344
Chromerz(vorkommen) 26. 56. 475
Chromit 26. 57. 60
Coloured Mélange-Serie 26. 30

Dammufer 46f. 121. 459
Darrehshuri 398
Dasht 41. 418
Dattelpalmen 472f. 478f.

Dattelpalmengrenze 80
Daymi → Regenfeldbau
Deflation 41. 419
Dehestan 298
Denationalisierung 179f.
Depressionen (meteorolog.) 65f.
Desertifikation 123
Desintegration des traditionellen Nomadismus 267
Dezentralisierung 502
Dez-Irrigation-Project 250. 469
Djangal 4. 99. 323
Dolinen 88
Domänenprovinzen 171
Domestikation 130
Dorfformen → Siedlungsformen (ländl.)
Dornpolsterformation 106
Doshmanziari (Nomaden) 400
Dualismus (räuml., wirtschaftl.) 250. 280. 317. 493
Dualismus Stadt–Land 154
Dünenstabilisierung 124
Dust devils 68

Early village settlement-Phase 130
Eigentum(sverhältnisse) 227. 230f. 246. 337
Eisen(lagerstätten) 26. 54f. 56. 306. 427
Eisenbahn 303. 341. 357
Eisenhüttenstadt 280. 306
Ektropischer Westwind 65
Enclosed nomadism 271
Endemismen 99
Endsee 84
Englisch-Ostindische Kompagnie 168
Entwaldung 117ff.
Entwicklungsachsen 502
Epigenese 33
Epipaläolithische Besiedlung 129
Epiphyten 99
Erbrecht 147f. 230
Erdbeben 23. 30. 32. 61ff. 352. 361. 363f. 408. 417
Erdgas 54. 57ff. 185. 191. 361. 477
Erdöl(lagerstätten) 37. 53f. 57. 59. 180. 185f. 374. 458. 463. 511

Sachregister

Erdölwirtschaft 186 ff. 189. 304. 309. 468
Erdpech 54
Erdrutsch 32. 46
Erg 41
Erzlagerstätten 26
Euphorbien 104
Evapo(transpi)ration → Verdunstung

Falkenhagen-Konzession 180
Fallwinde 67. 80
Faltengebirge 23. 32. 35
Falten- und Deckenbau 34
Famil 251
Fardeh 352
Farmkorporation 246
Farsserie 47. 58
Fauna 108 ff.
Feili (Nomaden) 376
Feudalismus 8. 151. 213
Feuchtlandwirtschaft 223
Feuchtwälder 96. 98
Fischerei 110. 325. 481
Flächenbildungsprozeß 40. 48
Flächennomadismus 252 f. 333
Flur(formen) 208. 212 ff. 218
Flurteilungssysteme 212 ff.
Flurumteilung 215 f. 235
Flußbewässerung 136
Flußhufen 215. 472
Flußoasen 220
Fluviatiles Abtragungsrelief 45
Fluviatile Terrassen 126
Forstwirtschaft 325
Französisch-Ostindische Kompagnie 168
Fratadara 7 f.
Fremdenverkehr 330. 350. 391. 409
Friede von Golistan 11
Friede von Turkmanchai 344
Frost 76. 78 f.
Frostmusterböden 53
Fruchtbarer Halbmond 129 f. 461
Fumarolentätigkeit 35

Garmsir 75. 80. 102 f. 225. 376. 394. 398. 402. 446. 448. 456.
Gavband 148. 234

Gebirgsfußoasen 220
Gebirgssteppe 99
Gehölzfluren 96. 100. 103. 106
Genossenschaften 246. 249. 315
Geologischer Bau 23 f. 27 ff. 53
Gesellschaftsstruktur 204 ff.
Gewannflur 213. 215. 230
Ghaznaviden 144. 146. 443
Gholam 448. 479
Glazialer Formenschatz 48. 51
Gold 54. 57
Golfwind 68
Gondwanaland 26
Gorgan High 33. 36
Gouvernate 14
Grasfluren 106
Green Series 26. 33
Großwetterlagen 64 ff.
Growth-industries 489
Grundbesitzverhältnisse (ländl. Raum) 145 ff.
Grundeigentum (ländl. Raum) 145 f. 172 f. 227 ff.
Grundwasser(regime) 88 ff. 92
Grundwasser- und Ufergehölze 104
Gully erosion 121
Gutäer 370. 375

Häfen 169. 304. 473. 475 f.
Hämatit 56. 477
Haft Lang (Nomaden) 393
Hajilu (Nomaden) 384
Hakom 448
Halbnomaden 251. 255 f. 265
Halbwüste 96
Halokinese 50
Halophytische Florengemeinschaften 104 f.
Hamada 41. 115
Handwerk 31. 240. 286
Hang- und Talwinde 67
Haraj 146
Haratha 148
Hasnavand (Nomaden) 377
Hassä 171
Haus (ländl.) 209 ff. 275. 280 f. 479

Hazara (Nomaden) 159. 360
Headward stream extension 33
Heimgewerbe 240. 297
Hitzetief 65 f.
Hochdruckgebiet 65
Hochkultur 134 f.
Höhengliederung des Klimas 75
Höhenstufen des Anbaus 224
Holarktis 97
Holländisch-Ostindische Kompagnie 168. 476
Holzkohle 54. 56. 96. 117 f. 331. 370. 375. 415
Hot desert vegetation 103
Humidität 64. 73 ff. 84. 98. 321
Hydrogeographische Gliederung 82 ff.
Hyrkanischer Wald 98 ff.

Il 251. 377. 398
Il-Khane 10. 154. 156 ff. 351
Imperial Bank of Persia 179 f.
Indoarische Reitervölker 133
Industrialisierung 189 ff. 200. 286. 291. 295. 300. 312. 353
Industrieminerale 54. 57
Innenfelder 349. 395
Integrationsprobleme (Nomaden) 263
Interessensphären 179. 181 f.
Interior watersheds 27
Iqta 146. 155 f. 171. 173
Iran Gas Trunkline (IGAT) 189. 191
Iskambil 415
Islamische Republik Iran XXVII f. XXIX ff. 163. 207. 309. 318. 503. 511
Islamisches Erbrecht 146. 245
Islamisierung 8 ff. 142 ff.
Ismailiten 154

Jagd- und Sammelwirtschaft 95. 129 f.
Jeihanbeylu (Nomaden) 330
Joft 148. 233
Juden 142. 203. 384
Jurte 360

Kakavand (Nomaden) 377
Kaltlufteinbrüche 80

Kaltzeit 125 ff.
Kalut 121. 418 ff.
Kanalbauten 136
Kandavantunnel 303
Kaolin 60
Kar 51. 425
Karawanenhandel 139. 175. 373. 423
Karawanseraien 169
Karst 88. 90. 119. 129
Kaspischer Bergwald 99
Kaspizuflüsse 83
Kaviar 110. 325
Kavir 41 f. 84. 105. 418
Keshaf sayfi 223
Keshaf shatfi 223
Kettengebirge 31 f.
Khaliseh 171
Khamseh (Nomaden) 254 f. 398 f.
Kharg Chemical Company 189
Khatam 391
Khordeh maleki 227
Khoshnishin 174. 186. 234. 241. 248. 250. 315
Khudebandelu (Nomaden) 384
Klima 2. 64. 74 ff. 321
Klimaschwankungen 42. 125
Klusen 33
Knox-d'Arcy-Konzession 180
Kobalt 57
Kohle 54 f. 306. 426 f.
Kolchischer Bergwald 100 f.
Kollektives Grundeigentum 149
Kollektive Landbewirtschaftung 148. 246. 249
Konsortium (Erdöl) 187 ff.
Konstitutionelle Revolution 163. 181. 289. 428
Konzessionen 179 f.
Kosakenbrigade 178. 180 f.
Kraton 23 ff.
Krongüter, Kronland 171. 174. 177. 243
Küste(nmorphologie) 47 ff.
Küstentiefländer 36
Kuhgiluyeh (Nomaden) 376. 399
Kulivand (Nomaden) 377
Kulturlandverfall 154 ff. 157. 174

Sachregister

Kunsthandwerk 168. 314
Kupfer 26. 54 ff. 60. 306. 426
Kurden 160. 169. 202. 254 f. 344. 360 f. 371
Kurdenrepublik Mahabad 372

Lagerstätten 53. 426
Lakki (Nomaden) 376
Landreform XXIX. XXXI. 174. 190. 227. 242 ff. 261. 291. 301. 315. 491
Land- und Seewindsysteme 67
Landwechselwirtschaft 323
Landwirtschaft → Agrarsozialstruktur; Bodennutzung; Grundbesitz; Grundeigentum; Kollektive Bodenbewirtschaftung; Siedlungsformen
Landw. Aktiengesellschaften 244. 405
Landw. Erzeugergemeinschaften 246
Landw. Produkte 225
Lapislazuli 133
Lasursteine 133
Lithosole 114
Latiandamm 307. 498
Löß 115. 121
Lokale Windsysteme 67
Luftdruckgürtel 64
Luftfeuchtigkeit 67. 76. 80. 321. 456
Luftmassen 66
Luftspiegelung 88
Lufttrockenheit 80
Lullubäer 370. 375
Luren 160. 177. 202. 254. 257. 260
Luristanbronzen 54. 376
Lutblock 25. 29. 62
Luv- und Lee-Effekt 74
Lynch-Road 388. 393. 409. 463

Magmatismus 26
Magnesite 57. 60
Mahalleh 277. 484
Makhlut 228
Malaria 322. 332
Maleki bozorg 227
Mamassani (Nomaden) 376. 399. 405
Mandäer 142. 472
Mangan 26. 57
Mangroven 47. 80. 104. 454. 457

Manufakturwesen 297
Markt 239. 260. 296. 325
Marscharaber 472
Marsch- und Sumpfvegetation 104
Meder (Medisches Reich) 7. 133 f. 136. 138. 383
Medische Masse 24 f. 425
Medische Tore 506
Mediterraner Winterregen 71 f.
Meeresspiegelschwankungen 37. 454. 478
Merchant Adventurers 168
Mesolithikum 129 f.
Minenmonopole 180
Mineralquellen 35. 63. 89
Misaha 146
Molybdän 57
Mongolen 10. 18. 142. 156 ff. 160. 169. 336. 362. 365. 383. 386. 428. 443
Monsun 67. 81. 456
Moodanlu (Nomaden) 330
Moränen 51. 425
Morshed 162
Moucha 148
Moustérien 129
Mozaffariden 10. 154
Mubashir 230. 234
Mugarasa 149
Mughtahid 163. 316
Mulk 148
Multi-resource nomadism 393. 448
Muqta 156
Musagat 149
Muzara'a 149

Nain-Baft-Verwerfung 49
Namak Safid 44
Namak Siyah 44
Nationalisierung der Wälder 118
Nationalisierung des Erdöls 187 ff.
Nationalparks 124
National Spatial Strategy Plan 502
Naybandverwerfung 50
Neger 202
Neolithikum 130 f.
Nestorianer 142. 177. 203. 345. 476
Neulanderschließung 215

New industrial products 310
Nickel 57
Niederschlag 70 ff. 76 f. 80
Niederschlagsprovinzen 75
NIOC (National Iranian Oil Company) 180. 186 ff. 195. 292. 393. 492
Nomaden (Nomadismus) 95. 109. 159 f. 183 f. 251. 256. 301. 355. 372. 374. 376. 392. 396. 437 f. 448. 470. 499
Nomadenansiedlung (Seßhaftwerdung) 131. 165. 209. 215. 255 f. 263. 290. 301. 361. 393. 398. 400. 405
Nomadenumsiedlung 165. 202. 331. 360. 371
Nomadisierung 154 f. 158. 160

Oasen 219 ff. 363. 415. 422 f.
Oberflächenbewässerung 136. 222
Obsidian 133
Offshorefelder 59
Oghusen 201
Oktoberrevolution 14. 182
Oman High 30
Omayaden 9. 143
Onager 109
OPEC-Länder 188. 191
Opium 394
Orientalische Trilogie 155. 182 ff.
Orogenese 23 ff. 34. 37
Orohydrographie 23 f.
Osmanen 10. 162. 164
Ostan 288. 298
Otaq-e-asnaf 288

Pagav 235. 444
Pago 444
Pahlavi-Dynastie 163. 185. 317
Paläolithikum 128 f.
Paläotropis 97
Palast- und Tempelstädte 138
Parsen (siehe auch Zoroastrer) 9. 140. 203 432
Parsua (= Fars) 133
Parther 7. 134. 136. 138. 386. 406. 443
Passat 65 ff. 71. 78
Peasant marketing system 239

Peasant-nomad mutualism 271
Pediplanation 40
Penetration der iranischen Wirtschaft 308
Pénétration pacifique 178
Periglazialer Formenschatz 52 ff.
Peripherie-Raumstruktur 500
Perser 133 f.
Persische Verwaltung 180
Petrochemie 465
Phosphate 57
Pilger(verkehr) 314. 428
Pir 162
Pish 103
Pish foroush 237
Pish-i-Kuh-Luren (Nomaden) 377
Plattentektonik 26 f. 30 f. 62
Playas 42
Pleistozäne Beckenfüllung 126
Pluvialzeit 126 f. 416. 419
Politische Abhängigkeit 178
Poljen 88
Portugiesen 168
Postglazial 127
Provinzeinteilung 14
Provinzzentren 298

Qabala 146
Qadjaren 11. 142. 160. 162 f. 172 f. 181. 184 f. 256. 280. 289. 317. 336. 360. 365. 373. 382. 388. 397. 408. 435. 473. 483. 488. 509
Qaleh 160. 207. 360. 362. 395. 405. 422
Qalat-e-Lut 420
Qanat (-bewässerung, -oasen) 72. 90 ff. 111. 135 f. 219 f. 232. 351 f. 355. 360 f. 363. 395. 424. 430. 485 f. 497
Qara Qoyunlu 154. 164. 336
Qashqai (Nomaden) 201. 254. 257. 276. 397 ff. 403
Qata'i-System 155
Qati'a 145 f. 148
Qeshlaq 254 f. 264. 338. 349. 378. 381. 393
Qesmat 235
Qizilbash 162. 164. 169. 201
Quarz 60

Sachregister

Ranker 115
Rasht high 33
Raubkatzen 109
Rayati/raiyati 138. 234. 355
Regenfeldbau 72. 130. 218f. 233. 268. 272. 337f. 349. 351. 361. 372. 394
Regionale Mobilität 200
Regionalisierung 319ff.
Regosole 114
Regressionstheorie 33
Reliefsequenzen 37f. 45
Religiöse Minderheiten 140. 202
Rendzina 115
Rentenkapital(ismus) 146. 152f. 200. 212f. 235. 291. 488. 491. 499
Rosinenfabrikation 242
Roteisenerz → Hämatit

Sackgasse 275ff. 280
Säugetierspezies 108
Safaviden 10. 14. 18f. 156. 160ff. 169ff. 175. 181. 183. 221. 241. 276. 317. 322. 330. 341. 360. 365. 373. 387. 406. 428. 430. 434. 457. 473. 483f.
Saffariden 9. 144. 443
Sagvand (Nomaden) 377f.
Salicornia 87
Salinität des Bodens 86. 115
Salzgärten 57. 307
Salzkrusten 42
Salzlager 32
Salzmarschen 104
Salztektonik 32. 37. 48ff. 57. 454. 472. 477
Samaniden 9f. 144. 146
Sanandaj-Sirjan Ranges 29. 56
Sanddünenfelder 47. 123
Sanddünenvegetation 104
Sardar 444. 478
Sardsir 75. 225. 376. 394. 398. 448
Sarhadd 75. 225. 398. 445f. 448. 480
Sassaniden 8. 14. 134ff. 143. 145f. 151. 154. 275. 322. 362. 379. 384. 386. 396. 402. 406. 434. 443. 461f. 473. 476, 508
Satrapien 7. 135f. 138
Schichtfluten 84
Schichtstufen(relief) 32. 40. 47ff. 395

Schichttafelländer 31
Schiffsverkehr 304. 388
Schlammvulkanismus 48. 50. 63
Schneegrenze 52
Schollenfließung → Erdrutsch
Schuppengebirge 34
Schwefel 57. 60
Schwellen (geomorph.) 27
Schwemmfächer 40
Schwemmlandböden 114
Schwüle 70. 321. 456
Seehund 110
Seelöß 121. 126. 419
Seespiegelschwankungen 84ff.
Sefid-Rud-Staudamm 307
Seggenmoore 126
Seidenhandel 167
Seidenstraße 158. 508
Seifenstein 54
Seismik 32. 63f.
Seleukiden 7. 8. 138
Seljuqen 143f. 146. 154ff. 362. 383. 386. 434
Serire (Sserire) 41. 115
Shaban-e-ruz 363
Shah Abbas Causeway 169
Shah-nameh 8. 144
Shahrak 470
Shahr-e-Lut 420
Shahrestan 14. 288. 298. 321
Shahri 448. 479
Shahsavan 169. 202. 254. 257. 260f. 268. 332f. 338. 341
Shalu (Nomaden) 162
Sharia 163
Shia (Shiiten) 9. 143f. 161ff. 181. 183. 201f. 289. 315f. 358. 365f. 428. 509
Shish dang 227
Shomal 67f.
Sibljakcharakter 102
Siedlungsformen (ländl.) 207f. 264. 325ff. 338
Sieroseme 114f.
Silber 54
Silsileh (Nomaden) 377
Sippenbauerntum 131

Sklavenhandel 202. 473
Sklaverei 378 f.
Slums 290
Solantschak 115
Solifluktion 52 f.
Sommerdorf 208. 332. 423
South Persian Rifles 180
Sowjetrepublik Gilan 322
Spätglazial 127
Staatliche Großbetriebe 247
Staatsdomänen 228. 242
Städte(wesen) 175 ff. 272 ff.
  Kleinstädte 273. 295. 297 f. 316
  Mittelstädte 273. 298. 316
  Großstädte 272. 274. 293. 295. 298. 316
Städtegründungen 138. 157. 280
Stadt-Umland-Beziehungen 175. 294. 320. 499. 501. 510
Staffelwirtschaft 338
Stahlwerk Isfahan 191. 280. 306. 390. 427
Staubtromben 68. 121
Staudämme 93. 95. 122. 221. 322 f. 332. 352. 385. 403. 462. 469
Steatit 54. 133
Steine und Erden 54 f. 307
Steppenböden 114
Steppen- und Halbwüstenvegetation 105
Steuererhebung 145
Steuerkraft 177
Stiftungseigentum 429
Stör 110
Strandterrassen 47. 478
Strangling of Persia 178
Straßenwesen 302 f.
Stratovulkane 30
Strukturböden 53
Submarine Terrassen 455
Subsidenz 37. 458
Subtropische Mittelstufe 75
Sukkulenten 103
Sumpfvegetation 105
Sunna (Sunniten) 161 f. 201 f. 372

Tabakprotest 163. 181. 289. 428
Tabas Wedge 29
Tahiriden 9. 144

Taifeh 251. 377. 398
Tajiken 162
Taleqanprojekt 352. 498
Talyschchanat 322
Tang → Klusen
Taubenturm 221. 391
Tee 327
Teibi (Nomaden) 400
Teilbau(ern) 138. 174. 227. 230 f. 233 ff. 238. 355. 424
Teilpacht 231
Tekelü (Nomaden) 162
Temperatur 60. 76. 78 ff.
Teppich(-handel, -manufaktur) 168. 171. 180. 193. 204. 241. 257 f. 286. 294. 310. 333. 339. 341. 362 ff. 373. 382. 392. 395. 429. 431 f. 435
Terrassenniveaus (limnisch) 85 f.
Tertiäre Faltengebirge 31
Tertiäre Reliktfauna 108
Tertiäre Reliktformen 99
Textil(herstellung) 241. 292. 294. 310
Thermalquellen 35. 63
Tiefbrunnen 95. 352. 430. 497
Timcheh 282
Timuriden 10. 154. 336. 365
Tireh 251. 377. 398
Traganth 105 f. 258. 400
Tragochsen 109. 159
Transhumanz 251. 271. 355. 361
Transiranische Eisenbahn 302. 304. 375
Transverse drainage 33
Treibsandflächen 1. 2. 3
Trockenfrüchte 193
Trockenwälder 96. 100 ff.
Turkisierung 144. 154
Turkluren (Nomaden) 376
Turkmenen 10. 154. 156. 158. 160 f. 169. 201. 252 f. 329. 333. 360 f.
Turktataren 154
Türkis(minen) 54. 133. 307. 362
Tuyul 171. 173

Überschwemmung 23. 87. 459
Überstauungsbewässerung 479
Überweidung 119

Sachregister 595

Ulama 181. 428
Umteilungsflur → Flurumteilung
Universitäten 288
Unterpacht 138
Uran 57
Urartu 91. 345
Urbanisierungsprozeß 198. 200. 272 ff. 312. 510
Urmiah-Dokhtar-Zone 26. 29. 425
Uzbeken 10

Vakil 163
Vali von Posht-i-Kuh 376. 378
Variabilität der Jahresniederschläge 78
Vegetation 96 ff.
Verborgener Imam 163. 316 f.
Verdunstung 74. 81
Vergletscherung 51 f. 53. 81. 126. 336. 385. 425
Verkehr 302 ff.
Versalzung 47. 459
Verschuldung(smechanismen) 174. 237 f
Verstaatlichung der Ölindustrie 187
Versumpfung 47. 459
Verwaltungsfunktionen 16 f. 145. 288. 295
Verwestlichung 291. 316 f.
Viehgangeln 119
Viehverbiß 375
Virgation 23
Volcanic Belt 29
Volcanic Eocene 26
Vorratswirtschaft 129
Voshmgir-Staudamm 333
Vulkanismus 26. 30. 33. 35. 38. 48 f. 439
Vulkanitgürtel 56

Wälle von Tamisha 322
Waldböden 114
Waldweidewirtschaft 118. 331
Waldzerstörung 117 f.
Wallfahrtsstätten 366. 486
Wanderdünen 115. 121. 123
Wanderhandel 239
Waqf 146 f. 164. 228. 236

Wasserhaushalt 81 ff.
Wasserrecht 231
Watershed Management 122
Wehrdorf → Qaleh
Weideverbot 124
Weinbau 352
Weinherstellung 242
Weiße Revolution 242. 302
Wiederaufforstung 121
Wildbeuter 129
Windausräumung 121
Wind der 120 Tage 67. 362. 442
Windkanter 41
Windschutzstreifen 121
Windtürme 362. 472
Wintersport 499
Wochenenderholung 498
Wolfram 57
Wucherpraxis 237
Wüsten 41. 78. 96
Wüstenböden 114 f.
Wüstenlack 41
Wüstenklima 64 f.
Wüstensteppen 41. 78
Wüstungsprozeß → Kulturlandverfall

Xerophilous forest zone 101

Yardang 121. 418 f. 442
Yaylabauern(tum) 251. 255. 268. 373. 393
Yaylaq 254 f. 267. 338. 349. 378. 381. 393. 398. 486. 498
Yermas 115
Yomut 253

Zaboli 334. 444
Zagroseichenwald 101
Zagros Thrust Zone 29 f. 32
Zand 11. 161. 168. 170. 172. 183. 396 f. 406. 408
Zelge 230. 235
Zement 307
Zentraliranischer Kern 25 ff. 29
Ziegeleien 485
Zink 56. 60

Ziyariden 144. 322
Zoroastrer (vgl. auch Parsen) 9. 140. 202 f. 432
Zuckerraffinerie 342
Zuckerrohr 67. 226

Zuckerrübe 226. 360. 405
Zunft 282
Zwischengebirge 23
Zwischenpächter 138. 156
Zyklonen 65 f.